제2판

한계상태설계법과 하중저항계수설계법에 의한

교량공학

조효남 · 박연수 · 박선준 · 박경훈 공저

도서출판
구미서관

초판 머리말

교량의 계획·설계·해석·시공·유지관리 전 분야를 다루는 교량공학은 토목구조공학의 종합응용학문으로서 그 취급 내용이 매우 광범위하고 역동적으로 변화·발전하는 분야이다. 30,40년대에 이미 현대적인 교량시공의 기초기술이 발전되면서 세계적으로 유명한 장대교량들이 많이 시공되었지만, 특히 50년대 이래로 지난 50년간 현대적인 교량의 설계·해석·시공법은 급격하게 발전하여 왔다. 더구나 지난 80년대 이후 제4세대 컴퓨터의 눈부신 발전에 따른 해석 및 설계기술의 발전과 현대적 시공법·장비·기술의 급속한 발전에 힘입어 현대 교량공학은 전산화 설계·해석 기술, 자동화·기계화 제작·시공 기술이 고도화되었고, 교량의 계측·유지관리·보수·보강 기술도 크게 발전하였다.

이렇게 광범위한 교량공학의 방대한 내용을 한 권의 책에서 모두 심도 있게 다루는 일은 불가능한 일이며 바람직하지도 않다. 그러나 교량공학을 처음 배우는 학부 학생들에게 교량공학 전반에 대한 기초개념을 다양하고 충분히 이해시키는 일은, 앞으로 21세기에 대학에서 현대교량의 선진형 설계·시공·관리 기술자를 배출하기 위하여 폭넓은 교량공학의 기초교육이 필요하다는 측면에서 매우 중요하다. 그럼에도 불구하고 교량공학은 내용이 워낙 방대해 교재로 만들기 어려운 탓도 있지만 현재 국내에는 학부 교량공학 교재로서 적합한 교재를 찾아볼 수 없다. 현재 나와 있는 교량관련 교재의 대부분은 취급내용이 너무 빈약하거나 일부 교량형식의 설계개념 위주의 소개에 그치고 있어 교량공학 교재로서는 적합하지 않은 실정이다.

이러한 현실을 감안하여 본 교재는 교량공학을 처음 배우는 일반 학부 학생들과 일부 석사과정 대학원생들에게 교량공학 전반에 걸친 기초내용을 체계적으로 소개하면서 이해시킬 수 있는 강의교재로서 사용하기에 적합하도록 집필하였다. 본 교재는 3학점 두 학기 강의용으로서 적합하게 만든 교재이므로 학부에서 한학기만 강의할 경우는 주요 기본교량형식 중심으로 발췌하여 강의하고, 보다 전문적인 내용은 대학원 석사과정에서 이어서 3학점으로 강의하도록 개설하는 것이 좋을 것이다. 물론 본 교재는 교량공학의 기초지식이 필요한 일선 초급설계기술자와 교량을 전공하지 않았더라도 토목분야에 종사하는 건설기술자들에게 교량에 대한 이해의 폭을 넓히는 기초적인 입문서 및 참고 교재로서 활용될 수 있도록 간결하지만 최대한 내용을 풍부하게 수록하고자 노력하였다.

본 교재는 크게 5부, 19장으로 구성되어 있다. 제1부 총론을 시작으로 제2부 상·하부구조 설계, 제3부 내진·내풍설계, 제4부 시공법, 제5부 유지관리까지 다섯 부분으로 나뉘어져 있다. 이렇게 본 교재에서는 교량의 역사·계획·설계·해석·시공·유지관리에 이르기까지 교량의 수명동안 발생되는 모든 문제를 망라하여 다루고 있다. 그러나 교량공학의 주제 및 분류는 폭넓고 광범위하므로 모든 교량공학의 문제를 여기서 다룰 수는 없다. 따라서 본 교재의 범위를 토목기술자가 실제로 쉽게 접하게 되고 기본적으로 알아야 할 가장 일반적인 교량관련 문제에 국한하였다. 제1부에서는 교량에 관한 일반적인 구성과 분류, 교량의 역사를 1, 2장에서 다루었으며, 다음 4개장에 걸쳐서 교량의 계획과 설계하중, 구조재료, 설계방법 및 설계규준 등 총론적인 내용을 다루었다. 제2부 상·하부구조의 설계에서는 주로 상부구조의 설계에 중점을 두고 상부구조의 재료 및 형식에 따라 일반적이고 대표적인 교량별로 분류하여 설명하였다. 철근콘크리트교, 프리스트레스트 콘크리트교 및 강교량의 설계와 관련된 6~8장에서는 대표적 형식의 거동특성과 설계 일반개념을 소개하고 주요 설계기준과 해석방법을 간략하게 소개한 뒤에 설계예를 수록하였다. 모든 교량 형식별로 예제를 다루기에는 내용이 너무나 광범위하므로 대표적인 기본형식의 일반 교량을 제외하고는 설계 및 해석 개념위주로 다루었다. 10장 특수교량과 11장 장대교량에서는 프리플렉스교, 트러스교, 아치교와 사장교, 현수교 등 6~8장의 일반적인 교량과는 구별되는 교량들에 대해서 일반적인 사항과 각 교량의 해석과 설계에서 특수하게 고려되는 문제들에 대해서 기초적인 내용을 설명하였다. 제12장 하부구조의 설계에서는 교대, 교각, 기초 및 받침에 대한 일반적인 사항과 교대 및 교각의 설계 일반사항을 정리하였다. 내용의 전문성으로 인하여 상세한 내용의 취급이 불가능한 교량의 내진·내풍설계는 제3부(13, 14장)에서 기본개념 위주로 다루었고, 제4부(15, 16장)에서는 교량의 시공법을 상·하부구조로 나누어 간략하게 기술하였다. 마지막으로 제5부(17~19장)에서는 교량의 유지관리와 관련된 진단 및 분석평가, 계측모니터링시스템을 포함한 유지관리시스템, 보수 및 보강공법과 관련된 내용에 대해서도 기초개념 위주로 소개하였다.

저자는 본 교재를 통해 토목공학을 전공하는 학부생 들이나 대학원생, 일선구조기술자들이 교량에 대한 이해의 폭을 넓히고 교량에 대한 흥미를 가질 수 있는 계기가 되기를 희망하며, 나아가 이 교재가 보다 나은 교량설계 및 관련기술의 발전을 위한 연구개발을 자극하는 기초가 되기를 바란다. 본 교재는 수차례 교정을 보아 왔으나 여전히 약간의 오류는 피할 수가 없을 것이다. 독자 여러분들이 오류를 찾아 알려준다면 어떠한 지적도 기꺼이 받아들일 것이다. 한편 본 교재는 1999년 개정 예정인 도로교설계기준(안)을 바탕으로 집필되었음을 밝혀두는 바이다.

이 교재가 출판되기까지 본인의 교량연구실 석·박사과정 조교들의 헌신적인 노력이 없었다면 불가능했을 것이다. 특히 지난 1년간 방대한 자료의 정리와 초고의 준비과정에서부터 최근 교정에 이르기까지 헌신적으로 노력하면서 보좌해준 박사과정 박경훈 조교의 도움이 없이는 이 책이 성공적으로 집필될 수 없었으며, 박경훈 조교를 위시한 석사과정의 최현호, 안중산, 김구선, 김윤배, 문경호, 김현우, 배용일, 심성택, 조준석, 이광민, 백승우, 엄원석, 허춘근 조교의 오랜 기간에 걸친 노고에 대해서도 진심으로 고맙게 생각하는 바이다. 또한 본 교재를 좋은 교재로 출판하기 위하여 여러 면에서 애써주신 구미서관 임해진 사장님과 편집부 관계자 여러분의 노고에 감사를 드리는 바이다.

1999. 9.

저자 조효남

2017년도 한계상태설계법(LSD)과 하중저항계수설계법(LRFD)

이번 개정판에서는 신뢰도 기반 설계기준의 적용을 의무화하고 있는 국제사회의 흐름에 발맞추어 2015년에 전면 개정된 도로교설계기준[한계상태설계법(LSD : Limit State Design)]과 국내 강구조설계기준으로는 최초로 국제 표준화된 2014년에 전면 개정된 하중저항계수설계법(LRFD : Load and Resistance Factor Design)에 근거하여 내용에 대한 전면적 수정 및 예제를 추가하였다.

제3장 설계하중, 제6장 철근콘크리트교량, 제7장 프리스트레스트 콘크리트 교량의 내용은 도로교설계기준(한계상태설계법, 2012, 2015)에 근거하고 있으며, 제8장의 강교량과 제9장의 합성형 교량은 하중저항계수설계법(2104, 국토교통부)에 바탕을 두고 있다. 즉, 콘크리트 교량의 설계 시는 도로교설계기준(한계상태설계법)을 그리고 강·합성 교량의 설계 시는 하중저항계수설계법을 적용하였다.

6장의 철근콘크리트교량과 제7장의 프리스트레스트 콘크리트 교량에 대한 예제는 도로교설계기준(한계상태설계법)에 근거하여 추가하였고, 제9장의 합성형 교량의 예제는 하중저항계수설계법으로 추가, 보완하였다. 따라서 이들 예제들을 강의시간에 풀어줌으로서 교량공학을 처음 배우는 일반 학부 학생들과 일부 석사과정 대학원생들에게 한계상태설계법과 하중저항계수설계법에 의한 교량공학 전반에 걸친 기초내용을 체계적으로 이해시킬 수 있으리라 사료된다. 또한, 제11장의 하부구조와 제12장의 내진설계도 도로교설계기준(한계상태설계법)에 근거하여 기술하였다.

이번 2017년도 개정판 집필을 허락해주고 내용을 검토하여 주신 원저자인 조효남 교수님께 감사드리며, 한계상태설계법과 하중저항계수설계법에 의한 본 교량공학의 완성에 노고를 아끼지 않은 박선준 교수와 박경훈 박사에게 감사드린다. 끝으로, 본 교재의 개정판 출판을 위해 수고해주신 구미서관 대표님과 편집부 관계자 여러분의 노고에 감사드리는 바이다.

2017. 8.

2017년도 제2판 대표저자 박연수

차례

▲ Gard Bridge(프랑스), B.C. 63~18년, 석재아치교, 최대경간장 24.4m.
로마시대 수로(水路)용으로 세워진 교량으로 고대 로마인들의 천재적인 건설기술력을 보여주는 대표적인 구조물이다.

PART 01

총론

CHAPTER

01

교량기본

1.1 개설

교량이란 도로・철도 등의 운송로상의 장애 또는 방해가 되는 계곡・호수・해안・해협 등을 건너거나, 다른 철도・도로・수로・가옥・시가지 등을 통과할 목적으로 가설되는 구조물을 총칭하는 것으로 정의할 수 있다. 이와 같이 교량은 기본적으로 도로・철도와 같은 운송망의 일부분을 형성하고 있어 그 기능이 마비되거나 파괴되면 운송망의 기능이 오랜 기간 동안 마비될 정도로 매우 중요한 역할을 담당하고 있다. 또한 국토의 균형 있는 발전과 지역 경제의 활성화 등에 결정적인 역할을 하고 있을 뿐 아니라 국가 경제와 국민 생활에 동맥의 역할을 하는 대단위 인간 공동체의 생명선을 연결하는 핵심고리 역할을 수행하는 가장 중요한 사회기반시설물이다. 교량은 인류의 문명이 시작된 고대로부터 문명이 고도화된 현대에 이르기까지 인류의 역사를 통해 볼 때, 한 국가와 지역 사회의 번영과 생활에 필수요소로서 문명이 고도화 될수록 도로 운송수단의 발달과 더불어 국가 사회경제와 인간의 삶에 더욱더 중요한 비중을 갖게 되었다. 예전에는 도로나 철도 계획 노선상의 장애물 통과가 주된 목적이었으나 근대화되면서 교량은 단순한 통행수단으로서의 기능만을 갖는 것이 아니라, 파리 세느강의 여러 아름다운 교량들이나 샌프란시스코의 금문교와 같이 아름답고 장대한 교량은 그 지역의 상징적・기념비적 문화유산이자 아름다운 조형물로서 심미적・환경적인 면에서도 매우 중요한 기능을 갖게 되었다.

그렇지만 모든 사람들이 교량을 똑같은 관점에서 바라보고 이해하는 것은 아니다. 이런 사실은 교량에 대한 연구를 더욱 매력적으로 만드는 요인이 된다. 사람들은 저마다 독특한 시선으로 작은 강을 가로지르는 교량을 바라본다. 매일 교량을 지나 일터로 가는 사람은 단지 강변의 양쪽에 도로가 있으므로 교량이 거기 있다고 생각할 수도 있고, 또 다른 사람들은 교량이 지어지기 이전에 그들이 친구를 만나거나 학교를 가기 위해 얼마나 멀리 돌아가야 했는지를 기억할 수도 있다. 시정을 관할하는 사람들은 교량을 시민들 사이의 연결로나 소방관 또는 경찰관들이 다니는 시민생활에 없어서는 안 되는 수단으로, 사업가들은 교량을 새로운 시장을 열어주고 상업을 확장시켜 주는 수단으로 여길 것이다. 예술가들은 그림이나 음악의 주제로 쓰기도하며, 신앙인들은 신과 인간을 상징적으로 연결시켜 주는 매개체로 생각할 수도 있다. 한편 배를 타고 교량 아래를 지나가는 사람은 교량 위를 지날 때와 전혀 다른 시각으로 교량을 바라볼 수도 있다. 이와 같이 교량은 사람들에게 다양한 형태로 의식에 영향을 미친다.

현대의 교량은 고도의 엔지니어링에 의한 계획·설계·시공단계를 거치고 난 후에야 형성된다. 교량 기술자들은 첨단 구조공학에 바탕을 둔 설계·해석·분석이론과 같은 공학적 전문지식과 실무경험을 필요로 한다. 그러나 교량은 위에서 언급한 바와 같이 일반적으로 기능적인 면과 문화적·환경적·정신적인 면에서 인간생활과 밀접한 관계가 있음을 유의해야 한다. 기능적인 면이란 누구나 교량 위를 지장 없이 통행할 수 있도록 충분한 강도와 사용성, 내구성과 필요한 구조 규모를 갖는 것을 의미한다. 문화적·환경적·정신적인 면에서는 주로 교량의 미관, 즉 조형미와 관련된 것을 의미한다. 교량의 조형미는 교량 자체의 형태미(proportion)와 교량이 주위의 경관이나 환경과 결합하여 창출하는 구도미(composition)로 구성된다. 위의 두 조건을 만족하는 교량을 건설하기 위해서는 교량의 생애주기(life cycle), 즉 계획·설계·시공·유지관리·폐기의 5단계에 걸쳐 교량의 안전성·경제성·기능성·미관을 종합적으로 고려해야 한다. 그러나 이는 결코 쉬운 일이 아니며, 위의 모든 기능을 충족하며 안전하고 경제적인 교량의 건설을 위해서는 교량 기술자와 건설 각 분야 전문가들의 팀워에 의한 계획·설계·시공과 현대 교량공학의 고도로 발전된 기술을 최대한 활용할 수 있어야 한다.

교량공학의 발전과 전망

일찍이 기원전부터 주로 목재를 이용하여 뛰어난 장인들의 경험과 직관에 바탕을 둔 기예에 의해 예술작품같이 만들어지던 건축물과 교량의 건설기술에 대한 알려진 첫 기록은 BC 1세기경 Mucus Vitruvios Pallio이 쓴 건설재료와 구조물형식을 다룬 책(De architectura)일 것이다. 그러나 고대 그리스인들에 의해 발달된 정역학의 원리가 15, 16세기의 중세를 지나기까지 건축물이나 교량의 설계와 건설에 응용된 기록은 없고, 고대의 건설기술관련 기록이나 문헌도 이용할 줄 모른 채 교량과 배수관로 등의 건설기술은 뛰어난 장인기술자들의 경험과 전통에만 의존했던 것이다. 기술이 공학으로서 과학의 형태를 최초로 갖추기 시작한 것은 르네상스 시대의 갈릴레오, 레오나르도 다빈치, 카르다노(Cardano) 등에 의한 건축기술의 과학적 연구와 공학적 응용이 이루어지면서부터이다. 무엇보다도 17세기말 뉴턴의 고전역학이 정립되고, Hooke가 재료의 탄성법칙을 발견하고, 라이프니츠, 베르누이 형제들에 의해 미적분학에 의한 역학적 계산이론이 발전되면서, 건축과 교량의 기술도 탄성역학에 바탕을 둔 과학적인 체계를 갖추게 되었다.

그러나 근대 교량공학의 발전은 산업혁명 이후 19세기에 수많은 주철 트러스교, 주철 아치교와 연이은 연철 장대교량의 건설과 더불어 시작되었고, 유럽과 미국에서의 교량

구조형식 · 해석법 · 가설기술의 발전 등이 현대 교량공학의 초석이 되었다. 그 후 19세기 말과 20세기초부터 강교량과 철근콘크리트 교량의 건설이 본격화되면서 교량공학은 비로서 현대적인 공학기술의 기본적인 모습을 갖추게 되었다.

1930년대를 전후로 본격화된 강트러스교 · 강아치교 · 현수교와 같은 장대교량의 건설과 철근콘크리트 T빔교 · 박스교 · 아치교의 건설, 또한 1927년부터 시작된 프리스트레스트 콘크리트교의 건설은 고차부정정 구조물의 해석법이 요구되었다. 1930년대 Hardy Cross의 모멘트 분배법이 발표되면서부터 본격적인 고차부정정 구조물 시대로 접어들었고, 구조재료의 발전과 더불어 설계이론이 발전되고 탄소성 구조해석 이론이 발전되었다. 그 결과 1950년대로 들어서면서부터 소성해석 · 강도설계법의 발전을 가져오게 되었다. 그러나 진정한 의미의 현대적 교량공학은 1960년대 이후 본격화된 유한요소법 · 최적설계법 · 구조신뢰성이론의 발전과 더불어 제3세대 전산화 시대가 시작되면서 구조해석 및 설계기술이 고도화 되고, 이에 따른 교량의 설계 · 해석기술이 고도화되면서 급격하게 발전하였다. 무엇보다도 20세기부터 시작된 구조실험과 탄소성 역학은 강재와 콘크리트의 역학적 거동 · 파괴 거동 · 안정 거동을 실험적 · 이론적으로 체계화시킴으로서 60년대 이후 선진국에서는 현대적인 시방서를 사용하게 되었다.

그러나 역설적이게도 현대교량 공학기술의 발전은 수많은 교량의 붕괴 참사를 겪으면서 그때마다 한 단계씩 도약하면서 발전하였다. 예를 들면 20세기 초부터 2차 대전을 전후하여 무분별하게 제작 · 가설되던 수많은 용접을 이용한 잠수함 · 선박 · 강교들의 취성 피로파괴에 의한 침몰 · 붕괴로 파괴역학이란 이론이 출현하게 되었다. 또한 60년대의 호주의 Kings교(1962)등을 비롯한 세계 여러 교량들의 피로파괴에 의한 붕괴는 고강도 강재의 사용과 더불어 피로설계규준의 발전을 촉진시켰던 것이다. 또한 캐나다의 퀘벡교(1917)의 가설도중 압축재의 좌굴에 의한 파괴는 압축재의 안정설계기준의 발전을 가져왔다. 장대교량 붕괴 역사상 가장 큰 사건은 1940년에 발생한 Tacoma Narrows교의 돌풍에 의한 붕괴사건이다. 19m/sec 정도의 돌풍이 일으킨 비틀림 플러터(torsional flutter)에 의한 현수교의 어이없는 붕괴는 장대교량의 설계에서 공기역학적 안정설계의 중요성을 비로소 인식하는 계기가 되었고 그 이후 모든 장대교량은 공기역학적 안정설계를 위하여 철저한 내풍해석 · 풍동시험 등을 수행하고 있다. 사고사례와 관련하여 구조공학 기술의 발전을 언급하자면 한이 없지만, 그만큼 선진국에서는 실패와 붕괴사례를 기술발전의 계기로 삼고 있다는 점은 우리나라의 사례와 비교하여 시사하는 바가 크다 할 것이다.

현재 선진 각국의 교량가설기술과 교량공학의 발전 동향을 보면 계획에서 설계 · 해석

·제작·가설·시공관리·유지관리에 이르기까지 전 과정이 단계별로 또한 전체적으로 자동화·전산화되고 있다. 설계법도 지난 80년대부터 도입된 구조신뢰성이론에 바탕을 둔 현대적·과학적·합리적 설계규준인 LRFD(Load and Resistance Factor Design), LSD(Limit State Design)로 모두 전환되었다. Mechatronics기술의 발전으로 제작가설장비의 고도화·자동화·무인 로봇화와 설계·가설 전 과정에 걸친 구조거동의 엄밀한 해석이 가능한 고도의 교량해석 및 설계 소프트웨어의 발전은 지난 50년간 축적된 가설기술의 노하우와 함께 장대교량은 더욱더 장대화되고, 일반교량은 고도의 표준화·프리훼브(prefab)화로 산업화가 되고 있으며, 기존의 교량에 대한 자동화 계측·모니터링·분석·평가기술의 발전과 고도의 유지·보수·보강기술·개량기술이 더욱더 고도화되고 있는 추세이다.

지난 10여 년간 우리나라도 일반 교량뿐만 아니라 장대교량의 설계·시공·유지관리 기술에 있어서 괄목할만한 발전을 이루어왔다. 90년대 중반의 팔당대교·신행주대교·성수대교 등 일련의 교량 붕괴를 계기로 각성된 사회적 분위기는 제도·규정의 마련과 각종 시방·지침·편람·요령들이 제정·발간되었고, 도전적이고 유능한 젊은 교량기술자들이 다수 배출되면서 교량공학의 기술수준이 올라가면서 현재의 수준이 되었다고 할 수 있다. 최근 고도의 선진화된 CAE/CAD(Computer Aided Engineering/computer Aided Desing) 소프트기술과 첨단정보통신기술의 융합으로 교량의 설계에서 유지관리까지 종합적인 정보모델링(Information Modeling)을 구현하려는 시도가 이루어지고 있으며, 일정 수준에 오른 교량 계획·설계·시공·유지관리 기술이 앞선 정보통신기술과 융합되어 21세기에는 우리나라가 세계 교량기술을 선도하는 시대가 오는 것을 기대해본다.

1.2 교량의 구성

교량은 일반적으로 상부구조(super structure)와 하부구조(sub structure)로 구성되어 있다. 그림 1.2.1과 같이 상부구조는 자동차나 보행자 등을 직접 지지하는 부분을 말하고 하부구조는 상부구조를 지지하는 부분을 말한다. 그러나 모든 교량이 상부구조와 하부구조로 명확히 구분되는 것은 아니다. 예를 들어 라멘교와 같이 상부구조와 하부구조가 일체로 되는 경우도 있다. 상부구조를 구성하는 주요 부분으로서는 바닥판, 바닥틀(세로보·가로보), 거더, 수평·수직브레이싱, 받침, 신축이음장치 등이 있고 난간, 방호울타리, 배수장치, 조명설비, 점검설비 등의 부속설비도 포함된다. 본 절에서는 교량을 크게 상·하부구조로 나누어 간략히 논하였으며 교량형식별 분류에 따른 구체적인 구성요소는 제2부 교량의 설계에서 다루었다.

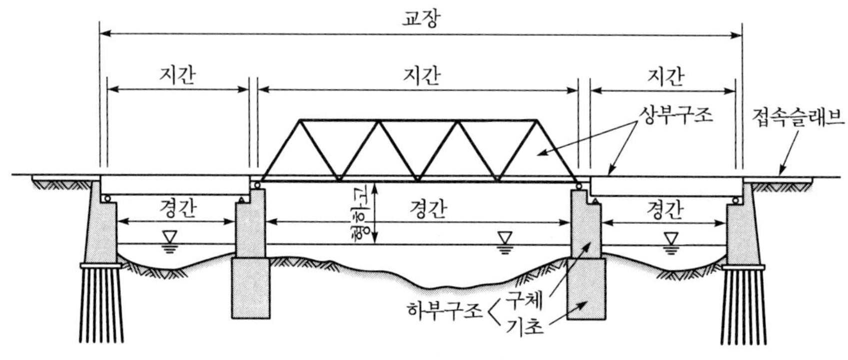

그림 1.2.1 교량일반도

1.2.1 상부구조

상부구조는 구조상으로 교량의 주체가 되는 거더·트러스·아치·라멘 등으로 나눌 수 있고, 또 바닥·바닥틀·브레이싱 등으로 구성되며 신축이음과 받침도 포함된다.

(1) 바닥과 바닥틀

바닥(floor)은 교통하중을 직접 지지하는 부분으로서 도로교에서는 교면과 그 밑에 있는 바닥판을 말하며 철도교에서는 궤도가 교면에 해당하고 보통 드문 경우이나 도상식(ballast floor)의 경우에는 바닥판이 있다.

바닥틀(floor system)은 바닥에 작용하는 하중을 주형 또는 트러스에 전달하는 역할을 한다. 일반적으로 가로보(橫桁, cross beam)와 세로보(縱桁, stringer)로 구성되며, 가로보는 주형 또는 트러스에 직각으로 지지되는 횡방향의 거더이며, 가로보 사이에 연결되어 있는 종방향의 거더가 세로보이다.

바닥판과 바닥틀의 일반적인 형태는 그림 1.2.2와 같다.

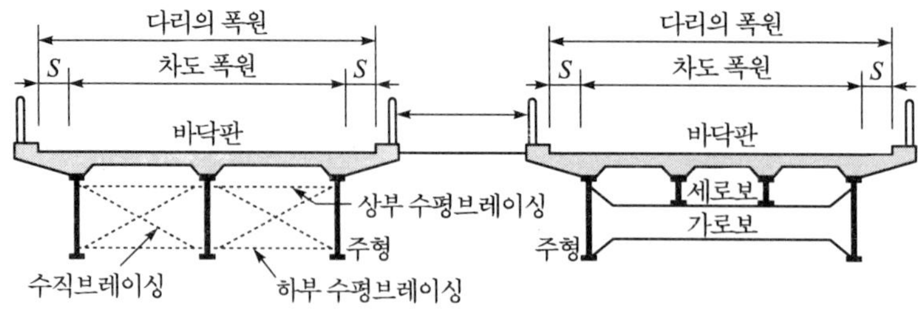

그림 1.2.2 바닥판과 바닥틀

(2) 주형과 트러스

거더교(桁橋)에서는 2개 또는 그 이상의 주형이 사용되고, 트러스교에서는 양측의 트러스가 상부구조의 주체가 된다. 바닥에 작용하는 하중은 바닥틀을 통하여 주형 또는 트러스에 전달되고 이것이 다시 받침에 전달된다.

(3) 브레이싱

좌우의 주형 또는 트러스를 입체적으로 연결시키며 수평하중이나 비틀림에 저항하는 구조이다.

① 수평브레이싱(lateral bracing)
주형이나 트러스 현재(弦材)의 길이 방향에 설치된 수평방향의 브레이싱으로 횡하중을 받침에 전달하는 역할을 한다. 위에 있는 것을 상부수평브레이싱, 아래에 있는 것을 하부수평브레이싱이라 한다.

② 수직브레이싱(sway bracing)
주형이나 트러스에서 서로 맞보는 수직재를 연결하는 브레이싱으로 중간에 있는 것을 중간 수직브레이싱, 교량 단부에 있는 것을 단부수직브레이싱이라 한다.

(4) 받침

상부구조로부터 전달되는 하중을 확실하게 하부구조에 전달하는 구조부분으로서 받침에는 일반적으로 가동받침, 힌지(hinge)받침 및 고정받침 등이 있다.

(5) 신축이음장치

신축이음장치는 상부구조의 온도변화, 처짐, 콘크리트의 크리프 및 건조수축, 프리스트레스에 의한 탄성변형 등에 의한 이동량을 흡수하고 교면 평탄성을 유지하여 차량의 주행성을 확보하기 위하여 설치하는 기계적 연결장치를 의미한다.

1.2.2 하부구조

하부구조는 교대, 교각의 총칭으로 지상에 있는 부분을 구체(軀體, body), 지중에 묻혀 있는 부분을 기초(foundation)라 한다. 기초는 상부구조에 못지않게 중요한 부분으로 눈에 직접 보이지 않으며, 지반의 성질, 암반의 깊이에 따라 말뚝기초·우물통기초 등 여러 가지가 있다. 하부구조는 콘크리트 및 철근콘크리트로 만들며 때에 따라서는 콘크리트와 강재의 복합 구조 형식을 사용하기도 한다.

(1) 교대

교대는 교량 거더 또는 바닥판의 길이방향 양끝단을 지지하며 교량 상부구조에 작용하는 하중과 배면 성토의 토압이나 지표재하중 등을 기초로 전달하는 역할을 하는 부재이다.

(2) 교각

교각은 상부구조가 2경간 이상으로 구성되는 교량에서 도로와 접속되는 교대 이외의 구간에서 지지점을 형성하기 위해 도입되며, 상부구조에 작용하는 하중과 교각의 자중을 기초에 전달하는 구조물이다.

(3) 기초

기초는 상부구조와 하부구조 전체의 하중을 지반에 전달하며 지반의 지지력을 확보하기 위하여 지중에 설치되는 부재로 지형 및 지질조건, 구조물의 특성, 시공조건, 환경조건 등에 따라 다양한 형식이 적용된다.

1.3 교량의 분류

교량은 용도·재료·구조형식 등 다양한 관점에 따라 구분하여 분류할 수 있다. 특히 상부구조의 형식에 따라 분류하는 것이 일반적이며 교량공학 관점에서 가장 중요한 의미를 가지므로, 기본적인 분류와 별도로 상부구조 형식에 따른 분류를 보다 자세히 기술하였다.

1.3.1 기본적인 분류

(1) 용도별 분류

- 철도교(railway bridge): 철도차량의 주행을 위해 철도선로를 통과시키기 위한 교량
- 도로교(road bridge): 자동차의 주행을 위하여 도로를 통과시키기 위한 교량
- 수로교(aqueduct): 수로, 수력발전 또는 관개용수를 통과시키기 위한 교량
- 과선교(跨線橋, over bridge): 철도선로 위를 통과하기 위하여 가설되는 교량(주로 도로교)
- 가도교(架道橋, over bridge): 도로 위를 통과하기 위하여 가설되는 교량

- 육교(viaduct): 저지 · 계곡 등에서 물이 없는 곳에 가설하는 교량을 말하며 철도 또는 도로를 횡단해서 가설된 보도용 교량도 육교라 한다.
- 군용교: 군사용으로 쓰이는 교량으로 조립식 부교(浮橋) 형식이 많다.

(2) 교면의 위치에 따른 분류

- 상로교(deck bridge): 노면이 교량의 거더나 트러스 위쪽에 있는 교량(그림 1.2.3(a))
- 중로교(half through bridge): 노면이 교량 거더 높이의 중간 부근에 있는 교량(그림 1.2.3(b))
- 하로교(through bridge): 노면이 교량 거더의 아래쪽에 있는 교량(그림 1.2.3(c))
- 이층교(double-deck bridge): 주행로가 2단으로 나눠있는 교량으로, 도로 · 철도 병용으로 활용하는 경우가 많다(그림 1.2.3(d)).

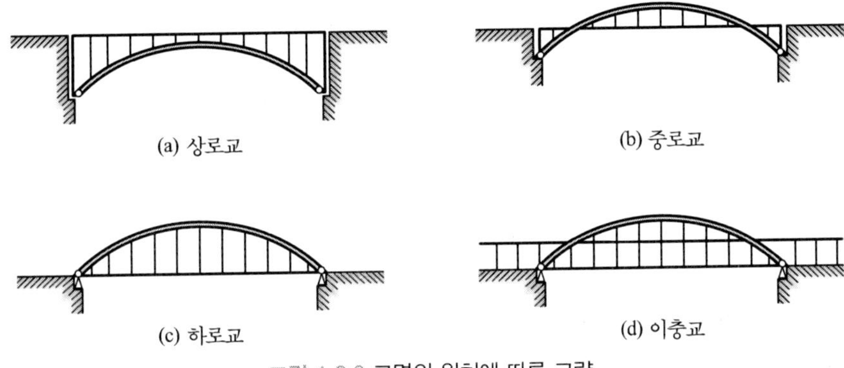

그림 1.2.3 교면의 위치에 따른 교량

(3) 상부구조의 평면선형에 따른 분류

- 직교(right bridge): 하천이나 계곡 등 장애물에 직각으로 가설한 교량(그림 1.2.4(a))
- 사교(skew bridge): 교축선과 교량받침선이 사각을 이루는 교량(그림 1.2.4(b))
- 곡선교(curved bridge): 교축선이 곡선을 이룬 교량을 말한다(그림 1.2.4(c)).

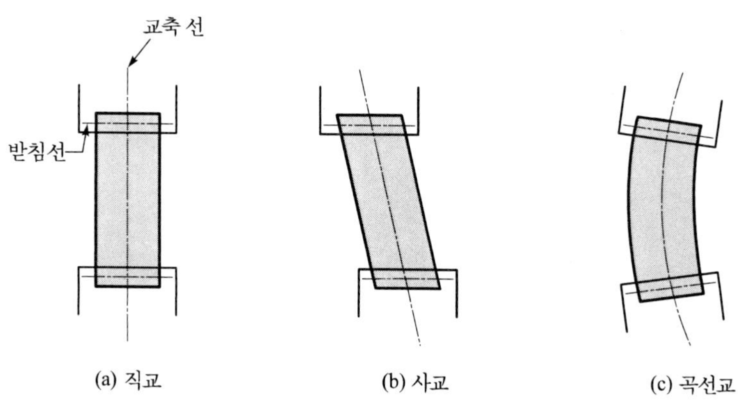

그림 1.2.4 평면선형에 따른 교량

(4) 교량의 동 · 부동(動 · 不動)에 의한 분류

선박의 항해를 위하여 교량 상부구조를 개폐하는 교량을 가동교(movable bridge)라고 한다. 가동교에는 다음과 같은 종류가 있으며 그림 1.2.5에 개념적인 그림을 나타냈다.

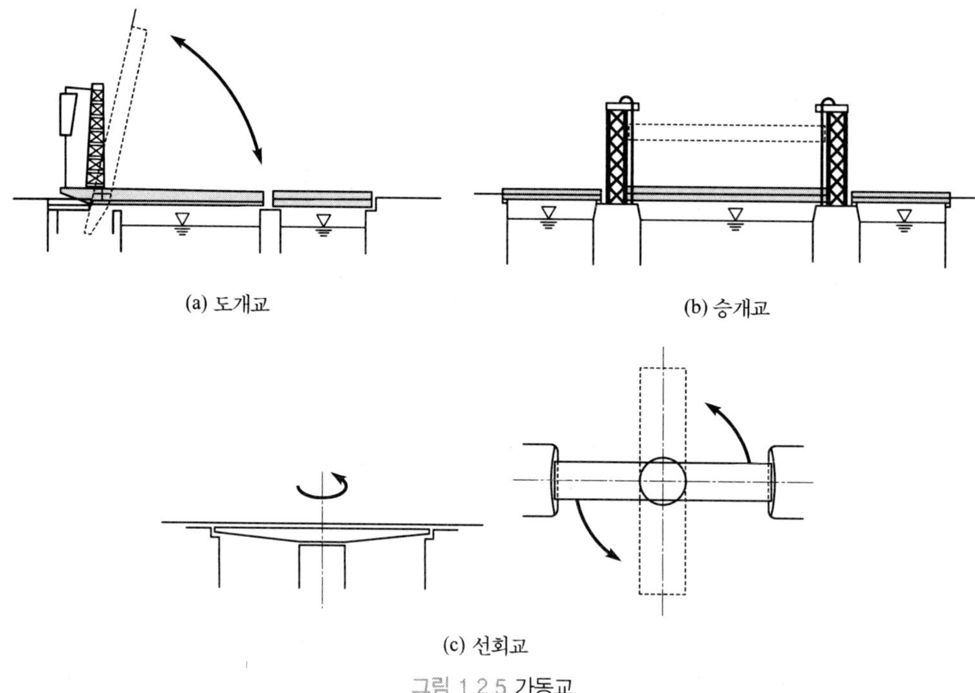

그림 1.2.5 가동교

- 도개교(跳開橋, bascule bridge): 교형이 수평축의 주위를 회전하는 교량
- 승개교(昇開橋, lift bridge): 교형이 수직으로 승강하는 교량
- 선회교(旋回橋, swing bridge): 교형이 수직축 둘레를 수평으로 회전하는 교량

(5) 재료에 따른 분류

- 목교: 옛날에는 목재를 손쉽게 구할 수 있어 목교를 많이 만들었으나, 지금은 산간지방에서도 보기 힘들다. 내하력과 내구연한이 적고 불에 약하기 때문에 차츰 소멸되고 있는 실정이다.
- 석교: 단지간에서는 거더교, 장지간에서는 아치교로 많이 만들었다. 내구연한도 길기 때문에 과거에는 많이 만들었으나 지금은 거의 쓰이지 않고 있다.
- 강교: 현재 장대 교량에서 제일 많이 쓰이며 교량에 사용되는 강재는 보통 구조용 압연강재이다.
- 철근콘크리트교: 철근콘크리트가 교량의 주재료로 사용된 것으로 여러 가지 형식의 교량을 만들 수 있고, 내구력도 풍부하며 유지비도 적게 들어 많이 채용되고 있다.
- 프리스트레스트 콘크리트교: 강도가 큰 콘크리트를 사용하고, 고장력의 PS(pre-stress)강재에 큰 프리스트레스를 준 거더를 교량에 사용하는 것으로 타 형식의 교량에 비해 상대적으로 저비용·장경간이 가능하여 현재 세계적으로 많이 사용되고 있다.

1.3.2 상부구조 형식에 따른 교량의 분류

(1) 거더교

거더(桁, girder)를 주체로 한 교량을 말하며 이때 이 거더를 주형(主桁)이라 한다. 주형에 I형강, H형강을 쓴 교량을 각각 I형형교(I形桁橋), H형형교라 하며 강판을 조합시켜 I형 단면으로 한 플레이트거더(plate girder)를 주형으로 한 교량을 판형교라 한다. 최근에는 상자형의 단면을 주형으로 주로 쓰는데 이것을 박스거더교(box girder bridge)라 하고, 병렬주형과 가로보로 구성된 구조로 사용하는데 이를 격자형교라 한다. 또 철근콘크리트 슬래브와 이를 지지하는 플레이트거더를 전단연결재로 일체구조로 설계하는 것을 합성형교라 한다. 그리고 거더교는 받침의 구성조건에 따라 단순형교·연속형교·게르버거더교 등이 있다.

① 단순형교(simple girder bridge)

양쪽 단부 받침에서 일단은 회전, 타단은 가동으로 한 거더교를 말한다. 설계하기는 쉬우나 지간을 길게 할 수 없어서 하부구조의 교각의 수가 많아진다.

② 연속형교(continuous girder bridge)

2경간 이상 연속된 주형을 사용한 거더교를 말한다. 같은 지간의 단순형교에 비해 휨 모멘트나 전단력이 감소되어 거더의 높이를 낮게 할 수 있어서 재료가 절약되고 고정하중도 적게 할 수 있다.

③ 게르버거더교(gerber girder bridge)

그림 1.2.6과 같이 연속형교에 힌지(hinge)를 넣어 부정정구조물을 정정으로 만든 교량이다. 연속형교와 마찬가지로 지간을 길게 할 수 있어서 강교나 철근콘크리트교로서 예전에는 많이 사용된 형식이다. 연속형교와는 달리 기초기반이 견고치 못한 곳에도 이 형식을 할 수 있으며 지점이 부등침하하여도 거더에는 크게 지장을 주지 않는다. 그러나 구조적 여용성(redundancy)이 없어 구조안전 측면에서 불리하여 최근에는 사용하지 않는 교량형식이다.

그림 1.2.6 게르버거더교

(2) 슬래브교

슬래브교는 상부구조의 두께에 비해 폭과 길이가 크고 상대되는 2변이 자유스런 직사각형 판을 주구조로 한 교량이다. 대부분 철근 콘크리트(RC) 또는 프리스트레스트 콘크리트(PSC)를 사용한다. RC슬래브교는 단면형상으로 구분할 때 속찬 슬래브와 속빈 슬래브(voided slab, 중공 슬래브)가 있으나, 속빈 슬래브교의 지간장 이상으로 설계할 수 있는 PSC슬래브교가 등장하면서 속빈 슬래브교의 가설은 제한적이게 되었다.

슬래브교는 거푸집이 간단하고 콘크리트 타설시 수평이음을 두지 않고 마무리할 수 있어 시공이 비교적 용이하고 확실하다. 또한 낮은 교량 상부구조 높이를 필요로 할 때 용이하지만 장경 간에서는 고정하중의 증가로 불리하여 짧은 지간에 많이 사용된다.

① 철근콘크리트 슬래브교

단순지지 RC슬래브교는 보통 10m 이하의 짧은 지간에 대해서는 1방향 슬래브교가 경제적이다. 단순지지 속빈 RC슬래브교는 15m 정도 지간에 사용되며, 경우에 따라 직사각형 모양의 속빈 슬래브교를 사용하기도 한다. 반면에 연속지지 속빈 RC슬래브교에서는 지간길이를 최대 25m 정도까지 가설할 수 있다.

② 프리스트레스트 콘크리트 슬래브교

단순지지 PSC슬래브교는 20m 정도 지간, 연속지지 PSC슬래브교는 30m 지간장 이상까지 설계가 가능하여 속빈 RC슬래브교의 적용 지간장보다 유사하거나 크다.

(3) 트러스교

트러스를 주형으로 한 교량이다. 트러스교도 거더교와 같이 받침 형식에 의해 단순트러스교, 연속트러스교 또는 게르버트러스교 등으로 나눌 수 있다.

① 단순트러스교

받침 구조가 단순지지된 것을 말하며 지간은 보통 50m에서 100m까지 가설된다. 물론 100m 이상에서도 쓸 수 있다.

② 연속트러스교

받침 구조는 연속형교와 같고 단순트러스교와 지간이 동일한 경우에는 부재응력도 적게 일어나서 단면을 감소할 수 있으며 재료를 절약할 수 있으나 부정정 구조물이기 때문에 응력계산이 약간 복잡하고 지반이 나쁜 곳에서는 쓸 수 없다.

③ 게르버트러스교

연속트러스교는 부정정구조이기 때문에 n경간 연속트러스에서는 $(n-1)$개의 힌지를 넣어서 정정구조로 한 것이다. 연속트러스교의 장점을 살리고 단점을 보완한 것으로 장견간으로 설계 및 시공이 가능하며 기초지반이 좋지 못한 곳에서도 가설할 수 있는 특징이 있다. 그러나 구조적 여용성이 없어 구조 안전측면에서는 불리한 교량형식이다.

한편 트러스에서 사재를 없애고 현재와 수직재를 강결시킨 비이렌디일교(vierendeel bridge)는 외국에서 많이 채용되고 있다(그림 1.2.7).

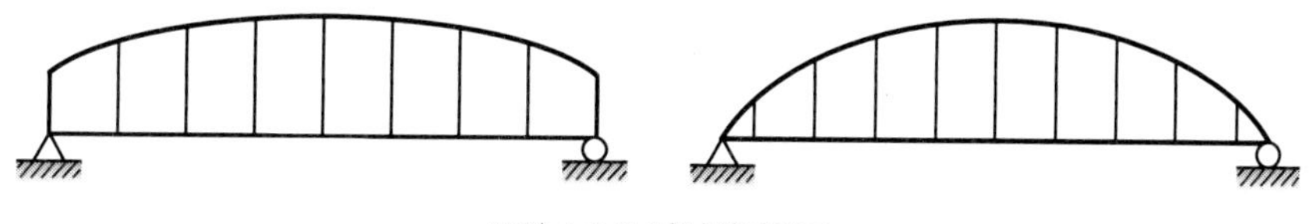

그림 1.2.7 비이렌디일교

(4) 아치교

교량의 주체를 아치구조로 하여 지점이 이동하지 못하도록 한 것이다. 장경간에서 경제적이며, 형태가 아름다워 간혹 소경간에도 사용된다.

① 힌지별, 형식별 아치교

힌지수에 의해 고정아치·1힌지아치·2힌지아치·3힌지아치로 구분된다. 1힌지아치를 교량에 사용한 예는 드물고 2힌지아치는 1차 부정정으로 주로 강교에 사용된다. 3힌지아치는 정정구조로 강교 및 철근콘크리트교에 사용되며, 고정아치는 지점에서 수평반력 외에 고정모멘트가 작용한다. 주로 철근콘크리트교에 사용된다(그림 1.2.8).

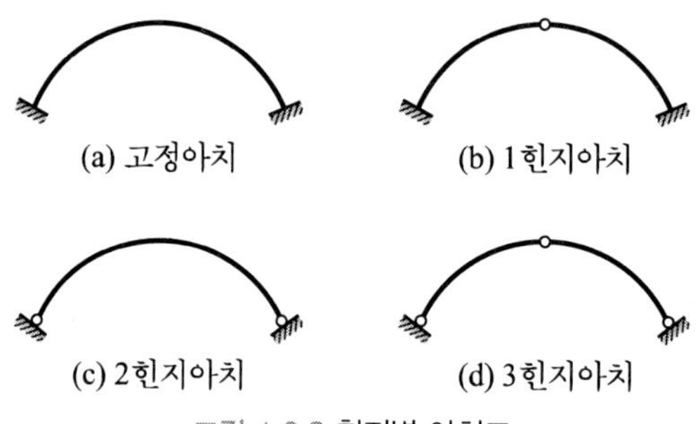

그림 1.2.8 힌지별 아치교

아치교의 형식에는 여러 가지가 있다. 그림 1.2.9의 (a)와 같이 리브(rib)가 통체단면으로 된 것을 솔리드 리브 아치(solid rib arch)라고 하고, (b)와 같이 리브가 트러스 형식으로 된 것을 브레이스드 리브 아치(braced rib arch)라고 하며, (c)와 같이 아치와 교량바닥 사이(이 부분을 spandrel이라 한다)를 뼈대(frame)로 한 것은 스팬드럴 브레이스드 아치(spandrel braced arch)라 한다.

그림 1.2.9(d)와 같이 아치의 양단을 타이(tie)로 연결하면 지점에서 일어나는 수평반력을 타이가 받게 되어 받침에 수평반력이 일어나지 않게 된다. 이 구조는 내적으로는 1차부정적이나 외적으로 정정이므로 반력은 단순보에서의 계산방법을 그대로 쓸 수 있게 된다. 이러한 아치를 타이드 아치(tied arch)라 한다. 타이드 아치는 아치의 정의에 벗어나지만 응력해석이 2힌지 아치와 거의 같으므로 아치류에 포함시킬 수 있다.

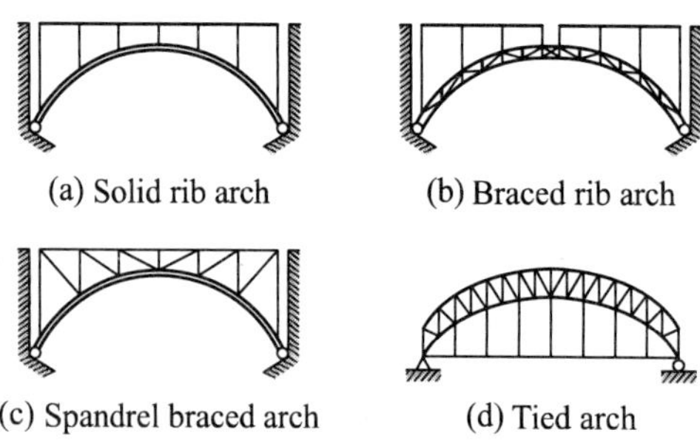

그림 1.2.9 형식별 아치교

② 랭거교 및 로오제교

보통 아치에서는 축압축력 외에 휨모멘트 · 전단력이 작용하는데, 랭거교(langer bridge)에서는 아치 그 자체는 비교적 가는 부재를 사용하며 아치부재는 주로 압축력만을 받고 휨모멘트와 전단력은 따로 설치한 거더 또는 트러스가 받는다고 가정하는 것이다. 이때의 거더 또는 트러스를 보강형 또는 보강트러스라고 한다.

또 타이드 아치의 타이단면을 크게 하여 수평반력에 상당하는 인장력 외에 휨모멘트와 전단력도 분담하도록 한 것을 로오제교(lohse bridge)라고 하며, 타이드 아치와 랭거교를 함께 결합한 형식이다. 그림 1.2.10의 (a)는 랭거교이고, (b)는 로오제교이다. 로오제교 또는 랭거교에서 행거(hanger)를 경사지게 배치한 것을 니일센교(nielssen bridge)라 한다(그림 1.2.10(c)).

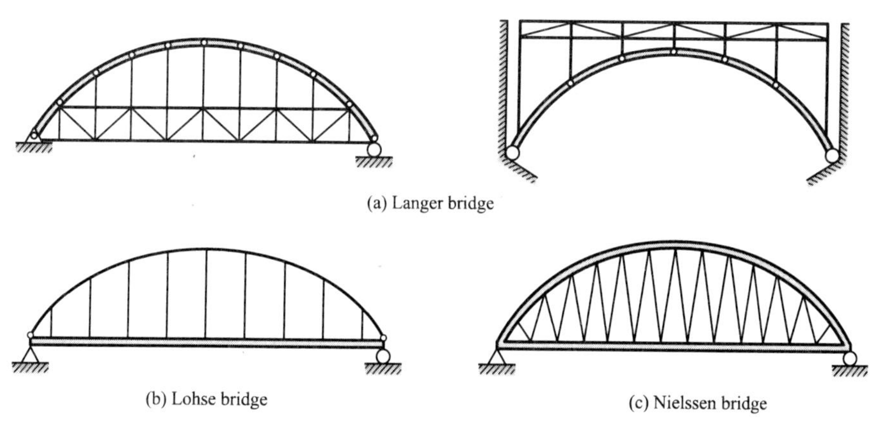

그림 1.2.10 랭거교, 로오제교, 니일센교

③ 발란스드 아치교(balanced arch bridge)

측경간이 긴 경우에는 중앙경간의 아치를 측경간으로 캔틸레버 식으로 연장시키고 여기에 거더나 트러스로 지지하게 하면 중앙경간의 아치의 응력이 감소되어 유리하다.

이런 형식을 발란스드 아치라 하며 아래 그림 1.2.11의 (a)는 스팬드럴 브레이스드 발란스드 아치(spandrel braced balanced arch)이고, 그림 (b)는 중앙 경간이 타이드아치인 발란스드 리브 타이드아치(balanced rib tied arch)이다.

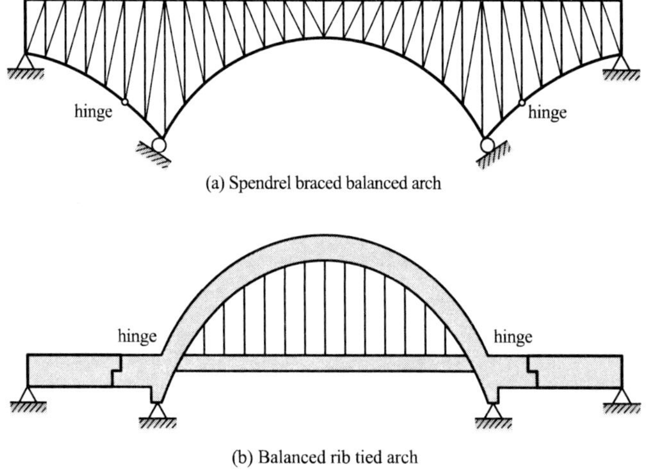

그림 1.2.11 발란스드 아치교

(5) 라멘교

라멘교(rahmen bridge)는 교량의 상부구조와 교대·교각을 강결로 연결한 라멘구조를 주체로 한 것으로 상부구조와 하부구조가 함께 외력에 저항하는 교량 형식이다. 라멘교는 지점 구조에 따라 문형라멘교, Π형 라멘교 등이 대표적이며, 단경간뿐만 아니라 연속경간으로 가설하기도 한다. 라멘교는 일반적인 거더교에 비해 형고를 낮출 수 있으나 지간장을 크게 할 수 없어 소규모 교량에 주로 사용된다.

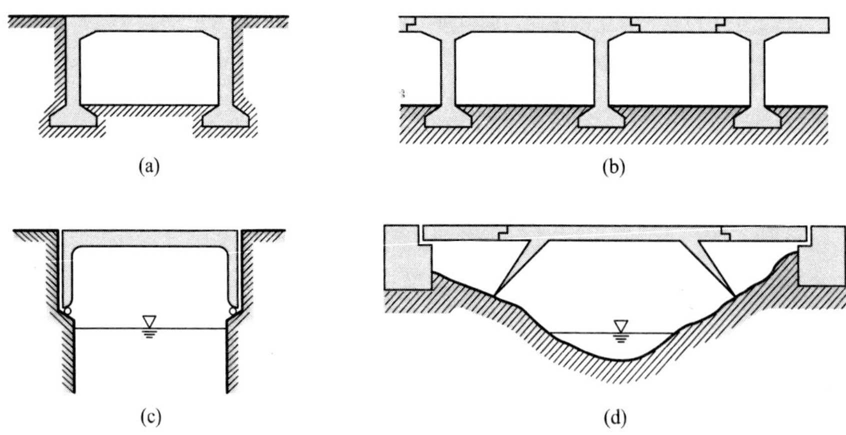

그림 1.2.12 라멘교 : (a)~(c) 문형라멘교, (d) Π형 라멘교

(6) 현수교(suspension bridge)

현수교는 양단 앵커리지(anchorage)와 주탑(tower)에 의해 지지되는 주케이블(main cable)을 걸고 주케이블에 보강형(stiffened girder) 또는 보강트러스를 행어(hanger, suspension rod)로 매단 형식의 교량이다. 현수교는 현존하는 교량형식 중 가장 장지간의 교량건설이 가능한 형식으로, 일본의 아카시대교는 주탑의 간격이 1,991m에 이른다. 케이블의 양단을 앵커블록에 정착시키는 블록 정착식 현수교(block anchored suspension bridge)와 전장에 걸쳐 연속한 보강형을 사용하고 주케이블의 양단을 이 보강형 양단에 결합한 형식의 자정식 현수교(self anchored suspension bridge)가 있다.

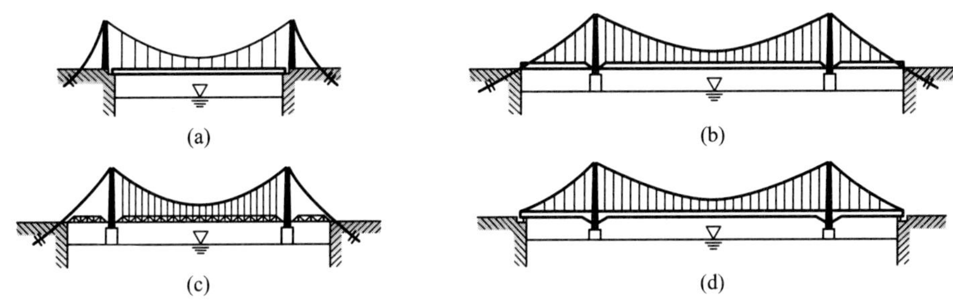

그림 1.2.13 현수교 : (a)~(c) 타정식 현수교, (d) 자정식 현수교

(7) 사장교(cable stayed bridge)

2경간 또는 3경간의 연속거더교의 중간교각에 그림 1.2.14와 같이 주탑(pylon)에서 경사진 인장재로 주형을 지지하게 하는 구조의 교량을 사장교라 한다. 사장교의 주형은 보강형(stiffened girder)이라고 하며 주탑과의 연결을 위한 인장재는 사장케이블(stay cable)이라고 한다. 사장교는 보강형과 주탑의 휨강도·압축강도, 케이블의 인장강도 등을 효과적으로 조합하여 구조적인 효율을 높인 구조이다.

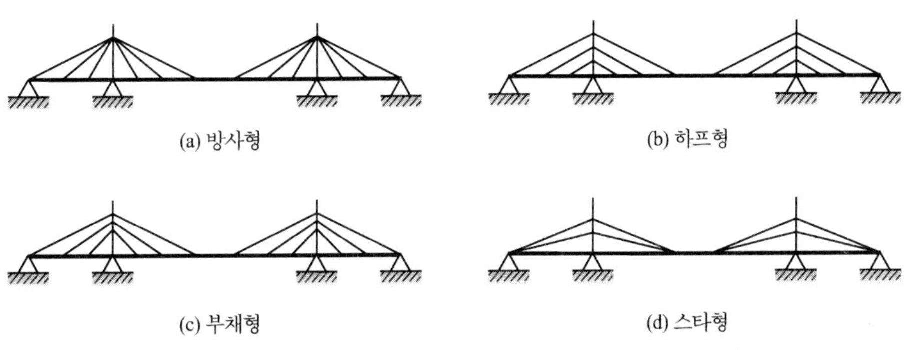

그림 1.2.14 사장교

(8) 엑스트라도즈드교

엑스트라도즈드교(extradosed bridge)는 상대적으로 가장 최근에 새로운 교량형식의 한가지로 분류된 교량형식이다. 엑스트라도즈드교의 외형은 사장교와 유사하고 거동은 거더교와 가깝다. PSC박스거더교의 내부 텐던을 외부로 노출시켜 거더 단면과의 편심을 최대화하여 구조적인 효율성을 높인 교량형식이다. 100~200m의 중장경간 지간의 건설이 가능하며, 사재케이블의 방식에 따라 외케이블방식과 사판식으로 구분할 수 있다.

(a)

(b)

그림 1.2.15 엑스트라도즈드교 : (a) 외케이블방식, (b) 사판식

CHAPTER

02

교량의 계획

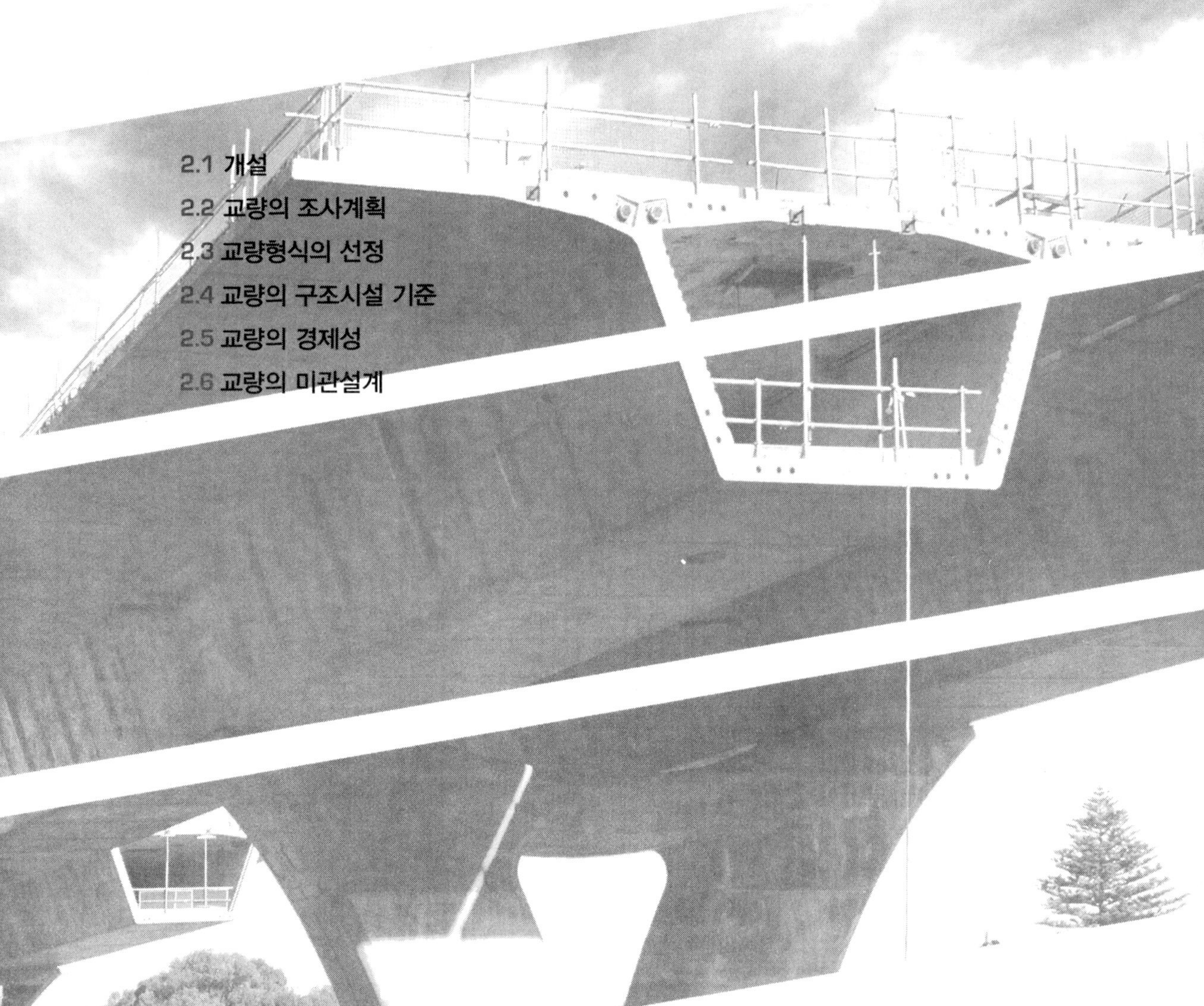

2.1 개설

교량의 성공적인 건설을 위해서는 교량의 설계에 앞서 교량의 계획단계에서 요구되는 선형, 가설상의 제반 제약조건과 기하적 구조설계기준 등을 모두 만족해야 한다. 안전하고 경제적이며 미관이 뛰어난 최적의 교량형식 및 형상·교장 및 경간분할·주형 및 바닥틀의 배치계획·하부구조의 형식 및 형상·기초의 형식 및 공법 등의 결정을 수행하는 교량의 조사 및 계획은 가장 중요하면서도 매우 어려운 과정이다. 계획단계에서의 충분하고 면밀한 조사를 통한 과학적이며 합리적인 최적 계획의 수립은 교량의 설계·시공·유지관리 전 단계에 걸친 교량의 성능, 즉 교량의 안전성·기능성·경제성·미관 등을 좌우한다. 따라서 교량의 계획은 성공적인 교량가설에 가장 큰 영향을 미치므로 매우 신중하게 이루어져야 한다.

교량의 성공적인 계획은 교량의 설계와 시공에 대한 다년간의 실무경험과 더불어 교량공학의 이론, 교량 구조물의 거동에 대한 이해와 분석능력, 첨단 가설공법, 교량의 설계 및 해석기법 등에 대한 광범위하고 깊은 지식이 있어야만 가능하고 그것도 여러 분야 전문가들의 팀웍에 의해서만 가능하다. 교량 기술자들은 교량의 계획단계에서 구조물로서 교량의 충분한 안전성 및 내구성의 확보와 이를 위한 적절한 교량형식과 가설공법의 선정, 가설후의 유지관리는 물론 나아가 교량건설로 미치게 될 사회적 · 환경적 영향에 대해서도 면밀하게 검토해야 한다.

교량계획은 건설하려는 예정지점의 여러 가지 입지조건, 즉 하천이나 운하상에 가설하느냐 또는 도로나 철도 상에 가설하느냐에 따라서 차이는 있으나 일반적으로 기본조사와 실측도를 작성하여 가설위치를 선정하고 교량의 종류와 형식 및 경간을 결정한 후에 설계에 착수하게 된다. 또한 교량을 설계 · 시공함에 있어서는 교량의 안전성 · 사용목적의 적합성 · 시공 및 유지관리의 용이성 · 경제성 · 환경과의 조화를 우선적으로 고려해야 한다.

가설위치와 노선선형

일반적으로 교량은 주어진 노선선형에 부합하고 기능을 충분히 발휘하도록 설계되어야 한다. 교량구조물은 도로 전체의 공사비 및 공정에 미치는 영향이 크므로 도로의 노선결정시에는 교량의 설계 · 시공성 · 경제성 등을 고려하여 유리한 선형을 채택할 필요가 있다. 노선의 결정은 지형 · 용지 · 지상건물 · 지하장애물 등 많은 요소에 의해 정해지며, 일단 선정된 선형에서도 지장이 없는 범위 내에서의 수정을 통해 설계 · 시공상 보다 유리하게 변경이 가능하다.

외적 제조건

교량 계획시 문제가 되는 것은 교장 및 지간, 교대 및 교각의 위치와 방향, 교하공간, 기초의 근입위치 등의 결정이며, 이것들은 지형 및 기초지질 상태, 교차하천, 도로 발주자·관리자의 의견 등에 영향을 크게 받는 요소이므로 사전에 충분한 조사와 의견수렴을 수행해야 한다. 또한 형식 선정시 환경조건을 충분히 고려해야 한다.

경제성

교량의 건설시에 경제성은 가장 중요한 요소라고 할 수 있다. 최근에는 경제성을 고려한 가치공학(VE/LCC)적 고려를 수행하도록 하고 있다. 즉 교량이 구조적·기능적·기타 교량가설 위치에서의 제 요구사항을 경제적으로 만족하는 지간분할과 교량형식 등을 선정하게 된다. 실제로는 이 단계에서 많은 노력이 필요하며, 특히 지간이 길거나 기초 및 하부조건이 복잡할 경우에는 2~5개의 비교형식에 대하여 계획설계를 시행한 후 비교검토하여 형식을 결정하는 것이 좋다. 매우 일반적인 단순형식일 때는 기존 교량 단위면적당 단가에 대한 자료 등을 이용한다.

시공성과 유지관리

개략적으로 공사비에 큰 차이가 없을 때에는 시공성과 유지관리가 용이한 교량형식을 선정하는 것이 유리하다. 최근 교량의 건설에도 조립식 시공법의 적용이 증대되어가고 있으나 해당 조건하에서 경제성에 대한 충분한 검토가 요망된다. 신공법과 신기술을 도입할 때도 시공의 안전성과 확실성을 담보하는데 필요한 기초자료가 충분치 못한 경우가 있지만 기술의 진보를 위하여 채택을 고려하는 것도 필요하다. 그러나 이런 경우에는 시공전에 기술내용을 충분히 검토하고 이해해야 하며, 가능한 소규모 공사에 적용하여 가능성을 확인한 후 적극적으로 채택하는 것이 좋다. 또한 아무리 경제적이고 시공성이 좋다고 하더라도 공용 중의 유지관리 용이성을 충분히 고려하는 것이 필요하다.

통일성과 표준화

교량의 계획단계에서는 각 교량마다 최적의 형식과 교장(또는 지간분할)을 검토해도 좋지만, 계획의 최후단계에서는 노선상의 전 교량을 총괄적으로 검토하여 어느 정도는 통일을 도모하는 것도 좋다. 예를 들어 폭이 좁은 부정정구조의 고가교 등에서는 외적조건 때문에 교장이 서로 다른 여러 종류의 교량을 건설하는 것보다는 공사비 면에서는 다소 손실이 있더라도 교장을 길게 하고 전체를 같은 치수의 교량으로 가설하는 쪽이 설계비와 공사비의 전체건설비 측면에서 경제적이고 시공면의 능률도 좋은 경우가 있다. 한번에 많은 교량을 계획하는 경우에는 교량미관을 고려하면서 형식은 물론 재료 및 구조치수의 표준화를 통해 설계의 일원화, 설계조사의 간소화, 시공능률의 향상 등에 크게 도움을 줄 수도 있다.

안정성과 쾌적성

교량상의 주행안정성과 쾌적성을 지배하는 요소로서 노선의 선형 외에도 노면상에 놓이는 난간, 조명, 중앙분리대 등 구조물의 구성요소와 신축이음장치, 포장, 차선 등도 설계시 충분히 고려할 필요가 있다.

미관

교량의 계획에 있어서는 경제성 · 안전성 · 시공성 등과 함께 미관을 반드시 고려해야 한다. 교량의 구조형식 · 상하부 조형 · 질감(texture) · 색채 등에 심리적 배려를 조합하여 전체 교량의 미관을 창출할 필요가 있다.

2.2 교량의 조사 및 위치선정

2.2.1 교량의 조사

(1) 조사의 목적

교량을 건설하는데 있어 도중에 큰 변경없이 합리적이고 경제적인 계획 · 설계 · 시공을 수행하기 위하여 구조물의 규모 · 중요성 및 교량 가설지점의 상황 등을 정확하게 판단할 수 있게 하는데 조사의 목적이 있다.

(2) 조사의 종류

조사의 종류는 교량의 규모에 따라 상이하지만 교량계획에 필요한 일반적인 조사의 종류와 조사내용 및 목적을 요약하면 표 2.2.1과 같다. 불충분한 조사로 인하여 공사단계에서 큰 변경을 가져오지 않도록 사전에 조사를 철저히 할 필요가 있다. 특히 기초지반 조사가 불충분하면 큰 변경을 유발하기가 쉬우므로 시추간격과 배치를 신중하게 결정하는 것이 중요하다.

표 2.2.1 조사의 종류

조사 종류	조사 내용	조사 목적
지형조사	· 지형도 작성	· 교량가설위치, 교량길이, 경간분할 결정
지질조사	· 지질역사, 지질자료 수집 · 지표지질조사 · 지질도 작성 · 물리탐사	· 교량 지지층의 지질조건 판단 · 교량가설위치, 교량길이, 경간분할 결정 · 하부공 위치선정과 구조계획
교차도로 조사	· 교차도로, 철도 등의 폭원, 교량높이, 건축한계, 횡단구조, 종단경사 등의 현황 및 장래 계획 조사 · 지하매설물의 조사 · 교통량 조사	· 교량길이, 경간분할, 다리 밑 공간, 시공방법의 선정
하천조사	· 하천횡단형상 · 유량, 유속, 고수위, 저수위, 하천경사 등의 형상 및 장래 계획 조사 · 세굴, 조류, 표층모래, 부유물 등의 변화에 대한 조사 · 항해선박의 조사	· 경간분할, 다리 밑 공간, 교각형상, 기초, 근입깊이의 선정 · 시공시기, 시공방법의 선정 · 가교 또는 가축도 설계 · 월류방지 소요단면의 결정 · 경간분할, 교각형상, 시공방법의 결정, 충돌하중의 결정 · 세굴방지공 계획
바다, 호수, 저수지의 조사	· 조수위, 파고, 조류조사 · 항해선박 및 장래 계획 조사	· 계획고의 선정 · 수압, 시공시기, 시공방법의 선정 · 경간분할, 교각형상, 충돌하중의 결정 · 선박충돌 방지공 계획
토질조사	· 시추 · 표준관입시험 · 공내물리검층 · 공내재하시험 · 평판재하시험 · 물성시험 · 일축압축시험 · 삼축압축시험 · 압밀시험	· 하부공의 설계 · 지지층 판단 · 지지력, 침하 검토 · 기초형식 선정 · 지반반력 계수 · 말뚝기초의 경우 부마찰력 검토
지진조사	· 지진기록, 지진피해 기록의 조사 · 지반상시 미진동측정 · 지진기반의 확인	· 설계진도의 결정 · 내진, 구조형식 선정
기상조사	· 기상관측 기록의 조사(풍속, 온도, 강설, 천후)	· 온도변화의 결정 · 풍하중, 설하중의 결정 · 피복두께의 선정, 재료의 선정 · 시공시기 및 방법의 선정
교량 부착물 조사	· 교량위치의 기설 지하매설물조사 · 상수도, 하수도, 가스, 전력, 통신선 등의 신설계획 조사	· 부착물의 제원, 중량의 결정

표 2.2.1 조사의 종류 (계속)

조사 종류	조사 내용	조사 목적
부식조사	· 기존 구조물의 부식상황 조사 · 유기물 조사, pH조사 · 도료에 대한 시험	· 사용재료의 선정 · 방청방법의 결정
재료조사	· 콘크리트용 골재 및 물의 품질과 물량조사	· 재료의 선정 및 적산
시공조사	· 재료 및 부재 운반로의 현황조사 · 제작장, 조립장의 현황조사 · 주변건물의 조사 · 양식장 축산농가의 조사 · 사적, 문화재 등의 유무	· 교량형식의 결정 · 운반될 최대부재의 결정 · 공사용 도로계획, 타공사와의 관련 · 교차물(도로, 철도, 하천)에 의한 제약조건 · 제작장, 조립장 위치 선정 · 시공중 소음, 진동 등의 주변 영향파악 · 환경보존 대책수립
주변환경 조사	· 교량의 조망권 조사 · 생태환경 보호구역 유무조사 · 교량주변의 지형조사 · 교량주변의 문화적, 역사적 유적지 유무조사 · 주변 개발계획 조사	· 교량의 경관설계 · 교량형식 및 시공방법의 선정
지역특성 조사	· 비행 고도한계(항공장애) 유무 조사 · 군작전지역 유무 조사	· 교량형식 및 시공방법의 선정 · 교량 계획고의 결정 · 거부시설의 유무 결정

(3) 조사의 단계

① 계획조사

가교지점 · 형하공간 · 구조형식 등을 결정하기 위해서 필요한 조사이다. 교량의 형식 비교와 계획설계를 하고 개략적인 공비의 산정 · 공기의 예측 · 공사 방법 등의 검토를 수행한다.

② 설계조사

계획조사의 결과를 바탕으로 결정된 조건 아래서 공사 발주에 필요한 교량의 설계도를 작성하기 위한 조사이다. 교량의 기초공 · 하부공 · 상부공의 상세 설계를 시행하고 시공조건 · 공비 · 공기를 산정한다.

③ 시공조사

상세 설계된 결과를 가지고 시공에 앞서 행하는 조사로 설계에 적용된 조건이 현장에 적합한지를 조사 확인하기 위한 것과 시공상 문제가 될 요인들을 공사에 앞서 미리 파악하기 위한 것이 있다. 시공조사에서는 지금까지 시행한 조사들에 대하여 보충하여 현장 재하시험을 통해 설계에 정해진 지지력을 확인 조사하고 제시된 설계도가 현장조건에 부합되는지 여부와 현장부근에 어떤 영향을 끼치는지 또는 이로 인한 공사상의 손해가 있는지 여부를 판단한다.

계획·설계·시공의 각 단계별로 필요한 조사방법을 조사계통도로 표시하면 그림 2.2.1과 같다.

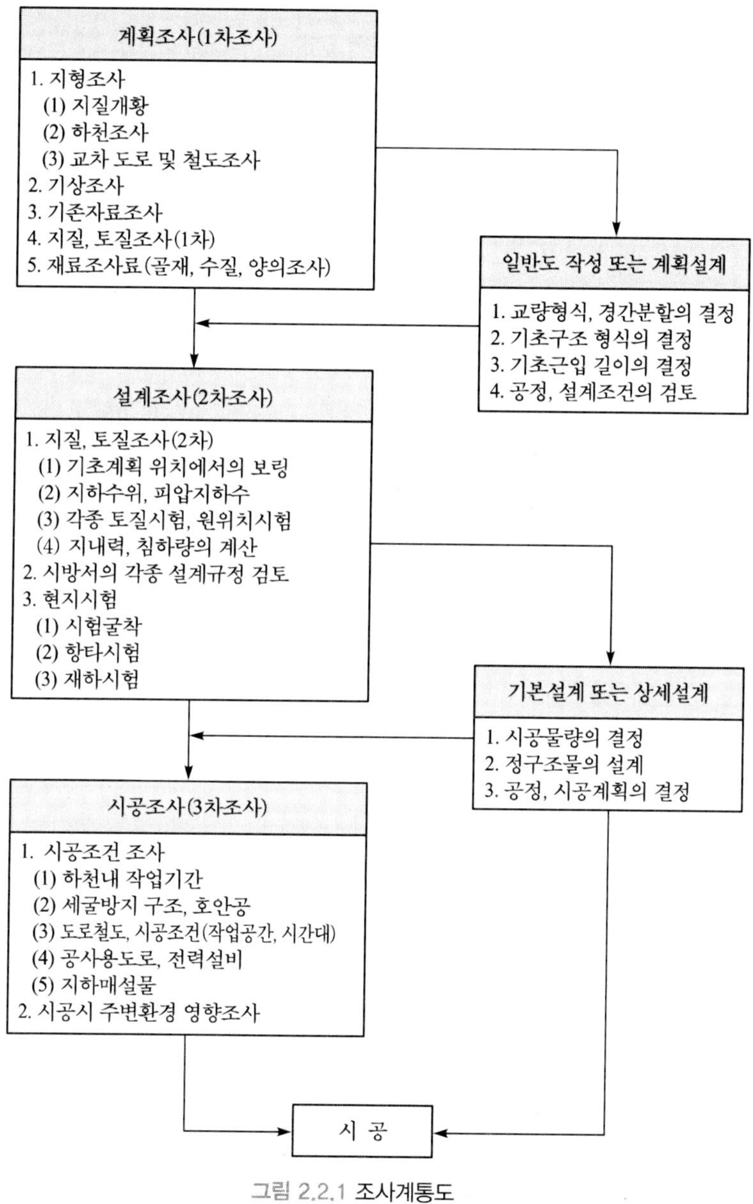

그림 2.2.1 조사계통도

2.2.2 위치의 선정

교량위치의 선정은 일반적인 경우 노선계획에 의하며 결정되지만 하천이나 해협 상에 가설할 경우는 다음 사항에 유의해야 한다.

- 가능한 하천에 대하여 설계나 시공, 경제적인 면에서 유리한 직교가 되도록 한다.
- 유심부나 하상이 변동하는 곳, 세굴작용이 심한 하천 굴곡부를 피한다.
- 하폭이 좁은 곳은 교량공사비가 낮게 되지만 하폭을 협소하게 하여 치수상의 나쁜 영향을 주는 곳은 피한다.

2.3 교량형식의 선정

지금까지 논한 여러 가지 조사를 토대로 하여 경제성에 주안점을 두고 주위환경과의 조화를 고려한 교량형식을 선정해야 한다. 경우에 따라서는 경제성보다는 주위의 환경이나 미관을 위주로 해서 교량이 건설될 때도 있다. 그러나 너무 미관에만 치우칠 때는 비용이 많이 소요되어 비경제적이 되므로 지나치게 미관을 고려한 선정은 가급적 피하는 것이 좋으며, 어디까지나 교량으로서의 안전성 · 기능성 · 경제성 등이 우선 고려되어야 한다. 미관에 크게 구애받지 않는 곳에서는 경제성을 위주로 하여 강성이 크고 내구성이 높으며 유지비가 많이 들지 않는 형식으로 선정해야 한다.

교량형식을 선정하기 위한 기본방향은 도로의 구조시설기준에 관한 규정, 도로교설계기준, 철도교설계기준, 콘크리트구조설계기준, 구조물기초설계기준 등 관련규준의 범위 내에서 총건설비용(재료비 · 건설비 · 유지보수비 포함)이 최소가 되도록 하고, 가능한 상부구조는 연속구조로 하는 것이 좋다.

일반도로, 고속도로 관련시설 및 장대교량 등 특수한 구조물을 가설하고자 할 때는 설계에 관련되는 기본적이고 중요한 사항에 대해서 미리 설계자와 발주기관 및 관련기관의 담당자와 충분한 협의를 거쳐야 한다.

협의시에 첨부되는 도서는 일반적으로 다음과 같은 것이 있다.

- 위치도 : 일반적으로 축척 1/5,000 노선도에 가교계획 위치를 기입
- 설계협의사항 : 교차조건 · 설계조건 · 구조개요 · 형식결정이유 등을 기입
- 기타 : 필요에 따른 공사비 비교 · 구조검토 등 형식결정의 기초자료로 활용한 것

2.3.1 경간분할

교량경간의 분할은 공사비에 커다란 영향을 미치며 치수(治水), 교차도로의 통행이나 선박통행을 위한 교하공간, 미관 등 많은 문제와 관계가 있으므로 단순히 이론적으로 결정하기가 곤란하다. 공사비의 관점에서 보면 일반적으로 상부구조의 비용이 적어지도록 설계할 때는 하부구조의 비용이 증가하며, 이와 반대로 하부구조의 비용을 감소시킬 때는 상부구조의 비용이 증가한다. 따라서 이 사이에서 경제적인 경간 비율이 결정되어야 할 것이나 실제로는 여러 가지 조건, 특히 기초지반의 양부(良否)에 의하여 달라지므로 원칙적인 방법은 없다. 일반적으로 상부구조와 하부구조의 공사비가 같도록 경간장을 정하는 것이 좋은 것으로 알려져 있다.

치수 상으로 보아 그다지 크지 않은 하천이나 저수위일 때, 유로가 일정치 않을 때는 동일경간으로 하나 개수 하천이나 저수부(低水敷)와 고수부(高水敷)로 되어 있을 때는 저수부는 되도록 장경간으로 하여 장애물을 감소시키는 것이 좋고 고수부는 소경간으로 하는 것이 일반적으로 유리하다. 또 교량이 하천이 아닌 철도 또는 도로 등을 횡단할 때는 교각은 철도 및 도로의 교통에 지장이 없는 장소에 세워야 함은 물론이다. 가령 도로 상에서는 보차도의 경계점에 가까운 보도 상에 설치하고 역구내의 철도 상에 가설할 때는 신호, 안전 등을 고려하여 시야에 지장을 주지 않는 장소를 선정한다.

상부 및 하부공사를 합한 총공사비의 관점에서 최적의 경간을 결정하는 경우의 착안점은 다음과 같다.

- 기초지반이 양호한 경우는 하부공사비가 적으므로 주로 단경간의 교량이 경제적이다.
- 기초지반이 불량한 경우는 케이슨이나 말뚝 등의 시공으로 인하여 하부공사비가 커지므로 주로 장경간의 교량이 경제적이다.

하천 · 도로 · 철도 등의 교차에 의하여 교각의 설치위치가 한정된 경우를 제외하고는 지간장이 결정됨으로서 상부구조형식이 결정되며 교량구조물의 전체형상이 고정되므로 지간장은 형식결정에 근본적인 요소이며 또한 미관상의 배려를 위해서도 중요한 요소이다. 외관상으로 장대지간이 아름다운 교량계획이 되지만 시공성 · 경제성도 고려해야 한다. 교량의 지간장은 교각의 높이와 지반조건, 기초구조형식 등 다양한 영향인자들을 개략적으로 고려하여 결정한다.

2.3.2 상부구조 형식의 선정

상부구조 형식의 선정을 위한 기본조건은 다음과 같다.

- 상부구조 형식의 선정은 시공성 · 경제성 · 유지관리 · 미관 등을 종합적으로 판단하여 선정해야 한다.
- 원칙적으로 상로형식을 선정한다.
- 원칙적으로 연속형식을 선정한다.

상부구조형식은 교량의 종류, 형식의 조합에 따라 각각 특징이 있다. 따라서 형식선정에서 각각의 형식이 갖는 특징을 확실히 판단하여 가설지점의 제조건에 비추어 가장 타당한 형식을 선정해야 한다. 구조형식과 적용지간의 관계를 나타내면 표 2.3.1과 같다.

표 2.3.1 상부구조 형식별 적용지간(계속)

교량형식			적용지간 (m)												형고비 (형고/지간)	한계사각
			5	10	15	20	30	40	50	60	70	80	90	100		
철근콘크리트교	슬래브교	단순교													1/10~1/16	45°
		연속교													1/15~1/20	45°
	속빈 슬래브교	단순교													1/17~1/18	30°
		연속교													1/17~1/19	30°
	T형거더교	단순교													1/8~1/10	30°
		연속교													1/10~1/15	30°
	박스거더교	단순교													1/13~1/20	30°
		연속교													1/20~1/30	30°
	라멘교 (슬래브 타입)	단순교													1/12~1/16	30°
		연속교													1/16~1/20	30°
	아치교														1/4~1/7	0°
합성거더교															1/22~1/25	30°

표 2.3.1 상부구조 형식별 적용지간

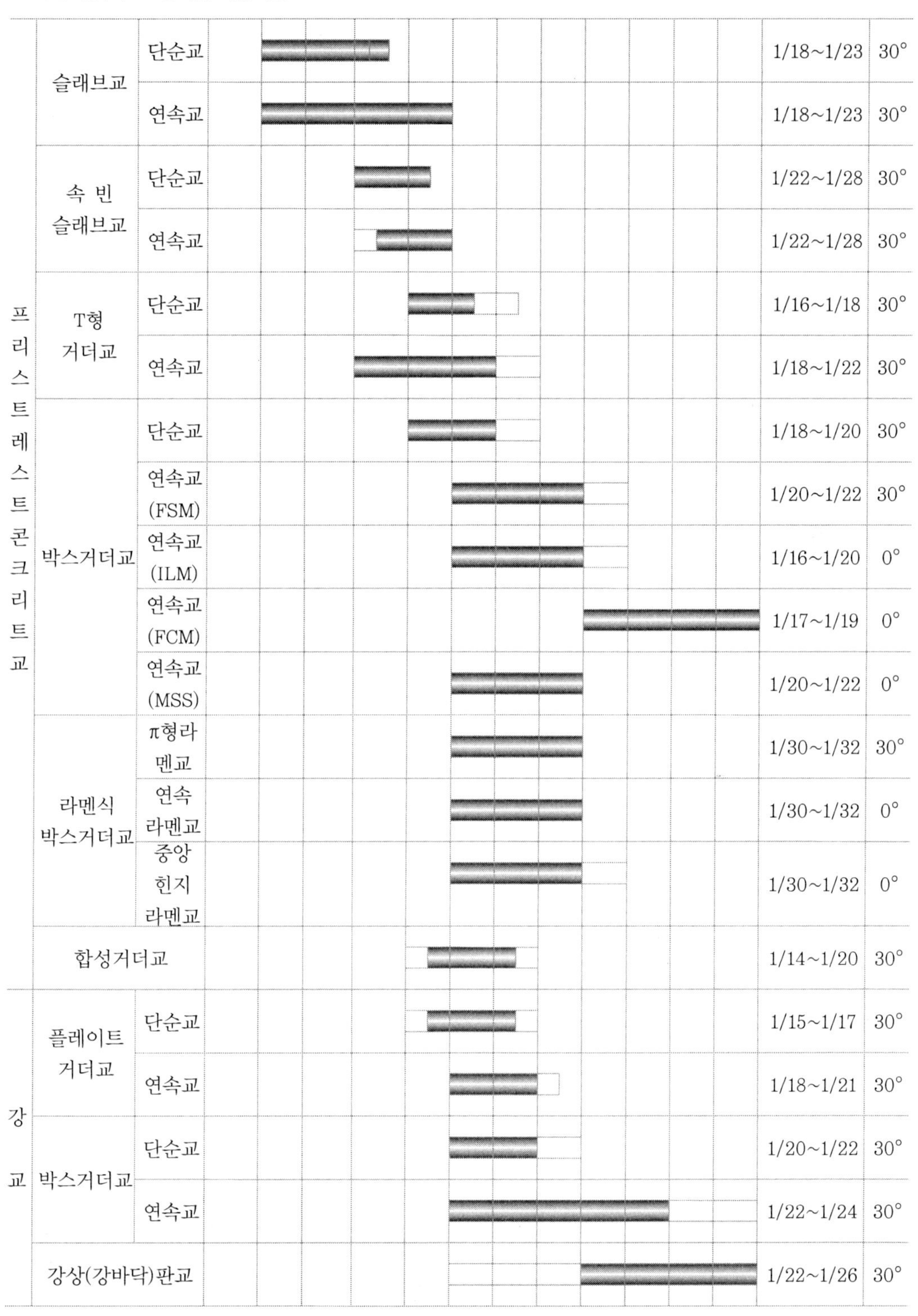

프리스트레스트콘크리트교	슬래브교	단순교	1/18~1/23	30°
		연속교	1/18~1/23	30°
	속 빈 슬래브교	단순교	1/22~1/28	30°
		연속교	1/22~1/28	30°
	T형 거더교	단순교	1/16~1/18	30°
		연속교	1/18~1/22	30°
	박스거더교	단순교	1/18~1/20	30°
		연속교 (FSM)	1/20~1/22	30°
		연속교 (ILM)	1/16~1/20	0°
		연속교 (FCM)	1/17~1/19	0°
		연속교 (MSS)	1/20~1/22	0°
	라멘식 박스거더교	π형라멘교	1/30~1/32	30°
		연속 라멘교	1/30~1/32	0°
		중앙 힌지 라멘교	1/30~1/32	0°
	합성거더교		1/14~1/20	30°
강교	플레이트 거더교	단순교	1/15~1/17	30°
		연속교	1/18~1/21	30°
	박스거더교	단순교	1/20~1/22	30°
		연속교	1/22~1/24	30°
	강상(강바닥)판교		1/22~1/26	30°

2.3.3 하부구조 형식의 선정

교량의 하부구조는 상부구조로부터 전달되는 하중을 기초지반으로 전달시키는 부분으로서 일반적으로 교좌 장치 아래 부분을 지칭하며 크게 교대 · 교각 · 기초로 나눌 수 있다.

하부구조 계획은 상부구조 계획과 서로 연관된 것으로 경제성 · 시공안전성 · 구조안정성 · 미관 · 기초구조와의 연관성 등을 고려하여 최적의 위치 및 형상을 결정해야 한다. 또한 하부구조는 지반의 변화에 의해 크게 영향을 받으므로 설계자의 경험에 의한 판단 등을 종합하여 결정해야 한다. 하부구조를 계획하는데 있어 형식 · 치수 · 재료 · 시공법 · 공비 등에 영향을 미치는 중요한 요소는 상부구조의 하중규모, 형하 여유고, 하천과의 관계, 지지 지반, 근접 시공 여부 등이다.

교량 하부구조의 형식은 다음과 같은 조건을 고려하여 선정하는 것이 일반적이다.

- 일반 교량은 철근콘크리트 구조를 기본으로 한다. 다만 2층 고가교 · 도로고가교에서는 강교각이 유리할 수도 있다.
- 프리스트레스트 콘크리트나 강구조는 교각단면의 허용치수가 제한되어 철근콘크리트 구조로는 불가능한 경우나 기타 콘크리트를 현장타설할 수 없는 경우에 적용한다.
- 하천 내에서는 구체단면을 원형, 타원형, 다이아몬드형 등을 취한다. 특히 산간부의 하천에서 평수위 때와 홍수 시의 유수방향이 다를 때는 세굴을 고려하여 원형교각을 취한다.
- 제한을 받지 않는 경우에는 구체단면을 직사각형이나 I형을 취해도 된다.

하천의 합류부나 극단적인 만곡부에는 홍수시에 유수의 방향이 바뀌며 교각이 유수장해를 일으킬 수 있다. 교각 구체의 형식은 유수방향과 일치하는 장방형이 유리하나 구체의 수평단면이 극히 적거나 교각에 작용하는 교축방향 수평력이 큰 경우, 홍수 시의 유수방향이 일정하지 않은 경우 등에는 구체를 원형으로 하는 것이 좋다.

연약 지반에 있어서 하천을 횡단하는 교량을 설계하는 경우에는 교대 뒷채움 흙의 수직 및 수평하중에 의하여 기초 아래의 연약층이 압밀 · 변형을 하여 교량에 치명적인 피해를 줄 수 있으므로 이때에는 교대를 제방 너머에 설치하거나 기초에 보호장치를 하는 등의 조치가 필요하다.

산악부의 경사면에 교각을 설치하는 경우에는 근입이 적은 직접 기초는 편심 · 경사하중 등에 의해 지지력이 감소할 우려가 있으므로 선형 선정 시 가급적 완만한 사면을 선정하는 것이 좋다.

사교의 설계 시에는 교대에 작용하는 토압 방향의 변화를 안정 및 응력 계산시 고려해야 한다. 특히 상부 자중이 큰 사교에서는 지진발생 시 큰 문제가 발생할 수 있으므로 주의해야 한다.

(1) 교대 형식 선정

교대는 교량의 양단에 설치하는 것으로서 배면의 흙과 접속되어 상부구조로부터의 하중과 접속부로부터의 토압, 상재하중에 의한 압력을 받아 교대 자체의 자중과 함께 기초지반에 전달하는 역할을 하며, 성토높이 및 위치에 따라 여러 형식이 사용된다. 교대 형식은 구조적으로 안정하고 경제적이어야 한다. 교대의 높이에 따른 일반적인 교대형식 선정의 기준은 표 2.3.2와 같다.

표 2.3.2 교대의 선정기준

교대 형식	높이(m)				비고
	10m	20m	30m		
중력식	4				
반중력식	6				
역T 형식	12				
뒷부벽식					
라멘식	15				
박스형		12			

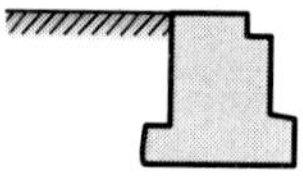

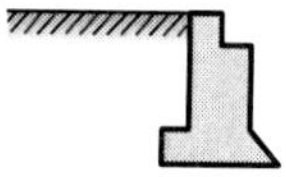

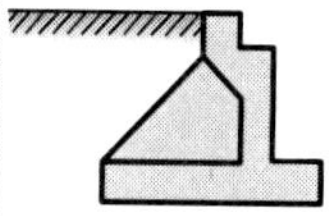

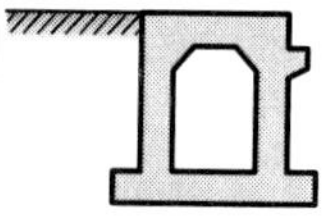

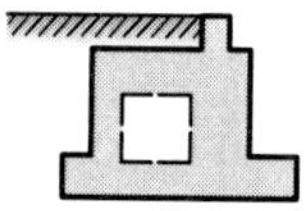

(2) 교각 형식 선정

교각의 형식은 구조적으로 안정하고 경제적인 것이어야 한다. 교각의 형식을 결정하는데 영향을 미치는 요인으로는 교각 가설지점의 입지조건(환경조건) · 시공조건(시공성) · 경제성 · 미관 등이 있으며 이를 종합적으로 검토하여 형식을 결정해야 한다.

① 입지조건

하천에 가설하는 교각은 유수를 방해하지 말아야 하며 하상의 세굴에 적은 영향을 받는 구조이어야 하는 관계로 유수 저항이 적은, 즉 가급적 구체 폭이 얇은 것을 사용할 필요가 있다. 유수 방향이 일정한 곳에서는 일반적으로 유수방향과 평행한 타원형 교각을 쓰는 것이 좋으며 유수 방향이 일정하지 않거나 합류부 등에는 원형 교각을 쓰는 것이 좋다.

라멘 형식의 2주식 교각은 원형이나 타원형에 비해 세굴의 영향을 많이 받는 관계로 기둥 사이에 벽을 설치하는 것도 유효한 방법이 될 수 있다.

② 시공조건

시공조건에는 시공가능기간, 작업시간 · 작업면적 · 작업공간, 도로 교통 및 선박운항의 확보, 진동 · 소음의 영향 등을 고려해야 한다. 하천에서의 공사는 홍수에 의해 시공기간이 영향을 많이 받으므로 갈수기에 끝날 수 있도록 시공법이나 가설물을 설계하는 것도 유효한 방법이다. 단면의 감소를 도모하기 위해 철골 및 철근 콘크리트 교각, 강재 교각을 사용하는 경우는 사용가능한 중기의 능력을 고려하여 부재를 분할 시공해야 한다.

③ 경제성

교각 형식 결정에 있어서의 경제성뿐만 아니라 시공상의 안전성, 건설 공해의 발생, 인력의 최소화 등도 고려해야 한다. 또한 하부구조의 시공인 관계로 지형 위치에 따라 가교 · 축도 등의 가시설물도 같이 고려해야 한다.

④ 미관

교량 상부구조와 하부구조가 조화를 이루도록하며, 도시 · 전원 · 산악 · 해안 · 관광지 등 지역 환경에 따라 외관 형식을 적절하게 고려해야 한다.

교각의 형식은 도로 · 하천 등 부대조건에 의한 외적요소에 제약받을 수도 있다. 형식 선정은 미관을 고려하고 입지조건 · 구간에 따라 통일시키는 것이 필요하다. 교각 높이에 따른 일반적인 교각 선정기준은 표 2.3.3과 같다.

표 2.3.3 교각 형식 선정

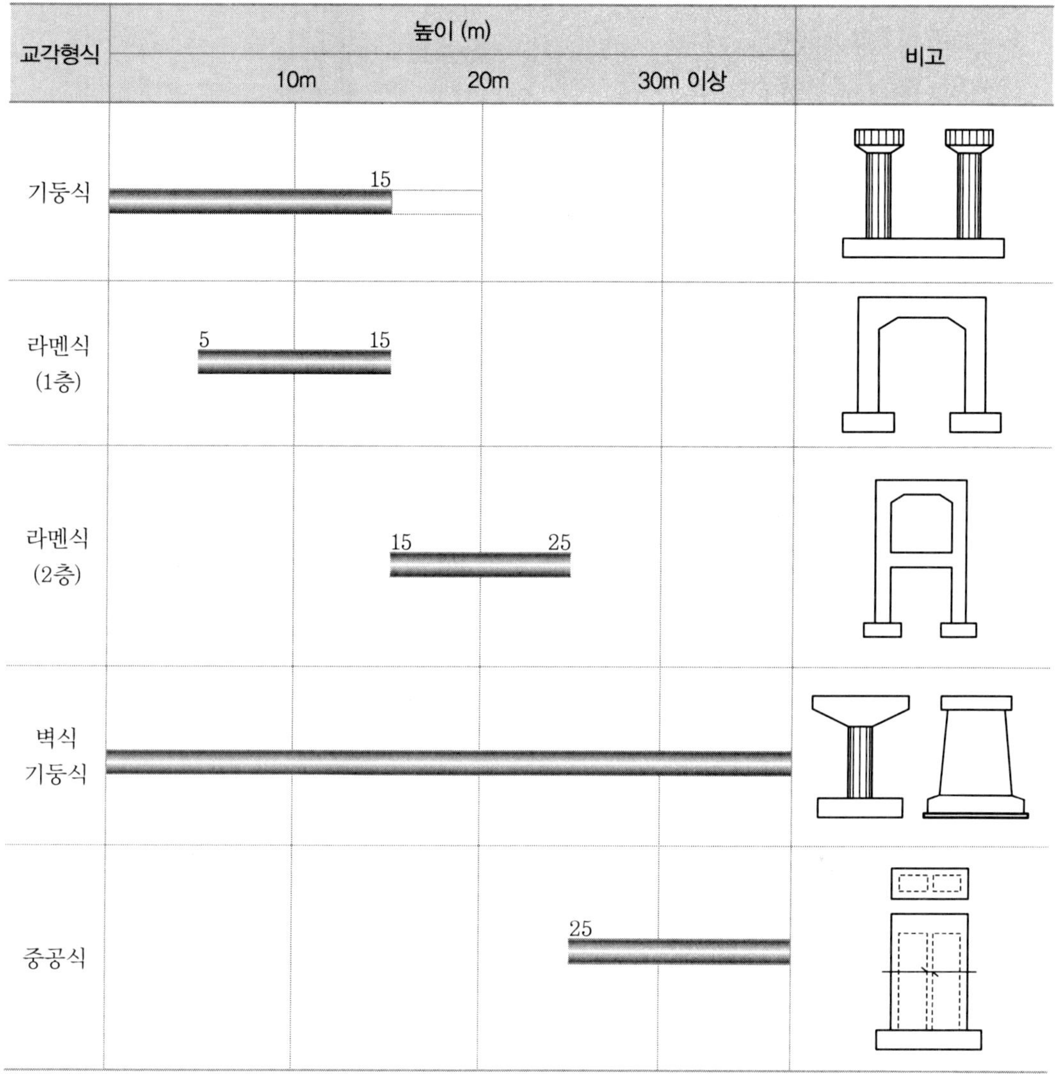

교각형식	높이 (m)			비고
	10m	20m	30m 이상	
기둥식	15			
라멘식 (1층)	5 15			
라멘식 (2층)	15	25		
벽식 기둥식				
중공식		25		

(3) 기초 형식 선정

기초의 형식은 지형 및 지질조건, 구조물의 특성, 시공조건, 환경조건 등을 고려하여 선정해야 하며 기초형식별로 구분하면 직접기초, 케이슨기초, 말뚝기초 및 강관널말뚝기초 등으로 나누어진다. 기초의 강성과 깊이, 수평지반 저항(지반반력), 작용하중에 대한 기초와 지반의 하중분담 등을 주로 고려하여 설계되고 선정되어야 한다.

기초를 직접기초, 케이슨기초, 말뚝기초 및 강관널말뚝기초 등으로 구분하는 것은 주로 시공방법에 의한 구분이며, 기초 형식의 선정 시에는 표 2.3.3과 같은 자료를 활용할 수 있다.

표 2.3.3 기초 형식 선정

선정조건 \ 기초형식				직접기초	케이슨기초		말뚝기초														강관널말뚝 기초	지중연속벽 기초
							타입말뚝 기초			내부굴착 말뚝기초						현장타설 말뚝기초					
										PC·PHC 말뚝			강관말뚝								
					공기케이슨	오픈케이슨	RC 말뚝	PC·PHC 말뚝	강관 말뚝	최종타격방법	분출교반방식	콘크리트타설방식	최종타격방법	분출교반방식	콘크리트타설방식	올케이싱	리버스	어스드릴	인력		
지반조건	지지층까지 상태	중간층에 극 연약층이 있음		△	○	○	○	○	○	○	○	○	○	○	○	○	○	○	×	○	○
		중간층에 극 굳은층이 있음		○	○	△	×	△	△	○	○	○	○	○	○	△	○	△	○	△	○
		중간층에 조약돌이 있음	조약돌지름 50mm 이하	○	○	○	△	△	○	○	○	○	○	○	○	○	○	○	○	○	○
			조약돌지름 50~100mm	○	○	○	×	△	△	△	△	△	△	△	△	○	○	△	○	△	○
			조약돌지름 100~500mm	○	○	△	×	×	×	×	×	×	×	×	×	△	×	×	○	×	△
		액상화하는 지반이 있음		△	○	○	△	○	○	○	○	○	○	○	○	○	○	○	○	○	○
	지지층의 상태	지지층의 심도	5m 미만	○	×	×	×	×	×	×	×	×	×	×	×	×	×	×	○	×	×
			5~15m	△	○	○	○	○	○	○	○	○	○	○	○	○	△	○	○	△	△
			15~25m	×	○	○	△	○	○	○	○	○	○	○	○	○	○	○	○	○	○
			25~40m	×	○	○	×	○	○	○	○	○	○	○	○	○	○	△	△	○	○
			40~60m	×	△	○	×	△	○	△	△	△	○	○	○	△	○	×	×	○	○
			60m 이상	×	×	○	×	×	△	×	×	×	×	×	×	×	△	×	×	○	○
		지지층의 토질	점성토 (20 ≤ N)	○	○	○	○	○	○	○	×	△	○	×	△	○	○	○	○	○	○
			모래·모래자갈 (30 ≤ N)	○	○	○	○	○	○	○	○	×	○	○	×	○	○	○	○	○	○
		경사가 큼(30정도 이상)		○	○	△	×	△	○	△	△	△	○	○	○	○	△	△	○	△	△
		지지층면의 요철이 심함		○	○	△	△	△	○	△	△	△	○	△	△	○	○	○	○	△	○
	지하수 상태	지하수위가 지표면 근처		△	○	○	○	○	○	○	○	○	○	○	○	○	○	△	△	○	○
		용수량이 아주 많음		△	○	○	○	○	○	○	○	○	○	○	○	○	○	△	×	○	△
		지표에서 2m 이상 피압지하수		×	△	△	○	○	○	×	×	×	×	×	×	×	×	×	×	○	×
		지하수 유속 3m/min 이상		×	○	△	○	○	○	○	×	×	○	×	×	×	×	×	×	○	×

표 2.3.3 기초 형식 선정(계속)

구조물의 특성	하중규모	연직하중이 작음 (지간 20m 이하)	○	×	△	○	○	○	○	○	○	○	○	○	○	○	○	○	×	×
		연직하중이 보통 (지간 20~50m 이하)	○	○	○	△	○	○	○	○	○	○	○	○	○	○	○	○	○	○
		연직하중이 큼 (지간 50m 이상)	○	○	○	×	△	○	△	△	△	○	○	○	○	○	△	○	○	○
		연직하중에 비해 수평하중이 작음	○	△	△	○	○	○	○	○	○	○	○	○	○	○	○	○	△	△
		연직하중에 비해 수평하중이 큼	○	○	○	×	△	○	△	△	△	○	○	○	○	○	○	○	○	○
	지지형식	지지말뚝	/	/	/	○	○	○	○	○	○	○	○	○	○	○	○	○	/	/
		마찰말뚝	/	/	/	○	○	○	/	/	/	/	/	/	○	○	○	/	/	/
시공조건	수상시공	수심 5m 미만	○	△	△	○	○	○	△	△	△	△	△	△	×	○	△	×	○	×
		수심 5m 이상	×	△	△	△	△	○	△	△	△	△	△	△	×	△	×	×	○	×
	작업공간이 좁음		○	△	△	△	△	△	△	△	△	△	△	△	△	△	△	○	×	△
	경사말뚝의 시공		/	/	/	△	○	○	×	×	×	△	△	△	△	×	×	×	/	/
	유해가스의 영향		△	×	○	○	○	○	○	○	○	○	○	○	○	○	○	×	○	○
	주변환경	진동소음대책	○	○	○	×	×	×	△	○	○	△	○	○	△	○	○	○	×	○
		인접구조물에 대한 영향	○	△	△	×	×	△	△	○	○	△	○	○	○	○	○	△	△	○

○ : 적합성이 높음　　△ : 적합성이 있음　　× : 적합성이 낮음

2.3.4 환경 및 경관

(1) 환경

교량형식 선정 시에는 다음 사항에 대해 가설지점이 주위 환경에 미치는 영향을 충분히 검토한 후 형식을 결정해야 한다.

① 공사중 진동·소음·수질오염 등에 관한 영향

도로건설시의 공해는 그 영향 범위가 광역적인 것(대기·수질 등)과 국지적인 것(소음·진동 등)으로 분류되며 공종에 따라 여러 종류의 공해가 발생하는 특수성을 가지고 있다. 더욱이 발생원 자체가 이동(덤프트럭 등)하는 이동공해이면서 공사현장 내에서 발생하는 고정성 공해라는 이면성을 갖고 있다.

이런 특수성으로 방지책을 강구하기 어려운 면도 있지만 계획·설계·시공 및 적산시에 공해를 예측한 정량적인 대책을 고려해야 한다.

② 완성 후 교량이 주위환경에 미치는 진동·소음 등의 영향

도시부·연약지반 등에서 완성후의 교량에 발생하는 진동·소음이 문제가 될 것으로 예상되는 경우에는 다음 사항에 유의한다.

- 장경간 라멘구조에서는 라멘의 변형에 의해 기초가 횡방향으로 이동하고 지반 진동이 문제가 되는 경우가 있다.
- 받침의 마찰계수가 커서 온도변화에 따라 원활히 움직이지 않고 일정 온도변화에 달한 시점에서 급격히 이동함에 따라 진동·소음의 원인이 될 수 있다.
- 저주파 공기진동 문제가 드물게 발생하는 일이 있는데, 저주파음은 구조 각 부분의 진동에 기인하고 음압수준(dB)도 구조물의 강성 및 교량이 받는 에너지(중량·속도 등)에 관계되므로 가능한 한 강성이 큰 형식이나 구조를 채용하는 것이 좋다.

(2) 경관

교량형식 선정시 교량구조물이 갖는 다양한 기능·특징 중 특히 시각적 기능, 소위 "어떻게 보이는가"라는 점과 연관해서도 고려해야 한다. "구조물이 사람에게 어떤 느낌을 주는가"라는 시각적 효과는 구조물이 갖는 각종의 특징 중 가장 중요한 것이다. 특히 교량구조물은 사회적 자산이고 50~100년이라는 장기간에 걸쳐 사용되는 공공물임을 고려할 때 충분한 초기투자로 우수한 외관을 갖는 구조물을 만드는 것은 교통시설로서의 기능을 만족시킨다는 조건과 마찬가지로 중요하다. 따라서 교량의 계획 및 설계 시에는 다음 사항을 충분히 고려하여 검토해야 한다.

① 구조물과 주위경관과의 조화

구조물을 주위경관과 관련하여 파악하는 경우 일반적으로 소거(消去)/조화(調和)/대비(對比)의 3가지 방법을 생각할 수 있다.

- 소거는 구조물을 주위경관에서 가능한 한 인지되지 않도록 하는 것이 바람직한 경우에 사용하는 방법으로, 예를 들면 자연경관이 탁월한 지역의 구조물이 대상이 된다. 이 경우 자연경관에서 인공구조물인 교량을 전부 소거하는 것은 불가능하므로 자연목·기타 차폐물로 숨기는 방법, 사용재료의 질감·색채를 주위와 동일하게 하여 주위경관에 매몰시키는 방법을 사용한다.
- 조화는 주위경관과 잘 어울리는 형태 및 규모를 선정하고 사용재료의 질감·색채가 주위 경관과 이질감을 갖지 않도록 하는 것이다. 즉 인공구조물의 영역이라고 할 수 있는 도시 내에서는 강재의 기계적인 경관은 잘 조화되지만 산악지대의 자연경관에서는 보

다 자연재료에 가까운 질감을 갖는 콘크리트 구조물이 보다 잘 어울릴 수 있다.

- 대비는 구조물을 주위환경과 전혀 다른 성격의 것으로 하여 그 존재를 주위와의 대비로 적극적으로 인지시키는 것이다. 이 방법은 성공하면 신선한 인상을 주지만 잘못하면 기이한 인상을 주어 실패하는 예가 많으므로 유의해야 한다.

② 구조물의 형태 및 규모

교량은 도로·하천·기타 시설 등을 횡단하는 횡단구조물로서 계획되며 규모는 교량 자체의 성격보다는 외적인 요인에 의해 결정되는 경우가 많다. 따라서 교량의 형태가 문제로 된다. 그러나 도로교는 횡단구조물로서의 교차조건, 기타 조건으로부터 형고, 교각 위치가 한정되는 경우가 많고 형태상의 자유도도 상당히 낮다. 이러한 조건으로부터 도로교의 형태를 논의함에 있어 중요한 요소가 되는 것은 형태미(proportion)와 연속감 및 리듬이다.

형태미는 상부공과 하부공의 균형·지간분할·아치의 지간과 라이즈(rise)의 균형 등 구조상 합리성을 추구함으로서 적절한 조화를 얻을 수 있다. 연속감이나 리듬은 연속고가교에서 볼 수 있는 것으로 그림 2.3.2와 같이 교량 측면에 보이는 수평선이나 매끄러운 곡선이 주는 연속감이나 리듬을 유지하여 보는 사람에게 좋은 느낌을 주게 된다.

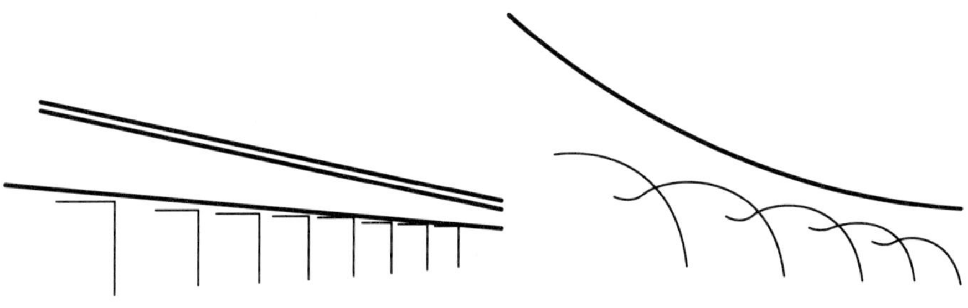

그림 2.3.2 연속감 및 리듬

③ 구조물의 질감 및 색채

구조물은 어떤 재료로 만들든 그 재료에는 고유의 질감·색채가 있다. 질감이란 재료의 표면성질로 질감에 의해 구조물이 따뜻하거나 찬 느낌을 주며, 설계자는 의도적으로 이것을 이용함으로써 구조물의 시각적 가치를 높일 수가 있다. 질감이란 재료 고유의 것 외에 인공적으로 재료 표면에 붙인 요철에 따라서도 다르게 느껴질 수 있다. 색채에 대해서도 유사하게 설명될 수 있다. 재료 고유의 색채 외에 인공적인 색채를 이용하는 방법도 있으며 구조물의 성격에 따라 조합하여 이용하기도 한다.

여기서 주의해야 할 것은 질감·색채에서도 인공적인 것은 시간이 지남에 따라 그 효과가 줄어들지만 자연적인 것은 점차 미적가치가 높아진다는 것이다. 철판에 채색한 것과 자연석을 이용한 구조를 비교하면 잘 이해할 수 있을 것이다.

2.4 교량의 구조시설 기준

교량은 도로의 일부로서 국토교통부의 "도로의 구조·시설기준에 관한 규칙(2015)"과 "철도건설규칙(2009)"에 따라 최소한의 기준을 만족하도록 건설되어야 한다. 이 절에서는 도로교량에 대한 구조시설기준을 소개하고자 한다. 도로의 구조시설 기준에 관한 규정에서는 도로구조의 기술적 기준으로 폭원·건축한계·선형·시거·경사도·배수시설·접속·대피소·횡단보도교 등의 기타 필요한 사항들을 법으로 규정하고 있다.

2.4.1 교량의 등급

교량은 접속도로와 교통량에 따라서 각 등급으로 나누어서 설계한다. "도로의 구조·시설기준에 관한 규칙(2015)"의 하위 기준인 "도로교 설계기준(한계상태설계법)"에서는 교량을 3등급로 규정하고 있다. 설계 차량활하중으로 설계된 교량은 1등교, 1등교 활하중의 75%를 적용한 교량은 2등교, 2등교 활하중의 75%를 적용한 교량은 3등교로 한다. 기본적으로 고속국도 및 자동차 전용도로상의 교량은 1등교로 한다. 다만 교통량이 많고 중차량의 통과가 불가피한 도로, 국방상 중요한 도로 상에 가설한 교량, 장대교량은 1등교로 할 수 있다. 또한 교통량이 많거나 중차량의 통과가 빈번한 특수산업시설에 인접한 지방도, 시도 및 군도 상의 교량은 1등교로 설계함을 원칙으로 하고 있다. 일반국도, 특별시도와 지방도 상의 교통량이 적은 교량은 2등교로 한다. 또한 시도 및 군도 중에서 중요한 도로상에 가설하는 교량은 원칙적으로 2등교로 한다. 한편 산간벽지에 있는 지방도와 시도 및 군도 중에서 교통량이 극히 적은 곳에 가설하는 교량은 3등교로 한다. 또한 교통량이 극히 적은 경우에는 예외적으로 발주자 또는 담당기술자의 판단에 의하여 3등교로 설계할 수 있다.

2.4.2 도로의 구분

도로교량은 도로의 일부분이므로 도로의 종류에 따라 계획되어야 한다. 도로의 구분은 도로가 제공하는 또는 이용자가 기대하는 기능, 도로가 소재하는 지역 및 지형의 상황과 계획교통량에 따라 동일한 설계기준을 적용해야 하는 구간을 도로의 구조와 시설기준이라는 관점에서 분류하여 체계 있게 구분하도록 한 것이다. 도로는 고속도로 및 일반도로로 구분한다. 고속도로 중 도시지역에 있는 고속도로는 도시고속도로로 한다. 일반도로의 기능별 구분에 상응하는 「도로법」에 따른 도로의 종류는 표 2.4.1과 같다.

표 2.4.1 도로의 구분

일반도로	도로의 종류
주간선도로	일반국도, 특별시도·광역시도
보조간선도로	일반국도, 특별시도·광역시도, 지방도, 시도
집산도로	지방도, 시도, 군도, 구도
국지도로	군도, 구도

2.4.3 설계속도 및 차로 폭

설계속도는 도로의 기능별 구분에 따라 표 2.4.2의 속도 이상으로 한다. 다만, 지형 상황 및 경제성 등을 고려하여 필요한 경우에는 표 2.4.2의 속도에서 시속 20킬로미터 이내의 속도를 뺀 속도를 설계속도로 할 수 있다.

표 2.4.2 설계속도

도로의 기능별 구분		설계속도(킬로미터/시간)			
		지방지역			도시지역
		평지	구릉지	산지	
고속도로		120	110	100	100
일반도로	주간선도로	80	70	60	80
	보조간선도로	70	60	50	60
	집산도로	60	50	40	50
	국지도로	50	40	40	40

차로의 폭은 차선의 중심선에서 인접한 차선의 중심선까지로 하며, 도로의 구분, 설계속도 및 지역에 따라 표 2.4.3의 폭 이상으로 한다. 다만 설계기준자동차 및 경제성을 고려하여 필요한 경우 3미터 이상, 접경지역에서 전차, 장갑차 등 군용차량의 통행에 따른 교통사고의 위험성을 고려하여 필요한 경우 3.5미터 이상으로 해야 한다.

표 2.4.3 차로의 최소 폭

도로의 구분			차로의 최소 폭(미터)		
			지방지역	도시지역	소형차도로
고속도로			3.50	3.50	3.25
일반도로	설계속도 (킬로미터/시간)	80이상	3.50	3.25	3.25
		70이상	3.25	3.25	3.00
		60이상	3.25	3.00	3.00
		60미만	3.00	3.00	3.00

2.4.4 시설한계

시설한계란 도로위에서 차량이나 보행자의 교통안전을 보호하기 위하여 어떤 일정폭, 일정 높이 범위 내에서는 장애가 될 만한 시설물을 설치하지 않도록 하는 공간확보의 한계를 의미하는 것이다. 따라서 시설한계 내에서는 교각이나 교대는 물론 조명시설 · 방호울타리 · 신호기 · 도로표시 · 가로수 · 전주 등의 제시설을 설치할 수 없다. 차도 · 자전거도 · 보도의 상세한 시설한계는 도로규정을 따르면 된다.

교량의 계획단계에서는 가설위치 · 지간분할 · 교각위치 · 교각형상 · 교하공간 등을 교량가설 예정지점의 관할기관과 충분히 협의해야 하고, 특히 다음의 입지조건을 고려하는 것이 좋다.

① 하천에 가설하는 경우
- 가교위치, 교장과 교대의 위치결정에는 하천의 형상과 개수계획 등
- 지간장 · 교하공간 · 교각형상의 결정에는 계획홍수위 · 계획홍수량 · 항운조건 · 인접구조물 등
- 기초상단의 높이결정에는 개수계획 · 세굴상태 등

② 해협이나 운하에 가설하는 경우
- 지간장과 교하공간의 결정에는 항로통과 선박의 크기 등

③ 도로나 철도 위에 가설하는 경우
- 교장 · 지간장 · 교하공간 · 교각의 위치와 형상 등의 결정에는 도로나 철도의 폭원구성 · 건축한계 · 시거 등
- 교대 · 교각 · 기초의 위치와 형상의 결정에는 지하매설물, 지하구조물 등

한편 교하공간은 교량 밑의 교차조건에 필요한 공간과 유지관리에 필요한 공간을 관련시설 및 설계기준에 따라 합리적으로 정해야한다. "도로의 구조 · 시설기준에 관한 규

칙"에서는 시설한계를 4.5m 이상으로 규정하고 있으며, 하천을 횡단하는 교량은 "하천설계기준"의 계획홍수량에 따른 여유고를 표 2.4.4와 같이 정하고 있다.

하천에서 다리 밑 공간은 교량가설을 감안하여 산정한 홍수위로부터 교각이나 교대 중 가장 낮은 교각(교대)에서 교량상부구조를 받치고 있는 받침장치 하단부까지 높이를 뜻하며 받침장치가 콘크리트에 묻혀있을 경우 콘크리트 상단높이까지를 의미한다. 교대와 교각이 여러 개일 경우 이들 중 가장 낮은 지점의 높이를 말한다. 또한 라멘교의 경우 슬래브의 헌치 하단까지의 높이로 한다.

표 2.4.4 계획홍수량에 따른 여유고

계획홍수량(m^3/sec)	여유고(m)
200 미만	0.6 이상
200 이상~500 미만	0.8 이상
500 이상~2,000 미만	1.0 이상
2,000 이상~5,000 미만	1.2 이상
5,000 이상~10,000 미만	1.5 이상
10,000 이상	2.0 이상

2.4.5 경간장

교량의 경간장은 "하천설계기준"에 따라 다음과 같이 결정한다.

① 교량의 길이는 하천폭 이상이어야 한다.

② 경간장은 산간 협착부라든지 그 외 하천의 상황, 지형의 상황 등에 따라 치수상 지장이 없다고 인정되는 경우를 제외하고는 식 (2.4.1)로 얻어지는 값 이상으로 한다. 단, 그 값이 70m를 넘는 경우에는 70m로 한다.

$$L = 20 + 0.005Q \qquad \text{식 (2.4.1)}$$

여기서, L : 경간장(m)

Q : 계획홍수량(m^3/sec)

③ 다음의 각 항목에 해당하는 교량의 경간장은 하천관리상 큰 지장을 줄 우려가 없다고 인정될 때는 ②항의 규정에 관계없이 다음에서 제시하는 값 이상으로 할 수 있다.

- 계획홍수량이 500m^3/sec 미만이고 하천폭이 30m 미만인 하천일 경우 12.5m 이상
- 계획홍수량이 500m^3/sec 미만이고 하천폭이 30m 이상인 하천일 경우 15m 이상
- 계획홍수량이 500~2,000m^3/sec인 하천일 경우 20m 이상
- 주운을 고려해야 할 경우는 주운에 필요한 최소 경간장 이상

2.5 교량의 경제성 검토

모든 교량의 계획 및 설계에 있어서 방법과 수준의 차이는 있겠으나 경제성 검토를 수행하고 있다고 할 수 있다. 과거의 경제성 검토 및 분석은 주로 초기공사비와 공용연수에 따른 감가상각비용 정도를 고려하는 것이 일반적이었다. 최근 들어 교량의 경제성 분석은 해당 교량의 계획 및 설계, 시공, 유지관리, 해체 및 폐기까지 소요되는 교량의 전생애기간 동안 발생하는 총 비용인 생애주기비용(Life-Cycle Cost; 이하 LCC)을 고려하여 경제적인 대안을 선정하는 분석을 말한다. 특히 각 생애주기에 따라 소요되는 교량과 관련한 직접적인 소요비용(건설비, 유지관리비)뿐만 아니라 유지관리행위로 인해 추가적으로 발생하는 간접적인 비용(시간지연비용, 차량운행지체비용, 사회손실비용 등)을 고려하기도 한다.

교량을 포함한 건설공사의 경제성 분석에 대해서는 '건설기술관리법 시행령' 제75조 '설계의 경제성 등 검토'에서 아래와 같은 기준에 해당하는 공사에 대해 대안별 경제성과 현장 적용의 타당성을 검토하도록 하고 있다. 설계의 경제성 검토의 시기・횟수・대가기준, 구체적인 검토 방법 및 절차 등에 관한 필요한 사항은 국토교통부장관이 고시한 '설계공모, 기본설계 등의 시행 및 설계의 경제성 등 검토에 관한 지침(국토교통부, 2015)'에 보다 상세하게 규정하고 있다. 설계의 경제성 검토는 '가치공학(Value Engineering; 이하 VE)기법'을 적용하도록 규정하고 있으며, 이때 경제성 분석은 생애주기비용을 고려하도록 권고하고 있다. 설계단계에서의 비용분석을 위하여 '생애주기비용 분석 및 평가요령(국토해양부, 2008)'이 제정되어 활용되고 있다. 또한 각 건설공사 발주 기관별로 기관의 특성을 고려한 설계의 경제성 검토에 대한 가이드라인, 매뉴얼 등을 제작하여 활용하고 있다.

① 총 공사비가 100억 이상인 건설공사의 기본 및 실시설계
② 공사 시행중 공사비 증가가 10%이상 발생되어 설계변경이 요구되는 건설공사
③ 기타 발주청이 필요하다고 인정하는 사업

기본적으로 교량 설계단계에서 VE검토는 최종적인 설계대안의 선정 시 경제성만을 고려하는 것은 아니고 해당 교량의 설계가 목적하는 성능(P : Performance - 안전성, 시공성, 사용성, 미관, 민원발생 가능성 등)과 경제성(C : Cost - LCC)을 종합적으로 고려하여 최고의 가치(Value)를 달성할 수 있는 설계안을 선정하는 것이다. 이러한 전형

적인 VE기법과 LCC분석 방법 및 절차를 국토교통부에서 발간한 도로설계편람(국토해양부, 2008)의 사례를 중심으로 개략적으로 기술하였다.

2.5.1 설계대안 선정을 위한 방법론

종래 교량의 설계대안 선정방법은 대안간 개요, 장·단점, 특징, 경제성(일반적으로 초기 공사비) 등을 바탕으로 선정하고 있다. VE기법은 설계대상을 고려함에 있어 설계요소(상부구조, 하부구조, 부속장치 등) 자체보다는 설계요소들이 수행해야 할 기능(function)에 초점을 두고 있다. 이들 기능을 달성하기 위해서 그림 2.5.1과 같이 정해진 수행절차(VE기법의 정식용어는 Job Plan)에 입각하여 여러 전문가들의 토론 및 합의 중심의 워크샵(workshop)을 통한 창의적 설계대안을 도출하고, 각 대안에 대한 정량적인 비교분석을 수행함으로서 체계적으로 설계대안을 수집, 분석할 수 있는 기법이다. VE기법의 적용을 위해서는 가치평가, 성능분석, 비용분석을 수행해야 한다.

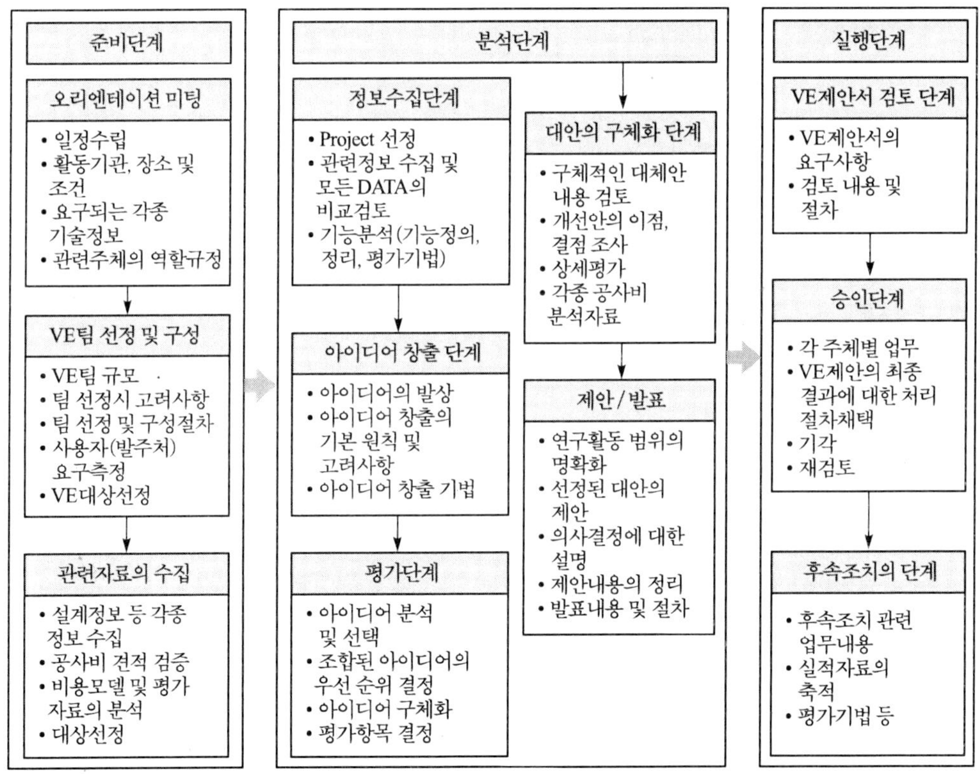

그림 2.5.1 VE 수행절차

(1) 가치평가

설계대상의 설계요소(상부구조, 하부구조, 부속장치 등)들의 목적하는 기능(VE팀이 워크샵을 통해 정의한 기능)을 달성하기 위해 제안된 각 설계대안의 성능 대비 경제적 비용을 복합적으로 고려하는 평가이다.

① 기능분석

VE팀이 워크샵을 통해 교량설계의 각 요소(상부구조, 하부구조, 부속장치 등)에 대해 이들 요소들이 수행해야 할 기능을 '명사+동사'식의 함축적 개념으로 정의하여 VE팀원의 사고의 폭을 확대함으로써 정의된 기능을 달성하기 위한 창의적 아이디어 도출의 동기를 유발한다. 기능 간의 위계 및 상관관계와 불필요한 기능 또는 누락된 기능을 규명하여 설계의 목적을 정확하게 파악하기 위하여 기능계통도(Function Analysis System Technique; 이하 FAST다이어그램)를 작도한다. 상세한 내용은 '국도건설 설계VE 업무 매뉴얼(국토해양부, 2009)'을 참조한다.

② 가치평가

정의된 기능 중에 설계대안에 가장 큰 영향을 줄 수 있을 것으로 판단되는 몇몇 핵심 기능에 대해 창의적 아이디어를 도출하고 각 아이디어에 대해 최종적으로 가치를 평가한다. 제안된 아이디어 및 설계대안에 대해 상대적 비교우위를 정량적으로 평가하기 위한 지표로서 가치점수(V)를 산정하여 비교·분석할 수 있으며, 가치점수는 식(2.5.1)과 같이 구해진다. 성능점수(P)와 상대LCC(C)는 후술할 성능평가와 비용분석을 통해 도출된다.

$$\text{가치점수}(V) = \frac{\text{성능점수}(P)}{\text{상대}LCC(C)} \quad \text{식 (2.5.1)}$$

아이디어 및 설계대안간 상대적 가치점수를 높일 수 있는 방법, 즉 가치를 향상하기 위한 유형은 식 (2.5.1)의 성능과 비용의 상관관계에 따라 그림 2.5.2와 같이 4가지로 분류될 수 있으며, 대상 교량에 따라 적정한 가치향상 유형을 판정할 수 있다. 가치를 향상시킬 수 있는 방법은 성능과 비용의 변화 형식에 따라 비용절감형, 성능향상형, 성능강조형, 가치혁신형 설계대안으로 구분할 수 있다.

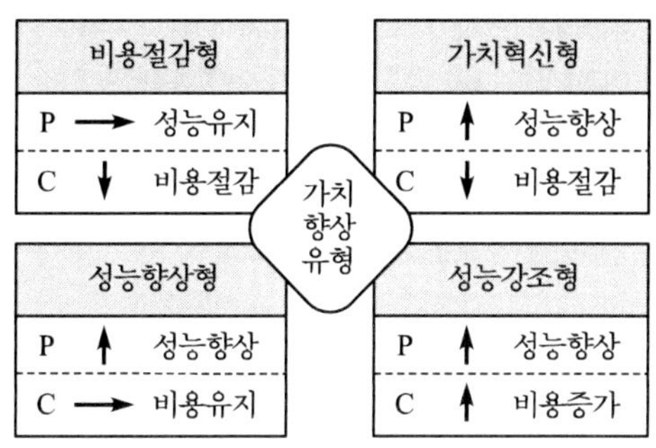

그림 2.5.2 가치향상유형

(2) 성능분석

제안된 아이디어 및 설계대안간 상대적인 가치를 비교하기 위하여 성능(안전성, 시공성, 사용성, 미관, 민원발생 가능성 등)에 대한 정량적 점수(성능점수 P)를 추정해야 한다.

① 성능기준

VE팀의 워크숍을 통해 제안된 아이디어나 설계대안의 성능을 평가하기 위해서 성능의 항목과 각 성능항목의 상대적 가중값을 토론 및 합의에 의해 결정하여 성능기준을 마련한다. 해당 교량공사와 관련하여 객관성을 담보할 수 있는 발주청, 설계사, 시공사, 학계, 연구소 등의 전문가 및 기타 이해집단 등 다양한 관계자들로 'VE팀'을 구성하고 워크샵을 통하여 향후 도출될 각 설계대안에 대한 아이디어의 성능을 정량적으로 평가할 수 있도록 성능평가기준을 작성한다. 정량적인 평가를 체계적으로 수행하기 위해 몇몇 매트릭스(Matrix)방법이 있으며 이들 중 쌍대비교법이나 계층분석기법(AHP; Analytic Hierarchy Process) 등이 일반적으로 활용된다.

② 성능평가

VE팀의 워크숍을 통해 확정된 성능의 항목과 상대적 가중값에 의해 각 아이디어 및 설계대안에 대한 성능점수를 산정한다. 우선 각 설계요소의 달성하고자 하는 기능중심의 아이디어(설계대안)를 도출하고 각 설계대안에 대한 성능 달성도를 수치화하여 표현한다. 이때 각 설계대안에 대한 성능의 평가에 적용하는 성능평가기준은 전술한 성능기준 매트릭스에서 결정된 것으로 한다. 원안(또는 다른 설계대안)과 설계대안에 대해 각각의 성능기준항목에 대해 일정 점수를 VE팀이 토의, 결정한 평가기준에 맞추어서 합의를 통해 결정하며, 이 점수에 가중값을 곱하여서 각 성능기준항목에 대한 성능점수를 산정한다.

(3) 비용분석

제안된 설계대안간 상대적인 가치를 비교하고자 한다면 성능분석과 함께 각 설계대안에 대한 비용분석이 요구된다. 이를 위해 각 설계대안에 대한 총수명간 소요비용인 LCC를 산정하여 분석한다. LCC분석 방법은 '생애주기비용 분석 및 평가요령(국토해양부, 2008)'에 상세히 기술되어 있다.

비용분석은 각 설계대안에 대한 소요비용을 LCC에 기초하여 산정하고 이를 분석한다.

- 현재 실무에서는 일반적으로 각 설계안별 LCC 중 최소값을 기준(1.00)으로 한 상대지수(상대LCC) 산정한다. 그러나 경우에 따라서는 상대지수가 아닌 절대값으로 적용하여 가치평가를 할 수도 있다.
- LCC를 분석하면서 소요되는 각종 비용은 과거의 데이터로부터 추정하게 되는데, 이들의 값을 그대로 적용하여 LCC를 추정하는 확정적 분석기법과 각종 비용의 추정에 관한 불확실성(평균, 표준편차, 확률분포 형태 등)을 추가적으로 고려하여 계산하는 확률적 분석 방법이 있다.

이상과 같은 VE기법에 의한 의사결정을 수행하기 위해서는 VE팀에서 많은 토론과 협의를 수행해야 하는데 이러한 토론과 협의과정을 체계적으로 정리하고 기록에 남겨서 최종 의사결정자에게 효과적으로 보고 및 설득하기 위해 각 아이디어 및 설계대안에 대해 개별적인 작업내용을 작성하는 것이 일반적이다.

2.5.2 경제성 분석

교량의 경제성 분석은 그 자체로서 뿐만 아니라 VE기법의 핵심적인 분석내용으로서 매우 중요하다. 따라서 본 절에서는 LCC 경제성 분석에 대해서 보다 자세하게 살펴본다.

(1) 분석 방법 및 절차

교량의 LCC 분석은 분석을 위한 데이터의 적용방법에 따라 확정적 방법과 확률적 방법으로 크게 나눌 수 있으며, 각 방법의 수행절차는 각각 그림 2.5.3, 그림 2.5.4와 같다.

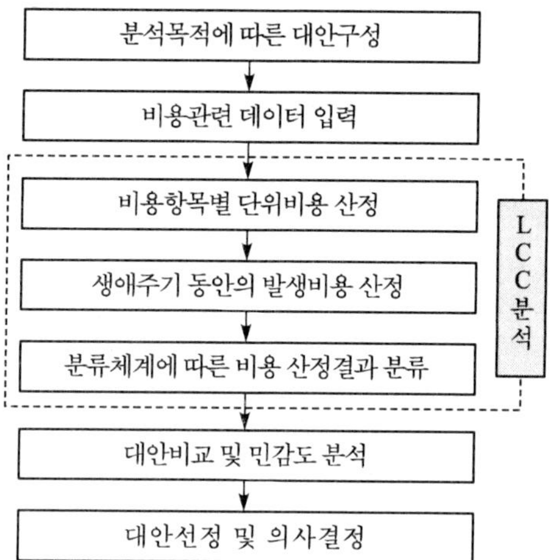

그림 2.5.3 확정적 LCC 분석 수행절차

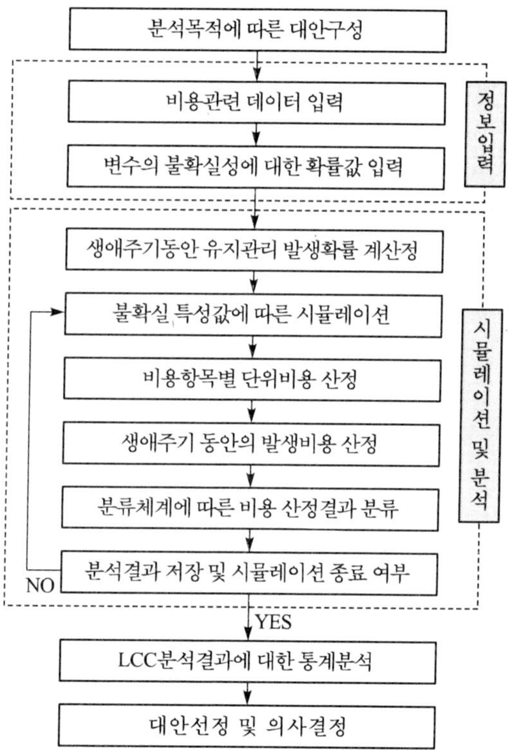

그림 2.5.4 확률적 LCC 분석 수행절차

① 확정적인 방법(Deterministic Approach)

과거의 데이터로부터 추정된 비용관련 제입력변수의 값들과 미래의 비용 예측을 위한 할인율 등을 추정된 값 그대로 사용하는 즉, 제입력변수들의 불확실성을 고려하지 않는 확정적인 값으로 적용하는 것을 말한다. 따라서 후술할 LCC 정식화에 따른 간단한 프로그램의 구성으로 LCC 분석의 실행이 가능하다.

ⓐ 분석목적에 따른 대안구성 단계

- LCC 분석목적(교량형식 선정, 내구성재료 선택 등)에 따른 설계대안을 구성하는 단계이다. 이는 VE기법에서 아이디어의 선정 또는 설계대안을 마련하는 것을 의미한다.

ⓑ 비용관련 데이터 입력 단계

- LCC 분석을 위한 고려사항 및 설계대안별 비용과 관련한 데이터를 입력하는 단계이다. 여기서 고려사항이라 함은 단계 ⓐ에서 구상된 설계대안들의 LCC 분석에 있어서 공통적으로 적용되는 매개변수들로서 다음과 같은 항목들에 해당한다.
- 고려사항의 예
  - 분석기간(설계수명 등)
  - 교량의 제원 및 위치
  - 교통조건 및 그와 관련한 비용
  - 기타 경제변수(할인율 등)
  - 관리주체비용(초기건설비용, 유지관리비용, 부재별 수명 및 유지관리관련 변수, 해체 · 폐기비용)
  - 간접비용(간접 초기건설비용 관련변수, 간접 유지관리비용)

ⓒ 비용항목별 단위비용 산정 단계

- 생애주기 동안 전술한 비용항목별로 단위비용의 산정이 필요하다.
- 차로수, 교폭, 경간수, 경간장, 교량의 지역적 위치 등 주어진 조건별 초기비용이 계산되어야 한다.
- 유지관리 각 조치의 1회 시행에 따른 단위관리비용, 단위점검비용, 단위유지보수비용 등 단위유지관리비용이 계산되어야 한다.
- 교량의 구성 물량에 따른 해체폐기비용이 산정되어야 한다.
- 간접비용의 계산을 위하여 공사구간 조건에 따른 단위교통량에 대한 1일 도로이용자비용을 산정해야 한다.

ⓓ 생애주기 동안의 발생비용 산정 단계

- 특정 년도에 대해 입력된 교통량을 보간하여 생애주기 동안 연도별 교통량을 구한다.
- 앞 단계에서 구해진 단위비용들을 이용하여 연간 발생비용을 산정하고 할인율을 적용하여 각 비용들을 현재가치화 한다.

ⓔ 분류체계에 따른 비용산정결과 분류 단계

- 후술할 비용분류체계에 따라 산정된 비용 산정의 결과를 정리한다.

ⓕ 대안비교 및 민감도 분석 단계

- 제입력변수의 불확실성을 전혀 고려하지 않았기 때문에 변수의 변화에 따른 민감도 분석을 수행하여 결과의 신뢰도를 보완할 수 있다.
- 민감도 분석은 분석을 위한 입력단계에서 중요하다고 생각되는 입력변수에 대해 가능한 범위 내에서 변화를 주면서 다시 LCC분석을 수행하고 대안비교를 수행하는 것으로 LCC분석에 주요한 영향을 주는 인자로는 일반적으로 할인율, 유지관리비용, 간접비용 산정관련 인자 등이 있다.

ⓖ 대안선정 및 의사결정 단계

- LCC 분석목적에 따라 고려된 대안에 대해 LCC 분석을 수행하고, 결과의 신뢰도 확보를 위한 다양한 민감도분석을 바탕으로 최소의 LCC를 가지는 대안을 선정한다.

② 확률적인 방법(Probabilistic Approach)

LCC 분석을 위한 제입력변수의 불확실성을 반영할 수 있도록 확률적 특성값(분포형태, 평균, 변동계수)을 적용하여 분석을 수행하는 방법이다. 따라서 LCC 분석에 확률통계적 시뮬레이션과 분석이 필요하므로 보다 전문적인 프로그램의 활용이 필요하다.

ⓐ 분석목적에 따른 대안구성 단계

- 확정적인 방법과 마찬가지로 LCC 분석목적(교량형식 선정, 내구성재료 선택 등)에 따른 설계대안을 구성하는 단계이다. 이는 VE기법에서 아이디어의 선정 또는 설계대안을 마련하는 것을 의미한다.

ⓑ 비용관련 데이터 입력 단계

- LCC 분석을 위한 고려사항 및 설계대안별 비용과 관련한 데이터를 입력하는 단계로서 확정적인 방법과 유사하다.

ⓒ 변수의 불확실성에 대한 확률값 입력 단계

- 입력변수의 불확실성의 정량화를 위해서는 확률적 특성값인 분포형태, 평균, 변동계수의 정의가 필요하며 이 값을 입력하는 것이다.
- 확률적 특성값을 정의하는 것은 확률적인 방법에 있어 가장 난해하고 중요한 문제 중에 하나이다. 따라서 확률통계이론에 대한 충분한 지식과 자료가 요구된다.

ⓓ 생애주기 동안 유지관리 발생확률 계산 단계
- 사건수기법(Event Tree Method)에 기초한 생애주기 동안 유지관리활동의 발생확률을 계산한다.

ⓔ 불확실 특성값에 따른 시뮬레이션 단계
- 불확실성을 갖는 제입력변수의 확률적 특성값을 이용하여 확률적 시뮬레이션을 수행하고, 정의된 시뮬레이션만큼 LCC 분석된 값들을 통계, 분석하여 LCC에 대한 발생범위를 산정한다.

ⓕ 비용항목별 단위비용 산정 단계
- 확정적인 방법과 마찬가지로 생애주기 동안 ⓑ단계에서 전술한 비용항목별로 단위비용의 산정이 필요하다.
- 다만 제입력변수의 불확실성을 고려하여 시뮬레이션에 의해 산정된 비용에 기초하여 단위비용을 산정한다.

ⓖ 생애주기 동안의 발생비용 산정 단계
- 제입력변수의 불확실성을 고려하여 시뮬레이션에 의해 산정된 결과를 이용하여 확정적인 방법과 유사하게 생애주기 동안 연도별 교통량을 구한다.
- 앞 단계에서 구해진 단위비용들을 이용하여 연간 발생비용을 산정하고 시뮬레이션 결과의 할인율을 적용하여 각 비용들을 현재가치화 한다.

ⓗ 분류체계에 따른 비용 산정결과 분류 단계
- 이전에 계산한 비용을 후술할 비용분류체계에 따라 산정된 비용 결과를 정리한다.

ⓘ 분석결과 저장 및 시뮬레이션 종료 여부 단계

ⓙ LCC 분석결과에 대한 통계 분석 단계
- 결과의 통계적 분석 및 이러한 결과에 따른 의사결정 또한 매우 중요하다.
- 비용부담주체별, 생애주기단계별 비용의 확률분포와 부재별 유지관리비용의 확률분포 등이 제시되며, 시뮬레이션 과정중의 LCC분석 결과들의 저장 및 통계 분석을 통해 대안별 누적분포를 산정하게 된다.

ⓚ 대안선정 및 의사결정 단계
- LCC 분석목적에 따라 고려된 대안에 대해 LCC 분석을 수행하고, 분석결과의 다

양한 통계적 분석을 통해 대안선정을 위한 의사결정이 수행된다.

- 확률적인 분석에서는 각 대안에 대한 총 기대 LCC가 확률분포와 누적확률분포로 표현되므로 최종 대안선정을 위한 의사결정에 다양한 판단자료를 제공할 수 있다.
- 그림 2.5.5는 확률적 LCC 분석결과에 대한 일예를 보여 주고 있다.
- 그림 2.5.5에는 두 설계대안의 누적확률분포 예를 나타내었는데, 설계대안(Alternative)-1의 최확기대값인 누적확률 0.5의 동일 비용에 대한 설계대안-2의 누적확률은 0.27임을 나타내고 있다. 이는 대안-2의 기대 LCC가 설계대안-1보다 경제적일 확률은 27%이라는 것을 의미한다. 반대로 설계대안-2의 최확기대값인 누적확률 0.5에 대한 설계대안-1의 누적확률은 0.91임을 알 수 있다. 이는 설계대안-1의 기대 LCC가 설계대안-2 보다 경제적일 확률은 91%라는 것을 의미한다.

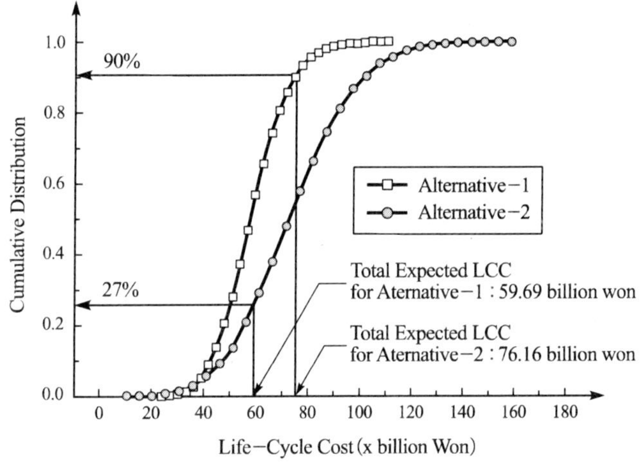

그림 2.5.5 확률적 LCC 분석 결과 예

(2) 고려사항

교량의 LCC 분석은 주로 설계대안간의 비용효율성 검토에 목적이 있으므로 분석대상이 되는 대안의 선정 시에 동일한 성능요구조건을 만족해야 하며, 분석에 있어서도 동일한 분석기간 및 경제지표를 사용해야 하고, 또한 분석에 사용되는 기초자료 역시 유사한 수준의 신뢰도를 가져야 한다.

경제성 분석에 있어서 대안간의 비용효율성 검토를 위해서는 현재와 미래의 비용을 첫 번째 비용이 발생되는 시점으로 변환시키는 시간가치 측정방법의 한 가지인 현재가치법을 사용한다. 이때 미래에 소요되는 비용을 현재비용으로 환산하기 위해 사용되는 것이 할인율(Discount Rate)이며 공칭할인율과 실질할인율이 있다. 할인율의 개념도는 그림 2.5.6과 같다. 그림에 도시한 바와 같이 할인율에 의해 공용연수가 증가함에 따라 초기비용(1,000)은 가치가 하락하는 것을 살펴볼 수 있으며, 특히 할인율이 증가하면 그 가치 하락의 폭은 더욱 심해짐을 알 수가 있다.

인플레이션 효과를 고려하여 비용이 발생되는 시기에 따라 구매력이 변동한다는 개념이 공칭할인율이고 인플레이션 효과를 고려하지 않고 현재의 가치가 그대로 미래에도 같은 가치를 가진다는 개념이 실질할인율이다. 따라서 대안간의 상대적 경제성을 비교하는 경우에는 실질할인율이 인플레이션 효과를 고려하지 않고 모든 비용을 현재가치로 추정하기 때문에 실무자들에게 편리한 방법으로 주로 이 방법을 사용한다.

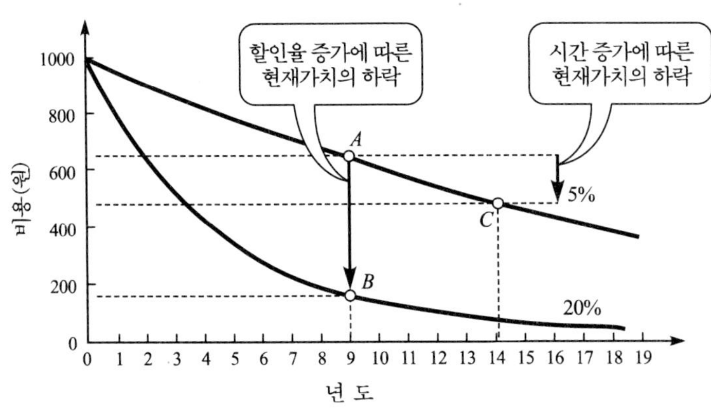

그림 2.5.6 할인율의 개념도

교량의 건설사업에서 할인율의 합리적인 결정은 최적투자계획에 절대적인 영향을 미치며, LCC 분석 결과에도 상당히 민감한 요소다. 할인율의 변화가 LCC 분석 결과에 큰 영향을 미치므로 타당성이 있는 LCC 분석을 위해서는 과거의 오랜 기간의 이력을 반영하고 향후 국가의 경제적인 예측을 통하여 합리적인 할인율의 사용이 필수적이다.

LCC 분석을 위한 분석기간은 미래에 발생될 비용을 평가하는 시간한계이므로 설계대안간의 수명 동안의 비용 차이를 반영할 수 있을 만큼 충분한 범위가 되도록 해야 하며, 이러한 LCC 분석의 기간은 교량의 기능성, 내구성, 경제성 및 사회적 영향과 관련제도 등에 의해 결정된다.

(3) LCC 항목 및 정식화

교량의 LCC 분석에서는 분석기간 동안 발생되는 모든 비용을 파악해야 하며 대안별 분석 시에는 공통되거나 중요도가 낮은 비용은 제외 가능하다. LCC를 구성하는 비용항목은 표 2.5.1과 같이 대안의 계획, 설계, 시공, 유지 및 보수와 교체, 해체폐기 등 전체 생애에서 발생되는 순서로 구분하여 결정할 수 있다.

표 2.5.1 교량의 LCC 구성항목 및 세부항목

대분류	중분류	소분류
초기건설비용	계획 · 설계비	기본설계비
		실시설계비
	시공비	직접공사비
		간접공사비
		일반관리비 · 이윤
	감리 · 감독비	공사감리비
		감독비
유지관리비용	일반관리비	인건비
		장비비
		경 비
	점검 · 진단비	정기점검비
		정밀점검비
		정밀안전진단비
	유지보수비	보수비
		교체비
		보강비
해체폐기비용	해체폐기비	해체 · 폐기 · 처분비
간접비용	사용자비용	차량운행비
		시간지연비
		교통사고비용
		환경비용
	사회경제 손실비용	직접손실
		간접손실

LCC는 기대수명(설계수명 또는 공용수명) 동안 발생되는 초기건설비용, 유지관리비용, 해체폐기비용 및 간접비용의 합으로 식 (2.5.2)와 같이 정식화할 수 있다. 이때 $E[\,]$는 미래의 예측되는 기댓값을 나타내며, 초기건설비용(C_{INT})에는 적용되지 않은 것을 알 수가 있다. 또한 유지관리비용(C_{MAI})과 해체폐기비용(C_{DIS})은 미래에 발생하는 비용으로서 현재가치화하기 위해서 할인율(q)을 적용하였다. 이상과 같은 비용은 모든 설계요소(X)에 대해 공용수명동안 지속적으로 발생하는 전체 비용을 합산(Σ)해야만 한

다. 여기서, 이산형으로 합산한 것은 유지관리나 해체폐기가 시간의 연속적으로 발생하지 않고 시간 간격을 두고 발생하기 때문이다.

$$E[C_{TOT}(X,T)] = C_{INI}(X) + \sum_{t=1}^{T} \frac{1}{(1+q)^t} \times \{E[C_{MAI}(X,t)] + E[C_{DIS}(X,t)]\}$$

식 (2.5.2a)

$$C_{MAI}(X,t) = C_{MAI}^{관리주체}(X,t) + C_{MAI}^{간접}(X,t)$$ 식 (2.5.2b)

여기서,

C_{TOT} : 총 생애주기비용

C_{INT}, C_{MAI}, C_{DIS} : 기대수명 동안의 임의시간 t와 사용재료, 제원, 사용환경 등의 설계요소 X의 함수로 구성된 초기건설비용, 유지관리비용 및 해체폐기비용

$C_{MAI}^{관리주체}$, $C_{MAI}^{간접}$: 관리주체가 부담하는 직접적인 유지관리비용과 유지관리 시 교량통제로 인한 사회손실비용(사용자비용 포함)

q, X : 할인율 및 교량의 설계요소

T : LCC 분석에 고려된 기대수명

식 (2.5.2)에 나타난 바와 같이 교량의 총 생애주기비용은 교량의 사용재료, 제원, 사용환경과 시간의 함수로서 고려되어야 한다. 설계단계 LCC 분석의 경우 교량의 초기건설단계에서부터 유지관리, 해체폐기단계까지 고려하지만, 간접비용의 발생은 유지관리와 해체폐기단계에서만 고려하는 것이 일반적이다. 초기건설단계에서 간접비용의 고려는 교량 대안간 건설기간의 차이로 인해 발생되는 간접비용의 차이가 고려될 수 있지만 교량의 개통시기가 도로의 개통시기와 일치하는 것은 아니므로 단순히 교량만의 건설기간의 차이에서 오는 간접비용을 일반적으로 고려하는 것은 곤란하므로 제외한다. 또한 교량 수명은 수십 년 이상으로 해체폐기시 소요되는 간접비용에 대한 할인율이 적용되어 현재의 가치로 환산되는 경우 그 비용이 매우 적어, 설계대안의 선정에 큰 영향을 주지 않는 것이 일반적이므로 고려하지 않는 것이 편리할 수가 있다.

(4) LCC 분석 주요변수 데이터선정

① 초기건설비용

설계비용, 시공비용, 감리비용 등 일반적으로 교량이 준공되기 전까지 발생하는 비용

으로 관리주체가 최초에 투자하는 기본적인 투자비용을 의미한다.

② 유지관리비용

관리비용, 점검 및 진단비용, 유지보수비용 등이 고려되어야 한다. 이러한 데이터는 통계자료, 설문조사자료 등을 통해 추정이 가능하다.

③ 해체폐기비용

철거비용과 재활용비용이 고려되어야 한다. 하지만 설계단계 LCC 분석에서 고려되는 교량의 해체폐기비용은 할인율을 적용하여 현재비용가치로 환산하는 경우 그 값이 타 비용과 비교하여 상대적으로 적으므로 상세한 적산보다는 통계자료를 활용하여 적용이 가능하다.

④ 간접비용

간접비용은 교량의 이용자들에게 적용되는 사용자비용과 사회·경제적 손실비용으로 구분될 수 있으며 이는 대상교량 또는 현장에 따라 발생여건이 다르므로 주로 기존 연구결과 등을 활용하여 해당 현장에 맞게 조정하여 사용한다.

2.6 교량의 미관설계

교량은 주위경관의 한 요소를 이루게 되므로 구조적인 관점과 함께 미적인 측면이 고려되어 설계(aesthetic design)되어야 한다. 즉 교량의 기능적·구조적 요구조건 이외에 시각적으로 안정감을 주고 환경과 조화를 이룰 수 있도록 아름답게 설계되어야 한다. 선진국에서는 교량 미관설계(또는 경관설계)의 중요성이 일찍부터 인식되어 설계단계에서 미적 검토를 수행하고 있다. 국내에서는 사장교, 현수교 등 장경간의 교량 설계가 증대되면서 미관설계가 도입되었다. 교량 미관설계는 가설 위치의 주변경관과 조화가 요구되므로 구조설계와 같이 구체적인 미관설계 기준이 존재하지는 않는다. 국토교통부에서 발간한 도로설계 편람(국토해양부, 2008)의 경관설계를 참고하여 기본 개념을 제시하였다.

2.6.1 교량의 미관설계를 위한 고려사항

경관설계에서는 기본적으로 미적 조형원리와 상징성이 주요 고려사항이다. 대상물이 갖는 상징성을 제외하고 아름다움의 조건을 설명하는 것을 미적 조형원리라고 한다. 교량 경관설계에서 검토해야할 기본적인 미적 조형원리에는 비례(proposition), 조화(harmony), 대칭(symmetry), 균형(balance) 등이 있다.

(1) 비례

비례(proposition)는 사물의 부분과 부분 또는 전체의 수치적 관계로서 길이나 면적의 비례관계를 의미한다. 구조물의 비례는 구조적 안정감은 물론 시각적 아름다움을 주는 조형원리로 작용하며, 구조물 경관설계에 고려되는 중요한 검토항목이다. 교량 설계에 있어서 비례는 경간분할, 특히 중앙경간과 측경간의 분할, 그리고 교장에 따른 교고 또는 거더의 높이, 교각과 교각 거리 설정 등에 활용될 수 있다. 고대로부터 사물의 길이의 분할 또는 배분에 있어서 시각적으로 안정감과 아름다움을 주는 특정한 분할비율이 있다고 알려져 왔다. 교량의 경간분할 계획 등에서도 이러한 분할비율을 참고적으로 활용할 수는 있으나, 이상적인 비례는 다양한 공간적, 환경적 요인을 고려하고 교량설계자의 경험과 여러 가지 비례조합에 대한 반복적인 검토를 통하여 결정하는 것이 적합하다. 일반적으로 교고가 낮고 경간이 많지 않은 교량의 경간 수는 홀수가 적합하다. 특히 경간장의 구성은 중앙경간에서부터 측경간으로 갈수록 경간장을 감소시키는 경간분할이 시각적으로 안정감을 주는 것으로 알려져 있다.

(2) 균형과 대칭

균형(balance)이란 구조물에 작용하고 있는 힘이 평형상태를 이루는 역학적 개념으로서 역학적인 균형이 시각적인 균형으로 인지되는 조형원리 기본개념이며 앞서 기술한 비례와 관계가 있다. 반면에 대칭(symmetry)은 좌우대칭의 정적균형(static symmetry)와 비대칭의 동적균형(dynamic symmetry)로 나눌 수 있다. 정적균형은 단순하고 명확하며 안정감 있는 조형미로서 구조물의 대칭축을 중심으로 등거리에 동일한 형상이 좌우에 위치한다. 그림 2.6.1은 좌우 대칭으로 설계된 사장교의 예를 나타내고 있다.

일반적인 교량형식의 설계에서는 좌우대칭의 정적균형을 고려하고 있으나 단조로움을 줄 수 있다. 동적균형은 운동과 성장의 역동적이고 현대적인 조형미를 나타낼 수 있다. 교량의 상징성을 부여하고 세련된 교량을 설계하기 위해서는 비대칭 사장교와 같은 동적균형미를 고려할 수도 있다. 그림 2.6.2는 비대칭으로 건설된 사장교의 예를 나타내고 있다.

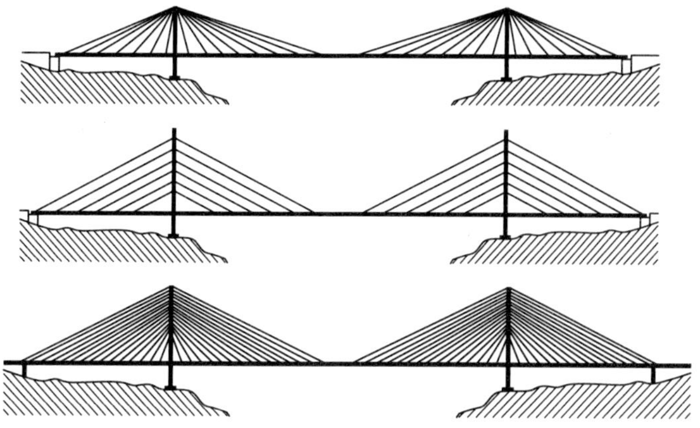

그림 2.6.1 좌우 대칭 사장교

그림 2.6.2 비대칭 사장교(공촌1교, 현대건설)

(3) 조화

교량을 구성하는 부재는 서로 다른 구성요소와 조화(harmony)를 이뤄야 하듯이 교량은 주변을 구성하는 다양한 요소들과 조화를 이룰 수 있도록 설계되어야 한다. 교량구조물은 경간장, 거더의 높이, 교각의 크기 등을 적절하게 설정하여 시각 및 공간적인 조화를 확보하는 것이 좋다. 교량과 주변 환경과의 조화는 주변 환경 대비 구조물의 규모나 크기가 좌우한다. 교량을 구성하는 상부구조와 하부구조는 상호 조화와 균형을 이루어야 한다. 그림 2.6.3(a)에 도시된 교량은 날렵한 상부구조에 비하여 교각의 단면이 육중한 느낌을 주고 있으며, 그림 2.6.3(b)에 도시된 교량은 육중한 상부구조에 비하여 교각이 세장하여 안정감이 부족하다고 할 수 있다. 따라서 그림 2.6.3(c)와 같이 상부구조와 하부구조의 단면이 서로 조화를 이뤄 안정감을 주는 형태가 적절하다.

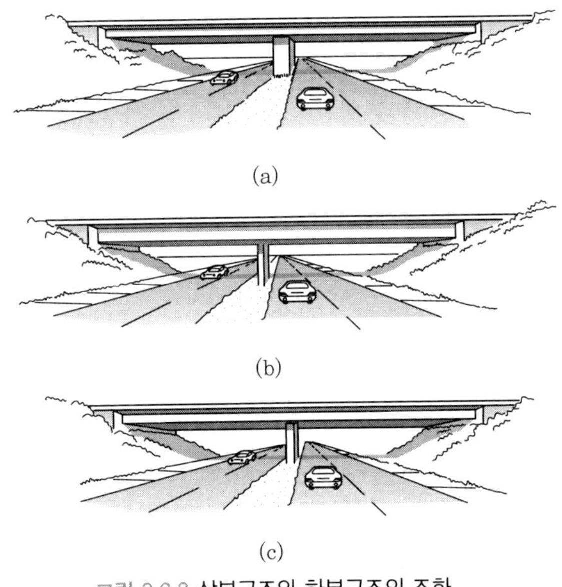

(a)

(b)

(c)

그림 2.6.3 상부구조와 하부구조의 조화

2.6.2 미관을 고려한 형식 선정

(1) 상부구조형식

교량 미관설계에서 상부구조형식의 선정은 교량 자체 경관은 물론 주변 전체 경관을 좌우하는 중요한 요소이다. 미관을 고려한 교량설계에서 상부구조형식의 선정 방법은 두 가지로 구분할 수 있다. 첫째는 교량을 전체 경관(자연환경 포함)의 한 요소로 가정하여 교량이 강조되지 않도록 하는 교량형식을 선정하는 방법이다. 이 경우 교량의 구조형식은 비교적 단순한 형식이 적합하다. 둘째는 교량을 전체 경관에서 강조할 수 있도록 교량형식을 선정하는 방법이다. 이 경우 교량자체의 경관미를 강조하게 되므로 교량의 형식은 다소 복잡하게 되며, 교량을 가설지역에 상징적인 구조물로 계획하거나 랜드마크화 하고자 할 때 적합한 방법이다.

다리 밑 공간의 높이가 경간장보다 큰 경우에는 경간장(L)과 거더높이(h)의 비율(L/h)을 작게 할 수 있으나 경간장이 긴 연속교량의 경우에는 그 비율을 크게 하는 것이 경관측면에서 유리하다. 이 비율을 크게 할수록 교량은 미적측면에서 날렵하게 보이지만 진동과 처짐에 불리할 수 있으므로 비율의 선정에서는 사용성 측면에 대한 검토가 필요하다.

(2) 하부구조형식

도심지에 가설되는 교량은 경관을 고려하여 육중하게 보이는 교각보다는 교각의 단면을 세장하게 설계하는 것이 바람직하다. 거더교에 대해서는 교각의 두부(pier cap)를 없애거나 상부구조 내부에 격벽을 두는 방안을 검토하는 것이 적합하다. 그림 2.6.4에는 두부나 코핑부가 없는 교각의 예를 도시하였다.

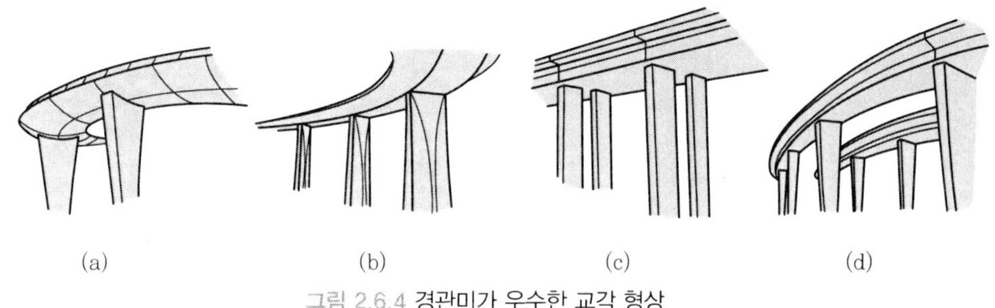

그림 2.6.4 경관미가 우수한 교각 형상

(3) 도로 횡단 교량형식

도로를 가로지르는 횡단 교량은 하부 도로에 교각을 설치하지 않는 것이 경관 측면에서 좋다. 그러나 차로가 분리된 도로를 가로지르는 횡단 교량은 그림 2.6.5(a)에 나타낸 것과 같이 도로의 중앙에 교각을 설치하는 것이 일반적이다. 이 때 횡단 교량의 거더높이나 교각 단면이 크면 운전자의 시야를 좁게 만들 수 있다. 따라서 그림 2.6.5(b)에 나타낸 것과 같이 횡단 교량의 교각 단면 상부를 하부보다 크게 하고, 교대 벽체에 경사를 주는 등 하부구조 단면에 경사변화를 주면 운전자에게 역동적인 느낌을 줄 수 있다. 또한 횡단 교량의 상부구조는 날렵한 단면이 좋다.

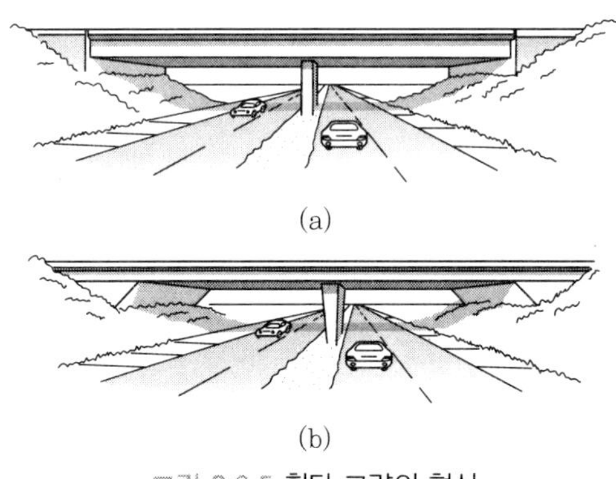

그림 2.6.5 횡단 교량의 형식

CHAPTER

03

하중

3.1 개설

구조물에 작용하며 응력을 일으키는 원인이 되는 것을 하중이라 한다. 교량을 설계할 때 고려해야할 하중은 교량을 구성하고 있는 각 부재에 응력이나 변형을 발생하게 하는 모든 외력과 내력으로, 시공 중에 작용하는 하중과 완성 후에 작용하는 모든 하중이다. 구조물 설계에 있어서 부재의 응력을 정확하게 계산해야 함은 물론이지만 이에 못지않게 중요한 것은 정확한 하중의 산정이다. 구조물에 작용하는 하중은 일반적으로 관련 규준에 명시되어 있다. 그러나 이러한 규준은 설계를 위한 일반적인 지침만을 제공할 뿐이며 올바른 설계를 위한 하중의 산정은 설계자의 올바른 판단과 경험이 필요하다.

이러한 하중들 중에서 교량설계에 적용하는 하중은 교량의 형식이나 교량 시공지점의 조건에 따라 하중의 종류 및 하중조합 조건이 적절히 결정되어야 하며, 하중의 특성·작용빈도 교량에 미치는 영향 등에 따라 지속하는 하중·변동하는 하중으로 분류한다. 교량의 주요부분 설계 시 항상 작용하고 있다고 볼 수 있는 하중을 지속하는 하중이라 하고, 항상 작용한다고 볼 수 없으나 때때로 작용한다고 볼 수 있으며 그 크기가 변하는 하중으로 하중 조합 시에 반드시 고려해야 하는 하중을 변동하는 하중이라 한다.

지속하는 하중 중에서 고정하중(dead load)이란 구조물 및 부착물의 중량을 말하며, 변동하는 하중에서 활하중(live load)이란 구조물이 완공된 후 그 위에 작용하는 하중으로 차량이나 열차와 같이 스스로 움직이는 이동하중(moving load), 상재활하중, 보도하중으로 나누어 생각할 수 있다. 뿐만 아니라 물체의 이동에 의한 충격하중(impact load), 구조물에 작용하는 풍하중(wind load)·설하중·지진하중(seismic load)등도 변동하는 하중에 포함된다. 이러한 하중의 종류들 중에서 도로교와 철도교의 설계에서 고려하는 하중을 열거하면 다음과 같다.

도로교의 하중[한계상태설계법(2015)]

- 지속하는 하중 : 고정하중-구조부재와 비구조적 부착물의 중량(DC)·포장과 설비의 중량(DW), 프리스트레스힘(PS), 시공 중 발생하는 구속응력(EL), 콘크리트의 크리프의 영향(CR), 콘크리트의 건조수축의 영향(SH), 토압-수평토압(EH)·상재토하중(ES)·수직토압(EV)·말뚝부마찰력(DD)
- 변동하는 하중 : 활하중-차량활하중(LL)·상재활하중(LS)·보도하중(PL), 충격(IM), 풍하중-차량에 작용하는 풍하중(WL)·구조물에 작용하는 풍하중(WS), 온도

변화의 영향-단면평균온도(TU)·온도경사(TG), 지진의 영향(EQ), 정수압과 유수압(WA), 부력 또는 양압력(BP), 설하중 및 빙하중(IC), 지반변동의 영향(GD), 지점이동의 영향(SD), 파압(WP), 원심하중(CF), 제동하중(BR), 가설 시 하중(ER), 충돌하중-차량충돌하중(CT)·선박충돌하중(CV), 마찰력(FR)

철도교의 하중

- 주하중(P) : 고정하중(D), 활하중(L), 충격(I), 원심하중(CF), 장대레일 종하중(LR), 프리스트레스(PS), 콘크리트의 크리프(CR)와 건조수축(SH)의 영향, 토압(H), 수압(F), 부력 또는 양압력(B)
- 부하중(S) : 차량횡하중(LF), 시동하중 또는 제동하중(SB), 풍하중(W)
- 주하중에 상당하는 특수하중(PP) : 설하중(SW), 지반변동의 영향(GD), 지점이동의 영향(SD), 파압(WP)
- 부하중에 상당하는 특수하중(PA) : 온도변화의 영향(T), 지진의 영향(E), 시공 시 하중(ER), 충돌하중(CO), 탈선하중(DR), 기타하중

교량을 설계할 때 고려해야 할 하중의 종류를 모두 열거한 것인데, 가교지점의 여러 조건과 구조에 따라 적절한 하중 및 하중의 조합을 선정해야하며 반드시 모든 하중을 고려할 필요는 없다. 이 밖에 난간이나 연석에 작용하는 수평축력, 기타의 상황에 따라서 필요한 하중을 고려해야 하며 또한 교량 설계 시 지속하는 하중과 변동하는 하중 등 여러 가지 하중을 조합해서 생각해야 한다.

이 장에서는 위에서 기술한 도로교 및 철도교의 주요 설계하중을 설계기준에 따라 도로교한계상태설계법(2015)의 하중을 중심으로 간략하게 소개할 것이다.

3.2 고정하중

고정하중(DC, DW)이란 구조물 자체의 중량, 즉 자중과 구조물에 영구적으로 고정되는 물체의 중량으로 교량의 경우 자중과 포장·가스관·수도관 등의 첨가물 중량이 고정하중이며 세분하여 열거하면 다음과 같다.

① 바닥판(slab)과 주거더 또는 주트러스(수직브레이싱·수평브레이싱 포함) 등의 구조

부재 중량(DC)

② 교상의 제시설(난간·조명 등) 비구조적 부착물의 중량(DC)

③ 포장과 설비의 중량(DW)

이 중 ②와 ③은 처음부터 거의 정확하게 산정될 수 있으나, ①은 설계 완료 후가 아니면 정확한 수치를 알 수 없다. 따라서 설계 시는 처음에 이들의 하중을 적당한 방법으로 추정하여 고정하중을 정해야 한다.

일반적으로 고정하중의 크기는 구조물의 재료 및 크기가 결정되면 비교적 정확하게 구할 수 있는데, 표 3.2.1의 각 재료에 대한 단위질량을 이용해 이들의 중량을 결정할 수 있다. 즉, 하중단위 N/mm^{3}로 전환하기 위해서는 중력가속도 g를 곱하면 중량이 된다. 다만 실하중이 명백한 것은 그 값을 사용한다. 고정하중은 엄밀하게는 등분포가 아니지만 주거더 혹은 주트러스를 설계할 경우는 보통 교면 전부에 등분포한다고 가정한다.

표 3.2.1 재료의 단위질량(kg/m^3)

재료	단위질량	재료	단위질량
강재, 주강, 단강	7,850	모래, 자갈, 쇄석, 흙	1,600~2,000
주철, 주물강재	7,250	인공경량골재 콘크리트	1,500~1,700
알루미늄	2,800	석재	2,600
PS 콘크리트	2,500	목재(단단한 것)	960
철근 콘크리트	2,500	목재(무른 것)	800
무근 콘크리트	2,350	역청재(방수용)	1,100
시멘트 모르타르	2,150	아스팔트 포장	2,300
용수(담수)	1,000	용수(해수)	1,025

철도교의 경우 1궤도의 중량은 실하중을 고려하여 정하되, 최소중량은 유도상인 경우 도상 자갈을 포함하지 않고 3kN/m, 무도상인 경우 7kN/m로 한다. 한편 보선작업을 고려하여 도상의 중량은 30% 할증된 값을 사용하며, 곡선부에서는 캔트부설에 따른 증가량을 추가하여 사용한다.

보통의 거더교나 트러스교의 중량에 대해는 데이터북(data book)이나 설계자료 등의 실험공식 및 도표 등을 이용하여 개략치를 추정할 수 있으나 특별한 형태나 구조의 교량에서는 유사한 실례 등을 참고로 하여 추정한다. 국토교통부에서 제정한 표준도를 이용하는 것도 많은 도움이 될 것이다. 이렇게 추정한 고정하중에 의거하여 설계가 완료되면

재계산하여 가정치와 비교하며 큰 차이가 있으면 재설계해야 한다. 추정 고정하중과 실제 고정하중과의 오차의 허용한도에 대해는 특별한 규정은 없으나 고정하중의 오차에 의한 응력의 차가 전 응력의 ±1% 이하가 되도록 하는 것도 한 방법이다.

3.3 활하중

활하중이란 구조물이 완공된 후 작용하는 하중이나 작용력을 말한다. 즉, 구조물에 놓인 일시적인 물체의 중량, 움직이는 차량이나 지진・바람 등으로 인한 하중을 말한다. 활하중은 크기와 작용위치가 모두 시간에 따라 변할 수 있다. 도로교에서는 자동차 등의 각종차량 및 인마를, 또 철도교에서는 열차 등을 차량활하중(LL)이라고 한다. 자동차뿐만 아니라 기관차나 객・화차에도 여러 종류가 있으며 그 각각에 대해 모두 계산한다는 것은 거의 불가능할 뿐만 아니라 장래에 설계 당시와는 다른 차량이 지날 것도 고려해야 한다. 그래서 교량의 설계에서는 실제의 차량 대신에 장래의 통과차량도 고려하여 적당한 차량활하중을 설정하여 설계한다.

도로교의 차량활하중(LL)

1970년대에 도입되어 2010년까지의 도로교설계기준에 쓰이는 차량활하중은 DB-하중(표준트럭하중) 또는 DL-하중(차로하중), 궤도의 차량하중 등이다. 여기서 DB-하중은 그림 3.3.1, 표 3.3.1과 같이 3축으로 구성된 자동차 1대를 말하며, DL-하중은 등분포하중과 집중하중으로 구성된 자동차군을 의미한다. 여기서 0.1W(24kN)와 0.4W(96kN)는 1등교 차륜(바퀴)하중의 크기이다.

그림 3.3.2는 도로교설계기준 한계상태설계법(2015)에서 제안된 새로운 표준트럭하중의 모형으로 KL-510하중이다. KL-510하중은 표준트럭하중(총중량 510kN)과 표준차로하중으로 이루어져 있다. 한계상태설계법의 표준트럭하중은 기존의 DB-하중에 2축의 중차량 트럭의 탠덤(tandem하중을 고려하여 4축의 표준트럭하중으로 모형화한 것이다. 여기서 48kN, 135kN, 192kN은 차륜축(axle)하중의 크기를 나타낸다. 표준차로하중 ω는 종방향으로 균등하게 분포된 하중으로 지간이 길수록 차량이 연행할 확률이 작아지므로, 다음과 같이 지간에 따라 등분포 표준차로하중 ω의 크기가 작아지도록 하였다.

$L \leq 60\text{m}$일 경우, $\omega = 12.7(\text{kN/m})$

$L > 60\text{m}$일 경우, $\omega = 12.7 \times \left(\frac{60}{L}\right)^{0.1}(\text{kN/m})$

여기서, L은 표준차로하중이 재하되는 부분의 지간이고 횡방향으로는 3m의 폭으로 균등하게 분포되어있으며, 표준차로하중에는 충격하중의 영향을 적용하지 않는다.

한계상태설계법의 도로교설계기준(2015)에서는 (1) 횡방향으로 3m의 폭을 점유하는 표준트럭하중 1대의 영향과 (2) 표준차로하중과 1대의 표준트럭하중의 75%의 영향의 합중에서 설계부재에 불리한 응력을 주는 것을 재하하도록 하였다.

바닥판(슬래브)과 바닥틀(슬래브, 세로보 및 가로보를 가르킴)에 큰 응력을 발생시키는 하중과 주거더에 큰 응력을 발생시키는 하중은 분포범위에 따라 다르므로 바닥판과 바닥틀의 설계에는 일반적으로 표준트럭하중을 사용하고 주거더의 설계에는 표준트럭하중 또는 표준차로하중과 표준트럭하중을 중첩한 것을 사용한다. 바닥판 · 바닥 틀 · 주거더의 설계에서는 각 차로에 원칙적으로 1대의 표준트럭하중 또는 표준차로하중과 1대의 표준트럭하중의 75%의 영향의 합한 하중 가운데 설계부재에 불리한 응력을 주는 것을 재하하도록 하고 있음을 유의해야 한다.

(1) 바닥판과 바닥틀을 설계하는 경우의 차량활하중

① 차도부에는 그림 3.3.2에 따른 표준트럭하중을 재하한다. 표준트럭하중은 1개의 교량에 종방향으로 차로 당 1대를 원칙으로 하고 횡방향에는 재하 가능한 대수를 재하하되 동시재하계수를 고려하여 설계부재에 최대응력이 생기도록 재하 한다. 표준트럭하중의 최외측 차륜 중심 재하위치는 교축 직각방향으로 볼 때 차도단부로부터 300mm까지로 하며, 지간이 특히 긴 단순 세로보 및 슬래브교 또는 이들을 연속형식으로 하는 경우에는 거더 설계와 같은 방법으로 검토하여 불리한 응력을 발생시키는 하중을 선택해서 설계한다.

② 보도부분에는 교량의 등급에 관계없이 5×10^{-3}MPa의 등분포 보도하중을 재하한다.

③ 차륜의 접지면은 표준트럭하중의 각 차륜에 대해 면적이 $\frac{12,500}{9}P(\text{mm}^2)$인 하나의 직사각형으로 하며 이 직사각형의 폭과 길이의 비는 2.5:1로 한다. 여기서 P는 차륜의 중량(kN)이다. 접지면이 연속적인 표면인 경우 접지압은 접지면에 균일하게 분포하는 것으로 가정한다.

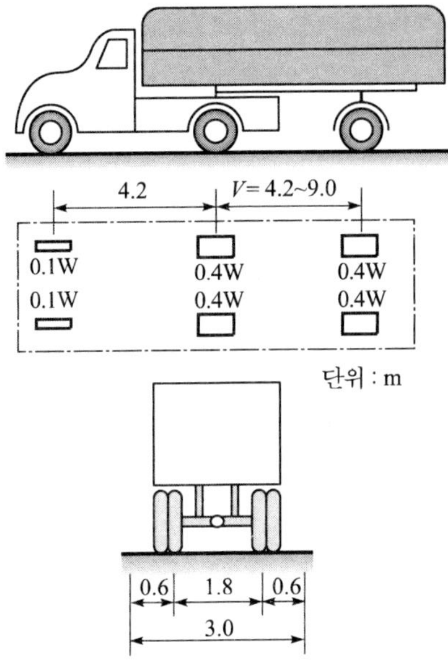

그림 3.3.1 DB-하중[도로교설계기준(2010)]

표 3.3.1 DB-하중의 제원

교량등급	하중등급	중량 W(kN)	총 중량 1.8W(kN)	전륜하중 0.1W(kN)	후륜하중 0.4W(kN)
1등교	DB-24	240	432	24	96
2등교	DB-18	180	324	18	72
3등교	DB-13.5	135	243	13.5	54

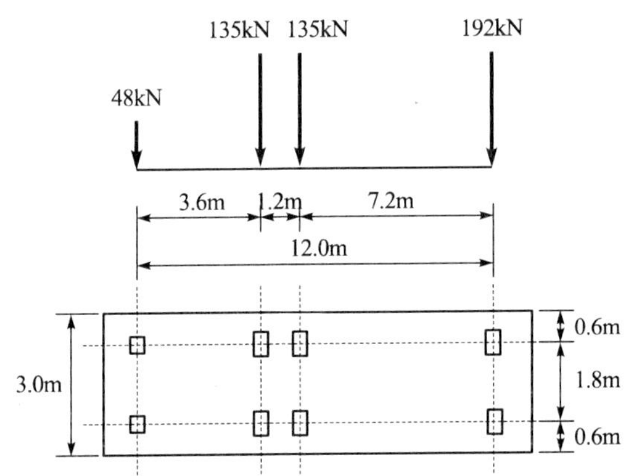

그림 3.3.2 표준트럭하중[도로교설계기준 한계상태설계법(2015)]

(2) 주거더를 설계하는 경우의 차량활하중

① 차도부분에는 교축방향으로 3m 폭의 차로당 1대의 표준트럭하중의 영향 또는 표준차로하중과 1대의 표준트럭하중의 75%의 영향의 합중에서 큰 값을 설계차량활하중으로 사용한다.

② 최대 하중효과에 영향을 주지 않는 바퀴는 무시할 수 있고, 차륜 중심 재하위치는 교축 직각방향으로 볼 때 차도 단부로부터 600mm까지로 한다.

(3) 차량활하중의 재하차로 수와 동시재하

① 표준트럭하중이나 표준차로하중의 기본 점유폭은 3m이나 교량폭이 넓어 여러 차로에 재하될 경우에는 식 (3.3.1)에서 산출되는 차로폭 안에 두어야 하며, 설계 시에 이 하중은 원칙적으로 표준 차로폭 3.6m 안에 두어야 한다. 이때 한 교량의 단일 차로 내에는 표준트럭하중 1대 또는 표준차로하중 한 차로분만 재하한다.

$$W = \frac{W_c}{N} \le 3.6\,\mathrm{m} \qquad \text{식 (3.3.1)}$$

여기서, W_c : 연석간의 교폭

W : 설계 차로폭

N : 재하차로 수

② 교량 바닥판상의 차도가 영구적인 중앙분리대 등의 시설에 의해 두 부분으로 분리되어 있는 경우는 두 부분의 폭을 고려하여 차로 수와 폭을 정해야 하고, 두 부분이 일시적인 시설로 분리되어 있는 경우는 전체 차도 폭을 고려하여 재하차로 수와 폭을 정해야 한다.

③ 곡선교 및 박스거더교와 같이 편심재하에 대한 설계가 중요한 교량에서는 앞항에서 규정된 표준차로 폭이나 설계차로 폭에 관계없이 표준트럭하중이나 표준차로하중을 표준점유폭인 3m마다 연속시켜서 설계차로 수 이내로 최대의 편심효과가 일어날 수 있도록 재하한다.

④ 연속보에서 표준차로하중과 표준트럭하중을 중첩한 것으로 최대 부 모멘트를 구할 때는 하중재하를 고려한 지점의 좌우 두 지간에 등분포 표준차로하중과 두 지간에서 가장 불리한 위치에 표준트럭하중의 75%의 영향과 같은 크기의 집중하중을 각각 두어야 하며, 한지간 건너씩 등분포 표준차로하중을 재하해야 한다. 한편 어떤 단면의

최대 정 모멘트를 구할 때는 표준차로하중을 최대 정 모멘트가 발생하도록 불연속으로 재하하고 고려하고 있는 단면의 위치에 1개의 표준트럭하중의 75%의 집중하중을 놓는다.

⑤ 차량활하중의 최대 영향은 특별한 언급이 없는 경우 표 3.3.2의 다차로 동시재하계수를 곱하여 결정해야 한다. 어느 부재의 최대응력이 2차로 이상의 차량활하중의 동시재하로 일어나는 경우에는 그 활하중 응력을 다음 백분율로 감소시킨다. 즉, 2차로에는 90%, 5차로이상에서는 65%로 한다. 가로보에 대한 하중의 감소율은 주트러스나 주거더의 경우와 마찬가지로 취하는데, 가로보에 최대응력을 일으키게 하는 하중이 놓이는 차로 폭을 써서 그 감소율을 정해야 한다.

표 3.3.2 다차로 동시재하계수

재하차로 수	다차로 동시재하계수
1	1.0
2	0.9
3	0.8
4	0.7
5 이상	0.65

⑥ 부재의 최대응력이 활하중을 3차로에 동시재하 할 때 일어나는 경우에는 80%만큼, 4차로 이상에 동시 재하할 때 일어나는 경우엔 70%만큼 그 차량활하중 응력을 감소시킨다. 이상의 다차로 동시재하계수는 2차로 또는 그 이상의 차로에 차량활하중이 동시에 임의의 부재에 최대응력을 일으키도록 놓일 확률이 상대적으로 작다는 근거에서 도입된 계수이다.

⑦ 다차로 동시재하계수에 대해 2가지 예를 들어 설명한다. 그림 3.3.3 및 그림 3.3.4에는 설계차로 폭 W에 따라 설계부재 A가 가장 불리하게 되는 표준트럭하중 또는 표준차로하중과 표준트럭하중 75%를 중첩한 하중의 재하방법을 나타내고 있다.

우선 $W > 3.6\text{m}$인 그림 3.3.3인 경우에 설계차로 폭을 구하면

$$W = \frac{12.30}{3} = 4.1\text{m} > 3.6\text{m}$$

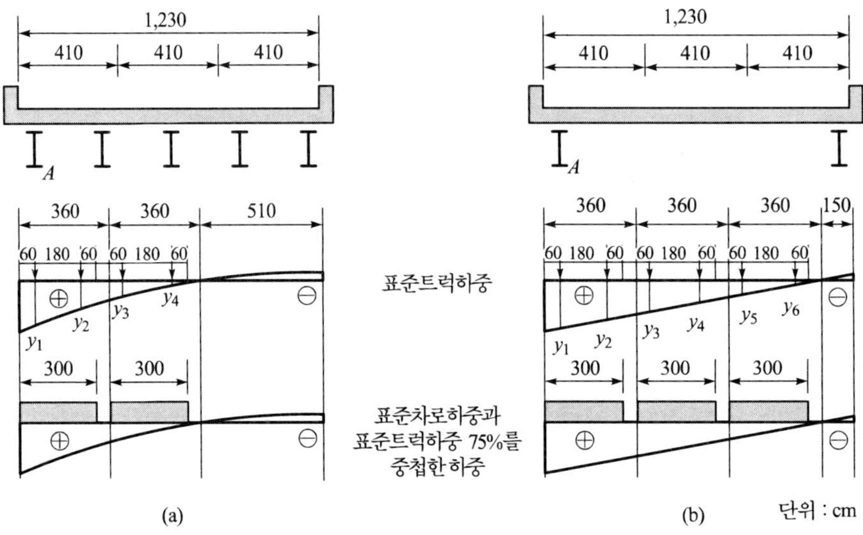

그림 3.3.3 하중재하방법(W> 3.6m인 경우)

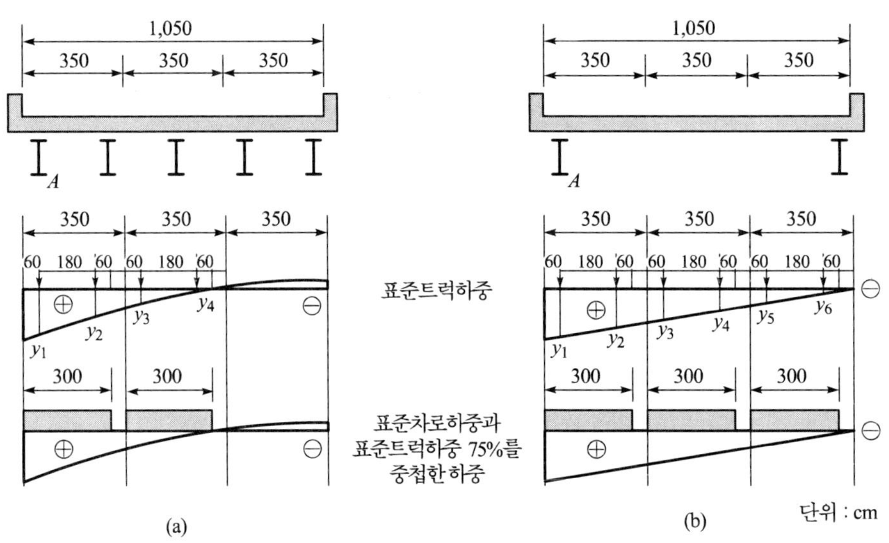

그림 3.3.4 하중재하방법($W \leq$ 3.6m인 경우)

설계차로 폭이 표준차로 폭 3.6m보다 크므로 설계차로 폭과는 무관하게 표준차로 폭 3.6m마다 연속시켜서 재하 한다. 따라서 표준트럭하중으로 보 A에 가장 불리한 응력을 일으키도록 재하하기 위해서는 그림 3.3.3(a)는 2차로만 동시 재하로 인한 감소율 0.9를 적용한 한 경우이므로 합리적인 방법으로 영향선 종거를 구하면 다음과 같다.

$$R_A = P(y_1 + y_2 + y_3 + y_4) \times 0.9$$

즉, 차로는 3차로이지만 R_A가 최대로 되기 위한 재하방법은 영향선을 참조하면 2차로에 동시재하 시킨 경우가 된다.

한편 그림 3.3.3(b)의 경우에는 다음 두 값 중 큰 값을 보 A가 받는 하중으로 한다.

$$R_A = P(y_1 + y_2 + y_3 + y_4) \times 0.9$$

$$R_A = P(y_1 + y_2 + y_3 + y_4 + y_5 + y_6) \times 0.8$$

즉, 이때에는 R_A가 2차로 동시재하계수 0.9를 적용한 한 경우와 3차로 전체에 동시재하로 인한 감소율 0.8을 적용한 경우 중 큰 값을 R_A로 한다.

한편 그림 3.3.4의 경우에는

$$W = \frac{10.50}{3} = 3.5\,\text{m} < 3.6\,\text{m}$$

설계차로 폭이 표준차로 폭 3.6m보다 작으므로 설계차로 폭 3.5m마다 연속시켜 재하한다. 연속보의 경우 표준차로하중과 표준트럭하중의 75%의 영향의 합으로 내측지점 c에서의 최대부휨모멘트를 구하려 할 때는 그림 3.3.5와 같이 재하한다. 외측지간 중앙 d점의 최대정모멘트를 구하려 할 때는 그림 3.3.6과 같이 재하한다.

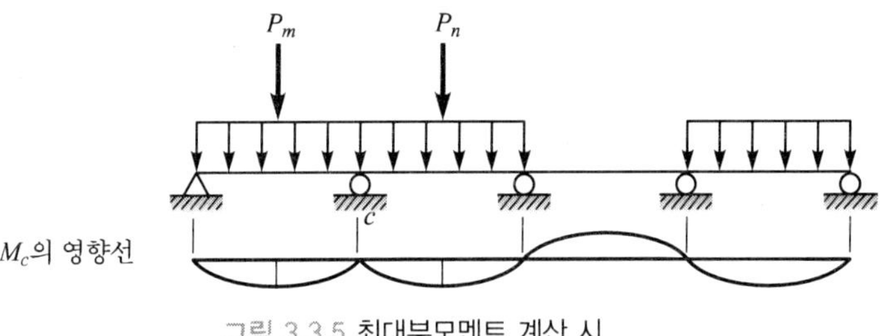

그림 3.3.5 최대부모멘트 계산 시

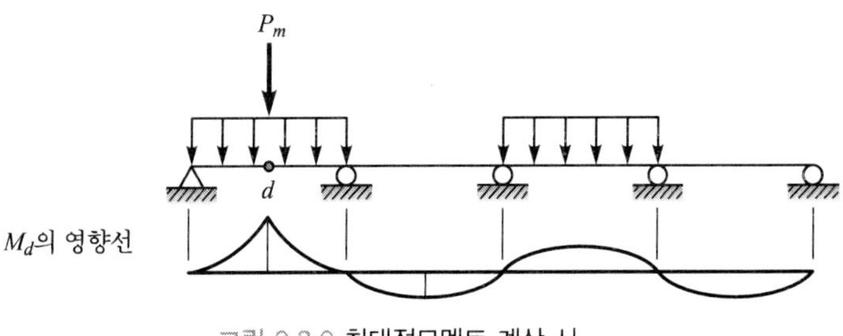

그림 3.3.6 최대정모멘트 계산 시

(4) 보도하중

주거더를 설계하는 경우, 보도 등에는 표 3.3.3의 등분포하중을 재하한다.

표 3.3.3 보도 등에 재하하는 등분포하중

지간장(m)	$L \leq 80$	$80 < L \leq 130$	$L > 130$
하중(MPa)	3.5×10^{-3}	$(4.3 - 0.01L) \times 10^{-3}$	3×10^{-3}

(5) 궤도차량하중

① 교량에 궤도차량하중이 있다면 발주자는 열차하중의 특성과 궤도차량과 일반차량의 예상되는 상호관계를 규명해야 하고, 궤도차량의 점유 폭과 하중은 해당 궤도의 규정을 따른다. 궤도에는 궤도의 차량하중과 표준트럭하중 또는 표준차로하중과 표준트럭하중 75%를 중첩한 하중 가운데 설계부재에 불리한 응력을 일으키게 하는 것을 재하 한다.

② 열차하중 특성은 하중, 하중분포, 하중빈도, 충격하중, 필요치수를 고려하여 규정한다.

(6) 하부구조를 설계하는 경우의 차량활하중

하부구조를 설계하는 경우에 상부구조에 재하하는 활하중은 원칙적으로 ① 표준트럭하중의 영향과 ② 표준차로하중과 표준트럭하중의 75%의 영향의 합 중에서 설계부재에 불리한 응력을 주는 것을 재하하는 것을 원칙으로 한다. 이는 ①항 또는 ②항에서 규정한 하중 가운데 불리한 영향을 주는 하중이라야 하지만 거의 모든 경우에 ②항에서 규정한 하중이 불리한 영향을 주므로 이 하중을 재하하는 것을 원칙으로 한다.

철도교의 활하중

철도교의 활하중은 각국마다 약간 다르나 우리나라 철도에서는 미국 주요 철도에서 사용하고 있는 Cooper가 1894년에 제안한 E-하중을 ton과 meter로 환산하여 LS-하중을 그림 3.3.7이라 하고 표준하중으로 사용하고 있다.

철도교의 활하중은 국유철도 건설규칙에서 정한 표준 활하중으로 하며, 그 크기는 선로등급에 따라 1급선 · 2급선은 LS-22로, 3급선 · 4급선은 LS-18의 값을 표준으로 한다. 그러나 특정차량만을 운전하는 선로에서는 그 차량의 중량 및 통과 빈도 등을 고려하여 활하중을 정할 수 있다.

	L-하중																			S-하중		
	기관차차바퀴축하중 단위(tonf)																		등분포하중 단위(tonf/m)		바퀴축하중 단위(tonf)	
	○	◎	◎	◎	◎	○	○	○	○	○	◎	◎	◎	◎	○	○	○	○			○	○
간격(m)	2.4	1.5	1.5	1.5	2.7	1.5	1.8	1.5	2.4	2.4	1.5	1.5	1.5	2.7	1.5	1.8	1.5	1.5			2.0m	
번호 / 호칭	1	2	3	4	5	6	7	8	9	10	11	12	13	14	15	16	17	18		번호 / 호칭	1	2
L-18	9	18	18	18	18	12	12	12	12	9	18	18	18	18	12	12	12	12	6	S-18	22	22
L-22	11	22	22	22	22	44/3	44/3	44/3	44/3	11	22	22	22	22	44/3	44/3	44/3	44/3	22/3	S-22	242/9	242/9

주 본 그림에 있어서 ◎는 동륜을 표시한다. L-22를 고려할 동하중을 LS-22라 칭한다. 기타는 이에 준한다.

그림 3.3.7 LS-하중

이 중 L-하중은 기관차(탄수차를 포함) 2대를 연결한 후에 객화차에 상당하는 등분포하중을 연행한 것이며, S-하중은 2축이 특별히 큰 대형의 중차량을 상정하는 것이다. 그리하여 L-하중과 S-하중에서 영향이 큰 쪽을 사용한다. 일반적으로 바닥틀이나 소지간의 주거더에서는 대개 S-하중이 큰 응력을 주며, 지간이 3.7m 이상되는 주거더나 주트러스에는 L-하중의 영향이 크다. L-하중의 재하에서 기관차 단기(單機)또는 중연에 의한 것으로 하고, 등분포하중의 길이에는 제한이 없고 부재의 응력이 최대가 되도록 재하 한다. 다만 하중이 끊어졌다 계속된다고는 생각하지 않는다. 그 이유는 한 구간에는 한 열차밖에 없다고 생각하기 때문이다. 복선교의 경우에는 두 하중이 동일방향일 때와 양방향일 때의 두 경우 중에서 응력이 큰 쪽을 선택한다. 일반적으로 같은 방향일 때의 응력이 크다.

3.4 충격하중

차량활하중은 일반적으로 진동이나 충격 등의 동역학적 영향을 수반하는 동하중이다. 그러나 이동역학적 영향은 열차·자동차 등의 종류·주행속도·노면의 상태·차량활하중과 고정하중의 비 등에 따라 다를 뿐만 아니라 교량 자체의 형식·구조 등에 따라서도 변화하므로 이것을 처음부터 정확하게 고려하여 차량활하중을 규정한다는 것은 지극히 곤란하므로 교량의 설계에서는 먼저 차량활하중을 진동이나 충격이 없는 정역학적 하중 · 즉 정하중으로 가정하고 응력을 산출한 후에 다시 여러 가지 동역학적 영향을 고려한 소위 충격하중(impact load)을 산출하여 가산한다. 충격의 크기는 차량활하중에 대한 비율, 즉 충격계수로서 표시한다. 여기서 차량활하중을 정하중이라 하고 산출한 응력을 차량활하중응력(Live Load Stress : L.L.S), 충격계수 IM, 충격에 의한 응력을 충격응력(Impact Stress, Imp.S)이라 하면 식 (3.4.1)과 같이 나타낼 수 있다.

$$Imp.S = \frac{IM}{100} \times L.L.S \qquad \text{식 (3.4.1)}$$

충격의 영향은 충격에 대한 여러 가지 이론적 연구나 실측의 결과에 바탕을 두고 다음과 같이 요약할 수 있다. 즉,

- 차량활하중 응력이 같아도 하중이 넓게 분포되어 작용하는 경우는 집중되어 작용하는 경우 보다 작다.
- 하중이 동일하여도 고정하중이 클수록, 지간이 클수록 충격의 영향은 작아진다.

도로교설계기준 한계상태설계법(2015)에서의 충격계수는 표 3.4.1과 같이 제시하고 있다.

표 3.4.1 충격계수(IM)

성분		IM(%)
바닥판 신축이음장치를 제외한 모든 부재	피로한계상태를 제외한 모든 한계상태	25%
	피로한계상태	15%

한계상태설계법에서 모듈러형 신축이음(modular expansion joint)의 충격계수는 0.3($IM = 30\%$)이고 핑거형 신축이음(finger expansion joint)는 1.0($IM = 100\%$)을 사용하도록 하고 있다. 목재 구조물은 표 3.4.1에 제시된 값의 50%로 줄일 수 있다. 보도하중, 표준차로하중, 상부구조물로부터 수직반력을 받지 않는 옹벽, 전체가 지표면 이하인 기초부재는 충격하중을 적용할 필요가 없다. 암거나 매설된 구조물의 충격계수는 다음 식과 같다.

$$IM = 40(1.0 - 4.1 \times 10^{-4} D_E) \geq 0\% \qquad \text{식 (3.4.2)}$$

여기서 D_E는 구조물을 덮고 있는 최소 깊이(mm)이다.

피로한계상태의 활하중의 크기는 표준트럭하중의 80%를 사용하고, 형태는 2개의 축이나 4개 이상의 바퀴를 갖는 트럭으로 정의된다.

한편 철도교설계기준에서는 표 3.4.2와 같이 충격계수를 규정하고 있다.

표 3.4.2 철도교의 충격계수

<table>
<tr><th colspan="3">교량형식 및 조건</th><th>충격계수 i</th><th>비고</th></tr>
<tr><td rowspan="9">강교 및 강합성교</td><td rowspan="3">증기 기관차</td><td rowspan="2">플레이트거더, 상로트러스의 중간지주 및 하로 트러스의 현수재</td><td>$70 - \frac{L^2}{45}$</td><td>$L \leq 30\text{m}$</td></tr>
<tr><td>$\frac{540}{L-12} + 20$</td><td>$L > 30\text{m}$</td></tr>
<tr><td>트러스</td><td>$\frac{1,200}{L+7.5} + 25$</td><td></td></tr>
<tr><td colspan="2" rowspan="2">디젤전기기관차 및 전기기관차</td><td>$50 - \frac{L^2}{48}$</td><td>$L \leq 24\text{m}$</td></tr>
<tr><td>$\frac{180}{L-9} + 26$</td><td>$L > 24\text{m}$</td></tr>
<tr><td colspan="2" rowspan="3">복선을 지지하는 부재의 충격</td><td>두 궤도의 전충격</td><td>$L < 50\text{m}$</td></tr>
<tr><td>한 궤도의 전충격과 다른 궤도 전충격의 (350−5L)%</td><td>$50\text{m} \leq L \leq 70\text{m}$</td></tr>
<tr><td>한 궤도만의 전충격</td><td>$L > 70\text{m}$</td></tr>
<tr><td colspan="2">3선 이상에 대한 충격</td><td>2궤도의 전충격</td><td></td></tr>
<tr><td colspan="3" rowspan="2">철근 콘크리트교 및 프리스트레스트 콘크리트교</td><td>$45 - \frac{L'^2}{45}$</td><td>$L' \leq 18\text{m}$</td></tr>
<tr><td>$24 + \frac{240}{L' - 0.6}$</td><td>$L' > 18\text{m}$</td></tr>
<tr><td colspan="3">구조물의 상면에 흙이 1m 이상 덮어져 있는 경우</td><td>$i_0\{1 - 0.1(Hc - 1.0)\}$</td><td></td></tr>
</table>

단, L : 세로보, 세로보가 없는 가로보, 주거더 및 트러스에 대해는 각 지지점 중심간 거리(m), L' : 부재의 지간길이(m), i_0 : 구조물에 복토가 없다고 보았을 때의 충격계수, Hc = 구조물 상면에서 침목상단까지의 복토 높이(m)

3.5 프리스트레스힘

구조물에 프리스트레스힘(PS)을 도입하는 경우에는 설계에 이를 고려해야 한다. 프리스트레스트 콘크리트에 도입하는 프리스트레스힘에 관해서는 다음과 같이 정한다.

① 설계 시에 고려해야할 프리스트레스힘은 프리스트레싱 직후의 프리스트레스힘과 유효프리스트레스힘이다. 또 프리스트레스힘에 의해 부정정력이 일어나는 경우에는 이들도 고려해야 한다.

② 프리스트레싱 직후의 프리스트레스힘은 PS강재 인장단에 부여한 인장력에 콘크리트의 탄성변형, PS강재와 쉬스의 마찰, 정착장치에서의 활동량의 영향을 고려하여 계산한다.

③ 유효프리스트레스힘은 ②의 규정으로 산출한 프리스트레싱 직후의 프리스트레스힘에 콘크리트의 크리프(이 경우에 고려하는 지속하중은 프리스트레스힘과 고정하중이다.), 콘크리트의 건조수축, PS강재의 겉보기 릴렉세이션(relaxation)의 영향을 고려하여 산출한다.

④ 유효프리스트레스힘에 의한 부정정력은 PS강재 인장력의 유효계수를 부재 전체에 걸쳐 평균한 값을 프리스트레싱 직후의 부정정력에 곱하여 계산할 수 있다.

3.6 콘크리트의 크리프와 건조수축의 영향

콘크리트부재 외에 강합성 거더교와 같이 강재거더와 콘크리트바닥판이 합성된 경우에 대해서는 콘크리트의 크리프(CR)와 건조수축(SH)의 영향을 고려해야하지만 일반적으로 정정구조물 부재에서 철근의 응력을 산출하는 데는 콘크리트의 크리프와 건조수축의 영향을 고려하지 않는다. 콘크리트 부재의 설계에 있어 고려하는 콘크리트 크리프와 건조수축의 영향은 다음과 같다.

(1) 콘크리트의 크리프의 영향

① 크리프는 콘크리트 내의 공극이 압축력에 의해 변화하면서 발생하는 체적변화를 의

미하며, 크리프 자체를 정확하게 파악한다는 것은 거의 불가능한 일이므로 작용하중에 의한 콘크리트의 순간변형률(탄성변형률) ϵ_c에 크리프계수 ϕ를 곱하여 근사적으로 크리프 변형률을 계산한다. 즉,

$$\epsilon_{cr} = \phi \epsilon_c \qquad \text{식 (3.6.1)}$$

② 프리스트레스의 감소량 및 부정정력을 산출하는 경우 콘크리트의 크리프계수는 표 3.6.1의 값을 표준으로 한다.

표 3.6.1 콘크리트의 크리프 계수 ϕ

콘크리트의 재령		4~7일	14일	28일	90일	365일
크리프계수	조강시멘트	3.8	3.2	2.8	2.0	1.1
	보통시멘트	4.0	3.4	3.0	2.2	1.3

(2) 콘크리트의 건조수축률

일반적으로 콘크리트의 건조수축률 ϵ_{sh}는 표 3.6.2에 나타낸 값보다 크지만 부재에 배치된 강재의 영향을 고려하여 프리스트레스의 감소량을 산출하는 경우는 표 3.6.2에 나타낸 값을 이용하면 된다.

표 3.6.2 콘크리트의 건조수축률

콘크리트재령	4~7일	28일	90일	365일
건조수축률 ϵ_{sh}	27×10^{-5}	20×10^{-5}	14×10^{-5}	7×10^{-5}

정밀계산이 필요하지 않는 경우 콘크리트의 건조수축률을 15×10^{-5}으로 하고, 축방향 철근량이 콘크리트 단면적의 0.5% 미만일 때는 20×10^{-5}의 건조수축률을 사용해도 된다.

(3) 프리스트레스트 콘크리트말뚝, 프리텐션 부재와 같이 특히 콘크리트의 재령초기에 프리스트레싱을 하는 경우나 합성보와 같이 콘크리트 크리프차와 건조수추축차의 영향을 고려하는 경우와 같이 위에서 기술한 근사적인 방법에 따르기 힘든 경우에는 부재 주변의 습도, 부재단면의 형상·치수, 하중이 작용할 때의 콘크리트 재령 등을 고려하여 별도로 콘크리트의 크리프계수와 건조수축률을 정한다. 프리스트레스 작용시킨 후에 발생하는 부정정력은 콘크리트 크리프와 건조수추축 그리고 강재의 릴랙세이션에 의한 프리스트

레싱 강재의 인장력 감소에 따라 변하고 방향은 다르게 나타난다. 프리스트레스힘에 의한 부정정력은 프리스트레싱 직후의 부정정력의 10~15%이고 구조계의 변화 유무에 관계없이 근사적으로 비슷한 값을 보이고 있으며, 단경간과 중경간 교량의 일반적인 경우에는 근사적으로 부재전체에 걸쳐서 각 단면의 프리스트레스 유효계수($\eta = P_e / P_i$)를 평균한 값인 0.9를 사용할 수 있다.

(4) 콘크리트의 크리프와 건조수축에 의한 변형이 구속되는 부정정구조물에서는 이 구속에 의해 부정정력이 발생하는데 이에 대해서는 다음과 같이 2가지로 구분하여 규정한다.

- 구조계의 변화가 없는 경우 : 구조물 전체를 한꺼번에 동바리 상에서 시공하고 시공 중의 구조계와 시공후의 구조계에 변화가 없는 경우, 콘크리트 크리프의 영향은 일반적으로 고려하지 않아도 된다.
- 구조계의 변화가 있는 경우 : 구조물 전체를 한꺼번에 시공하지 않고, 시공 중의 구조계와 시공 후의 구조계에 변화가 있는 경우, 콘크리트 크리프의 영향에 의한 부정정력은 고정하중 · 프리스트레스힘 · 건조수축의 영향 등으로 한다. 건조수축의 영향에 의한 부정정력은 위에서 기술한 방법에 따라 구하면 된다.

3.7 토압

토압은 흙과 구조체의 접촉면에 작용하는 분포하중을 말하며 구조물과 지반의 상대적인 변위에 관계하여 정지토압, 주동토압과 수동토압으로 구분된다. 토압의 크기와 분포는 구조물의 형태 · 토질종류 · 토층상태 · 배면지형 · 상재하중의 조건 등에 따라 좌우되고, 토압의 종류는 수평토압(EH) · 상재토하중(ES) · 수직토압(EV) · 말뚝부마찰력(DD)이 있다. 구조물 그 자체가 강체로서 회전하거나 전면으로 밀려나오는 경우 토압의 분포는 일반적으로 3각형 분포를 가지는데, 토압을 산정하는 공식에는 Coulomb · Rankine · Terzaghi의 토압공식 등 여러 식이 있지만 Coulomb의 토압공식은 실내와 실외에서 실험의 결과 비교적 측정치에 가까운 값을 보이기 때문에 도로교설계기준에서는 원칙적으로 Coulomb의 토압공식을 사용하고 있다. 그러나 강널말뚝 등 변형하기 쉬운 구조물에 작용하는 토압은 복잡한 곡선분포를 보이므로 이 경우에는 Coulomb의 토압을 사용해서는 안 된다. 그리고 역 T형 옹벽 또는 부벽식 옹벽과 같이 토압이 뒤굽에서부터 위로 연직하게 세운 가상면에 작용할 때에는 Rankine 토압을 사용한다. 그 이유는 옹벽구조물이 회전하거나 밀려나는 경우에도 이 가상면을 따라서 전단이 일어나지 않기 때문이다.

벽면 마찰각의 부호는 주동토압일 경우에는 정(+), 수동토압일 경우에는 부(−)를 취하기로 한다. 토압의 계산에 적용하는 흙의 단위중량 r(kN/m^3)는 시공 장소에서 채취한 토질시료를 이용하여 구하지만 개략설계의 경우에는 표 3.7.1의 값을 이용하여도 된다.

표 3.7.1 흙의 단위중량(kN/m^3)

지반	토질	느슨할 때	촘촘할 때
자연지반	모래 및 모래자갈	18	20
	사질토	17	19
	점성토	14	18
성토	모래 및 모래자갈	20	
	사질토	19	
	점성토	18	

주
- 지하수위 이하에 있는 흙의 단위중량은 표 중의 값에서 각각 9를 뺀 값으로 하면 된다.
- 부순돌은 자갈과 같은 값으로 한다. 또 슬래그, 암괴 등의 경우에는 종류, 형상, 크기 및 간격 등을 고려하여 정할 필요가 있다.
- 자갈 섞인 사질토 혹은 자갈 섞인 점성토에 있어서는 혼합비율과 상태에 따라서 적당한 값으로 한다.
- 지하수위는 시공후의 평균치라고 생각한다.

점성토의 경우에는 주동토압과 수동토압 계산에서 점착력의 영향을 고려한다. 일반적으로 점성토는 함수비에 의해 현저하게 그 성질이 변하므로 구조물이 설치된 후 배면의 점성토의 성질을 정확히 추정하기는 어렵다. 이러한 이유로 흙의 점착력을 정확이 추정할 수 없는 경우는 점착력의 영향을 무시하고 진단저항각을 작게 잡아 토압계수를 구하는 것이 좋다.

벽배면의 지표에 하중이 작용하는 경우의 토압은 재하하중에 토압계수를 곱한다. 교대에 대한 지표면 재하하중은 일반적으로 교량의 등급에 관계없이 $q=10$kN/m^{3}로 하면 되는데, 이는 교대와 같이 벽면치수에 대해 재하면적이 큰 경우로서 실제로 하중의 재하면적이 작은 경우에는 깊이가 깊어짐에 따라 토압강도는 감소한다. 따라서 교대와 같이 차량의 윤하중을 받는 경우에는 일반적으로 깊이 방향의 감소를 고려하면 된다.

지진에 의한 토압계산은 Mononobe-Okabe에 의해 개발된 의사정적 해석방법을 이용할 수 있다.

3.8 수압

(1) 정수압

정수압은 식 (3.8.1)에 의해 계산하는데, 구조물의 지반 속에 있는 부분에 작용하는 수압이 이 이론수압의 값까지 작용하지 않는 것이 확실한 경우에는 그 확실한 값까지 감소시킬 수 있다. 수압은 지반의 상황에 따라 3각형 분포가 되지 않고 어떤 깊이에서부터 분포가 다를 수도 있기 때문에 그것이 간극수압 등의 조사에 의해 밝혀진 경우에는 그 값까지 저감시킬 수 있다. 즉, 수위의 변동이 현저한 곳에 계획된 교대의 경우 전면의 수위와 안쪽의 수위 사이에 수위차가 생기는 수가 있다. 이와 같은 경우에는 이 수위차에 따른 잔류수압을 고려해야 한다.

$$P_h = w_o \cdot h$$ 식 (3.8.1)

여기서, P_h : 수면에서 h만큼 깊은 곳의 정수압(kN/m^2)

h : 수면에서의 깊이(m)

w_o : 물의 단위중량(kN/m^3)

(2) 유수압

유수압은 유수방향에 대한 교각의 흐름에 노출된 면적에 작용하는 수평하중으로 하고 종방향은 식 (3.8.2), 그리고 횡방향은 식 (3.8.3)에 의해 계산한다.

$$P = p \cdot A = 5.14 \times 10^{-4} C_D V^2 \cdot A$$ 식 (3.8.2)

$$P = p \cdot A = 5.14 \times 10^{-4} C_L V^2 \cdot A$$ 식 (3.8.3)

여기서, P : 유수에 의한 항력(N)

p : 유수에 의한 동수압(MPa)

C_D : 표 3.8.1에 나타낸 교각의 형상에 따라 정해지는 종방향 항력계수

C_L : 표 3.8.1에 나타낸 유수흐름과 교각의 종축이 이루는 각도에 따라 정해지는 횡방향 항력계수

V : 설계홍수시의 설계유속(m/s)

A : 교각의 흐름에 노출된 연직투영면적(mm^2)

세굴의 영향이 있는 경우의 유수압을 산출할 때 사용하는 수심은 평상시에는 하부구조에 의한 세굴의 영향이 없을 때의 수심에 평상시 하부구조의 영향에 의해 발생하는 세굴의 깊이와 교량의 내용기간 중에 예상되는 전반적인 하상 저하량을 더한 깊이로 한다. 홍수 시에는 평상시의 설계수심에 홍수 시 수위의 증가와 홍수 시 세굴깊이를 더한 깊이로 한다. 극한한계상태 및 사용한계상태에서는 세굴설계홍수(100년 빈도 홍수 또는 그 보다 재현기간이 작은 월류홍수)로 인한 기초상태 변화의 영향을 검토하고, 극단상황한계상태에서는 세굴검측홍수(초과홍수) 및 태풍으로 인한 기초상태 변화의 영향을 검토한다.

표 3.8.1 교각의 항력계수

유수방향	항력계수
종방향 C_D [종방향(종축)은 하부구조물의 주축을 의미함]	0.7(단면의 형상이 반원형 선단 교각)
	1.4(단면의 형상이 사각형 교각)
	1.4(부유물질이 부착 · 집적된 교각)
	0.8(단면의 형상이 쐐기형 선단 교각)
횡방향 C_L	0.0(유수흐름과 교각의 종축이 이루는 각도 $\theta=0°$)
	0.5(유수흐름과 교각의 종축이 이루는 각도 $\theta=5°$)
	0.7(유수흐름과 교각의 종축이 이루는 각도 $\theta=10°$)
	0.9(유수흐름과 교각의 종축이 이루는 각도 $\theta=20°$)
	1.0(유수흐름과 교각의 종축이 이루는 각도 $\theta\geq30°$)

(3) 지진시의 동수압

물에 접하는 구조물에 대해서는 지진시의 동수압을 고려해야 한다.

3.9 부력 혹은 양압력

부력이란 양압력으로 간주되며 지반 중 혹은 지반과 구조물 사이에 간극수가 존재하는 구조물의 지면에 작용하는 정수압의 연직상향분력의 합에 의해 생기는 힘을 말한다. 양압력이란 구조물이 전후의 수위차 혹은 파랑 등에 의한 구조물 위치에서의 일시적인 수위의 상승에 의해 생기는 상향의 힘을 말한다.

부력 혹은 양압력(BP)의 작용이 확실한 경우의 예를 그림 3.9.1에, 확실하지 않는 경우의 예를 그림 3.9.2에 나타내었다.

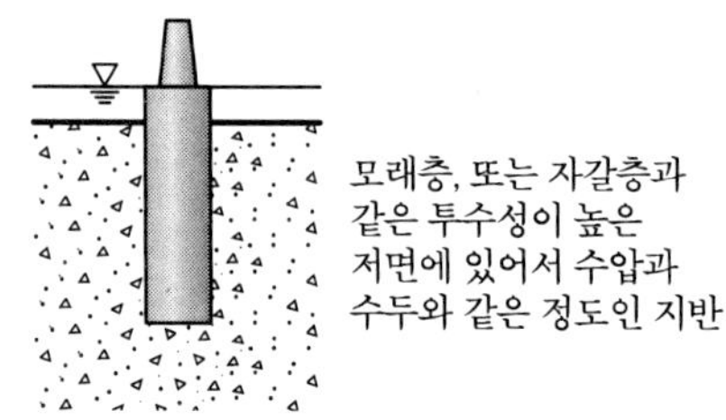

그림 3.9.1 부력, 양압력의 작용이 확실한 경우

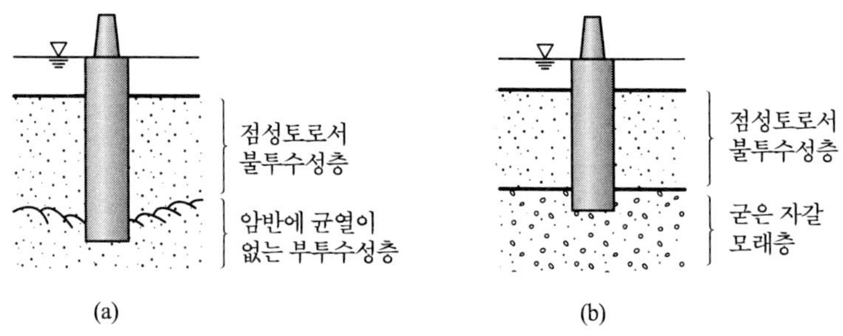

그림 3.9.2 부력, 양압력의 작용이 확실하지 않은 경우

부력 혹은 양압력의 작용이 확실한 경우에는 이것을 고려해야 하며, 그 작용이 확실하지 않더라도 경년적인 물의 침투 혹은 구조물의 접지상태에 따라 이 힘들의 작용을 예측할 수 있다. 하부구조물단면의 동공에 물이 차있는지 비어있는지 확실하지 않는 경우는 구조물에 불리한 조건을 선택하여 설계에 안전측이 되도록 그 작용을 고려하는 것이 좋다. 또한, 안정계산 가운데 전도나 활동 등의 경우에는 고려하고, 지지의 경우에는 무시하여 계산할 수 있다. 도로교 설계기준에서는 부력 또는 양압력의 작용을 받는 구조물의 안정에 대한 안전율을 1.2 이상으로 규정하고 있다.

3.10 풍하중

교량 자체 및 교상의 활하중에 작용하는 풍압을 풍하중이라고 한다. 풍압은 일반적으로 구조물의 측면에 수직으로 작용하는 경우가 가장 위험하므로 교축에 직각으로 작용하는 수평활하중으로 간주한다.

구조물에 작용하는 정적설계를 위한 단위면적당 작용하는 풍하중은 식 (3.10.1)로 나타낼 수 있다.

$$p = \frac{1}{2}\rho V_d^2 C_d G \qquad \text{식 (3.10.1)}$$

여기서, p : 단위면적당 작용하는 풍하중(N/m^2)

V_d: 설계기준풍속(m/s)

ρ : 공기 밀도(=1.25kg/m^3)

C_d : 항력계수

G : 거스트계수

풍속은 시간과 공간에 따라 변하는데 이것을 평균풍속과 그 주변의 변동풍속으로 나누어 생각할 수 있다. 이때 설계에 고려하는 평균풍속을 설계기준풍속이라 하며 풍하중의 산정에 있어서 가장 기본이 되는 인자이다. 순간 변동풍속의 영향에 대해서는 거스트계수 G로서 고려하게 된다. 풍속은 지리적 위치, 주변의 지형조건·지표조건 및 가교위치의 고도(높이)에 따라 달라지게 된다. 즉, 어느 높이 이상의 상공에서의 풍속은 지표조건과 상관없이 일정하지만 지표에 가깝게 되면 지형 및 지표조도의 영향에 의해 풍속은 감소하게 된다. 상공에서의 풍속이 같은 경우, 지표 근처의 동일 고도라면 해면과 같이 표면이 매끄러운 곳이 대도시의 경우와 같은 고층건물이 밀집된 장소에 비해 평균풍속이 높다. 설계기준풍속은 일반적으로 이들의 영향, 즉 지표조도를 고려하여 설정한다.

기본풍속이란 재현기간 100년에 대한 개활지에서의 지상 10m의 10분간 평균풍속을 말하는데 표 3.10.1에 주어진 지역별 기본풍속에 따라 정할 수 있다. 이 지역별 기본풍속은 각 지역별 기상관측소의 장기풍속기록(태풍 또는 계절풍)과 지역적 위치를 동시에 고려하여 최대풍속의 극치분포나 시뮬레이션 등의 합리적인 방법으로 추정한 재현기간 100년에 대한 값이다.

일반 중소지간 교량의 설계기준풍속 V_d는 보통 40m/s를 사용한다. 주경간 길이가 100m 이상 정도의 중대지간의 교량이 태풍에 취약한 해안가 등에 위치하여 내풍 안전성이 다소 염려되는 경우에는 원칙적으로 대상지역의 풍속자료와 구조물 주변의 지형(노풍도 등) 및 교량 상부구조의 지상높이 등을 고려하여 합리적으로 결정된 10분간 평균풍속인 설계기준풍속 V_d에 기초하여 내풍설계가 이루어져야 한다. 그러나 대상지역의 풍속자료가 가용치 못한 경우에는 식 (3.10.2)에 따라 설계고도 z에서의 10분간 평균 설계기준풍속 V_d를 추정할 수 있다.

$$V_d = 1.723\left(\frac{z_d}{z_G}\right)^{\alpha} V_{10}$$ 식 (3.10.2)

여기서, z : 지상 또는 수면으로부터 구조물의 고도(m)로서, 교량의 주거더와 같이 수평부재인 경우에는 기준면으로부터 평균 높이, 교각과 같이 수직구조물인 경우는 총 높이의 65%를 사용함.

z_b : 지표면 지형물의 대표높이(m)

z_G : 풍속이 지표조도에 관계없이 일정한 곳까지의 높이(m)

α : 지표 조도계수

z_d : z와 표 3.10.2의 z_b 중에서 큰 값

V_{10} : 기본풍속(m/sec)(표 3.10.1)

z_G, z_b, α는 지표면의 거친 정도, 즉 조도의 조건에 따라 달라지는 것으로서 표 3.10.2로부터 결정한다.

표 3.10.1 지역별 기본풍속

구분	지역	지면	기본풍속 V_{10}(m/s)
I	내륙	서울, 대구, 대전, 춘천, 청주, 수원, 추풍령, 전주, 익산, 진주, 광주	30
II	서해안	서산, 인천	35
III	서남해안 남해안 동남해안	군산 여수, 통영, 부산 포항, 울산	40
IV	동해안 제주지역 특수지역	속초, 강릉 제주, 서귀포 목포	45
V		울릉도	50

표 3.10.2 지표조도구분에 의한 α, z_G, z_b의 값

지표조도구분	지표상황	α	z_G(m)	z_b(m)	조도
I	· 해상, 해안	0.12	500	5	작다 ⬆
II	· 개활지, 농지, 전원 · 수목과 저층 건축물이 산재하여 있는 지역	0.16	600	10	
III	· 수목과 저층건축물이 밀집하여 있는 지역 · 중, 고층 건물이 산재하여 있는 지역 · 완만한 구릉지	0.22	700	15	
IV	· 중, 고층 건물이 밀집하여 있는 지역 · 기복이 심한 구릉지	0.29	700	30	⬇ 크다

중장대 지간의 시공 중 검토를 위한 풍속으로 시공기준풍속을 사용하고 있다. 시공기준풍속은 공사기간에 대한 최대풍속의 비초과확률 80%에 해당하는 10분간 풍속으로 만약 대상교량의 풍속자료가 가용치 못한 경우는 표 3.10.1의 기본풍속의 80% 값을 시공기준풍속으로 사용할 수 있다.

바람의 특성은 가교지점에 따라 다르며, 또 항력계수 값도 교량의 단면형상에 따라 달라지기 때문에 실제로 작용하는 풍하중은 교량마다 다르게 된다. 그러나 설계의 편의를 위하여 구조물의 중요도 및 크기에 따라 일반 중소지간의 교량, 태풍이나 돌풍에 취약한 지역에 위치한 중대지간의 교량, 주경간 길이가 200m 이상인 장대 특수교량이나 길이와 폭(또는 높이)의 비율이 30을 넘는 교량으로 나누어 풍하중에 대한 설계가 이루어지도록 한다.

(1) 일반적인 중소지간 교량

일반 중소지간 교량에 작용하는 풍하중은 교축에 직각으로 작용하는 수평하중으로 하고, 고려하고 있는 부재에 가장 불리한 응력을 발생시키도록 재하 한다. 이때 식 3.10.1에 기초한 표준적인 풍하중의 크기는 다음과 같다. 다만 차음벽이 설치되어 있는 경우에는 바람의 특성 및 차음벽의 구조에 따라 풍하중을 저감시킬 수 있다.

① 박스거더교, 플래이트거더교, 슬래브교

박스거더교, 플래이트거더교, 슬래브교에 작용하는 풍압은 표 3.10.3에 나타낸 값으로 한다. 거더교는 각 거더가 일체로 작용하므로 각 거더마다 풍하중을 재하하지 않고 풍상측 거더에만 풍압을 재하한다.

표 3.10.3 박스거더교, 플레이트거더교, 슬래브교의 B, D, 풍압

단면형상	풍압(kPa)
$1 \leq B/D < 8$	[4.0−0.2(B/D)]
$8 \leq B/D$	2.4

여기서, B : 교량 총 폭(m) (그림 3.10.1)

D : 교량 총 높이(m) (표 3.10.4)

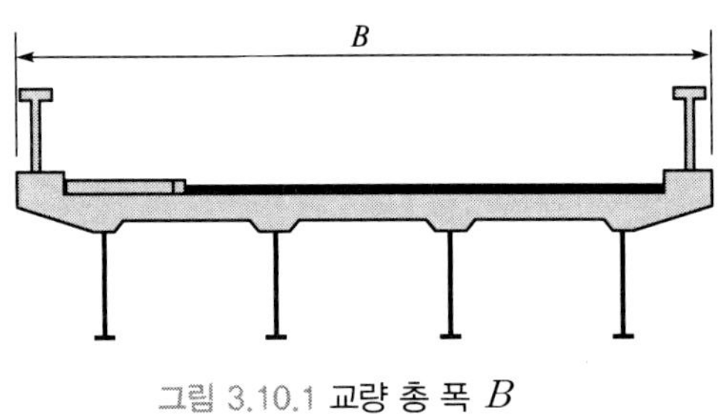

그림 3.10.1 교량 총 폭 B

표 3.10.4 교량 총 높이 D

교량의 방호울타리	벽형 강성 방호울타리	벽형 강성 방호울타리 이외
총 높이 D	D	0.4m D

② 트러스에 작용하는 풍하중의 경우, 활하중 비재하시 풍상측에는 유효연직투영면적당 $2.4\sqrt{\phi}$ (kPa)의 풍압이 작용하고 풍하측에는 그의 절반이 작용한다. 여기서 ϕ는 트러스의 충실률(트러스 외곽면적에 대한 트러스의 투영면적의 비)이다.

③ 기타형식의 교량의 주거더 부분에 작용하는 풍하중은 주거더의 형상에 따라 위치 ① 또는 ②에서 기술한 규정에 준하여 적용한다. 활하중 비재하시 ① 또는 ②에서 규정되지 않는 부재에 작용하는 풍하중은 단면형상에 따라 표 3.10.5에 나타낸 값을 사용한다.

표 3.10.5 기타 교량 부재에 작용하는 풍하중(kPa)[도로교설계기준 한계상태설계법(2015)]

단면형상	풍상측 부재	풍하측 부재
원형	1.5	1.5
각형	3.0	1.5

④ 병렬교량

거더교가 병렬로 놓여있는 경우에는 이 영향을 고려하여 풍하중을 적절히 보정해야 한다.

⑤ 또한 활하중이 재하될 때에는 풍하중을 절반만 재하할 수 있고, 교면상 1.5m의 위치에서 1.5kN/m의 풍하중이 활하중에 대해 작용하여 상부구조로 전달하는 것으로 본다.

(2) 태풍이나 돌풍에 취약한 지역에 위치한 중대지간의 교량

태풍이나 돌풍에 취약한 지역에 위치한 중대지간 교량의 풍압 p(Pa)는 대상지역의 풍속기록과 구조물 주변의 지형 및 환경 그리고 교량상부구조의 지상높이 등을 고려하여 결정된 합리적 설계기준풍속 V_d(m/s), 항력계수 C_d, 공기밀도 ρ(1.25kg/m^3), 거스트계수 G에 식 3.10.1을 기초로 하여 구한 다음의 식에 의해 계산한다.

$$f_1 > 1 \text{인 경우, } p = \frac{1}{2}\rho V_d^2 C_d G_r \qquad \text{식 (3.10.3)}$$

$$f_1 \leq 1 \text{인 경우, } p = \frac{1}{2}\rho V_d^2 C_d G_l \qquad \text{식 (3.10.4)}$$

여기서 f_1은 바람방향 구조물의 1차 모드 고유진동수이다. G_r은 강체구조물의 거스트계수이고, 이 경우 강성이 크므로 구조물이 거의 진동하지 않아 바람 난류자체의 특성과 지표조도의 영향만으로 거스트계수가 산정된다. 한편, G_l은 유연구조물의 거스트계수이고, 이것은 강성이 작아 구조물 자체의 진동에 의해 풍압이 영향을 받으므로 바람 자체의 특성과 지표조도의 영향에 구조물 1차 모드의 고유진동수 및 형상을 고려하여 거스트계수가 구해진다.

(3) 주경간 길이가 200m 이상인 장대 특수교량이나 길이와 폭의 비율이 30을 넘는 교량

주경간 길이가 200m 이상인 사장교 및 현수교나 주경간 길이와 폭(또는 높이)의 비율이 30을 넘는 교량의 설계에서는 풍하중의 실제적인 영향을 고려하여 설계할 수 있도록 동적해석과 풍동실험을 통하여 풍하중의 동적효과에 대한 교량의 제반 공기역학적 안정성을 검토하도록 도로교설계기준에 규정하고 있다. 즉, 교량의 단면은 통상 비유선형이기 때문에 바람의 작용을 이론적으로만 해석하는 것은 불합리하고 반드시 풍동실험 모형에 의해 발산풍속이나 진동진폭 등을 추정함으로서 교량의 안전성 및 사용성에 어떠한 영향을 주는지에 대한 검토가 선행되어야 할 것이다. 동적설계에 사용하는 설계기준풍속은 반드시 가교지역의 풍속자료나 시뮬레이션(simulation) 등에 기초한 공인된 합리적인 확률통계적 방법에 따라 추정된 값으로 해야 한다. 그리고 필요하면 양력과 모멘트에 의한 풍하중도 고려해야 하고 와류진동이 발생하기 쉬운 세장비가 큰 아치 행어나 트러스 부재는 사전에 이에 대한 안정성을 면밀히 검토해야 한다.

(4) 하부구조에 직접 작용하는 풍하중

하부구조에 직접 작용하는 풍하중도 항력만을 대상으로 하여 풍향은 수평방향으로 교축직각 방향과 교축방향의 2방향에 한정시키고, 동시에 2방향으로 작용시키지 않아야 한다. 풍압은 표 3.10.5의 값을 사용하거나 식 (3.10.3), (3.10.4)를 연직투영면적에 작용시켜 구한다. 식 (3.10.3), (3.10.4)를 사용할 경우 원형 및 트랙형 단면의 항력계수는 0.6을, 각형단면의 항력계수는 1.2를 적용할 수 있다. 항력계수는 부재의 형상에 따라 다르므로 다른 형상의 경우에는 기술자의 판단에 의해 적절히 정하면 된다.

3.11 온도변화의 영향

구조물의 설계에서는 일반적으로 온도변화의 영향을 고려할 필요가 있기 때문에 이에 대한 영향을 살펴보면 다음과 같다.

(1) 설계 시 평균온도(TU)변화의 범위

- 강교에서 평균온도(TU)변화의 승강은 설계 시 기준으로 택했던 온도와 최저 또는 최고온도와의 차이 값을 기준으로 하여 계산하는데 온도에 의한 관한 자료가 없을 때는 표 3.11.1에 나타낸 값을 사용하여, 온도변화의 범위는 보통지방의 경우 −10°C에서 +50°C를 표준으로 하되 특히 한랭한 지방에서는 −30°C에서 +50°C까지로 한다.
- 합성교와 콘크리트교의 온도변화 범위는 온도에 의한 관한 자료가 없을 경우 표 3.11.1

에 나타낸 값을 사용한다. 여기서 동결일(평균기온이 섭씨 0°C 이하인 날)이 1년 중 14일 이내인 경우가 보통지방에 해당한다.

(2) 설계 시 열팽창계수

- 강교에서 강재의 열팽창계수는 1.2×10^{-5}으로 한다.
- 콘크리트교에서 철근 및 콘크리트의 열팽창계수는 1.0×10^{-5}으로 한다.
- 강재와 콘크리트의 합성거더교에서 강재 및 콘크리트의 열팽창계수는 1.2×10^{-5}으로 한다.

표 3.11.1 평균온도(TU)의 변화 및 열팽창계수

교량 종류	온도변화		열팽창계수
	보통지방	한랭한 지방	
콘크리트교	−5°C~+35°C	−15°C~+35°C	1.0×10^{-5}
합성교(강거더와 콘크리트바닥판)	−10°C~+40°C	−20°C~+40°C	1.2×10^{-5}
강교(강바닥판)	−10°C~+50°C	−20°C~+40°C	1.2×10^{-5}

(3) 설계 시 온도경사(TG)

도로교설계기준 한계상태설계법(2015)에서 수직온도경사에 의한 하중은 온도경사 기본값 T_1(23°C)과 T_2(6°C)를 사용하여 구한다. 여기서 T_1은 교량의 바닥판 표면의 온도이고, T_2는 바닥판 표면으로부터 100mm 수직아래 단면의 깊이에서의 온도이다. T_1과 T_2 사이의 수직온도경사는 단면의 깊이에 따라 직선적으로 변한다고 보고 계산한다.

3.12 지진하중

우리나라에서 도로교에 대한 내진설계는 1992년 도로교표준시방서에서부터 포함되었으며, 1999년 개정된 도로교설계기준에서는 보다 구체적인 규준을 채택하고 있다. 2000년 이후의 도로교설계기준에서는 지진 시 교량의 기능수행수준과 붕괴방지수준 설계기준의 내진성능목표 개념을 반영하였다.

각국의 조사에 의하면 대지진에 의한 피해상황은 대부분 교대 혹은 교각 등 소위 하부구조의 파손에 기인하고, 상부구조의 파손이 직접 원인이 된 것 혹은 상부구조의 치명적인 손상을 받은 예는 극히 드물다. 따라서 지진에 대한 교량의 안전성을 생각할 경우에는 상부구조보다는 하부구조의 내진성에 대해 특별히 충분한 주의를 해야 한다.

교량에 대한 지진의 영향(EQ)은 교량의 형식·구조, 기초지반의 성질뿐만 아니라 지진 자체의 동역학적 특성 등을 고려하여 정확히 산정해야 한다. 내진설계에 대한 기본개념과 보다 자세한 내용은 12장의 내진설계에서 다루게 될 것이다.

다음은 한계상태설계법(2015)에 의한 내진설계를 위한 일반적인 사항들과 해석방법, 설계규정 등에 대해 간략하게 정리하였다.

가속도 계수

도로교설계기준 한계상태설계법(2015)에서 규정하고 있는 지진구역 분할과 가속도계수(최대 지반 가속도로서 유효최대 속도연관 가속도계수(Effective Peak Velocity-Related Acceleration Coefficient)의 산정은 지금까지의 국내 연구결과를 중심으로 정리하였다.

도로교설계기준 한계상태설계법(2015)에서는 지진재해도 해석 결과에 근거하여 우리나라의 지진구역을 표 3.12.1과 같이 설정하였다. 각 지진구역에서의 평균재현주기 500년 지진지반운동에 해당하는 지진구역계수는 표 3.12.2에 수록된 바와 같이 구역 I에서는 0.11, 구역 II에서는 0.07이다. 평균 재현주기별 최대유효지반가속도의 비를 의미하는 위험도계수는 표 3.12.3과 같으며, 이 표에서 기준은 평균재현주기 500년 지진이다. 교량이 위치할 부지에 대한 지진지반운동의 가속도계수는 표 3.12.4에서 규정된 내진등급별 설계지진의 재현주기에 해당되는 위험도계수를 지진구역에 따른 지진구역계수에 곱하여 계산하도록 규정하고 있다.

표 3.12.1 지진구역 구분

지진구역		행정구역
I	시	서울특별시, 인천광역시, 대전광역시, 부산광역시, 대구광역시, 울산광역시, 광주광역시
	도	경기도, 강원도 남부①, 충청북도, 충청남도, 경상북도, 경상남도, 전라북도, 전라남도 북동부②
II	도	강원도 북부③, 전라남도 남서부④, 제주도

㈜ ① 강원도 남부(군·시): 영월, 정선, 삼척시, 강릉시, 동해시, 원주시, 태백시
② 전라남도 북동부(군·시): 장성, 담양, 곡성, 구례, 장흥, 보성, 화순, 광양시, 나주시, 여수시, 순천시
③ 강원도 북부(군·시): 홍천, 철원, 화천, 횡성, 평창, 양구, 인제, 고성, 양양, 춘천시, 속초시

④ 전라남도 남서부(군 · 시): 무안, 신안, 완도, 영광, 진도, 해남, 영암, 강진, 고흥, 함평, 목포시
⑤ 행정구역의 경계를 통과하는 교량의 경우는 구역계수가 큰 값을 사용한다.

표 3.12.2 지진구역계수(재현주기 500년에 해당)

지진구역	I	II
구역계수	0.11	0.07

표 3.12.3 위험도계수

재현주기(년)	500	1,000
위험도계수, I	1	1.4

내진등급

미국 등과 같이 지진이 빈번하게 발생하는 국가에서는 지진에 대한 위험한 정도를 나타내는 지표인 내진등급을 정하는데 있어서 그 지역의 가속도계수 및 구조물(교량)의 중요도를 고려하여 4가지 등급으로 나누고 있다. 우리나라는 지진의 발생확률이 낮고 가속도계수도 상대적으로 작은 것을 감안하여 내진등급을 교량의 중요도에 따라 내진 I등급, 내진 II등급의 2가지 등급으로 분류하고 있다(표 3.12.4).

표 3.12.4 도로교의 내진등급과 설계지진

내진등급	교량	설계지진의 평균재현주기
내진 I등급교	•고속도로, 자동차전용도로, 특별시도, 광역시도 또는 일반국도 상의 교량 •지방도, 시도 및 군도 중 지역의 방재계획상 필요한 도로에 건설된 교량, 해당 도로의 일일계획교통량을 기준으로 판단했을 때 중요한 교량 •내진 I등급교가 건설되는 도로 위를 넘어가는 고가교량	1,000년
내진 II등급교	내진 I등급교에 속하지 않는 교량	500년

지반의 분류

지반상태가 교량의 응답에 미치는 영향, 즉 지반의 영향은 교량의 지진하중을 결정하는데 고려되어야 한다. 표 3.12.5에 명시된 지반계수 S는 표 3.12.6에서 정의된 지반종류에 근거를 두고 있다.

표 3.12.6의 지반종류 V는 부지의 특성 조사가 요구되는 다음과 같은 경우에 속하는 지반으로서, 전문가가 작성한 부지종속 설계응답스펙트럼을 사용하도록 규정하고 있다.

- 액상화가 일어날 수 있는 흙, 퀵클레이와 매우 민감한 점토, 붕괴될 정도로 결합력이 약

한 붕괴성 흙과 같이 지진하중 작용 시 잠재적인 파괴나 붕괴에 취약한 지반

- 이탄 또는 유기성이 매우 높은 점토지반
- 매우 높은 소성을 갖은 점토지반
- 층이 매우 두꺼우며 연약하거나 중간 정도로 단단한 점토

표 3.12.5 지반계수

지반계수	지반종류			
	Ⅰ	Ⅱ	Ⅲ	Ⅳ
지반계수(S)	1.0	1.2	1.5	2.0

표 3.12.6 지반의 분류

지반종류	지반종류의 호칭	지표면 아래 30m 토층에 대한 평균값		
		전단파속도 (m/s)	표준관입시험 (N치)	비배수전단강도 (kPa)
I	경암지반 보통암지반	760 이상	–	–
II	매우 조밀한 토사지반 또는 연암지반	360~760	>50	>100
III	단단한 토사지반	180~360	15~50	50~100
IV	연약한 토사지반	180 미만	<15	<50
V	부지 고유의 특성평가가 요구되는 지반			

㈜ 여기서 N치는 비 점착성 토층만을 고려한 평균 N치

표 3.12.7 응답수정계수

하부구조	R	연결부분	R
벽식교각	2	상부구조와 교대	0.8
철근콘크리트 말뚝 가구(bent) 1. 수직말뚝만 사용한 경우 2. 1개 이상의 경사말뚝을 사용한 경우	3 2	상부구조의 한 지간 내의 신축이음	0.8
단일기둥	3	기둥, 교각 또는 말뚝가구와 캡빔(cap beam) 또는 상부구조	1.0
강재 또는 합성강재와 콘크리트 말뚝가구 1. 수직말뚝만 사용한 경우 2. 1개 이상의 경사말뚝을 사용한 경우	5 3	기둥 또는 교각과 기초	1.0
다주가구	5		

응답수정계수

교량의 각 부재와 연결부분에 대한 설계지진력은 규정된 탄성지진력을 적절한 응답수정계수로 나눈 값으로 하며, 각 요소에 대한 응답수정계수 R은 표 3.12.7에 표시된 값을 사용한다. 따라서 응답수정계수는 탄성해석으로 얻은 설계지진력을 수정하는데 사용된다. R값은 설계지진력에 의해 기둥은 항복하나 연결부위 및 기초부분에 극히 적은 손상을 입는다는 가정으로부터 얻어진다. 기둥, 교각 또는 말뚝 가구(pile bent)에 대한 R계수는 다양한 지지조건에 의한 여용력(redundancy) 및 연성(ductility)을 고려함으로써 구할 수 있다. 벽식교각은 강도가 큰 방향에 대해 가장 작은 연성능력과 여용력을 갖는 것으로 판정하여 R값을 정한다. 단, 도로교설계기준 한계상태설계법(2015)에서 규정하고 있는 소성힌지구역에 관련된 모든 설계요건과 내진설계를 위해 추가로 규정한 설계요건을 만족하는 않는 경우 그리고 하부구조의 축방향력 및 전단력의 경우는 응답수정계수로 나누지 않는다.

해석방법

구조 부재의 내력 분포 및 상대변위 등의 지표를 얻기 위한 교량의 내진설계에는 탄성해석을 이용한다. 그러나 설계지진운동과 같이 큰 진동하중을 받는 교량은 비탄성적으로 거동하기 때문에 교량의 실제 내력과 변위는 탄성해석으로부터 얻는 결과와 큰 차이를 보일 수 있다. 탄성해석은 크게 단일모드 스펙트럼 해석법(single-mode spectral analysis method)과 다중모드 스펙트럼 해석법(multi-mode spectral analysis method)의 2가지 방법으로 나눌 수 있다. 먼저 단일모드 스펙트럼 해석법은 기본주기(T)만을 구하여 교량의 탄성지진력과 변위를 예측하는 비교적 간단한 방법이지만 질량·강성·지간에 따라 기하적인 형상 등이 급격히 변화하지 않는 보통의 교량형식에 적용할 수 있으며 이를 만족하지 않는 특수교량에 대해는 해석의 정확도가 떨어지는 약점이 있다. 이러한 교량에 대해는 어떠한 진동에 대해도 정확한 탄성응답을 얻을 수 있는 다중모드 스펙트럼 해석법을 적용해야하는데 컴퓨터의 사용이 요구되는 보다 복잡한 방법이다. 우리나라는 지진의 발생 확률이 적고 지진의 강도 또한 작은 점을 감안하여 해석의 정확도는 떨어지나 비교적 간단한 방법인 단일모드 스펙트럼 해석법을 사용하는 것을 원칙으로 하였다. 그러나 설계자가 위의 방법으로는 불충분하다고 생각되어 정밀한 해석을 요한다고 판단되는 중요한 교량에 대해는 보다 엄밀한 방법인 다중모드 스펙트럼 해석법을 사용할 수 있도록 규정하고 있다. 또한 단경간교 및 지진구역 Ⅱ에 위치하는 내진 Ⅱ등급교는 상세한 내진 해석을 할 필요가 없다고 규정하고 있다.

① 탄성지진응답계수

- 단일모드 스펙트럼 해석 시 설계력의 결정에 쓰이는 탄성지진응답계수 C_s는 다음과 같은 무차원의 식으로 구한다.

$$C_s = \frac{1.2AS}{T^{2/3}} \qquad \text{식 (3.12.1)}$$

여기서, A : 가속도계수
S : 지반특성에 따른 무차원의 지반계수
T : 적합한 방법에 의해 결정된 교량의 주기

단, C_s 값은 $2.5A$보다 크게 취할 필요는 없다.

다중모드 스펙트럼 해석 시 m번째 진동모드에 대한 탄성지진응답계수 C_{sm}은 다음공식에 따라 구한다.

$$C_{sm} = \frac{1.2AS}{T_m^{2/3}} \qquad \text{식 (3.12.2)}$$

여기서, T_m : m번째 진동모드의 주기

단, C_{sm}값은 $2.5A$보다 크게 취할 필요는 없다.

- T_m값이 4.0초를 넘는 구조물에 대해 m번째 진동모드에 대한 C_{sm} 값은 식 (3.12.3)에 따라 결정할 수 있다.

$$C_{sm} = \frac{3AS}{T_m^{4/3}} \qquad \text{식 (3.12.3)}$$

탄성지진응답계수는 지반가속도 A와 주어진 진동주기에 대해 도시한 결과를 이용하여 정규화 시킬 수 있다. 그림 3.12.1에서는 정규화된 탄성지진응답계수 곡선의 예가 지반종류별로 주어져 있다.

단일모드 스펙트럼 해석법과 다중모드 스펙트럼 해석법에 대한 자세한 내용은 12장 내진설계에서 다루고 있다.

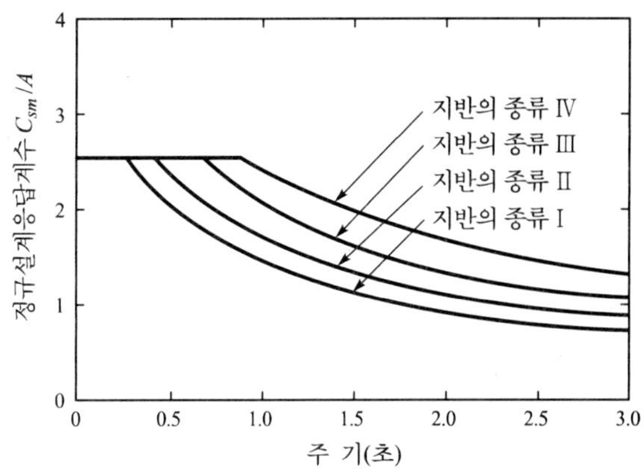

그림 3.12.1 지반가속도 계수 A에 대해서 정규화된 탄성지진응답계수

탄성력 및 탄성변위

내진 I 등급교의 탄성력과 탄성변위는 각 설계진동단위에 대해 독립적으로 정해야 한다. 내진 I 등급교의 탄성력과 탄성변위는 내진 해석방법을 사용하여 2개의 직교축에 대해 독립적으로 해석하고 직교 지진력의 조합에 규정한 방법으로 조합해야 한다. 2개의 직교축은 교량의 종방향축과 횡방향축으로 하는 것이 표준적이지만 설계자가 임의로 정할 수 있다. 일반적으로 구조물은 3개의 직교축으로 동시에 발생하는 지반운동을 받는다. 대다수의 교량에 있어서 운동의 연직방향 성분에 의한 영향은 그다지 크지 않으므로 연직방향의 상세한 해석은 필요 없다. 운동의 2방향 수평성분에 의한 영향을 고려하기 위하여 일반적으로 교량의 종방향 및 횡방향의 두 직교방향에 대해 별도의 해석을 해야 한다. 각각의 해석으로부터 얻어진 힘과 모멘트를 직교지진력의 조합에 규정한 방법으로 조합함으로서 두 수평방향으로 동시에 발생하는 운동의 영향을 고려할 수 있다. 탄성해석으로부터 구한 교량의 응답(힘과 변위 등)은 교량이 탄성적으로 거동하고 설계지반운동의 특성이 실제 지반운동에 근접할수록 교량의 실제응답에 근접하게 된다. 따라서 탄성해석에서 얻은 변위는 설계변위에 대한 하한값으로 사용된다.

직교지진력의 조합

부재 각각의 주축에 대한 설계지진력은 전항에 규정한 탄성력 및 탄성변위 방법으로 구한 지진력을 다음과 같이 조합하여 사용한다.

- 하중 경우 1 : 종방향축의 해석으로부터 구한 탄성지진력(절대값)에 횡방향축의 해석으로부터 구한 탄성지진력(절대값)의 30%를 합한 경우
- 하중 경우 2 : 횡방향축의 해석으로부터 구한 탄성지진력(절대값)에 종방향축의 해석으

로부터 구한 지진력(절대값)의 30%를 합한 경우

단경간교의 설계규정

상부구조와 교대 사이의 연결부에 대해 고정하중반력에 가속도계수와 지반계수를 곱한 값의 수평지진력이 작용한다고 보고 종방향 및 횡방향에 대해 안전하도록 설계해야 한다. 단경간교(single span bridge)는 지진하중에 대한 거동에 있어서 2경간이상의 교량과 분리하여 해석방법이나 설계규정을 적용해야 한다. 단경간교는 과거의 예로부터 거더의 받침부가 종방향 및 횡방향의 지진하중에 대해 충분히 견딜 수 있으면 안전한 것으로 판단된다.

지진구역 II에 위치하는 내진 II등급교의 설계지진력

지진구역 Ⅱ에 위치한 내진 Ⅱ등급교에서 교량받침이나 기계장치 등 하부구조와 상부구조의 연결부는 고정하중의 20%에 해당되는 수평 지진력이 구속방향으로 작용한다고 보고 이에 저항하도록 설계해야 한다. 종방향의 수평지진력 산정 시 사용되는 고정하중은 종방향으로 구속되어 있을 경우 상부구조의 각 세그메트 자중이고, 횡방향의 고정하중은 횡방향으로 구속되어 있을 경우 고정하중의 반력이다.

설계지진력

교량의 구조부재 및 연결부위 설계지진력은 다음과 같이 구할 수 있도록 하였다.

① 여기서 구하는 설계지진력은 다음의 각 경우에 대해 적용한다.
- 상부구조, 상부구조의 신축이음 및 상부구조와 하부구조 상단 사이의 연결부
- 하부구조 상단으로부터 기둥이나 교각의 하단까지(단, 후팅, 말뚝머리 및 말뚝을 포함하지 않음)
- 상부구조와 교대의 연결요소

② ①항의 설계지진력은 직교지진력 조합의 하중 경우 1과 하중 경우 2로부터 구한 탄성지진력을 응답수정계수 R로 나눈 값으로 한다.
③ ②항의 설계지진력은 다른 설계력과 함께 독립적으로 전체하중 조합식에 조합해야하며 각 요소에 대한 지진 시 최대하중은 극단상황한계상태의 하중조합과 하중계수를 적용하여 구한다.
④ 응답수정계수가 적용되지 않을 경우, 교각과 상부구조 또는 하부구조의 연결부의 설계지진력은 응답수정계수를 적용하지 않은 탄성지진력과 교각의 최대소성힌지력 중

작은 값으로 한다.

구조물의 각 요소는 도로교설계기준 한계상태설계법(2015)의 각 하중조합에 의한 설계력에 대해 안전해야하며 도로교설계기준 한계상태설계법(2015)의 하중조합 및 하중계수 규정과 함께 사용해야 한다.

설계변위

1989년 샌프란시스코 지진시 I-880고가도로 붕괴, Bay교 경간 추락, 1995년 고베지진에 의한 교량의 붕괴 등과 같이 교량이 지진에 의해 낙교 하는 경우가 많이 있다. 이는 지진에 의한 교량 상부구조와 하부구조 사이에 발생한 상대변위가 원인이며, 따라서 설계에 있어서 설계변위량의 산정은 설계지진력의 산정만큼 중요하게 다루어져야 한다. 교대, 기둥, 받침에 부여된 지지길이는 교량 구조물의 전체적인 비탄성거동, 하부구조의 서로 다른 부분들의 발생 가능한 독립적인 이동, 그리고 표면파의 운동으로 인한 기둥과 교대의 비대칭 회전변위 등으로 인한 상대변위량을 수용할 수 있어야 한다.

① 지진구역 Ⅱ에 위치한 내진 Ⅱ등급교

지진구역 Ⅱ에 위치한 내진 Ⅱ등급교의 최소받침지지길이(N)는 식 (3.12.4)에 규정한 값보다 작어서는 안 된다.

$$N = (200 + 1.67L + 6.66H)(1 + 0.000125\theta^2)(\text{mm}) \qquad \text{식 (3.12.4)}$$

여기서, L : 인접 신축이음부까지 또는 교량단부까지의 거리(m)

단, 지간 내에 힌지가 있는 경우의 L은 그림 3.12.2와 같이 힌지 좌・우측방향의 거리인 L_1과 L_2의 합으로 한다.

H : 다음 각 경우에 대한 평균 높이(m)

교대 : 인접 신축이음부의 교량상부를 지지하는 기둥의 평균높이. 단경간교의 평균높이는 0으로 한다.

기둥 또는 교각 : 기둥 또는 교각의 평균높이

지간 내의 힌지 : 인접하는 양측 기둥 또는 교각의 평균높이

θ : 받침선과 교축직각방향의 사이 각(°)

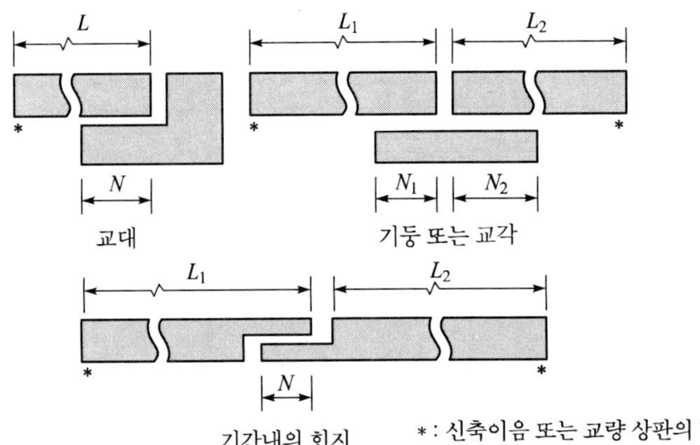

그림 3.12.2 최소지지길이 규정에 관한 치수

② 단경간교와 지진구역 Ⅱ에 위치하는 내진 Ⅱ등급교를 제외한 모든 교량

단경간교와 지진구역 Ⅱ에 위치하는 내진 Ⅱ등급교를 제외한 모든 교량의 설계변위는 탄성해석으로부터 구한 최대변위 값과 식 (3.12.4)에 규정한 최소받침지지길이 중 큰 값을 취하도록 하였다. 여기서 정한 최소받침지지길이는 모든 거더의 단부에서 확보해야하며, 최소받침지지길이의 확보가 어렵거나 낙교방지를 보장하기 위해서는 변위구속장치를 설치해야 한다.

③ 교량의 여유간격

지진 시 교대 또는 인접 교량간의 충돌에 의한 주요 구조부재의 손상을 방지하기 위해서 교량의 단부에 다음 식보다 큰 여유간격 Δl_i(mm)를 두어야 한다.

$$\Delta l_i = d + \Delta l_{sh} + \Delta l_{cr} + \Delta l_t \qquad \text{식 (3.12.5)}$$

여기서, d : 지반에 대한 상부구조의 총 변위(mm)

Δl_{sh} : 콘크리트의 건조수축에 의한 이동량(mm)

Δl_{cr} : 콘크리트의 크리프에 의한 이동량(mm)

Δl_t : 온도변화로 인한 이동량(mm)

3.13 설하중

일반적으로 교량 가설지점의 실제상황에 따라 적당한 크기의 설하중 및 빙하중(IC) 값을 고려할 필요가 있다. 우리나라에서 설하중을 고려할 필요가 있는 경우는 다음 2가지로 나눌 수 있다. 첫째로 충분히 압축된 눈 위를 자유롭게 차량이 통행하는 경우이고, 둘째는 적설량이 많아서 자동차 교통이 불가능하여 적설만이 하중으로 작용하는 경우이다. 중간적인 상태, 즉 적설로 인하여 자동차의 통행이 어느 정도 제한되는 경우라도 위의 두 경우 중 어느 한 경우로 설계하면 안전하다.

첫째 경우 적설이 어느 정도 이상이 되면 규정된 활하중이 통과하는 빈도는 극히 작게 되므로 규정활하중 외에 고려해야할 설하중은 보통 1,000N/m^2(압축된 눈으로 두께 약 150mm) 정도면 충분할 것이다. 또 이 설하중은 설계계산상 교량 전체면에 재하하는 것으로 한다.

둘째 경우의 설하중은 식 (3.13.1)에 의해 구한다.

$$SW = P \cdot Z_s \qquad \text{식 (3.13.1)}$$

여기서, SW : 설하중(N/m^2)

P : 눈의 평균단위중량(N/m^3)

Z_s : 설계적설깊이(m)

눈의 평균단위중량은 지방 및 계절 등에 따라 다르나 대략 다음 값으로 계산한다.

- 내린지 얼마 안 된 눈 : 1,500N/m^3
- 내린지 오래된 눈 : 3,000N/m^3
- 압축된 눈 또는 다량의 물을 포함한 눈 : 5,000~7,000N/m^3

비교적 큰 지간의 하로 트러스, 하로 아치 등에서 교면 및 상부수평 브레이싱에 쌓인 눈이 이른 봄 기온상승 및 강우로 인한 수분포화로 수평브레이싱이나 현재의 일부에 항복점 이상의 응력을 발생시킨 예가 있다. 그러므로 이러한 구조형식의 경우 설하중의 결정, 단면형상의 선정에는 특히 주의해야 한다.

3.14 지반변동 및 지점이동의 영향

(1) 하부구조에 대한 지반변동(GD)의 영향

하부구조 완성 후 기초지반의 압밀침하 등에 의해 지반변동이 예상되는 경우에는 그 영향을 고려해야 하는데 지반변동의 예는 다음과 같다.

- 기초주변지반의 압밀침하
- 배면성토에 의한 연약지반의 측방 유동
- 하천의 흐름, 파랑에 의한 세굴, 하상저하

(2) 상부구조에 대한 지점이동(SD)의 영향

연속보나 라멘구조, 교각과 같은 부정정 구조물에서는 지반의 부등침하 등으로 인하여 생기는 기초 구조물의 침하·수평이동·회전 등에 의해 부재응력이 증가되는 곳이 생기므로 이 영향을 고려해야할 경우에는 최종 이동량을 추정하여 단면력을 산정해야 한다. 단면력의 산정은 탄성계산에 따르면 된다. 콘크리트교에서는 콘크리트의 크리프 영향에 의해 그 응력은 상당히 작게 되어 크리프 계수 $\varphi=2.0$의 경우 탄성계산에 의한 값의 50% 정도로 된다. 따라서 크리프의 영향을 고려하지 않고 계산하는 경우에는 계산치의 50%를 설계단면력으로 보면 된다. 그러나 처음부터 크리프의 영향을 고려하여 엄밀하게 계산할 경우에는 그렇지 않다. 강교에서는 콘크리트교와 같은 크리프현상이 없으므로 탄성계산으로 구한 단면력을 그대로 설계단면력으로 해야 한다. 교각의 길이가 보의 길이에 비해 아주 짧은 라멘구조에서는 지점의 이동 및 회전에 의해 큰 응력이 생기는 곳도 있으므로 특히 유의해야 한다.

3.15 파압

파랑하중의 계산은 해양수산부의 '항만 및 어항 설계기준(2005)' 등의 공인된 공학적인 방법을 참고하여 계산할 수 있다. 연직벽에 작용하는 쇄파의 파력(WP)은 식 (3.15.1)에 의해 산출하는데 이식은 히로이공식(廣井公式)이다. 파력은 정수면상 $1.25H_0$의 높이에서 해저까지 균일하게 분포한다.

$$\rho = 1.5\omega H_0$$ 식 (3.15.1)

여기서, ρ : 쇄파의 압력(kN/m^2)

ω : 해수의 단위중량(kN/m^3)

H_0 : 외해파(deep water wave)의 파고(m)

이 파력은 국부적인 파력을 표시한 것이 아니고, 주로 방파제가 전체적으로 받는 평균 파력을 표시한 것이다. 이 점이 교각의 경우와는 조금 다르지만 실용적으로 큰 차가 없다고 보면 된다. 또 이 식은 쇄파의 파력의 식이므로 수심이 파고의 2배 이하일 때에만 적용한다. 이 한계를 넘으면 작용하는 파는 중복파로서 작용한다. 이것에 대해서는 Sainflou의 식이 일반적으로 적용되는데, 상세한 내용은 전문서적을 참고해야 한다.

3.16 원심하중

원심하중(CF)은 차량이 곡선상을 주행할 때 원심력에 의한 활하중이다. 원심하중은 교축에 직각이고 수평방향으로 작용하는 이동하중이라고 본다. 곡선상을 지나가는 차량의 원심력은 일반적으로 식 (3.16.1)로 표시한다.

$$F = W \cdot C = W \cdot \frac{4}{3}\frac{v^2}{gR}$$ 식 (3.16.1)

여기서, F : 원심력

W : 표준트럭하중의 축중량

v: 설계속도(m/s)

g : 중력가속도(m/s^2)

R : 통행차선의 회전반경(m)

도로교설계기준 한계상태설계법(2015)에서는 표 3.3.2의 다차로 동시재하계수를 적용하여 원심하중을 계산해야 한다고 규정하고 있다. 한편, 원심하중은 교면상 또는 레일면상 1.8m의 높이에서 수평방향으로 작용하는 것으로 한다. 바닥판이 지지거더에 의해 지지되어 있는 경우 바닥판은 동일평면 내에서 원심하중에 저항할 수 있도록 설계해야 하며 이 원심하중은 지점을 통하여 하부구조로 전달되므로 하부구조의 설계 시에도 이것을 고려해야 한다.

3.17 제동하중

차량이 교량상에서 갑자기 정거할 때에 작용하는 하중이 제동하중(BR, breaking load)이고, 반대로 교량상에서 정지하고 있는 차량이 갑자기 움직일 때에 작용하는 하중이 시동하중(tractive load)이다. 그러나 도로교에서는 이 양자를 구별하지 않고 단지 제동하중이라 한다. 자동차의 제동하중은 극단적으로 가벼운 교량과 같이 특별한 경우에 고려하는 것으로 한다. 자동차의 제동하중은 최대하중효과가 발생하도록 설계차로 위에 재하된 표준트럭하중의 10%라 하고 교면상 1.8m되는 높이에서 자동차의 진행방향으로 작용하는 것으로 본다. 궤도상의 제동하중은 윤하중 전체의 10%라 하고 레일상 1.8m되는 높이에서 차량의 진행방향으로 작용하는 것으로 본다.

3.18 가설 시 하중

교량 가설 시에는 가설단계별 시공방법과 가설중의 구조를 고려하여 자중·가설장비·기자재·바람·지진의 영향 등 모든 재하조건에 대한 안전도 검토를 수행해야 한다. 캔틸레버식 시공이나 케이블식 시공을 할 경우 시공 혹은 운반 중에 특별한 힘이 작용하는 때가 있다. 이들 힘은 일시적으로 작용하는 것인데 이들을 가설 시 하중(ER)이라 총칭하여 경우에 따라서는 이에 대한 각부의 안전도를 조사할 필요가 있다.

3.19 충돌하중

(1) 자동차나 열차의 충돌

자동차가 충돌할 염려가 있는 각주에는 콘크리트벽 등으로 충분히 안전한 방호시설을 설치해야 한다. 이들 방호시설을 설치하지 않는 경우에는 다음 차량충돌하중(CT)이 노면 위 1.2m에서 수평으로 임의의 방향으로 작용하는 것으로 보고 각주를 설계해야 한다.

- 도로의 가장자리로부터 9m 내에 위치한 교대나 교각에 대해 1,800kN
- 궤도의 중심선으로부터 15m 내에 위치한 교대나 교각에 대해 1,800kN

(2) 유목 등의 충돌

유목 및 기타의 유송물이 충돌할 우려가 있는 경우에는 식 (3.19.1)에 의해 충돌력을 산출한다. 그 작용높이는 수면으로 한다.

$$P = 0.1\,W \cdot \nu \qquad \text{식 (3.19.1)}$$

여기서, P : 충돌력(kN)

W : 유송물의 중량(kN)

ν : 표면유속(m/s)

(3) 선박의 충돌

항로상 또는 항로근처에 교각을 설치하여 선박과 충돌할 우려가 있는 경우에는 선박충돌하중(CV)을 설계에 고려해야 한다.

CHAPTER

04

구조재료

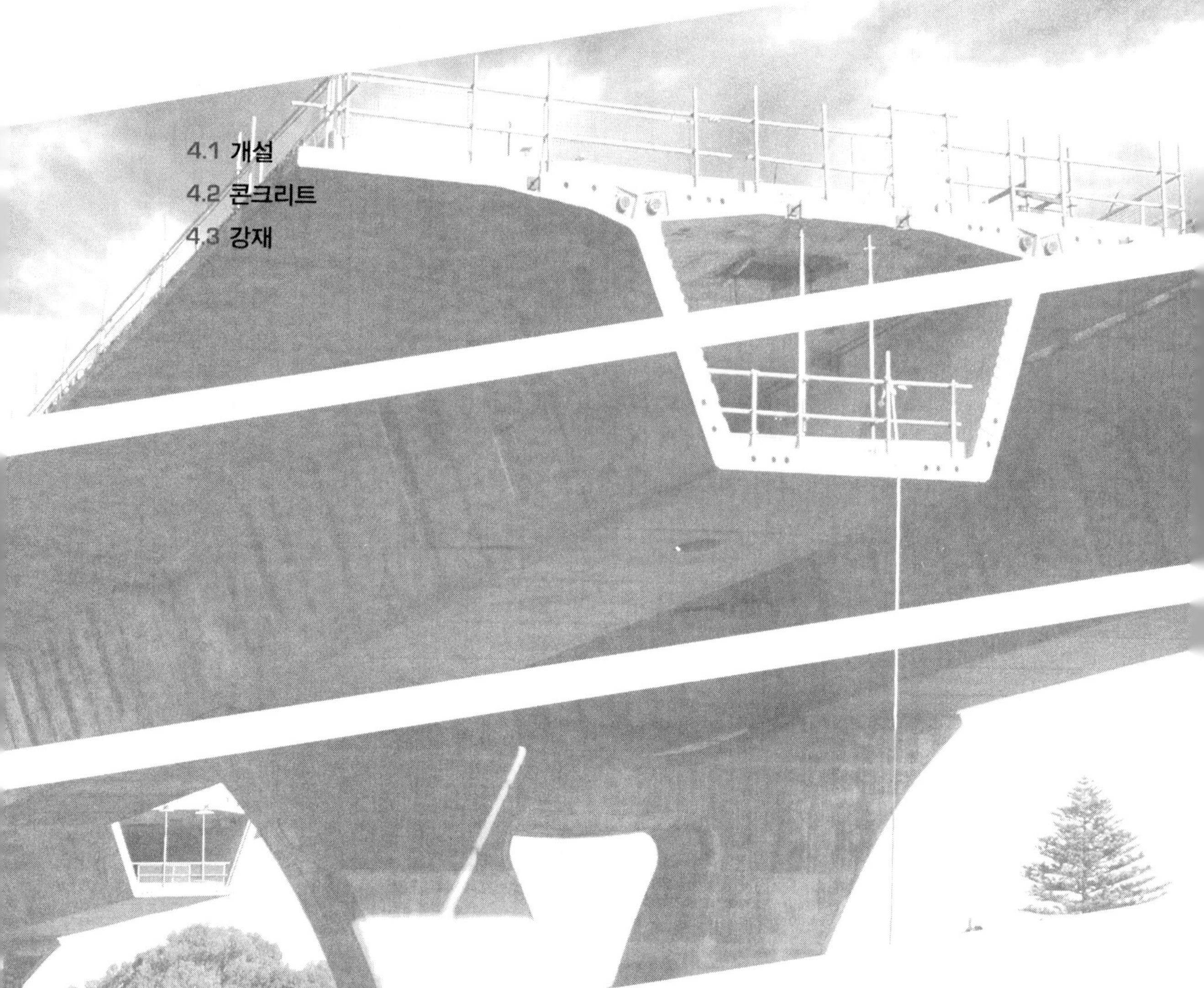

4.1 개설

구조물의 사용목적을 달성하고 안전하고 경제적인 구조물을 설계하기 위해서 설계자는 먼저 구조물에 사용되는 재료의 성질을 충분히 이해하고 있어야 한다. 최근 교량은 여러 종류의 재료를 사용하여 건설되고 있으며, 교량의 각 구성요소마다 최상의 재료를 선정하는 것은 설계자에게 중요한 일이다. 해당교량에 최적의 사용재료를 결정하기 위해서 설계자는 가능한 한 모든 정보에 근거하여 최상의 결정을 내려야 한다.

교량설계자가 주형의 재료로서 콘크리트를 사용할 것인지 아니면 강재를 사용할 것인지를 결정해야 한다면, 예를 들어 금문교의 설계자들은 상부구조의 주재료로서 강재를 사용해야 한다는 것을 쉽게 결정할 수 있었을 것이다. 그러나 어떤 교량의 경우에는 강박스와 콘크리트 거더 두 형식 모두 타당성이 비슷할 수도 있다. 이와 같은 경우에는 두 형식을 모두 대안으로 설계하여 초기 건설공비뿐만 아니라 유지보수비를 포함한 교량수명 간 총 비용을 고려하여 보다 경제적인 교량을 선택하는 것이 현명하다.

강재와 콘크리트는 교량을 건설할 때 사용되는 대표적인 재료들이며, 다른 재료들은 대부분이 난간·교좌장치·신축이음장치 등 교량의 부대시설 등에 사용되고 있다. 최근에는 첨단 신소재 복합재료를 교량의 주 구조재료로 사용하는 경우도 있으나, 보도교와 같은 가벼운 교량이나 장대교량의 아라미드 같은 고강도 신소재 케이블, 프리웨브 상판 구조정도에 그치고 있으며 일반 교량에의 사용은 아직도 실용화단계에 이르지 않고 있다. 목재도 일부 큰 교량에 사용되었으나, 대부분 농업목적의 소 교량에 사용되어 왔다. 목재교량의 초기 단가는 비교적 낮으며 좋은 설계와 유지관리가 양호한 경우에는 장기간 사용할 수 있지만, 목재가 풍부한 미국과 같은 나라나 산림지역을 제외하고는 오늘날 목교가 일반교량으로 가설되지는 않는다. 그러므로 여기서는 신소재 복합재료나 목재는 교량의 일반적인 구조재료로 고려하지 않고, 현대교량의 대표적인 2가지 구조재료인 콘크리트와 강재의 교량설계 시 고려해야 하는 구조적 성질에 대해서 기술하였다.

4.2 콘크리트

콘크리트는 콘크리트교량과 강교의 상판 또는 교각·교대와 같은 하부구조뿐만 아니라 연석· 보도·방호벽·난간 등에 흔히 사용되는 재료이다. 콘크리트는 하부구조의 재료로써 매우 이상적인 재료이다. 교각·교대는 유수(流水) 또는 지하수로부터 습기에 노출되는데 내구성이 있는 콘크리트는 장기간동안 습기에 의한 문제가 야기되지 않는다. 포틀랜드 시멘트 콘크리트는 수분과 반응하여 경화되는데, 이러한 현상은 지하공사와 같은 특수한 경우에는 큰 장점이 된다.

또한 콘크리트는 어떤 형상으로도 제작이 가능하며 시멘트와 물의 양을 조절함으로써 소요 압축강도를 쉽게 얻을 수 있다. 콘크리트 배합설계는 소요 압축강도·내구성·건조수축·크리프 등을 고려하여 결정된다. 그러나 공용기간 동안 요구되는 필요조건마다 훨씬 뛰어난 제품의 콘크리트를 제작하는 것이 경제성 측면으로 볼 때 반드시 바람직한 것만은 아니다. 콘크리트는 조건에 따라 품질이 크게 좌우되므로 교량 설계자는 콘크리트의 배합설계뿐만 아니라 혼합·양생 등에도 세심한 주의를 기울여야 한다. 사용재료가 설계조건을 만족하지 못하면 설계 시 복잡한 구조계산과정 등은 무의미하다.

현재 새로운 종류의 고강도·고품질의 콘크리트 및 철근을 개발하려는 노력이 계속 진행 중에 있다. 여기서는 지금까지 교량의 설계 및 시공에 주로 사용되어온 일반적인 콘크리트와 철근재료의 기본 성질에 대해서만 간략하게 기술하였다.

4.2.1 압축강도

경화한 콘크리트의 성질 중에서 가장 중요한 것은 압축강도이며 콘크리트 품질의 척도가 된다. 일반적으로 콘크리트의 강도라고 하면 압축강도를 의미한다. 콘크리트의 압축강도는 물·시멘트 비에 의해 지배되는데, 그림 4.2.1은 물·시멘트비가 콘크리트의 압축강도에 결정적인 영향을 미친다는 것을 잘 보여주고 있다. 그러나 휨 인장 강도에 대한 물·시멘트비의 영향은 압축강도에 대한 영향보다 훨씬 작다는 것 또한 보여주고 있다. 그 까닭은 휨 인장 강도는 굵은 골재와 모르타르 사이의 부착강도에 크게 좌우되기 때문인데 굵은 골재와 모르타르 사이의 부착강도는 물·시멘트 비의 영향을 비교적 적게 받는다는 것이 실험결과로 알려져 있다.

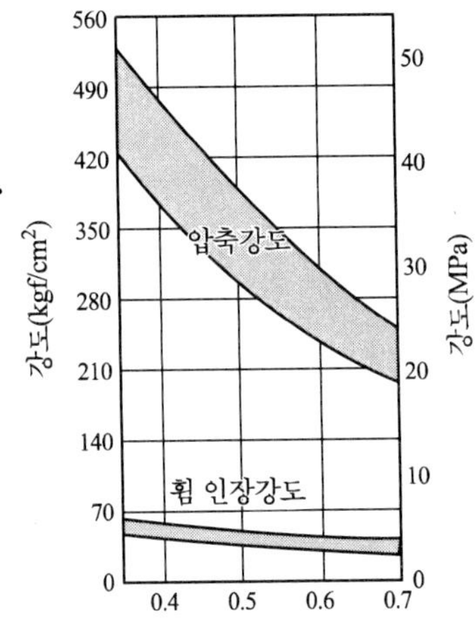

그림 4.2.1 물 · 시멘트비와 강도와의 관계

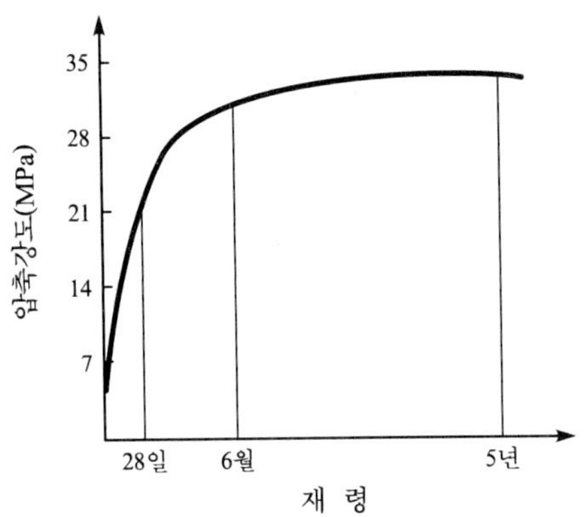

그림 4.2.2 재령과 압축강도와의 관계

한편 콘크리트의 강도는 재령(材齡)과 더불어 증진된다. 특히 콘크리트는 타설 후 처음 며칠 또는 몇 주일 동안은 매우 빠르게 강도를 발현한다. 보통의 구조물 설계는 일반적으로 재령 28일의 압축강도를 기준으로 하므로 콘크리트는 타설 후 처음 1주일 동안에 28일 강도의 70% 정도의 강도를 나타내며 2주일 후에는 85~90% 강도를 나타낸다. 그림 4.2.2는 이러한 관계를 잘 보여주고 있다. 그 이후의 강도증진은 완만하다. 이것은 수화작용이 초기재령에서 왕성하며, 응결·경화의 과정을 거치면서 수화작용이 완만해지기 때문이다. 그러므로 콘크리트의 최종적인 강도는 초기재령에서의 양생조건, 즉 습도 및 온도의 조건에 크게 좌우된다. 콘크리트를 너무 일찍 건조시키면 30% 이상의 강도손실을 가져오는 경우도 있다고 한다. 초기의 며칠 동안 콘크리트의 온도를 4°C 이하로 방치할 경우도 이와 비슷한 강도저하를 가져온다. 그 이후 아무리 오랫동안 계속해서 습기를 유지해 주더라도 저하된 강도는 회복되지 않는다. 콘크리트의 이러한 해를 막기 우해서는 적어도 7일 동안은 습기를 잃지 않도록 콘크리트를 보호해야 하며, 중요한 공사에서는 14일 이상 잘 보호해야 한다.

굳지 않은 콘크리트가 얼게 되면 콘크리트의 강도는 약 50% 정도 저하된다. 시방서에서는 동해(凍害)를 입은 콘크리트는 제거하도록 규정하고 있다.

콘크리트의 압축강도는 높이가 지름의 2배인 $\phi150\times300$mm의 원주형 공시체를 사용하여 시험한다. 굵은 골재의 최대치수가 25mm 이하로 비교적 잔 굵은 골재를 사용한 콘크리트의 압축강도는 $\phi100\times200$mm의 원주형 공시체를 사용하여 시험하기도 하는데, 그 결과는 $\phi150\times300$mm의 공시체를 사용한 경우와 큰 차이가 없다.

굳지 않는 콘크리트 시료를 KS F 2401에 따라 채취하여 KS F 2403에 의해 공시체를 제조하고 양생하되, 28일 동안 20°±3℃로 습윤양생하고(이것을 표준양생이라고 한다.) KS F 2405에 따라 매초 0.14~0.34MPa의 재하속도로 시험한다. 이렇게 하여 얻은 콘크리트의 배합 압축강도(f'_c 또는 f_{28})를 기준압축강도 f_{ck}로 나타낸다. 실제의 구조물에서 거푸집의 제거시기 등을 정하기 위하여 실시하는 압축강도 시험용 공시체는 현장의 콘크리트와 같은 상태로 양생한다.

우리나라를 비롯하여 미국, 일본 등에서는 원주형 공시체를 사용하고 있지만, 영국에서는 한 변이 150mm인 입방체(정육면체) 공시체를 사용하고 있으며, 독일은 한 변이 200mm인 입방체 공시체를 사용하고 있다. 200mm 입방체 공시체는 150mm 입방체 공시체 강도의 95%, 원주형 공시체 강도의 1.28배 정도의 강도를 보인다. 즉, $\phi150\times300$mm의 원주형 공시체의 강도는 200mm 입방체 공시체강도의 83% 정도이고, 150mm 입방체 공시체 강도의 78% 정도이다.

도로교에 사용하는 콘크리트의 기준압축강도는 원칙적으로 중력식 교대나 케이슨의 바닥슬래브 등에 사용하는 무근콘크리트 부재의 경우는 18MPa로 정한다. 반면에 확대기초하면에 타설 하는 버림콘크리트 등은 무근콘크리트의 최저기준압축강도 이하의 콘크리트를 사용해도 무방하다. 콘크리트와 하부구조의 주구조부에 이용하는 철근콘크리트의 부재의 기준압축강도는 21MPa 이상으로 하는 것을 원칙으로 한다.

프리스트레스트 콘크리트 부재는 설계나 시공 상 압축강도가 높은 콘크리트를 사용할 필요가 있기 때문에 프리텐션 방식의 경우 35MPa, 포스트텐션 방식의 경우는 30MPa 이상을 원칙으로 한다. 다만 프리스트레스가 비교적 작고 정착부를 갖지 않는 가로보의 현장치기 콘크리트 등에 대해서는 기준압축강도를 24MPa 정도까지 허용할 수 있다. 또한 프리캐스트보를 병렬시켜 보 사이에 채움 콘크리트를 타설하여 슬래브교를 만든 경우에는 채움콘크리트 등의 철근콘크리트 부재에 대해서는 기준압축강도를 21MPa까지하여도 좋다.

한편, 설계에 대한 검증과 콘크리트의 다른 성질을 평가하기 위해서 실제 콘크리트의 평균압축강도 f_{cm}이 필요한 경우가 있다. 도로교설계기준[한계상태설계법(2015)]에서는 평균압축강도 f_{cm}이 필요한 경우, $f_{cm} = f_{ck} + \Delta f$의 식을 사용해 계산하도록 하고 있다. 여기서, Δf는 평균압축강도와 기준압축강도의 차이로 기준압축강도 40MPa 이하($f_{ck} \leq 40$MPa)의 콘크리트에 대해서는 4MPa, 기준압축강도 60MPa 이상($f_{ck} \geq 60$MPa)의 콘크리트에 대해서는 6MPa, 그리고 기준압축강도 f_{ck}가 40MPa과 60MPa 사이인 경우 ($40 < f_{ck} < 60$MPa)에는 두 값(4MPa과 6MPa)에 대한 직선보간 값으로 결정한다.

4.2.2 압축강도 이외의 강도

콘크리트의 인장강도·휨인장 강도·전단강도 등은 압축강도에 비해 매우 작다. 그러나 압축강도가 큰 콘크리트일수록 이들 강도도 커진다. 이들 강도와 압축강도의 비는 대략 표 4.2.1과 같으며 고강도의 콘크리트일수록 그 강도비는 작아진다.

콘크리트의 인장강도는 KS F 2423에 규정된 ϕ150×300mm의 원주형 공시체를 옆으로 뉘어서 가압하는 할렬시험(割裂試驗)으로 얻어지고, 할렬시험에서 얻어지는 콘크리트의 인장강도는 보통 콘크리트의 경우 $1.6\sqrt{f_{ck}} \sim 1.9\sqrt{f_{ck}}$ 정도이다.

표 4.2.1 압축강도와 인장, 휨인장, 전단강도의 비

콘크리트 강도비	f_t / f_{ck}	f_b / f_{ck}	f_s / f_{ck}
보통 콘크리트	$\frac{1}{9} \sim \frac{1}{13}$	$\frac{1}{5} \sim \frac{1}{7}$	$\frac{1}{4} \sim \frac{1}{7}$
경량골재 콘크리트	$\frac{1}{9} \sim \frac{1}{15}$	$\frac{1}{6} \sim \frac{1}{10}$	$\frac{1}{6} \sim \frac{1}{10}$

㊟ f_{ck}: 기준압축강도, f_b: 휨인장강도, f_t: 인장강도, f_s: 직접 전단강도

콘크리트의 휨강도는 KS F 2408에 규정된 150×530mm의 무근 콘크리트보 공시체를 사용하여 3등분점 재하시험을 했을 때 $\frac{M}{I}y$로 얻어진다. 이렇게 하여 얻은 휨인장강도를 파괴계수(modules of rupture)라고도 한다. 보통 콘크리트의 휨인장강도는 $2.0\sqrt{f_{ck}} \sim 2.3\sqrt{f_{ck}}$의 범위이고, 경량 콘크리트는 $1.3\sqrt{f_{ck}} \sim 2.4\sqrt{f_{ck}}$의 범위이다. 전단강도의 시험방법은 아직 표준화된 것이 없는데 일반적으로 콘크리트의 전단강도는 압축강도의 35~80% 범위의 값을 나타낸다. 전단응력은 다른 응력과 분리하여 시험하

기가 어려워서 이렇게 넓은 범위로 변화한다.

콘크리트는 압축강도를 주로 이용하는 것이지만 인장강도도 매우 중요하다. 예컨대 철근 콘크리트 휨부재의 인장측에서의 균열의 발생과 발전은 전적으로 콘크리트의 인장강도에 좌우됨은 물론이고, 또 철근 콘크리트보의 전단저항이나 비틀림 저항도 1차적으로 콘크리트의 인장강도에 의존하기 때문이다.

교각이나 교대의 받침부 콘크리트나 부재의 정착부 콘크리트는 지압응력(支壓應力)을 받는다. 그러므로 이 부분은 콘크리트의 지압강도(bearing strength)와 설계방법이 문제가 된다. 콘크리트의 지압강도는 보통의 압축시험으로 얻어지는 강도보다 큰 값을 나타낸다.

콘크리트도 다른 재료와 마찬가지로 피로강도는 정적하중(靜的荷重)에 대한 강도보다 매우 작다. 콘크리트는 금속과 달라서 피로한도를 가지지 않기 때문에 미리 반복 횟수를 정하고 이 횟수에 견딜 수 있는 최대응력을 피로한도로 정하고 있다. 콘크리트에서의 보통 100만회로 하고 있다. 콘크리트의 압축에 대한 피로강도는 정적강도의 50~55%의 범위이고, 휨강도에 대한 피로강도는 정적강도의 30~60%(평균 55%) 정도이다.

4.2.3 응력-변형률 곡선과 탄성계수

그림 4.2.3은 원주형 공시체를 사용하여 재령 28일 콘크리트의 압축강도를 시험했을 때의 응력-변형률 곡선을 보인 것이다. 강도가 낮은 곡선은 완만하고 강도가 높은 것일수록 곡선의 정부(頂部)는 뾰족해지고 있다. 저강도(低强度) 콘크리트는 취성(脆性)이 적으므로 고강도 콘크리트보다 더 큰 변형률에서 파괴되기 있다. 그러나 어느 곡선이든지 처음 부분은 거의 직선이다. 최대 응력 근처에서의 변형률은 모든 콘크리트가 0.002~0.003의 범위에 있고, 파괴시의 변형률은 0.003~0.004의 범위에 있다.

콘크리트만으로 만든 보 공시체의 휨시험으로부터도 콘크리트의 응력-변형률 곡선을 얻을 수 있다. 이러한 휨시험에서 얻어지는 콘크리트의 휨압축 응력과 휨압축 변형률의 관계도 그림 4.2.3과 같은 모양으로 되어 원주형 공시체의 압축시험의 경우와 비슷한 결과를 보인다. 그러나 보통의 철근콘크리트보에 있어서는 이보다 큰 압축변형률을 나타낸다.

그림 4.2.3으로부터 알 수 있는 바와 같이 콘크리트의 응력과 변형률의 관계는 엄밀하게는 비선형이지만 응력이 낮은 범위에서는 직선으로 볼 수 있다. 이러한 응력의 범위는 압축강도의 40~50% 정도이며 허용응력의 범위이다. 즉, 허용응력의 범위에서는 콘크리트를 탄성재료로 볼 수 있다.

일반적으로 콘크리트의 탄성계수는 응력의 함수이므로 정수로 나타낼 수 없다. 따라서 콘크리트의 탄성계수는 다음과 같은 3가지의 정의가 제안되고 있다. 그림 4.2.4와 같은 콘크리트의 응력-변형률 곡선에 있어서 원점에서 이 곡선에 그은 접선이 이루는 각을 θ_1이라고 할 때 다음 식 (4.2.1)로 정의되는 E_{ci}를 초기접선 탄성계수(initial tangent modulus elasticity)라고 한다. 즉, 초기접선 탄성계수는 응력-변형률 곡선의 처음 부분의 기울기이다.

$$E_{ci} = \left(\frac{df}{d\varepsilon}\right)_{\varepsilon=0} = \tan\theta_1 \qquad \text{식 (4.2.1)}$$

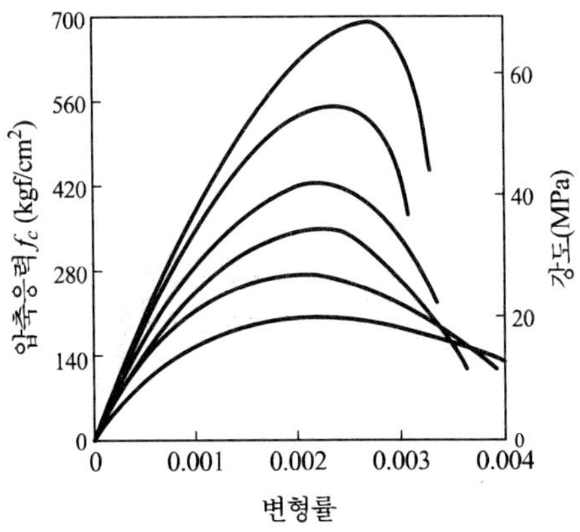

그림 4.2.3 콘크리트의 응력-변형률 곡선

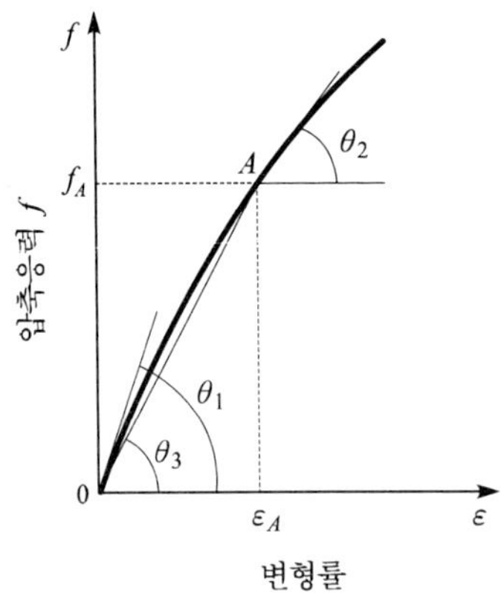

그림 4.2.4 탄성계수

응력-변형률 곡선상의 임의점 A에서 이 곡선에 그은 접선이 이루는 각을 θ_2라고 할 때, 다음 식 (4.2.2)로 정의되는 E_{ct}를 접선 탄성계수(tangent modulus of elasticity)

라고 한다. 이것은 응력-변형률 곡선의 임의 점에서의 기울기이다.

$$E_{ct} = \left(\frac{df}{d\varepsilon}\right)_{\varepsilon = \varepsilon_A} = \tan\theta_2 \qquad \text{식 (4.2.2)}$$

그림 4.2.4에서 응력 f_A가 압축강도의 절반 정도의 응력일 때, 현 OA의 기울기를 할선탄성계수(secant modulus of elasticity) 또는 세컨트계수라고 하면 식 (4.2.3)과 같이 나타낼 수 있다.

$$E_c = \left(\frac{f_A}{\varepsilon_A}\right) = \tan\theta_3 \qquad \text{식 (4.2.3)}$$

할성탄성계수가 철근 콘크리트에서는 콘크리트의 탄성계수로 쓰인다. 따라서 별도의 언급이 없을 때는 콘크리트의 탄성계수는 할선탄성계수를 말한다.

할성탄성계수는 응력의 크기에 따라 달라지므로 응력의 크기를 지정하지 않으며 이 계수를 정할 수 없다. 보통은 압축강도의 30~50% 정도의 응력을 사용하여 할선탄성계수를 구하고 있다. 콘크리트의 탄성계수는 여러 가지 요인에 의해 변화하지만 특히 콘크리트의 강도와 비중의 영향을 가장 크게 받는다.

도로교설계기준[한계상태설계법(2015)]에서는 콘크리트 탄성계수 E_c는 압축강도 제곱근에 비례하는 것보다는 0.33~0.4승에 비례하고 할선탄성계수(시작점과 $0.4f_{cm}$에 해당하는 점을 연결하는 직선의 기울기)를 E_c로 사용하도록 하고 있다. 즉, 보통 콘크리트(단위질량 m_c =1,450~2,500kg/m^3)의 인 경우 콘크리트의 탄성계수 E_c를 다음 식으로 계산한다.

$$E_c = 0.077 m_c^{1.5} \sqrt[3]{f_{cm}} \ (\text{MPa}) \qquad \text{식 (4.2.4)}$$

여기서, f_{cm}은 콘크리트의 평균압축강도이다.

따라서 보통의 골재를 사용하여 만든 콘크리트의 단위질량은 m_c =2300kg/m^3(보통중량콘크리트) 정도이므로, 보통 콘크리트의 탄성계수는 식 (4.2.5)로부터 다음과 같이 된다.

$$E_c = 8{,}500 \sqrt[3]{f_{cm}} \ (\text{MPa}) \qquad \text{식 (4.2.5)}$$

참고로, 콘크리트의 초기접선 탄성계수 E_{ci} 는 다음과 같다.

$$E_{ci} = 1.18 E_c \qquad \text{식 (4.2.6)}$$

콘크리트의 전단 탄성계수 G_c는 재료역학에서 배운 다음 식 (4.2.7)로부터 추정할 수 있다.

$$G_c = \frac{E_c}{2(1+\mu)} \qquad \text{식 (4.2.7)}$$

여기서, E_c : 탄성계수

μ : 포아송비(Poisson's ratio)

콘크리트의 포아송비는 $0.7f_{ck}$ 이하의 응력에서는 0.15~0.20의 범위에 있으며 일반적으로 0.18로 보아도 좋다.

4.2.4 크리프

동일한 콘크리트로 만든 공시체라도 재하조건이 다르면 그 응력-변형률 곡선의 모양 상당히 달라진다. 그림 4.2.5는 그러한 하나의 예로서 동일한 콘크리트로 만든 여러 개의 공시체에 대해 재하기간을 달리했을 때의 응력-변형률 곡선을 보인 것이다. 콘크리트의 내부붕괴를 의미하는 것으로 생각되는 곡선의 하강경향은 재하속도가 느린 경우보다 빠른 쪽이 현저하며, 또 최대강도를 나타내는 곡선의 피크도 재하속도가 빠른 쪽이 더 크게 나타남을 보여주고 있다. 결국 그림 4.2.5는 재하기간이 콘크리트의 거동에 크게 영향을 미친다는 것을 말해주고 있으며 이러한 현상의 주된 이유는 콘크리트의 크리프(creep) 때문이다.

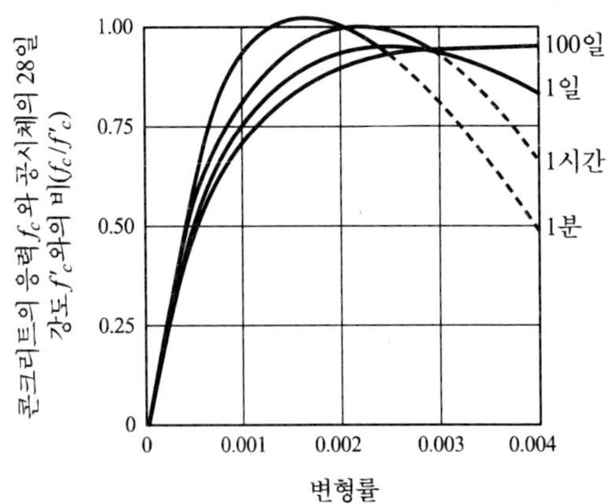

그림 4.2.5 재하기간을 달리 하였을 때의 응력-변형률 곡선

일정한 응력이 장시간 계속 작용하고 있을 때 변형이 계속 진행되는 현상을 크리프라

고 하는데, 대부분의 재료는 이러한 성질을 크든 작든 가지고 있다. 그림 4.2.6은 콘크리트의 크리프의 진행과정을 보인 것이다. 그림 4.2.6은 재령 28일 만에 재하하여 4.1MPa의 일정한 응력이 콘크리트에 일어나도록 재하한 경우이다. 그림 4.2.6에서 ε_e는 하중이 실리자마자 일어난 변형률이며, 이것을 탄성변형률 또는 순간변형률이라고 한다. 하중을 제거하지 않고 그대로 두면 재하기간이 늘어남에 따라 변형률도 증가한다. 그림의 실선은 이러한 관계를 보인 것이다. 이와 같이 응력은 늘지 않았는데 변형은 계속 진행되는 현상을 크리프라고 하며 크리프로 인하여 일어난 변형률을 크리프변형률이라고 한다.

그림 4.2.6의 ε_c는 A지점에서의 크리프 변형률이다. A지점은 재령 230일에 해당하고, 재하기간으로는 약 200일에 해당한다. 즉, 하중을 약 200일 동안 계속 실어두었을 때의 크리프 변형률(ε_c)은 재하하자마자 일어난 탄성변형률(ε_e)의 약 2배에 달하고 있다. 하중을 계속 실어두면 곡선은 실선과 같이 되며, A시점에서 하중을 제거하면 곡선은 점선과 같이 되어 ε'_e만큼의 탄성회복이 일어나고, ε'_e만큼의 크리프 회복이 일어난다. 약 200일 후 다시 재하하면 탄성변형과 크리프 변형이 그림의 점선과 같이 다시 진행된다.

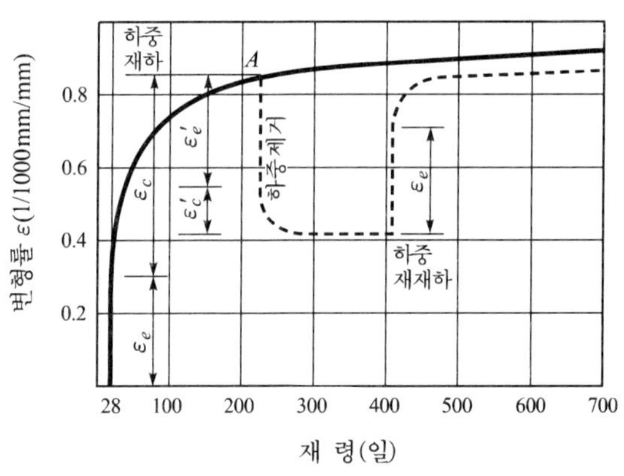

그림 4.2.6 콘크리트의 크리프 변형률

콘크리트의 크리프 변형률은 원주형 공시체 강도, f'_c의 1/2 이하의 응력에서는 가해진 응력에 비례한다. 또, 같은 응력 하에서는 고강도 콘크리트가 저강도 콘크리트보다 작은 크리프 변형률을 나타낸다. 그림 4.2.6에서 알 수 있는 바와 같이 재하기간이 경과함에 따라 크리프 변형의 진행은 점차로 감소한다. 재하 후 처음 28일 동안에 총 크리프 변형률의 1/2 정도가 진행되며, 처음 3~4개월 동안에 최종값의 3/4 이상이 진행되고, 2~5년 후에 최종값으로 정지한다. 그리고 크리프 변형률은 탄성 변형률의 1.5~3배 정도에 달한다.

크리프 변형률은 작용응력에 비례하며 그 비례상수는 압축응력의 경우나 인장응력의 경우나 모두 같다. 바꾸어 말하면 크리프 변형률은 탄성 변형률에 비례한다. 이것을 크리프에 관한 Davis-Glanville의 법칙이라고 한다. 이 법칙은 콘크리트에 작용하는 응력이 그 압축강도의 60% 이하인 경우에 성립된다.

크리프 변형률을 ε_c, 탄성 변형률을 ε_e, 비례상수를 φ로 놓으면 식 (4.2.8)과 같이 나타낼 수 있다.

$$\varepsilon_c = \varphi\,\varepsilon_e \qquad \text{식 (4.2.8)}$$

$$\therefore \varphi = \frac{\varepsilon_c}{\varepsilon_e}$$

여기서, φ: 크리프 계수(creep coefficient)

콘크리트에 작용하는 응력을 f_c, 콘크리트의 탄성계수를 E_c라고 하면 탄성변형률 ε_e는 식 (4.2.9)와 같이 나타낼 수 있다.

$$\varepsilon_e = \frac{f_c}{E_c} \qquad \text{식 (4.2.9)}$$

식 (4.2.9)를 식 (4.2.8)에 대입하면 식 (4.2.10)과 같이 표현할 수 있다.

$$\varepsilon_c = \varphi\,\varepsilon_e = \varphi\frac{f_c}{E_c} \qquad \text{식 (4.2.10)}$$

보통의 콘크리트에 있어서는 φ=1.5~3.0의 범위이다. 시방서에서는 대기 중에 있는 콘크리트의 크리프 계수로서 옥외 구조물에 대해는 φ=2.0, 옥내 구조물에 대해는 φ=3.0을 주고 있다. 수중에 있는 콘크리트의 크리프는 매우 작기 때문에 크리프 계수는 1.0 이하로 보는 것이 좋다.

이상에서 설명한 바와 같이 콘크리트에서 크리프의 영향은 매우 크다. 또, 콘크리트 구조물에 있어서는 주로 고정하중이 지속하중(sustained load, 장기하중)의 구실을 한다. 건조수축・온도변화의 영향도 지속하중으로 작용한다. 이러한 지속하중에 의해 콘크리트에 크리프가 일어나며, 이 크리프 현상으로 인하여 구조물의 변형이나 처짐이 시간의 경과와 더불어 증대하게 된다. 따라서 부재의 처짐이 몹시 커지거나, 부정정 구조물에 있어서는 부정정 반력이 변화하기도 한다. 그러므로 일시적으로 실리는 하중에 비해 지속하중이 큰 구조물에 있어서는 크리프의 영향을 설계에 고려해야 한다. 철근 콘크리트에 있어서 압축철근이 없으면 최종 처짐은 초기 처짐의 2.5~3.0배에 달한다. 이와 같이 크리프로 인한 과대한 처짐이 문제가 될 경우에는 압축측에 철근을 배치하여 보강하면 유효하다.

일반적으로 철근 콘크리트 구조물의 설계에서 크리프의 영향을 강도계산에 고려할 필요가 있는 경우는 거의 없지만, 처짐을 구할 경우 또는 기둥이나 보의 압축철근의 응력을 검토할 때에는 콘크리트의 크리프의 영향을 고려해야 한다.

실제 구조물에서 크리프는 건조수축과 함께 일어나므로 크리프와 건조수축을 각각 분리하여 생각할 수는 없다. 그러나 설계계산에서는 편의상 이들을 분리하여 다루고 있다.

4.2.5 건조수축

콘크리트는 습기를 흡수하면 팽창하고 건조하면 수축하는데 이것은 시멘트풀이 팽창하고 수축하기 때문이다. 즉, 시멘트풀은 주위의 습도가 높을 때는 수분을 흡수하여 팽창하고, 주위의 습도가 낮을 때는 수분을 방출하여 수축한다. 그러므로 콘크리트 속에서 자유로이 이동할 수 있는 물이 적을수록, 또 경화한 시멘트풀 속의 공극이 적을수록 팽창과 수축은 적게 일어난다.

콘크리트는 수화작용에 필요한 수량보다 많은 물을 사용한다. 따라서 수화하고 남은 물은 자유수로서 콘크리트 속에 머물러 있게 되고 콘크리트가 대기 중에 방치될 때 증발한다. 그 결과 콘크리트는 건조수축(shrinkage)을 일으킨다. 따라서 단위수량이 많으면 건조수축은 크게 일어난다. 일반적으로 모르터는 콘크리트의 2배 정도의 건조수축을 나타낸다. 이는 단위 시멘트량이 많으면 시멘트풀 경화체의 건조수축량이 커짐을 의미한다.

이상에서 알 수 있는 바와 같이 콘크리트의 건조수축은 단위수량과 단위 시멘트량의 영향을 크게 받는다. 그밖에 골재의 종류와 최대치수, 시멘트의 종류와 품질, 다지기 방법과 양생상태, 부재의 단면치수 등의 영향도 받는다. 따라서 콘크리트의 건조수축을 적게 하려면 단위수량을 되도록 적게 하는 것이 가장 중요하고 부배합(富配合)을 피해야 하며, 아울러 상당한 기간 세심한 주의를 기울여 양생하는 것이 필요하다.

건조수축은 콘크리트 구조물에 유해한 영향을 끼친다. 콘크리트 부재는 표면으로부터 내부로 향하여 건조해 들어가기 때문에 표면에는 인장응력이 일어나고 내부 콘크리트에는 압축응력이 일어난다. 건조가 계속되어 철근 둘레의 콘크리트까지 이르게 되면 철근이 콘크리트의 건조수축을 방해하기 때문에 철근 둘레의 콘크리트에는 인장응력이 일어나고 철근에는 압축응력이 일어난다. 그래서 콘크리트 표면에 수축균열이 발생하기도

하고, 또 부재의 변형이 구속된 구조물에서는 부재에 수축응력을 일으키기도 한다. 특히 라멘·아치 등과 같은 부정정 구조물에서는 건조수축으로 인한 부재의 변형 때문에 큰 수축응력이 일어난다. 보통 콘크리트의 최종 수축량은 일반적으로 0.0002~0.0007의 범위에 있다.

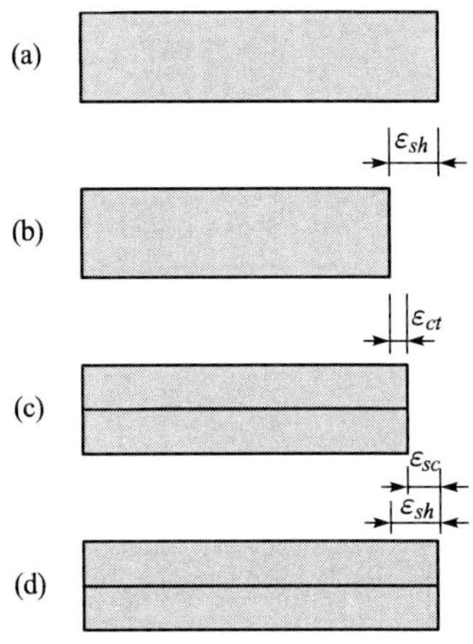

그림 4.2.7 콘크리트 부재의 건조수축

콘크리트 속에 묻힌 철근이 콘크리트의 건조수축에 어떤 영향을 미치는가를 알아보기로 하자. 콘크리트만으로 된 그림 4.2.7(a)의 무근 콘크리트 부재에 있어서 그 변형이 자유롭다면 이 부재는 건조수축으로 인하여 그림 4.2.7(b)에 보인 바와 같이 ε_{sh}만큼의 수축변형률이 일어날 것이다. 그림 4.2.7(a)의 콘크리트의 중심에 철근을 묻어 넣어서 철근 콘크리트 부재로 했을 경우에는 철근이 콘크리트의 건조수축을 구속하기 때문에 그림 4.2.7(c)와 같이 부재의 전 길이는 덜 수축한다. 즉, 철근은 건조수축하는 성질이 없으므로 콘크리트의 건조수축을 방해한다. 따라서 철근에는 압축응력이 일어나고 콘크리트에는 인장응력이 일어난다. 즉, 그림 4.2.7(c)에 보인 바와 같이 철근에는 ε_{sc}만큼의 압축변형률이 일어나고, 콘크리트에는 ε_{ct}만큼의 인장변형률이 일어난다. 따라서 식 (4.2.11)과 같은 관계가 성립한다.

$$\varepsilon_{sh} = \varepsilon_{ct} + \varepsilon_{sc} \qquad \text{식 (4.2.11)}$$

이때 콘크리트에 일어나는 인장응력을 f_{ct}, 철근에 일어나는 압축응력을 f_{sc}라고 하면 Hooke의 법칙에 의해 ε_{ct}와 ε_{sc}는 식 (4.2.12)와 같이 나타낼 수 있다.

$$\varepsilon_{ct} = \frac{f_{ct}}{E_c}, \ \varepsilon_{sc} = \frac{f_{sc}}{E_s}$$ 식 (4.2.12)

여기서, E_c : 콘크리트 탄성계수

E_s : 철근의 탄성계수

식 (4.2.12)를 식 (4.2.11)에 대입하며 ε_{sh}는 식 (4.2.13)과 같이 된다.

$$\varepsilon_{sh} = \frac{f_{ct}}{E_c} + \frac{f_{sc}}{E_s}$$ 식 (4.2.13)

이 부재에서 콘크리트의 단면적을 A_c, 철근의 단면적을 A_s 라고 하면 콘크리트 단면에 작용하는 인장력과 철근에 작용하는 압축력은 서로 비기고 있으므로 식 (4.2.14)와 같이 나타낼 수 있다.

$$f_{ct} A_c = f_{sc} A_s, \ \therefore f_{ct} = \frac{A_s}{A_c} f_{sc}$$ 식 (4.2.14)

이것이 콘크리트에 일어나는 수축응력(인장응력)이다. 식 (4.2.14)를 식 (4.2.13)에 대입하면

$$\varepsilon_{sh} = f_{sc}\left(\frac{A_s}{A_c}\frac{1}{E_c} + \frac{1}{E_s}\right)$$ 식 (4.2.15)

$\frac{E_s}{E_c} = n$으로 놓으면 ε_{sh}는 다시 식 (4.2.16)과 같이 표시된다.

$$\varepsilon_{sh} = \frac{f_{sc}}{E_s}\left(\frac{nA_s}{A_c} + 1\right)$$ 식 (4.2.16)

따라서 철근에 일어나는 압축응력은 식 (4.2.17)과 같이 표현된다.

$$f_{sc} = \frac{\varepsilon_{sh} E_s}{1 + \frac{nA_s}{A_c}}$$ 식 (4.2.17)

4.2.6 온도변화

콘크리트는 온도가 올라가면 팽창하고 온도가 내려가면 수축한다. 온도에 의한 수축이 건조수축과 동시에 일어나면 심한 균열을 유발하며, 특히 부정중 구조물에서 온도변화

로 인한 변형은 부재에 해로운 응력을 일으킨다. 즉, 라멘·아치 등의 부정정 구조물에서는 온도변화로 인한 신축 때문에 온도응력이 크게 일어난다.

콘크리트 구조물의 온도변화는 구조물을 만드는 지역 또는 장소의 기온의 변화, 콘크리트 시공의 시기, 구조물의 단면치수, 구조물의 피복의 정도 등에 따라 다르다.

도로교설계기준에는 온도의 승강을 보통의 경우는 20°C, 부재의 치수가 700mm 이상인 경우 15°C를 표준으로 하도록 규정하고 있다. 이것은 구조물의 시공완료 시기가 연평균 기온과 일치한다고 보고 연평균 기온과 월평균 기온의 최고값과 최저값과의 차를 그렇게 본 것이다. 예를 들어 우리나라의 연평균 기온을 10°C라고 할 때 완공시의 구조물의 온도를 10°C로 보고, 겨울에는 그 구조물의 온도가 -10°C까지 내려가며, 여름에는 +30°C까지 올라간다고 보고 구조물의 온도응력을 검토하는 것이다.

그러나 구조물의 시공완료 시기가 연평균 기온과 일치하지 않는 경우도 있다. 예를 들어 한여름 또는 한 겨울에 시공이 완료되는 경우가 있는데 이러한 경우 처음에는 위의 값보다 매우 큰 온도변화를 나타내지만 콘크리트의 크리프에 의해 온도응력이 연평균 기온일 때를 기준으로 하여 상하로 변화한다고 볼 수 있게 되어 일반적으로 시공시의 온도에 대해는 고려하지 않아도 된다.

4.2.7 철근보강

철근보강은 와이어 매쉬·강선·철근을 이용하여 철근콘크리트 구조물로 한 경우를 말하며, 주로 이형철근의 경우가 콘크리트와의 부착력이 우수한 관계로 많이 사용되고 있다.

철근의 종류

철근은 크게 표면의 요철(凹凸)의 유무에 따라 원형철근(round bar)과 이형철근(deformed bar)으로 구분된다. 즉, 그림 4.2.8과 같이 표면에 리브(rib)와 마디 등의 돌기가 있는 봉강을 이형철근이라고 하며, 이러한 돌기가 없는 매끈한 표면으로 된 봉강을 원형철근이라고 한다. 표 4.2.2는 KS D 3504에 규정되어 있는 철근의 종류와 기준항복강도 및 기준인장강도를 보인 것이고, 표 4.2.3은 이형철근의 공칭치수를 보인 것이다. 이형철근에는 공칭지름·공칭단면적·공칭둘레라 함은 동일한 길이 및 동일한 중량의 원형철근의 지름·단면적·둘레로 환산한 값을 말하며 이들 값이 설계에 쓰인다. 이때 강의 비중은 7.85로 본다.

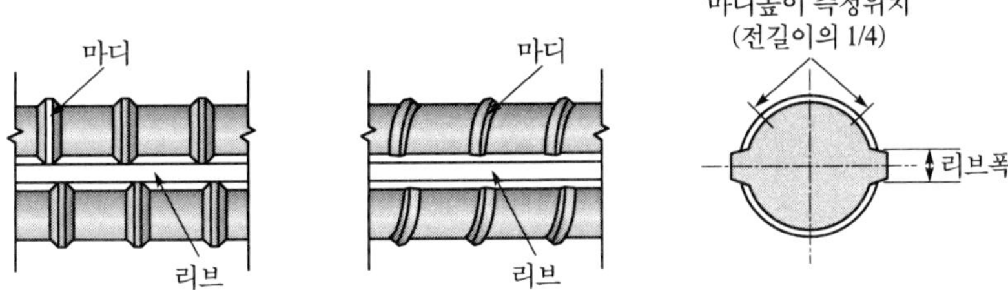

그림 4.2.8 이형철근의 마디와 리브

표 4.2.2 철근의 종류

종류	기호	기준항복강도(MPa)	기준인장강도(MPa)	비고
원형철근	SR 240	240	380	
	SR 300	300	440	
이형철근	SD 300	300	440	
	SD 350	350	490	
	SD 400	400	560	
	SD 500	500	620	
	SD 600	600	710	
	SD 700	700	800	
	SD 400W	400	560	용접용
	SD 500W	500	620	용접용

그림 4.2.8 및 표 4.2.3에 보인 이형철근은 KS D 3504에 규정되어 있는 마디와 리브이지만 이 밖에 여러 가지 형태의 돌기를 가지는 이형철근들이 개발되고 있다. 이러한 이형철근들은 표면의 돌기가 콘크리트와의 사이에서 점착력 외에 정착력까지 발휘하여 콘크리트와의 부착력을 증대시켜 주는 이점이 있다. 따라서 이형철근이 주로 사용되고 있으며 원형철근의 거의 사용되지 않고 있다.

과거에는 기준항복강도가 240~300MPa인 철근이 주로 사용되고 있으나, 근래에는 기준항복강도가 400MPa 또는 그 이상의 철근도 사용되기에 이르렀다. 그러나 500MPa보다 큰 항복강도를 가지고 휨부재를 설계해서는 안 되고 400MPa보다 큰 항복강도를 가지고 전단철근을 설계해서는 안 된다고 시방서는 규정하고 있다. 이러한 고강도 철근을 사용하면 균열이 크게 일어나는 등의 문제가 있으므로 그 사용에 있어서는 주의를 요한다.

표 4.2.3 이형철근

호칭	단위질량(kg/m)	공칭지름(mm)	공칭단면적(mm^2)	공칭둘레(mm)
D6	0.249	6.35	31.67	20
D10	0.560	9.53	71.33	30
D13	0.995	12.7	126.7	40
D16	1.56	15.9	198.6	50
D19	2.25	19.1	286.5	60
D22	3.04	22.2	387.1	70
D25	3.98	25.4	506.7	80
D29	5.04	28.6	642.4	90
D32	6.23	31.8	794.2	100
D35	7.51	34.9	956.6	110
D38	8.95	38.1	1,140	120
D41	10.50	41.3	1,340	130
D51	15.9	50.8	2,007	160

응력-변형률 곡선과 탄성계수

철근의 성질은 항복강도와 탄성계수로 대표된다. 철근의 항복강도는 인장의 경우나 압축의 경우나 거의 같다. 탄성계수는 모든 철근이 거의 비슷한 값을 나타내며 200,000~220,000MPa의 범위에 있다. 우리나라 설계기준에서는 철근의 탄성계수 $E_s = 2 \times 10^5$MPa로 정하고 있다.

그림 4.2.9는 철근의 응력-변형률 곡선을 보인 하나의 예이다. 그림 4.2.9(a)는 완전한 응력-변형률 곡선이고, 그림 4.2.9(b)는 이 곡선의 처음 부분을 10배로 확대한 것이다.

철근의 응력-변형률 곡선의 모양 특히 처음 부분은 철근 콘크리트에 있어서 중요한 의미를 가진다. 항복강도 f_y가 28kgf/mm^2(= 274MPa)인 저탄소강은 항복고원(yield plateau)이 뒤따르는 탄성부분을 보이고 있다. 이러한 철근의 항복강도는 항복고원이 형성되는 곳에서의 응력이다. 응력이 다시 증가하기 시작하면 속도는 느리지만 변형은 더욱 진행되어 이른바 변형률 경화(strain hardening)의 과정을 밟는다. 인장강도에 도달하게 되면 곡선은 수평으로 되고 파괴가 일어날 때까지 곡선은 하강한다. 42kgf/mm^2(= 412MPa) 또는 52.5kgf/mm^2(= 511.5MPa)의 항복강도를 가지는 고강도 탄소강은 몹시 짧은 항복고원을 나타내거나 또는 일정한 응력에서 항복이 계속되지 않고 즉시 변형률 경화에 들어간다. 일반적으로 고강도강은 거의 항복고원을 나타내지 않고, 항복하기 시작한 상태에서 즉시 변형률 경화에 들어간다.

철근의 인장시험은 KS B 0802에 따라 실시하며, 철근의 구부림 시험은 KS B 0804에 따라 시험한다. 이때 사용하는 시험편은 KS B 0801에 규정된 2호 또는 3호 시험편을 사용한다.

도로교와 같은 구조물에 있어서 철근과 콘크리트는 응력의 변동을 매우 크게 받는다. 이러한 상태에서 철근은 콘크리트와 마찬가지로 피로를 받는다. 금속재료의 피로는 반복응력이 작용한 후, 하나 또는 그 이상의 극히 미세한 균열을 형성한다. 이러한 피로균열은 응력이 집중되는 곳 또는 홈이 있는 부분 등에서 일어나며, 응력의 반복횟수의 증가와 함께 점차적으로 커진다. 그리하여 외력에 견딜 수 없을 정도까지 단면이 감소하여 철근은 취성적으로 갑자기 파괴된다.

철근의 피로강도는 파괴를 유발함이 없이 200만회 이상 반복 작용할 수 있는 응력이고, 철근의 등급과는 무관하다는 것이 밝혀졌다. 그리고 그 응력의 범위, 즉 최대응력과 최소응력의 차도 밝혀졌다. 더욱이 이형철근에 있어서는 리브에서의 응력집중이 피로강도의 응력범위를 증가시켜 주는 경향이 있다. 철근이 피로를 받게 되는 곳에서는 용접이나 철근 구부리기 등을 하지 않는 것이 좋다.

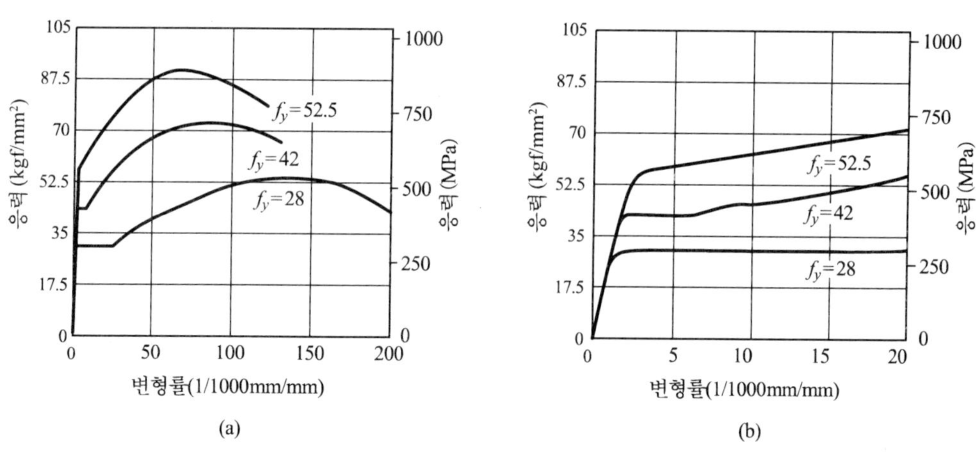

그림 4.2.9 철근의 응력-변형률 곡선

4.2.8 프리스트레스용 강재

PS 강재의 종류

PS 강재(Prestressing Steel)는 지름이나 형상에 따라 다음과 같은 종류로 분류된다.

- PS강선
- PS강연선(PS 스트랜드)
- 이형 PS강봉
- 이형 PS강선
- PS강봉
- 기타의 PS강재

(1) PS강선 및 이형 PS강선

PS강선은 지름 2.9~9mm 정도의 원형 강선을 말하는 데 KS D 7002 에서는 PS강선을 원형 PS강선과 이형 PS강선으로 구분하고 있으나, 보통 PS강선이라고 하면 원형 PS강선을 말한다. PS강선은 하나 또는 여러 개를 나란히 놓아 한 다발로 해서 긴장재(緊張材)를 구성하며, 프리텐션 방식에도 쓰이고 포스트텐션 방식에도 쓰인다.

이형 PS강선은 콘크리트와의 부착강도를 높이기 위하여 표면에 돌기(凸부) 또는 곰보(凹부)를 연속 또는 일정 간격으로 붙인 것을 말한다.

일반적으로 많이 쓰이는 이형 PS강선은 표면에 돌기를 붙인 리브드 와이어(ribed wire) 또는 표면에 곰보를 붙인 인덴티드 와이어(indented wire)이다. 이 밖에 일정한 파장(波長)의 파형(波形)으로 가공한 크린프트 와이어(crinped wire), 직사각형 단면을 가진 띠강선(strap steel wire), 달걀 모양의 단면을 가진 오발 강선(oval steel) 등이 있다. 이형 PS강선은 주로 프리텐션 방식에 쓰인다.

(2) PS강연선

PS강연선(steel strand 또는 stranded cable)은 2개의 소선(素線)을 꽈배기 모양(S연)으로 꼰 2연선(2 스트랜드)과 1개의 소선 둘레에 6개의 소선을 S연으로 꼬아 만든 7연선(7 스트랜드)이 많이 사용되고 있다. 7연선의 중심에 두는 소선을 심선(心線), 둘레에 두는 6개의 소선을 측선(側線)이라고 하며, 심선은 측선보다 지름이 약간 큰 것을 사용한다. 그밖에 3연선 · 19연선 등도 있다.

작은 지름의 PS강연선은 프리텐션 방식과 포스트텐션 방식 양쪽에 다 쓰이며, 큰 지름의 PS강연선은 포스트텐션 방식에 많이 쓰인다. PS강연선은 PS연선 또는 PS스트랜드라고도 하며, 가소성이 있기 때문에 곡선 배치가 쉽고 시공성이 좋아서 최근 많이 쓰이고 있다.

PS강선과 PS강연선의 역학적 성질은 표 4.2.4에 나타나 있다.

표 4.2.4 PS강선과 PS강연선의 역학적 성질, 공칭단면적, 단위질량

기호	호칭명	인장시험			저(L)릴랙세이션치 (%)	공칭단면적 (mm^2)	단위질량 (kg/m)
		0.2% 영구연신율에 대한 하중 (항복하중, kN)	인장하중 (kN)	연신율 (%)			
SWPC1 및 SWPD1	5mm	27.9 이상 (1,421MPa)	31.9 이상 (1,624MPa)	4.0 이상	2.5 이하	19.64	0.154
	7mm	51 이상 (1,325MPa)	58.3 이상 (1,515MPa)	4.5 이상	2.5 이하	38.48	0.302
	8mm	64.2 이상 (1,277MPa)	74.0 이상 (1,472MPa)	4.5 이상	2.5 이하	50.27	0.395
	9mm	78.0 이상 (1,226MPa)	90.2 이상 (1,418MPa)	4.5 이상	2.5 이하	63.62	0.499
SWPC2	2.9mm 2연선	22.6 이상 (1,710MPa)	25.5 이상 (1,930MPa)	3.5 이상	2.5 이하	13.21	0.104
SWPD3	2.9mm 3연선	33.8 이상 (1,705MPa)	38.2 이상 (1,927MPa)	3.5 이상	2.5 이하	19.82	0.156
SWPC 7A	9.3mm 7연선	75.5 이상 (1,464MPa)	88.7 이상 (1,719MPa)	3.5 이상	2.5 이하	51.61	0.405
	10.8mm 7연선	102 이상 (1,462MPa)	120 이상 (1,722MPa)	3.5 이상	2.5 이하	69.68	0.546
	12.4mm 7연선	136 이상 (1,464MPa)	160 이상 (1,722MPa)	3.5 이상	2.5 이하	92.90	0.729
	15.2mm 7연선	204 이상 (1,471MPa)	240 이상 (1,730MPa)	3.5 이상	2.5 이하	138.7	1.101
SWPC 7B	9.5mm 7연선	86.7 이상 (1,581MPa)	102 이상 (1,860MPa)	3.5 이상	2.5 이하	54.84	0.432
	11.1mm 7연선	118 이상 (1,591MPa)	138 이상 (1,860MPa)	3.5 이상	2.5 이하	74.19	0.580
	12.7mm 7연선	156 이상 (1,580MPa)	183 이상 (1,854MPa)	3.5 이상	2.5 이하	98.71	0.774
	15.2mm 7연선	222 이상 (1,601MPa)	261 이상 (1,882MPa)	3.5 이상	2.5 이하	138.7	1.101
SWPC 19	17.8mm 19연선	330 이상 (1,583MPa)	387 이상 (1,857MPa)	3.5 이상	2.5 이하	208.4	1.652
	19.3mm 19연선	387 이상 (1,588MPa)	451 이상 (1,851MPa)	3.5 이상	2.5 이하	243.7	1.931
	21.8mm 19연선	495 이상 (1,582MPa)	573 이상 (1,831MPa)	3.5 이상	2.5 이하	312.9	2.482

(3) PS강봉 및 이형 PS강봉

PS강봉은 지름이 9.2~32mm 정도이고 주로 포스트텐션 방식에 쓰인다. 이형 PS강봉(deformed steel bar)은 지름이 7.4~13mm 정도이고 표면에 돌기 또는 곰보를 연속 또는 일정 간격으로 붙인 것이다.

PS강봉은 PS강선이나 PS강연선보다 강도는 떨어지지만, 끝부분을 제두가공(製頭加工)하거나 나사전조(轉造)를 함으로써 쉽게 정착시킬 수 있는 장점이 있고, 또 PS강선이나 PS강연선보다 릴랙세이션이 작은 이점이 있다. 그 반면에 지름이 크기 때문에 구부림 가공을 하면 그 부분의 품질이 저하되는 비율이 크다. 특히 제두가공이나 나사전조한 부분의 품질이 충분히 보장될 수 있는가를 확인해두어야 한다. 또 정착부에서 PS강봉과 정착면이 직각을 이루지 않거나 접속장치로 이은 PS강봉이 일직선으로 되지 않거나 할 경우에는 PS강봉(특히 나사부)에 국부적인 휨이 작용하여 PS강봉이 응력부식(應力腐蝕, stress corrosion)이나 지연파괴(遲延破壞, delayed fracture)를 일으켜 나중에는 파단될 염려가 있다. 따라서 PS강봉은 될 수 있는 대로 늘음률(延伸率)이 크고 인성(靭性)이 큰 것을 사용하는 것이 바람직하다.

나사전조부에는 특수한 형태가 개발되어 사용되고 있다. Dywidag공법의 원효대교에 사용한 나사강봉(thread bar)은 그림 4.2.10(a)와 같이 나사의 골이 둥글고 피치가 큰 것을 사용하였으며, 영국의 Lee-McCall 방식의 강봉은 그림 4.2.10(b)와 같은 테이퍼 나사(taper thread)로 되어 있다.

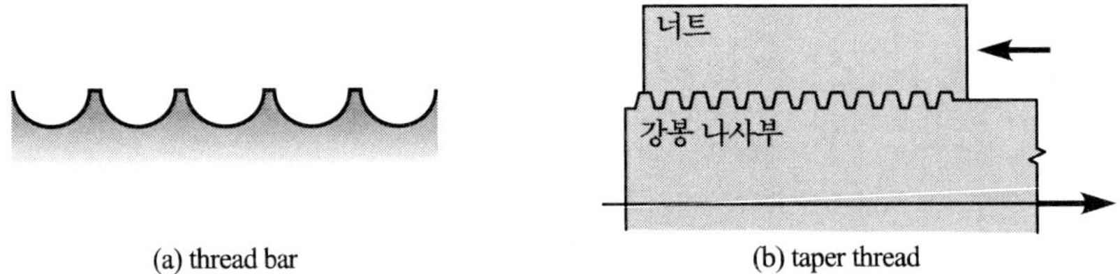

(a) thread bar (b) taper thread

그림 4.2.10 전조나사의 종류

원효대교에 사용한 독일제의 나사강봉은 강봉 전 길이에 미리 나사가 성형되어 있어서 현장에서 나사를 가공할 필요가 없을 뿐 아니라 임의의 위치에 너트를 끼워 정착할 수 있는 장점을 가지고 있고, 또 이형 PS강봉으로서 콘크리트와의 부착성이 우수한 장점도 아울러 가지고 있다.

표 4.2.5와 표 4.2.6에 PS강봉의 종류와 역학적 성질을 나타내었다.

표 4.2.5 PS강봉의 종류

호칭명	기본 지름(mm)	나사의 호칭	핏치(mm)	공칭단면적(mm^2)	단위질량(kg/m)
9.2mm	9.2	M10	1.25	66.48	0.52
11mm	11.0	M12	1.5	95.03	0.75
13mm	13.0	M14	1.5	132.7	1.04
17mm	17.0	M18	1.5	227.0	1.78
23mm	23.0	M24	2	415.5	3.26
26mm	26.0	M27	2	530.9	4.17
32mm	32.0	M33	2	804.2	6.31

표 4.2.6 PS강봉의 역학적 성질

종류	기호	인장시험			릴랙세이션값 (%)
		항복강도 (MPa)	인장강도 (MPa)	연신율 (%)	
원형 봉강	A종 2호 SBPR 785/1,030	785 이상	1,030 이상	5 이상	4.0 이하
	B종 1호 SBPR 930/1,030	930 이상	1,080 이상	5 이상	4.0 이하
	B종 2호 SBPR 930/1,180	930 이상	1,180 이상	5 이상	4.0 이하
	C종 1호 SBPR 1,080/1,230	1,080 이상	1,230 이상	5 이상	4.0 이하
이형 봉강	B종 1호 SBPD 930/1,080	930 이상	1,080 이상	5 이상	1.5 이하
	C종 1호 SBPD 1,080/1,230	1,080 이상	1,230 이상	5 이상	1.5 이하
	D종 1호 SBPD 1,275/1,420	1,275 이상	1,420 이상	5 이상	1.5 이하

(4) 기타의 PS강재

이상에서 설명한 것들이 일반적으로 쓰이는 PS강재이지만 특수한 목적과 용도에 쓰이는 PS강재로는 피복된 PS강재, 저(低)릴랙세이션(low relaxation) PS강재, 특수한 PS강연선, PS경간선(經鋼線), FRP rod등이 있다.

PSC용 강재에 요구되는 성질

PSC용 강재는 일반적으로 다음과 같은 성질이 요구된다.

- 인장강도가 높아야 한다.
- 항복비(降伏比)(항복점 응력의 인장강도에 대한 백분율)가 커야 한다.
- 릴랙세이션(relaxation)이 작아야 한다.
- 적당한 연성과 인성이 있어야 한다.
- 응력부식에 대한 저항성이 커야 한다.

- 부착시켜 사용하는 PS강재는 콘크리트와의 부착강도가 커야 한다.
- 어느 정도의 파괴강도를 가져야 한다.
- 직선성(直線性)이 좋아야 한다.

PS강재로서 갖추어야 할 성질 가운데 가장 중요한 것은 높은 인장강도이다. RC에 쓰이는 철근(연강)을 PS강재로 사용하여 프리스트레싱하면, 콘크리트의 건조수축과 크리프에 의해 프리스트레스 힘이 소멸되어 PSC가 성립되지 않는다. 그러므로 PSC가 성립되기 위해서는 콘크리트의 건조수축과 크리프에 의해 소멸되고도 상당히 큰 프리스트레스 힘이 남을 수 있도록 긴장할 수 있는 고장력강재가 필요하다.

PSC에서는 PS강재의 릴랙세이션·콘크리트의 건조수축·크리프 등으로 말미암아 처음에 준 프리스트레스가 시간이 지남에 따라 감소한다. 이와 같이 초기 프리스트레스가 감소한 후에도 PSC가 성립되기 위해서는 소요의 유효 프리스트레스가 남아있어야 한다. 그러기 위해서는 PS강재를 높은 인장응력으로 긴장해 두어야 한다. 그래서 PSC에서는 고강도 강재가 필요하다. 또 $(\frac{\text{항복강도}}{\text{인장강도}} \times 100)$을 항복비라고 하는데, PS강재는 항복비가 80% 이상 되어야 하며, 가능하면 85% 이상인 것이 좋다. 이것은 PS강재의 응력-변형도 곡선이 상당히 큰 응력까지 직선이어야 한다는 것을 의미한다.

보통의 PS강재는 연강(軟鋼)의 2~4배 정도의 인장강도를 나타낸다. 즉, PS강선의 인장강도는 1,450~1,950MPa, 항복강도는 1,250~1,750MPa, PS강봉의 인장강도는 950~1,450MPa, 항복강도는 800~1,300MPa 정도를 요구하고 있다. 이것은 항복비로는 PS강선이 86~90%, PS강봉이 84~90% 정도이다.

PS강재를 어떤 인장력으로 긴장한 채 그 길이를 일정하게 유지해두면 시간이 지남에 따라 PS강재의 인장응력이 감소한다. 이러한 현상을 릴랙세이션(relaxation)이라고 한다. PS강재의 릴랙세이션이 크면 콘크리트에 준 프리스트레스가 많이 감소하기 때문에 PS강재는 장기간에 걸쳐서 릴랙세이션이 작아야 한다. PS강선 및 PS강연선의 릴랙세이션은 3% 이하, PS강봉의 릴랙세이션은 1.5% 이하를 KS규격에서는 요구하고 있다.

파괴에 이르기까지 높은 응력에 견디며 큰 변형을 나타내는 재료의 성질을 연성(ductility)이라고 한다. 그러므로 인성이 큰 재료는 연신율(elongation)도 크다. 고강도강은 연강에 비해 일반적으로 연신율과 인성이 낮다. 그러나 PSC구조물의 파괴를 예측하는 수단으로서 파괴 전에 어떤 크기의 변형이 일어나도록 하기 위해서는 PS강재에 어느 정도의 연신율이 요구된다. 또 PS 강재의 조립과 배치를 위한 구부림 가공, 정착장치나 접속장치에 접착시키기 위한 구부림 가공, 접착시킬 때 일어나는 휨이나 물림 등에 의해 PS강재의 강도를 저하시키지 않기 위해서는 연신율은 될 수 있는 대로 큰 것이 좋다. KS D 7002에서는 PS강선의 파단시의 연신율(늘음율)을 지름에 따라 3.5~4.5% 이상을 요구하고 있고, PS강연선에 대해 3.5% 이상을 요구하고 있다. KS 5 3505에서는 PS강봉의 연신율을 5% 이상 요구하고 있다.

높은 응력을 받는 강재는 급속하게 녹스는 일이 있고 또 표면에 녹이 보이지 않더라도 조직이 취약해지는 경우가 있다. 이러한 현상을 응력부식이라고 한다. PS강재는 항상 높은 응력을 받고 있으므로 응력부식에 대한 저항성이 커야 한다. 점식과 같은 과도한 녹이나 작은 흠은 응력집중에 의해 응력부식을 촉진시킬 염려가 있으므로 주의해야 한다.

콘크리트와 부착시켜 사용하는 PS강재는 콘크리트와의 부착강도가 커야 하며, 프리텐션 방식에서는 특히 중요하다. 콘크리트와의 부착강도를 높이기 위해서는 몇 개의 강선을 꼬은 PS강연선이나 이형 PS강재를 사용하는 것이 좋다.

도로교나 철도교와 같이 하중 변동이 큰 구조물에 사용할 PS강재는 피로강도(疲勞强度)를 조사해 두어야 한다.

곧은 상태로 출하되는 PS강봉은 문제가 없지만 타래로 감아서 출하되는 PS강재는 풀어서 사용하는데, 이때 도로 둥글게 감기지 않고 곧게 잘 펴져야 한다. 즉, 직선성이 좋아야 하는데 이것은 시공상 중요하다. 타래의 지름이 소선의 지름의 150배 이상인 것이 좋다.

한편 PS강재를 조립하고 배치할 때 또는 접속하거나 정착할 경우에는 PS강재를 구부리거나 갈거나(연마하거나) 나사전조 등의 가공을 하거나 열처리를 하는 수가 있다. PS강재가 이러한 처리를 받으면 강도나 그 밖의 품질이 약간 낮아지는 수가 많다. 그 낮아지는 정도가 비교적 작으면, 즉 5% 이내이면 처리 전의 규격값을 그대로 사용해도 좋으나 PS강재 · 정착장치 · 접속장치 등의 배치를 설계면에서 무리가 가지 않도록 배려해야 한다. 그러나 낮아지는 정도가 5% 이상 될 경우에는 그 PS강재에 대해 시험을 하여 새로운 강도, 기타의 규격 값을 정하는 등의 조치를 강구해야 한다.

PS강재의 릴랙세이션

PS강재를 긴장한 채 일정한 길이로 유지해 두면 시간의 경과와 더불어 인장응력이 감소하며 이러한 현상을 릴랙세이션(relaxation)이라고 한다는 것을 앞서도 언급하였다. 한편 PS강재를 일정한 인장응력으로 긴장한 채로 두면 재하와 동시에 일어나는 탄성변형도 외에 시간의 경과와 더불어 크리프 변형도가 일어난다. PS강재의 릴랙세이션과 크리프는 서로 표리(表裏)의 관계에 있으며, 그 발생 기구는 동일하여 한쪽을 알면 다른 쪽은 계산에 의해 그 양을 추정할 수 있다. PSC부재에서는 도입된 프리스트레스 힘이 시간과 더불어 감소하기 때문에 크리프로 취급하는 것보다는 릴랙세이션으로 취급하는 것이 타당하다. 그래서 우리나라 설계기준에서도 릴랙세이션을 설계에 고려하도록 규정하고 있다. 그러나 콘크리트 사장교(斜張橋)의 PS케이블(stayed cable)의 크리프처럼, 크리프가 문제로 되는 경우도 있다. PS강재의 크리프는 그 인장강도의 1/2 정도 이하의 응력에서는 일어나지 않지만, 그 이상의 응력이 되면 응력이 클수록 또 고온일수록 크게 일어난다. 저(低)릴랙세이션의 PS강재는 크리프도 매우 적어지는 것으로 알려져 있다.

일정한 변형도 하에서 일어나는 인장응력의 감소량을 최초에 준 PS강재의 인장응력에 대한 백분율로 나타낸 것을 순(純)릴랙세이션 또는 순(純)릴랙세이션값이라고 한다. 그런데 PSC부재에 쓰인 PS강재는 콘크리트의 건조수축이나 크리프 등의 변형으로 말미암아 최초에 준 PS강재의 인장 변형도가 시간의 경과와 더불어 감소하기 때문에, 그 릴랙세이션은 보통의 릴랙세이션 시험 방법으로 측정한 값보다 작은 값이 된다. 이것을 겉보기 릴랙세이션(겉보기 릴랙세이션값)이라고 한다. 그러므로 겉보기 릴랙세이션값은 순릴랙세이션값으로부터 콘크리트의 크리프・건조수축 등의 영향을 고려하여 정해야 한다. 실제 PSC구조물에서 프리스트레스의 감소량을 계산하는데 겉보기 릴랙세이션값이 필요하다.

PS강재의 피로한도

PSC부재 속의 PS강재는 활하중이 작용하면 인장응력이 증가하고 활하중이 제거되면 감소하여 원래의 인장응력으로 되돌아간다. 그러나 인장응력의 증감은 보통의 경우 50~70MPa 정도에 지나지 않는다. 한편 PS강재는 활하중이 작용하기 전에 매우 큰 인장응력을 받고 있기 때문에 피로를 일으키지 않으며 증가될 수 있는 응력의 범위는 그리 크지 않다. 그러나 다행히도 활하중에 의한 인장응력의 증가는 활하중 작용 전에 작용하고 있는 인장응력에 비해 매우 작기 때문에 실제의 PSC구조물에서 피로의 위험이 있을 정도로 큰 응력 변화는 일어나지 않는다. 따라서 설계하중의 범위에서는 PS강재의 피로로 인하여 PSC부재가 파괴되는 일은 없다.

PS강재의 지연파괴(遲延破壞)와 응력부식

허용응력 이하로 긴장해 놓은 PS강재가 긴장 후 몇 시간 또는 수 시간 후에 갑자기 끊어지는 수가 있는데 이러한 현상을 지연파괴라고 하는데 그 원인은 분명하지 않다. 이를 방지하기 위해서는 공장제조에서부터 현장에서 사용할 때까지의 PS강재의 보호가 중요하다. 즉, 비를 맞게 하거나 불결한 곳에 두거나 해서는 안 된다.

강재는 높은 응력 하에서는 무응력일 때보다 일반적으로 녹이 잘 슨다. PS강재는 긴장 후에는 늘 이러한 고응력 상태에 있으므로 될 수 있는 대로 빨리 그라우팅을 하여 녹스는 것을 방지해야 한다. 높은 응력 하에서 강재에 녹이 빨리 슬거나 표면에 녹이 보이지 않더라도 조직이 취약해지는 현상을 응력부식이라고 하며, 이것도 원인이 분명하지 않다. 점식과 같은 과도한 녹이나 작은 홈이 응력집중을 일으키고, 이로 인하여 분자간의 결합이 파괴되어 부식작용이 촉진되기 때문인 것으로 생각되고 있다. 따라서 점식이 있거나 작은 홈이 있는 강재는 가려내어 사용하지 않는 것이 좋다.

4.3 강재

대규모 교량구조물의 재료로서 처음 철이 사용된 것은 주철의 형태였다. 그러나 인장강도 및 유연성이 부족하여 주철은 곧 사라졌고, 1850년 이후에는 연철이 주철을 대신하여 교량의 구조재료로써 사용되었다. 그러나 주철 및 연철로 제작된 철도교량이 많이 파손된 것을 계기로 1855년 Henry Bessiner에 의해 전로법에 의한 제강기술이 개발되면서 구조재료로서 거의 이상적인 재료인 강철 시대가 시작되었고, 1800년대 후반부터 강교량이 유럽과 미국에서 본격적으로 건설되기 시작하였다. 지금은 철교라 해도 실제는 강교를 말하며 주철이나 연철은 극히 일부분에 사용되고 있는 실정이다.

철은 탄소의 함유량에 따라 그 성질이 크게 변한다. 주철의 탄소함유량은 1.7~6.67%로 아주 많으며 보통 주철의 탄소량은 2.0~4.5% 정도이다. 이러한 주철은 전성이나 연성이 없으므로 주입(鑄入)을 필요로 하는 부분, 즉 받침이나 난간 등에 주로 사용된다. 이에 반해서 연철은 탄소의 함유량이 극히 적어 순철에 가까우며 유연하고 전연성(展延性)이 풍부하며 가공에 적합하다. 강은 탄소의 함유량이 0.04~1.7% 정도의 것으로 보통 구조물에 사용되는 것은 탄소의 함유량이 0.1~0.25 정도의 탄소강의 일종이다. 강은 탄소의 함유량이 증가함에 따라 강도가 커지고 아울러 취성도 증가한다. 강은 탄소 외에 인, 유황, 규소, 망간 등을 미소량 함유하고 있으며 이들이 강의 성질에 영향을 주는 사항은 다음과 같다.

- 탄소(C) : 탄소량이 많아지면 인장강도, 경도가 증가되나 인성은 반대로 떨어진다.
- 인(P), 황(S) : 취성이 증대하나 충격치를 저하시킨다.

- 규소(Si) : 항복점이 높아진다.
- 망간(Mn) : 담금질이 잘 되고, 강도와 인성(靭性)을 높인다.

한편 교량의 자중을 경감하기 위하여 경금속이 쓰이고 있는데 경금속에는 알루미늄이나 마그네슘 혹은 그들의 각종 합금 등 여러 종류가 있으나 보통 사용되는 것은 알루미늄과 그 합금이다. 알루미늄 합금의 중량은 강 혹은 철의 1/2.8이며 이것을 교량에 사용하면 교량의 자중이 적어지는 것은 자명하다. 교량이 가벼워지면 단순히 응력의 경감, 제작・운반・가설의 편의성뿐만 아니라 교대나 교각에 대한 하중도 경감된다. 이 사실은 하부구조의 간이화에 기여하며 내진성도 좋아진다. 그러나 현재로서는 강재보다 고가이고 또 큰 치수의 재료를 생산하기가 곤란하므로 일반적으로 쓰이지 않으나 미국・영국・독일・캐나다 등에서는 알루미늄 합금을 주체로 하는 교량이 가설되어 일부 실용화되고 있다.

오늘날에는 교량구조물의 재료로서 다양한 종류의 강을 사용하는 것이 가능하므로 교량 엔지니어는 적절한 선택을 할 수 있도록 강의 종류 및 제반 물리적 특성 등에 관한 전문지식을 지녀야 한다.

4.3.1 강의 분류

강은 그 제조법・화학적 성분・용도 등에 따라 다음과 같이 분류된다.

제조법에 의한 분류

강을 제조법에 따라 분류하면 평로강(平爐鋼, siemens steel)・전로강(轉爐鋼, besseiner steel)・전기로강(electric steel) 및 도가니강(crucible steel) 등으로 분류된다.

화학적 성분에 의한 분류

① 탄소강

탄소강이란 그 특성이 주로 함유하고 있는 탄소량에 지배되는 강을 말하는데 보통 탄소강이 함유한 탄소량은 0.04~1.70% 정도로서 함유정도에 따라 저탄소강(C< 0.2), 중탄소강(0.2< C< 0.5), 고탄소강(C> 0.5)으로 분류된다. 용융 상태의 탄소는 전부가 강속에 용해되어 있으나 이것이 서서히 냉각할 때의 조직성분은 온도 및 탄소의 농도에 따라서 변화한다.

탄소강의 성질은 탄소량에 따라 변화하며 탄소량이 증가할 경우 비중・선팽창계수는 감소하고 비열・전기저항성 등은 증가한다. 또 인장강도, 항복점 및 경도는 탄소량과 함께 증가하고 신장・충격치는 감소한다. 탄소량 0.5% 이하에서는 열처리가 역학적 성질에 미치는 영향이 적으나 탄소량이 0.5% 이상의 고탄소강에서는 열처리의 영향이 뚜렷하며, 그 용도로부터 공구강이라고도 한다.

일반적으로 불림(normalizing)한 것은 풀림(annealing)한 것보다 인장강도・항복점이 크고 신장은 작다. 즉, 풀림에 의해 연한 상태를 얻을 수 있고, 불림으로 강도가 큰 것을 얻을 수 있다.

탄소강을 함유량 및 용도에 따라 분류하면 표 4.3.1과 같다.

표 4.3.1 탄소강의 분류

강종 No.	강 이름	탄소함유량 (%)	인장강도 (MPa)	늘음율(%)	담금질	용도
No.1	극연강	〈 0.12	〈 370	25~20	부	강선
No.2	연 강	0.13~0.20	~430	22~18	부	교량, 선박, 보일러, 건축재
No.3	반연강	0.21~0.35	430~490	20~16	부	조선, 레일, 보일러
No.4	반경강	0.36~0.50	490~590	15~12	약간부	구조용 샤프트
No.5	경 강	0.51~0.80	590~690	12~9	양	샤프트류, 공구, 건축재
No.6	최경강	0.81~1.70	〉 690	8~6	양	공구, 스프링, 샤프트

② 합금강

합금강은 탄소강에 수종의 금속원소를 가해서 배합한 고급강이다. 그 성질은 강도를 높이는 것과 녹을 방지하는 거의 2가지가 있다. 주요한 합금강에는 크롬강・니켈크롬강・니켈크롬 몰리브덴강・크롬 몰리브덴강 등이 있다. 또 특수용 합금강으로서 스텐레스 스틸이 있는데 이것은 크롬만 함유시킨 것과 크롬과 니켈을 함유시킨 것의 두 종류가 있으며 공기 중 및 수중에서 녹이 슬지 않은 강의 방청재로서 사용된다.

최근 구조용, 특히 교량용에 고장력강이 쓰이고 있는데 여기서는 니켈강・규소강・망간강 등이 있다. 니켈강은 Ni의 함유량을 2~3%로 하여 항장성(抗張性)을 준 것이고, 규소강은 Si를 0.2~1.2% 함유시킨 것이다. 망간강은 규소강을 개량하여 Mn량을 1.6% 정도 함유시킨 것이다.

특수강인 고장력강은 교량용 구조강재로서 중요한 재료인데 고장력강에 요구되는 특징은 인장강도・항복점이 높을 것・용접성이 우수할 것・내식성이 양호할 것・압연한 대로 사용할 수 있고 열처리가 불필요할 것, 가공성이 좋을 것, 가격이 낮은 것 등이다.

용도에 의한 분류

강은 용도에 따라 구조용강과 공구강으로 분류되며, KS에서는 일반구조용 압연강재(KS

D 3503)(표 4.3.2)·철근콘크리트용 봉강(KS D 3504)(표 4.3.3)·용접구조용 압연강재(KS D 3515)(표 4.3.4)·용접구조용 내후성열간 압연강재(KS D 3529)(표 4.3.5)·보일러용 압연강재(KS D 3560)·리벳용 원형강(KS D 3557)·탄소강주강품(KS D 4101) 등에 대해 규정하고 있다.

표 4.3.2 일반 구조용 압연강재(KS D 3503)

종류의 기호	인장강도 (N/mm^2)	적 용	비 고
SS 275 SS 355	410 490	강판, 평강, 봉강 및 형강 두께 100mm까지 강판, 평강, 봉강 및 형강	두께 40mm를 기준으로 역학적 성질에 차이가 있음.

표 4.3.3 철근콘크리트용 봉강(KS D 3504)

종류	기호	인장강도(N/mm^2)	용도	비고
원형봉강	SR 240 SR 300	380 440	일반용	재생용 철콘용 봉강은 KS D 3527 참조
이형봉강	SD 300 SD 350 SD 400 SD 500	440 490 560 620	일반용	〃
	SD 400W SD 500W	560 620	용접용	〃

표 4.3.4 용접구조용 압연강재(KS D 3515)

종류의 기호	적용 두께(mm)
SM 275A	강판, 강대, 형강 및 평강 200 이하
SM 275B	
SM 275C	강판, 강대 및 형강 100 이하
SM 355A	강판, 강대, 형강 및 평강 200 이하
SM 355B	
SM 355C	강판, 강대 및 형강 100 이하
SM 355YA	강판, 강대, 형강 및 평강 100 이하
SM 355YB	
SM 420B	강판, 강대, 형강 및 평강 100 이하
SM 420C	강판, 강대 및 형강 100 이하
SM 460	강판, 강대 및 형강 100 이하

비고 : SM 420B, SM 420C, SM 460은 인수·인도 당사자 사이의 협의에 따라 두께 150mm까지의 강판을 제조할 수 있다.

표 4.3.5 용접구조용 내후성 열간압연강재(KS D 3529)

종 류			기 호	인장강도 (MPa)	적 용
1종	A	W	SMA 275AW	410	내후성을 갖는 두께 6.0 이상, 200mm 이하의 강판 및 형강
		P	SMA 275AP		
	B	W	SMA 275BW		
		P	SMA 275BP		
	C	W	SMA 275CW		내후성을 갖는 두께 6.0 이상, 100mm 이하의 강판 및 형강
		P	SMA 275CP		
2종	A	W	SMA 355AW	490	내후성을 갖는 두께 6.0 이상, 200mm 이하의 강판 및 형강
		P	SMA 355AP		
	B	W	SMA 355BW		
		P	SMA 355BP		
	C	W	SMA 355CW		내후성을 갖는 두께 6.0 이상, 100mm 이하의 강판 및 형강
		P	SMA 355CP		
3종		W	SMA 460W	570	내후성을 갖는 두께 6.0 이상, 100mm 이하의 강판 및 형강
		P	SMA 460P		

4.3.2 강재의 선정

강교에서의 강판의 선정기준은 KS D 3503(일반구조용 압연강재), KS D 3515(용접구조용 압연강재) 및 KS D 3529(용접구조용 내후성 열간 압연강재)의 규격에 적합한 것을 표준으로 한다. 강종은 판의 두께에 따라 표 4.3.6을 기준으로 하여 선정한다. 특히 기온이 현저하게 저하되는 지방에서는 강종의 선정에 특별한 배려를 기울여야 한다.

강종에 대한 특징을 보면 SS재는 SM재에 비해 S와 P의 제한값이 높고, 또한 C · Si · Mn 등의 규정값이 없고 휨시험을 하는데 휨반지름도 크게 규정되어 있다. 일반적으로 판두께가 두꺼워짐에 따라 용접부분의 취성화 경향이 현저해진다. 이런 점을 고려하여 판두께의 증가에 따라 인성이 좋고 균질인 것을 사용하여 안전도가 저하되지 않도록 각 강종의 판두께에 한계를 지은 것이다.

표 4.3.6 판두께에 따른 강재종류 선정기준

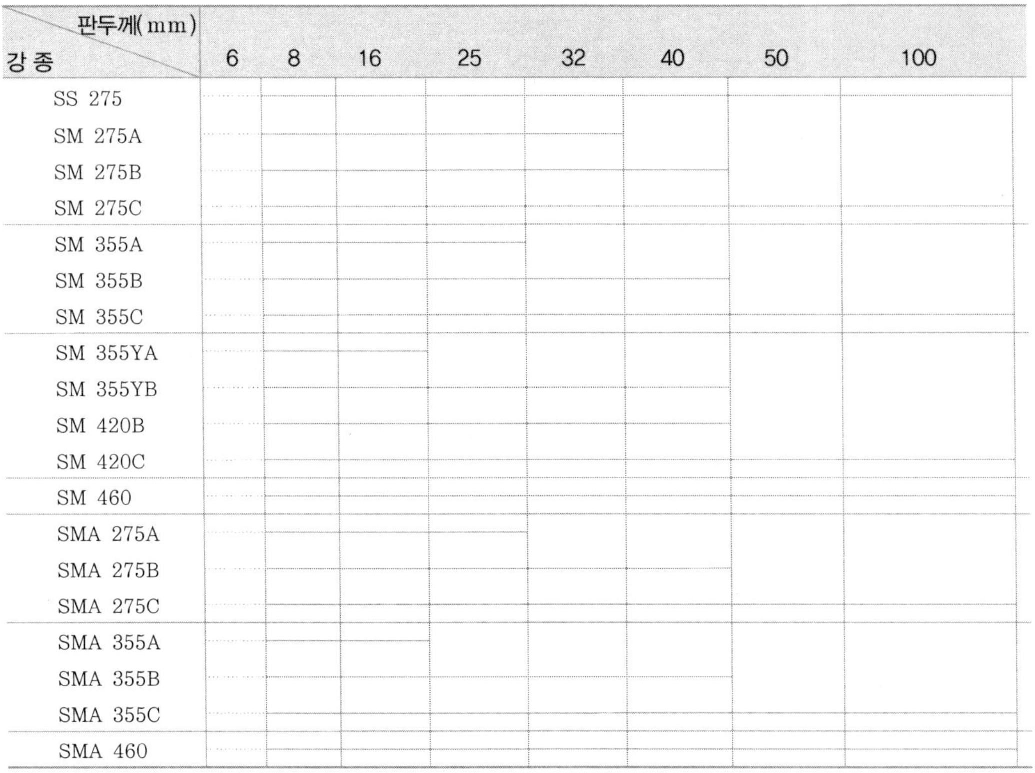

판두께(mm) / 강 종	6	8	16	25	32	40	50	100
SS 275								
SM 275A								
SM 275B								
SM 275C								
SM 355A								
SM 355B								
SM 355C								
SM 355YA								
SM 355YB								
SM 420B								
SM 420C								
SM 460								
SMA 275A								
SMA 275B								
SMA 275C								
SMA 355A								
SMA 355B								
SMA 355C								
SMA 460								

SS 275는 용접구조에 사용해도 좋으나 판두께가 두꺼워짐에 따라 강철의 조직이 거칠어지므로 취성이 증가하고 또한 수축응력에 따라 다축응력 상태를 발생할 염려가 있기 때문에 22mm 이하일 때만 사용되는 것으로 하고 이것을 넘는 판두께에 대해는 SM 275를 사용해야 한다. 뿐만 아니라 A재에 있어서는 0℃ V노치 Charpy 값에 대한 규정이 없고, B재에 있어서 27J 이상, C재에서는 47J 이상이므로 판두께에 따라 사용한계를 정한 것이다.

SM 355Y와 SM 420은 최후 강도에만 차이가 있고 항복점 · 신장률 · 기타 역학적 성질은 아주 같다. SM 355Y는 진정강(killed steel)과 반진정강(semi killed steel)이 있다. 반진정강으로 제조된 SM 355Y가 별 문제없이 사용될 수 있는 범위는 판두께 25mm 정도까지로 생각된다. 두꺼운 판일수록 압연비가 작아지므로 반진정강에서는 품질의 변화가 커지게 되는 경향이 있다. 따라서 25mm를 넘는 두꺼운 판에 있어서 SM 355Y라 할지라도 진정강으로 제조되는 것이 요망되고, 더구나 32mm를 넘는 두꺼운 판에 있어서는 반드시 SM 420을 사용해야 한다. SM 460에 대해 판두께가 12mm를 넘는 것을 −5°C에서

47J의 V노치 Charpy값이 보증이 되어 있으므로 판두께에 따라 변하지 않는 것으로 하였다.

강종의 선정은 구조물의 사용조건(기상조건, 응력상태), 중요도(주요부재, 2차 부재)에 따라 인성이 좋고 용접에 알맞은 강종을 각각 선정해야하지만 너무 자세히 규정하면 한 교량에 수종의 강재를 혼용해야하므로 취급상 번잡하고 착오를 일으키는 원인이 되므로 이와 같이 강판 두께별로 표준을 정하였다. 따라서 2차 부재 등에 대해는 반드시 이에 따를 필요는 없다.

기온이 현저하게 저하하는 지방에 가설하는 교량은 특히 저온 취성에 주의해 강종을 선정해야 한다. 이 경우 인장력을 받는 중요한 용접구조 부재에 사용하는 강재는 그 지방에 있어서의 최저 기온을 고려하여 적당한 인성을 확보하는 것이 요망된다.

4.3.3 강의 성질과 검사

강은 압축, 인장 및 전단에 대해서 각각 뛰어난 강도를 가지고 있으나, 고열을 받으면 강도가 저하하고, 또 습기에 대해서 녹슬기 쉬운 결점이 있다. 따라서 구조재로서 사용할 경우는 내화피복이나 방식도장 등에 의해서 이러한 결점을 보충해야 한다.

인장강도와 시험

강재의 인장강도는 원재의 재료형태에 따라 결정된 그림 4.3.1과 같은 형태의 시험편을 인정시험 장치로 양단을 물려서 시험한다.

하중을 서서히 가하여 항복점 하중 및 파괴하중을 측정하고, 항복강도 및 인장강도는 다음 식 (4.3.1)과 식 (4.3.2)에 의해서 산정한다.

$$f_y = \frac{P_y}{A} \qquad \text{식 (4.3.1)}$$

여기서, f_y : 항복강도(MPa)

P_y : 항복점 최대하중(N)

A : 원단면적(mm^2)

$$f_u = \frac{P_{max}}{A} \qquad \text{식 (4.3.2)}$$

여기서, f_u : 인장강도(MPa)

P_{max} : 인장파괴하중(N)

강재의 응력-변형도 관계를 보면 그림 4.3.2와 같이 응력이 탄성한도를 지나면 영구변형이 생기므로 강의 구조는 가능하면 응력이 탄성한도 이내에 있도록 설계를 해야 한다. 따라서 항복점을 아는 것은 대단히 중요하다. 강재의 인장강도 및 항복점은 탄소함유량의 증가와 함께 증가하지만 0.85% 부근이 최고이고 그 이상이 되면 오히려 저하된다.

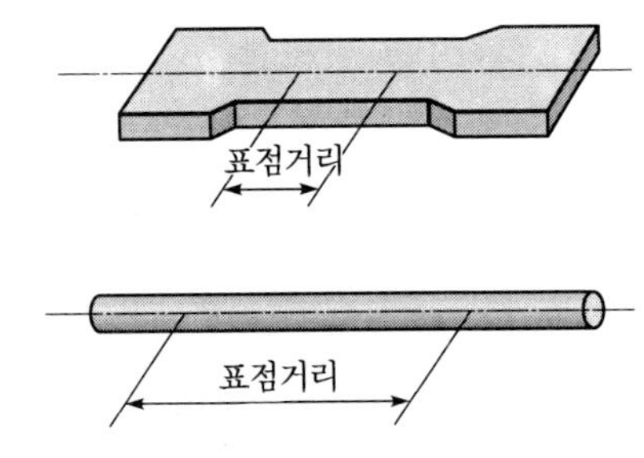

그림 4.3.1 강재의 인장시험편

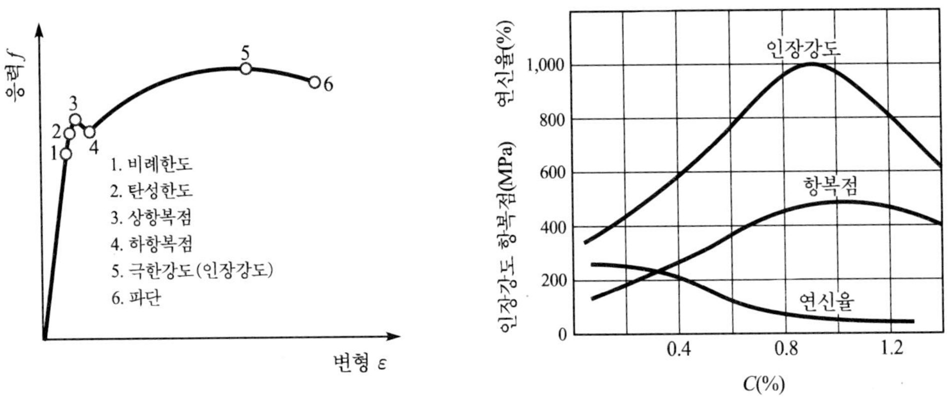

그림 4.3.2 인장강도와 항복점

응력과 변형의 관계를 조사할 경우 강재의 신장율과 탄성계수는 시험편에 표적한 표점거리를 측정해서 다음 식 (4.3.3)과 (4.3.4)에 대해서 계산한다.

$$\epsilon = \frac{l - l_0}{l_0} \times 100 \qquad \text{식 (4.3.3)}$$

여기서, ϵ : 신장율

l : 파단시의 표점의 길이(mm)

l_0 : 표점거리(mm)

$$E = \frac{f_E}{\epsilon_E} \qquad \text{식 (4.3.4)}$$

여기서, E : 탄성계수

f_E, ϵ_E : 탄성한도에서의 응력과 늘음율

강재의 굽힘시험은 휨강도를 조사하기 위한 것이 아니고 가공성을 알기 위한 것이다. 시험편은 재료의 종류에 따라 결정된 치수의 형강 또는 봉강을 그림 4.3.3과 같이 압력을 가하여 구부리고 만곡부 외부의 파열여부를 관찰한다.

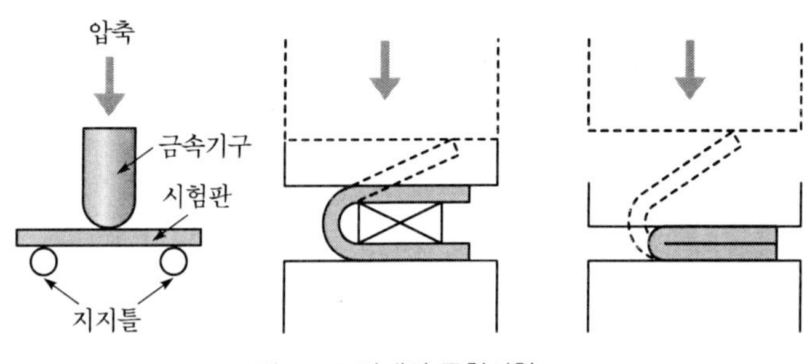

그림 4.3.3 강재의 굽힘시험

내화성

탄소강의 강도는 200~300°C에서는 상온의 강도보다는 다소 증가하지만 500°C에서는 연화하여 상온의 약 50%의 강도가 되고, 600℃에서는 약 30%, 1,000°C에서는 강도를 모두 잃으며, 1,400~1,500°C에서는 완전히 용해한다. 이와 같은 탄소강은 고온에서는 강도가 현저히 저하되므로, 구조재로서는 절대 내화피복이 필요하다. 탄소강의 열팽창계수는 약 $(1.0\sim1.2)\times10^{-5}$인데 콘크리트의 열팽창계수와 거의 같다.

내구성

강은 습한 상태나 또는 수중에 있으면 물의 분해에 의해서 전해작용을 일으켜 표면에 빨간 녹이 발생한다. 습기 및 수중에 탄산가스가 존재하면 이 부식작용은 더욱 촉진된다. 그 외에 석탄·코크스의 연소에 의한 유황의 산화물이나 공기 중의 먼지·매연, 해변지대의 염분 등에 의해서도 부식된다. 따라서 강재가 부식하지 않게 하려면 도료나 기타 다른 재료로 표면에 피막을 만들거나, 또는 모르타르·콘크리트 등으로 피복한다. 강은 알칼리 중에서는 안정하므로 모르타르·콘크리트의 피복은 유효하며 철근콘크리트 구조는 이러한 의미에서 이상적이다. 콘크리트는 오랜 기간이 지나면 표면에서 중성화하므로 콘크리트로 피복할 경우 충분한 두께로 해야 한다.

열처리

열처리는 강을 가열 냉각하여 내부조직을 변화시켜 성질을 개선·향상시키는 것이다. 그 방법에는 풀림(annealing) 또는 불림(normalizing)과 담금질(quenching or hardening), 뜨임(tempering) 등이 있다.

풀림 또는 불림은 둘 다 강재열처리의 하나로서 풀림은 철 또는 강의 잔유응력을 제거하고 조직을 정정할 목적으로 적당한 온도로 가열한 후 서서히 냉각시키는 조작을 말하고, 불림은 주강이나 단련된 강 등의 가열 또는 주조로 인한 거친 조직(粗粒)을 미세(微細)하게 하여 재질을 개선하기 위해 850~950°C로 균일한 조직이 될 때까지 가열하여 그 온도를 몇 십분 동안 유지한 다음 꺼내어 대기 속에서 방냉(放冷)하는 것으로서 강의 성질은 열간 압연 또는 단조하여 그대로 서서히 냉각한 강의 성질과 비슷하다.

담금질은 가열한 후 냉수·온수·기름 등에 넣어 급속히 냉각시키는 것으로 늘음율은 감소하나 강도·경도·내마모성이 증가한다.

뜨임이란 담금질한 강은 일반적으로 너무 무디고 야물며 내부에 변형이 일어나므로 이를 조정하고 적당한 강인성을 주기 위해 다시 가열하여 공기 중에서 천천히 냉각시키는 것이다.

설계계산에 사용되는 물리상수

설계계산에 사용되는 강재의 일반적인 물리상수는 표 4.3.7과 같다.

표 4.3.7 물리상수

종류	물리상수
강재 및 주강의 탄성계수	2.1×10^5MPa
철근의 탄성계수	2.04×10^5MPa
PS 강재의 탄성계수	2.0×10^5MPa
주철의 탄성계수	1.0×10^5MPa
강재의 전단탄성계수	8.1×10^4MPa
강재 및 주강의 포아송비	0.30
주철의 포아송비	0.25

재료검사

대개의 경우 강재는 규격품을 사용하지만 가령 규격품이라 하더라도 경우에 따라서는 강도가 부족하거나 두께가 얇은 경우도 있고, 또 규격 외의 것을 사용하는 경우도 있으므로 필요에 따라서 재료검사를 해야 한다. 재료검사는 판의 두께나 형상이 소정의 것인가 혹은 다소 차이가 있다 하더라도 허용되는 공차의 범위 내에 있는가를 검사한다. 재질의 시험으로서는 우리가 보통 실시하는 역학적 성질에 대한 시험을 의미하며 대개는 인장시험을 통하여 인장강도·항복점·연성을 시험한다. 연성은 강재 가공성의 양부에 중대한 관계가 있으므로 이를 측정하는 데는 인장시켜 끊어질 때까지의 늘어나는 양으로 측정하며, 시험편에 따라 정하여진 표점간의 늘어난 분량을 백분율로서 나타낸다.

강재뿐만 아니라 모든 재료는 그 파괴정도(강재의 경우 항복점) 이하의 응력이라 할지라도 그것을 반복해서 가하면 파괴된다. 이 현상을 재료의 피로(fatigue)라고 한다. 강재의 피로특성에 대해서는 다음 절에서 간략하게 기술하였다. 강구조물의 용접이음상세 등에 대해는 피로설계나 피로해석에 필요한 피로특성을 규명하기 위한 피로시험이 특히 중요하다.

4.3.4 강재의 특성

피로

정적강도보다 상당히 작은 외력의 계속적인 반복 작용에 의해 균열이 발생하여 진전하는 현상을 피로파손(fatigue failure)이라 한다. 재료의 최종적인 피로파괴(fatigue fracture)는 에너지 불안정(취성파괴) 또는 소성 불안정(연성파괴)에 의해 균열이 급격하게 성장하는 것에 기인한다.

이와 같은 균열의 급격한 불안정 성장에 의한 것 외에 피로파괴를 "안정(sub-critical)" 균열성장 과정이라고도 한다. 이러한 특성을 잘 나타내는 것이 강재 등과 같은 연성재료인데, 이와 같은 재료는 균열이 발생한 경우에도 충분한 인성을 갖는 것이 큰 특징이라고 할 수 있다. 일반적으로 강교량에 발생하는 응력 크기는 강재의 정적강도와 비교하여 상당히 작은 경우가 대부분이다. 따라서 미소피로균열의 발생이 부재나 구조물 전체의 붕괴로 즉시 이어지는 것은 아니므로 피로균열의 초기단계에서 적절한 대책을 강구함으로서 최종적인 불안정 파괴에 대한 충분한 안전성을 확보할 수 있다.

피로강도는 하중의 반복횟수·응력범주·응력변동 범위에 의해 결정되며 응력변동 범위는 일반적으로 그림 4.3.4와 같이 정의된다. 또한 반복하중의 응력진폭이 일정한 경우와 변화하는 경우에 따라 피로강도는 변한다. 그러나 응력범위가 일정한 수준 이하인 경우에는 피로파괴가 발생하지 않으며 이를 피로한도(fatigue limit)라고 한다.

그림 4.3.5는 도로교설계기준에 제시된 허용피로 응력범위를 반복횟수의 함수로 나타낸 피로설계곡선(S-N curve)이며, 그림에서 일정한 허용응력범위를 가지는 피로한도는 설계기준에서 2백 만회 이상의 반복횟수에 대해 제시된 허용응력범위의 1/2.75에 해당하는 응력범위이다. 그림 4.3.5에 제시된 피로설계곡선의 기본 식은 다음과 같다.

$$\Delta f^{m} \cdot N = C \qquad 식(4.3.5)$$

여기서, Δf : 응력범위

N : 반복횟수

C : 피로파괴상수

m : 상수로서 3이 적용되고 있다.

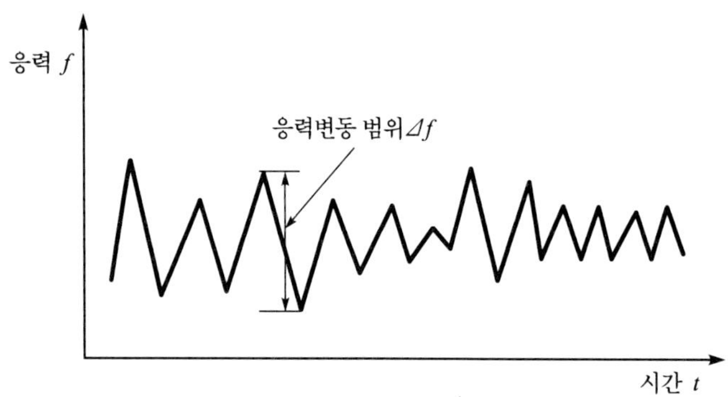

그림 4.3.4 응력의 변동범위

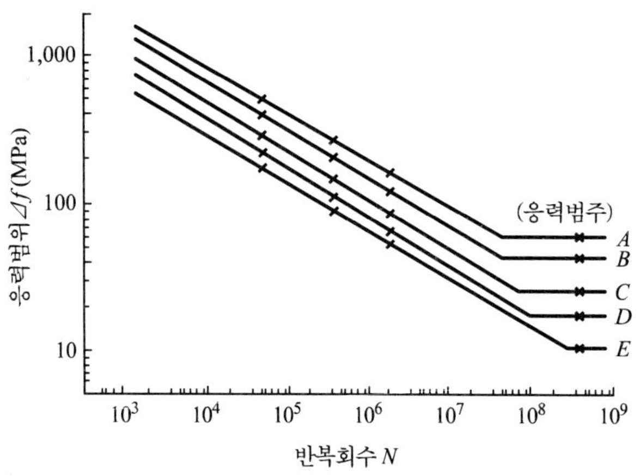

그림 4.3.5 도로교설계기준의 피로설계곡선

또 응력범위 이외에도 구조물이나 이음부의 형상 · 용접결함 · 잔류응력 등도 피로강도에 큰 영향을 미치는 인자가 된다. 그러므로 강교의 경우 각국의 설계기준에서는 위에서 기술한 영향 요인들을 고려하여 각국 고유의 피로설계지침을 제정하여 각종 연결 상세에 대한 기본 허용응력범위를 설정하고 이러한 연결부에서의 피로특성을 충분히 고려하는 피로설계지침을 체계적으로 제시하고 있다. 이와 같은 피로설계지침에 의거하여 설계되고 결함 없이 정밀 시공된 강구조물은 피로에 대해서도 충분한 안전을 확보할 수 있음이 보고되고 있다.

또 피로강도의 중요한 특성으로 고려해야할 사항으로는 강재의 피로강도는 모재의 인장강도가 증가함에 따라 증가한다는 것이다. 그러나 용접이음부의 피로강도는 사용강재의 정적강도와는 거의 무관하며 경우에 따라서는 고강도강의 피로강도가 저강도강의 피로강도도보다도 낮게 되는 경우도 있다. 그러므로 강교량의 피로설계에서는 이와 같은 피로특성를 고려할 필요가 있는 경우도 있다.

최근의 차량 중량화 및 급증하는 교통량과 함께 고장력강의 사용에 따라 반복하중에 의한 피로파괴가 구조물의 안전성에 심각한 요인으로 지적되고 있어, 개정된 도로교설계기준에서는 피로설계조항을 체계적으로 기술하고 있다.

취성파괴

강재로 제작된 일부교량들은 취성파괴로 인하여 파괴가 일어나는데, 취성파괴의 가능성을 높이는 몇 가지 요인을 살펴보면 다음과 같다.

- 고강도 강재의 사용
- 강재두께의 증가
- 사용온도의 저하
- 안전계수의 감소
- 응력집중의 가능성을 증가시키는 부재들의 복잡한 배열
- 용접사용의 증가

강재두께의 증가에 의한 취성파괴는 볼트 또는 리벳으로 연결된 구조물에서도 일어날 수 있지만 미숙한 용접으로 인한 초기의 흠이 최성파괴의 주원인 이다.

취성파괴는 구조용 강재에 일반적으로 존재하는 취성거동 조건하에서 강재부재가 파괴되는 것으로 정의할 수 있다. 강재는 사용조건하에서 최성파괴가 일어나지 않도록 충분한 인성을 지녀야 한다. 재료의 인성은 노치가 있는 상태에서 소성적으로 변형할 수 있는 능력으로 정의할 수 있으며, 노치인성은 사용온도 · 하중속도 · 강재의 두께 및 성분 · 열처리 여부와 관련이 있다.

취성파괴는 여러 종류의 결함으로 시작된다. 복잡한 대형구조물에서는 일반적으로 균열이 존재하는데, 제조과정 및 검사를 철저히 함으로써 초기에 결함의 크기를 줄일 수 있으나, 롤링 · 절단 · 드릴링 및 용접에 따른 미세한 균열은 어쩔 수 없이 존재한다. 만일 균열의 크기가 시간 및 응력에 따라 커진다면 취성파괴는 균열로부터 시작됐다고 간주할 수 있다. 설계자 · 검사자 · 제작자 모두는 균열의 크기가 미소하도록 주의를 기울여

야 하며 균열의 크기가 증가하는 조건에 대해서도 신경을 써야만 한다. 취성파괴를 방지하기 위해 설계 및 제조과정에 필요한 요소는 다음과 같다.

- 최종적으로 처리된 강재에는 결함이 제한되어야 하므로 세심한 제조과정 및 검사가 필요하다.
- 모든 강재는 인성강도가 충분해야 하며 실 구조물에 사용되기 전에 반드시 시험을 거쳐야 한다.
- 결함부에서 응력증가계수가 클수록 전파가 빨라지기 때문에 잔류응력과 마찬가지로 응력의 크기는 하중집중으로 인하여 커진다. 고강도 강재로 설계하면 취성파괴의 가능성은 커지므로 고강도 강재는 반드시 노치강도가 커야 한다.
- 피로응력은 결함의 크기를 증가시킨다. 따라서 하중반복횟수가 높은 경우에 대해서는 낮은 응력에 대해서도 적절한 규정을 두어야 한다.
- 균열강도는 온도가 떨어짐에 따라 저하된다. 따라서 사용온도가 낮은 구조물에 대해서는 더 많은 주의가 필요하다.
- 강재의 두께가 두꺼우면 응력은 3차원으로 생겨 재료의 노치강도는 감소한다. 이러한 사실은 강재의 재료특성이 변하지 않더라도 마찬가지이다.
- 강재의 균열강도는 하중속도가 커질수록 감소하므로 충격응력을 받아야만 하는 부재는 취성파괴의 가능성이 더욱 크다.

위에서 세 번째 경우는 파괴역학의 이론을 이용하여 강교에 있어서 취성파괴의 발생을 방지하도록 설계변수를 결정할 수 있다. 앞으로는 취성파괴를 방지할 수 있는 더 좋은 방법들이 개발될 것이다.

부식

강재는 산화합물을 환원·제련하여 제조되기 때문에 자연계 속에서는 불안정한 상태로 존재하므로 산소 및 물과 결합하여 안정한 상태인 발청의 상태로 돌아가고자 하는 현상이 있는데 이것을 부식이라고 한다. 따라서 일반적으로 부식은 금속이 처해 있는 환경물질에 의해 화학적 또는 전기화학적으로 침식되는 현상을 말한다.

대기 중의 부식인자로는 습도·온도·강우량·일조·오염물질(해염입자·아황산가스 등)이 있는데 이들의 영향도에 의해 부식속도가 결정된다. 녹은 물과 산소의 존재에 의해 발생하므로 습도는 부식의 직접적 요인으로 그 영향도가 크다. 일반적으로 습도가 60% 이상이 되면 노출면에 녹이 발생하기 시작한다. 따라서 다습지역에서는 도장의 열화와 함께 급속하게 녹이 발생하는 경우가 많다. 또 온도가 높을수록 녹의 진행속도가 빠른 경향이 있는데 이것은 녹의 발생진전원리가 되는 화학반응속도가 온도상승과 함께 빨라지기 때문이다.

4.3.5 교량에 사용되는 강재

도로교의 표준강재

도로교설계기준에서 사용되는 도로교의 표준강재를 정리하면 표 4.3.8과 같다.

표 4.3.8 도로교의 표준강재

강재의 종류	규 격	강 재 구 분	강 재 기 호
1.구조용 강재	KS D 3503	일반구조용 압연강재	SS 275
	KS D 3515	용접구조용 압연강재	SM 275, 355 355Y, 420, 460
	KS D 3529	용접구조용 내후성 열간압연강재	SMA 275, 355, 460
2.강 관	KS D 3566	일반구조용 탄소강관	SGT 275, 355
	KS F 4602	강관말뚝	SRT 275, 355
	KS F 4605	강관시트 파일	SKY 275, 355
3.접합용 강재	KS B 1010	마찰접합용 고장력 6각볼트, 6각너트, 평와셔의 세트	F8T, F10T, F13T
4.용접재료	KS D 7004	연강용 피복 아크 용접봉	
	KS D 7006	고장력강용 피복 아크 용접봉	
	KS D 7024	서브머지드 아크용접용 강선 및 용제	
5.주단조품	KS D 3710	탄소강 단강품	SF 490A, 540A
	KS D 4101	탄소주강품	SC 450
	KS D 4106	용접구조용 주강품	SCW 410, 480
	KS D 4102	구조용 고장력 탄소강 및 저합금강 주강품	LMnSC 1A, 2A
	KS D 3752	기계구조용 탄소강재	SM 35C, 45C
	KS D 4301	회주철품	GC 250
	KS D 4302	구상흑연 주철품	GCD 400
6.선재 선재 2차 제품	KS D 3509	피아노 선재	PWR
	KS D 3559	경강선재	HSWR
	KS D 7002	PC강선 및 PC강연선	원형선 SWPC1 이형선 SWPD1 2연선 SWPD2 이형3연선 SWPD3 7연선 SWPC7 19연선 SWPC19
7.봉 강	KS D 3504	철근콘크리트용 봉강	SD 300, 350, 400
	KS D 3505	PC강봉	A종 2호 SBPR 785/1030 B종 1호 SBPR 930/1030 B종 2호 SBPR 930/1180 C종 1호 SBPR 1030/1230

압연강재

압연강재는 강판 · 평강 · 봉강 · 형강으로 생산되고 있다.

① 강판

강판은 평평하게 압연된 것으로 판의 양단을 절단기로서 절단한 판(전단연판)과 양단을 동시에 압연한 판(압연연판 또는 universal mill plate)의 두 종류가 있다. 또한 강판은 얇은 강판 · 중간판 · 후강판 등으로 나눌 수 있으며, 교량에 사용되는 강판의 두께는 8~25mm 정도이다.

강판의 표시는 수량~Pls 폭(mm)×두께(mm)×길이(m)로 표시한다. 또 무늬강판은 한쪽 표면에 무늬모양을 나타냄으로서 활동방지용으로 부판(敷鈑) · 단판(段鈑)으로 쓰인다.

② 평강

평강은 단면이 직사각형의 형상으로 폭 55mm 이하의 양측면이 압연된 것이다. 교량에 사용되는 평강의 두께는 보통 8~25mm로서 수량~Pls 폭(mm)×두께(mm)×길이(m)로 표시한다.

③ 봉강

봉강은 원형 · 정사각형으로 환강 · 각강이라 부른다. 각강은 교량에는 거의 사용되고 있지 않으나, 환강은 슬래브의 철근이나 리벳재로서 많이 사용되고 있다.

환강의 표시는 ϕ지름(mm)×길이(m)로 표시한다.

④ 형강

특수한 단면형으로 압연된 강재로서 많은 종류가 있다. 보통 교량에 쓰이는 것은 L형강(angle, 등변, 부등변), ㄷ형강(channel), I형강(I-beam), T형강(T-beam), H형강(H-beam) 및 레일(rail) 등이다. 기타 Z형 · 각주 · 원주형 등이 있으나 그다지 쓰이지 않는다.

그림 4.3.6에는 각종 형강을 표시하였다.

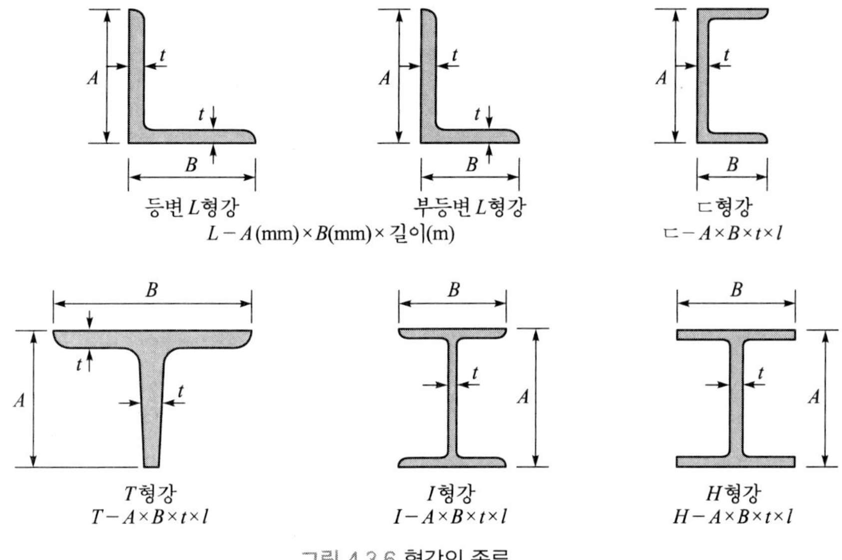

그림 4.3.6 형강의 종류

4.3.6 고성능 강재

최근 구조용 강재의 성능 및 품질이 눈부시게 발전하여 종래의 강재에 비해 다양한 기능 및 성능을 갖는 강재가 계속하여 개발되고 있다. 예를 들면, 강도 · 인성 · 내부식성 · 내피로특성 등에 관한 제반 기능 등을 재래적인 강재보다 개선시킨 고성능강재가 이에 속한다고 볼 수 있다.

현재의 교량 구조물은 차량주행에 따른 소음 · 진동 등의 환경적인 문제 등을 고려해야 할 경우 콘크리트 교량으로 주로 채택되고 있으나, 반면에 콘크리트 교량은 가설지역에 따라서는 교량 제작을 위한 작업장 확보의 어려움으로 인한 추가적인 비용증가에 따른 경제적 부담의 증가, 현장타설에 따른 콘크리트의 품질관리의 어려움, 자중이 강교량에 비해 상대적으로 무거워 연약지반에서 발생하는 문제점과 콘크리트의 조기 열화현상과 이에 따른 보수 · 보강의 난이함 등의 단점이 있다.

또한 무도장강의 개발과 특수도료의 개발 등으로 유지보수 주기의 연장과 강재의 재활용성에 따른 환경보존의 측면까지도 감안하여 교량초기 가설비용뿐만 아니라 유지보수비용 · 무도장강재 · 도장기술 등을 모두 고려한 교량수명간의 실제 공비에 대한 충분한 검토에 기초한 최적 교량선정이 이루어져야 한다. 앞으로는 교량의 상 · 하부를 포함한 새로운 개념의 강교량으로 전환이 필요할 것으로 판단되며 이러한 강교량에서 고성능강재의 역할은 매우 중요하리라고 생각된다.

고성능 강재의 종류

일본 등의 선진외국에서 이미 개발하여 실제 적용하고 있는 고성능 강재의 종류별 특성에 대해 간략히 기술하고자 한다.

① 저변형률 강재

저변형률 강재란 용접 시에 발생하는 변형률을 최소화하기 위하여 개발된 강재로서 이 강재를 사용하게 되면 용접부재의 변형률을 최소화하여 응력집중부의 과변형으로 인한 용접부재의 결함을 최대한 억제할 수 있을 것으로 기대된다.

② 극저항복점 강재

극저항복점 강재란 강재의 항복점을 극도로 저하시킴으로서 탄성영역을 최소한으로 축소하여 하중증가에 따른 응력 변형률 관계의 히스테리스 루프(비선형거동의 loading과 unloading하에서 그리는 응력변형률 곡선)를 크게 하여 에너지의 흡수능력이 보통 강재보다 매우 양호한 고인성 강재로서 내진성능의 개선이 기대되는 강재이다. 건축 구조물에서는 흡진재로서 이용되고 있는데, 교량에서의 적용가능성이 있는 부위로서는 받침 및 교각을 대상으로 하고 있다. 단, 극저항복점 강재를 사용하는 부재는 상시 하중에 의해 과대한 응력을 받지 않는 특수구조용 강재를 채용할 필요가 있다.

③ 샌드위치 강판

샌드위치 강판구조는 비교적 경량인 재료를 강성이 비교적 큰 2개의 재료사이에 삽입하여 제작한다. 구조재료의 가격을 최소화할 수 있고 경량화를 도모하는 것이 가능한 간편한 구조이기 때문에 과거부터 항공기를 비롯하여 차량·선박·스포츠 용품 등에 이용되어왔다. 강판 사이에 방음·방진성능이 좋은 큰 수지를 삽입한 제진강판이나 2개의 다른 금속을 접합한 그랜드 재료 또한 샌드위치 구조의 일종이다.

④ 제진후판·제진합금(制振厚板·合金)

종래의 강구조물의 타격음·진동음 등의 소음에 대해 현재까지는 강재 소재로부터의 개선은 고려하지 않고서 소음대책소재로서 오직 콘크리트·수지·목재 등이 사용되어 왔다. 그러나 기능상 및 강도상 강재를 적용할 수밖에 없는 장소에 대해서는 소음대책이 곤란한 경우도 있으므로 제진성능을 갖는 강재의 개발이 요구됨에 따라 제진후반·제진합금 등이 개발되었다.

▪ 제진후판(制振厚板)

제진후판은 그림 4.3.7과 같이 2매의 강판사이에 제진용 점탄성수지(두께 0.15~

0.3mm)를 삽입한 샌드위치타입의 판두께 4.6~20mm의 강판이다. 이 강판의 진동감쇠기구는 강판의 휨진동에 동반되는 제진용 점탄성수지의 전단변형에 의해 진동에너지를 열에너지로 변환하여 제진성능을 발휘하는 것이다.

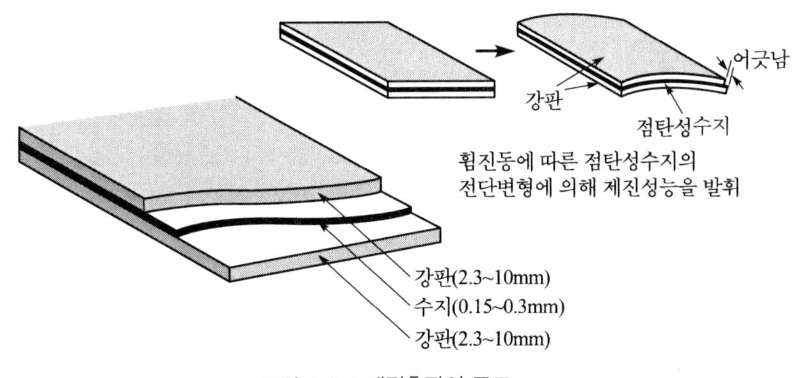

그림 4.3.7 제진후판의 구조

- 제진합금후판(制振合金厚板)

  제진후판은 수지의 사용에 따르는 가공・사용상의 제약이 수반된다. 이 점을 해결하기 위하여 개발된 것이 제진합금이다. 제진합금의 진동감쇠기구는 복합형(複合型)・전이형(轉移型)・쌍정형(雙晶型)・강자성형(强磁性型)의 4종류로 분류된다.

용접구조용 후판으로서는 현재 강자성형의 제진합금후판이 개발되어 있으나 이 제진합금후판의 제진감쇠기구는 진동에 의한 내부응력 변동을 자벽(磁壁)의 이동으로서 에너지가 흡수되는 것에 의해 제진성이 발휘된다.

CHAPTER

05

설계방법 및 설계규준

5.1 개설

구조설계에 대한 전문지식은 구조기술자에게 가장 중요하고 기본적으로 요구되는 자질이다. 토목분야의 구조설계에 대해서는 학부과정에서 콘크리트구조설계 · 강구조설계 · 프리스트레스트 콘크리트 구조설계 · 교량설계 · 토목구조설계 등의 기초이론을 배우게 된다. 구조설계자라면 누구나 이러한 기초설계이론을 이수한 후에 주요 토목구조물의 설계를 위한 설계기준 · 규준 · 지침 · 요령 등을 숙지하고 다년간의 설계경험이 있어야만 전문가로서 구조설계를 할 수 있다. 특히 최근 2015년에 와서는 우리나라의 구조설계이론이 종래의 탄성설계(elastic design)나 강도설계(strength design)와는 달리 한계상태설계(LSD; Limit State Design) 혹은 하중저항계수설계(LRFD; Load and Resistance Factor Design)로 전환되었다. 따라서 우리나라에서도 LSD/LRFD 설계법이 실무에서 사용되고 있으므로 실무설계기술자들의 관심과 교육이 절실하게 요구되고 있다. 뿐만 아니라 토목 · 건축구조분야의 예만 든다 해도, 구조설계전문가가 되려면 장대교량설계 · 고층건물설계 · 내진설계 · 내풍설계 · 내피로설계의 이론 및 실무도 알아야 한다. 그리고 컴퓨터를 이용한 전산화 구조설계시대이므로 CAE/CAD(Computer Aided Engineering/Computer Aided Design)에 대한 기본개념의 이해도 매우 중요하다. 그러나 무엇보다도 우수한 특급 구조설계자가 되려면 다년간의 경험과 지속적으로 변화 · 발전하는 역학, 구조해석 · 설계이론 및 설계기준 · 시방서 등에 대한 전문지식이 필수적이다.

본 장에서는 콘크리트 교량설계에 사용되는 한계상태설계법(LSD) 그리고 강구조물의 설계에 사용되는 하중저항계수설계법(LRFD)의 기초개념과 관련 설계규준에 대해 간략하게 요약하였다.

5.2 설계방법 및 설계규준

교량은 다양한 재료들로 구성되어 있어 그 역학적 거동이 복잡하고 다양하기 때문에 교량구조물의 응력이나 변형상태를 이론에 의해서만 추정한다는 것은 사실상 어려운 문제이다. 근래에는 콘크리트와 강재 등 재료에 대한 많은 실험적 연구가 이루어져 각 재료에 대한 역학적 성질이 많이 밝혀지고 있으나 이러한 재료들의 결합으로 복합적인 거동 양상을 보이는 교량에 대한 합리적인 설계방법은 지속적인 연구가 이루어지고 있는 분야이다.

교량은 그 다양한 형식에 따라 또 교량을 구성하는 많은 재료에 따라 그 거동 특성이 다르므로 여기서는 철근콘크리트와 강재로 구성되는 일반적인 교량의 설계방법과 설계규준에 대해서 논하였다.

5.2.1 설계법의 발전

오랜 기간 동안 구조설계방법과 설계절차는 만족할만한 안전여유를 제공하기 위해 많은 기술자들에 의해 발전되어 왔다. 예전에 이러한 절차는 하중에 의한 작용력이나 하중효과의 해석과 재료의 강도에 대한 엔지니어의 확신에 기초하였다. 해석기술이 향상되고 재료의 품질관리가 향상됨에 따라 설계방법 및 절차도 많은 변화를 거치며 발전해왔다. 종래에는 허용응력설계법(Allowable Stress Design:ASD)이 유일한 설계법이었다. 1960년대 초반부터 강재에는 소성설계법이, 콘크리트에는 강도설계법이 선진국의 시방서에 채택되기 시작하였고 1980년대에 이르러서는 명칭은 다르지만 원칙적으로 구조신뢰성이론에 기초한 동일한 설계이론인 한계상태설계법(LSD)과 하중저항계수설계법(LRFD)이 유럽과 미국을 비롯한 선진 각국의 설계규준으로 일반화 되었으며, 이러한 설계법으로 설계규준을 통일하려는 움직임이 국제적으로 활발히 진행되고 있다. 우리나라도 1983년부터 콘크리트에는 강도설계법을 채택하고 2000년 개정된 콘크리트 설계기준에서는 허용응력설계법을 부록 I 별도설계법에서 간략히 다루었다. 최근에는 신뢰도 기반 설계기준의 적용을 의무화하고 있는 국제사회의 흐름에 발맞추어 2012년에 전면 개정된 도로교설계기준[한계상태설계법(LSD)]과 국내 강구조설계기준으로는 최초로 국제 표준화된 2014년에 전면 개정된 하중저항계수설계법(LRFD)에 근거하여 내용에 대한 전면적 수정을 하였다.

5.2.2 한계상태설계법과 하중저항계수설계법으로 전환된 주요 이유

한계상태설계법과 하중저항계수설계법은 구조 신뢰성방법에 기초한 일종의 확률적 설계법이다. 한계상태설계법(LSD)이나 하중저항계수설계법(LRFD) 모두 종래의 WSD나 ASD와 같은 탄성설계법과는 달리 강구조부재의 세부요소의 극한내력강도 또는 한계내력에 기초를 두고 극한 또는 한계상태하중에 의한 부재력이 부재의 극한 또는 한계내력을 초과하지 않도록 하는 설계법이다. 따라서 한계상태설계법은 콘크리트 구조물의 강도설계법이나 종래의 소성설계법과 설계 규정의 형식면에서는 유사하다. 그러나 한계상태설계법과 하중저항계수설계법은 이들과는 달리 하중 및 저항관련 안전모수(母數), 즉 설계 안전율의 결정을 종래의 설계법에서와 같이 오랜 기간의 경험에만 의존하여 확정적으로 결정하지 않고 하중과 구조 저항관련 모든 불확실성을 확률 통계적으로 처리하는 구조신뢰성 이론에 기초하여 보정함으로써 구조물의 일관성 있는 적정 수준의 안전율, 즉 신뢰도를 갖도록 하는 보다 합리적이고 새로운 설계법이다. 또한 이러한 안전모수의 결정방법에도 구조물의 강도 및 사용성 관련 각종 파손모드(Failure Mode)에 대응하는 한계상태를 기준으로 하여 구조물 또는 부재의 내하력을 산정하고 이와 함께 하중계수를 사용한 극한 또는 한계상태하중에 대해 탄성해석, 탄소성해석, 극한해석 등에 의해 구한 부재력을 사용한 한계상태방정식을 기본으로 하여 구조단면 치수를 정하거나 구조물의 안전도, 신뢰도등을 검사하는 설계법이란 점도 종래의 WSD, ASD등과는 다른 독특한 점이다. 한계상태설계법과 하중저항계수설계법의 일반적인 설계규준 형식 다음 식과 같다.

$$R_r = R_d(\text{설계강도}) \geq Q = \sum \eta_i \gamma_i Q_i \ [\text{설계하중효과(작용력)}] \quad \text{식 (5.2.1)}$$

여기서, 우변은 계산된 계수(Factored) 설계하중효과(작용력)를 나타내고 좌변은 선정된 부재의 제공하는 한계 구조내력(R_r = 계수저항, 콘크리트부재의 경우는 $R_r = R\{\phi_i X_i\}$, 그 외의 경우에는 $R_r = \phi R_n$을 적용함)을 나타낸다. Q_i는 하중효과, X_i는 재료의 기준강도, R_n은 공칭저항이다. 한계상태설계법과 하중저항계수설계법의 설계 기본개념은 모든 가능한 설계 하중의 조합작용으로 인한 극한 또는 계수화된(Factored) 작용 효력보다 구조부재의 실제 설계강도, 즉 구조저항이 최소한 같거나 커야 한다는 것이다. 이때 저항계수 ϕ, 재료계수 ϕ_i, 하중계수 γ_i 및 하중수정계수 η_i는 실강도, 저항과 작용력의 불확실성, 부정확성을 반영하는 부분 안전계수이다.

5.2.3 한계상태설계법과 하중저항계수설계법의 특징, 고려사항, 기본가정

한계상태설계법과 하중저항계수설계법을 비교해보면 다음과 같은 몇 가지 특징, 고려사항, 기본가정들을 지적할 수 있다.

(1) 한계상태설계법

① 특징

- 하중과 재료에 대해서 각각 부분안전계수를 사용하여 이들의 특성을 설계에 합리적

으로 반영한다.

- 안전성은 극한한계상태로 검토하고, 사용성은 사용한계상태를 검토하여 강도설계법의 결점을 개선한 설계법이다. 한계상태설계법에서는 설계 시 다음과 같은 4단계의 한계상태에 대해 검토한다.

② 극한한계상태의 고려사항

- 극한한계상태는 구조물 또는 부재가 파괴 또는 파괴에 가까운 상태로 되어 그 기능을 완전히 상실한 상태를 말하며 상당량의 응력손실과 구조적 손상이 초래될 수 있으나 전반적인 구조적 일체성은 유지될 수 있는 상태이다.
- 구조물에 하중이 작용할 때 설계수명 내에 발생할 것으로 예상되고 통계적으로 중요하다고 규정한 모든 하중조합에 대해 구조물이 충분한 강도를 갖고 있어 전체적/국부적 강도와 안정성을 확보하고 있는 상태이다.
- 과대하중이 작용하였을 때 갑작스럽게 붕괴가 일어나지 않도록 안전한가?
- 만약 구조물이 붕괴되었을 때 붕괴의 결과는 어떻게 나타날까?
- 붕괴 시 점진적인 붕괴로 비상조치를 취할 시간을 있는가?
- 극한한계상태설계법은 각 구조부재의 안정성과 항복, 즉 파괴조건(콘크리트는 분쇄되고 철근은 항복하는 상태)에 따른 극한강도를 확보하는 기준으로 설계하는 방법이다.

③ 사용한계상태의 고려사항

- 사용한계상태는 정상적인 사용조건 하에서 변형(처짐), 응력, 균열 또는 진동 등을 제한하는 것으로 규정되며, 이들이 과대하게 일어나서 정상적인 사용상태의 필요조건을 만족하지 않게 한 상태를 초래해서는 안 된다.
- 사용한계상태는 응력이나 통계적인 처리만으로는 계산할 수 없는 경험에 기본을 둔 상태이다.
- 작용하중에서 구조부재의 처짐이 충분히 작아서 구조물로서 제 역할을 충분히 할 수 있도록 유도한다.
- 과도한 균열과 과도한 진동의 발생을 억제한다.

④ 피로와 파단한계상태의 고려사항

- 설계수명 이내에 피로에 의한 손상이나 반복하중 하에서 균열이 증가하여 파단되는 것을 방지하는 것이 피로와 파단한계상태의 목적이다.
- 피로한계상태는 기대응력범위의 반복 횟수에서 발생하는 활하중에 의한 응력범위를 제한하는 것으로 규정한다.

⑤ 극단상황한계상태의 고려사항

- 구조물의 설계수명보다 월등히 긴 재현주기를 갖는 지진하중, 설(雪)하중, 유빙이나 차량 충돌에 의한 구조물의 붕괴를 방지하는 것으로 규정한다.
- 홍수발생 시 또는 세굴된 상황에서 선박 충돌 시 등의 상황에서 의한 구조물의 붕괴를 방지하는 것으로 규정한다.
- 화재, 폭발에 의한 구조적인 영향을 고려한다.
- 구조물의 설계수명보다 월등히 긴 재현주기를 갖는 장기적인 물리·화학적 작용에 의한 영향을 고려한다.

⑥ 한계상태설계법의 기본가정

- 평형조건과 적합조건을 만족한다.
- 철근과 콘크리트의 변형률은 중립축에서 거리에 비례한다.
- 압축 측 연단에서 40MPa 이하인 보통강도 콘크리트의 극한한계변형률(최대변형률)은 $\epsilon_{cu}=0.0033$이고, 콘크리트 강도가 40MPa를 초과하는 경우에서는 매 10MPa 강도 등급이 증가하는데 따라 0.0001씩 감소시킨다.
- 철근의 응력은 설계항복강도 $f_{yd}(=\phi_s f_y)$ 이하에서 변형률에 E_s배, 이상에서는 설계휨강도 M_d를 산정할 때처럼 변형을 검토할 필요가 없는 경우는 수평한 설계항복강도 $f_{yd}(=\phi_s f_y)$와 같고, 부재의 소성회전능력이나 연성능력을 계산할 때처럼 검증에 변형률 고려가 필요한 경우는 기울기를 갖는 Kf_{yd} 응력을 사용한다. 여기서 K는 강도비이다.
- 콘크리트 인장강도는 휨 계산에서 무시한다.
- 극한한계상태에서 콘크리트의 응력은 변형률에 비례하지 않는다.
- 단면의 소성중심은 콘크리트의 총 단면이 균등하게 $0.85f_{ck}$의 응력을 받고 철근도 균등하게 항복점응력 f_y를 받는다고 가정했을 때 총 응력의 합력의 작용점이다. 대칭단면에서 소성중심은 단면중심이다.
- 콘크리트 압축응력의 분포와 변형률의 관계는 사각형, 사다리꼴, 포물선 또는 기타 어느 형상으로든지 가정할 수 있으나 적절한 시험에 의해 그 강도를 미리 알아낼 수 있는 것이라야 한다. 부재 단면의 압축영역이 사각형이 아닌 경우는 포물-사각형 곡선의 응력분포를 사용해도 되고 이와 동등한 결과를 주는 등가직사각형 응력분포를 사용할 수 있다.
- 콘크리트 압축응력의 분포는 등가직사각형 응력블럭으로 생각해도 좋다. 즉, 콘크리트

의 압축응력이 $\eta f_{cd}=\eta(\phi_c\alpha_{cc}f_{ck})=\eta(0.85\phi_c f_{ck})=0.85\phi_c f_{ck}$(콘크리트 강도가 40MPa 이하인 경우)로 균등하고 이 응력이 압축연단으로부터 응력블록깊이 a까지 등분포한다고 가정한다. 이때 철근의 응력은 철근의 설계항복강도 $f_{yd}(=\phi_s f_y)$를 기준으로 계산한다. 여기서 $f_{cd}=0.85\phi_c f_{ck}$는 콘크리트의 설계압축강도 이고, ϕ_c는 콘크리트의 재료계수(재료저항계수)로서 극한상태 하중조합에서는 0.65를 사용하고 그 외의 하중조합에서는 1.0을 사용한다. ϕ_s는 철근의 재료계수(재료저항계수)로서 극한상태 하중조합에서는 0.90을 사용하고 그 외의 하중조합에서는 1.0을 사용한다. η는 등가직사각형 응력블럭의 크기를 나타내는 무차원 계수값으로, 콘크리트 강도가 40MPa 이하인 경우 1.0이고, 40MPa를 초과하는 고강도 콘크리트로 갈수록 매 10MPa 강도 등급이 증가하는데 따라 0.03~0.04씩 감소시킨다.

(2) 하중저항계수설계법

하중저항계수설계에서는 한계상태를 구조물이나 구조부재가 구조적 기능을 상실하여 본래의 목적을 달성하기에 부적합하게 되었을 때를 말한다. 대개의 경우 강구조물의 한계상태는 다음과 같이 강도한계상태, 사용한계상태, 피로 및 파단한계상태, 극한하중한계상태로 대별할 수 있다[하중저항계수설계법에 의한 강구조설계기준(2014, 국토교통부) 1.4.2].

① 강도한계상태(strength limit state)
부재와 연결부의 강도 및 국부적 또는 전체적 안정성을 고려하는 한계상태이다.

② 사용한계상태(serviceability limit state)
정상적인 사용하중상태에서 응력, 변형 또는 균열 등을 고려하는 한계상태이다.

③ 피로 및 파단한계상태(fatigue and fracture limit state)
피로 및 재료의 인성에 관계된 파괴를 고려하는 한계상태이다.

④ 극한하중한계상태(extreme event limit state)
지진, 설(雪)하중, 홍수, 선박 및 차량충돌 등의 극한적 상황을 고려하는 한계상태이다.

5.2.4 한계상태설계법과 하중저항계수설계법의 하중계수와 하중조합

한계상태설계법의 극한한계상태, 사용한계상태, 피로와 파단한계상태, 극단상황한계상태는 각각 하중저항계수설계법의 강도한계상태, 사용한계상태, 피로 및 파단한계상태,

극한하중한계상태에 대응한다. 따라서 한계상태하중효과 조합의 정의와 내용 그리고 이들 한계상태 하중조합에 따라 도로교설계기준(한계상태설계법 2012)에서는 표 4.2.1 및 표 4.2.2를 하중저항계수설계법에 의한 강구조설계기준(2014, 국토교통부) 1.4.2절과 연계하여 하중계수와 하중조합 방법을 정리하면 다음과 같이 된다. 즉,

- 극한한계상태(강도한계상태) 하중조합 I : 일반적인 차량통행을 고려한 기본하중조합으로, 이때 풍하중은 고려하지 않는다.
- 극한한계상태(강도한계상태) 하중조합 II : 발주자가 규정하는 특수차량이나 통행허가차량을 고려한 하중조합으로, 이때 풍하중은 고려하지 않는다.
- 극한한계상태(강도한계상태) 하중조합 III : 풍속 90km/hr(25m/sec)를 초과하는 풍하중을 고려하는 하중조합
- 극한한계상태(강도한계상태) 하중조합 IV : 활하중에 비해 고정하중이 매우 큰 경우에 적용하는 하중조합
- 극한한계상태(강도한계상태) 하중조합 V : 90km/hr의 풍속과 일상적인 차량통행에 의한 하중효과를 고려한 하중조합
- 사용한계상태 하중조합 I : 교량의 정상 운용 상태에서 발생 가능한 모든 하중의 표준값과 25m/sec의 풍하중을 조합한 하중상태이며, 교량의 설계 수명동안 발생 확률이 매우 적은 하중조합이다. 이 하중조합은 철근콘크리트의 사용성 검증에 사용할 수 있다. 또한, 옹벽과 사면의 안정성 검증, 매설된 금속구조물, 터널라이닝판과 열가소성 파이프에서의 변형제어에도 적용한다.
- 사용한계상태 하중조합 II : 차량하중에 의한 강구조물의 항복과 마찰이음부의 미끄러짐에 대한 하중조합
- 사용한계상태 하중조합 III : 교량의 정상 운용 상태에서 설계 수명 동안 종종 발생 가능한 하중조합이다. 이 조합은 부착된 프리스트레스 강재가 배치된 상부구조의 균열폭과 인장응력 크기를 검증하는데 사용한다.
- 사용한계상태 하중조합 IV : 설계 수명 동안 종종 발생 가능한 하중조합으로 교량 특성상 하부구조는 연직하중보다 수평하중에 노출될 때 더 위험하기 때문에 연직 활하중 대신에 수평풍하중을 고려한 하중조합이다.
- 피로한계상태 하중조합 : 피로설계트럭하중을 이용하여 반복적인 차량하중과 동적응답에 의한 피로파괴를 검토하기 위한 하중조합.
- 극단상황한계상태(극한하중한계상태) 하중조합 I : 지진하중을 고려하는 하중조합.

- 극단상황한계상태(극한하중한계상태) 하중조합II : 빙하중, 선박 또는 차량의 충돌하중 및 감소된 활하중을 포함한 수리학적 사건에 관계된 하중조합으로, 이때 차량충돌하중 CT의 일부분인 활하중은 제외된다.

설계 시 적절한 모든 하중조합들에 대한 검토가 이뤄져야 할 것이다. 각 하중조합에서는 모든 하중들은 적절한 하중계수에 의해 보정되어야 하며, 필요시에는 구조설계기준에 제시된 다차로재하계수에 의해 보정되어야 한다. 보정된 하중들은 식 $Q = \Sigma\eta_i\gamma_i Q_i$에 의해 조합되고 최종적으로 하중저항계수설계법에 의한 강구조설계기준(2014, 국토교통부)과 도로교설계기준(한계상태설계법 2012) 1.3.2항의 하중수정계수에 의해 보정되어야 한다. 표 4.2.1 및 표 4.2.2에 사용된 하중기호 정의는 다음과 같다.

- 상시하중(지속하는 하중)

  DC = 구조부재와 비구조적 부착물의 중량, DD = 말뚝부마찰력,
  DW = 포장과 설비의 고정하중, SH = 건조수축, CR = 크리이프
  EH = 수평토압, ES = 상재토하중, EV = 연직토압
  EL = 시공 중 발생하는 구속응력, PS = 프리스트레스힘

- 비상시하중(변동하는 하중)

  BR = 제동하중, CF = 원심하중
  CT=차량충돌하중, CV = 선박충돌하중
  EQ = 지진하중, FR = 마찰력
  IC = 빙하중, IM = 충격하중
  LL = 차량활하중, LS = 상재활하중, PL = 보행자 활하중
  TG = 온도경사, TU = 온도하중
  WA = 정수압과 유수압, BP = 부력 또는 양압력
  WL = 차량에 작용하는 풍하중, WS = 구조물에 작용하는 풍하중
  GD = 지반변동의 영향, SD = 지점이동의 영향, SE = 침하

표 4.2.1 하중조합과 하중계수

하중 / 한계상태하중조합	DC DD DW EH EV ES EL PS CR SH	LL IM CF BR PL LS	WA BP	WS	WL	FR	TU	TG	GD SD	이 하중들은 한번에 한 가지만 고려 γ_p			
										EQ	IC	CT	CV
극한한계상태(강도 한계상태)조합 I	γ_p	1.80	1.0	–	–	1.0	0.50/1.20	γ_{TG}	γ_{SE}	–	–	–	–
극한한계상태(강도 한계상태)조합 II	γ_p	1.40	1.0	–	–	1.0	0.50/1.20	γ_{TG}	γ_{SE}	–	–	–	–
극한한계상태(강도 한계상태)조합 III	γ_p	–	1.0	1.40	–	1.0	0.50/1.20	γ_{TG}	γ_{SE}	–	–	–	–
극한한계상태(강도 한계상태)조합 IV EH, EV, ES, DW, DC만 고려	γ_p	–	1.0	–	–	1.0	0.50/1.20	–	–	–	–	–	–
극한한계상태(강도 한계상태)조합 V	γ_p	1.40	1.0	0.40	1.0	1.0	0.50/1.20	γ_{TG}	γ_{SE}	–	–	–	–
극단상황한계상태 (극한하중한계상태) I	γ_p	γ_{EQ}	1.0	–	–	1.0	–	–	–	1.0	–	–	–
극단상황한계상태 (극한하중한계상태) II	γ_p	0.50	1.0	–	–	1.0	–	–	–	–	1.0	1.0	1.0
사용한계상태조합 I	1.0	1.0	1.0	0.30	1.0	1.0	1.0/1.20	γ_{TG}	γ_{SE}	–	–	–	–
사용한계상태조합 II	1.0	1.30	1.0	–	–	1.0	1.0/1.20	–	–	–	–	–	–
사용한계상태조합 III	1.0	0.80	1.0	–	–	1.0	1.0/1.20	γ_{TG}	γ_{SE}		–	–	–
사용한계상태조합 IV	1.0	–	1.0	0.70	–	1.0	1.0/1.20	–	1.0	–	–	–	–
피로한계상태조합 LL, IM & CF만 고려	–	0.75	–	–	–	–	–	–	–	–	–	–	–

표 4.2.2 γ_p에 관한 하중계수

하중의 종류	하중계수	
	최대	최소
DC : 구조부재와 비구조적 부착물	1.25 1.50[극한한계상태(강도한계상태) 조합IV에서만]	0.90
DD : 말뚝부마찰력	1.80	0.45
DW : 포장과 시설물	1.50	0.65
EH : 수평토압 •주동 •정지	 1.50 1.35	 0.90 0.90
EV : 연직토압 •전체안정 •옹벽 및 교대 •강성 암거(예, 콘크리트 박스) •뼈대형 강성구조물(예, 라멘형) •연성 암거(예, 파형강관) •박스형 연성 강재암거	 1.0 1.35 1.30 1.35 1.95 1.50	 – 1.0 0.90 0.90 0.90 0.90
ES : 상재토하중	1.50	0.75
EL : 시공중 발생하는 구속응력	1.0	1.0

5.2.5 한계상태설계법과 하중저항계수설계법의 하중수정계수

하중저항계수설계법에 의한 강구조설계기준(2014, 국토교통부) 1.4절과 도로교설계기준(한계상태설계법 2015) 1.3.2절에서 최대하중계수가 적용되는 하중의 경우, 하중수정계수 η_i는 다음 식과 같이 주어지고 있다.

$$\eta_i = \eta_D \eta_R \eta_I \geq 0.95 \qquad \text{식 (5.2.2)}$$

그리고 최소하중계수가 적용되는 하중의 경우는 다음과 같다.

$$\eta_i = \frac{1}{\eta_D \eta_R \eta_I} \leq 1.0 \qquad \text{식 (5.2.3)}$$

여기서, η_D 는 연성에 관련된 계수이다. 교량구조계는 극한한계상태(강도한계상태) 및 극단상황한계상태(극한하중한계상태)에서 파괴 이전에 현저하게 육안으로 관찰될 정도의 비탄성 변형이 발생할 수 있도록 형상화 및 상세화되어야 한다. 에너지 소산장치는 연성을 제공하는 방법으로 인정할 수 있다.

- 극한한계상태(강도한계상태)에 대해서는 :

  $\eta_D \geq 1.05$: 비연성 구성요소 및 연결부

  $\eta_D = 1.0$: 이 설계기준에 부합하는 통상적인 설계 및 상세

  $\eta_D \geq 0.95$: 이 설계기준이 요구하는 것 이외의 추가 연성보강장치가 규정되어 있는 구성요소 및 연결부

- 기타 한계상태의 경우 :

  $\eta_D = 1.0$

그리고 η_R 는 여용성에 관련된 계수이다. 특별한 이유가 없는 한 다재하 경로구조와 연속구조로 한다. 파괴 시 교량의 붕괴를 초래할 수 있는 주부재와 구성요소는 파괴임계부재/요소로 지정하며, 관련 구조계는 비-여용구조계로 지정해야 한다. 인장파괴-임계부재는 파쇄임계부재로 지정할 수 있다. 파괴가 되더라도 교량의 붕괴를 초래하지 않는 부재와 구성요소는 비파괴임계부재/요소로 지정하며 관련 구조계는 여용구조계로 지정한다.

- 극한한계상태(강도한계상태)에 대해서는 :

  $\eta_R \geq 1.05$: 비여용부재

  $\eta_R = 1.0$: 통상적 여용수준

  $\eta_R \geq 0.95$: 특별한 여용수준

- 기타 한계상태의 경우 :

  $\eta_D = 1.0$

마지막으로 η_I 는 구조물 중요도에 관련된 계수이다. 발주자는 특정교량 또는 그 교량의 구성요소 및 접합부를 중요한 구조로 지정할 수 있다.

- 극한한계상태(강도한계상태)에 대해서는 :

  $\eta_I \geq 1.05$: 중요 교량

  $\eta_I = 1.0$: 일반교량

  $\eta_I \geq 0.95$: 상대적으로 중요도가 낮은 교량

- 기타 한계상태의 경우 :

  $\eta_I = 1.0$

5.2.6 하중저항계수설계법의 저항계수

2014년에 개정된 하중저항계수설계법에 의한 강구조설계기준에서는 기존의 강구조설계기준에 비해 하중저항계수설계시에 고려해야하는 강구조 재료의 강도를 보다 세분화하여 수록하고 있다. 강재 또는 강재와 다른 재료를 결합시켜 만들어진 부재의 구조적 거동은 건설 중, 이동 운반 중 또는 가설 시뿐만 아니라 그 구조물의 공용 기간 동안 가장 큰 응력이 발생될 수 있는 모든 단계에 대해 검토해야 한다. 구조 부재는 강도한계상태, 극한하중한계상태, 사용한계상태, 그리고 피로 및 파단한계상태에서 요구되는 조건을 적절히 만족시켜야 한다.

(1) 강도한계상태의 저항계수[하중저항계수설계법에 의한 강구조설계기준(2014, 국토교통부)]

강도한계상태에 대한 강도저항계수 ϕ는 다음 값을 취한다.

- 휨에 대해 $\phi_b = 0.90$
- 전단에 대해 $\phi_v = 0.90$
- 비틀림에 대해 $\phi_T = 0.90$
- 축방향 압축력에 대해 $\phi_c = 0.90$
- 인장력에 대해(유효순단면 적용 시 파단한계상태) $\phi_t = 0.75$
- 인장력에 대해(총 단면 적용시 항복한계상태) $\phi_t = 0.90$
- 전단연결재에 대해 $\phi_{sc} = 0.80$
- 핀의 지압력에 대해 $\phi = 0.75$
- 볼트의 지압력에 대해 $\phi = 0.75$
- 인장력을 받는 고장력 볼트 F8T, F10T, F13T $\phi = 0.75$
- 인장력을 받는 일반볼트에 대해 $\phi = 0.75$
- 전단력을 받는 고장력 볼트 F8T, F10T, F13T $\phi = 0.75$
- 전단력을 받는 일반볼트에 대해 $\phi = 0.75$
- 블록전단에 대해 $\phi = 0.75$
- 완전용입 그루브용접시의 용접 금속에 대해 :
  - 전단 $\phi = 0.80$
  - 용접축에 직각인 인장 또는 압축 $\phi = \text{모재}\phi$

- 부분용입 그루브용접시의 용접 금속에 대해 :
  - 전단 $\phi = 0.75$
  - 용접축에 직각인 인장 $\phi = 0.80$
- 필릿용입 시에 용접 금속에 대해 :
  - 전단 $\phi = 0.75$
- 플러그, 슬롯용접에 대해 :
  - 접합면에 평형한 전단 $\phi = 0.75$
- 아치형 파형강판 구조물에 대해 :
  - 압축강도 $\phi = 0.80$
  - 휨모멘트와 압축력에 의한 소성힌지(시공 중) $\phi_{hc} = 0.90$
  - 휨모멘트와 압축력에 의한 소성힌지(완공 후) $\phi_h = 0.85$
  - 이음부강도 $\phi_j = 0.70$
- 박스형 파형강판 구조물에 대해 :
  - 압축강도 $\phi = 0.90$
  - 휨모멘트와 압축력에 의한 소성힌지 $\phi_h = 0.90$
  - 휨모멘트 $\phi_h = 0.90$
  - 이음부강도 $\phi_j = 0.70$

(2) 극한하중한계상태의 저항계수[하중저항계수설계법에 의한 강구조설계기준(2014, 국토교통부), 도로교설계기준(한계상태설계법 2012) 6.5.5]

극한하중한계상태에 대한 강도저항계수는 볼트의 경우를 제외하고는 모두 1.0을 취한다. 내하력 설계에 의해 보호되지 않은 볼트의 조인트는 극한하중한계상태에 대해 지압이음 형식으로 거동하는 것으로 가정하며, 저항계수는 위의 강도한계상태에 주어진 볼트 지압력에 대한 값을 적용한다.

(3) 사용한계상태

하중저항계수설계법에 의한 강구조설계기준(2014, 국토교통부)과 도로교설계기준(한계상태설계법 2012) 2.5.2.6 및 6.10.5항의 규정을 적용한다. 강구조물은 표 4.2.1에 있는 사용한계상태조합Ⅱ의 조건을 만족시켜야 한다.

(4) 피로 및 파단한계상태

하중저항계수설계법에 의한 강구조설계기준(2014, 국토교통부) 제10장의 규정에 따라 각 구조부재와 상세에 대한 피로 검토가 수행되어야 한다.

▲ Tacoma Narrows Bridge(미국), 최대 지간장 853m
1938년 Leon Moisseiff에 의해 설계된 강플레이트거더의 현수교로서, 개통 후 4개월만인 1940년 11월 7일 19m/s의 풍속에서 Torsional Flutter로 인해 붕괴되었다. Tacoma Narrows교의 붕괴는 장대교량의 내풍설계 발전의 중요한 계기가 되었으며, 1950년 트러스 보강거더형(보강형)으로 재건설되었다.

교량의 설계

CHAPTER

06

철근콘크리트교량

6.1 개설

콘크리트가 건설의 재료로써 사용되기 시작한 것은 19세기 후반부터이고 철근콘크리트(Reinforced Concrete: RC)는 1867년 Monier가 정원의 수조와 물통을 만드는데 처음으로 사용하였다. 1866년에 독일의 Wayss와 Koenen에 의해 철근콘크리트 빔 부재에 대한 일련의 실험이 수행되었으며 1890년대 초 독일의 Moeller · 헝가리의 Wunsch · 오스트리아의 Melan · 프랑스의 Hennebique등에 의해 폭넓은 연구가 이루어졌다.

철근콘크리트를 교량에 이용한 효시는 1890년대 말 Hennebique에 의해 비롯되었다. 스위스의 Robert Maillart는 1901년에 철근콘크리트 교량설계를 해냈으며 스위스의 라인강을 횡단하는 3힌지 박스형 단면의 교량을 건설하였다. 이 교량은 이후 40년간 유사한 구조물의 원형이 되었다. 이와 더불어 프랑스의 Freyssinet는 1930년대에 Elom강 횡단교로 다경간 장경간 철근콘크리트 아치교를 건설하였으며 아치의 경간은 178m에 달하였다.

이와 같은 시기에 프리스트레스트 콘크리트(Prestressed Concrete:PSC)개념이 1886년과 1888년 Jackson과 Doehring에 의해 제안되었으나 그들의 노력은 콘크리트의 건조수축과 크리프량이 큰 관계로 PS응력의 손실이 커서 실효를 거두지 못하였다. 1926~1928년에 Freyssinet가 고강도 강재를 이용하여 이와 같은 PS손실을 극복하기 전까지 PSC의 발전에는 큰 성과가 없었다.

1930~1940년 사이의 콘크리트 교량의 경간장은 슬래브 이용 시 최대 12m이고 슬래브와 T형보 이용 시 보 높이와 경간장 비는 12로서 최대 경간장은 30m 정도였다. 현재까지도 단순 철근콘크리트 교량은 일반적으로 30m이하 지간에 주로 사용되고 있다. 그러나 2차대전 후 강철의 품귀로 인하여 PSC 콘크리트 빔이 교량에 적용되기 시작했으며 경간장이 훨씬 더 길어지게 되었다. 오늘날에는 포스트텐션 방식(post-tensioned type)과 프리캐스트 세그먼트(precast segments) 제작방식이 조합되어 교량에 대단위로 적용되고 있다. PSC교에 대해서는 7장에서 자세히 다루었다.

철근콘크리트 교량의 특징

철근콘크리트를 교량의 주재료로 사용하는 데에는 내구성 · 강성 · 경제성 등이 좋다는 장점이 있으며 원하는 교량의 형식을 비교적 쉽게 만들 수 있기 때문에 특별한 경우를 제외하고는 교량에 큰 문제없이 사용될 수 있다. 콘크리트를 사용하는데 있어서 주요한 장점은 구조물의 모양을 다양하게 할 수 있다는 것이다. 그러나 적절한 교량형식을 선정하는데 있어서 일반적으로 건설비용이 결정 기준이 된다. 때때로 이러한 교량형식의 선정은 사하중의 활하중에 대한 비율, 외관(appearance), 깊이제한(depth constraints), 이용 가능한 형하고, 제한된 공기, 인건비 그리고 공사 중 교통량 유지 등의 필수 조건들 때문에 발생되는 거푸집시공(formwork)시의 어려움 등과 같은 요소들에 의해 복잡해진다. 이러한 경우에는 강교가 비용면에서 더 효율적일 수 있다. 철근콘크리트의 재료적 특성과 교량설계 시 고려하는 구조적 성질 등에 대해서는 4장에서 이미 언급하였다.

철근콘크리트 교량의 형식

콘크리트교량을 상부구조 형식에 따라 나누어보면 일반적으로 그림 6.1.1과 같이 슬래브, T형 및 박스 등으로 나눌 수 있다. 이외에도 다양한 형식의 라멘교가 있다. 이러한 교량들은 모두 단경간 단순교 또는 다경간 연속교로 이용될 수 있다.

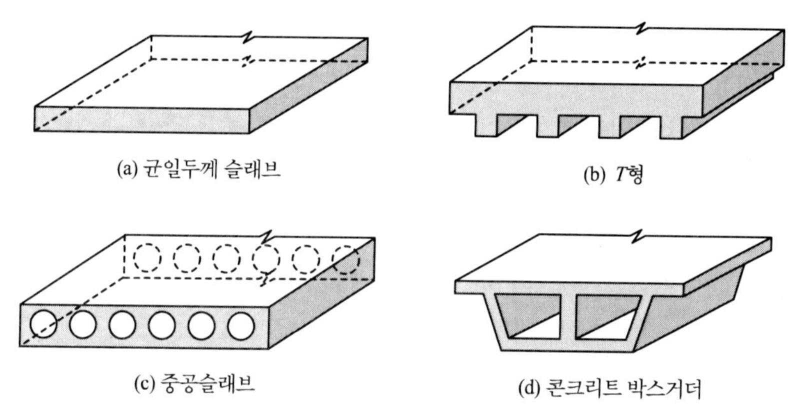

그림 6.1.1 콘크리트 교량 상부구조형식

본장에서는 슬래브·T빔·박스거더 및 라멘교와 같은 대표적인 콘크리트 교량에 대한 특성과 설계에 관한 일반사항에 대해 자세히 살펴보고 기타 교량에 대해서는 간략히 기술하였다.

콘크리트 교량의 설계일반

(1) 구조해석방법

과거에는 철근콘크리트교에 대한 설계단면력의 산정을 슬래브교는 판이론으로, 거더교는 격자이론에 의해 실시하는 것을 원칙으로 하였고, 격자 구조해석과 판구조 해석을 고려한 철근콘크리트 교량의 일반적인 설계흐름을 도식화하면 그림 6.1.2와 같이 나타낼 수 있다. 일반적으로 구조해석은 도로교설계기준 한계상태설계법(2015) 제4장 구조해석의 지침에 따라 탄성해석을 원칙으로 한다. 사용가능한 구조해석법은 유한요소법, 고전적인 응력법과 변위법, 기타(격자유사법, 절판법, 유한차분법, 유한대판법, 급수법, 항복선법) 등이 있으며 모두 입증된 재료의 응력-변형도 관계를 이용하고 평형조건과 적합조건을 만족해야 한다.

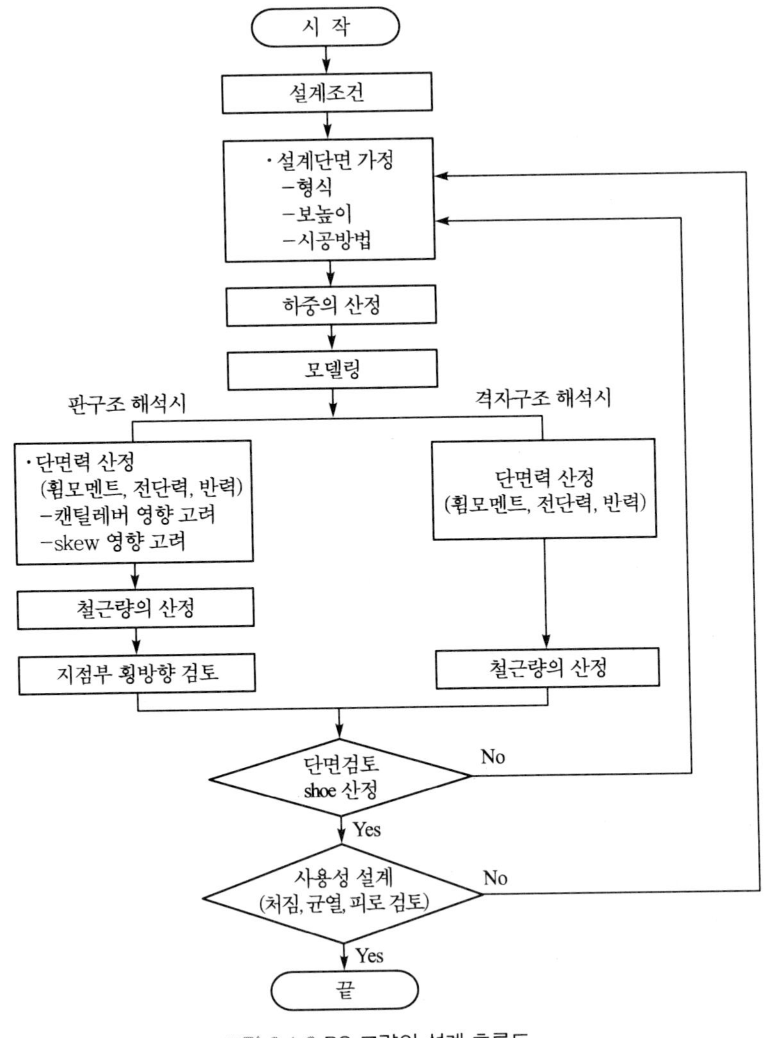

그림 6.1.2 RC 교량의 설계 흐름도

(2) 설계 일반

가능한 모든 설계 상황에 부합하는 하중조합에서 하중영향을 산정하고 설계강도를 기준으로 적합한 한계상태(극한한계상태, 사용한계상태, 피로한계상태, 극단상황한계상태)를 초과하지 않는다는 것이 입증되어야 한다.

(3) 사용한계상태

사용성을 만족시키기 위해서는 사용하중조합에 의한 하중영향이 적합한 사용한계기준(사용 중의 처짐 한계값, 한계균열폭, 응력한계)을 초과하지 않는다는 것이 입증되어야 한다.

1) 처짐 한계값

교량구조물의 휨부재는 사용하중과 충격으로 구조물의 강도나 실제사용에 해로운 영향을 주는 처짐 또는 그 외 변형이 일어나지 않도록 충분한 강성을 갖도록 설계되어야 한다. 콘크리트 부재 또는 구조물에서 사용하중과 충격에 의한 처짐은 표 6.1.1의 처짐 한계값보다 작아야 한다. 여기서 L은 지간이다.

표 6.1.1 콘크리트 부재 또는 구조물의 처짐 한계값

상부구조의 형식	보행자 사용여부	처짐 한계값
단순 및 연속경간	사용안함	$L/800$
	사용함	$L/1,000$
캔틸레버	사용안함	$L/300$
	사용함	$L/375$

2) 한계균열폭

콘크리트의 휨균열을 조절하기 위해서는 인장철근이 최대 인장구역 내에 적절히 분포되어야 한다. 도로교설계기준 한계상태설계법(2015)에서는 균열발생 후의 모든 하중 단계에서 설계균열폭(w_k)을 계산에 의해서 구하고, 이 설계균열폭이 표 6.1.2의 최소 설계등급과 표 6.1.3의 한계균열폭 이하가 되도록 규정하고 있다. 표 6.1.3에서 영(0)응력 상태란 부재의 인장측 연단 콘크리트가 압축인 상태에 있는 것을 의미하고, 한계균열폭은 콘크리트 표면에서 균열폭이 아니고 철근 중심에서의 균열폭을 의미한다. 표에서처럼 철근콘크리트교에서 한계균열폭의 검토는 사용한계상태 하중조합-V에 의해 수행해야 하는데, 사용한계상태 하중조합-V는 일반적으로 통행 차량하중이 포함되지 않고 간접 변형하중(크리프, 건조수축, 온도변화, 지점침하)에 의한 영향을 포함한다.

표 6.1.2 노출환경에 따라 설계에 요구되는 최소 설계등급[도로교설계기준 한계상태설계법(2015)]

노출환경	최소 설계등급			
	철근콘크리트	프리 텐션	포스트 텐션	비부착 프리스트레싱
건조 또는 영구적 수중 환경(EC1)	E	D	D	E
부식성 환경(습기 또는 물과 장기간 접촉 환경:EC2, EC3, EC4)	E	C	C	E
고부식성 환경(염화물 또는 해수에 노출된 환경:ED1, ED2, ED3, ES1, ES2, ES3)	E	B	C	E

표 6.1.3 설계등급에 따라 정해진 한계균열폭[도로교설계기준 한계상태설계법(2015)]

설계등급	한계상태 입증을 위한 하중조합		한계균열폭(mm)
	영(0)응력 한계상태	균열폭 한계상태	
A	사용하중조합-I	-	-
B	사용하중조합-Ⅲ/Ⅳ	사용하중조합-I	0.2
C	사용한계상태 하중조합-Ⅴ	사용하중조합-Ⅲ/Ⅳ	0.2
D	-	사용하중조합-Ⅲ/Ⅳ	0.3
E	-	사용한계상태 하중조합-Ⅴ	0.3

3) 응력한계

구조물의 정상적인 기능 발휘에 영향을 주는 부재의 과도한 균열과 철근의 비탄성 변형을 방지하기 위해 사용하중조합-I에 의해서 유발되는 철근의 인장응력을 $0.8f_y$가 초과되지 않도록 한계상태설계법(2015)에서 규정하고 있다. 사용하중조합-I 상태에서 비균열 단면을 사용하여 계산한 콘크리트의 최대 인장응력이 콘크리트의 기준인장강도 미만이면 비균열 단면으로 간주하고, 초과하면 균열단면으로 보고 응력을 계산해야 한다. 비균열 단면은 모든 콘크리트의 단면이 유효하며 콘크리트와 철근은 모두 인장과 압축에서 선형탄성이라고 가정한다. 균열단면의 경우 콘크리트는 인장력에 저항할 수 없으며 압축에서는 탄성이라고 보고 응력을 계산한다. 여기서 사용하중조합-I은 구조물의 수명동안 한두 번 발생 가능한 하중조합으로 발생할 확률이 매우 작은 큰 하중이다.

(4) 피로한계상태

도로교설계기준 한계상태설계법(2015)의 피로규정은 하중 중에서 변동하중이 차지하는 비율이 많거나 작용빈도가 크기 때문에 피로에 대한 안전성 검토를 필요로 하는 경우를 위해 규정되어 있다. 피로에 대한 안전성을 검토할 필요가 있을 경우, 해당 철근콘크리트 부재를 구성하고 있는 철근의 응력에 대해서만 피로에 대해 검토해야 한다. 콘크리트 슬래브에 대한 피로검토는 활하중에 의한 콘크리트 슬래브 모멘트 변화가 큰 곳에서(주로 지간의 중앙점이 검토대상이 됨) 최대모멘트와 최소모멘트에 의한 응력을 어느 한계 이내에 들도록 하여 검토하며 주로 주철근방향이 차량진행방향에 평행한 슬래브에 대해 검토한다. 이것은 차량진향방향으로의 모멘트 변화가 크기 때문이다.

고응력영역(최대모멘트 발생 단면에서 좌우로 지간의 1/3영역)에 있는 직선 철근과 가로방향 용접이 없는 직선 용접 철선의 경우, 도로교설계기준 한계상태설계법(2015)의 하중조합과 하중계수 및 하중수정계수에 명시된 피로하중조합에 의해 유발된 철근의 교번 피로응력범위($f_{fat} = f_{\max} - f_{\min}$)가 다음 식을 만족해야 한다.

$$f_{fat} \leq 166 - 0.33 f_{\min} \qquad \text{식 (6.1.1)}$$

여기서, $f_{\max}$: 피로하중조합에 의해 유발된 철근의 최대 활하중 응력(인장일 때 +)
$f_{\min}$: 피로하중조합에 의해 유발된 철근의 최소 활하중 응력

한편 고응력영역에 있는 가로방향 용접이 있는 직선 용접 철선의 경우, 피로하중조합에 의해 유발된 철근의 교번 피로응력범위 f_{fat}는 다음 식을 만족해야 한다.

$$f_{fat} \leq 110 - 0.33 f_{\min} \qquad \text{식 (6.1.2)}$$

사용하중에서 활하중 충격의 반복작용에 의해 발생되는 피로현상을 감소하기 위한 제한으로 피로검토가 필요한 구조부재의 높은 응력을 받는 부분에서 주철근의 굽힘은 피해야 한다.

6.2 슬래브교

6.2.1 일반사항 및 특징

일반적으로 교량의 상판슬래브는 종·횡방향으로 주부재에 의해 지지되며 차량의 주행면이 되므로 평탄한 상태의 위치와 반복 재하되는 교통하중에 의한 휨과 전단에 대한 저항강도가 있어야 한다. 반면에 슬래브교(slab bridge)는 상대되는 2변이 자유스런 직사각형 판을 주구조로 한 교량이다. 종방향의 구조형식에 따라서 단순 슬래브교와 연속 슬래브교로 구분되며, 횡단면의 형상에 따라서 속이 찬 R.C슬래브(그림 6.2.1(b))와 중공

(中空)슬래브교로 구분된다. 중공슬래브교는 자중이 25%정도 가벼우므로 지간을 늘일 수 있는 이점이 있다. 그러나 그림 6.2.1(c), (d) 형태의 중공슬래브교는 시공성이 나쁘고 균열발생 가능성이 높아 최근 문제가 되기도 한다.

3~7.5m 정도의 짧은 지간에 대해서는 그림 6.2.1(b)와 같은 단면의 1방향 슬래브교가 경제적이며 10m 정도까지의 지간에 대해서도 이러한 슬래브교가 사용된다. 그림 6.2.1(c)와 같은 속빈슬래브가 사용되기 하는데 이러한 중공슬래브교는 10~15m 정도까지의 지간에 사용된다. 때에 따라서는 그림 6.2.1(d)와 같은 직사각형 모양의 중공슬래브교가 채택되기도 한다. 앞서 말한 지간은 단순지지의 슬래브교의 경우이고 연속 슬래브교에서는 그 지간길이를 20~30m 정도까지 시공할 수 있다.

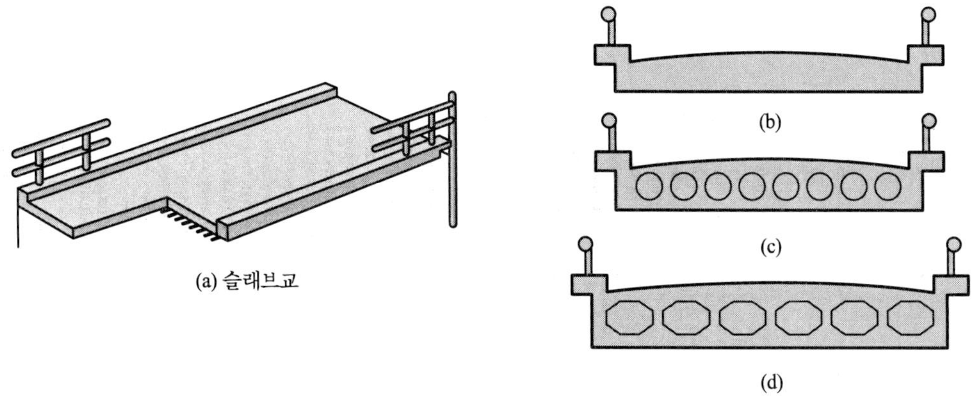

그림 6.2.1 슬래브교의 단면

R.C 슬래브교의 특징

- 단면특성상 균열안전율이 비교적 크다.
- 장경간에는 사하중의 증가로 불리하며 단순경간의 경우 15m 이하에서 널리 쓰인다.
- 보 높이를 줄일 수 있으므로 형고의 제약을 받는 곳에서 유리하다.
- 거푸집이 간단하고 콘크리트 타설 시 수평이음을 두지 않고 마무리 할 수 있으므로 시공이 비교적 용이하고 확실하다.

계획 · 설계 시 유의사항

(1) 단면 계획 시 고려사항

- 캔틸레버 부분을 길게 하면 다소의 경제성을 높일 수 있으나 캔틸레버 영향을 감안한 구조계산 시 주상판의 가장자리가 불리해지므로 이에 대한 구조해석이 필요하고 받침

배치에 신중해야 한다.

- 연속슬래브 구조에서는 지점부에 헌치를 두거나 이에 상응하는 철근 보강이 필요하지만 일반적으로 적절한 헌치를 두는 것이 구조적으로 유리하다.
- 교량 계획 시 사각이 없도록 교량을 직교로 설계하는 것이 좋으나 불가피하게 사각(skew)이 요구될 때에는 가급적 영향이 적은 75° 이내로 계획하는 것이 구조적으로 유리하다.
- 적용지간의 범위는 단지간에서 5~15m, 연속교에서 10~30m 정도이다.

(2) 슬래브 두께 결정

형고는 구조형식 · 지간 · 사각에 따라 다르며 도로교설계기준 한계상태설계법(2015)에 규정된 처짐의 제한 최소두께 이상이어야 하는데 구조물 계획 시 고려되어야 할 지간길이에 대한 슬래브 두께의 비는 기존에 설계된 슬래브 교량에 대해 조사한 결과 1/16~1/20 정도가 적당한 것으로 알려져 있다.

(3) 헌치크기 결정

교각부는 일반구간보다 단면력이 커서 교량 전체에 걸쳐 슬래브 두께를 증가시킬 경우 경제적으로 손실이 크므로 보다 경제적인 설계를 위해서 일반적으로 교각부에는 헌치를 설계한다. 헌치의 크기는 단면적의 크기에 의해 결정되므로 일괄적으로 그 크기를 결정할 수 없고 헌치구간도 설치구간을 길게 할 경우 교각부의 강성이 커서 정모멘트의 감소효과가 나타난다. 설계자가 어느 정도의 구간에 걸쳐 헌치를 둘 것인가를 각 구조물에 따라서 적당하게 결정해야하나 그림 6.2.2와 같이 일반적으로 헌치의 크기는 일반 구간보다 300~500mm 더 크게 하고 헌치길이는 크기의 3~6배 정도가 적당하다.

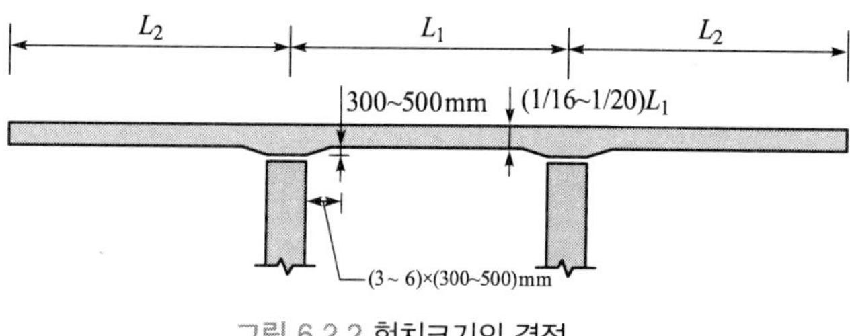

그림 6.2.2 헌치크기의 결정

(4) 상판의 관리

RC슬래브교량에서는 상판의 내구성이 주된 관심사이며 반복하중 재하·제빙염 사용 및 물의 침투로부터 보호하기 위해 에폭시 코팅된 철근사용 및 특별히 개발된 수밀성이 높은 콘크리트가 사용되기도 한다. 상판의 주된 손상은 철근이 부식됨으로 인한 팽창으로 콘크리트 피복이 떨어져 나가는 현상이다. 이러한 철근의 부식방지가 상판관리의 주요 항목이 된다.

6.2.2 설계일반 및 구조해석

슬래브교의 단면력은 유한요소법, 판이론, 격자이론, 항복선 또는 등가골조법과 같은 검증된 방법을 이용하여 해석해야 한다. 연속 슬래브교·라멘 슬래브교 등과 같이 지지 조건이 복잡한 경우 혹은 곡선교와 사교 같은 경우에는 유한요소법과 격자이론 등에 의해 해석하여도 좋으나 간편한 유한대판법(보 이론 해석방법 적용)으로 구조해석하지 말아야 한다. 유한요소나 격자 패널의 변장비는 5.0 이해야 한다. 중공슬래브교의 경우 엄밀하게 볼 때 이방성판으로 단면력을 계산하는 것이 바람직하지만 도로교설계기준에 규정된 최소치수 규정을 만족하는 경우 등방성판으로 보고 단면력을 계산하여도 좋다. 또 슬래브교용 프리스트레스트 콘크리트보를 사용한 슬래브교와 같이 프리캐스트보를 나란히 놓은 슬래브교에서 보의 직각방향으로 프리스트레스를 도입하여 필요한 강성을 갖도록 설계한 경우에는 등방성판으로 보고 단면력을 계산하여도 무방하다. 사교의 단부는 변위의 차이로 큰 비틀림모멘트가 발생하므로 별도의 규정이 없으면 슬래브의 휨 변형과 비틀림 변형을 고려하여 해석해야 한다.

받침점반력과 받침선 방향의 단면력은 받침의 종류·간격 및 사각 등에 의해 그 분포가 변화하기 때문에 받침의 종류·배치 및 사각의 영향을 고려하여 계산해야 한다.

해석 시 이용하는 절점하중은 실제 하중과 정역학적으로 등가여야 한다. 슬래브교의 지간 및 휨모멘트 계산에서 고정하중에 의한 휨모멘트는 하중이 슬래브교의 전면적에 고르게 분포되어 있는 것으로 보고 계산하여도 무방하지만 덮개·난간 등 편재하중의 영향을 무시할 수 없는 경우에는 재하위치의 영향을 고려해야 한다.

6.3 T형교

6.3.1 일반사항 및 특징

T형교(桁橋, T-beam bridge)는 구형 웨브와 폭이 넓은 상부플랜지로 구성된다. 10~25m 정도까지의 지간에 대해서는 그림 6.3.1과 같은 현장치기 콘크리트 T형교가 사용된다. T형교의 단면 예를 보인 그림 6.3.2에서 알 수 있는 바와 같이 주거더(main girder)와 일체로 된 콘크리트 바닥판은 가로방향을 지간으로 하는 슬래브로 작용하는 동시에 주거더에 대해는 압축 플랜지로 작용한다. 즉, 주거더는 T형 단면보로 된다. 이러한 교량은 단순지지의 단지간으로 사용되기도 하고 또는 2경간 이상의 연속교로 하기도 한다. 연속교로 할 경우에는 그 지간은 20~30m 정도까지이다. 하부구조 시공 후 일체 시공되는 것이 보통이며 일체식 시공은 연속교의 형태일 경우에 더욱 유리한 구조가 되며 하중부담능력, 즉 부재 저항이 향상된다. T형보의 특징으로는 양의 모멘트에는 유리하나 부모멘트에 대해서는 까다로운 경우가 있다.

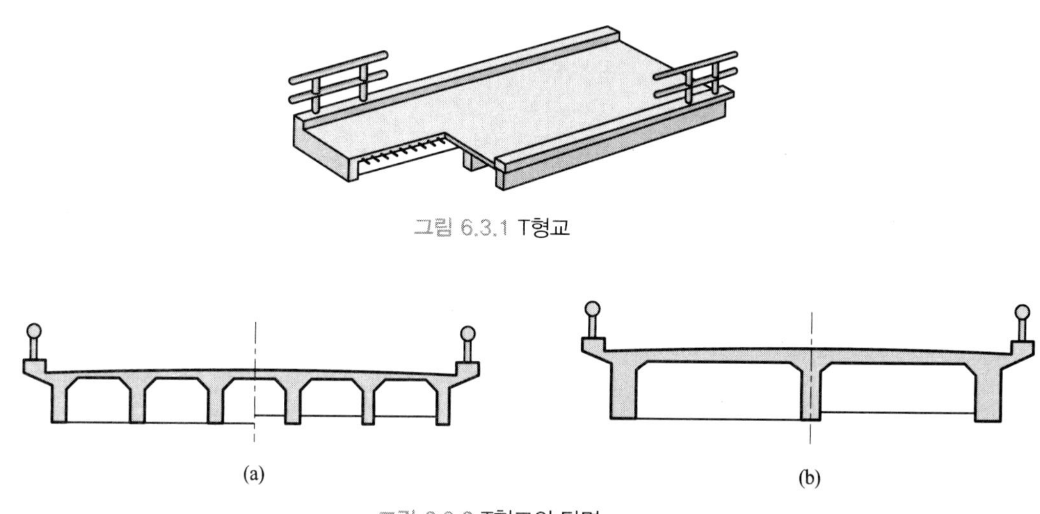

그림 6.3.1 T형교

그림 6.3.2 T형교의 단면

6.3.2 설계일반 및 구조해석

T형교는 주거더의 부등처짐이나 비틀림변형이 바닥판·받침의 구조에 나쁜 영향을 주는 수가 있으므로 주거더 직각방향의 강성을 높이기 위하여 가로보를 두는 것을 원칙으로 한다. 사각이 45°미만인 경우 가로보를 주거더의 직각방향으로 두지만 이때 비틀림변형

에 대한 충분한 검토가 필요하다. 또 사각이 45°이상인 경우 가로보는 받침선에 평행하게 설치하는 것이 좋다.

T형교는 주거더와 가로보로 이루어진 격자구조로 볼 수 있기 때문에 격자이론, 유한요소법 등 검증된 해석방법에 의해 단면력을 계산하는 것을 원칙으로 한다. 다만 직교 혹은 사각이 75°보다 큰 사교에서 바닥판의 지간이 짧고 판구조로 볼 수 있는 단면형상의 교량에 대해서는 직교이방성 판이론(orthotropic plate theory)에 따라 단면력을 계산하여도 무방하다.

고정하중은 전체 고정하중에 의한 단면력을 주거더의 개수로 나눈 값을 주거더의 단면력으로 하며 활하중은 차도부분의 폭에 주재하하중을 만재시키고 보도에 보도활하중을 만재시켜서 구한 단면력을 주거더의 개수로 나눈 값으로 한다.

T형교를 격자이론에 의해 해석하면 비틀림모멘트가 생기게 되는데 그 대부분은 변형적합 비틀림모멘트이다. 또 비틀림균열 발생 이후의 비틀림강성은 발생 전의 1/10 정도로 저하되어 균열 발생 이후의 비틀림거동을 추정하기가 매우 어렵게 된다. 이러한 점을 고려하여 격자구조이론에 의해 T형교의 단면력을 계산한 경우에는 주거더 및 가로보의 비틀림 강성을 무시하고 해석할 수 있다. 그러나 사각이 70° 미만인 사교의 경우에는 비틀림의 영향이 크게 나타나므로 비틀림강성을 고려하여 격자구조이론에 의해 해석을 수행하고 비틀림에 대한 검토를 하도록 한다. 또 단면력을 계산할 때에 가로보 플랜지의 유효폭은 전단면이 유효한 것으로 보며 응력계산을 할 때는 가로보 플랜지의 유효폭은 도로교설계기준 한계상태설계법(2015)의 플랜지 유효폭에 대한 규정을 따르도록 한다.

6.4 박스거더교

6.4.1 일반사항 및 특징

주거더가 그림 6.4.1과 같은 단면으로 된 교량을 박스거더교(box girder bridge)라고 하며 T형교보다 긴 중간 정도 지간의 콘크리트교에 종종 사용된다. 그림 6.4.1(a)와 같은 단면의 교량을 단일박스거더교라고 하고 그림 6.4.1(b)와 같은 것을 다중박스거더교, 6.4.1(c)와 같은 교량을 다주형 박스거더교라고 한다. 장기간의 콘크리트교로서 근래에는 PSC박스거더교(prestressed concrete box girder bridge)가 많이 시공되고 있다.

철근콘크리트 박스거더교량은 상부에 박스거더보다 폭이 더 큰 슬래브를 갖게 되며 수직방향의 웨브와 하부바닥플랜지로 구성된다. 웨브의 폭은 230mm 정도가 일반적이다. 바닥판 플랜지는 상대적으로 얇은 140mm 정도이며 상판 슬래브, 웨브 및 바닥판 슬래브는 각각 구조단위별로 시공된다. 거푸집과 동바리를 이용한 현장타설 방식이 전형적인 건설방법이다.

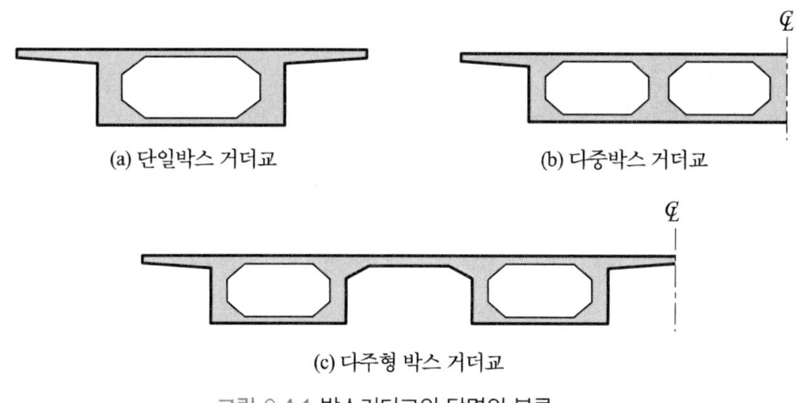

(a) 단일박스 거더교

(b) 다중박스 거더교

(c) 다주형 박스 거더교

그림 6.4.1 박스거더교의 단면의 분류

철근콘크리트 박스거더교량은 대체적으로 경간장이 긴 곳에 적용하는데 보통 적용 경간장은 29~43m 정도이다. 이보다 더 긴 경간장이 요구되는 곳에서는 사용재료의 수량이 증가하고 교량의 단면이 메시브(massive)하게 되므로 PSC 부재를 적용하는 것이 효과적이다. 그 이유는 이와 같은 부재규격 증가는 고정하중의 증가로 나타나게 되고 비효율적인 교량계획이 되기 때문이다.

철근콘크리트 박스거더교량은 노선에 평면곡선이 도입되어 비틂저항이 크게 요구되는 장소에 유리하다. 인터체인지의 램프에 설치되는 교량은 곡선반경이 작은 평면곡선이 요구되는 관계로 콘크리트 박스교량을 채용하며 이러한 장소에서는 박스단면 전체가 비틂에 저항하는 것으로 설계한다.

교량설계 시 교량의 미관과 조형미를 존중하여 종종 경사형 웨브와 헌치형 거더가 사용되기도 하며 박스의 하부 모서리를 완만한 곡선으로 처리하여 상판 박스거더가 너무 육중해 보이지 않도록 하기도 한다. 상부구조를 하부구조와 일체적으로 시공하면 시공효율뿐만 아니라 미관과 조형미도 더 나아지고 교각 캡핑은 박스 내부에 설치할 수 있으며 교각을 상부구조와 직접연결식으로 처리할 수도 있다.

일반적인 적용 경간장은 40m 내외로서 보높이와 경간장의 비는 보통 0.055가 적용되고 있다. 헌치형의 박스구조로 할 경우 보높이와 경간장의 비는 최소 0.05, 최대 0.08 정도를 채택한다.

6.4.2 설계일반 및 구조해석

단일박스거더교와 다중박스거더교는 박스거더부의 전단면을 하나의 거더로 보고 단면력을 계산하는 것이 보통이다. 그러나 교량의 전폭과 지간의 비가 0.5 이상인 비교적 교폭이 넓은 다중박스거더교는 직교이방성 판이론이나 격자이론, 유한요소법 등 검증된 해석방법에 의해 단면력을 계산하는 것이 좋다. 편재하중에 의한 비틀림 모멘트에 대해는 이로 인한 전단응력과 휨인장력을 검사해 보아야 한다. 다주형 박스거더교는 주거더의 비틀림 강성이 크고 하중분배도 좋기 때문에 원칙적으로 유한요소법, 격자이론 등 검증된 방법에 의해 단면력을 계산해야 한다. 그러나 교량의 전폭과 지간의 비가 0.5 이상인 다주형박스거더교에서 소정위치에 격벽(diaphragm)을 둘 경우에는 주재하하중을 교량의 차도부에 만재하고 계산한 단면력을 주거더의 수로 나누어서 구한 단면력으로 각 주거더를 설계하여도 좋다. 단, 단일박스거더교 및 다중박스거더교에서 사각이 70°를 넘으면 격자이론에 따르지 않고 보이론에 따라 해석해도 좋다. 단면의 뼈대 작용이나 뒴의 작용을 고려하려면 3차원 모델을 반드시 사용해야하고, 단일 박스거더로 구성된 상부 구조는 휨과 비틀림 모멘트를 동시에 받는 하나의 등가 보로 해석하여도 된다.

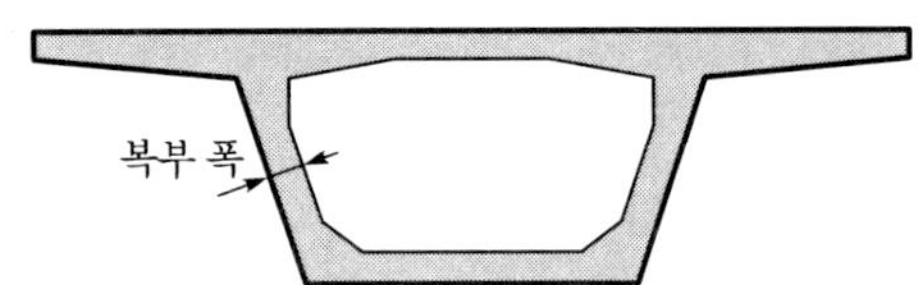

그림 6.4.2 전단응력의 계산에 쓰이는 복부의 폭

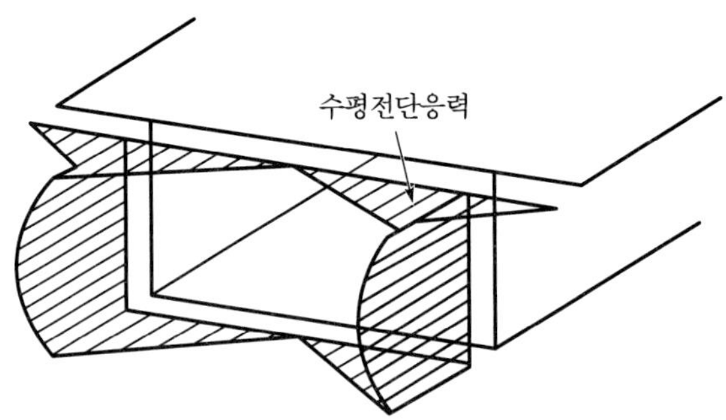

그림 6.4.3 플랜지에 생기는 수평전단응력의 분포

다주형 박스거더교에 박스거더를 결합하는 가로보를 두지 않으면 교축직각방향의 강성이 작아지고 하중분배작용이 좋지 않게 되어 거더 간의 휨의 차이 및 비틀림에 의해 바닥판에 큰 모멘트가 생기게 된다. 따라서 지점이외에 지간 내에도 가로보 및 격벽을 두는 것을 원칙으로 한다. 지간 내에 가로보 및 격벽을 둘 때에는 일반적으로 지간 중앙에 배치하는 것이 효과가 크지만 지간이 길 때에는 40m정도의 간격으로 배치하는 것이 좋다. 단일박스거더교 및 다중박스거더교에 대해도 지점 이외에 1지간에 1개 이상씩의 격벽을 두도록 있다.

박스거더교의 전단응력 계산에 쓰이는 복부폭은 복부의 축선에 직각방향의 복부폭을 사용한다. 예를 들면 경사진 복부의 경우에는 그림 6.4.2에 보인 것과 같이 전단류에 직각방향의 폭을 사용하면 된다.

복부폭이 플랜지 두께의 4배를 넘거나 보강 리브가 있는 박스거더교 등에 대해는 플랜지에 생기는 수평전단응력에 대해 검토하는 것이 좋다.

하부 플랜지와 복부는 상하 플랜지와 복부로 구성된 라멘구조로 보고 그 응력을 검사한다. 이때 플랜지의 단면력은 그림 6.4.4와 같은 하중상태에 대해 계산한다.

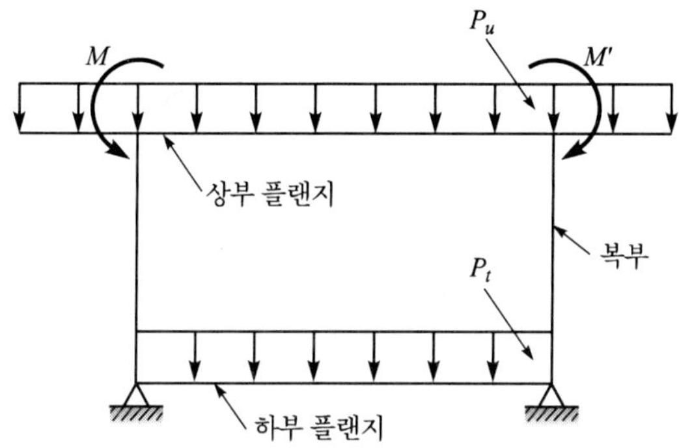

여기서, p_u : 상부 슬래브의 고정하중

p_t : 하부 플랜지의 고정하중

M, M' : 활하중에 의한 바닥판의 지점모멘트

그림 6.4.4 하부플랜지와 복부의 응력계산을 위한 하중 상태

6.5 라멘교

6.5.1 일반사항 및 특징

부재의 절점들이 강결되어 있는 뼈대 구조물을 라멘(rahmen, rigid frame)이라고 하는데 평면교차를 피하여 도로나 철도를 가로질러 넘어가는 입체 교차교(over-bridge)등에 이러한 라멘구조를 이용한 라멘교를 이용하는 경우가 많다. 또 도로·철도 등의 밑을 가로 지르는 비교적 경간이 작은 곳에는 라멘 또는 박스라멘으로 하는 것이 보통이다.

실제의 라멘 구조물은 입체라멘이지만 평면라멘으로 모델링하여 해석하는 것이 보통이다. 철근콘크리트 라멘구조는 그 연속성에 의해 구조물을 일체적으로 만들 수 있는 이점이 있기 때문에 많이 사용된다. 그림 6.5.1은 교량에 많이 쓰이는 라멘구조형식을 보인 것이다. 그림 6.5.1(a)는 라멘교로 많이 쓰이는 형식이고 (b)는 파이라멘이라고 하여 고속도로의 입체교차교량으로 많이 쓰이고 있다. 그림 6.5.1(c)는 고속도로 또는 고가철도에 쓰이는 라멘구조이다.

강구조물이나 목조구조물의 부재들은 제작 또는 시공 과정에서 리벳·볼트·용접 또는 못으로 연결된다. 이러한 절점들은 높은 강성을 얻도록 특별히 설계하지 않는 한 절점의 강성이 작아서 소정의 모멘트를 한 부재로부터 다른 부재에 전달할 수 없게 된다. 그러나 철근콘크리트 구조물은 절점에서 철근이 연속되어 있을 뿐 아니라 콘크리트도 연속적으로 타설되기 때문에 연속적이고 일체적인 구조로 된다. 그러므로 철근콘크리트 연속보나 라멘에 있어서는 하중이 어느 한 부재에만 작용하더라도 다른 부재에 변형과 응력이 일어나게 된다. 이러한 특성을 지닌 RC 라멘교의 특징은 다음과 같다.

- 신축이음이 없고 강결 구조이므로 내진 저항성이 크다.
- 장경간에는 고정하중의 증가로 불리하며 단순경간의 경우 15m 이하에서 널리 사용된다.
- 보높이를 줄일 수 있으므로 형고의 제약을 받는 곳이나 도로폭이 작은 도로의 횡단 시 널리 사용된다.

또한 라멘교를 계획함에 있어 몇 가지 유의할 사항을 간단히 살펴보면 다음과 같다.

① 형하고가 10m 이상인 곳에는 피토고를 두어 계획하는 것이 바람직하다.
② 처짐 및 균열의 영향이 크므로 15m 이상 경간을 되도록 사용하지 않는다.

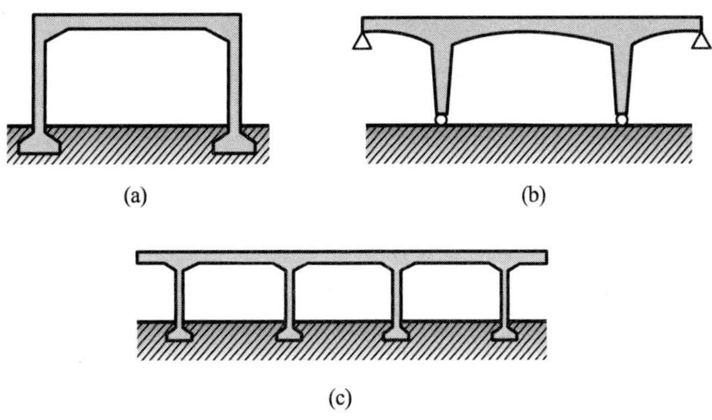

그림 6.5.1 라멘교의 형식

6.5.2 설계일반 및 구조해석

도로교설계기준과 콘크리트설계기준을 기준으로 하는 라멘교의 설계에서 슬래브교·T형교·박스거더교 등의 단면형상의 고유 사항에 대해서는 각각의 해당 규정에 따른다. 그러나 라멘교 기둥 및 벽에 대해서는 토압·수압 등이 작용하는 경우에는 하부구조 등과 관련해 규정을 적용하여 설계해야 한다.

몇 개의 경간을 가진 연속보나 간단한 라멘의 해석에는 3연 모멘트법·최소일의 원리·변형일치의 방법 등 고전적인 해법이 종래 주로 사용되어 왔다. 그러나 실제의 구조물은 보다 복잡하며 이러한 구조물은 위의 방법으로 해석한다는 것은 매우 번거롭다. 서로 밀접한 관계에 있는 처짐각법과 모멘트분배법이 철근콘크리트의 부정정보와 라멘의 기본적인 해석수단으로 오랫동안 사용되어 왔다. 근래에는 전자계산기에 의한 유한요소법으로 대체되기에 이르렀으며 모든 구조해석이 컴퓨터에 의해 이루어지고 있다. 부정정 구조물의 근사해법이나 모멘트계수법은 단면력의 신속한 추정에 유용하다. 이러한 근사해법은 예비설계 및 정밀해의 검사에 유용하며 또 중요하지 않은 구조물에 있어서는 최종설계에 이용될 수 있다.

라멘구조의 일반적인 해석방법에 대해 요약하면 다음과 같다.

① 거더와 기둥, 슬래브와 벽 등의 우각부의 일부 또는 전부가 강결된 구조는 라멘뼈대구조로 보아 단면력을 계산하지 않으면 안 된다. 단면력을 계산할 때는 일반적으로 거더와 기둥, 슬래브와 벽 등을 평면 라멘구조로 보고 해석하면 된다. 다만 사각이 작은 사교 등 하중분배의 영향을 무시할 수 없다고 생각되는 경우에는 입체구조로 보고 해석할 필요가 있다. 구조해석을 행할 때의 뼈대구조는 콘크리트 전단면을 유효로 하는 부재단면의 도심을 연결한 선과 일치시키는 것을 원칙으로 한다. 그러므로 단면의

변화가 있는 경우의 축선은 단면변화에 따라서 변화한다. 다만 헌치가 있는 라멘교의 헌치부분에서의 축선을 취하는 방법에 대해서는 헌치의 영향이 작다고 생각되므로 일반적으로 헌치를 무시해도 좋다. 또한 그림 6.5.2(b)에서와 같은 라멘구조에서는 단면변화에 따르는 축선 변화의 영향이 작다고 생각되므로 단면변화의 영향을 무시하여 거더의 축선을 직선으로 보는 것이 일반적이다. 다만 그림 6.5.2(d)에서와 같이 수평부재와 연직부재의 길이의 비가 4정도 이상이거나 단면의 변화가 매우 심한 경우는 거더의 축선변화의 영향을 고려하여 단면력을 계산하는 것이 좋다.

② 기둥의 축선 하단은 기둥이 기초구조와 일체로 강결된 경우에는 기초구조의 상면으로 하고 헌치구조에 결합되어 있는 경우에는 힌지의 중심으로 한다. 기초의 침하 또는 회전이 무시될 수 없다고 생각되는 경우에는 기초를 등가 스프링으로 치환하여 해석하는 것이 바람직하다.

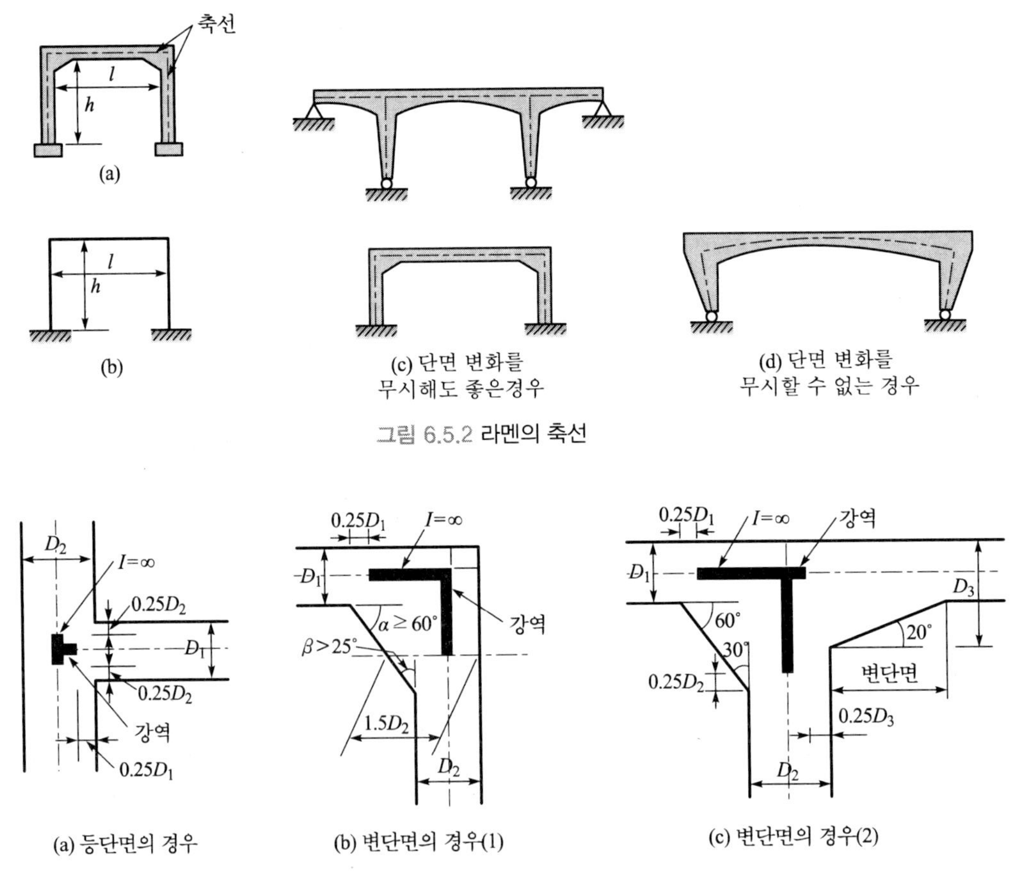

그림 6.5.2 라멘의 축선

그림 6.5.3 라멘교 우각부에서의 강역

③ 헌치의 크기가 부재단면에 비해 작고 단면의 응력계산에서 무시될 수 있는 정도의 크기인 경우는 헌치에 의한 휨강성의 변화를 무시해도 좋다. 또한 지간이 비교적 긴 라멘교에서는 강역(剛域)의 영향을 무시할 수 있다. 기둥과 보의 우각부에 특히 큰 헌치가 있는 경우나 보부재 또는 기둥부재의 부재두께가 매우 큰 경우에는 강역의 영향을 무시할 수 없다. 이와 같은 경우에는 일반적으로 아래의 방법으로 구하는 강역(그림 6.5.3)을 고려하여 라멘구조의 해석을 행하는 것이 바람직하다.

우각부의 응력분포

라멘부재의 우각부는 단면력에 의한 응력의 방향이 급변하여 응력의 전달기구가 복잡하다. 따라서 접속하는 부재 상호간에 단면력이 확실하게 전달되도록 해야 한다. 예를 들면 그림 6.5.4에 보여주는 바와 같이 휨모멘트가 작용할 때의 우각부의 응력분포상태는 콘크리트의 전단면을 유효로 하는 그림 6.5.4에서와 같은 상태가 된다. 이 그림은 헌치 시점의 응력이 중앙부 보다도 크다는 것을 보여주고 있다. 그리고 단면 A~A′, B~B′의 음력은 탄성이론에 의한 보통의 방법으로 계산한 응력에 비해 점 A′ 및 B′의 압축응력은 약간 크고 점 A 및 B의 인장응력은 거의 같다. 그러나 실험의 결과들은 별문제가 없다는 것을 보여주고 있기 때문에 이들 단면에서의 응력검사는 보통의 부재단면과 같은 방법으로 해도 좋다.

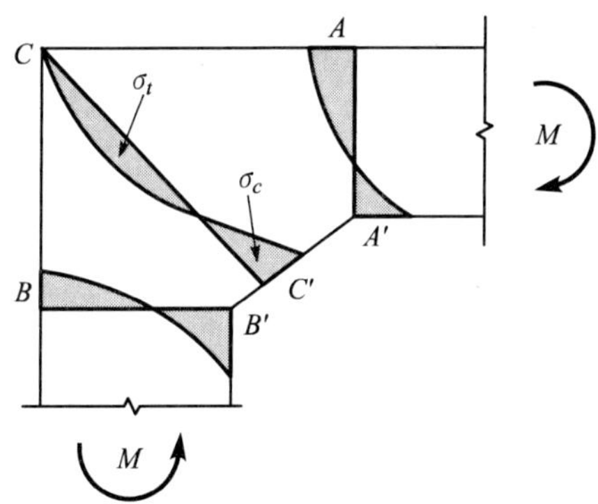

그림 6.5.4 라멘 단우각부에 휨모멘트가 작용할 경우의 응력분포

그림 6.5.4와 같이 헌치를 가지는 모서리에서는 C~C′ 단면의 인장응력이 작아서 C~C′ 방향으로 균열이 발생하지 않는다고 보고 A~A′ 단면 및 B~B′ 단면에 대해 설계하고 가외 철근을 적절히 배치한다. 그러나 헌치의 크기가 작거나 헌치를 두지 않는 경우에는 C~C′ 단면의 인장응력이 콘크리트의 인장강도를 초과해서 C~C′ 방향으로 균열

이 발생하는 수도 있다. 이 균열이 직접 파괴로 이어지지는 않지만 설계가 적절하지 못하면 균열이 발전하여 구조상 좋지 않다. 이러한 경우에는 C~C′ 단면의 응력도 검토하여 충분히 보강해야 한다.

우각부의 설계모멘트

라멘의 절점, 즉 부재들의 접합부에는 매우 큰 모멘트와 전단력이 작용한다. 그러므로 우각부는 접합되는 부재들이 서로 단면력을 확실하게 전달할 수 있도록 설계해야 한다. 접합부의 모서리에 헌치를 붙이면 그 부분의 모멘트는 증가하고 경간모멘트는 감소한다. 그러므로 모서리에 헌치를 붙이는 것이 역학적으로 유리하며 또 헌치는 응력을 원활하게 전달하는 구실도 한다. 그래서 도로교설계기준에서는 원칙적으로 모서리에 헌치를 붙이되 응력을 검사할 때는 그림 6.5.5와 같이 1:3의 경사부분만이 유효한 것으로 보도록 규정하고 있다. 우각부에서 수평부재의 모멘트에 대한 위험단면은 그림 6.5.5에 보인 바와 같이 연직부재의 전면으로 본다. 마찬가지로 연직부재의 위험단면은 수평부재의 하면으로 본다.

도로교설계기준에서는 라멘의 우각부의 설계휨모멘트를 다음과 같이 취하도록 규정하고 있다. 즉, 헌치나 단면변화의 영향을 고려하여 라멘을 해석한 경우에는 설계모멘트로서 그림 6.5.6(a)에 보인 바와 같이 연직부재 전면의 모멘트를 사용한다. 균일단면으로 보고 라멘을 해석한 경우에는 그림 6.5.6(b)와 같이 기둥 중심선의 모멘트를 설계모멘트로 본다. 즉, 균일단면으로 보고 계산한 모멘트도를 그림 6.5.6(b)처럼 오른쪽으로 이동시킨 모멘트도를 설계에 사용한다.

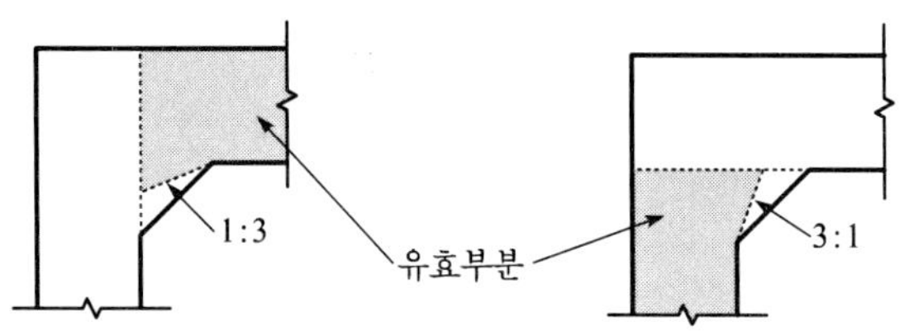

그림 6.5.5 헌치의 유효부분

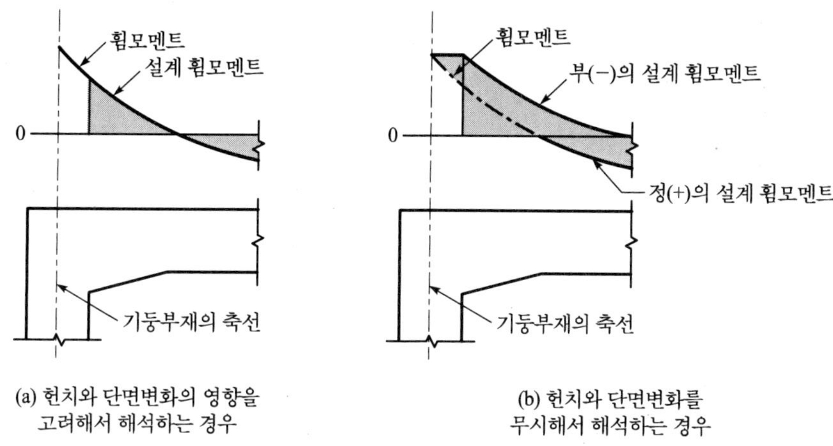

그림 6.5.6 라멘부재 우각부의 설계휨모멘트

우각부의 철근 배치

우각부의 모서리에는 휨모멘트의 작용방향에 따라 그림 6.5.7과 같이 균열이 발생하려는 경향이 있다. 시공 중의 지보공의 변형, 지점의 침하 또는 지진 등에 의해 측면에 연직방향 균열이나 헌치 하면에 균열이 발생할 염려가 있다. 이와 같이 라멘의 모서리에 작용하는 휨모멘트는 상태에 따라 변하고 그 크기도 설계모멘트에 비해 작지 않으며 응력의 분포도 복잡하게 변화하므로 수평·연직 및 경사방향으로 가외철근을 충분히 배치하여 보강해야 한다. 또 모서리의 헌치 내측에는 별도의 직선철근을 배치해야 한다. 이 철근의 양은 헌치 단면적의 0.15% 이상으로 하는 것이 좋다.

그림 6.5.8은 라멘의 중간 우각부에서의 철근의 배치를 보인 것이다. 수평부재와 접합되는 연직부재의 상단부($h = b \sim 1.5b$)에는 연직부재 중간부에 배치된 띠철근량의 2배 정도의 띠철근량을 배치하되 D13을 150mm 이하의 간격으로 또는 이와 동등 이상의 철근량을 배치한다.

그림 6.5.9는 라멘의 단 우각부의 배근을 보인 것이다. 이 우각부에서는 서로 접합되는 부재의 주철근량의 적어도 1/2은 그림처럼 외측에 따라 배치한다. 모서리에서 라멘의 대각선 방향을 배치된 철근은 정모멘트에 대한 보강 철근이고 이에 직각으로 배치된 철근은 부모멘트에 대한 것이다.

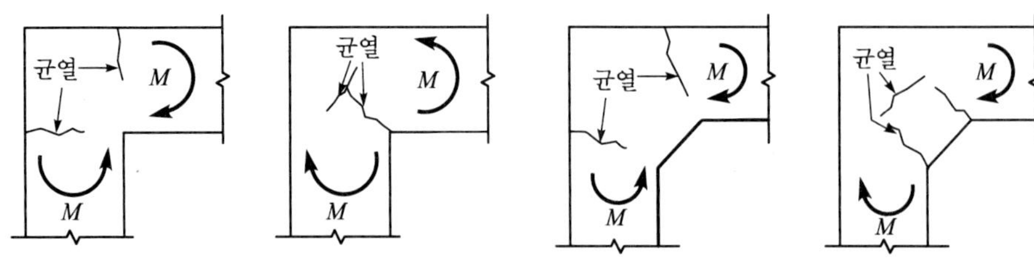

그림 6.5.7 우각부에 발생하는 균열

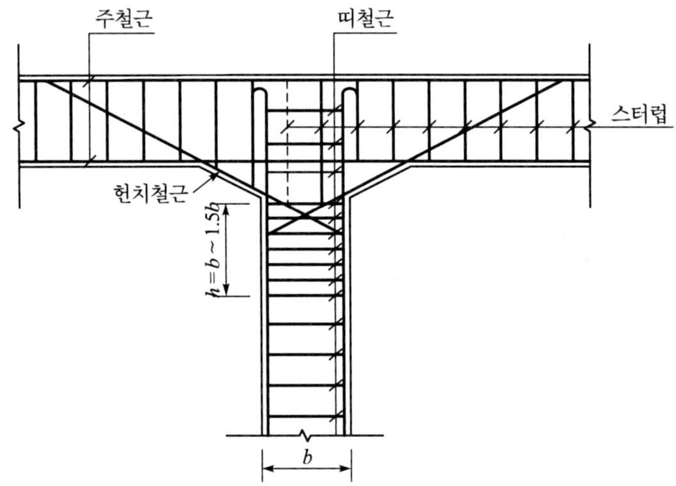

그림 6.5.8 라멘의 중간 우각부의 철근배치

또한 파선으로 표시된 철근은 계산상 필요한 경우에 배치하는 철근이다. 즉, 그림 6.5.10(a)에서 보여주는 휨모멘트가 단 우각부에 작용하는 경우에는 대각선방향의 단면에 인장응력 f_t가 생긴다. 이 인장응력이 설계하중 작용할 때 콘크리트 허용전단응력을 넘을 경우에는 그림 6.5.9에서 점선으로 표시하는 철근을 배치하지 않으면 안 된다. 또 우각부에서 그림 6.5.10(b)에서와 같은 휨모멘트가 작용하면, 우각부 대각선 방향으로 인장응력이 작용하므로 큰 휨모멘트가 작용하는 경우에는 사각방향으로 철근을 배치해서 보강하는 것이 좋다.

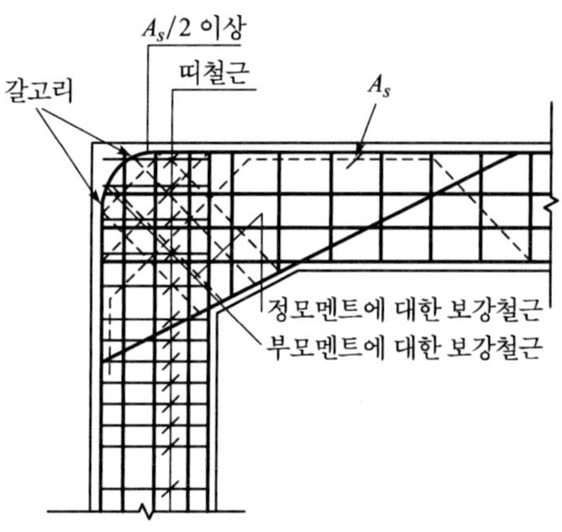

그림 6.5.9 라멘의 단 우각부의 철근배근

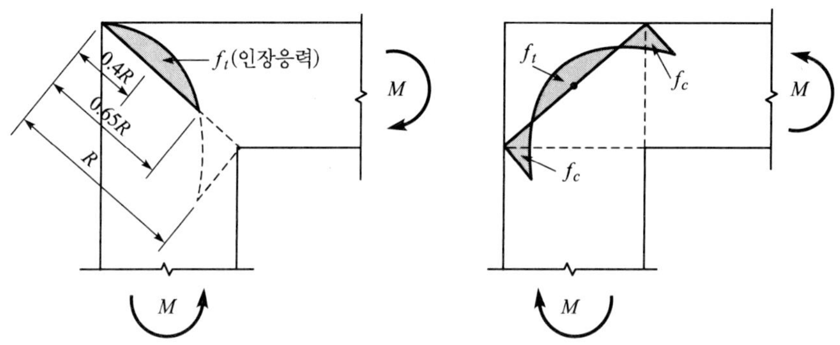

그림 6.5.10 라멘 단 우각부에 생기는 인장응력

우각부에는 많은 철근이 교차해서 배치되기 때문에 주철근의 이음은 될 수 있는 대로 두지 않는 것이 좋다. 우각부에서 접합되는 부재들의 주철근이 우각부에서 끝날 경우에는 갈고리를 붙여서 정착하는 것이 좋다.

6.5.3 설계 예

(1) 설계조건(한계상태설계법으로 설계)

① 형식: 라멘(rahmen)교

② 연장: 경간장 12m

③ 폭원: 21m 직교

④ 하중[도로교설계기준 한계상태설계법(2015) 제3장]

ⓐ 고정하중(구조부재와 비구조적 부착물의 중량(DC), 포장과 설비의 고정하중(DW)

- 철근콘크리트의 단위중량: 25kN/m^3
- 아스팔트의 단위중량 : 23kN/m^3

ⓑ 활하중 : 차량활하중(LL) (KL-510으로 명명함)

ⓒ 충격하중(IM) : 차량활하중에 의한 정적효과는 표 E6.1에 규정된 충격하중의 비율에 따라 증가시켜야 한다. 즉, 정적하중에 적용시켜야 하는 충격하중계수는 (1+IM/100)이다. 단, 원심력, 제동력, 보도하중, 표준차로하중의 영향은 충격하중에 포함시키지 않는다.

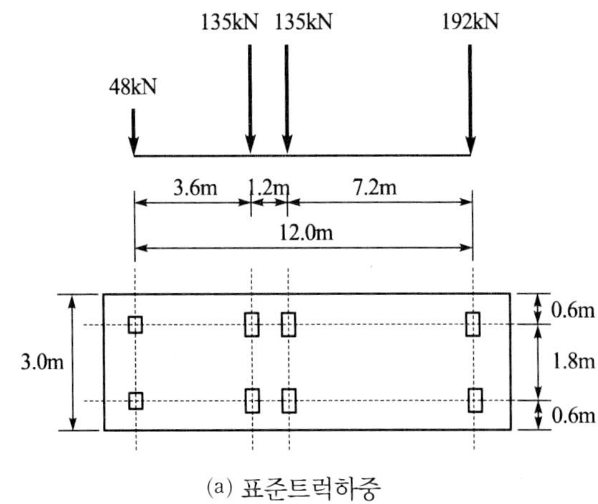

(a) 표준트럭하중

$L \leq 60\text{m}$	$w = 12.7$ (kN/m)
$L > 60\text{m}$	$w = 12.7 \times \left(\dfrac{60}{L}\right)^{0.10}$ (kN/m)

(b) 표준차로하중

그림 E6.1 차량활하중(KL-510)

표 E6.1 충격하중계수 IM

성분		IM
바닥판 신축이음장치를 제외한 모든 다른 부재	피로한계상태를 제외한 모든 한계상태	25%
	피로한계상태	15%

주 ① 바닥판 신축이음장치의 충격하중계수 IM

- 핑거형 신축이음의 경우, IM=100%
- 모듈러형 신축이음(중간보와 이를 지지하는 지지보로 구성된 것으로, 고무 등이 삽입되어 있어 누수를 방지하는 구조)의 경우, IM=30%

② 다음의 경우에는 충격하중계수를 적용할 필요가 없다.
- 상부로부터 수직반력을 받지 않는 옹벽
- 전체가 지표면이하인 기초부재

ⓓ 피로하중 : 도로교설계기준 한계상태설계법(2012)에서는 그림 E6.2와 같은 DB-24의 표준트럭하중의 81.25%를 적용하였으나, 도로교설계기준(한계상태설계법, 2015)해설에서는 위의 그림 E6.1의 KL-510 표준트럭하중의 80%를 적용하고 있고, 강바닥판의 피로 검토 시에는 표준트럭하중의 텐덤축 또는 후륜축 중량의 80%를 적용하도록 규정하고 있다.

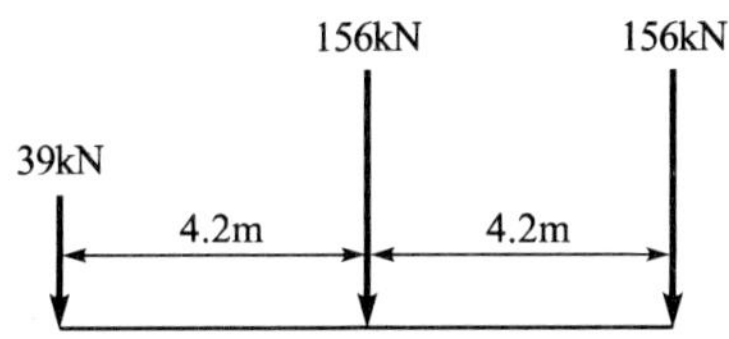

그림 E6.2 피로설계트럭하중[도로교설계기준 한계상태설계법(2012)]

ⓔ 토압
- 흙의 단위중량 : 20kN/m^3
- $\phi = 35°$
- 정지토압계수 사용 : $K_s = 1 - \sin\phi = 0.426$

ⓕ 하중조합 : 한계상태설계법의 하중조합 사용
- 극한한계상태 하중조합 : 부재 등의 강도 안전성 평가 시

⑤ 사용재료와 물리상수

ⓐ 콘크리트
- 기준압축강도 : $f_{ck} = 27\text{MPa}$
- 콘크리트의 인장강도 : $f_{ctk} = 1.1\text{MPa}$
- 탄성계수 : $E_c = 24{,}500\text{MPa} = 24.5\text{GPa}$

ⓑ 철근
- 항복응력 : $f_y = 400\text{MPa}$
- 탄성계수 : $E_s = 200{,}000\text{MPa} = 200\text{GPa}$

(2) 단면가정

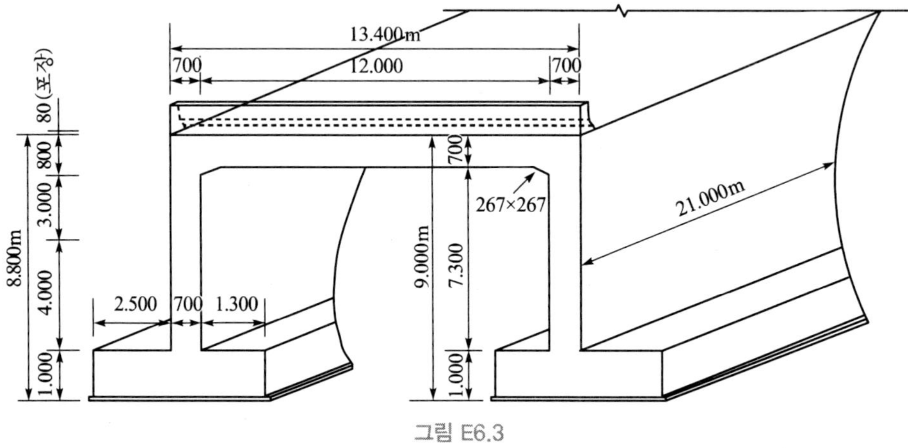

그림 E6.3

(3) 설계하중효과(설계하중에 의한 단면력, 즉 설계단면력) 산정

먼저, 주어진 설계조건에서 구조해석용 범용프로그램 등을 이용하여 구조해석을 실시한 후, 각 구조요소에 발생하는 단면력을 구해야 한다. 그 다음은 계산된 단면력에 한계상태설계법의 극한한계상태 하중조합 I 등에 근거하여 설계단면력(설계하중, 설계하중효과 또는 계수하중) $\Sigma \eta_i r_i q_i$를 계산해야 한다. 구조모델링과 각 위치(절점)에서 극한한계상태 하중계수 및 하중수정계수 그리고 하중조합 I 을 고려하여 계산된 설계단면력(총 설계하중, $\Sigma \eta_i r_i q_i$)를 정리하면 다음 그림 E6.4~6.6 및 표 E6.2와 같다. 여기서 계산된 총 설계하중은 단위폭(1m)당 계산된 설계단면력이며, 단면적은 $1.0 \times 0.7 = 0.7\text{m}^2$이고, 단면2차모멘트 $I = \dfrac{1.0 \times 0.7^3}{12} = 0.02858\text{m}^4$이다.

표 E6.2 극한한계상태 하중조합 I 에서 구해진 최대설계하중효과

구분	위치	휨모멘트(kN · m)	전단력(kN)	축력(kN)
벽체	하단-오른쪽	502.64	271.46	610.44
벽체	하단-왼쪽	356.03	271.46	610.44
벽체	중앙-오른쪽	140.92	107.21	433.36
벽체	중앙-왼쪽	247.45	107.21	431.10
벽체	상단-오른쪽, 왼쪽	682.77	228.83	439.92
슬래브	지점부-상면	682.77	321.50	-
슬래브	중앙부-하면	612.70	99.86	-

① B.M.D(kN · m)

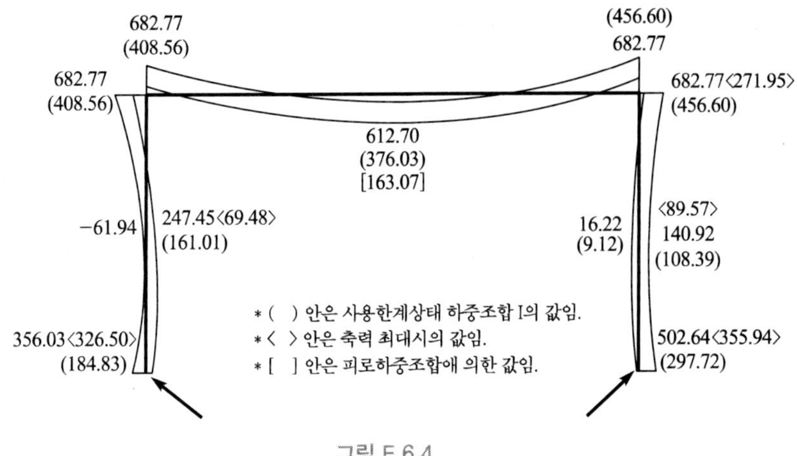

그림 E 6.4

② S.F.D(kN)

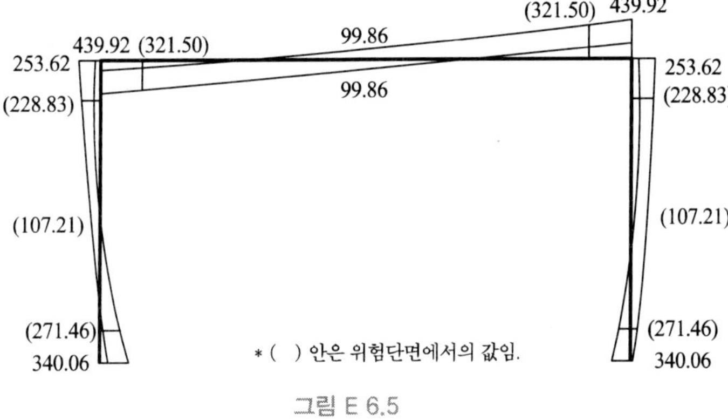

그림 E 6.5

③ A.F.D(kN)

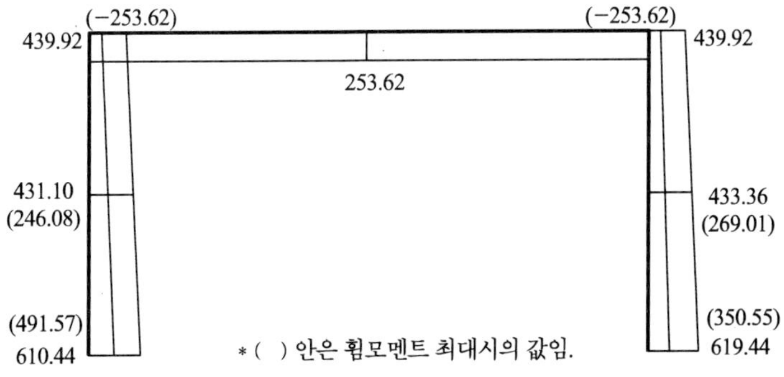

그림 E 6.6

(4) 단면검토

1) 슬래브의 설계휨강도 계산 및 평가

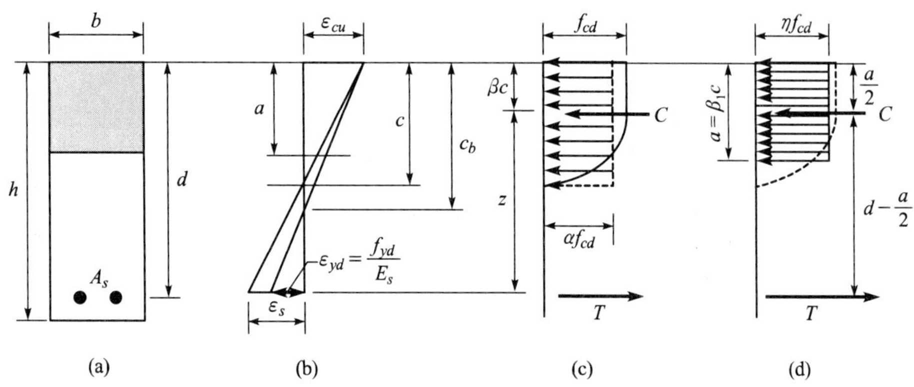

그림 E6.7 휨부재단면의 한계상태설계법 극한한계상태에서 변형률과 응력분포

그림 E 6.7(d)의 등가직사각형 응력블럭을 사용하는 방법을 적용하면,

콘크리트의 설계압축강도 : $f_{cd} = \phi_c \alpha_{cc} f_{ck} = 0.65(0.85)(27) = 15\text{MPa}$

철근의 설계항복강도 : $f_{yd} = \phi_s f_y = 0.90(400) = 360\text{MPa}$

$\varepsilon_{cu} = 0.0033$

① 슬래브-지점부(상면)

설계하중효과(외부하중 계수휨모멘트) : $M_u = 682.77\text{kN·m}$

사용단면 두께 : $h = 800\text{mm}$

사용단면 폭 : $b = 1{,}000\text{mm}$ (단위폭 1m임)

철근중심에서 인장연단까지 거리: $d_c = 80\text{mm}$

유효깊이 : $d = h - d_c = 800 - 80 = 720\text{mm}$

균형파괴 시 중립축의 깊이 : $c_b = k_b d = \dfrac{\varepsilon_{cu}}{\varepsilon_{yd} + \varepsilon_{cu}} d = \dfrac{0.0033}{(f_{yd}/E_s) + 0.0033} d$

$$= \frac{0.0033}{(360/200{,}000) + 0.0033} \times 720 = 466\text{mm}$$

$$M_d = M_{bd} = f_{yd} A_s \left(d - \frac{a_b}{2}\right) = f_{yd} A_s \left(d - \frac{\beta_1 c_b}{2}\right)$$

$$= f_{yd} A_s (d - \beta c_b) \geq M_u \text{ 이므로}$$

소요철근량 $A_{s,reg} \geq \dfrac{M_u}{f_{yd}(d-\beta c_b)} = \dfrac{682.77\times 10^6}{360(720-0.4\times 466)} = 3{,}554\text{mm}^2$

사용철근 : H25@125($A_s = 4{,}054\text{mm}^2$)

콘크리트의 압축력 $C = \eta f_{cd} ab$

철근의 인장력 $T = f_{yd} A_s$

$C = T$에서, $a = \dfrac{f_{yd}A_s}{\eta f_{cd} b} = \dfrac{360\times 4{,}054}{1.0\times 15\times 1{,}000} = 97.3\text{mm}$

따라서, 설계휨강도(계수저항) M_d는 그림 E 6.7(d)를 사용하면 다음과 같다.

$$\begin{aligned} M_d &= T\left(d-\frac{a}{2}\right) = f_{yd}A_s\left(d-\frac{a}{2}\right) \\ &= 360\times 4{,}054\times\left(720-\frac{97.3}{2}\right)\times 10^{-6} \\ &= 979.8\text{kN}\cdot\text{m} > M_u = 682.77\text{kN}\cdot\text{m} \end{aligned}$$ O.K.

그러므로 설계휨강도가 설계하중효과보다 크므로 가정한 단면은 만족한다.

철근량 검토(사용 철근량의 적절성 체크)

$A_{s,\max} = 0.04A_c = 0.04(1{,}000\times 800-4{,}054) = 35{,}838\text{mm}^2$

$$\begin{aligned} A_{s,\min} &= \max\left[\frac{1.4}{f_y}b_w d,\ \frac{0.25\sqrt{f_{ck}}}{f_y}b_w d,\ 0.0013bd\right] \\ &= \max\left[\frac{1.4}{400}\times 1{,}000\times 720,\ \frac{0.25\sqrt{27}}{400}\times 1{,}000\times 720,\ 0.0013\times 1{,}000\times 720\right] \\ &= \max[2{,}520,\ 2{,}338,\ 936] \\ &= 2{,}520\text{mm}^2 \end{aligned}$$

$\therefore A_{s,\min} \leq A_s(=4{,}054) \leq A_{s,\max}$ O.K.

중립축 깊이 검토(저보강 연성거동 확보를 위한 것임)

$c = \dfrac{a}{\beta_1} = \dfrac{a}{2\beta} = \dfrac{97.3}{(2)(0.4)} = 122\text{mm}$

$$\begin{aligned} c_{\max} &= \left(\frac{\delta\varepsilon_{cu}}{0.0033}-0.6\right)d \\ &= \left(\frac{1.0\times 0.0033}{0.0033}-0.6\right)(720) \\ &= 288\text{mm} \end{aligned}$$

$\therefore c \leq c_{max}$ O.K.

② 슬래브- 중앙부(하면)

설계하중효과(외부하중 계수휨모멘트) : $M_u = 612.70\text{kN}\cdot\text{m}$

사용단면 두께 : $h = 700\text{mm}$

사용단면 폭 : $b = 1,000\text{mm}$ (단위폭 1m임)

철근중심에서 인장연단까지 거리 : $d_c = 60\text{mm}$

유효깊이 : $d = h - d_c = 700 - 60 = 640\text{mm}$

균형파괴 시 중립축의 깊이 : $c_b = \dfrac{\varepsilon_{cu}}{\varepsilon_{yd} + \varepsilon_{cu}} d = \dfrac{0.0033}{(360/200,000) + 0.0033} \times 640$

$= 414\text{mm}$

소요철근량 $A_{s,reg} \geq \dfrac{M_u}{f_{yd}(d - \beta c_b)} = \dfrac{612.70 \times 10^6}{360(640 - 0.4 \times 414)} = 3,588\text{mm}^2$

사용철근 : H25@125($A_s = 4,054\text{mm}^2$)

콘크리트의 압축력 $C = \eta f_{cd} ab$

철근의 인장력 $T = f_{yd} A_s$

$C = T$에서, $a = \dfrac{f_{yd} A_s}{\eta f_{cd} b} = \dfrac{360 \times 4,054}{1.0 \times 15 \times 1,000} = 97.3\text{mm}$

설계휨강도 M_d는

$$M_d = T\left(d - \frac{a}{2}\right) = f_{yd} A_s \left(d - \frac{a}{2}\right)$$

$$= 360 \times 4,054 \times \left(640 - \frac{97.3}{2}\right)$$

$$= 863.04\text{kN}\cdot\text{m} > M_u = 612.70\text{kN}\cdot\text{m}$$ O.K.

철근량 검토(사용철근량의 적절성 체크)

$A_{s,max} = 0.04 A_c = 0.04(1,000 \times 700 - 4,054) = 27,838\text{mm}^2$

$$A_{s,min} = \max\left[\frac{1.4}{f_y} b_w d,\ \frac{0.25\sqrt{f_{ck}}}{f_y} b_w d,\ 0.0013bd\right]$$

$$= \max\left[\frac{1.4}{400} \times 1,000 \times 640,\ \frac{0.25\sqrt{27}}{400} \times 1,000 \times 640,\ 0.0013 \times 1,000 \times 640\right]$$

$$= \max[2,240,\ 2,078,\ 832]$$

$= 2{,}240\text{mm}^2$

$\therefore A_{s,\min} \le A_s(= 4{,}054\text{mm}^2) \le A_{s,\max}$ O.K.

중립축 깊이 검토

$$c = \frac{a}{\beta_1} = \frac{a}{2\beta} = \frac{97.3}{(2)(0.4)} = 122\text{mm}$$

$$c_{\max} = \left(\frac{\delta\varepsilon_{cu}}{0.0033} - 0.6\right)d$$

$$= \left(\frac{1.0 \times 0.0033}{0.0033} - 0.6\right)(640)$$

$$= 256\text{mm}$$

$\therefore c \le c_{\max}$ O.K.

2) 슬래브의 설계전단강도 계산 및 평가

① 슬래브-지점부[위험단면 그림 E6.5( )의 위험단면값]

설계하중효과(외부하중 계수전단력) : $V_u = 321.5\text{kN}$

사용단면의 두께 $h = 1{,}000\text{mm}$ 이고, 폭 $b = b_w = 1{,}000\text{mm}$ 이다.

유효 깊이 : $d = 920\text{mm}$

사용철근 : H22@125($A_s = 3{,}097\text{mm}^2$)

콘크리트의 설계전단강도 V_{cd}는 다음과 같다.

$$V_{cd} = \left[0.85\phi_c\kappa(\rho f_{ck})^{1/3}\right]b_w d \ge V_{cd,\min} = (0.4\phi_c f_{ctk})b_w d$$

여기서, ϕ_c : 콘크리트의 재료계수(0.65), f_{ck}: 콘크리트의 기준압축강도(27MPa)

f_{ctk}: 콘크리트의 인장강도(1.1MPa)

$$\kappa = 1 + \sqrt{200/d} \le 2.0$$

$$= 1 + \sqrt{200/920}$$

$$= 1.47 \le 2.0$$

d: 단면유효깊이(920mm)

$$\rho = \frac{A_s}{b_w d} = \frac{3{,}097}{1{,}000 \times 920} = 0.0034 \le 0.02$$

A_s:주인장 철근량($3{,}097\text{mm}^2$)

b_w : 복부폭(1,000mm)

$$V_{cd} = \left[0.85(0.65)(1.47)(0.0034 \times 27)^{1/3}\right](1,000)(920) \times 10^{-3}$$ O.K.

$$= 337.07\text{kN} > V_{cd,\min} = (0.4)(0.65)(1.1)(1,000)(920) \times 10^{-3}$$

$$= 263.12\text{kN}$$

따라서

$$V_{cd} = 337.07\text{kN} > V_u = 321.50\text{kN}$$ O.K.

전단철근이 필요없으나, 한계상태설계법(2015)에서는 전단에 의한 부재의 취성파괴를 방지하기 위해서, $V_{cd} \geq V_u$ 인 경우라도 최소전단철근량 $A_{v,\min}$ 을 배근하도록 하고 있다. 즉,

$$\frac{A_{v,\min}}{s} = 0.08\sqrt{f_{ck}}\left(\frac{b_w}{f_{vy}}\right)$$

여기서, s : 스터럽 간격(150mm)

f_{vy} : 전단 철근(스터럽)의 전단항복강도

$$(= \frac{f_y}{\sqrt{3}} = \frac{400}{\sqrt{3}} = 231\text{MPa})$$

따라서

$$A_{v,\min} = (0.08)(\sqrt{27})\left(\frac{1,000}{231}\right)(150) = 269.93\text{mm}^2$$

사용전단철근: H16, 전단철근(스터럽)다리 수: 2개

사용전단(스터럽) 철근량: $A_v = 198.6 \times 2 = 397.2\text{mm}^2 > A_{v,\min} = 248.34\text{mm}^2$

O.K.

3) 축력과 휨을 받는 벽체의 설계강도 계산 및 평가

그림 E6.8의 등가직사각형 응력블럭을 사용하는 방법 적용하면,

콘크리트의 설계압축강도 : $f_{cd} = \phi_c \alpha_{cc} f_{ck} = 15\text{MPa}$

철근의 설계항복강도 : $f_{yd} = \phi_s f_y = 360\text{MPa}$

$$\varepsilon_{cu} = 0.0033$$

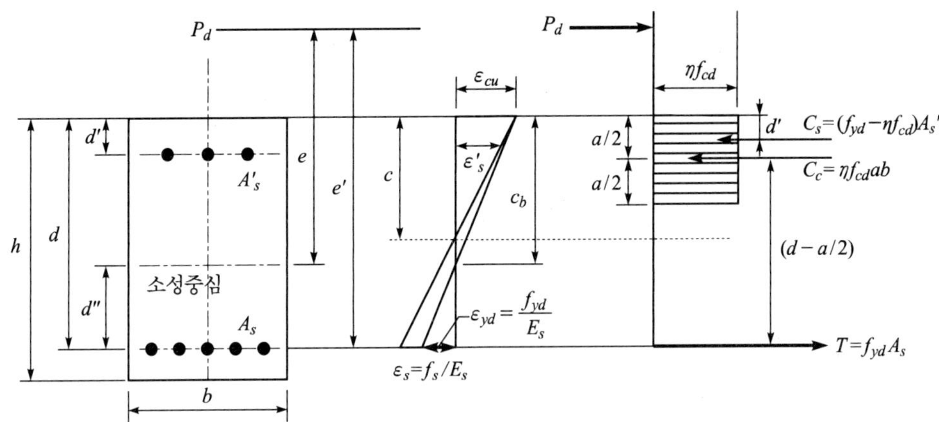

그림 E6.8 축력과 휨을 받는 단면의 한계상태설계법 극한한계상태에서 변형률과 응력분포

① 최대축력과 최대휨모멘트 작용 시의 벽체-상단(오른쪽)

외부하중 계수휨모멘트: $M_u = 682.77\text{kN}\cdot\text{m}$ (표 E6.2)

외부하중 계수축력 : $P_u = 439.92\text{kN}$ (표 E6.2)

등가 편심 $e = \dfrac{M_u}{P_u} = \dfrac{682.77}{439.92} \times 10^3 = 1,552.03\text{mm}$

사용단면 두께 : $h = 800\text{mm}$

사용단면 폭 : $b = 1,000\text{mm}$ (단위폭 1m임)

인장철근 : H22@125($A_s = 3,097\text{mm}^2$)를 사용하고, $d_c = 80\text{mm}$를 사용한다.

유효 깊이 : $d = h - d_c = 800 - 80 = 720\text{mm}$

균형하중 산중

- 소성중심

$$C_c = 0.85 f_{ck} A_g = 0.85 \times 27 \times 800 \times 1,000 = 18,360,000\text{N}$$

$$C_{S2} = A_s' f_y = 0 \times 400 = 0\text{N}$$

$$C_{S1} = A_s f_y = 3,097 \times 400 = 1,238,800\text{N}$$

인장철근이 있는 쪽 연단에서 소성중심까지 깊이 X_p

$$X_p = \frac{\left[C_c\left(\dfrac{h}{2}\right) + C_{s2}(h - d') + C_{s1} d_c\right]}{C_c + C_{s2} + C_{s1}}$$

$$= \frac{\left[18,360,000 \times \frac{800}{2} + 0 + 1,238,800 \times (80)\right]}{18,360,000 + 0 + 1,238,800}$$

$$= 379.77\text{mm}$$

소성중심에서 인장철근의 중심까지의 거리 d''

$$d'' = X_p - d_c = 379.99 - 80 = 299.99\text{mm}$$

- 균형상태

균형상태 시의 중립축 깊이 c_b

$$c_b = \frac{\varepsilon_{cu}}{\varepsilon_{yd} + \varepsilon_{cu}} d = \frac{\varepsilon_{cu}}{(f_{yd}/E_s) + \varepsilon_{cu}} d$$

$$= \frac{0.0033}{(360/200,000) + 0.0033} \times 720$$

$$= 465.88\text{mm}$$

$$a_b = \beta_1 c_b = 0.80 \times 465.88 = 372.70\text{mm}$$

균형상태의 콘크리트 압축력 C_c

$$C_c = \eta f_{cd} a_b b = 1.0 \times 15 \times 372.70 \times 1,000 = 5,590,500\text{N}$$

$$C_s = (f_{yd} - \eta f_{cd}) A_s{}' = (360 - 1.0 \times 15) \times 0 = 0$$

$$T = f_{yd} A_s = 360 \times 3,097 = 1,114,920\text{N}$$

균형상태 시 설계축강도(P_d)는 설계균형축강도(P_{bd})이다. 즉,

$$P_d = P_{bd} = C_c + C_s - T$$

$$= 5,590,500 - 1,114,920$$

$$= 4,755,580\text{N}$$

$$= 4,755.58\text{kN}$$

균형상태시 설계휨강도(M_d)는 설계균형휨강도(M_{bd})이다. 즉,

$$M_d = M_{bd} = C_c\left(d - \frac{a_b}{2} - d''\right) + C_s(d - d' - d'') + Td''$$

$$M_d = M_{bd} = 5{,}590{,}500 \times \left(720 - \frac{372.70}{2} - 299.99\right) + 0 + 1{,}114{,}920 \times 299.99$$

$$= 1{,}640{,}741{,}081\text{N}\cdot\text{mm}$$

$$= 1{,}640.74\text{kN}\cdot\text{m}$$

$\therefore$ 균형상태 시 편심 $e_b = \dfrac{M_{bd}}{P_{bd}} = \dfrac{1{,}640{,}740{,}081}{4{,}755{,}580} = 345.01\text{mm}$

$e_b < e(=1552.03\text{mm}) \rightarrow$ 그러므로 인장파괴 구간

설계강도

인장파괴 구간이므로, 인장철근 응력 f_s는 f_{yd}이다. 압축철근도 항복한다고 가정한다. 나중에 철근의 항복여부가 검토되어야 한다.

$$C_c = \eta f_{cd} a b = 1.0 \times 15 \times 1{,}000 \times a = 15{,}000a\text{N}$$

$$C_s = (f_{yd} - \eta f_{cd})A_s{}' = (360 - 1.0 \times 15) \times 0 = 0\text{N}$$

$$T = f_{yd} A_s = 360 \times 3{,}097 = 1{,}114{,}920\text{N}$$

그러므로 설계축강도 P_d는

$$P_d = C_c + C_s - T = 15{,}000a - 1{,}114{,}920$$

인장철근 A_s에 관해 모멘트를 취하면

$$P_d e' = C_c\left(d - \frac{a}{2}\right) + C_s(d - d')$$

여기서, $e' = e + d'' = 1{,}552.03 + 299.99 = 1{,}852.02\,\text{mm}$

$$P_d = \frac{1}{e'}\left[C_c\left(d - \frac{a}{2}\right) + C_s(d - d')\right]$$

$$15{,}000a - 1{,}114{,}920 = \frac{1}{1{,}852.02}\left[15{,}000a\left(720 - \frac{a}{2}\right) + 0\right]$$

$$15{,}000a - 1{,}114{,}920 = 5{,}831.47a - 4.05a^2$$

$$4.05a^2 + 9{,}168.53a - 1{,}114{,}920 = 0$$

$$\therefore a = 115.69\text{mm}$$

따라서

$$설계축강도\ P_d = 15,000a - 1,114,920 \qquad \text{O.K.}$$

$$= 15,000 \times 115.69 - 1,114,920$$

$$= 620,430\text{N}$$

$$= 620.43\text{kN} > \text{P}_\text{u} = 439.92\text{kN}$$

$$설계휨강도\ M_d = P_d e \qquad \text{O.K.}$$

$$= 620,430 \times 1,552.03$$

$$= 962,925,972.9\text{N}\cdot\text{mm}$$

$$= 962.93\text{kN}\cdot\text{m} > M_u = 682.77\text{kN}$$

인장철근의 변형률 검토

콘크리트 변형률이 ε_{cu}가 되고 중립축 아래의 철근의 변형률이 ε_s가 될 때, 변형률 선도의 길이에 대하여 비례식을 적용하면,

$$\varepsilon_s = \frac{d-c}{c}\varepsilon_{cu} = \frac{d - \dfrac{a}{\beta_1}}{\dfrac{a}{\beta_1}}\varepsilon_{cu}$$

$$= \frac{720 - \dfrac{115.69}{0.8}}{\dfrac{115.69}{0.8}} \times 0.0033$$

$$= 0.0131 > \varepsilon_{yd} = \frac{f_{yd}}{E_s} = \frac{360}{200,000} = 0.0018$$

$\varepsilon_s > \varepsilon_{yd}$이므로 인장철근은 항복한다. 압축철근의 항복여부도 위의 인장철근의 변형률 검토처럼 한다. 이 경우 콘크리트 변형률 ε_{cu}가 있는 중립축 위쪽의 변형률 선도의 길이에 대하여 비례식을 적용하면 되나, 여기서는 압축철근이 없으므로 실시할 필요가 없다.

② 최대 축력작용시의 벽체-중앙(오른쪽)

외부하중 계수휨모멘트 : $M_u = 89.57\text{kN}\cdot\text{m}$ (그림 E6.4)

외부하중 계수축력 : $P_u = 433.36\text{kN}$ (그림 E6.6)

등가 편심 $e = \dfrac{M_u}{P_u} = \dfrac{89.57}{433.36} \times 10^3 = 206.69\text{mm}$

사용단면 두께 : $h = 700\text{mm}$

사용단면 폭 : $b = 1{,}000\text{mm}$(단위폭 1m임)

인장철근 : H22@250($A_s = 1{,}548\text{mm}^2$)를 사용하고, $d_c = 80\text{mm}$를 사용한다.

유효 깊이 : $d = h - d_c = 700 - 80 = 620\text{mm}$

균형하중 산중

- 소성중심

$$C_c = 0.85 f_{ck} A_g = 0.85 \times 27 \times 700 \times 1{,}000 = 16{,}065{,}000\text{N}$$

$$C_{S2} = A_s{}' f_y = 0 \times 400 = 0\text{N}$$

$$C_{S1} = A_s f_y = 1{,}548 \times 400 = 619{,}200\text{N}$$

인장철근이 있는 쪽 연단에서 소성중심까지 거리 X_p

$$X_p = \frac{\left[C_c\left(\frac{h}{2}\right) + C_{s2}(h - d') + C_{s1} d_c\right]}{C_c + C_{s2} + C_{s1}}$$

$$= \frac{\left[16{,}065{,}000 \times \frac{700}{2} + 0 + 619{,}200 \times 80\right]}{16{,}065{,}000 + 0 + 619{,}200}$$

$$= 339.98\text{mm}$$

소성중심에서 인장철근의 중심까지의 거리 d''

$$d'' = X_p - d_c = 339.98 - 80 = 259.98\text{mm}$$

- 균형상태

균형상태 시의 중립축 깊이 c_b

$$c_b = \frac{\varepsilon_{cu}}{\varepsilon_{yd} + \varepsilon_{cu}} d = \frac{\varepsilon_{cu}}{(f_{yd}/E_s) + \varepsilon_{cu}} d$$

$$= \frac{0.0033}{(360/200{,}000) + 0.0033} \times 620$$

$$= 401.18\text{mm}$$

$$a_b = \beta_1 c_b = 0.80 \times 401.18 = 320.94\text{mm}$$

균형상태의 콘크리트 압축력 C_c

$$C_c = \eta f_{cd} a_b b = 1.0 \times 15 \times 320.94 \times 1,000 = 4,814,100\text{N}$$

$$C_s = (f_{yd} - \eta f_{cd}) A_s' = (360 - 1.0 \times 15) \times 0 = 0\text{N}$$

$$T = f_{yd} A_s = 360 \times 1,548 = 557,280\text{N}$$

균형상태 시 설계축강도(P_d)는 설계균형축강도(P_{bd})이다. 즉,

$$\begin{aligned} P_d = P_{bd} = C_c + C_s - T \\ &= 4,814,100 + 0 - 557,280 \\ &= 4,256,820\text{N} \\ &= 4,256.82\text{kN} \end{aligned}$$

균형상태시 설계휨강도(M_d)는 설계균형휨강도(M_{bd})이다. 즉,

$$\begin{aligned} M_d = M_{bd} &= C_c\left(d - \frac{a}{2} - d''\right) + C_s(d - d' - d'') + Td'' \\ &= 4,814,000 \times \left(620 - \frac{320.94}{2} - 259.98\right) + 0 + 557,280 \times 259.98 \\ &= 1,105,535,309\text{N}\cdot\text{mm} \\ &= 1,105.54\text{kN}\cdot\text{m} \end{aligned}$$

∴ 균형상태 시 편심 $e_b = \frac{M_{bd}}{P_{bd}} = \frac{1,105,535,309}{4,256,820} = 259.71\text{mm}$

$e_b > e(= 206.69\text{mm})$ → 그러므로 압축파괴 구간

설계강도

압축파괴 구간이므로, 인장철근의 응력 f_s는 f_{yd}보다 작은 값으로 미지수이다. 압축철근은 항복한다고 가정한다. 나중에 철근의 항복여부는 검토되어야 한다.

$$C_c = \eta f_{cd} ab = 1.0 \times 15 \times a \times 1,000 = 15,000a\text{N}$$

$$C_s = (f_{yd} - \eta f_{cd}) A_s' = (360 - 1.0 \times 15) \times 0 = 0\text{N}$$

$$T = f_s A_s = 1,548 f_s\text{N}$$

그러므로, 설계축강도 P_d는

$$P_d = C_c + C_s - T = 15,000a - 1,548 f_s$$

인장철근 A_s에 관해 모멘트를 취하면

$$P_d e' = C_c\left(d - \frac{a}{2}\right) + C_s(d - d')$$

여기서, $e' = e + d'' = 206.69 + 339.98 = 546.67\text{mm}$

$$P_d = \frac{1}{e'}\left[C_c\left(d - \frac{a}{2}\right) + C_s(d - d')\right]$$

$$P_d = \frac{1}{546.67}\left[15{,}000a\left(620 - \frac{a}{2}\right) + 0\right]$$

$$P_d = 17{,}012.09a - 13.72a^2$$

위의 식은 시산법으로 풀어야 한다.

$c = 491.04\text{mm}$라고 가정하자(이 값은 $c_b = 401.18$보다 89.86mm 큰 값임).

$$\therefore a = \beta_1 c = 0.80 \times 491.04 = 392.83\text{mm}$$

$$P_d = 17{,}012.09 \times 392.83 - 13.72 \times (392.83)^2$$
$$= 4{,}565{,}652\text{N}$$

$c = 491.04\text{mm}$일 때 인장철근의 변형률 검토 및 응력 f_s 계산

콘크리트 변형률이 ε_{cu}가 되고 중립축 아래의 철근의 변형률이 ε_s가 될 때, 변형률 선도의 길이에 대하여 비례식을 적용하면,

$$\varepsilon_s = \frac{d-c}{c}\varepsilon_{cu} = \frac{620 - 491.04}{491.04} \times 0.0033$$
$$= 0.00087 < \varepsilon_{yd} = \frac{f_{yd}}{E_s} = \frac{360}{200{,}000} = 0.0018$$

$$f_s = E_s \varepsilon_s = 200{,}000 \times 0.00087$$
$$= 174\text{MPa} < f_{yd} = 360\text{MPa}$$

따라서 인장철근은 항복하지 않는다.

$$P_d = 15{,}000a - 1{,}548 f_s$$

가정한 c값에 의해 계산된 a값의 적절성을 검토하기 위해 위의 식에 $f_s = 174\text{MPa}$와 $P_d = 4{,}565{,}652\text{N}$을 대입하여 a값을 계산하면

$$4,565,652 = 15,000a - 1,548 \times 174$$
$$\therefore a = 322.33\text{mm}$$

따라서 $c = \dfrac{a}{\beta_1} = \dfrac{322.33}{0.8} = 402.91\text{mm}$

계산된 $c = 402.91\text{mm}$로 가정한 $c = 491.04\text{mm}$와 상당한 차이가 있으므로, 계산된 $c = 402.91\text{mm}$가 중립축 깊이라고 가정하고 한번 더 위의 계산을 반복한다. 즉,

$$c = 402.91\text{mm}$$
$$a = \beta_1 c = 322.33\text{mm}$$
$$P_d = 17,012.09 \times 322.33 - 13.72 \times (322.33)^2$$
$$= 4,058,045\text{N}$$
$$\varepsilon_s = \frac{d-c}{c}\varepsilon_{cu} = \frac{620 - 402.91}{402.91} \times 0.0033$$
$$= 0.00178 < \varepsilon_{yd} = 0.0018$$
$$f_s = E_s \varepsilon_s = 200,000 \times 0.000178$$
$$= 356\text{MPa} < f_{yd} = 360\text{MPa}$$

따라서 인장철근은 항복하지 않는다.

$P_d = 15,000a - 1,548 f_s$에서

$$4,058,045 = 15,000a - 1,548 \times 356$$
$$\therefore a = 307.28\text{mm}$$

따라서 $c = \dfrac{a}{\beta_1} = \dfrac{307.28}{0.8} = 384.1\text{mm}$

이것은 가정한 $a = 322.33\text{mm}$와 거의 같다. 그러므로,

설계축강도 $P_d = 4,058,045\text{N}$ O.K.

$$= 4,058.05\text{kN} > P_u = 433.36\text{kN}$$

설계휨강도 $M_d = P_d e$ O.K.

$$= 4,058,045 \times 206.69$$
$$= 838,757,321\text{N}\cdot\text{mm}$$
$$= 838.76\text{kN}\cdot\text{m} > M_u = 89.57\text{kN}\cdot\text{m}$$

③ 최대모멘트 작용 시의 벽체-중앙(오른쪽)

외부하중 계수휨모멘트 : $M_u = 140.92\text{kN}\cdot\text{m}$ (그림 E6.4)

외부하중 계수축력 : $P_u = 269.01\text{kN}$ (그림 E6.6)

등가 편심 $e = \dfrac{M_u}{P_u} = \dfrac{140.92}{269.01} \times 10^3 = 523.85\text{mm}$

사용단면 두께 : $h = 700\text{mm}$

사용단면 폭 : $b = 1{,}000\text{mm}$ (단위폭 1m임)

인장철근 : H22@250($A_s = 1{,}548\text{mm}^2$)를 사용하고, $d_c = 80\text{mm}$를 사용한다.

유효깊이 : $d = h - d_c = 700 - 80 = 620\text{mm}$

균형하중 산중

- 소성중심

$$C_c = 0.85 f_{ck} A_g = 0.85 \times 27 \times 700 \times 1{,}000 = 16{,}065{,}000\text{N}$$
$$C_{S2} = A_s' f_y = 0 \times 400 = 0\text{N}$$
$$C_{S1} = A_s f_y = 1{,}548 \times 400 = 619{,}200\text{N}$$

인장철근이 있는 쪽 연단에서 소성중심까지 거리 X_p

$$X_p = \frac{\left[C_c \left(\frac{h}{2} \right) + C_{s2}(h - d') + C_{s1} d_c \right]}{C_c + C_{s1} + C_{s2}}$$

$$= \frac{\left[(16{,}065{,}000)\left(\frac{700}{2} \right) + 0 + (619{,}200)(80) \right]}{16{,}065{,}000 + 0 + 619{,}200}$$

$$= 339.98\text{mm}$$

소성중심에서 인장철근의 중심까지의 거리 d''

$$d'' = X_p - d_c = 339.98 - 80 = 259.98\text{mm}$$

- 균형상태

균형상태 시의 중립축 깊이 c_b

$$c_b = \frac{\varepsilon_{cu}}{\varepsilon_{yd} + \varepsilon_{cu}} d = \frac{\varepsilon_{cu}}{(f_{yd}/E_s) + \varepsilon_{cu}} d$$

$$= \frac{0.0033}{(360/200{,}000)+0.0033} \times 620$$

$$= 401.18\text{mm}$$

$$a_b = \beta_1 c_b = (0.80)(401.18) = 320.94\text{mm}$$

균형상태의 콘크리트의 압축력 C_c

$$C_c = \eta f_{cd} a_b b = (1.0)(15)(320.94)(1{,}000) = 4{,}814{,}100\text{N}$$

$$C_s = (f_{yd} - \eta f_{cd})A_s' = (360 - 1.0 \times 15) \times 0 = 0\text{N}$$

$$T = f_{yd} A_s = (360)(1{,}548) = 557{,}280\text{N}$$

균형상태 시 설계축강도(P_d)는 설계균형축강도(P_{bd})이다. 즉,

$$\begin{aligned} P_d = P_{bd} &= C_c + C_s - T \\ &= 4{,}814{,}100 + 0 - 557{,}280 \\ &= 4{,}256{,}820\text{N} \\ &= 4{,}256.82\text{kN} \end{aligned}$$

균형상태시 설계휨강도(M_d)는 설계균형휨강도(M_{bd})이다. 즉,

$$\begin{aligned} M_d = M_{bd} &= C_c\left(d - \frac{a_b}{2} - d''\right) + C_s(d - d' - d'') + Td'' \\ &= 4{,}814{,}000 \times \left(620 - \frac{320.94}{2} - 259.98\right) + 0 + 557{,}280 \times 259.98 \\ &= 1{,}105{,}535{,}309\text{N}\cdot\text{mm} \\ &= 1{,}105.54\text{kN}\cdot\text{m} \end{aligned}$$

∴ 균형상태 시 편심 $e_b = \dfrac{M_{bd}}{P_{bd}} = \dfrac{1{,}105{,}535{,}309}{4{,}256{,}820} = 259.71\text{mm}$

$e_b < e(= 523.85\text{mm})$ → 그러므로 인장파괴 구간

설계강도

인장파괴 구간이므로, 인장철근 응력 f_s는 f_{yd}이다. 압축철근도 항복한다고 가정한다. 나중에 철근의 항복여부가 검토되어야 한다.

$$C_c = \eta f_{cd} ab = (1.0)(15)(a)(1{,}000) = 15{,}000a\text{N}$$

$$C_s = (f_{yd} - \eta f_{cd})A_s' = (360 - 1.0 \times 15) \times 0 = 0\text{N}$$

$$T = f_{yd}A_s = (360)(1,548) = 557,280\text{N}$$

그러므로 설계축강도 P_d는

$$P_d = C_c + C_s - T = 15,000a - 557,280$$

인장철근 A_s에 관해 모멘트를 취하면

$$P_d e' = C_c\left(d - \frac{a}{2}\right) + C_s(d - d')$$

여기서, $e' = e + d'' = 523.85 + 259.98 = 783.83\text{mm}$

$$P_d = \frac{1}{e'}\left[C_c\left(d - \frac{a}{2}\right) + C_s(d - d')\right]$$

$$15,000a - 557,280 = \frac{1}{783.83}\left[15,000a\left(620 - \frac{a}{2}\right) + 0\right]$$

$$9.57a^2 + 3,135.18a - 557,280 = 0$$

$$\therefore a = 127.85\text{mm}$$

따라서

설계축강도 $P_d = 15,000a - 557,280$ O.K.

$= (15,000)(127.85) - 557,280$

$= 1,360,470\text{N}$

$= 1,360,47\text{kN} > P_u = 269.01\text{kN}$

설계휨강도 $M_d = P_d e$ O.K.

$= (1,360,470)(523.85)$

$= 712,682,210\text{N}\cdot\text{mm}$

$= 712.68\text{kN}\cdot\text{m} > M_u = 140.92\text{kN}\cdot\text{m}$

인장철근의 변형률 검토

콘크리트 변형률이 ε_{cu}가 되고 중립축 아래의 철근의 변형률이 ε_s가 될 때, 변형률 선도의 길이에 대하여 비례식을 적용하면

$$\varepsilon_s = \frac{d-c}{c}\varepsilon_{cu} = \frac{d-\dfrac{a}{\beta_1}}{\dfrac{a}{\beta_1}}\varepsilon_{cu}$$

$$= \frac{620-\dfrac{127.85}{0.8}}{\dfrac{127.85}{0.8}} \times 0.0033$$

$$= 0.0095 > \varepsilon_{yd} = \frac{f_{yd}}{E_s} = \frac{360}{200{,}000} = 0.0018$$

$\varepsilon_s > \varepsilon_{yd}$이므로 인장철근은 항복한다.

(5) 우각부 설계

1) 스트럿-타이 모델(Strut-tie Model)에 의한 우각부 설계 개요

우각부와 같은 응력교란영역의 설계에서 많이 사용하는 스트럿-타이 모델은 일종의 트러스 모델이며 소성이론과 힘의 평형조건을 이용하고 있다. 이 모델은 불연속 지점으로부터 부재단면의 깊이(h)까지 적용하는 것으로 매우 효율적이고 합리적인 설계법이다.

스트럿-타이 모델의 요소는 압축응력장을 나타내는 스트럿과 인장철근을 나타내는 타이 그리고 절점영역으로 구성되며, 이들 요소들이 받는 힘은 극한한계상태에서 적용된 하중과 평형을 유지하는 조건으로부터 산정된다.

본 예제와 같은 라멘교 박스구조물은 일반적으로 보와 기둥의 깊이가 비슷한 경우가 대부분이며, 이 경우 우각부는 그림 E6.9와 같은 닫힘모멘트를 받는다. 그러나 수처리 구조물과 옹벽구조물은 보통 그림 E6.10과 같은 열림모멘트가 발생된다. 스트럿-타이 모델 선정에서 가장 중요한 것은 이러한 구조계에 발생하는 닫힘과 열림모멘트에 의한 응력분포에 적합한 절점구성을 해야 하며, 특히 인장력을 받는 타이는 반드시 충분한 길이의 철근을 배치해야 한다.

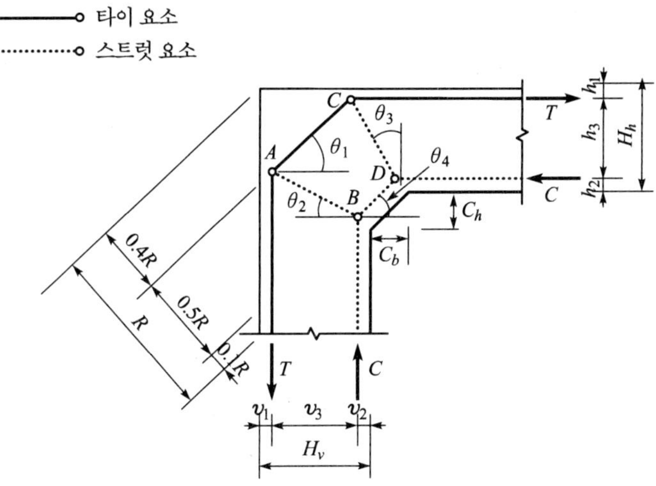

그림 E6-9 닫힘모멘트가 작용하는 우각부의 스트럿-타이 모델

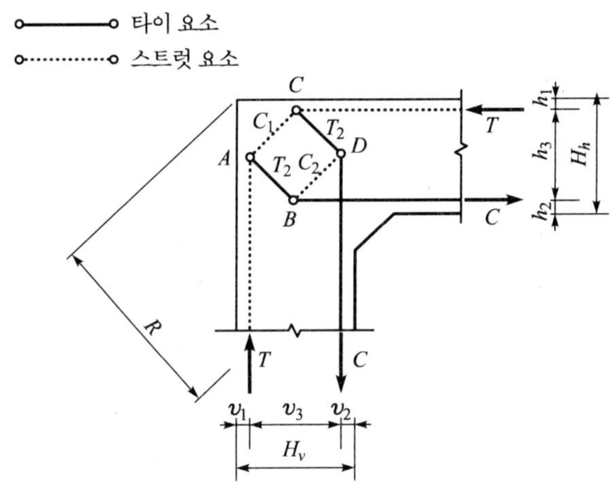

그림 E6-10 열림모멘트가 작용하는 우각부의 스트럿-타이 모델

2) 닫힘모멘트가 작용하는 우각부의 설계

① 그림 E6-9의 스트럿-타이 모델에서 단면제원 가정

슬래브의 두께: $H_h = 800\text{mm}$

슬래브의 철근중심에서 연단까지의 거리: $h_1 = h_2 = 89\text{mm}$

슬래브측의 우력거리 : $h_3 = 622\text{mm}$

헌치부 거리: $c_h = c_b = 267\text{mm}$

벽체의 높이: $H_v = 800\text{mm}$

벽체의 철근중심에서 연단까지의 거리: $v_1 = v_2 = 89\text{mm}$

벽체측의 우력거리 : $v_3 = 622\text{mm}$

콘크리트의 설계압축강도: $f_{cd} = \phi_c \alpha_{cc} f_{ck} = (0.65)(0.85)(27) = 15\text{MPa}$

철근의 설계항복강도: $f_{yd} = \phi_s f_y = (0.9)(400) = 360\text{MPa}$

닫힘모멘트: $M_u = 682.77\text{kN}\cdot\text{m}$ [극한한계상태에서 슬래브-지점부(상면) 및 벽체 상단의 계수휨모멘트(표 E6.2참조)]

② 스트럿-타이 모델에서 설계단면력 계산

헌치의 불리한 폭이 최소가 되는 점을 기준으로 45°로 구성하는 방법이 있으나, 본 예제(그림 E6.9)의 스트럿-타이 모델에서는 우각부의 대각선 길이를 산정하는 방법으로 헌치와 평행한 라인으로 스트럿을 구성하였다. 이 구성방법을 토대로 대각선 길이, 사잇각, 그리고 단면력을 계산하면 다음과 같다.

ⓐ 우각부 대각선 길이 R 계산

$$R = \frac{800}{\cos 45°} + \frac{\sqrt{267^2 + 267^2}}{2} = 1{,}320\text{mm}$$

ⓑ 사잇각 $\theta_1, \theta_2, \theta_3, \theta_4$ 계산

그림 E6.9에서 0.4R 위치에서 인장측 철근과 만나는 절점 A, C를 결정하고, 0.9R 위치에서 압축측과 만나는 절점 B, D를 결정한다. 절점 A와 C의 위치를 통해 θ_1을 구하고, 절점 B와 D의 위치를 통해 θ_4를 구한다. 절점 A와 B의 위치를 통해 θ_2를 구한 후, 절점 C와 D의 위치를 통해 θ_3를 구하면 다음의 결과가 얻어진다.

$$\theta_1 = \theta_4 = 45°$$

$$\theta_2 = \theta_3 = 27°$$

ⓒ 스트럿과 타이요소의 설계단면력 계산

절점 A에서 평형방정식 적용

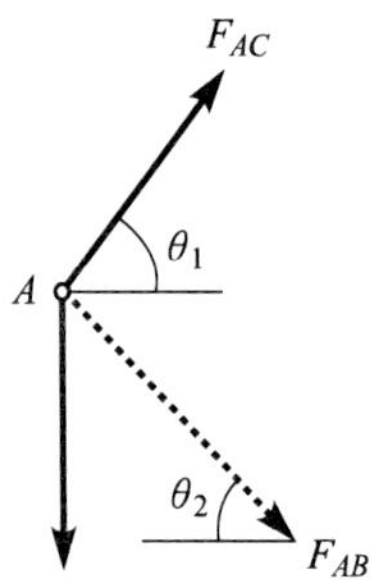

$$\Sigma F_x = 0, \overrightarrow{+}\,;\ F_{AB}\cos\theta_2 + F_{AC}\cos\theta_1 = 0$$

$$\therefore F_{AB} = -F_{AC}\left(\frac{\cos\theta_1}{\cos\theta_2}\right)$$

$$\Sigma F_y = 0, +\uparrow\,;\ -F_{AB}\sin\theta_2 + F_{AC}\sin\theta_1 - T = 0$$

$$\therefore T = -F_{AB}\sin\theta_2 + F_{AC}\sin\theta_1$$

$$= F_{AC}(\cos\theta_1\tan\theta_2 + \sin\theta_1)$$

절점 C에서 평형방정식을 적용하면

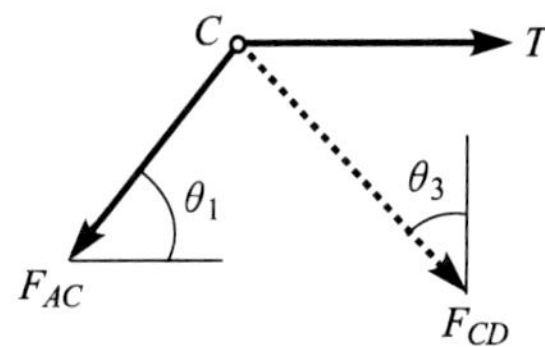

$$\Sigma F_y = 0, +\uparrow\,;\ -F_{AC}\sin\theta_1 - F_{CD}\cos\theta_3 = 0$$

$$\therefore F_{CD} = -F_{AC}\left(\frac{\sin\theta_1}{\cos\theta_3}\right)$$

$$\Sigma F_x = 0, \overrightarrow{+}\,;\ -F_{AC}\cos\theta_1 + F_{CD}\sin\theta_3 + T = 0$$

$$\therefore T = F_{AC}\cos\theta_1 - F_{CD}\sin\theta_3$$

$$= F_{AC}(\cos\theta_1 + \sin\theta_1\tan\theta_3)$$

닫힘모멘트 $M_u = 682.77\text{kN}\cdot\text{m}$로부터 최대우력 $T = C$를 구하면

$$T = C = \frac{M_u}{h_3} = \frac{M_u}{v_3} = \frac{682.77\text{kN}\cdot\text{m}}{0.622\text{m}} = 1{,}097.70\text{kN}$$

타이 AC의 설계단면력 F_{AC}를 구하면

$T = F_{AC}(\cos\theta_1\tan\theta_2 + \sin\theta_1)$에서

$$F_{AC} = \frac{T}{\cos\theta_1\tan\theta_2 + \sin\theta_1} = \frac{1{,}097.70}{\cos45°\tan27° + \sin45°} = 1{,}028.39\text{kN}$$

$T = F_{AC}(\cos\theta_1 + \sin\theta_1\tan\theta_3)$ 에서

$$F_{AC} = \frac{T}{\cos\theta_1 + \sin\theta_1\tan\theta_3} = \frac{1{,}097.70}{\cos45° + \sin45°\tan27°} = 1{,}028.39\text{kN (인장)}$$

따라서 최대 인장력 $F_{AC} = 1,028.4\text{kN}$ 을 타이 AC의 설계단면력으로 사용한다.

스트럿 AB의 설계단면력 F_{AB}를 구하면

$$F_{AB} = -F_{AC}\left(\frac{\cos\theta_1}{\cos\theta_2}\right) = -1,028.39\left(\frac{\cos 45°}{\cos 27°}\right) = -816.13\text{kN (압축)}$$

스트럿 BD의 설계단면력 F_{BD}를 구하면

절점 B의 평형조건에서

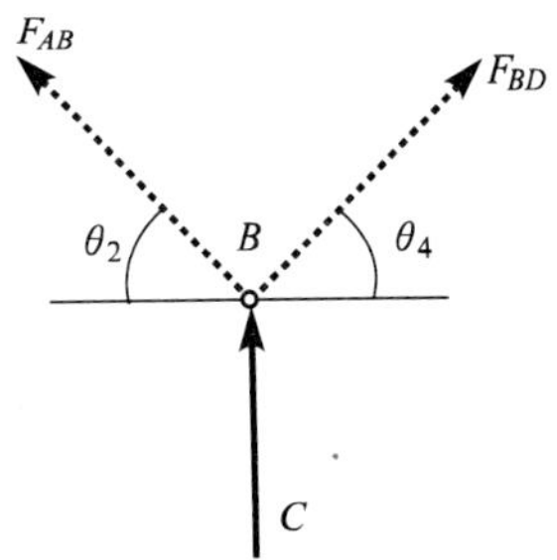

$$\Sigma F_y = 0,\ +\uparrow\ ;\ C + F_{AB}\sin\theta_2 + F_{BD}\sin\theta_4 = 0$$

$$\therefore F_{BD} = \frac{-C - F_{AB}\sin\theta_2}{\sin\theta_4}$$

$$F_{BD} = \frac{-1,097.70 + 816.13\sin 27°}{\sin 45°} = -1,028.39\text{kN (압축)}$$

스트럿 CD의 설계단면력 F_{CD}를 구하면

$$F_{CD} = -F_{AC}\left(\frac{\sin\theta_1}{\cos\theta_3}\right) = -1,028.39\left(\frac{\sin 45°}{\cos 27°}\right) = -816.13\text{kN (압축)}$$

그림 E6.11은 이상에서 구한 스트럿-타이 모델의 최대 우력과 설계단면력을 보여주고 있다.

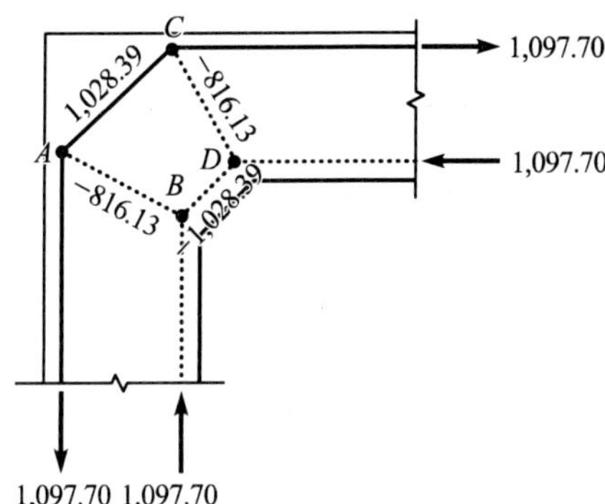

그림 E6.11 닫힘모멘트($M_u = 682.77\text{kN}$)으로부터 구한 스트럿-타이 모델의 설계단면력

③ 타이 AC의 철근량 검토

타이 AC의 설계인장력 $F_{AC} = 1{,}028.39\text{kN}$

$$\text{필요 철근량 } A_{s,req} = \frac{F_{AC}}{f_{yd}} = \frac{F_{AC}}{\phi_s f_y} = \frac{1{,}028.39 \times 10^3}{(0.9)(400)} = 2856.64\text{mm}^2$$

슬래브-지점부(상면)의 사용 철근량(H25@125)의 검토

$$A_s = 4{,}054\text{mm}^2 > A_{s,req} \qquad \text{O.K.}$$

벽체-상단(오른쪽)의 사용 철근량(H22@125)의 검토

$$A_s = 3{,}097\text{mm}^2 > A_{s,req} \qquad \text{O.K.}$$

④ 스트럿요소와 절점영역의 강도검토

스트럿의 유효강도와 스트럿이 만나는 절점영역의 유효강도 중 작은 값을 스트럿의 유효강도 값으로 설정한다. 이때 추가적인 절점영역의 강도검토과정을 수행할 필요가 없으나, 이 모델이 설계대상구조물의 기하학적 형상을 벗어나는지 또는 스트럿 단면적이 중첩되었는지 여부를 검토해야 한다.

스트럿의 유효강도 식[도로교설계기준(한계상태설계법, 2012) 5.5.5.2]은 다음과 같다.

ⓐ 횡방향 압축응력이 작용하거나, 횡방향 응력이 작용하지 않는 콘크리트 스트럿의 유효강도 $f_{cd,\max}$

$$f_{cd,\max} = 0.85\,\phi_c f_{ck}$$

ⓑ 횡방향 인장응력의 있어서 균열이 발생한 압축영역의 가상의 콘크리트 스트럿의

유효강도 $f_{cd,\max}$

- 횡방향 인장철근이 0.4% 미만인 압축영역의 경우

$$f_{cd,\max} = 0.60(1 - f_{ck}/250)\phi_c f_{ck}$$

- 횡방향 인장철근이 0.4% 이상인 압축영역의 경우

$$f_{cd,\max} = 0.72(1 - f_{ck}/250)\phi_c f_{ck} \ : \theta > 75°$$
$$f_{cd,\max} = 0.60(1 - f_{ck}/250)\phi_c f_{ck} \ : 60° < \theta \le 75°$$
$$f_{cd,\max} = 0.46(1 - f_{ck}/250)\phi_c f_{ck} \ : \theta \le 60°$$

절점영역의 유효강도 식[도로교설계기준(한계상태설계법, 2012) 5.5.5.4]은 다음과 같다.

ⓐ 타이가 정착되지 않은 압축-압축-압축 절점(CCC절점) 영역

$$f_{cd,\max} = 0.85(1 - f_{ck}/250)\phi_c f_{ck}$$

ⓑ 한쪽으로 정착 타이가 있는 압축-압축-인장 절점(CCT절점) 영역

$$f_{cd,\max} = 0.72(1 - f_{ck}/250)\phi_c f_{ck}$$

ⓒ 두 방향에 정착 타이가 있는 압축-인장-인장 절점(CTT절점) 영역

$$f_{cd,\max} = 0.60(1 - f_{ck}/250)\phi_c f_{ck}$$

스트럿의 필요 유효폭(W_{req})

$$W_{req} = \frac{F_u}{bf_{\max}}$$

여기서, F_u : 스트럿의 단면력(N)

$f_{\max}$: 계산된 스트럿의 유효강도(MPa)

b : 부재폭(=1,000mm)

스트럿 BD : 횡방향 인장철근 없음.

스트럿 AB, CD: 횡방향 인장철근 0.4% 미만

스트럿과 절점 영역의 유효강도 검토 결과

스트럿 요소	요소 종류	ϕ_c	$f_{cd,\max}$(MPa)	F_u(kN)	W_{req}(mm)	안전 여부
AB	스트럿 AB	0.65	$0.6\left(1-\frac{f_{ck}}{250}\right)\phi_c f_{ck}=9.39$	816.13	86.9	O.K.
	절점 A-CTT		$0.6\left(1-\frac{f_{ck}}{250}\right)\phi_c f_{ck}=9.39$			
	절점 B-CCC		$0.85\left(1-\frac{f_{ck}}{250}\right)\phi_c f_{ck}=13.31$			
BD	스트럿 BD	0.65	$0.85\phi_c f_{ck}=14.92$	1,028.39	77.3	O.K.
	절점 B-CCC		$0.85\left(1-\frac{f_{ck}}{250}\right)\phi_c f_{ck}=13.31$			
	절점 D-CCC		$0.85\left(1-\frac{f_{ck}}{250}\right)\phi_c f_{ck}=13.31$			
CD	스트럿 CD	0.65	$0.6\left(1-\frac{f_{ck}}{250}\right)\phi_c f_{ck}=9.39$	816.13	86.9	O.K.
	절점 C-CTT		$0.6\left(1-\frac{f_{ck}}{250}\right)\phi_c f_{ck}=9.39$			
	절점 D-CCC		$0.85\left(1-\frac{f_{ck}}{250}\right)\phi_c f_{ck}=13.31$			

스트럿의 필요 유효폭의 안전여부 검토

$$\frac{W_{req,\,BD}}{2}\left(=\frac{77.3}{2}=38.7\mathrm{m}\right)<0.1R(=132\mathrm{mm})$$

필요 유효폭 안전여부 검토에 있어서 가장 불리한 스트럿 BD에 대해 유효폭이 콘크리트 단면을 벗어나지 않고 안전하고, 스트럿 AB와 CD의 요구폭의 합이 허용치(스트럿 BD의 길이)를 벗어나고 있지 않으므로, 스트럿과 절점영역은 안전하다.

⑤ 본 예제와 같이 닫힘모멘트가 작용하는 우각부에서 기둥과 보의 깊이가 비슷한 경우 $(2/3<H_v/H_h<3/2)$, 보-기둥 접합부 내의 전단철근설계와 정착길이 검토는 수행하지 않아도 되며, 보의 모든 인장철근은 그림 E6.12의 보강철근 배근상세처럼 우각부 주위에서 구부려서 배치해야 한다.

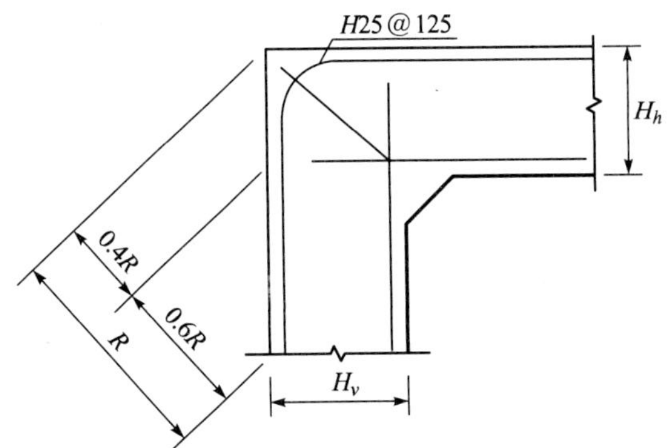

그림 E6.12 우각부 보강 철근의 배근상세도

(6) 배력철근량의 산정

배력철근량의 규정[도로교설계기준(한계상태설계법, 2012) 5.10.5.3]

집중하중으로 작용하는 윤하중을 수평방향으로 분산시키기 위해, 배력철근량 A_s는 정모멘트에 의해 소요되는 주철근량 A_s에 대해 다음과 같이 계산한 백분율을 적용한다.

주철근이 차량진행방향에 평행일 때

$$\frac{55}{\sqrt{L}} = \frac{55}{\sqrt{12.7}} = 15.43 \leq 50\% \qquad \text{O.K.}$$

여기서, L은 슬래브의 지간(m)이다. 배력철근량은 온도변화 및 건조수축에 소요되는 철근량 이상이어야 한다.

최소온도 및 건조수축 철근량[도로교설계기준(한계상태설계법, 2012) 5.10.15.2]

$$A_{s,\min} = 0.75A_g/f_y = \frac{(0.75)(1,000)(700)}{400} = 1,312.5\text{mm}^2$$

그러므로 필요 배력 철근량 $A'_{s,req}$

$$A'_{s,req} = \frac{55}{\sqrt{L}}(A_s) \times \frac{1}{100} = \frac{(15.43)(4,054)}{100} = 625.5\text{mm}^2$$

사용 배력철근 H16@150($A_s' = 1,320\text{mm}^2$)

이는 $A_s' \geq A_{s,\min}(= 1,312.2\text{mm}^2)$을 만족하고

$$\left(\frac{A_s'}{A_s}\right) \times 100\left(= \frac{1,320}{4,054} \times 100 = 32.56\%\right) < 50\% \text{ 이므로} \qquad \text{O.K.}$$

(7) 브래킷(내민 받침부) 설계

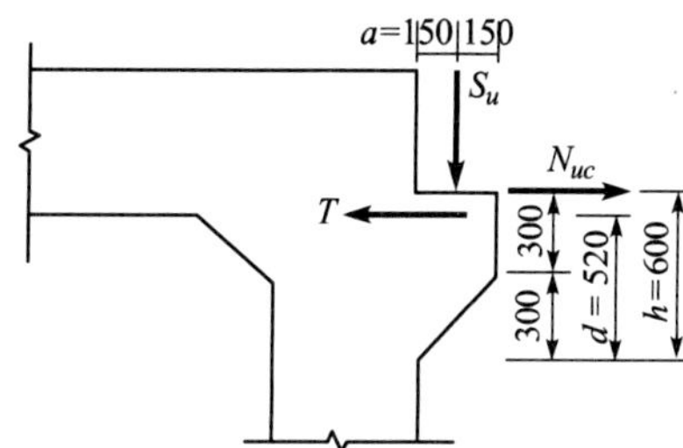

그림 E6.13 브래킷의 제원과 주인장력(T)

$$\frac{a}{d}=\frac{150}{520}=0.29<1$$

따라서 브래킷의 강도는 전단으로 지배되고, 브래킷을 설계하는데 있어서 전단설계는 전단마찰이론에 의한다.

1) 상부에서의 반력

$$S_{DC}=29.16\text{kN},\quad S_{LL}=90.70\text{kN}$$

2) 브래킷의 자중

$$\frac{(0.3+0.6)}{2}\times 0.3\times 25=3.38\text{kN}$$

3) 설계하중(계수하중에 의한 단면전단력)

$$S_u=\Sigma\eta_i r_i q_i=(1.0)(1.25)(29.16+3.38)+(1.0)(1.8)(90.70)=203.94\text{kN}$$

$$N_{uc}=0.2S_u=(0.2)(203.94)=40.79\text{kN}$$

4) 단면설계

$$A_{vf}=\frac{S_u}{\mu f_{yd}}=\frac{(203.94)(10^3)}{(1.4)(360)}=404.64\text{mm}^2$$

여기서, 일체로 친 일반콘크리트의 마찰계수 $\mu=1.4$이다.

$$A_n=\frac{N_u}{f_{yd}}=\frac{(40.79)(10^3)}{360}=113.31\text{mm}^2$$

$$A_f=\frac{M_u}{f_{yd}\left(d-\frac{a_1}{2}\right)}$$

여기서, $M_u = S_u a + N_u(h-d)$

$= (203.94)(0.15) + (40.79)(0.6-0.52)$

$= 33.85\text{kN}\cdot\text{m}$

$$a_1 = \frac{f_{yd}A_f}{\eta f_{cd} b} = \frac{(360)A_f}{(1.0)(15)(1,000)} = 0.024A_f$$

따라서

$$A_f = \frac{(33.85)(10^6)}{(360)\left(520 - \frac{0.024A_f}{2}\right)}$$

$$187,200A_f - 4.32A_f^2 = (33.85)(10^6)$$

$$\therefore A_f = 181.58\text{mm}^2$$

그러므로 브래킷 상부에 배치해야 할 주인장 철근량 A_{s1}는 다음과 같다.

$$A_{s1} = A_n + A_f = 113.31 + 181.58 = 294.89\text{mm}^2$$

최소 주인장 철근량 $A_{s1,\min} = 0.04(f_{ck}/f_y)(bd) = (0.04)(27/400)(1,000)(520)$

$= 1,404\text{mm}^2 > \text{A}_{s1}$ 이므로,

사용된 철근은 H22@250($A_{s1} = 1,550\text{mm}^2$)이다.

$\dfrac{a}{h} = \dfrac{150}{600} = 0.25 < 0.5$ 이므로

전단마찰철근, 즉 폐합스트럽 $A_{vf}(=A_h)$는 $A_h \geq 0.25A_{s1}$ 이어야 한다.

$$A_h(=A_{vf}) = 404.64\text{mm}^2 > (0.25)(A_{s1}) = 387.5\text{mm}^2 \qquad \text{O.K.}$$

그러므로 사용철근은 H16−2LEG(2EA)

$A_h = 794.4\text{mm}^2$ 이다.

이 경우 폐합스트럽 $A_h(=A_{vf})$는 주인장 철근 A_{s1}에 나란하게 등간격으로 배치한다.

(8) 가정 단면에 대한 처짐 및 균열, 피로검토

1) 직접 처짐 계산을 생략하는 경우에 대한 슬래브 중앙의 한계 지간/깊이 비$(l/d)_{\text{lim}}$을 살펴보면 다음과 같다.

$l = 12,700\text{mm}$

$d = 640\text{mm}$

$\rho = \dfrac{A_s}{bd} = \dfrac{4{,}054}{(1{,}000)(640)} = 0.0063$: 슬래브 중앙의 인장철근비

$\rho_o = \sqrt{f_{ck}} \times 10^{-3} = \sqrt{27} \times 10^{-3} = 0.0052$: 기준철근비

$\rho' = \dfrac{As'}{bd} = 0$: 슬래브 중앙의 압축철근비

$k = 1.5$: 슬래브 내측지간의 기본 지간/유효깊이 비

$\rho > \rho_o$이므로

$$\left(\frac{l}{d}\right)_{\lim} = k\left[11 + 1.5\sqrt{f_{ck}}\frac{\rho_o}{\rho - \rho'} + \frac{1}{12}\sqrt{f_{ck}}\sqrt{\frac{\rho'}{\rho_o}}\right]$$

$$= 1.5\left[11 + 1.5\sqrt{27}\left(\frac{0.0052}{0.0063 - 0}\right) + \frac{1}{12}\sqrt{27}\sqrt{\frac{0}{0.0052}}\right]$$

$$= 26.15$$

$$\frac{l}{d} = \frac{12{,}700}{640} = 19.84 < \left(\frac{l}{d}\right)_{\lim} \qquad \text{O.K.}$$

따라서 직접 처짐계산에 의한 처짐검토는 필요 없다.

2) 한계상태설계법에 의한 균열 검토

① 슬래브-지점부(상연)

균열 발생 후의 모든 하중단계에서 설계균열폭 w_k

$$w_k = l_{r,\max}(\varepsilon_{sm} - \varepsilon_{cm})$$

여기서, $\varepsilon_{sm} - \varepsilon_{cm} = \dfrac{f_{so}}{E_s} - 0.4\dfrac{f_{cte}}{E_s \rho_e}(1 + n\rho_e) \geq 0.6\dfrac{f_{so}}{E_s}$

f_{so} : 균열면에서 계산한 철근 인장응력으로, 일반적으로 철근의 항복강도 f_y를 사용하나 더 엄격하게 계산하여 항복응력보다 작은 계산값을 사용할 수 있음(본 예제의 경우에 계산된 f_{so}=173.22MPa임)

f_{cte} : 첫 균열이 발생할 때 유효한 콘크리트 인장강도로, $t \geq 28$일에서의 콘크리트 평균인장강도 f_{ctm}을 사용함

(본 예제의 경우, $f_{cte} = f_{ctm} = 0.3(f_{cm})^{\frac{2}{3}} = 0.3(27 + 4)^{\frac{2}{3}} = 2.96\text{MPa}$임)

n: 탄성계수비$\left(= \dfrac{E_s}{E_c} = \dfrac{200,000}{24,500} = 8\right)$

ρ_e : 유효철근비$\left(= \dfrac{A_s}{A_{cte}} = \dfrac{4,054}{(2.5d_c)(b)} = \dfrac{4,054}{(2.5)(80)(1,000)} = 0.02\right)$

$l_{r,\max}$: 최대 균열간격$\left(= 3.4c_c + \dfrac{0.425k_1k_2d_b}{\rho_e}\right)$

c_c : 최외단 인장철근 표면과 콘크리트 표면사이의 최소 피복두께

$$\left(c_c = d_c - \frac{d_b}{2} = 80 - \frac{25.4}{2} = 67.3\text{mm}\right)$$

d_b : 인장철근의 지름(=25.4mm)

k_1: 이형철근의 부착에 따른 계수(=0.8)

k_2: 부재의 하중작용에 따른 계수(=휨모멘트를 받는 부재는 0.5)

따라서

$$\begin{aligned}\varepsilon_{sm} - \varepsilon_{cm} &= \frac{f_{so}}{E_s} - 0.4\frac{f_{cte}}{E_s\rho_e}(1 + n\rho_e)\\ &= \frac{173.22}{200,000} - 0.4\frac{2.96}{(200,000)(0.02)}[1 + 8(0.02)]\\ &= 0.0005 \ \geq \ 0.6\frac{f_{so}}{E_s}(= 0.0005)\end{aligned}$$

$$\begin{aligned}l_{r,\max} &= 3.4c_c + \frac{0.425k_1k_2d_b}{\rho_e}\\ &= (3.4)(67.3) + \frac{(0.425)(0.8)(0.5)(25.4)}{0.02}\\ &= 444.72\text{mm}\end{aligned}$$

그러므로 직접 계산에 의한 균열폭(설계균열폭)은 다음과 같다.

$w_k = l_{r,\max}(\varepsilon_{sm} - \varepsilon_{cm}) = (444.72)(0.0005) = 0.22\text{mm} <$ 허용균열폭

$w_a = 0.3\text{mm}$ O.K.

3) 피로 검토(슬래브 중앙부)

피로한계상태를 검토하는데 적용하는 피로설계트럭하중은 표준트럭하중의 80%에 0.75의 하중계수를 곱한 활하중 영향을 피로하중으로 규정하고 있고, 충격하중도 피로하중에 고려된다.

$n = E_s / E_c = 8$

$\rho = \frac{A_s}{bd} = \frac{4,054}{(1,000)(640)} = 0.0063$

$k = -n\rho + \sqrt{(n\rho)^2 + 2n\rho}$

$\quad = -(8)(0.0063) + \sqrt{(8 \times 0.0063)^2 + (2)(8)(0.0063)}$

$\quad = 0.2711$

$j = 1 - (k/3) = 1 - (0.2711/3) = 0.9096$

$M_{max} = 376.03$

$M_{min} = 163.07$

$M_{max} = A_s f_{max} jd = (\rho bd) f_{max} jd$

$\therefore f_{max} = \frac{M_{max}}{\rho bjd^2} = \frac{(376.03)(10^6)}{(0.0063)(1,000)(0.9096)(640)^2} = 160.20\text{MPa}$

$f_{min} = \frac{M_{min}}{\rho bjd^2} = \frac{(163.07)(10^6)}{(0.0063)(1,000)(0.9096)(640)^2} = 69.47\text{MPa}$

따라서

$f_{fat} = f_{max} - f_{min} = 160.20 - 69.47$ O.K.

$\quad = 90.73\text{MPa} < 166 - 0.33 f_{min} = 166 - 0.33 \times 69.47 = 143.07\text{MPa}$

(9) 주철근 조립도

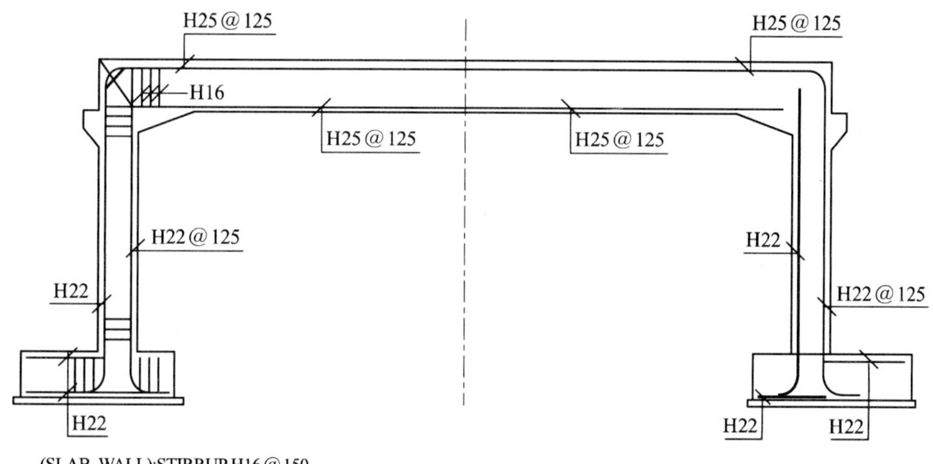

그림 E6.14 본체

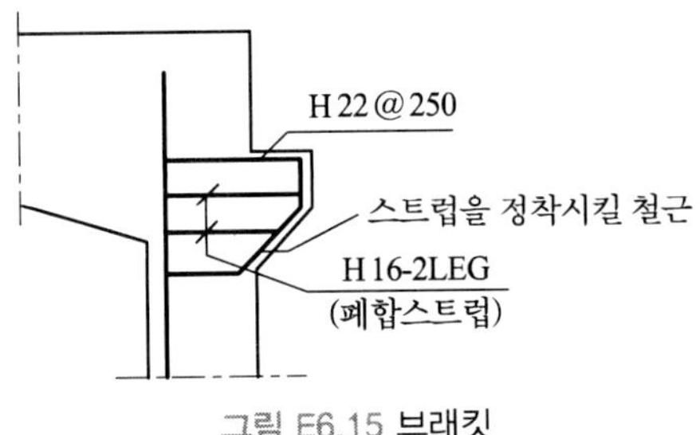

그림 E6.15 브래킷

6.6 연속 거더교

6.6.1 일반사항

주거더가 연속보로 된 교량을 연속 거더교(continuous girder bridge)라고 한다. 철근콘크리트교의 대부분은 연속 거더교가 가능하다. 여기서는 연속 거더교에서 특별히 고려해야 할 사항에 대해서만 언급한다.

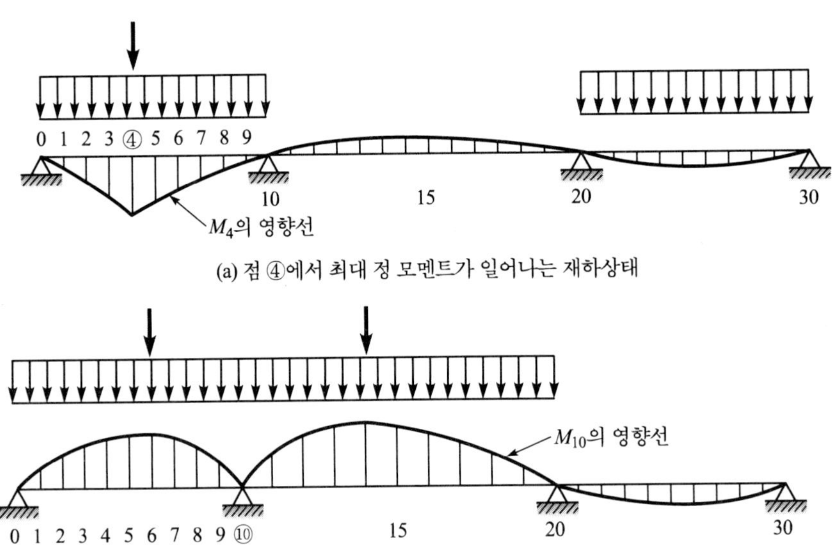

그림 6.6.1 연속보의 재하방법

6.6.2 설계일반 및 구조해석

(1) 활하중의 재하방법

활하중은 생각하는 단면에 가장 불리한 응력 상태가 되도록 재하해야 한다. 그러기 위해서는 연속보의 영향선을 이용해야 한다. 예를 들어 그림 6.6.1(a)는 제1지간의 ④점의 정모멘트가 최대로 되도록 차량활하중을 재하한 경우이고 그림 6.6.1(b)는 중간지점 ⑩의 부모멘트를 최대로 되도록 재하한 경우를 보인 것이다.

(2) 중간지점의 설계모멘트

연속 거더교의 중간지점의 휨모멘트도는 이론상으로는 그림 6.6.2에 보인 것처럼 뾰족하게 되지만 실제로는 받침부의 폭·주거더의 높이·가로보 등의 영향을 받아서 지점반력 R이 어떤 폭 a에 분포하기 때문에 그림처럼 둥글게 된다. 그래서 도로교설계기준은 중간 받침부의 주거더의 설계모멘트로서 다음 식 (6.6.1)의 M_1을 주고 있다.

$$M_1 = M - \frac{wa^2}{8} \geq 0.9M \qquad \text{식 (6.6.1)}$$

여기서, M_1 : 중간 받침부 주거더의 설계모멘트

M : 중간지점의 이론 모멘트

$w = \dfrac{R}{a}$

R :중간지점의 반력

a : 교축방향에 대한 반력의 분포 폭

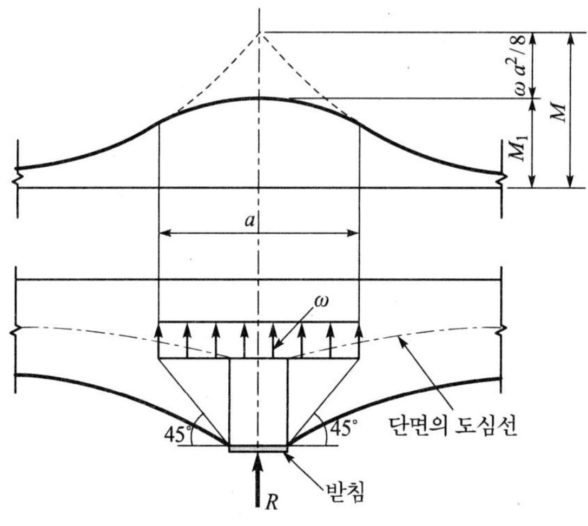

그림 6.6.2 중간지점의 휨모멘트

중간 받침부에서 주거더의 하면에는 지점반력이 직접 작용하기 때문에 계산으로 구한 휨응력보다 큰 응력이 작용한다. 그러므로 이 부분에는 가외철근을 충분히 배치해야 한다. 연속교에서 고정받침은 될 수 있는 대로 중앙에 가까운 지점에 두는 것이 좋다.

CHAPTER

07

프리스트레스트 콘크리트 교량

7.1 개설

7.2 PSC 합성 거더교

7.3 PSC 슬래브교

7.4 PSC 박스거더교

7.1 개설

콘크리트 구조부재는 철근에 의해 콘크리트 인장강도의 약점을 보강한 철근콘크리트(Reinforced Concrete:RC) 부재에 프리스트레싱에 의해 부재에 작용하는 휨인장력에 저항할 만한 압축력을 사전에 작용시켜주는 프리스트레스트 콘크리트(Prestressed Concrete:PSC) 부재로 대별된다.

PSC의 개념은 "외력에 의해 일어나는 응력을 소정의 한도까지 상쇄할 수 있도록 미리 인공적으로 그 응력의 분포와 크기를 정하여 내력을 준 콘크리트"라고 정의할 수 있으며, 이러한 개념에 바탕을 둔 초기 PSC보의 개발은 19세기말에 이루어졌다. 1888년 독일의 W. Dring은 슬래브·보·판재재료에 대해 프리스트레스트 와이어 배치를 이용하여 균열을 감소시키는 기술로 특허를 출원하였다. 그러나 프리스트레스트 콘크리트에 관련된 기술은 Freyssinet의 연구 이전에는 교량에 대한 적용성에 대해서는 거의 인식되지 않았으며 다양하게 적용되지도 않았다. PSC의 당초 목적은 균열을 방지하고 바람직하지 않은 변형을 방지하고자 함이었으며, Freyssinet는 이를 이용하여 1928년~1936년 사이에 콘크리트의 응력주입 기술에 대해 연구하여 프리스트레스 주입잭과 정착에 관련된 특허를 출원하였다. 그는 교량과 건축에 이 기술을 접목시키고자 노력하였으며, 고강도 와이어와 콘크리트의 부착을 확실히 함으로써 이를 개량시켰고, 여러 가지 실험적인 노력으로 이를 구체화하게 되었다. 이 Freyssinet의 아이디어는 수십 년 동안 PSC분야의 근간을 이루며 발전되어 왔다. 그 결과로 다양한 프리스트레싱 기술이 개발되었으며 이로 인하여 현장타설 콘크리트에 PSC의 정착이 가능하게 되었다.

제2차 세계대전 이후 강재의 부족으로 PSC는 비약적으로 발전하였고 이로 말미암아 건설분야에서는 RC보다 더 다양하게 이용되게 이르렀다. 예를 들면 보통지간의 교량 대부분이 PSC교로 시공되어 있고 건물은 조립식 구조를 비롯하여 넓은 공간을 요구하는 쉘·평판 등에도 PSC가 이용되고 있다. Guyon은 일찍이 "PSC에 의해 해결할 수 없는 구조문제는 아마도 없을 것이다."라고 말한 바 있다. 최근의 PSC의 발전추세와 응용범위를 볼 때 그의 견해가 옳았음을 알 수 있다.

우리나라에서의 RC 부재의 도입은 20세기 초반부터이며 PSC 부재가 처음으로 채용된 것은 1950년대 이후이다. 그 후 점차로 PSC교량의 시공이 증대되어 왔고, 무엇보다도 PSC는 RC가 가지는 균열의 발생과 이로 말미암은 철근의 부식 등에 의한 내구성이 저하되는 약점을 보강할 수 있고 부재단면도 RC에 비해 작게 할 수 있기 때문에 오늘날에는 25m 이상의 지간을 가지는 콘크리트 교량은 대부분 PSC교로 시공되는 것이 보편화되었다. 그리고 포스트텐션 공법의 발전과 시공법의 발전은 장지간 및 장대 PSC교의 출현을 가능하게 하였다. 그 결과 PSC 교량은 외관과 경제성 면에서 종래의 장대 강교와 경쟁하기에 이르렀다.

PSC의 특징

(1) PSC와 RC의 비교

PSC 교량의 구조적 특성을 사용성 · 안정성 · 경제성 등과 관련하여 RC 교량과 비교하여 설명하면 다음과 같다.

- PSC는 균열이 발생하지 않도록 설계되기 때문에 내구성 및 수밀성이 좋으며 충격하중 및 반복하중에 대한 저항력도 RC보다 크다.
- PSC구조에서는 전단면을 유효하게 이용할 수 있을 뿐 아니라 복부폭이 RC에 비해 얇으므로 자중이 가벼워 장대교량이나 큰 하중을 받는 교량에 적당하다. 또한 PCS구조는 날씬(slender)하므로 외관이 아름답다.
- PSC부재의 처짐은 작고, 또 프리스트레싱에 의한 솟음 때문에 고정하중을 받을 때의 처짐도 작다. 균열이 발생하지 않기 때문에 콘크리트의 전단면을 이용할 수 있어 단면2차모멘트는 균열이 발생한 단면에 비해 2~3배로 되어 활하중에 의한 처짐도 작다.
- PSC 구조는 프리스트레싱 작업 때 강재와 콘크리트가 최대응력을 받으며 공용중의 콘크리트의 응력은 그보다 작으므로 안전성이 높다고 할 수 있다.
- 포스트텐션 방식을 이용하면 프리캐스트 부재의 연결시공이 가능하고 현장치기 PSC의 경우, 이어대기 시공이나 분할시공이 가능하므로 캔틸레버식 시공 등이 교량에 많이 이용된다.
- PSC는 RC에 비해 강성이 작아서 변형이 크고 진동하기 쉽다.
- 고강도 강재는 고온에 접하면 갑자기 강도가 감소하므로 PSC는 RC보다 내화성이 있어서는 불리하다.
- PSC는 RC에 비해 응력이나 안전성을 검토할 단계가 많을 뿐 아니라 하중의 크기나 방향에 민감하므로 설계 · 제조 · 운반 · 시공에 있어서 세심한 주의가 필요하다.
- PSC는 고강도의 재료를 사용하므로 같은 설계하중에 대해 RC보다 재료는 절약되지만 단가가 비싸지고 정착장치 · 쉬스 등의 부속재료 및 그라우팅 비용 등이 추가된다.

PSC의 기본개념

PSC의 원리는 다음과 같은 3가지 서로 다른 개념에 의해 설명할 수 있다. 이 3가지 개념을 이해한다는 것은 매우 중요하다. 이들 개념을 이해하고 있으면 PSC 구조물을 효율적으로 설계할 수 있고, 또 잘 조화시킬 수 있다.

(1) 등가균질보의 개념

등가균질보의 개념은 콘크리트에 프리스트레스를 도입하면 콘크리트가 탄성재료로 전환된다는 개념으로 응력개념으로도 알려져 있으며 가장 널리 통용되고 있는 PSC의 기본 개념이다. 이 개념은 인장에 약하고 압축에 강한 콘크리트가 프리스트레싱에 의해 압축됨으로써 취성재료인 콘크리트는 탄성재료로 변환되어 인장응력에 견딜 수 있게 된다고 생각하는 것이다. 이렇게 되면 콘크리트에는 인장응력이 작용하지 않으므로 균열이 발생하지 않으며 탄성재료로 되는 것이다. 따라서 PSC의 응력해석이나 설계는 탄성이론에 따를 수 있게 된다.

이 개념에 따르면 콘크리트는 두 종류의 힘을 받게 된다. 하나는 프리스트레싱에 의한 힘이고 다른 하나는 하중에 의한 힘이다. 따라서 하중에 의한 인장응력이 프리스트레싱에 의한 압축응력에 의해 상쇄될 수 있으므로 하중에 의한 콘크리트의 균열을 막을 수 있다. 콘크리트에 균열이 발생하지 않는 한 하중과 프리스트레싱에 의해 일어나는 응력·변형률·처짐 등을 각각 따로 계산할 수 있으며 필요한 경우에는 이들을 합산할 수 있다.

(2) 내력모멘트의 개념

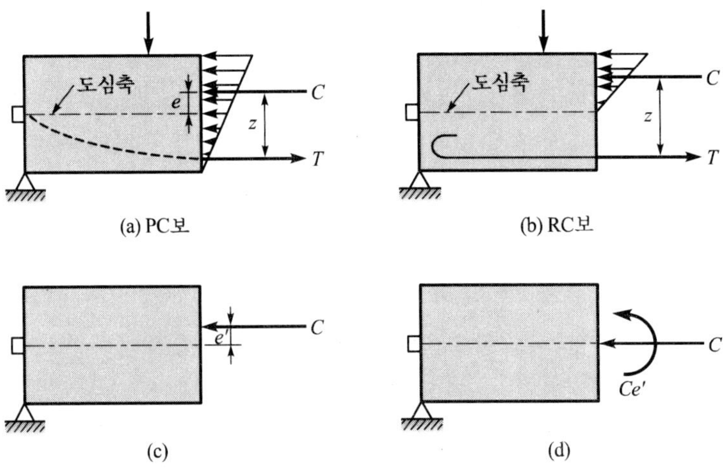

그림 7.1.1 내력모멘트의 개념

이 개념은 그림 7.1.1과 같이 PSC를 RC와 같이 생각하여 콘크리트는 압축력을 받고 긴장재는 인장력을 받게 하여 두 힘의 우력 모멘트로 외력에 의한 휨모멘트에 저항하도록 한다는 생각이며 강도개념으로 알려져 있다.

PSC에서는 고강도 강재를 사용하는데 고강도 강재는 그 강도가 다 발휘되기 전에 상당히 늘어날 수 있어야 한다. 고강도 강재를 RC와 같이 단순히 콘크리트 속에 묻어 넣는다면 그 강재가 모든 강도를 발휘하기 전에 그 둘레의 콘크리트에는 균열이 발생한다. 그래서 콘크리트를 위하여 강재를 미리 긴장해둘 필요가 있다. 콘크리트에 대해 강재를 미리 긴장하여 정착하면 원하는 응력과 변형도를 두 재료에 일어나게 할 수 있다. 즉, 콘크리트에 압축응력, 강재에 인장응력을 줄 수 있다. 이러한 조합작용은 RC에서 이룰 수 없었던 두 재료의 안전하고 경제적인 이용을 가능하게 한다. 즉, PSC는 고강도 강재를 사용하여 균열의 발생을 방지할 수 있게 한 RC의 일종이라고 할 수 있다. 또한 이 개념은 PSC보의 극한강도를 결정하는데도 이용된다.

(3) 하중평형의 개념

이 개념은 프리스트레싱의 작용과 부재에 작용하는 하중을 비기게 하자는 데 목적을 둔 생각으로서 등가하중의 개념이라고도 한다.

프리스트레싱의 작용이 연직하중과 비긴다면 슬래브나 보와 같은 휨부재는 주어진 하중작용 하에서 휨응력을 일으키지 않게 된다. 결국 휨부재를 축방향의 직응력만을 받는 부재로 전환시키게 되어 복잡한 구조물의 설계와 해석을 매우 단순화시킨다. 이 경우 긴장재는 마치 현수교의 케이블과 같은 구실을 한다. 이 개념에서는 콘크리트를 자유물체도로 보아야 하고, 또 긴장재는 콘크리트에 작용하는 힘으로 바꾸어 놓아야 한다.

하중단계에 따른 PCS의 거동

PCS부재는 일반적으로 3단계에 걸쳐 응력을 받는다. 즉, 제조과정인 초기단계에서는 프리스트레싱의 힘을 받고, 중간단계인 운반과정에서 받는 힘이 있으며, 완성 후인 최종단계에서는 설계하중을 받는다. 따라서 설계 · 제조 · 운반 등을 위하여 각 하중단계 때마다 PSC부재의 응력을 검토해야 한다.

(1) 초기단계

이 단계는 PSC부재를 제조하는 과정, 특히 프리스트레싱을 실시한 직후의 응력상태로서 다음과 같이 구분된다.

① 프리스트레싱 전 단계 : 이 단계의 PSC는 무근 콘크리트와 같아서 매우 약하다. 따라서 양생에 주의해야 하며 온도의 갑작스러운 변화를 피하여 균열을 방지해야 한다.

② 프리스트레싱 작업 중인 단계: 이 단계는 강재가 그 수명동안 받을 인장응력 중 가장 큰 응력을 받을 시기이다. 이때 콘크리트에서도 정착부에 대한 지압강도는 매우 크며 콘크리트의 재령이 어린 단계인데 반하여 받는 프리스트레스는 최대이므로 콘크리트의 품질이 좋지 않으면 정착부에서 콘크리트의 파괴가 일어날 수 있다. 비대칭 프리트스레싱을 할 경우는 예정 이상의 프리스트레스를 넘는 응력이 콘크리트에 일어날 수가 있으므로 프리스트레싱 작업 이전에 긴장재의 긴장순서를 미리 검토하여 정해두어야 한다.

③ 프리스트레싱 직후 : 이 단계에는 프리텐션 부재의 경우 인장대의 PS강재 정착부를 풀어주는 작업만으로 프리스트레스가 도입되며, 포스트텐션 부재의 경우 여러 개의 긴장재가 배치되므로 긴장작업은 몇 회에 걸쳐 실시되며 점진적으로 프리스트레스가 도입되게 된다. 이때는 초기 프리스트레스 단계로 콘크리트의 재령이 어린 상태이므로 콘크리트에 위험상태를 가져올 수 있으며 경우에 따라서는 이 단계가 부재의 설계를 지배하기도 한다.

④ 재긴장 단계 : PSC부재는 때에 따라 재긴장이 있을 수 있다. 이때에는 2번 또는 그 이상의 단계로 프리스트레싱이 실시된다. 보통의 경우는 콘크리트의 건조수축과 크리프에 의한 프리스트레스의 감소량을 적게 하기 위하여 이미 긴장한 긴장재를 다시 더 긴장하는 경우이며, 설계에 따라 초기 자중 외에 추가 고정하중이 발생할 때 나머지 긴장재를 추가로 긴장하는 경우도 있다. 이때는 단계별로 응력상태를 검토해야 한다.

(2) 중간단계

이 단계는 프리캐스트의 PSC부재를 운반하고 시공하는 과정에서 일어나는 응력상태이다. 소정의 프리스트레싱 작업이 완료된 직후의 PSC부재는 프리스트레스와 자중에 의한 휨응력의 합성응력이 작용하는 상태에 있다. 그러므로 운반하고 취급하는 과정에서 부재에 위험한 응력이 일어나지 않도록 주의해야 한다.

또 부재는 시공 후에 재하되는 고정하중이 위치에 따라서도 위험한 응력이 일어나는 수가 있다. 예를 들면 내민 부분을 가지는 FCM(Free Cantilever Method) 공법으로 시공하는 교량에서 F/T(Form Traveller) 등에 의해 고정하중이 부분재하되면 인장응력이 발생하는 지점 부근에서 균열이 일어날 수가 있다.

(3) 최종단계

이 단계는 전 설계하중이 작용할 때의 응력상태이다. 이 단계에서는 고정하중과 활하중의 가장 불리한 조합을 고려해야 하며, 때로는 풍하중·지진하중과 같은 횡방향 하중과 지점의 침하·온도변화의 영향 등을 고려해야 한다.

일반적으로 구조물에 전 설계하중이 작용하는 시기는 프리스트레스 도입 후 몇 개월 정도 후이다. 이 시기에는 콘크리트에 건조수축, 크리프 및 PS강재의 릴렉세이션 등으로 인하여 최초에 PS강재에 준 인장력이 감소하게 된다. 이러한 감소 후 긴장재에 남아 있는 인장력을 유효인장력이라고 하며, 이때 콘크리트에 작용하는 실제 남아있는 프리스트레스를 유효 프리스트레스라고 한다. 따라서 이 단계에서는 유효 프리스트레스에 대해 검토해야 한다.

보통의 경우 PS강재는 프리스트레싱 직후에 가장 큰 응력을 받고 전 설계하중이 작용하더라고 그 인장력의 증가는 초기 인장응력을 넘는 일이 없으므로 유효 인장응력의 증가량만을 계산하여 PS강재의 인장응력을 검토하면 된다.
최종단계에서는 설계하중에 관한 응력은 물론이고 균열과 파괴에 대한 안전도도 검토해야 한다.

PSC 교량의 형식

PSC 교량의 일반적인 형식은 합성 거더교·슬래브교·박스거더교·사장교·아치교·라멘교 등으로 분류될 수 있으며 국내에서는 주로 합성 거더교·슬래브교·박스거더교·사장교 등이 사용되고 있다.

교량의 형식은 보통 지간의 길이·형고비·주위경관·지형조건 등을 감안하여 결정된다. 일반적으로 지간의 길이에 따라 짧은 지간의 교량, 보통 지간의 교량, 장지간을 가지는 교량 등으로 분류될 수 있으며 짧은 지간을 가지고 낮은 형고비가 필요할 경우 PSC 슬래브교, 보통 지간을 갖는 경우는 PSC 합성 거더교, 장지간을 가지며 시공이 난이하여 특수 시공법이 필요한 경우는 PSC 박스거더교의 형식이 적용되고 있다. 이러한 교량 형식별로 그 특징을 비교하면 표 7.1.1과 같다.

한편 장경간을 가지는 박스거더 교량의 경우는 특수 시공법을 이용하여 세그먼트별로 제작되어 시공되는 경우가 많다. 시공법별 일반적인 특징은 표 7.1.1에 나타나 있으며 기타 자세한 내용은 14장 상부구조의 시공에 설명되어 있다.

표 7.1.1 교량형식별 특징

	장점	단점	적용지간(m)
PSC 슬래브교	형고가 낮고 균열안전율이 크며, 거푸집 작업이 간단하고 시공이 용이하다.	타 형식에 비해 고정하중이 커서 장지간 적용이 어렵다.	10~30
PSC 합성거더교	일반적으로 프리캐스트 부재를 이용하므로 시공이 빠르고 저가로 할 수 있으며 현장타설로 바닥판을 시공하므로 선형변화에 유연하다.	타 형식에 비해 거더높이가 비교적 높아 형하공간에 제약을 받는 곳에 적용하기 어려우며 횡방향 강성이 작아 이에 대한 검토가 필요하다.	20~40
PSC 박스거더교	비틀림 및 단면의 종·횡방향 강성이 크고 여러 가지 시공방법을 적용할 수 있어 장경간에 적용이 가능하다.	콘크리트 타설 및 거푸집 거치가 비교적 복잡하고 시공비가 타 형식에 비해 많이 든다.	40~100

표 7.1.2 시공법별 특징

구분	동바리공법 (FSM)	연속압출공법 (ILM)	이동식 지보공법 (MSS)	캔틸레버공법 (FCM)
직접공사물량	높이가 20m 이상이고 동바리를 500개 이상 필요로 할 때는 비경제적임.	시공 시 부모멘트가 발생되므로 이를 위한 프리스트레싱이 필요함.	수심이 깊은 곳 등에서도 동바리가 필요 없으며 지면에 접한 곳에서는 이동식 지보공이 가능함.	주두부에서 캔틸레버에 의해 과대한 부모멘트가 생기므로 추가 프리스트레싱이 필요함.
가설공사	가설공사비는 저렴하며 일괄시공법과 분할시공법으로 분류된다. 경간의 변화 및 선형이나 폭원에 대한 제한이 없으며 PSC 박스거더교 중 소교량에 적합한 형식이다.	가설공사비는 저렴한 편이며 일반적으로 1/2~1/3 지간장의 철재거푸집을 교대 뒤 조립장에서 제작하여 사용된다. 추진코와 추진장비, 전용시공받침이 필요하다.	1지간장의 이동 거푸집과 그 양측의 추진코 및 교각에 붙은 시공받침이 필요하다. 이동식지보의 제작비가 고가이므로 경간장이 길수록 유리하다.	가설공사비가 타 가설공법에 비해 비교적 고가이다. 일반적으로 F/T가 2개 이상 필요하며 헌지식의 경우는 지점부에 임시 시공 고정장치가 필요하다.
최적 지간장	20~60m	30~60m	40~70m	80~200m
최적 교장	100~500m 소교량에 적합	200~600m 최대 1,160m	길수록 경제적	길수록 경제적
상부시공 속도	경간당 2~3주 소요	경간당 2~3주 소요	경간당 2~3주 소요	1세그먼트당 1주일가량 소요

특징	전구간 지보공 설치 시공으로 확실한 시공이 가능하고 종방향 박스단면의 변단면 처리가 가능하다.	제작장에서 한 분절씩 제작한 후 압출잭을 이용하여 추진한다. 추진 시 캔틸레버 모멘트를 줄이기 위해 강제 노즈를 사용한다. 계곡, 철도 등 지보공사가 어려운 곳에 사용되며 직선구간 및 일정곡률반경을 가진 구간에서만 사용 가능하다.	거푸집 자체를 이용하면서 한 지간씩 콘크리트를 타설하고 프리스트레스를 도입한다. 전단력을 고려하여 지간의 1/5지점정도에서 시공이음을 설치한다. 주로 교각 위에 브라켓을 설치하여 그 위를 이동하는 방법에 쓰인다.	교각 위(주두부)로부터 F/T를 사용하며 한 세그먼트씩 콘크리스트를 타설한 후 프리스트레스를 도입한다. 동바리공법이 불가능하나 수심이 깊거나 깊은 계곡, 선박 통행로 등에 적용된다.

7.2 PSC 합성 거더교

7.2.1 일반사항

PSC 합성 거더교는 주로 경간장이 짧고 길이가 긴 교량에서 적용되는 형식이다. 보통 적용되는 거더의 길이는 20~40m 정도이며, 이 길이가 크레인 등을 이용하여 인상 및 조립하는데 가장 용이하고 과다한 모멘트를 받지 않는다. 경간장이 40~50m 정도로 길어지고, 교량의 길이가 긴 경우에는 PSC 합성 거더교보다는 압출식 시공법이나 프리캐스트의 박스거더 교량이 더 효과적이다. 국내에서 쓰이는 일반적인 PSC 보는 25m, 30m의 한국도로공사 표준단면 프리캐스트 보를 사용한다.

일반적으로는 PSC 합성거더 형식의 교량은 프리캐스트의 PSC 보를 시공장소에 운반하여 전단연결재 등으로 현장치기 슬래브와 합성시켜서 보와 슬래브가 일치작용을 하도록 하는 방법이다. 보통 이 방법에서는 상판 슬래브를 연속슬래브로 처리하여 재료의 내구성과 승차감이 향상되도록 하고 있으나, 실제로 보가 연속이 아니고 해석도 연속으로 하지 않으므로 상판 슬래브에 생기는 부모멘트의 영향에 대해서 특별히 고려해야 한다.

교량선형 및 시공위치

PSC 보는 일반적으로 단지간에 유리하다. 특히 보의 개수가 많고 프리캐스트 합성거더

형식으로 하여 대량제작을 할 경우에는 공기와 공비를 감소시킬 수 있는 장점이 있다. 이 형식은 주로 평면선형이 직선이거나 큰 곡선반경을 가진 도로선형에 적용되며 일반적으로 시공되는 위치는 다음과 같다.

- 미관이 중요시되지 않는 장대교
- 지보공 설치에 문제가 있는 곳
- 형하고가 20m 이하의 교량
- 기초의 심도가 깊은 곳
- 높이가 높은 하천교

7.2.2 설계일반

설계 시 유의사항

PSC 보는 직선이므로 곡선평면상에 설치할 경우는 지간 중앙부 횡단면 캔틸레버의 길이의 확장으로 인하여 외측 보에 과대한 하중이 재하될 우려가 있으므로 이에 대한 충분한 검토가 필요하다.

- 캔틸레버의 길이(외측 거더 중앙에서 슬래브 끝단까지의 거리)는 거더간 거리의 1/2 이하로 되어야 하며 캔틸레버에 과대한 고정하중이나 특수하중이 재하될 경우는 주거더의 충분한 검토가 필요하다.
- 가능한 내・외측 거더의 응력이 비슷하게 될 수 있도록 단면계획의 충분한 검토가 필요하다.
- 지점부를 슬래브 연속처리할 경우 일어나는 부모멘트의 영향을 고려하여 슬래브 철근을 배근해야 한다.

설계절차

(1) 설계순서

일반적으로 PSC 합성 거더교의 설계순서는 그림 7.2.1과 같은 흐름도로 나타낼 수 있다.

(2) 설계과정

1) 설계조건

① 일반조건 : 상부 구조형식 · 프리스트레스 도입방식 · 교량의 연장 · 교량의 폭원 · 지간 · 보의 간격 · 하중조건 · 교량의 등급 등을 결정한다.

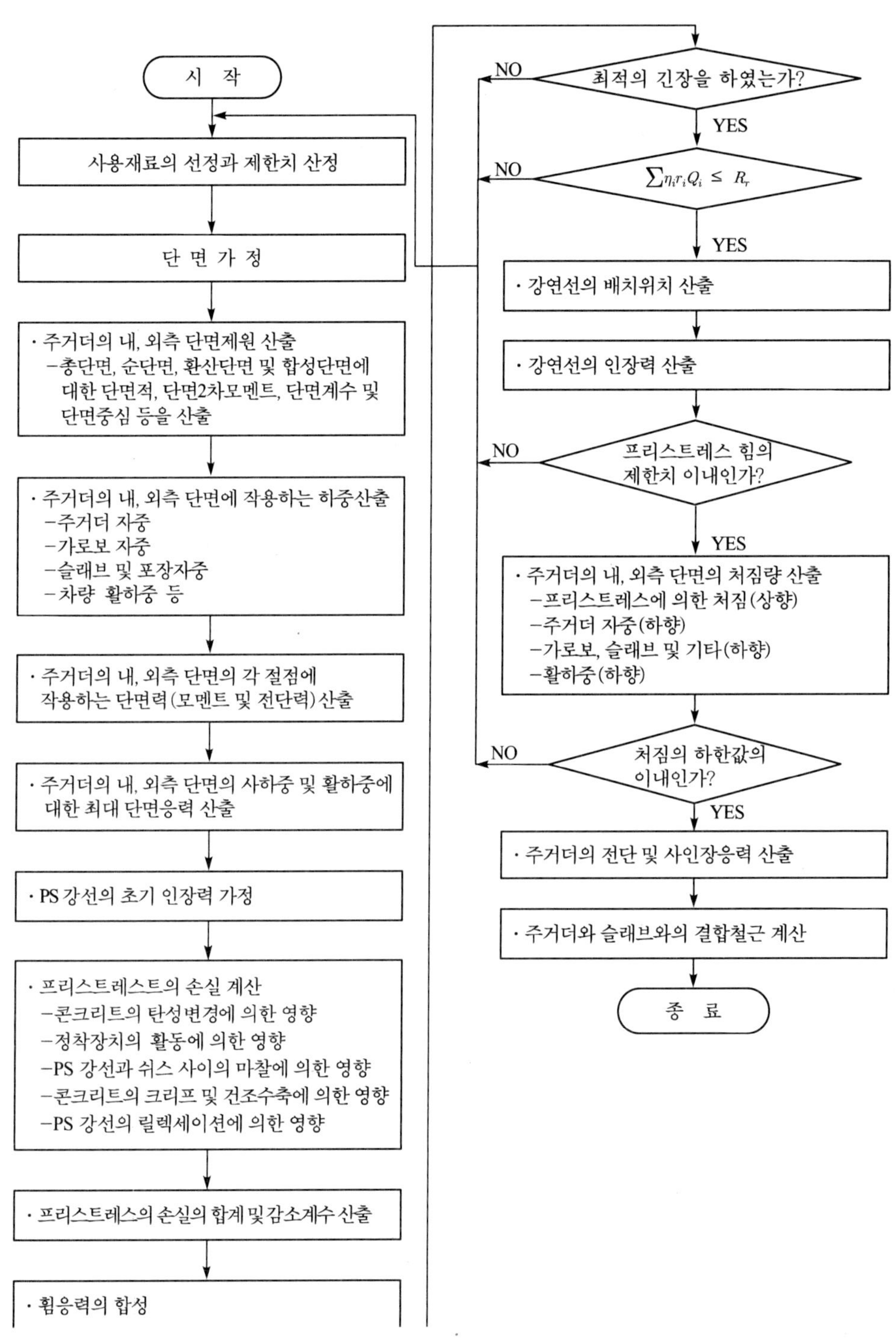
시 작
사용재료의 선정과 제한치 산정
단 면 가 정
· 주거더의 내, 외측 단면제원 산출
-총단면, 순단면, 환산단면 및 합성단면에 대한 단면적, 단면2차모멘트, 단면계수 및 단면중심 등을 산출
· 주거더의 내, 외측 단면에 작용하는 하중산출
-주거더 자중
-가로보 자중
-슬래브 및 포장자중
-차량 활하중 등
· 주거더의 내, 외측 단면의 각 절점에 작용하는 단면력(모멘트 및 전단력) 산출
· 주거더의 내, 외측 단면의 사하중 및 활하중에 대한 최대 단면응력 산출
· PS 강선의 초기 인장력 가정
· 프리스트레스트의 손실 계산
-콘크리트의 탄성변경에 의한 영향
-정착장치의 활동에 의한 영향
-PS 강선과 쉬스 사이의 마찰에 의한 영향
-콘크리트의 크리프 및 건조수축에 의한 영향
-PS 강선의 릴렉세이션에 의한 영향
· 프리스트레스의 손실의 합계 및 감소계수 산출
· 휨응력의 합성
최적의 긴장을 하였는가?
NO
YES
$\sum \eta_i r_i Q_i \leq R_r$
NO
YES
· 강연선의 배치위치 산출
· 강연선의 인장력 산출
프리스트레스 힘의 제한치 이내인가?
NO
YES
· 주거더의 내, 외측 단면의 처짐량 산출
-프리스트레스에 의한 처짐(상향)
-주거더 자중(하향)
-가로보, 슬래브 및 기타(하향)
-활하중(하향)
처짐의 하한값의 이내인가?
NO
YES
· 주거더의 전단 및 사인장응력 산출
· 주거더와 슬래브와의 결합철근 계산
종 료

그림 7.2.1 설계 흐름도

② 설계하중 : 활하중 · 포장하중 · 시공하중 · 온도변화 · 풍하중 · 지진하중 등을 결정한다. 보통 PSC 보를 설계하는 경우의 하중은 일반적인 경우의 도로교 설계 시 적용하는 하중과 같으며, 지속하는 하중의 경우 고정하중(DC, DW) · 프리스트레스힘(PS) · 시공 중 발생하는 구속응력(EL) 콘크리트의 크리프(CR) 및 건조수축(SH) 영향 · 토압(EH, ES, EV, DD), 변동하는 하중의 경우 활하중(LL, LS, PL) · 충격(IM) · 풍하중(WL, WS) · 온도변화의 영향(TU, TG) · 지진의 영향(EQ) · 정수압과 유수압(WA) · 부력과 양압력(BP) · 설하중 및 빙하중(IC) · 지반변동의 영향(GD) · 지점이동의 영향(SD) · 파압(WP) · 원심하중(CF) · 제동하중(BR) · 가설 시 하중(ER) · 충돌하중(CT, CV) · 마찰력(FR) 등을 고려한다.

③ 사용재료의 특성치와 제한치 산정

ⓐ 콘크리트 : 도로교설계기준 한계상태설계법(2015) 5.5.1.7에 의해 슬래브 콘크리트, 프리스트레스트 콘크리트 등의 설계기준강도를 산정한다.

ⓑ PS강재 : 사용할 PS강재를 선정하여 인장강도(f_{pu}) · 기준항복강도(f_{py}) · 공칭단면적(A_P) 등을 결정하고, 도로교설계기준 한계상태설계법(2015) 5.6.7에 따라 프리스트레스 도입 시, 도입 직후, 설계하중 작용 시 PS강재의 프리스트레스 긴장력 및 콘크리트 응력의 제한치를 산정한다.

ⓒ 철근: 사용할 철근의 종류를 결정하여 설계기준강도를 산정한다[도로교설계기준 한계상태설계법(2015) 5.5.2.3]. 일반적으로 슬래브 및 가로보에 사용되는 철근은 SD-400, PSC 보에 사용되는 철근은 SD-300으로 한다.

④ 물리적 상수의 산정

ⓐ 탄성계수: 콘크리트, PS강재 및 철근의 탄성계수를 산정한다[도로교설계기준 한계상태설계법(2015) 5.5.1.3, 5.5.2.2, 5.5.3.3].

ⓑ 탄성계수비: 콘크리트와 PS강재, 콘크리트와 철근의 비에 대해 프리스트레스 도입 직후, 설계하중 작용 시에 대해 각각 결정한다.

2) 단면의 가정

횡단면 및 종단면 등을 가정한다. 이때 주거더의 단면은 한국도로공사 PSC빔 표준도나 기존의 설계자료 등을 참고로 하여 결정한다.

3) 슬래브 및 캔틸레버 고정하중의 계산

캔틸레버부의 하중에 대해 합성 전(슬래브)과 합성 후(포장 · 방호벽)에 대한 고정하중을 계산하여 모멘트 팔길이를 산출한다.

4) 슬래브의 설계

① 캔틸레버부 : 우선 슬래브 및 포장에 대한 고정하중과 충격계수를 고려하여 차량활하중을 구하고, 유효지간(팔길이)을 산정[도로교설계기준 한계상태설계법(2015) 4.6.2.3(3)]한 후 고정하중과 차량활하중에 의한 계수단면력을 구한다. 이때 단부와 그 외의 부분에 대해 하중계수 및 하중수정계수를 고려하여 최대계수휨모멘트를 산정한다. 이 최대계수휨모멘트를 이용하여 캔틸레버판의 단부 및 일반부에 대해 소요철근량을 산정하고 배근한다.

② 연속부 : 고정하중 및 활하중에 대한 계수단면력을 구하여 최대 계수휨모멘트를 산정하고 캔틸레버부와 마찬가지로 철근을 배근한다. 또 배력철근도 고려해야 한다.

ⓐ 바닥판의 경간 : 단순판 및 연속판, 캔틸레버판에 작용하는 차량하중 및 고정하중에 대한 지간은 도로교설계기준 한계상태설계법(2015) 4.6.2.3 바닥판의 지간 부분을 참고로 하여 결정한다.

ⓑ 바닥판의 단위폭 1m에 대한 활하중 휨모멘트의 크기는 도로교설계기준 한계상태설계법(2015) 4.6.2.4~5의 간략 식을 사용하여 주철근이 차량 진행방향에 직각인 경우와 주철근이 차량 진행방향에 평행한 경우로 나누어 계산할 수 있다. 단, 차량바퀴의 접지면적을 고려한 정밀해석법으로 계산한 경우는 예외로 한다.

ⓒ 배력철근의 배근: 집중 윤하중을 수평방향으로 분산시키기 위하여 바닥판에는 주철근방향의 직각으로 배력철근을 배치해야 한다. 상세 내용은 도로교설계기준 한계상태설계법(2015) 5.12.5.3의 내용을 따른다.

5) 주거더의 설계

① 단면제원 : 응력 및 강도의 계산 등 설계상수로 되는 단면의 제원을 구한다. PSC 합성 거더교의 경우는 여러 가지의 하중단계를 가지므로 내측거더와 외측거더에 대해 유효폭을 산정하고 총단면 · 순단면 · PS강선 환산단면 · 슬래브를 합성한 환산단면에 대해 거더의 지간 중앙부 단면의 특성치(단면적 · 단면계수 · 단면2차모멘트 및 단면중심 등)를 구해야 한다. 국내에서는 캔틸레버부와 내측부에 발생하는 하중을 다르게 고려하므로 주거더는 내측거더와 외측거더로 분리하여 설계하게 된다. 이때 합성단면에서의 유효플랜지폭은 도로교설계기준 한계상태설계법(2015) 4.6.7.1에 따라 내측거더의 경우는 인접한 보 사이의 평균 간격(양쪽 슬래브 중심간 거리), max(복부

두께, 주거더 상부플랜지 폭의 1/2)+슬래브 평균두께의 12배, 등가지간장의 1/4 중에서 작은 값을 취하고, 외측거더 경우는 내민부분의 폭+인접한 내측거더 유효폭의 1/2, 등가지간장의 1/8+인접한 내측거더 유효폭의 1/2, max(복부 두께의 절반, 주거더 상부플랜지 폭의 1/4)+슬래브 평균두께의 6배+인접한 내측거더 유효폭의 1/2 중에서 작은 값을 취한다. 여기서, 등가지간장은 단순지지에서는 실제 지간장이고, 연속지지에서는 고정하중에 의해 발생하는 정모멘트 구간의 거리 또는 부모멘트 구간의 거리 중에서 고려하고 있는 단면이 속한 거리를 말한다.

② 고정하중: 가로보 · 주거더 · 슬래브 · 포장 · 방호벽의 자중 등 고정하중을 계산한다.

③ 고정하중에 의한 모멘트 및 전단력 : 계산된 하중값을 이용하여 하중을 적절하게 모델링하고 각각의 계산할 절점에서의 모멘트 및 전단력을 산출한다.

ⓐ 주거더 : 주거더의 콘크리트 블록(헌치 부분) 등을 고려한 주거더 전체의 자중을 고려한다.

ⓑ 슬래브 및 가로보 : 슬래브와 거더의 합성 전 단계 이후로 작용하는 고정하중이며 슬래브의 중량, 슬래브 거푸집 중량, 가로보의 중량 등을 계산한다. 이 단계에서의 하중은 동바리 설치 및 거푸집 조립에 따라, 즉 사활하중 합성인지 활하중 합성인지에 따라 다르게 고려해야 한다.

ⓒ 포장 및 방호벽 : 슬래브와 거더의 합성 후 단계에 해당하는 고정하중이며, 외측 거더는 포장과 방호벽의 자중에 대해서, 내측 거더는 포장자중에 대해서 계산한다.

- 등분포 고정하중에 의한 바닥판의 단위폭(1m)당 설계휨모멘트는 도로교설계기준 한계상태설계법(2015) 4.6.2.7의 표 4.6.2에 따른다.

④ 활하중에 의한 모멘트 및 전단력 : 도로교설계기준의 규정에 따라 발생할 수 있는 활하중을 고려하여 가장 불리하게 재하시켜 계산해야 할 각각의 절점에서의 단면력을 구한다.

⑤ 단면력의 집계 : 가장 불리하게 작용하는 휨응력 및 휨강도, 전단강도를 구하기 위하여 내측거더 및 외측거더에 대해 거더 자중, 합성전의 고정하중, 합성후의 고정하중, 활하중의 4가지 단계별로 발생하는 전단력 및 모멘트를 지간 중앙부나 지점부 등 계산해야 할 각각의 절점에 대해 정리한다.

⑥ 휨응력 : 단면에 가장 크게 발생하는 응력을 구하기 위하여 거더의 자중, 합성전의 고정하중, 합성 후의 고정하중, 활하중의 4가지 단계별로 가장 큰 모멘트가 발생하는

점의 모멘트를 구한다. 각각의 단계별로 구한 값을 단계별 단면계수로 나누어 콘크리트에 발생하는 가장 큰 휨응력을 구한다.

⑦ 프리스트레스 계산(지간 중앙 설계단면)

ⓐ 소요 PS강선 개수의 약산 : 유효계수를 가정하여 강선의 인장력을 구하고 각 강연선의 유효 응력을 가정하여 인장력을 구한다. 이를 이용하여 소요 강선의 개수를 계산한다.

ⓑ 프리스트레스 도입 직후의 응력 : 프리스트레스의 도입은 바닥판 슬래브를 타설하기 전에 이루어지므로 이 단계에서 고려되어야 할 하중은 거더의 자중과 초기손실만을 고려한 유효 프리스트레스 하중만을 고려하게 된다. 초기 손실만을 고려한 유효 프리스트레스를 구하기 위하여 우선 긴장할 초기응력을 가정하고 PS 강선의 초기손실인 강선과 쉬스 사이의 마찰에 의한 손실, 정착장치에서의 손실, 콘크리트의 탄성변형에 의한 손실을 계산한다. 이를 이용하여 콘크리트의 상연부와 하연부에서의 프리스트레스에 의한 응력을 구하고 주거더의 자중에 의한 콘크리트의 상하연부의 응력을 구하여 프리스트레스의 도입 직후의 응력을 구한다.

ⓒ 설계하중 작용시의 응력 : 설계하중이 작용하는 단계는 합성단면일 경우이며 이때는 장기손실이 일어난 후의 유효 프리스트레스를 고려해야 한다. 고려해야할 장기손실은 콘크리트의 건조수축 및 크리프에 의한 손실, PS강선의 릴렉세이션에 의한 손실 등이 있으며 이를 도로교설계기준 한계상태설계법(2015) 5.6.7.4에 따라 계산하여 유효 프리스트레스를 구한다. 이를 이용하여 위와 마찬가지 방법으로 설계하중 작용 시 콘크리트의 상하연부의 응력을 구한다.

ⓓ 설계하중 작용 시의 휨응력의 합성 : 위에 구한 프리스트레스 도입 직후와 설계하중 작용 시의 응력을 조합하여 주거더에 대해 프리스트레스와 각 단계별의 하중의 조합이 프리스트레스 긴장력 및 콘크리트 응력의 제한치의 범위 내에 있는지 검토한다. 또 바닥판 슬래브에 대해서도 응력의 제한치의 범위 내에 있는지 검토한다. 이때 조건을 만족하지 못하면 다시 단면을 새롭게 가정하고 다시 설계한다.

⑧ PS강선의 검토 : PS강선의 배치형상 및 긴장력에 대해 다음과 같은 방법으로 검토한다.

ⓐ 강선의 배치 : PS강선의 배치로부터 길이를 구하고 이를 이용하여 각 강선별 강선배치 포물선 함수를 얻는다. 이를 이용하여 각 강선별 주거더 중심으로부터의 거리에 따라 거더 하단에서의 강선 높이를 산출하여 강선의 배치형상을 얻는다.

ⓑ PS강선의 긴장력 : PS강선은 긴장 당시의 응력과 즉시 손실이 일어난 후의 응력과

의 차이는 무시할 수 있으므로 초기 손실이 일어난 후에 가장 큰 응력을 받는다고 볼 수 있다. 따라서 초기 손실인 PS강선과 쉬스 사이의 마찰에 의한 영향, 정착장치의 활동 및 정착장치 자체의 변형에 의한 영향, 콘크리트의 탄성변형에 의한 영향을 강선의 긴장순서별로 계산하여 PS강선의 긴장력을 계산한다. 이때 이 값이 강선의 프리스트레스 긴장력 및 응력의 제한치보다 작은지 검토해야 한다.

ⓒ PS강선의 신장량 : 위에서 구한 결과들을 이용하여 PS강선의 신장량을 구한다. 이를 토대로 시공 시 긴장량을 결정하게 한다.

⑨ 처짐: 발생하는 모든 휨모멘트를 고려하여 처짐값을 구한다. 우선 프리스트레스에 의해 발생하는 모멘트를 계산하고, 내측 거더 · 외측 거더에 대해 고정하중에 의한 처짐(하향), 프리스트레스에 의한 처짐(상향), 활하중에 의한 처짐(하향)을 계산한다. 그 결과가 허용 처짐값 이내에 드는지 검토한다.

⑩ 한계상태 설계휨강도에 대한 검토 : 극한한계상태 설계휨강도(계수저항) 등은 보통 휨모멘트가 가장 크게 발생하는 부분인 지간중앙단면에 대해 검토하게 된다. 최대모멘트를 받은 단면은 최종 슬래브 환산단면이므로 이때의 단면계수저항모멘트를 구하고 한계상태하중 작용 시의 휨모멘트의 값과 비교하여 검토한다. 이때 파괴응력 f_{ps}의 산정은 도로교설계기준의 규정이나 변형률 적합조건의 근사식을 이용하여 구한다. 이에 관한 자세한 사항은 도로교설계기준(한계상태설계법, 2012) 5.5 등을 따른다.

⑪ 설계전단강도 검토 : 보통 전단력이 가장 크게 발생하는 지점부에서 전단강도를 검토하게 된다. 우선 전단보강철근이 없는 부재와 전단보강철근이 있는 부재로 구분하여 설계전단강도를 구한다. 이에 관련된 자세한 사항은 도로교설계기준(한계상태설계법, 2012) 5.5.2에 따른다.

⑫ 수평 전단설계 : 합성형 교량에서의 주거더와 바닥판의 결합은 전단철근이 연결재의 역할을 하게 된다. 우선은 전단철근의 극한전단력을 구하여 전단응력을 구한 뒤 허용치 이내에 있는지 검토한다.

* 전단 및 비틀림설계 : PSC보는 휨 이외의 다른 원인에 의한 파괴에 대해서도 안전해야 한다. 그러한 파괴는 휨파괴보다도 더 위험할지도 모르며, 또 갑작스럽게 예고 없이 일어날지도 모른다. 사인장 파괴라고 불리는 휨전단 파괴가 그것이다. 또 보는 축방향으로 비틀림을 받는 수도 있다. 비틀림 전단응력도 콘크리트에 사인장을 일으킨다.

⑬ 정착부의 설계[도로교설계기준(한계상태설계법, 2015) 5.12.12, 5.12.13]

ⓐ 정착장치의 위치

- 정착장치의 위치는 각 설계단면에 소요 프리스트레스가 충분히 분포되어 도입될 수 있도록 택해야 한다. 이때의 프리스트레스의 분포는 정착장치에서 33.7°($\tan\beta = 2/3$)의 방향으로 분포하는 것으로 가정한다.
- 부재의 중간부에 정착장치를 설치하는 경우는 원칙적으로 활하중에 의한 응력변동이 작은 곳으로서 중립축에 가까운 위치로 하고 동시에 가능한 한 중간가로보의 위치를 택해야 한다.
- 정착장치는 거더의 복부에 두는 것을 원칙으로 하고, 부득이 상부플랜지・하부플랜지 혹은 복부단면에 붙여서 정착하는 경우에는 정착장치 부근에 생기는 인장응력에 대해 충분히 보강한다. 그리고 포스트텐션 방식의 프리캐스트 거더 등으로서 PS 강선을 구부려 올려 상부플랜지 상단에 정착하는 경우 구부려 올린 강선은 전 강선의 1/2 이하의 개수로 한다. 또한 거더 단부의 도심선과 프리스트레스의 합력이 될 수 있는 한 일치될 수 있도록 하기 위하여 거더 단부에 있어서의 정착장치는 그 도심선에 대해 균등하게 배치되어야 한다.

ⓑ 정착부 보강

- PSC부재에서 PS강재를 정착시키는 부분을 단블럭(end block)이라고 하며 프리스트레스는 이 단블럭을 통하여 부재단면에 도입된다. 단블럭의 길이는 집중적인 응력상태로부터 탄성이론으로 계산된 이론상의 응력분포로 되는 단면까지의 거리를 말한다. 또한 정착부에서의 파열인장과 할렬인장에 대비해 폐합스터럽을 촘촘히 상하부에 정착시킨다.
- 포스트텐션보의 정착부에서는 파열 및 할렬구역에서의 수직인장응력 외에 지압판에서의 축방향 압축력의 집중(지압응력)이 문제로 된다. 그래서 도로교설계기준(한계상태설계법, 2015)에서는 정착으로 인한 콘크리트의 지압응력이 $0.6f_{ck}(t)$을 넘지 않도록 규정하고 있다. 여기서 $f_{ck}(t)$는 긴장 시의 콘크리트의 강도이다.
- 지압판의 귀퉁이에서 바깥쪽으로 향하여 할렬균열이 발생하려는 경향이 있고, 또 정착부에서 복부의 외측면으로 파열될 우려가 있기 때문에 정착판 바로 뒤에는 철근을 추가배할 필요가 있다.

6) 연속보 슬래브 연속처리

PSC 합성 거더교를 연속교 형식으로 할 경우에는 교각위의 보 접합구간을 현장타설 콘크리트로 연결하게 되며 일반적인 시공순서는 그림 7.2.2와 같다.

연속교 형식으로 할 경우 연결부의 지점은 2개의 받침으로 지지하는 형식을 원칙으로 하며 받침고무의 물성에 의한 오차, 다층고무의 피로특성에 대한 검토 등이 필요하다.

설계단면의 단면력을 검토할 때는 주거더 연결 후에 작용하는 하중에 의한 단면력을 사용하며, 고정하중 작용 시는 원칙적으로 정(+)휨모멘트가 작용하지 않는 상태로 하는 것이 바람직하다. 그리고 주거더단면은 주거더 연결 전에는 단순보로서, 연결 후에는 탄성받침을 갖는 연속보로서 구한 단면력을 사용하여 산정한다. 단, 정(+)휨모멘트는 연속보로서 구한 수치를 10% 증가시키는 것으로 한다. 그리고 주거더 연결 후에 생기는 크리프 및 건조수축에 의한 2차 응력은 단면에 불리하게 작용할 때만 고려한다.

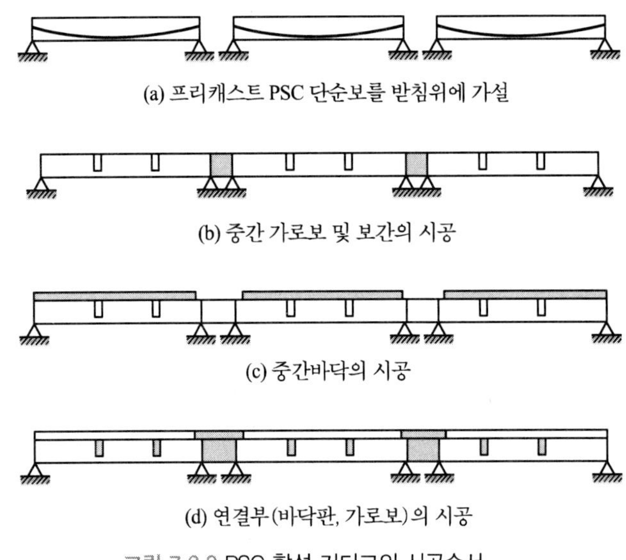

그림 7.2.2 PSC 합성 거더교의 시공순서

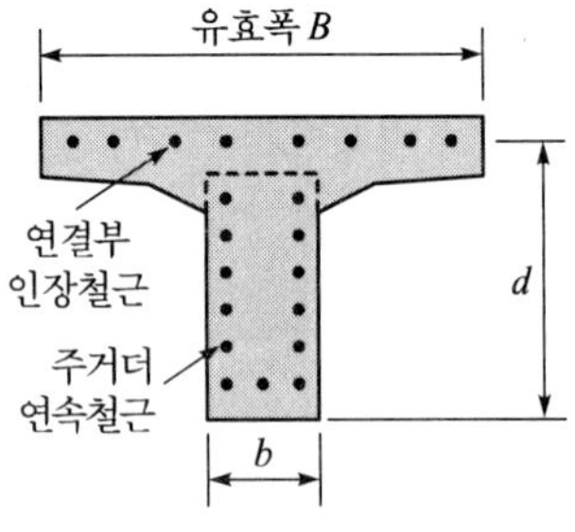

그림 7.2.3 연결부 설계단면

연결부위 단면산정 시 부(−)의 휨모멘트에 대한 설계단면은 연결부 단면으로 하고 단면형식은 그림 7.2.3과 같이 PSC 거더의 단면형상을 웨브로 하고, 도로교설계기준 한계상태설계법(2015) 4.6.7.1에 규정된 유효폭을 압축플랜지의 유효폭으로 한다. 정(+)의 휨모멘트에 대한 단면은 부의 휨모멘트를 받는 경우와 같도록 하고 프리스트레스 및 가로보의 영향을 무시하고 철근콘크리트 단면으로 계산한다.

7.2.3 구조해석

PSC 합성 거더교의 구조해석은 도로교설계기준 한계상태설계법(2015) 제4장의 규정에 따라서 적절한 해석방법으로 수행되어야 한다. 일반적으로 연속보와 부정정 구조물들은 적당한 강도와 만족스런 거동을 갖도록 설계되어야 하며 탄성거동으로 가정되어 해석된다. 이때 프리스트레싱에 의해 유발되는 반력·모멘트·전단력 그리고 축력과 온도·건조수축·축방향 변형·접촉된 구조요소의 구속 그리고 기초의 침하에 의한 영향 등을 고려하여 구조물의 고정하중과 활하중을 최대응력이 발생할 수 있도록 재하한다.

일반적으로 PSC 합성 거더교의 구조해석은 횡하중 분배계수를 구한 뒤 이를 이용하여 단일거더로 뼈대구조해석을 행하는 방법을 사용하며 그 외의 방법으로는 유한요소법을 이용한 격자해석 모델을 사용하여 해석하는 방법이 있다. 이때 횡하중 분배계수는 구하는 방법에 따라 여러 가지가 있는데, 주로 직교이방성 평판이론에 기초한 Guyon-Masonnet 방법 등이 사용되는데 그 외에도 AASHTO식에 의한 방법, 절판이론에 의한 방법, Bakht 식에 의한 방법 등이 있다.

7.2.4 설계예

적용한 PSC(프리스트레스트 콘크리트) 보의 형식은 포스트텐션의 활하중 합성 I형 거더이며, 도로교설계기준(한계상태설계법)을 참고로 하여 설계한다.

(1) 설계조건

1) 형식 : 단순 PSC 합성 거더교
2) 교장 : 29.9m(신축여유량 미포함)
3) 폭원 : 20.9m
4) 지간 : 29.10m
5) 거더 간격 : 2.35m
6) 활하중 : KL-510(한계상태설계법의 표준트럭하중)
7) 충격계수 : $i=0.25$ (바닥판 신축이음장치와 피로한계상태를 제외한 모든 한계상태)

8) 사용재료

① 콘크리트의 기준압축강도와 탄성계수

ⓐ 슬래브(바닥판) : $f_{ck} = 27\,\text{MPa}$, $E_c = 24{,}640\,\text{MPa}$

ⓑ 주거더 : $f_{ck} = 40\,\text{MPa}$, $E_c = 28{,}000\,\text{MPa}$

② 철근의 항복강도와 탄성계수

ⓐ 슬래브 및 가로보 : SD 400(항복강도 $f_y = 400\,\text{MPa}$, $E_s = 200{,}000\,\text{MPa}$)

ⓑ 주거더 : SD 300(항복강도 $f_y = 300\,\text{MPa}$, $E_s = 200{,}000\,\text{MPa}$)

③ PS(프리스트레싱)강재 : PS강재에는 PS강선, PS강연선 및 PS강봉 등이 있으며 KS D 7002, KS D 3505에 따라야 한다. 이 중 PS강연선이 잘 휘어지는 성질이 있기 때문에 곡선배치가 좋고 시공성이 좋으므로 PS강연선을 사용한다.

ⓐ 적용 PS강연선 : SWPC 7B ϕ12.7mm ×12(저릴렉세이션 강연선)

$A_p = 98.71 \times 12 = 1{,}184.5\,\text{mm2}$, $E_p = 200{,}000\,\text{MPa}$

④ 기타

ⓐ 정착장치 및 접속장치 : PS강재가 보증인장강도를 발휘할 수 있는 구조 및 강도를 갖는 것

ⓑ 쉬스 : PS강재와 시공조건에 대해 가장 적합한 단면인 것

ⓒ 그라우트 : 재령 28일 기준압축강도가 20MPa 이상이고, PS강재가 콘크리트 부재와 충분히 부착할 수 있는 것

9) 허용응력[도로교설계기준 III 6.3.3, 도로교설계기준(2010) 4.6.3.3]

① 슬래브 콘크리트의 허용응력 : $f_{ca} = 0.4 f_{ck} = 10.8\text{MPa}$

② 프리스트레스트 콘크리트

ⓐ 프리스트레스 도입 시의 압축강도 : $f'_{ci} = 0.8 f_{ck} = 21.6\text{MPa}$

ⓑ 프리스트레스 도입 직후

- 허용압축응력 : $0.55 f'_{ci} = 17.6\text{MPa}$
- 허용인장응력 : $0.80\sqrt{f'_{ci}} = 1.43\text{MPa}$

ⓒ 설계하중 작용 시

- 허용압축응력 : $0.4 f_{ck} = 16\text{MPa}$
- 허용인장응력 : $1.60\sqrt{f_{ck}} = 3.2\text{MPa}$

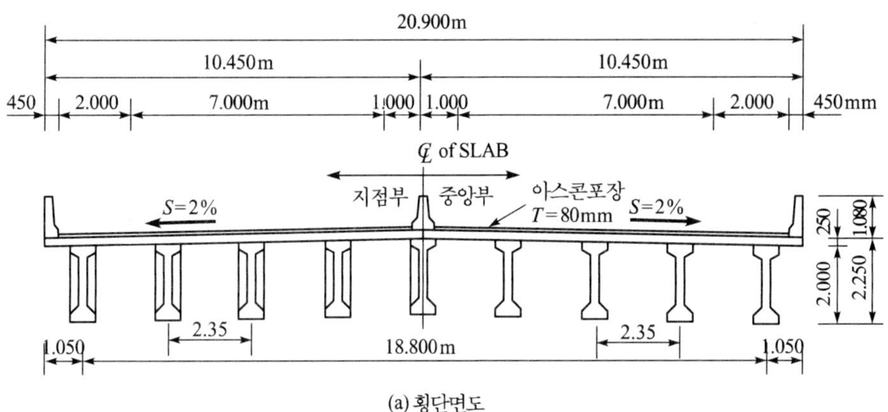

(a) 횡단면도

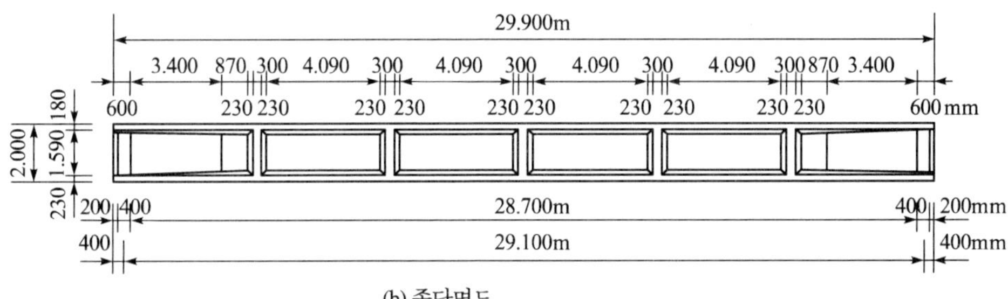

(b) 종단면도

그림 E7.2.4-1

③ PS강재(저릴렉세이션 강재)

- 극한강도(f_{pu}) : 1,900MPa
- 항복강도(f_{py}) : 1,600MPa

ⓐ 잭에 의한 최대 긴장력

- $0.9f_{py}$ =1,440MPa이므로 $P_{\max}$ =1,440×1,184.5/1,000=1,705.68kN

∴ 잭에 의해 최대 1,706kN까지 긴장가능

ⓑ 정착 후 정착부에서의 응력

- $0.7f_{pu}$ =1,330MPa

ⓒ 손실이 일어난 후 사용하중 상태에서의 응력

- $0.8f_{pu}$ =1,280MPa

10) 프리스트레스(PS) 힘의 제한[도로교설계기준(한계상태설계법, 2012) 5.4.7.2, 도로교설계기준(한계상태설계법, 2015)해설 5.6.7.2]

① 긴장할 때(긴장작업 시) 긴장단에서 긴장재에 가하는 최대 힘 P_{zo}는 다음 값을 초과

해서는 안 된다.

$$P_o = A_p f_{o,\max}$$

여기서, A_p : 프리스트레싱 강재의 단면적

$f_{o,\max}$: 프리스트레싱 강재의 최대응력으로, $0.8f_{pu}$ 또는 $0.9f_{py}$ 중에서 작은 값

- $P_o = A_p f_{o,\max}$

  $= 1{,}184.5 \cdot \min[0.8 \times 1{,}900,\ 0.9 \times 1{,}600]$
  $= 1{,}184.5 \times 1{,}440 \times 10^{-3} = 1{,}705.68\text{kN}$

  ∴ 잭에 의해 최대 1,706kN까지 긴장가능

② 일반적으로 모든 손실이 발생한 후, 어떤 경우에도 사용하중조합 I에서 긴장재의 응력이 $0.65f_{pu}$를 초과해서는 안 된다.

- $0.65f_{pu} = 0.65 \times 1{,}900 = 1{,}235\,\text{MPa}$

③ 콘크리트 응력의 제한

ⓐ 긴장 또는 프리스트레스를 전달할 때 작용하는 프리스트레스 힘과 기타 하중에 의해 생기는 콘크리트의 압축응력은 다음과 같이 제한한다.

$$f_c \leq 0.6f_{ck}(t)$$

여기서, $f_{ck}(t)$: 프리스트레스를 받게 되는 시간 t일 때의 콘크리트 설계기준압축강도

- $f_c \leq 0.6f_{ck}(t) = 0.6 \times 27 = 16.2\,\text{MPa}$

ⓑ 콘크리트의 압축응력이 영구히 $0.45f_{ck}(t)$를 초과할 경우 크리프의 비선형성을 고려해야 한다.

- $0.45f_{ck}(t) = 0.45 \times 27 = 12.15\,\text{MPa}$

④ 긴장한 뒤 프리스트레스 힘의 계산

ⓐ 긴장력이 도입되는 시간 t_0에서 콘크리트에 전달되는 프리스트레스 힘 P_{mo}는 다음 값을 초과해서는 안 된다.

$$P_{mo} = A_p f_{pmo}$$

여기서, f_{pmo} : 긴장 도입 직 후 프리스트레싱 강재의 응력으로, $0.75f_{pu}$ 또는

$0.85f_{py}$ 중에서 작은 값

- $P_{mo} = A_p f_{pmo}$

$$= 1,184.5 \cdot \min[0.75 \times 1,900,\ 0.85 \times 1,600]$$
$$= 1,184.5 \times 1,360 \times 10^{-3} = 1,610.92\text{kN}$$

ⓑ 임의 시간 t 및 긴장재의 긴장단으로부터 거리 x에서의 긴장력 $P(x,t)$는 긴장단의 최대 힘 P_{mo}에서 손실을 제외한 값이다.

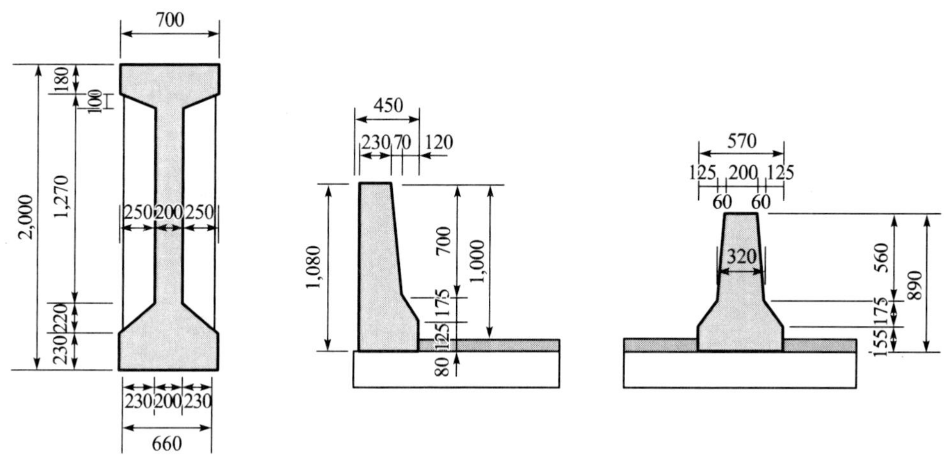

그림 E7.2.4-2

(2) 단면가정

PSC 보는 프리캐스트 부재로서 한국도로공사 표준 PSC 빔(L=29.90m)을 적용하였다.

바닥판 최소두께 검토

① 캔틸레버

l=0.7−0.3−0.45=−0.05, ∴l=0

l≤0.25일 때

28l+18=28×0+18=18cm< 22cm

t min = 18cm< 25cm이므로 ∴O.K

② 연속판

3l+13=3×1.65+13=17.95cm< 22cm

t min = 22cm< 25cm이므로 ∴O.K

(3) 슬래브(바닥판)의 설계[도로교설계기준(한계상태설계법), 2012]

바닥판은 RC 슬래브로서 주거더인 프리캐스트 PSC 보에 합성되는 연속 슬래브이다.

1) 캔틸레버부

① 고정하중

- 슬래브 : $\omega_{d1}=0.25\times 25=6.25$kN/m
- 포장 : $\omega_{d2}=0.08\times 23=1.84$kN/m
- 방호벽 : $\omega_{d3}=8.36$kN
- 단면력 : $M_d=5.81$kN · m
- 바닥판의 지간 : $L=1.050-\dfrac{0.7}{2}=0.7\text{m}$

구분	두께(m)	길이(m)	단위중량(kN/m³)	팔길이(m)	모멘트(kN·m)
바닥판	0.250	0.700	25.00	0.350	1.53
포장	0.080	0.250	23.00	0.125	0.06
방호벽	① 1.080	0.230	25.00	0.555	3.45
	② 0.730	0.070	25.00	0.399	0.51
	③ 0.293	0.120	25.00	0.304	0.27
ΣM_d					5.81

② 활하중

- 팔길이(트럭하중점에서 지지점까지 거리): $X=0.7-0.45-0.3=-0.05$m, $\therefore X=0$
- 충격계수 : $i=0.25$
- 윤하중 분포폭(1차륜이 분포되는 바닥판의 폭) : $E=0.8X+1.14=1.14$
- 단면력 : $M=\dfrac{P}{E}X(1+i)=\dfrac{96}{1.14}(0)(1+0.25)=0$

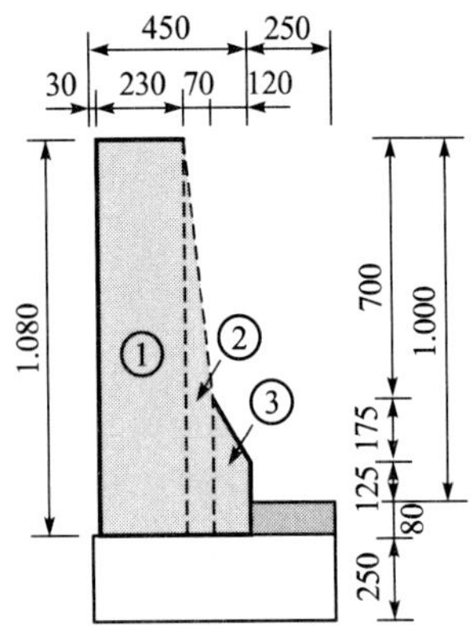

그림 E7.2.4-3

③ 충돌하중

설계기준속도 $V=100.0\text{km/hr}$

$\text{Mco} = \left(\dfrac{V}{60}\right)^2 \cdot 7.5+2.5=23.33\text{kN}\cdot\text{m}$

④ 풍하중

B/D = 20.9/3.58=5.84 < 8.00이므로

$\omega=[4.0-0.2(\text{B/D})]\cdot\text{D}=10.14\text{kN/m}$

$\therefore\omega=10.14\text{kN/m}$

$\therefore M_w = w\cdot\text{H}/2=10.14\times1.080/2=5.48\text{kN}\cdot\text{m}$

⑤ 극한한계상태 하중조합 I에서 구해진 최대설계하중효과(최대계수휨모멘트)

$M_u = \sum\eta_i\gamma_i q_i = 40.90\text{kN}\cdot\text{m}$

⑥ 철근량 산출

- 콘크리트의 기준압축강도 : $f_{ck} = 27\text{MPa}$
- 콘크리트의 설계압축강도 : $f_{cd} = \phi_c\alpha_{cc}f_{ck}$=0.65(0.85)(27)=15MPa
- 철근의 항복강도 : $f_y = 400\text{MPa}$
- 철근의 설계항복강도 : $f_{yd} = \phi_s f_y$=0.9(400)=360MPa
- 극한한계상태 하중조합 I의 최대계수휨모멘트 : $M_u = 40.90\text{kN}\cdot\text{m}$
- 단면 폭, 높이 : $b=1\text{m}$(단위폭), $d=190\text{mm}$
- 콘크리트 덮개(압축부) : $d'=60\text{mm}$
- $\eta=1.0$
- 소요철근량 : $A_s = \dfrac{M_u}{\eta f_{yd}(d-\frac{a}{2})}$와 $a=\dfrac{f_{yd}A_s}{\eta f_{cd}b}$를 시산법을 이용하여 구하면,

  $a=14.94\text{mm},\ A_s = 622.42\text{mm}^2$
- 필요철근량 : $A_s = 622.42\text{mm}^2$
- 사용철근량 : $A_s = 1{,}589\text{mm}^2$[H16×8.00EA($C.T.C$ 125mm →

  $\dfrac{1{,}000}{125}=8.00EA$)]
- 시공의 편의를 위하여 H16 철근을 125mm 중심간격으로 상·하면에 직선 배치

  최대 인장 철근량 :

  $A_{s,\max} = 0.04A_c = 0.04(bh-A_s) = 0.04(1{,}000\times250-1{,}589) = 9{,}936.43\text{mm}^2$

최소 인장 철근량 :

$$A_{s,\min} = \max[\frac{1.4}{f_y}bd,\ \frac{0.25\sqrt{f_{ck}}}{f_y}bd] = \max[665, 617.04] = 665\,\text{mm}^2$$

따라서 $A_{s,\min} \le A_s \le A_{s,\max}$ O.K.

⑦ 배력철근 산출 : 주철근이 차량진행방향에 직각인 경우, 주철근량에 대해 다음의 백분율을 적용한다.

$$\frac{120}{\sqrt{L}} \qquad \le 67\%$$

여기서, L : 바닥판의 지간(m)

$\frac{120}{\sqrt{L}} = \frac{120}{\sqrt{0.7}} = 143.4\%$ 이므로,

따라서 $A_s = 622.42 \times 0.67 = 417.02\text{mm}^2$

그러므로 H16(198.6mm²)×(1,000/150)=1,324mm²로 한다.

- 균열과 피로 검토
  - 한계상태설계법에 의한 균열과 피로한계상태에 대해 검토한다.
  - 균열(O.K.) 피로(O.K.)

2) 중간 바닥판의 설계

① 고정하중

구분	두께(m)	단위중량(kN/m³)	하중(kN/m)
바닥판	0.250	25.00	6.25
포장	0.080	23.00	1.84
$\sum w_d$			8.09

$$\therefore M_d = \left(\sum w_d \cdot L^2\right)/10 = \left(8.09 \times 1.65^2\right)/10 = 2.20\,\text{kN}\cdot\text{m}$$

- 바닥판의 지간 : $L = 2.35 - 0.7 = 1.65\,\text{m}$

② 활하중

- 단면력 : $M_l = \frac{(L+0.6)P}{9.6}(1+i) \times 0.8$

$$= \frac{(1.65+0.6)96}{9.6}(1+0.25) \times 0.8 = 22.5\text{kN} \cdot \text{m}$$

③ 극한하중

- 극한한계상태 하중조합 I의 최대계수휨모멘트 : M_U =53.17kN · m
- 소요철근량 : $A_s = \dfrac{M_u}{\eta f_{yd}(d-\dfrac{a}{2})}$ 와 $a = \dfrac{f_{yd}A_s}{f_{cd}b}$ 를 시산법을 이용하여 구하면,

$a = 19.67\text{mm},\ A_s = 819.77\text{mm}^2$

- 필요철근량 : A_s = 819.77mm^2
- 사용철근량 : A_s = 1,589mm^2 H16×8.00EA($C.T.C$ 125mm)

시공의 편의를 위하여 H16 철근을 125mm 중심간격으로 상·하면에 직선 배치

- 최대 인장 철근량 :

$$A_{s,\max} = 0.04A_c = 0.04(bh - A_s) = 0.04(1{,}000 \times 250 - 1{,}589) = 9{,}936.43\,\text{mm}^2$$

- 최소 인장 철근량 :

$$A_{s,\min} = \max\left[\frac{1.4}{f_y}bd,\ \frac{0.25\sqrt{f_{ck}}}{f_y}bd\right] = \max[665, 617.04] = 665\,\text{mm}^2$$

따라서 $A_{s,\min} \le A_s \le A_{s,\max}$ O.K.

④ 배력철근 산출 : 주철근이 차량진행방향에 직각인 경우, 주철근량에 대해 다음의 백분율을 적용한다.

$$\frac{120}{\sqrt{L}} \le 67\%$$

여기서, L : 바닥판의 지간(m)

$\dfrac{120}{\sqrt{L}} = \dfrac{120}{\sqrt{1.65}} = 93.4\%$ 이므로,

따라서 A_s =819.77×0.67=549.25mm^2

A_s =1,324mm^2[H16(198.6mm^2)×6.67EA($C.T.C$ 150mm → $\dfrac{1{,}000}{150} = 6.67\,EA$)]

- 균열과 피로 검토
- 한계상태설계법에 의한 균열과 피로한계상태에 대해 검토한다.
- 균열(O.K.) 피로(O.K.)

(4) 주거더의 설계

1) 단면의 제원

① 총 단면

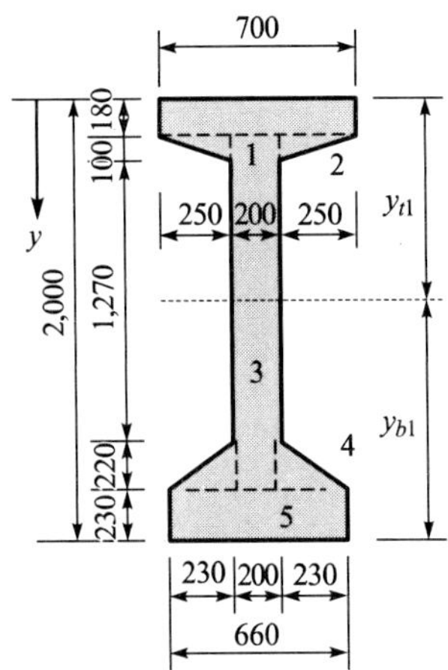

그림 E7.2.4-4

번호	B	H	A	y	$A\cdot y$	$A\cdot y^2$	I_0
1	700	180	126,000	90.00	11,340,000	1,020,600,000	340,200,000
2	250	100	25,000	213.33	5,333,000	1,137,780,000	13,890,000
3	200	1,590	318,000	975.00	310,050,000	302,298,750,000	66,994,650,000
4	230	220	50,600	1,696.67	85,852,000	145,661,670,000	136,060,000
5	660	230	151,800	1,885.00	286,143,000	539,379,560,000	669,190,000
계			671,400		698,718,000	989,498,360,000	68,153,990,000

$$y_{t1}=\frac{\Sigma A_i y_i}{\Sigma A_i}=\frac{698,718,000}{671,400}=1,041\text{mm}$$

$$y_{b1}=2,000-1,041=959\text{mm}$$

$$I_{c1}=\Sigma I_0+\Sigma(Ay^2)-(\Sigma A)(y_{t1})^2$$

$$=68,153,990,000+989,498,360,000-671,400\times 1,041^2=330,068,890,000\text{mm}^4$$

$$Z_{t1}=\frac{I_{c1}}{y_{t1}}=\frac{330,068,890,000}{1,041}=317,069,000\text{mm}^3$$

$$Z_{b1}=\frac{I_{c1}}{y_{b1}}=\frac{330,068,890,000}{959}=344,180,000\text{mm}^3$$

$$r_1^2=\frac{I_{c1}}{\Sigma A_i}\ \frac{330,068,890,000}{671,400}=491,600\text{mm}^2$$

② 순단면

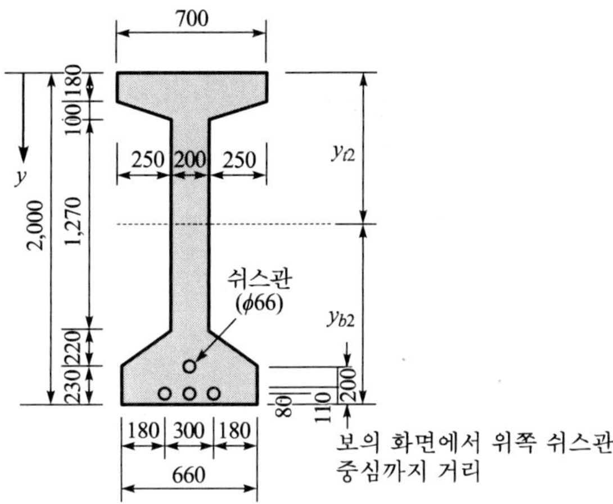

그림 E7.2.4-5

쉬스 ϕ66×4EA(A = 13,684.8mm²)

구분	A	y	$A \cdot y$	$A \cdot y^2$	I_0
총 단면	671,000		698,718,000	989,498,320,000	68,153,990,000
쉬스관	−13,700	1,890	−25,893,000	−48,937,770,000	
계	657,700		672,825,000	940,560,550,000	68,153,990,000

$$y_{t2} = \frac{\Sigma A_i y_i}{\Sigma A_i} = \frac{672,825,000}{657,700} = 1,023\text{mm}$$

$$y_{b2} = 2,000 - 1,023 = 977\text{mm}$$

$$I_{c2} = \Sigma I_0 + \Sigma(Ay^2) - (\Sigma A)(y_{t2})^2$$

$$= 68,153,990,000 + 940,560,550,000 - 657,700 \times 1,023^2 = 320,412,420,000\text{mm}^4$$

$$Z_{t2} = \frac{I_{c2}}{y_{t2}} = \frac{320,412,420,000}{1,023} = 313,209,000\text{mm}^3$$

$$Z_{b2} = \frac{I_{c2}}{y_{b2}} = \frac{320,412,420,000}{977} = 327,955,000\text{mm}^3$$

$$e_{p2} = 977 - 110 = 867\text{mm}$$

$$Z_{p2} = \frac{320,412,420,000}{867} = 369,564,000\text{mm}^3$$

③ PS강연선 환산단면

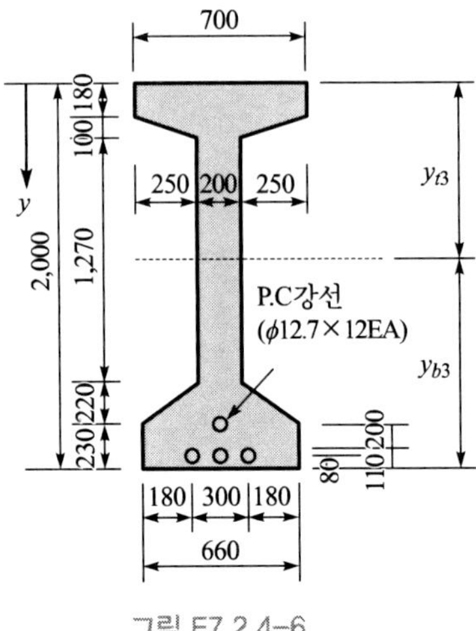

그림 E7.2.4-6

$USE\ \phi 12.7 \times 12EA = 98.71 \times 12 = 1,184.5\text{mm}^2$

$$n_p = \frac{E_s}{E_c} = \frac{200,000}{28,000} = 7.143$$

$A = 1,184.5 \times 4EA \times 7.143 = 33,843.5\text{mm}^2$

구분	A	y	$A \cdot y$	$A \cdot y^2$	I_0
순단면	657,700		672,825,000	940,560,550,000	68,153,990,000
PS 강연선면	33,800	1,890	63,882,000	120,736,980,000	
계	691,500		736,707,000	1,061,297,530,000	68,153,990,000

$$y_{t3} = \frac{\Sigma A_i y_i}{\Sigma A_i} = \frac{736,707,000}{691,500} = 1,065\text{mm}$$

$y_{b3} = 2,00 - 1,065 = 935\text{mm}$

$I_{c3} = \Sigma I_0 + \Sigma(Ay^2) - (\Sigma A)(y_{t3})^2$

$= 68,153,990,000 + 1,061,297,530,000 - 691,500 \times 1065^2 = 345,134,930,000\text{mm}^4$

$$Z_{t3} = \frac{I_{c3}}{y_{t3}} = \frac{345,134,930,000}{1,065} = 324,070,000\text{mm}^3$$

$$Z_{b3} = \frac{I_{c3}}{y_{b3}} = \frac{345,134,930,000}{935} = 369,128,000\text{mm}^3$$

$e_{p3} = 935 - 110 = 827\text{mm}$

$$Z_{p3} = \frac{345,134,930,000}{825} = 418,345,000\text{mm}^3$$

④ 합성 후 환산단면

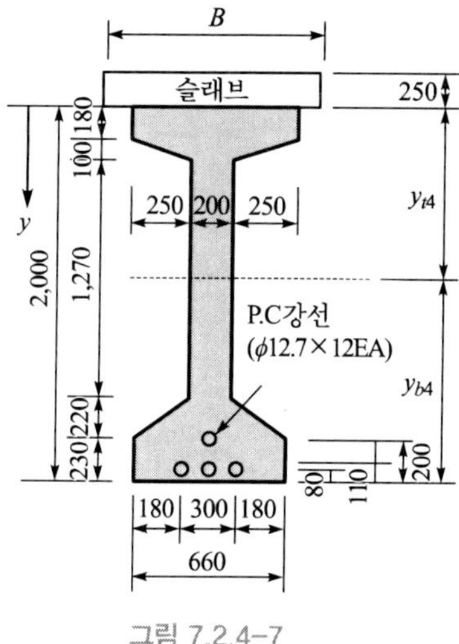

그림 7.2.4-7

n_p =탄성계수(바닥판)/탄성계수(거더)= $\frac{24,640}{28,000}$ =0.880

ⓐ 외측거더

- 유효 플랜지폭 [도로교설계기준(한계상태설계법, 2012) 4.6.7]

  b_1 =1,050mm(바닥판연단에서 거더 중심까지의 거리)

  $2b_2$ =2,350mm(인접한 내측거더의 폭) → $b_2 = 1,175\text{mm}$

  $l = L = 29.10 = 29.10\text{m}$(단순지지된 보에서 등가지간장)

  $b_2/L = 1.175/29.10 = 0.04 < 0.05 \rightarrow \lambda_L = b_2 = 1,175\text{mm}$

  인접한 내측거더의 유효폭의 절반 : $\lambda_2 = \lambda_L/2 = 587.5\text{mm}$

외측거더의 유효 플랜지폭 λ는 인접한 내측거더의 유효폭의 절반과 다음 값들 중 가장 작은 값의 합으로 한다.

등가지간장의 1/8 : $\lambda_1 = \frac{29.10 \times 10^3}{8} = 3,637.5\text{mm}$

슬래브 평균두께 6배 +max[복부두께의 절반, 주거더 상부플랜지폭의 1/4]

: $\lambda_1 = 250 \times 6 + \max[200/2, 700/4] = 1,675\text{mm}$

내민부분의 폭 : $\lambda_1 = b_1$=1,050mm → 작은 값 λ_1 사용

따라서 외측거더의 유효 플랜지폭 $\lambda = \lambda_1 + \lambda_2 = 1,050 + 587.5 = 2,225\text{mm}$

$B=0.880\times2,225=1,958\text{mm}$

$A=1,958\times250=489,500\text{mm}^2$

구분	A	y	$A\cdot y$	$A\cdot y^2$	I_0
PS강연선 환산단면	691,500		736,707,000	1,061,297,530,000	68,153,990,000
바닥판	489,500	−125	−61,188,000	7,648,440,000	2,549,480,000
계	1,181,000		675,519,000	1,068,945,970,000	70,703,470,000

$$y_{t4}=\frac{\Sigma A_i y_i}{\Sigma A_i}=\frac{675,519,000}{1,181,000}=572\text{mm}$$

$y_{b4}=2,000-572=1,428\text{mm}$

$$I_{c4}=\Sigma I_0+\Sigma(Ay^2)-(\Sigma A)(y_{t4})^2$$

$$=70,703,470,000+1,068,945,970,000-1,181,000\times572^2=753,179,700,000\text{mm}^4$$

$$Z_{t4}=\frac{I_{c4}}{y_{t4}}=\frac{753,179,700,000}{572}=1,316,748,000\text{mm}^3$$

$$Z_{b4}=\frac{I_{c4}}{y_{b4}}=\frac{753,179,700,000}{1,428}=527,437,000\text{mm}^3$$

$y_s=572+250=822\text{mm}$

$$Z_s=\frac{753,179,700,000}{822}=916,277,000\text{mm}^3$$

$e_{p4}=1,428-110=1,318\text{mm}$

$$Z_{p4}=\frac{753,179,700,000}{1,318}=571,457,000\text{mm}^3$$

ⓑ 내측 거더

$l=L=29.10\text{m}$(단순지지된 보에서 등가지간장)

- 내측 거더의 유효 플랜지폭 λ는 다음 값 중 가장 작은 값 사용[도로교설계기준(한계상태설계법, 2012) 4.6.7]

등가지간장의 1/4 : $\lambda=\dfrac{29.10\times10^3}{4}=7,275\text{mm}$

슬래브 평균두께 12배 +max[복부두께, 주거더 상부플랜지폭의 1/2]

: $\lambda=250\times12+\max[200,\ 700/2]=3,350\text{mm}$

인접한 보 사이의 평균 간격 : $\lambda=2,350\text{mm}$ → 작은 값 λ 사용

따라서 내측 거더의 유효 플랜지폭 $\lambda=2,350\text{mm}$

$B=0.880\times 2,350=2,068\text{mm}$

$A=2,068\times 250=5,170\text{mm}^2$

구분	A	y	$A\cdot y$	$A\cdot y^2$	I_0
PS강연선 환산단면	691,500		736,707,000	1,061,297,530,000	68,153,990,000
바닥판	517,500	12.5	-64,625,000	8,078,130,000	2,692,710,000
계	1,208,500		672,082,000	1,069,375,660,000	70,846,700,000

$$y_{t4}=\frac{\Sigma A_i y_i}{\Sigma A_i}=\frac{672,082,000}{1,208,500}=556\text{mm}$$

$$y_{b4}=2,000-556=1,444\text{mm}$$

$$I_{c4}=\Sigma I_0+\Sigma(Ay^2)-(\Sigma A)(y_{t4})^2$$

$$=70,846,700,000+1,069,375,660,000-1,208,500\times 556^2$$

$$=766,631,500,000\text{mm}^4$$

$$Z_{t4}=\frac{I_{c4}}{y_{t4}}=\frac{766,631,500,000}{556}=13,788,340,000\text{mm}^3$$

$$Z_{b4}=\frac{I_{c4}}{y_{b4}}=\frac{766,631,500,000}{1,444}=530,908,000\text{mm}^3$$

$$y_s=556+250=806\text{mm}$$

$$Z_s=\frac{766,631,500,000}{806}=951,156,000\text{mm}^3$$

$$e_{P4}=1,444-110=1,334\text{mm}$$

$$Z_{P4}=\frac{766,631,500,000}{1,334}=574,686,000\text{mm}^3$$

2) 고정하중

① 주거더와 가로보 연결부 중량

(0.3×1.27×0.23+0.23×0.22×1/2×0.3)×25×2EA	= 4.76kN
0.23×0.23×1/2×1.27×25×4EA	= 3.36kN
0.23×0.23×1/2×0.22×1/3×25×4EA	= 0.19kN
0.23×0.094×1/2×0.3×25×2EA	= 0.16kN
0.23×0.23×1/2×0.094×1/3×25×4EA	= 0.08kN
계	8.55kN

② 가로보 중량

ⓐ 외측거더

- 중앙부

ω = {(1.77×1.69−(0.18×0.02+0.02×0.008×1/2)×2EA}×0.3×25×1/2

=11.19kN

- 단부

ω = {(1.77×1.69−(0.18×0.02+0.02×0.008×1/2)×2EA×0.4×25×1/2

=14.92kN

ⓑ 내측거더

- 중앙부

ω = 11.19×2EA=22.38kN

- 단부

ω = 14.92×2EA=29.84kN

③ 거더중량

ⓐ 일반부

ω = 0.671×25=16.78kN/m

- 단부

ω = 1.678+(1.270+1.582)×1/2×0.23×25×2EA=33.18kN/m

- 거더 총중량

ω = {33.18×0.6+(33.18+16.78)×1/2×3.4+16.78×10.95}×2EA+8.55×5EA

=619.91kN

3) 고정하중에 의한 단면력 산정

① 거더자중

$R_A = R_B$ = 33.18×0.2+(33.18+16.78)×1/2×3.4+16.78×21.9/2+8.55×5/2

= 296.78kN

M_2 = 296.78×3.6375−16.78×3.63752/2−16.40×0.2×(3.6375−0.1)−0.5

×16.40×3.4×(3.6375−0.2−3.4/3)=892.40kN·m

M_3 = 296.78×7.275−16.78×7.2752/2−16.40×0.2×(7.275−0.1)−0.5×16.40

×3.4×(7.275−0.2−3.4/3)−8.55×(7.275−4.85)=1499.53kN·m

$M_4 = 296.78 \times 10.9125 - 16.78 \times 10.9132/2 - 16.40 \times 0.2 \times 10.9125 - 0.1) \times 0.5 \times 16.40$
$\times 3.4 \times (10.9125 - 0.2 - 3.4/3) - 8.55 \times (10.9125 - 4.85) - 8.55 \times (10.9125 - 9.7)$
$= 1874.77\text{kN} \cdot \text{m}$

$M_5 = 296.78 \times 14.55 - 16.78 \times 14.552/2 - 16.40 \times 0.2 \times (14.45 - 0.1) - 0.5 \times 16.40$
$\times 3.4 \times 14.55 - 0.2 \times 3.4/3) - 8.55 \times (14.55 - 4.85) - 8.55 \times (14.55 - 9.7)$
$= 2001.69\text{kN} \cdot \text{m}$

$S_2 = 296.78 - 16.78 \times 3.6375 - 16.40 \times 0.2 - 0.5 \times 16.40 \times 3.4 = 204.58\text{kN}$

$S_3 = 296.78 - 16.78 \times 7.275 - 16.40 \times 0.2 - 0.5 \times 16.40 \times 3.4 - 8.55 = 134.50\text{kN}$

$S_4 = 296.78 - 16.78 \times 109.125 - 16.40 \times 0.2 - 0.5 \times 16.40 \times 3.4 - 8.55 \times 2 = 65.41\text{kN}$

$S_5 = 296.78 - 145.5 - 16.40 \times 0.2 - 0.5 \times 16.40 \times 3.4 - 8.55 \times 2 = 4.37\text{kN}$

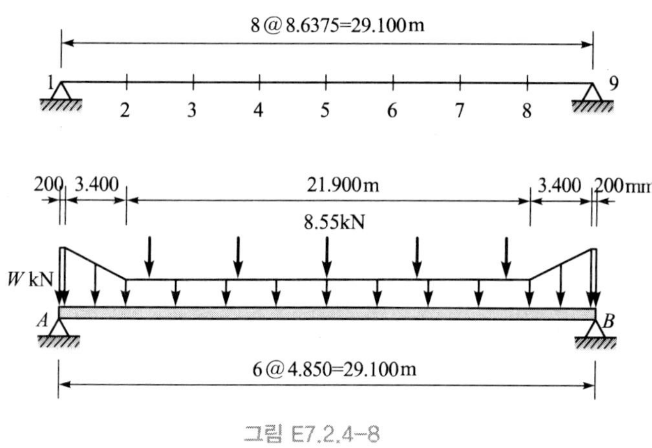

그림 E7.2.4-8

② 합성 전 고정하중

ⓐ 외측 거더

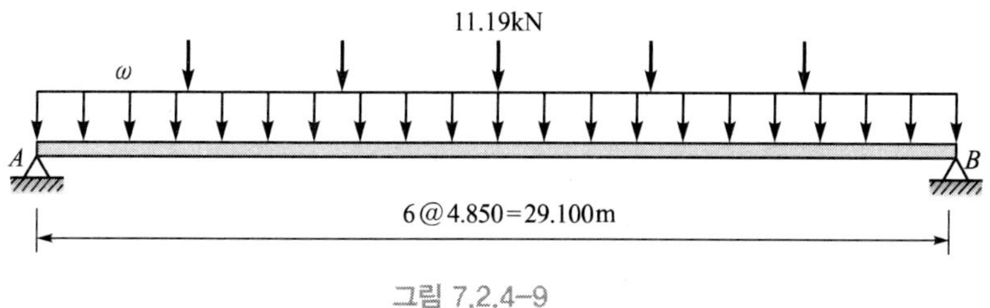

그림 7.2.4-9

- 하중산정

바닥판 중량 $\omega_s = 0.25 \times 25 \times (1.050 + 2.350 \times 1/2) = 13.91\text{kN/m}$

거푸집 중량 : 바닥판 중량의 10%로 추정 · 계산

$\omega_f = 13.91 \times 0.1 = 1.39\text{kN/m}$

가로보 중량 $w_c = 11.19\text{kN/EA}$

- 단면력 산정

$R_A = R_B = (13.91+1.391)\times 29.1/2 + 11.19\times 5/2 = 250.59\text{kN}$

$M_2 = 250.59\times 3.6375 - (13.91+1.391)\times 3.63752/2 = 850.30\text{kN}\cdot\text{m}$

$M_3 = 250.59\times 7.275 - (13.91+1.391)\times 7.2752/2 - 11.19\times(7.275-4.85)$

$= 1391.03\text{kN}\cdot\text{m}$

$M_4 = 250.59\times 10.9125 - (13.91+1.391)\times 10.91252/2 - 11.19\times(10.9125-4.85)$

$-11.19)\times(10.9125-9.7) = 1742.17t\text{kN}\cdot\text{m}$

$M_5 = 250.59\times 14.55 - (13.91+1.391)\times 14.552/2 - 11.19\times(14.55-4.85) - 11.19\times$

$(14.55-9.7) = 1863.75\text{kN}\cdot\text{m}$

$S_2 = 250.59 - (13.91+1.391)\times 3.6375 = 194.94\text{kN}$

$S_3 = 250.59 - (13.91+1.391)\times 7.275 - 11.19 = 128.09\text{kN}$

$S_4 = 250.59 - (13.91+1.391)\times 10.9125 - 11.19\times 2 = 61.25\text{kN}$

$S_5 = 250.59 - (13.91+1.391)\times 14.55 - 11.19\times 2 = 5.60\text{kN}$

ⓑ 내측 거더

- 하중산정

바닥판 중량 : $\omega_s = 0.25\times 2.350\times 25 = 14.69\text{kN/m}$

거푸집 중량 : 바닥판 중량의 10%로 추정 · 계산

$\omega_f = 14.69\times 0.1 = 1.47\text{kN/m}$

가로보 중량 $w_c = 22.38\text{kN/EA}$

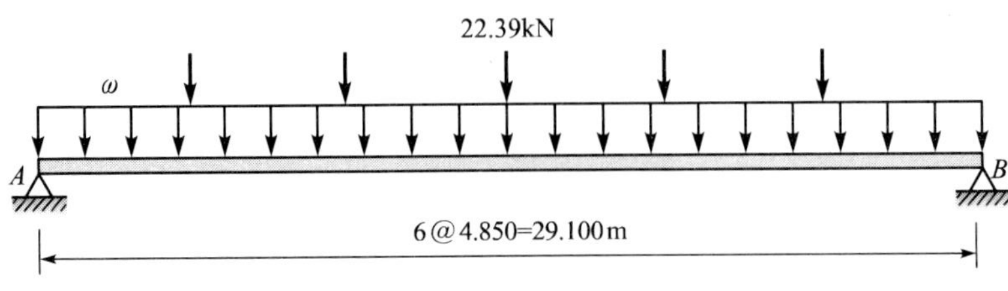

그림 E7.2.4-10

• 단면력 산정

$R_A = R_B = (14.69+1.47)\times29.1/2+22.38\times5/2=291.08\text{kN}$

$M_2 = 291.08\times3.6375-(14.69+1.47)\times3.63752/2=951.89\text{kN}\cdot\text{m}$

$M_3 = 291.08\times7.275-(14.69+1.47)\times7.2752/2-22.38\times(7.275-4.85)$

$= 1635.70\text{kN}\cdot\text{m}$

$M_4 = 291.08\times10.9125-(14.69+1.47)\times10.91252/2-22.38\times(10.9125-4.85)$

$-22.38\times(10.9125-9.7)=2051.41\text{kN}\cdot\text{m}$

$M_5 = 291.08\times14.55-(14.69+1.47)\times14.552/2-22.38\times(14.55-4.85)-22.38\times$

$(14.55-9.7)=2199.03\text{kN}\cdot\text{m}$

$S_2 = 291.08-(14.69+1.47)\times3.6375=232.30\text{kN}$

$S_3 = 291.08-(14.69+1.47)\times7.275-22.38=151.14\text{kN}$

$S_4 = 291.08-(14.69+1.47)\times10.9125-22.38\times2=69.97\text{kN}$

$S_5 = 291.08-(14.69+1.47)\times14.55-22.38\times2=11.19\text{kN}$

ⓒ 합성 후 고정하중

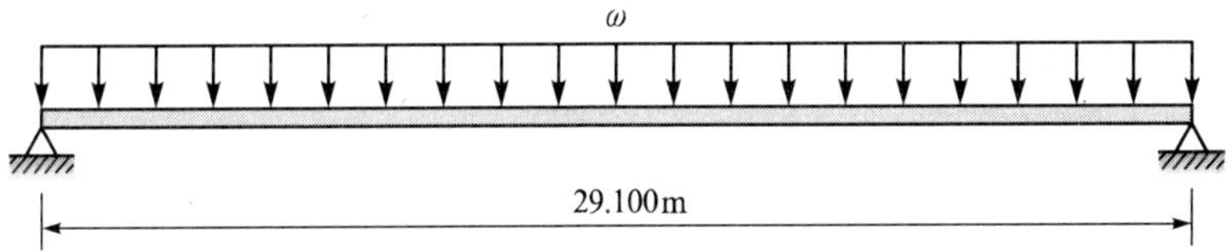

그림 E7.2.4-11

• 하중산정

방호벽 중량 $\omega_b = 8.37\text{kN/m}$

중앙분리대 중량 $\omega_{cb} = 7.80\text{kN/m}$

포장 중량 $\omega_p = 0.08\times23\times(20.9-0.450\times2-0.570)=35.75\text{kN/m}$

$\therefore \omega = (2\omega_b + \omega_{bc} + \omega_p)/9 = 6.70\text{kN/m}$

• 단면력 산정

$R_A = R_B = 6.70\times29.1\times1/2=97.49\text{kN}$

$M_2 = 97.49\times3.6375-6.70\times3.63752/2=310.29\text{kN}\cdot\text{m}$

$M_3 = 97.49\times7.275-6.70\times7.2752/2=531.94\text{kN}\cdot\text{m}$

$M_4 = 97.49\times10.9125-6.70\times10.91252/2=664.93\text{kN}\cdot\text{m}$

M_5 =97.49×14.55−6.70×14.552/2=709.28kN · m

S_2 =97.49−6.70×3.6375=73.12kN

S_3 =97.49−6.70×7.275=48.75kN

S_4 =97.49−6.70×10.9125=2438kN

4) 활하중에 의한 전단력 및 모멘트

① 충격계수 : $i = 0.25$

② 외측 거더

ⓐ 횡분배 계수

횡분배 계수 = 1.000+(2.35−1.8)/2.35=1.234

∴ P_r =1.234×96×(1+i) =144.17kN

P_f =1.234×24×(1+i) = 36.04kN

ⓑ 전단력 산정

S_1 =(144.17×29.1+144.17×24.9+36.04×20.7)/29.1=293.17kN

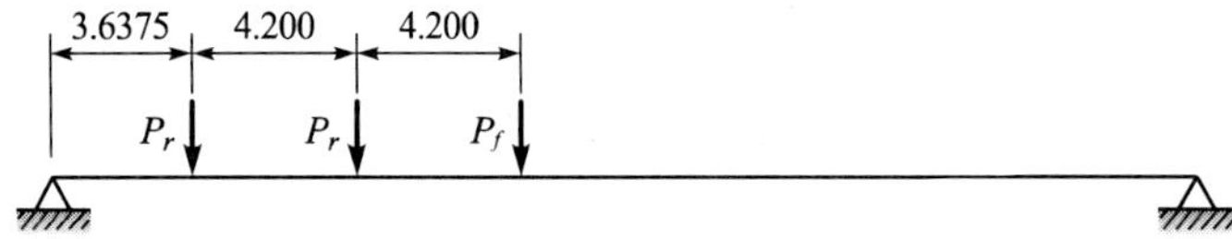

S_2 =(144.17×25.4625+144.17×21.2625+36.04×17.0625)/29.1=252.62kN

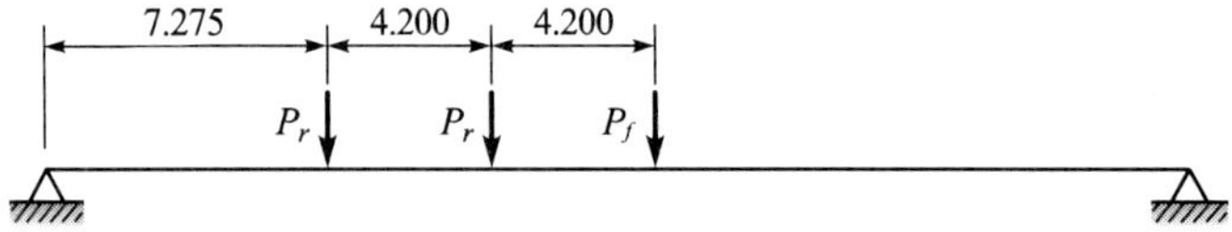

S_3 =(144.17×21.825+144.17×17.625+36.04×13.425)/29.1=212.07kN

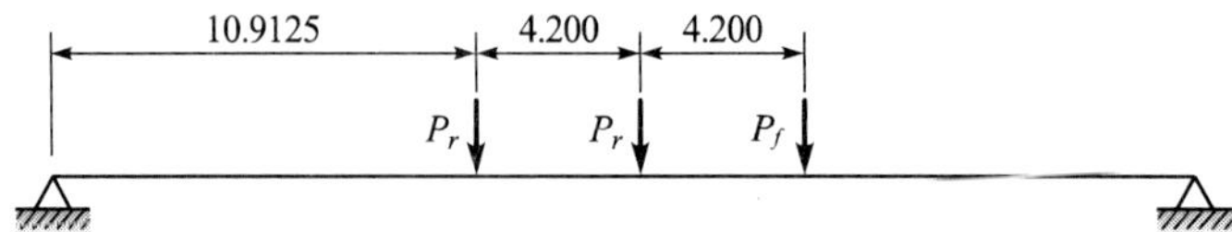

S_4 =(144.17×18.1875+144.17×13.9875+36.04×9.7875)/29.1=171.53kN

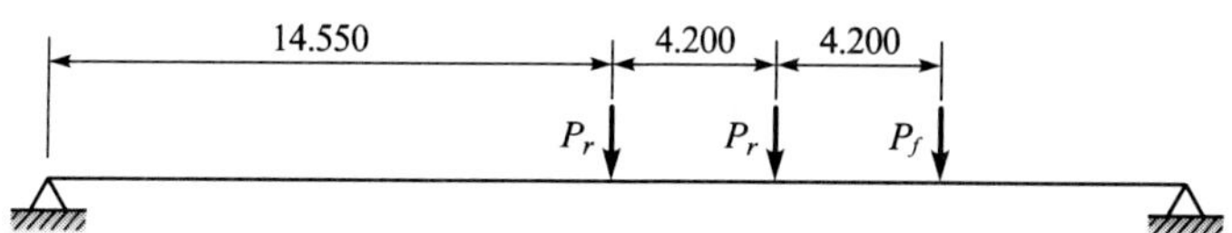

$S_5 = (144.17\times14.55+144.17\times10.350+36.04\times6.150)/29.1=130.98\text{kN}$

ⓒ 모멘트 산정

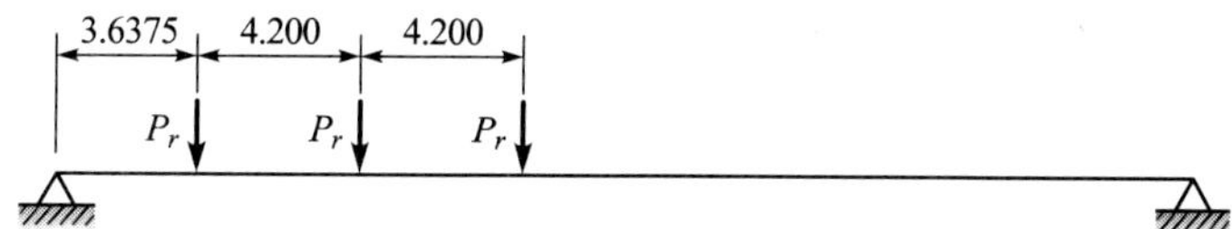

$M_2 = 252.62\times3.6375=918.91\text{kN}\cdot\text{m}$

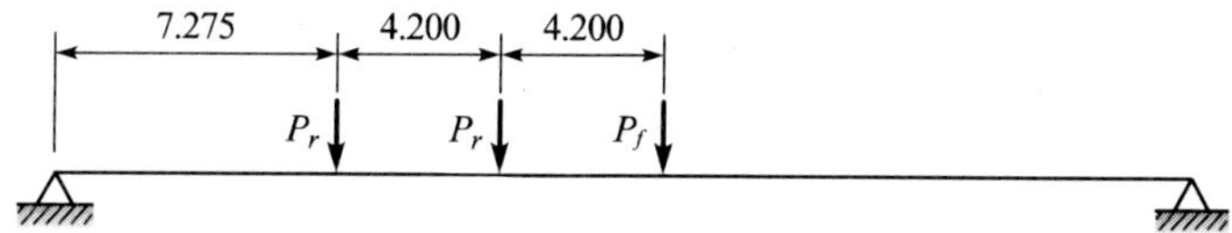

$M_3 = 212.07\times7.275=1542.81\text{kN}\cdot\text{m}$

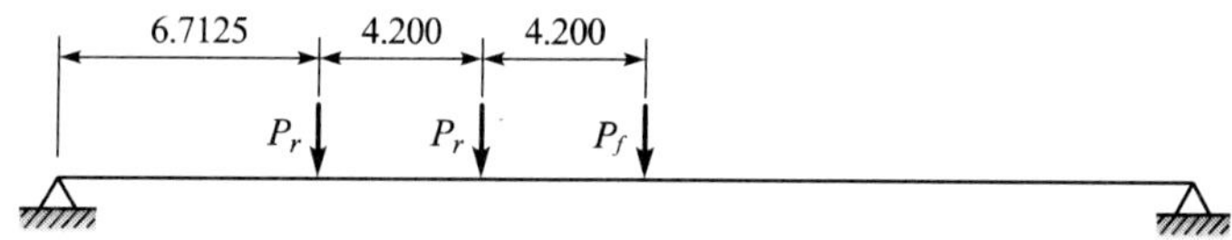

$M_4 = (36.04\times22.3875+144.17\times18.1875+144.17\times13.1875)/29.1\times10.9125-36.04\times4.2=1,847.45\text{kN}\cdot\text{m}$

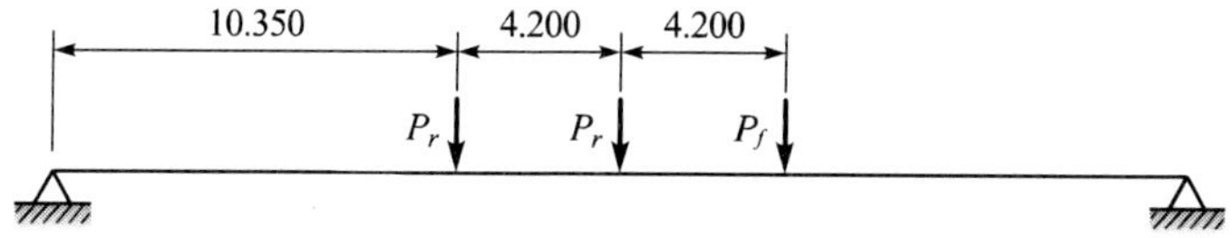

$M_5 = (144.17\times18.75+144.17\times14.55+36.04\times10.35)/29.1\times14.55-144.17\times4.2 = 1,981.42\text{kN}\cdot\text{m}$

③ 내측거더

ⓐ 횡분배 계수

횡분배 계수$= \dfrac{2.35}{1.65} = 1.424$

$\therefore\ P_r = 1.424 \times 96 \times (1+i) = 166.37\text{kN}$

$P_f = 1.424 \times 24 \times (1+i) = 41.59\text{kN}$

ⓑ 전단력 산정

$S_1 = (166.37 \times 29.1 + 166.37 \times 24.9 \times 4.159 \times 20.7)/29.1 = 338.31\text{kN}$

$S_2 = (166.37 \times 25.4625 + 166.37 \times 21.2625 + 41.59 \times 17.0625)/29.1 = 291.52\text{kN}$

$S_3 = (166.37 \times 21.825 + 166.37 \times 17.625 + 41.59 \times 13.425)/29.1 = 246.39\text{kN}$

$S_4 = (166.37 \times 18.1875 + 166.37 \times 13.9875 + 41.59 \times 9.7875)/29.1 = 197.94\text{kN}$

$S_5 = (166.37 \times 14.55 + 166.37 \times 10.350 + 41.59 \times 6.150)/29.1 = 151.15\text{kN}$

ⓒ 모멘트 산정

$M_2 = 291.52 \times 3.6375 = 1060.40\text{kN} \cdot \text{m}$

$M_3 = 246.39 \times 7.275 = 1792.49\text{kN} \cdot \text{m}$

$M_4 = (41.59 \times 22.3875 + 166.37 \times 18.1875 + 166.37 \times 13.1875)/29.1 \times 10.9125$
$- 41.59 \times 4.2 = 2131.93\text{kN} \cdot \text{m}$

$M_5 = (166.37 \times 18.75 + 166.37 \times 14.55 + 41.59 \times 10.35)/29.1 \times 14.55 - 166.37 \times 4.2$
$= 2286.53\text{kN} \cdot \text{m}$

5) 단면력 집계

구분		절점	거더 자중	합성 전 고정하중	합성 후 고정하중	활하중	계
외측 거더	전단력 (kN)	1	296.78	250.59	97.49	293.17	938.03
		2	204.58	194.94	73.12	252.62	725.26
		3	134.50	128.09	48.75	212.07	523.41
		4	65.41	61.25	24.38	171.53	322.60
		5	4.37	5.60	0.000	130.98	140.95
	모멘트 (kN·m)	2	892.40	850.30	310.29	918.91	2971.90
		3	1499.53	1391.03	531.94	1542.81	4965.31
		4	1874.77	1742.17	664.93	1847.45	6129.32
		5	2001.69	1863.75	709.28	1981.42	6556.14
내측 거더	전단력 (kN)	1	296.78	291.08	97.49	338.31	1023.66
		2	204.58	232.30	73.12	291.52	801.52
		3	134.50	151.14	48.75	246.39	580.78
		4	65.41	69.97	24.38	197.94	357.70

		5	4.37	11.19	0.000	151.15	166.71
	모멘트 (kN·m)	2	892.40	951.89	310.29	1060.40	3214.98
		3	1499.53	1635.70	531.94	1792.49	5459.66
		4	1874.77	2051.41	664.93	2131.93	6723.04
		5	2001.69	2199.03	709.28	2286.53	7196.53

6) 고정하중 및 활하중에 의한 휨응력

거더 및 바닥판 $f = \dfrac{M}{Z}$

PS강연선 $f = \dfrac{nM}{Z}$, $n = \dfrac{E_s}{E_c} = \dfrac{2.0 \times 10^5}{2.0 \times 10^4} = 7.143$

① 외측 거더

구분	모멘트 (kN·m)	단면계수 (mm³)	콘크리트 단면 휨응력(MPa)				PS 강연선 (MPa)
			바닥판	PSC 거더			
			상연	상연	하연	PS 강연선 도심위치	
거더자중	2001.69	$Z_{t2} = 313{,}209{,}000$		6.3909			
		$Z_{b2} = 327{,}955{,}000$			−6.1036		
		$Z_{p2} = 369{,}564{,}000$				−5.4164	
합성 전 고정하중	1863.75	$Z_{t3} = 324{,}070{,}000$		5.7511			
		$Z_{b3} = 369{,}128{,}000$			−5.0491		
		$Z_{p3} = 418{,}345{,}000$				−4.4551	31.8225
합성 후 고정자중	709.28	$Z_{t4} = 1{,}316{,}748{,}000$		0.5387			
		$Z_{b4} = 527{,}437{,}000$			−1.3448		
		$Z_s = 916{,}277{,}000$	0.7741			−1.2412	8.8657
		$Z_{p4} = 571{,}457{,}000$					
활하중	1981.42	$Z_{t4} = 1{,}316{,}748{,}000$		1.5048			
		$Z_{b4} = 527{,}437{,}000$			−3.7567		
		$Z_s = 916{,}277{,}000$	2.1625				
		$Z_{p4} = 571{,}457{,}000$				−3.4673	24.7670
계	6556.14		2.9366	14.1855	−16.2542	−14.5800	65.4552

② 내측 거더

구분	모멘트 (kN·m)	단면계수 (mm³)	콘크리트 단면 휨응력(MPa)				PS 강연선 (MPa)
			바닥판	PSC 거더			
			상연	상연	하연	PS 강연선 도심위치	
거더자중	2001.69	$Z_{t2}=313{,}209{,}000$		6.3909			
		$Z_{b2}=327{,}955{,}000$			-6.1036		
		$Z_{p2}=369{,}564{,}000$				-5.4164	
합성 전 고정하중	2199.03	$Z_{t3}=324{,}070{,}000$		6.5857			
		$Z_{b3}=324{,}070{,}000$		6.7857			
		$Z_{p3}=418{,}345{,}000$				-5.2565	37.5472
합성 후 고정자중	709.28	$Z_{t4}=1{,}378{,}834{,}000$		0.5144			
		$Z_{b4}=530{,}908{,}000$			-1.3360		
		$Z_{s}=951{,}156{,}000$	0.7457				8.8159
		$Z_{p4}=574{,}686{,}000$				-1.234	
활하중	2286.53	$Z_{t4}=1{,}378{,}834{,}000$		1.6583			
		$Z_{b4}=530{,}908{,}000$			-4.3068		
		$Z_{s}=951{,}156{,}000$	2.4039				
		$Z_{p4}=574{,}686{,}000$				-3.9787	28.4202
계	7199.28		3.1496	15.3493	-17.7038	-15.8858	74.7833

7) 프리스트레스

① 소요 PS강연선 개수의 약산

- 유효계수 $\eta=\dfrac{P_e}{P_t}=0.8$로 가정, $\therefore\ P_t=P_e/0.8$
- PS강연선의 소요인장력(P_t)

$$P_e=\frac{\Sigma f_t-f_{cta}}{\left(1+\dfrac{y_{b2}}{r_c^2}\cdot e_{p2}\right)}\cdot A_c$$

여기서, Σf_t : 내측 거더의 하연 휨인장응력

f_{cta} : 콘크리트의 허용인장응력

A_c : 거더의 순단면적

y_{b2} : 거더 순단면의 도심에서 하연까지의 거리

r_c : 거더 순단면의 단면2차 반경

e_{p2} : 거더 순단면의 도심과 쉬스관 도심과의 거리

$$P_e = \frac{\Sigma f_t - f_{cta}}{\left(1 + \frac{y_{b2}}{r_c^2} \cdot e_{p2}\right)} \cdot A_c = \frac{(17.7038 - 1.6) \times 657,700}{\left(1 + \frac{977}{320,412,420,000/657,700} \times 867\right)}$$

= 3,867,290kN

$$\therefore P_t = \frac{P_e}{0.8} = \frac{3,867,290}{0.8} = 4,834,120\text{N} = 4,834.12\text{kN}$$

- 강연선 1SET의 인장력($P_{t'}$)

$$P_{t'} = A_p f_{pmo}$$

$$= A_p \cdot \min[0.75 f_{pu}, 0.85 f_{py}] = 1,184.5 \cdot \min[0.75 \times 1,900, 0.85 \times 1,600]$$

$$= 1,184.5 \times 1,360 \times 10^{-3} = 1,610.92 \text{ kN}$$

- 소요 PS강연선의 SET 개수(n)

$$n = P_t / P_t' = 4,834.12/1,610.92 = 3.001EA$$

∴ PS강연선 4SET 사용

② 단면 내에서의 강연선의 배치와 긴장력 결정

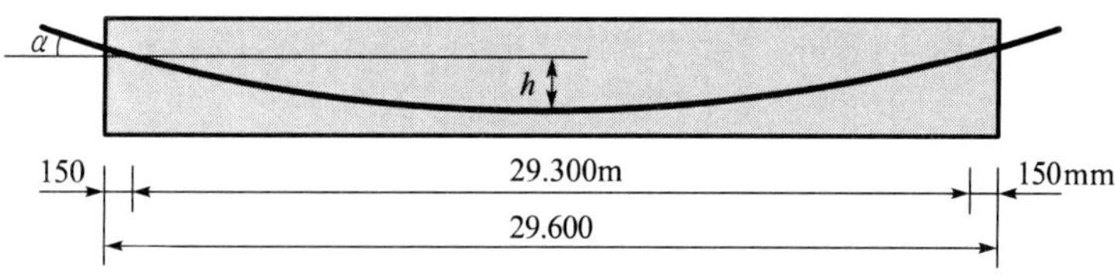

그림 E7.2.4-12

- 강연선을 포물선 형상으로 배치

번호 \ 강연선	H_{end}	H_{middle}	h	l	a	a(rad)	L
1	1.500	0.200	1.300	29.6	0.00593499	0.173901189	29.75155509
2	1.086	0.080	1.006	29.6	0.00459277	0.135117626	29.69092331
3	0.700	0.080	0.620	29.6	0.00283053	0.083588559	29.63459426
4	0.294	0.080	0.214	29.6	0.000977699	0.028910861	29.60412524
계				118.4		0.421518235	118.68119790
평균				29.6		0.105379559	29.67029948

거더 중심으로부터 거리에 따른 하단에서 강연선까지의 높이 산출

$y = a \cdot x^2 + 0.08$(강연선 ②, ③, ④)

$= a \cdot x^2 + 0.20$(강연선 ①)

(단위 : m)

강연선 번호	0.0	3.6375	7.275	10.9125	14.80
1	0.20	0.279	0.514	0.907	1.5000
2	0.08	0.141	0.323	0.627	1.0860
3	0.08	0.117	0.230	0.417	0.7000
4	0.08	0.093	0.132	0.196	0.2940

강연선 번호	긴장순서	긴장응력(MPa)	긴장력(kN)
1	1	1,272.8	1,508
2	2	1,239.9	1,469
3	3	1,202.7	1,425
4	4	1,164.7	1,380
평균		1,220.0	1,445

일반적으로 한계상태설계법에서 모든 손실이 발생한 후, 어떤 경우에도 사용하중조합 I에서 긴장재의 응력이 $0.65f_{pu}$를 초과해서는 안 된다. 즉,

$0.65f_{pu} = 0.65 \times 1,900 = 1,235\,\text{MPa}$

$f_{pt1} = (0.9 \times f_{py}) \times 0.845 = 0.9 \times 1,600 \times 0.845 = 1,220\text{MPa}$: 가정치

③ 프리스트레스의 즉시손실 결정

ⓐ PS강연선과 쉬스 사이의 마찰에 의한 손실량

정착단에서 거더 중심까지의 강연선의 평균길이 : $x = L/2 = 29.6703/2 = 14.8351\text{m}$

곡률 마찰계수 $\mu = 0.25(1/\text{rad})$

파상 마찰계수 $k = 0.005(1/\text{m})$

$$k \cdot x + \mu \cdot a = 0.005 \times 14.8351 + 0.25 \times 0.105379559 = 0.10052$$

$$\therefore f_{pf} = f_{pt1}\left(1 - e^{-}(kx + \mu a)\right) = 1,220 \times \left(1 - e^{-0.10052}\right) = 116.7\,\text{MPa}$$

따라서 PS강연선과 쉬스 사이의 마찰에 의한 강연선 1SET의 손실량은 다음과 같다.

$$\Delta P_{\mu'}(x) = A_p f_{pf} = (1,184.5)(116.7)(10^{-3}) = 138.2312\,\text{kN}$$

그러므로 PS강연선과 쉬스 사이의 마찰에 의한 PS강연선 총 인장력(4SET)의 손실량은 다음과 같다.

$$\Delta P_{\mu}(x) = 4\Delta P_{\mu'}(x) = 4A_p f_{pf} = 4(1{,}184.5)(116.7)(10^{-3}) = 552.9248\,\text{kN}$$

ⓑ 정착장치 활동량에 의한 손실량

$$\Delta l = \frac{A_{EP}}{A_p E_p}$$

$\therefore A_{EP} = \Delta l \cdot A_p \cdot E_p = 6\times 98.71\times 12\times 4\text{EA}\times 200{,}000 = 5{,}685{,}696{,}000\text{N}\cdot\text{mm}$

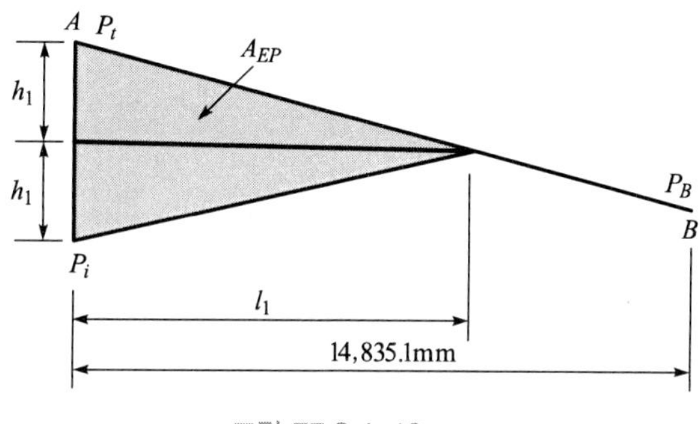

그림 E7.2.4-13

마찰에 의한 손실은 직선으로 변한다고 가정한다.

$P_t = 1{,}220\times 1184.5\times 4 = 5{,}780{,}360\text{N}$

$P_B = (1{,}220-116.7)\times 1184.5\times 4 = 5{,}227{,}435\text{N}$

$\Delta P_t = P_t - P_B = 5{,}780{,}360 - 5{,}227{,}435 = 552{,}925\text{N}$

$l_1 : h_1 = 14{,}835.1 : 552{,}925 \rightarrow h_1 = l_1 \times 552{,}925/14{,}835.1$

$$A_{EP} = \frac{1}{2}\times l_1 \times h_1 \times 2EA = \frac{552{,}925}{14{,}835.1}\times l_1^2$$

$$l_1 = \sqrt{\frac{5{,}685{,}696{,}000\times 14{,}835.1}{552{,}925}} = 12{,}351\,\text{mm} = 12.351\,\text{m} < 14.800\text{m}$$

∴정착장치의 활동량에 의한 손실이 중앙단면에는 영향을 미치지 않음.

그러므로 정착장치 활동량에 의한 중앙단면의 손실량은 다음과 같다.

PS강재의 손실응력 : $f_{ps} = 0\,\text{MPa}$

PS강연선 총 인장력(4SET)의 손실량 : $\Delta P_{p,sl} = 4(1{,}184.5) f_{ps} = 0\,\text{kN}$

ⓒ 콘크리트 탄성변형에 의한 손실량

도로교설계기준 한계상태설계법(2015)방식의 경우 긴장력 손실 ΔP_c를 PS강재의 긴장순서를 고려하여 콘크리트의 탄성변형에 의한 긴장력의 손실을 고려하도록 규정하고 있으며, 다음과 같이 개개의 PS강재의 평균적인 손실로 가정하여 콘크리트의 탄성변형(수축)에 의한 긴장력 손실 ΔP_c를 계산하도록 하고 있다.

$$\Delta P_c = A_p E_p \sum \left[\frac{j \Delta f_c(t)}{E_{cm}(t)} \right]$$

여기서, $\Delta f_c(t)$: 시간 t에서 도입되는 PS강재의 도심위치에서 콘크리트 응력의 변화량

$$\left[\Delta f_c(t) = \frac{P_i(t)}{A_c} + \frac{P_i(t) \cdot e_p^2}{I_c} - \frac{M_d}{I_c} \cdot e_p \right]$$

$j = \frac{n-1}{2n}$ 또는 1(프리스트레싱 이후 영구하중에 의해 생기는 응력변화량을 고려한 계수임), $j = \frac{n-1}{2n} = \frac{4-1}{2 \times 4} = 0.375$

n : 연속적으로 긴장되는 동일한 PS강재의 개수(n의 값이 클 때 근사적으로 1/2을 사용할 수 있다. $n = 4$

$E_{cm}(t)$:시간 t에서 콘크리트의 탄성계수,

$E_{cm}(t) = \sqrt{\beta_{cc}(t)}\, E_c = \sqrt{0.8479}\,(28{,}000) = 25{,}783\,\mathrm{MPa}$

PS강재의 긴장 시 마찰과 정착장치의 활동량에 의한 손실량을 뺀 1SET의 긴장력은 다음과 같다.

$$P_{i'}(t) = A_p(f_{pt1} - f_{pf} - f_{ps}) = (1{,}184.5)(1{,}220 - 116.7 - 0) = 1{,}306{,}859\,\mathrm{N}$$

그러므로 PS강재의 4SET의 총 긴장력은 다음과 같다.

$$\begin{aligned} P_i(t) &= 4P_{i'}(t) = 4A_p(f_{pt1} - f_{pf} - f_{ps}) \\ &= 4(1{,}184.5)(1{,}220 - 116.7 - 0) = 5{,}227{,}436\,\mathrm{N} \end{aligned}$$

$$\begin{aligned} \therefore \Delta f_c(t) &= \frac{P_i(t)}{A_c} + \frac{P_i(t) \cdot e_p^2}{I_c} - \frac{M_d}{I_c} \cdot e_p \\ &= \frac{5{,}227{,}436}{657{,}700} + \frac{5{,}227{,}436 \times 867^2}{320{,}412{,}420{,}000} - \frac{2{,}001.69 \times 10^6 \times 867}{320{,}412{,}420{,}000} \\ &= 14.796\,\mathrm{MPa} \end{aligned}$$

여기서, M_d : 거더 자중에 의한 절점 5의 휨모멘트

따라서 콘크리트의 탄성변형에 의한 강연선 1SET의 손실량은 다음과 같다.

$$\Delta P_{c'} = A_p E_p \sum \left[\frac{j\Delta f_c(t)}{E_{cm}(t)} \right]$$
$$= (1,184.5)(200,000)\sum\left[\frac{(0.375)(14.796)}{25,783}\right](10^{-3}) = 50.9809\,\text{kN}$$

그러므로 콘크리트의 탄성변형에 의한 PS강연선 총 인장력(4SET)의 손실량은 다음과 같다.

$$\Delta P_c = 4A_p E_p \sum \left[\frac{j\Delta f_c(t)}{E_{cm}(t)} \right]$$
$$= 4(1,184.5)(200,000)\sum\left[\frac{(0.375)(14.796)}{25,783}\right](10^{-3}) = 203.9236\,\text{kN}$$

ⓓ PS강연선의 초기응력 결정

$$f_{pt} = f_{pt1} - f_{pf} - f_{ps} - f_{pel} = f_{pt1} - f_{pf} - f_{ps} - \left(\frac{\Delta P_{c'}}{A_p}\right)$$
$$= 1,220 - 116.7 - 0 - \left(\frac{50.9809 \times 10^3}{1,184.5}\right) = 1,065.5\ \text{MPa}$$

ⓔ 긴장할 때(긴장작업 시) 긴장단에서 긴장재에 가하는 총(4SET) 최대 힘 P_{pt1} 검토

$P_{pt1} = 5,780.360\,\text{kN} < P_o = 4 \times 1,705.68 = 6,822.72\ \text{kN}$ O.K.

ⓕ PS강연선의 총(4SET) 초기 긴장력 P_{pt} 검토

$$P_{pt} = P_{pt1} - \Delta P_\mu(x) - \Delta P_{p,sl} - \Delta P_c$$
$$= 5,780.360 - 552.9248 - 0 - 203.9236$$
$$= 5,048.339\ \text{kN} < P_{mo} = 4 \times 1,610.92 = 6,443.68\,\text{kN}$$ O.K.

④ 프리스트레스의 시간적 장기 손실 결정

ⓐ 콘크리트 건조수축에 의한 손실량

도로교설계기준 한계상태설계법(2012) 5.3.1.5에서는 건조수축에 의한 변형률을 대기의 연평균 상대습도와 부재의 크기 등을 고려하여 다음 식에 따라 산정할 수 있도록 하고 있다.

$$\epsilon_{sh}(t,t_s) = \epsilon_{sho}\beta_s(t-t_s)$$

여기서, t_s : 콘크리트가 대기 중에 노출되었을 때의 재령(일)

$$\epsilon_{sho} = \beta_{RH}[160 + 10\beta_{sc}(9 - f_{cm}/10)] \times 10^{-6}$$

$$\beta_{RH} = -1.55[1-(RH/100)^3] \qquad (40\% \leq RH < 90\%)$$

$$\beta_s(t-t_s) = \sqrt{\frac{(t-t_s)}{0.035h^2 + (t-t_s)}}$$

$\beta_{sc} = 4$(2종 시멘트), 5(1종 및 5종 시멘트), 8(3종 시멘트)

위 식을 사용하여 국내 평균 상대습도 70%에 대한 건조수축의 변형률을 계산하면

$$\epsilon_{sh}(t,t_s) = 0.000182$$

따라서

$$\Delta f_{psh} = E_p\epsilon_{sh}(t,t_s) = (200,000)(0.000182) = 36.4\text{MPa}$$

ⓑ 콘크리트의 크리프에 의한 손실량

$$\Delta f_{pcr} = E_p(\phi\epsilon_c) = (\phi n)f_{ci}$$

여기서, $\phi\epsilon_c$: 크리프 변형률

ϕ : 크리프계수

$$n = \frac{E_p}{E_c} = \frac{200,000}{28,000} = 7.14$$

$$f_{ci} = \frac{P_t}{A_c} + \frac{P_t \cdot e_p^2}{I_c} - \frac{M_d}{I_c} \cdot e_p = \frac{P_t}{A_c} + \frac{P_t \cdot e_{p2}}{Z_{p2}} - \frac{M_d}{Z_{p2}}$$

$$P_t = 4\text{EA} \times f_{pt} \times A_p = 4 \times 1065.5 \times 1,184.5 = 5,048,340\text{N}$$

따라서

$$\Delta f_{pcr} = (\phi n)f_{ci} = 12 \times f_{ci} - 7 \times f_{cds}$$

여기서, f_{cds} :프리스트레스를 가한 당시 존재하는 고정하중을 제외한 그 후 모든 고정하중에 의해 발생하는 PS강선 중심에서의 콘크리트 응력)

▪ 외측 거더

$$f_{ci} = \frac{P_t}{A_c} + \frac{P_t \cdot e_{p2}}{Z_{p2}} - \frac{M_d}{Z_{p2}}$$

$$= \frac{5,048,340}{657,700} + \frac{5,048,340 \times 867}{369,564,000} + \frac{2,001.69 \times 10^6}{369,564,000}$$

=7.676+11.844−5.416=14.104MPa

f_{cds} =4.4551+1.2412=5.6963MPa(휨 응력 참조)

Δf_{pcr} =12×14.104−7×5.6963=129.374MPa

▪ 내측 거더

f_{cds} =5.2565+1.2342=6.4907MPa(휨 응력 참조)

Δf_{pcr} =12×14.104−7×6.4907=123.813MPa

ⓒ PS강선의 릴렉세이션에 의한 손실량

저릴렉세이션 강연선 사용

도로교설계기준 한계상태설계법(2015)해설 5.5.3.2(7)에서는 릴렉세이션에 의한 손실량을 다음 식에 따라 산정할 수 있도록 하고 있다.

$$\frac{\Delta f_{pr}}{f_{pi}} = 0.66\,\rho_{1,000}\,e^{9.1\mu}\left(\frac{t}{1,000}\right)^{0.75(1-\mu)} 10^{-5} \quad (\%) \; : \text{Class 2}$$

여기서, Δf_{pr} : 릴렉세이션에 의한 프리스트레스의 변화량

f_{pi} : 초기 프리스트레스트 응력

t : 긴장 이후 경과 시간

$\mu = \frac{f_{pi}}{f_{pu}}$

$\rho_{1,000}$: 평균기온 20℃에서 긴장 이후 1,000시간이 경과했을 때의 릴렉세이션손실(%)

위 식을 사용하여 릴렉세이션에 의한 손실량 계산하면

▪ 외측 거더

Δf_{pr} =14.764MPa

▪ 내측 거더

$$\Delta f_{pr} = 15.042\text{MPa}$$

(참고로, 도로교설계기준 한계상태설계법(2015) 5.6.7.4(3)에서는 건조수축, 크리프, 릴렉세이션에 의한 프리스트레스의 장기 손실을 다음과 같은 하나의 간편식으로 산정할 수 있도록 하고 있다.

$$\Delta f_{p,c+s+r} = \frac{\epsilon_s(t,t_o)E_p + 0.8\Delta f_{pr} + \alpha\phi(t,t_o)[f_{c(g+q)} + f_{cpo}]}{1 + \alpha\frac{A_p}{A_c}\left(1 + \frac{A_c}{I_c}z_{cp}^2\right)[1 + 0.8\phi(t,t_o)]}$$

위 간편식에 의한 PS강연선의 장기 손실량은 독자가 직접 계산해보길 바란다.)

ⓓ PS강연선의 유효응력 결정

▪ 외측 거더

- PS강선의 유효인장응력

$$f_{pe} = f_{pt} - \Delta f_{psh} - \Delta f_{pcr} - \Delta f_{pr}$$
$$= 1{,}065.5 - 36.400 - 129.374 - 14.764 = 884.962\text{MPa}$$

- 유효계수

$$\eta = \frac{f_{pe}}{f_{pt}} = \frac{884.962}{1{,}065.5} = 0.831$$

▪ 내측 거더

- PS강선의 유효인장응력

$$f_{pe} = f_{pt} - \Delta f_{psh} - \Delta f_{pcr} - \Delta f_{pr}$$
$$= 1{,}065.5 - 36.4000 - 123.813 - 15.042 = 890.245\text{kgf/cm}^2$$

- 유효계수

$$\eta = \frac{f_{pe}}{f_{pt}} = \frac{890.245}{1{,}065.5} = 0.836$$

ⓔ 긴장재의 신장량 계산

$$\Delta l = \frac{P_t + P_{t1}}{A_p E_p} \times \text{강연선길이}$$

강연선 번호	긴장순서	P_t(kN)	P_{t1}(kN)	강연선길이 ($L/2$, mm)	Δl(mm)
1	1	1,508	1,369.77	14,875.8	180.70
2	2	1,469	1,330.77	14,845.5	175.45
3	3	1,425	1,286.77	14,817.3	169.61
4	4	1,380	1,241.77	14,802.1	163.81

ⓕ 프리스트레스 힘의 영향을 고려한 재하단계별 응력계산

프리스트레스 도입 직후의 콘크리트 응력

▪ 프리스트레스에 의한 콘크리트 응력

$$P_t = N \times f_{pt} \times A_p = 4 \times 1,065.5 \times 1184.5 = 5,048,340\text{MPa}$$

$$\therefore f_{ct}(\text{상연응력}) = \frac{P_t}{A_c} - \frac{P_t \cdot e_{p2}}{Z_{t2}}$$

$$= \frac{5,048,340}{657,700} - \frac{5,048,340 \times 867}{313,209,000} = -6.299\text{MPa}$$

$$\therefore f_{cb}(\text{하연응력}) = \frac{P_t}{A_c} + \frac{P_t \cdot e_{p2}}{Z_{b2}}$$

$$= \frac{5,048,340}{657,700} + \frac{5,048,340 \times 867}{327,955,000} = 21.022\text{MPa}$$

▪ 거더자중에 의한 콘크리트 응력

$$\therefore f_{ct}(\text{상연응력}) = \frac{M_d}{Z_{t2}} = \frac{2,001.69 \times 10^6}{313,209,000} = 6.391\text{MPa}$$

$$\therefore f_{cb}(\text{하연응력}) = \frac{M_d}{Z_{b2}} = \frac{2,001.69 \times 10^6}{327,955,000} = -6.10\text{MPa}$$

▪ 프리스트레스 도입 직후의 콘크리트 응력

$$\therefore f_{ct}(\text{상연응력}) = -6.299 + 6.391 = 0.092\text{MPa}$$

$$\therefore f_{cb}(\text{하연응력}) = 21.022 - 6.104 = 14.918\text{MPa}$$

유효프리스트레스

▪ 외측 거더

$$f_{ct}(\text{상연응력}) = \eta \times f_{ct} = 0.831 \times (-6.299) = -5.234\text{MPa}$$

$$f_{cb}(\text{하연응력}) = \eta \times f_{cb} = 0.831 \times 21.022 = 17.469\text{MPa}$$

(프리캐스트에 의한 콘크리트 응력)

▪ 내측 거더

f_{ct}(상연응력)= $\eta \times f_{ct}$ =0.836×(−6.299)=−5.266MPa

f_{cb}(하연응력)= $\eta \times f_{cb}$ =0.836×21.022=17.574MPa

설계하중 작용시의 휨응력

▪ 외측 거더

(단위 : MPa)

구분		프리스트레스 도입 직후			설계 하중 작용 시		
		프리스트레스	거더의 자중	계	유효 프리스트레스	총하중(고정하중·활하중)	계
거더	상연	−6.299	6.391	0.092	−5.234	14.1855	8.9515
	하연	21.022	−6.104	14.918	17.469	−16.2542	−1.2148
PS콘크리트 허용응력		(인장)1.43< 계< 17.6(압축)			(인장)1.6< 계< 16.0(압축)		
바닥판						2.9366	2.9366
바닥판콘크리트 허용응력					(압축)0.0〈계〈10.8(압축)		

(−):인장, (+):압축

▪ 내측 거더

(단위 : MPa)

구분		프리스트레스 도입 직후			설계 하중 작용 시		
		프리스트레스	거더의 자중	계	유효 프리스트레스	총하중(고정하중·활하중)	계
거더	상연	−6.299	6.391	0.092	−5.266	15.3493	10.0833
	하연	21.022	−6.104	14.918	17.574	−17.7038	−0.1298
PS콘크리트 허용응력		(인장)1.43< 계< 17.6(압축)			(인장)1.6< 계< 16.0(압축)		
바닥판						3.1496	3.1496
바닥판콘크리트 허용응력					(압축)0.0< 계< 10.8(압축)		

8) 2차 응력 계산

① 크리프 및 건조수축에 의한 단면력 계산

ⓐ 크리프에 의한 단면력 계산

■ 외측 거더

$$N_\phi = -\frac{K'}{C^2 - BF}\left[P\left\{B\left(y'_1 e_{p1} - r_{c1}^2\right) - C \cdot e_{p1}\right\} + M_{d1}(C - B \cdot y'_1)\right] - \frac{K}{C^2 - BF} M_{d2}(C - B \cdot y'_1)$$

$$M_\phi = -\frac{K'}{BF - C^2}\left[P\left\{B\left(y'_1 e_{p1} - r_{c1}^2\right) - F \cdot e_{p1}\right\} + M_{d1}(F - C \cdot y'_1)\right] - \frac{K}{BF - C^2} M_{d2}(F - C \cdot y'_1)$$

$$m = \frac{E_{c1} I_{c1}}{E_{c2} I_{c2}} = \frac{2.8 \times 10^4 \times 345{,}134{,}930{,}000}{2.465 \times 10^4 \times 2{,}897{,}140{,}000} = 135.3$$

$$B = 1 + m = 1 + 135.3 = 136.3$$

$$C = y'_1 - m y_2 = 1{,}065 - 136.3 \times 125 = -15{,}850$$

$$F = y'^2_1 + rc_1^2 + mrc_2^2 + my_2^2$$

$$= 1{,}065^2 + \frac{345{,}134{,}930{,}000}{691{,}500} + 136.3 \times \frac{2{,}897{,}140{,}000}{556{,}250} + 136.3 \times 125^2$$

$$= 4{,}472{,}900$$

$$P = \frac{(1{,}065.5 + 890.245)}{2} \times 98.71 \times 4 \times 12 = 4{,}633{,}240\text{N}$$

$$K = \frac{\phi_\infty}{1 + \phi_\infty} = \frac{3.8}{1 + 3.8} = 0.792$$

$$K' = \frac{\phi_t}{1 + \phi_\infty} = \frac{2.4}{1 + 3.8} = 0.500$$

$$N_\phi = -\frac{0.500}{15{,}850^2 - 136.3 \times 4{,}472{,}900}\left[\begin{array}{l} 4{,}633{,}240\left\{\begin{array}{l} 136.3\left(1{,}065 \times 825 - \dfrac{345{,}134{,}930{,}000}{691{,}500}\right) \\ + 15{,}850 \times 825 \end{array}\right\} \\ + 2{,}001.69 \times 10^6 \times (-15{,}850 - 136.3 \times 1{,}065) \end{array}\right]$$

$$- \frac{0.792}{15{,}850^2 - 136.3 \times 4{,}472{,}900} \times 1{,}863.75 \times 10^6 \times (-15{,}850 - 136.3 \times 1{,}065)$$

$$= -693{,}790\text{N}$$

$$M_\phi = -\frac{0.500}{136.3 \times 4{,}472{,}900 - 15{,}850^2}\left[\begin{array}{l} 4{,}633{,}240\left\{\begin{array}{l} -15{,}850\left(1{,}065 \times 825 - \dfrac{345{,}134{,}930{,}000}{691{,}500}\right) \\ -4{,}472{,}900 \times 825 \end{array}\right\} \\ + 2001.69 \times 10^6 \times (4{,}472{,}900 + 15{,}850 \times 1{,}065) \end{array}\right]$$

$$-\frac{0.792}{136.3\times 4{,}472{,}900-15{,}850^2}\times 1{,}863.75\times 10^6\times(4{,}472{,}900+15{,}850\times 1{,}065)$$

$$=-84{,}830{,}700\text{N}\cdot\text{mm}$$

- 내측거더

$$m=\frac{E_{c1}I_{c1}}{E_{c2}I_{c2}}=\frac{2.8\times 10^4\times 345{,}134{,}930{,}000}{2.465\times 10^4\times 3{,}059{,}900{,}000}=128.1$$

$$B=1+m=1+128.1=129.1$$

$$C=y'_3-my_2=1{,}065-128.1\times 125=-14{,}950$$

$$F=y'^2_1+rc_1^2+mrc_2^2+my_2^2$$

$$=1{,}065^2+\frac{345{,}134{,}930{,}000}{691{,}500}+128.1\times\frac{3{,}059{,}900{,}000}{587{,}500}$$
$$+128.1\times 125^2=4{,}302{,}100$$

$$K=\frac{\phi_\infty}{1+\phi_\infty}=\frac{3.8}{1+3.8}=0.792$$

$$K'=\frac{\phi_t}{1+\phi_\infty}=\frac{2.4}{1+3.8}=0.500$$

$$N_\phi=-\frac{0.500}{14{,}950^2-129.1\times 4{,}302{,}100}$$
$$\left[\begin{array}{l}4{,}633{,}240\left\{\begin{array}{l}129.1\left(1{,}065\times 825-\dfrac{345{,}134{,}930{,}000}{691{,}500}\right)\\+14{,}950\times 825\end{array}\right\}\\+2{,}001.69\times 10^6\times(-14{,}950-129.1\times 1{,}065)\end{array}\right]$$
$$-\frac{0.792}{14{,}950^2-129.1\times 4{,}302{,}100}\times 2199.03\times 10^6\times(-14{,}950-129.1\times 1{,}065)$$
$$=-831{,}550\text{N}$$

$$M_\phi=-\frac{0.500}{129.1\times 4{,}302{,}100-14{,}950^2}$$
$$\left[\begin{array}{l}4{,}633{,}240\left\{\begin{array}{l}-14{,}950\left(1{,}065\times 825-\dfrac{345{,}134{,}930{,}000}{691{,}500}\right)\\-43{,}021\times 82.5\end{array}\right\}\\+200.169\times 10^5\times(43{,}021+1{,}495\times 106.5)\end{array}\right]$$

$$-\frac{0.792}{129.1\times 4{,}302{,}100-14{,}950^2}\times 2199.03\times 10^6\times(4{,}302{,}100+14{,}950\times 1{,}065)$$

$=-102{,}737{,}500\text{N}\cdot\text{mm}$

ⓑ 건조수축에 의한 단면력 계산

▪ 외측거더

$$N_s=\frac{\varepsilon_s E_{c1} I_{c1}}{C}\frac{B}{BF-C^2}\frac{1}{1+\phi_\infty}$$

$$M_s=\varepsilon_s E_{c1} I_c\frac{C}{C^2-BF}\frac{1}{1+\phi_\infty}$$

$$N_s=\frac{0.0001\times 2.8\times 10^6\times 345{,}134{,}930{,}000\times 136.3}{136.3\times 4{,}472{,}900-15{,}850^2}\times\frac{1}{1+3.8}=76{,}550\text{N}$$

$$M_s=\frac{0.0001\times 2.8\times 10^6\times 345{,}134{,}930{,}000\times(-15{,}850)}{15{,}850^2-136.3\times 4{,}472{,}900}\times\frac{1}{1+3.8}=8{,}902{,}800\text{N}\cdot\text{mm}$$

▪ 내측거더

$$N_s=\frac{0.0001\times 2.8\times 10^6\times 345{,}134{,}930{,}000\times 129.1}{129.1\times 4{,}302{,}100-14{,}950^2}\times\frac{1}{1+3.8}=78{,}310\text{N}$$

$$M_s=\frac{0.0001\times 2.8\times 10^6\times 345{,}134{,}930{,}000\times(-14{,}950)}{14{,}950^2-129.1\times 4{,}302{,}100}\times\frac{1}{1+3.8}=9{,}068{,}600\text{N}\cdot\text{mm}$$

② PSC 거더 및 바닥판의 응력계산

ⓐ 크리프에 의한 응력계산

▪ 외측거더

$$f_{c'2}=-\frac{N_\phi}{A_{c2}}-\frac{M_\phi-N_\phi y_2}{I_{c2}}\cdot y_2'$$

$$=-\frac{-693{,}790}{556{,}250}-\frac{-84{,}830{,}700+693{,}790\times 125}{2{,}897{,}140{,}000}\times 125=1.1656\text{MPa}$$

$$f_{c2}=-\frac{N_\phi}{A_{c2}}+\frac{M_\phi-N_\phi y_2}{I_{c2}}\cdot y_2'$$

$$=-\frac{-693{,}790}{556{,}250}+\frac{-84{,}830{,}700+693{,}790\times 125}{2{,}897{,}140{,}000}\times 125=1.3289\text{MPa}$$

$$f_{c'1} = \frac{N_\phi}{A_{c1}} + \frac{M_\phi - N_\phi y_1}{I_{c1}} \cdot y_3{}'$$

$$= -\frac{-693,790}{691,500} + \frac{-84,830,700 - 693,790 \times 1,065}{345,134,930,000} \times 1,065 = -3.5451\text{MPa}$$

$$f_{c1} = \frac{N_\phi}{A_{c3}} - \frac{M_\phi - N_\phi y_1}{I_{c3}} \cdot y_3{}'$$

$$= -\frac{-693,790}{691,500} - \frac{-84,830,700 - 693,790 \times 1,065}{345,134,930,000} \times 935 = 1.2282\text{MPa}$$

▪ 내측거더

$$f_{c'2} = -\frac{-831,550}{587,500} - \frac{-102,737,500 + 831,550 \times 125}{3,059,900,000} \times 125 = 1.3661\text{MPa}$$

$$f_{c2} = -\frac{-831,550}{587,500} + \frac{-102,737,500 + 831,550 \times 125}{3,059,900,000} \times 125 = 1.4647\text{MPa}$$

$$f_{c'1} = -\frac{-831,550}{691,500} + \frac{-102,737,500 - 831,550 \times 1,065}{345,134,930,000} \times 1,065 = -4.2523\text{MPa}$$

$$f_{c1} = -\frac{-831,550}{691,500} - \frac{-102,737,500 - 831,550 \times 1,065}{345,134,930,000} \times 935 = 1.4750\text{MPa}$$

ⓑ 건조수축에 의한 응력계산

▪ 외측거더

$$f_{s'2} = -\frac{N_\phi}{A_{c2}} - \frac{M_\phi - N_\phi y_2}{I_{c2}} \cdot y_2{}'$$

$$= -\frac{-76,550}{556,250} - \frac{-8,902,800 - 76,550 \times 125}{2,897,140,000} \times 125 = -0.109\text{MPa}$$

$$f_{s2} = -\frac{N_\phi}{A_{c2}} + \frac{M_\phi - N_\phi y_2}{I_{c2}} \cdot y_2{}'$$

$$= -\frac{-76,550}{556,250} + \frac{8,902,800 - 76,550 \times 125}{2,897,140,000} \times 125 = -0.166\text{MPa}$$

$$f_{s'1} = \frac{N_\phi}{A_{c1}} + \frac{M_\phi - N_\phi y_1}{I_{c1}} \cdot {y_1}'$$

$$= \frac{76,550}{691,500} + \frac{8,902,800 + 76,550 \times 1,065}{345,134,930,000} \times 1,065 = 0.390\text{MPa}$$

$$f_{s1} = \frac{N_\phi}{A_{c1}} - \frac{M_\phi - N_\phi y_1}{I_{c1}} \cdot {y_1}'$$

$$= \frac{76,550}{691,500} - \frac{8,902,800 + 76,550 \times 1,065}{345,134,930,000} \times 935 = -0.134\text{MPa}$$

- 내측거더

$$f_{s'2} = -\frac{78,310}{587,500} - \frac{-9,068,600 - 78,310 \times 125}{3,059,900,000} \times 125 = -0.140\text{MPa}$$

$$f_{s2} = -\frac{-78,310}{587,500} + \frac{9,068,600 - 78,310 \times 125}{3,059,900,000} \times 125 = -0.163\text{MPa}$$

$$f_{s'1} = \frac{78,310}{691,500} + \frac{9,068,600 + 78,310 \times 1,065}{345,134,930,000} \times 1,065 = 0.399\text{MPa}$$

$$f_{s1} = \frac{78,310}{691,500} - \frac{9,068,600 + 78,310 \times 1,065}{345,134,930,000} \times 935 = -0.137\text{MPa}$$

9) 한계상태 설계휨강도에 의한 검토

극한한계상태 설계휨강도(계수저항) 등의 검토는 도로교설계기준(한계상태설계법, 2012) 5.5 등에 따라 한계상태설계법으로 계산하여, 한계상태하중조합에 의해 단면에 발생하는 최대 설계휨모멘트(하중효과)와 비교한다.

10) 설계전단강도 검토

설계전단강도는 지점부에서 가장 크게 발생하므로 지점부에서만 한계상태설계법으로 검토하기로 한다. 이에 관련된 자세한 사항은 도로교설계기준(한계상태설계법, 2012) 5.5.2에 따른다.

11) 처짐계산

PSC거더의 처짐은 자중, 고정하중 및 활하중에 의한 처짐과 프리스트레스에 의한 처짐에 대해 한계상태설계법으로 검토한다. 또한 시공단계별 처짐도 고려해야 한다. 이에 관련된 자세한 사항은 도로교설계기준(한계상태설계법, 2012) 5.6.4에 따른다.

7.3 PSC 슬래브교

7.3.1 일반사항

슬래브교는 상대되는 2변이 자유스런 직사각형 판을 주 구조로 하는 교량이며 종방향의 구조형식에 따라서 단순 슬래브교·연속 슬래브교로 분류된다.

슬래브교는 횡단면의 형상에 따라서 RC 슬래브교와 같이 속이 찬 PSC 슬래브(그림 7.3.1(a))와 속이 빈 PSC 중공슬래브(그림 7.3.1(b), (c))로 구분되지만, PSC 중공슬래브는 PSC 슬래브보다 자중이 25%정도 가벼우므로 지간을 늘릴 수 있는 장점이 있다. 그러나 최근 중공슬래브는 시공성이 나쁘고 균열발생 가능성이 높아 사용성에 문제가 되고 있는 실정이다.

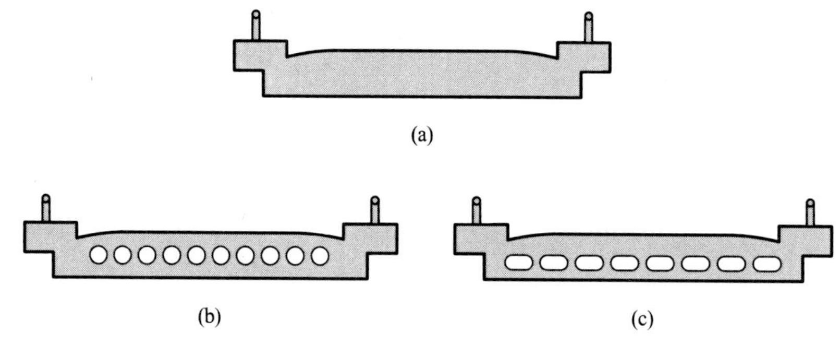

그림 7.3.1 PSC 슬래브교의 단면형상

PSC 슬래브교의 특징

단면특성상 균열안전율이 비교적 크고 장경간에는 RC 슬래브교에 비해 고정하중의 감소로 유리하며 단순경간의 경우 20m 이상에서 널리 쓰인다. 경간장은 경제성에 의해 결정되며 주로 도로의 교차로 등에 적합하다. 그리고 보의 높이를 줄일 수 있으므로 형고의 제약을 받는 곳에 유리하며 거푸집이 간단하고 콘크리트 타설시 수평이음을 두지 않고 마무리 할 수 있으므로 시공이 비교적이 용이하다. 그러나 시공 공정상 철저한 품질관리가 필요하며 장경간에 적용하기 어려운 단점이 있다.

시공위치

PSC 슬래브교를 적용할 수 있는 곳은 형하공간이 확보되는 지역이어야 한다. 특히 미관이 크게 고려되는 지역이나 지형 여건상 거더 형식의 교량선정이 불가능한 지역에 흔히 적용된다. 그러나 통행 차량의 형하고 확보가 불가능하거나 지형 여건상 동바리 설치가 곤란한 경우에는 적용할 수 없다.

적정경간

적정경간의 범위는 단지간에는 20m, 연속교에서 20~30m 정도이며, 계획 시 판 두께는 지간장의 1/14~1/25 정도이다.

7.3.2 설계일반

설계 시 유의사항

PSC 슬래브교의 설계 시에는 사각이 없도록 교량연장을 길게 함이 좋으나 불가피하게 사각이 요구될 경우 가급적 영향이 적은 20° 이내로 계획함이 구조적으로 유리하다. 또 캔틸레버부분을 길게 하면 다소의 경제성을 높일 수 있으나, 캔틸레버의 영향을 감안한 구조계산 시에는 주판의 가장자리가 불리해지므로 이에 대한 구조해석이 필요하고 받침의 배치에 신중해야 한다. 신축이음장치와 받침은 가능한 한 배제하는 곳이 유리하며, 단일 경간 슬래브구조로 하는 경우 라멘교로 하는 것이 여러 가지로 편리하고 연속 슬래브구조로 하는 경우에는 지점부에 헌치를 두거나 이에 상응하는 철근보강이 필요하지만 일반적으로 적절한 헌치를 두는 것이 구조적으로 유리하다.

설계절차

PSC 슬래브교의 경우 RC 슬래브교와 설계과정이 거의 비슷하므로 설계과정은 대부분 간략히 설명하였으나 PS강재의 배치에 관련된 부분에 대해서는 상세히 설명하였다.

(1) 설계순서

PSC 슬래브교의 일반적인 설계순서는 그림 7.3.2, 7.3.3과 같다.

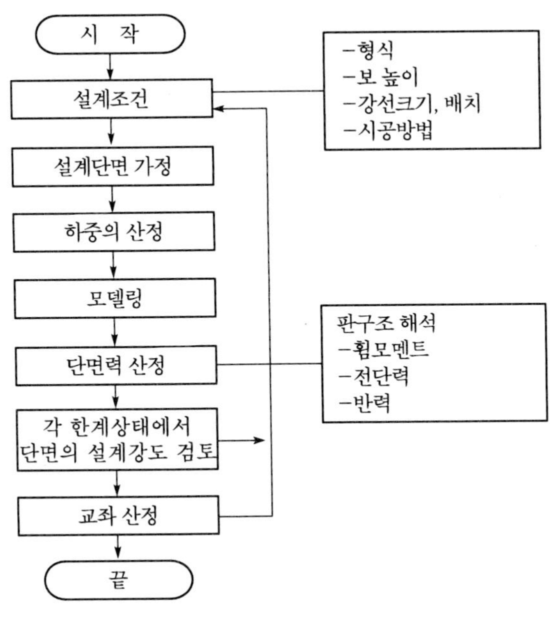

그림 7.3.2 판구조 해석 시

(2) 설계과정

1) 설계조건

① 일반조건 : 상부 구조형식 · 프리스트레스 도입방식 · 교량의 연장 · 유효지간장 · 교량의 폭원 · 평면선형 · 사각의 크기 등을 결정한다.

② 설계하중 : 도로교설계기준(한계상태설계법, 2015) 제3장을 참고하여 활하중 · 포장하중 · 시공하중 · 온도변화 · 풍하중 · 지진하중 등을 결정한다.

③ 사용재료

ⓐ 콘크리트 : 설계기준강도 · 프리스트레스 도입 시의 응력 · 콘크리트 응력의 제한치 · 균열 허용응력 · 정착부의 지압응력 등을 산정한다.

ⓑ PS강재 : 사용강재를 선정하여 인장하중 · 항복하중 · 공칭단면적 · 단위무게 등을 결정하고, PS강재의 프리스트레스 힘의 제한치를 결정한다. 그 뒤 프리스트레스의 손실량(정착장치의 슬립량 · PS강재와 쉬스관 사이의 마찰계수)을 결정한다.

ⓒ 철근 : 사용되는 철근의 종류를 결정하여 철근의 공칭단면적 · 설계항복강도 등을 구한다.

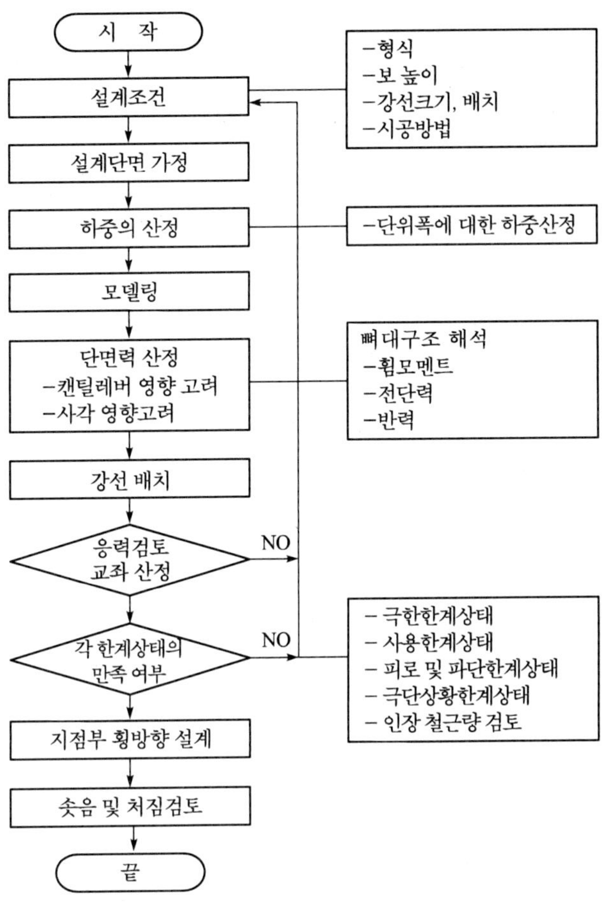

그림 8.3.3 뼈대구조 해석 시

④ 물리적 상수의 산정

ⓐ 탄성계수 : 콘크리트, PS강재 및 철근의 탄성계수를 산정한다.

ⓑ 탄성계수비 : 콘크리트와 PS강재, 콘크리트와 철근의 비를 프리스트레스 도입직후, 설계하중 작용 시에 대해 각각 결정한다.

2) **단면의 가정** : 횡단면 및 종단면에 대해 기존의 설계자료를 참고로 하여 가정한다.

3) **종방향의 단면력 산정(구조해석)**

기본적으로 슬래브교의 경우 도로교설계기준상에는 판구조해석으로 수행하도록 명시되어 있다. 그러나 특수한 경우, 예를 들면 연속 슬래브교·라멘 슬래브교 등과 같이 지지조건이 복잡한 경우 혹은 곡선교·사교와 같은 경우에는 격자이론과 유한요소법 등에 의해 해석해도 좋다고 되어 있다.

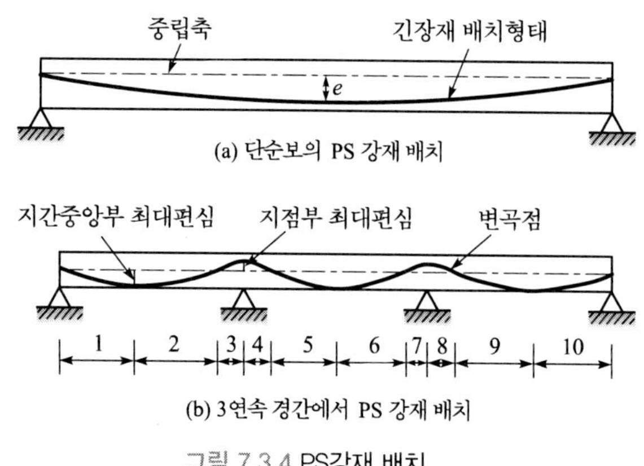

그림 7.3.4 PS강재 배치

① 하중계산

ⓐ 고정하중 : 슬래브의 자중·포장하중·방호벽·중분대 등을 고려한다.

ⓑ 차량활하중 : 바닥판·바닥틀을 설계하는 차량활하중으로 하여 도로교설계기준 규정에 의거하여 차량활하중을 재하한다.

ⓒ 온도하중 : 도로교설계기준 규정에 의거하여 온도하중에 의한 영향을 추가한다.

ⓓ 지점이동의 영향 : 침하량을 가정하여 도로교설계기준 규정에 의거하여 하중을 재하한다.

② 모델링

ⓐ 판구조 해석 : 도로교설계기준(한계상태설계법, 2015) 제4장, 5.6의 규정을 따라 해석하도록 하며 실제 실무에서는 유한요소구조해석도구를 이용하여 모델링한다. 슬래브의 해석은 판구조해석을 통하여 하는 것이 사각에 의한 지점부·캔틸레버부 등의 정확한 결과를 얻을 수 있다.

ⓑ 뼈대구조 해석 : 뼈대구조 해석방법은 슬래브교를 횡방향 단위폭(1m)으로 모델링하여 종방향 단면력을 계산하므로 해석이 간단하다. 하지만 사각이 있는 경우에 예각부와 둔각부의 지점반력 차이나 캔틸레버부가 있는 해석, 그리고 지점의 위치에 따른 영향 등의 해석이 곤란하다. 슬래브 교량의 사각, 캔틸레버에 의한 영향은 Vogt 도표나 Olsen 도표에 의해 고려한다. 그리고 횡방향 단면부재에 대한 검토도 필요하다.

③ 횡방향 단면부재 검토(뼈대구조 해석)

연속슬래브 지점의 설계를 하는 경우는 연속슬래브의 지점을 포함하여 모멘트가 0인 점 사이의 거리를 지간으로 하고, 받침 반력을 집중하중으로 하는 가상 단순받침 슬래브로 구조해석을 해도 된다.

4) 종방향 해석방법에 의한 단면력 비교

① 판구조와 뼈대구조 해석에 의한 반력 : 두 가지 구조해석에서 구한 반력을 이용하여 두 값 중 큰 값으로 받침의 반력을 으로 사용한다.

② 판구조와 뼈대구조 해석에 의한 단면력 : 1차 고정하중 · 2차 고정하중 · 활하중 · 온도변화 · 지점침하 등에 의한 결과를 휨모멘트와 전단력에 대해 비교하여 그 값을 토대로 단면력을 산정한다.

5) PS강재의 배치

① 일반사항

ⓐ PSC 슬래브 포스트텐션 방식에서의 PS강재 배치는 주로 포물선 형상을 사용하며 단순지지보에서의 PS강재 배치는 지간 중앙부에 최대의 효과를 가져올 수 있도록 하나의 포물선으로 배치한다.

ⓑ 긴장재 쉬스관의 곡률반경은 6m 이상으로 하되 부득이한 경우 3m 이상을 사용하며 이때는 콘크리트 내에 구속철근을 배치해야 한다.

ⓒ 일반적으로 PS강재 배치형상을 단순보와 연속보로 구분하여 예시하면 그림 7.3.4와 같다.

② PS강재 배치선형도 : PS강재 배치선형도는 일반적으로 단곡선 · 포물선형 · 혼합형이 있으며 가장 많이 사용되는 경우는 포물선형이다. 포물선형의 PS강재 배치선형을 예시하면 그림 7.3.5와 같다.

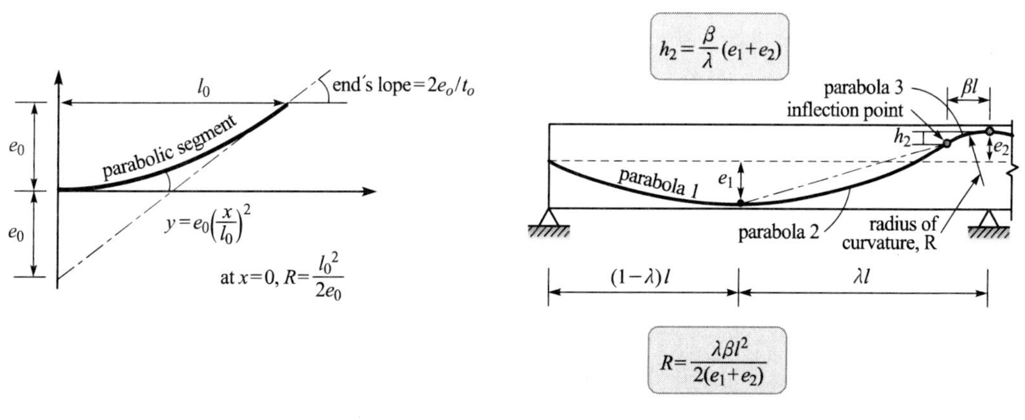

(a) 포물선 부분의 선형

(b) 기울기를 갖는 포물선

그림 7.3.5 PS강재 배치선형도

6) 프리스트레스 계산

① 재킹응력 : 긴장할 때(긴장작업 시) 긴장단에서 긴장재에 가하는 프리스트레싱 강재의 최대응력는 $0.8f_{pu}$ 또는 $0.9f_{py}$ 중에서 작은 값보다 작아야 하고, 실제 가해지는 재킹응력을 구하고 가정된 PS강재량으로 재킹력을 산정한다.

② 프리스트레스의 손실량 계산[도로교설계기준(한계상태설계법, 2015) 5.6.7.4]

ⓐ PS 도입 직후의 손실량 : 인장잭에서의 손실량, 마찰손실량, 콘크리트의 탄성변형에 의한 손실량, 정착장치의 활동에 의한 손실량 등을 도로교설계기준 규정에 따라 정한다.

ⓑ 장기손실량 : 크리프에 의한 손실량, 건조수축에 의한 손실량, 릴렉세이션에 의한 손실량을 규정에 의거하여 결정한다.

③ 설계하중에서의 손실량의 합계를 고려하여 프리스트레스힘을 결정한다.

7) 프리스트레스에 의한 2차모멘트 계산

① 편심거리의 계산 : 각 절점별 PS강선의 편심거리를 구한다.

단면계수, 프리스트레스 힘 및 편심거리의 식들은 최대모멘트 단면에 대한 것들이다. 지간에 따라 휨모멘트가 작아지는 곳에서 긴장 또는 프리스트레스를 전달할 때 구조물내의 콘크리트의 압축응력은 콘크리트 응력의 제한치를 넘지 않게 하기 위하여 긴장재의 편심거리는 최대모멘트 단면에서의 편심보다 작게 해야 한다. 또 설계하중 하에서 콘크리트 응력이 콘크리트 응력의 제한치를 넘지 않도록 하기 위하여 요구되는 최소 편심거리 또는 PS강재 도심의 상한이 있어야 한다. 즉, PS강재의 편심거리는 상한과 하한이 있다.

하한치를 식으로 나타내면 다음과 같다.

$$e_p \le \frac{Z_1}{A_c} + \frac{M_{d_1} - Z_1\sigma_{ti}}{P_i} \qquad \text{식 (7.3.1)}$$

$$e_p \le -\frac{Z_2}{A_c} + \frac{M_{d_1} + Z_2\sigma_{ci}}{P_i} \qquad \text{식 (7.3.2)}$$

상한치를 식으로 나타내면 다음과 같다.

$$e_p \ge \frac{Z_1}{A_c} + \frac{M_t - Z_1\sigma_{cs}}{RP_i} \qquad \text{식 (7.3.3)}$$

$$e_p \geq -\frac{Z_2}{A_c} + \frac{M_t + Z_2\sigma_{ts}}{RP_i}$$ 식 (7.3.4)

여기서, $M_t = M_{d_1} + M_{d_2} + M_l$, $RP_i = P_e$(R : 유효율)

앞의 식 (7.3.1)과 (7.3.2)는 프리스트레스 도입 직후의 허용응력의 조건으로부터 얻는 식이고, 식 (7.3.3)과 (7.3.4)는 프리스트레스의 모든 손실 후 설계하중이 작용할 때의 허용응력의 조건으로부터 구한 것이다.

식 (7.3.1) 및 (7.3.2)는 편심거리의 하한을 나타내며, 식 (7.3.3) 및 (7.3.4)는 상한을 나타낸다. 만약 단면 치수 및 긴장재 인장력이 부재의 전 길이에 걸쳐서 일정하다면 식 (7.3.1)과 (7.3.2), 식 (7.3.3)과 (7.3.4)의 곡선은 각각 서로 평행하게 되며 편심거리는 안쪽의 두 곡선으로 결정된다. 일반적으로 식 (7.3.2)와 식 (7.3.4)에 의해 편심거리의 범위가 정해진다. 이러한 관계를 나타낸 것이 그림 7.3.6이다. 즉, 그림의 제한범위 내에 긴장재의 도심이 있어야만 콘크리트 응력이 허용응력 이하로 되는 것이다. 따라서 긴장재의 어떤 케이블이 이 범위 밖에 위치하더라도 긴장재 전체의 도심은 반드시 이 범위 내에 있어야 하는 것이다. 단면치수, 특히 단면높이가 너무 크거나 프리스트레스힘이 너무 과다하면 그 제한범위가 너무 넓어지고, 반대로 단면높이가 너무 작거나 프리스트레스힘이 너무 작으면 긴장재 배치범위가 단면 밖으로 나가거나 너무 좁게 된다. 이러한 경우에는 단면을 수정하거나 프리스트레싱력을 수정하여 다시 계산해야 한다.

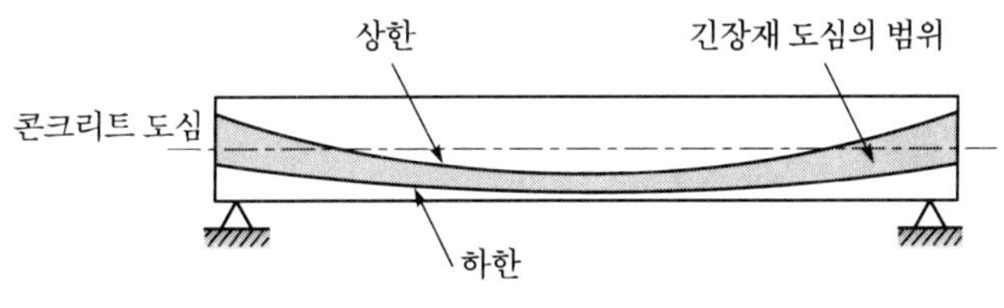

그림 7.3.6 긴장재 도심의 범위

② 위치별 유효 프리스트레스이 계산 : 절점별로 프리스트레스는 선형변화한다고 가정하여 유효프리스트레스를 구한다.

③ 단부모멘트 계산 : 편심거리와 유효프리스트레스를 이용해 단부모멘트를 계산한다.

④ 프리스트레스 도입에 의한 2차모멘트 계산 : 경간별로 구한 값을 이용하여 프리스트레스에 의한 2차 모멘트를 구한다.

8) 콘크리트 단면응력 검토

설계하중 및 프리스트레스에 의한 콘크리트의 응력을 프리스트레스 도입직후, 설계하중 작용 시로 나누어 계산하여 경간의 중앙부 및 지점부에 대한 합계 단면응력을 계산한다.

9) 각 한계상태에서 단면의 설계강도 검토

각 경간의 중앙점 및 지점부에 대한 한계상태하중조합에 의해 단면에 발생하는 최대 하중효과를 계산하여 각 한계상태에서 단면의 설계강도보다 작은지 검토한다.

10) 균열하중 검토

각 경간의 중앙점 및 지점부에 대해 도로교설계기준(한계상태설계법, 2015)의 규정에 의한 균열하중을 검토한다.

11) 교각부 횡거더 검토

교각부의 지점반력·하중조건을 고려하여 전단력도 및 휨모멘트도를 구하고 이를 이용하여 단면을 산정하여 도로교설계기준(한계상태설계법, 2015)의 규정에 의해 검토한다.

12) 정착구 배면 검토

① 정착구의 형식 및 용도 : 정착장치의 결정은 프리스트레스가 결정이 된 후에 이루어진다. 일반적인 정착구의 형식 및 용도를 요약하면 다음과 같다.

ⓐ 인장정착구 : PS 도입위치에 설치하는 정착구(콘크리트 타설 양생 후 삽입하는 경우, 고정단 설치시도 사용)

ⓑ 고정정착구 : PS를 도입하지 않는 위치에 설치하는 정착구(콘크리트 타설 전 PS 강재를 설치하는 경우)

ⓒ 연결정착구 : 인장정착구와 고정정착구를 겸용한 정착구(콘크리트 타설 양생 후 PS 강재를 삽입하여 1단계 인장을 한 다음 PS강재를 교체하여 고정단을 설치하는 경우 사용)

② 배치방법 : PS강재의 배치는 도로교설계기준에 따라 슬래브의 폭에 걸쳐 대칭으로 균일하게 분포되도록 배치한다.

③ 정착장치의 위치 및 정착구 보강 : PSC 합성 거더교의 설계 예 부분을 참고한다.

④ 정착구 배면의 콘크리트 지압응력

ⓐ 허용 지압응력의 검토 : PS 도입 직후, 설계하중 작용시의 허용 지압응력을 검토

한다.

ⓑ 콘크리트의 지압응력 계산 : PS 도입 직후와 설계하중 작용시의 콘크리트의 지압응력을 계산한다.

ⓒ 정착구 배면의 보강검토 : 정착구의 횡단면 및 교축 직각방향에 대해 단면력을 계산하고 이에 대해 보강할 철근량을 계산하고 철근을 배근한다.

13) 인장철근량 검토

인장응력에 의한 소요 철근량 및 건조수축, 온도차에 의한 최소 철근량을 계산하여 인장철근량을 계산한다. 또 바닥판에 대해 종방향 철근량을 계산하여 검토한다.

14) 횡거더 펀칭전단 검토 및 제작 솟음량 계산

지점부 반력에 대한 구조해석 결과를 이용하여 받침의 규격을 결정한 후 이를 이용하여 하중의 분배를 고려하여 펀칭전단을 검토한다.

구조해석 결과를 이용하여 고정하중에 의한 처짐량 및 프리스트레스에 의한 솟음량을 계산하여 두 결과를 합해 실제 제작 솟음량을 계산한다.

15) 활하중에 의한 처짐 검토

외측경간 및 중앙경간에서의 최대치짐량을 구하여 도로교설계기준(한계상태설계법, 2015) 5.8.4의 규정에 만족하는지를 검토한다.

7.4 PSC 박스거더교

7.4.1 일반사항

1950년대 이후 유럽을 중심으로 개발되어온 PSC 박스거더(상자형)교는 현대교량에서 요구되는 미적인 측면과 경제적인 측면에서 우수한 것으로 인정되어 오늘날 국내외적으로 다른 어느 형태의 교량들보다 건설이 증가되는 추세에 있다. 특히 독일 같은 경우는 1965년 이후 전체 교량 중 47% 정도가 PSC 박스거더교로 시공되었고 세계적으로도 60년대 후반부터 30~60m 정도의 경간 길이를 갖는 대부분의 교량이 PSC 박스거더교를 사용하였고 300m 정도까지의 대형교량들도 대부분 이 방법으로 건설되었다. 국내에서는 1981년에 대형교량으로는 처음으로 원효대교가 Dywidag 공법을 사용하여 PSC 박스거더교로 건설된 이후 급격한 건설증가 추세를 보이고 있으며 현재까지 건설된 교량 수는 수 백 개를 상회하고 있다.

7.4.2 설계일반

설계 시 유의사항

PSC 박스거더교의 설계 시에는 특별히 시공 중과 완성 구조계에서의 응력 및 처짐변화와 크리프 · 건조수축 · 릴렉세이션 등과 같은 시간 의존적 성질에 의한 모멘트 재분배 · 전단지연(shear lag) · 온도변화 · 횡방향 거동 등을 고려해야 하며, PS강재와 정착부 등을 설계해야 한다. 또 PSC 박스거더 교량은 시공법별로 설계방법이 다르므로 고려해야 할 설계인자들에 대해 특별히 주의를 요한다. 여기서 각각의 시공법별 설계방법에 관한 내용은 제외하고 일반적인 PSC 박스거더교의 설계에 대해서만 간략히 설명하였다.

설계절차

일반적으로 PSC 박스거더교의 설계는 계획 · 기본설계 · 상세설계 및 구조해석의 단계로 나눠지며, 계획 단계에서는 공법 · 경간분할 · 횡단면유형 등을 결정하고, 기본설계에서는 형고비 · 최소 복부두께 · 최소 플랜지두께 등 기본적인 제원들을 결정한다. 최종 상세설계 및 구조해석 단계에서는 실제 시공 가능한 상세 단면제원 결정 · PS강재설계 · 철근배근 등의 작업을 수행하고 적절한 구조해석을 실시하게 된다.

(1) 계획

최종 설계단면 결정에 가장 큰 영향을 미치는 개념적 설계인 교량 계획단계에서 고려되는 주요 항목은 경간분할 · 공법선정 · 종단면 기본형태 · 횡단면 기본형태 등이다.

1) 경간분할

교각의 배치는 지반조건과도 밀접한 관계가 있지만 경간길이 비율에 따라 상부구조의 부재력이 큰 영향을 받고 시공도 이것에 의해 많은 변화가 오게 되므로 가능하면 등간격으로 교각을 배치하는 것이 좋다. 등간격일 경우 가장 경제적인 설계를 위해 측경간의 길이를 결정해야 하는데 일반적인 현장타설 3경간 연속보의 경우 휨모멘트를 고려할 때 $0.75l \sim 0.8l$로 하는 것이 역학적으로 가장 바람직한 설계라고 알려져 있다. 이 값은 3경간 경우도 거의 마찬가지로 적용될 수 있다.

2) 공법선정

공법을 선정할 때는 하부조건과 경제성 등을 고려하여 결정하는데 우선 FSM(Full Staging Method)의 경우는 교하공간의 높이가 10~20m 정도이고 이 교하공간을 유용하게 이용할 수 있을 때 가장 경제적으로 적용할 수 있는 공법이고, 가교각을 세울 수 없거나 비경제적일 경우에는 ILM(Incremental Launching Method)을 선택할 수 있으나 직선교에만 적용할 수 있다는 단점이 있다. 그리고 교하공간의 이용 시 제한되어 동바리의 사용이 불가능할 경우에는 FCM(Free Cantilever Method)이 선정될 수 있다.

3) 종단면 유형결정

종단면의 기본 형태는 일반적으로 그림 7.4.1과 같이 분류될 수 있다. 설계와 시공의 편이성만을 고려한다면 (a) 혹은 (b)처럼 거더 높이를 일정하게 하는 것이 편리하다. 그러나 경간장이 60m 정도를 초과하게 되면 자중이 전체하중에서 차지하는 비중이 증가하게 되고 교각위치에서 발생되는 상부구조 휨모멘트가 과대하게 되므로 거더높이를 변화시키는 것이 유리하다. 거더높이를 변화시킬 때는 하부공간조건이 허용된다면 거더 하면을 (e)처럼 원호나 2차포물선 형태로 설치하는 것이 시공이나 미관측면에서 바람직하지만 중앙부 거더높이가 너무 작을 경우는 직선과 2차 포물선형의 중간형태로 완화시키기도 하고, 하부공간이 허용되지 않을 때는 3차곡선 형태나 (c), (d)처럼 특수한 형태로 설계한다. 그러나 거푸집과 동바리 비용절감을 고려하면 80m 경간장까지도 등단면이 유리할 수 있다. 특히 도심교량, 하부공간 여유가 거의 없는 교량, 부착시설(수도관·전기케이블 등)이 많은 교량 등은 60m 이상의 경간장에 대해서도 등단면으로 설계할 수 있다. 외국의 경우 미관을 고려하여 140m의 경간장을 가지는 교량도 (b)형으로 설계한 예가 있다.

역학적인 측면에서 볼 때 경간장 60m 정도가 변단면 설계의 임계치로 볼 수 있는데 국내의 경우도 대부분 60m 내외를 경계로 변단면 설계를 실시하고 있다.

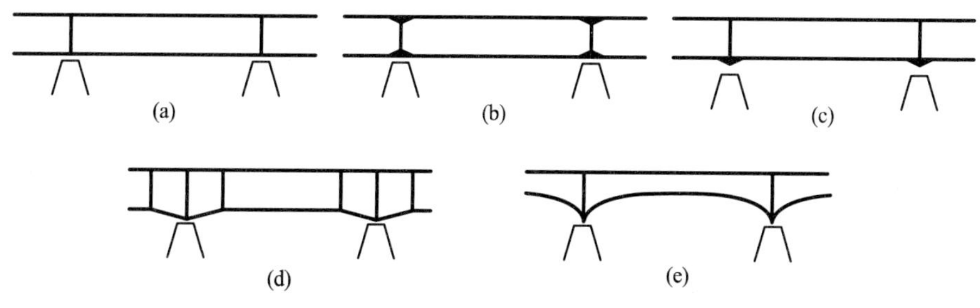

그림 7.4.1 종단면 유형

4) 횡단면 유형결정

횡단면의 유형은 일반적으로 그림 7.4.2와 같이 분류될 수 있다. 박스거더의 실수(室數 number of cells)가 많을수록 복부수가 증가되어 거푸집 작업이 늘어나며 시공이 복잡해지게 된다. 그러므로 시공측면에서 볼 때 실의 수를 감소시키는 것이 좋으며 가능하면 1실로 설계하는 것이 바람직하다. 그리고 1실구조로 하면 복부두께가 증가하여 콘크리트 타설과 PS강재 및 철근배치가 용이하고 PS강재 정착을 복부에 직접 할 수 있으며 복부의 유효두께도 늘어나므로 역학적으로 유리한 단면이 된다. 그러나 교폭이 클 경우는 1실구조로 하면 횡방향 휨모멘트가 과대하게 되므로 교폭이 적정한도를 초과할 경우는 복부수를 증가시키는 것이 바람직하다. 일반적으로 적용되고 있는 횡단면 유형별 교폭 적용범위는 다음과 같다.

- 1실: 교폭 ≤ 13m
- 2실: 13m ≤ 교폭 ≤ 18m
- 2주(twin box): 18m ≤ 교폭 ≤ 25m

그러나 전술한 바와 같이 1실구조가 여러 가지 장점이 있으므로 근래에는 교폭이 13m를 초과하는 경우도 1실구조를 선택하는 예가 점차 증가하고 있다. 그러나 도로교설계기준에 의하면 캔틸레버 길이가 복부중앙선 간격의 0.45배를 초과하지 않도록 규정하고 있으므로 1실구조의 선택을 어렵게 하고 있다.

복부의 경우 수직으로 할 수도 있고 경사지게 할 수도 있는데 경사지게 할 경우 적절한 경사도는 3.5:1~5.5:1 정도인 것으로 알려져 있다. 그러나 경간장이 45m 이하로 짧을 경우는 교각위치에서의 휨모멘트가 과대하지 않으므로 장경간일 경우에 비해 하부플랜지폭을 더 감소시키는 것이 구조적으로 유리하며 장경간 교량에서 변단면으로 설계하는 경우는 거푸집 작업의 난이도를 고려하여 가능하면 복부를 수직으로 설계함이 바람직하다.

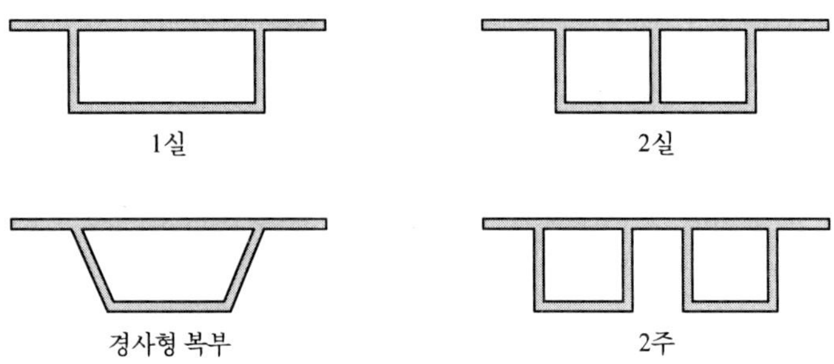

그림 7.4.2 횡단면 유형

(2) 기본설계

1) 형고비 결정

형고비는 경제성과 미관을 동시에 고려하여 결정되며 하부 건축한계에 의해 제한을 받는다. 형고비가 증가하면 콘크리트 물량이 증가하고 PS강재 물량이 감소하며, 형고비가 감소하면 콘크리트 물량이 감소하고 PS강재 물량은 증가하게 된다. 일반적으로 설계되고 있는 일반적인 형고비는 표 7.4.1과 같다.

표 7.4.1 일반적인 형고비 설계기준

유형		형고비	
		일반범위	상용범위
변단면	교각위치	16~24	16~24
	경간중앙	30~60	16~24
등단면		15~30	16~24

국내의 사례를 공법별로 살펴보면 FSM 및 MSS(Movable Scaffolding System) 1실 교량은 대부분 형고비를 17~20 사이에 가지며 ILM 1실 교량은 15~17 사이에 주로 분포되어 있다. FSM 2실 교량의 경우는 17~23 사이에, 그리고 ILM 2실 교량은 16~21 사이에 주로 분포되어 있다. FCM 공법을 적용한 교량은 모두 변단면으로 설계되어 있으며 교각에서의 형고비는 17~18 사이에 분포되어 있고 경간 중앙에서는 42~53 사이에 분포되어 있다.

2) 바닥판 설계

바닥판의 구조적 기능은 다음과 같다.

① 자중과 활하중을 복부로 전달하는 횡방향 슬래브 기능
② 횡방향 변형(distortion)에 저항하는 횡방향 뼈대구조 요소로서의 기능
③ 종방향 휨에 대한 종방향 인장 및 압축재로서의 기능
④ 단면 비틀림(torsion)에 저항하는 종방향 전단벽(shear wall) 기능
⑤ 수평하중에 의해 발생하는 휨에 저항하는 종방향 복부로서의 기능

구조적인 측면에서의 바닥판 설계는 주로 ①의 기능에 의해 좌우된다. 그러므로 복부위치에서의 횡방향 배근은 복부주위에서만 충분히 활용된다. 바닥판의 단면적은 종방향 휨에 대해서는 일반적으로 충분하다. 그러므로 실제 설계에서의 바닥판 두께는 일반적으로 횡방향 모멘트, 시방서상의 최소두께 규정, 철근배근 등의 시공성 확보에 의해 지배된다.

3) 하부플랜지 설계

하부플랜지의 길이는 하부구조와의 미적인 조화와 시공성 등에 의해 결정되고, 전술한 복부 경사도를 사용하면 하부플랜지폭은 종속적으로 결정될 수 있다. 하부플랜지 두께는 경간 중앙부에서는 시공성에 의해 결정되며, 지점부에서는 종방향 휨모멘트의 지배를 받게 된다. 도로교설계기준에는 하부플랜지 최소두께를 140mm로 규정하고 있으며, 하부플랜지 두께를 주거더방향으로 변화시킬 경우는 1/5보다 완만하게 할 것을 권장하고 있다. 그리고 하부플랜지 상하면에는 주거더방향 및 주거더직각방향으로 지름 13mm 이상의 철근을 250mm 이하의 중심 간격으로 배치하도록 규정하고 있다.

4) 복부설계

복부의 구조적 기능은 다음과 같다.

① 종방향 휨에 대한 복부로서의 기능
② 비틀림에 대한 종방향 전단벽 기능
③ 연직축 둘레의 휨모멘트에 대한 종방향 인장 및 압축재로서의 기능
④ 바닥판과 하부플랜지에 대한 고정효과 및 횡단면 변형에 대한 저항성을 제고하는 횡방향 뼈대구조 요소로서의 기능

구조적은 측면에서의 복부설계는 최대전단(①, ②)과 고정하중에 의한 횡방향 휨(④)의 합성효과 혹은 최대 횡방향 휨(④)과 고정하중에 의한 전단(①, ②)의 합성효과에 의해 지배된다. 직선교일 경우는 ②의 효과는 미세하므로 무시할 수 있을 정도이다.

복부를 기본 설계할 때 고려할 제원은 복부경사도와 복부두께이다. 복부경사도는 상부구조 콘크리트 물량에 큰 영향을 미칠 수 있으며 거푸집과 하부구조 물량에도 영향을 미친다. 그러므로 부모멘트가 과대하지 않은 중경간 교량일 경우는 부모멘트에 대해 압축플랜지 역할을 하는 하부플랜지의 면적을 감소시켜도 무방하므로 복부를 경사지게 하는 것이 효율적이다.

복부두께는 경간 중앙부에서는 구조적은 측면보다는 배근·PS강재 배치·콘크리트 타설 등의 시공성에 의해 결정되고 지점부에서는 종방향 최대전단력 및 횡방향 휨모멘트에 의해 지배된다. 그러므로 경간 중앙부에서의 복부는 공법 및 횡단면 형태에 따라 상이한 두께로 설계된다. 도로교설계기준에는 경간 중앙부 복부 최소두께를 현장타설일 경우 140mm, 프리캐스트일 경우 130mm로 규정하고 있으나 시공성을 고려하면 PSC 박스거더교의 복부 최소두께는 상당히 증가하게 된다.

현장타설일 경우는 덕트간 순간격을 덕트직경 이상 학보해야 한다. 일반적으로 많이

사용하는 87mm 덕트직경을 기준으로 하며, 철근 중심까지 거리 50mm에 덕트 2열 배치일 경우는 370~380mm의 두께가 필요하며 3열 배치일 경우는 470~480mm가 필요하다. 덮개 30mm에 덕트 2열 배치일 경우는 350~380mm, 3열 배치일 경우는 430~470mm가 필요하다.

(3) 상세설계 및 구조해석

상세설계 및 구조해석 단계에서는 시공가능한 상세 단면제원·PS강재 설계·철근배근 등의 작업이 이루어지고, 적절한 구조해석법을 사용하여 시방서상의 요구조건이 만족되는지를 검사한다. PSC 박스거더교의 경우는 대부분의 세그멘탈 공법에 의해 시공되므로 시공 단계별 구조해석이 필요하며, 또 현장치기 포스트텐션 교량의 경우 작업하중으로 인해 응력이 발생하므로 이를 계산할 때에는 프리스트레싱에 의한 2차모멘트의 영향을 고려해야 한다.

PSC 박스거더는 판구조 요소들의 복합체이므로 실제거동은 매우 복잡하고 횡방향과 종방향의 거동이 상호 연계되어 나타나지만 일반적으로 종방향과 횡방향 거동을 분리시켜 구조해석을 실시한다.

PSC 박스거더교의 구조해석에서 사용될 수 있는 방법들은 표 7.4.2와 같다. 이 중 위의 2가지 방법은 비교적 간단하게 해석할 수 있는 방법이고 아래의 4가지 방법은 컴퓨터를 이용해야만 해석할 수 있는 복잡한 방법이다. 그러나 현재의 구조해석은 대부분 컴퓨터를 이용한 유한요소법을 사용하고 있다.

컴퓨터를 이용한 방법을 사용할 경우는 PSC 박스거더교에 발생될 수 있는 모든 효과를 고려할 수 있으나 입·출력 자료가 복잡하고 프로그램의 배경이론을 충분히 숙지해야만 신뢰성 있는 해석을 할 수 있다.

표 7.4.2 박스거더 구조해석 방법별 특성

해석방법	해석범위						
	종방향 휨	순수 비틀	횡단면 변형	와핑(Warping)	횡단면 변형와핑	전단 뒤짐	국부효과
들보이론	◎	◎					
BEF 유사법				◎		◎	
격자법	◎	◎	◎				
절판법	◎	◎	◎	◎	◎	◎	◎
유한대판법	◎	◎	◎	◎	◎	◎	◎
유한요소법	◎	◎	◎	◎	◎	◎	◎

1) 종방향 설계 및 구조해석

종방향 구조해석 시에 공통적으로 고려해야 할 하중은 시공중과 시공후로 대별할 수 있다.

- 시공 중 고려하중 : 자중 · 프리스트레스 · 콘크리트의 크리프 및 건조수축 · 기타 공법별 고려하중(장부하중 등)
- 시공 후 고려하중 : 고정하중 · 활하중 · 충격하중 · 초과하중에 대한 검토 · 프리스트레스힘 · 콘크리트의 크리프 및 건조수축의 영향 · 풍하중 · 온도하중 · 지진하중 · 지반변동 및 지점이동의 영향 · 원심하중 및 제동하중 등

구조해석 모델의 결정에는 다음과 같은 내용을 따름이 바람직하다.

박스거더교의 대표적인 단면모양에는 단일 박스거더 · 다주 박스거더 · 다중 박스거더교의 3종류가 있다. 각 단면모양 및 교폭과 지간의 비에 따라 주거더의 단면력을 산출할 때의 해석이론이 다르므로 기본설계된 박스거더에 적합한 해석이론을 이용하는 것이 가장 중요하다. 판이론을 적용하면 모든 경우에 적합하지만 실무에서는 일반적으로 단순한 해석이론을 적용하고 있다.

- 단일 박스거더교 : 단일 박스거더교는 비틀림 강성이 크고 활하중에 대한 하중분배도 양호하므로 박스거더 전단면을 하나의 거더로 보고 교축방향 단면력을 산출할 수 있다. 사각이 70°이하인 경우는 단일 박스거더교에도 격자구조이론을 이용하거나 판요소를 이용해서 단면력을 산출하는 것이 좋다.
- 다주형 박스거더교 : 다주형 박스거더교는 판이론을 적용하지 않는다면 격자구조이론을 적용하여 주거더 단면력을 산출하는 것이 원칙이다. 이 경우 각 박스거더를 하나의 거더로 하고 가로보가 각 박스거더를 연결하는 격자구조로 모델링하는 것이 일반적이다. 따라서 단면계수의 산정은 각 박스거더마다의 단면적, 단면2차모멘트 이외에 비틀림 강성을 계산할 필요가 있다. 또한 가로보에 관해서도 단면계수를 구해야만 한다. 다주 박스거더교의 경우 지점상 및 지간 내에 가로보를 설치해야 한다. 가로보가 없으면 주거더 직각방향의 강성이 작게 되어 하중분배가 나쁘고 주거더 상호의 처짐차 및 비틀림에 의한 변형이 생겨 상판에 불리한 응력이 유발될 수 있다. 곡선교에서는 일반적으로 활하중 편재시의 비틀림모멘트에 의한 법선응력의 검토는 생략해도 좋으나 비틀림모멘트에 의해 추가되는 전단응력도는 꼭 고려해야 한다.
- 다중 박스거더교 : 다중 박스거더교는 교량의 전폭과 지간의 비(전폭/지간)가 0.5이하의 경우 박스거더 전단면을 하나의 보로 보고 교축방향 단면력을 산출할 수 있다. 그러나 0.5 이상의 비교적 폭이 큰 다중 박스거더의 경우는 판요소를 사용하여 유한요소 해

석을 하든지, 직교이방성 판이론(Guyon-Massonnet 방법) 또는 격자구조이론에 의해 단면력을 산출하는 것이 원칙이다.

응력의 검토는 각 시공단계별 최종단계에 도로교설계기준에 명기되어 있는 하중조합에 대해 인장최대 및 압축최대응력검토를 해야 한다.

한계상태에서 단면의 설계강도의 검토는 설계휨강도, 철근 및 PS강재의 제한, 전단 및 비틀림 설계 등을 고려하여 검토해야 한다. 일반적으로 설계휨강도의 검토에 있어서 PSC 부재는 규정된 사용하중 하에서 축력과 휨을 동시에 받으면 비균열 단면으로 가정한다. 단면성질을 계산하는데 있어 프리텐션 부재와 그라우팅을 한 포스트텐션 부재에서는 부착된 보강재의 환산단면적을 사용한다. 긴장재의 부착전과 열린 덕트의 단면적은 제외된다.

최대 강재량의 제한에 있어서 PSC 부재는 설계강도에 도달했을 때 PS강재가 항복하도록 설계한다. 또 프리스트레싱 되지 않은 철근 및 최소 PS강재량은 위험단면에서의 극한한계상태 계수모멘트가 파괴계수에 기초를 하여 계산한 균열모멘트보다 최소한 1.2배 이상이 되도록 배치해야 한다.

철근의 경우는 보의 극한 인장강도에 기여하는 것으로 고려할 수 있다. 이때 철근은 항복한 것으로 가정하며 철근에 의한 인장력은 철근단면적에 철근의 항복강도를 곱한 것으로 계산한다. 항복응력보다 작은 응력이 발생하는 보강철근은 변형도 적합조건을 적용한 해석에 의해서 철근의 응력을 계산한다.

전단 및 비틀림 설계에 있어서는 일반적으로 다음과 같은 사항을 고려한다.

- 중실 슬래브와 기초를 제외한 PSC 휨부재는 전단과 사인장 응력에 대해 보강해야 한다. 중공 슬래브에 대해서는 전단에 대해 검토를 해야 한다.
- 전단철근은 부재축에 직각방향으로 있는 스터럽 또는 부재축에 직각방향으로 위치한 용접된 강선으로 이루어진다. 전단철근은 압축연단으로부터 유효높이 만큼 연장되어야 하고 덮개규정은 다른 철근과의 근접이 허용되는 한도 내에서 부재의 압축면 및 인장면에 가깝게 배근해야 한다. 또 전단철근이 설계강도를 발휘하도록 전단철근의 양끝을 철근의 정착규정에 따라 정착해야 한다.
- 작용하중에 의한 반력이 부재의 단부부근에 압축력을 유발할 때 지점면으로부터 0.5h 보다 작은 거리에 위치한 단면은 0.5h 지점에서 계산한 극한한계상태 전단력을 이용하여 전단설계를 한다.
- 프리캐스트 세그멘탈 박스거더의 복부에는 시공하중에 의한 전단력을 전달하기 위해서

전단연결재를 설치한다. 특히 교각 근처에 있는 세그먼트에서는 전단연결재의 반대의 전단응력이 발생할 수 있다.

2) 횡방향 설계 및 구조해석

횡방향 설계 시 고려해야할 하중은 전반적으로 종방향 구조해석시 고려해야 할 하중과 유시하다. 단, 횡방향 구조해석 시에는 풍하중 · 지진하중 · 지점침하 · 원심하중 · 제동하중 등은 고려하지 않으며 온도하중에 대한 검토는 일반적으로 생략한다. 프리스트레스 하중은 횡방향 프리스트레싱을 실시할 때만 고려된다.

횡방향 구조해석의 경우 PSC 박스거더교에 작용하는 차량활하중에 대해 실시할 수 있는 방법을 대별하면 다음과 같다.

- 도로교설계기준의 설계휨모멘트를 사용하여 국부 휨모멘트를 구한 뒤 뼈대구조해석하는 방법
- 도로교설계기준의 설계휨모멘트를 사용하여 하중분포폭을 결정한 뒤 뼈대구조해석하는 방법
- 영향면을 사용하여 국부휨모멘트를 구한 뒤 뼈대구조해석하거나 절점하중에 대한 횡방향 해석을 할 수 있는 방법을 사용하는 것
- 복부를 고정단으로 하여 차량활하중을 재하해서 바닥판을 유한요소법으로 해석하고 동일한 하중에 대해 박스거더 횡단면을 뼈대구조로 구조해석한 뒤, 두 값의 비교분석을 통해 분포폭을 결정하고 차량활하중을 감소시켜 뼈대구조 모델에 수정된 하중을 재하하는 방법
- 절판법 · 유한대판법 · 유한요소법 등을 사용하여 정밀 해석하는 방법

CHAPTER

08

강교량

8.1 개설

강교의 역사는 1779년 영국 Coalbrookdale에 가설된 경간이 42.7m 단순교인 반원모양의 주철리브(cast iron rib)로 시공된 인도교로부터 시작되었다. 그 후에는 1850년 5월에 완성된 Robert Stephenson의 Menai Strait의 Britannia교 같은 장대 2층덱 연철튜브교와 1889년에 완공된 Forth 철도교와 같은 장대 강트러스 철도교의 가설을 효시로 하여 많은 강교가 건설되었다. 1930년대에 와서 본격적인 장대 현수교인 George Washington 교가 1931년에 미국의 Hudson강에, 그리고 Golden Gate교가 1937년에 San Francisco에 건설되면서 강교의 초장대화가 보편화되었다. 강교의 세부적인 설계기술은 제2차 세계대전이 끝난 후 독일을 중심으로 크게 발전되었다. 전쟁으로 인해 심각해진 건설 자재난을 해결하기 위하여 강교 기술의 고도화를 위한 개발 연구에 박차를 가하였고 그 결과, 특히 용접기술의 개발, 강상판 이론의 개발 및 강박스거더교 설계기술 등을 개발함으로써 교량의 자중을 줄이고 지간 200m가 넘는 장대 플레이트거더교·박스거더교를 건설하였다. 그 후 미국, 유럽과 일본을 중심으로 현수교와 사장교의 설계기술이 급속히 발전하여 일본의 아카시대교와 같은 중앙 지간이 1,991m에 달하는 장대교량을 건설하는 수준에 이르고 있다.

강교의 구조적 특성

강교량은 콘크리트교량과는 달리 기본적으로 박판(博板)을 보강하여 구조체를 형성함으로써 외력에 저항하는 구조물이므로 구조계획·구조형식·부재배치·상세보강방법 등에 따라 구조응답 거동이 상이하다. 따라서 다음과 같은 구조적 특성을 제대로 이해한 후에 설계에 임해야 한다.

- 강교량은 형식별로 단면구성·기하적 형상·2차 부재의 구성이 달라지고 구조응답과 지배적인 구조거동이 달라지며, 특히 박판보강 부재나 요소의 세장성(細長性)에 따른 각종 좌굴 파괴모드가 구조내력을 지배하며 부재내의 frame works, 보강박판의 세장성 등에 따라 거동해석이 난해하기 때문에 좌굴거동, 설계 경험식에 대한 올바른 이해가 중요하다.
- 강교량의 손상이나 파손은 거의 예외 없이 보강재나 연결부의 불량 접합부나 연결부에서 시작하고 그 원인은 제작, 가설 단계의 용접결함이나 불량한 접합·과도한 초기변형·mis-alignment등에 기인한다.

- 특히 보강재 또는 2차 부재 외에 연결상세부위에서의 응력집중 · 잔류응력 · 용접결함은 활하중에 의한 cyclic하중으로 인해 2차 응력 및 변형을 유발시키며 높은 피로응력이 발생하게 되어 피로파손으로 인한 피로균열이 진전 · 성장과 이로 인한 피로파괴로 인하여 강교량의 붕괴를 촉발하는 가장 주된 원인이 된다.
- 부식은 단면내력을 감소시키고, 세장재의 국부좌굴은 응력집중과 2차응력을 유발시키고 강도를 저하시켜 결과적으로 붕괴를 유발하는 원인이 되기도 한다.
- 극심한 기후환경에 노출된 강교량에 모재나 용접재료의 결함이 있으면 취성파괴가 일어나기 쉽고, 특히 저온에서의 충격하중이나, 층상박리(lamella tearing), 응력부식 등은 취성파괴의 원인이 되기도 한다.
- 강교량의 구조배치, 강성의 부족으로 인한 과도한 처짐과 진동은 통행차량이나 보행자에게 불안감을 조성하는 등 사용성을 해칠 뿐만 아니라 피로 균열발생의 원인이 되어 내구성을 저하시키는 원인이 된다.

강교의 설계 시 유의사항

앞서 기술한 강교의 구조적 특성으로 인하여 강교는 콘크리트교에 비해 거동이 복잡하고, 교량형식과 설계자의 구조계획에 따라 거동과 성능이 달라지며, 계획 · 설계 · 가설단계의 결함이 구조진동 또는 구조안전에 매우 민감하게 영향을 미치는 구조물이므로 콘크리트교보다는 훨씬 더 복잡한 구조거동, 응력해석, 설계이론에 대한 확실한 이해와 보다 면밀하고 세심한 설계가 필요하다.

- 설계자는 강교량의 계획 · 설계 시에 항시 대상 구조형식, 구조계의 거동특성을 완전히 이해하고 설계에 임해야 한다.
- 계획 · 기본 · 실시설계의 전(全)단계에 걸쳐 제작 · 가설시의 문제점과 가설공법에 따른 제작 · 운반 · 시공시의 하중을 면밀하게 고려해야 한다.
- 강교는 설계 · 제작 · 시공 전 단계에 걸쳐 하나의 볼트결함, 보강재 하나의 용접결함 조차도 구조붕괴의 원인이 될 수 있으며, 특히 상세설계의 오류는 구조물의 파손과 붕괴의 원인을 제공한다.
- 강교량의 구조해석은 기본설계 단계에서의 근사해석에서부터 실시설계 단계에서의 엄밀해석에 이르기까지 근사적인 실용식 · 경험식과 전산화 유한요소 엄밀해석에 이르기까지 구조해석별로 그 수준과 방법이 다양하다. 따라서 구조거동의 명확한 이해를 바탕으로 둔 설계목적에 맞는 정확한 모델링 기법과 구조개념 및 해석방법에 대한 올바른 적용이 매우 중요하다.

- 오늘날은 고도의 컴퓨터 전산화 해석 및 설계가 가능한 CAE/CAD(Computer Aided Engineering/Computer Aided Design) 시대이므로, 설계단계에서 근사식·실용식·규준식을 이용하더라도 설계를 사용자 interface 중심의 자동화 설계를 하도록 해야 하고, 실시·상세설계 단계에서는 반드시 엄밀한 거동 및 응력해석, 고급설계 검토를 할 수 있는 interactive 자동화 해석 및 분석 소프트웨어 시스템을 활용해야 한다.
- 강교량은 이론적으로 경제적인 제작·조합·가설·유지관리를 고려하여 안전성·경제성·사용성·미관 등의 면에서 교량의 형식·형상배치를 결정하고 주부재단면·2차부재·연결부의 상세설계가 최적화, 즉 구조 수명간 비용(LCC: Life Cycle Cost)을 최소화 하도록 설계되어야 한다. 하지만 실제적으로 초기 공비가 10~20% 더 높더라도 현장용접·접합을 최소화하고, 유지보수가 최소로 요구되는 교량설계가 내구성과 성능이 뛰어난 설계이다.

본 장에서 다루는 교량은 강교 중에서 강박스거더교와 강상판형교에 국한하였으며 이들은 모두 교량의 형식 중 거더교(桁橋, girder bridge)로 분류할 수 있다. 거더교는 복부판과 상·하플랜지로 구성된 I거더 또는 박스거더단면의 거더가 주구조로 사용되는 교량형식으로, 바닥판의 재료와 합성(合成) 유·무에 따라 비합성거더교, 합성거더교, 강상판형교 등으로 분류된다.

표 8.1.1 거더교 형식별 적용지간장

교량형식	적용지간장(m)
단순 H거더교	10~30
단순 비합성 I거더교	30~50
단순 합성 I거더교	20~60
단순 비합성 박스거더교	20~60
단순 합성 박스거더교	30~70
연속 비합성 I거더교	20~70
연속 비합성 박스거더교	30~100
강상판형교	30~200

합성거더교는 플레이트거더와 콘크리트바닥판이 외력에 대해 일체로 되어 거동하게 함으로써 사용 강재중량의 절감효과를 얻을 수 있으나, 콘크리트재료의 특성인 건조수축·크리프 등에 의한 응력을 설계에 반영해야하므로 설계가 복잡하다. 또한 플레이트거더와 콘크리트바닥판이 일체로 거동하도록 하기 위하여 거더와 바닥판 사이에 전단력

에 저항하는 전단연결재를 설치해야 한다. 합성거더를 연속교에 사용할 경우에는 내부 지점 부근의 콘크리트바닥판에 인장응력이 발생하게 되므로 이에 대한 적절한 조치가 필요하다.

강상판형교는 교량자중의 감소를 위하여 강바닥판을 사용한 거더교로서 장지간 교량에 사용되고 있다. 강상판형교의 바닥판은 세로리브와 가로리브로 강바닥판을 보강한 것으로, 바닥판이나 바닥틀 및 주거더의 상부플랜지 역할을 동시에 하는 구조부재이다. 그러므로 철근콘크리트 바닥판에 자중이 1/2~1/3 정도가 되어, 장지간 교량에 있어서 고정하중을 상당히 감소시킬 수 있다. 표 8.1.1에는 거더교의 형식별 일반적인 적용지간장을 나타내었다.

거더교의 일반사항

강교는 재료의 특성상 다양한 형식의 교량에 적용가능하며 도로교 · 철도교 · 인도교 등 모든 용도의 교량에 사용되며, 특히 곡선교 · 가동교(movable bridge)에는 대부분 강교형식이 사용되고 있다. 이와 같이 강교는 그 형식 및 적용범위가 매우 넓을 뿐만 아니라 다양한 설계이론이 적용되고 있기 때문에 본 장에서는 강교의 여러 형식중 대표적인 형태인 거더교, 즉 강박스거더교와 강상판형교에 관한 일반적인 설계방법에 대해 설명하였고, 플레이트거더교에 대해서는 9장 합성거더교량형식에서 트러스와 아치형식 그리고 현수교와 사장교형식의 강교에 대해서는 10장 특수교량형식에서 다루었다. 그림 8.1.1에는 거더교의 일반적인 종류를 나타내었다.

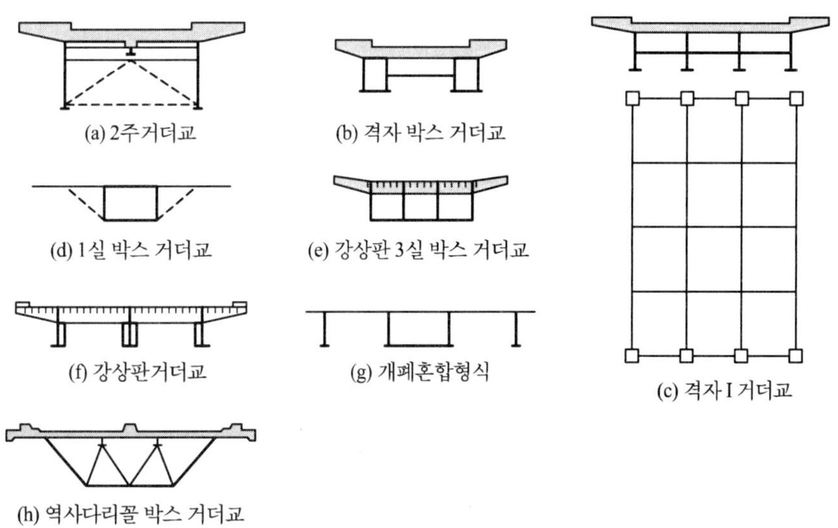

그림 8.1.1 거더교의 종류

그림 8.1.1(a)에 나타낸 바와 같이 바닥판(상판)을 바닥,틀 즉 횡거더와 종거더로 지지하고 또 횡거더를 플레이트거더인 주거더로 지지하는 플레이트거더교(plate girder bridge)가 있다. 철근 콘크리트 상판과 주거더를 합성한 경우는 합성거더교가 된다. 그림 8.1.1(f)와 같이 플레이트거더 위에 강상판을 접합하여 주거더 작용에 협력시키는 경우를 강상판형교라고 한다. 또 휨 강성이 큰 하중분배 거더를 병렬하는 주거더에 직교시켜 연결하여 격자 모양 골조로 한 것을 격자거더교라 한다. 주거더가 I거더인 경우를 격자 I거더교라고 하고, 주거더가 박스거더인 경우를 격자 박스거더교라고 하며 그림 8.1.1(b)에 나타낸다. 주거더가 박스거더일 경우 일반적으로 박스거더교라고 한다. 그림 8.1.1(d)에 나타낸 것처럼 1실(室) 박스거더인 경우나 그림 8.1.1(e)에 나타낸 것처럼 3실(室) 박스거더인 경우가 있다. 박스거더교에도 합성거더와 비합성거더가 있다. 그리고 그림 8.1.1(g)에 나타낸 바와 같은 개폐 혼합 단면을 가진 거더교도 있다. 그림 8.1.1(h)에 나타낸 것처럼 철근 콘크리트 상판을 상부플랜지로 하고 강 복부판과 하부플랜지로 구성되는 합성형 박스거더교도 있다.

거더교는 가장 오래 전부터 쓰여 온 교량 형식으로 트러스 또는 그 이외의 형식에 비해 형상이 간명하기 때문에 제작·가설에 드는 공비가 비교적 저렴하다. 따라서 상세설계에서 이런 점에 유의하면 용접 작용의 자동화 내지 반자동화가 용이하다. 더구나 도장작업·점검 등이 용이하므로 유지관리비가 적게 들고, 특히 박스거더교인 경우에 그 효과가 더욱 크다. 또 거더교는 상로교(上路橋)로서 이용되는 경우에는 합성거더나 강상플레이트거더교 구조와 같이 상판부분을 주거더작용에 관여시킴으로써 주거더의 상부플랜지로서의 역학적 기능을 갖게 할 수 있어 역학적으로 유리한 구조가 된다.

8.2 강박스거더교

8.2.1 일반사항 및 특징

강박스거더(steel box girder)은 얇은 강판을 박스거더 단면으로 결합하여 외력에 저항하는 구조부재로서, I거더 거더에 비해 휨에 대한 저항능력이 뛰어나고 비틀림 강성도 크므로 곡선교나 지간 30m 이상의 직선교에 널리 사용되고 있다. 강박스거더교의 일반사항 및 특징은 다음과 같다.

강박스거더의 분류

강박스거더교는 단면의 구성형태에 따라 단실박스(single-cell box), 다실박스(multi-cell box), 다중박스(multiple single-cell box)로 분류되며, 교폭이 좁은 경우에는 주로 단실박스가 이용되고 교폭이 넓은 경우에는 다실박스나 단실박스를 2개 이상 병렬로 연결한 다중박스가 사용된다.

일반적으로 사용되는 강박스거더 단면의 종류를 그림 8.2.1에 나타내었고, 그림 8.2.2에서는 한 박스를 구성하고 있는 요소들을 보여주고 있다.

바닥판의 재료와 바닥판의 합성유무에 따라 박스거더는 합성박스거더, 비합성박스거더, 강상판 박스거더로 분류된다. 콘크리트 바닥판과 일체로 거동하는 합성박스거더는 주로 지간 30~60m의 직선교에 사용되며, 장지간의 교량에는 자중을 감소시키기 위해 콘크리트 바닥판대신 강상판을 사용한 강상판 박스거더가 사용된다. 강상판 박스거더는 사장교・현수교・아치교 등의 보강거더(보강형)로 사용되기도 한다.

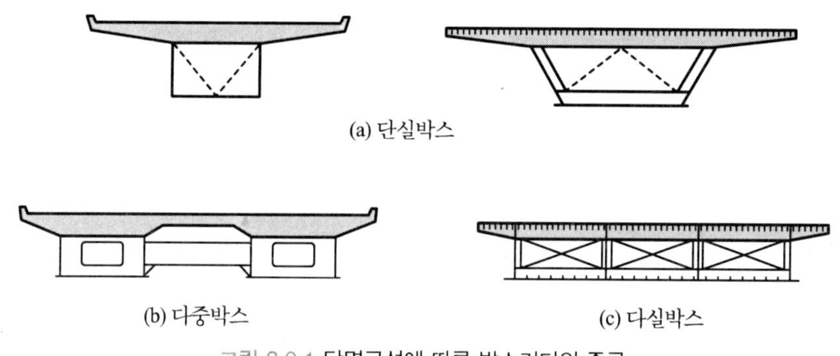

그림 8.2.1 단면구성에 따른 박스거더의 종류

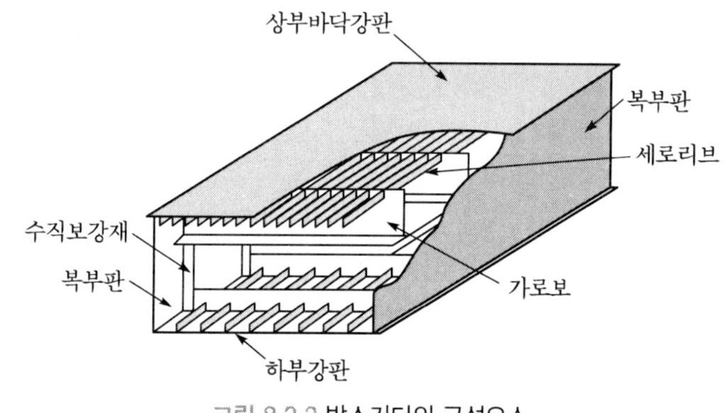

그림 8.2.2 박스거더의 구성요소

박스거더의 특징

강박스거더는 일반적으로 그림 8.2.2와 같이 상·하플랜지와 복부판들이 폐단면으로 용접 결합되어 휨모멘트·전단력·비틀림모멘트에 저항하도록 되어 있다. 휨모멘트에 의해 플랜지에는 인장 또는 압축력이 작용하는데, 압축력을 받는 플랜지의 경우 플랜지의 좌굴강도를 증가시키기 위해 강판의 두께를 증가시키기 보다는 보강재를 사용하는 것이 경제적이지만 지나친 보강재의 사용은 피로균열과 유지관리에 불리하므로 피해야 한다.

복부판의 경우는 휨모멘트에 의한 수직응력과 전단력에 의한 전단응력이 동시에 작용하는데, 압축력을 받는 플랜지의 경우와 같이 복부판 두께를 최소로 하고 좌굴강도를 증가시키기 위해 보강재를 사용하는 것이 경제적이지만 내구성(피로균열)과 유지관리 측면에서는 복부판의 두께를 증가시켜 보강재를 감소시키는 것이 유리하다. 하지만 장지간의 교량에서는 복부판의 높이가 커짐에 따라 복부판의 좌굴강도를 증가시키기 위해 보강재의 사용이 재료절약의 측면에서 필수적이다. 비틀림모멘트에 대해서는 폐단면인 박스거더는 비틀림 강성이 크므로 매우 효율적으로 저항할 수 있다.

강박스거더교의 특징을 요약하면 다음과 같다.

- 비틀림 강성이 커서 활하중 편심재하 시 하중의 횡분배가 양호하여 역학적으로 효율성이 좋다.
- I거더 거더교에 비해 플랜지 폭을 크게 할 수 있어 휨모멘트에 대해 효과적인 단면형태이다.
- 수직편심하중뿐 아니라 수평하중에 대해서도 입체적으로 저항함으로써 매우 효율적이다.
- I거더 거더교에 비해 거더의 높이를 낮게 할 수 있고 부드러운 외형선을 유지하여 미적으로 우수하다.
- 가설 시 블록공법·압출공법 등을 사용할 수 있어 가설공사의 능률화와 공기단축이 가능하다.
- 폐합단면을 가지므로 개단면에 비해 부식 등에 유리하여 유지관리가 용이하다.

강박스거더교의 설계 시 유의할 점들은 다음과 같이 정리할 수 있다.

- 강상판 박스거더교의 경우 강상판은 바닥판으로서의 응력과 박스거더의 상부플랜지로서의 응력을 도시에 고려해야 한다.
- 강박스거더의 단면형상을 유지하여 위하여 적당한 간격과 강도를 가진 격벽이 설치되어야 한다.
- 플랜지와 복부판은 보강재로서 보강된 얇은 판이므로, 판의 두께와 보강재의 간격·강

도를 결정함에 있어서 충분한 좌굴안전율을 고려해야 한다.

- 다중박스 형식에서는 하중 횡분배 계산에 있어서 박스거더의 비틀림 강성이 고려되어야 한다.
- 박스거더는 일반적으로 폭과 지간장의 비가 크므로 플랜지의 유효폭을 산정해야 한다.
- 박스거더의 가설공법에 따라 가설시 발생하는 응력에 대해 충분한 검토가 있어야 한다.

곡선 강박스거더

직선교에 있어서는 비틀림모멘트가 주로 활하중의 편심재하에 의해 발생하는 반면, 곡선교에서는 활하중뿐만 아니라 고정하중에 의해서도 비틀림모멘트가 발생함에 따라 비틀림 강성이 큰 강박스거더를 사용하는 것이 매우 효율적이다.

곡선교는 휨과 비틀림의 합성작용으로 인한 외력에 대한 단면력 산정방법으로는 격자해석법 · 유한차분법 · 유한요소법 등을 사용할 수 있다. 격자해석법은 곡선을 작은 직선보 요소로 분할하여 해석하는 방법으로, 뒴비틀림(warping torsion)의 효과가 고려되지 않기 때문에 그 효과를 무시할 수 있는 박스거더에 사용할 수 있다. 유한차분법은 뒴비틀림을 해석상 고려할 수 있는 간단한 방법이나 단일거더에만 사용할 수 있다. 유한요소법에 의한 해석은 최근에 많이 사용되고 있다.

곡선교의 응력계산은 직선교의 경우와 같으며, 특히 박스거더의 경우 뒴비틀림응력을 무시할 수 있고 충분한 강성을 가진 격벽(diaphragm)을 적당한 간격으로 배치함으로써 일그러짐에 의한 뒴응력을 낮은 값으로 제한할 수 있다. 직선교 또는 곡선교의 세부설계는 하중저항계수설계법에 의한 강구조설계기준(2014) 6.3.2 박스거더 설계기준에 만족하도록 설계해야 한다. 곡률이 매우 작은 곡선교의 경우에는 복부판의 초기형상이 곡선이므로 상당한 좌굴강도의 감소가 예상되기 때문에 설계 시 그에 대한 충분한 고려를 해야 한다.

8.2.2 박스거더교의 해석방법

박스거더교량은 두께가 얇은 판과 격벽 등과 같은 횡변형 저항요소를 역학적으로 결합시킨 구조이므로 들보요소와 쉘요소의 특성이 혼재되어 있는 교량 형태이다. 따라서 단면의 형태, 횡변형에 대한 보강정도, 지지조건 등에 따라 전체 구조계의 해석방법이 달라질 수 있다.

박판보이론(thin walled beam theory)은 벽두께가 얇은 보의 뒴변형을 포함한 휨-비틀림 거동을 규명한 이론으로서 박스거더교의 해석 및 설계에 커다란 이정표가 되었다. 최근에는 컴퓨터의 비약적인 발전에 힘입어 컴퓨터를 이용한 유한요소법(FEM)이 점차 그 영역을 확장해가고 있다. 다음 표 8.2.1은 B. I. Maisel이 정리한 박스거더교의 해석이론 및 해석방법을 요약한 것이다.

표 8.2.1 박스거더교의 해석이론 및 해석방법

해석법 \ 내용	계산가능한 구조해석방법				
	종방향 휨	순수비틈	횡단면변형	전단지연	횡방향 국부해석
단순들보이론	○	○			
등가보			○		
Kupfer방법			○		
BEF유사법			○		
Reissner방법				○	
격자이론	○	○			
절판법	○	○	○	○	○
FSM	○	○	○	○	○
FEM	○	○	○	○	○

단순들보이론에 의한 해석법은 일반적인 들보이론으로서 뒴비틀림이나 횡단면변형에 의한 단면력을 계산할 수는 없지만 비교적 적용이 용이하므로 자중의 영향이 큰 경우는 이 방법에 의해 단면을 결정하고 등가보 · Kupfer방법 · BEF유사법의 해석법에 의해 뒴비틀림이나 횡단면변형의 영향을 검토할 수 있다. 등가보 · Kupfer방법 · BEF유사법은 횡단면 변형해석에만 적용하는 것이고 Reissner방법은 전단지연(shear lag)에 관한 것이다. 전단지연은 박스거더교처럼 플랜지의 두께가 얇은 단면에서 영향이 크며 절판법 · FSM · FEM의 해석법을 사용하지 않는 경우에는 유효폭 개념을 도입하여 전단지연현상을 고려할 수 있다. 격자이론 · 절판법 · FSM · FEM에 의한 해석법은 컴퓨터를 이용한 방법으로 컴퓨터의 발전과 함께 이제는 보편적인 해석법이 되었다. 이 방법들은 곡선교나 사교 등과 같이 복잡한 형상의 교량도 제약없이 해석할 수 있다는 장점이 있다.

8.2.3 설계일반

박스거더의 기본적 특성

박스거더의 구조상 이점으로서는 비틀림강성이 큰 것, 휨강성이 단면의 종 · 횡 양방향으로도 큰 것, 또한 이런 특성에 기인하여 1개의 거더로 교량단면을 형성할 수 있는 것 등을 들 수 있다. 1개의 박스거더로 교량을 형성하는 경우는 하부공의 폭을 좁게 할 수가 있다. 단일체로서의 거더의 강성이 큰 것은 대형블록공법 등에 의한 가설의 기계화를 가능하게 한다. 사용상의 이점으로서는 외견상 미려한 것, 외면이 평탄하여 유지관리가 용이한 것 등을 들 수 있다. 이러한 특성을 활용하여 박스거더는 50~60m 이상의 지간길이를 가진 일반적인 거더교에, 또 지간이 짧은 경우에도 곡선교나 사교에 자주 이용된다. 또 거더 높이 제한에 의해 I거더로 강성확보가 어려운 경우에도 사용될 수 있는 형식이다. 신축이음장치와 받침의 개수를 감소시키고 유지관리 면에서 편리한 동시에 차량주행성을 향상시키는 다경간연속형식의 주거더로도 박스거더가 채용되고 있다.

(1) 비틀림강성

박스거더의 비틀림문제에 대해 설명하기 위하여 우선 임의의 박스단면의 순수비틀림정수 K를 그것과 동일한 높이·단면적을 가진 I단면과 비교하도록 한다(그림 8.2.3).

- 박스단면의 경우에는,

$$K = \frac{4F^2}{2\frac{b}{t} + \frac{b_2}{t_2}} = \frac{4(1,000 \times 1,000)^2}{2\frac{1,000}{10} + 2\frac{1,000}{10}} = 1 \times 10^{10}\,\mathrm{mm}^4$$

- I단면의 경우에는,

$$K = \frac{b\,t_1^3}{3} + \frac{d\,t_2^3}{3} = \frac{2 \times 515 \times 20^3}{3} + \frac{970 \times 20^3}{3} = 5.33 \times 10^6\,\mathrm{mm}^4$$

이 된다. 이 K는 양단 단면에서 거더 축방향의 신축이 자유로운 부재의 양단에 외력비틀림모멘트를 가한 경우(순수 비틀림)의 비틀림 각으로부터 구한 정수이다. 이 경우는 그림 8.2.3에 표시한 전단력만이 외력비틀림모멘트에 저항하고 내력비틀림모멘트는 축방향으로 변화하지 않는다. 실제 구조물 중의 부재에서는 단면 각부분의 축방향 신축은 탄성적으로 구속되어 있으므로 일반적으로 외력비틀림모멘트에 대해 저항기구로서 축력요소가 이에 더해진다(뒴뒤틀림).

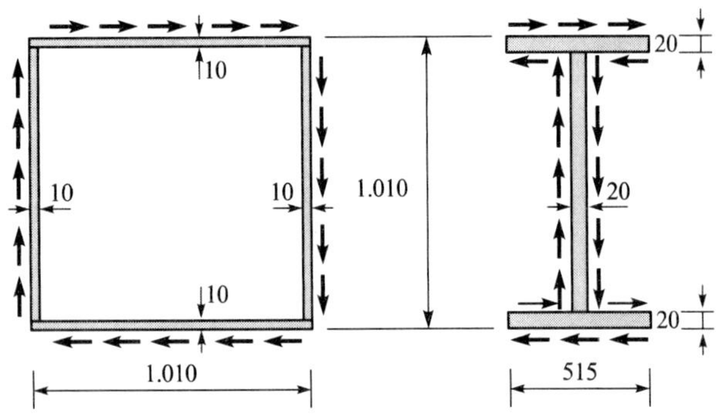

그림 8.2.3 박스거더단면과 I거더단면

앞에서의 계산에는 뒴뒤틀림 영향을 포함하지 않은 것과 I거더의 경우에는 외력비틀림모멘트에 대한 저항기구 중 이 뒴비틀림이 점하는 비율이 상당히 큰 것 등으로 인해 실제의 구조부재로서의 비틀림 강성을 계산값만으로 비교할 수는 없다. 그러나 1개의 거더로서 박스단면의 거더가 압도록적으로 큰 비틀림강성을 가진 것을 알 수 있다.

박스단면을 사용한 단일주거더구조의 경우 뒴비틀림에 의한 축방향 응력의 영향을 무시할 수 있는 범위로서 비틀림상수비 α를 사용하는데 식 (8.2.1)과 같이 표현된다.

$$a = l\sqrt{\frac{GK}{EI_\omega}} > 10 \qquad \text{식 (8.2.1)}$$

여기서, l = 비틀림에 대한 지간 길이
G = 전단탄성계수
K = 단면의 순수비틀림상수
E = 탄성계수
I_ω = 단면의 뒴비틀림상수이다.

박스거더를 2개 이상 병렬시켜 사용하는 경우의 비틀림에 대한 저항기구를 알아보기 위하여 기본적으로서 2개의 박스거더를 병렬시킨 경우를 고려하여 그림 8.2.4에 나타내었다. 외력 비틀림모멘트에 대한 저항기구는 각 거더의 복부판 내의 연직 전단력에 의한 짝힘 비틀림모멘트로서 폐단면 내의 순수비틀림에 의한 내력 비틀림모멘트가 주체이다. 2개의 I 단면을 병렬시킨 경우를 생각하면 단독의 I거더의 비틀림강성은 극히 작으므로 교량단면의 외력비틀림모멘트에 대해 각 거더의 복부판 내의 전단력에 의한 짝힘 비틀림모멘트만으로 저항한다. 결과적으로 같은 크기의 외력비틀림모멘트에 대해 박스거더 병렬구조는 보다적게 회전하며, I거더 병렬구조는 보다 많이 회전한다. 전단면의 회전량이 적은 것은 각 거더의 연직변위가 적은 것을 의미한다. 즉, 하중분배가 개선되는 것을 의미한다.

편재하중을 받는 박스거더 병렬구조의 해법으로서 휨비틀림 이론과 격자이론의 두 방법이 있으나, 최근에는 보다 실용적인 격자이론이 주로 사용된다.

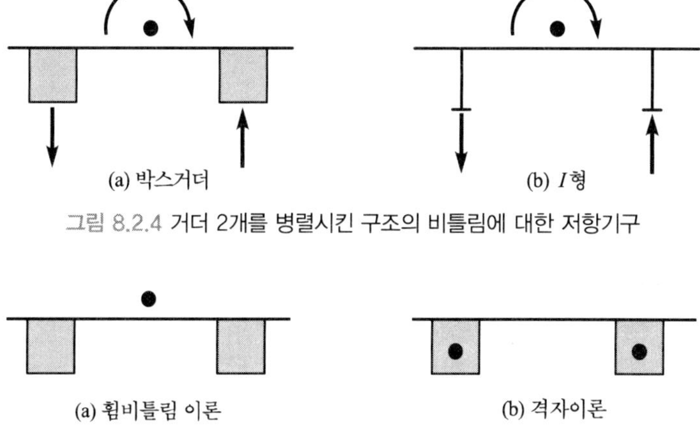

그림 8.2.4 거더 2개를 병렬시킨 구조의 비틀림에 대한 저항기구

그림 8.2.5 해석을 위한 모델링

그림 8.2.5(a)와 같이 휨비틀림 이론은 교량 전단면의 전단중심에 교량전체를 1개의 봉으로 생각하여 교량 단면의 형상이 변하지 않는다는 전제하에 뒴비틀림을 포함한 응력을 구하는 방법이다. 반면, 격자이론은 그림 8.2.5(b)와 같이 각 주거더의 전단중심에 각각의 주거더를 봉으로 생각하여 전체를 뼈대구조로 해석하는 방법이다. 휨비틀림이론을 적용하는 경우, 실제의 구조물은 단면형상이 변하지 않는다는 전제조건에 맞추기 위하여 가로보의 강도를 상당히 크게 할 필요가 있다. 이에 비해 격자이론에서는 가로보의 탄성변형을 해석과정에서 고려하므로 각 주거더의 단면형상이 불변한다고 가정을 한다. 또 격자이론에서는 비틀림에 의해 각 거더에 작용하는 전단력과 그에 따른 휨모멘트가 직접적으로 구해지고 이들 값 중에 뒴비틀림에 영향이 실질적으로 포함된 형식으로 되어 있다. 엄밀히 말하면 뒴비틀림에 의한 영향 중 각 주거더의 폭 방향의 축응력의 불균일분포는 격자이론으로 구할 수 있다. 일반적으로 뒴비틀림의 이러한 국부적인 영향은 단면설계에 있어서 무시할 수 있을 정도로 적다. 박스거더 병렬단면의 경우에 비틀림상수비 α는 10보다 작으나 격자이론에서는 이러한 뒴비틀림 영향의 주요부분이 해석과정 중 항상 고려되므로 실제의 설계에 있어서 α의 크기에 관계없이 뒴비틀림에 대한 추가적인 고려가 필요하다.

(2) 유효폭

전단변형률에 기인한 축응력의 부등분포, 소위 전단지연 현상은 폭이 좁은 일반적 I거더 플랜지에서는 무시되나 박스거더와 같이 플랜지 폭이 넓은 경우는 그 영향을 단면설계에 고려할 필요가 있다. 전단지연 현상의 기본을 그림 8.2.6에 표시한 넓은 폭 플랜지를 가진 I단면거더에 대해 설명하고자 한다. 지간중앙의 인장플랜지 단면을 고려할 때, 만일 이 플랜지 단면이 전단 변형률에 의해 원래의 평면으로부터 해방되어 단면의 면외로 변형할 수 있다면 플랜지 단면은 그림 8.2.6(c)와 같이 변화된다. 그런데 플랜지 단면은 원래의 평면에 머무르게 되므로 2차적인 축응력이 존재하게 된다. 이 2차응력은 복부판 바로 아래에 압축성분을, 플랜지 연단에 인장성분을 가지고 내력으로서 평형을 이루어야 하므로 그 합은 0이다. 기초적 휨이론에 의한 등분포 축응력에 이 2차응력을 더한 것이 그림 8.2.6(d)이다. 이 전단지연 현상은 압축플랜지 측에서 부호가 반대일 뿐 내용은 동일하다. 또 이 영향의 정도는 단면에 작용하는 전단력이 급격히 변화하는 집중하중 바로 아래에서 가장 크다.

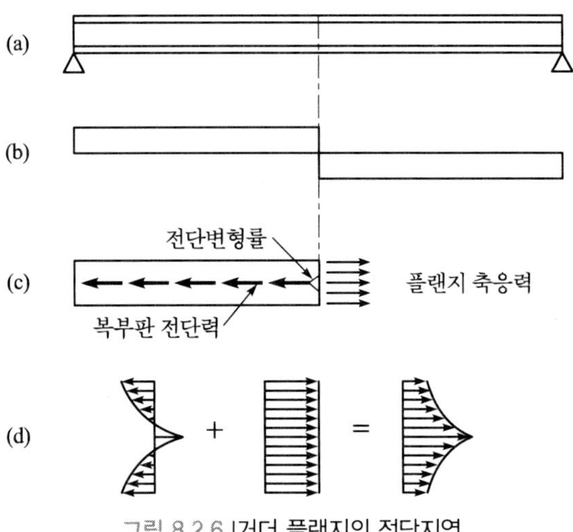

그림 8.2.6 I거더 플랜지의 전단지연

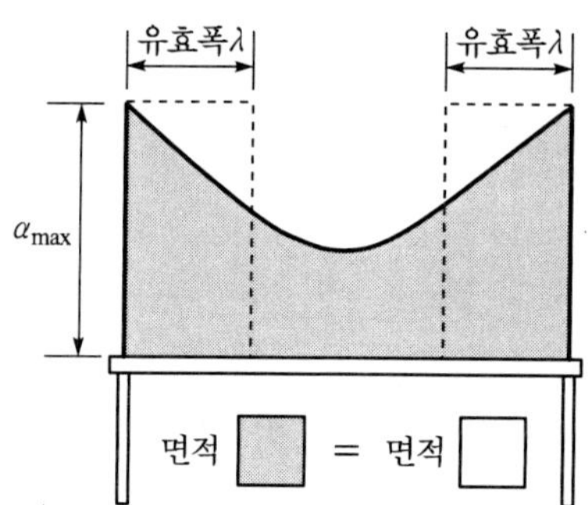

그림 8.2.7 박스거더의 전단지연과 유효폭

박스거더에 있어서 전단지연 현상은 그림 8.2.7로 표현할 수 있다. 축응력의 분포상태는 대체로 포물선에 가깝다. 이와 같은 축응력의 부등분포는 거더에 집중하중이 작용하는 위치, 예를 들면 연속거더의 중간지점 등에서 특히 심하다. 이에 비해 분포하중이 하중의 주체가 되는 지간 중에서는 전단력의 변화가 이만큼 급격하지 않으므로 부등분포의 정도는 중간지점부에 비해 작다. 실제 설계에 있어서 이 전단지연의 영향은 플랜지의 유효폭을 구하는 것에 의해 간단하게 고려한다.

유효폭이란 플랜지에 작용하는 최대축응력, 즉 복부판 바로 위 또는 바로 아래의 축응력이 플랜지에 균일하게 작용하는 것으로 가정하여 구한 플랜지의 이상적인 폭이다. 이와 같이 유효폭에 의한 응력계산은 플랜지의 불균일한 응력분포를 고려하기 위한 일종의 편법이므로 유효폭의 범위 바깥의 플랜지에 대해서도 좌굴 안전상 필요한 판 두께 또는 보강재를 부여할 필요가 있다. 유효폭 범위 외의 플랜지에서는 작용응력이 상당히 감소되어 있지만 유효폭 내와 동일한 응력의 작용하는 것으로 하여 보강을 하는 것이 안전하다.

(3) 보강판의 좌굴

압출플랜지에 배치하는 종방향, 횡방향 보강재의 강도와 간격에 대해서는 하중저항계수설계법에 의한 강구조설계기준(2014)에서 포괄적인 규정이 주어져 있어 이에 준하여 설계한다. 복부판에 대해서도 마찬가지이나 박스거더단면이 특히 대형으로 복부판에 3개 이상의 수평보강재가 필요한 경우에는 별도로 에너지법 등을 사용하여 검토한다.

응력해석과 설계 시 검토항목

(1) 단면력 계산

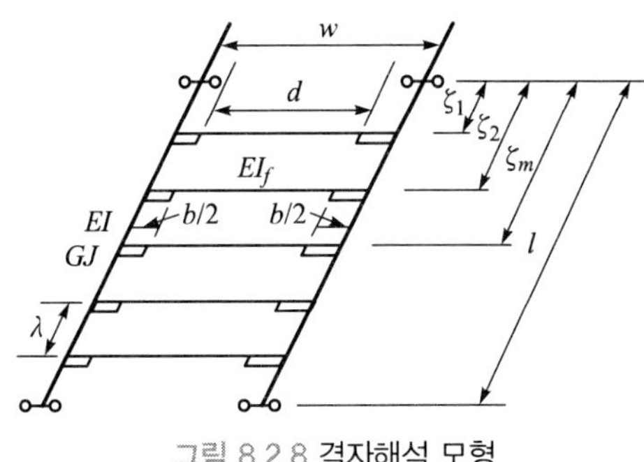

그림 8.2.8 격자해석 모형

박스거더교의 단면력 계산을 위해서는 휨과 순수비틀림을 고려하는 보이론에 의한 해석방법을 사용할 수 있는데, 이는 박스거더의 횡방향 변형을 무시하고 휨강성과 순수 비틀림 강성만을 고려하여 휨모멘트·전단력·비틀림모멘트를 구하는 해석방법이다. 박스거더의 경우에는 횡거더의 휨강성을 함께 고려할 수 있는 격자해석을 통해 단면력을 구할 수 있다.

그러나 박스거더에 충분한 강성을 지닌 격벽이 적당한 간격으로 배치되어 있지 않아 횡단면 변형을 무시할 수 없는 경우, 또는 거더의 폭과 지간의 비가 커서 보이론을 적용할 수 없는 경우에는 보다 정확한 해석방법인 유한요소법, 절판법(folded plate method)등을 사용해야 한다.

(2) 응력계산

박스거더 단면의 전단중심에 하중이 작용하는 경우에는 휨모멘트와 전단력만이 발생하며, 그 단면력에 대해 상·하플랜지와 복부판이 각각 저항하게 된다. 그러나 편심하중이 작용하는 경우, 비틀림 거동을 함에 따라 그 응력계산은 복잡하게 된다.

그림 8.2.9와 같이 단일박스 거더에 편심하중이 작용하는 경우, 박스 거더의 거동은 (a) 휨, (c)비틀림, (d)일그러짐 거동들로 분리하여 독립적으로 생각할 수 있다.

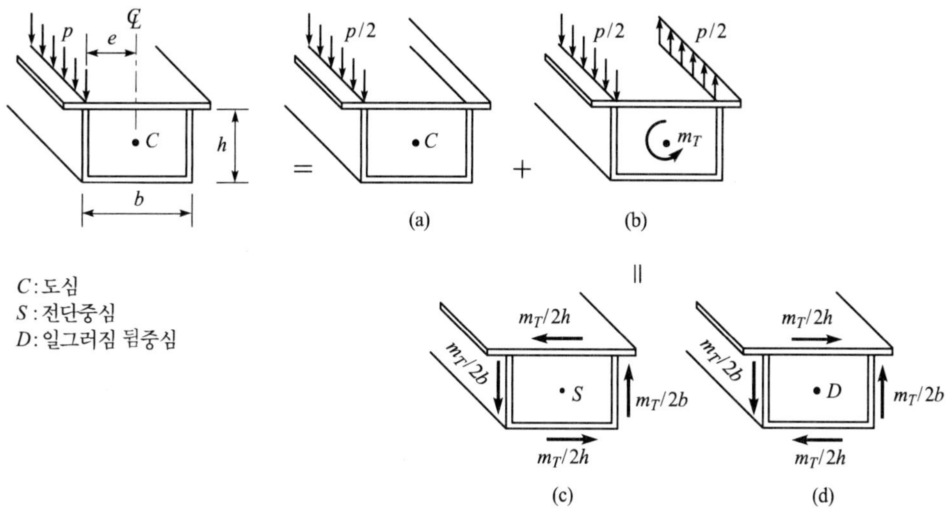

그림 8.2.9 편심하중을 받는 박스 거더

박판보(thin-walled beam)이론에 의한 각 거동에 따른 응력의 종류와 계산식은 표 8.2.2와 같다.

표 8.2.2 박판보의 응력

응력의 종류	수직응력	전단응력
휨응력	$f_b = \dfrac{M}{I}y$	$v_b = \dfrac{SQ}{I \cdot t}$
순수비틀림응력	-	$v_s = \dfrac{T_s}{2F \cdot t}$
뒴비틀림응력	$f_W = \dfrac{M_W}{I_W}\omega$	$v_\omega = \dfrac{T_W}{I_W \cdot t}V_\omega$
일그러짐응력	$f_{DW} = \dfrac{M_{DW}}{I_{DW}}\omega_d$	-

휨에 의한 수직응력을 계산함에 있어서 지간장에 비해 플랜지 폭이 넓은 거더의 경우, 전단지연 현상으로 인해 플랜지의 수직응력 분포가 불균등하기 때문에 설계 시 플랜지에 발생하는 최대응력을 구하기 위해 그림 8.2.10과 같이 플랜지의 유효폭(λ)을 고려한 단면을 사용한다.

복부판의 휨에 의한 전단응력은 전단력의 대부분을 복부판이 부담하며 복부판 내의 전단응력은 거의 균일한 분포를 이루고 있으므로 식 (8.2.2)로 계산할 수 있다.

$$v_b = \frac{V}{A_\omega}$$ 식 (8.2.2)

여기서, V : 전단력

A_ω : 복부판의 단면적

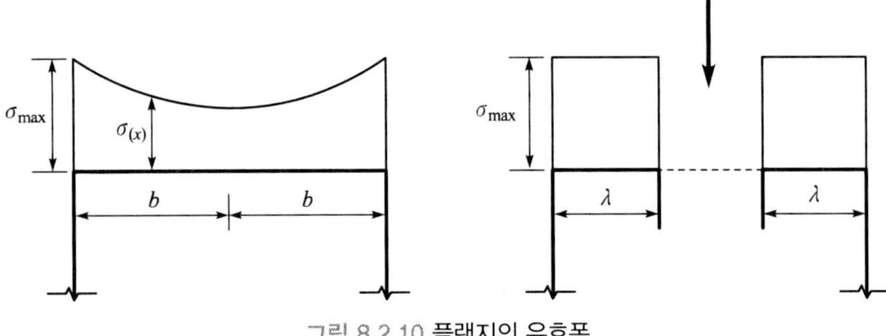

그림 8.2.10 플랜지의 유효폭

비틀림은 순수 비틀림(pure torsion 또는 Saint Venant's torsion)과 뒴비틀림으로 나뉘어지는데, 순수 비틀림은 단면 내에 전단응력만 발생시키고 뒴비틀림은 수직응력과 전단응력을 발생시킨다. 비틀림모멘트(T)는 식 (8.2.3)과 같이 순수 비틀림모멘트(T_s)와 뒴비틀림모멘트(T_ω)로 나누어지며, 비틀림모멘트의 분담률은 식 (8.2.4)의 비틀림 상수비(α)의 크기에 따라 결정된다.

$$T = T_s + T_\omega$$ 식 (8.2.3)

$$a = l\sqrt{\frac{G_s K}{E_s I_\omega}}$$ 식 (8.2.4)

여기서, l = 지점간의 부재길이

G_s = 전단탄성계수

K = 순수 비틀림상수

I_ω = 뒴비틀림상수

일반적으로 비틀림상수비가 0.4 이하인 경우 뒴비틀림모멘트가 지배적이고, 10.0 이상인 경우 순수비틀림모멘트가 지배적이다. 박스단면과 같은 폐단면에서는 순수 비틀림이 지배적이고 뒴비틀림에 의한 응력은 무시할 수 있다.

그림 8.2.11과 같은 단실박스 단면의 경우 순수비틀림 상수 K는 식 (8.2.5)와 같고, 순수 비틀림모멘트에 의한 전단응력은 식 (8.2.6)으로 계산한다.

$$K = \frac{4F^2}{\oint \frac{1}{t} d_s} = \frac{4b^2h^2}{b/t_u + 2h/t_w + b/t_1}$$ 식 (8.2.5)

여기서, F : 폐단면의 단면적

$$v_s = \frac{T_s}{2F \cdot t} = \frac{T_s}{2bht}$$ 식 (8.2.6)

여기서, v_s : 순수 비틀림에 의한 전단응력

T_s : 순수 비틀림모멘트

t : 판의 두께

b : 박스의 폭

h : 박스의 높이

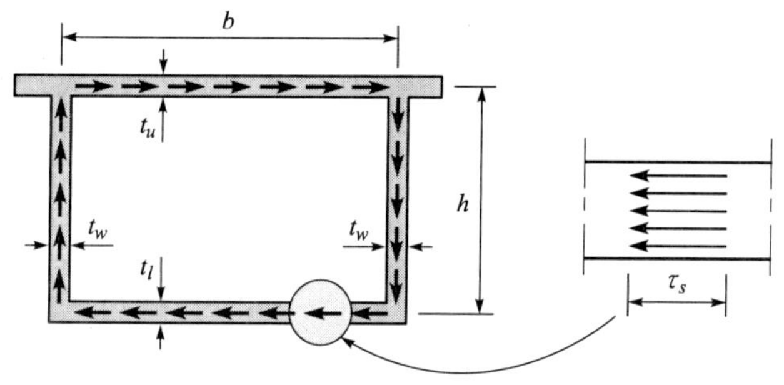

그림 8.2.11 단실박스 단면과 순수비틀림에 의한 전단응력

일그러짐은 박스단면에 비틀림이 작용할 경우 횡단면의 변형에 의해 수직응력이 발생되는 것으로 격벽의 간격과 강도에 따라 그 응력의 크기가 결정된다. 따라서 이러한 일그러점에 의한 응력을 낮은 값으로 제한하고 박스단면의 형상을 유지하기 위하여 충분한 강성을 지닌 격벽을 적당한 간격으로 배치하는 것이 일반적이다.

콘크리트 바닥판과의 합성단면의 경우, 단면 2차모멘트(I)와 휨응력(f_b)를 구하기 위해서는 콘크리트 바닥판의 두께를 강판의 두께로 환산하여 산정한 단면 2차모멘트를 응력계산에 사용하는 것이 편리하다. 즉, 식 (8.2.7)에 의해 계산할 수 있다.

$$t_c' = \frac{1}{n} t_c$$ 식 (8.2.7)

여기서, t_c : 콘크리트 바닥판두께

n : Es/Ec

t_c' : 환산두께

콘크리트바닥판의 휨응력은 식 (8.2.8)로 구할 수 있다.

$$\sigma_b = \frac{M}{nI} y \qquad \text{식 (8.2.8)}$$

여기서, M : 합성거더로서 저항해야 하는 휨모멘트

I : t_c'를 사용하여 구한 단면 2차모멘트

또한 순수 비틀림상수도 역시 환산두께 개념을 이용하여 식 (8.2.9)에 의해 구한다.

$$K = \frac{4F^2}{\oint \frac{n_g}{t} ds} \qquad \text{식 (8.2.9)}$$

여기서, F : 폐단면의 단면적

n_g : 콘크리트 바닥판의 경우 G_s / G_c, 강바닥판인 경우 1

t : 박판의 두께

순수 비틀림에 의한 전단응력은 식 (8.2.6)으로 구한다.

(3) 설계 시 검토항목

휨을 받는 모든 형태의 박스거더 단면은 최소한 다음조건을 만족하도록 설계해야 한다.

① 하중저항계수설계법에 의한 강구조설계기준(2014) 6.3.2.2에 규정된 단면비의 제한
② 하중저항계수설계법에 의한 강구조설계기준(2014) 6.3.2.3에 규정된 시공성
③ 하중저항계수설계법에 의한 강구조설계기준(2014) 6.3.2.4에 규정된 사용한계상태
④ 하중저항계수설계법에 의한 강구조설계기준(2014) 6.3.2.5에 규정된 피로 및 파괴한계상태
⑤ 하중저항계수설계법에 의한 강구조설계기준(2014) 6.3.2.6에 규정된 강도한계상태

강박스거더교의 세부설계

(1) 단면비의 요구조건[하중저항계수설계법에 의한 강구조설계기준(2014) 6.3.2.2]

① 복부판(웨브)의 단면비

복부판 수직이거나 또는 경사지어야 하나, 경사는 하부플랜지와 수직을 이르는 평면

과 1/4을 초과해서는 안 된다.

- 수평보강재가 없는 복부판(웨브)의 단면비

$$\frac{D}{t_w} \leq 150$$ 식 (8.2.10)

여기서, D : 웨브의 높이

t_w : 웨브의 두께

- 수평보강재가 있는 복부판(웨브)의 단면비

$$\frac{D}{t_w} \leq 300$$ 식 (8.2.11)

② 플랜지의 단면비

압축 또는 인장을 받는 U형 단면의 상부플랜지는 다음 조건을 만족해야 한다.

$$\frac{b_f}{2t_f} \leq 12$$ 식 (8.2.12)

여기서, b_f : 상부플랜지의 폭($b_f \geq D/6$)

t_f : 상부플랜지의 두께($t_f \geq 1.1t_w$)

(2) 보강재

① 복부판(웨브) 보강재

복부판의 수직 · 수평 · 지압보강재는 9.2.3절의 보강재 내용과 동일하다.

② 압축플랜지 종방향보강재

박스플랜지에 설치된 압축플랜지 종방향보강재는 플랜지폭을 가로질러 등간격으로 배치해야 한다. 보강재의 항복강도는 부착된 박스플랜지의 최소항복강도보다 작아서는 안 되고, 압축플랜지 종방향보강재의 돌출폭 b_l은 다음조건을 만족해야 한다[하중저항계수설계법에 의한 강구조설계기준(2014) 6.3.2.11.2].

$$b_l \leq 0.48\, t_s \sqrt{\frac{E}{F_{yc}}}$$ 식 (8.2.13)

여기서, t_s : 종방향보강재 돌출요소의 두께(mm)

E : 종방향보강재의 탄성계수

F_{yc} : 종방향보강재의 항복강도

플랜지와 평행한 축에 대해 보강재하단에서의 보강재 1개의 단면2차모멘트 I_l은 만족해야 한다.

$$I_l \geq \Psi w t_{fc}^3 \qquad \text{식 (8.2.14)}$$

여기서, $\Psi = 0.125k^3(n = 1$일 때)

$= 0.120k^3(n = 2$일 때)

k : 등분포 수직하중에 대한 판의 좌굴계수$(1.0 \leq k \leq 4.0)$

n : 등간격인 압축플랜지 종방향보강재의 수

w : 종방향보강재 사이의 플랜지폭과 복부판에서 가장 가까운 종방향보강재까지의 거리 중 큰 값(mm)

(3) 격벽

박스거더교에 있어서 격벽은 지점부의 반력이나 가로보(cross beam), 브래킷(bracket) 등으로부터 힘을 거더에 확실히 전달하고 박스 단면형상을 유지하기 위한 구조요소이다.

강박스거더교의 격벽은 현행 도로교설계기준에 I거더 단면이나 II거더 단면의 플레이트거더교에 준하여 설치하도록 규정되어 있다. 일반적으로 중간격벽의 간격은 6m 이하로 하는 것이 보통이다.

격벽의 종류는 그림 8.2.12와 같은 것들이 있다. (a)는 지점상 격벽의 대표적인 예이고, (b), (c), (d)는 횡거더와 브래킷이 거더와 연결되는 곳에 설치되는 중간격벽의 예들이다. (a), (b)는 거더높이가 낮은 작은 박스거더 단면에 사용되고, (c), (d)는 거더 높이가 높은 큰 박스거더 단면에 사용된다. 지점의 격벽은 지점부로부터 상당히 큰 반력을 받고 있으므로, 충분한 좌굴강도를 갖도록 설계되어야 한다.

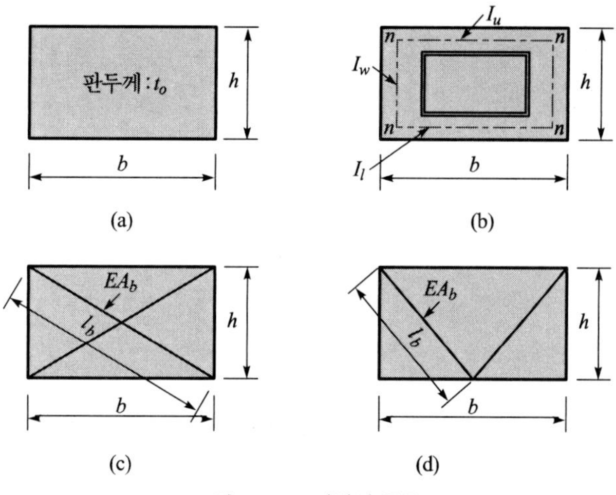

그림 8.2.12 격벽의 종류

8.3 강상판형교

8.3.1 일반사항 및 특징

강상판형교(steel plate deck bridge)는 바닥강판 · 종리브 · 횡리브로 이루어진 강상판과 ⊥거더 · ㅛ거더 등의 주거더부재를 결합하여 그들이 일체가 되어 외력에 저항하도록 구성된 거더교이다. 그 경우 주거더의 하부플랜지를 폐합하여 단면이 박스거더로 되어 있는 형식을 개단면 형식과 구별하여 특히 강상판 박스거더교라고 칭하고 있다. 그림 8.3.1과 같이 직교하는 두 방향으로의 강성이 서로 다르므로 직교이방성(orthotropic) 강상판형교라고 한다. 하중수행 능력을 갖추면서 동시에 최대의 경제성을 추구하는 것이 현대의 강교량 설계경향인데, 그런 점에서 직교이방성은 최적의 상판형식이라고 할 수 있다. 본 절에서 사용되는 각부 명칭에 대해 간단히 설명하면 다음과 같다.

- 바닥강판(deck plate) : 강바닥판에서의 판, 바닥판
- 강바닥판(steel plate deck) : 바닥강판이 리브로 보강되어 있는 판
- 바닥틀(floor system) : 활하중에 직접지지하는 상판과 그 상판을 지지하며 하중을 주거더에 전달하는 세로보와 가로보로 구성된 바닥틀 거더로 구성된다(강바닥판+세로보+가로보).
- 리브(rib) : 바닥강판의 보강재

- 가로보(floor beam, cross beam) : 바닥틀의 한 요소로서 주거더에 직각방향으로 설치되는 보
- 세로보(stringer) : 가로보 위에 지지되는 주거더에 평행한 작은 보

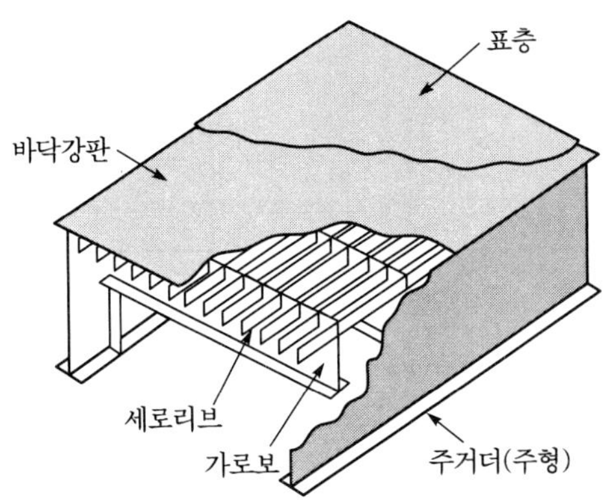

그림 8.3.1 강상판의 각부 명칭

이와 같은 강상판형 구조의 적용범위는 매우 넓으며 단지 II거더(2주거더)·다주거더·박스거더 단면의 플레이트 거더교로서 뿐만 아니라 다른 형식의 교량에도 널리 이용되고 있다. 상로 트러스교·사장교의 주거더, 아치·현수교의 보강거더 등 많은 실례를 볼 수 있다.

강상판형교의 특징으로서는 강재의 효과적인 이용, 상판 자중의 경량화, 상판의 주거더작용 등을 들 수 있다. 이들은 강도 대 자중의 비율이 높은 강재를 용접 및 고도의 구조이론을 적용하여 효율적으로 조합시킴으로써 얻어진 것이므로 매우 합리적인 교량형식이라고 할 수 있다. 상판 자중의 현저한 경량화와 상판의 여력을 주거더 작용에 유효하게 이용함으로써 중량상판을 가진 거더교에 비해 적용경간을 증대하고 동시에 거더 높이를 비교적 낮게 설계하는 것이 가능하다. 따라서 종래 트러스교·아치교·현수교 등의 영역으로 되어 있던 비교적 긴 경간의 가교조건에 대해서도 이 형식을 따르는 편이 보다 경제적이므로 80~200m 정도 경간의 대표적인 교량형식이 되었다.

바닥틀은 활하중을 직접 지지하는 교량의 중요구조인데, 특히 강상판은 종래에 교량건설에 사용하던 철근콘크리트 바닥판을 대신하여 고정하중을 감소시키고 입체구조의 이점을 살릴 수 있는 구조로서 2차대전 후 독일에서 새롭게 개선되어 사용되어 왔다. 강도가 높은 강판을 사용하고 제작도 용접으로 하게 되면 바닥판 자체의 무게를 감소시킬 수 있으며, 이 바닥판과 거더를 합성으로 하면 교량 전체의 고정하중을 더욱 감소시킬

수 있다. 고정하중의 감소는 교각이나 교대의 단면을 감소시켜 경제적이고 내진설계 측면에서도 유리하게 작용한다. 또한 연약지반일 경우 하부구조의 설계가 용이하다는 장점 등이 있다. 그러므로 고정하중의 영향이 활하중의 영향에 비해 크게 나타나는 장지간의 교량에 유리한 구조형식이다.

강상판의 발전과정

1930년대에 AISC(American Institute of Steel Construction)는 도로교의 고정하중을 감소시키는 시도로 battledeck 바닥틀로 알려진 강상판교 시스템을 도입하였다. 이 시스템은 주로 가동교와 오래된 교량구조물의 바닥판을 교체하는 데에 쓰였는데, 그림 8.3.2와 같이 9.5~19.1mm 두께의 바닥강판에 254~838mm 간격으로 I거더 세로보를 용접하여 만든 것을 상판으로 하여 가로보 위에 얹혀 만든 것이다. 바닥강판의 기능은 국부적으로 작용하는 윤하중을 세로보에 전달하고 세로보의 상부플랜지 역할을 함으로써 응력을 분담하는 것이었다. 그러나 바닥강판이 가로보의 응력을 분담하지 못하였을 뿐만 아니라 교량의 강성과 강도에 기여하지도 못하였기 때문에 battledeck 바닥틀은 경제성면에서 실패를 하였다.

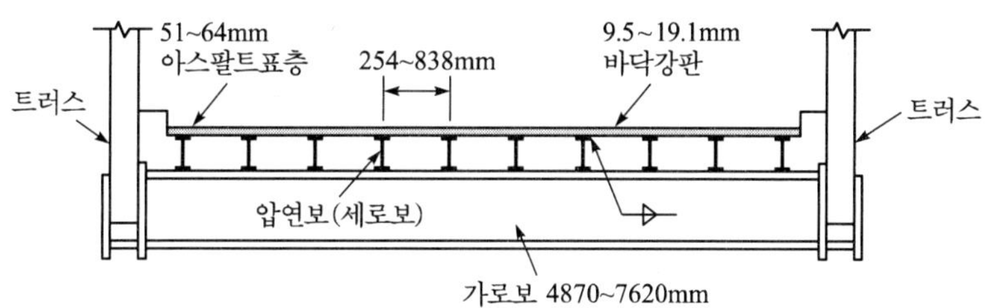

그림 8.3.2 battledeck 바닥틀 교량단면

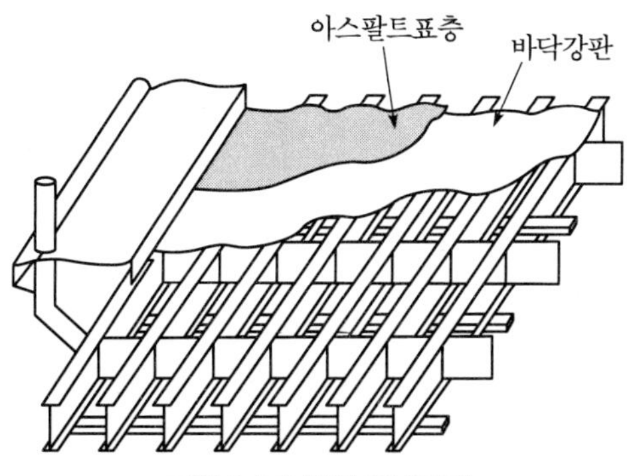

그림 8.3.3 방형 강바닥판

같은 시기에 독일 공학자들은 방형(cellular)형태의 가벼운 강바닥판에 대해 실험을 하였다. 이 강바닥판은 그림 8.3.3과 같이 305~610mm 간격으로 리브를 용접한 비교적 얇은 바닥강판으로 구성되었는데 전체적으로는 판처럼 작용하였다.

1930년대부터 계속되어 온 시험과 연구를 통해 강상판교에 대한 장점을 실제적으로 깨닫게 되어 제2차 세계대전이 끝난 후 독일에서는 교량구조에 획기적인 개혁을 가져왔다. 그 당시는 철의 공급이 부족했기 때문에 교량은 가능한 가볍게 만들어야 했는데, 주거더의 상부플랜지로써 바닥강판을 사용한 최초의 교량은 Mannheim의 Neckar강에 건설된 Kurpfalz교이다. 지간 56-75-56m의 이 교량은 1950년에 개통되었는데, 사용된 강재의 중량이 구교량에서 5.7×10^{-3}MPa이었던 것이 재건설되었을 때는 3.8×10^{-3} MPa로 감소되었던 것이다.

1951년에 독일 Rhine강 위에 건설된 Cologne-Muelheim교는 강바닥판 시스템을 현수교에 적용하여 경제적인 면에서 우수함을 보였다(그림 8.3.4). 1954년에 폐쇄된 리브를 사용하여 비틀림을 보강한 교량이 최초로 건설되었다.

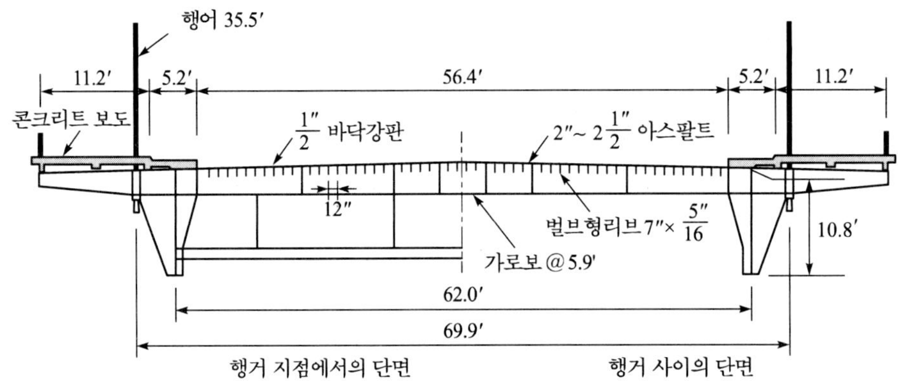

그림 8.3.4 Cologne–Muelheim 현수교

강상판교 시스템은 처음에는 중앙지간 길이가 60~90m인 거더교에 사용되었는데, 그 후 현수교와 사장교에도 사용이 되었다. 현재는 여러 가지의 교량시스템에 적용되고 있으며 장지간의 교량뿐만 아니라 24~36m의 교량에도 경제적으로 적용할 수 있는 것으로 알려져 있다.

강상판의 특징

강상판의 특징은 다음과 같이 요약할 수 있다.

- 자중이 가볍다.

- 폭넓게 사용되고 있는 철근콘크리트 상판의 중량은 40~60MPa 정도이지만 강상판의 경우는 최저 9MPa에서 20MPa 정도로 고정하중이 경감되므로 교량의 경간을 증대시킬 수 있다.
- 주거더 일부로서의 협력작용이 용이하게 실시된다.
- 매우 큰 극한내력을 가진다.
- 적용범위가 넓다.

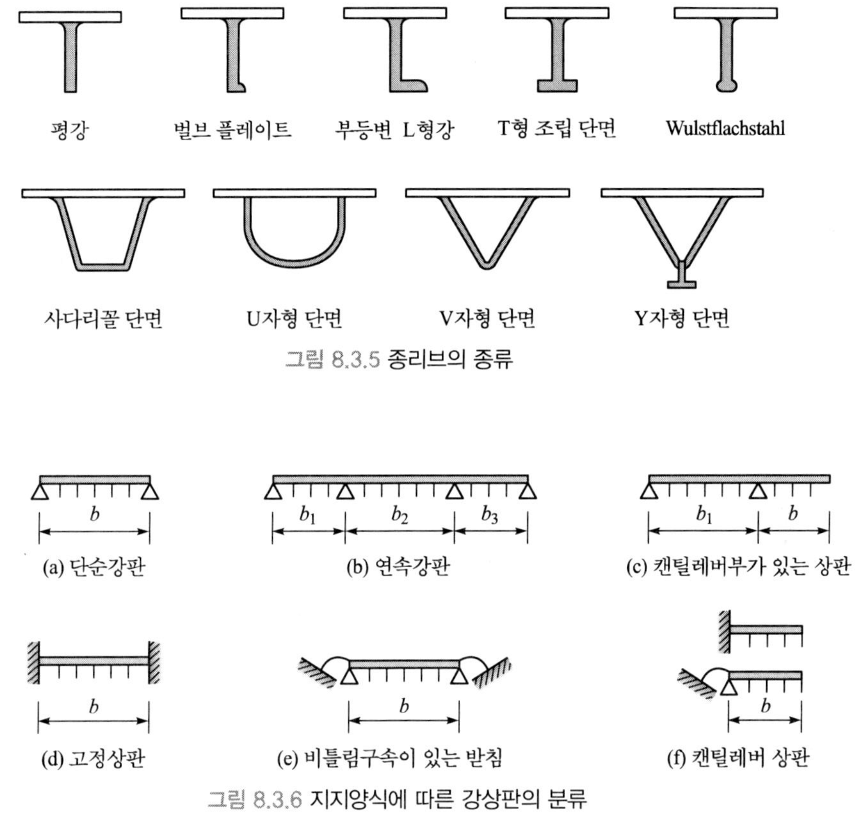

그림 8.3.5 종리브의 종류

그림 8.3.6 지지양식에 따른 강상판의 분류

강상판의 종류

강상판은 그림 8.3.5에 나타낸 것처럼 바닥강판을 종방향과 횡방향으로 배치한 보강재를 이용해 보강한 상판이다. 종방향의 보강재를 종리브라고 하며, 횡방향의 보강재를 횡리브 또는 횡거더라고 한다. 횡리브 단면이 다른 경우, 큰 단면의 것을 특히 횡거더라고 하기도 한다. 여기에서는 일반적인 횡방향 보강재를 모두 횡리브라고 한다.

강상판의 종리브로서는 그림 8.3.5에 나타낸 비틀림 저항이 작은 개단면 리브와 비틀림 저항이 큰 폐단면 리브가 있다. 일본에서는 개단면 리브로서 평강과 벌브 플레이트가 많이 이용되고 있다. 벌브플레이트에는 2종류가 있는데, 독일에서는 대칭형 Wulstflachstahl가 일반적으로 많이 사용되고 있으며 일본에서 이용되고 있는 비대칭 벌브플레이트를 Hollandprofile이라고 한다.

이상은 강상판을 리브 형식에 의해 분류하였는데, 그것을 지지조건 또는 양식에 의해 분류하면 그림 8.3.6과 같이 된다. 보통 강상판은 거더 복부위에 회전 자유도가 지지되어 있다고 가정하고 그림 8.3.6(a)~(c)의 구조계에 대해서 해석되고 있으나, 그림 8.3.6(d)~(f)와 같이 지지선 위에서 완전고정 혹은 탄성 비틀림 구속으로 간주하는 편이 실제에 가까운 지지조건으로 고려된다.

강바닥판의 기본구조

직교이방성 형태의 교량을 이해하기 위하여 이러한 형태의 교량의 발전을 가능하게 한 다음의 시스템을 분석한다.

(1) Battledeck 바닥틀

AISC에 의해 제안된 battledeck 바닥틀은 그림 8.3.7과 같다. 이것은 보와 강판이 용접 연결되어 있는 구조로서, 바닥강판의 주기능은 윤하중을 세로보에 전달하고 어떤 유효폭 내에서는 세로보의 상부플랜지로 거동하는 것이다.

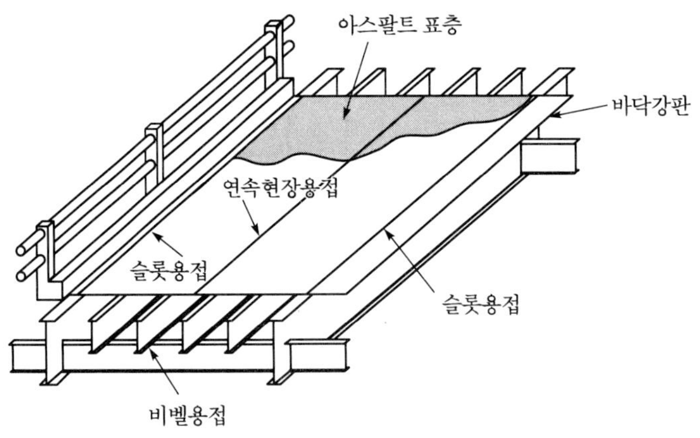

그림 8.3.7 battledeck 바닥틀

1936년에서 1938년 사이에 미국의 Lehigh대학에서는 1/3축척의 battledeck 바닥틀 모형에 대한 실험이 이루어졌는데, 강바닥판이 휨이론에 의한 예측값보다 훨씬 더 큰 강도를 갖고 있는 것으로 나타났다. 이 사실은 AISC가 battledeck 바닥틀의 설계에 대해 제안한 공식에서도 나타나는데, 이 공식은 강판의 허용응력을 40% 증가할 것을 추천하고 있다.

battledeck 바닥틀은 미국의 Burlington-Bristol교(1930), 뉴욕시의 Triborough교(1936) 등에 사용되었다. 그러나 이들 교량은 강재를 효율적으로 사용하지는 못했었다. 왜냐하면 이때의 설계개념은 세로보와 가로보, 주거더가 각각 독립적으로 거동한다고 보아 설계하였는데 이러한 가정은 옳지 않았기 때문이다. 그 후에 이루어진 실험에 의하면 battledeck 바닥틀은 세로보, 가로보와 주거더 등을 독립적으로 해석한 방법보단 훨씬 큰 강도를 갖고 있는 것으로 나타났다. 이러한 부재들의 복합적인 거동의 해석기법은 그 복잡성으로 인하여 그 당시에는 개발되지 못하였다.

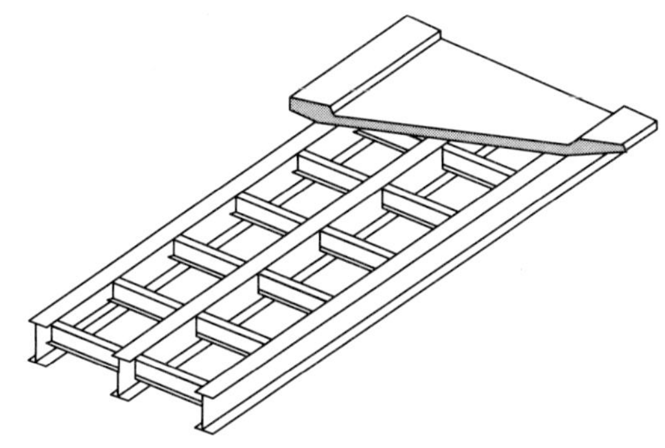

그림 8.3.8 격자구조

(2) 격자구조

교량구조물의 설제거동은 각각의 구성요소가 서로 강결되어 하중에 저항하는 격자구조물(gridwork)의 거동과 같다. 이 개념으로 교량을 설계하면 장대교의 경우는 경제적으로 큰 이득을 보게 된다. 일반적으로 격자구조라 하면 강성이 거의 같은 서로 직교하는 보에 의해서 지지되는 바닥판이나 슬래브를 말한다. 교량에서의 바닥틀은 가느다란 세로보와 이보다 강성이 조금 큰 가로보에 바닥판을 강결시켜 만들게 되므로 진정한 격자구조라고는 할 수 없으나, 세로보와 가로보 사이를 절단해서 적절한 단면성질을 이용하면 근사적으로 등가의 격자구조물을 얻을 수 있다(그림 8.3.8).

격자구조는 고차의 부정정구조이다. 일반적으로 구조물의 외력에 대한 저항능력은 부정정차수가 클수록 커진다. 격자구조를 구성하는 있는 보와 비틀림강성까지도 고려할 수 있는 구조라면, 하중의 분배성도 좋고 상대적으로 안정성도 커지며 하중의 저항능력도 커진다. 구조물의 구성요소가 개별적으로 하중에 저항하는 것이 아니라 국부적으로라도 하중을 분배해 저항하도록 함으로써 구조물 전체적으로는 큰 저항능력을 갖게 하는 것이다.

(3) 방형구조

AISC가 battledeck 바닥틀을 개발하고 있을 때에 독일의 공학자들은 가벼운 강바닥판을 실험하고 있었다. 그들은 바닥판의 강성을 증진시키며 보다 효과적으로 이용하기 위하여 세로보의 간격을 좁히려는 시도를 하였는데, 이 과정에서 격자구조가 그림 8.3.3과 같이 벌집 모양의 여러 개의 방으로 구성되는 형태인 방형구조(cellular stystem)로 발전되었다. 이런 형태의 격자구조는 좁은 방이 많아지게 되어 과다한 수동용접량을 초래하게 된다. 방을 크게 해서 수동용접량을 줄일 수는 있겠으나, 그렇게 되면 국부적으로 생기는 상판의 처짐이 크게 되어 아스팔트균열을 초래하게 된다. 이 형태의 구조는 낮고 날렵하여 보기에 좋기는 하나 수동용접량의 과다한 구조해석의 어려움으로 더 이상 발전은 안 되었다.

결국, 강상판교가 경제적으로 장점을 발휘하기 위해서는 지간이 충분히 길어야 하고, 바닥판은 주요 하중저항 부재의 응력을 함께 감당할 수 있는 구조라야 한다.

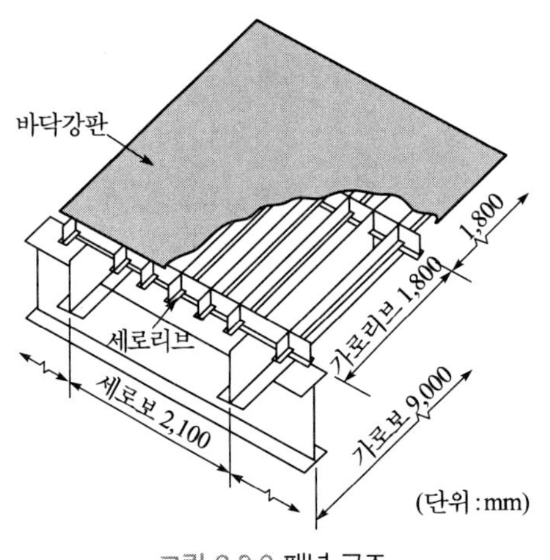

그림 8.3.9 패널 구조

(4) 패널 구조

바닥판의 구성단위체로서 바닥틀을 일정한 크기로 한 패널(panel)형태를 사용할 수도 있다. 그림 8.3.9와 같이 큰 세로보 위에 작은 가로리브가 상부에 용접되고, 같은 위치에 가로리브와 같은 높이의 작은 세로리브가 직각으로 강결되어, 그 위에 바닥강판이 용접되는 바닥틀을 1939년에 미국의 Ashoton이 제안하였다.

바닥강판이 필요 이상으로 두껍고 강하게 만들어졌는데 그렇게 함으로써 슬래브 작용에 의한 응력이 감소되었다. 또 바닥강판이 세로리브와 가로리브의 상부플랜지 역할을 하게 함으로써 I거더 보의 격자를 형성하게 하였다. 균질의 등방성이고 모든 방향으로 동시에 응력을 발휘하게 할 수 있는 강판의 특성 때문에, 바닥판을 이방향 강바닥판으로 설계하여 지간의 길이를 증가시키거나 판의 두께를 감소시킬 수가 있다. 전체적인 연속성은 단부구속성을 증가시키고 판두께를 10% 가량 감소시킬 수 있다. 이 패널의 개념은 20년 후에 직교이방성 구조시스템(orthotropic deck system)으로 발전하게 된다.

강바닥판의 거동

1940년대에는 교량을 구성하는 주요부재가 독립적으로 거동한다고 생각하였다. 콘크리트바닥판에 작용한 하중은 세로보에 전달되고 세로보는 이 하중을 가로보에, 가로보는 다시 거더나 트러스에 하중을 전달하는 역할만을 생각하고 설계·제작도 그런 개념에서 수행되었던 것이다. 즉, 하중을 전달하는 시스템과 지지하는 시스템 2가지로 분류했던 것이다. 그러나 1960년에부터는 바닥판과 세로보와 가로보가 합쳐진 것을 하나의 구조부재로 보아 이것이 하중을 지지하는 주요부재의 상부플랜지 역할을 하도록 하는 개념으로 설계·제작되어 오고 있다. 즉, 이 3가지도 하중을 지지하는 시스템의 일부로써 역할을 하도록 한 것인데, 이렇게 함으로써 횡방향의 저항력도 증가되어 횡하중에 대해 설치하는 브레이싱도 생략할 수 있게 된다.

격자형식으로 배열된 리브가 바닥강판에 강결되어 있으므로 구조적으로는 고차의 부정정구조가 된다. 따라서 윤하중의 분배효과가 좋아지며, 또한 국부적을 큰 하중이 작용하더라고 그 하중이 탄성적으로 인근 부재에 분배되고, 더 나아가 소성적으로 재분배효과도 보게 된다. 그러므로 직접적인 파괴를 초래하지 않기 때문에 이 시스템의 교량은 안전도가 좋으며, 손상도 국부적으로 발생할 뿐 구조물의 전체적인 거동에 대한 것은 아니므로 그에 대한 대처방법도 쉬워진다고 할 수 있다. 이러한 시스템의 안전성이 더 큰 이유는 바닥강판이 박막력(membrane force)을 발휘할 수도 있기 때문이다.
바닥강판의 역할은 다음 3가지로 분류할 수 있다.

① 리브에 의해서 지지되는 연속판으로서의 바닥강판
바닥강판이 리브를 지지점으로 하는 연속판으로 거동하여 바닥강판에 작용하는 윤하중을 리브에 전달하는 역할을 한다. 비틀림강성이 큰 리브를 사용한 경우에는 윤하중을 리브에 전달하는 과정에서 일어나는 응력뿐만 아니라 교축에 직각방향으로 작용하는 전단에 의한 휨응력도 고려해야 한다(그림 8.3.10).

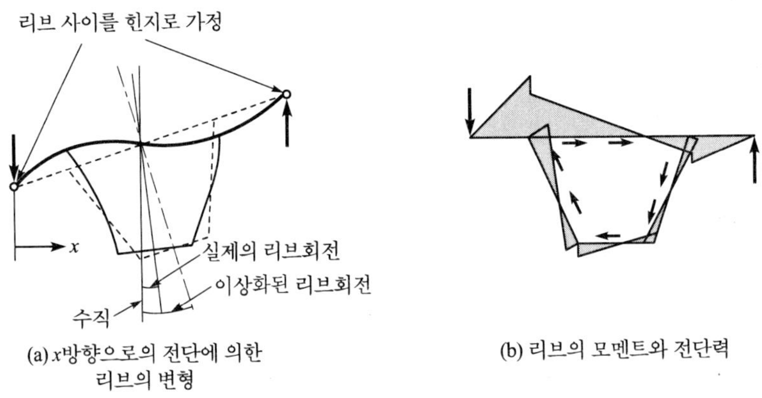

그림 8.3.10 리브의 거동

바닥강판이 넓고 얇은 경우에 바닥강판에 작용하는 집중하중이 증가하게 되면, 바닥강판에 발생하는 휨응력은 점차적으로 박막력으로 바뀐다. 고강도 강판을 사용하게 되면 설계 시 바닥강판의 휨응력은 일반적으로 무시하고 주로 박막력을 고려하게 된다.

② 바닥판으로서의 바닥강판

이 경우 바닥강판은 리브와 가로보의 상부플랜지의 역할을 한다. 이렇게 해서 형성되는 바닥틀은 거더와 바닥틀 사이의 전단연결가 설치되어 있지 않다면 독립적으로 거동한다고 볼 수 있다.

리브를 통해서 하중을 받는 가로보는 선형탄성거동을 한다고 볼 수 있고, 따라서 리브의 탄성지지 역할을 한다고 볼 수 있다. 그러나 거더 근처에서는 가로보의 처짐이 거의 없으므로, 이때 리브를 고정지점(rigid support)상의 연속거동을 하게 된다.

가로보를 일련의 거더복부판에 강결시킬 때는 연결부위의 회전이 가능하므로 가로보는 단순지지보로 취급한다. 그러나 박스거더 거더에 연결될 때는 이곳에서 거더의 비틀림 강성을 고려해야 한다.

③ 구조물 전체로서 종방향의 휨에 대한 상부플랜지 역할

거더교에 있어서의 일반적인 경우로서, 바닥강판은 바닥강판에 강결된 종방향 보강재와 함께 주거더의 상부플랜지 역할을 한다. 이 경우 바닥강판과 거더의 복부판 사이에 적절한 전단연결을 필요로 한다.

경제성

현대의 강도로교 설계경향은 적절한 하중저항 능력을 수반하면서 그 재료에 대한 최대의 경제성을 추구하는 것인데, 그런 점에서 직교이방성 교량은 최적의 교량형식이다. 강

상판이 교량의 경제성에 미치는 주요 영향으로는 고정하중과 강중의 경감, 구조 높이의 저감, 현장가설의 공기단축 등을 생각할 수 있다. 강상판형교에서는 강재의 절감이 특히 장지간일수록 뚜렷해진다. 교형의 변하에 따른 영향을 고려한다 해도 강중의 절감중 강상판이 차지하는 비율은 크다. 또한 전체 고정하중의 감소율은 일반적으로 50~60%이다.

이는 제2차 세계대전이 끝난 후에 유럽에서 파괴된 많은 교량들을 강상판형교로 재건설할 때 증명되었다. 이러한 절감의 주된 이유는 구조적 수행능력, 엄격한 설계방법, 고강도 강재의 사용, 용접을 사용한 연결 및 현장연결의 감소 등에 기인한다. 파괴되기 전의 원래의 교량과 재건설된 교량의 상부구조물에 사용된 강재의 총중량을 그림 8.3.11에 나타냈다.

	개축 전후의 교량	강재중량 톤	강재감소율 %
1	KURPFALZ–MANNHEIM 1940 	2,500	16
	1950  (184′, 246′, 184′)	2,090	
2	DUESSELDORF–NEUSS 1928 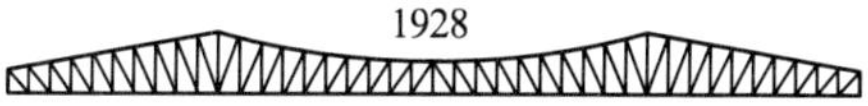	9,300	25
	1951  (338′, 676′, 338′)	6,970	
3	SAVE RIVER-BELGRADE 1934 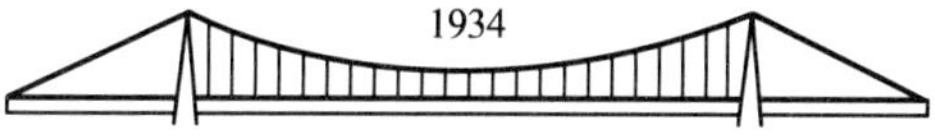	7,500	44
	 (246′, 856′, 246′)	4,200	
4	COLOGNE–MUELHEIM 1929 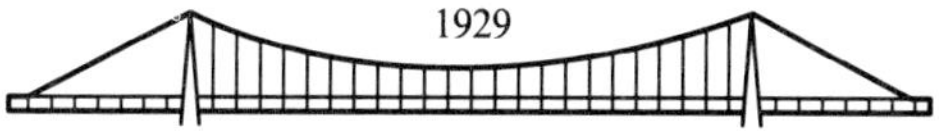	14,150	55
	1951 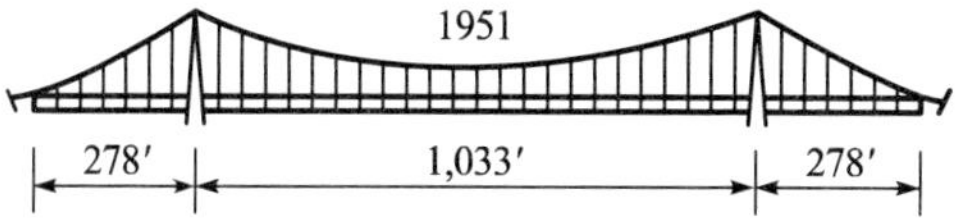 (278′, 1,033′, 278′)	6,400	

그림 8.3.11 개축전후의 강재비교

단순히 강재의 중량만을 비교하는 것은 직교이방성 시스템을 사용할 때 강재의 총중량이 평균적으로 약 35% 정도 감소한다는 것을 보여주는 일반적인 비교만이 가능한 것이고 강재의 제작비용에 대한 경제성을 나타내지는 않는다. 강상판 교량의 제작과 현장조립의 공비는 보통 강거더교보다 제품 톤당 15~20% 증가한다고 생각된다. 이 공비에 대응하는 인건비가 1/2~2/3에 해당한다고 가정하면 강상판교의 제품 톤당 단가는 보통 거더교보다 10~15% 높아진다. 그러므로 이 비율보다도 큰 강중의 절감이 가능하다면 강상판 교량이 비용면에서도 유리하다. 또한 이들의 비율은 인건비와 강재비가 전체 비용 중에서 차지하는 비율에 따라서 변화한다.

강상판 교량의 주거더단면은 일반적으로 경량화되므로 현장가설의 능률이 향상된다. 특히 캔틸레버 가설법을 이용하는 경우에는 더욱 유리하다. 일반적인 강교와 같이 콘크리트 상판을 사용하면 콘크리트 작업이 하부 공사와 상판공사로 별로도 실시되므로 그를 위한 설비를 2회 현장에 반입해야 한다. 강상판을 사용하면 상판 콘크리트 공사가 없어지므로 가설기간이 상당히 단축되며 가설비의 절감도 기대된다.

이와 같이 강상판을 사용하면 고정하중이 일반 교량의 상부구조의 1/2~2/3가 되므로 그 하부구조의 설계에 상당한 영향을 미친다. 기초지반이 나쁜 가교 지점에서는 고정하중의 경감에 따른 경제성의 향상이 기대된다. 일반적으로 하부공 비용의 절감은 5~15% 정도이다.

8.3.2 직교이방성 구조시스템

전술한 바와 같이 강바닥판은 작은 I거더 보를 이용하여 짧은 경간의 세로보·가로보를 구성하고 그 위에 바닥강판을 용접이음한 것을 교량의 바닥틀로 한 battledeck 바닥틀 개념, 가로보와 주거더를 기본 틀로 하고 그 위에 슬래브를 설치한 격자구조 개념, 가로보와 거더를 여러 개의 방으로 구성한 방형구조 개념으로 발전을 하여 현재와 같은 경량의 직교이방성 강바닥판이 생기게 되었다. 이런 형태의 교량의 주요 특성은 교량의 주요 부재와 바닥틀이 단일체로 거동한다는 데 있다.

교량에서 직교이방성 바닥틀은 일반적으로 얇은 철판과 직각방향으로 촘촘히 배열된 얇고 긴 리브로 구성되는데, 리브와 가로보의 강성이 같지 않으므로 직각방향으로서의 탄성특성이 다르게 된다. 이와 같은 구조는 선박, 비행기 등에도 널리 사용된다.

직교이방성 구조시스템의 구성요소

① 강판

강판의 두께는 리브의 휨강성과 간격에 의해서 결정되는데, 일반적으로 9.5mm에서 25.4mm이다. 강판은 부식에 대한 방지책이 강구되어야 하며, 에폭시수지나 아스팔트 또는 역청으로 덮어 부식을 방지한다.

② 리브

일반적으로 리브는 교량 종방향으로 배열되어 구조 전체의 최대 휨모멘트에 저항할 수 있게 한다. 리브는 크게 나누어 비틀림강성이 있는 것과 없는 것 2가지가 있다. 비틀림강성이 없는 개방형 리브로는 얇은 1엽의 철판·역T형·앵글·ㄷ형강 등이 사용된다. 이들 리브는 거더의 상부플랜지 역할을 하여 큰 응력을 받게 되므로, 종방향으로 계속해서 연속이 되게 배열한다. 폐쇄형 리브로는 사다리·반원·삼각형 등이 사용되나 가장 많이 사용되는 것은 사다리형이다. 폐쇄형 리브는 비틀림 저항이 커서 하중의 횡방향 분배효과가 개방형 리브보다 좋다(그림 8.3.5).

③ 가로보

가로보는 일반적으로 역T형태로 철판을 절단해서 용접하여 만들며 바닥강판을 상부플랜지로 이용한다. 가로보의 간격은 거더의 간격에 의해서 결정하게 되는데 일반적으로 1.2~4.5m 내외이다. 단면의 치수는 휨부재로서 휨모멘트에 저항하는 크기 또는 처짐한계 이내의 크기가 되어야 하지만, 경험에 의하면 주로 가설조건에 의해 지배를 받는 것으로 알려지고 있다. 풍하중과 같은 횡방향 하중을 지지하기 위해 대형의 가로보가 설치되기도 한다. 가로보의 복부판의 종방향의 세로보를 통과시키기 위해서 구멍을 갖게 되는데, 응력집중 현상을 피하기 위해서 원형으로 하는 것이 좋다.

개방형 리브와 폐쇄형 리브의 비교

① 개방형 리브

이 형태는 용접이 용이하고 유지관리가 쉬운 반면에 횡방향으로의 하중분배 능력이 약하다. 따라서 바닥틀의 단위면적당 소요강재량과 용접량이 폐쇄형 리브보다 많아진다. 개방형 리브의 전체 용접길이는 폐쇄형 리브 용접길이의 2배가 된다.

② 폐쇄형 리브

폐쇄형 리브는 개방형 리브보다 횡방향으로 윤하중 분포기능이 훨씬 좋은데, 이는 휨강성 뿐만 아니라 비틀림강성이 개방형 리브보다 훨씬 크기 때문이다. 또한 폐쇄형 리브는 용접량이 개방형 리브보다 적으므로 용접으로 인한 뒤틀림(distortion)이 작으며 자중도 좀 더 줄일 수 있고 결과적으로 가로보의 간격도 넓게 할 수 있다. 실험에 의하면 사다리 단면이 가장 효과적인 것으로 나타났다. 폐쇄형의 단점은 제작이 어렵고 현장이음이 곤란하여 제작과 건설에 상당한 주의가 필요하다는 것이다.

리브가 압축을 받는 부분에서는 가로보 위치에서 절단하여 가로보의 복부판에 용접하게 되나, 인장을 받는 경우에는 복부판에 구멍을 내어 리브가 연속이 될 수 있도록 하는 것이 좋다. 이는 피로문제를 처리하기 위해서이다. 박스거더 리브는 철판을 절곡하여 만들며 길이는 20m까지도 가능하다.

공장제작

강상판교의 장점은 근본적으로 용접을 많이 사용하고 공장에서 미리 상당한 부분이 제작된다는 데 있다. 따라서 용접의 장점을 극대화하고, 또한 구조물의 신뢰도를 향상시킬 수 있으며 경제적으로도 유리한 교량의 가설이 가능해진다.

① 용접

강상판교의 가설이 가능한 것은 상당한 수준의 용접기술을 전제로 한다. 시간과 경비를 최소화할 수 있는 자동용접의 사용과 공장제작 방법의 개발로 상당히 큰 구조물 제작이 가능해졌다.

② 지상조립(prefabrication)

강상판교의 대부분은 공장에서 제작되며 특수한 기술을 요한다. 상판 · 리브 · 가로보로 구성되는 패널이나 거더는 모두 공장에서 용접되어 만들어지는데, 이러한 패널의 사용은 현장 이음량을 감소시켜 주고 현장작업을 감소시킨다. 이것은 숙련된 기술과 새로운 장비의 사용으로 해서 얻어지는 고도의 기술제품이다.

2차선 정도 폭의 교량에서는 바닥틀을 포함해서 거더까지도, 즉 교량단면 전체를 일체로 제작이 가능하며 때로는 보도부분의 캔틸레버 부분도 동시 제작이 가능하다.

③ 경제성

강상판교에서 용접을 가능한 많이 사용하게 되면 중량을 기존의 교량에 비해 반으로 줄일 수 있다. 가급적 큰 단위로 부분제작을 하고 현장에서는 인양기를 사용하여 조립하면 공기를 줄일 수 있다. 근본적으로 경제적인 강상판교가 되기 위해서는 자동 또는 반자동 용접방법을 이용할 수 있는 데까지 이용하고, 가급적 표준화하여 큰 블록으로 지상조립 방법을 택해야 한다. 이렇게 함으로써 조립·운반·축조의 비용을 줄일 수 있다.

구조적 장점

직교이방성 바닥판의 큰 장점은 경량구조이면서도 휨과 비틀림에 대한 저항이 크고 하중분배 효과도 좋다는 것이다. 더구나 바닥판 자체가 높은 극한 강도를 갖고 있으며, 비상시 중차량이 통과할 때 생기는 과대 집중하중에 대한 저항능력이 크다.

연속플레이트거더교에 있어서 바닥강판은 콘크리트 슬래브의 경우와는 달리 지점의 부모멘트 영역에서도 인장응력에 대해 거더와 일체로 거동하며, 이러한 거동은 강바닥판의 가장 중요한 장점이다. 현수교에 있어서 강바닥판은 거더의 중요한 일부이며 거더의 강성을 현저히 증가시킨다. 보강아치교에서의 강바닥판은 아치를 보강하는 거더와 함께 거동하며 휨강성에 기여하여 내하능력을 증가시킨다.

종방향 리브가 있는 바닥판의 단면적은 일반적으로 거더의 하부플랜지보다 상당히 크므로 비대칭거더가 된다. 중립축은 바닥강판쪽으로 상승하고 바닥강판의 응력은 하부플랜지의 것보다 낮다. 이러한 주거더의 비대칭 응력분포는 바닥강판에서의 국부적인 휨에 저항하는데 보다 효율적인 것이다. 비대칭 단면으로 인한 또 다른 장점은 기존의 교량이나 등가의 강성을 갖는 합성거더에 비해 거더의 높이가 낮아진다는 것이다.

8.3.3 강상판의 계산방법

강상판교량의 대표적인 거더의 횡단면 모양은 그림 8.3.12와 같이 나타낼 수 있다. (a)와 (b)는 병렬플레이트거더교위에 강상판을 걸치게 한 것이며, (c)는 강박스거더 상부플랜지에 강상판을 이용한 것이다. (d)는 2박스 거더 위에 강상판을 걸치게 한 것이다. 강상판의 해석에서 강상판은 각 거더의 복부판 위에서 회전 자유로 지지되고 있다고 가정하고, (a)~(d) 각각의 그림 아래쪽에 나타낸 구조계를 생각한다. 실제구조에서는 횡리브 또는 횡거더가 상당히 촘촘히 배치되어 그것이 주거더의 수직 보강재 또는 수직 브레이싱에 의해 상당한 힘으로 강결되어 있으므로 주거더의 각 복부판 위에서 회전 자유라는 지지조건은 엄밀하게는 만족되고 있지 않다. 그러나 각종 실험 결과에 따르면 이 받침선 위의 회전 저항은 일반적으로 비교적 작다. 이 때문에 그림 8.3.12에 나타낸 구조계로 가정하여 강상판의 해석을 하고 있다. 이 구조계는 (a)와 (c)의 지간 b의 범위의 단경간 강상판, (b)와 (d)의 연속 강상판 및 돌출 지간 b_0의 캔틸레버 강상판으로 구분된다.

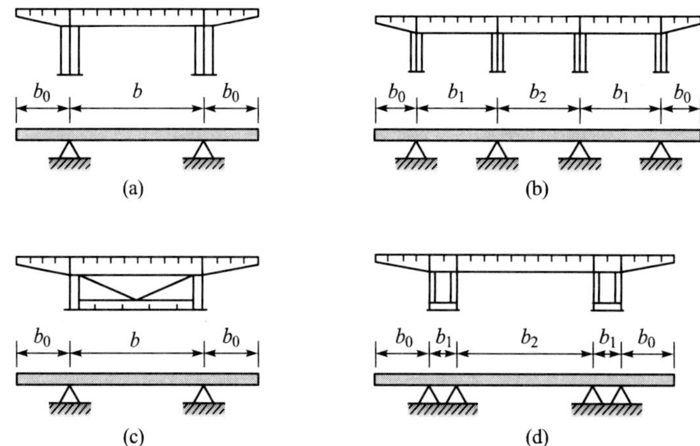

그림 8.3.12 강상판형교

그림 8.3.13(a)와 같은 일반적인 강상판에서 종리브의 간격 a는 바닥강판의 폭 b와 그 경간 l에 비해 작으므로 종리브와 강바닥판이 휨에 대해서 협동작용을 하는 것으로 생각할 수 있다. 또 횡리브 간격 t는 상당히 크나 그것을 무시해도 횡리브나 종리브 모두 간격 a와 l 사이에 평균화되어 취급하게 되면 그림 8.3.13(b)의 구조계를 얻을 수 있다. 즉, 이것은 횡리브와 종리브의 강도가 상판 전체에 등분포하고 있다고 가정한 구조계로 휨강도 K_x, K_y를 가진 경간 b의 직교이방성 판으로 변환된다. 상술한 내용의 개선안으로서 그림 8.3.13(c)의 구조계를 생각할 수 있다. 이것은 종리브의 강성 거더를 상판 전체에 등분포시켜 휨강도 K_y을 갖는 직교이방성 판을 고려하여 횡리브를 그대로 독립부재로서 잔존시키는 것이다. 이 경우에도 2종류의 해석법이 고려된다. 즉, 우선 횡리브의 휨강도를 무한대로 가정하여 강결 횡리브 위의 연속 직교이방성 판으로서 해석하고 다음에 횡리브의 탄성 변형에 따른 영향을 고려하여 보정하는 방법(Pelikan-Esslinger 방법)과 처음부터 횡리브의 탄성변형을 고려하여 탄성 횡리브 위의 직교이방성 판으로서 해석하는 방법(E. Giencke 방법)이 있다. 상술한 것처럼 강바닥판을 상호 직교하는 횡리브와 종리브로 보강한 강상판은 고차의 부정정 구조물이므로 해석상으로는 격자구조 혹은 직교이방성판으로 취급할 수 있다.

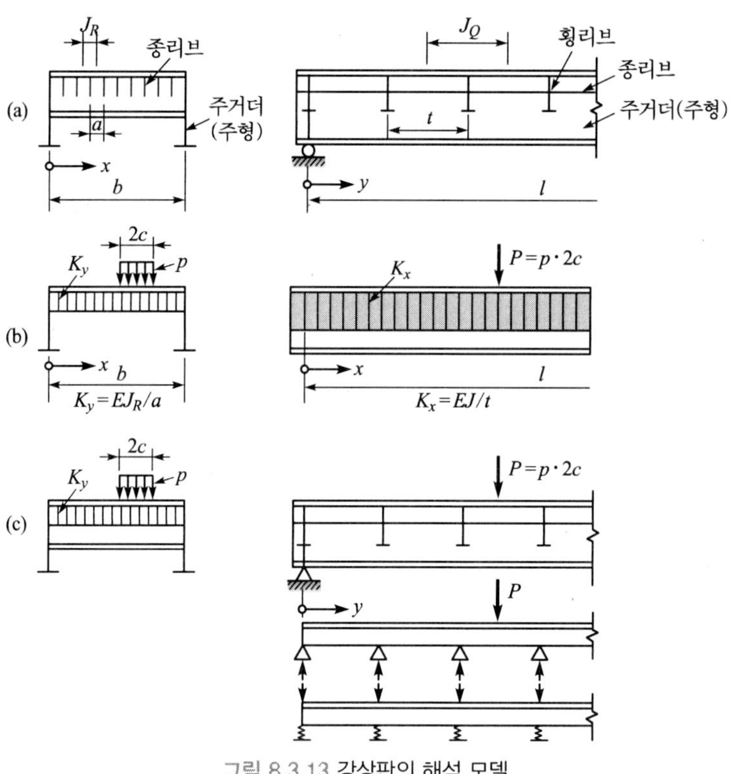

그림 8.3.13 강상판의 해석 모델

강상판 구조계에 대해서는 그 외에도 H. Homberg 방법, P. Stein 방법 등 다양한 접근 방법이 제안되어 왔다. 그 중에서 가장 일반적으로 사용되는 방법인 Pelikan-Esslinger 방법에 대해서 아래에 다루었다.

Pelikan-Esslinger에 의한 강상판 해석 이론

강상판교량에서 강상판은 보통 상판과 바닥틀로서의 작용 외에 주거더의 일부로서 작용도 분담한다. 특히 덱플레이트는 종·횡리브의 플랜지 일부를 형성함과 동시에 주거더의 상부플랜지의 역할로 수행하므로 그 역학적인 특징은 매우 복잡하다. 이를 3가지 시스템으로 분류하면 다음과 같다.

- I 시스템 : 상판(deck plate)과 종방향 리브와 합성으로 거동하는 주거더의 응답. 이 시스템은 교량의 지점부를 연결하는 보로 간주된다.
- II 시스템 : 교량상판을 구성하는 상판·리브·가로보의 응답. 이 시스템은 탄성지점을 갖는 연속 이방향판으로 간주된다.
- III 시스템 : 지지리브(supporting rib)를 지나는 판의 국부응답(local response).

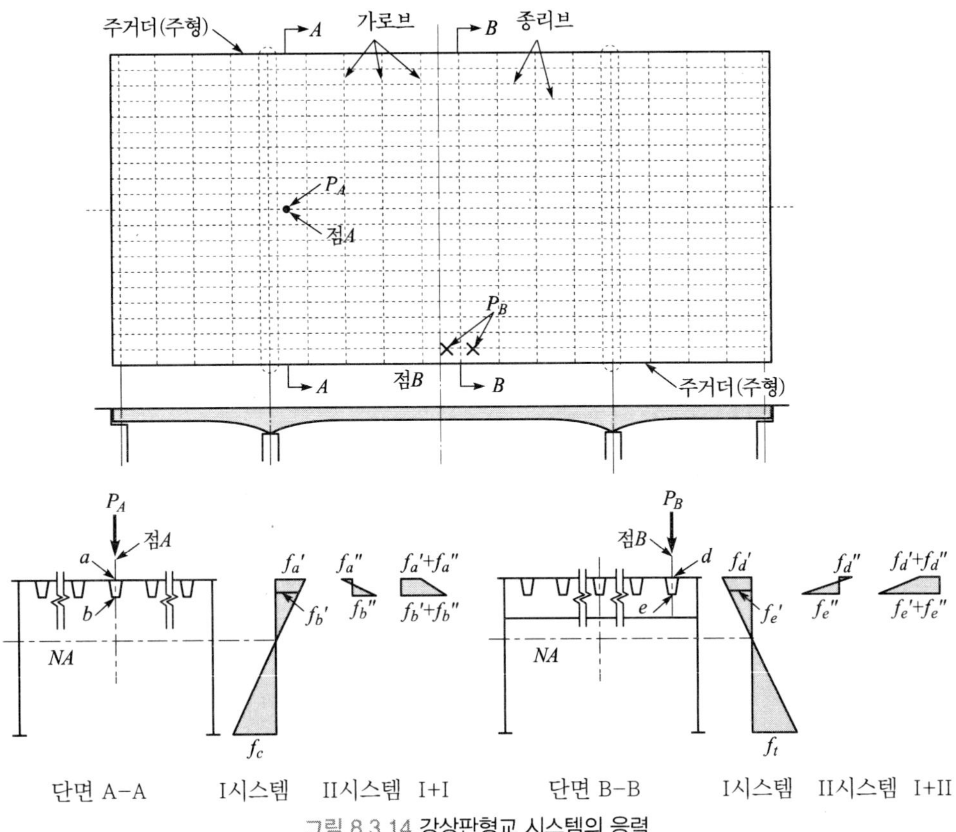

그림 8.3.14 강상판형교 시스템의 응력

Pelikan−Esslinger 방법도 앞서 밝힌 시스템의 I·II 단계에서만 적용하였으며, 일반적인 응답이 그림 8.3.14에 나타나 있다. 시스템 III은 선형 1차 이론으로 예측이 불가능한 판의 하중 전달능력으로 인하여 응력의 합산 시에는 일반적으로 포함되지 않는다. Pelikan과 Esslinger의 중요업적은 탄성지점을 갖는 연속이방향판, 즉 시스템 II의 거동을 예측한 것이었다. 이들은 연속이방향판이 가로보에서는 탄성지점으로, 주거더에서는 강성지점으로 지지받고 있다고 가정하였다. 이 시스템은 다음 2단계로 구분하여 설계된다.

- 비탄성 지점에서 연속이방향판의 설계
- 가로보를 탄성지점으로 간주하였을 때 필요한 보정설계

Pelikan 및 Esslinger는 이러한 해석절차 외에도 상판 보강재 형식에 따라 일반적인 판방정식(식 8.3.1)을 수정하였다.

① 개단면 리브 상판

$$D_x \frac{\partial^4 \omega}{\partial x^4} + 2H \frac{\partial^4 \omega}{\partial x^2 \partial y^4} + D_y \frac{\partial^4 \omega}{\partial y^4} = q \qquad \text{식 (8.3.1)}$$

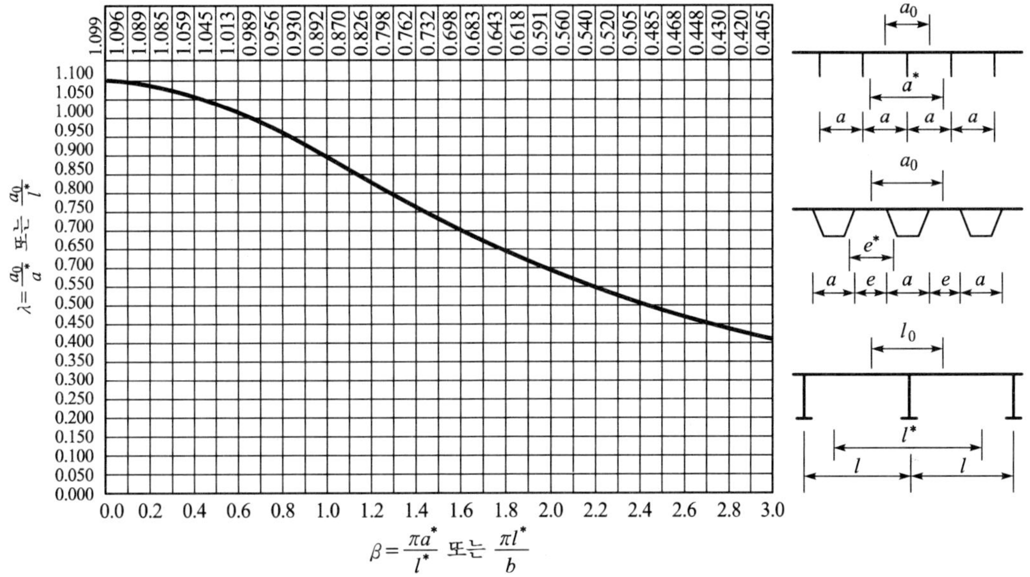

여기서, a : 유효폭

l_0 : 상판 a^*의 유효폭

l^* : T 리브 · 박스리브 · 가로보의 이상지간

그림 8.3.15 강상판의 유효폭

개단면 리브에 의해 보강되는 상판은 종방향 강성 D_y와 비교하였을 때 횡방향강성 D_x 및 비틀림강성 H의 값이 작다. 따라서 이러한 판에서는 $D_x = H = 0$으로 간주되며, 판방정식(그림 8.3.1)은 다음과 같다.

$$D_y \frac{\partial^4 \omega}{\partial y^4} = q \qquad \text{식 (8.3.2)}$$

이 방정식은 가로보를 지나며 강성이 D_y인 연속보로서의 하중-처짐 관계를 나타내고 있다.

② 폐단면 리브 상판

폐단면 리브로 보강된 상판은 D_y 및 H에 비해서 값이 작은 D_x를 가지므로 $D_x = 0$이라면 식 (8.3.1)은 식 (8.3.3)과 같이 표현된다.

$$2H\frac{\partial^4\omega}{\partial x^2 \partial y^4} + D_y \frac{\partial^4\omega}{\partial y^4} = q \qquad \text{식 (8.3.3)}$$

개단면 또는 폐단면 상판 해석을 위해서는 다음과 같은 설계상의 정보가 필요하다.

- 보강 상판의 유효폭
- 상판의 유효 윤하중 분포
- 보강 상판의 특성
- 상판의 하중 영향선
- 상판의 응답과 관련한 연성가로보의 영향

이러한 설계 자료에 대한 각 리브형식마다의 자료 및 해석방법은 아래에 요약하였다.

리브 및 가로보의 유효폭 및 유효 윤하중 분포

① 강성지점(rigid support)

개단면 또는 폐단면 리브에 의해 보강된 판의 유효폭은 a_0로 정의한다. 이것은 보강재와 일체로 작용한다고 가정할 수 있는 상부판의 일부를 의미하는 것이다. 가로보와 일체로 작용할 수 있는 판의 폭은 l로 정의된다. 이 두 인자들은 그림 8.3.15를 사용하여 결정할 수 있다.

그림 8.3.15에 나타난 것처럼 a와 l은 다음 변수들을 관련지을 수 있다.

일반적으로 유효가로보 간격 l^*는 실제 가로보 간격 l과 동일하나 a^*는 하중의 적용방법에 따라 상이하다. 그림 8.3.16에서와 같이 다음과 같은 두 하중의 경우를 고려한다.

- 하나의 개단면 보강재 위로 윤하중이 작용하는 경우
- 여러 개의 개단면 보강재 위로 윤하중이 작용하는 경우

이 두 경우는 유효리브간격(a^*)에 대한 하중분배를 실제 간격(a)에 대해 B/a의 함수로 연결시킨다. 여기서 $B=2g$로서 타이어 폭(600mm)을 의미한다.

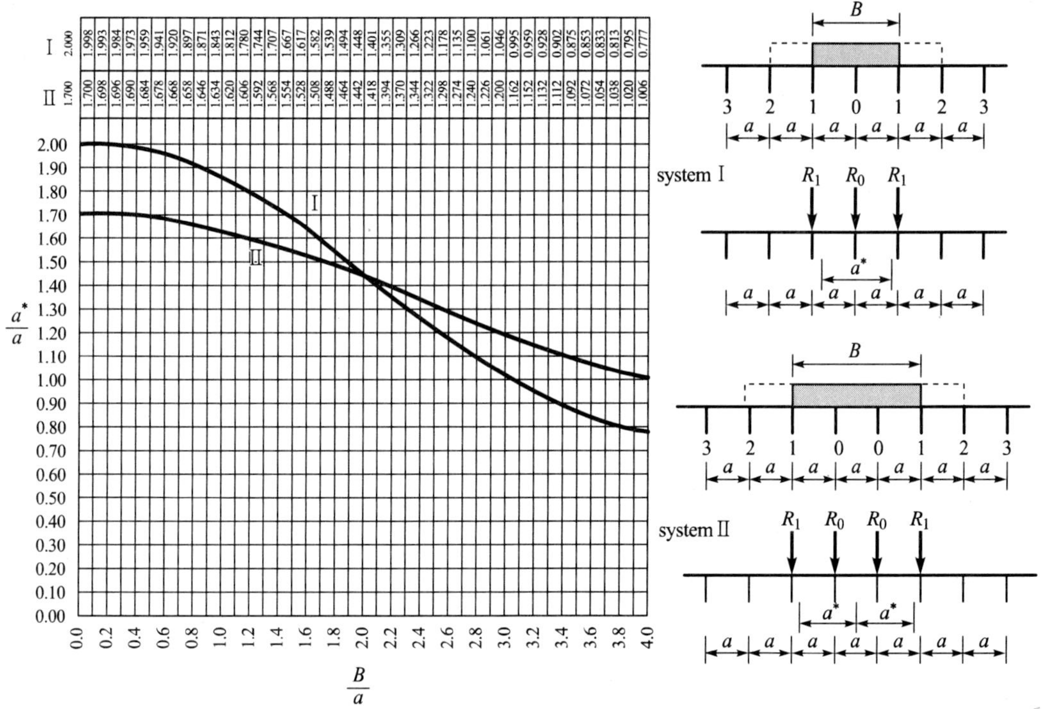

그림 8.3.16 연성리브의 이상간격

$$\beta = \frac{\pi a^*}{l}\text{(리브보강재)}\ \beta = \frac{\pi l^*}{b}\text{(가로보)} \qquad \text{식(8.3.4)}$$

여기서, $l_1 = 0.70l$

l : 가로보 간격

b : 주거더 간격

a^*, l^* : 비동일 하중분배를 고려하기 위한 유효리브 및 가로보 간격

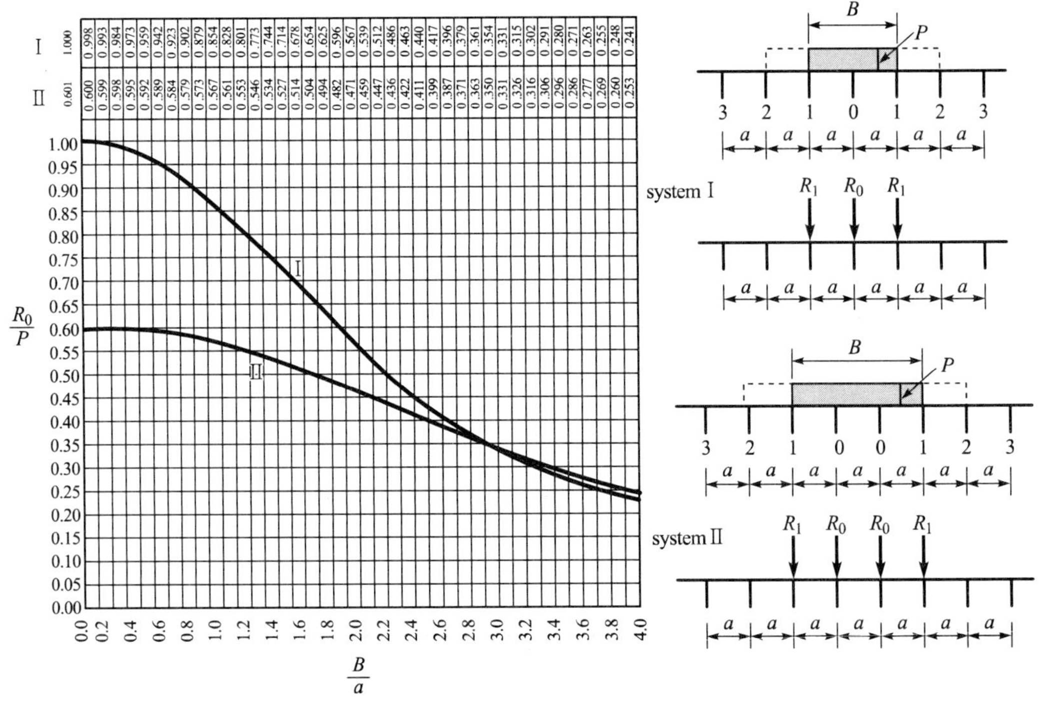

그림 8.3.17 개단면 리브의 하중분포

각 리브에 대한 등가하중의 평가는 그림 8.3.17을 사용하여 얻을 수 있다. 그림 8.3.16 및 8.3.17은 개단면 리브를 갖는 상판에도 적용이 가능하다. 폐단면 셀(closed cell)의 유표폭을 결정하기 위하여 그림 8.3.15의 결과를 이용한다. 하중분배를 고려하기 위한 유효리브의 간격은 식 (8.3.5)로 구할 수 있다.

$$a^* = \lambda_1 a + \lambda_2 e \qquad \text{식 (8.3.5)}$$

여기서, $\lambda_1 : \beta_1 = \pi a / l_1$로부터 구한다.

$\lambda_2 : \beta_2 = \pi e / l_1$로부터 구한다.

$l_1 : 0.70\,l$

e : 셀 간격

a : 셀이 폭

② 연성지점(flexible support)

가로보의 처짐은 리브로 보강된 판의 거동에 상당한 영향을 미치며 아울러 판의 유효폭도 변화시킨다. 가로보가 연성이라면 유효경간은 가로보 간격보다 커진다. 따라서

$$l_1 = \infty \ (0.7l\text{이 아님})$$

$$\therefore \beta = \frac{\pi a}{l_1} = 0$$

그림 8.3.15에서

$$\lambda = \frac{a_0}{a^*} = 1.10$$

연성가로보이므로 $a^* = a$이고 유효 폭은 다음과 같다.

$$a_0 = 1.10a \qquad \text{식 (8.3.6)}$$

가로보 유효판 유효폭을 계산하기 위한 가로보 경간은 $l = l^*$이며, $b = b^*$이다.

주거더의 판유효폭

종방향 보강재와 상판의 전단면은 상판의 길이와 폭의 비가 충분히 크다면 주거더와 더불어 유효하다고 간주할 수 있다. 일반적으로 $L \leq 3B$라면 판의 전단면이 유효하다. 여기서 B는 교량의 폭이며, L은 단순보 또는 반곡점간의 지간장을 뜻한다. AASHTO시방서는 이 기준에 대해 더욱 제한적이다.

개단면 리브 상판의 해

① 영향선

가로보로 지지받는 개단면 리브판의 거동은 영향선을 사용하여 결정한다. 이 영향선은 그림 8.3.18 및 8.3.19에서 보여 지는 것처럼 가로보 위에서(M_s), 상판 중앙에서(M_c)와 같이 판의 위치에 따라 상대적으로 값이 변한다.

강성지점을 가정하여 영향선의 종거를 구하면 다음과 같다. 중앙부에서의 모멘트는 식 (8.3.7)에 의해 결정된다. 식 (8.3.7)은 $y = l/2$에서 윤하중분포($2c$)를 고려한 것이다.

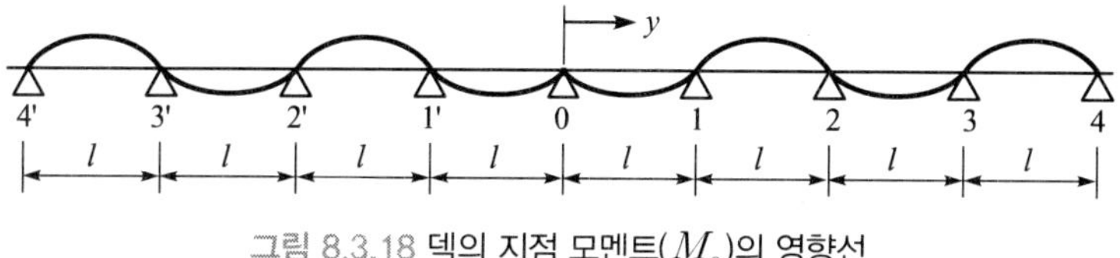

그림 8.3.18 덱의 지점 모멘트(M_s)의 영향선

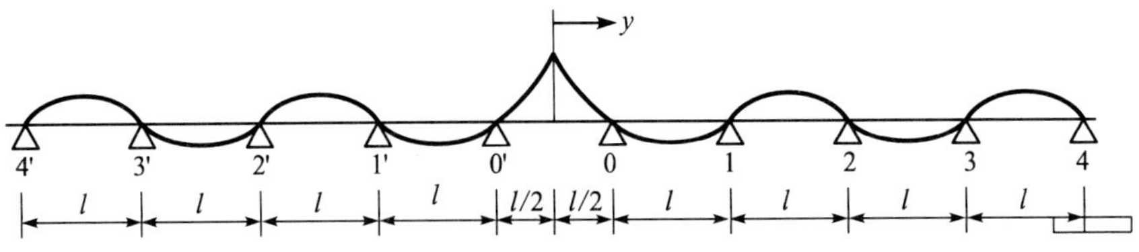

그림 8.3.19 덱의 중앙부 모멘트(M_c)의 영향선

$$\left[\frac{M_c}{Pl}\right]_{00} = \left[0.1708 - 0.250\left(\frac{c}{l}\right) + 0.1057\left(\frac{c}{l}\right)^2\right] \qquad \text{식 (8.3.7a)}$$

여기서, $2c$:윤하중 접촉길이 12in

하중이 다른 경간에 같이 작용한다면 $2c$에 의한 영향을 무시하고 집중하중으로 고려한다. 이 경우에 모멘트는

$$\left[\frac{M_c}{Pl}\right]_m = \left[-0.183\frac{y}{l} + 0.371\left(\frac{y}{l}\right)^2 - 0.134\left(\frac{y}{l}\right)^3\right](-0.268)^m \qquad \text{식 (8.3.7b)}$$

여기서, P : 집중 윤하중

l : 가로보 간격

m : 고려하고 있는 경간 양쪽 지점번호 중 작은 값

y : 재하경간의 좌측 지점에 대한 레벨의 위치

지점부위에서 모멘트는 식 (8.3.8)에 의해 결정된다.

$$\left[\frac{M_c}{Pl}\right]_m = \left[-0.5\frac{y}{l} + 0.866\left(\frac{y}{l}\right)^2 - 0.366\left(\frac{y}{l}\right)^3\right](-0.268)^m \qquad \text{식 (8.3.8)}$$

여기서, 윤하중 접촉길이 $2c$의 영향은 무시된다. 그리고 집중하중만 고려한다. 하중이 0-1′ 및 0-1에 재하될 경우 (-0.268)의 값은 1.0으로 정하고 식 (8.3.8)을 사용한다.

교량시스템 설계를 위해서는 상판을 통하여 전달되는 하중으로 인한 가로보에 발생하는 힘을 고려해야 한다. 경간 0-1 또는 다른 경간에서 작용하는 힘에 의해 지점 0에서 발생하는 반력은 식 (8.3.9)와 같다.

$$\text{경간 0-1 : } \left[\frac{F_0}{p}\right] = \left[1 - 2.196\left(\frac{y^2}{l}\right) + 1.196\left(\frac{y^3}{l}\right)\right] \qquad \text{식 (8.3.9a)}$$

기타 경간 : $$\left[\frac{F_0}{p}\right] = \left[-0.804\left(\frac{y}{l}\right) + 1.392\left(\frac{y^2}{l}\right) - 0.589\left(\frac{y^3}{l}\right)\right](0.268)^{m-1}$$

식 (8.3.9b)

여기서, F_0 : 지점반력

y, m, p, l : 앞에서 정의된 바와 같다.

② 가로보의 연성효과

상기한 영향선의 식(식 8.3.7, 8.3.8)을 이용하여 구한 모멘트·반력 등은 강성지점을 가정한 것이다. 가로보의 연성효과를 반영하기 위하여 상판과 가로보의 상호작용(interaction)을 고려해야 한다. 이 상호작용은 식 (8.3.10)과 같은 강성(stiffness) 인자에 의해 결정된다.

$$\gamma = \frac{I_r b^4}{I_f l^3 a \pi^4}$$

식 (8.3.10)

여기서, I_r : T-리브의 단면 2차 모멘트

I_f : 유효판폭을 포함한 가로보의 단면 2차 모멘트

b : 개단면 리브의 간격

l : 가로보 간격

a : T-리브의 플랜지 폭

이러한 상대강성을 가정하여 영향선표가 개발되었다. M, M_c 및 F_0는 표 8.3.1~8.3.3에 나타나 있다. 이 표 및 영향선 식(식 8.3.7, 8.3.8)을 이용하여 상판 및 가로보에 작용하는 수정모멘트를 구한다.

표 8.3.1 지간모멘트 영향선 : 무한 개수의 탄성지점에 놓인 연속보

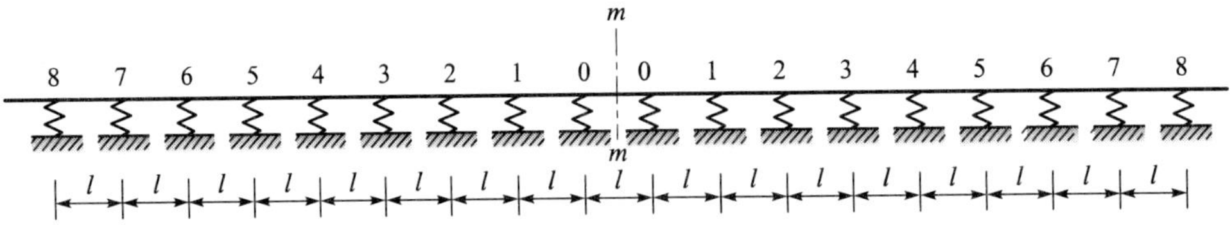

임의의 지점에서 단위하중 $P=1$에 의해 단면 $m-m$에 발생하는 휨모멘트 M/l의 영향선

γ	0	1	2	3	4	5	6	7	8
0.02	+0.01321	−0.01465	+0.00125	+0.00024	−0.00006	0			
0.04	+0.02313	−0.02333	−0.00087	+0.00102	+0.00004	−0.00004	0		
0.06	+0.03130	−0.02917	−0.00383	+0.00150	+0.00029	−0.00010	+0.00001	0	
0.08	+0.03839	−0.3344	−0.00700	+0.00149	+0.00068	−0.00002	−0.00005	−0.00001	0
0.1	+0.04468	−0.03674	−0.01015	+0.00122	+0.00155	+0.00009	−0.00007	−0.00002	0
0.2	+0.06902	−0.04538	−0.01628	+0.00495	+0.00198	+0.00100	+0.00010	−0.00009	−0.00004
0.3	+0.08713	−0.04835	−0.03450	−0.00816	+0.00148	+0.00187	+0.00062	0	−0.00010
0.4	+0.10188	−0.04903	−0.04268	−0.01384	+0.00005	+0.00237	+0.00122	+0.00023	−0.00010
0.5	+0.11450	−0.04858	−0.04932	−0.01935	−0.00196	+0.00248	+0.00180	+0.00057	−0.00002
0.6	+0.12559	−0.04743	−0.05473	−0.02454	−0.00428	+0.00226	+0.00227	+0.00096	+0.00023
0.7	+0.13555	−0.04591	−0.05593	−0.02941	−0.00681	+0.00178	+0.00262	+0.00136	+0.00034
0.8	+0.14459	−0.04417	−0.06311	−0.03395	−0.00943	+0.00107	+0.00286	+0.00175	+0.00052
0.9	+0.15297	−0.04198	−0.06640	−0.03819	−0.01210	+0.00019	+0.00297	+0.00211	+0.00077
1.0	+0.16073	−0.04018	−0.06923	−0.04216	−0.01478	−0.00080	+0.00297	+0.00242	+0.00110
1.5	+0.19332	−0.02944	−0.07881	−0.05860	−0.02771	−0.00715	+0.00166	−0.00340	+0.00243
2.0	+0.21895	−0.01876	−0.08383	−0.07094	−0.03933	−0.01436	−0.00115	+0.00333	+0.00340
3.0	+0.25930	+0.00107	−0.08748	−0.08821	−0.05869	−0.02881	−0.00889	+0.00092	+0.00396
4.0	+0.29104	+0.01881	−0.08705	−0.09957	−0.07298	−0.04215	−0.01764	−0.00328	+0.00300
5.0	+0.31756	+0.03484	−0.08469	−0.10751	−0.08641	−0.05413	−0.02651	−0.00839	+0.00099
6.0	+0.34052	+0.04947	−0.08130	−0.11315	−0.09665	−0.06485	−0.03512	−0.01395	−0.00174
7.0	+0.36139	+0.06347	−0.07733	−0.11722	−0.10526	−0.07448	−0.04335	−0.01970	−0.00497
8.0	+0.37926	+0.07552	−0.07302	−0.12014	−0.11257	−0.08317	−0.05117	−0.02549	−0.00849
9.0	+0.39604	+0.08728	−0.06855	−0.12221	−0.11855	−0.09103	−0.05856	−0.03123	−0.01223
10.0	+0.41154	+0.09835	−0.06394	−0.12362	−0.12430	−0.09820	−0.06555	−0.03688	−0.01610

표 8.3.2 지간모멘트 영향선 : 무한 개수의 탄성지점에 놓인 연속보

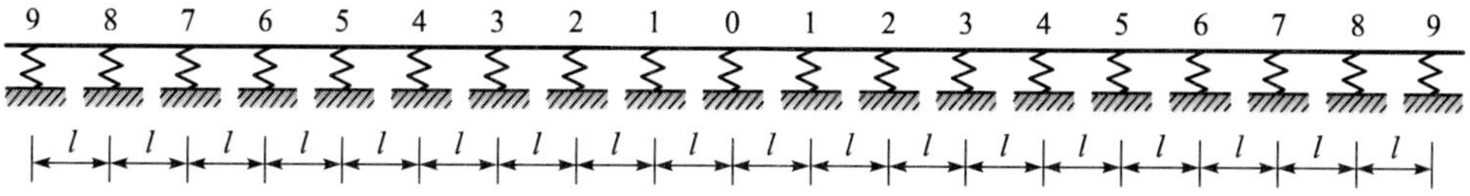

9 8 7 6 5 4 3 2 1 0 1 2 3 4 5 6 7 8 9

l l l l l l l l l l l l l l l l l l

임의의 지점에서 단위하중 $P=1$에 의해 지점 0에서 발생하는 휨모멘트 M/l의 영향선

γ	0	1	2	3	4	5	6	7	8	9
0.02	+0.05763	−0.03121	+0.00191	+0.00060	−0.00011	0				
0.04	+0.08919	−0.04294	−0.00361	+0.00187	+0.00017	−0.00009	0			
0.06	+0.11111	−0.04850	−0.00985	+0.00219	+0.00080	−0.00023	+0.00003	0		
0.08	+0.12800	−0.05128	−0.01566	+0.00166	+0.00133	+0.00004	−0.00009	−0.00002	0	
0.1	+0.14183	−0.05257	−0.02091	+0.00061	+0.00182	+0.00027	−0.00010	−0.00004	0	0
0.2	+0.18859	−0.05056	−0.04019	0.00764	+0.00226	+0.00170	+0.00031	−0.00010	−0.00007	−0.00001
0.3	+0.21870	−0.04445	−0.05224	−0.01665	+0.00034	+0.00262	+0.00112	+0.00011	−0.00012	−0.00008
0.4	+0.24142	−0.03766	−0.06040	−0.02496	−0.00272	+0.00281	+0.00192	+0.00052	−0.00006	−0.00013
0.5	+0.25989	−0.03090	−0.06625	−0.03238	−0.00631	+0.00240	+0.00256	+0.00103	+0.00011	−0.00014
0.6	+0.27556	−0.02438	−0.07049	−0.03897	−0.01010	+0.00154	+0.00298	+0.00155	+0.00037	−0.00008
0.7	+0.28924	−0.01814	−0.07368	−0.04486	−0.01395	+0.00034	+0.00321	+0.00203	+0.00068	
0.8	+0.30143	−0.01225	−0.07609	−0.05013	−0.01776	+0.00109	+0.00323	+0.00249	+0.00100	+0.00014
0.9	+0.31245	−0.00651	−0.07791	−0.05489	−0.02149	−0.00271	+0.00309	+0.00286	+0.00135	+0.00031
1.0	+0.32254	−0.00108	−0.07927	−0.05919	−0.02512	−0.00444	+0.00280	+0.00314	+0.00169	+0.00050
1.5	+0.36346	+0.02297	−0.08184	−0.07577	−0.04142	−0.01399	−0.00031	+0.00363	+0.00317	+0.00168
2.0	+0.39470	+0.04319	−0.08071	−0.08695	−0.05492	−0.02373	−0.00498	+0.00268	+0.00397	+0.00283
3.0	+0.44218	+0.07641	−0.07428	−0.10068	−0.07573	−0.04165	−0.01596	−0.00181	+0.00364	+0.00428
4.0	+0.47857	+0.10351	−0.06588	−0.10822	−0.09092	−0.05704	−0.02726	−0.00803	+0.00148	+0.00453
5.0	+0.50847	+0.12664	−0.05697	−0.11241	−0.10261	−0.07021	−0.03805	−0.01496	−0.00182	+0.00379
6.0	+0.53406	+0.14698	−0.04804	−0.11456	−0.11174	−0.08156	−0.04814	−0.02209	−0.00580	+0.00231
7.0	+0.55665	+0.16522	−0.03927	−0.11538	−0.11905	−0.09146	−0.05751	−0.02920	−0.01019	+0.00025
8.0	+0.57672	+0.18180	−0.03075	−0.11529	−0.12499	−0.10015	−0.06618	−0.03616	−0.01482	−0.00217
9.0	+0.59502	+0.19706	−0.02250	−0.11456	−0.12986	−0.10785	−0.07422	−0.04291	−0.01956	−0.00490
10.0	+0.61185	+0.21122	−0.01452	−0.11335	−0.13389	−0.11471	−0.08168	−0.04941	−0.02434	−0.00785

표 8.3.3 반력 영향선 : 무한 개수의 탄성지점에 놓인 연속보

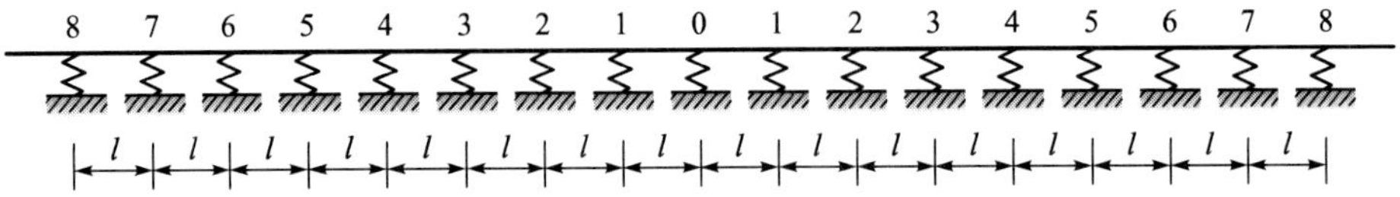

8 7 6 5 4 3 2 1 0 1 2 3 4 5 6 7 8

l l l l l l l l l l l l l l l l

임의의 지점에서 단위하중 $P=1$에 의해 지점 0에 발생하는 반력 영향선 값

γ	0	1	2	3	4	5	6	7	8
0.02	0.82232	0.12196	0.03443	0.00060	0.00082	0.00011	0		
0.04	0.73574	0.17146	0.03385	0.00718	0.00144	0.00035	0.00009	0	0
0.06	0.68078	0.19826	0.02661	0.01343	0.00036	0.00129	0.00029	0.00003	0
0.08	0.64144	0.21490	0.01830	0.01765	0.00096	0.00116	0.00020	0.00005	0.00002
0.1	0.61120	0.22606	0.01013	0.02032	0.00276	0.00118	0.00043	0.00002	0.00003
0.2	0.52170	0.24951	0.02219	0.02266	0.01046	0.00083	0.00098	0.00044	0.00003
0.3	0.47368	0.25537	0.04337	0.01853	0.01471	0.00379	0.00050	0.00078	0.00027
0.4	0.44183	0.25634	0.05819	0.01321	0.01670	0.00642	0.00050	0.00082	0.00051
0.5	0.41842	0.02555	0.06916	0.00777	0.01736	0.00855	0.00169	0.00060	0.00067
0.6	0.40013	0.25382	0.07763	0.00265	0.01723	0.01019	0.00288	0.00025	0.00074
0.7	0.38524	0.25184	0.08436	0.02090	0.01662	0.01108	0.00405	0.00017	0.00067
0.8	0.37264	0.24998	0.08980	0.00641	0.01571	0.01235	0.00506	0.00075	0.00062
0.9	0.36208	0.24756	0.09443	0.01038	0.01462	0.01298	0.00602	0.00129	0.00047
1.0	0.35276	0.24543	0.09827	0.01400	0.01340	0.01344	0.00690	0.00178	0.00026
1.5	0.31901	0.23569	0.11087	0.02829	0.00692	0.01375	0.00973	0.00441	0.00103
2.0	0.29700	0.22760	0.11766	0.03826	0.00084	0.01243	0.01110	0.00637	0.00243
3.0	0.26847	0.21507	0.12430	0.05135	0.00912	0.00838	0.01153	0.00871	0.00481
4.0	0.24988	0.20568	0.12705	0.05964	0.01657	0.00409	0.01056	0.00972	0.00646
5.0	0.23633	0.19823	0.12817	0.06523	0.02261	0.00025	0.00906	0.00996	0.00753
6.0	0.22584	0.19206	0.12849	0.06935	0.02736	0.00324	0.00737	0.00976	0.00819
7.0	0.21730	0.18686	0.12831	0.07244	0.03127	0.00636	0.00565	0.00929	0.00857
8.0	0.21016	0.18236	0.12802	0.07485	0.03454	0.00913	0.00395	0.00868	0.00870
9.0	0.20408	0.17840	0.012750	0.07676	0.03732	0.01161	0.00232	0.00796	0.00869
10.0	0.019875	0.17488	0.12691	0.07830	0.03971	0.01385	0.0076	0.00720	0.00858

▪ 리브 중앙에서의 수정 모멘트(ΔM_c)

가로보의 연성으로 인하여 식 (8.3.7)로 결정되는 강성지점을 가정한 모멘트 M_c는 식 (8.3.11)로 수정한다.

$$\Delta M_c = Q_0 la \frac{Q_{iX}}{Q_0} \Sigma \frac{F_m}{P} \frac{\eta_m}{l} \qquad \text{식 (8.3.11)}$$

여기서, $Q_0 = P/2g$

$$\frac{Q_X}{Q_0} = \frac{8}{\pi} \cos \frac{\pi g}{b} \left(\sin \frac{\pi d_1}{b} + \cdots + \sin \frac{\pi d_n}{b} \right) \sin \frac{\pi}{b}$$

P : 윤하중 강도

g : 타이어 접촉폭

F_m : 강성지점(식 8.3.9)을 가정하여 연속보의 지점 m에서 하중 P에 의한 반력

η_m : 중앙부에서의 휨모멘트에 구하기 위한 연성지점 m에서의 영향선 값

l : 가로보 간격

a : T-리브의 플랜지폭

$d_1, \cdots, d_n$: 하중조합의 합력 중심에서 지점부까지의 거리

b : 주거더의 간격

수정모멘트 ΔM_c는 앞서 계산된 모멘트를 증가시키며, 따라서 원래 모멘트 값에 더한다.

▪ 리브 지점에서 수정 휨모멘트(ΔM_s)

가로보의 연성으로 인한 지점모멘트 M_s는 일반적으로 감소되므로 가로보 연성효과는 고려하지 않는다.

▪ 가로보 수정 휨모멘트

강성지점부에서 연속리브에 전달되는 윤하중은 식 (8.3.9)에 따라 반력 F_0를 발생시킨다. 가로보가 연성이므로 이러한 반력은 수정되며, 따라서 방생하는 모멘트도 수정해야 한다. 수정모멘트는 식 (8.3.12)와 같다.

$$\Delta M_F = Q_0 \left(\frac{l}{\pi} \right)^2 \frac{Q_{1X}}{Q_0} \left[\frac{F_0}{P} - \Sigma \frac{F_0}{P} \gamma^m \right] \qquad \text{식 (8.3.12)}$$

여기서, F_0/P : 연속지점을 가정하였을 때 식 (8.3.9)에 따라 구한 반력

γ^m : 연성 가로보 반력의 영향선 값(표 8.3.3)

Q_0, l, Q_{1X}/Q_0 : 앞서 정의되었다.

폐단면 리브 플레이트의 해-영향선

연속 폐단면 리브 상판의 영향선을 작성하기 위해서는 식 (8.3.3)에 의한 미분방정식의 해를 구해야 한다. 이 식을 풀어 발생하는 모멘트에 대한 식 (8.3.13)을 가로보 지점부(M_s), 상판 중앙부(M_c) 위치에서 구하였다.

개단면 리브에서와 같이

$$M_s = Q_0 l \Sigma \frac{Q_{nX}}{Q_0}\frac{n}{l} \quad \text{식 (8.3.13)}$$

여기서, $\frac{n}{l} = \frac{M_{0*}}{l} k_n^m \left(C_1 \sinh \gamma_n y + C_2 \cosh \gamma_n y + C_3 \frac{y}{l} + C_4 \right)$

$$\frac{Q_{nx}}{Q_0} = \frac{4}{n\pi} \sin \frac{n\pi g}{b}$$

$$b = 14q$$

$$C_1 = \frac{-k_n + \cosh \gamma_n l}{\sinh \gamma_n l}$$

$$C_2 = -1$$

$$C_3 = K_{n-1}$$

$$C_4 = 1$$

$$\frac{M_{0*}}{l} = \frac{1}{\gamma_n{}^*} \frac{k_n}{1 - k^2 n}$$

$$k_n = -C' + C'^2 - 1$$

$$C' = \frac{\gamma l \cosh \gamma_n l - 1}{\gamma_n{}^*}$$

$$\gamma_n{}^* = 1 - \frac{\gamma_n l}{\sinh \gamma_n l}$$

$2c$: 윤하중 접촉길이

$2g$: 이중 타이어 폭

Q_0 : $\frac{P}{2g}$

P : 윤하중 강도

l : 가로보 간격

$r_n = \frac{n\pi}{b}\sqrt{\frac{2H}{D_y}}$

m : 고려하고 있는 판의 패널에서 2개의 지점 번호 중 작은 값

지간 중앙부 모멘트는 다음 두 경우에 대해 중앙 패널의 중앙부에서 하중이 재하되는 경우, 기타 다른 패널에서 작용하는 경우로 주어진다. 중앙 패널에 하중이 작용하는 경우에는

$$M_C = Q_0 l \Sigma \frac{Q_{nX}}{Q_0}\frac{M_{Cn}}{Q_l}$$ 식 (8.3.14)

여기서, $\frac{M_{Cn}}{Q_l} = \frac{1}{2\gamma_n^2 lc}\left[1 - \frac{\cosh\gamma_n(l/2-c)}{\cosh\gamma_{)n}l/2}\right] + \frac{M_0^*}{l}\left(1 - \frac{\sinh\gamma_n^c}{\gamma_n^{c'}\cosh(\gamma_n l/2)}\right)$

$\frac{M_0^*}{l} = \frac{k_n}{\gamma_n{}^*(1-k_n)2\cosh(\gamma_n l/2)}$

이 식에서 기타 다른 용어는 이미 앞에서 정의된 바와 같다. 다른 패널에 하중이 작용하는 경우 발생하는 모멘트는

$$M_c = Q_0 l \Sigma \frac{Q_{nX}}{Q_0}\frac{n}{l}$$ 식 (8.3.15)

여 기 서 ,

$\frac{n}{l} = \frac{M_0^*}{l}\left(C_1\sinh\gamma_n y + C_2\cosh\gamma_n y + C_3\frac{y}{l} + C_4\right) + \frac{\sinh\gamma_n y}{2\gamma_n \cdot l \cdot \cosh(\gamma_n \cdot l/2)}$

$\frac{M_0^*}{l} = \frac{k_n}{\gamma_n^*(1-k_n)2\cosh(\gamma_n l/2)}$

C_1, C_2, C_3 및 C_4는 식 (8.3.13), 즉 지점부 휨모멘트 M_s에서 정의된 바와 같다. 이 방정식들의 해는 $n=1, 2, 3, \cdots$에 따라 각 경우마다 구한다. 가로보 반력의 경우는 개단면 리브의 경우에 사용되는 식 (8.3.7)을 이용한다.

CHAPTER

09

합성형 교량

9.1 개설

일반적인 합성형 교량은 강재거더와 콘크리트바닥판이 외력에 대해 일체로 되어 거동하게 함으로써 사용 강재중량의 절감효과를 얻을 수 있으나, 콘크리트재료의 특성인 건조수축·크리프 등에 의한 응력을 설계에 반영해야하므로 설계가 복잡하다. 철근콘크리트바닥판을 갖는 플레이트거더교는 전형적인 합성형 교량으로서, 강재거더와 콘크리트바닥판이 일체로 거동하도록 하기 위하여 거더와 바닥판 사이에 전단력에 저항하는 전단연결재를 설치해야 한다. 합성형을 연속교에 사용할 경우에는 내부지점 부근의 콘크리트바닥판에 인장응력이 발생하게 되므로 이에 대한 적절한 조치가 필요하다. 그리고 프리플렉스교는 합성구조로서의 거동특성을 보이므로 합성형 교량에 포함시켜 다루었다.

9.2 플레이트거더교

9.2.1 일반사항 및 특징

I형 단면은 매우 경제적인 거더 단면형상으로써 널리 이용되고 있다. I형 단면에서 크게 압연I형강(壓延I形鋼)과 용접I형(鎔接I形), 플레이트거더교(板形)가 이용되는데, 압연I형강은 국내에서 제작되는 최대치수가 높이 900mmm, 플랜지 폭 300mm로 제한되어 있어 교량용 거더로는 지간에 제한을 받는다. 반면에 용접플레이트거더교는 필요한 단면의 크기를 강판을 이용하여 제작하여 사용하므로 단면 크기의 제한을 적게 받는다. 일반적으로 국내에서 생산되는 강판의 최대 폭은 4,500mm에 이르고 길이는 최대 25m에 이른다. 두께는 폭과 길이에 따라 차이가 있으나 50mm 이상까지도 생산되고 있다.

플레이트거더교의 일반적인 형상과 각 부분의 명칭을 그림 9.2.1과 같이 나타내었다. 플랜지(flange)는 주로 휨모멘트에, 복부판(web)은 전단력에 저항한다. 보강재는 복부판의 좌굴을 방지하기 위하여 사용하며, 거더의 중간에 설치하는 수직보강재(transverse stiffener)를 중간보강재(intermediate stiffener), 받침부위에 설치하는 것을 단보강재(end stiffener)라고 한다. 수평보강재(longitudinal stiffener)는 필요에 따라 복부판의 압축측에 사용한다. 인접거더 사이에는 가새(수평브레이싱과 수직브레이싱)를 설치한다.

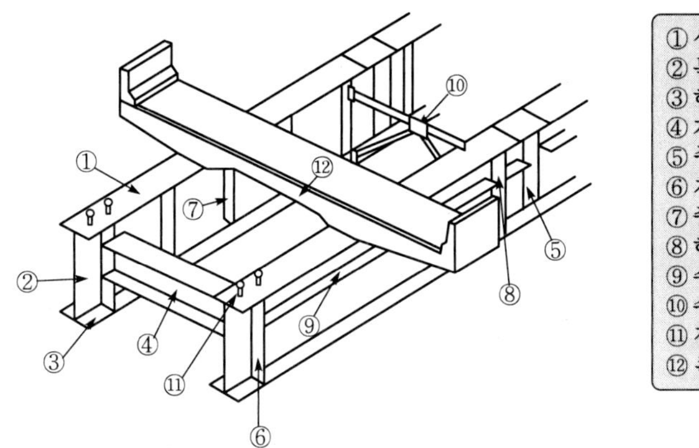

그림 9.2.1 플레이트거더교의 일반적인 형상

구조형식 및 특징

플레이트거더교의 구조는 얇은 강판을 조립·용접 등에 의해 연결한 형식을 가진다. 지간이 10~25m 정도의 거더교에는 단일성형된 압연I형강을 이용한다. 그러나 지간이 커지면 이러한 단일부재로는 일반적으로 완전히 저항할 수 없게 된다. 그래서 적당한 치수의 강판을 조합한 플레이트거더교가 이용된다. 이러한 형태에는 I형 단면, II형 단면, 상자형 단면이 있으며 I형 단면이 기본적으로 단순플레이트거더교에 사용된다. I형 단면 단순플레이트거더교의 특징은 다음과 같다.

- 단면을 구성하는 부재의 수가 적기 때문에 구조가 단순하다. 따라서 단면의 응력상태를 명확하게 알 수 있다.
- 구조가 단순하기 때문에 유지관리가 용이하다.
- 외관이 좋다.
- 부재의 수가 적으므로 제작이 쉽다.
- 용접구조가 최적으로 쓰일 수 있다. 구조물의 중량에 비해 용접량을 줄일 수 있고 또한 자동용접이 적용 가능하여 제작의 자동화가 가능하다.
- 구조계 전체의 붕괴를 제외하면 파괴가 단계적으로 진행되므로 순간적인 파괴가 일어나지 않아 높은 안전율을 확보할 수 있다.

이러한 이점이 있는 반면 다음과 같은 단점이 있다.

- 복부판의 경우 얇은 판으로 구성되어 있으므로 판의 변형 특히 좌굴에 대한 주의가 필요하다. 따라서 복부판에는 보강재로 보강을 할 필요가 있다.
- 비교적 큰 블록으로 제작하기 때문에 운반과 시공상에서 제약을 받는 경우가 있다.

플레이트거더교는 주거더의 지지상태에 따라 단순 거더교 · 연속 거더교 · 게르버 거더교 등으로 분류되며 그림 9.2.2는 주거더의 형상 및 배치에 따른 분류 예를 나타낸다.

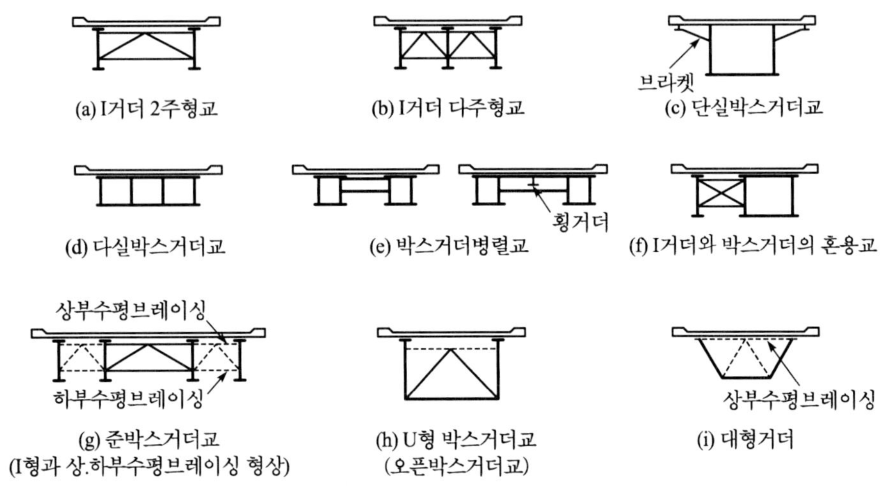

그림 9.2.2 플레이트거더교의 분류

주거더간격은 철근콘크리트바닥판의 지간이 되는 경우가 많다. 주거더간격을 크게 하면 철근콘크리트 바닥판이 두꺼워져 바닥판에 의한 자중이 커진다. 또 주거더간격을 적게 하여 주거더의 개수를 늘리면 강중이 커져 비경제적이다. 따라서 주거더간격과 바닥판의 관계에 대한 분석을 통해 경제적인 간격과 단면을 결정해야 한다.

바닥판에서는 철근콘크리트바닥판 뿐만 아니라 I형강 격자 바닥판 등이 있는데 철근콘크리트바닥판이 저렴하고 또 시공이 비교적 용이하다는 이점에서 많이 사용된다. 철근콘크리트바닥판과 강거더와의 연결상태에 따라 슬래브앵커를 사용한 연결강도가 작은 비합성거더와 전단연결재(shear connector)를 사용한 연결강도가 큰 합성거더로 분류된다. 비합성거더에 대한 합성거더의 장점과 단점은 표 9.2.1에 정리된 바와 같다.

표 9.2.1 합성형의 장 · 단점

합성형의 장점	합성형의 단점
· 강재량을 절감할 수 있다. · 거더높이의 감소가 가능하다.	· 바닥판에 고강도 콘크리트를 사용하므로 품질관리를 충분히 해야 한다. · 바닥판 보수가 용이하지 않다. · 연속합성거더교의 경우 부등침하가 생기지 않는 양질의 지반이 요구되는 등 합성형의 선정 시에는 경제성 · 시공성에서 비합성형과 검토할 필요가 있다.

9.2.2 설계일반

일반사항

주거더의 개수가 3개 이상인 교량에서는 적당한 간격으로 가로보를 배치하여 격자구조로 하는 것이 일반적이다. 주거더는 일반적으로 판재를 단면형태가 I형이 되도록 조립하여 구성한다. 즉, 상하부 플랜지와 복부판으로 구성되며 용접으로 조립한다. 플랜지는 주로 휨모멘트를, 복부판은 주로 전단력을 받게 된다. 지간이 짧은 교량에서는 I단면 또는 H단면의 압연재가 주거더로서 이용되는 경우가 있다.

플레이트거더교의 설계순서

플레이트거더교는 다음과 같은 순서에 의해 설계한다. 그림 9.2.3에는 플레이트거더교의 일반적인 설계흐름을 나타내었다.

① 설계조건의 결정

설계조건은 교량의 지간 · 폭 · 등급 · 형식 · 콘크리트 및 강재 종류 등 교량시공위치의 입지적 여건과 경제성 및 시공성 등을 종합적으로 고려하여 결정한다. 이들 조건에 의해 강재와 콘크리트의 설계강도 및 단위체적당 중량 등의 설계요소를 결정하도록 한다.

② 개략설계

기존의 자료 등을 참고하여 설계조건에 따른 각 부재의 개략적인 치수를 결정한다. 개략설계에 있어서는 주거더 간격의 결정이 중요하다.

③ 바닥판의 설계

바닥판은 직접하중이 접촉하는 부재로 차륜하중과 고정하중에 대해 설계한다. 이 설계에서는 콘크리트바닥판의 두께와 철근량의 결정이 이루어진다.

④ 주거더의 설계

주거더는 바닥판에서 받은 하중을 지점에 전달하는 구조로 차량활하중을 고정하중과 함께 검토하여, 주거더단면 · 단면변화 · 이음 · 보강재의 설계를 수행한다.

⑤ 수직브레이싱의 설계

수직브레이싱에도 교량 양단의 단브레이싱과 중간부의 중간브레이싱이 있다. 수직브레이싱은 교량의 입체적인 구조를 유지할 수 있도록 한다. 일반적으로 트러스로서 설계하고 부재로는 ㄷ형강 또는 ㄴ형강을 사용한다.

⑥ 수평브레이싱의 설계

수평브레이싱은 풍하중과 같은 횡하중에 저항하도록 설치한다. 일반적으로 ㄴ형강을 사용한다.

⑦ 받침의 설계

받침은 교량의 고정하중과 활하중을 교대 또는 교각으로 전달하는 기구로서 지점반력에 의해 설계한다.

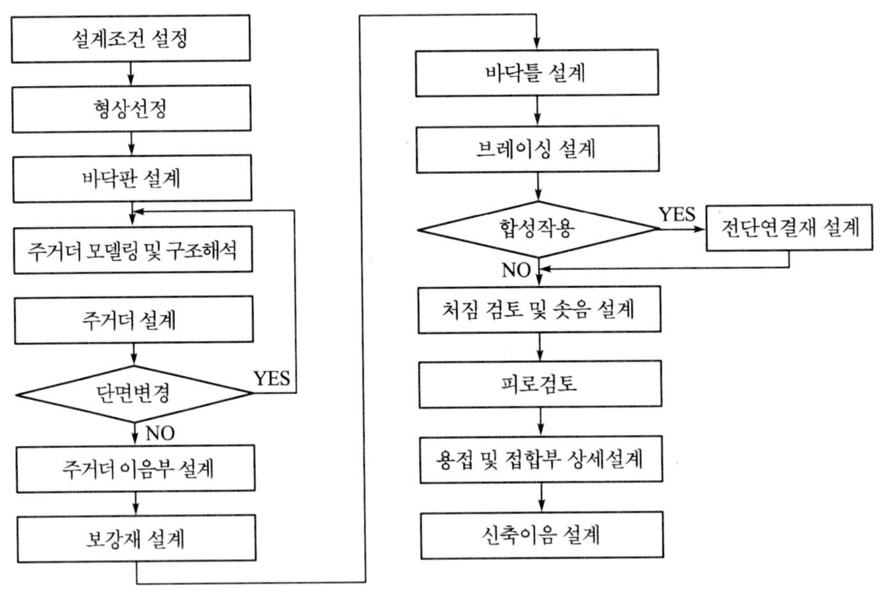

그림 9.2.3 플레이트거더교의 설계 흐름도

주거더의 하중분배

주거더를 가로보로 결합하여 집중하중이 주거더 사이에 재하된 경우, 재하된 주거더만이 아니고 다른 주거더에도 하중을 분포시키도록 한 거더를 격자형이라고 한다. 주거더의 지간이 10m를 초과하는 3개 주거더이상의 병렬 거더교에서는 하중분배 가로보를 배치한 격자구조로 하도록 한다. 각 주거더가 외력에 대해 충분히 일체로 거동하도록 하기 위해서는 하중분배작용에 충분한 강성을 가진 가로보 또는 수직브레이싱을 설치할 필요가 있다.

I형교의 경우 주거더 · 가로보의 비틀림강성이 작으므로 하중분배효과의 판단치로서 격자강도 Z가 지표로 사용될 수 있다.

$$Z = \frac{I_Q}{I}\left(\frac{l}{2a}\right)^3 \quad \text{식 (9.2.1)}$$

여기서, I_Q = 가로보의 단면2차모멘트

I = 주거더의 단면2차모멘트

l = 주거더의 지간 길이

a = 주거더의 간격

그림 9.2.4는 하중분배에 대한 계산 예를 보여주고 있다. 이 그림으로부터 Z가 크게 되면 하중분배가 좋아지는 것을 알 수 있다. 또 Z가 무한대, 즉 강성이 극단적으로 큰 가로보를 배치한 경우에 인접한 가로보의 강성을 지나치게 크게 하여도 의미가 없음을 알 수 있다.

한편 역으로 Z가 작게 되면 하중분배효과가 없어 주거더 상호간의 상대변위가 크게 되고 바닥판과 수직브레이싱, 가로보의 변형이 커지게 되어 바닥판 파손이나 교량내하력 저하의 원인이 된다. 따라서 Z는 10 이상으로 하는 것이 바람직하다.

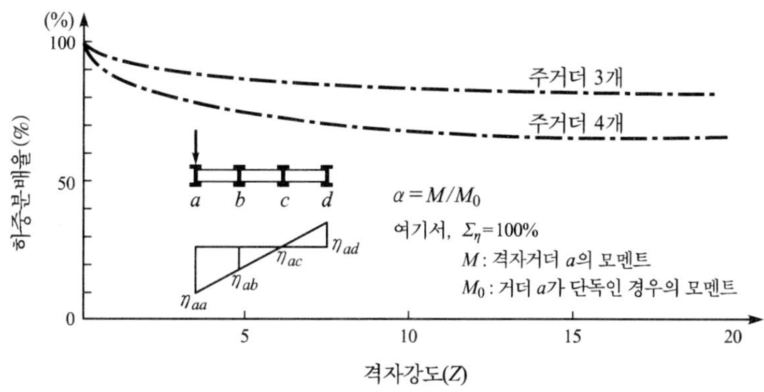

그림 9.2.4 격자강도와 하중분배율

하중분배 가로보는 충실단면의 강성이 큰 가로보를 적게 사용하는 경우와 비교적 강도와 내하력이 큰 수직브레이싱을 하중분배 가로보로 간주하여 격자분배작용을 기대하는 경우가 있다. 가로보의 개수를 증가시켜 휨모멘트를 줄이는 효과는 경제적이다. 일반적으로 그 간격을 20m이하로 배치하고 있으므로 지간 40m 정도의 교량에서는 중앙에 1개 배치하는 것이 좋다.

수직브레이싱을 하중분배 가로보로 간주하여 설계하는 경우에는 수직브레이싱의 강도계산이 필요하다. 일반적으로 사용되고 있는 방법은 그림 9.2.5에서와 같이 수직브레이싱을 등가의 휨강성을 가진 보로 환산하여 격자해석을 실시하는 방법이다. 수직브레이싱의 등가 단면2차모멘트를 구하는 환산 식으로 식 (9.2.2)가 사용될 수 있다.

$$I = \frac{4h^2 A_1}{9(1 + A_1/3A_2 \sin^3\theta)} \qquad \text{식 (9.2.2)}$$

이 경우 수직브레이싱은 하중분배 가로보로서의 내하력을 가지고 있어야 한다. 따라서 격자해석에 있어서 가로보의 영향선에 차량활하중을 재하하여 그 강도를 조사하는 동시에 1차부재로서 설계해야 한다. 특히 주거더와의 연결부에는 충분한 내하력이 발휘될 수 있는 구조를 택할 필요가 있다.

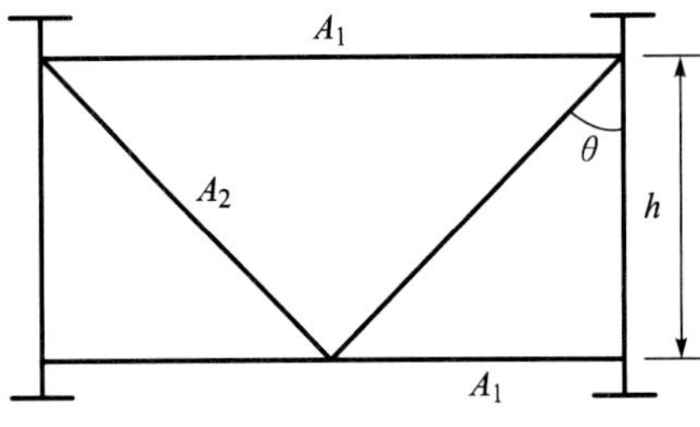

그림 9.2.5 수직브레이싱의 등가휨강성

일반제원의 계획

(1) 주거더의 개수 및 배치

I형 단면 플레이트거더교의 경우도 일반적으로 휨에 의한 플랜지의 응력이 지배적이고, 복부판의 단면적을 적게 하는 것이 효율적인 단면을 얻게 된다. 따라서 주거더의 개수는 적고 주거더간격이 넓은 편이 경제적이라고 할 수 있다. 철근콘크리트 바닥판의 지간제한 때문에 주거더간격은 보통 4m까지 할 수 있다. 따라서 현재 일반적으로 주거더간격을 3m 내외로 배치하는 경우가 많다. 기타 주거더를 배치할 때는 다음 사항에 대한 주의

가 필요하다.

- 차륜하중의 재하위치를 고려한다.
- 외측 주거더와 내측 주거더의 하중부담의 균형을 고려한다.
- 바닥판 돌출부의 휨모멘트와 바닥판지간 중앙의 휨모멘트를 될 수 있는 대로 비슷하게 한다.
- 배수구·부설재 등이 장해가 되면 안 된다.

(2) 복부판 높이

복부판의 높이는 다음 사항을 고려하여 결정해야 한다.

- 소요거더 아래 공간과 계획노면 높이의 관계
- 경제적 거더 높이
- 복부판 높이와 북부판 두께에 관한 시방서 규정
- 플랜지 폭, 플랜지 단면적
- 수송상의 제한

복부판의 경제적 높이는 주거더간격, 사용강재의 종류에 따라서도 다르다.

(3) 강재중량의 가정

설계에 앞서 고정하중을 결정하기 위하여 강재중량을 가정할 필요가 있다. 강재중량을 가정할 때에는 과거의 설계예로부터 작성된 도표가 사용되기도 한다.

(4) 주거더의 설계

주거더는 하중저항계수설계법에 의한 강구조설계기준(2014) 6.3.1의 교량용 플레이트 거더에 기술된 규정을 만족하도록 주거더 단면을 설계해야 한다.

일반적으로 I형교의 경우에는 그다지 문제가 되지 않지만 지간길이에 비해 플랜지 폭이 넓으면 전단흐름의 영향에 의해 플랜지의 유효단면(플랜지의 유효폭을 고려한)이 감소하는 경우가 있다. 이 경우 유효폭을 고려하여 단면 치수를 계산해야 한다. 그림 9.2.6은 유효폭을 고려해야하는 플랜지의 폭과 지간길이의 관계를 표시한 것이다. 연속형 및 게르버형의 중간지점 상에서는 유효폭이 좁게 되므로 거더의 플랜지 폭은 그 한계치 내에 들도록 설계하는 것이 바람직하다.

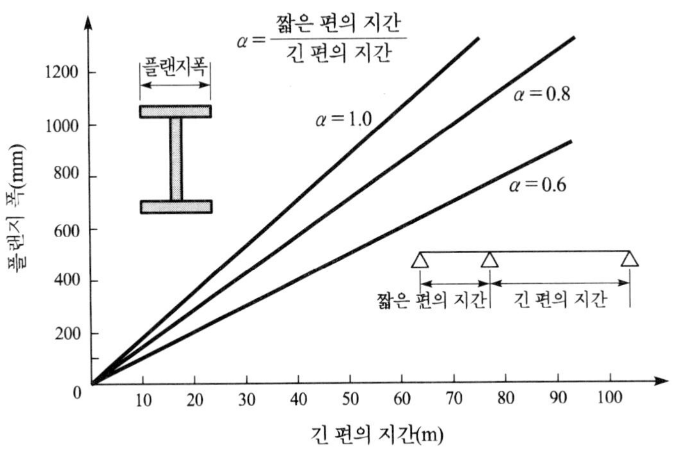

그림 9.2.6 연속거더의 지점상의 플랜지 폭

9.2.3 설계세목

플랜지

플린지의 형상은 1장의 판을 수평으로 배치하는 것이 보통이나, 이에 새로 외측플랜지를 겹쳐 그림 9.2.7에 표시한 바와 같이 특수한 형상으로 한 것도 사용된다.

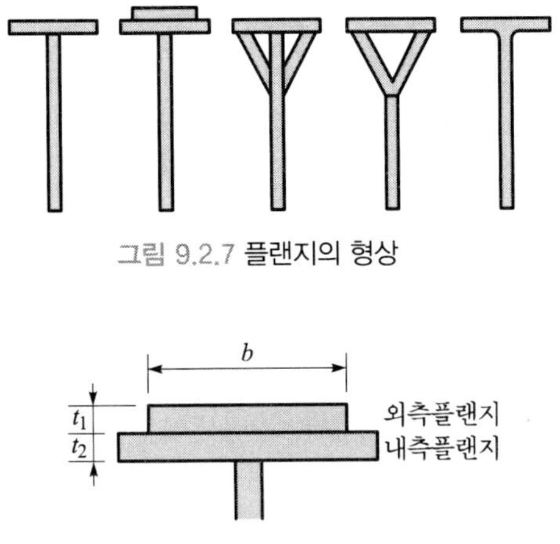

그림 9.2.7 플랜지의 형상

그림 9.2.8 외측플랜지판의 두께

외측플랜지를 사용한 경우에는 다음과 같은 규정을 따른다.

- 외측플랜지는 원칙적으로 1장으로 한다.
- 외측플랜지판의 두께는 그림 9.2.8과 같이 내측플랜지판 두께의 1.5배 이하라야 한다.

- 외측플랜지판의 길이는 형고의 2배에 1m이상을 더한 값 이상으로 해야 한다.
- 인장플랜지판에 외측플랜지판을 사용할 때는 외측플랜지판을 제외하고 계산한 플랜지의 응력이 허용응력의 90%가 되는 곳까지 연장해야 한다.
- 외측플랜지판의 두께는 그 폭에 대해 압축플랜지에서는 1/24 이상, 인장플랜지에서는 1/32 이상이어야 한다.
- 외측플랜지판의 단부는 그림 9.2.9와 같이 부등치수의 연속 필릿용접으로 하여 응력이 매끄럽게 전달되도록 해야 한다.

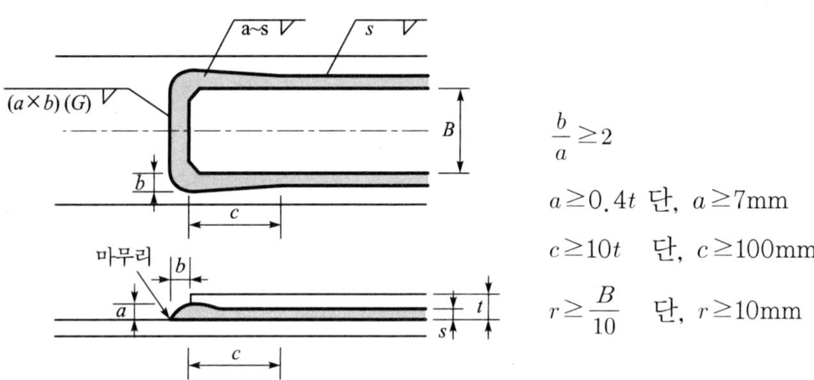

그림 9.2.9 부등치수 단부모서리 필릿 용접

거더에서 최대 플랜지 폭은 복부판 높이의 1/3~1/5 정도로 하는 것이 좋다. 또 플랜지의 최소폭은 200mm정도 이상으로 할 필요가 있다. 복부판의 높이에 비해 플랜지의 폭이 극단적으로 좁으면 횡방향에 대한 강성이 약하여 제작·운반·시공 중에 취급이 어렵다.

(1) 압축플랜지

압축을 받는 플랜지의 자유돌출부는 플랜지의 국부좌굴을 막기 위하여 하중저항계수설계법에 의한 강구조설계기준(2014) 6.3.1.8.2를 따라야 한다. 플랜지의 폭이 넓으면 복부판과 플랜지 사이의 직각유지, 플랜지내 응력분포 등에 문제가 있다.

(2) 인장플랜지

인장을 받는 플랜지에 있어서도 폭에 비해 너무 두께가 얇으면 제작 중의 용접뒤틀림이 커지고 또 운반 중 변형이 일어날 우려가 있으므로 플랜지 자유돌출부의 판두께는 자유돌출부 폭의 1/16 이상으로 한다.

주거더의 플랜지는 극히 짧은 지간의 주거더를 제외하고는 적용휨모멘트의 변화에 따라 단면을 변화시키는 것이 보통이다. 단면의 변화는 두꺼운 편의 판두께와 얇은 편의 판두께의 차가 9mm이하로 억제하는 것이 좋다. 단면변화의 수가 많으면 사용강재는 절약되지만 그 단면이음의 수가 많아져 가공 · 용접비 · 용접재료비 · 마무리 · 검사 등과 같은 용접에 의한 비용, 재료의 취합에 따른 손실, 플랜지의 제작조립의 비용이 증가된다. 따라서 단면변화의 수는 이러한 전체적인 비용비교에 의해 정해야 하나 현재의 판단자료는 충분하지 않다. 또 단면을 변화시키는 위치는 플랜지의 총중량을 최소로 하도록 결정하는 것이 이상적이다.

복부판

복부판은 하중저항계수설계법에 의한 강구조설계기준(2014) 6.3.1.8.3에 기술된 계산법에 의해 복부판의 설계하중에 의한 전단력이 설계전단강도 제한 내에 들도록 해야 한다. I단면형을 사용한 교량에 있어서는 특별한 경우를 제외하고는 전단력이 그다지 크지 않으므로 복부판을 가능한 한 얇게 하는 것이 강재중량을 절약하는 면에서 유리하다. 그러나 보강재를 사용하여 과도하게 얇게 하면 제작비가 높아져 경제성을 잃는 경우가 있으며, 용접에 의한 휨변형이 크게 되어 복부판의 내하력에 나쁜 영향을 미치므로 주의를 요한다.

보강재

(1) 중간수직보강재

① 수직보강재의 간격

수직보강재의 간격은 형고보다 좁게 택하는 것이 보통이고, 수직브레이싱간격은 등간격으로 배치하는 경우가 많다. 수직보강재의 간격을 임의로 정한 후 전체보강판의 안정성에 대해 검토한다. 연속형의 지점상에 있어서 전단응력이 비교적 큰 부분에서는 수직보강재의 간격이 좁아질 가능성이 있다. 이 경우에는 복부판 두께를 증가시켜 전단응력을 작게 하거나, 플랜지 휨응력에 여유를 주어 보강재간격이 극단적으로 좁게되는 것을 방지해야 한다.

② 수직보강재의 강도

수직보강재는 복부판의 좌굴을 방지하기 위하여 설치하는 것이므로 거더가 내하력한계에 이르기까지 복부판좌굴의 마디가 될 수 있도록 충분한 강성을 지닐 필요가 있다. 하중저항계수설계법에 의한 강구조설계기준(2014) 6.3.1.11에서는 그 크기와 강도에 대해 정하고 있다.

③ 수직보강재의 부착방법

- 수직보강재의 부착방법은 다음 규정에 의한다.
  - ⓐ 수직보강재는 판 또는 ㄴ형강을 사용하여 복부판의 한쪽 또는 양쪽에 볼트나 용접으로 접합한다.
  - ⓑ 직선교에서 보강재는 압축플랜지에 틈이 없도록 밀착시키거나 접합해야하나, 인장플랜지와는 밀착시키지 않아도 된다. 이 경우 수직보강재와 인장플랜지는 적당한 간격(복부판 두께의 4~6배와 100mm 이하)을 띄워야 한다.
  - ⓒ 수평 곡선교에서 복부판 한쪽 면에만 설치된 수직보강재는 상·하 플랜지 모두 접합시켜야 하고, 수직보강재를 양쪽 모두 설치할 때에는 상·하 플랜지 모두에 틈이 없도록 밀착시키거나 접합해야하다.
  - ⓓ 수직브레이싱이나 다이아프램의 이음판으로 사용하는 보강재는 상·하 플랜지 모두에 접합해야 한다.

(2) 수평보강재

복부판에는 복부판 두께와 복부판 높이의 관계로부터 계산에 따라 필요개수의 수평보강재를 설치해야 한다. 수평보강재는 복부판의 한쪽에만 배치하고 돌출길이가 수직보강재보다 짧도록 하는 것이 일반적이다. 수평보강재는 복부판의 좌굴파형의 마디가 되고 반드시 주거더가 내하력한계에 이를 때까지 좌굴되지 않을 정도의 강도를 지닐 필요가 있다. 수평보강재의 강재종류는 그 설치 위치의 복부판에 발생되는 최대응력과 같은 응력을 받는 것으로 하여 정해야 한다.

보통 수직보강재와 수평보강재의 단부는 35~40mm사이를 두고 설치하는 것이 일반적이다. 또한 복부판의 현장이음부에서는 수평보강재를 생략할 수 있다(그림 9.2.10). 복부판응력이 낮은 곳에 설치한 보강재는 복부판응력과 같은 응력을 받고 있는 것으로 하여 두께를 줄여도 된다.

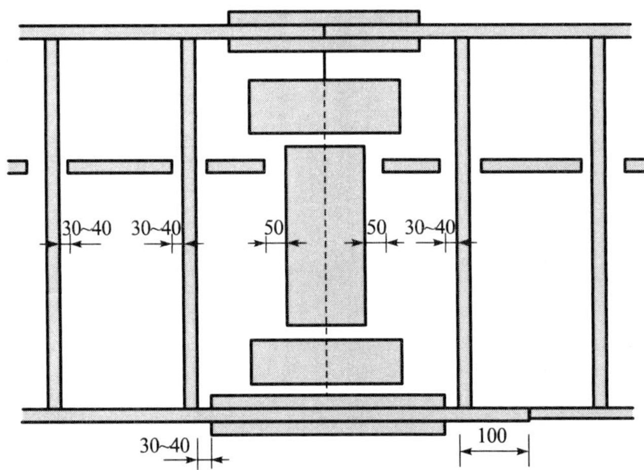

그림 9.2.10 수평보강재의 설치 및 생략

(3) 하중집중점의 지압보강재

지점 및 가로보·세로보·수직브레이싱 등의 연결부와 같이 하중이 집중되는 점에서는 지압보강재를 설치하고 그 보강재는 기둥으로서 압축부재 규정에 따라 설계해야 한다. 이때 기둥으로 고려하는 단면은 그림 9.2.11에 표시된 바와 같이 용접된 보강재 설치부로부터 복부판두께의 9배까지의 복부판을 유효하다고 본다. 단, 복부판에 볼트로 접합된 보강재는 지압보강재만을 유효 기둥단면으로 취급한다. 유효좌굴길이는 $0.75D$로 하면 된다. 여기서, D는 복부판 높이이다. 지압보강재는 힘을 원활히 전달시킬 필요가 있으므로 플랜지에 밀착되어 하중을 지지할 수 있도록 공장가공을 하거나 완전용입홈용접으로 상·하 플랜지에 접합시킨다.

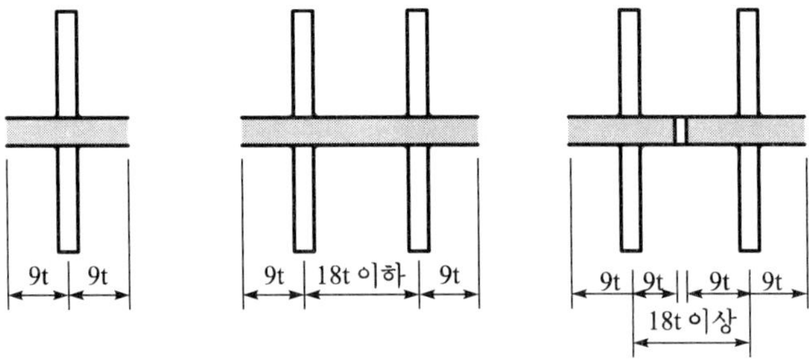

그림 9.2.11 하중집중점의 복부판의 유효폭

브레이싱 구조

(1) 수직브레이싱

일반적인 I형교에서는 수직브레이싱을 6m 이내에 배치하고 있으나, 이 범위 내에서 주거더간격 · 수평브레이싱의 구조 · 현장이음의 위치 등을 고려하여 지간을 대략 등분하여 배치한다.

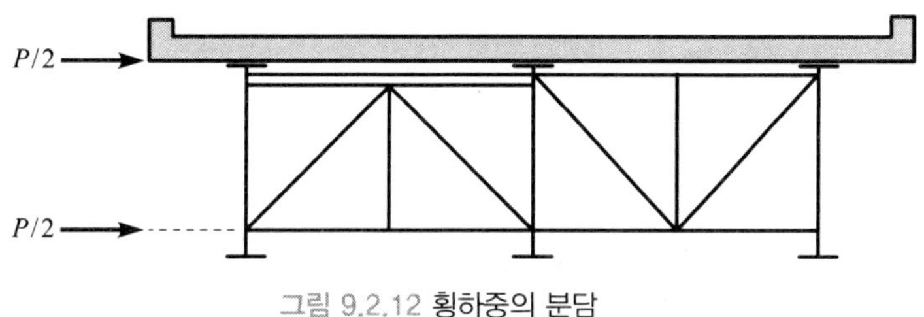

그림 9.2.12 횡하중의 분담

수직브레이싱을 하중분배거더로 하여 설계하는 경우에는 중간주거더와의 연결부에서 휨모멘트가 충분히 전달될 수 있는 구조가 되도록 해야 한다. 이때 수직브레이싱은 주요부재로서 차량활하중에 의해 설계해야 한다. 또한 지점상에는 필히 주거더간을 연결하는 단부 수직브레이싱을 설치해야 한다. 단부 수직브레이싱에는 보통 그림 9.2.12에 표시한 바와 같이 바닥판을 직접 지지하도록 한 경우가 많다.

(2) 수평브레이싱

지간이 25m를 초과하는 경우에는 횡하중을 받침에 전달하기 위하여 수평브레이싱을 설치해야 한다. 일반적으로 상부 수평브레이싱은 바닥판으로 대용하므로 하부수평브레이싱이 횡하중의 1/2을 받는 것으로 설계한다(그림 9.2.12). 횡하중으로는 풍하중과 지진하중을 고려한다.

수평브레이싱의 평면은 보통 수직브레이싱의 하부면과 일치하도록 설치한다. 수평브레이싱 부재에는 일반적으로 L형단면 또는 ㄷ형 단면이 사용되나 너무 작은 부재를 사용하면 강성이 부족하므로 최소 L형강을 75mm×75mm로 한다. 또 이러한 인장력을 받는 2차부재의 세장비는 240 이하로 하고, 압축력을 받는 가새의 세장비는 140 이하로 해야 한다.

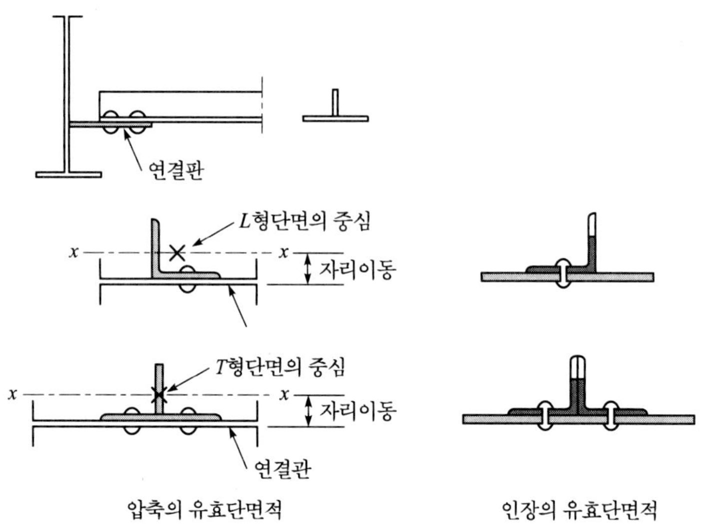

그림 9.2.13 수평브레이싱의 단면

수평브레이싱의 부재는 일반적으로 그림 9.2.13과 같이 연결판에 플랜지의 한 면이 연결되도록 한다. 이 경우 인장부재의 경우에는 그 유효단면적의 감소, 압축부재의 경우에는 축력의 편심에 의한 영향을 고려할 필요가 있다.

지간이 25m 이하의 교량에서는 튼튼한 수직브레이싱이 있고 바닥판이 주거더를 충분히 고정시키고 있다고 볼 수 있는 경우에 한하여 수평브레이싱을 생략할 수 있으나 수평브레이싱은 시공시에 거더의 형상을 유지하는데 필요하므로 함부로 생략하지 않는 것이 좋다.

솟음

지간 25m이상의 플레이트거더교에서는 고정하중에 대해 노면이 소정의 높이에 이르게 하기 위하여 솟음을 준다. 연속거더교에서는 시공법에 따라 고정하중에 의한 주거더의 휨모멘트분포가 다르므로 솟음도 그 휨모멘트에 적합하도록 해야 한다.

9.2.4 설계 예

(1) 설계조건(하중저항계수설계법으로 설계)

① 형식 : 활하중 합성 플레이트거더교

② 연장 : 지간 $L = 40$m, 단순교

③ 폭원 : 12.14m

④ 직교(플랜지가 연속적으로 횡지지되어 있음)

⑤ 하중

ⓐ 합성 전 고정하중 : 콘크리트 바닥판, 헌치에 대한 자중과 거더의 중량

ⓑ 합성 후 고정하중 : 아스콘, 방호울타리, 중분대, 난간 및 가로등 등의 자중

ⓒ 활하중 : 차량활하중(LL)

ⓒ 충격하중(IM) : 차량활하중에 의한 정적효과는 규정된 충격하중의 비율에 따라 증가시켜야 한다.

ⓓ 하중조합

• 강도한계상태 : 부재 등의 강도 안전성 평가 시

⑥ 사용재료와 물리상수

ⓐ 콘크리트

• 기준압축강도: $f_{ck} = 27\,\text{MPa}$

• 탄성계수 : $E_c = 27,180\,\text{MPa}$

ⓑ 철근(SD400)

• 항복응력 : $F_y = 400\,\text{MPa}$

• 탄성계수 : $E_s = 200,000\,\text{MPa}$

ⓒ 강재

• 플레이트거더, 보강재 및 가로보 : SM355(단, 항복응력은 $F_y = 315\,\text{MPa}$를 사용할 것)

• 브레이싱 : SM275

• 탄성계수 : $E_s = 205,800\,\text{MPa}$

(2) 설계단면

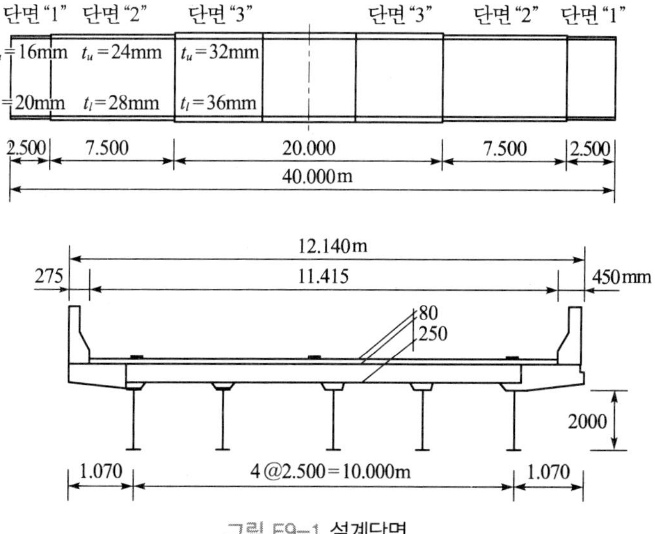

그림 E9-1 설계단면

표 E9.2.4-1 단면특성

구분	바닥판의 단면 특성
A	$0.25 \times 1.0 = 0.25\text{cm}^2$
I	$1.0 \times 0.25^3/12 = 0.001302\text{m}^4$

(3) 소요강도(설계하중) 계산

먼저, 주어진 설계조건에서 구조해석용 범용프로그램 등을 이용하여 구조해석을 실시한 후, 각 구조요소에 발생하는 단면력을 구해야 한다. 그 다음은 계산된 단면력에 하중저항계수설계법의 강도한계상태 하중조합에 근거해 소요강도(설계하중, 설계하중효과 또는 계수하중) $\sum \eta_i r_i q_i$를 계산한다. 구조모델링과 플레이트 거더(G_1, G_2, G_3, G_4, G_5) 각 위치(절점)에서 강도한계상태 하중계수 및 하중수정계수 그리고 하중조합을 고려하여 계산된 소요강도(총 설계하중, $\sum \eta_i r_i q_i$)를 정리하면 다음과 같다.

1) 구조 모델링

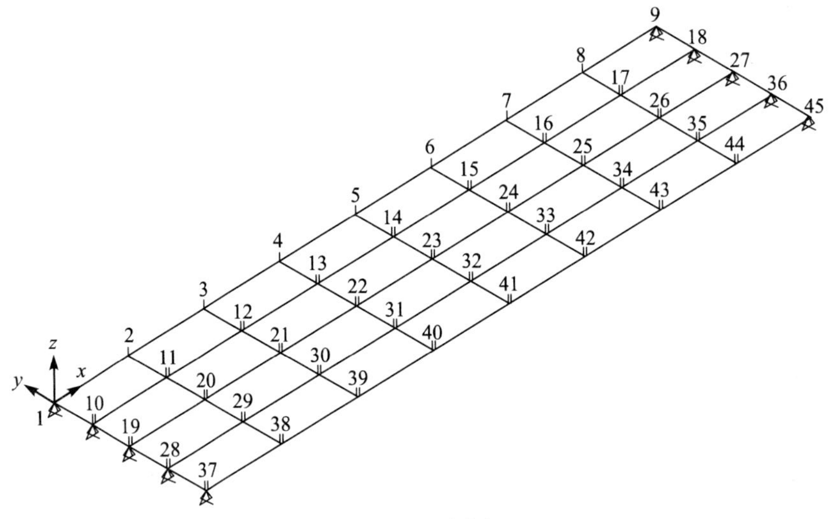

그림 E9-2 절점번호

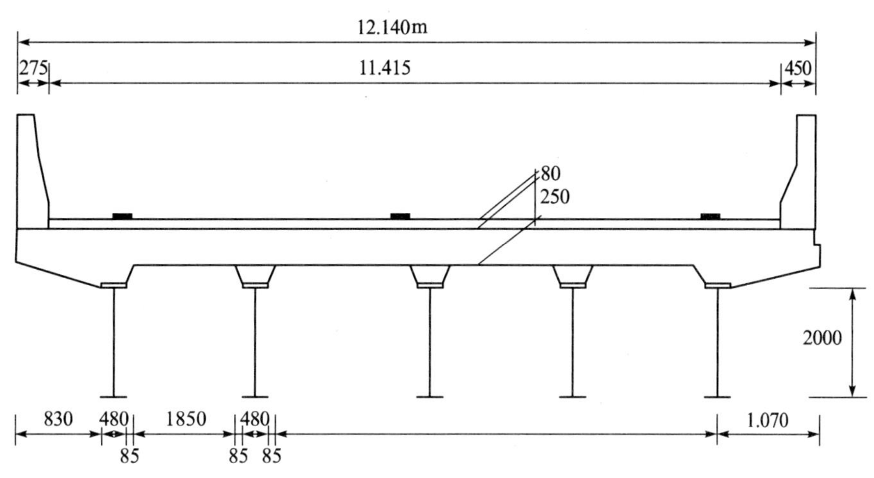

그림 E9.3

2) 하중조합으로 구해진 소요휨강도
(하중계수 및 하중수정계수를 고려한 총 설계휨모멘트)

표 E9.2.4-2 각 거더에서 하중조합으로 구한 소요휨모멘트 강도 (단위 : kN · m)

거더	위치(절점)	합성 전	합성 후			계
		고정하중	고정하중	활하중	소계	
G_1	4	5536.79	1327.01	5069.03	6396.04	11,932.04
	5	5906.74	1408.21	5321.42	6729.63	12,636.37
G_2	13	5537.39	1307.45	4610.27	5917.72	11,455.11
	14	5906.26	1398.30	4856.68	6254.98	12,161.24
G_3	22	5538.16	1368.68	4386.84	5755.52	11,293.68
	23	5906.29	1471.15	4602.59	6073.74	11,980.03
G_4	31	5537.39	1634.82	4535.12	6169.94	11,707.33
	32	5906.26	1751.10	4774.27	6525.37	12,431.63
G_5	40	5549.04	1962.40	4846.36	6808.76	12,357.80
	41	5906.74	2078.30	5093.85	7172.15	13,078.89

3) 하중조합으로 구해진 소요전단강도
(하중계수 및 하중수정계수를 고려한 총 설계전단력)

표 E9.2.4-3 각 거더에서 하중조합으로 구한 소요전단력 강도 (단위 : kN)

거더	위치(절점)	합성 전	합성 후			계
		고정하중	고정하중	활하중	소계	
G_1	1	586.27	158.00	680.69	838.69	1,424.96
	2	441.64	113.84	538.92	652.76	1,094.40
G_2	10	592.69	124.41	705.30	829.71	1,422.40
	11	443.46	96.49	550.54	647.03	1,090.49
G_3	19	595.28	141.44	678.33	819.77	1,415.05
	20	444.71	111.66	521.83	633.49	1,078.20
G_4	28	592.69	143.01	711.79	854.80	1,447.49
	29	443.46	115.02	555.54	670.56	1,114.02
G_5	37	586.27	243.85	634.60	878.45	1,464.72
	38	441.64	171.03	503.57	674.60	1,116.24

4) 최대 소요반력(하중계수 및 하중수정계수를 고려한 총 설계반력)

표 E9.2.4-4 각 거더별 최대 소요반력 (단위 : kN)

거더	위치(절점)	합성 전	합성 후			계
		고정하중	고정하중	활하중	소계	
G_1	1	575.03	166.33	687.94	854.27	1,429.30
	9	575.03	166.33	687.94	854.27	1,429.30
G_2	10	600.10	110.52	718.48	829.00	1,429.10
	18	600.10	110.52	718.48	829.00	1,429.10
G_3	19	602.99	133.78	679.95	813.73	1,416.72
	27	602.99	133.78	679.95	813.73	1,416.72
G_4	28	592.69	143.01	711.79	854.80	1,447.49
	36	592.69	143.01	711.79	854.80	1,447.49
G_5	37	586.27	243.85	634.60	878.45	1,464.72
	45	586.27	243.85	634.60	878.45	1,464.72

(4) 휨 설계

대상교량의 정모멘트 단면에 대한 강도한계상태에서 내측거더의 휨 설계를 수행한다. 외측거더와 부모멘트 거더단면에 대한 휨 설계는 정모멘트 내측단면의 설계절차와 같으므로 내측거더단면의 휨 설계 절차를 참고하기 바란다.

1) 합성거더의 바닥판 유효폭 산정

합성부재에서 콘크리트 유효폭은 거더중심을 기준으로 좌우 각 방향에 대한 유효폭의 합으로 구하며 각 방향에 대한 유효폭은 다음 중에서 최솟값으로 구한다[하중저항계수 설계법에 의한 강구조설계기준(2014, 국토교통부) 6.2.2.2].

- 거더경간(지지점의 중심간)의 1/8
- 거더중심선에서 인접거더 중심선까지의 거리의 1/2
- 거더중심선에서 슬래브 가장자리까지의 거리

위의 기준을 사용하여 대상교량 합성거더의 바닥판 유효폭을 계산하면 아래와 같다.

① 외측거더 구간

$$B_1 = 1{,}070 + 2{,}500 \times \frac{1}{2} = 2{,}320\text{mm} = 2.32\text{m}$$

② 내측거더 구간

$$B_2 = 2{,}500 \times \frac{1}{2} + 2{,}500 \times \frac{1}{2} = 2{,}500\text{mm} = 2.50\text{m}$$

2) 단면계수 산정

① 비합성단면의 단면계수(S_{NC})계산

표 E9.2.4-5 합성 전 플레이트거더의 단면상수

부재	폭, 두께 (mm)	높이, 두께 (mm)	A(mm^2)	Y(mm)	$A \cdot Y$ (mm^3)	$A \cdot Y^2$ (mm^4)	I_o(mm^4)
상부플랜지	480(폭)	32(두께)	153.6×10^2	2,050	$31{,}519 \times 10^3$	$6{,}467{,}641 \times 10^4$	131×10^4
복부판	12(두께)	2,000(높이)	240.0×10^2	1,036	$24{,}864 \times 10^3$	$2{,}575{,}910 \times 10^4$	$800{,}000 \times 10^4$
하부플랜지	650(폭)	36(두께)	234.0×10^2	18	421×10^3	758×10^4	253×10^4
Σ			627.6×10^2		$56{,}804 \times 10^3$	$9{,}044{,}310 \times 10^4$	$800{,}384 \times 10^4$

비합성 강재플레이트거더 단면의 중립축의 위치와 단면2차모멘트 그리고 비합성단면계수 S_{NC}는 다음과 같이 구해진다.

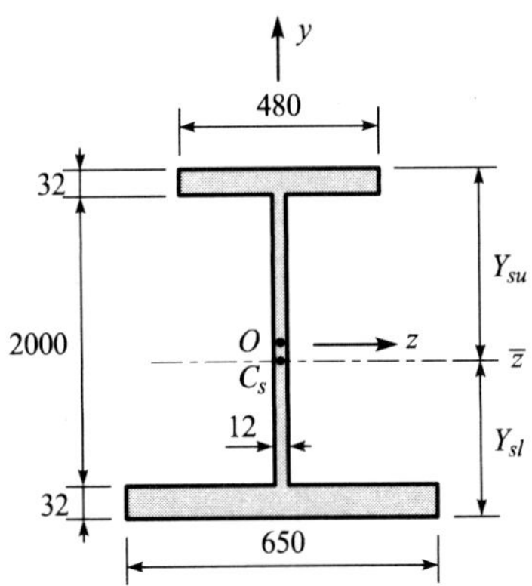

그림 E9-4 강재 플레이트거더의 단면

$$Y_{sl} = \frac{\sum A \cdot Y}{\sum A} = \frac{56,804 \times 10^3}{627.6 \times 10^2} = 905.1\text{mm}$$

$$Y_{su} = (36 + 2,000 + 32) - Y_{sl} = 1,162.9\text{mm}$$

$$I_s = I_{\overline{Z}} = \sum I_o + \sum A Y^2 - \sum A Y_{sl}^2$$

$$= 800,384 \times 10^4 + 9,044,310 \times 10^4 - 627.6 \times 10^2 \times 905.1^2$$

$$= 4,703.3 \times 10^7 \text{mm}^2$$

상부 플랜지 연단에서의 비합성단면계수

$$S_{NC-t} = \frac{I_s}{Y_{su}} = \frac{4,703.3 \times 10^7 \text{mm}^4}{1162.9\text{mm}}$$

$$= 40,444,578.21\text{mm}^3$$

하부 플랜지 연단에서의 비합성단면계수

$$S_{NC-b} = \frac{I_s}{Y_{sl}} = \frac{4,703.3 \times 10^7 \text{mm}^4}{905.1\text{mm}}$$

$$= 51,964,423.82\text{mm}^3$$

② 단기 합성단면의 단면계수(S_{ST})계산

내측거더에서 단기 합성단면의 중립축 위치와 2차모멘트, 그리고 단기 합성단면계수 S_{ST}는 다음과 같이 구해진다.

A_c =콘크리트의 단면적

$$= A_{\text{슬래브}} + A_{\text{헌치}}$$

$= 2500 \times 250 + (480 + 48) \times 48$

$= 650{,}344\text{mm}^2$

$$n = \frac{E_s}{E_c} = \frac{205{,}800\text{MPa}}{27{,}180\text{MPa}} = 8$$

A_s = 강재거더의 단면적

$= 62{,}760\text{mm}^2$

A_v = 내측거더 단기 합성단면의 단면적

$= A_s + A_c/n = 62{,}760 + 650{,}344/8$

$= 144{,}053\text{mm}^2$

강재거더 상부플랜지연단에서 콘크리트 단면의 도심(C_c)사이의 거리 Y_c

$$Y_c = \frac{A_{\text{슬래브}}\left(48 + \dfrac{250}{2}\right) + A_{\text{헌치사각형}} \times \left(\dfrac{48}{2}\right) + 2A_{\text{헌치삼각형}} \times \left(\dfrac{2}{3} \times 48\right)}{A_c}$$

$$= \frac{625{,}000 \times 173 + 480 \times 48 \times 24 + 2 \times \dfrac{1}{2} \times 48 \times 48 \times \dfrac{2}{3} \times 48}{650{,}344}$$

$= 167.2\text{mm}$

d_v = 콘크리트 단면의 도심(C_c)과 강재거더의 도심(C_s)사이의 거리

$= Y_c + Y_{su} = 167.2 + 1{,}162.9 = 1{,}330.1\text{mm}$

d_c = 단기 합성단면의 중립축(v)과 콘크리트 단면의 도심(C_c)사이의 거리

$$= d_v \frac{A_s}{A_v}$$

$$= 1{,}330.1 \times \frac{62{,}760}{144{,}053} = 579.5\text{mm}$$

d_s = 단기 합성단면의 중립축(v)과 강재거더의 도심(C_s)사이의 거리

$= d_v - d_c = 1{,}330.1 - 579.5 = 750.6\text{mm}$

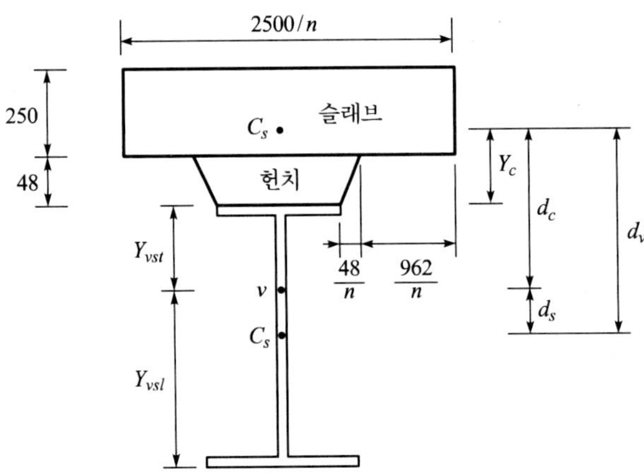

그림 E9-5 내측거더의 단기 합성단면($n = 8$)

$Y_{vsl} = d_s + Y_{sl} = 750.6 + 905.1 = 1655.7\text{mm}$

$Y_{vst} = Y_{su} - d_s = 1162.9 - 750.6 = 412.3\text{mm}$

$I_{슬래브}$ =콘크리트 단면의 도심(C_c)축에 대한 슬래브 단면의 2차모멘트

$$= \frac{2500 \times 250^3}{12} + (2500 \times 250) \times \left(250 + 48 - Y_c - \frac{250}{2}\right)^2$$

$$= 3,276,233,333\text{mm}^4$$

$I_{헌치}$ =콘크리트 단면의 도심(C_c)축에 대한 헌치단면의 2차모멘트

$$= \frac{480 \times 48^3}{12} + (480 \times 48) \times \left(Y_c - \frac{48}{2}\right)^2 + 2 \times \frac{48^4}{36} + 2 \times \left(\frac{1}{2} \times 48 \times 48\right) \times \left(Y_c - \frac{2}{3} \times 48\right)^2$$

$$= 519,297,270\text{mm}^4$$

I_c =콘크리트 단면의 도심(C_c)축에 대한 콘크리트 단면의 2차모멘트

$$= I_{슬래브} + I_{헌치}$$

$$= 3,276,233,333 + 519,297,270$$

$$= 3,795,530,603\text{mm}^4$$

I_v =단기 합성단면의 중립축(v)에 대한 단기 합성단면의 2차모멘트

$$= I_s + A_s d_s^2 + \frac{I_c}{n} + \frac{A_c}{n} {d_c}^2$$

$$= 4,703.3 \times 10^7 + 62,760 \times 750.6^2 + \frac{3,795,530,603}{8} + \frac{650,344}{8} \times 579.5^2$$

$$= 1.101662835 \times 10^{11}\text{mm}^4$$

S_{ST-t} = 내측강재거더 상부플랜지 연단의 단기 합성단면계수

$$= \frac{I_v}{Y_{vst}}$$

$$= \frac{1.101662835 \times 10^{11}\text{mm}^4}{412.3\text{mm}}$$

$$= 267,199,329.40\text{mm}^3$$

S_{ST-b} = 내측강재거더 하부플랜지 연단의 단기 합성단면계수

$$= \frac{I_v}{Y_{vsl}}$$

$$= \frac{1.101662835 \times 10^{11}}{1655.7}$$

$$= 66,537,587.43\text{mm}^3$$

③ 장기 합성단면의 단면계수(S_{LT}, $n_1 = 3n = 24$) 계산

내측거더에서 장기 합성단면의 중립축의 위치와 2차모멘트, 그리고 장기 합성단면계수 S_{LT}는 다음과 같다.

A_{v-n_1} = 내측거더 장기 합성단면의 단면적

$$= A_s + A_c/n_1 = 62,760 + 650,344/24$$

$$= 89,858\text{mm}^2$$

d_{c-n_1} = 장기 합성단면의 중립축(v)과 콘크리트 단면의 도심(C_c)사이의 거리

$$= d_v \frac{A_s}{A_{v-n_1}} = 1330.1 \times \frac{62,760}{89,858} = 930.0\text{mm}$$

d_{s-n_1} = 장기 합성단면의 중립축(v)과 강재거더의 도심(C_c)사이의 거리

$$= d_v - d_{c-n_1} = 1330.1 - 930.0 = 400.1\text{mm}$$

$$Y_{vsl-n_1} = d_{s-n_1} + Y_{sl} = 400.1 + 905.1 = 1305.2\text{mm}$$

$$Y_{vst-n_1} = Y_{su} - d_{s-n_1} = 1162.9 - 400.1 = 762.8\text{mm}$$

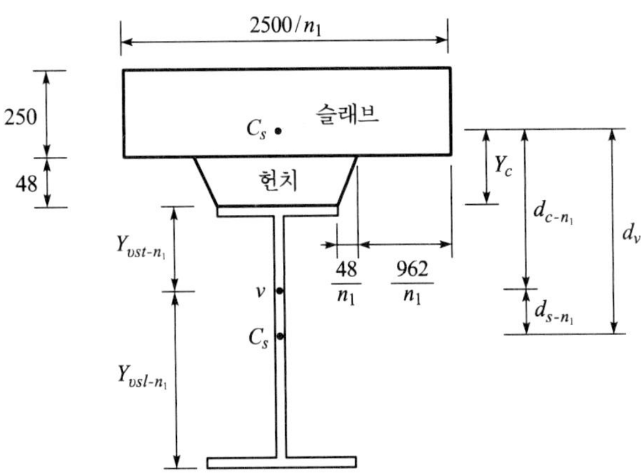

그림 E9-6 내측거더의 장기합성단면($n_1 = 3n = 24$)

I_{v-n_1} =장기 합성단면의 중립축(v)에 대한 장기 합성단면의 2차모멘트

$$= I_s + A_s d_{s-n_1}^2 + \frac{I_c}{n_1} + \frac{A_c}{n_1} d_{c-n_1}^2$$

$$= 4{,}703.3 \times 10^7 + 62{,}760 \times 400.1^2 + \frac{3{,}795{,}530{,}603}{24} + \frac{650{,}344}{24} \times 930.0^2$$

$$= 8.067454044 \times 10^{10} \text{mm}^4$$

S_{LT-t} =내측강재거더 상부플랜지 연단의 장기 합성단면계수

$$= \frac{I_{v-n_1}}{Y_{vst-n_1}}$$

$$= \frac{8.067454044 \times 10^{10}}{762.8}$$

$$= 105{,}761{,}065.10 \text{mm}^3$$

S_{LT-b} =내측강재거더 하부플랜지 연단의 장기 합성단면계수

$$= \frac{I_{v-n_1}}{Y_{vsl-n_1}}$$

$$= \frac{8.067454044 \times 10^{10}}{1305.2}$$

$$= 61{,}810{,}098.41 \text{mm}^3$$

3) 거더 항복모멘트 계산

합성단면의 항복모멘트 M_y는 강도한계상태에서 상하부 어느 한쪽 강재거더 플랜지에

서 최초 항복을 일으키는 강재단면 그리고 단기 합성단면과 장기 합성단면에 각각 작용하는 휨모멘트의 합과 같다. 즉, 항복모멘트 M_y는 총 영구하중에 의한 모멘트와 추가모멘트 합으로 표시된다[하중저항계수설계법에 의한 강구조설계기준(2014, 국토해양부)B6.2 항복모멘트 B6.2.2]. 즉,

$$M_y = M_{D1} + M_{D2} + M_{AD}$$

여기서, M_{D1} : 콘크리트 바닥판이 굳기 전이나 합성되기 전에 작용하는 계수영구하중에 의한 휨모멘트로서, 이 모멘트는 강재단면에 적용된다.

M_{D2} : 나머지 계수영구하중에 의한 휨모멘트로서, 이 모멘트는 장기 합성단면에 적용된다.

M_{AD} : 단기 합성단면에서 어느 한쪽 플랜지가 항복응력에 도달하기 위해 추가로 적용해야 하는 계수하중에 의한 휨모멘트

항복모멘트 M_y의 계산과정을 나타내면 다음과 같다.

① 표 E9.2.4-2 각 거더별 최대 소요 휨모멘트에서 내측거더(G_2, G_3, G_4)에 해당하는 최대 휨모멘트

$$M_{D1} = 5{,}906.29\text{kN}\cdot\text{m}\,(\text{합성 전 고정하중})$$

$$M_{D2} = 1{,}751.10\text{kN}\cdot\text{m}\,(\text{합성 후 고정하중})$$

② 아래 식에서 M_{AD}를 구한다.

$$F_{yf} = \frac{M_{D1}}{S_{NC}} + \frac{M_{D2}}{S_{LT}} + \frac{M_{AD}}{S_{ST}}$$

여기서, S_{NC} : 비합성단면의 단면계수(mm3)

S_{ST} : 단기 합성단면의 단면계수(mm^3)

S_{LT} : 장기 합성단면의 단면계수(mm^3)

F_{yf} : 플랜지의 최소항복강도

따라서

$$M_{AD} = S_{ST}\left(F_{yf} - \frac{M_{D1}}{S_{NC}} - \frac{M_{D2}}{S_{LT}}\right)$$

▪ 내측강재거더의 상부플랜지 연단

$$M_{AD} = S_{ST-t}\left(F_{yf} - \frac{M_{D1}}{S_{NC-t}} - \frac{M_{D2}}{S_{LT-t}}\right)$$

$$= 267,199,329.40\left(315 - \frac{5906.29 \times 10^6}{40,444,578.21} - \frac{1751.10 \times 10^6}{105,761,065.10}\right)$$

$$= 40,723.50\,\text{kN}\cdot\text{m}$$

▪ 내측강재거더의 하부플랜지 연단

$$M_{AD} = S_{ST-b}\left(F_{yf} - \frac{M_{D1}}{S_{NC-b}} - \frac{M_{D2}}{S_{LT-b}}\right)$$

$$= 66,537,587.43\left(315 - \frac{5906.29 \times 10^6}{51,964,423.82} - \frac{1751.10 \times 10^6}{61,810,098.41}\right)$$

$= 11,511.63\,\text{kN}\cdot\text{m}$ (최솟값)

③ 항복모멘트 M_y를 구한다.

$$M_y = M_{D1} + M_{D2} + M_{AD}$$

$$= 5906.29 + 1751.10 + 11,511.63$$

$$= 19,169.02\,\text{kN}\cdot\text{m}$$

4) 거더 소성모멘트 계산

소성중립축의 위치는 단면력의 평형조건을 적용하여 구한다.

대상 내측거더 단면이 정모멘트 단면이므로, 그림 E9-7, 9-8과 다음 식을 이용하여 소성중립축의 위치와 소성모멘트를 구하면 아래와 같다. 단, $A_{rt} = A_{rb} = 180 \times 12.67mm^2$

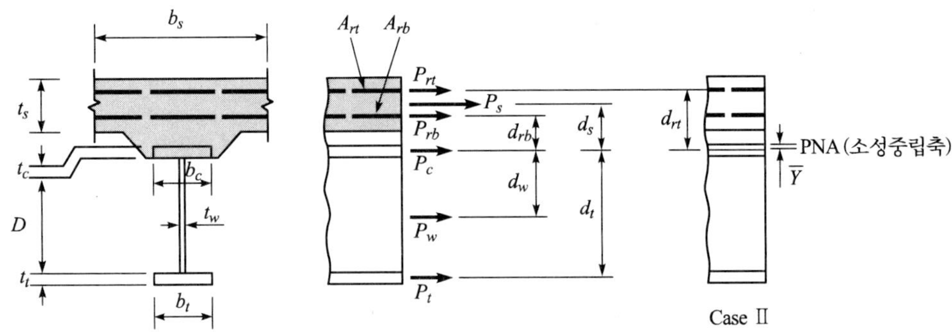

그림 E9-7 거더의 소성중립축의 위치와 소성력[하중계수설계법에 의한 강구조설계기준

(2014, 국토교통부) 표 B6.1-1]

P_t = 강재거더 인장플랜지의 소성력

$= F_{yt} b_t t_t = 315 \times 650 \times 36 = 7{,}371\,\mathrm{kN}$

P_w = 강재거더 복부판의 소성력

$= F_{yw} D\, t_w = 315 \times 2{,}000 \times 12 = 7{,}560\,\mathrm{kN}$

P_c = 강재거더 압축플랜지의 소성력

$= F_{yc} b_c t_c = 315 \times 480 \times 32 = 4{,}838.4\,\mathrm{kN}$

P_s = 콘크리트의 소성력

$= 0.85 f_{ck} b_s t_s = 0.85 \times 27 \times 2{,}500 \times 250 = 14{,}343.75\,\mathrm{kN}$

P_{rt} = 상부철근의 소성력

$= A_{rt} F_{yrt} = 180 \times 12.67 \times 400 = 912.24\,\mathrm{kN}$

P_{rb} = 하부철근의 소성력

$= A_{rb} F_{yrb} = 912.24\,\mathrm{kN}$

$P_t + P_w + P_c = 19{,}769.4\,\mathrm{kN} > P_s + P_{rt} + P_{rb} = 16{,}168.23\mathrm{kN}$

따라서, Case Ⅱ에 해당하므로 소성중립축은 강재거더의 상부플랜지 내에 존재한다. 이 경우 강재거더 상부플랜지의 단면형상과 응력분포는 그림 E9-8과 같다.

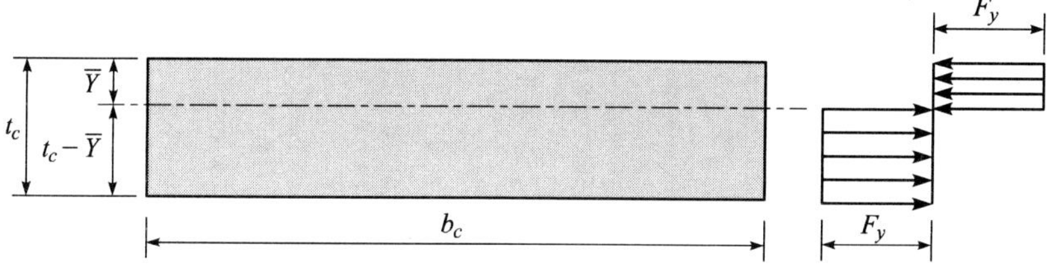

그림 E9-8 강재거더 상부플랜지의 단면형상과 응력분포

상부플랜지의 응력분포에 대한 단면력을 구하고, 소성력을 작용시켜 소성중립축에서 강재거더 상부플랜지 연단까지의 거리 $\overline{Y}$를 구하면,

$C_t = P_{c1}$ = 소성중립축 위의 소성압축력

$= F_y b_c \overline{Y}$

T_t = 소성중립축 아래의 소성인장력

$= (P_t + P_w - P_s - P_{rt} - P_{rb}) + P_{c2}$

$$= (P_t + P_w - P_s - P_{rt} - P_{rb}) + F_y b_c (t_c - \overline{Y})$$

여기서, $P_c = P_{c1} + P_{c2}$

평형조건 $C_t = T_t$를 적용하면

$$(P_t + P_w - P_s - P_{rt} - P_{rb}) + F_y b_c (t_c - \overline{Y}) = F_y b_c \overline{Y}$$

$$F_y b_c (2\overline{Y}) = (P_t + P_w - P_s - P_{rt} - P_{rb}) + F_y b_c t_c$$

$$= (P_t + P_w - P_s - P_{rt} - P_{rb}) + P_c$$

양면에 t_c를 곱하면

$$F_y b_c t_c (2\overline{Y}) = \left[(P_t + P_w - P_s - P_{rt} - P_{rb}) + P_c\right](t_c)$$

$$P_c (2\overline{Y}) = \left[(P_t + P_w - P_s - P_{rt} - P_{rb}) + P_c\right](t_c)$$

$$\therefore \overline{Y} = \left(\frac{t_c}{2}\right)\left[\frac{P_t + P_w - P_s - P_{rt} - P_{rb}}{P_c} + 1\right]$$

$$= \left(\frac{32}{2}\right)\left[\frac{7,371 + 7,560 - 14,343.75 - 912.24 - 912.24}{4,838.4} + 1\right]$$

$$= 12\text{mm} < t_c = 32\text{mm}$$ O.K.

그림 E9-7, 9-4, 9-5를 참조하여, 소성중립축에서 각 소성력의 중심까지 거리를 구하면

$$d_s = \frac{250}{2} + 48 + 12 = 185\text{mm}, \quad d_{rt} = (250 - 50) + 48 + 12 = 260\text{mm}$$

$$d_{rb} = 50 + 48 + 12 = 110\text{mm}, \quad d_w = \frac{2,000}{2} + (32 - 12) = 1,020\text{mm}$$

$$d_t = 2,000 + \frac{36}{2} + (32 - 12) = 2,038\text{mm}$$

그림 E9-8의 응력분포에서 소성중립축에 대한 강재거더 상부플랜지의 소성모멘트 M_{Pc}를 구하면

$$M_{Pc} = F_y b_c (\overline{Y} - t_c)\left(\frac{\overline{Y} - t_c}{2}\right) + F_y b_c \overline{Y}\left(\frac{\overline{Y}}{2}\right)$$

$$= \frac{F_y b_c t_c}{t_c}\frac{(\overline{Y} - t_c)^2}{2} + \frac{F_y b_c t_c}{t_c}\frac{(\overline{Y})^2}{2}$$

$$= \frac{F_y b_c t_c}{2t_c}\left[\left(\overline{Y}-t_c\right)^2+\left(\overline{Y}\right)^2\right]$$

$$= \frac{P_c}{2t_c}\left[\overline{Y}^2+\left(t_c-\overline{Y}\right)^2\right]$$

따라서, 소성중립축에 대한 합성단면의 소성모멘트 M_P를 구하면

$$M_P = M_{Pc} + \left(P_s d_s + P_{rt} d_{rt} + P_{rb} d_{rb} + P_w d_w + P_t d_t\right)$$

$$= \frac{P_c}{2t_c}\left[\overline{Y^2}+\left(t_c-\overline{Y}\right)^2\right] + \left(P_s d_s + P_{rt} d_{rt} + P_{rb} d_{rb} + P_w d_w + P_t d_t\right)$$

$$= \frac{4,838.4}{2\times 32}\times\left[12^2+(32-12)^2\right] + \begin{pmatrix}14,343.75\times 185+912.24\times 260+912.24\times 110\\ +7,560\times 1,020+7,371\times 2,038\mathrm{mm}\end{pmatrix}$$

$$= 41,126.4 + 25,724,420.55$$

$$= 25,765,546.95\mathrm{kN\cdot mm}$$

$$= 25,765.55\mathrm{kN\cdot m}$$

5) 거더의 공칭휨강도 계산 및 평가

① 웨브의 세장비 검토

하중저항계수설계법 강구조설계기준(2014, 국토교통부) 6.3.1.6.2절에 의한 정모멘트 합성단면은 다음의 요구조건을 만족하는 경우 조밀단면으로 간주한다.

ⓐ 플랜지의 최소항복강도가 455MPa를 초과하지 않고,

ⓑ 웨브 세장비 한계가 아래의 수식을 만족하는 단면, 즉

$$\frac{2D_{cp}}{t_w} \le 3.76\sqrt{\frac{E}{F_{yc}}}$$

여기서, D_{cp}: 하중저항계수설계법에 의한 강구조설계기준(2014, 국토교통부) B6.3.2에 규정된 소성모멘트 적용 시 압축 측 웨브의 높이(mm)

위에서 구한 정모멘트 내측단면의 소성중립축의 위치가 웨브가 아닌 상부 플랜지 내에 존재하므로 D_{cp}는 "0"이 된다. 따라서 위의 웨브 한계세장비 수식이 만족되므로 조밀단면이다.

② 합성단면의 연성검토

강도한계상태에서 합성거더단면은 하중저항계수설계법에 의한 강구조설계기준(2014, 국토교통부) 6.3.1.7.3절에 규정된 연성요구조건을 만족하여 합성 거더단면이 소성모멘트에 접근할 때 콘크리트슬래브가 먼저 파손되어서는 안 된다. 즉, 아래의 식을 만족해야 한다.

$$D_p \le 0.42D_t$$

여기서, D_p : 소성모멘트상태에서 콘크리트슬래브의 상단에서 소성중립축까지의 거리(mm)=310mm

D_t : 합성단면의 전체 높이(mm)=2,366mm

따라서,

$$D_p = 310\text{mm} < 0.42D_t = 0.42 \times 2,366 = 993.72\text{mm} \qquad \text{O.K.}$$

③ 플랜지의 단면비 제한 검토

휨부재 거더의 압축플랜지와 인장플랜지는 다음의 단면비 제한 조건을 만족해야 한다[하중저항계수설계법에 의한 강구조설계기준(2014, 국토교통부) 6.3.1.2].

$$0.1 \le \frac{I_{yc}}{I_{yt}} \le 10$$

여기서, I_{yc} = 웨브중심선의 수직축에 대한 압축플랜지의 단면2차모멘트(mm^4)

$$= \frac{32 \times 480^3}{12} = 294,912,000\text{mm}^4$$

I_{yt} = 웨브중심선의 수직축에 관한 인장플랜지의 단면2차모멘트(mm^4)

$$= \frac{36 \times 650^3}{12} = 823,875,000\text{mm}^4$$

따라서,

$$0.1 < \frac{I_{yc}}{I_{yt}} = \frac{294,912,000}{823,875,000} = 0.36 < 10 \qquad \text{O.K.}$$

④ 거더의 공칭휨강도 계산 및 평가

대상 내측거더 단면이 정모멘트부 조밀단면으로 공칭휨강도 M_n은 다음과 같다[하중저항계수설계법에 의한 강구조설계기준(2014, 국토해양부) 6.3.1.7].

$D_p = 310\text{mm} > 0.1D_t = 0.1 \times 2,366\text{mm} = 236.6\text{mm}$ 이므로

$$M_n = M_p\left(1.07 - 0.7\frac{D_p}{D_t}\right)$$
$$= 25,765.55 \times \left(1.07 - 0.7 \times \frac{310}{2,360}\right)$$
$$= 25,206.03\text{kN}\cdot\text{m}$$

강도한계상태에서 합성조밀단면은 다음 식을 만족해야 한다.

$$M_u + \frac{1}{3}f_l S_{xt} \leq \phi_f M_n$$

여기서, ϕ_f = 휨에 대한 강도저항계수=0.9

f_l = 강구조설계기준(2014) 6.3.1.1.6절에 규정된 플랜지 횡방향 휨에 의한 응력

= 0(플랜지가 연속적으로 횡지지되어 있어 횡방향 휨응력이 생기지 않음)

M_n = 공칭휨강도=25,206.03kN · m

M_u = 강구조설계기준(2014) 6.3.1.1.6에 규정된 주축에 대한 휨모멘트

= 12,431.63kN · m(표 E9.2.4-2에서 공칭휨강도 평가위치 내측거더 절점 32번의 최대 소요휨모멘트)

M_{yt} = 강구조설계기준(2014) 부록 B6.2에 규정된 인장플랜지에 관한 항복모멘트

S_{xt} : M_{yt}/F_{yt}로 구하는 인장플랜지의 주축에 대한 탄성단면계수

따라서, $f_l = 0$이므로, $\frac{1}{3}f_l S_{xt} = 0$이 되어 위 식은 아래와 같이 된다.

$$M_u + \frac{1}{3}f_l S_{xt} = 12,431.63\text{kN}\cdot\text{m} < \phi_f M_n = 0.9 \times 25,206.03\text{kN} = 22,685.43$$

O.K.

(5) 전단설계

본 절에서는 휨설계와 마찬가지로 대상 교량의 정모멘트 단면에 대한 강도한계상태에서 내측거더의 전단설계를 실시한다. 외측거더와 부모멘트에 대한 전단설계는 정모멘트 내측거더의 설계절차와 동일하므로 정모멘트 내측거더 단면의 전단설계절차를 참고하기 바란다.

1) 비보강 내측거더 웨브의 공칭전단강도

강도한계상태에서 비보강 내측거더 웨브의 공칭전단강도 V_n은 하중저항계수설계법에 의한 강구조설계기준(2014, 국토해양부) 6.3.1.9절에 근거하여 검토한다.

$$V_n = V_{cr} = CV_p$$

$$V_p = \frac{F_{yw}}{\sqrt{3}} D\,t_w = 0.58\,F_{yw} D t_w$$

여기서, C는 아래 식에 의해 규정된 웨브의 항복강도 F_{yw}에 대한 전단좌굴응력비로서, 전단좌굴계수 K는 5.0으로 한다. 즉, C는 다음과 같다.

- $\frac{D}{t_w} < 1.12\sqrt{\frac{EK}{F_{yw}}}$ 인 경우

  $C = 1.0$

- $1.12\sqrt{\frac{EK}{F_{yw}}} \le \frac{D}{t_w} \le 1.40\sqrt{\frac{EK}{F_{yw}}}$ 인 경우

  $C = \frac{1.12}{(D/t_w)}\sqrt{\frac{EK}{F_{yw}}}$

- $\frac{D}{t_w} > 1.40\sqrt{\frac{EK}{F_{yw}}}$ 인 경우

  $C = \frac{1.57}{(D/t_w)^2}\left(\frac{EK}{F_{yw}}\right)$

D = 웨브높이=2,000mm

t_w = 웨브의 두께=12mm

V_{cr} = 전단좌굴강도(N)

V_n = 공칭전단강도(N)

V_p = 소성전단력(N)=0.58×315×2,000×12=4,384,800N=4,384.8kN

$\frac{D}{t_w} = \frac{2,000}{12} = 166.67$

$F_{yw} = 315\text{MPa}$

$E = 200,000\text{MPa} = 200\text{GPa}$

따라서,

$$\frac{D}{t_w} = 166.67 > 1.40\sqrt{\frac{EK}{F_{yw}}} = 78.88$$

$$C = \frac{1.57}{(D/t_w)^2}\left(\frac{EK}{F_{yw}}\right)$$

$$= \frac{1.57}{(166.67)^2} \times \left(\frac{200,000 \times 5}{315}\right) = 0.18$$

$$\therefore V_n = V_{cr} = CV_p$$

$$= 0.18 \times 4,384.8\text{kN} = 789.26\text{kN}$$

여기서, $V_u = 1,447.49\text{kN}$ (표 E9.2.4-3에서 공칭전단강도 평가위치 내측거더의 절점 28번 최 대소요전단력)

ϕ_v = 전단에 대한 강도저항계수=0.90

$\therefore \phi_v V_n = 0.90 \times 789.26 = 710.33\text{kN} < V_u = 1,447.49\text{kN}$ N.G.

전단설계조건 $\phi_v V_n \geq V_u$를 만족하지 않으므로 웨브를 수직보강재 등으로 보강하여 설계전단조건을 만족시켜야 한다. 즉, 다음 (6) 보강재 설계와 같이 웨브를 적정한 간격으로 수직 보강한 후, 보강된 웨브의 공칭전단강도를 검토해야 한다.

(6) 보강재 설계

1) 수직보강재를 250mm 간격으로 설치한 경우의 공칭전단강도 계산 및 평가

하중저항계수설계법에 의한 강구조설계기준(2014, 국토교통부) 6.3.1.9.3 보강 내측거더웨브의 공칭강도 규정에 의해 설계전단강도를 계산 평가하면 다음과 같다.

$$\frac{2Dt_w}{(b_{fc}t_{fc} + b_{ft}t_{ft})} = \frac{2 \times 2,000 \times 12}{(480 \times 32 + 650 \times 36)} = 1.24 < 2.5$$

여기서, b_{fc} = 압축플랜지 폭

t_{fc} = 압축플랜지 두께

b_{ft} = 인장플랜지 폭

t_{ft} = 인장플랜지 두께

이므로 공칭전단강도 V_n은 다음 식으로 구한다.

$$V_n = V_p\left[C + \frac{0.87(1-C)}{\sqrt{1+\left(\frac{d_o}{D}\right)^2}}\right]$$

여기서. d_o =수직보강재간격=250mm

따라서, $V_n = 4,384,800 \times \left[0.18 + \frac{0.87 \times (1-0.18)}{\sqrt{1+\left(\frac{250}{2,000}\right)^2}}\right]$

$= 3,893,224.62$

$= 3,893.22\text{kN}$

$\therefore \phi_v V_n = 0.90 \times 3,893.22 = 3,503.9\text{kN} > V_u = 1,447.49\text{kN}$ O.K.

2) 중간 수직보강재

중간 수직보강재의 간격 : 250mm

중간 수직보강재의 제원 : 2−PL220×15(SM355)
(양면보강)

중간 수직보강재의 검토단면은 내측거더의 좌측지점으로부터 8m 떨어진 위치(지점에 가장 인접한 절점단면)를 설정하였다. 이 위치의 구조해석 모델링의 절점번호는 29번(그림 E9−2)이다.

① 보강재의 돌출폭 평가[하중저항계수설계법에 의한 강구조설계기준(2014, 국토교통부) 6.3.1.11.1(2)]

보강재의 돌출폭 b_t는 다음 조건을 만족해야 한다.

$$b_t \geq 50 + \frac{D}{30}$$

여기서, D = 웨브높이=2,000mm

따라서,

$b_t = 220\text{mm} > 50 + \frac{2000}{30} = 116.67\text{mm}$ O.K.

② 보강재의 단면2차모멘트 계산 및 평가[하중저항계수설계법에 의한 강구조설계기준(2014, 국토교통부) 6.3.1.11.1(3)]

수직보강재의 단면2차모멘트 I_t는 아래의 값 중 작은 값을 만족해야 한다.

$$I_t \geq I_{t1}$$

그리고

$$I_t \geq I_{t2}$$

여기서, I_t : 한쪽면만 보강된 경우에는 웨브와 접합면에 대해, 양면 보강된 경우에는 웨브의 중심축에 대한 단면2모멘트(mm^4)

$$I_{t1} = bt_w^3 J$$

$$I_{t2} = \frac{D^4 \rho_t^{1.3}}{40}\left(\frac{F_{yw}}{E}\right)^{1.5}$$

$$J = \frac{2.5}{(d_o/D)^2} - 20 \geq 0.5$$

$$F_{crs} = \frac{0.31E}{\left(\frac{b_t}{t_p}\right)^2} \leq F_{ys}$$

D = 웨브의 높이=2,000mm

d_o = 인접한 웨브폭들 중 작은 값, 즉 수직보강재의 간격=250mm

$b = d_o$와 D중 작은 값=250mm

J : 보강재 휨강성변수

ρ_t : F_{yw}/F_{crs}와 1.0 중 큰 값

F_{crs} : 보강재의 국부좌굴강도(MPa)

F_{ys} : 보강재의 최소항복강도(MPa)

F_{yw} : 웨브의 최소항복강도(MPa)

E : 강재의 탄성계수(MPa)

t_p : 수직보강재의 두께(mm)

t_w : 웨브의 두께(mm)

따라서, 양면보강이므로

$$I_t = 2 \times \left[\frac{15 \times \left(220 + \frac{12}{2}\right)^3}{3}\right]$$

$$= 115{,}431{,}760\text{mm}^4$$

$$J = \frac{2.5}{(d_o/D)^2} - 2 = \frac{2.5}{(250/2000)^2} - 2 = 158$$

$$I_{t1} = bt_w^3 J = 250 \times 12^3 \times 158$$

$$= 68{,}256{,}000\text{mm}^4$$

$$\therefore I_t = 15{,}431{,}460\text{mm}^4 > I_{t1} = 68{,}256{,}000\text{mm}^4 \qquad \text{O.K.}$$

$$F_{crs} = \frac{0.31E}{\left(\frac{b_t}{t_p}\right)^2} = \frac{0.31 \times 200{,}000}{\left(\frac{220}{15}\right)^2}$$

$$= 288\text{MPa} < F_{ys} = 315\text{MPa} \qquad \text{O.K.}$$

$$\rho_t = \frac{F_{yw}}{F_{crs}} = \frac{315}{228} = 1.38 > 1.0$$

$$I_{t2} = \frac{D^4 \rho_t^{1.3}}{40}\left(\frac{F_{yw}}{E}\right)^{1.5} = \frac{2{,}000^4 \times 1.38^{1.3}}{40} \times \left(\frac{315}{200{,}000}\right)^{1.5}$$

$$= 38{,}003{,}503.96\text{mm}^4$$

$$\therefore I_t = 115{,}431{,}760\text{mm}^4 > I_{t2} = 38{,}003{,}503.96\text{mm}^4 \qquad \text{O.K.}$$

본 예제와 같은 직선교에서 중간수직보강재는 압축플랜지에 틈이 없도록 밀착시키거나 접합해야하나, 인장플랜지와는 약간의 틈을 주거나 밀착시키지 않아도 된다. 한편, 수평곡선교에서 웨브 한쪽면에만 설치된 수직보강재는 상·하플랜지에 모두 접합시켜야 하고, 수직보강재를 양쪽 모두에 설치할 때에는 상·하플랜지에 틈이 없도록 밀착시키거나 접합시켜야 한다.

3) 하중집중점의 지압보강재[하중저항계수법에 의한 강구조설계기준(2014, 국토교통부) 6.3.1.11.2]

지압보강재는 모든 지점부 위치에 설치해야 한다. 지압보강재 2-PL220×30(SM355) (양면보강)사용(그림 E9-9 참조)

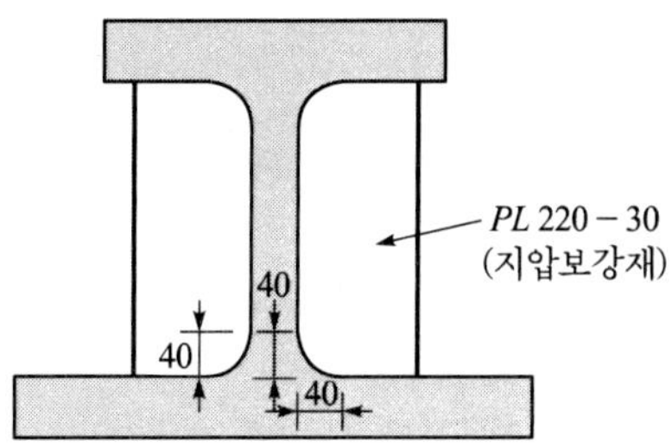

그림 E9-9 하중집중점의 지압보강재

① 지압보강재 돌출폭 b_t의 평가

지압보강재 돌출폭 b_t는 아래의 조건을 만족해야 한다.

$$b_t \le 0.48 t_p \sqrt{\frac{E}{F_{ys}}} \text{ (즉, 지압보강재의 폭두께비 } \frac{b_t}{t_p} \le 0.48\sqrt{\frac{E}{F_{ys}}}\text{)}$$

여기서, t_p = 지압보강재의 두께=30mm

F_{ys} = 지압보강재의 최소항복강도=315MPa

E = 지압보강재의 탄성계수=200,000MPa

따라서,

$$b_t = 220\text{mm} < 0.48 t_p \sqrt{\frac{E}{F_{ys}}} = 0.48 \times 30 \times \sqrt{\frac{200{,}000}{315}} = 363\text{mm} \qquad \text{O.K.}$$

② 설계지압강도 계산 및 평가

설계지압강도는 아래와 같이 구한다.

$$(R_{sb})_r = \phi_b (R_{sb})_n = \phi_b (1.4 A_{pn} F_{ys})$$

여기서, ϕ_b = 지압에 대한 강도저항계수=0.95

A_{pn} = 웨브 용접면으로부터 돌출된 지압보강재의 단면적으로 플랜지 연단위의 돌출부는 포함하지 않음(본 예제의 돌출부 길이가 40mm이므로, 그림 E9-9 참조) = 2×(220−40)×30 = 10,800mm^2

F_{ys} = 지압보강재의 최소항복강도=315MPa

따라서

$$(R_{sb})_r = \phi_b (R_{sb})_n = \phi_b (1.4 A_{pn} F_{ys})$$
$$= 0.95 \times (1.4 \times 10{,}800 \times 315)$$

$= 4,524,600\text{N}$

$= 4,524.6\text{kN} > V_u = 1,447.49\text{kN}$ (지압보강재가 설치된 표 E9.2.4-3의 내측거더 절점 28번의 최대요소전단력) O.K.

지압보강재는 웨브의 전체 높이까지 연장시켜야 하며, 가능한 플랜지 연단까지 연장시키는 것이 필요하고, 플랜지에 밀착되어 하중을 지지할 수 있도록 공장가공을 하거나 완전용입 그루브용접으로 플랜지와 접합시켜야 한다.

(7) 전단연결재의 설계[하중저항계수설계법에 의한 강구조설계기준(2014, 국토해양부) 6.3.1.10]

1) 개요

합성단면에서 강재거더 단면과 콘크리트 바닥판 사이의 내부전단에 저항하기 위해 스터드(stud)나 ㄷ형강의 전단연결재를 설치해야 한다. 단경간 합성교는 지간 전체에 걸쳐 전단연결재를 설치한다.

직선 연속합성교는 보통 교량의 전체길이에 걸쳐 전단연결재를 설치하고, 곡선 연속합성교도 교량 전체 길이에 걸쳐 전단연결재를 설치해야 한다. 부모멘트 구간에서는 전단연결재를 일반적으로 설치할 필요가 없지만, 필요시 하중저항계수설계법의 관련규정에 따라 전단연결재를 설치해야 한다.

본 예제 합성교량의 경우 단순교이므로 지간 전체에 걸쳐 스터드 전단연결재를 설치하는 것으로 설계한다. 스터드 전단연결재의 경우 직경에 대한 높이의 비(H/d)의 비는 4.0 이상이 되어야 하므로 다음과 같은 직경(d)와 높이(H)의 스터드를 사용한다.

$$d = 22\text{mm}, \quad H = 150\text{mm}$$

따라서

$$\frac{H}{d} = \frac{150}{22} = 6.8 > 4 \qquad \text{O.K.}$$

2) 전단연결재의 피로강도

전단연결재의 전단피로강도 Z_r은 다음과 같다.

$$Z_r = \alpha d^2$$

여기서, $\alpha = 238 - 29.5\log N$

d = 전단연결재 스터드의 직경=22mm

N = 응력범위의 반복횟수=4.38×10^6회로 가정[자동 스터드용접에 의해

부착된 스터드 전단연결재 부근 모재의 일정진폭 피로 반복횟수, 하중저항계수설계법에 의한 강구조설계기준(2014, 국토해양부) 표 10.1.2.3-1, 표 10.1.2.5-1]

따라서

$$\alpha = 238 - 29.5\log(4,380,000) = 42.08$$

$$Z_r = 42.08 \times 22^2 = 20,336.72\text{N} = 20.37\text{kN}$$

3) 전단연결재의 피치

전단연결재의 피치 p는 다음의 조건을 만족해야 한다.

$$p \le \frac{nZ_r}{V_{sr}}$$

여기서, n = 한 단면 내에 배치된 전단연결재의 개수

=여기서는 한 단면 당 3개씩 배치한다고 가정함.

V_{sr} = 단위길이당 수평방향 피로전단력 발생범위[즉, 피로하중계수(0.75)가 고려된 피로설계하중 통과 시 발생되는 활하중에 의한 전단력 하중효과, 표 9.2.4-6의 V_{sr} 참조]

따라서 요구되는 피치 $p_{소요}$는 다음과 같다.

$$p_{소요} = \frac{nZ_r}{V_{sr}} = \frac{3 \times 20,366.72}{V_{sr}} = \frac{61,100.16}{V_{sr}}$$

4) 강도한계상태

① 공칭전단력(소요강도)

단순교에서 총 공칭전단력 P는 다음과 같이 구한다.

$$P = \sqrt{P_p^2 + F_p^2}$$

여기서, P_p : 최대정모멘트(활하중+충격하중) 위치에서 콘크리트 바닥판의 총 종방향 전단력으로 다음 값 중 작은 값을 취한다(N).

$$P_{1p} = 0.85 f_c{}' b_s t_s$$

또는

$$P_{2p} = F_{yw}Dt_w + F_{yt}b_{ft}t_{ft} + F_{yc}b_{fc}t_{fc}$$

여기서, F_p = 최대 정모멘트(활하중+충격하중) 위치에서 콘크리트 바닥판의 총 반경방향의 전단력(N) = 0N(왜냐하면 직선경간에 대해서는 F_p는 0으로 할 수 있으므로)

$f_c{}'$ = 콘크리트의 최소압축강도(MPa)=27MPa

b_s = 콘크리트의 바닥판의 유효폭(mm)=2,500mm(내측거더)

t_s = 콘크리트의 바닥판의 두께(mm)=250mm

따라서

$$P_{1p} = 0.85 \times 27 \times 2{,}500 \times 250 = 14{,}343{,}750\text{N}$$

$$P_{2p} = 315 \times 2{,}000 \times 12 + 315 \times 650 \times 36 + 315 \times 480 \times 32 = 19{,}769{,}400\text{N}$$

$$\therefore P = P_{1p} = 14{,}343{,}750\text{N}$$

② 공칭전단강도와 설계전단강도

강도한계상태에서 스터드 전단연결재 1개의 설계전단강도 Q_r은 다음과 같이 구한다.

$$Q_r = \phi_{sc} Q_n$$

여기서, ϕ_{sc} = 전단연결재의 강도저항계수=0.80

Q_n = 전단연결재의 공칭전단강도(N)

$= 0.27d^2\sqrt{f_c{}'E_c} \leq 0.8A_{sc}F_u$

d = 스터드직경=22mm

A_{sc} = 스터드 전단연결재의 단면적= $\dfrac{\pi \times 22^2}{4} = 380.13\text{mm}^2$

E_c = 콘크리트의 탄성계수(MPa)=27,180MPa

F_u = 스터드 전단연결재의 최소인장강도(MPa)=400MPa≤500MPa

따라서

$$Q_n = 0.27 \times 22^2 \times \sqrt{27 \times 27{,}180}$$

$$= 111{,}947.84 < 0.8A_{sc}F_u = 0.84 \times 380.13 \times 400 = 127{,}723.68 \qquad \text{O.K.}$$

$$\therefore Q_r = \phi_{sc}Q_n = 0.80 \times 111{,}947.84$$

$$= 89{,}558.27 = 89.6\text{kN}$$

③ 총 전단연결재 수

총 전단연결재의 최소개요 수 n_t는 다음 식에 의해서 구한다.

$$n_t = \frac{P}{Q_r} = \frac{14{,}343{,}750}{89{,}558.27} = 160.2 = 161\text{개}$$

∴ 전단연결재의 총 수는 161개 이상 사용해야 한다.

다음 표 E9.2.4-6은 내측거더 G_4 경간의 전단연결재 배치와 수를 나타내고 있다.

E9.2.4-6 전단연결재의 배치와 수

경간	절점	V_{sr}(kN/m)	피치요구간격 $p_{소요}$(mm)	피치배치간격 p (mm)	총 전단연결재 수
내측 거더 G_4	28	296.58	206	200	3
	29	231.47	264	250	78
	30	206.42	296	250	138
	31	183.22	333	300	198
	32	159.96	382	300	238
	33	134.43	455	300	188
	34	160.52	381	300	138
	35	198.43	308	250	78
	36	296.58	206	200	3

(8) 처짐검토 및 솟음

1) 처짐검토

① 충격하중을 포함한 사용 활하중에 의한 탄성 처짐량 계산(최대처짐 발생 거더)

(단위 : mm)

절점	처짐량
1, 9	0
2, 8	9
3, 7	16
4, 6	20
5	23

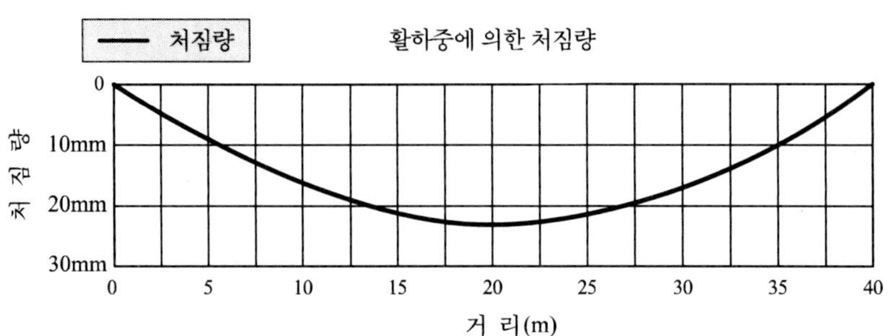

그림 E 9-10 활하중에 대한 전산구조해석결과 얻어진 처짐량

② 허용 처짐량

충격하중을 포함한 사용 활하중에 의한 교량의 주거더 및 가로보의 최대처짐량은 다음의 표 9.2.4-7 허용처짐량 이하라야 한다.

표 9.2.4-7 허용처짐량[L: 지간장(m)]

교량형식			최대처짐(m)	
	종 류	지간	단순지지거더 및 연속거더	게르버거더의 캔틸레버부
플레이트 거더형식	철근콘크리트 슬래브가 있는 플레이트거더	$L \leq 10\text{m}$	$L/2,000$	$L/1,200$
		$10 < L \leq 40\text{m}$	$\frac{L}{20,000/L}$	$\frac{L}{12,000/L}$
		$L > 40\text{m}$	$L/500$	$L/300$
	기타의 슬래브가 있는 플레이트거더		$L/500$	$L/300$
현수교형식			$L/350$	
사장교형식			$L/400$	
기타형식			$L/600$	$L/400$

따라서, 허용처짐량 $\Delta_a = \dfrac{L}{20,000/L} = \dfrac{40}{20,000/40} = 0.08\text{m} = 80\text{mm}$

③ 처짐평가

최대처짐량 $\Delta_{\max} = 0.023\text{m} = 23\text{mm} < \Delta_a = 80\text{mm}$ O.K.

2) 솟음량 산정

표 9.2.4-8 솟음량 전산처리결과(G_1)단위(mm)

절점 \ case	거더자중	합성 전 고정하중	합성 후 고정하중	계	비고
1	0.000	0.000	0.000	0.000	
2	10.45	24.14	3.58	38.17	
3	18.71	43.23	6.45	68.39	
4	23.95	55.33	8.29	87.57	
5	25.77	59.55	8.92	94.24	
6	23.95	55.33	8.29	87.57	
7	18.71	43.23	6.45	68.39	
8	10.45	24.14	3.58	38.17	
9	0.000	0.000	0.000	0.000	

표 9.2.4-9 솟음량 전산처리결과(G_2)단위(mm)

절점 \ case	거더자중	합성 전 고정하중	합성 후 고정하중	계	비고
10	0.000	0.000	0.000	0.000	
11	10.47	24.19	3.40	38.06	
12	18.74	43.30	6.16	68.20	
13	23.98	55.42	7.94	87.34	
14	25.81	59.63	8.56	94.00	
15	23.98	55.42	7.94	87.34	
16	18.74	43.30	6.16	68.20	
17	10.47	24.19	3.40	38.06	
18	0.000	0.000	0.000	0.000	

(9) 거더연결부의 설계 및 기타설계

거더연결부 설계, 바닥판을 포함한 가로보의 설계, 그리고 피로 및 파단한계상태에 대한 설계 등은 하중계수설계법에 의한 강구조설계기준(2014, 국토교통부)의 관련규정을 참조하여 수행하기 바란다.

9.3 프리플렉스교

9.3.1 개설

프리플렉스교는 프리플렉스 합성형(preflex composite beam)을 이용한 교량을 의미한다. 프리플렉스 합성형은 인장력에 약한 콘크리트의 단점을 강재를 이용하여 보완한 역학적으로 우수한 구조물로서 교량뿐만 아니라 다양한 구조물에 널리 적용되고 있다. 프리플렉스 합성형은 1949년 Belgium의 구조설계자 A. Lipski에 의해 처음으로 제안되었으며, 1951년에서 1954년 사이에 Brussels 대학의 L. Baes 교수와 A. Lipski가 공동으로 연구하여 개발한 교량형식으로 세계적으로 그 특성을 인정받고 있다. 우리나라에서도 프리플렉스 합성형의 경제성, 특히 유지비의 절감이나 시공성·내구성 등의 이점을 이용하여 풍부한 시공 실적을 가지고 있으며, 설계 및 시공관련 규준이 제정되어 있다. 프리플렉스 합성형은 고강도 강재거더를 사용하여 솟음을 갖는 강거더를 제작하고 탄성한계의 80%까지 프리플렉션 하중을 작용시켜 체결한 후 인장측 플랜지에 고강도 콘크리트를 타설하고 양생시켜 강거더와 일체로 합성이 되도록 한다. 그 후 강거더에 작용시킨 인장력을 풀어줌으로써 하부플랜지 콘크리트에 압축력의 프리스트레스가 도입되어 차후에 발생하는 인장응력에 저항토록 한 합성형 및 프리스트레스형의 절충형식이라 할 수 있다(그림 9.3.1). 프리플렉스 합성형은 부재 길이에 따라 공장 또는 현장에서 제작되며, 공장 제작이나 현장제작 모두 같은 방법으로 제작한다.

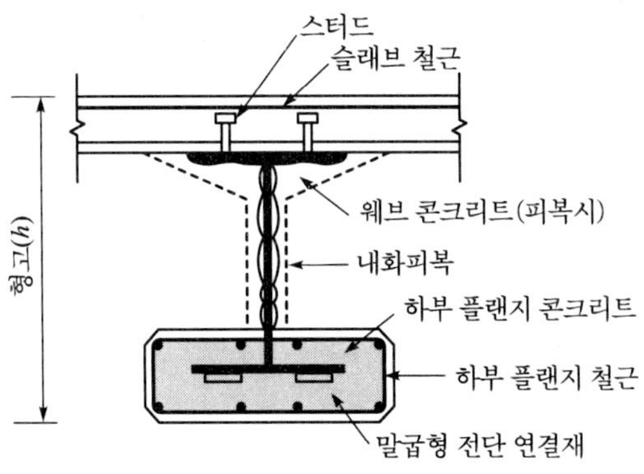

그림 9.3.1 프리플렉스 합성형 단면

최근까지 국내에서는 주로 단경간 프리플렉스 합성형이 주로 시공되어 왔다. 기존의 단경간 프리플렉스 합성형 교량을 장대화하기 위해서는 단순보형으로 제작된 프리플렉스 합성형을 연속적으로 설치하여 보와 보의 연결부를 신축장치로 처리하여 시공하는 방법이 있다. 그러나 이 신축장치부분은 가격이 고가이고 주행감을 저하시키며 차량의 주행 시 충격과 누수에 의해 교량의 열화현상을 촉진시키고 이에 따른 지속적인 보수 및 유지관리가 필요한 단점이 있다. 따라서 이러한 신축장치의 문제점을 해결하기 위한 방법으로서 기존의 프리플렉스 합성형을 일체화하여 연속보로 시공하는 방법이 연구되어 실용화되고 있다.

프리플렉스 합성형의 연속화

연속보는 자중에 의해 발생하는 휨모멘트를 고려하여 정모멘트 구역과 부모멘트 구역으로 분할할 수 있다. 정모멘트 구역은 단순 프리플렉스 합성형의 제작과 동일한 방법으로 제작하며 부모멘트 구역은 하부플랜지 콘크리트에 프리스트레스를 도입하지 않고서 분리하여 제작한다. 분리제작된 부재는 현장으로 운반되어 연결 후 교각상에 거치, 또는 교각상에 거치 후 연결하는 방법을 이용하여 분리 제작된 두 부재를 연결한 후 연결부위의 하부 플랜지 콘크리트에 팽창시멘트를 타설한다. 이후 바닥판 및 아스팔트를 타설하여 마감하는데 바닥판 콘크리트 타설 시 정모멘트 구간을 먼저 타설한 후 연속하여 부모멘트 구간을 타설해야 한다. 그러나 이렇게 제작된 연속보는 설계하중 재하 시 부모멘트 구간의 바닥판 콘크리트에 인장에 의한 심각한 균열이 발생할 수 있으므로 부재 제작 시 지점 상승·하강을 이용하는 등의 방법을 사용해야 한다. 이러한 방법으로 시공된 연속보는 단순보에 비해 경제성이 입증되었으며 지간이 길수록 그 이점이 커진다.

그러나 아직까지 연속 프리플렉스 합성형의 경우 국내에서는 일반화되어 있지 않으므로 여기서는 일반적으로 많이 사용되고 있는 단경간 프리플렉스 합성형을 중심으로 개념적인 내용을 기술하였다.

9.3.2 일반사항 및 특징

적용범위

프리플렉스 합성형의 적용지간은 현재의 설계·제작·시공면을 고려하여 지간 50m 이하의 다경간 연속 프리플렉스 합성형 교량에 적용하는 것을 원칙으로 하고 있다. 한편 곡선형은 제작상의 문제로 인하여 적용이 곤란하므로 곡선교의 경우에는 주거더를 직선으로 하고 외측주거더의 돌출길이를 변화시킨다.

현재까지의 국내외 사례를 보면 거더의 높이/지간의 비가 1/25~1/35까지가 경제적으로 적용되고 있으며 최대 1/45이 되는 경우도 있다. 또한 형의 높이는 최소 500mm까지도 가능한 것으로 알려져 있다. 이와 같이 거더의 높이를 다른 형식에 비해 낮게 취할 수 있는 것이 프리플렉스 합성 거더교의 특징 중 하나라고 할 수 있으며, 따라서 타형식의 교량과 비교하여 경제적인 시공이 가능하다.

용어의 정의

- 프리플렉스거더(preflex girder) : I형 단면의 강거더에 휨변형을 일으키는 하중을 가한 상태 하에서 인장측 플랜지 둘레에 콘크리트를 치고 경화시킨 후 강거더에 주었던 하중을 제거하면 콘크리트에 압축프리스트레스가 발생하게 된다. 이러한 형식의 강거더를 말한다.
- 프리플렉스 합성형(preflex composition girder) : 프리플렉스거더를 사용한 합성형으로 일반적으로 강거더 전체가 콘크리트에 둘러싸인 상태를 말한다. 고정하중 재하상태에서 하부플랜지 콘크리트에 압축응력이 남게 되며 합성형으로서의 중립축은 강거더의 상부플랜지 상면보다 위로 올라갈 수 없고 복부콘크리트는 설계 계산에서 일반적으로 무시한다.
- 프리플렉션(preflexion) : 프리플렉스거더의 하부플랜지에 프리스트레스를 주기 위해 강거더에 정모멘트를 주는 과정 및 상태를 말한다.
- 릴리스(release) : 프리플렉션된 강거더의 하부플랜지 둘레에 타설한 콘크리트가 경화한 후 강거더에 주었던 정모멘트를 제거함에 따라 하부플랜지 콘크리트에 프리스트레스를 도입하는 작업을 말한다.
- 지점상승 : 연속보로 시공 시 내부지점 부근에 최종적으로 발생하는 부모멘트에 대응하는 지점부 응력을 미리 유도하기 위하여 내부 지점을 상승시키는 것이다. 즉, 지점부 프리플렉스거더의 상부플랜지 둘레의 콘크리트에 압축응력을 도입하기 위해 강거더에 부모멘트르 주는 과정 및 상태를 말한다.
- 지점하강 : 지점을 상승시켜 프리스트레스된 강거더의 상부플랜지 둘레에 타설한 콘크리트가 경화된 후, 강거더에 주었던 부모멘트를 제거함에 따라 상부플랜지 콘크리트에 압축의 프리스트레스를 도입하는 작업을 말한다.

프리플렉스 합성형의 특징

(1) 안전성과 내구성

프리플렉스거더는 제작 시 프리플렉션 하중에 의해 강거더에 최대의 휨압축 · 휨인장응력이 생기고 릴리스 시에는 하부플랜지 콘크리트에 최대의 휨압축응력이 생기므로 마치 재료실험을 거쳐서 제작하는 결과가 된다. 따라서 프리플렉스거더는 다른 일반 강거더나 콘크리트거더에 비해 안전성을 확보하게 된다.

프리플렉스거더의 강거더나 하부플랜지 콘크리트는 고강도의 재료로 구성되며 또 프리플렉스거더는 콘크리트 바닥판뿐만 아니라 복부 및 하부플랜지도 콘크리트로 덮어지게 되므로 전체 강성이 커지고 내구성과 내부식성이 크므로 내구성이 보장된다.

(2) 시공성과 유용성

보통 공장에서 제작된 프리플렉스거더를 사용함으로 공사기간을 단축할 수 있고 지보공 없이 교량의 상부구조를 시공할 수 있으므로 공사비를 절감할 수 있다. 또한 형고가 비교적 낮으므로 다음과 같은 조건에서 사용하면 그 특징을 더 발휘할 수 있다.

- 하천개수에 따른 교량의 교체공사에서 형의 높이에 제한을 받는 경우
- 교량의 유지관리 비용을 절감시키거나 시공의 용이성을 얻고자 하는 경우
- 입체교차로나 지하철 공사, 육교 등에서 형하공간(clearance)을 확보할 필요가 있는 경우

(3) 품질관리

프리플렉스 합성형의 또 다른 특징은 품질관리라 할 수 있다. 즉, 공장제품 또는 현장에서 제작된 프리플렉션 합성형 모두 실험을 거쳐 제작되기 때문이다. 실험을 각 제작단계별로 보면 다음과 같다.

① 1차 프리플렉션

구조용 강판을 용접하여 제작한 프리플렉션형에는 제작응력 또는 용접에 의한 불리한 응력이 내재하며 이 응력은 1차 프리플렉션과 릴리스에 의해 소거되며 이후에는 완전한 탄성 거동을 하게 된다. 이때 프리플렉션 하중은 유압식 잭에 의해 정확한 게이지 측정으로 프리플렉션 하중을 작용시키고, 프리플렉션형의 처짐을 측정함으로써 적용하중을 제어하여 하중도입의 정확성을 유지할 수 있다.

② 릴리스

케이싱 콘크리트 타설시 같은 batch에 대한 압축강도측정용 공시체를 제작하여 같은 조건으로 양생하며 소요의 강도를 가질 때 릴리스를 실시하므로 높은 강도가 요구되는 케이싱콘크리트의 품질관리에 정확성을 부여할 수 있다. 뿐만 아니라 국부적인 결함이 있는 경우에는 릴리스에 의해 도입되는 높은 압축응력($0.6f_{ci}$)에 의해 파괴가 발생하므로 사용할 수 없게 되어 완전한 프리플렉스거더만이 적용되므로 제작된 프리플렉스 합성형의 콘크리트에 대한 품질이 보장된다. 위에서 열거한 품질관리 이외에도 강거더 전체가 콘크리트로 덮이므로 내구력이 증가하며 Belgium에서 실험한 결과를 인용하면 ISO의 내화력 규정에 따른 실험에서 피복 60mm 두께의 프리플렉스 합성형은 150분을 견디는 높은 내화력을 갖고 있는 것으로 나타나는 등 내구성이 큰 장점이 있다.

제작이론

프리플렉스에 사용된 SM420 이상의 구조용 강재는 고강도 강재로서 탄성한계 최대인장응력이 보통강재보다 50% 정도 크며 응력-변형률선도에서 높은 파괴점과 연신율을 가지고 있다. 그러나 이러한 강재를 일반 교량에서 높은 인장력이 발생하는 경우에 사용하는 것은 큰 처짐과 압축응력의 증가에 따른 좌굴 때문에 경제성이 없다. 그러나 강재를 콘크리트로 피복한 강거더는 압축이 증가함에 따라 강거더가 흡수할 수 있는 파괴강도를 압축플랜지 부분의 콘크리트가 흡수함에 따라 좌굴의 위험을 극복할 수 있으며 강재만을 사용했을 때의 과다한 처짐을 방지할 수 있다. 따라서 프리플렉스 합성형의 제작에 사용되는 강재의 안정허용응력을 허용압측응력은 $0.9f_{sy}$, 허용인장응력은 $0.8f_{sy}$까지 적용할 수 있게 되었고 설계하중시의 허용응력은 압축인장에 대해 모두 $0.7f_{sy}$을 얻을 수 있다.

(1) 프리플렉스 합성형에 작용하는 휨모멘트

프리플렉션에 의한 모멘트는 그림 9.3.2와 같이 각 단면의 설계최대 모멘트 곡선을 포함할 수 있는 휨모멘트를 얻을 수 있도록 정하는 것이 바람직하다. 일반적으로 외측경간의 경우 최외측 지점으로부터 약 L/4과 L/2 떨어진 위치에, 그리고 내부 경간의 경우 양 지점으로부터 약 L/3 떨어진 위치에 각각 2개의 집중하중을 가하여 휨모멘트를 준다.

프리플렉스 합성형에서는 강거더의 변형에 의해 프리스트레스를 주기 때문에 고강도 PS강재로 프리스트레스를 주는 PSC부재에 비해 콘크리트의 크리프와 건조수축에 의한 프리스트레스의 손실이 크게 되어, 일반적으로 활하중 재하 시에는 정모멘트 구간의 하부플랜지 콘크리트에 상당히 큰 인장응력이 발생하는 경우도 있다. 그러나 하부플랜지와 둘러싼 콘크리트 사이에 구조의 일체성 및 균열의 분산을 위해 축방향과 축직각방향의 철근을 보강하여 하부플랜지 콘크리트의 균열을 방지하고 있으므로 콘크리트의 인장강도를 정모멘트 구간은 $1.6\sqrt{f_{ck}}$까지 허용하며 강거더와 바닥판 콘크리트의 합성작용

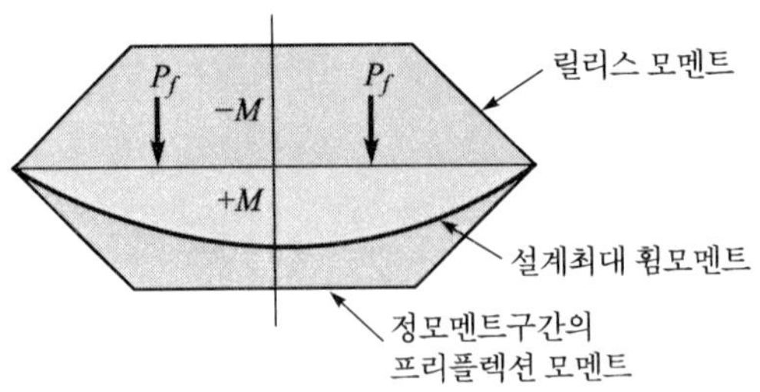

그림 9.3.2 정모멘트 구간의 프리플렉션 및 릴리스시의 모멘트도

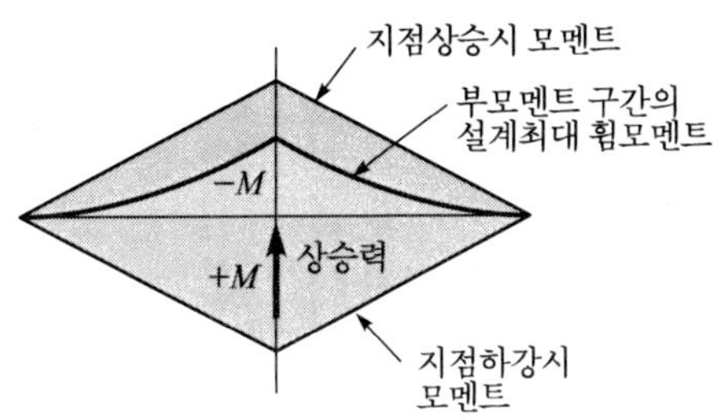

그림 9.3.3 부모멘트 구간의 지점상승시와 하강시의 모멘트도

에 의해 설계모멘트에 저항하도록 하고, 부모멘트 구간은 철근 콘크리트 구조설계의 개념을 도입하여 시공 중 발생하는 인장응력을 무시한다.

연속형의 경우 지점내부에서 지점상승과 하강에 의한 모멘트는 그림 9.3.3과 같이 부모멘트 구간의 설계최대 휨모멘트곡선을 포함할 수 있도록 하는 것이 좋다. 이 경우 합성형의 중립축이 강거더의 상부플랜지의 상연보다 위에 놓이지 않도록 하는 것이 좋다. 또한 지속하중이 작용할 때는 강거더의 강재 및 철근의 부식을 막기 위하여 하부플랜지 콘크리트 표면에 균열이 생기지 않도록 해야 한다.

(2) 프리플렉스 합성형의 제작순서

프리플렉스 합성형의 개념을 이해하기 위하여 단순 프리플렉스 합성형에 대한 제작순서를 간단하게 정리하였다. 연속 프리플렉스 합성형의 경우 2, 3 그리고 4경간 연속에 대한 시공순서가 "프리플렉스 합성 거더교량 표준시방서"에 자세히 해설되어 있다.
기존의 단경간 프리플렉스 합성형 교량의 최대 부재력 작용위치인 지간 중앙부의 응력 크기를 최소화하기 위한 방법에 의해 제작되는 순서이며 각 단계별 응력이 허용응력을 초과하지 않도록 허용응력을 검토해야 한다. 단경간 프리플렉스 합성형의 시공순서는 표 9.3.1과 같이 모두 7단계로 세분화할 수 있다.

① 단계 : 강재의 거치

소정의 솟음을 주어 제작한 강거더의 양단을 표 9.3.1①과 같이 단순 거치하면 강거더의 자중으로 인한 응력과 처짐이 발생하는데, 본 단계에서는 강거더자중으로 인한 응력 및 처짐을 계산한다.

② 단계 : 프리플렉션 하중의 재하

강재 단면에 발생하는 최대 휨모멘트가 허용 휨모메트를 초과하지 않는 범위에서 프리플렉션 하중(P_{pf})를 결정하여 표 9.3.1②와 같이 하중을 재하한 후 강재의 응력을 계산한다. 여기서 꺾임 하중의 재하위치는 일반적으로 양단으로부터 약 L/5 되는 지점으로 결정되며 특히 프리플렉션 하중재하 시에는 횡좌굴이 발생할 수 있으므로 적당한 간격으로 횡보강재를 설치해야 한다.

③ 단계 : 하부플랜지 콘크리트의 타설 및 릴리스

②단계의 프리플렉션 하중을 가한 상태에서 하부 강재플랜지에 거푸집을 설치하여 콘크리트를 타설하며 타설된 콘크리트의 압축응력이 설계기준강도의 90% 이상의 값에 도달하면 거푸집을 제거하여 ②단계에서 가한 프리플렉션 하중을 서서히 제거한다. 따라서 하부플랜지 콘크리트는 강재의 복원력에 의해 압축응력이 도입된다(표 9.3.1③).

표 9.3.1 프리플렉스 합성거더의 제작순서

재하 상태	응력저항단면	비고
① 		강거더를 치올림한 상태
② 프리플렉션 하중 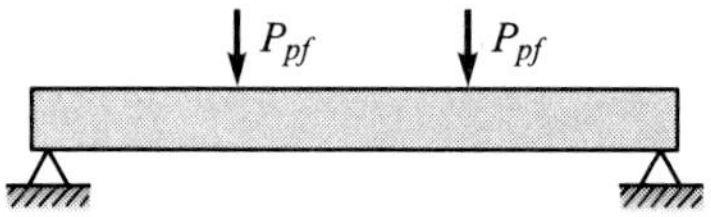 P_{pf} P_{pf}		프리플렉션 하중(P_{pf})을 재하한 상태
③ 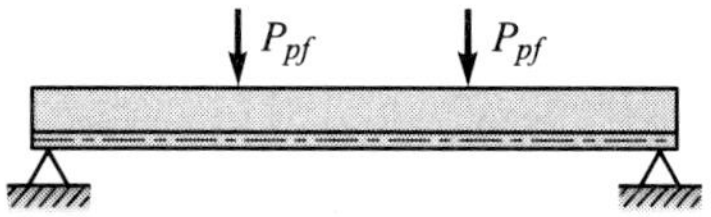 P_{pf} P_{pf}		②의 상태로 하부플랜지 콘크리트를 친 상태
④ 릴리스 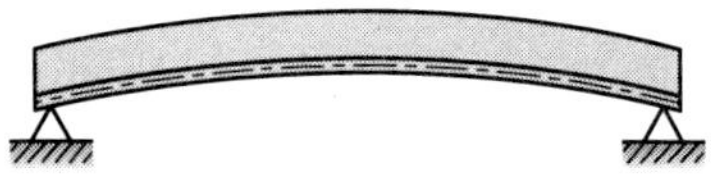		프리플렉션 하중을 제거하여 하부플랜지 콘크리트에 압축응력이 도입되어 프리플렉스거더가 완성된 상태
⑤ 		프리플렉스거더를 시공하여 웨브 및 슬래브 콘크리트를 친 상태
⑥ 합성후 고정하중 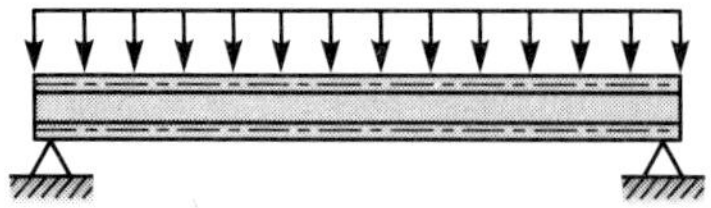		프리플렉스거더와 슬래브 콘크리트가 합성되어 2차 고정하중이 작용하는 상태
⑦ 적재하중 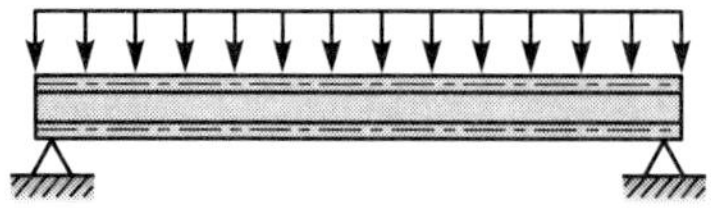		적재하중이 재하된 상태

㈜ 응력저항단면에서 점선은 구조계산 시 고려하지 않는 단면임

④ 단계 : 지간 중앙부에서의 보조지점 상승

프리플렉스 합성형을 현장으로 운반한 후 하부플랜지 콘크리트의 초기 크리프 및 초기 전조수축에 의해 발생하는 응력을 계산한다. 그리고 최종상태에서 지간 중앙부에 발생하는 정모멘트에 의한 하부플랜지 콘크리트의 인장응력 발생을 최소화하기 위해 지간 중앙부에 보조지점을 설치하고 상승시켜 이후 단계에서 타설될 바닥판 및 복부 콘크리트의 자중에 의한 지간 중앙부에서의 부모멘트 발생을 유도한다(표 9.3.1④).

⑤ 단계 : 바닥판 및 복부 콘크리트 타설

상승시킨 지간 중앙부를 고임판으로 지지한 후 전 경간에 걸쳐 바닥판 및 복부 콘크리트를 타설하여 지간 중앙부에 바닥판 및 복부 콘크리트의 자중으로 인한 부모멘트를 발생시킨다(표 9.3.1 ⑤).

⑥ 단계 : 보조지점 하강

⑤단계에서 타설한 콘크리트의 양생이 끝나면 보조지점을 하강시킨다. 이때 지점하강으로 인한 응력을 계산하기 위해 보조지점의 하강력을 계산한다(표 9.3.1⑥).

⑦ 단계 : 아스팔트 타설

본 단계에서는 바닥판 콘크리트 위에 포장되는 아스팔트 고정하중에 의한 합성단면에 발생하는 응력과 처짐을 고려한다(표 9.3.1⑦).

아스팔트 타설 이후 하부플랜지 콘크리트 및 바닥판 콘크리트의 최종크리프 및 최종건조수축에 의한 응력을 계산하고 각 설계단면에서 차량활하중 가운데 불리한 응력이 발생되는 하중을 고려하여 계산한다.

(3) 프리플렉스 합성형의 응력

프리플렉스 합성형 부재 단면의 응력도는 복부콘크리트를 제외한 부재 전 단면을 유효한 것으로 보며, 축방향의 변형은 단면의 중립축으로부터의 거리에 비례하는 것으로 하여 탄성이론과 평면유지의 법칙에 따라 계산한다. 다만 하부플랜지 콘크리트에 균열이 생길 경우는 하부플랜지 콘크리트 단면을 무시하고 계산하며 설계된 부재의 응력을 조합하여 이것이 균열응력 이하가 되도록 해야 한다.

프리플렉스 합성보는 시공단계에 따라 단면형상이 변하며 시공단계별 재하상태에 따른 저항단면 및 각 부분의 응력도는 표 9.3.2와 같다. 표 9.3.2의 그림에서 점선은 형상을 표시하는 구조물선이지만 계산에서는 고려하지 않는 부분이며, 실선은 구조물선으로서 계산에 고려하는 부분을 나타낸다. 응력계산을 위해 고려해야하는 재하상태는 다음과 같다.

표 9.3.2 프리플렉스 합성형의 응력

단계	재하상태	저항단면	발생응력		누계응력	
			강거더 응력도	슬래브 콘크리트응력 / 하부플랜지 콘크리트 응력	강거더 응력도	슬래브 콘크리트응력 / 하부플랜지 콘크리트 응력
⓪	강거더 제작완성					
①	프리플렉션		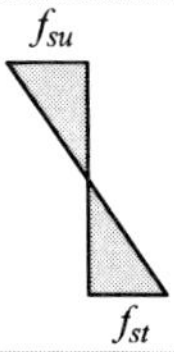 f_{su}, f_{st}		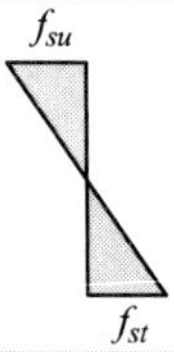 f_{su}, f_{st}	
②	릴리스	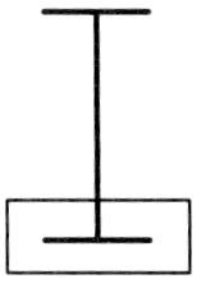	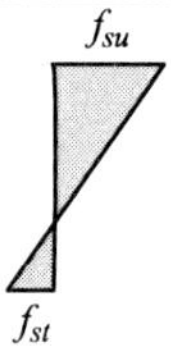 f_{su}, f_{st}	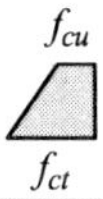 f_{cu}, f_{ct}	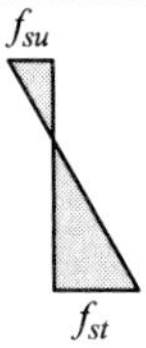 f_{su}, f_{st}	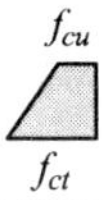 f_{cu}, f_{ct}
③	프리플렉스 거더 고정하중	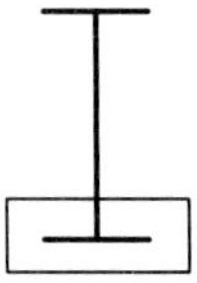	 f_{su}, f_{st}	 f_{cu}, f_{ct}	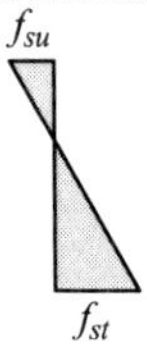 f_{su}, f_{st}	 f_{cu}, f_{ct}
④	하부플랜지 콘크리트의 초기 크리프	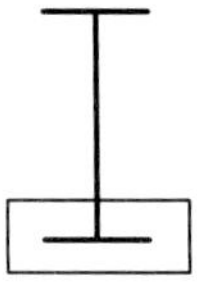	 f_{su}, f_{st}	 f_{cu}, f_{ct}	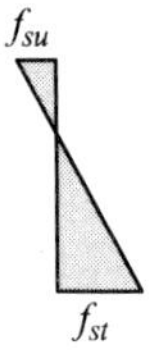 f_{su}, f_{st}	 f_{cu}, f_{ct}
⑤	하부플랜지 콘크리트의 초기 건조수축					
⑥	슬래브 콘크리트 웨브콘크리트 및 가로보 하중	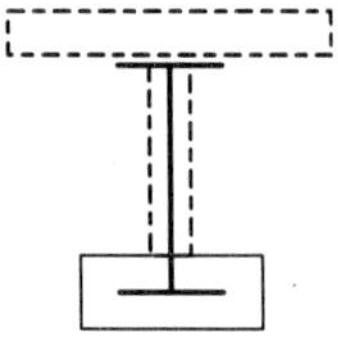	 f_{su}, f_{st}	 f_{cu}, f_{ct}	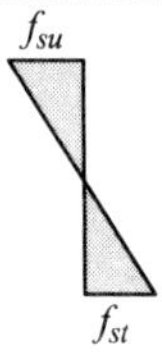 f_{su}, f_{st}	 f_{cu}, f_{ct}

⑦	합성 후 부가 고정하중	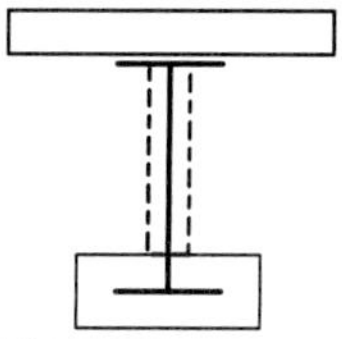	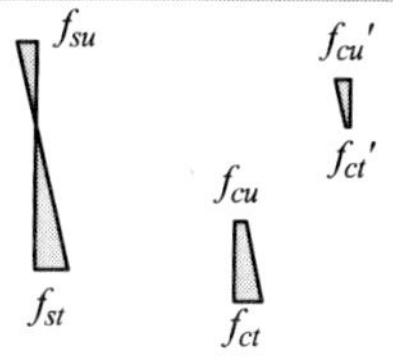 f_{su}, f_{st}, f_{cu}, f_{ct}, f_{cu}', f_{ct}'	f_{su}, f_{st}, f_{cu}, f_{ct}, f_{cu}', f_{ct}'
⑧	슬래브 콘크리트의 크리프, 건조수축	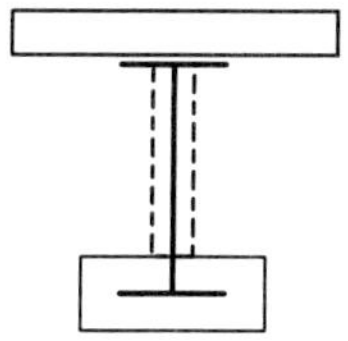	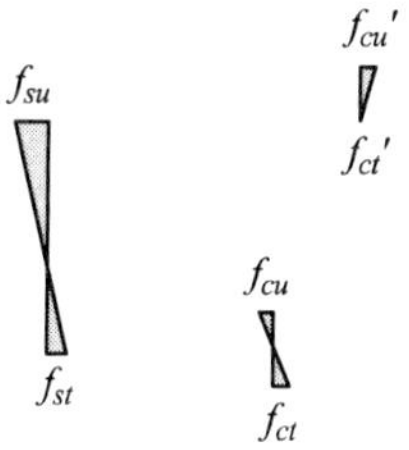 f_{su}, f_{st}, f_{cu}, f_{ct}, f_{cu}', f_{ct}'	f_{su}, f_{st}, f_{cu}, f_{ct}, f_{cu}', f_{ct}'
⑨	하부플랜지 콘크리트의 최종 크리프 및 건조수축			
⑩	적재하중	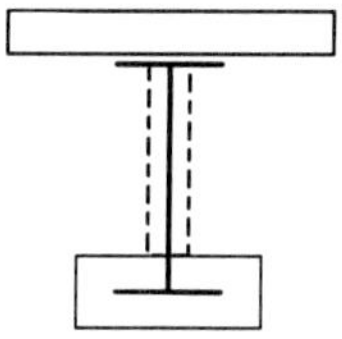	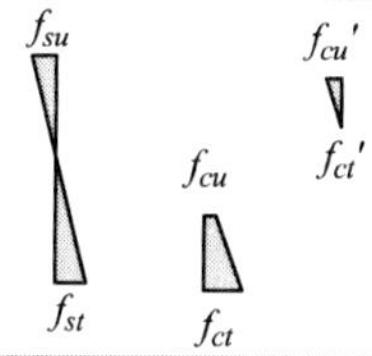 f_{su}, f_{st}, f_{cu}, f_{ct}, f_{cu}', f_{ct}'	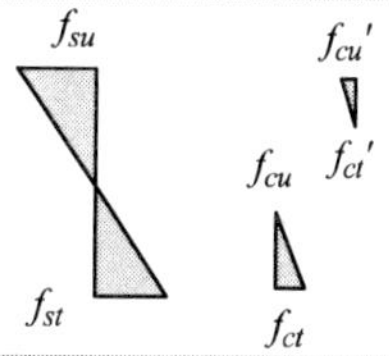 f_{su}, f_{st}, f_{cu}, f_{ct}, f_{cu}', f_{ct}'
⑪	균열하중	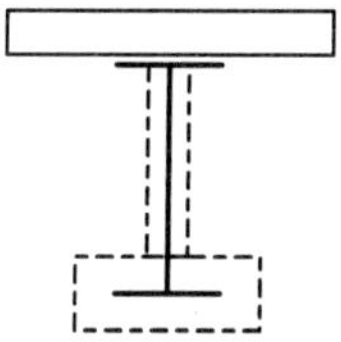	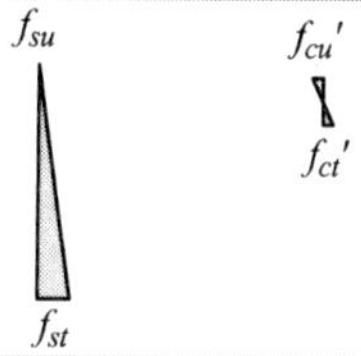 f_{su}, f_{st}, f_{cu}', f_{ct}'	f_{su}, f_{st}, f_{cu}', f_{ct}'

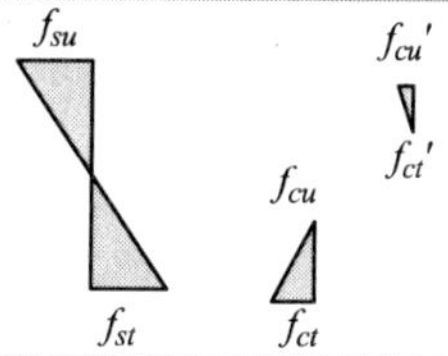

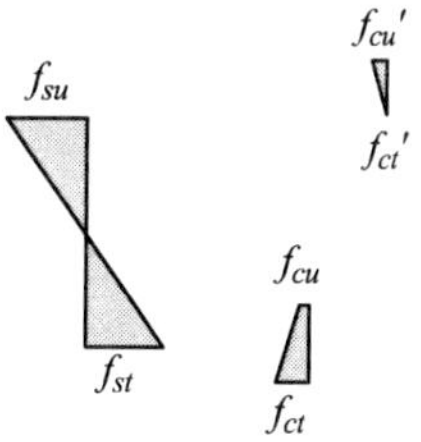

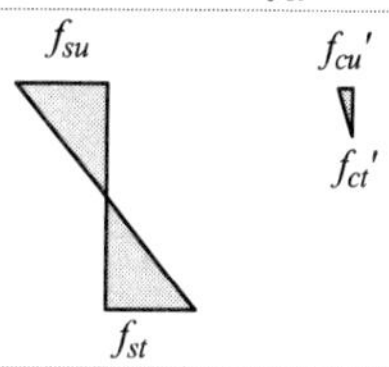

주 ⑪의 응력은 하부플랜지 콘크리트의 인장응력을 무시한 경우로서, ⑩에서 구한 하부플랜지 콘크리트의 응력을 소멸시키는 힘에 의한 응력이며, ⑩의 누계응력에 이 응력을 더하면 ⑪의 누계응력이 구해진다. 일반적인 합성보와 마찬가지로 프리플렉스 합성보에 고정하중과 적재하중이 작용한 경우의 응력에 ⑧, ⑨에서의 콘크리트 크리프, 건조수축에 의한 응력을 더하여도 같은 결과를 얻을 수 있다.

① 프리프렉션	(강거더)
② 릴리스	(강거더+하부 플랜지 콘크리트)
③ 프리플렉스 합성보의 자중 재하	(강거더+하부 플랜지 콘크리트)
④ 하부 플랜지 콘크리트 타설시까지의 크리프 고려	(강거더+하부 플랜지 콘크리트)
⑤ 하부 플랜지 콘크리트 초기 건조수축 고려	(강거더+하부 플랜지 콘크리트)
⑥ 슬래브 콘크리트 재하	(강거더+하부 플랜지 콘크리트)
⑦ 합성 후 고정자중(마감하중) 재하	(강거더+하부 플랜지 콘크리트+슬래브)
⑧ 슬래브 콘크리트의 건조수축 및 크리프 고려	(강거더+하부 플랜지 콘크리트+슬래브)
⑨ 하부 플랜지 콘크리트의 최종 크리프	(강거더+하부 플랜지 콘크리트+슬래브)
⑩ 하부 플랜지 콘크리트의 최종 건조수축	(강거더+하부 플랜지 콘크리트+슬래브)
⑪ 적재하중 재하	(강거더+하부 플랜지 콘크리트+슬래브)

9.3.3 타형식 교량과의 비교

형고와 지간과의 관계

프리플렉스 합성 거더교의 이점은 형고를 낮게 할 수 있다는 것이다. 이 형식에서는 지간을 l, 형고를 h라 할 때, $h/l = 1/45$까지 가능하고 최저 형고는 500mm까지 가능한 것으로 알려져 있다.

프리플렉스 합성 거더교와 기타 형식의 교량을 비교하면 그림 9.3.4와 같다. 프리플렉스 합성 거더교의 지간은 15~50m 범위로 PSC 박스거더교량이나 강박스거더교의 최대지간에는 미치지 못하지만 지간에 따른 형고의 비(比)가 프리스트레스트 콘크리트 T형교에서는 1/18~1/22, 프리스트레스트 콘크리트 박스거더교에서는 1/20~1/30 그리고 강박스거더교에서는 1/25~1/35인 반면에 프리플렉스 합성형에서는 1/30~1/40로서 같은 지간에 대해 형고가 가장 작다.

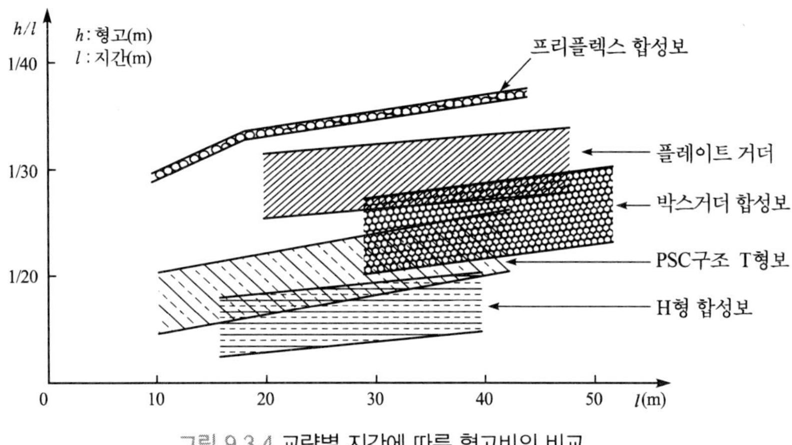

그림 9.3.4 교량별 지간에 따른 형고비의 비교

피로에 대한 특징

피로설계 시 고려해야 할 응력은 활하중에 의한 응력범위이고, 잔류응력은 피로설계 시 고려하지 않는다. 이 규정은 일반적으로 순인장을 받는 구조 상세범주에만 적용한다. 하중저항계수설계법에 의한 강구조설계기준(2014, 국토교통부) 제10장에서 제시하고 있는 설계기준은 기본 식을 피로하중 및 피로강도에 관한 표현으로 바꿈으로써 다음과 같이 나타낼 수 있으며, 각 구조상세는 하중유발피로에 대해 이 식을 만족시키도록 하고 있다.

$$\phi(\Delta F)_n \geq \eta\gamma(\Delta f) \qquad \text{식(9.3.1)}$$

여기서 $(\Delta F)_n$: 공칭피로강도

γ : 피로한계상태조합에 대한 하중계수

(Δf) : 피로하중 통과 시 발생되는 활하중의 응력범위(하중효과)

ϕ : 저항계수

η : 연성, 여용성, 구조물의 중요도에 관련된 하중수정계수

그러나 피로 및 파단한계상태에 대해서 $\eta = 1.0$, $\phi = 1.0$ 이므로 식 (9.3.1)은 다음과 같이 표현될 수 있다.

$$(\Delta F)_n \geq \gamma(\Delta f) \qquad \text{식(9.3.2)}$$

교량의 피로에 대한 특징은 반복하중의 정도와 횟수에 의해 정해지며, 응력범위($\Delta f = f_{max} - f_{min}$)가 작을수록 피로한도(fatigue limit)에 대한 하중 반복횟수가 증대하며 일반적으로 피로에 대한 설계의 기준이 되는 하중반복횟수를 2×10^6으로 규정하고 있다. 이러한 피로설계기준 등을 이용하여 프리플렉스 합성형과 플레이트거더의 피로에 대한 특성을 고찰하여 보면, 프리플렉스 합성형의 경우 응력범위가 작게 나타나므로 일반 플레이트거더보다 피로에 대해 안전하다고 할 수 있다.

처짐과 유지관리

프리플렉스거더는 강거더에 비해 처짐이나 진동이 작다. PSC거더와는 정확한 비교를 할 수는 없으나 거의 같은 정도의 처짐과 진동이 발생한다. 유지관리면에서 비교하면 강거더에 비해 프리플렉스거더는 거더 전체를 콘크리트로 덮기 때문에 PSC형과 마찬가지로 유지관리비가 적게 드는 것이 사실이다. 또 자중에 대해서는 강거더에 비교하여 상부공의 고정하중이 크나 PSC거더와 비교하면 70~80% 정도가 된다.

CHAPTER

10

특수교량

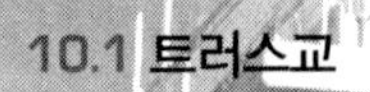

10.1 트러스교

10.2 아치교

10.3 장대교량의 개요

10.4 사장교

10.5 현수교

본 장에서는 지금까지 살펴보았던 일반적인 콘크리트(RC 및 PSC)교량, 강교량, 합성형 교량 이외의 교량에 대해서 기술하였다. 콘크리트교 또는 강교는 교량에 사용된 주재료에 따라 구분되나, 여기서는 재료의 구분 없이 일반 거더교가 아닌 특수한 구조형식의 교량인 트러스교, 아치교, 사장교, 현수교의 기초적인 설계개념 및 방법 등에 대해서 기술하였다.

10.1 트러스교

10.1.1 개설

직선 부재의 양단을 마찰이 없는 힌지로 삼각형 모양으로 조립하고, 이 기본 삼각형을 기준으로 하여 차례로 마찰이 없는 힌지로 직선 부재를 조립한 구조를 이상(理想) 트러스라고 한다. 이와 같이 트러스는 인장재와 압축재로 구성되나 실제 트러스에는 휨・비틀림 등의 2차 부재력이 발생할 수가 있다. 이때 2차 휨응력을 허용하는 경우를 교량 트러스라고 한다.

트러스는 일반적으로 부재의 중심선이 절점에서 만나도록 조립하고 활하중은 종거더와 횡거더를 매개로 주트러스(main truss, 主構)의 격점에 작용하도록 설계된다. 주트러스 격점에서의 부재접합을 이상적인 핀 접합으로 하면 부재는 주로 축력에 의해 저항하게 된다. 그러나 핀 접합으로 하면 핀의 마모나 녹이 발생하여 접합이 불완전하게 되기 쉬우므로 보통은 거세트판(gusset plate)를 이용해서 부재를 고장력 볼트로 접합한다. 그래서 실제로 격점은 강결구조로 되어 있다. 그 때문에 부재에 단모멘트가 생기가 휨에 의한 2차 응력을 유발한다. 이러한 격점 강결에 의한 2차 응력은 부재의 세장비가 작은 경우에 비교적 커지므로 주의를 요한다. 그래서 부재 단면 치수의 산정이나 격점 구조의 강도 계산에 2차 응력을 고려해야만 하고, 보통은 2차 응력이 가능한 한 작아지도록 설계하는 것이 바람직하다.

강교에서는 지간이 50m 정도 이상이 되면 플레이트거더교보다 트러스교가 유리하다고 한다. 물론 그 이하에서도 트러스교가 사용되는 경우가 있다. 최근에는 연속합성교나 강상판 거더교 등이 출현되어 장지간에도 플레이트거더교가 시공되고 있지만 일반적으로 50~100m 지간에서는 트러스교가 가장 알맞은 형식이라 볼 수 있다.

10.1.2 일반사항 및 특징

트러스교의 구성

트러스교를 이루고 있는 주요구조는 그림 10.1.1과 같이 주트러스, 수평브레이싱(lateral bracing), 수직브레이싱(sway bracing) 및 바닥틀(floor system)이며 주요구조의 역할은 다음과 같다.

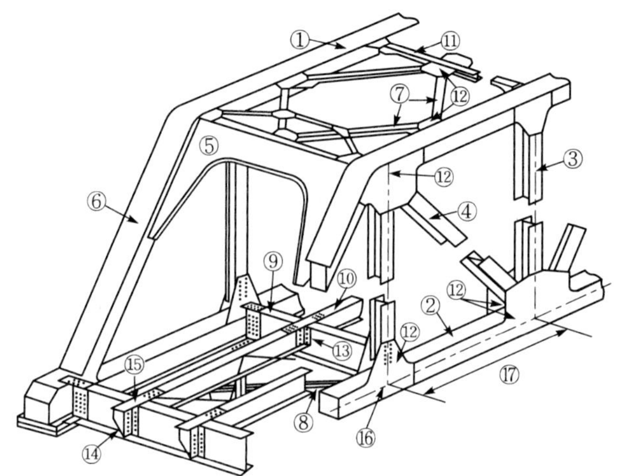

① 상현재
② 하현재
③ 수직재
④ 사재
⑤ 교문 브레이싱
⑥ 단주
⑦ 상부수평 브레이싱
⑧ 하부수평 브레이싱
⑨ 횡형
⑩ 종형
⑪ 스트러트(strut)
⑫ 거세트판
⑬ 연결앵글
⑭ 브레킷
⑮ 모멘트 연결판
⑯ 격점
⑰ 격간장

그림 10.1.1 트러스교의 구성

① 주트러스

일반적으로 2개로 구성되어 수직하중을 지지하고, 그 하중을 교대 또는 교각으로 전달한다. 주트러스를 구성하는 부재의 명칭은 다음과 같다.

- 현재(弦材)-상현재(上弦材), 하현재(下弦材)
- 단주(端柱)-경사단주(傾斜端柱), 수직단주(垂直端柱)
- 복부재(腹部材)-수직재(垂直材), 사재(斜材)

② 수평브레이싱

양측의 주트러스를 연결하여 횡하중, 즉 풍하중 또는 원심하중 등에 저항한다.

③ 수직브레이싱

양측의 주트러스와 상부 수평브레이싱을 연결하는 것으로 단부에 설치된 것은 교문브레이싱(portal beam)이라고 한다.

④ 바닥틀

횡형(橫桁, cross beam)과 종형(縱桁, stringer)으로 구성되어 바닥판으로부터 전달되는 활하중 등을 주트러스의 격점으로 전달한다.

트러스교의 특징

- 트러스교는 높이를 임의로 정할 수 있어 상당히 큰 휨모멘트에도 저항할 수 있으므로 거더교보다 장지간의 교량에 사용할 수 있다. 도로교에서는 지간장 100m 이상에서, 철도교에서는 지간장 80m 이상에서 트러스교가 경제적이다. 최대 지간장 트러스교는 1918년에 완성된 캐나다의 Quebec교로 최대지간장 549m이다.
- 구성부재를 개별적으로 운반하여 현장에서 조립이 가능하므로 부재운반이 곤란한 산악지역에 적합한 구조형식이다.
- 트러스의 상하에 바닥판의 설치가 가능하므로 2층 조의 교량형식으로 사용할 수 있다.
- 트러스구조는 내풍성이 좋고 강성확보가 용이하여 장대교량의 보강형(stiffening girder)으로 적합하다.
- 트러스교는 거더교에 비해 부재수가 많아 제작상 불리하다.

트러스의 분류

(1) 골조에 따른 분류

트러스는 상·하 현재의 배치 형태에 따라서 직현(또는 평행현)트러스와 곡현트러스가 있으며, 보통은 복부재의 연결방법에 따라 다음과 같이 분류한다.

① 와렌트러스(warren truss)

상로교의 단지간에 좋고, 하로교에서는 가로보의 연결을 쉽게 하기 위해서 부수직재를 넣어 격간을 나누는 경우가 많다. 현재 트러스교로서 가장 널리 사용되는 형식이다(그림 10.1.2(a)).

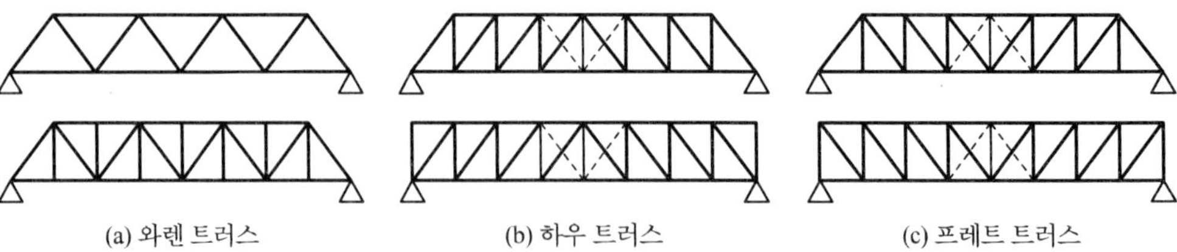

그림 10.1.2 와렌트러스, 하우트러스 및 프레트 트러스

② 하우트러스(howe truss)

그림 10.1.2(b)와 같이 사재의 방향이 지간중심선에 대해 위에서 아래로 향하여 바깥으

로 나간 트러스이며, 사재는 일반적으로 압축재, 수직재는 인장재가 되며, 강교에서는 보통 쓰이지 않고 목교에서 많이 쓰이는 형식이다.

③ 프레트트러스(pratt truss)

사재의 방향이 하우트러스와 반대로 된 트러스이다. 이때 사재는 인장재, 수직재는 제일 외측에 있는 것을 제외하고는 압축재로 된다(그림 10.1.2(c)).

④ 분격트러스(subdivided truss)

지간이 길어지면 트러스 높이가 높아지고, 사재의 경사각도 커지는 관계로 격간 길이가 길어지며, 압축재로서 불리하게 되고, 또 가로보도 길어져서 비경제적으로 되기 때문에 격간을 나눈다. 그림 10.1.3은 프레트트러스의 분격트러스로서 페티트(pettit)트러스이다.

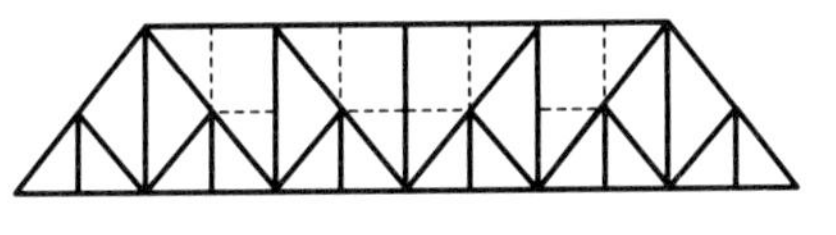

(a) Baltimore Truss

(b) Pensilvania Truss

그림 10.1.3 페티트 트러스

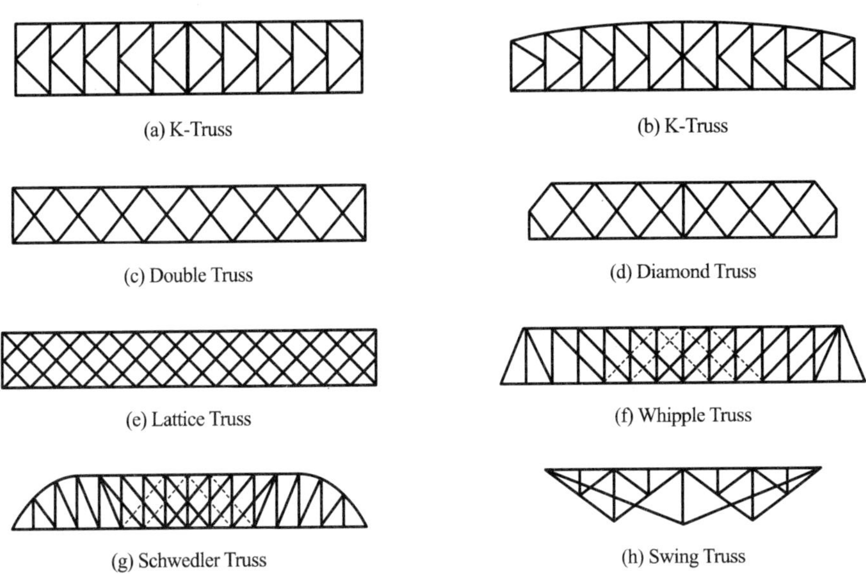

(a) K-Truss

(b) K-Truss

(c) Double Truss

(d) Diamond Truss

(e) Lattice Truss

(f) Whipple Truss

(g) Schwedler Truss

(h) Swing Truss

그림 10.1.4 기타 트러스

⑤ 기타 트러스

그림 10.1.4에서 (a), (b)는 K트러스로 주트러스에는 그다지 쓰이지 않고 수평브레이싱에 잘 쓰이며, (a)는 정정이나 (b)는 1차 부정정이다. (c)는 더블와렌트러스이고,

(d)는 다이어먼드트러스, (e) 이하는 현재 잘 쓰이지 않는 형식들이다.

(2) 용도에 따른 분류

트러스교를 용도에 따라 분류하면 철도 트러스교와 도로 트러스교로 대별되는데 바닥틀 구조에 약간의 차이가 있을 뿐 골조 구조는 유사하다. 철도교의 하중 강도가 크기 때문에 부재의 단면 치수가 도로 트러스교의 그것보다 크다. 열차의 주행성을 고려하여 처짐을 도로 트러스교의 약 절반으로 엄격히 제한하고 있어 높이가 도로 트러스교보다 일반적으로 크다. 또 철도교에서는 반복 응력에 의한 부재의 피로를 고려해야만 한다는 점도 설계상으로 엄격한 조건이 된다.

(3) 노면 위치에 따른 분류

노면 위치에 따라 상로 트러스교 · 하로 트러스교 · 중로 트러스교 · 2중덱 트러스교로 분류된다. 교량의 바닥면 높이는 접속 도로의 건설비 등을 고려해 경제적으로 결정한다. 일반적으로 상로 트러스교로 하면 바닥면이 높아져 하로 트러스교의 경우보다 접속도로의 종단구배가 급해진다. 그러나 자동차의 주행성이 쾌적하므로 고속도로에서는 상로 트러스교가 적합하다. 또 산간부에서 교하(橋下)공간이 넓은 경우에는 교각 높이가 절감되어 경제적이고 또 내진성에서도 유리하다. 교하공간에 여유가 없는 경우, 높이가 커지는 경우에는 하로 트러스교가 적합하다. 따라서 철도 트러스교의 주류를 이루고 있다.

장대 트러스교로서 높이가 큰 경우 바닥면이 트러스 높이의 중간에 위치하는 형식을 중로 트러스교라고 한다. 2층으로 바닥면을 설치한 2중 덱교에서는 하부구조뿐 아니라 상부구조의 경제적 설계가 달성되므로 중로 트러스형식이 사용된다.

(4) 지지형식에 따른 분류

트러스교도 플레이트 거더교와 같이 단순 트러스교, 경사(skew)지지 트러스교, 연속 트러스교, 게르버 트러스교로 분류된다.

(5) 역학적 분류

트러스구조는 부정정반력의 존재여부에 따라 외적(外的)으로 정정 또는 부정정구조로 분류할 수 있으며, 부재수와 격점수에 따라 내적으로 안정된 정정 또는 부정정 구조와 불안정구조로 분류한다.

내적 정정트러스의 기본조건은

$$m = 2p - 3$$ 식 (10.1.1)

여기서, m : 부재수
p : 격점수

이며, 부재수와 격점수의 관계가

$$m < 2p - 3$$ 식 (10.1.2)

이면 불안정트러스가 된다. 트러스의 부재수가 정정트러스를 구성하기 위한 기본수보다 많은 경우, 즉

$$m > 2p - 3$$ 식 (10.1.3)

이면 부정정트러스라고 부르며, 나머지 부재를 여재(餘材, redundant member)라고 부른다. 그러나 식 (10.1.1)이나 식 (10.1.3)을 만족한다고 해서 반드시 안정된 구조는 아니다.

그림 10.1.5는 이러한 예를 보여 주고 있다.

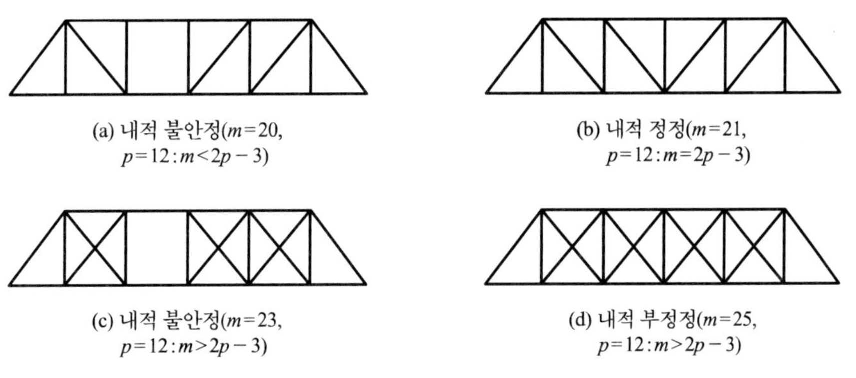

그림 10.1.5 트러스의 역학적 분류

10.1.3 트러스의 부재력 해석법

(1) 가정

트러스교는 실제로는 입체이나 입체적 해석은 너무 계산이 복잡하여 전산처리로만 가능하다. 일반적으로 2주트러스 사이에 실리는 하중을 가로보(횡형)에 전달시키고 가로보의 양끝의 반력이 주트러스에 집중하중으로 작용하게 하여, 평면트러스로 취급해서 다음과 같은 가정 아래 부재력을 계산한다.

- 트러스는 평면트러스로서의 외력은 모두 트러스면 내에 작용한다.
- 외력은 모두 격점에 집중해서 작용한다.
- 부재는 모두 직선으로 그 측선은 모두 격점에서 만난다.
- 격점은 모두 마찰 없는 힌지로 본다.
- 변형은 미소하여 격점의 이동과 부재의 회전은 없다고 본다.

이상의 가정 아래에서 구한 부재응력을 1차 응력이라고 한다. 그러나 실제 트러스는 상기의 가정과는 꼭 일치하지 않는다. 예를 들어 외력이 트러스면 외에서 작용한다던지, 트러스면 내에서 작용해도 편심이 있던지, 또 부재의 축선은 꼭 격점을 통하지 않을 때도 있다. 그리고 격점은 거의가 리벳 · 볼트 · 용접으로 강결되어 있으므로 힌지구조와는 차이가 있으며 상당히 강성이 있는 구조로 되어 있다.

이와 같은 여러 가지 원인에 의해 트러스는 1차응력 이외에 상기한 가정 요인으로 인한 추가응력을 받게 되는데, 이 추가응력을 2차응력이라고 한다. 2차응력은 이상과 같이 많은 요인을 갖고 있기 때문에 설계계산 단면에서 당연히 계산해서 얻을 수 있는 것과 설계가 전부 끝난 후가 아니면 계산할 수 없는 것이 있다.

2응응력 중에서도 제일 문제가 되는 것은 격점의 강성에 기인하는 휨응력인데 설계계산상 무시할 수 없을 정도의 큰 값이다. 이 휨응력은 설계가 끝나지 않으면 계산할 수 없을 뿐 아니라 그 계산과정도 복잡하다. 그러나 다행히 현재로서는 과거의 많은 연구결과에 의해 보통형의 트러스에서 대략 그 값을 예상할 수 있을 정도이므로 설계강도를 정할 때 그에 대한 고려를 하고 있다.

(2) 트러스 부재력의 일반해법

정정트러스 부재력의 수계산에 의한 해법으로서는 트러스를 어떤 가상단면으로 절단해서 그 절단면의 한쪽 자유물체도(free body diagram)에 대해 평형조건식을 적용하여 부재력을 구하는 단면법(section method), 한 개의 격점에 작용하는 부재력 및 외력에 대해 평형조건식을 적용하여 구하는 격점법(joint method)이 사용된다.

예전에는 부재력을 도식으로 구하는 도해법(graphical solution)등이 있지만 오늘날 거의 사용하지 않는다. 오늘날과 같은 전산화시대에 트러스교의 구조해석은 매트릭스 구조해석이나 유한요소 구조해석프로그램에 의해 수행된다.

(3) 영향선

트러스 설계에서는 활하중에 의한 부재력의 최댓값을 알아야 하는데 이 최대부재력이 생기는 활하중의 위치와 이때의 최대활하중 단면력을 구하려면 영향선을 이용하면 편리하다. 그러나 오늘날 전산화 구조해석에서는 영향도표나 영향선은 쉽게 작도할 수 있고 이에 따른 각 부재별 최대 단면력도 쉽게 구할 수 있다.

(4) 2차응력 해석

트러스의 설계에 있어서 격점의 강결의 영향으로 트러스 부재에 축방향력 외에도 휨모멘트가 발생하는 것은 피할 수 없다. 그 원인으로 다음과 같은 요인들을 생각할 수 있다.

- 격점에서 거세트판에 의해 부재를 강접
- 부재의 중심에 대해 축방향력이 편심하여 작용
- 부재의 자중에 의한 영향
- 횡거더 · 수직 브레이싱 등의 횡연결재의 변형에 의한 영향 등

이들 원인으로 발생하는 2차 휨모멘트에 의한 수직응력이 앞에서 언급한 2차응력이다. 이들 2차응력은 구조상 부득이하게 발생하는 것으로 그 크기가 비교적 작아 무시할 수 있는 경우와 현저하게 크게 나타나는 경우가 있다. 후자의 경우에는 이상 트러스의 1차응력 이외에 2차응력도 고려하여 설계해야만 한다. 또한 2차응력이 가능한 한 작게 되도록 배려하는 것이 중요하다. 격점 강결의 영향에 의한 2차응력이 과대하지 않으려면 부재의 높이와 길이의 비 h/L이 1/10보다 작게 해야 한다. h/L이 1/10의 한계에 가까운 부재높이는 가급적 피하도록 노력해야 하며 불가피하게 이러한 설계를 하였을 때, 경우에 따라서 2차응력을 검사하고 그에 적합한 조치를 취하는 것이 바람직하다.

(5) 입체구조해석 및 비선형해석

지진하중처럼 교축에 직각방향으로 작용하는 가진력에 대해 수평진동을 하는 경우, 입체트러스로서 비틀림 진동을 수반하므로 평면해석에서는 정확하게 그 거동을 파악할 수 없으며, 또 곡선트러스에 대해서는 수직하중에 의해서도 항상 휨과 비틀림의 연성진동이 생기므로 입체구조해석이 필요하다. 또한 외력을 받는 트러스가 재료의 비탄성영역까지 변형이 증대되는 경우 트러스는 역학적으로 비선형성을 나타낸다.

따라서 구조물의 입체구조해석 및 비선형해석을 통하여 트러스교의 설계를 보다 합리적으로 실행하기 위해서는 범용 유한요소 패키지 프로그램을 이용해야 한다.

10.1.4 트러스교의 계획 및 설계

트러스교는 높이가 비교적 크고 충복(充腹)구조가 아니며, 또 부재는 주로 축방향으로

저항할 수 있는 구조이므로 비교적 가벼운 강중으로도 큰 내하력을 갖는다.

격간 부재마다 작용력이 설계강도에 도달하도록 단면치수를 변화시킴으로써 최소 단면적으로 설계할 수가 있다. 그래서 부재는 모두 공장에서의 용접 접합에 의해 제작하게 되므로 형강을 사용하는 경우에 비해 제작비용이 약간 높게 된다.

단순 부재를 현장으로 수송해 시공 지점에서 트러스 구조를 1부재씩 조립해가는 현지 조립 시공법을 채택하면 경량의 시공 장비로도 충분하다. 그러나 시공 공사비가 비교적 많아지므로 최근에는 대형블록 시공법이 채택되게 되었는데, 트러스의 경우 한 번에 상당한 길이의 블록을 시공할 수 있어서 가설공기의 현저한 단축이 기대되므로 장대교에 적합하다.

(1) 부재의 세장비

설계강도 계산상으로는 단면이 충분하더라도 너무 세장한 부재를 쓰면 강성의 부족으로 변형이 크게 일어나기 쉽고 운반 중에 손상을 입기 쉬우므로 너무 가는 부재를 사용해서는 안 된다.

이에 대해 하중저항계수설계법에 의한 강구조설계기준(2014, 국토교통부) 4.1, 5.2와 철도교설계기준 3.6절에는 표 10.1.1에 표시된 세장비 이하로 하도록 규정하고 있다. 여기서 아이바(eye bar)·봉강·케이블·판의 인장부재는 제외한다.

세장비란 부재 길이 L과 부재 총단면의 단면2차반경(회전반경)의 최소치 γ_{min}과의 비를 말하며, 2차부재(부부재)는 1차적으로 응력을 받지 않는 트러스부재의 군부재나 수평브레이싱, 수직브레이싱 등을 말한다.

표 10.1.1 부재의 세장비

부재의 종류			세장비(L/r)
도로교	압축재	주부재	120
		가새(2차부재)	140
	인장재	교번응력을 받는 주부재	140
		교번응력을 받지 않는 주부재	200
		2차부재	240
철도교	압축재	주압축재	100
		부압축재	120
	인장재	주·부압축재	200

(2) 부재력의 합성

부재의 단면적은 주로 고정하중+차량활하중+충격에 의한 조합 최댓값에 의해 설계되며 실제의 설계하중이 설계강도를 초과해서는 안 되고, 기타 하중조합에 대해 안전한가를 검토한다. 또한, 교번응력부재에 대해는 피로에 대해 안전하도록 설계해야 한다.

(3) 지간길이

전체 건설비(강재비 · 제작비 · 시공비 · 운반비)를 고려하면 지간길이 100m 이하의 도로교에서는 플레이트 거더 형식이 경제적이다. 따라서 현재 트러스 도로교는 100~600m 범위에서 경제성을 발휘한다. 최근에는 이 범위의 장경간 도로교에서 사장교의 진출이 두드러져 트러스교의 시공 수가 점차 감소해가는 경향이다.

표 10.1.2 세계의 장대 트러스교

형식	교량 명	완성 연도	최대지간길이(m)	국명
게르버 트러스교	퀘벡교	1918	549	캐나다
	Firth of Forth교	1890	521	영국
	港大橋	1974	510	일본
	Chester Bridgeport교	1971	501	미국
	Greater New Orleans교	1958	480	미국
	Howrah교	1943	457	인도
	Transbay교	1936	427	미국
	Baton Rouge교	1968	376	미국
연속 트러스교	大鳥大橋	1976	325	일본
	天門橋	1966	300	일본
	Dubuque교	1943	300	미국
	Earle C.Clements교	1944	252	미국
	Kingston-Rhinecliff교	1957	244	미국
	Schiot ville교	1917	236	미국
	Chain of Rocks교	1927	213	미국
	New Jersey Turnpike교	1956	208	미국

한편 철도교에 대해서는 하중강도가 크므로 80m정도부터 그 이상의 지간 길이에서는 트러스교가 경제적이다. 연속 트러스교의 경우에는 상부구조와 하부구조의 건설비의 총합으로 판단하여 지간길이를 결정해야만 한다. 등경간 교량에서의 교각 1기의 공사비와 상부구조 1경간의 공사비가 거의 같이 되도록 지간길이를 정하면 대개의 경우 최적화된다. 상부구조의 1경간당 공사비는 지간길이의 증가와 함께 급속히 증가한다. 반복 계산을 여러 번하면 충분히 만족할만한 경간분할이 구해진다. 특히 접속 도로부나 고가고속도로처럼 입지조건이 긴 범위에 걸쳐 똑같고, 등경간 연속구조가 되는 경우에는 이 산정

법이 적당하나 주경간은 경제성 이외에 항행조건, 하천관리조건, 교하의 교통조건 등에 의한 필요한 건축한계, 기초지반상태, 기타의 입지조건에 의해 좌우되므로 반드시 상술한 공식이 들어맞지는 않는다. 참고로 세계의 장대트러스교를 표 10.1.2에 나타내었다.

(4) 트러스의 높이

구조적으로 알맞고 경제적으로도 유리한 트러스교를 설계하려면 우선 지간에 대한 트러스의 높이・격간수 등을 정해 놓아야 한다. 보통 지간 L에 대한 트러스의 높이 h의 비는 다음과 같다.

- 직현트러스에서 도로교는 1/8~1/6, 철도교는 1/7~1/6
- 곡현트러스에서 도로교는 1/8~1/5.5, 철도교는 1/7~1/5.5

(5) 주트러스의 간격과 격간길이

주트러스의 간격은 도로의 건축한계를 고려해서 정하는데, 너무 간격이 좁으면 횡하중에 의한 주트러스의 부재력이 커지므로 되도록 좁지 않게 정해야 하며 최소한 지간의 1/20 이상으로 하는 것이 좋다.

격간이 길이도 어느 정도 경제성과 관련이 있기 때문에 도로교에서 지간 60m 정도에서는 격간길이 6m 전후가 경제적이고 지간이 커지면 트러스 높이도 높아진다. 사재의 경사각도는 수평에 대해 약 35~55°가 좋고 격간길이가 너무 길어지면 분격트러스로 한다.

(6) 주요 골조 구성

하로교의 경우에는 도로 또는 철도의 건축한계로부터 주트러스 간격이 자연히 결정된다. 소정의 지간길이에 대해 트러스 높이가 정해지면 격간길이, 횡형 간격이 결정된다. 트러스교에서는 일반적으로 종형의 지간 길이가 비교적 크므로 종형을 연속구조로 하는 것이 경제적으로도 구조상으로도 바람직하다.

상로 트러스 도로교의 경우 주트러스 간격의 결정방법으로는 상판을 직접적으로 주트러스의 상현재에 지지하거나, 횡형・종형에 의해 간접적으로 지지하는 구조계획법이 있다.

주트러스 간격이 그다지 크지 않고 주트러스 높이가 큰 경우에는 전체 교량의 횡전도 좌굴을 일으키므로 주트러스 간격을 넓혀 횡전도 좌굴을 방지해야만 한다. 물론 주트러스 간격이 너무 크면 2차부재, 하부 구조의 공사비가 증가하므로 경제적 관점에서는 가능한 한 주트러스 간격을 작게 억제하는 것이 좋으므로 양자의 균형이 중요하게 된다. 그렇기 때문에 몇 개의 단면 구성에 대해 비교하여 공학적 판단에 따라 선정하는 것이 좋다.

현존하는 장대 트러스교의 예에서 알 수 있듯이 트러스교는 주로 기능성은 뛰어나지만 구조 미학적으로 뛰어나게 아름답다고는 말하기 어렵다. 또 트러스의 부재나 그 이외의 구성요소 선정의 자유도가 극히 많아 전체적으로 난잡하다는 느낌을 받는 예가 많다. 그러나 구조미학적 견지에서 충분한 고려를 하면 약간의 공사비 증가로 개선할 수 있다. 그러므로 트러스 형식·트러스 높이·격간 길이·부재치수·바닥틀·수평 브레이싱·수직 브레이싱 등의 기본설계가 완료된 단계에서 입체 모형을 제작하든지, graphic display 등에 의해 트러스교 전체의 외관에 대해 재검토하는 것이 바람직하다.

부재치수나 도로교설계기준을 너무 자주 변화시켜도 제작 공사비가 많아지므로 이러한 점도 고려하여 트러스교 전체를 간결화하는 것이 바람직하다.

(7) 부재의 단면

1) 단면의 형상

트러스의 부재 단면에서 쓰이는 기본적인 형상은 표 10.1.3과 같다.

싱글웨브(single web)단면은 회전 2차반경이 작아서 가벼운 트러스교에 사용된다. 보통 많이 사용되는 것은 박스형의 더블웨브(double web)단면이다. 상하현재는 격간마다 부재응력이 다르기 때문에 단면적도 변화시킨다.

표 10.1.3 부재의 기본단면

구조 / 부재	리벳구조				용접구조		
	1	2	3	4	1	2	3
복부판	single web		double web		single web	double web	
상현재 단주	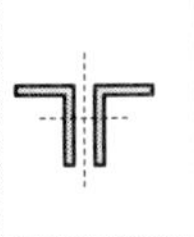	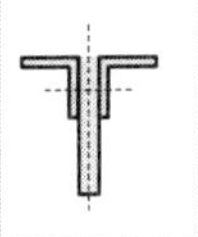	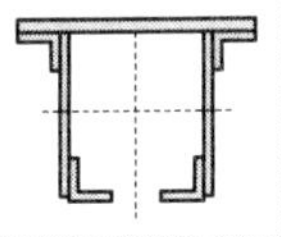	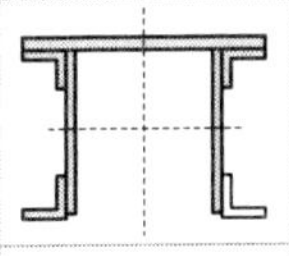	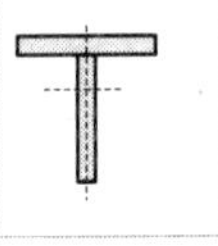	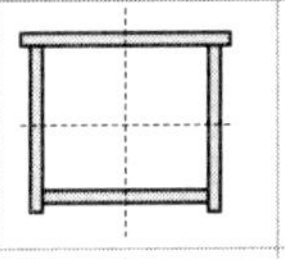	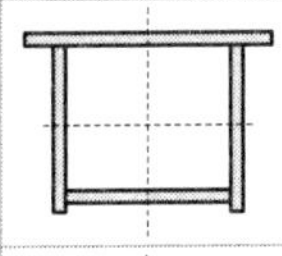
하현재	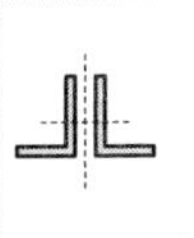	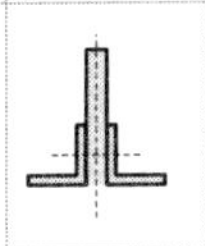	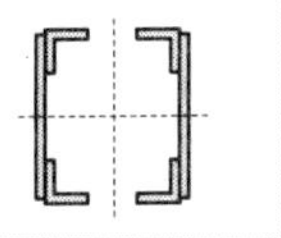	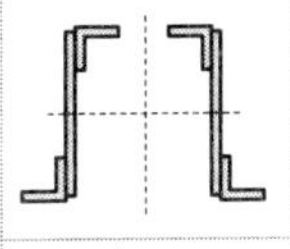	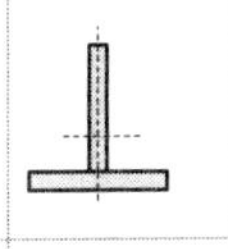	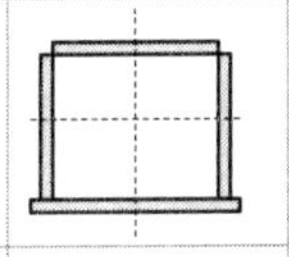	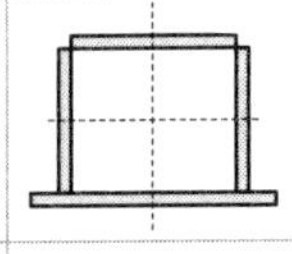
사재 수직재	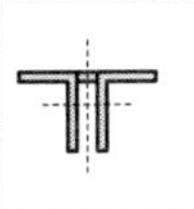	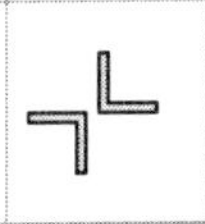	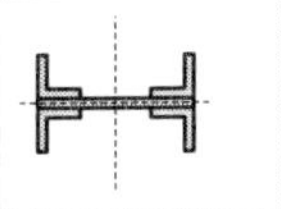	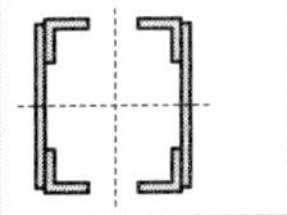	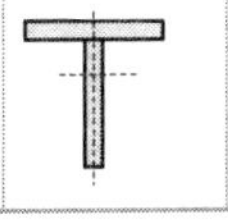	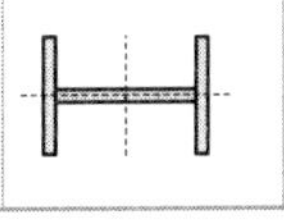	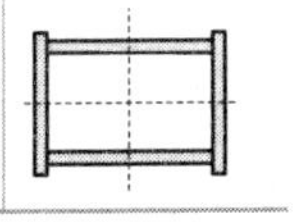

2) 상현재와 단주

상현재와 단주 두 부재는 단순트러스교에서는 압축재이다. 그림 10.1.6은 이 단면의 기본 치수를 보여주고 있다.

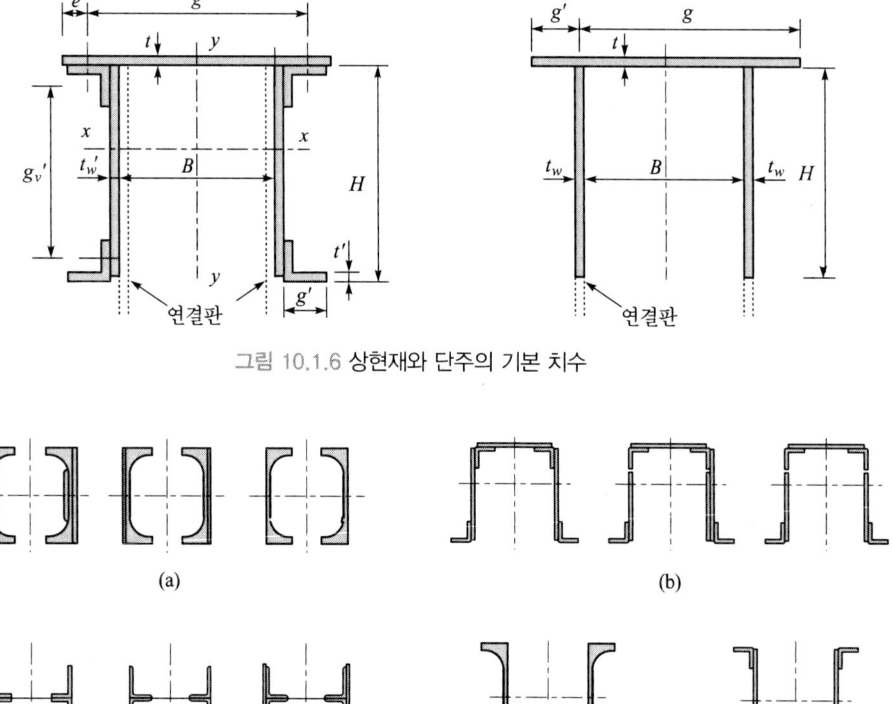

그림 10.1.6 상현재와 단주의 기본 치수

그림 10.1.7 하현재 단면

3) 하현재

이 부재는 단순트러스교에서는 인장재이다. 보통 트러스교에서는 그림 10.1.7(a)와 같은 단면이 제일 많이 쓰인다. 이 단면은 대칭 단면이기 때문에 복부에 단면을 덧붙여도 중심위치가 변하지 않는다. 때에 따라서 (b), (c)와 같은 단면이 쓰이나 (b)단면에서는 덧붙이판에 따라서 중심위치가 변한다. 이와 같은 단면에서는 연결판은 단면 바깥쪽에 있어 가로보와의 연결에 편리하다. 그러나 상로트러스교에서는 (d)와 같은 단면이 더 좋다.

4) 복부재

복부재 단면에서는 여러 가지가 있으나 수직재로는 그림 10.1.7(c) 단면이 쓰이고 부재 응력이 클 때는 여기에 복부판 또는 플랜지판을 댄다. 사재에서도 응력이 적은 경우는 위와 같으나 클 때는 그림 10.1.7의 (a) 또는 (d)와 같은 단면을 사용한다.

수평브레이싱의 사재에서는 보통 L형강 1개로 충분하고 응력이 클 때는 T형 단면이나

I형 단면이 사용된다.

(8) 부재의 이음과 연결

1) 부재의 이음

단일 부재를 중간에서 서로 결합시키는 것을 이음이라 한다. 복부재(web member)는 격점에서 결합시키는 부재이기 때문에 중간에서 이음이 필요없으나 현재는 지간이 길기 때문에 몇 군데에서 서로 이음한다. 볼트(리벳)구조에서 곡현재는 격점에서 잇는 것이 원칙이나 직현재 또는 용접구조의 곡현재는 임의 점에서 이어도 좋다.

볼트(리벳)구조에서는 격점에서 이으면 재료는 절약되나 구조가 복잡하기 때문에 가설공사가 어렵게 된다. 따라서 보통은 그림 10.1.8과 같이 격점 부근에서 응력이 적게 일어나는 쪽 가까이에서 이음한다. 볼트(리벳)이음에서는 이음판이나 이음용 L강 등을 대서 잇는다.

2) 부재의 연결

다른 부재들을 한 격점에서 서로 결합시키는 것을 부재의 연결이라 하는데 부재를 연결할 때는 연결되는 부재의 재축이 한 점에서 만나도록 해야하며 불가피한 경우 편심된 연결을 할 때는 편심모멘트가 크지 않도록 해야 한다. 또 그림 10.1.9의 볼트(리벳)연결에서 ㄷ형강에서 생기는 응력을 무리하지 않게 연결판으로 전달시키기 위해서는 ㄷ형강의 플랜지 부분에 이음용 L형강을 대는 것이 좋다. 즉, 복부는 직접 연결판에 연결시키고 이음용 L형강은 플랜지 부분과 연결판에 각각 볼팅(리벳팅)한다. 이때 플랜지 부분의 응력은 먼저 이음용 L강에 전달된 후 다시 연결판으로 전달되는데, B부분의 볼트(리벳)는 플랜지응력을 충분히 전달시킬 수 있는 수이면 되나, A부분에는 이 소요수량의 50% 증가한 볼트(리벳)를 박으면 좋다.

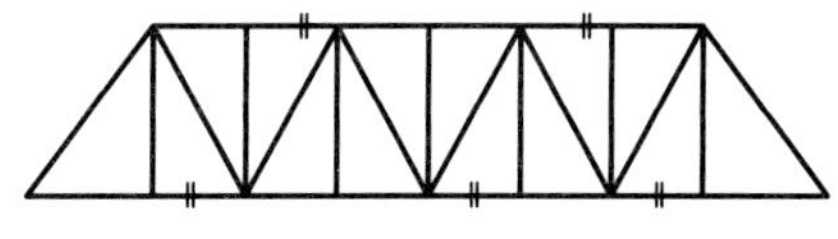

그림 10.1.8 부재의 이음

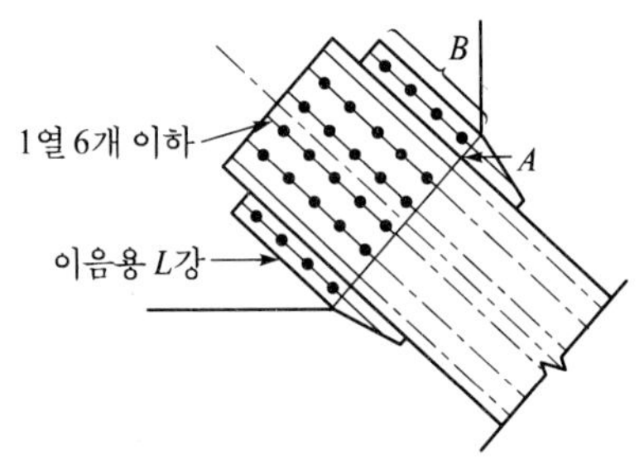

그림 10.1.9 부재의 연결

3) 격점

① 격점의 구조

격점의 설계에 있어서 가능하면 단순한 구성으로 할 것이며, 각 부재의 연결이 쉽고, 또한 검사나 배수, 청소 등의 유지관리를 지장 없이 수행할 수 있도록 배려해야 한다.

부재가 싱글웨브 단면으로 된 경우는 격점구조가 간단하나 보통 부재는 더블웨브 단면으로 되어 있어 격점구조가 약간 복잡하다.

② 연결판(gusset plate, 거세트판)

연결판은 격점을 형성하는 주요 부재로서 그 크기는 부재를 연결시키는데 필요한 볼트(리벳)수를 수용할 수 있는 크기면 된다. 너무 큰 것을 쓰면 격점의 강성이 커져서 부재의 2차응력이 증대되어 불리하다.

부재를 연결판에 연결하는 고장력 볼트 또는 리벳의 배치는 가급적 부재축에 대칭이 되게 하며, 또한 부재와 연결판의 접촉면 전체에 걸쳐 배치되어야 한다. 또 주트러스 격점에서 현재의 복부판에 연결판을 겹쳐 붙이는 구조가 보통 많이 사용된다.

(9) 브레이싱

1) 수평브레이싱

보통 트러스교에서는 풍하중이나 횡력 등의 수평하중에 저항하기 위하여 상하의 수평브레이싱과 교문브레이싱 또는 단수직브레이싱을 설치하는데, 이것들을 통틀어서 대풍브레이싱이라 한다. 이외에 중간의 격점에서는 중간수직브레이싱을 설치하는 것이 보통이나 수평하중에 대한 계산에서는 이것을 무시한다. 그러나 트러스 전체에 강성을 증가시키기 위하여 이것을 설치하는 것이 좋다.

수평브레이싱의 모양은 주트러스의 중심 간격에 따라 다르나 보통폭원의 교량에서는 그림 10.1.10의 (a) 또는 (b)가 일반적으로 많이 쓰인다. 중간수직브레이싱이 없을 때에는 상부수평브레이싱으로 (c) 또는 (d)형식이 쓰인다. 주트러스의 중심 간격이 클 때에는 (e)의 K트러스 또는 (f)가 채용된다.

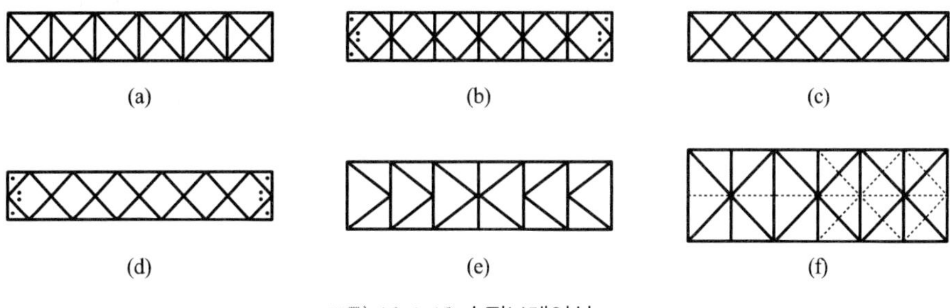

그림 10.1.10 수평브레이싱

수평브레이싱의 사재는 L형강 1개 정도가 보통 사용되며, 압축재로서 설계하는 것은 무리이기 때문에 일반적으로 인장재로서 설계한다. 그림 10.1.12는 수평브레이싱의 부재력을 보여준 예이고, 이 경우 압축재의 사재(점선)는 무시하고 계산한 것이다.

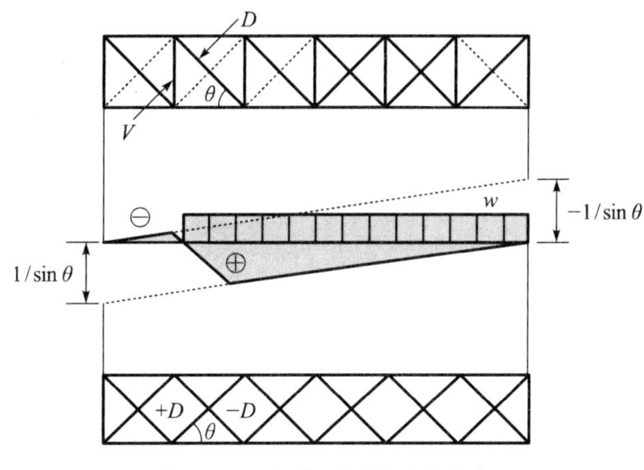

그림 10.1.11 수평브레이싱의 부재력

2) 교문브레이싱과 수직브레이싱

교문브레이싱의 형상은 교문의 높이와 주트러스 간격 등에 따라 다르다(그림 10.1.12). 그림 10.1.13(a)는 힌지 문형라멘으로 계산한 예이고, (b)는 브레이싱이 있는 것으로 압축재의 사재(점선)는 무시해서 계산한 것이다.

그림 10.1.14는 수직브레이싱을 나타낸다.

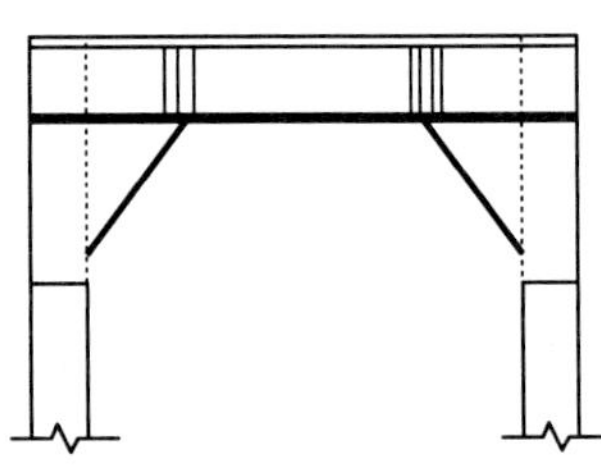

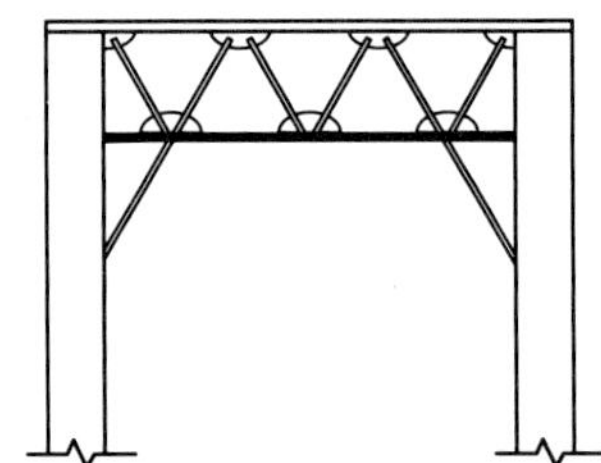

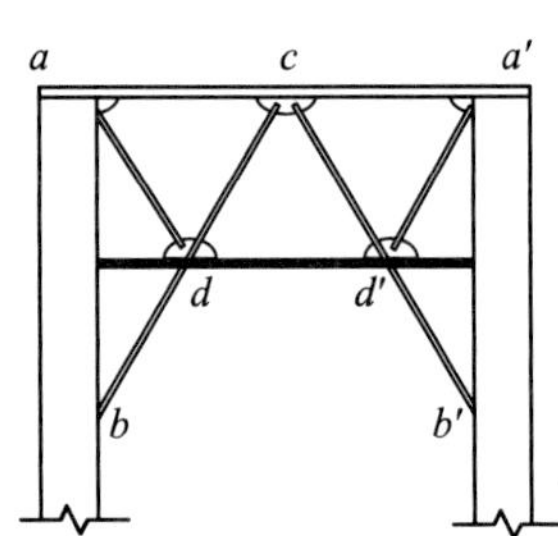

그림 10.1.12 교문브레이싱

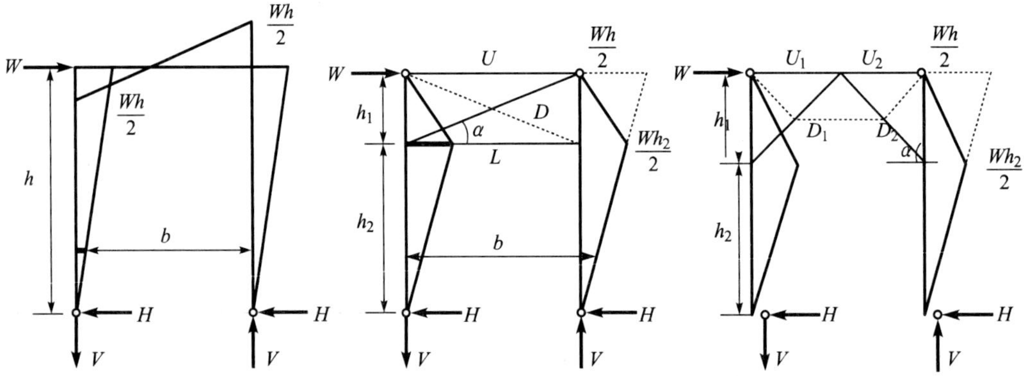

그림 10.1.13 교문브레이싱에서의 부재력

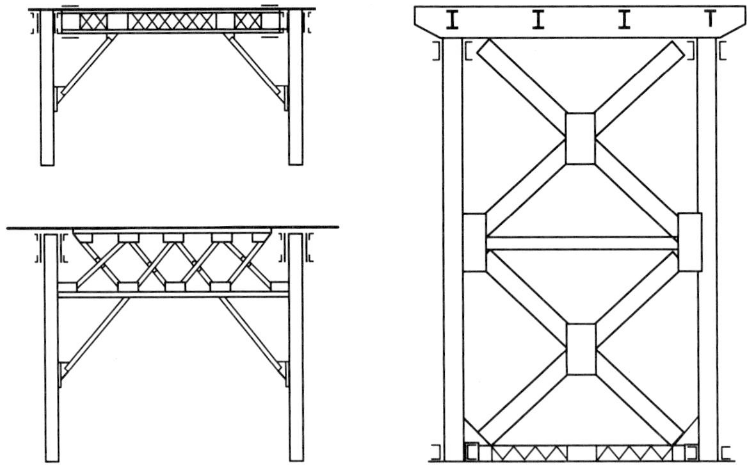

그림 10.1.14 수직브레이싱

(10) 솟음과 받침의 구조

1) 솟음과 처짐

교량 각부 설계하중이 설계강도 이내에 있더라도 처짐이 너무 크면 여러 가지 지장이 있기 때문에 처짐에 대해서 제한을 가한다. 또한 트러스에서는 제작 시 솟음을 붙이는데 도로교에서는 고정하중의 처짐량 만큼, 철도교에서는 고정하중과 등분포하중의 1/3을 전장에 실었을 때의 처짐량과 같게 한다. 솟음을 붙을 때는 상현재의 길이를 가감시켜서 붙이는 것이 원칙이며 이때 하현 격점이 한 원호 상에 놓이도록 하면 편리하다.

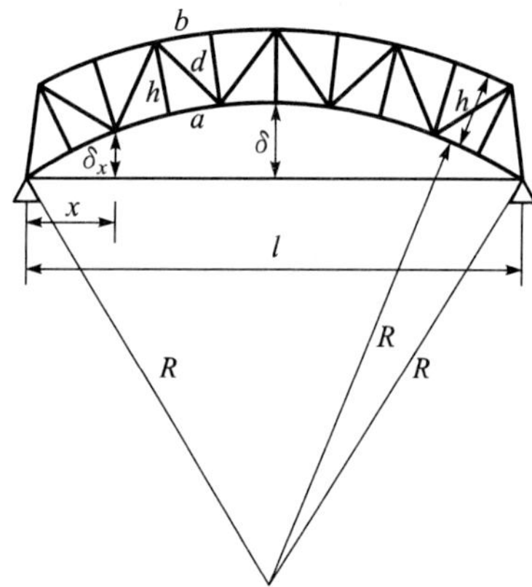

그림 10.1.15 트러스의 솟음

그림 10.1.15에서 하현재의 길이, 즉 설계상의 격간길이 a, 상현재의 길이, 즉 솟음을 붙였을 때의 격간길이 b, 수직재의 높이 h, 사재의 길이 d, 중앙점에서의 솟음 δ, 임의의 점의 솟음을 δ_x라 하면 다음 관계가 있다.

$$R = \left(\frac{L^2}{4} + \delta^2\right)\frac{1}{2\delta} \fallingdotseq \frac{L^2}{8\delta}, \quad \delta_x = \delta(R - \sqrt{R^2 - x^2}),$$

$$b = \left(1 + \frac{h}{R}\right)a, \quad d = \sqrt{ab + h^2} \qquad \text{식 (10.1.4)}$$

2) 받침의 구조

트러스의 받침은 플레이트거더교의 경우와 같게 보통 일단이 고정받침(fixed bearing), 타단은 가동받침(movable bearing)이다.

단순트러스교의 지간은 보통 40m 이상으로 가동단의 이동량이 크기 때문에 가동받침은 그림 10.1.16과 같은 롤러 또는 로커받침을 원칙으로 한다. 최근에는 마찰계수가 극히 적은 곡면마찰면슈를 쓰기도 한다.

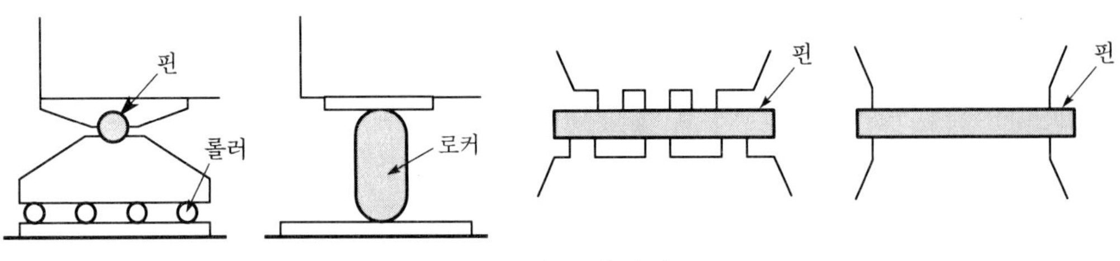

그림 10.1.16 롤러, 로커 및 핀

10.2 아치교

10.2.1 개설

아치교(arch bridge)란 그 주구조가 아치 또는 보강아치로 구성된 교량으로서 연직하중의 재하로 인해 생기는 수평 반력이 효과적으로 작용하고 부재의 단면력을 줄일 수 있도록 알맞게 설계되었을 경우 대단히 유리하고 경제적인 교량이 될 수 있다. 본래 아치교는 독특한 곡선의 아름다움 때문에 옛날부터 널리 사용되어 왔다.

적용지간도 현수교와 사장교 다음으로 장대지간으로 할 수 있다. 현재 세계 최대의 아치교는 미국의 New River Geroge교로서 중앙지간이 518m이다. 그림 10.2.1은 도로교에서 아치교의 한 예이다.

등분포하중을 받는 축선이 포물선인 아치교는 축방향 압축력만 받게 되므로(전단력과 휨모멘트는 0이다.), 축선을 2차포물선이 되게 설계하면 경제적이 된다. 기원전 1세기 로마시대에 시공된 아치는 모두 2차포물선형이다. 강(steel)아치의 경우에는 고정하중을 교량의 전장에 걸쳐 일정하다고 볼 수도 있으나 지간이 장대해지면 고정하중 강도가 교량의 단부에 가까워짐에 따라 증대되므로 2차포물선 이외의 곡선으로 할 때도 있다.

아치교에서 중요한 역할을 하는 수평반력은 하부구조에 의해 지지하거나 이음재(tie bar)나 보강형 등에 의해 저항하도록 설계할 수도 있다. 수평반력이 하부구조에 의해 지지되는 경우에는 기초공의 변위가 전체 아치에 대해 나쁜 영향을 미치지 않도록 충분히 검토해야 한다. 또 수평반력이 이음재나 보강형으로 처리되는 경우에는 교상구조에 수평인장력의 일부가 도입되어 불리한 문제가 일어나는 수가 있으므로 주의를 요한다.

솔리드리브(solid-rib) 아치부재는 일반적으로 휨모멘트 · 전단력 · 축방향력의 세가지 내력을 동시에 받는 부재가 되므로 휨모멘트와 전단력만을 받는 일반 단순보와는 구별해야 한다. 지간에 비해서 폭이 좁은 아치교는 안정 검토에 더욱 세심한 주의가 필요하다.

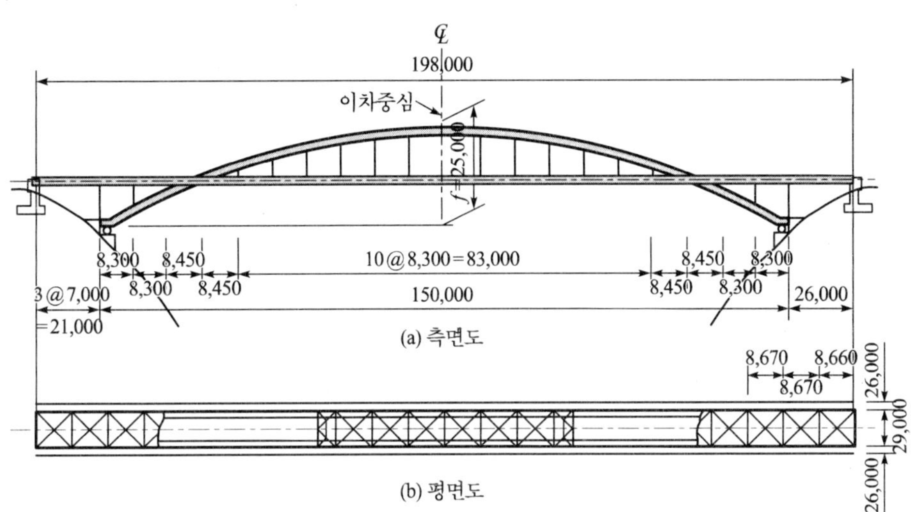

그림 10.2.1 아치교

10.2.2 일반사항 및 특징

(1) 아치교의 분류

일반적으로 아치교는 표 10.2.1과 같이 주구조계(主構造系)의 형식, 힌지수 및 아치리브 형식에 따라 분류하며 통행로 위치에 따라 분류하기도 한다(그림 10.2.2).

이밖에도 특수한 형식으로 타이드 아치교(tied arch bridge), 랭거교(langer bridge), 로제교(lohse bridge), 닐슨교(nielsen bridge) 등도 아치형식 교량으로 분류한다(그림 10.2.3~10.2.6).

표 10.2.1 아치교의 분류

구조계에 의한 분류 (힌지수에 의한 분류)	아치 리브 형식에 따른 분류	통행로 위치에 따른 분류	기타 아치형식 교량
•3힌지 아치-외적정정 •2힌지 아치-외적1차부정정 •1힌지 아치-외적2차부정정 •고정 아치-외적3차부정정	•솔리드리브 아치 •브레이스드 리브 아치 •스팬드럴 브레이스드 아치	•하로교 •상로교 •중로교	•타이드 아치교 •랭거료 •로제교 •닐슨교

① 3힌지 아치교(three-hinged arch bridge)

교량시공 지점의 지반상태가 양호하지 않음에도 불구하고 아치교를 건설하고자 하는 경우에 채택할 수 있는 형식이다. 바닥틀 구조의 교장방향 탄성곡선이 정부(頂部) 힌지의 위치에서 침하하기 때문에 고속도로 및 철도교에서와 같이 큰 충격이 발생하는 곳에는 채택이 곤란하며, 정부 힌지의 구조 및 유지 관리면에서도 좋지 않은 단점이 있다(그림 10.2.2(a) ①).

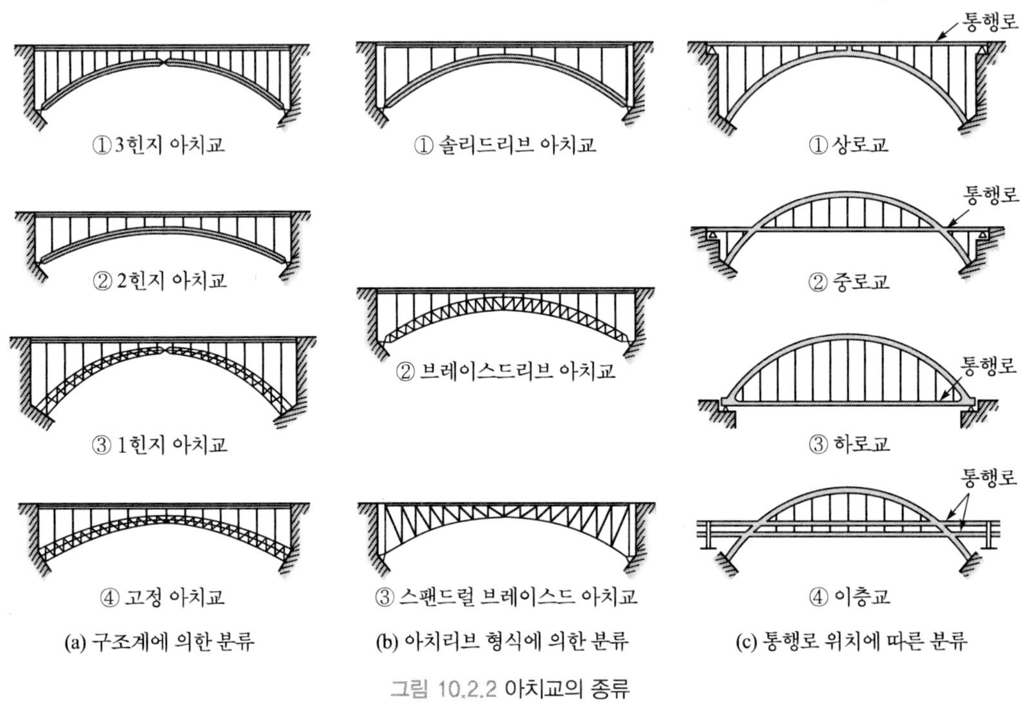

그림 10.2.2 아치교의 종류

② 2힌지 아치교(two-hinged arch bridge)

가장 폭넓게 이용되는 형식으로서 트러스구조의 브레이스드리브(braced-rib) 아치를 이용하는 경우 장지간의 교량건설이 가능하며, 솔리드리브(solid-rib) 아치를 이용하는 경우에도 순지간 330m의 아치교(체코슬로바키아, Moldau교)가 축조된 바 있다(그림 10.2.2(a) ②).

③ 1힌지 아치교(one-hinged arch bridge)

1힌지 아치교는 널리 이용되지 않고 있다(그림 10.2.2(a) ③).

④ 고정 아치교(fixed arch bridge)

지점에서 수평반력 외에 고정단모멘트가 크게 작용하므로, 특히 강성이 큰 지반을 필요로 하기 때문에 응용범위에 많은 제한요소가 따른다. 이 형식은 다른 형식에 비해 강성이 크므로 처짐은 작으나 장지간의 아치교에서는 처짐에 의한 부가응력이 상당히 크므로 이에 대한 신중한 검토가 필요하다(그림 10.2.2(a) ④).

⑤ 솔리드 리브 아치교(solid-rib arch bridge)

전술한 바와 같이 순지간 330m의 교량이 건설된 바 있다. 장지간인 경우 미적인 측면에서는 좋으나 아치부재의 중량이 무거워 제작·운반·시공 상의 문제점이 야기된다(그림 10.2.2(b) ①).

⑥ 브레이스드 리브 아치교(braced-rib arch bridge)

미관측면에서 솔리드리브 아치교에 뒤떨어지지만 경제성 및 강도측면에서 유리하다. 또한 고정 아치교를 채택하는 경우 아치지점에서의 구조적 처리가 용이하여 장지간의 교량건설에 비교적 유리하다(그림 10.2.2(b) ②).

⑦ 스팬드럴 브레이스드 아치교(spandral braced arch bridge)

미관이나 강성측면에서는 브레이스드리브 아치교와 거의 같다. 아치교에서는 일반적으로 전단력이 적으므로 지간이나 아치높이가 크게 되면 복부재나 상현재의 중량이 증가하여 비경제적이다. 따라서 지간이 100m이상인 경우에는 거의 이용되지 않지만 연속구조로 캔틸레버식의 시공법이 이용되는 경우에는 유리한 장점이 있다(그림 10.2.2(b) ③).

⑧ 타이드 아치교(tied arch bridge)

타이드 아치교는 아치의 수평반력을 타이(tie)로 받게 한 것으로 아치의 지점에는 연직력만이 전달된다. 따라서 기초지반에 수평력이 크게 작용하지 않으므로 지반상태가 양호하지 않은 곳에도 채택할 수 있다. 그러나 시공 시 어려움은 물론 경제적인 측면에서 매우 불리한 단점이 있다(그림 10.2.3). 이 형식의 교량으로는 한강대교가 있다.

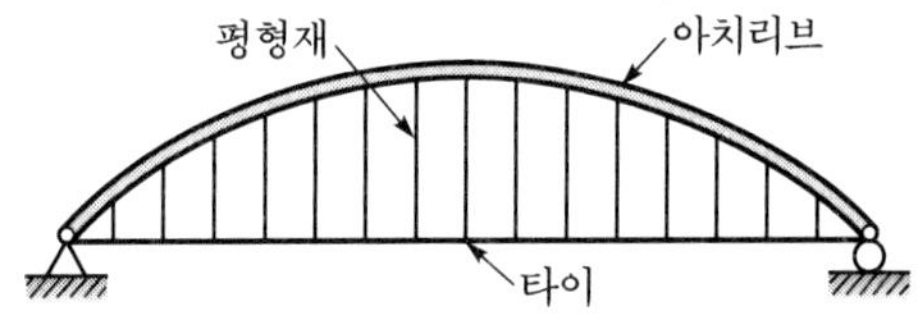

그림 10.2.3 타이드 아치교

⑨ 랭거교(langer bridge)

아치부재에는 작용하중에 의해 축방향력만이 발생하는 것으로 설계한다. 따라서 로제교에 비해 아치부재의 단면이 작아지고, 평형재와 아치부재의 격점구조도 간단해진다. 일반적으로 하로교에 많이 적용되며 상로교 형식에서는 역(逆)랭거교(혹은 Stabbogen교)라고 불리며 아치부재에는 축압축력만 발생하는 것으로 설계한다(그림 10.2.4). 랭거교는 로제교와 같이 양지점이 보강형으로 연결되어 있어 타이드 아치교의 일종으로 취급되기도 한다. 한강상의 동작대교 전철교 부분이 국내 최초의 랭거교로 건설되었다.

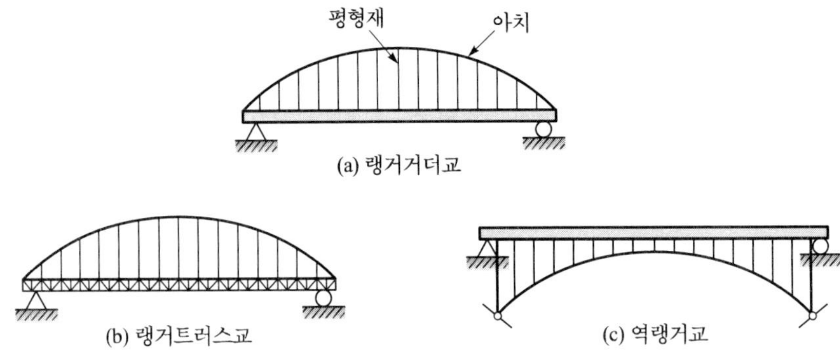

그림 10.2.4 랭거교

⑩ 로제교(lohse bridge)

랭거교와는 달리 아치부재에 축방향력 이외 휨모멘트와 전단력이 발생하는 것으로 설계한다. 양단에서 아치부재와 보강형은 힌지나 강결구조로 결합시킬 수 있으나 일반적으로 강결구조가 사용된다. 상로교 형식은 역(逆)로제교라 불린다(그림 10.2.5).

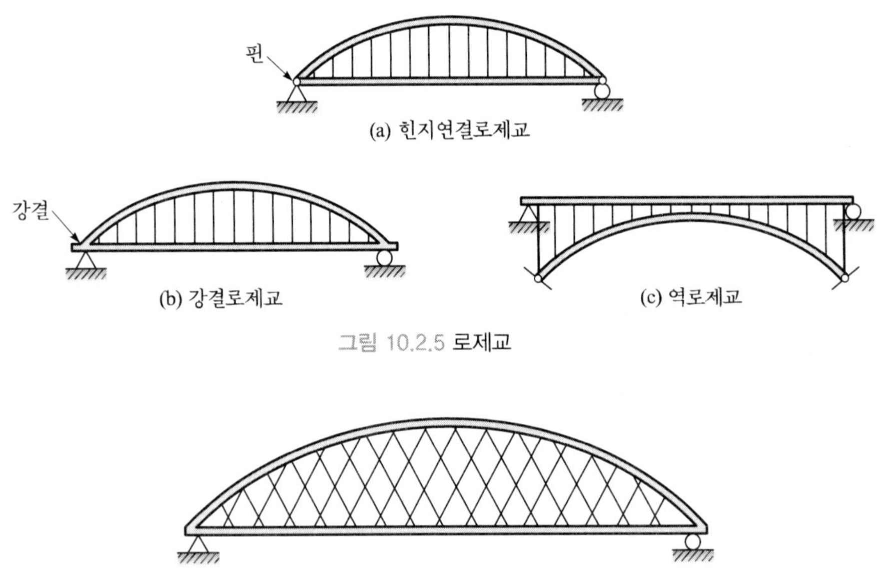

그림 10.2.5 로제교

그림 10.2.6 닐슨교

⑪ 닐슨교(nielsen bridge)

로제교의 일종으로 아치부재 및 아치부재와 보강형을 연결하는 로프나 봉강을 경사지게 배치하여 트러스교와 같이 강성을 향상시킨 형식이다(그림 10.2.6). 이 형식의 교량으로는 서강대교와 EXPO교가 있다.

10.2.3 아치교 부재의 설계

(1) 아치높이와 지간길이비 및 형고

아치교에서는 라이즈(rise) f(아치지점 양단을 연결한 직선에서부터 아치최고점까지의 연직거리)와 형고(桁高)를 취하는 방법에 따라 교량이 경제성 및 강성에 큰 영향을 미친다. 라이즈(f)와 지간(L)의 비(f/L)는 보통 1/5~1/10 정도로 하는데 1/7~1/8 정도의 것이 가장 많다. 그러나 라이즈는 가교의 위치 등 여러 가지 조건에 관계되므로 실제로는 1/25~1/17 정도의 교량도 있다. f/L가 작을수록 미관은 아름다워지나 교량의 중량이 커지고 처짐량, 부가응력 등도 증대하는 경향이 있어서 f/L를 크게 취하는 편이 경제적이고 안정한 아치교가 된다.

보통 사용되는 지간중앙부에서의 아치 리브의 높이 h는 표 10.2.2를 표준으로 하고 있다. 형고 h를 크게 하면 온도응력은 증가하나 변형은 적게 된다. 또 랭거 거더교, 보강아치교 등의 아치 부재와 같이 휨모멘트를 받지 않도록 설계된 경우에는 2차응력인 휨모멘트량이 증가된다. 최대응력은 지간의 1/4점 부근에서 생기므로 h도 지간이 1/4 점에서의 응력을 고려하여 결정하고, 또 이점에서의 변형을 검토하여 단면을 결정한다.

표 10.2.2 h/L의 값

아치교의 종류	h/L
브레이스드 리브 아치교	1/45~1/15
스팬드렐 브레이스드 리브 아치교	1/60~1/25
브레이스드 리브 타이드 아치교	1/45~1/25
솔리드 리브 아치교	1/60~1/40
보강아치교 및 랭거교	1/50~1/25
로제교 및 닐슨 아치교	1/130~1/80

(2) 아치리브 부재의 설계

아치리브는 어느 경우나 축방향 압축력과 휨모멘트를 받는 부재이다. 또한 보강아치교의 보강형은 인장력과 휨모멘트를 받는 부재이다. 이러한 아치리브 부재를 설계하는 데는 ① 단면의 어느 부분의 설계하중도 설계강도를 초과하지 않고, 또 각 부재가 ② 국부적, ③ 부분적, 또는 ④ 전체적으로 좌굴하지 않는 것을 확인해야만 한다.

이 중에서 ②는 단면을 얇은 판으로 구성할 때, 소위 판의 폭두께비의 제한에 주의하며 국부좌굴에 대해 고려를 해야 한다. 또 ④의 아치의 전체좌굴을 별도로 조사한다. 일반적으로 그림 10.2.7에 표시하는 아치리브의 패널 사이에 대한 ③의 부분좌굴에 주의하면서, ①의 설계강도 조건을 만족하는 것을 주안으로 하여 설계한다.

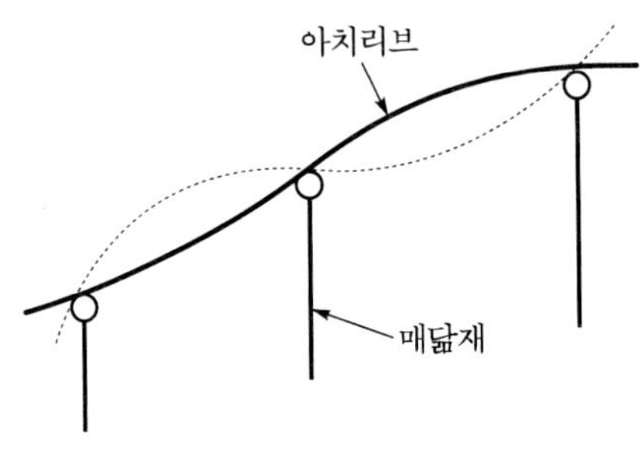

그림 10.2.7 아치리브의 부분좌굴

(3) 주요부재의 구조설계

1) 아치 부재

일반적으로 솔리드리브 아치부재는 소지간의 교량에서는 I형 단면으로 하고 장대지간의 교량에서는 상자형(박스형)단면을 사용하는데, 주로 휨모멘트와 축방향력이 가해지므로 국부좌굴·전체좌굴에 대한 영향 때문에 판형(플레이트거더)에 비해 각부의 판 두께도 두껍고 보강재의 간격도 좁게 된다. 또 수직브레이싱이나 수평브레이싱의 조립방법도 신중을 기해야 한다. 브레이스드 리브 아치부재 및 랭거교의 부재단면은 트러스교의 단면구성과 거의 같게 된다.

2) 보강형

솔리드 리브의 경우에는 아치부재와 똑같이 소지간의 것은 I형 단면, 장대지간의 것은 상자형 단면이 많이 쓰인다. 하로교의 경우에는 행어(행거)와의 연결 관계로 상부플랜지의 폭이 일정하게 되도록 단면을 구성하고 또 통행자의 시계를 방해하지 않도록 바닥틀의 연결부 높이를 결정하는 것이 좋다.

트러스 형식의 경우에는 보통의 트러스교와 같으나, 특히 하로형식의 보강트러스는 부재응력의 최대 최소치의 차가 크므로 단면외형 치수를 결정할 때는 이점에 유의해 효과적인 선택을 해야 한다.

3) 지재, 행어

상로교의 수직재는 압축응력을 받으므로 지재(支材)라 부르고, 하로교의 수직재는 인장응력을 받으므로 이것을 행어라 부른다. 단면의 구성은 트러스의 경우와 같으며 일반적으로 I형 단면 또는 상자형 단면이 사용된다. 부재의 아치면내 방향의 폭은 2차응력을 적게 하기 위하여 가능한 한 좁게 취하고 있다. 행어에 대해는 케이블·강봉 등의 고강도의 재료로서 가는 단면을 사용하며 지재에는 강관이 사용된 예도 있다. 지재와 행어의 강성이 작고, 또 거기에 수직브레이싱을 연결하지 않는 경우에는 아치부재나 보강형의 좌굴에 대해 충분한 검토를 해야 한다. 또 지재나 행어 등이 바람에 의한 진동이 생기지 않도록 해야 한다.

4) 변형에 의한 영향

일반적으로 교량의 응력계산에는 재하로 인한 구조 치수의 변화에 의한 응력은 무시하지만 장대지간 아치교에서는 형상변화로 인한 받침부 응력을 계산할 필요가 있다. 변형하기 쉬운 아치교일수록 변형으로 인한 응력이 크게 된다. 따라서 장대지간의 경우에는 브레이스드 리브 형식으로 하던가 고정형식을 채용하여 변형을 방지하면 변형으로 인한 부가응력이 적게 되어 유리하다. 라이즈가 작은 아치교일수록 부가응력은 증가하는 경향이 있으나, 라이즈가 커지면 수평변위에 의한 부가응력이 증가되기 쉽다.

10.3 장대교량의 개요

일반적으로 "장대교량(長大橋梁)"에 대한 명확한 정의는 없다. 영어로 표현되는 large(or long)span bridge 또는 grand bridge 등도 명확한 교량의 크기나 지간의 길이를 정의하지는 않는다. 통상적으로 주변에서 흔히 볼 수 없는 크기가 크고 지간이 긴 교량을 장대교량이라고 할 수 있는데 크기보다는 지지점간의 장단(長短)에 따라 구분된다. 우리나라 도로교설계기준에서는 지간 200m를 기준으로 이를 초과하는 교량에 대해 장대교량이라는 용어를 사용하고 있다. 그러나 이러한 기준은 시대마다 지역마다 큰 차이를 보일 수 있다. 도로교설계기준은 지간 200m 이하의 교량 또는 200m를 넘는 경우에도 장대교량의 종류, 구조형식, 시공지점의 상황 등에 따라서 적절한 보정을 해야 하는 경우를 제외하고는 시방서를 준용하도록 하고 있다. 도로교설계기준의 적용범위를 원칙적으로 지간 200m이하로 규정한 것은 지간이 길어지게 되면 형식, 구조형태, 폭-지간비 등에 따라 활하중에 대한 동적응답 및 거동이 달라지게 되며, 이에 따라 설계하중이나 설계세목에서 여러 가지 상이한 점이 일어나기 때문이다. 또한 기존의 정형화된 내진・내풍 등의 규정보다는 해당 교량에 적합한 설계 및 시공방법이 필요하게 되며 처짐・진동 등에 대한 적절한 제어가 요구된다.

현재 세계 최장의 교량은 최대 지간장이 1,991m(Akashi교, 1998)에 달하며 지간장이 1,000m가 넘는 공용중인 교량만도 10여개가 넘고 있다. 이러한 교량들은 대부분 현수교(懸垂橋, suspension bridge)의 형태이며 그 뒤를 사장교(斜張橋, cable-stayed bridge)가 잇고 있다. 현재 세계 최장의 사장교의 최대지간장은 890m(Tatara교, 1999)이다. 사장교 및 현수교는 장대교에 가장 적합한 형식의 교량이며, 케이블의 장점을 충분히 활용하는 구조로서 외관이 수려하여 한 지역을 대표하는 토목구조물로서 역사적・문화적 가치가 큰 구조물이다. 우리나라에서도 현수교로는 1973년 완공되어 공용중인 남해대교가 있으며 영종대교, 광안대교, 2013년 준공한 이순신대교(최대지간장 1,545m) 등이 있다. 사장교의 경우 1984년 완공된 돌산대교, 진도대교를 비롯하여 올림픽대교, 신행주대교, 서해대교, 인천대교, 목포대교 등이 있다. 이렇게 최근 들어 케이블의 장점을 십분 활용한 사장교 및 현수교의 건설이 적극 추진되고 있다. 이러한 추세에 따라 장대교량의 설계방법에 대한 연구가 활발히 진행되고 있으며, 완공되어 공용중인 장대교량에 대해서도 계획 및 유지관리를 통한 교량의 효율적인 이용에 대한 연구가 계속되고 있다.

한편 아치교와 트러스교 중에도 최대지간장이 500m가 넘는 장대교량이 다수 있으며, 거더교의 경우에도 최대지간장이 300여 m에 이르고 있다. 그러나 이것은 특수한 경우이며 이러한 교량형식에 대한 일반적인 경우는 이미 앞에서 다루었으므로, 여기서는 케이블로 지지되는 사장교와 현수교에 대해서만 다루었다.

사장교와 현수교의 역사

(1) 사장교

고대의 교량 중에 사장교의 원리를 이용한 예를 많이 찾아볼 수 있으나 오늘날 사장교의 원형으로 간주할 만한 교량은 없다. 오늘날의 사장교와 비교적 유사한 형식을 가진 교량은 18세기 후반에 독일, 영국 및 프랑스 등에서 건설되었다. 17세기 이전에는 단순히 케이블을 경사지게 배치하는 형태만이 고려되었으나, 1784년에 독일의 목수 I. L scher는 모재, 사재 및 주탑의 형태를 갖추고 있는 목재 사장교(Holz교, 지간 32m)를 건설하였다. 또한 1817년에는 영국의 Redpath와 Brown이 주철로 만들어진 주탑과 케이블로 철사를 사용한 Kings-Meadow 보도교(지간 34m)를 시공하였다.

그 후에는 프랑스의 Poyet(1821) 및 Hatley(1840)가 각각 설계한 사장교가 있는데, 전자는 높은 주탑으로부터 사장재를 부채꼴로, 후자는 평행하게 주거더에 연결한 것으로 각각 부채형(fan type) 및 하프형(harp type)의 기원이라 할 수 있다. 여기서 이미 Hatley는 하프형이 부채형과 비교하여 강성이 뒤진다는 것을 지적하였다. 또 당시 영국에서는 Manchester운하 위에 약 32m 지간의 사장교가 시공되었는데, 이것은 근대 사장교와 비교적 유사한 외관을 지니고 있었다.

1800년대 및 1900년대 초의 교량형태는 부재의 내력에 대한 이론이나 지식, 사장교의 부재와 형식에 대한 평형 및 적합조건에 대한 인식, 고차 부정정구조물에 대한 구조해석 등이 제대로 이루어지지 못했고, 재료에 대한 지식도 비교적 충분치 못하였다. 그 중에서도 그 당시 사용되었던 목재, 원형봉강, 체인형태 등의 재료들은 강도가 낮고 비대칭 하중에 대한 처짐 등을 극복할 수 있는 선(先)응력 주입 등의 사용이 불가능하기 때문에 모두 부적합한 재료였던 것이다. 선응력의 주입 없이 설치된 후 계속해서 인장력을 부담해야 하는 것은 상부구조의 장기 변형 등으로 인한 위험요인을 증폭시키는 결과가 되기 때문이다.

또한 당시에는 사장재의 새그(sag)가 사장교의 강성에 주는 영향을 과소평가하고 있었기 때문에 초기의 사장교는 빈번한 낙교사고를 일으켰다. 그 예로서 1817년 영국의 Dryburgh Abbey의 Tweed에 J. W. Smith에 의해 시공된 보도교(지간 79m, 폭 1.22m)는 개통 6개월 후에 폭풍우로 사장재가 절단되었고, 1824년 독일의 Nienbrug의 Saale강 위에 시공된 사장교(지간 78m, 폭 7.4m, 탑 높이 14.5m)는 완성 후 현장재하시험(60kN 차량 재하)을 하여 큰 처짐(260mm)을 일으킨 것 외에는 이상이 없었던 것이 확인되었음에도 불구하고 다음해인 1825년에 군중하중에 의해 사장재가 절단되어 낙교되었다. 당시 이들의 사고원인을 조사한 프랑스의 유명한 과학자 Navier는 현수교 형식이 사장교 형식보다 역학적으로 보아 우수한 교량이라는 결론을 내렸다. 또한 당시에 건설되었던 대부분의 사장교는 처짐이 대단히 크고 100m이하로 지간길이가 제한되어 있었으며, 게다가 교량의 낙교가 빈번히 발생하는 등의 이유 때문에 19세기 중간 무렵부터 건설되지 않았다. 그러던 것이 20세기 중반 무렵에 와서 독일의 F. Dischinger에 의해 근대적 사장교로서 그 자취를 재현하게 되었다.

근대 사장교 중에서 최초의 것은 1956년에 개통된 스웨덴의 Str msund교이며, 이것은 여러 가지 면에서 이후의 사장교에 큰 영향을 미쳤다. 사장교의 발전은 구조해석방법이 점차 발전됨에 따라 시공단계를 고려한 케이블의 장력을 높은 정밀도를 가지고 계산할 수 있게 되었다는 점과 크게 관련되어 있다. 이로 인하여 모든 케이블을 역학적으로 유효하게 사용할 수 있도록 된 것이다. 이러한 체계적인 구조해석이 Strömsund교에서 처음으로 행해지게 되었다.

이후 독일은 물론 여러 다른 나라에서도 전자계산기에 의한 구조해석법의 진보, 락 코일 스트랜드(lock-coil strand)의 이용 및 강상판 구조의 발달 등과 더불어 사장교 형식이 자주 채용되었다. 특히 독일의 라인강 위에서는 제2차 세계대전 후의 교량 재건 공사에 사장교 형식이 종종 채택되어 경제성 및 미관면에서 부동의 위치를 확보했기 때문에 본격적인 근대 사장교의 역사는 독일의 라인강에서 강상판의 발달과 함께 시작되었다고 말할 수 있다.

Strömsundr가 건설될 무렵 라인강에 설치된 Druisburg-Ruhrort교의 교체가 이루어졌다. 이 교량은 사장교라고 할 수 없지만 자정식 현수교와 사장교의 중간적인 형식으로 되어있으며 독일의 사장교 발전에 큰 영향을 미쳤다. Druisburg-Ruhrort교의 케이블 시스템은 측경간 보강형의 단부지점과 중앙 경간의 센터 부근에 정착된 오목 형상의 통상 "강 케이블 방식"이라고 부르고 있는 주케이블을 가지고 있으며, 현수교와 비슷하게 주케이블과 보강형 사이에 수직 행어가 배치되었다.

1957년 뒤셀도르프의 라인강에 건설된 Theodor Heuss교는 케이블 시스템으로서 하프형이 처음으로 채용되었다. 이 하프형 케이블은 미관상 이유에서 사용된 것으로 이로써 다리를 비스듬히 보아도 케이블이 교차하지 않아 선명한 인상을 주었다. 그러나 하프령은 수직 하중에 대해서 부채형과 비교해서 보강형과 주탑의 휨강성에 대한 의존도가 커서 구조적으로는 효율이 낮다는 단점이 있다.

독일에서 건설된 2번째의 사장교는 쾰른에 있는 Severins교(그림 10.3.1)이다. 이 교량은 최초의 비대칭 2경간 사장교로서 A형 주탑을 사용하여 케이블면이 수직이 아니고 경사져 있다. Severins교의 케이블은 효율이 좋은 부채형으로 A형 주탑과 조형적으로 조화를 이루고 있다. 또한 보강형은 2개의 박스형 거더가 강재 바닥판으로 연결된 구조로 되어 있다. Severins교는 교량 역사상 아주 초기의 사장교인데 A형 주탑의 중앙을 보강형이 빠져나가게 하여 마치 떠 있는 것처럼 보이도록 설계되었다. 그로 인해 Severins교는 비슷한 종류의 교량 중에서 가장 성공한 교량의 하나라고 평가받게 되었다.

그림 10.3.1 Severins교

독일의 세 번째의 사장교인 함부르크의 Norderelbe교는 구조상 필요한 높이보다 2배나 큰 주탑 높이를 가지고 있어서 케이블이 보강형을 지지하는 것이 아니고 주탑을 지지하는 것처럼 보여서 하나의 진풍경이 된 교량이다. 이 교량은 차도 중앙분리대에 배치된 1면 케이블을 가진 최초의 사장교로서 이후 설계에 영향을 미쳤다. 1면 케이블 시스템은 Theodor Heuss교와 Severins교의 입찰에도 제출된 바 있지만, 2면 케이블 시스템에 비해 경쟁력이 없었다. 그러나 Norderelbe교에서 1면 케이블 시스템이 사용된 이후 독일을 비롯한 몇몇 나라에서 기꺼이 채용되었다.

한편 1962년에는 특이한 사장교가 개통되었는데, Riccardo Morandi 설계한 Maracaibo교(그림 10.3.2)가 바로 그것이다. 이 교량은 그때까지의 사장교와는 다른 면이 많았다. 즉, 매달기식 교량 상부공의 주요 부재에 처음으로 콘크리트가 사용되었을 뿐만 아니라 최초의 다경간 사장교이기도 했다. Maracaibo호를 드나드는 배의 항로를 확보하기 위해 지간이 모두 같은 235m로 설계되어 있는 이 교량은 삼각형의 탑에서 뻗친 한 쌍의 케이블로 탑 양쪽 캔틸레버보를 지지하고 있으며, 삼각형의 탑을 채용하고 있어 주교각에 비대칭 하중을 전달할 수 있도록 되어 있다. 또한 캔틸레버보 선단에는 짧은 현수형이 배치되어 있어 외적으로는 정정구조물로 되어 있고, 불과 한 쌍의 케이블만을 사용함에 따라 지지점 간격이 길어지게 되어 대단면의 박스형 거더가 필요하게 되었다. 이 교량 이후 사장교 발전 과정에서 케이블의 수는 서서히 증가했는데, 케이블의 수를 많게 하면 더욱 연속적으로 보강형을 지지하게 되어 보강형을 좀 더 가늘고 경량으로 할 수 있기 때문이었다.

그림 10.3.2 Maracaibo교

1960년 후반에는 컴퓨터를 사용한 해석법의 발달에 따라 각 케이블이 단일 프리패브 스트랜드를 이루는 멀티 케이블 시스템이 도입되게 되었다. 멀티 케이블을 가진 최초의 사장교는 Homberg가 설계한 Friedrich Ebert교로서 1967년 독일 본(Bonn)북부의 라인강에 건설되었다. 이 교량은 40가닥의 케이블과 그들을 지지하는 탑 2개로 이루어진 1면 케이블 구조를 채용했는데 이때의 소요 비틀림 강성을 확보하기 위해 상당히 큰 박스 거더를 채용해야만 했다. 그 결과 멀티 케이블의 사용에 따른 연속적인 지지로써 보강형의 단면 치수를 작게 할 수 있는 이점은 생기지 않았다.

1969년 사장교로서 유명한 뒤셀도르프의 Knie교가 개통되었다. 이 교량의 케이블 시스템은 평행한 케이블을 가진 하프형이지만, 같은 케이블 시스템을 가진 그때까지의 교량과 비교할 때 중간 지점이 측경간 내의 각 케이블 정착점에 배치되어 있는 점이 특징적이다. 이로써 비틀림 강성이 작은 꽤 가느다란 개단면형의 채용의 가능케 되었다.

한편 세계 최초의 더블덱(double deck) 사장교인 육갑대교(六甲大橋)가 1977년 일본에서 완성되었다. 이 교량에서는 하부 덱에 충분한 공간과 신선한 공기를 확보하기 위해 높이 약 8m의 트러스 보강형으로 제작되었다. 케이블 시스템은 각각의 케이블이 2가닥의 별도의 평행선 스트랜드로 구성된 멀티 케이블 타입이다.

또한 지중 앵커식 케이블 시스템을 가진 최초의 대규모 사장교는 미국 플로렌스 부근의 Arno강에 건설된 Indiano교이다. F. de Miranda가 설계한 이 교량에서는 206m의 중앙 경간이 다소 후방으로 기운 높이 45m의 탑 꼭대기에서 뻗친 2개의 부채형 케이블로 지지되어 있다. 백 스테이(back stay) 케이블은 앵커 블록에 정착되고 케이블 힘의 수직과 수평 성분이 지중에 전달한다. 일반적으로 지중 앵커식 케이블 시스템을 가진 사장교에서는 시공법이 문제가 되는데, 이 교량에서는 탑과 케이블 시스템을 시공하기 전에 임시 교각 위에 보강형을 시공하는 공법이 채용되었다.

1954년 캔틸레버 트러스교로 설치된 Sunshine Skyway교는 1971년 2층 구조로 보수되었으나 1980년 여객선이 교각에 충돌하여 파손되었다. 그 후 1985년 재시공된 Sunshine Skyway교는 PC 세그멘트 형식의 상부구조와 73.76m의 단주식 콘크리트 주탑을 가졌으며, 주경간장 365.6m로서 당시 미국에서 가장 긴 사장교가 되었다(그림 10.3.3). 또한 이 교량에는 합성거더의 개념이 사용되었는데 이는 같은 시기에 캐나다의 밴쿠버에 건설된 Alex Fraser교에도 적용되었다. Alex Fraser교는 Fraser강을 횡단하는 교량으로서 상부 형고가 얇기 때문에 경쾌한 느낌을 주고 있다. 이 교량은 주경간장 465m의 합성2주거더의 상부구조와 높이 154m의 H형 철근콘크리트 주탑을 가지고 있다.

그림 10.3.3 Sunshine Skyway교

1980년대 미국에서의 사장교의 일반적인 경향은 거더를 간단하게 설계하는 것이었다. 이러한 경향을 설명하기 위한 좋은 예는 플로리다주의 잭슨빌지방에 위치한 Dames Point교이다(그림 10.3.4). 396m의 주경간을 가진 Dames Point교는 그때까지 미국에서 가장 긴 콘크리트 사장교인 Sunshine Skyway를 능가하는 교량이 되었다. 이 교량은 콘크리트 주탑에 의해 지지된 길이방향으로 비교적 유연한 강성을 가지는 multi-cable 하프형 케이블 시스템을 채택하였는데, 이로 인해 거더는 매우 훌륭한 변형특성을 가지게 되어 주경간장의 1/260에 해당하는 1.5m의 형고로 건설되었다.

그림 10.3.4 Dames Point교

그림 10.3.5 Normandy교

이후 사장교는 지간장이 갈수록 길어지면서 계속 건설되었는데, 그러한 경간장의 길이경쟁 중에 1995년 프랑스의 Seine강에 주경간장 856m의 Normandy교가 건설되었다(그림 10.3.5). 이 교량에서는 주탑 사이의 중앙경간에 32개의 고강도 강(steel)박스 세그멘트를 사용하였으며 측경간에서는 PSC 박스형식을 채택하였다. 또한 고강도 강재의 사용으로 자중을 줄였고 조립 및 시공경비를 최적화하였다. 1999년 준공된 일본의 Tatara교는 주경간장이 890m로서 Normandy교보다 더 긴 사장교이다(그림 10.3.6). 이 Tatara교는 보다 현대적인 감각의 복합 유선형 박스형식의 상부구조를 가지며 높이 216m의 다이아몬드형의 강재주탑을 가진다.

(2) 현수교

현수교의 기원은 산악지의 원시인들이 덩굴을 나무에 매달아 계곡을 건너가는 수단으로 사용한 것에 둘 수 있으며, 동남아시아, 남미대륙, 인도의 오지 등에서 이러한 자취를 찾아볼 수 있다. 기록에 나타난 가장 오래된 현수교는 서기 400년경에 설치된 인더스강 상류의 케이블만으로 이루어진 현수교이다. 거의 대부분의 원시적 현수교는 케이블만으로 구성되어있기 때문에 하중을 많이 받는 부분은 변형이 크게 발생하여 사용상의 불안정성을 기니고 있고, 케이블 이외에는 달리 의지할만한 휨강성이 큰 부재가 없다는 단점이 있으며, 또한 케이블이 식물성의 섬유로 만들어져 있기 때문에 내구성이 부족한 단점이 있다. 강재를 사용한 현수교는 영국의 Tees River교(1741)가 최초이다. 지간길이가 21.34m인 이 현수교는 61년간 사용되었다.

그림 10.3.6 Tatara교

그림 10.3.7 Brooklyn교

근대 현수교의 원형은 1883년 뉴욕 East강에 설치된 Brooklyn교(그림 10.3.7)라고 해도 좋을 것이다. 중앙 경간은 486m, 2개의 측경간이 286m로 다리 길이는 1,058m이다. 개통 당시 East River교라고도 불리웠던 Brooklyn교에는 수많은 케이블이 사용되고 있어 구조 시스템으로서는 높은 부정정 차수를 가진 부정정구조물이다. 당시에는 요즘처럼 컴퓨터를 이용한 부정정구조물의 해석이 불가능했음에도 불구하고 이 교량의 설계에서는 각 구성부재간의 변위적합조건을 고려한 탄성이론에 따라 비교적 정확한 구조해석이 이루어졌다. 그 결과 외력을 각각의 부재에 적절하게 분배하고 있어 교량의 안전성을 높이는데 크게 기여했다.

현수교가 긴 경간 교량에 적합하다는 것은 논할 여지가 없으나 현저하게 유연한 구조라는 점이 그 특징이므로 이것을 극복하기 위해 J. A. Roebling은 보강형의 강성을 중요시하였다. 그래서 1903년의 Williamsburg교(미국, 487.68m)에서는 지간에 대한 거더 높이가 1/40인 트러스보강형을 사용하였다. 유연한 구조물로서의 현수교의 설계이론에서는 그 처짐특성을 고려한 평형상태가 고려되어야만 한다. 당초에는 탄성이론(elastic theory)이 이용되어 왔는데 보다 엄밀한 이론으로서 J. Melan은 1888년 처짐이론(deflection theory)을 발표하였다. L. S. Moisseiff는 이 처짐이론을 응용하여 1909년 Manhattan교(미국, 448.06m)를 설계하였고, 이 이론을 장견간 현수교에 극히 유리하다는 점 때문에 1926년의 Florianopolis교(브라질, 339.55m), Philadelphia교(미국, 533.40m), 또 1929년의 Mount Hope교(미국, 365.76m), Grand' Mere교(캐나다, 288.95m) 등 다수의 현수교에 응용되었다.

한편 S. Timosenko는 1928년 삼각급수전개로 처짐을 나타내는 처짐이론을 독립적으로 발표하여 종래의 이론을 보다 합리적으로 설명하였는데, 이 처짐이론의 확립에 의해 보다 경쾌한 구조형식을 가진 현수교를 설계할 수 있게 되었다.

그림 10.3.8 Geroge Washington교

그림 10.3.9 Golden Gate교

1931년에는 그때까지의 교량보다 배 이상의 지간 길이를 가진 현수교가 건설되었다. 그것은 Hudson강에 설치된 George Washington교(그림 10.3.8)인데, 그 중앙경간이 1,066m로서, 경간장이 1,000m를 넘은 최초의 현수교이다. George Washingtion교는 교축 방향으로 휨강성을 거의 갖지 않은 도로부 수직재만을 가지고 있었는데, 실질적으로 무보강형밖에 없는 이 기간 동안에도 아무런 문제가 생기지 않아 상당히 높은 안정성을 가지고 있음을 입증하였다. 그것은 무거운 콘크리트 바닥판을 사용했기 때문에 자중이 크게 된 점과 8차선도로로 되어 있어 교폭이 넓어졌다는 점 때문인 것으로 생각되어진다. 또 측경간이 중앙 경간의 1/6 이하밖에 안되기 때문에 케이블 시스템의 효율이 높아, 이것이 낮은 보강형의 강성을 어느 정도 보충한 것이라고 생각된다.

1933년 1월에 시작되어 1937년 5월에 시공이 완료된 Golden Gate교(그림 10.3.9)는 중앙 경간이 1,280m로서 Geroge Washington교보다 20%정도 길다. 그럼에도 불구하고 지름 910mm의 케이블 2개만이 사용되었다. Golden Gate교의 또 다른 특징으로서 보강 트러스의 형높이와 지간 길이의 비가 1/168로 매우 가느다란 점을 들 수 있다. 이 보강 트러스는 각각의 케이블면 아래에 있는 수직재, 교량 바닥 아래에 있는 수평재의 합계 3개밖에 없는 3면 트러스구조로 되어 있다. 그 결과 비틀림강성이 낮았는데 Golden Gate교가 설계될 당시에는 비틀림 강성이 공력(空力)안정성의 확보에 중요한 역할을 한다는데 대해 충분한 인식이 되어있지 않았기 때문이라고 생각된다.

종래의 현수교에 비해 가느다란 보강형을 가진 Golden Gate교를 더욱 웃도는 가느다란 현수교가 미국 서해안에 건설되었는데, 그것이 1940년에 건설된 Tacoma Narrows 교이다. 개통되고 바로 이 교량이 바람에 흔들리기 쉽다는 것이 판명되었지만, 처음 4개월 동안은 진동이 수직 방향에만 있었고 비틀림도 수반되지 않았다. 그리고 진폭이 1.5m정도에 이르면 다행하게도 으레 감쇠해 버렸다. 그러나 1940년 11월 7일 불과 19m/s의 바람에 보강형과 케이블(교축 방향)의 상대 운동을 방지하기 위한 center stay가 파단되고 그에 따라 진동의 양상이 일변하였다. 즉, 지간 중앙이 마디가 되는 비대칭 비틀림 모드를 가진 진동이 생기기 시작한 것이다. 비틀림 진동은 시간과 함께 크게 되어 지간 1/4점에서는 ±45°에 이르렀다. 공기력이 마이너스 감쇠 효과에 따라서 생긴 이 자려진동(自勵振動)이 1시간 동안 계속된 뒤 행어가 피로(疲勞) 때문에 소켓 위치에서 끊어지기 시작하여 보강형의 꽤 많은 부분이 바다 속으로 떨어져버렸다(그림 10.3.10). 이 사고가 교량기술자에게 준 충격은 매우 크고, 그 원인규명은 그 후 10년에 걸쳐서 F. B. Farquharson, G. Vincent, F. Bleich, T. von Karman 등에 의해 실시되어 플레이트 거더의 공력불안정성에 의한 것이었다는 것이 밝혀지게 되었다.

이 Tacoma Narrows교의 사고를 계기로 하여 장대현수교의 내풍안정에 대한 중요성이 강력하게 인식되어 공기역학적으로 안정성이 높은 트러스 보강거더가 널리 채용되었다. 그 후 건설되 Delaware Memorial교(1948), Tancarville교(1956), Forth Road교(1964), Verrazano Narrows교(1964), Salazar교(1966, 현재는 개명하여 Ponte 25, April 이라고 부르고 있다.), 그리고 일본의 약호대교(若戶大橋, 1962), 관문교(關門橋, 1973)는 모두 트러스 보강 현수교이다.

제2차 세계대전 후 Tacoma Narrows교를 다시 건설하는 일이 결정되었다. 바람으로 인하여 여진되는 진동에 대해서도 충분히 저항력을 갖게 하기 위해 보강형의 구조가 다른 것으로 바뀌었다(그림 10.3.11). 즉, 높이 2.4m의 플레이트 거더 대신에 형고(거더높이) 10m의 트러스 거더로 하고, 교폭은 11.9m이었던 것을 18.3m로 넓혔으며 다른 타입의 감쇠장치가 설치되었다. 이 새로운 Tacoma교는 충분한 내풍 안정성을 확보하기 위하여 이전 것에 비해 필요 이상으로 중후(重厚)하게 되었다. 낙교된 교량을 재설계할 때 과잉반응을 보이는 것은 충분히 있을 수 있는 일이다.

그림 10.3.10 Tacoma Narrows교의 붕괴장면

그림 10.3.11 다시 건설된 Tacoma Narrows교

그림 10.3.12 Tancarville교

한편 1930년대의 활발한 현수교의 건설은 새로운 구조 해석법을 가져왔다. 1938년 Hardesty와 Wessman은 케이블만 있을 때의 하중으로 인한 변형을 우선 구하고 보강형의 존재에 따라서 생긴 변형을 수정하는 방법을 제시하였다. 이 방법은 예비적인 해석으로 매우 적합하며 요즘 볼 수 있는 강성이 비교적 낮은 보강형의 해석에 특히 효과가 있었다. 또 하나의 방법으로서 1940년대에 발표된 F. Bleich의 이론이 있는데. 이것은 처짐이론에서 미분 방정식의 비선형만을 무시한 선형화 이론이라고 할 수 있는 것으로, Tacoma교의 낙교로써 주목을 받게 되었던 동특성을 조사하는데 적합한 방법이다.

1950년대까지 500m를 넘는 장대한 현수교는 모두 미국에서 건설되어 왔다. 그러나 1959년에 완성된 중앙 경간 608m를 갖는 Tancarville교(그림 10.3.12)는 유럽에서 대규모 현수교 시대의 막을 올리게 되었다. 프랑스의 Tancarville교에서는 미국 현수교에서 볼 수 없었던 갖가지 참신한 특색을 볼 수 있다. 보강 트러스는 3경간 연속이고 케이블은 중앙에서 트러스에 고정되어 있다. 한쪽 앵커 블록 위치에 보강 트러스를 고정하면 케이블 시스템은 비대칭 하중에 대해 더욱 유효하게 작용한다. 또한 미국에서 20세기에 건설된 모든 장대한 현수교에서는 강재 주탑이 채용되었지만 Tancarville교의 탑은 철근콘크리트재가 사용되었는데 압축력이 지배적인 주탑 구조에 대해 이 선택은 적절하다고 생각된다.

1960년대 초 George Washington교(그림 10.3.13)에서는 하부 덱을 추가하여 더블덱의 보강 트러스가 완성되었다. 하현재와 거세트판(gusset plate)이 1931년 당초부터 설치되어 있어 보강형의 남은 부분의 시공이 쉬웠다. 더욱 중요한 것은 케이블 시스템과 주탑, 그리고 앵커가 당초부터 더블 덱 구조의 하중에 대해서 설계되어 있었던 점이다.

그림 10.3.13 Geroge Washington교

그림 10.3.14 Verrazano-Narrows교

1960년대, 당시 세계에서 가장 긴 Verrazano-Narrows교(그림 10.3.14)의 건설이 뉴욕항 입구에서 시작되었다. 중앙경간 길이가 Golden Gate교보다 18m가 더 긴 1,298m로 건설된 Verrazano-Narrows교는 George Washington교와 같이 O. H. Ammann이 설계했기 때문에 설계상의 공통점이 많다. 두 교량 모두 한쪽면당 2개의 케이블이 배치되고 그 간격은 상당히 근접해 있다. 그러나 Verrazano-Narrows교는 당초 상부 덱만 공용되었지만, George Washington교는 완성 시부터 더블 덱의 보강 트러스를 가지고 있었다는 차이점이 있다.

포르투갈 Tagus River교(그림 10.3.15)는 유럽에서 건설된 것이지만 설계・시공 모두 미국 회사가 담당한 것이므로 미국의 현수교 기술의 산물이라고 할 수 있다. 그러나 이전의 관례와는 어느 정도 다른 면을 가지고 있는데, 그것은 최초에 4차선 차도부를 건설하고 보강형 내부의 하부 덱에 2개의 철도를 나중에 추가한다는 점이다. 이 때문에 약 100m 어프로치 경간을 포함하여 보강형이 연속 형식으로 되어 있어 궤도 형상에 생기는 큰 모 꺾기를 피할 수 있었다.

그림 10.3.15 Tagus River교

그림 10.3.16 Severn교

Newport교에서는 주케이블 시공에 프리패브 평행선 스트랜드공법이 처음으로 채용되었다. Roebling시대 이후 모두 주요한 현수교에서는 케이블은 소선이 1가닥씩 지간을 건너고 그 뒤 다발로 되어 최종적으로 케이블 전체가 형성되는 공중시공법(air spinning method)으로써 현장에서 제작되고 있었다. 이 공중시공법은 George Washington교, Golden Gate교, Mackinac교와 같은 유명한 현수교의 건설 시에는 우수한 공법이었지만, 날씨에 좌우되는 점과 많은 노동력을 필요로 하는 어려운 점이 있다. 이러한 문제를 해결하기 위해 Newport교에서는 스트랜드를 형성하는 다수의 평행선을 한꺼번에 빼내는 공법이 검토되었다.

Severn교(그림 10.3.16)에서는 보강형의 설계와 행어 형상에 새로운 아이디어가 도입되었다. Tacoma교의 참사 이래 장대 현수교의 공력안정성은 소요 휨과 비틀림 강성을 가진 큰 트러스거더를 채용함으로써 확보되어 왔다. 그러나 Sir Gilbert Roberts는 Severn교의 설계에 임하여 트러스형을 사용하지 않고 높이 3m의 가느다란 박스형 거더를 채용하였다. 보강형의 높이는 3m로서 지간길이와 비교하여 1:324로 되어 구(舊) Tacoma교의 1:350에 아주 가깝게 되고 있다. 그러나 이 설계에서는 Tacoma교 참사의 2가지 주요한 원인이 제거되었다.

즉, 예각을 가지고 있던 Tacoma교의 플레이트 거더 단면을 풍동실험으로 결정된 유선형상으로 바꾸고, 비틀림 강성이 작은 플레이트 거더 보강형 대신에 큰 비틀림 강성을 갖는 폭이 넓은 박스형 거더가 채용되었다.

그림 10.3.17 Humber교

그림 10.3.18 Akashi교

1970년대는 현수교의 보강형으로서 유선형 박스식 거더가 널리 사용되게 되었다. 1970년에 완성된 Chr. Ostenfeld가 설계한 Little Belt교(덴마트)는 Severn교 이후 유선형 박스식 거더를 채용한 2번째의 현수교이다. 1981년에는 영국에서 Humber교(그림 10.3.17)가 완성되었는데, 교량의 지간길이가 1,410m였다. Humber교는 유선형 박스식 단면 보강형을 가진 시스템으로 비스듬한 행어를 채용하고 있다.

한편 1998년에 완공된 일본의 Akashi교(그림 10.3.18))는 주경간 1,991m로 현재 공용중인 교량 중에서 세계최장을 자랑하고 있다. 우리나라 최장의 교량은 2013년에 준공된 이순신대교로서 주경간장이 1,545m에 달한다.

사장교와 현수교의 비교

사장교와 현수교는 모두 교량시공이 필요한 공간에서 교각을 설치할 수 없고 거더만으로는 건널 수 없을 경우에 무엇인가로 보강이 필요하다는 극히 자연스런 생각으로부터 발생된 교량형식이다. 또한 그 보강재료에 인장재, 즉 케이블을 사용하고 있다는 점에서 서로 유사한 형식이라고 할 수 있다. 특히 사장교와 현수교 같은 매달기식 교량은 250m~2,000m 이상의 장경간을 가능하게 한다는 점에서 매우 우수한 것으로 평가받고 있다. 이런 점에서 사장교 형식과 현수교 형식은 매우 흡사하지만, 이 두 케이블지지 교량형식에서 케이블 배치형상의 차이는 그 정역학적 거동에 큰 차이를 만들어내고 있다. 케이블이 포물선 형상을 하고 있는 현수교에서는 수직 하중 재하에 대해 케이블 장력이 평형상태에 이르기까지 큰 변형을 일으키는 반면 사장교에서는 케이블이 직선 모양으로 배치되어 있기 때문에 이와 같은 큰 변형은 생기지 않는다.

대다수의 매달기식 교량의 구조계통은 보강형(또는 보강트러스)과 상판, 보강형을 지지하는 케이블 시스템, 케이블 시스템을 지지하는 주탑, 그리고 케이블 시스템을 수직/수평방향으로 지지하는 앵커 블록(또는 앵커 교각)의 4가지 주요요소로 나눌 수 있다. 그리고 이 매달기식 교량은 케이블 시스템의 형상에 따라 분류할 수 있는데, 현수교는 포물선 형상의 주케이블과 주케이블을 보강형에 묶어주는 행어(hanger)로써 구성되는 반면 사장교는 보강형과 주탑을 직선으로 잇는 케이블을 가진다. 또한 교량의 시공측면에서 보면 대부분의 장대교가 갖는 지형상의 특성상 일반적인 동바리공법(bent method)으로는 불가능한 경우가 많으므로 캔틸레버공법(cantilever method)이나 송출공법 등 지형조건에 크게 영향을 받지 않고 시공할 수 있는 교량형식이다.

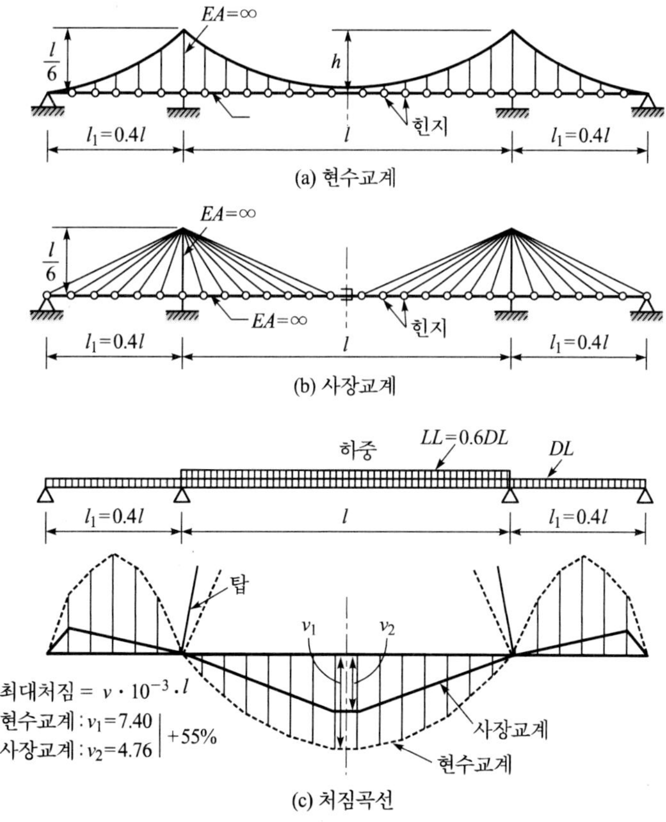

그림 10.3.19 사장교와 현수교의 비교

(1) 강성

장경간의 교량형식에 적합한 현수교와 사장교는 중앙경간이 길어지면 거더 전체의 세장비가 커지기 때문에 비틀림 변형이 쉬운 결점이 있다. 그러나 사장교 형식은 현수교에 비하면 케이블의 강성이 상대적으로 크기 때문에 비틀림 강성이 현수교보다는 크다. 또한 사장교는 그 역학적 특성이 케이블에서의 수평분력에 의한 축방향력의 영향을 제외하면 강받침을 가진 탄성받침 위의 연속거더와 거의 유사한 거동을 나타낸다. 이러한 면에서 볼 때, 사장교는 연속거더교와 현수교의 중간적인 위치, 즉 지간이 약 150~400m에 유효하게 적용할 수 있는 교량형식이라고 볼 수 있다.

그림 10.3.19(a), (b)는 사장교형식과 현수교형식의 강성을 비교하기 위해 가정한 구조계와 그 변위의 상태를 나타낸 것이다. 그림 10.3.19(c)로부터 현수교의 주탑 정상 수평변위는 사장교에 비교하여 대단히 크고, 케이블단의 수직변위에 추가되어 이 탑 정상 수평변위가 현수교의 처짐을 보다 크게 하고 있다는 것을 알 수 있다. 사장교에서는 측경 간의 상단 케이블이 주탑 정상변위를 구속하여 처짐에 대해서 좋은 결과를 나타내고 있다. 즉, 현수교 에서는 큰 처짐이 생기는 반면 사장교에서는 고강도 사면 케이블을 높은 응력 수준으로 사용함으로써 그 처짐이 크게 억제된다.

이 결과로부터 사장교에서는 케이블이 처짐을 유효하게 억제하고, 현수교에서는 처짐을 작게 하기 위해 보강거더를 이용한 큰 휨강성이 필요하다는 것을 알 수 있다.

(2) 내풍안정성

중앙지간장 200m 정도까지의 사장교는 정역학적으로 연속거더교와 현수교의 중간적인 특징을 갖고 있다. 그러나 동역학적인 거동에 있어서는 교탑의 유연성 때문에 오히려 현수교와 유사하다. 따라서 사장교의 기본설계 시에는 내풍안정성에 대한 신중한 배려가 필요하며, 특히 지간이 장대화될수록 내풍설계는 더욱 중요하게 인식되고 있다.

사장교의 내풍안정성에 대한 특징은 다음과 같다.

- 다수의 케이블을 가진 사장교는 고차의 부정정구조물이 되므로 계의 구조감쇠성이 높다. 즉, 비스듬히 뻗쳐진 많은 케이블이 교량의 진동형을 흐트러뜨려 교량이 위험한 공진상태가 되는 것을 용이하게 막는다.
- 2면 케이블형식의 사장교에서는 내풍안정성상 가장 위험한 진동형의 하나인 역대칭 비틀림진동을 케이블이 유효하게 억제한다.

한편 현수교의 경우에는 탑 정상의 수평변위가 크고 케이블이 자유롭게 역방향으로 진동할 수 있어 케이블의 비틀림진동에 대한 억제효과는 대단히 적다. 사장교의 경우에는 측지간의 상단케이블이 탑 정상변위를 유효하게 구속하여 비틀림진동을 크게 억제하고 있다. A형 탑의 경우는 더욱 좋은 결과를 가져올 수 있다. 그러나 이들의 특징은 정성적으로 말하고 있는 것이므로 오늘날 실시되고 있는 풍동실험에 의해 증명되는 것은 대단히 곤란한 문제이며, 단지 실제교량의 바람에 의한 진동성상의 관측 등에 의해 밝혀지게 될 문제일 것이다.

(3) 경제성

그림 10.3.20은 3경간연속 거더교, 사장교 및 현수교의 전체교량길이에 대한 주경간장의 관계를 나타낸 것이다. 이러한 자료는 경제적인 적정경간장의 기본개념 아래 작성된 것이다. 그림에서 볼 때, 3경간 연속 거더교의 경제적 한계 경간장은 약 200m이며 주경간장 전체길이비의 30~50%가 적당함을 알 수 있다. 현수교는 중앙경간장이 약 500m, 주경간과 전체길이비가 60~70% 정도일 때 경제적이며 사장교는 주경간이 150~300m 정도일 때 주경간장과 전체경간장이 50~60%로 가장 경제적인 기하구조가 됨을 알 수 있다. 또한 사장교의 경우에는 이미 앞에서 언급한 바와 같이 연속거더교와 현수교의 중간부분에 위치하고 있다. 그러나 이러한 교량들의 경간장은 계속되는 기술과 재료의 발전에 따라 더욱 길어지고 있는 추세이다.

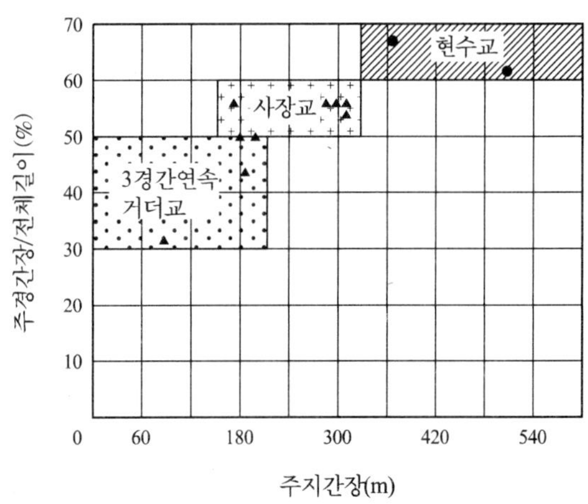

그림 10.3.20 교량의 형식과 경간장 비교

10.4 사장교

10.4.1 일반사항

사장교(斜張橋, cable-stayed bridge)는 중간의 교각 위에 세운 타워로부터 비스듬히 뻗친 케이블로 주거더(주형) 또는 트러스를 매단 교량구조물이다. 연속거더교나 연속트러스교 또는 아치교에서는 그 지간이 장대해지면 고정하중의 급격한 증가를 초래하며 어느 지간 근처에서 결국 적용한계에 달하고 만다. 그래서 지간의 장대화에 수반하는 고정하중을 경감하기 위하여 위에서 말한 것과 같은 구조계로 고안된 것이 사장교이다. 따라서 사장교에서는 작용하중의 일부가 케이블의 인장력으로 지탱되기 때문에 사장교의 보강형은 케이블 장치점에서 탄성지지된 구조물로서 거동된다. 또한 사장케이블의 인장력을 조절하여 교량 각 구조부재의 단면력을 가능한 균등하게 분배시킴으로써 일반적인 거더교에 비해 단면의 크기를 줄일 수 있는 교량형식이다.

사장교는 단순지지 또는 연속지지된 주거더의 지점사이를 케이블의 인장력으로 받치고 있는 구조로서 케이블과 거더의 접속점에서 처짐변형이 발생하고 이 처짐에 비례한 반력을 케이블과 거더가 받는다. 따라서 사장교는 그림 10.4.1과 같이 다경간의 연속보로 치환되어지는 고차의 부정정구조가 된다.

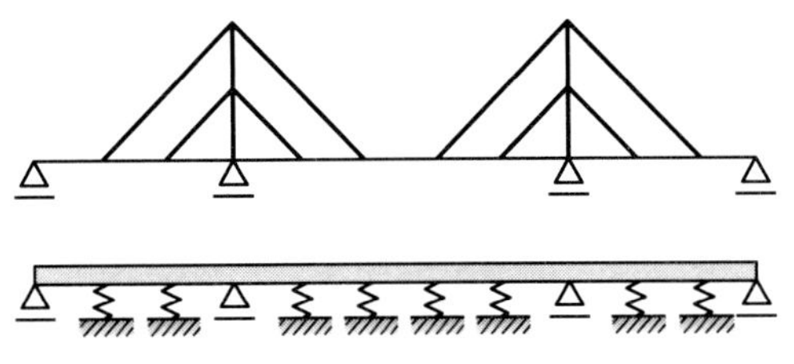

그림 10.4.1 사장교의 구조모델

사장교형식을 채용할 경우 상판구조로 거더를 채용하여 고정하중을 감소시킬 수 있는 장점이 있다. 그림 10.4.2는 사장교형태와 케이블을 사용치 않은 경우의 5개 경간상판에 분포되는 모멘트의 비교도이다. 그림에서와 같이 사장교에서의 모멘트 절대비는 1/10으로서 사장교형태가 훨씬 유리한 구조가 되며, 모멘트분포를 사장교형식을 사용할 경우 균일하게 할 수 있는 장점이 있다. 또한 보의 높이와 경간장의 비율은 1/90으로 강재의 사용면에서 매우 효과적인 설계가 가능하다.

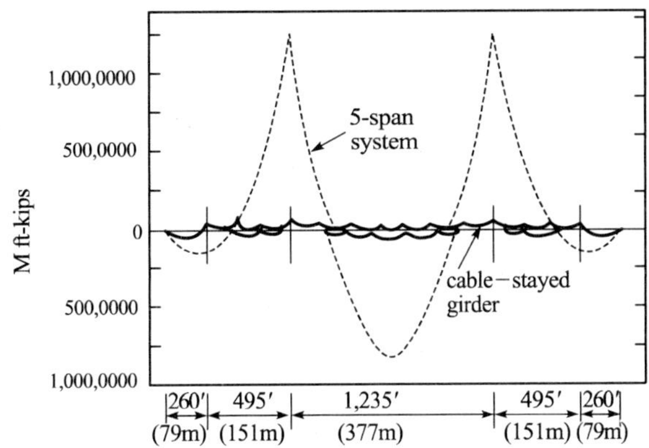

그림 10.4.2 사장교와 일반 5경간장 교량의 모멘트도 비교

이러한 사장교의 이점은 다음과 같다.

- 케이블에 의해 보에 발생하는 응력분포를 균일하게 할 수 있으므로 보다 경제적인 설계를 할 수 있다.
- 비스듬하게 뻗쳐진 케이블을 이용하므로 시공(캔틸레버 시공 공법)을 용이하게 실시할 수 있다.
- 현수교에 비해 강성이 높기 때문에 철도교에도 유효하게 이용할 수 있다. 또 많은 케이블을 가진 사장교에서는 계의 구조감쇠가 높아져 내풍 안정성에 대해서도 보다 유리하다.
- 현수교와 같이 큰 케이블 정착 장치를 필요로 하지 않는다.
- 거더 및 공간에 제한을 받는 경우 거더높이를 작게 할 수 있으며, 미관 및 내풍 안정성 면에서도 바람직하다.

사장교는 주거더 · 케이블 · 주탑에 의해 하중을 분담하고 있는 것이다. 따라서 이들이 분담량을 어떻게 정하는지 여부가 중요한 문제이며, 이것이 사장교의 경제성도 좌우하게 된다. 이런 의미에서 사장교 형식은 설계상 자유도가 비교적 높은 구조물이라고 할 수 있다. 특히 케이블에 의한 응력 조정을 통해 주거더의 하중 분담량 일부를 케이블로 미리 부담케 하여 교량 전체의 경제성을 도모할 수가 있다. 이것은 사장교 형식의 큰 이점 중의 하나로 이 응력조정을 통해 고정하중에 의한 휨모멘트의 대부분을 제거할 수 있고, 활하중을 고려한 전체 휨모멘트를 전 지간에 걸쳐 평균화하는 것이 가능하게 된다. 또한 이 응력조정이 지간 증대에 따른 강재중량의 증가를 완만하게 하여 장지간 교량에 대해서 합리적으로 적용할 수 있다는 점, 또 날씬한 거더를 사용함에 따라 미관적으로도 우수한 교량설계가 가능하다는 점 등은 다른 교량형식과 비교하여 특기할 만한 점이다.

구조형식

사장교는 주거더의 지지방식에 의해 자정식 · 부정식 · 완정식으로 분류할 수 있다.

자정식 사장교는 케이블을 3경간 연속의 주거더에 정착하는 방식으로서 현재 시공되어 있는 사장교는 거의 모두가 이 지지방식을 사용하고 있다. 특히 자정식 사장교의 경우 주거더에는 그림 10.4.3(a)와 같이 압축력만이 작용한다. 부정식 사장교는 축력을 전달하지 않는 신축이음을 측경간 또는 중앙경간에 삽입한 구조로 1966년 덴마크 공과대학의 N. J. Gimsing에 의해 제안되었다. 이러한 부정식 사장교의 끝은 앵커리지에 정착되므로 완정식의 절반 정도의 앵커리지만을 필요로 하고, 그림 10.4.3(b)와 같이 주탑 근처의 주거더에서는 압축력이 작용하고 그 밖의 부분에서는 인장력이 작용하도록 함으로써 축력은 인장과 압축으로 나누어지고 그 절대값도 거더형식교량의 절반으로 감소시킬 수 있다. 완정식 사장교는 주거더를 3개의 단순거더로서 구성한 구조로 케이블을 앵커리지에 정착하기 위해서는 수평스러스트(thrust)를 담당할 거대한 앵커리지를 필요로 한다. 완정식 사장교는 그림 10.4.3(c)와 같이 주거더부분에 인장축력이 작용한다.

사장교는 장대화됨에 따라 그 케이블 수가 증가되고 주거더의 휨강성은 상대적으로 감소하게 되었다. 그 결과 주거더 내의 응력문제에 있어서 휨응력에 비해 축응력이 차지하는 비율이 증대되었다. 따라서 직감적으로 부정식에서는 주거더단면의 저감을 예측할 수 있다. Gimsing에 의하면 강사장교에 있어서는 부정식, 완정식, 자정식의 순서로 경제적이고, 부정식사장교는 지간길이 300~800m까지의 범위 내에서는 현수교 형식보다 경제적이라고 한다.

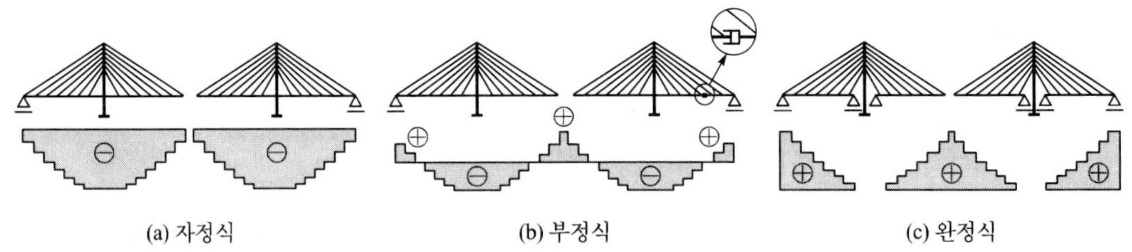

그림 10.4.3 주거더 지지방식에 의한 사장교의 분류

한편 사장교의 경제성확보를 위해선 경간장 배치, 주탑의 높이, 케이블의 수와 배치간격, 상부구조형식 등에 대해 고려해야 한다. 예를 들어, 비대칭 2경간 사장교를 계획할 경우 기존교량을 조사해야하며, 표 10.4.1은 교량 총연장의 60~70% 정도를 최대경간장이 차지하고 있음을 나타내고 있다. 그러나 Batman교와 Bratislava교는 예외적인 경우로서 최대경간장 길이가 총길이의 80% 이상을 차지하고 있으며 이러한 경우는 사장교

케이블의 배치 반대쪽에 정착케이블을 적용하여 문제를 해결하고 있다. 정착 케이블을 사용하는 경우는 정착을 위한 고정하중 구체(dead man, anchor block)가 요구된다.

표 10.4.1 2경간 사장교의 전체길이 대 최대경간장비

교량명	최대경간장(m)	총연장(m)	비율
Severin(독일)	301	452	0.67
Karlsruhe(독일)	175	292	0.60
Kniebr cke(독일)	320	515	0.62
Mannheim(독일)	287	412	0.70
Maya(일본)	139.4	208.8	0.67
East Huntington(미국)	274.3	460	0.60
Batman(오스트레일리아)	210	260	0.81
Bratislava(체코)	303	378	0.80
Weirton-Steubenville(미국)	250	460	0.54

표 10.4.2 3경간 사장교의 중앙경간장과 전체길이 비율

교량명	중앙경간장(m)	총연장(m)	비율
Papinacu(캐나다)	240	420	0.57
Duisburg(독일)	350	655	0.53
Rees(독일)	255	463	0.55
Bonn(독일)	280	520	0.54
D sseldorf-North(독일)	260	476	0.55
Leverkusen(독일)	280	492	0.57
Norderelbe(독일)	172	300	0.57
Arakawa River(일본)	160	280.6	0.57
Suchiro(일본)	250	470	0.53
Onomichi(일본)	215	385	0.56
Toyosato(일본)	216	377	0.57
Str msund(스웨덴)	183	331	0.55
Sitka(미국)	137.2	228.6	0.60
Luling(미국)	376.4	678.2	0.56
Pasco-Kennewick(미국)	299	546.8	0.55
Menomonee Falls(미국)	66.1	110	0.60
Sunshine Skyway(미국)	366	695	0.53
Quincy(미국)	274	542.5	0.51
Neches River(미국)	195	451.1	0.43
Dame Point(미국)	396	792	0.50
Meiko Nishi(일본)	405	755	0.54
Hitsuishijima(일본)	420	790	0.53
Iguchi(일본)	490	790	0.62
진도대교(한국)	344	484	0.71
돌산대교(한국)	280	450	0.62

경간장배치의 경우 3경간 사장교에 대해 살펴보면 표 10.4.2와 같으며 중앙경간장은 교량 총길이의 55%정도가 적용되고 있다. 다경간장 사장교의 경우는 대체적으로 같은 길이의 경간장이 적용되나 접속 및 단부 경간장은 달리 적용하기도 한다. 다경간장의 경우 케이블배치는 주탑양측을 대칭구조로 한 형식이 주로 적용되며, 교량의 시공과 조립이 용이하도록 사장교 중앙경간에는 게르버형태가 많이 사용되었다. 이때 게르버보의 길이는 총경간장의 20% 내외가 적용되나, 주탑에서 1개씩의 케이블이 내려져 상부구조에 연결되는 경우는 8%정도이다.

이처럼 사장교의 기하구조는 다양한 형태가 적용될 수 있으며, 현장여건과 주위경관과의 조화를 도모하여 케이블의 배치, 상부구조의 형태 및 주탑의 형상을 임으로 결정할 수 있다.

구조요소

(1) 케이블

사장교의 사장재로서는 여러 종류의 케이블이 사용될 수 있는데, 용도에 따라서 형태와 배치방법이 다르며 국내에서는 스트랜드 로우프, 나선로우프, 평행강선 케이블 등으로 호칭되고, 외국에서는 평행강선 와이어(parallel wire), 싱글 스트랜드 또는 로우프(single strands or ropes), 락 코일 스트랜드(lock-coil strand), 강봉(solid bar) 등으로 분류하고 있다. 케이블에 대한 용어는 다음과 같이 정의되어질 수 있다.

- 케이블(cable) : 유연한 인장재로서 단일 또는 복합 와이어, 스트랜드 또는 로우프를 의미함
- 와이어(wire) : 1연선으로 냉간 가공된 강선을 뜻함
- 스트랜드(strand) : 평행강선 와이어를 제외한 나선형으로 꼬아진 강선다발 형태, 단면이 중심을 축으로 대칭인 강선다발의 의미
- 로우프(rope) : 강선다발의 핵을 중심으로 다수의 스트랜드를 나선형으로 꼬은 형태, 스트랜드 또는 로우프
- 락 코일 스트랜드(lock-coil strand) : 스트랜드와 같은 형태이나 코어를 중심으로 와이어가 맞물려 있는 상태의 강선다발로 나선로우프와 같은 형태
- 평행 강선 케이블(parallel wire) 또는 스트랜드(strand) : 강선이 꼬여있지 않고 평행한 다발 모양으로 이루어진 것

1) 횡방향 케이블 배치

교량 진행방향의 직각인 횡방향의 케이블 배치는 1열 및 2열 배치로 구분되며 대칭 또는 비대칭배치가 이루어진다. 케이블 배치의 기본형태는 그림 10.4.4와 같으나, 덴마크의 Great Belt교에서와 같이 횡방향 케이블을 3방향으로 배치한 경우도 있다.

1열배치 시스템은 대체로 교량상판 중심선상에 배치되며 이러한 형태는 경제성과 미관 측면에서 우수한 형태이다. 중앙부에 케이블이 배치됨으로써 운전자의 시각면에서 유리하며 케이블 정착 및 배치에 따른 상부구조의 규격증가가 적은 편이다. 그러나 중앙부의 케이블배치로 좀 더 넓은 상판규격이 요구되며, 주탑 역시 1주거더 또는 파일론(pylon)형태의 탑신이 필요하다. 또한 1열배치 형태는 상대적으로 케이블에 부하되는 하중이 크며 이 하중은 상부구조로 연결되어 정착부와 지지케이블에 작용하는 하중이 크게 증가된다. 따라서 추가적인 상부구조 보강이 필요하며 보통 웨브플레이트와 바닥판 플랜지의 보강이 요구된다. 수직방향하중 또는 자중은 케이블이 부담하게 되며, 차량의 비대칭재하 또는 풍하중 재하 등으로 발생할 수 있는 비틂력은 상부구조가 부담해야 하므로 일반적으로 강성이 높은 박스형태의 상판을 사용하여 교각에 하중을 전달하기 쉬운 구조로 해야 한다. 이와 같은 상판의 강성보완은 추가비용이 부과되긴 하지만 교량시공의 간편성 및 부수적인 경관미를 고려할 때 큰 문제가 되지 않는 것이 보통이다.

1열 케이블배치 형태가 그림 10.4.4(a)와 같은 도로교의 경우에는 상판의 중심부에 좌우대칭이 되도록 배치하는 것이 보통이나 보도교 등과 같이 자중과 하중이 적은 경우에는 그림 10.4.4(b)와 같이 편측으로 배치하기도 한다. 이러한 편측 1열배치는 비틂력이 적게 발생하는 경우에 한하여 적용된다.

2열 배치 시스템은 그림 10.4.4(c)와 같이 상판의 측면에 직각으로 배치하는 형태와 그림 10.4.4(d)와 같이 케이블 주탑에서 사방향으로 경사시켜 배치하는 형태로 크게 분류할 수 있다. 사방향 2열배치가 적용된 경우에는 A형의 주탑이 많이 사용되고 있다. 2열배치 시 케이블은 상판의 양측에 정착되며, 이때 정착부분은 전단과 휨모멘트를 상판에 전달해야 하므로 추가적인 보강이 요구된다. 또한 정착여유공간의 확보를 위하여 교량 측방향이 활용되어야 하며 이는 상부구조 공사비의 증가요인이 된다. 그림 10.4.4(e)의 V형 케이블배치는 Ramiro Sofronie에 의해 제안되었으며, 교량상판의 측방향 흔들림 방지, 주탑상부에의 케이블 집중방지 및 주탑의 높이를 증가시키지 않으려는 의도에서 비롯되었다.

한편 3방향 케이블 배치방식은 덴마크의 대운하상의 교량에 적용되었는데 1방향 4차선에서 3개 차선은 자동차도이며 중앙 1개 차선은 철도가 통행하도록 되어 있어 이 방식이 적용되었다. 이때 케이블 1열은 교량상판의 중심선에, 2개열은 축방향에 각기 배치되었다.

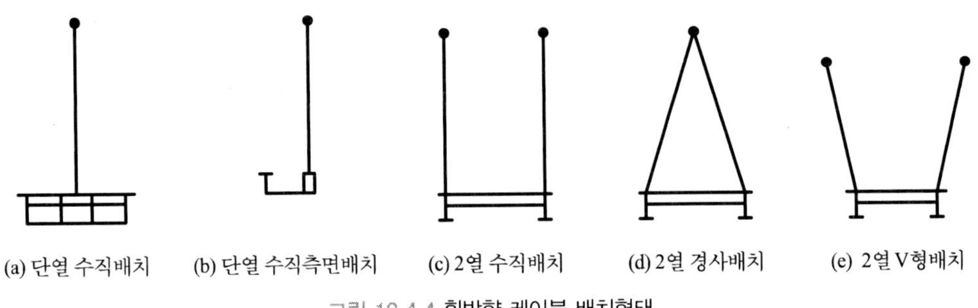

그림 10.4.4 횡방향 케이블 배치형태

2) 종방향 케이블 배치

교량중심선 방향의 케이블배치는 경간장 및 주탑의 높이 분할에 따라 설계자의 의도에 따라서 달라지게 된다. 배치형태는 그림 10.4.5와 같이 방사형(radial type), 하프형(harp type), 부채형(fan type) 및 스타형(star type)으로 크게 분류할 수 있다.

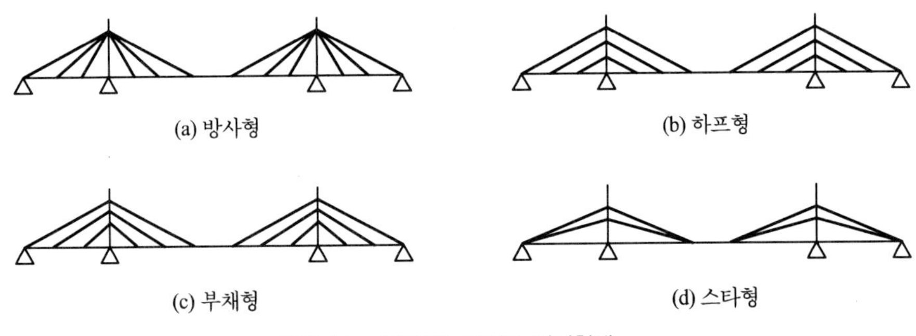

그림 10.4.5 종방향 케이블 배치형태

수렴형이라고도 불리는 방사형은 주탑 첨단부의 한 개소로 케이블이 집중되며 사장재의 경사각이 다른 형태에 비해 커지게 된다. 이러한 방사형 케이블배치는 반대편과의 불일치를 1열 배치함으로써 해소할 수 있으며 하프형에 비해 케이블 길이가 짧고 숫자를 늘림으로써 단순한 형상을 계획할 수 있다. 하프형은 문자 그대로 악기인 하프의 현처럼 케이블이 평행으로 배치된 형태이다. 하프형 케이블 배치는 사장재 수량이 증가되고 종방향 주거더의 압축력이 증가되나 휨응력을 경감시킨다. 또한 주탑의 휨모멘트가 커지게 되는데 이러한 점이 방사형 사장재 배치보다 불리한 여건이 되나 미관이 더 뛰어나다. 특히 2열 배치가 되는 경우 케이블이 엇갈려 보이는 현상이 없으며, 사장재가 주탑의 종단을 따라 정착되므로 방사형 배치 시 요구되는 주탑부의 대규모 정착설비에 비해 훨씬 단순하고 소규모의 앵커가 가능하다. 방사형과 하프형이 조합된 형태가 부채형 케이블 배치가 되며 주탑 일부구간에 일정간격으로 케이블이 늘어져 상판에 일정간격으로 정착된다. 이러한 배치형태는 케이블에 부가되는 힘을 주탑의 일정구간에 분산시킬 수 있으며, 케이블의 손상이나 차량의 충돌 등으로 케이블을 교체할 경우 교체가 용이하다. 미국에서는 모든 사장교의 케이블 교체가 가능하도록 규정하고 있다. 스타형 케이블배치는 케이블을 주탑의 2개소에서 상판의 1개소로 연결시켜 설치되며, 상판과 케이블의 연결점은 교량의 교각 또는 교대부분이 되는 것이 보통이다.

이러한 케이블의 배치형태와 수효는 경간장 · 하중형태 · 차선수 · 주탑의 높이 · 경제성 · 미관 등을 고려하여 결정하게 된다.

(2) 주거더(주형)

사장교의 상부구조형태는 모든 방식이 적용가능하지만 대체적으로 많이 사용되는 형태는 주거더와 보강트러스 형태이다. 보강트러스 형태는 과거보다는 근래에 적용되고 있으며, 이 형태는 시공 시 복잡하고 유지관리비용이 크게 소요되고 미관 또한 아름답지 못한 단점이 있다.

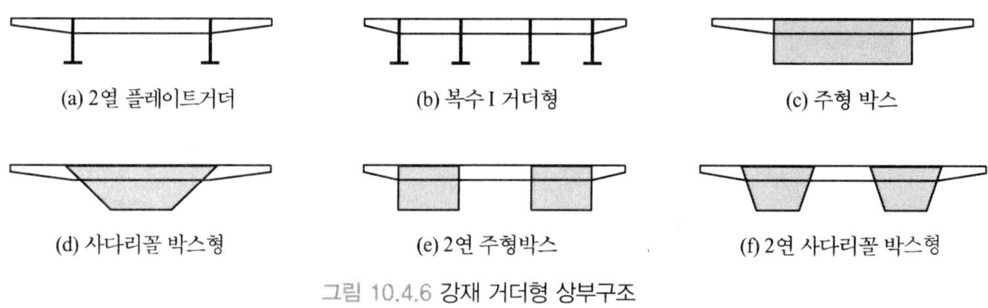

그림 10.4.6 강재 거더형 상부구조

주거더(주형)는 그림 10.4.6과 같이 강재 주형박스 및 크로스빔(cross beam) 등으로 보강된 형태를 의미하며 주된 구성은 2개의 주 플레이트거더 또는 복수형 플레이트거더로 이루어져 있다. 그림 10.4.6의 (a), (b)와 같은 플레이트거더(판형)의 경우에는 비틀림에 대한 저항이 약한 것이 문제이고, 그림 10.4.6의 (c), (d)와 같이 박스형으로 할 경우 비틀림에 대한 저항이 증대된다. 이러한 박스형 구조는 1연, 2연 및 복수형태로 변화가 가능하고, 사다리꼴 및 사각형 모양의 박스도 적용될 수 있다.

도로교가 다차선인 경우에는 다연 박스구조가 유리하고, 사다리꼴의 박스는 상판(슬래브)폭원의 확보에 특히 유용하다. 그림 10.4.6의 (e)와 (f)는 2연박스로서 상판의 폭원 확보에 유리한 형태이다. 그러나 근간에는 강상판구조가 콘크리트 박스구조물에 비해 경쟁력을 잃고 있으며 합성구조가 많이 적용되고 있다.

사장교의 거더높이(형고)와 경간장의 비율은 표 10.4.3과 같으며, 1/40~1/260의 폭넓은 비율이 적용되고 있다.

사장교의 부흥기는 1955년부터이며 당시에는 주로 강교형태로 건설되었으나, 1960년 후반이후로는 철근콘크리트 또는 프리스트레스트 콘크리트 상판도 사용되기 시작하였다. 특히 1985년 이후로 경간장이 긴 콘크리트상판이 건설되었으며 과거에는 불가능하다고 여겨졌던 경간장이 철근콘크리트상판으로 가능하게 되었다. 그러나 이러한 콘크리트 상판구조를 사장교에 적용할 경우 다음과 같은 사항을 제고해야 한다.

- 주거더의 높이와 경간장비는 45~260까지 폭넓게 검토할 수 있으며 다경간 교량인 경우 보높이와 경간장비는 150~400 정도까지 채용할 수 있다. 이러한 교량의 적용은 상부구조가 너무 확대된 형상이 아닌 날렵한 구조미를 갖는다.
- 콘크리트 상부구조는 자체중량과 강성으로 바람의 영향에 강재 상부구조보다 유리한 구조형태가 된다.
- 사장교는 보의 영향으로 상판에 압축력이 작용하게 되는데 콘크리트 구조로 할 경우 보다 유리한 상태가 된다. 또한 케이블에 의한 축력은 콘크리트에 프리스트레스를 주입하는 효과를 볼 수 있으므로 활하중·고정하중에 의한 휨에서 보다 유리하다.
- 케이블에 소요되는 강재의 사용량이 경감되므로 주탑의 높이가 감소될 수 있다.
- 콘크리트 상부구조 적용 시 활하중과 고정하중의 비율이 작기 때문에 철도나 대단위 교통이 재하되는 경우에 더욱 유리하다.
- 상부구조시공과 케이블의 설치가 용이하므로 세그먼트 캔틸레버보 시공, PS도입, 현장타설 시공방법 등이 다양하게 사용될 수 있다.

표 10.4.3 사장교의 거더높이와 경간장비

교량명	횡단면케이블 배치수	경간수	종방향케이블 배치수	보높이/경간장
Str msund(스웨덴, 1955)	2	3	converging	1/58
Brucksal(독일, 1956)	2	3	converging	1/53
Nordbr cke(독일, 1958)	2	3	harp	1/81
Severin(독일, 1959)	2	2	fan	1/66
Elbe(독일, 1962)	1	3	star	1/57
Shinno(일본, 1963)	2	2	converging	1/40
J licherstrasse(독일, 1965)	1	3	converging	1/60
Leverkusen(독일, 1965)	1	3	harp	1/64
Maxau(독일, 1966)	1	2	fan	1/62
Maya(일본, 1966)	1	2	fan	1/50
Ludwigshafen(독일, 1967)	2	2	converging	1/55
Rees(독일, 1967)	2	3	harp	1/73
Bonn(독일, 1967)	1	3	fan	1/61
Onomichi(일본, 1968)	2	3	converging	1/67
Kniebr cke(독일, 1969)	2	2	harp	1/100
Papineau-Leblanc(캐나다, 1969)	1	3	converging	1/67
Toyosata(일본, 1970)	1	3	fan	1/72
Arakawa(일본, 1970)	1	3	harp	1/67
Ishikari(일본, 1972)	2	3	fan	1/80
Sitka Harbor(미국, 1973)	2	3	single-stay	1/75
Brotonne(프랑스, 1977)	1	3	fan	1/84
Pasco-Kennewick(미국, 1978)	2	3	converging	1/140
Luling(미국, 1983)	2	3	converging	1/87
East Huntington(미국, 1985)	2	2	fan	1/180
Sunshine Skyway(미국)	1	3	fan	1/82
Weirton-Steubenville(미국)	2	2	fan	1/95
Neches River(미국)	2	3	harp	1/80
Quincy(미국)	2	3	fan	1/120
Dame Point(미국)	2	3	harp	1/260
돌산대교(한국, 1984)	2	3	fan	1/102
진도대교(한국, 1984)	2	3	fan	1/125

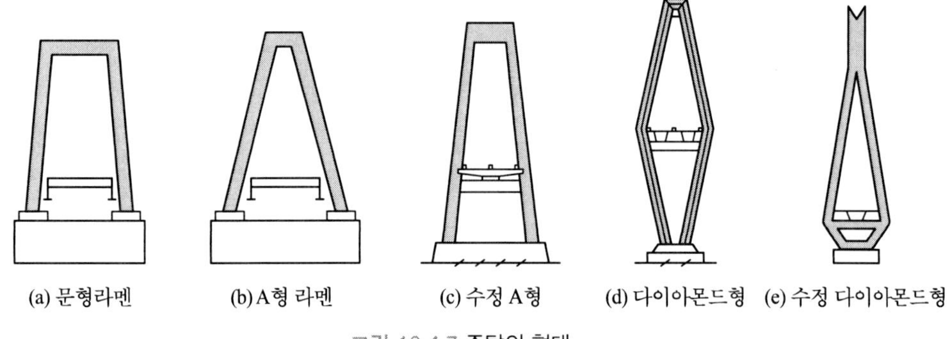

그림 10.4.7 주탑의 형태

(3) 주탑

사장교의 주탑은 파일론(pylon)이라고도 호칭되며, 주탑의 형태는 케이블 배치형태·현장여건·미관·경제성 등을 고려하여 결정된다.

주탑은 캔틸레버보와 같은 구조형식이라고 볼 수 있으며 지점부는 축력의 크기와 케이블하중의 분포 등에 따라 고정단 또는 힌지 형태로 검토된다. 또한 주탑 지점조건의 선택은 상부구조와 주탑의 하중분담 관계에서 주탑에 작용하는 수평방향력과 축력의 크기에 따라 결정된다. 즉, 고정단 방식은 주탑에 걸리는 휨모멘트가 교각에 전달되나 힌지는 축력과 횡방향력만을 전달하기 때문이다. 그러나 고정단으로 하여 주탑 구조의 강성을 증가시키는 것은 모멘트로 인한 문제점과 상쇄효과를 갖는다. 주탑의 고정단 방식 채용은 대형 힌지구조로 하는 것보다 비용이 저렴하며, 교량상부구조 시공에 유리하다.

주탑의 형태는 그림 10.4.7과 같이 문형, A형, 수정 A형, 다이아몬드형 그리고 수정 다이아몬드형(델타형)이 있는데 이러한 주탑의 형태를 결정할 때는 여러 가지 영향요소를 고려해야 한다. A형 주탑은 형하공간 높이가 크게 요구되는 개소에서는 기초의 규격을 크게 증가시키므로 비효율적이다. 장대사장교에 자주 사용되는 주탑형식은 다이아몬드형과 수정다이아몬드형(델타형)이다.

10.4.2 사장교의 해석

(1) 기본가정과 기본이론

사장교는 대개의 경우 고차의 부정정 구조물이므로 그 해석방법으로는 응력법·변위법·전달행렬법 등을 이용한 풀이법이 있는데, 어느 방법에 의해서도 풀이법 자체에는 실용상 특별히 문제가 되는 점은 없다. 그러나 고차의 부정정 구조물이기 때문에 해석에 있어서 전자계산기(컴퓨터)를 사용하는 것은 불가결하므로 그 효과적인 사용법이 요구된다.

사장교를 해석할 때의 일반적인 가정사항은 다음과 같다.

- 응력과 변형의 관계는 변형이 미소하다고 생각하여 선형으로 간주한다. 즉, 해석은 미소변형이론에 의거하여 실시한다.
- 케이블의 새그에 의한 영향은 무시한다. 즉, 케이블의 탄성계수는 일정하게 한다.
- 처짐계산 시 케이블의 장력에 의해 보강형 및 주탑에 생기는 부재의 축방향력 영향은 무시한다.
- 단면력과 외력은 변형전의 골조형상에 관해서 힘의 평형을 만족한다.

또한 사장교에서의 케이블 형태는 현수선 형태이지만 설계에서는 포물선으로 보고 계산을 하는데 이에 따른 오차는 허용범위 안에 들고 있다. 설계 시에는 경간장과 주탑의 비율에 의해 설계·해석되는 사장교의 경우 포물선으로 가정되며 수평방향으로 배치된 케이블에서 새그비 $n = h/l$(h : 주탑의 높이, l : 중앙지간의 길이)이 0.15 이하일 경우에도 역시 아주 적은 오차를 가지므로 포물선과 현수선이 서로 같게 취급된다.

케이블 길이에 대한 비교에서 수평력이 큰 경우 포물선을 현수선으로 바꿔도 오차가 매우 작다. 수평 케이블의 경우 수평에 대한 케이블의 경사 θ가 매우 작을 때(새그비가 1/6 이하인 경우)에는 케이블의 자중은 케이블 수평 투영방향으로 단위길이당 단위하중으로 보아도 상당히 정확한 결과를 얻을 수 있다. 특히 자중이 케이블에 작용하는 경우 케이블 장력은 정적 평형 원리로 쉽게 구할 수 있으며, 이때의 인장력은 케이블의 이론에 의해 산출된다.

그림 10.4.8과 같은 케이블이 A, B점에 지지되어 있고 각기 다른 점에 P_1, P_2, P_3, …, P_n이 작용한다고 가정한다. 이때 케이블은 완전 유연하며 케이블에 휨모멘트 발생은 없다고 본다. 케이블에 작용하는 하중은 자중이므로 수평력 H는 A, B점에서 동일한 크기가 된다. 이러한 케이블의 일반정리는 다음과 같다.

"어떠한 특정한 점 n에서, 케이블 내력의 수평성분 H와 그 점에서 케이블현까지 수직거리 y_n을 곱한 값은 같은 길이와 같은 하중을 지지하는 유사단순보에서 점 n의 휨모멘트와 같다."

위의 케이블 일반정리는 경사 또는 수평케이블에 모두 적용될 수 있으며 수학적으로 표기하면 식 (10.4.1)과 같으며, 케이블의 수평방향력 계산에 사용된다.

$$H \cdot y_n = \frac{x}{L}\sum M_B - \sum M_n \qquad \text{식 (10.4.1)}$$

여기서, H : 케이블의 수평방향력

y_n : 경사현으로부터 케이블까지의 수직방향길이

x : 원점 A로부터의 거리

L : 경간장, 지점간 수평거리

$\sum M_B$: 케이블에 작용하는 힘의 지점 B에 대한 휨모멘트의 합

$\sum M_n$: 케이블 특정점 n에 대해 n점 좌단에 작용하는 P_1, P_2, ⋯, P_n 의 휨모멘트의 합

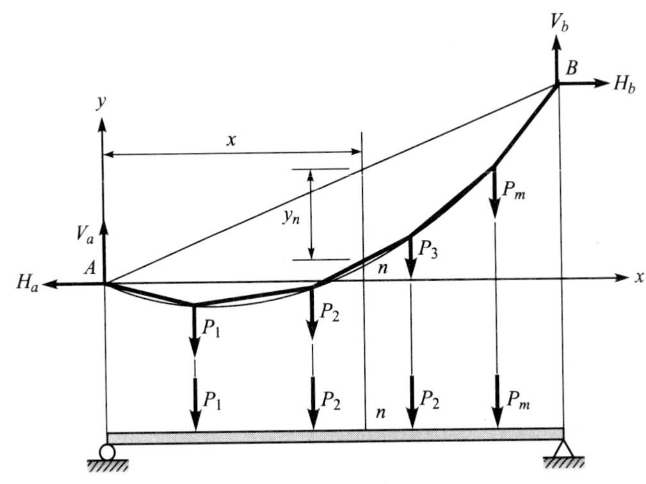

그림 10.4.8 케이블 시스템

(2) 사장교의 해석방법

사장교 시스템의 거동은 주탑의 회전, 사장재의 신장, 주탑의 탄성수축 등을 중첩해석하여 계산을 수행한다. 해석의 방법들은 이러한 각개 거동을 혼합식 유연도 및 변위해석으로 해석하게 되며 각각의 영향을 계수화하여 반영하는 방법이 골자를 이룬다.

사장교의 해석방법을 결정하기 전에 사장교 전체시스템의 거동에 대한 이해가 필요하다. 연구결과 사장교의 사장재는 상판의 수직방향 거동을 구속하고 집중하중 또는 풍하중 등으로 인한 비틀림은 상부구조를 통하여 교각으로 전달된다. 사장교 거더의 전체거동은 각기 영향요소별로 검토하면 쉽게 이해할 수 있고, 전체거동은 이러한 각각의 영향요소를 중첩하여 분석하면 된다.

사장교는 고차부정정 구조물로서 케이블 정착부위가 탄성지지되는 연속보와 같은 구

조형태가 된다. 따라서 부정정사장교는 일정변위 또는 변형방법으로 해석하게 된다. 우선 수학적인 해석을 위하여 부정정력 또는 반력을 소거하여 내적 부정정차수를 줄여 정정구조화한다. 부정정력 또는 반력의 조합이 적용될 수 있으며 각 부정정절점에 대한 방정식을 짜고 부정정 절점의 변위를 중첩한다. 즉, 작용하중·부정정력·온도 등에 대한 각 절점의 방정식을 세우고 또 한편으로는 구해진 변형량을 합산한다. 그 결과 부정정력 만큼의 방정식이 구해지게 된다.

1열 및 2열 케이블 배치된 사장교는 구조적 거동상 중요한 차이점을 가진다. 1열 배치시 연속식 상판은 케이블에 의해 지지되며 비틀림력은 상판을 통하여 교각에 전달되지만 2열 케이블 배치시스템은 케이블이 수직방향력 및 비틀림력을 부담하는 것이 차이점이다. 특히 2열 케이블 배치형태의 사장교 해석은 거더의 휨과 비틀림에 대해 2개 케이블 평면으로 구성된 3차원 해석이 요구된다.

여기서는 사장교를 해석하는 데에 일반적으로 사용되어지는 해석법에 대해 각각의 종류와 특징들에 대해서 주로 언급하였고, 각각의 해석법에 대한 상세한 설명은 이 책의 범위를 벗어나므로 언급하지 않았다.

응력법에 의한 해석

응력법에 의한 해석은 탑에 탄성변형이 생기지 않는 경우, 탄성 변형이 생기는 경우, 그리고 아주 복잡한 사장교의 경우에 대해 각기 약간은 다른 방법으로 이루어진다.

탑에 탄성변형이 생기지 않는 경우는 탑 정상의 1점에 케이블이 집중되어 거더와 탑이 독립되어 있는 3지간 연속사장교를 예를 들 수 있다(그림 10.4.9). 이러한 탑의 기초부분은 보통 핀지지이기 때문에 탑의 탄성변형이 일어나지 않아 이 구조물은 외적으로 2차, 내적으로 8차의 부정정구조를 이룬다. 또한 부정정 구조물의 해석에 있어서 이들의 부정정력을 미지량으로 하는 연립 1차 방정식을 푸는 것이 보통인데 여기서는 기본계로서 소위 정정 기본계를 취하지 않고 케이블과 탑을 제거한 각종 단면력, 처짐 영향계수의 값이 기지인 3지간 연속거더를 기본계로 취한다.

탑에 탄성변형이 생기는 경우에는 탄성변형이 생기지 않는 경우의 해석에 탑의 탄성변형에 의한 케이블 설치점의 수평 이동에 대해도 고려를 해야 한다.

한편 이상과 같은 경우에는 탑과 거더가 분리되어 있어 탑의 탄성변형을 고려한 경우에도 n개의 케이블을 가진 사장교의 탄성방정식은 기하학적 조건식으로부터 n원 연립 1차방정식이 된다. 그러나 탑과 거더가 강결되어 있는 경우이거나 케이블이 탑에 의해 활동이 구속되어있는 경우 탄성방정식은 보다 복잡한 형식이 된다. 그래서 이처럼 복잡한 사장교는 탑의 평형방정식 및 변형방정식을 그대로의 형식으로 연립시켜 탄성방정식을 보다 간결한 형식으로 바꾸어준 후 해석한다.

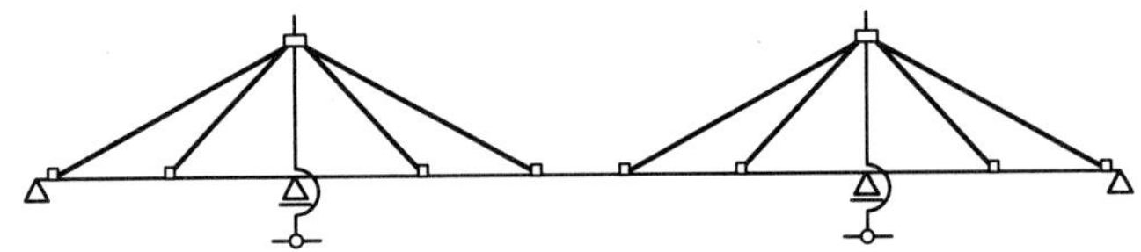

그림 10.4.9 3지간 연속사장교의 예

변위법에 의한 해석

사장교는 탑과 케이블 및 탑과 거더의 결합점에서 특수한 조건을 가지기 때문에 절점에서의 평형식을 기본으로 하는 변위법으로는 해석이 힘든 경우가 있다. 예를 들면, 탑과 케이블이 슬라이드 받침으로 결합되어 있는 경우라든가 탑과 거더가 결합점에서 완전히 고정되어있지 않은 경우 등이다(그림 10.4.10, 10.4.11).

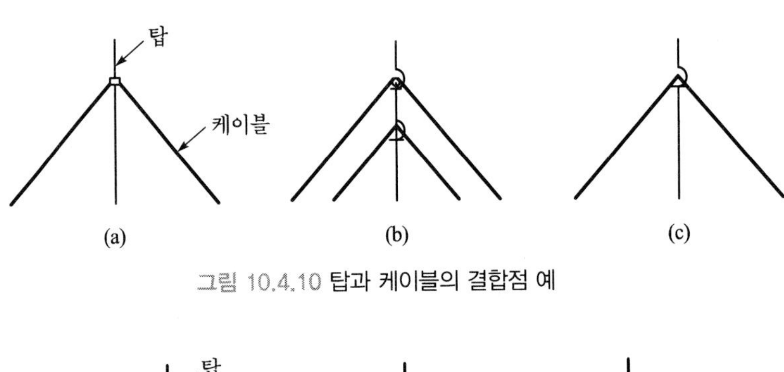

그림 10.4.10 탑과 케이블의 결합점 예

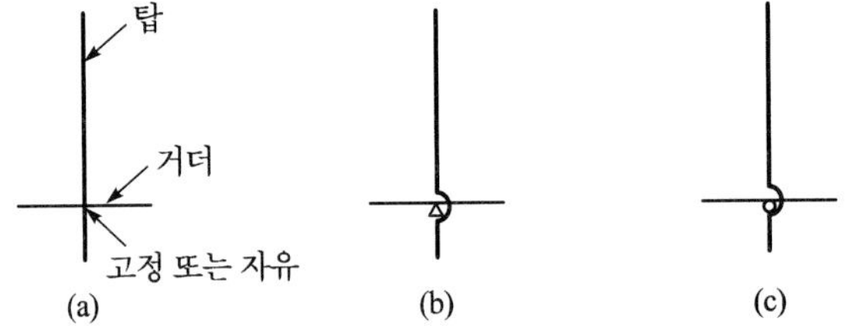

그림 10.4.11 탑과 거더의 결합점 예

사장교의 변위법에 의한 해석은 보통 골조구조와 마찬가지로 구조전체를 보 요소와 트러스 요소로 분할하여 해석되고 거더와 탑에는 보 요소의 강성행렬이 이용된다. 이러한 관계는 식 (10.4.2)와 같은 일반식으로 나타낼 수 있다.

$$\{F\} = [k]\{u\} \qquad \text{식 (10.4.2)}$$

여기서, $\{F\}$: 부재력
$[k]$: 부재강성행렬
$\{u\}$: 변위

그러나 식 (10.4.2)에서의 강성행렬은 국부좌표계(local coordinate)에 대해 표현된 것이므로 해석을 위해서 전체좌표계(global coordinate)의 것으로 변환할 필요가 있다. 이러한 좌표변환후의 기준좌표계에서의 강성행렬은 식 (10.4.3)으로 나타내어진다.

$$[K] = [T]^T[k][T] \qquad \text{식 (10.4.3)}$$

여기서, $[K]$: 전체좌표 강성행렬
$[T]$: 변위변환행렬

각 요소의 강성행렬을 전체좌표의 것으로 변환하고 구조전체에 대해서 가산하여 작용하중 하에서 풀면 각 절점의 변위가 얻어지며, 이것으로부터 단면력이 계산되는 것은 일반 골조구조에 대한 변위법의 적용과 동일하다.

이상은 미소변위이론에 의한 해석인데 변위를 고려한 해석도 골조구조의 경우와 동일하게 취급할 수 있다. 즉, 미소변위이론에 의한 결과를 최초의 근사치로 하고 그것을 각 절점의 변위로 고려하여 다시 해석을 하고 변위가 수렴될 때까지 반복한다. 이 경우 적당한 감쇠 정수에 의해 수렴을 빠르게 하는 방법이 이용되기도 한다.

전달행렬법에 의한 해석

전달행렬법은 구조물의 어떤 점의 변위와 단면력을 벡터로 나타내고(이것을 상태량 벡터라고 한다.) 구조물의 좌에서 우로 매트릭스의 곱셈을 행해 가는 것에 주목한 것이다. 그리고 구조물의 우단에 도달한 후 우단의 경계조건을 이용하여 좌단의 상태량 벡터 중의 미지량을 구하고 처음으로 되돌아가서 다시 좌에서 우로 상태량 벡터를 구해가는 방법이다.

전달행렬법은 연속거더의 풀이법으로서 대단히 우수한 방법이며, 사장교의 해석에서도 연속거더 해석의 확장으로서 주거더가 변단면인 점이라든가 종단구배를 갖는다는 점 등에 구애됨이 없이 실시할 수 있다. 또 앞에 나타낸 응력법과 같이 주거더의 영향치가 기지일 필요도 없고, 변위법과 같이 원수가 많은 다원 연립 1차방정식을 풀 필요도 없다.

10.4.3 사장교의 설계

(1) 구조 형식의 선정

사장교의 매닮구조로는 연속형(연속트러스) 형식을 채용하면 경제적인 설계가 가능하다고 알려져 있기 때문에 3경간의 연속형(연속 트러스)을 많이 채용하고 있고, 지간비율은 거의 1:2, 5:3으로 되어 있다. 이러한 지간비율은 시공법과도 밀접한 관계를 갖고 있어 캔틸레버 공법(cantilever erection)에 의해서 합리적인 건설을 가능하게 하고 있다.

케이블의 종항향 배치형태는 앞에서 언급한 바와 같이 여러 가지가 있는데 그 중에서 가장 대표적인 방사형과 하프형에 대해, 사장교의 구조부재 중 가장 고가의 재료인 케이블의 중량이 어떠한 파라미터에 의해서 좌우되는가를 알아보자.

Leonhardt의 파라미터 해석에 의하면 케이블의 중량 Wc는 식 (10.4.4)에 의해 표현된다.

$$W_C = \frac{q r l^2}{f} C \quad \text{식 (10.4.4)}$$

여기서, q: 하중강도(고정하중+활하중)

r : 케이블의 단위중량

f : 케이블의 허용응력

l : 중앙지간의 길이

C : 케이블의 뻗치기 방법에 따라 좌우되는 계수(그림 10.4.5)

$$\text{방사형} : C_F = 2n + \frac{1}{6n} \quad \text{식 (10.4.5)}$$

$$\text{하프형} : C_H = 2n + \frac{1}{4n}$$

여기서, $n = h/l$(새그비, h : 타워의 높이)

식 (10.4.5)의 계수 C_F 및 C_H를 파라미터 n의 함수로서 도해적으로 나타내면 그림 10.4.12가 얻어진다. 이 그림에 의하면 $n < 0.3$일 때 하프형보다도 방사형이 케이블의 중량을 더욱 가볍게 할 수 있어서 경제적인 타입이라는 것을 알 수 있다. 또 그림 중 사선을 친 범위에 있어 가장 큰 경제성이 발휘되고 계수 C는 다음 식 (10.4.6)과 같이 된다.

$$\text{방사형} : C_F = 1.23 \quad \text{식 (10.4.6)}$$

$$\text{하프형} : C_H = 1.45$$

이에 대응해서 동일하게 그림 10.4.12에 의하면 가장 큰 경제성이 발휘되는 타워의 높이 h는

$$h = (0.16 \sim 0.22)l \qquad \text{식 (10.4.7)}$$

로 잡으면 좋다는 것을 표시하고 있다. 물론 타워는 케이블에 소요의 경사각 α를 보존하는 높이 h를 소유해야 하는 것은 말할 나위도 없다. 그래서 이번에는 그림 10.4.13에 표시하는 사장교의 지간 중앙에서 주거더의 처짐 w_c에 착안하여 이것과 케이블의 경사각 α와의 관계식을 근사적으로 구하면 식 (10.4.8)이 주어진다.

$$w_c = \frac{Tma}{E_c A_c} C_\alpha \qquad \text{식 (10.4.8)}$$

여기서, T : 케이블의 장력

E_c : 케이블의 탄성계수

A_c : 케이블의 단면적

α : 케이블의 경사각

a : 케이블로 구절(區切)지은 패널의 길이

m : 패널 수

$C_\alpha = \dfrac{1}{\sin\alpha \cos\alpha}$

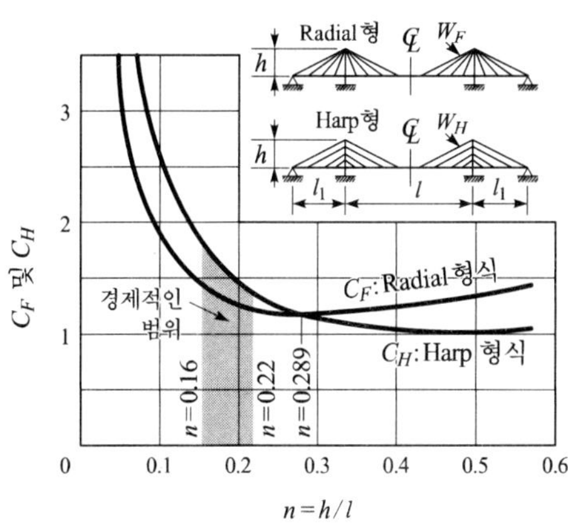

그림 10.4.12 사장교의 케이블 중량

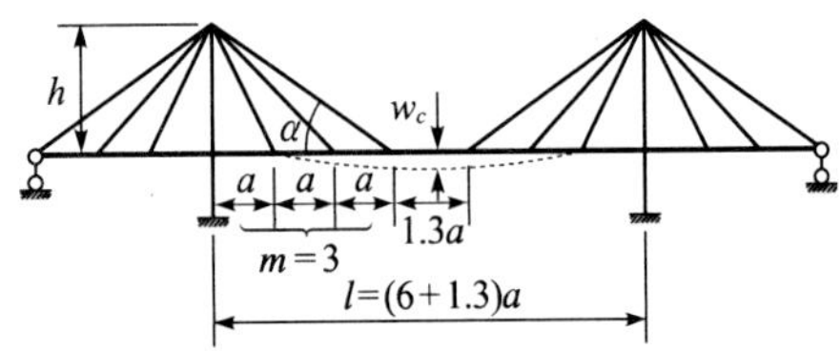

그림 10.4.13 케이블의 경사각 α

그리고 계수 C_α와 케이블 경사각 α와의 관계를 도해적으로 나타내면 그림 10.4.14에 표시하는 것처럼 된다. 이 그림에서 $C_\alpha < 2.5$로 할 수 있는 경사각 α로서는

$$\alpha = 25° \sim 65° \qquad \text{식 (10.4.9)}$$

가 적절하다는 것을 알 수 있다. 또한 이 경사각 α를 확보하기 위한 타워 높이 h를 역산해 보면

$$h = ma\tan\alpha \qquad \text{식 (10.4.10)}$$

로 된다. 또한 스팬 중앙에서의 케이블 경사각 α를 식 (10.4.9)의 최솟값 α=25°로 산정하여 그림 10.4.13의 경우를 예를 들면, 패널 수 $m = 3$이 되므로 $h \cong 1.4a$로 된다. 이에 대해서 주거더의 중앙지간을 그림 10.4.13에 표시한 것처럼 $l = (6+1.3)a$로 하면, $n = h/l$ 값은

$$n = \frac{h}{l} = \frac{1.4a}{(6+1.3)a} \cong 0.19 \qquad \text{식 (10.4.11)}$$

로 된다. 이것은 식 (10.4.7)의 범위 내에 들어 있어서 타당한 값임을 알 수 있다.

이상은 사장교의 역학적 특성에서 지간비, 케이블의 뻗치는 방법 및 타워높이 등의 개략적인 수치를 나타내었다. 그러나 반드시 경제성만을 우선으로 할 필요는 없으며 미관에 중점을 두어 구조수치를 결정하는 경우도 있을 수 있다. 그러기 위해서는 구조계 전체의 스케치를 통해서 모든 면에서 전체적으로 균형 잡힌 것으로 하는 것이 바람직하다.

특히 사장교에 있어서는 전체 지간을 통해서 일정한 높이의 날씬한 주거더와 이것에 교차하는 케이블이 만드는 기하학적 모양 그리고 이것들을 더욱 힘차게 떠받치는 타워가 빚어내는 구조미, 이러한 것들이 사장교의 생명이다. 따라서 보강형의 높이는 변화시키기 않고 언제나 일정하게 된다. 또 기시공된 사장교들에서 보강형의 높이 h_G와 스팬 l(중앙경간의 스팬길이)와의 관계를 조사하면

$$h_G = \left(\frac{1}{60} \sim \frac{1}{80}\right) l \qquad \text{식 (10.4.12)}$$

의 범위 내에 있다. 이것은 다른 교량형식들과 비교되어질 때 현저히 날씬한 것이다. 다음에 케이블을 1면으로 할 것인가 또는 2면으로 할 것인가에 대한 선정의 자유도가 있다. 이것에는 주거더의 단면형상이나 타워의 구조형식이 복잡하게 얽혀 있으며, 그림 10.4.15에 이러한 케이블 배치의 대표적인 예를 보였다. 여기서 주거더의 단면 형상이 π 단면인 경우 비틀림 강도가 현저하게 작고 하중의 편심재하에 대처하기 때문에 그림 10.4.15(a)와 같은 2면 케이블을 사용하여 주거더의 비틀림강성을 크게 해야하며, 그림 10.4.15(b)처럼 1면 케이블 사장교를 계획하는 것도 가능하다.

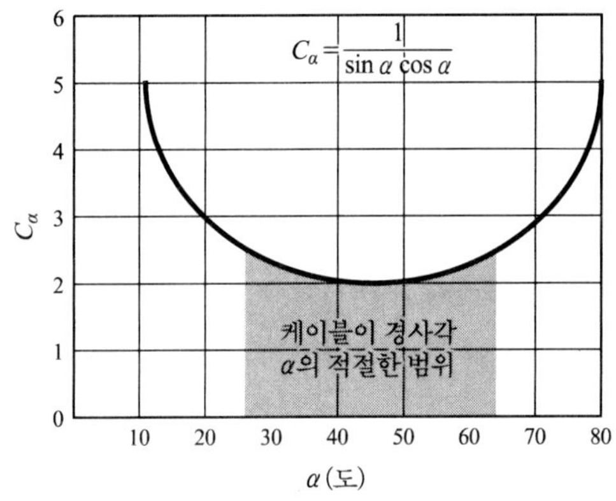

그림 10.4.14 계수 C_α와 케이블 경사각과의 관계

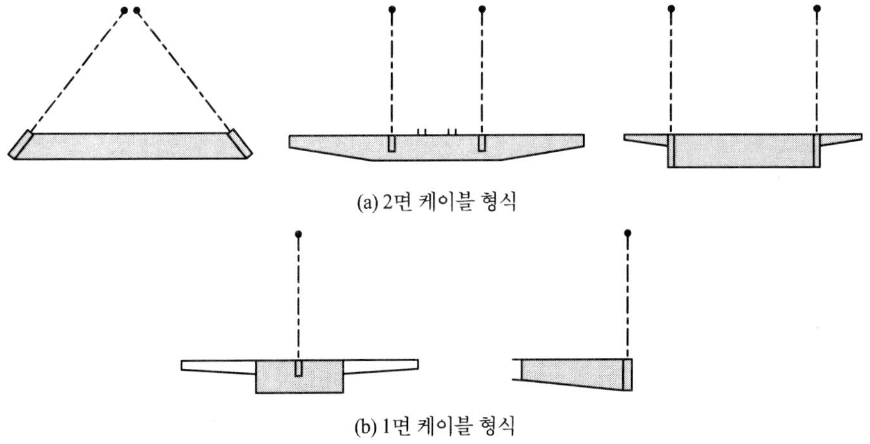

그림 10.4.15 케이블 배치의 대표적인 예

(2) 케이블의 설계

사장교의 케이블에는 그림 10.4.16과 같은 로크드 코일 로프(locked coil rope) 및 패럴렐 와이어 스트랜드(PWS; Parallel Wire Strand)의 2종류의 것이 많이 사용된다. 전자는 독일의 사장교에서 많이 사용된 것이며, 로프 소선의 단면의 Z형의 형상을 하고 있어서 이것에 인장력이 작용하면 서로 소선이 맞물려서 소선(素線) 사이의 간격이 없어지므로 방수성이 양호하다고 할 수 있다.

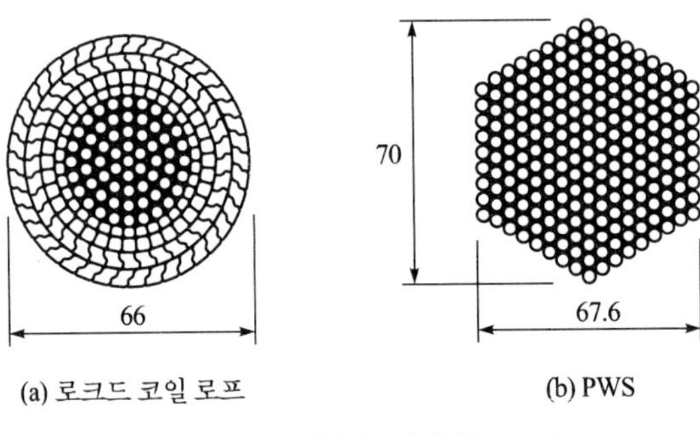

(a) 로크드 코일 로프 (b) PWS

그림 10.4.16 케이블의 종류(단위:mm)

그러나 결점으로는 탄성계수가 낮은 것을 들 수 있다. 그 때문에 일본의 사장교에서는 탄성계수가 높고 효율이 좋은 PWS가 많이 사용되어 오고 있다. 이 PWS는 JIS G 3502로 규정된 피아노선을 소선으로 하여, 그림 10.4.16(b)에 표시한 것처럼 이것을 몇 가닥 평행선으로 묶어서 육각형의 스트랜드로 한 것이다.

PWS의 인장강도는 소선의 인장강도에 계수 0.95를 곱해서 구하고, 이것에 안전율 $\nu=2.5\sim3.0$을 예상해서 스트랜드로 한 허용응력을 구하는 것으로 한다. 사장교의 경우 고정하중응력과 같은 정도의 활하중응력이 발생하는 경우가 있으므로 피로에 대해서는 특히 주의할 필요가 있다. 이렇게 해서 정해진 케이블의 허용응력을 f_a라고 한다면 케이블 최대 인장력 T에 대한 소요 단면적 A_c는 식 (10.4.13)과 같이 된다.

$$A_c \geq \frac{T}{f_a} \qquad \text{식 (10.4.13)}$$

PWS를 로크드 오일 로프와 비교하면 방수성이 나쁘므로 방식에 대한 충분한 배려가 필요하다. 최근에는 양질의 고분자 재료(예를 들면, 폴리우레탄 테이프나 아크릴 수지 등)가 개발되어 있어서 방청기술도 훨씬 진보되었다. PWS의 끝부분은 소켓을 장치해서 주거더나 타워에 정착하도록 한다. 그러나 예전부터 해오던 것처럼 소켓 내에 PWS를 푼

것을 끼워 넣고 그 틈 사이에 아연을 흘려 넣고 합금으로 막는 방법 대신에 아연 분말과 강구(鋼救)를 섞은 것을 에폭시수지를 첨가하여 그것을 소켓 내에 압입하여 접착하는 HiAm(High Amplitude) 앵커공법도 고안되고 있다.

(3) 주거더의 설계

주거더의 설계를 할 때에는 고정하중 및 활하중의 크기가 주어지면 이들 하중과 사장교의 완성계에 대한 영향선을 이용하여 최대단면력도를 그릴 수가 있다. 특히 주거더의 휨모멘트에 착안해서 최대 휨모멘트를 도해적으로 나타내면 그림 10.4.17에 표시하는 분포도가 얻어진다. 그런데 고정하중과 활하중에 의한 휨모멘트의 합계는 지점 및 중앙경간 중앙에서 각각 그림에 표시한 것처럼 M_s 및 M_m인 한계값을 갖고, 그 이외의 단면에서는 휨모멘트 값이 적어 전체적으로 불균형하게 된다.

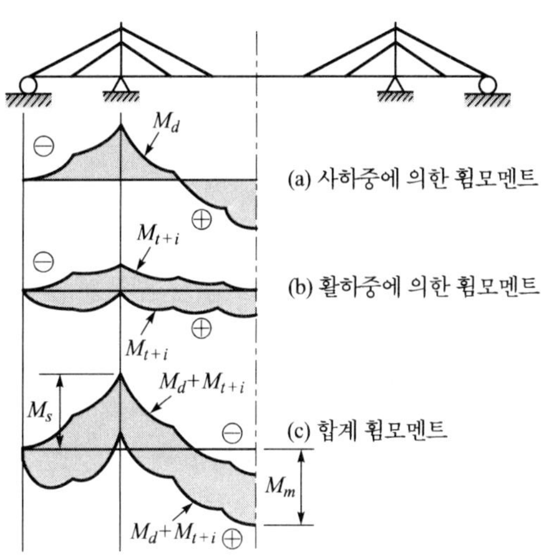

그림 10.4.17 최대 휨모멘트도

따라서 케이블의 인장력을 이용해서 사장교에 프리스트레스를 주고 휨모멘트가 전체 지간에 걸쳐서 매우 균일하게 균형 잡힌 값을 갖도록 해야 한다. 프리스트레스를 주는 방법을 대별하면, 캔틸레버 공법에 의해서 케이블에 인장력을 주면서 축차 시공해 가는 방법과 주거더와 케이블과의 장치점 또는 타워와 케이블 새들 사이에 잭을 삽입해서 프리스트레스를 넣는 방법이 있다. 어쨌든 각 케이블에 단위 프리스트레스를 주었을 때의 주거더 휨모멘트도를 구해놓은 후, 주거더의 대표점에 있어서의 휨모멘트 합계 값이 균일하게 되도록 하려면 프리스트레스를 얼마로 하면 좋은지를 최적설계의 수법에 의해서 구하면 된다. 이 과정은 연속합성 거더교에서 프리스트레스를 도입할 때와 유사하다.

이상과 같이 하여 계산된 프리스트레스를 도입함으로써 주거더의 휨모멘트 값을 조정한다. 그러나 이러한 단면의 설계는 식 (10.4.12)에서 보인 것처럼 일정한 주거더높이로 하고, 판 두께를 지간방향으로 변화시키는 것만으로도 가능하다. 그러면 주거더에는 동시에 휨모멘트와 축방향 압축력이 작용하므로 라멘이나 트러스계 및 아치계 교량의 경우와 같은 방법으로 설계할 수가 있다. 또한 주거더의 단면형상에 따른 공기역학적 안정성에는 특히 주의해서 설계할 필요가 있다.

(4) 주탑의 설계

사장교의 주탑은 축방향 압축력과 휨모멘트를 동시에 받는 부재이므로, 트러스계 교량이나 아치계 교량에서 부재를 설계하는 방법과 비슷하게 설계할 수 있다. 그런데 지진이 자주 일어나는 지역에서는 정적해석 외에 동적응답해석을 해서 신중한 조사를 해둘 필요가 있다.

주탑을 그림 10.4.18(a)에 표시한 것처럼 케이블(스프링)로 지지된 질량 m_1, m_2, $\cdots$, m_n을 갖는 다질점계(多質点系)의 캔틸레버보로 치환하여 고유진동주기 T_n(n : 진동차수)과 그것에 속하는 진동모드 $\phi_n(x)$를 구할 수가 있다(그림 10.4.18(b)). 이때 감쇠계수 h를 가정하면 고유진동주기 T_n에 따른 응답속도스펙트럼 $S_u n$이 구해진다.

따라서 최대응답가속도 $\ddot{y}_n(x)$는 다음 식 (10.4.14)에 의해서 계산된다.

$$\ddot{y}_n(x) = -\mu_n p_n \phi_n(x) S_u n \qquad \text{식 (10.4.14)}$$

여기서, $p_n = 2\pi / T_n$: 구조물의 고유원진동수(rad/sec)

$\mu_n = \{\Sigma m_n \phi_n(x_n)\} / \{\Sigma m_n \phi_n^2(x_n)\}$: $\phi_n(x)$와 질량분포에 의해 정해지는 계수

구조물에 작용하는 최대응답력 F_n은 식 (10.4.15)와 같이 표현할 수 있다.

$$F_n = m_n \ddot{y}_n(x) \qquad \text{식 (10.4.15)}$$

따라서 구하고자 하는 최대단면력 $F_{\max}$는 RMS(Root Mean Square : 평방근)법을 이용하면 식 (10.4.16)에서 계산할 수가 있다.

$$F_{\max} = \sqrt{\sum_1^n F_n^2} \qquad \text{식 (10.4.16)}$$

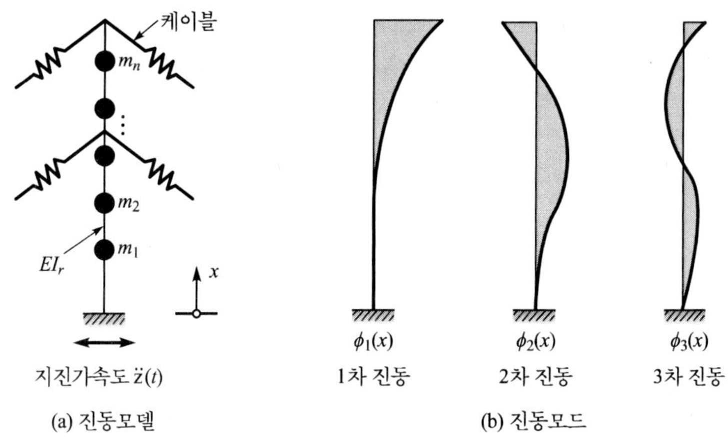

그림 10.4.18 주탑의 진동

10.5 현수교

10.5.1 일반사항

현수교(懸垂橋, suspension bridge)란 교량이 놓인 양 기슭의 앵커리지(anchorage)와 주탑 사이에 케이블을 걸쳐서 그것에서 행어(hanger)에 의해 보강형 또는 보강트러스를 달아 내려서 그 위에 상판을 설치하여 교통이 통행될 수 있도록 한 구조물이다. 이러한 현수교의 케이블 축선현상은 역아치와 유사하지만 케이블 축선에 인장력이 작용하는 점이 아치와 크게 다르다. 따라서 아치교와 같이 압축력에 의한 아치부재의 좌굴이 생길 우려는 없으므로 완벽하게 마무리된 고장력의 케이블을 주요부재로 하였다. 이와 같이 부재를 순인장으로 사용하는 것이 재료의 가장 효과적인 사용방법이며, 1,000m 이상의 장지간교의 거의가 현수교라는 것도 이와 같은 역학적 특성을 잘 이용한 점이라는 것일 알 수 있다.

보강형이 트러스구조인 경우에 현수교를 경간별로 구분하면 그림 10.5.1과 같이 분류할 수 있다.

현수교 구조를 구성하는 부재와 그 명칭을 가장 일반적인 3경간 2힌지 보강형 현수교에 대해서 제시하면 그림 10.5.2와 같다. 여기서 측탑에서 스프레이 새들구간의 주케이블을 back stay부로 부르고 있는데, 단경간 현수교 등의 경우에는 주탑으로부터의 구간을 가리키는 것이 된다.

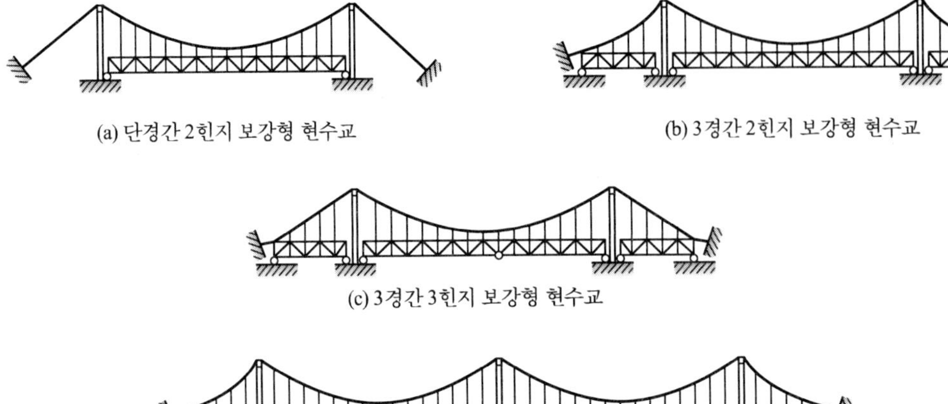

그림 10.5.1 현수교 구조형식의 모식도

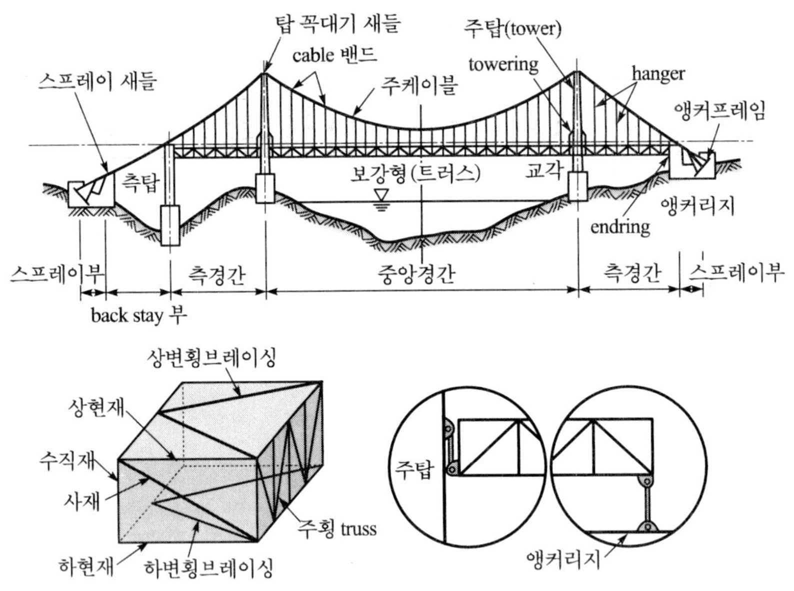

그림 10.5.2 주요구성부재의 명칭

이러한 구조를 가지는 현수교의 최대 역학적 특성은 고정하중 때에는 주케이블이 전체하중을 떠맡아 보강형이 무응력 상태이며, 고정하중이 전(前)고정하중과 후(後)고정하중으로 구분되어 있어 양자가 작용하는 구조계통이 각각 다르다는 것이다. 즉, 전(前)고정하중은 폐합전의 무보강상태로 작용하고, 한편 후(後)고정하중은 폐합후의 보강구조에 대해서 작용한다.

이러한 역학적 특성은 고정하중 작용 시에 보강형이 무응력으로 되고 주탑이 직립(축방향력으로만 작용)한다고 하는 현수교 특유의 설계상 가정으로서 단순하게 반영되어질 뿐만 아니라, 시공 때의 응력상태에 대해서도 중요한 의미를 가지는 것이다. 왜냐하면 고정하중이 전재(全載)된 상태에서 보강형이 무응력 상태가 되는 조건을 만족시키기 위해서는, 예를 들면 surcharge법 등에 의한 강제력을 보강형에 작용시킨 상태에서 폐합하고 폐합 후에 강제력을 제거해서 후(後)고정하중응력을 상쇄하는 것에 만족하는 일종의 프리스트레스가 도입되어 있지 않으면 안 되기 때문이다. 따라서 위에서 말한 것과 같은 시공법을 적용해서 설계상의 가정을 만족시키는 것이 일반적이며, 과거의 장대현수교 시공의 대부분이 이것을 기초로 하고 있다. 다만 최근에는 설계의 효율화를 도모하고 폐합 후의 보강형에 응력을 발생시키지 않는 것을 전고정하중으로 가정하고, 폐합 후의 보강형에 응력을 발생시켜 활하중과 똑같이 취급되는 것을 후고정하중(설계의 첫 단계에서는 불명확한 최소한의 것이며 아주 작은 하중이다.)이라고 정의하고, 전고정하중이 작용할 때 보강형, 주탑 등의 형상을 결정하여 설계가 실시되는데 연속현수교의 경우 보강형의 중간지점위치의 부모멘트의 경감을 목적으로 후고정하중에 의해 보강형에 응력이 발생한 상태에서의 형상을 기준으로 한 설계도 실시되어져 있다.

구조형식

현수교의 경우 일반적인 타정식(earth-anchored type)현수교 외에도 케이블의 큰 장력을 보강형이 지지하는 자정식(self-anchored type)현수교도 시도되고 있다. 우리나라에서도 1973년 남해대교가 개통된 이후로 한동안은 현수교의 설계 및 시공 실적이 없었으나 최근 들어 육지와 영종도를 잇는 영종대교, 부산의 광안대교, 광양과 여수를 연결하는 이순신대교가 현수교로 시공되었다. 이중 영종대교는 주케이블이 공간적으로 새그를 갖는 독특한 형상의 3경간 자정식 현수교다. 반면에 이순신대교는 주경간장이 1,545m(이순신장군의 탄신 년도인 1545년을 의미함)이나 되는 세계적인 3경간 타정식 현수교이다. 일반적인 타정식 현수교의 시공과정은 그림 10.5.3.(a)와 같이 주탑 설치 후 주케이블을 시공하고, 행어 설치 후, 보강형을 들어 올려 매달고, 최종단계에서 보강형을 용접하는 순서로 진행한다. 그러나 자정식 현수교는 이와는 달리 그림 10.5.3(b)와 같이 주탑과 가교각을 먼저 실치하고, 보강형을 시공한 뒤, 여기에 주케이블을 시공하고, 나서 행어를 시공한 뒤, 가교각을 제거함으로써 시공이 완료된다. 타정식 현수교의 경우 행어에 보강형을 매달아 들어 올리고 보강형의 선형이 최종단계와 거의 일치하게 될 때 보강형을 일시에 용접하여 고정하중에 의해 가급적 보강형에 휨모멘트가 유발되지 않도록 한다. 따라서 시공 시 행어에 걸리는 장력은 보강형을 지지할 수 있는 정도의 장력이면 되고 별도의 긴장작업이 필요 없다. 그러나 자정식 현수교는 주케이블과 보강형을 먼저 시공한 후 행어를 설치해야 하므로 초기긴장력이 필요하며 시공이 진행됨에 따라 이 장력은 지속적으로 변화하여 최종단계에서 설계장력에 수렴하게 된다. 이 과정 중 최대장력은 구조계가 완성된 상태에서 고정하중 및 활하중에 의해 결정되므로 시공을 위해서는 별도의 검토가 필요하다고 생각된다. 또한 현수교는 지간이 길고 케이블이 주부재이므로 고정하중 및 활하중에 의해 변형이 크며, 특히 자정식의 경우 보강형에 큰 압축력이 발생하므로 대(大)변위를 고려한 기하적인 비선형에 대한 해석이 반드시 필요하다.

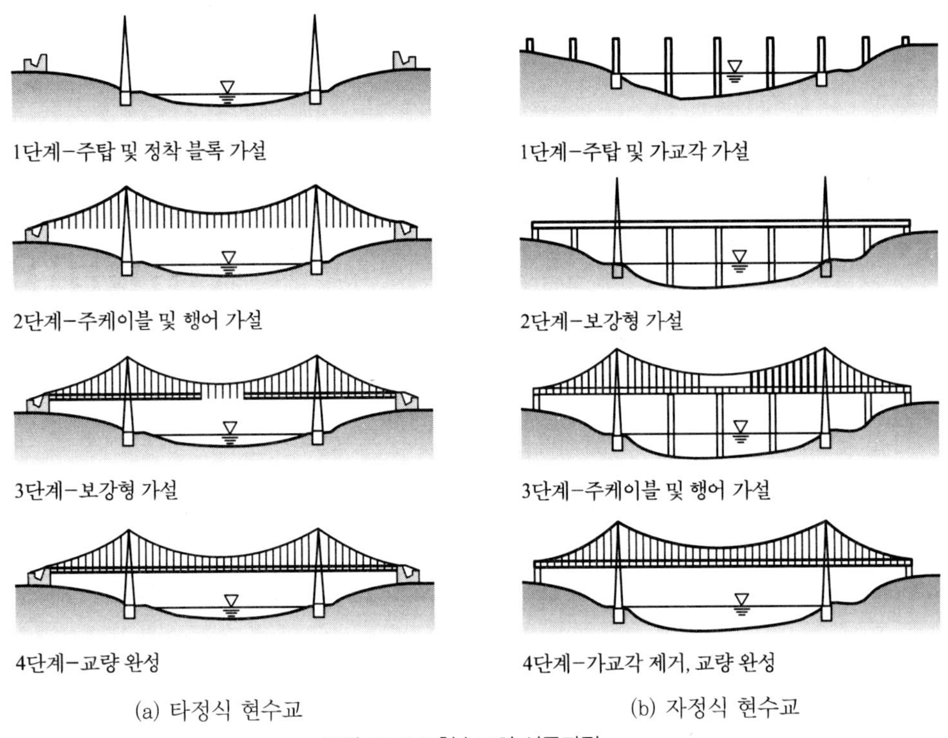

그림 10.5.3 현수교의 시공과정

구조요소

(1) 케이블

현수교의 발달에는 현수교 구조해석이론의 진보와 함께 현수교의 구조 중에서 가장 중요한 역할을 차지하는 케이블의 재료 및 그 시공법의 진보가 매우 크고 결정적인 영향을 미쳤다.

케이블에 강재를 사용한 최초의 현수교는 1801년 미국의 James Finley에 의해 시공되었는데 당시의 케이블에는 강재 체인을, 행어에는 강봉을 사용한 정도의 것이어서 현대의 현수교와는 큰 차이가 있었다. 그 후 케이블의 재료는 철에서 연철로 점차 진보되어 왔는데 현재의 고강도강재를 묶은 와이어로프 케이블이나 와이어를 묶은 평행선 케이블이 될 때까지는 철 체인을 이어 합친 것, 철사 혹은 연철사를 묶은 것, 연철의 평강을 핀으로 이어 합친 것, 연철사를 꼬아 합친 로프 등 일련의 변천이 있었다.

케이블에 와이어(강선)를 사용한 최초의 현수교는 1883년 뉴욕에 시공된 Brooklyn교이다. 이 교량을 설계한 John A. Roebling은 1855년에 완성된 Niagara교에서 오늘날의 장경간 현수교에서 대부분 채용하고 있는 평행선 케이블의 공중시공법(air spinning method)을 발명하였고 Brooklyn교에서는 와이어를 이용한 평행선 케이블을 최초로 사용하였다. 또 평행선 케이블의 프리패브화의 시도로서 1965년 미국의 베스레헴스틸사에서 개발된 프리패브 스트랜드 공법(shop-fabricated parallel wire strand method)은 평행선 케이블의 새로운 분야를 열게 한 것으로 특기할 만하다.

오늘날 사용되는 현수교의 케이블에는 와이어로프 케이블(wire rope cable)과 평행선 케이블(parallel wire cable)이 있는데, 전자는 일반적으로 중소 경간 현수교에 이용되며 후자는 주로 중앙 경간 500m 이상의 장경간 현수교에 이용되고 있다. 이러한 케이블이 현수교의 전체강중에서 차지하는 중량비는 1,000m 정도의 현수교에서는 25~30% 정도이지만, 경간길이가 길어짐에 따라서 비율도 증가해 2,000m 정도가 되면 30~40% 정도가 된다.

중소 경간 현수교에 이용되는 와이어로프 케이블에는 규모의 크기에 따라서 스파이럴 로프(spiral rope)와 스트랜드 로프(strand rope)로 분류되며, 장경간 현수교에 이용되는 평행선 케이블에는 시공법에 따라서 공중시공법과 프리패브 스트랜드 공법으로 분류되는데, 프리패브 스트랜드 공법에서 이용되는 평행선 스트랜드는 그 제조과정을 고려하면 꼬임각이 '0'인 와이어로프로 간주할 수 있다.
이상의 관계를 정리하여 분류하면 다음과 같이 된다.

케이블	와이어로프 케이블 (중소경간 현수교)	스트랜드 로프(소규모) 스파이럴 로프(대규모)
	평행선 케이블 (장경간 현수교)	공중시공법에 따른 평행선 스트랜드 프리패브 스트랜드 공법에 따른 평행선 스트랜드

한편 현수교에 사용되는 케이블은 일반적으로 다음과 같은 조건이 요구된다.

- 유효 단면적당의 인장강도가 클 것
- 피로강도가 크고 크리프가 작을 것

- 단면 밀도가 클 것
- 구조 신장이 작을 것
- 탄성계수가 클 것
- 취급하기 쉽고 시공작업이 용이할 것
- 정착 · 방청이 용이할 것
- 값이 저렴할 것

위의 조건은 교량에 따라서 각각의 중요도가 다르기 때문에 이들의 모든 조건을 비교 검토하여 케이블의 종류, 와이어의 강도, 와이어로프의 구조, 선재의 재질 등을 정해야 한다.

(2) 주탑

현수교의 주탑(tower)은 휨모멘트와 축력에 저항하도록 설계되어진 구조물이다. 주탑 정상의 수평변위는 측경간과 중앙경간의 케이블 수평장력이 균형이 잡힌 위치로 이동할 때의 이동량이며, 주탑에 있어서는 강성에 관계없는 강제변위량이라고 간주할 수 있다. 일반적으로 주탑에 작용하는 수직하중 및 주탑 정상의 수평이동량은 주탑의 휨강성에는 거의 영향을 받지 않는데, 이것은 케이블의 교축방향의 강성이 상당히 커지는데 비해 탑의 휨강성은 무시할 수 있을 정도로 작기 때문이다. 따라서 탑 정상의 수직하중과 수평이동량은 주탑의 휨강성을 무시한 구조계에서 구한 후 기지량으로서의 이들 값을 써서 주탑의 설계가 실시된다. 이러한 수직하중과 수평이동량을 구할 때는 일반적으로 다음 2가지의 하중상태를 고려해야 한다. 보통 두 번째의 하중상태가 주탑에 좀 더 불리한 상태를 주고 있다고 알려져 있다.

- 최대수직하중과 그에 수반하는 탑 정상 이동량 : 교량의 전 경간에 걸쳐서 하중이 만재되었을 때의 하중상태일 때에 생긴다.
- 최대 탑 정상이동량과 그에 수반하는 수직 하중 : 중앙경간 및 한쪽의 측경간에 하중이 분포재하되었을 때의 하중 상태일 때 생긴다.

장대현수교의 주탑은 통상 탑 기초부분이 고정되고 탑 정상이 케이블에 의해 체결된 소위 가요성의 탑이 되고 있다. 이와 같은 주탑에서는 바람 · 지진 · 온도 등에 따른 각종 조합하중을 주탑 자체로 직접 받을 뿐만 아니라 케이블, 보강거더 등의 주탑 이외의 현수교계의 자중이나 현수교계에 작용하는 활하중 · 온도 · 바람 · 지진 등에 따른 각종 조합하중이 케이블을 매개로 탑 정상에 수직하중으로서 작용한다. 동시에 케이블의 이동에 수반하여 탑 정상에는 교축방향의 수평이동이 생기며, 주탑 하부에는 보강거더로부터의 반력이 수직하중으로서 작용하고 있다. 주탑은 이들 하중을 모두 조합하여 설계해야 한다.

장대 현수교 주탑의 역학적 특성은 다음과 같다. 즉, 정상부에 주케이블로부터 작용하는 반력에 의해 축압축과 휨을 받고 또한 자중에 의한 압축이 가해진다. 주탑 정상부에 작용하는 케이블 반력은 재하상태에 따라서도 다른데 케이블의 양단이 앵커리지에 의해 고정되어 있기 때문에 주탑 정상부의 자유도는 상당히 구속되고 있다. 따라서 활하중의 불평균 재하상태에 의해서 주탑 정상부에 케이블로부터의 수평반력이 작용하지만, 이상에서 서술한 것처럼 케이블의 양단이 고정되어 있기 때문에 주탑에 작용하는 주요한 힘은 압축력이 된다. 이와 같이 현수교에서는 축압축과 휨의 작용에 대한 비율이 어느 범위로 한정되고 있기 때문에 유연(flexible)한 주탑으로서의 구조가 실용적으로 가능하게 되었다. 오늘날의 주탑구조가 생길 때까지에 그 강성이 점차로 변화되어 온 것은 오래된 현수교와 새로운 현수료를 비교하면 쉽게 알 수 있을 것이다.

현수교의 주탑을 시공하는데 사용된 재료는 강구조가 일반적이었다. 그러나 Lillebaelt교와 Humber교의 주탑은 철근콘크리트 구조를 사용하여 건설되었다. 이것은 유럽에서는 슬라이딩 폼을 적절하게 이용한 초고층 텔레비전 탑을 자주 시공함에 따라 발달된 기술을 현수교의 주탑에 사용함으로써 철근 콘크리트 구조로 하는 것에 대한 이점과 경제성이 생겼다고 불 수 있다.

주탑은 각 블록으로 분할하여 제작되었는데, 이것을 쌓아 올렸을 때 수직도를 정확히 확보하기 위해 제작상으로 엄격한 정밀도를 요구하고 있다. Verrazano Narrows교 주탑에 대해서 각 블록을 기둥모양으로 쌓아올렸을 때의 틈이 0.13mm를 초과했을 때에는 이 사이에 심(shim)을 사용하여 조정한다. 또 적어도 3층을 공장에서 임시 조립하여 길이·수직성의 검사 및 모든 조정을 하는 것을 요구하고 있다. 또 시공완료 후에 주탑 정상부에 대한 최대 편량은 교축방향으로 102mm, 교축직각방향으로 51mm까지 인지하는 것이 규정되었다. 이 편량을 각도로 나타내면 교축방향 109″, 교축직각방향 54″이다. 이것에 대해 주탑의 시공완료 후 야간에 측정한 결과에서는 탑 정상부에서 수직으로의 최대 편량은 6mm에 들어가는 것으로 보고되어 있다.

(3) 앵커리지

현수교의 앵커리지는 주로 케이블의 수평력에 저항하여 케이블로부터의 수직반력에 저항하는 주탑과 함께 케이블을 지탱하는 극히 중요한 부분이다.

앵커리지란 일반적으로 앵커블록의 기초·앵커블록·케이블의 앵커 프레임 및 정착장치·시공지붕 등의 총칭이라고 생각되는데 케이블벤트가 앵커리지에 내장되는 경우도 있다. 또 앵커블록의 기초에 대해 앵커블록을 포함한 그 이외의 부분을 총칭하여 앵커리지의 구체라고 부르기도 한다.

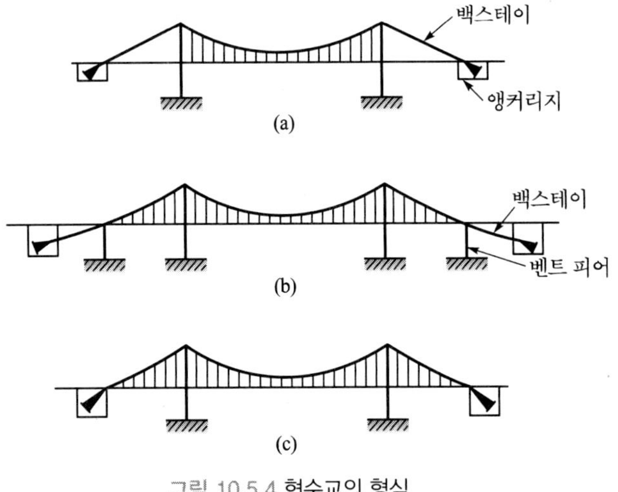

그림 10.5.4 현수교의 형식

현수교 형식의 기본형으로서 그림 10.5.4와 같은 3가지 형식을 들 수 있다. 여기서는 케이블의 형식·보강거더의 형식은 관계하지 않는다. 그림 10.5.4(a)는 측경간 케이블에 재하가 없이 백스테이를 앵커하는 경우이다. 그림 10.5.4(b)는 앵커리지 앞에 벤트피어를 설치하고 벤트피어로부터의 백스테이를 앵커하는 경우로 앵커리지를 육상으로 가게 할 때나 케이블의 착력점을 낮추어 앵커리지의 안정을 좋게 할 때에 이용된다. 그림 10.5.4(c)는 앵커리지에 내장된 케이블벤트를 매개로 백스테이 없이 직접 케이블을 앵커하는 경우이다.

(4) 매달린 구조

매달린 구조(suspended structure)란 현수교의 주케이블로 교량바닥면을 지지하기 위한 모든 구조를 말한다. 즉, 행어·보강거더·바닥틀·바닥판의 총칭이다. 이 중 바닥틀·바닥판에 대해서는 통상의 교량과 다른 것이 없다. 단, 현수교의 내풍안정성을 확보하기 위한 구조가 필요하게 되는데, 예를 들면 교량 바닥판과 보강트러스 사이에 공간을 설치하는 것이나 교량 바닥판에 그레이팅을 배치하는 것 등이다. 이들의 필요한 공간은 풍동실험에 의해 설계 자료가 얻어지므로 이것에 필요한 구조를 취하면 된다.

현수교의 처짐이론의 진전과 함께 보강형은 점차로 강성이 감소하여 왔다. 즉, 정역학적 이론의 진보에 따라 현수교는 점차로 합리화의 길을 걷게 되었는데, 1940년 Tacoma Narrows교의 바람에 의한 동적 진동파괴를 계기로 하여 다시 보강구조가 공력탄성학의 면에서 이론적으로 추구되게 되고 동시에 풍동에 의한 정적 및 동적실험이 중요하게 인식되었다.

내풍안전성을 확보하기 위해 보강형으로서는 바람을 잘 통하게 하는 좋은 트러스구조가 양호한 결과를 얻기 때문에 Tacoma Narrows의 낙교사교 이래 신 Tacoma Narrows교, Mackinac Straits교, Verrazano Narrows교, Forth Road교는 모두 보강트러스를 이용하였다. 단 이 경우는 내풍안정상 매달린 구조에 비틀림강성을 줄 필요가 있으며 보강트러스에 수평브레이싱을 부가하는 등의 구조적 배려가 필요하다. 이와 같이 현수교에 플레이트 거더보강을 이용하는 방법은 독일 라인강에 건설된 현수교에 사용되었지만 장대현수교에는 채용되지 않게 되었다. 즉, 근대적 장대 현수교의 보강거더로서는 트러스형식과 박스 거더형식이 이용되고 있다.

일반적으로 트러스형식의 보강형의 경우 1,000m 정도의 현수교에서 측경간은 활하중, 중앙경간은 풍하중이 단면을 결정하는 지배하중이 된다. 또한 경간 길이가 길어질수록 풍하중에 의한 영향도 점점 지배적이 되어 2,000m 정도의 현수교에서는 정적·동적 풍하중에 따라 보강형의 단면이 결정되어진다.

(5) 신축장치

보통 신축장치에 의해 문제가 되는 것은 장대현수교로서 대상이 되는 거더의 길이가 수백 미터나 되고 거더 끝에서의 이동량도 커지기 때문에 일반적인 신축장치는 채용할 수 없어 특수한 것이 사용된다. 또한 수직 및 횡방향의 회전에 의한 이동량도 추가되어지는 것을 아울러 생각해야 한다.

다경간 현수교의 경우 주탑의 위치에서는 좌우의 경간이동량을 동시에 흡수해야만 하기 때문에 San Francisco-Oakland Bay교나 Tacoma Narrows교 등과 같이 좌우로 분리하여 신축장치를 설치하고 있는 경우와 Mackinac Straits교난 Chesapeake Bay교 등에 적용된 경우와 같이 일체로 만들고 있는 경우도 있다.

(6) 새들

새들(saddle)은 탑 정상 및 교대 위에서 주케이블을 직접 지지하여 주케이블에서의 하중을 탑 및 교대에 전달시키는 것으로 주탑 새들·벤트 새들·앵커 새들로 분류된다. 주탑 새들은 주케이블이 주탑 정상부를 넘는 곳에 설치되어 주케이블에서의 하중을 주탑에 전하는 것이며, 측탑 새들이라고도 불리는 벤트 새들은 벤트 탑·교대부 벤트 등에 설치되어 수직면 내에서 주케이블의 방향을 바꾸는 것이 주된 목적이다. 따라서 벤트를 설치하지 않는 현수교의 경우에는 벤트 새들을 필요로 하지 않는다. 앵커 새들은 스프레이 새들이라고도 부르며 주케이블을 구성하는 다수의 스트랜드를 수평 및 수직방향으로 분산(spray)시켜 각각의 앵커부로 유도하는 것으로 일반적으로 교대 위에 설치되고 있다.

새들은 그 기능상 고정하는 것과 가동으로 하는 것이 있는데, 보통의 경우 주탑 새들은 탑 정상부에서 주탑과 고정되며 앵커 새들은 새들에 롤러를 설치하여 이동이 되도록 하고 있다. 벤트 새들의 경우는 벤트 탑 정상부에서 고정되어 새들과 탑 정상부의 상대변위가 생기지 않도록 하는 것과 롤로 혹은 로커형식을 이용해서 새들과 벤트 정상부의 상대변위를 허용하는 것의 2종류가 있다. 어느 쪽이든 새들의 절대적인 이동은 활하중 및 온도에 의한 주케이블의 이동에 수반하여 생기게 된다.

표 10.5.1 새들의 굴곡반경과 케이블직경

교량명	케이블 지름 D(mm)	탑 새들 굴곡반경 R(mm)	R/D
Geroge Washington교	911	9,140	10.0
Forth Road교	603	7,010	11.6
Verrazano Narrows교	911	9,140	10.0
Severn교	508	6,600	13.0
Newport교	390	4,035	10.3
관문교(關門橋)	667	5,700	8.5

새들을 설계하는 데에 있어서 중요한 것은 새들 위의 케이블의 굴곡반경이며, 이것은 케이블의 휨응력 및 케이블과 새들의 접촉압력에 관계한다. 케이블의 휨에 의한 2차응력은 굴곡반경에 반비례하고, 또 케이블의 인장강도를 저하시키는 접촉압력도 마찬가지로 굴곡반경에 반비례하므로 새들의 반경을 정하는 경우는 이런 점에 충분히 유의할 필요가 있다. Verrazano Narrows교에서는 케이블 굴곡부의 와이어 압축력의 문제 때문에 새들의 굴곡반경을 규정하여 주탑 새들에서의 최소굴곡반경은 케이블직경의 10배로 하고 있다. 새들의 굴곡반경과 케이블직경의 관계를 주요한 현수교에 대해서 보면 표 10.5.1과 같다. 또한 일본 도로교시방서에서는 이 값을 8배 이상으로 규정하고 있다.

(7) 받침

보강거더의 지점에는 형식이 2힌지 현수교이든 연속 현수교이든 그 지점반력을 탑 또는 하부구조에 전달하는 기능을 가진 받침을 설치하는 것이 필요하다. 2힌지 현수교의 경우에는 반력 그 자체는 그다지 큰 것이 아니지만 수직 및 횡방향 하중에 의한 보강거더 단부의 변형이 크기 때문에 세심한 주의를 하여 설계해야 한다. 특히 일반교량에서는 고려되지 않는 교축직각방향에 대한 변형이 크기 때문에 보강거더 단부에서의 수직축 둘레의 회전을 구속하지 않는 받침 구조를 생각할 필요가 있다.

일반적으로 모든 기능을 가진 받침을 단일구조로 설계하는 것은 곤란하기 때문에 수직방향과 횡방향에 대해서 독립적으로 작용하는 2종류의 받침이 설치되고 있다. 이들의 기능을 각 변형에 대해서 분류해보면 표 10.5.2와 같이 된다.

표 10.5.2 받침의 기능

변형		수직받침	수평받침
이동	수직방향	구속	자유
	교축직각방향	자유	구속
	교축방향	자유	자유
회전	수직축	자유	자유
	교축직각방향 수평축	자유	자유
	교축방향 수평축	구속	자유

교축방향에 대한 이동에 대해서는 어느 방향으로도 자유로 되어 있는데 이는 센터타이(center tie) 등에 의해 일반적으로 구속되기 때문이다. 그러나 지진 등에 의해 대단히 큰 변위가 생기는 경우에는 스토퍼(stoper)를 설치함으로써 규제하는 등의 고려가 필요하다.

수직받침은 일반적으로 양단에 핀을 가진 링크구조로 되어 있어 한 끝은 보강트러스의 수직재, 다른 끝은 탑 또는 교대에 연결된다. 이것을 탑부에서는 탑 링크, 교대부에서는 엔드 링크라고 부르는 경우가 많다. 이 구조는 수평방향의 변위와 교축직각방향 수평축둘레의 회전에 대해서는 자유이지만 수직방향변위 및 보강거더의 비틀림을 구속하는 기능을 갖고 있다.

10.5.2 현수교의 해석

(1) 기본이론의 발전과 동향

현수교를 다른 구조계와 다르게 하는 2가지 주요한 요인이 있는데, 첫째는 고정하중에 의해 케이블에 도입되는 장력이 활하중 하에서의 현수교의 강성에 크게 기여한다는 점이고, 둘째로 케이블의 비선형성이 초기의 비교적 작은 하중 하에서도 나타나 현수교의 강성을 변화시킨다는 것이다. 이러한 특성을 갖고 있는 현수교를 해석하고 설계하기 위한 이론이 싹트기 시작한 것은 19세기에 들어서부터이다. 그리고 현대에 이르러서까지 현수교 특유의 설계상의 가정을 만족시키는 이론과 그것에 의한 해석법은 큰 변천을 이루어왔다.

즉, 1823년에 무보강현수교에 대한 이론적인 고찰이 공표된 이래 강도 높은 보강트러스를 가지는 경우의 해석(강체이론)이 시도된 데에 이어서 Melan 등에 의해 보다 범용성이 높은 해석이론으로서 활하중을 떠맡는 보강트러스를 탄성체로서 취급하는 탄성이론(elastic theory)이 완성되어졌다. 그 후 20세기에 들어 19세기말에 이미 발표되었던 Melan의 이론이 Moisseiff에 의해 재평가되어 장경간 현수교에 대한 이론으로서 처짐이론(deflection theory)이라고 이름이라고 붙여졌다. 이 처짐이론은 활하중에 따른 변형에 고정하중의 영향을 고려한 것이므로 각각의 가정에 의한 근사치를 행하고 있지만 일종의 유한변위이론이며 지간길이 1,000m를 넘는 장견간 교량으로서의 현수교에 이론적인 확실한 증거를 부여한 것이다. 그 후 Steinman에 의해 일반화되어 Bleigh 등에 의한 선형화 처짐이론(linearized deflection theory)의 제안과 그것을 확장한 Perry의 영향선 해법의 출현 등에 따라 현수교 고유의 해석법으로서 확립되었다.

탄성이론과 처짐이론의 공통점은 주케이블의 유연성과 더불어 행어의 조밀성의 가정에 있고 그 의미로서 동시에 막이론이라고 불리우는데, 이 막이론에 속하는 면외해석법이 Steinman의 일반화 처짐이론의 발표 이전에 Moisseiff 등에 의해 이미 확립되어져 있다. 또 비틀림 해석법에 대해서도 Bleigh 등에 의해 선형화 처짐이론에 의한 해석법과 동시에 제안 되었다.

그 후 처짐이론을 포함한 막이론에 의한 해석법을 응용해서 Bleigh 등은 수직 처짐진동, 비틀림진동을, 이토(伊藤)는 횡처짐진동에 관한 고유진동해석법을 각각 부여하였다. 또 한편으로 처짐이론에 의한 풀이를 경계조건으로 채택하여 이용하는 독특한 주탑의 해석법이 Birdsall에 의해 개발되어있다.

이것들의 해석법은 종합적으로 연속체로서의 해석법이라고 불려 지금까지 기술한 바와 같이 강체이론에서부터 탄성이론, 처짐이론으로 면내해석법의 이론이 변화한 후에도 보다 세계적이고 실용적인 이론으로 발전되어져 오늘에 이르고 있다. 더욱이 컴퓨터 및 수치계산기법이 급속히 발달함에 따라 현수교를 골조구조물로 간주한 비선형해석법이 차례차례로 발표되고 있다. 그 결과 보강형의 변단면, 주탑의 휨강성 및 행어의 신장, 기울기의 영향 등도 고려한 임의형식의 현수교는 물론 시공단계에 있어서의 엄밀한 해석도 현재로서는 가능하다.

한편 현재 주류로 되어 있는 변위법의 일종이라고 말할 수 있는 방법에 의해 최초로 현수교를 평면골조구조물로 생각해 매트릭스해석법을 도입한 것은 Brotton이며 시공단계에 대한 계산에도 적용되었다. 이 이론에 영향을 받아서 변위법에 의한 대변형 문제의 매트릭스골조해석법을 확립한 것이 Tezcan과 Saafan이다. 특히 Tezcan과 Saafan의 해석법은 접선강성매트릭스를 이용한 Newton–Raphson법을 적용해 비선형방정식의 축차적인 해를 구하는 전형적인 변위법에 의한 것이었다.

오늘날의 변위법은 평면해석뿐만 아니라 입체해석, 좌굴, 고유진동해석 및 오차해석에도 적용되어져 있지만, 해석법에 짜 넣어지는 계산식으로는 유한요소법에 따른 다항식의 변위함수, 유한변위이론을 기초로 하는 변위–변형 관계식에 의해 얻어지는 일반화된 것이 적용되는 경향이다. 이것은 다른 형식의 교량해석법으로서의 응용을 생각하거나 시판되는 범용 프로그램을 이용하는 경우도 적지 않다는 것에 따른 것이다.

한편 일본에서의 해석법을 적용하는 경향을 보면, 우선 연속체로서의 해석법에 대해서 강체이론은 전혀 적용되어 있지 않으며, 탄성이론도 보강형의 강성이 비교적 높고 활하중에 의한 변위가 작은 경우에 적용될 뿐이며 그것마저도 Steinman, Baker가 처짐이론과의 대비에 따라 부여한 보정율과 함께 소현수교의 설계에 이용되어져 있는 것이 현실이다.

이것에 대해 처짐이론 및 면외, 비틀림해석 등에 있어서 각각의 막이론은 임의의 경우 중소현수교에서부터 지간길이 2,000m에 이르는 장대현수교에 이르기까지의 실용적인 해석이론이며, 오늘날에 있어서도 충분히 유효한 것으로 적용되어지고 있다. 그렇지만 뒤에서 말하는 설계지원 시스템의 개발 등에 따라 보다 상세한 검토, 보다 경제적인 설계가 골조구조물로서의 해석법을 써서 쉽게 실시할 수 있게 되고부터는 이러한 이론에 의한 연속체로서의 해석법은 개략설계의 단계 또는 상세설계의 시산단계에서 적용되는 경향이 강해지고 있다.

이상에서 언급한 골조구조로서의 해석법은 GUI(Graphic User Interface) 등의 컴퓨터 기술을 사용한 전후처리 프로그램을 가지는 설계지원시스템의 개발에 따라 현수교의 상세설계를 위한 해석법으로서 기반을 확실하게 굳혀가고 있다.

(2) 현수교의 해석방법

연속체로서의 해석법

여기에서는 일반사항에서 개략적으로 언급되었던 교량을 연속체로 간주하는 고전적인 현수교의 해석법에 대해 정리하고 탄성이론과 처짐이론의 차이를 설명하고자 한다. 탄성이론과 처짐이론에서 교량의 평형방정식 및 케이블의 적합조건식 등을 유도하기 위한 공통적인 가정사항들은 다음과 같다. 교량의 평형방정식 및 케이블의 적합조건식 등은 이러한 가정들을 바탕으로 하여 유도되어진다.

- 주케이블의 휨강성은 무시한다.
- 행어간의 간격은 교량의 지간에 비해 훨씬 작으므로 보강형에 작용하는 행어력(hanger force)은 등분포하중으로 간주한다.
- 주케이블에 의한 고정하중은 보강형에 의한 고정하중보다 훨씬 작으므로 교량축을 따라 작용하는 고정하중은 단위길이당 일정하다고 볼 수 있고, 이에 따라 고정하중에 의한 주케이블의 형상은 포물선을 이룬다.
- 교량의 고정하중은 주케이블이 지지하므로 고정하중에 의해서는 보강형에 응력이 발생하지 않는다.

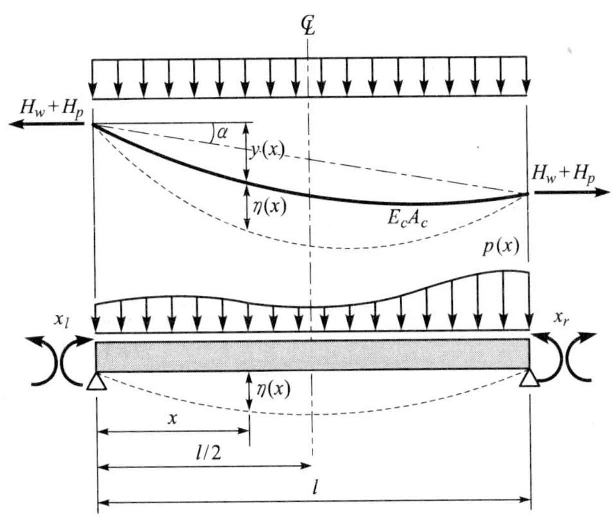

그림 10.5.5 고정하중과 활하중에 의한 변형

한편 Melan에 의한 처짐이론은 Steinman에 의해 비대칭, 연속지지, 다경간 현수교에 대해서도 적용될 수 있도록 일반화되어 있다. 이제 임의 현수교의 어떤 경간에 있어서 그림 10.5.5에 나타낸 것처럼 고정하중 w 또는 활하중 p에 의한 주케이블의 수평장력을 각각 H_w 또는 H_p로 한다면, 일반화된 처짐이론에 따른 보강형의 휨모멘트는 식 (10.5.1)과 같다.

$$M(x)= M_0(x)- H_p \cdot y(x)-(H_w+H_p) \cdot \eta(x)+ X_t(x) \qquad \text{식 (10.5.1)}$$

여기서, M_0는 활하중 p재하 시에 보강형이 단순지지되어 있다고 볼 때의 휨모멘트이고, η는 활하중 p재하시의 주케이블과 보강형의 수직처짐을 나타내며, 일반적으로 연속체 해법에서는 주케이블과 보강형의 수직처짐을 같다고 가정한다. 또한 y는 고정하중 w재하시의 주케이블의 형상인데, 보통 보강형의 고정하중이 주케이블의 고정하중보다 훨씬 크므로 이 형상은 식 (10.5.2)와 같이 포물선이 된다.

$$y(x) = \frac{4f}{l^2} x(l-x) + x\tan\alpha \qquad \text{식 (10.5.2)}$$

이 상태에서의 수평장력 H_w는 다음과 같다.

$$H_w = \frac{wl^2}{8f} \qquad \text{식 (10.5.3)}$$

또한 X_t는 연속지지된 보강형의 부가모멘트의 값으로 다음과 같다(단순지지의 경우에 $X_l = X_r = 0$).

$$X_t(x) = \frac{l-x}{l} X_l + \frac{x}{l} X_r \qquad \text{식 (10.5.4)}$$

이 기본 식 (10.5.1)에 포함되는 우변의 제2항, 제3항이 소위 거더교나 현수교와의 차이를 의미하며, 주케이블의 영향을 나타내고 있다. 한편 처짐이론의 기본식에 제2항외에 고정하중에 의한 수평장력 H_w를 포함한 제3항도 보태어져 있는 것은 본 이론을 재평가하게 된 계기가 되었던 Moisseiff가 지적한 바와 같이 활하중을 떠맡는 현수교의 변형에 고정하중의 영향이 고려되어지는 것이다.

이것에 대해서 탄성이론에 의한 보강형의 휨모멘트는 식 (10.5.5)와 같다.

$$M(x) = M_0(x) - H_p \cdot y(x) + X_t(x) \qquad \text{식 (10.5.5)}$$

식 (10.5.1)과 식 (10.5.5)를 비교할 때 식 (10.5.1)의 3항의 고려여부가 탄성이론과 처짐이론의 해석상의 차이라고 할 수 있다. 즉, 활하중이 재하되었을 때 주케이블의 처짐 η의 영향을 고려한 처짐이론이 탄성이론보다 보강형의 휨모멘트를 $(H_w + H_p) \cdot \eta$만큼 줄일 수 있어 장경간의 현수교가 가능하게 되었다.

식 (10.5.1)의 3항 중 $H_p \cdot \eta$항은 H_p가 η의 함수이므로 비선형항이 되고 처짐이론의 경우에는 하중과 이에 따른 변위 및 단면력이 비례하지 않게 된다. 그 결과 중첩이론이 성립되지 않으므로 영향선 등을 그대로 적용할 수 없게 된다. 따라서 Bleich 등은 활하중에 대한 현수교의 구조해석을 위해 오차를 크게 발생하지 않는 범위에서 다음과 같은 선형화된 처짐이론을 사용할 것을 제안하였다.

$$M(x) = M_0(x) - H_p \cdot y(x) - H_w \cdot \eta(x) + X_t(x) \qquad \text{식 (10.5.6)}$$

이 이론이 선형화 처짐이론이며, 고정하중에 대한 활하중의 비 p/w가 2/5 이하인 경우 충분한 정밀도를 가지므로 장대현수교와 같이 고정하중이 차지하는 비율이 큰 경우에 특히 유효하게 사용되었다. 특히 이 식에서 주케이블의 유연성과 행어의 조밀성 등은 물론이고 그 중에서도 특히 중요한 해석상의 가정 사항은, 활하중을 떠맡는 앞의 주케이블 형상은 포물선이고 고정하중 w는 모두 주케이블이 떠맡아 보강형에서는 고정하중에 의해 어떤 응력도 생기지 않는다는 것이다.

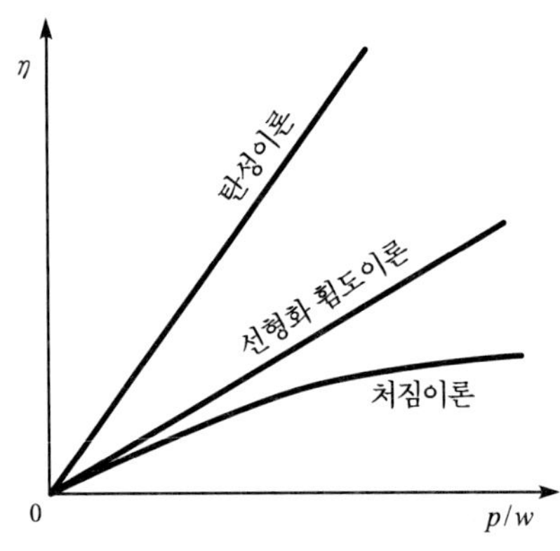

그림 10.5.6 Bleich 등에 의한 각 이론의 비교도

Bleich등은 더욱이 각 이론에 의한 활하중과 고정하중의 비와 수직방향변위의 관계를 비교 계산해 그림 10.5.6과 같이 도시적으로 나타내었다. 이 그림에서는 활하중과 고정하중의 비에 관계없이 항상 선형화 처짐이론이 탄성이론에 비해서 보다 정확하며 엄밀한 처짐이론에 대해서 안전한 쪽의 계산결과를 부여하는 것을 알 수 있다.

이것과는 별개로 Steinman, Baker 등은 보강형의 휨강성을 EI로 해서 보강계수 S가

$$S=\frac{1}{l}\sqrt{\frac{EI}{H_w}} \qquad \text{식 (10.5.7)}$$

이 되는 것을 이용해서 S를 횡축으로 하고, 처짐이론과 탄성이론에 의한 응력의 비율 C를 종축으로 하는 보정곡선을 부여했다. 그림 10.5.7은 주경간용의 보정곡선으로서, 활하중에 의한 1/4점에서의 최대휨모멘트 및 끝부분에서의 최대전단력에 대한 보정율을 나타낸 것이다.

이 보정계수 S는 경험적으로 스팬(span)에 비례해서 감소하는 성질(스팬이 1,000m를 넘을 경우 에는 0.1 이하가 된다.)이 있으며, 스팬이 장대화에 따라서 탄성이론에 의한 이론이 아주 과대한 결과를 부여한다는 것을 확인할 수 있다. 또한 이 보정곡선은 측경간용의 것과 함께 탄성이론에 의해 소형의 현수교를 설계할 때에 유효한 보정율을 구하

기 위해서 현재에도 실제의 설계에 사용되고 있다.

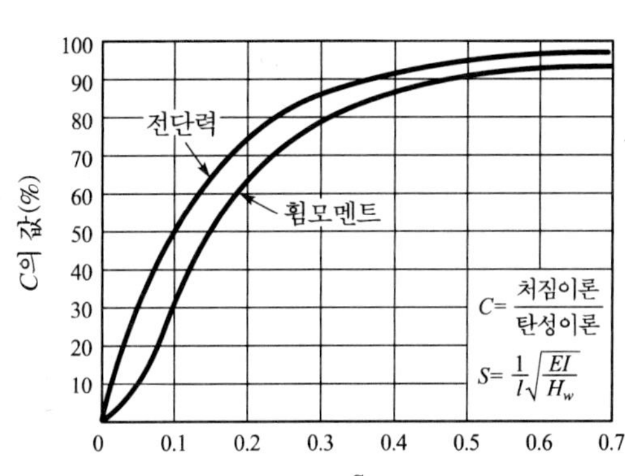

그림 10.5.7 Steinman Baker 등에 의한 주경간용의 보정곡선

골조구조로서의 해석법

골조구조로서의 해석법은 연속체로서의 것과 같이 현수교 고유의 것이 아닌 현수교 특유의 설계상의 가정을 만족시키기 위해서는 형상결정을 실시해 초기상태를 설정할 필요가 있다. 그래서 먼저 해석법에 적응한 초기상태의 각 절점의 좌표 및 각 부재의 제작 길이에 대응하는 무응력길이의 결정법을 여기에 나타낸다.

연속체로서의 해석법과 함께 주케이블이 보강형의 고정하중을 행어를 세워서 전부 부담시킨다고 가정하면, 초기상태의 보강형 각 절점의 좌표 및 각 부재의 무응력길이는 제작형상에 대응하는 무응력상태의 것과 동일하며, 통상은 설계당초에 정해져 있어야 하는 것으로 새롭게 선정할 필요는 없다. 다만 트러스부재의 수직재에 대해서는 작용하는 축방향력에 대해 무응력 길이를 역산할 필요가 있다. 또 endring 및 towering부재의 무응력길이는 설계당초에 주어져 있는 소정의 좌표절점위치에 정착된 상태로 보강형 양쪽 패널 고정하중의 각각 절반에 해당되는 장력을 가지는 것으로 쉽게 역산한다.

그렇지만 주케이블에 대해서는 설계당초에 주어져있는 것은 일반적으로 주경간의 새그의 값뿐이며 보강형의 고정하중을 행어를 사이에 끼워서 전부 부담하도록 하는 가정 및 주탑이 직립하는 가정을 만족하는 형상, 장력을 사전에 산정해 각 절점의 좌표 및 각 부재의 무응력 길이를 결정하는 것이 필요하다. 이것들의 산정은 고정하중 재하 시에 있어서 현수교의 관용골조 모델의 평형상태에서의 형상, 구성부재의 축방향력이 그림 10.5.8에 나타난 것과 같다고 한다면 다음과 같이 하여 행해진다.

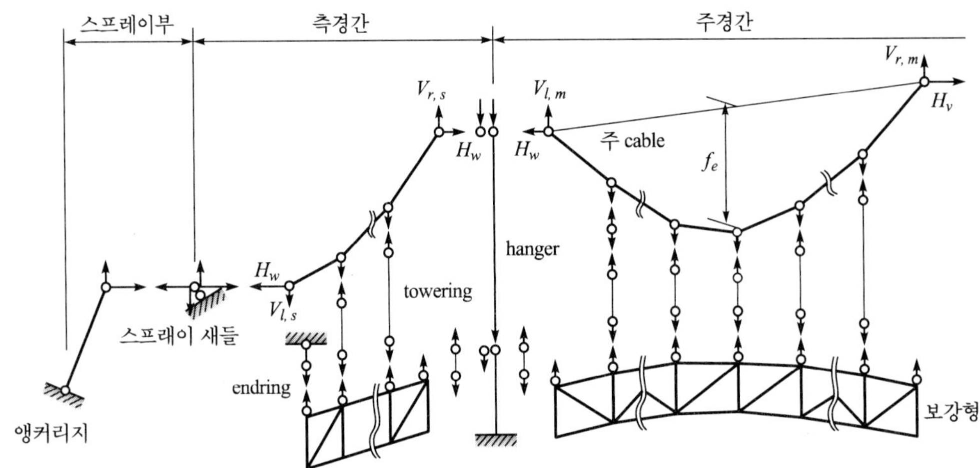

그림 10.5.8 구성부재의 축방향력

각 절점의 교축방향과 좌표는 확실히 보강형의 패널간격에서부터 자동적으로 결정된다. 다음으로 그림의 기호를 사용해서 주경간의 새그 f_c가 이미 알려져 있다고 한다면, 새그를 부여한 절점과 양끝의 절점과의 3절점에 있어서의 적합한 조건에 따라 양끝부재의 장력의 교축방향성분 H_w, 수직방향성분 $V_{l,m}$, $V_{r,m}$의 값을 구할 수 있다. 그 결과 중간의 각 절점에는 보강형의 고정하중에 상당한 수직방향하중만이 작용하고, H_w는 각 부재에 대해서 일정하기 때문에 각 부재의 장력의 수직방향성분, 각 절점의 수평방향좌표의 값은 적합조건에 따라 양끝에서부터 순서에 따라 구할 수 있게 된다.

측경 간에 대해서는 주탑이 직립하는 가정에 의해 H_w는 주경간과 공통되며 양끝의 2절점에 있어서의 균형조건에서부터 양끝부재의 장력의 수직방향성분 $V_{l,s}$, $V_{r,s}$를 구할 수 있다. 그리고 주경간과 똑같이 하여 각 부재장력의 수직방향성분, 각 절점의 수직방향좌표의 값을 구할 수 있게 된다. 스프레이 새들의 가동방향의 각도 및 스프레이부의 주케이블의 장력도 스프레이 새들 위의 절점에 있어서의 균형조건에서 산정된다.

다음으로 남아있는 것은 주탑 및 행어의 각 부재 무응력길이의 결정이다. 직립된 주탑의 각 부재 무응력길이는 자중에 더해진 towering 장력, 탑꼭대기에서 주케이블 장력의 수직방향성분이 축방향력으로만 작용하는 것에서 역산에 의해 구해진다. 각 행어부재의 무응력길이도 주케이블쪽, 보강형쪽의 각 절점위치에서 수직으로 정착되어 보강형의 고정하중 상당의 장력을 갖는 것에서 마찬가지로 역산에 의해 구해진다.

또한 이와 같은 형상결정에 사용한 주케이블 고정하중의 가정값과 산정된 무응력길이에 대응하여 보정된 값과의 차이를 무시할 수 없는 경우에는 보정된 값을 새로운 가정값으로 하여 동일한 산정법을 반복해 적용해야 한다. 또 연속지지 보강형의 유응력상태에서의 형상이 설계당초에 정해지고 그 상태에서 주탑이 직립하는 조건을 가지는 것과 같은 경우에도 이 산정법을 확장하면 반복계산에 의해 쉽게 산정할 수 있다.

유한요소법에 의한 해석

현수교를 유한요소법에 의해 해석할 때에는 일반적인 교량해석과는 달리 다음과 같은 사항에 주의를 기울여야 정확한 해석을 수행할 수 있다.

- 현수교의 각 구성부재를 모델링할 수 있는 적절한 요소를 선택해야 한다. 일반적으로 보강형 및 주탑은 뼈대요소(frame element)로, 주케이블 및 행어는 비선형 트러스요소를 사용하여 모델링하면 된다. 만일 현수교 전체의 거동 파악뿐만 아니라 보강형의 국부응력 등을 검토하고자 할 경우에는 판요소(plate element)를 사용할 수도 있다.
- 현수교의 주부재는 주케이블이므로 현수교는 비선형거동을 보이게 된다. 따라서 이와 같은 기하 비선형성을 고려할 수 있는 비선형요소를 선택해 해석을 수행하는 것이 바람직하다.
- 현수교를 해석하기 전에 주어지는 자료는 자중에 의해 평형이 이루어진 상태에서의 각 절점좌표(sag 포함), 주케이블 및 행어의 장력 등이다. 따라서 일반교량과 달리 현수교의 해석에 있어서는 입력자료 작성에 세심한 주의를 기울일 필요가 있다. 자중이 작용하는 상태에서 비선형해석을 통해 얻게 되는 장력이나 절점좌표 등이 주어진 절점좌표나 sag값 및 케이블의 장력 등과 거의 일치할 수 있도록 시산법(trial-error method)을 이용하여 조정하는 것이 중요하다.
- 이상은 주로 범용프로그램을 이용하여 현수교를 해석하고자 했을 때의 유의사항이다. 일반적인 범용 프로그램은 여러 분야에 사용되는 프로그램이므로 실제로 시공단계별 해석의 경우 시공과정을 순차적으로 해석하고 효율적으로 관리하기 힘들다. 또한 사용가능한 요소도 일반적인 요소이므로 앞서 언급한 현수교 고유의 특성을 반영한 엄밀한 해석이 불가능하다. 따라서 현수교 해석 전용 프로그램 및 전·후처리 시스템의 개발, 활용이 작업능률과 계산의 정확성을 높일 수 있다고 생각된다.

이상 언급한 사항을 바탕으로 유한요소법을 사용한 현수교의 일반적인 해석법을 간단히 설명한다.

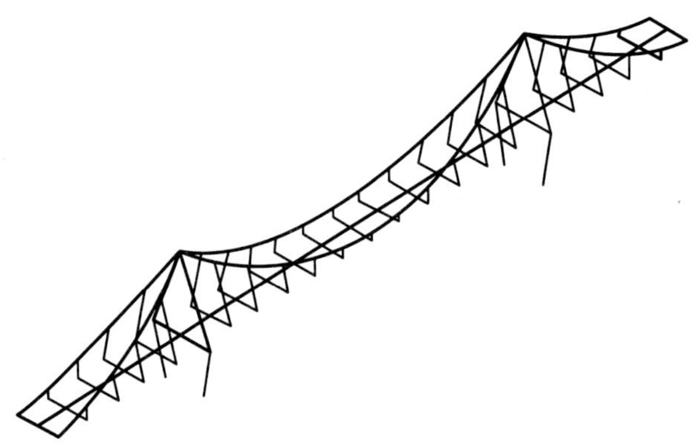

그림 10.5.9 현수교의 입체해석모델

현수교는 앞에서 언급한 바와 같이 주탑, 보강형, 주케이블, 행어 및 앵커리지 등으로 구성되어있다. 유한요소법을 사용한 경우 각각의 부재들을 적절한 요소로 모델링할 필요가 있다. 일반적으로 주탑은 뼈대요소로 모델링하고, 주케이블 및 행어는 트러스요소로 모델링한다. 최근 들어 케이블의 구조적 거동 및 비선형성 등을 보다 엄밀히 고려할 수 있는 요소들이 개발되고 있으므로 이와 같은 요소를 사용하면 보다 정확한 해석을 수행할 수 있다. 보강형은 크게 2가지 유형이 있는데, 첫째는 바닥판과 트러스로 구성된 것이고 둘 때는 강상판의 개념을 도입한 박스형이다. 트러스형을 모델링하는 방법은 트러스의 각 부재를 전부 모델링하는 방법과 등가의 뼈대요소로 치환하여 해석을 수행할 수 있으며 판 요소의 사용도 가능하다. 행어와 등가의 뼈대요소는 강성이 큰 가상의 뼈대요소로 연결한다. 그림 10.5.9는 등가뼈대요소를 사용한 3차원 모델의 예이다.

다음으로 유한요소법을 사용해 현수교를 해석하고자 하면 현수교 고유의 설계특성을 만족할 수 있도록 초기형상을 결정할 필요가 있다. 고정하중이 작용하는 상태에서 비선형 정적해석을 수행한 결과, 현수교의 전체형상 및 케이블의 장력 등이 설계값과 거의 일치할 수 있어야 한다. 현수교의 설계가정에 따르면 고정하중은 행어에 의해 주케이블이 전부 부담하므로 보강형에는 거의 응력이 발생하지 않기 때문에 보강형의 좌표나 변형전의 길이 등은 그다지 문제가 되지 않는다. 그러나 주케이블의 경우, 설계 시 주어지는 값은 교량완성 후의 주경간의 새그뿐이므로 보강형에 응력이 발생하지 않고 또한 주탑이 직립하며 주케이블의 새그나 장력 등이 설계값에 일치할 수 있도록 케이블의 변형전 길이나 좌표 등을 적절히 산정해야 한다.

이와 같은 장대 케이블지지 교량은 일반교량과는 달리 다음과 같은 사항에 주의를 기울여 설계 및 해석을 수행해야 한다.

- 장대지간의 케이블지지 교량은 변위가 커 기하적인 비선형효과가 유발된다.
- 케이블의 새그로 인해 도입장력과 절점변위 간에 선형관계가 성립되지 않는다.
- 주탑이나 거더 등에 큰 압축력이 발생하고 이 압축력은 부재강도에 영향을 미친다.
- 주로 케이블로 지지되며 시공 중의 구조계가 완공후의 구조계와 크게 다르다.
- 거더의 강성이 지간길이에 비해 작아 동적특성의 파악이 매우 중요하다.
- 내풍설계 및 내진설계가 단면을 거의 결정하므로 이에 따른 해석방법이 필요하다.
- 차량하중 등에 의한 동적효과가 일반 교량과는 다르므로 이에 대한 검토가 요구된다.

10.5.3 현수교의 설계

(1) 설계의 순서

① 계획설계

계획설계의 목적은 교량 배치계획에서 선정된 현수교에 대해서 보다 상세한 검토를 실시해 기본제원과 기본골조를 결정하는 것이다. 따라서 작업의 내용은 선형계획·교량길이·지간 나누기·케이블의 새그비 등에 대해서 계획하고, 그 위에 상부공형식·하부공형식에 대해서 검토한다. 그것들의 결과에서부터 상·하부공을 포함해 타당하다고 생각되는 현수교 계획안을 여러 개 선정해 경제성·시공성·구조특성·경관 등 다방면으로 비교·검토한다.

계획설계에서 선정된 안에 대해서 풍동실험, 기술적 문제점의 검토, 현지조사의 추가 등을 실시하고 그것들의 검토결과를 근거로 최적 현수교 계획안이 결정된다.

현수교의 형식을 결정할 때까지는 여러 번에 걸친 조사·검토가 필요하며 많은 노력이 필요하다. 이러한 작업을 효율적으로 진행시키기 위해서는 조사·검토를 처음부터 획일적으로 대규모로 실시하기보다는 처음에는 넓게 얕게 실시하여 현수교 계획의 진행에 맞추어 단계적으로 깊이 파고드는 내용으로 하는 것이 중요하다.

② 기본설계

현수교의 형식·제원이 결정되면 기본설계가 실시된다. 기본설계에서는 현수교 본체의 선형계산·구조해석·부재설계·제도 등 일련의 상세한 설계와 시공계획의 입안이 중요한 내용이 된다.

기본설계는 계획설계와 같이 설계 컨설턴트에서의 업무이며, 실제로 시공을 담당하는 업자에게 공사를 발주하기 위해 필요한 모든 자료를 얻는 설계이다. 따라서 현수교의 특성을 파악하면 동시에 제작, 시공면에서 제시되는 과제를 충분히 고려해 구조세부사항을 결정하며 공사발주 후에 대폭적인 설계변경이 생기지 않도록 주의해야 한다.

③ 실시설계

기본설계에서 얻어진 자료를 근거로 설계를 위한 상세한 조건을 결정하고, 구체적인 부재의 제작방법과 시공계획의 관련을 고려해가면서 작업이 진행된다.

실시설계는 이제까지 여러 분야의 기술자들이 긴 세월과 막대한 노력을 들여 작성한 귀중한 기술 자료를 근거로 현수교의 최종적인 모습을 구체화하기 위한 작업이라고 말할 수 있다.

(2) 현수교의 구조제원

현수교 구조부재의 설계법에 대해서 언급하기 전에 구조전체의 형태결정(proportioning)에 관해서 말하기로 한다. 이것에는 현수교 가교지점의 지형의 지질, 기상조건 등의 자연조건 이외에 장치도로나 항로의 확보 등 여러 가지 요인이 복잡하게 얽혀 있어서 결정하기 어려운 면이 있다. 현수교의 역학적 특성에 관련된 구조제원에 관하여 약간의 고찰을 해보면 아래와 같다.

우선 케이블 및 보강형의 단면력이나 처짐에 중대한 영향을 미치는 요인이 Pugsely에 의해서 연구되어 있다. 예를 들면, 보강형의 휨모멘트 M은 식 (10.5.8)과 같이 나타낼 수 있다.

$$M = Pl \cdot F\left(\frac{EIf}{wl^4}, \frac{l}{f}, \frac{P}{wl}\right) \quad \text{식 (10.5.8)}$$

여기서, P : 집중하중

l : 스팬의 길이

f : 새그의 길이

w : 고정하중

EI : 보강형의 휨강도

따라서 보강형의 휨모멘트는 새그비 f/l과 고정하중크기 w, 보강트러스의 휨강도 EI, 그리고 측경간과 중앙 경간과의 스팬비가 중대한 영향인자임을 알 수 있다.

현수교의 기본식은 식 (10.5.9) 및 식 (10.5.10)과 같다.

$$EI\frac{d^4\eta}{dx^4} - (H_w + H_p)\frac{d^2y}{dx^2} = p - \frac{8f}{l^2}H_p \quad \text{식 (10.5.9)}$$

$$H_w = \frac{wl^2}{8f} \qquad \text{식 (10.5.10)}$$

식 (10.5.9)의 좌변 제1항은 활하중 중에서 보강형이 분담하는 하중을 표시하고, 제2항은 케이블이 분담하는 하중을 의미하고 있다. 그래서 보강형의 휨강도 EI가 클수록 보강트러스가 분담하는 하중이 크게 되며, 역으로 케이블 수평력 H_w가 커지면 케이블의 분담이 커지는 것을 표시하고 있다. 그리고 식 (10.5.10)에 의하면 고정하중에 의한 케이블의 수평력 H_w는 고정하중크기 w에 비례하며 새그 f에 반비례한다.

이와 같이 휨강도 EI를 크게 함으로써 현수교의 강도를 높일 수 있다. 그리고 특히 주의할 점은 고정하중 w를 크게 하는 것만으로도 현수교의 강도를 높일 수가 있고, 새그비는 그 값이 작을수록 현수교의 강도를 높일 수가 있다는 것이다. 그러나 시공상 케이블을 고장력으로 뻗치게 할 수는 없으므로 새그비는 어느 정도 한정된다.

(3) 케이블의 설계

현수교의 설계는 케이블, 보강형, 주탑, 하부공의 순서로 행해진다. 따라서 케이블부의 설계와 매달린 구조부의 설계는 뒤에 이어질 주탑, 하부공의 설계를 위해서도 정성들여 행하지 않으면 안 된다.

케이블과 매달린 구조부의 설계는 각각 단독으로는 행할 수 없고 상호관련해서 행해진다. 설계의 큰 흐름은 케이블 선형의 결정, 각부의 설계, 가정값과 설계값과의 비교 및 내풍안정성 조사의 순으로 이루어진다. 측경간의 새그는 중앙경간과 측경간의 고정하중비로 정해진다. 케이블의 선형을 결정한 후 기준에 따라 설계하중을 산출하고 각 부재의 강성을 가정해서 케이블 및 매달린 구조부의 설계를 한다. 상판조직은 거의 단독으로 단면이 결정되지만 현수교의 변형에 의해서 생기는 응력을 고려한 조사를 하는 일도 있다. 주케이블의 설계에 있어서 허용응력 산정 시 케이블의 파단에 대한 안전율은 3.0 정도로 잡는다. 최대장력 T 및 허용인장응력 f_a가 정해지면 필요단면적 Areq가 식 (10.5.11)과 같이 구해진다.

$$A_{req} = \frac{T}{f_a} \qquad \text{식 (10.5.11)}$$

(4) 보강형의 설계

보강형은 박스거더형식과 트러스형식으로 크게 구별되는데, 박스거더형식은 그 경제성과 유지관리의 용이성 때문에 일본에서도 직하 매닮공법이 가능한 건설부분에서는 많이 채용되고 있다. 반면 트러스형식은 한정진동 등의 내풍안정성상의 문제가 적고, 시공법의 선정이 비교적 자유롭기 때문에 장대현수교에서 압도적으로 많은 실적을 올리고 있다.

현수교가 장대해질수록 풍하중에 의해 보강형의 단면이 결정되므로 장대 현수교의 보강형 설계상의 특징 중 풍하중에 의한 구조설계가 중요한 위치를 차지하고 있다. 장대교량의 내풍설계에 대해서는 13장에서 보다 자세히 다루었다.

(5) 주탑의 설계

주탑은 현수교 전체계통 중에서 케이블을 지지하고, 보강형을 주탑부분에서 구속하는 역할을 맡고 있다. 따라서 최상단에서는 케이블에서의 수직력이 작용하고 동시에 수평변위가 생긴다. 또 보강형을 구속하는 중간수평재 근방에는 보강형에서의 반력이 작용한다. 그 위에 풍하중이나 지진하중과 같이 주탑에 직접 작용하는 하중의 영향을 받는다.

주탑의 골조구조는 교축직각방향에는 기부(基部)를 고정한 평면골조구조물이며, 교축방향에는 탑꼭대기 힌지, 탑기부 고정의 휨과 축력을 받는 보-기둥(beam-column)으로 간주된다(그림 10.5.10).

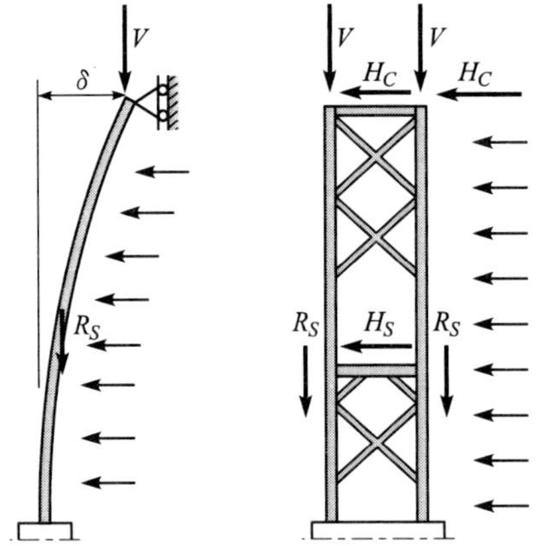

그림 10.5.10 주탑의 계산 모델

이러한 현수교 주탑의 설계순서는, 먼저 주탑에 작용하는 케이블의 수직반력 V, 보강형의 반력 R_s 및 탑꼭대기의 수평변위 δ를 현수교 전체계통의 계산으로 구하고, 주탑기둥의 단면을 가정해 각 단면의 성능과 주탑의 고정하중, 주탑에 직접 작용하는 풍하중, 지진하중을 산출한다. 이렇게 해서 구한 외력과 단면성능을 가지고 그림 10.5.10과 같은 주탑의 구조계산 모델에 따른 단면력을 산정한다. 교축방향, 교축직각방향의 각각에 대해서 작용 단면력과 응력을 구하고, 축력과 휨을 동시에 받는 부재로서의 단면력 및 응력조사·안정조사를 하여 부재단면을 결정한다. 또한 주탑은 케이블 장력의 수직성분으로서의 반력을 받아 큰 압축력을 받으므로 좌굴에 대해서도 충분히 안전한 설계를 해야만 한다.

CHAPTER

11

하부구조

11.1 개설

교량의 하부구조는 상부구조로부터 전달되는 하중을 지반에 전달시킬 목적으로 설치되는 구조물로서 교대 및 교각으로 나눌 수 있다. 교대와 교각은 일반적으로 철근콘크리트 구조가 주종을 이루고 있고 경우에 따라서는 콘크리트와 철골 등의 합성구조로 시공되는 사례도 있다.

교대와 교각은 각각 구체, 기초 및 받침 부분으로 나눌 수 있는데, 교대는 교량 양단 배후의 설치부와 접속하는 역할과 상부구조부터 전달되는 하중과 교대 본체의 하중, 설치부의 토압, 지표 재하하중 등을 받고 하중을 기초에 전달하는 역할을 한다. 교각은 양단의 교대만에 의한 단순지간으로 교량이 시공될 수 없는 경우에 설치되는데 상부구조부터의 하중과 교각자체의 중량을 기초에 전달한다. 그러므로 하부구조는 계획・설계에 있어서 상부구조로부터 전달되는 하중과 하부구조 자체에 작용하는 하중을 안전하게 지반에 전달하는 동시에 상부구조를 지지할 수 있도록 설계해야 한다. 그러므로 하부구조 설계는 다양한 하중에 대해 해석해야 하며, 하중의 종류와 조합에 대해서도 고려해야 한다. 일반적으로 교량의 하부구조는 수직 또는 수평방향 하중에 대해 적절히 저항하고 심각한 침하가 발생하지 않도록 설계한다. 또한 주요교량의 하부구조의 경우 특히 내진설계에 대해 고려하여 설계해야 한다.

또한 하부구조 설계는 교량의 건설방법에 영향을 받게 되고 교량의 배치계획은 하부구조의 배치계획에 크게 좌우되며 교량의 전체미관에도 영향을 미친다. 따라서 교량의 하부구조는 교량 시스템의 개별요소로서 뿐만 아니라 전체적인 시스템으로서도 검토되어야 한다. 교량의 하부구조는 교량 구조계의 중요요소이므로 그 설계에 따라 교량 전체의 공사비에도 큰 영향을 끼친다.

본 장에서는 하부구조의 설계를 교각・교대・기초・받침으로 크게 나누어 각각의 일반적인 사항에 대해서 살펴보고 교각・교대의 경우 그 설계에 있어서 주요한 부분들을 서술하였다. 하부구조의 내진설계에 대한 자세한 내용은 12장 내진설계에서 다루었다.

11.2 하부구조의 일반사항

11.2.1 교각

교각은 교량이 교대만에 의한 단순지간으로 시공될 수 없는 경우 설치되며 상부구조의 하중과 교각의 자중을 안전하게 기초지반에 전달하는 구조물이다. 교각은 크게 세부분으로 나눌 수 있는데 그림 11.2.1에서와 같이 A는 상부구조의 지점이 되는 받침을 받는 받침부이며, B는 구체, C는 푸팅(footing)이다. 일반적으로 교각의 계획 혹은 설계에 있어서 시공지점에 관계가 있는 하천·도로·철도 등의 관련 자료들로부터 제시된 각종 조건은 교각의 구조계산에서 고려되는 설계조건보다 우선적으로 고려해야 한다.

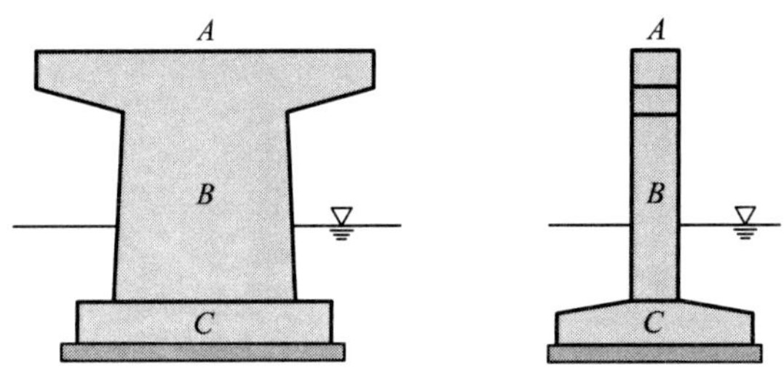

그림 11.2.1 교각의 명칭

교각은 대체적으로 철근 콘크리트 구조로 설계하고 있는데 그 이유는 미관과 경제성이 높기 때문이다. 그러나 일부 프리캐스트 또는 프리스트레스트 콘크리트 교각이나 강재교각, 합성교각을 사용하는 경우도 있다. 그러나 전반적으로 교각은 철근 콘크리트 구조로 설계하는 것이 보통이다.

교각은 현장타설 콘크리트 상판과 일체식 구조로 할 수 있으며 이러한 경우는 강체 프레임(frame) 구조로서 하부구조의 강성으로 인하여 상부구조의 강성이 감소되고 교각의 상·하부에 모멘트가 걸리게 된다. 그러나 대부분의 경우 전형적인 유형으로서 교각과 상부구조 사이에 가동 또는 고정단의 받침이 배치된다.

교각의 종류 및 형식결정

교각의 형식은 도로 및 하천 등 부대조건에 의한 외적요소에 제약을 받으며, 형식선정은 미관을 고려하고 입지조건 및 구간에 따라 통일시키는 것이 필요하다. 각종 형식의 교각은 그림 11.2.2와 같다. 지형조건에 따른 선정기준은 표 11.2.1과 같다.

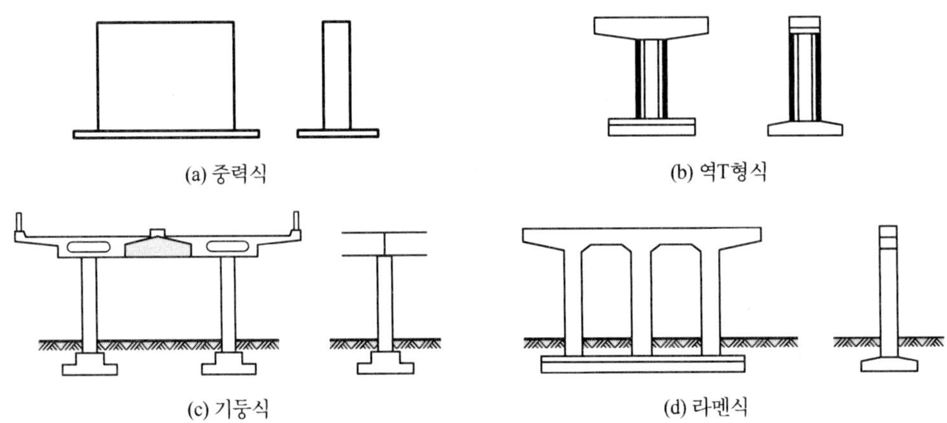

그림 11.2.2 각종 형식의 교각

표 11.2.1 지형조건에 따른 선정기준

지형조건	교각형식
하천부	벽식교각(타원형, 특수한 원기둥식)
평지부	라멘교각, 기둥식교각, 벽식교각
산간부	라멘교각(1, 2층), 기둥식교각, 벽식교각 단, 교각이 높은 경우(25~30m 이상)에는 I형 교각(flexible)의 선정도 생각할 수 있다.
도시부	라멘교각, 기둥식교각
인터체인지부	로커교각, 라멘교각, 기둥식교각

산악지대의 도로에서는 교각높이가 50m 이상이 되는 경우가 많은데, 높은 교각에 대해서는 상부구조와 함께 교량전체로서 형식・구조를 검토해야 하며 시공법에 대해서도 검토하는 것이 바람직하다.

교각은 다양한 형식으로 설계될 수 있으며 벽식 교각은 하천의 수심이 얕을 때 유리하다. T형 교각은 수심이 깊을 때 유리하고, 복수형 교각 벤트는 상부구조의 폭원이 넓고 유수의 흐름에 큰 문제가 없을 때 적용된다. 교각의 코핑은 일체식으로 하여 비틀림 모멘트에 저항할 수 있도록 해야 한다. 1개의 거더폭보다 더 큰 폭의 코핑을 적용할 경우는 프레임 구조로 하는 것이 유리하나 구조계산은 복잡해진다. 또 다른 형식의 교각으로는 일반적으로 교각의 높이가 낮거나 짧은 경간장의 구조일 때 쓰는 파일 벤트가 있다.

교각의 높이가 높을 때는 T형 또는 단계 샤프트(shaft)를 갖는 형태로 계획할 수 있다. 교각의 단면이 변화되는 경우에는 단면 2차모멘트가 변화하게 되어 교각의 좌굴검토가 복잡해진다. 그러나 경제성 및 효용성은 높아질 수 있다. 높이가 높은 교각의 또 다른 처리방법은 다층의 횡방향 프레임을 설치하는 방법이 있다. 교각사이에 설치되는 횡방향 연결보인 샤프트는 사각형 또는 원형단면이 주로 사용되고 있으며 미관을 좀 더 증진시키기 위한 시도로 이루어지고 있다.

사각형단면의 샤프트는 모서리를 완만히 처리하거나 단면을 유선형으로 하여 외관을 향상시키기도 한다. 철근 콘크리트 사각형 샤프트는 모멘트를 부담하는 경우 원형단면보다 효과적인 단면이 된다. 원형단면의 샤프트는 강결로 연결 시 강성 때문에 불리한 경우가 많다. 그러나 형상화 및 나선철근 등을 사용하여 구속력이 향상될 수 있는 이점이 있다. 나선철근을 촘촘히 배치하면 좌굴과 지진 등에 대한 저항이 향상될 수 있다.

교각은 다양한 형식이 사용될 수 있으며 수직 또는 수평하중에 대해 저항할 수 있도록 설계된다. 현장타설 콘크리트 교각이 사용될 경우에는 라멘 형식으로 일체화시키는 것이 보통이다. 라멘 구조는 부정정력을 가지나 설계에서는 여유를 고려하여 이러한 추가 저항을 무시하는 것이 보통이다. 프리캐스트 콘크리트 하부구조는 교각 코핑을 갖게 되면 받침을 통하여 종·횡방향 하중이 전달되게 된다.

11.2.2 교대

교대는 교량의 양단에 설치함으로서 도로와 교량을 접속하여, 상부구조에서의 하중과 배면 성토의 토압·지표재하중 등을 지지하고 상부구조에서 하중과 교대 본체의 중량을 기초지반에 전달하는 구조물이다. 교각부의 명칭은 그림 11.2.3에 나타낸 바와 같이 A는 받침부이고 상부구조의 하중을 지지하는 곳을 받침이라 한다. B는 흉벽이라고 하며 주로 a-a에서 윗부분에 작용하는 토압이나 상재하중을 지지한다. C는 구체로 상부구조에서의 하중을 지지하고 배면의 토압에 저항하는 역할, 즉 구조적으로 옹벽과 같은 역할을 한다. D는 푸팅(footing)부분으로 교대에 작용하는 모든 하중을 안전하게 지반 또는 기초구조에 전달한다.

교대에는 다양한 형태와 형식이 사용되며 복잡한 구조형식일수록 세심한 주의가 요구된다. 교대의 노출부는 미관을 신경쓰는 것이 보통이며 자연석 붙임이 이용되기도 한다. 종종 교량상판에 캔틸레버식으로 계획하기도 하는데, 이때는 시공성과 구조적 효율성이 검토되어야 한다. 교대는 옹벽식과 중력식으로 구분되는 것이 보통이며 폐합식의 교대는 성토부 토사가 유실되지 않도록 조치되어야 하지만, 교량의 공사비에 비해 상대적으로 저렴한 편이다. 교대는 가능한 한 변형이 적고 강성이 크도록 설계해야 하고, 교대의 높이가 6m 이상 될 경우에는 강성이 추가적으로 보강되어야 한다. 이에 대한 대안으로 도로와 평행하게 날개벽을 설치하기도 하며 교량상판에 도로축과 평행하게 교대 부위에 날개벽을 설치하는 방법도 있다. 성토부는 교대쪽으로 토압이 작용되나 배면에 작용하는 토압은 경감된다. 교대의 전도에 대한 안전율을 낮게 잡을 경우에는 교량 상부구조의 상판 고정하중이 발휘되기 전에는 교면 배면 뒤채움을 실시하지 않는다.

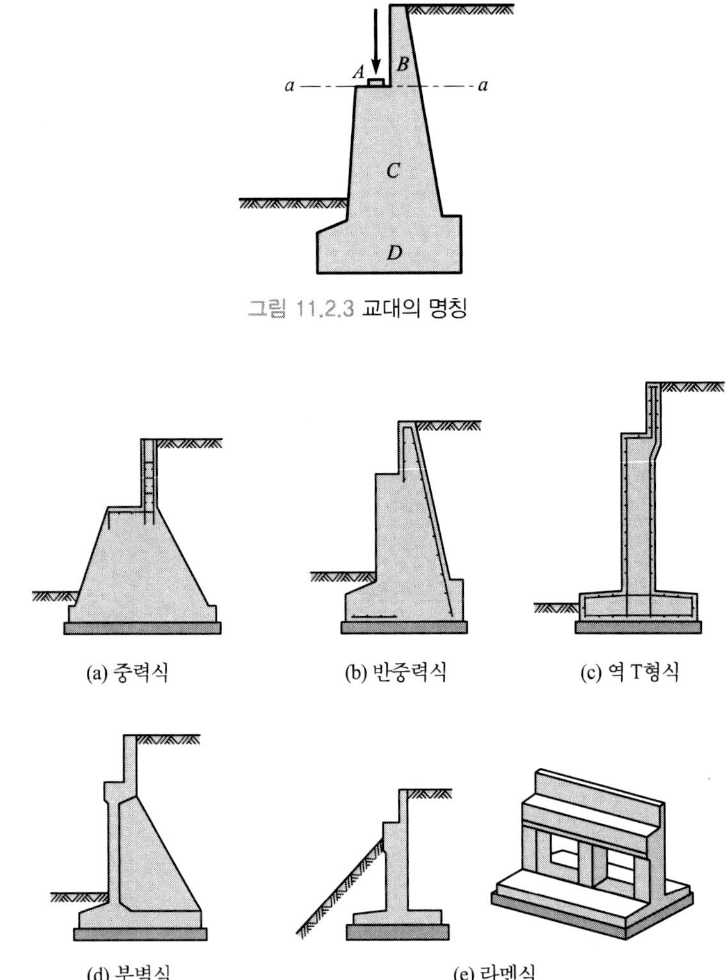

그림 11.2.3 교대의 명칭

그림 11.2.4 각종 형식의 교대

중력식 교대는 성토부위에 설치되어 성토부의 침하와 활동에 대한 저항을 위하여 압굽이 설치되는 것이 보통이다. 교량 접속부의 성토부 침하는 접속 슬래브(approach slab)를 통하여 조정되게 된다. 옹벽식 교대는 교대가 성토부의 토압을 담당하게 된다. 여러 경간을 갖는 교량은 교대부에 신축 이음장치가 설치되는 것이 보통이다. 따라서 종방향력에 대해 꼭 저항할 필요는 없을 수도 있다. 교대에 적용되는 하중은 일반적으로 수직방향 반력, 토압 및 다른 상재하중 영향으로 분류된다. 종종 신축이음장치에서의 마찰 또는 전단력은 상당한 규모를 가지며 이는 반드시 설계에 포함되어야 하고 또한 토압에 영향을 미치게 된다.

교대의 종류 및 형식결정

가설지점의 상황에 따라 부여된 조건하에서, 상부구조와의 균형이나 경제성·미관 등을 고려하여 가장 적합한 교대의 형식을 결정한다. 교대의 형식은 구조적으로 안정하고 경제적이어야 하며 성토상의 소교대는 말뚝기초를 설치하는 것을 원칙으로 한다.
교대를 구조형식에 의해 구분한 각종 교대의 형식은 그림 11.2.4와 같다.

① 중력식 교대(반중력식 교대)
자중이 크므로 지지지반이 양호한 장소에 사용된다. 적용 높이는 4~6m까지이다.

② 역 T형 교대
구체자중이 작고 흙의 중량으로 안정을 유지하므로 경제적이며, 뒷채움의 시공도 용이하다. 높이 12m 정도까지의 일반적인 지반조건에 적용된다.

③ 라멘교대
교대 위치에 교차도로(제방도로)가 있는 경우 교대를 교축방향으로 박스단면으로 하고 차도를 박스 내에 넣어 박스 라멘 교대로 하지만, 사각이 있는 경우는 박스가 길어지므로 채광을 위해서나 보도·차도의 분리를 위해 2연 박스라멘 교대로 한다.

④ 박스형 교대
교대높이가 높고(12m 정도 이상) 기초 지반 조건이 불량하여 말뚝기초로 하는 경우에 경제적인 형식이 될 수 있다. 박스형 교대에 중공부를 두면 지진 시 관성력을 감소시키고 말뚝기초 설계가 용이하게 된다. 직접기초의 경우 반대로 활동에 안정하지 않으므로 중공부를 흙을 채우도록 한다. 또 뒷부벽식 교대에 사각이 있는 날개벽과 부벽을 합쳐 전체를 박스형으로 하는 것이 경제적인 경우도 있다.

⑤ 중간이음식 교대
역 T형식 교대의 벽체를 적당한 크기의 중간이음부를 두어 배면토압의 경감을 꾀하는 구조이지만 선정 시 상하부구체 사이나 앞면 성토의 토압을 고려하고 성토와 구체의 시공순서에 주의해야 한다.

⑥ 성토상의 소교대
연약지반 또는 성토높이가 높은 경우의 기초는 대규모가 되므로 상부공을 연장하여

성토상에 소교대를 설치하는 것이 경제적인 경우가 있다. 이 형식은 성토의 활동, 측방향 유동의 영향을 강하게 받으며 기초하면 아래 성토부분의 기초에 작용하는 토압에 대해서도 명확하지 않은 점이 있어 이 형식은 부득이한 경우에만 선정하는 것이 좋다. 이 형식을 선정할 경우에는 말뚝기초로 현지반의 지지층에 확실하게 지지시키고 지형·지반조건을 고려하여 충분히 안정성을 검토해야 한다.

11.2.3 기초

교량의 기초는 일반적으로 직접기초·말뚝기초·케이슨기초로 나누어진다. 물론 이 형식의 범주에 속하지 않는 새로운 형식의 기초도 있지만 보통 구조물의 형식에 따라 다음과 같이 분류한다.

표 11.2.4 기초의 분류

<table>
<tr><td rowspan="9">기초</td><td>얕은기초
(직접기초)</td><td colspan="2">•원지반을 그대로 이용하는 것
•지반을 개량하는 것(지반개량, 안정처리)
•원지반의 일부를 치환하는 것</td></tr>
<tr><td rowspan="8">깊은기초</td><td>말뚝기초</td><td>•기성말뚝(목재·RC·PHC·SC·강말뚝 등)
•현장타설말뚝(굴삭방식·관입방식에 따라 분류)</td></tr>
<tr><td rowspan="3">케이슨기초</td><td>•오픈케이슨</td></tr>
<tr><td>•공기케이슨</td></tr>
<tr><td>•박스케이슨</td></tr>
<tr><td colspan="2">강관널말뚝기초</td></tr>
<tr><td colspan="2">지중연속벽기초</td></tr>
<tr><td colspan="2">다주기초</td></tr>
<tr><td colspan="2">설치케이슨기초</td></tr>
</table>

① 얕은기초

얕은기초는 상부구조로부터 하중을 직접 지반에 전달시키는 형식의 기초로 지지지반이 양호하여 구조물을 그 위에 직접 설치하는 기초이므로 직접기초라고도 한다. 그림 11.2.5에서와 같이 말뚝기초나 케이슨 기초는 말뚝이나 케이슨 같은 기초 본체를 소정의 지지층까지 설치하여 하중을 전달하는데 반하여 직접기초는 구조물의 일부인 푸팅(footing)을 통하여 하중을 지반에 전달하는 기초이다.

② 말뚝기초

이 기초는 지표부근의 지반이 연약하여 상부하중을 충분히 지지할 수 없는 경우에 많이 사용하는 기초형식으로서, 깊고 양호한 지층까지 말뚝을 설치하여 하중을 전달하는 깊은기초이다.

③ 케이슨 기초

케이슨(caisson) 기초는 말뚝기초와 같은 목적으로 사용되는 깊은기초 형식이다. 지지력과 수평저항력이 가장 큰 기초형식으로 육상 또는 수상에서 건조된 케이슨을 시공현장에 거치 후 케이슨 내부의 토사를 배출해 가면서 케이슨의 자중이나 적재하중에 의해 소정의 지지층 깊이까지 침하시켜 설치하는 기초이다.

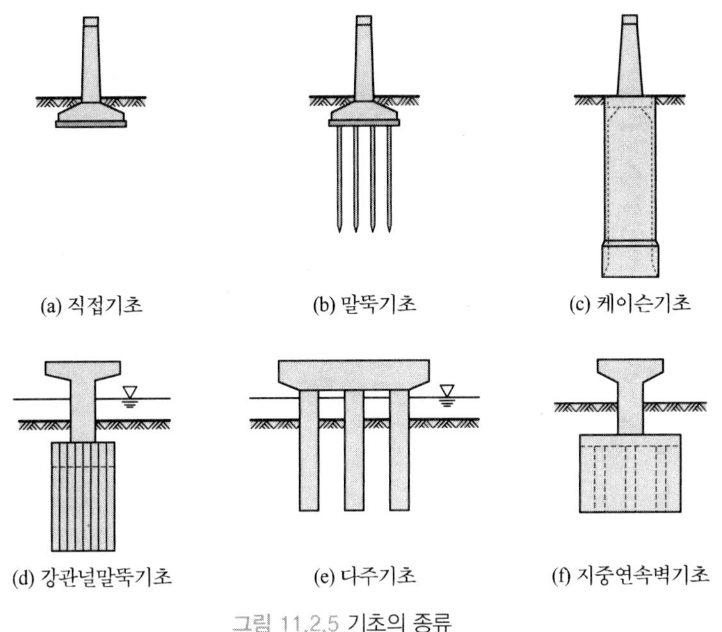

그림 11.2.5 기초의 종류

기초형식의 선정

기초형식은 다음 사항을 고려해서 선정해야 한다.

- 지형 및 지질조건
- 구조물의 특성
- 시공조건
- 환경조건

형식선정은 구조계획 · 비교설계 등의 기본설계단계에서 이뤄지는 경우가 많으며 그 후 변경은 큰 시간낭비가 되므로 형식선정에 있어서 충분한 검토가 있어야 한다. 이를 위해 검토할 내용과 목적에 합당한 조사가 필요하게 되며 또한 시공방법에 대한 충분한 이해가 있어야만 한다. 또한 한 개의 하부구조에 여러 다른 종류의 기초형식을 병행해서는 안 된다. 이는 각각의 지지기구 사이에 큰 차이가 있을 뿐만 아니라 특히 지진시의 거동에 현저한 차이가 있는 등 양자간의 하중분담은 단순하지 않으므로 충분히 안전을 기해야 하기 때문이다. 그러나 수평지지력은 케이슨기초로, 연직지지력은 말뚝기초로 각각 지지시키려는 하중방향별 분담방법인 경우에는 고려할 수 있다. 이 경우 지지시의 거동에 대해서는 충분히 검토하여 안정성을 확보해 놓아야 한다. 또 연약지반에서는 연속 거더교 등의 연속된 상부구조를 지지하는 하부구조의 기초는 동일 형식으로 하는 것이 바람직하다.

설계의 기본

기초는 상부구조 및 하부구조에 작용하는 하중을 확실하게 지지지반에 전달시키는 것으로 역학적으로 안정되어 있어야 하고 유해한 변위가 생겨서는 안 된다. 기초의 하중에 대한 저항기구는 기초의 시공법 · 기초의 깊이 · 기초와 지반의 상대강성에 따라 다르므로 안정계산에서는 저항기구를 충분히 고려한 설계모델 및 검사항목을 설정해야 한다. 설계에 대한 기본사항을 간단히 설명하면 다음과 같다.

- 기초는 지지 · 전도 · 활동에 대해 안정해야 한다. 일반적으로 전도에 관한 검사는 직접기초와 같은 얕은기초에는 필요하지만 깊은 기초에 대해서는 일반적으로 불필요하다.
- 기초의 변위량은 허용변위량을 넘어서는 안 된다. 기초의 허용변위량은 상부구조로부터 결정되는 허용변위량과 하부구조로부터 결정되는 허용변위량을 고려할 필요가 있다.
- 기초의 설계법으로 구분되는 기초는 보통 그 형식에 따라 직접기초 · 케이슨기초 · 말뚝기초 · 강관널말뚝기초로 구분하여 설계하는 것으로 한다.
- 기초의 설계 · 안정계산은 한계상태하중의 조합에 따라 사용한계상태 · 극한한계상태 · 극단상황한계상태[도로교설계기준 한계상태설계법(2015) 제7장 하부구조] 시로 하여 계산하는 것으로 한다.
- 기초의 수평 및 수직허용변위량은 구조물의 기능과 형태, 예상사용수명, 과대변위발생 시 구조물에 미치는 영향 등을 고려하여 결정해야 한다.

11.2.4 받침

받침(교좌장치)이란 교량의 상부구조와 하부구조의 접점에 위치하면서 상부구조에서 전달되는 하중을 하부구조에 전달하는 동시에 지진 · 바람 · 온도변화 등에 의한 변위를 흡수하는 장치이다.

받침은 교량하중을 지지하고 온도하중 · 제동하중 · 풍하중 등에 의한 상부구조의 변위를 교각이나 교대에 직접 전달하지 않게 하고 받침의 완충기능을 거치게 하여 교량의 기능을 원활히 하여 내구 수명을 연장하는 기능을 갖고 있다. 받침은 상부구조형식 · 지간길이 · 지점반력 · 내구성 등에 의해서 그 형식과 배치를 결정해야하며 특히 곡선교 · 사교 · 특수교 등에 있어서는 지점 반력 및 신축과 회전작용을 충분히 검토하여 형식과 배치를 결정해야 한다.

받침은 교량안전과 직접적인 영향이 있으므로 원활한 기능 확보를 위해서 받침별 구조와 기능을 이해하여 적절한 유지관리를 해야 한다.

받침의 기능

받침의 기본 기능으로는 받침(支持) · 굴림(回轉) · 미끄러짐(移動) 기능이 있다.

① 받침기능
상부구조물의 전 하중을 하부구조물의 주구체 내의 반력과 동일하게 받치게 하는 기능이다.

② 굴림기능
상부구조물의 자중과 외부하중에 의해 발생하는 교량단부의 회전에 의한 구속력이 발생하지 않도록 회전을 자유롭게 허용하는 기능이다.

③ 미끄러짐기능
온도 · 건조수축 · 제동력 등에 의해 발생하는 신축에 의한 구속력이 발생하지 않도록 미끄러져 신축을 자유롭게 허용하는 기능이다.

받침의 형식

종래에는 고정형과 가동형으로 구분하여 차량진행방향인 교축에 따라 교량지간 양단에 각기 배열하였으나, 최근에는 교량폭이 넓어짐에 따라 고정형은 일방향 · 양방향형으로 나누고 가동형도 일방향 · 양방향형으로 그 형식이 구분된다.

① 고정형
교량의 일정한 지점을 고정시킬 목적으로 고정하중 반력이 큰 지점과 종단구배가 낮은 지점에 설치하는 것이며 교량폭이 2차선 이내인 경우에는 일방향 고정형을 사용하고 교량폭이 3차선 이상인 경우는 양방향 고정형과 일방향 고정형을 사용한다.

② 가동형
교량의 일정한 지점을 가동시킬 목적으로 수평력을 흡수하기 쉬운 지점과 이동량을

크게하는 지점에 설치하는 것이며 교량폭이 2차선 이내인 경우는 일방향 가동형을 사용하고 교량폭이 3차선 이상인 경우는 양방향 가동형과 일방향 가동형을 사용한다. 형식과 이동관계를 설명하면 표 11.2.5와 같다.

표 11.2.5 받침의 형식과 이동관계

형식 \ 이동		교축방향	교축직각방향
고정형	양방향	이동 불가	이동 불가
	일방향		±10mm 이동 가능
가동형	일방향	이동 가능	이동 불가
	양방향	±50mm 이동 가능	±10mm 이동 가능

③ 형식과 기능

고정형은 회전할 수 있는 굴림기능을 가지며 가동형은 굴림기능 외에 미끄러짐 기능도 가진 것이다. 이를 더욱 세분하면 일방향 고정형·양방향 고정형·일방향 가동형·양방향 가동형으로 나눌 수 있다. 이를 간단히 요약하면 표 11.2.6과 같다.

표 11.2.6 받침의 형식에 따른 기능

형식 \ 기능		굴림기능	미끄러짐기능	
			교축방향	교축직각방향
고정형	양방향	가능	불능	불능
	일방향			가능
가동형	일방향	가능	가능	불능
	양방향			가능

받침의 종류

교량의 형태와 구조물의 재질 변화 및 구조 조건의 비약적인 발전에 따라 이에 대응하여 받침이 개량되어 사용되고 있으며 그 종류를 크게 가동형과 고정형으로 나누어 분류하면 표 11.2.7과 같다.

받침의 종류에 따라 그 특징을 간략히 요약하면 다음과 같다.

① 평면 받침(plane bearing shoe)

- 구성 : 상·하부 받침이 접촉한 2장의 강판재를 합해 면접촉을 하게 한 구조로 되어있으며 받침으로는 충분한 역할을 할 수 없는 원시적인 형태의 받침이다(그림 11.2.6).
- 장점 : 제작과 설치가 간단하고 경제적이다.
- 단점 : 굴림기능을 가질 수 없는 구조로서 반력의 불균형이 생기기 쉽고 마찰계수

(0.6)가 커서 저항이 크며 녹이 고착되면 이동이 불가능하여 필히 윤활제를 주입해야 한다.

- 형식 : 가동형
- 용도 : 최단지간 콘크리트의 직선교

② 선 받침(linear shoe)

- 구성 : 상·하부로 접촉하는 2개의 강재 중 하나를 원통형으로 하여 원주면에서 선 접촉을 하게 한 구조로 되어 있으며 굴림기능과 미끄러짐 기능을 갖게 하고 상양력과 이동제한은 와셔(washer)형으로 억제시킨 근대 받침의 효시이다(그림 11.2.7).
- 장점 : 한쪽방향의 굴림기능이 뛰어나고 가볍고 설치가 간단하고 경제적이며 회전각이 커 경사진 교량에 적합하다.

표 11.2.7 받침의 종류

<table>
<tr><th colspan="4">가동형</th></tr>
<tr><td rowspan="11">강재받침</td><td colspan="3">평면받침(planebearing shoe)</td></tr>
<tr><td colspan="3">선 받침(linear shoe)</td></tr>
<tr><td colspan="3">스페리컬받침(spherical bearing shoe)</td></tr>
<tr><td colspan="3">고력황동받침(oilless bearing shoe)</td></tr>
<tr><td colspan="3">포트받침(pot bearing shoe)</td></tr>
<tr><td rowspan="3">롤러받침(roller bearing shoe)</td><td colspan="2">1개롤러받침</td></tr>
<tr><td rowspan="2">복열롤러받침</td><td>핀형식</td></tr>
<tr><td>피복형식</td></tr>
<tr><td colspan="3">로커받침(rocker shoe)</td></tr>
<tr><td>중앙힌지받침(central hinge shoe)</td><td colspan="2">선형힌지</td></tr>
<tr><td></td><td colspan="2">면형힌지</td></tr>
<tr><td colspan="4">고무받침(탄성받침)(rubber pad or elastomeric shoe)</td></tr>
<tr><td colspan="4">납면진받침 받침(lead rubber bearing)</td></tr>
<tr><th colspan="4">고정형</th></tr>
<tr><td rowspan="10">강재받침</td><td colspan="3">선 받침(linear shoe)</td></tr>
<tr><td colspan="3">스페리컬받침(spherical bearing shoe)</td></tr>
<tr><td colspan="3">고력황동받침(oilless bearing shoe)</td></tr>
<tr><td colspan="3">포트받침(pot bearing shoe)</td></tr>
<tr><td rowspan="2">핀 받침(pin bearing shoe)</td><td colspan="2">지압형 핀</td></tr>
<tr><td colspan="2">전단형 핀</td></tr>
<tr><td colspan="3">로커받침(rocker shoe)</td></tr>
<tr><td colspan="3">피봇받침(pivot shoe)</td></tr>
<tr><td rowspan="2">중앙힌지받침(central hinge shoe)</td><td colspan="2">선형힌지</td></tr>
<tr><td colspan="2">면형힌지</td></tr>
<tr><td colspan="4">고무받침(탄성받침)(rubber pad or elastomeric shoe)</td></tr>
<tr><td colspan="4">납면진받침(lead rubber bearing)</td></tr>
</table>

- 단점 : 수직하중이 재하된 상태에서 이동시 마찰계수(0.3)가 커서 접촉부에 마모가 심하고 작은 수직하중에만 견딜 수 있으며 습동부에 필히 윤활제를 주입해야 한다.
- 형식 : 고정형 · 가동형
- 용도 : 단지간 콘크리트·강거더의 직선교 및 사교

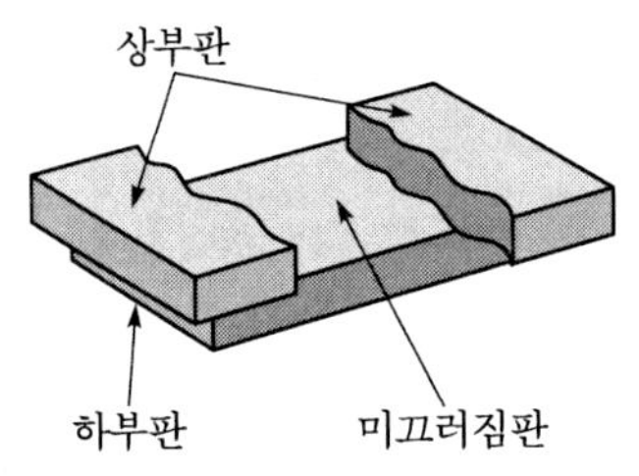

그림 11.2.6 평면받침

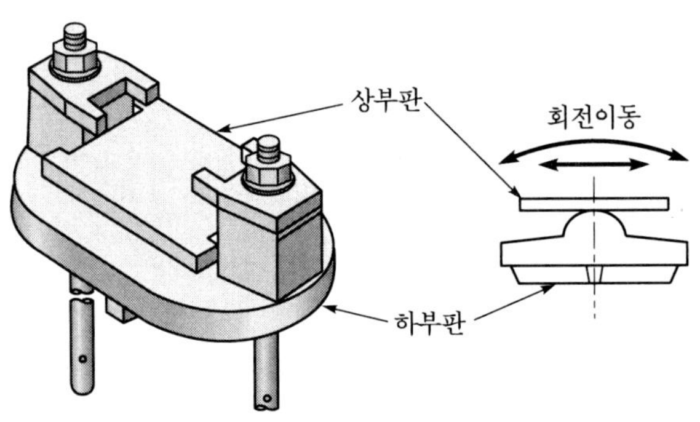

그림 11.2.7 선 받침

③ 핀 받침(pin shoe)

상 · 하부 받침이 접촉한 사이로 핀이 끼워져 일방향으로 굴림이 가능한 받침이다. 핀을 지지하는 구조에 따라 지압형과 전단형이 있다.

ⓐ 지압형

- 구성 : 상·하부 받침이 접하는 중앙의 원통홈 속에 핀이 끼워져 있어 원주면의 지압면적으로 하중을 받게 한 것으로 상양력과 부반력은 양단 가장자리에 취부된 캡(cap)형으로 억제시킨 받침이다(그림 11.2.8).
- 장점 : 한쪽방향의 굴림기능이 뛰어나며 지압면적이 넓어 큰 수직하중을 받을 수 있고 회전각이 커 경사진 교량에 적합하다.
- 단점 : 미끄러짐 기능은 가질 수 없는 구조로 가동형의 별도로 이동할 수 있는 구조를 조합하여 사용하며 습동부에 윤활제를 주입해야 한다.

- 형식 : 고정형
- 용도 : 장지간 강거더·트러스·아치 등의 직선교

ⓑ 전단형

- 구성 : 상·하부 받침이 빗모양으로 돌출된 리브(rib)를 맞물고 있는 중앙에 핀을 끼워 핀의 전단력으로 수직하중을 받게 한 받침이다(그림 11.2.9).
- 장점 : 한쪽방향의 굴림기능이 좋으며 상양력이나 부반력에 대해는 가장 신뢰성 있는 구조이고 연직반력에 비해 수평력이 큰 힘에 견디며 회전각이 커 경사진 교량에 적합하다.
- 단점 : 지압형에 비해 큰 수직하중에 견딜 수 없고 미끄러짐 기능이 없으며 습동부에 윤활제를 주입해야 한다.
- 형식 : 고정형
- 용도 : 단지간 트러스·아치의 직선교

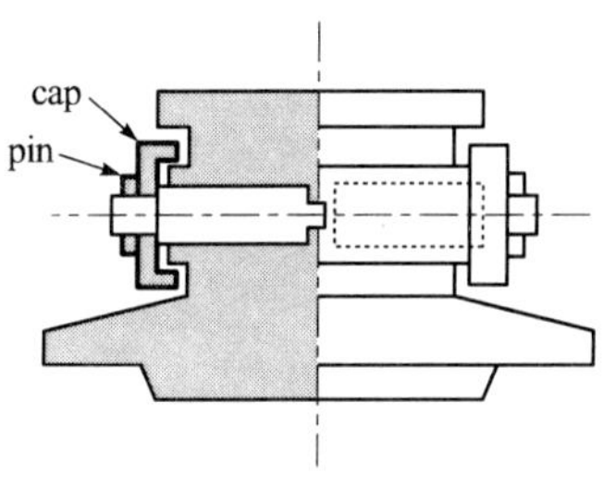

그림 11.2.8 지압형 핀 받침

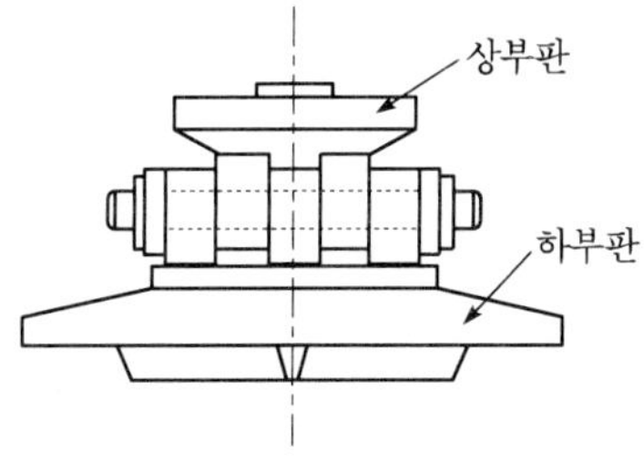

그림 11.2.9 전단형 핀 받침

④ 롤러식 받침(roller bearing shoe)

상·하부 받침 중앙에 1개 이상의 롤러가 끼워져 선접촉으로 일방향 미끄러짐 기능을 갖게 한 것으로써 1개의 롤러가 끼워지면 일방향의 굴림기능과 미끄러짐 기능을 함께 가진 받침이 된다.

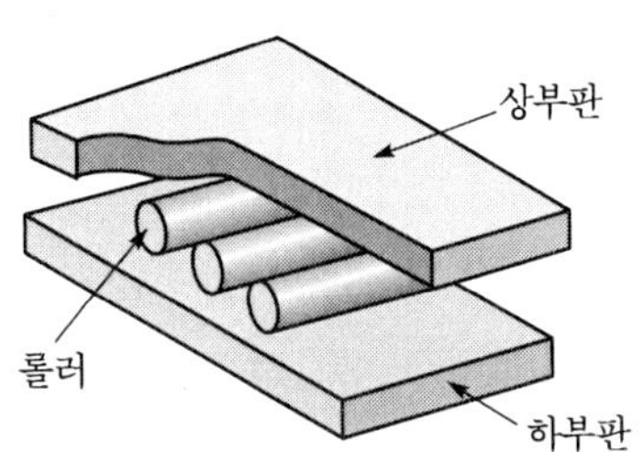

그림 11.2.10 복열 롤러 받침

ⓐ 복열 롤러받침

- 구성 : 상·하 벌어진 사이에 2개 이상의 원통형 롤러가 끼워져 마찰력이 적은 상태로 미끄러짐 기능을 갖게 하고 복열 선접촉으로 큰 수직하중을 받게 한 받침이다(그림 11.2.10).
- 장점 : 적은 마찰계수(0.05)로 미끄러짐 기능이 뛰어나고 큰 수직하중을 받을 수 있다.
- 단점 : 굴림기능을 가질 수 없는 구조로 되어 있어 굴림기능이 있는 가동형 받침이 되려면 굴림기능을 조합해야하며 습동부에 필히 윤활제를 주입해야 한다.
- 형식 : 가동형
- 용도 : 장지간 콘크리트·강거더·트러스·아치의 직선교 및 사교

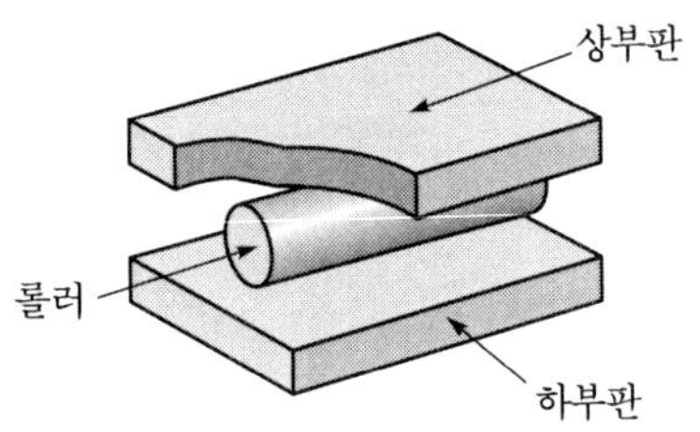

그림 11.2.11 1개 롤러 받침

ⓑ 1개 롤러받침

- 구성 : 상·하부 받침이 벌어진 사이에 1개의 원통형 롤러를 끼워 선접촉에 의한 일방향 굴림기능과 미끄러짐 기능을 갖게 하고 상양력과 이동제한은 스토퍼로 양단 가장자리에서 억제시킨 받침이다(그림 11.2.11).
- 장점 : 한쪽방향 굴림기능과 미끄러짐 기능이 매우 뛰어나며 회전각이 커 경사진 교량에 설치가 용이하다.
- 단점 : 큰 수직하중을 견딜 수 없으며 기본 구조가 불안하여 롤러 축방향의 수평도나 상·하 받침의 굴림 평행도가 확보되지 않을 경우 롤러가 이탈하며 습동부에 필히 윤활제를 주입해야 한다.

- 형식 : 고정형 · 가동형
- 용도 : 단지간 콘크리트 · 강거더 · 트러스의 직선교

⑤ 로커 받침(rocker shoe)

- 구성 : 상 · 하 받침의 벌어진 중앙에 타원통형의 로커가 있어 곡면 접촉으로 굴림기능과 미끄러짐 기능을 동시에 갖게 한 받침이다(그림 11.2.12).
- 장점 : 한쪽방향의 굴림기능과 적은 마찰계수(0.05)로 미끄러짐 기능이 있으며 상부의 변위가 하부로 편심되어 전달되지 않는다.
- 단점 : 큰 수직하중에 견딜 수 없고 상양력과 이동을 제안할 수 없으며 굴림 및 이동의 한계 때문에 장지간에는 사용할 수 없고 습동부에 윤활제를 필히 주입해야 한다.
- 형식 : 고정형 · 가동형
- 용도 : 단지간 콘크리트의 직선교 및 현수교

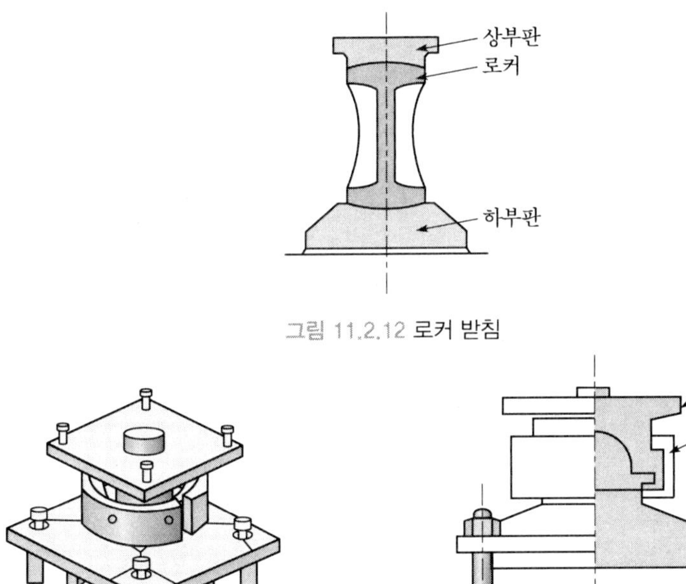

그림 11.2.12 로커 받침

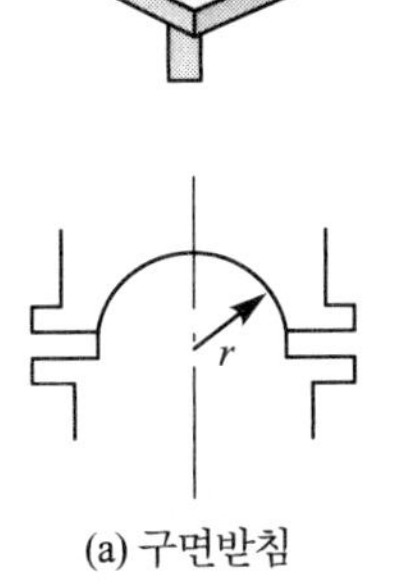

(a) 구면받침

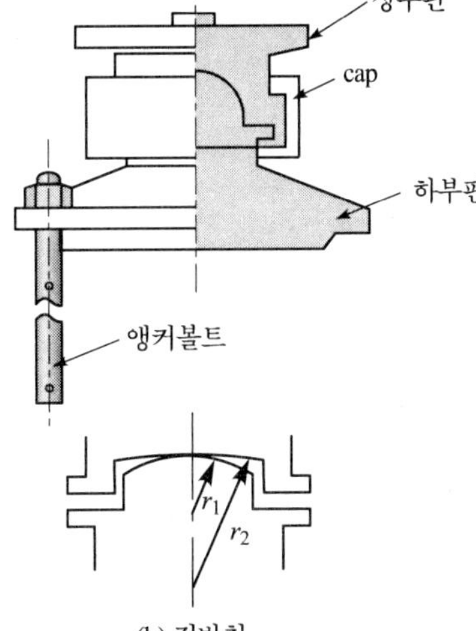

(b) 점받침

그림 11.2.13 피봇받침

⑥ 피봇 받침(pivot shoe)

- 구성 : 상부 받침을 오목면상으로 하고 하부받침을 볼록면상으로 하여 접합시켜 어느 방향으로나 굴림기능을 갖게 하고 상양력과 부반력은 링(ring)형으로 억제시킨 받침이다(그림 11.2.13).
- 장점 : 전방향의 굴림기능을 가지며 지압면적이 넓어 큰 수직하중을 받을 수 있다.
- 단점 : 미끄러짐 기능이 없어 가동형은 별도의 이동할 수 있는 구조를 조합하여 사용해야하며, 습동부에 필히 윤활제를 주입해야 한다.
- 형식 : 고정형
- 용도 : 장지간 강판·트러스·아치의 사교 및 곡선교

⑦ 고무 받침(rubber pad shoe)

- 구성 : 3대 기본기능에 합당한 완전한 받침으로 별도의 다른 부품이 필요 없이 설치할 수 있는 매우 간단한 형태이다. 고무층과 내부에 1개 이상의 강판을 보강하여 내하력의 증가 및 팽출현상을 억제하는 형식을 사용하기도 하며 일명 탄성 받침이라 한다(그림 11.2.14).
- 장점 : 마찰력이 없는 탄성변형 내에서 받침기능이 효율적이고, 회전각이 크며 전방향 굴림기능과 미끄러짐 기능이 자유롭고 윤활제 주입이 필요 없다. 임의 형상 제작이 가능하고 시공이 간편하며 경제적이다. 또한 차량의 충격하중을 흡수하며 소음발생이 적고 수평력을 각 교대 및 받침에 분산시키므로 내진설계에 적합하다.
- 단점 : 고무 재질이 산화되어 탄성을 잃기 쉬우며 상양력이나 부반력을 억제할 수 없다. 또 수평하중에 대해 변위가 크게 발생한다.
- 형식 : 고정형·가동형
- 용도 : 콘크리트의 직선교·사교·곡선교

⑧ 납면진받침(lead rubber bearing shoe)

- 구성 : 이 받침은 탄성받침과 동일하게 상부구조물의 고유주기를 길게 하여 상부구조에 유발되는 지진력의 크기를 줄이고자 하는 면진받침의 일종으로 에너지 흡수기구로서 탄성받침의 내부에 core형태의 납을 삽입하여 금속의 비선형성을 이용한 댐퍼의 특성, 즉 변위발생의 억제와 고유주기의 장주기화를 한 개의 장치로 간략화 한 것이 특징이다(그림 11.2.15).
- 장점 : 고무 받침이 가지는 모든 장점을 가지면서 수평력에 의해 발생하는 변위를 억제할 수 있으며 온도하중과 같이 서서히 발생하는 하중에 대해서는 납의 크리프

특성으로 쉽게 항복하여 온도하중을 하부구조에 전달하지 않는다. 지진의 발생 후에도 고무의 탄성 복원력으로 상부구조를 제자리에 돌려놓으며, 20°C에 재결정화되므로 항복되었던 납도 쉽게 원래 분자구조로 돌아가 받침을 교환하지 않을 수 있는 장점이 있다.

- 단점 : 현재로서는 가장 발전된 받침의 형식이라 할 수 있으나 가격이 비교적 비싸다.
- 형식 : 양방향고정형 · 일방향가동형 · 양방향가동형
- 용도 : 콘크리트의 직선교 · 사교 · 곡선교

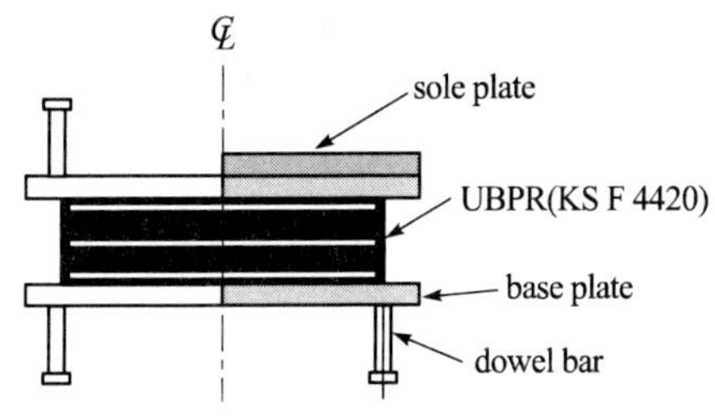

그림 11.2.14 고무(탄성)받침

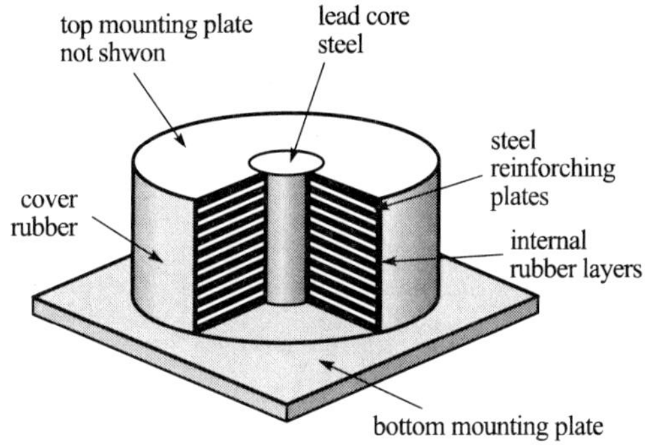

그림 11.2.15 납면진받침

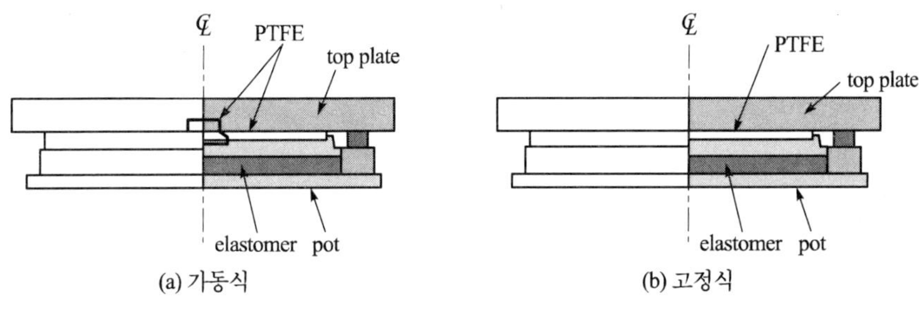

그림 11.2.16 포트베이링 받침

⑨ 포트베이링 받침(pot bearing shoe)

- 구성 : 받침을 원형 용기로 하여 고무판을 놓고 중간판으로 밀폐시켜 고무의 팽출현상을 억제하여 굴림기능을 갖게 하고 다시 중간판 이면에 불소수지판(PTFE: PolyTetra FlouiriEthylene Sheet)을 깔아 mirror 스텐레스판과 접촉시켜 미끄러짐 기능을 갖게 한 받침이다(그림 11.2.16).
- 장점 : 밀폐된 고무가 유체처럼 거동하여 회전을 수용하면서 충격하중을 흡수하며 큰 수직하중을 받을 수 있고 전방향의 굴림기능과 아주 적은 마찰계수(0.03)로 미끄러짐 기능을 가지며 하중이 적을수록 다른 받침보다 높이가 작아져 수평하중에 대한 회전모멘트가 작으며 가볍고 경제적이다.
- 단점 : 회전각이 적어 경사진 교량에는 설치하기 어려우며 고무와 불소수지판의 변형으로 장기간 사용할 수 없다.
- 형식 : 양방향고정형 · 일방향가동형 · 양방향가동형
- 용도 : 장지간 콘크리트 · 강거더의 직선교 · 사교 · 곡선교

⑩ 중앙힌지 받침(central hinge shoe)

'ㄷ'자 모양의 암(♀)힌지와 볼록형 수(♂)힌지가 끼워 있는 것으로 3대 기본기능 역할은 물론 상양력과 제한장치까지 갖춘 받침의 완전한 형태이며 내부구조에 따라 선형(線形) · 면형(面形)이 있다(표 11.2.8).

ⓐ 선형힌지

- 구성 : 반원통면을 갖는 수(♂)힌지와 상 · 하 평행한 암(♀)힌지로 선접촉에 의해 굴림과 미끄러짐 기능을 갖게 한 받침이다.
- 장점 : 구조가 간단하고 설치가 용이하며 경제적이다.
- 단점 : 큰 수직하중에 견딜 수 없으며 소음과 마모가 심하고 습동부에 윤활제 주입을 해야 한다.
- 형식 : 고정형 · 가동형

ⓑ 면형힌지

- 구성 : 수(♂)힌지와 암(♀)힌지 사이에 밀폐한 고무와 스테인리스 판으로 면접촉하여 굴림과 미끄러짐 기능을 갖게 한 받침이다.
- 장점 : 선형보다 수직하중을 더 받을 수 있으며 마찰계수나 소음이 적다.
- 단점 : 고무판이 산화되어 정기적인 교체와 윤활제 주입이 필요하다.
- 형식 : 고정형 · 가동형

• 용도 : 단지간 콘크리트 및 강거더의 라멘교 · 연속라멘교 · 직선교

표 11.2.8 받침별 기능

종류 \ 기능	굴림기능(rotation) 회전	방향	미끄러짐 기능(sliding) 이동	마찰계수
평면받침				0.6
선 받침		한쪽		0.3
핀 받침		한쪽		
롤러식 받침		한쪽		0.05
로커 받침		한쪽		0.05
피봇 받침		360°		
탄성 받침		360°		0
납면진받침		360°		0
중앙힌지 받침		한쪽		0.3
고력황동 베이링 받침		360°		0.15
포트베어링 받침		360°		0.03
스페리컬 받침		360°		0.03

⑪ 고력황동 베어링 받침(oilless bearing shoe)

• 구성 : 상 · 하부 받침 중앙에 한쪽은 곡면, 다른 쪽은 평면으로 하여 고체윤활제를 삽입시킨 고력황동판(HBsC4)을 면첩촉시켜 굴림 · 미끄러짐 기능을 갖게 한 것으로 상양력과 이동제한은 스토퍼로 양단에서 억제시킨 받침이다(그림 11.2.17).

• 장점 : 큰 수직하중을 받을 수 있고 전방향의 굴림기능을 가지며 반영구적으로 사용

가능하고 회전각이 커서 경사진 교량에 설치가 용이하며 습동부에 윤활제를 주입할 필요가 없다.

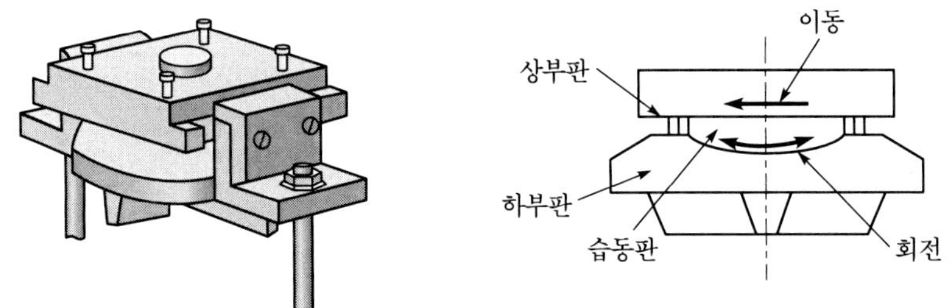

그림 11.2.17 고력황동 베어링 받침(Oilless 받침)

- 단점 : 마찰계수(0.15)가 크며 무겁고 경제성이 낮다.
- 형식 : 고정형 · 가동형
- 용도 : 장지간 콘크리트 및 강거더의 직선교 · 사교 · 곡선교

⑫ 스페리컬 베어링 받침(spherical bearing shoe)

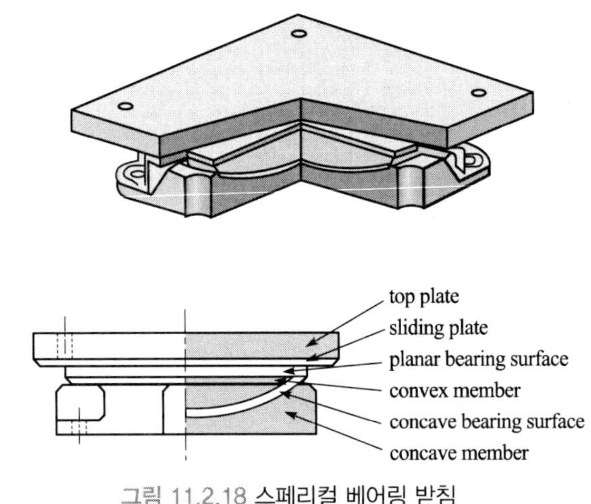

그림 11.2.18 스페리컬 베어링 받침

- 구성 : 상 · 하부 받침의 중앙에 포트받침과 같이 곡면 · 평면 접촉에도 불소수지판(PTFT)을 깔아 mirror 스테인리스판을 이용하여 미끄러짐 기능을 갖게 한 받침이다.(그림 11.2.18)
- 장점 : 큰 수직하중을 받을 수 있고 전방향의 굴림기능과 아주 적은 마찰계수(0.03)로 미끄러짐 기능을 가지며 회전각이 커 경사진 교량에 설치가 용이하다.
- 단점 : 경제성이 낮다.

- 형식 : 고정형 · 일방향 가동형 · 양방향 가동형
- 용도 : 장지간 콘크리트 및 강거더의 직선교 · 사교 · 곡선교

교량 형식별 받침의 결정

교량은 형식에 따라 하중 및 변위의 크기 및 방향이 다르고, 시공방법도 다르므로 교량의 형식별로 서로 다른 받침을 사용하게 된다. 교량의 형식별 받침에 대해 다음과 같이 표 11.2.9에 나타내었다.

표 11.2.9 교량형식에 따른 받침의 선정

받침의 종류	고력황동 베이링 받침	롤러 받침	포트 받침	선 받침
채용 가능 교량 형식	PSC 합성 거더교	PSC 합성 거더교	PSC Box 교량	PSC 합성 거더교
	•RC Slab교 •Steel Box Girder교 •Preflex교	•Steel Box Girder교 •Truss교 •RC Slab교 •Plate Girder교	•(Segmental 형식포함) •I.L.M 형식으로 시공되는 교량	•Plate Girder교
내진여부	수평진도=0.24 (내진 반영)	수평진도=0.24 (내진 반영)	내진 반영 없음	내진 반영 없음
회전능력	0.04~0.07 radian	0.10 radian	0.01 radian	0.01 radian
받침의 이동제한 장치유무	이동 제한 장치 있음	이동 제한 장치 있음	이동 제한 장치 없음	이동 제한 장치 없음
앵커볼트 깊이	$L > 10D$	$L > 10D$	$L < 10D$	$L < 10D$
비고				주로 단경간에 사용

11.3 하부구조 설계 일반

본 절에서는 하부구조중 상 · 하부구조가 받침 등에 의해 명확히 구분되는 주로 콘크리트 구조의 교대와 교각의 설계에 대한 일반사항을 기술하였다.

11.3.1 구체의 형상

교각 · 교대의 형상은 가교지점의 상황 · 상부구조의 설계조건 · 경제성 · 미관 등을 고려해서 결정한다. 구체는 가교지점의 상황에 가장 적합한 형상으로 해야 한다. 또한 홍수

시 유속에 큰 지장을 주지 않는 구조가 되어야 하기 때문에 평면형상은 될 수 있으면 가늘고 긴 트랙형이나 이와 유사한 형상으로 하고, 장경방향은 홍수 시 유수의 흐트러짐을 극소로 하기 위하여 홍수가 흐르는 방향으로 평행해야 한다. 홍수의 흐름방향이 일정하지 않은 곳에 구체를 설치하는 경우는 방향성이 없는 원형단면을 선택할 수밖에 없으나 이는 트랙형에 비해 와류(渦流)가 생기기 쉽고 또 하적저해율이 커져서 원형단면의 구체는 저수로부에 한하고 수위가 높을 때 유수의 방향이 비교적 일정한 고수부 부분에는 홍수시의 유수방향을 충분히 검토한 후에 트랙형으로 하는 것이 바람직하다.

파일벤트(pile bent) 교각은 와류를 일으키기 쉽기 때문에 홍수시 교각 주변에 이상세굴을 일으키기 쉽다. 또 유목·쓰레기 등의 유하물이 걸려 하적저해가 일기 쉬워서 유수 직각방향에 2열 이상 나란한 모양은 원칙적으로 사용이 금지되어 있다. 유수방향에 1열로 나란한 모양은 유목 등의 부착, 탁류의 발생 등에 대해 적절히 배려된 경우에는 지장이 없다. 교각이 라멘구조인 경우는 홍수 시에 유하물이 상류측의 교각에 충돌한 후 다시 유하측의 교각에 충돌하는 외에도 유하물이 걸리기 쉬우므로 상·하류 교각은 중간에 벽을 쳐서 서로 연결시키면 좋다. 입체교차에 있어서의 교각은 통행차량이 잘 보이게 하기 위하여 또는 다리 및 공간의 이용 등 때문에 주상(柱狀)으로 하는 것이 좋다.

11.3.2 교각 및 교대에 작용하는 하중

(1) 교각에 작용하는 하중

① 하중의 산정

교각의 설계시 고려해야 하는 하중은 도로교설계기준 한계상태설계법에 의거하여 하중을 재하한다.

- 고정하중 : 상부구조로부터의 고정하중반력·교각자중
- 활하중 : 상부구조로부터의 활하중반력(하부구조의 설계에 사용되는 활하중은 구조물에 가장 불리한 영향을 주도록 재하해야 한다.)
- 기타하중 : 풍하중·수압·충돌하중·지진하중

② 하중의 조합

교각을 설계함에 있어서의 도로교설계기준 한계상태설계법에 규정한 조합 중 더욱 불리한 조합에 대해 부재계산 및 안정계산을 해야 한다. 교각의 설계에서 작용하는 하중은 고정하중·활하중·풍하중·수압·지진하중·온도하중 등 여러 가지 하중이 있을 수 있으며 가교지점의 상황에 따라 각 하중을 시방규정에 따라 조합하여 사용해야 한다. 교각의 부재계산 및 안정계산에서 일반적인 하중의 조합은 다음과 같다.

ⓐ 고정하중+활하중
ⓑ 고정하중+지진의 영향

다만 설치되는 환경·구조형식·형상치수에 대해서는 도로교설계기준 한계상태설계법(2015) 제3장과 7.10절에 제시된 하중을 아래 조합에 부가해서 설계해야하며 지진의 영향을 고려하는 하부구조는 도로교설계기준 한계상태설계법(2015) 제8장 내진설계편에서 규정한 내진해석 및 설계사항을 적용한다.

또한 교각의 안정계산을 하는 경우 상기의 조합 중 평상시에서의 교축방향 및 교축 직각방향의 안정에 대해서는 ⓐ, 지진시에서의 양방향의 안정에 대해서는 ⓑ의 하중의 조합을 검토해두면 좋은 경우가 많다. 또한 교각 높이가 높은 경우나 차음벽을 설치한 경우 등에서는 풍하중에 의해 기초의 안정이 좌우되는 경우가 있으므로 이와 같은 경우에는 폭풍시로 하여 안정계산을 할 필요가 있다. 풍하중이나 온도변화의 영향 등에 의한 수평방향의 하중을 고려하는 경우에는 차량활하중을 조합하지 않은 경우에 대해서도 검토할 필요가 있다.

③ 확대기초상의 흙의 영향

일반적으로 안정계산에서는 지진시에서의 확대기초상재토사의 영향은 연직력에는 고려하지만 수평방향의 관성력에는 고려하지 않아도 된다. 또 확대기초상의 흙의 영향은 지하수위의 위치에 따라 그의 중량이 변하는 경우 혹은 장래 세굴의 우려가 염려되는 경우 등에서는 그의 영향을 고려해야 한다. 다만 교대에서의 뒤 확대기초의 상재토사는 연직력, 수평관성력 모두를 고려해야 한다.

④ 부력 또는 양압력의 영향

부력 또는 양압력의 영향은 수위의 변동이 커서 고수위와 저수위의 차가 상당히 있는 경우에 구조물의 안정에 불리하게 되는 것으로 생각해야 한다. 부력 또는 양압력의 영향이 불명확한 경우에는 전도나 활동의 안정계산에 고려해야 한다.

⑤ 검토하는 방향

교각의 설계에서는 교축방향만의 계산을 해도 좋은 교대의 경우와는 달리 교축 및 교축직각의 2방향에 대해 안정을 검토해야 한다.

⑥ 교각의 저면에 작용하는 힘의 계산

교각의 저면에 작용하는 연직력 V, 수평력 H, 모멘트 M 계산식의 예를 그림 11.3.1

과 11.3.2에 나타내었다.

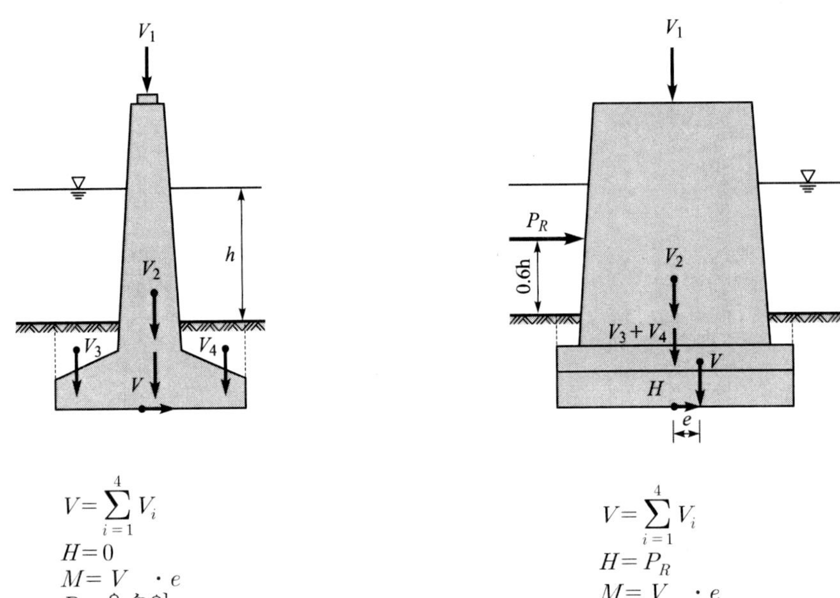

그림 11.3.1 평상 시 안정계산의 하중상태

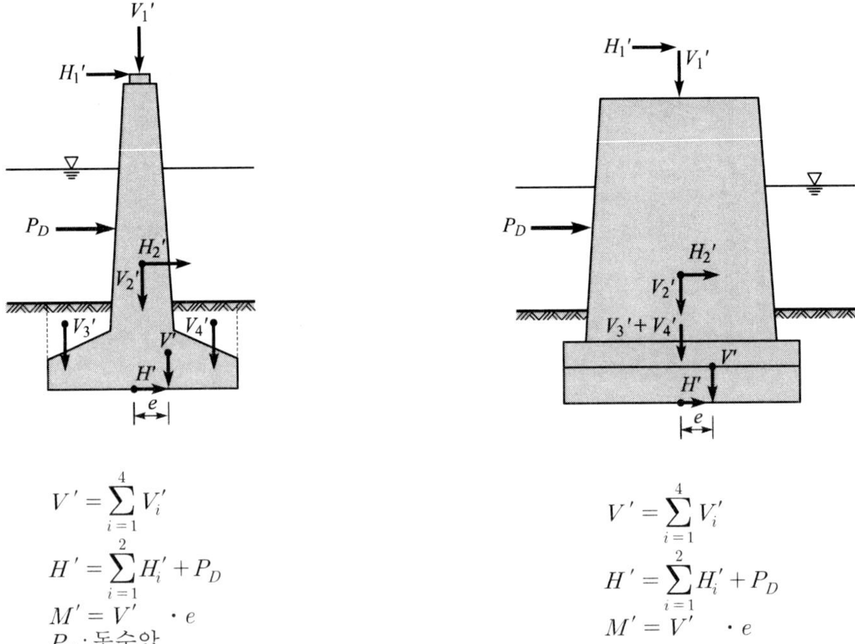

그림 11.3.2 지진 시 안정계산의 하중상태

(2) 교대에 작용하는 하중

교대에 작용하는 하중은 수평하중과 수직하중으로 나누어 계산한다.

① 수평하중

- 상부반력에서 받침면을 통해 전달되는 수평력
- 상재하중에 의한 수평력
- 구체와 뒷채움 흙의 관성력 : 자중×가속도계수
- 토압

ⓐ 안정 검토 시 : Rankine 토압

$$K_A = \frac{\cos\alpha - \sqrt{\cos^2\alpha - \cos^2\phi}}{\cos\alpha + \sqrt{\cos^2\alpha - \cos^2\phi}} \quad \text{식 (11.3.1)}$$

여기서, K_A : 주동토압계수

ϕ : 흙의 내부마찰각

α : 지표면과 수평면이 이루는 각

ⓑ 단면검토 시 : Coulomb 토압

$$K_A = \frac{\cos^2(\phi-\delta)}{\cos^2\theta \cdot \cos(\theta+\delta) + \left[1+\sqrt{\dfrac{\sin(\phi+\delta)\cdot\sin(\phi-\alpha)}{\cos(\phi+\delta)\cdot\cos(\theta-\delta)}}\right]^2} \quad \text{식 (11.3.2)}$$

여기서, K_A : 주동토압계수

ϕ : 흙의 내부마찰각

θ : 벽배면과 연직면이 이루는 각

δ : 벽배면과 흙사이의 벽면마찰각

α : 지표면과 수평면이 이루는 각

ⓒ 지진 시 : Mononobe-Okabe의 토압식

$$K_A = \frac{\cos^2(\phi-\theta-\beta)}{\cos\theta\cos^2\beta\cos(\delta+\beta+\theta)\left[1+\sqrt{\dfrac{\sin(\phi+\delta)\sin(\phi-\theta-i)}{\cos(\delta+\beta+\theta)\cos(i-\beta)}}\right]^2}$$

식 (11.3.3)

여기서, $K_A(=K_{ea})$: 주동토압계수

ϕ : 흙의 내부마찰각

$\theta = \tan^{-1}[K_h/(1 \mp K_v)]$

δ : 흙과 교대사이 마찰각(표 11.3.1)

i : 뒷채움흙의 경사각

β : 교대배면의 수직에 대한 각

K_h : 수평지진계수

K_v : 연직지진계수

② 수직하중

- 상부반력에서 받침면을 통해 전달되는 수직력
- 교대와 뒷채움 흙의 자중
- 배면활하중

③ 하중조합

교대의 설계에는 도로교설계기준 한계상태설계법(2015) 3.4.2에서 규정한 하중의 조합을 고려하며 일반적인 경우의 교대의 설계에서 고려하는 하중조합은 다음과 같다.

ⓐ 고정하중+활하중+토압

ⓑ 고정하중+토압

ⓒ 고정하중+토압+지진의 영향

보통 교대의 안정계산을 하는 경우, 상기의 조합 중 평상시의 지지력에 대해서는 ⓐ, 평상시의 활동 및 전도에 대해서는 ⓑ, 지진시의 지지력·활동·전도에 대해서는 ⓒ의 조합에 대해 고려하면 좋을 경우가 많다.

④ 확대기초상의 흙의 영향(교각의 경우와 동일)

단, 교대에서는 뒤 확대기초의 상재토사는 연직·수평관성력 모두를 고려해야 한다.

⑤ 부력 또는 양압력의 영향

⑥ 교대 저면에 작용하는 힘의 계산

교대의 저면에 작용하는 연직력 V·수평력 H·모멘트 M 계산식의 예를 그림 11.3.3, 11.3.4에 나타냈다.

⑦ 교대에 작용하는 토압

교대에 작용하는 토압은 도로교설계기준 한계상태설계법(2015) 7.9에 의하도록 하는 것을 원칙으로 하는데, 중력식 교대와 같이 뒷굽 내민 길이가 200~300mm 이하로 짧은 경우의 토압작용면은 그림 11.3.5처럼 구체 콘크리트면에 직접 작용시킨다. 역 T형이나 부벽식 교대인 경우는 일반적으로 확대 기초 뒷굽 내민 길이가 길기 때문에 안정계산에 있어서는 그림 11.3.6에 나타낸 확대기초 뒷굽 위의 재하토($abcd$로 둘러싸인 토사)를 구체의 일부로 보고 dc면의 가상배면을 토압의 작용면으로 한다. 또한 벽의 단면계산에서는 그림 11.3.6의 ab면을 토압의 작용면으로 보고 산정을 한다.

$$P_{a2} = \frac{1}{2} K_A \cdot \gamma \cdot h^2$$

$$V = \sum_{i=1}^{4} V_i$$

$$H = \sum_{i=1}^{2} P_{ai}$$

$$M = V \cdot e$$

여기서, K_A : 주동토압계수

q : 지표상재하중(kN/m^2)

γ : 흙의 단위중량(kN/m^2)

h : 교대의 높이(m)

e : 하중의 편심량(m)

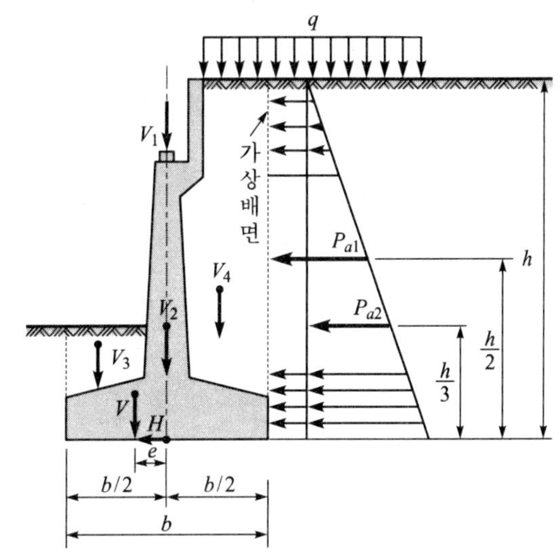

그림 11.3.3 평상시 안정계산의 하중상태

$$P_{\varepsilon a} = \frac{1}{2} K_{\varepsilon a} \cdot \gamma \cdot (1 - k_v) \cdot h^2$$

$$V' = \sum_{i=1}^{4} V_i'$$

$$H' = \sum_{i=1}^{3} H_i' + P_{\varepsilon a}$$

$$M' = V' \cdot e$$

여기서,

$P_{\varepsilon a}$: 지진시 주동토압

$K_{\varepsilon a}$: 지진시 주동토압계수

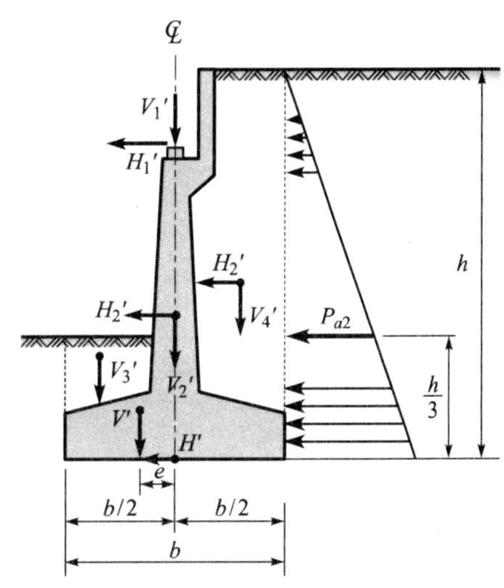

그림 11.3.4 지진시 안정계산의 하중상태

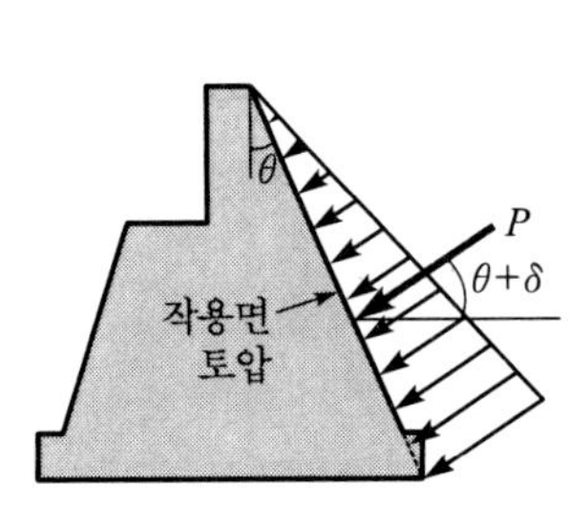

그림 11.3.5 중력식 교대의 토압작용면

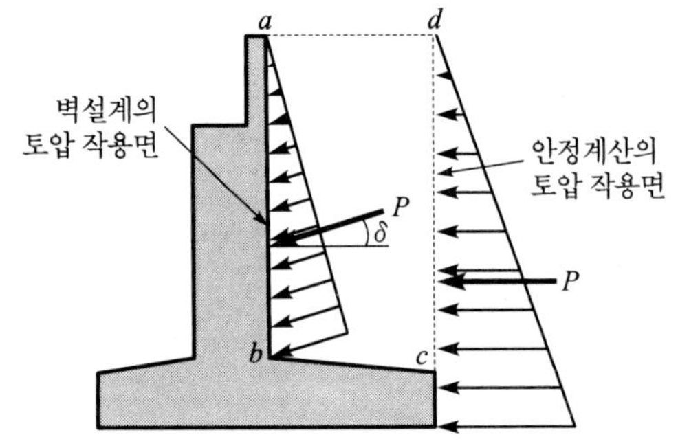

그림 11.3.6 T형, 부벽식 교대의 토압작용면

지진시의 경우에도 이와 같이 생각하여 안정계산에서는 작용하중으로서 자중 및 확대기초의 뒷굽상의 재하토와 관성력 외에 가상배면(cd면)에 지진시 토압을 작용시켜서 계산한다.

벽의 단면계산에서는 지진 시 토압을 구체 콘크리트 배면에 직접 작용시키고 뒷굽의 재하토사의 관성력은 고려하지 않아도 좋다. 그리고 토압의 벽면 마찰각 δ는 표 11.3.1에 의한다.

표 11.3.1 토압작용면이 벽면 마찰각

교대의 종류	계산의 종류	마찰각의 종류	벽면마찰각	
			평상시 δ	지진시 δ_E
중력식 교대	안정계산	흙과 콘크리트	$\phi/3$	0
	벽의 단면계산			
역 T형 부벽식 교대	안정계산	없음	0	0
	벽의 단면계산	흙과 콘크리트	$\phi/3$	0

여기서, ϕ : 흙의 전단 저항각(°)

활하중의 재하방법

하부구조의 설계에 사용되는 활하중은 구조물에 가장 불리한 영향을 주도록 재하해야하며, 일반적으로 상부구조의 주거더의 설계에 작용한 하중을 사용한다. 이 경우 상부구조의 설계지점 반력값을 그대로 취하면 과대하게 되는 때가 있다. 왜냐하면 활하중에 의한 개개의 지점 최대반력의 집계를 하부구조의 설계하중으로 하면 과대하게 되는 경우가 있기 때문이다.

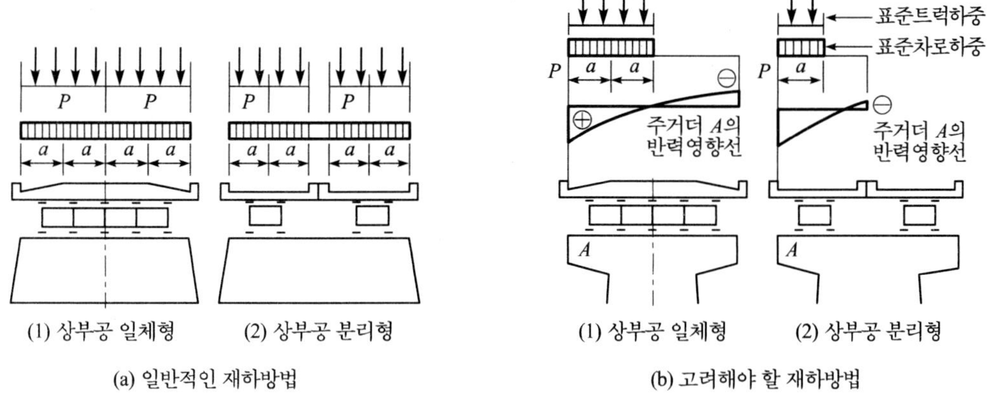

그림 11.3.7 활하중의 재하방법(폭방향)

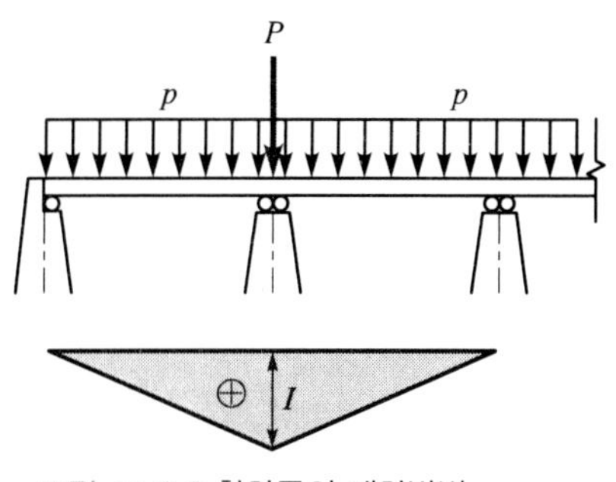

그림 11.3.8 활하중의 재하방법

활하중은 하부구체의 형상에 따라 생각하고 있는 부재단면에 최대응력이 생기도록 폭방향으로 제시해야 한다(그림 11.3.7, 11.3.8). 또 선하중 P는 한 교량에 1개를 고려하면 좋으므로 2경간 이상의 교량인 경우 교각에 작용하는 힘은 단순형이라도 그림 11.3.8과 같이 활하중을 재하시켜 구하도록 한다. 그러나 지간이 작은(보통 10m 이하)경우에는 표준트럭하중의 영향이 크게 되는 경우가 있을 것이다.

충돌물에 대한 방호

교대 및 교각은 충돌물에 대해 적당한 방호를 해야 한다. 하천 등에 만들어 지는 교대 및 교각은 유목, 기타의 유송물이나 선박 등이 충돌한 우려가 있는 경우에는 충돌에 의한 구체의 파손을 방지하기 위하여 적당한 방호를 생각해야 한다.

콘크리트 구체에 있어서 방호공을 하지 않는 경우는 충돌면의 철근 덮개를 두텁게 하여 철근을 보호함과 (필요하면 2중으로 배근한다.)동시에 될 수 있는 한 콘크리트 표면은 밀실하게 끝맺도록 한다.

선박의 왕래가 현저한 곳에서는 팬더(fender)를 설치하는 것이 좋다. 또한 육상의 교통차량의 충돌에 대해서는 원칙적으로 별도로 방호시설을 설치하여 교각 등의 구체에 직접 그의 영향을 주지 않도록 하는 것이 좋다.

11.3.3 교대와 교각의 설계흐름

교대와 교각의 일반적인 설계 흐름을 도식화하면 그림 11.3.9 및 그림 11.3.10과 같다.

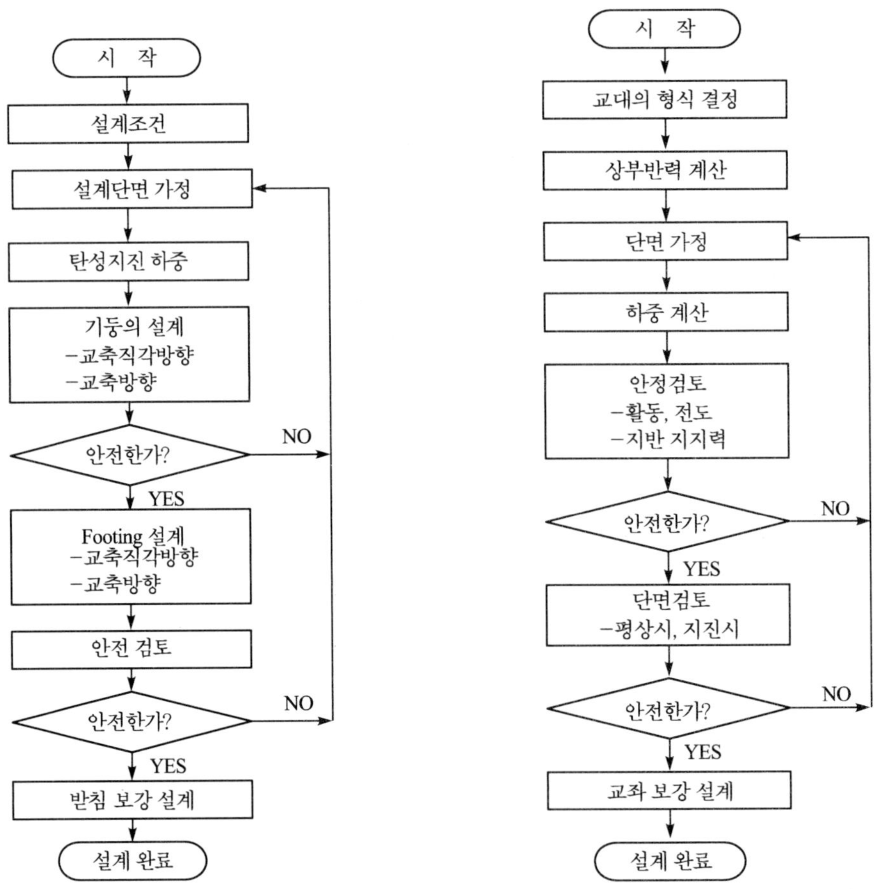

그림 11.3.9 교각의 설계흐름도(다주식)

그림 11.3.10 교대의 설계흐름도

11.4 교각의 설계

11.4.1 T형 교각

(1) 내민보의 설계

① 교각의 내민보의 구조해석은 내민보 부분이 긴 경우에는 캔틸레버보로서 설계하며 지간에 비해서 보의 높이가 비교적 큰 보는 깊은 보(deep beam) 설계이론에 따르도록 한다. 교각의 내민보는 기둥 전면의 연직단면을 설계단면으로 하는 캔틸레버보로써 설계해도 좋다. 그러나 기둥 전면부터 하중까지의 거리가 보의 높이보다 작은 경우에는 보의 응력분포는 비선형으로 되기 때문에 도로교설계기준[한계상태설계법(2015) 5.12.9절의 깊은 보 등]에 따라 배근하는 것이 좋다. 또 교각의 내민보에 PS강재를 사용하는 경우의 설계에 대해서는 설계기준을 따르든가 또는 별도의 검토할 필요가 있지만 특히 주행차량에 의한 진동이나 처짐 등을 고려해서 일정이상의 단면 강성을 확보하든지, PS강재 정착부의 보강을 충분히 하든지, 건조수축과 수화열 등에 의한 유해한 균열을 막기 위해 필요에 따라 온도철근[도로교설계기준(한계상태설계법(2015) 5.12.15]을 배치하는 것 등에 대해 유의할 필요가 있다.

② 캔틸레버보의 내민길이는 기둥단면이 직사각형인 경우는 기둥 앞면에 있어서 연직단면으로부터, 원형인 경우는 기둥 바깥면에서 기둥지름의 1/10안쪽으로 들어온 위치로부터 보의 끝까지의 길이로 한다. 또 기둥단면이 타원형인 경우는 단면이 반원형과 직사각형으로 이루어지는 것으로 하여 원형인 경우의 규정에 따라 내민길이를 구하도록 한다. 기둥단면이 원형인 경우에는 그림 11.4.1과 같이 기둥지름의 1/10만큼 들어간 단면에서 응력 등의 검사를 해도 좋다.

③ 내민보는 교축방향의 수평력에 대해서도 설계해야 한다. 교각 내민보의 고정단 $ABCD$단면(그림 11.4.2)은 연직하중에 대해 설계하는 외에 고정 받침축에서는 지진시의 상부구조의 수평력 · 가동받침축에서는 받침의 마찰에 의해 생기는 수평력에 대해 설계할 필요가 있다.

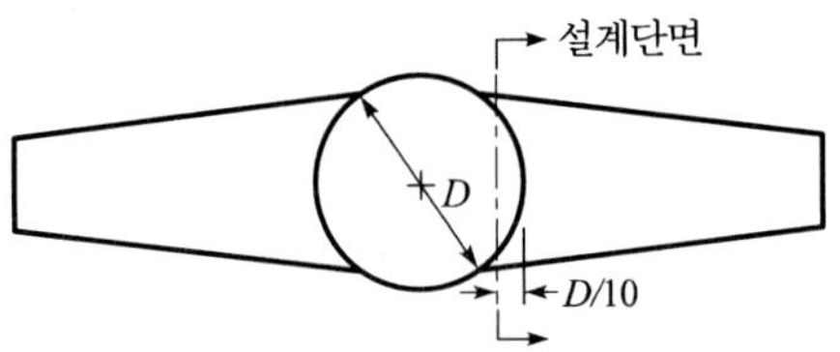

그림 11.4.1 원형단면의 설계단면

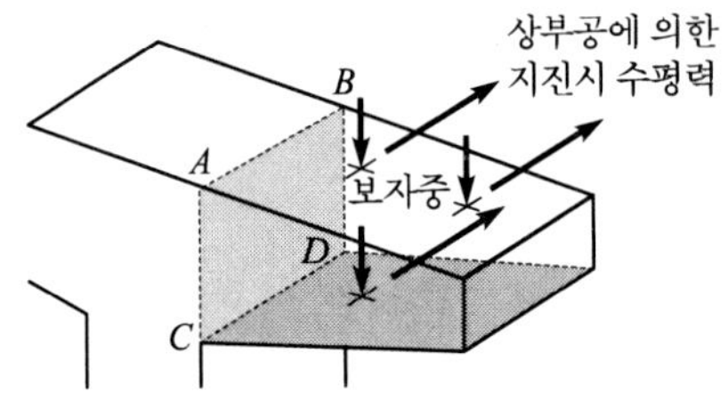

그림 11.4.2 교축방향 보의 하중

(2) 기둥의 설계

① 기둥의 분류

기둥은 단면의 형상과 배근상태에 따라 분류하면 띠철근기둥 · 나선철근기둥 · 합성기둥 · 조합기둥 · 콘크리트채움강관기둥 등으로 분류할 수 있으며 단면에 작용하는 하중의 위치에 따라서 중심축하중을 받는 기둥과 편심하중을 받는 기둥으로 분류할 수 있다. 또한 기둥은 단면의 인장부에서 철근이 먼저 항복하거나 압축부에서 콘크리트의 파괴로 기능을 잃게 되는 재료파괴(material failure)와 좌굴에 의해 횡방향 구조안정상의 상실로 기능을 잃게 되는 안정파괴(stability failure)의 2가지 파괴거동을 가지는데 전자를 단주(short column), 후자를 장주(long column)라 하며 이들은 세장비에 의해서 구분된다. 기둥의 설계에 사용되는 안전개념은 하중계수 및 하중수정계수 그리고 저항계수이다.

② 구조해석 및 일반규정

압축부재에 대한 구조해석과 시방규정들은 콘크리트기둥의 경우 도로교설계기준 한계상태설계법(2015) 5.6.6의 규정을 따르고 강기둥의 경우 하중저항계수설계법에 의한 강구조설계기준(2014) 제7장의 규정을 따라 설계를 한다. 기둥은 가장 불리하게 되는 축력 및 휨모멘트의 조합에 대해서 설계해야 한다. 휨모멘트와 축방향력을 받는 기둥의 설계축강도-설계휨강도 상관곡선은 그림 11.4.3과 같이 된다. 따라서 최대휨모멘트(M_{bd})와 축력(N_{bd})의 조합(A점)이 꼭 안전한 조합이라 할 수 없고 M_{bd}와 작은 축력(n_o)의 조합(B점)이 보다 위험하게 되는 경우가 있다. 즉, 휨모멘트와 축력을 동시에 받는 기둥은 M_{bd}와 N_{bd}의 조합으로 설계하면 안전하다 할 수 없고 기둥에 가장 불리하게 되는 조합되는 편심거리 e에 대한 하중경로에 설계해야 한다. 일반적으로 최대의 축력과 최대의 휨모멘트에 대해 검토하면 좋다. 또 면내·면외 방향의 휨모멘트에 대해서는 그림 11.4.4에서와 같이 각 방향에 직교하는 2방향의 철근만을 계산상 고려하고 다른 철근을 무시하는 것이 좋다. 이 경우에 면내 및 면외 2방향의 휨이 동시에 작용하는 것으로 하여 검토하지 않아도 좋다. 그러나 항상 큰 편심하중을 받는 교각에 있어서는 2축방향의 휨에 대해서도 검토할 필요가 있다.

또한 독립교각에서는 하중작용위치와 구조중심위치가 일치하지 않아 기둥이 비틀림 영향을 받는 경우가 많다. 이 경우에는 도로교설계기준 한계상태설계법(2015) 5.7.3규정에 의해 검토해야 한다.

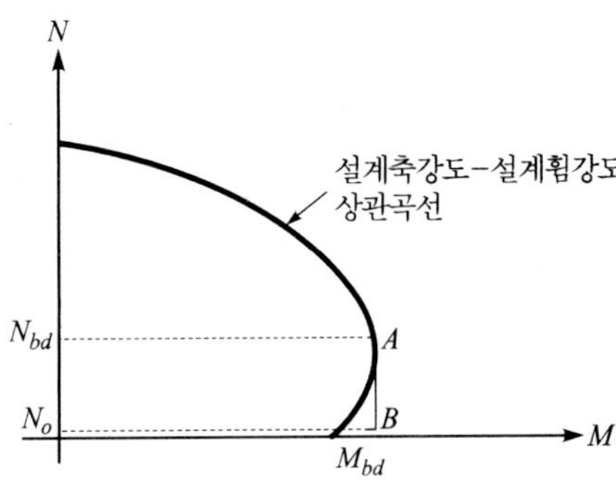

그림 11.4.3 설계축강도와 설계휨강도에 의한 기둥의 상관곡선

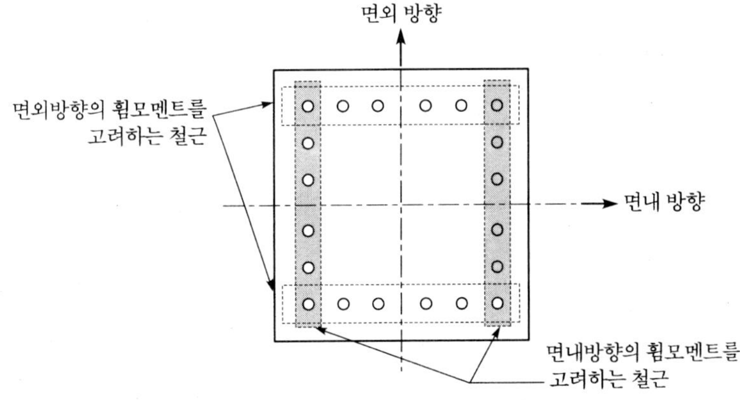

그림 11.4.4 휨모멘트의 방향과 철근

(3) 확대기초의 설계

① 설계의 기본

확대기초는 캔틸레버보·단순보·고정보 등 보 부재로 설계하도록 한다. 확대기초는 확대기초자중 및 흙 등의 상재하중과 직접기초에서는 지반반력, 말뚝기초에서는 말뚝 반력 및 부력 등에 의해 설계상 가장 불리하게 되는 하중을 고려해서 설계해야 한다.

② 확대기초의 두께

확대기초는 부재로서 필요한 두께를 확보함과 동시에 강체로서 취급되는 두께를 가져야 함을 원칙으로 한다. 또 확대기초 상면의 경사는 원칙적으로 1:2보다 완만하도록 한다.

③ 휨모멘트의 계산

- 독립확대기초 및 벽확대기초의 경우에 확대기초의 휨모멘트는 캔틸레버보로서 산출하도록 한다. 설계단면은 직사각형단면의 기둥 또는 벽모양의 경우는 전면으로 하고 원형단면 기둥의 경우는 기둥외면에서 기둥지름의 1/10 내측으로 들어간 위치에서 연직단면으로 한다. 설계단면에 있어서 휨모멘트는 기둥 또는 벽 앞면의 확대기초 전면적에 작용하는 하중에 의해 생기는 휨모멘트로 한다.
- 연속확대기초의 경우는 연속확대기초의 캔틸레버보로서 작용하는 부분은 독립확대기초와 같이 설계하도록 한다. 기둥사이의 확대기초부는 연속보로서 설계하도록 한다. 다만 기둥에 비해 확대기초의 강도가 작은 경우는 기초구조물을 포함한 일체의 구조형식의 라멘 부재로서 설계하는 것이 좋다.

④ 전단력의 계산

확대기초에 생기는 콘크리트의 전단력은 다음 규정에 의하도록 한다.

- 기둥 혹은 벽 부근에 있어서 콘크리트의 전단력은 그림 11.4.5에 나타낸 부재단면 A-A에 대해 검토하도록 한다. 더욱이 그림 11.4.5의 사선부분의 전단철근은 A-A 단면에 대해 산출되는 철근량을 배치하도록 한다.
- 말뚝기초의 경우, 말뚝머리 부근에 있어서 확대기초 콘크리트의 전단력은 그림 11.4.6에서 나타낸 부재단면 B-B 및 기둥이 있는 위치에 대해 검토하도록 한다. 그림 11.4.6의 사선부분의 전단철근은 B-B 단면에서 산출되는 철근량 이상을 배치하도록 한다.

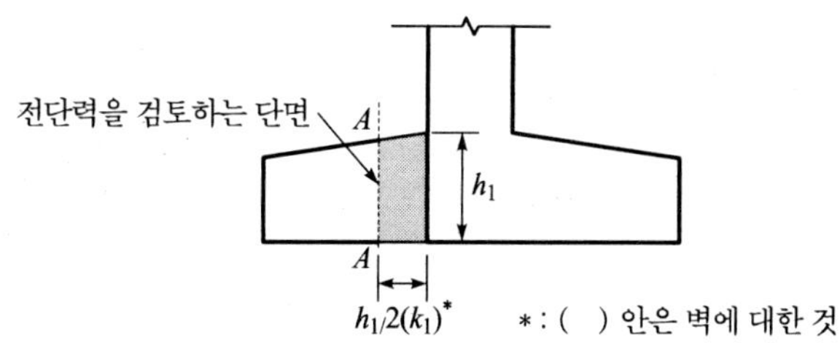

그림 11.4.5 기둥 혹은 벽 부근에 있어서 확대기초의 전단력을 검토하는 단면

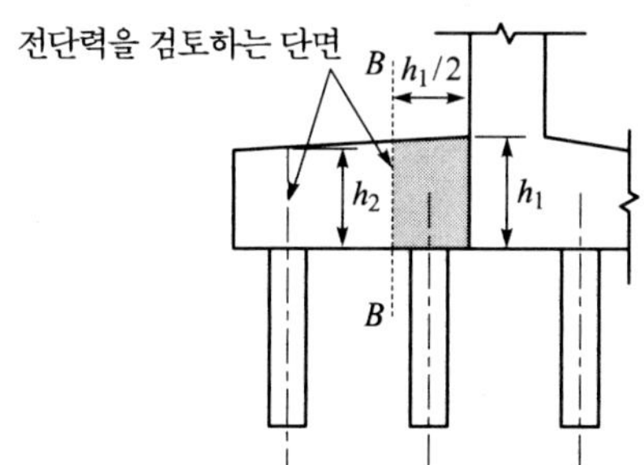

그림 11.4.6 말뚝머리 부근에서 확대기초의 전단력을 검토하는 단면

11.4.2 라멘교각

① 설계 시 유의사항

- 라멘부재의 절점부는 그에 접하는 부재 상호간에 단면력이 확실히 전달되도록 해야 한다.
- 라멘부재의 모서리는 헌치를 붙이는 것을 원칙으로 한다.
- 응력을 검토하는 경우의 헌치는 유효부분은 그림 11.4.7과 같아야 한다.
- 단면력을 산출할 때의 축선은 부재단면의 도심축선에 일치시키는 것을 원칙으로 한다.
- 라멘부재 우각부의 설계휨모멘트는 그림 11.4.8과 같이 한다.

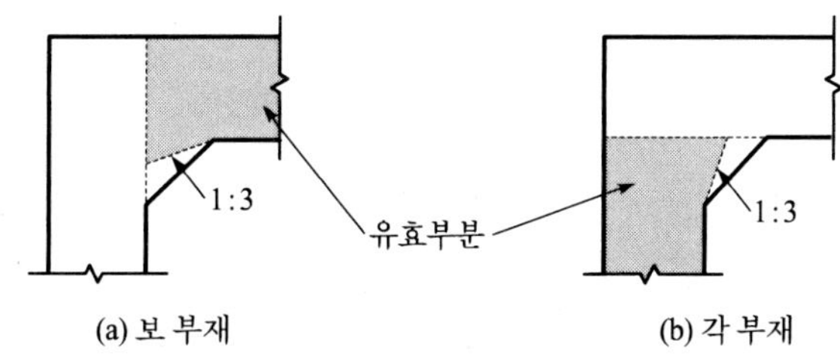

그림 11.4.7 헌치의 유효부분

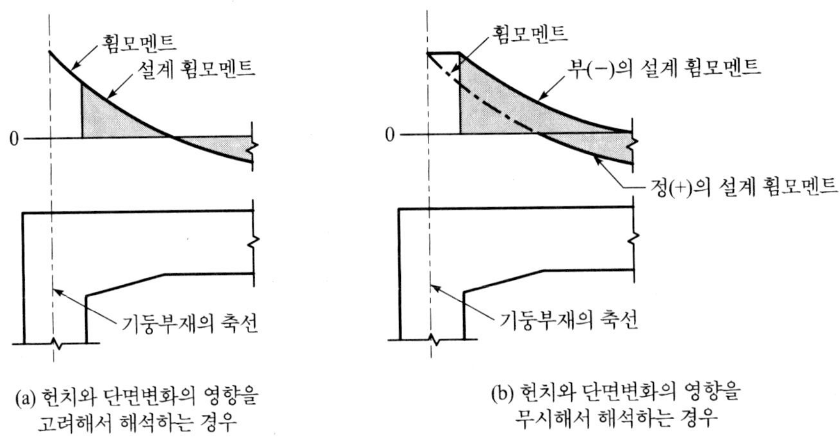

그림 11.4.8 라멘부재 우각부의 설계휨모멘트

② 부등침하 및 상대수평이동에 대한 고려

확대기초가 연속되어 있지 않는 라멘교각에서는 부등침하 및 상대 수평이동을 고려해서 설계해야하는데 이는 라멘교각과 같은 외적 부정정인 구조물에서는 지점이동에 수반하여 부정정력이 증가한다. 이들의 침하량이나 수평이동량은 설계의 대상이 되는 지반에 의해 크게 달라지므로 각 지반의 성상을 충분히 파악해서 각 구조물마다 그의 변위량을 계산하고 지점이동에 의한 단면력을 고려하여 설계해야 한다. 특히 지반침하가 현저한 지역에서는 부마찰(negative friction) 등의 영향을 받아 예상 이상의 변위가 생기는 일도 있으므로 라멘교각의 확대기초를 연결하는 등 구조상의 배려가 필요하다.

③ 라멘교각의 면외하중에 대한 기둥의 분담률 고려

라멘교가 면외하중에 대한 기둥의 분담률은 기둥의 강도비에 따라 정함을 원칙으로 하나 기둥의 강도가 별 차가 없을 때는 축력에 비례하여 분배하여도 좋다. 라멘교각의 면외하중에 의해 기둥에 생기는 휨모멘트와 전단력은 2개 이상의 기둥으로서 분담할 필요가 있다.

이 분담률에 대해서는 기둥단면이 응력상의 조건으로서 정하였음을 전제로 하여 기둥의 강도비에 의해 정함을 원칙으로 한다.

기둥의 강도에 별 차이가 없을 때는 기둥의 축력비에 의해 분배하여도 좋다. 특히 편심이 심한 라멘교각에서는 양 방법으로 분배하고 그 중 큰 값을 취하여 안전측의 설계를 하는 등의 배려가 필요하다.

④ 내민보 및 기둥과 확대기초는 T형 교각에서 설명한 규정에 따라 설계해야 한다.

11.5 교대의 설계

11.5.1 역 T형 교대

역 T형 교대벽의 단면계산에 사용되는 하중은 그림 11.5.1에서와 같게 한다. 벽은 확대기초와의 접합부를 고정단으로 한 캔틸레버보로서 설계한다.

벽의 하단의 두께는 이 단면에 작용하는 축력, 휨모멘트 및 전단력으로 결정하나 벽에는 전단력에 저항시키기 위한 전단철근을 쓰게 되면 콘크리트를 타설하는데 방해가 되므로 가능한 한 전단철근을 쓰지 않고 두께로 하는 것이 바람직하다. 휨모멘트에 의한 주철근은 벽의 상부로 감에 따라 그의 수를 감하는 것이 보통이다. 철근의 단면배근도는 그림 11.5.2와 같다.

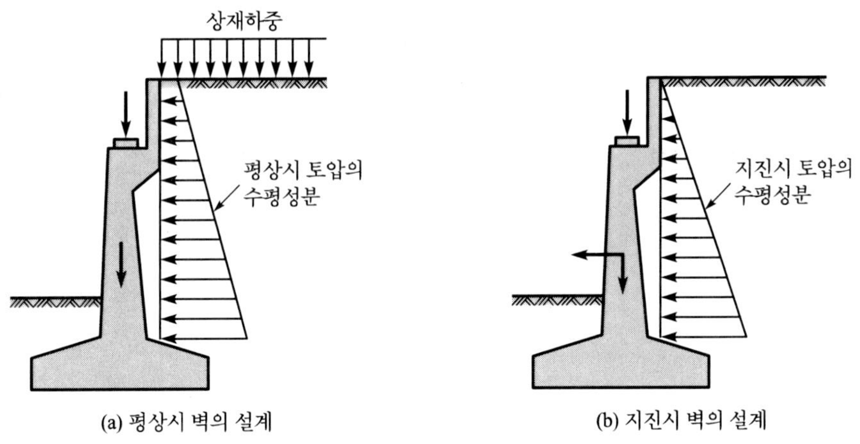

그림 11.5.1 역 T형 교대의 단면계산시의 하중상태

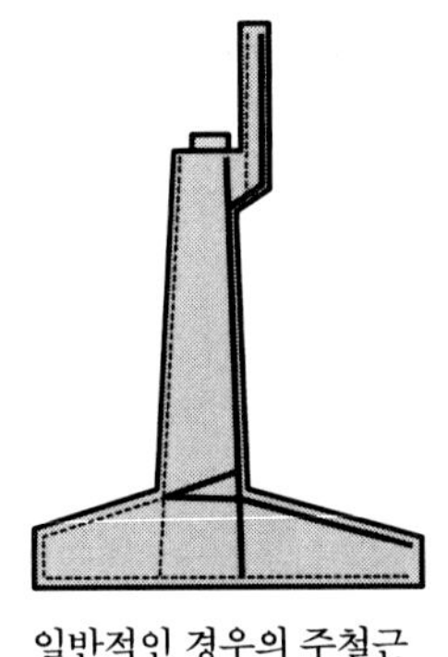

그림 11.5.2 단면 배근도

11.5.2 부벽식 교대

부벽식 교대는 4변 혹은 3변으로 지지된 보로서 설계하는 것이 합리적이나 각각 서로 고정되어 있는 영향을 무시하고 부벽만으로 지지된 연속보로 하여도 좋다. 이 경우 벽과 확대기초 접합부에는 상당량의 가외철근을 그림 11.5.3과 같이 각기 배면과 상면에 가까이 배근해야 한다. 이 철근량은 벽과 확대기초의 접합단면에 있어서 배력철근과 같은 정도의 양을 사용하면 좋지만 확대기초의 두께가 두꺼운 경우는 확대기초 윗면의 가외철근을 생략해도 좋다.

그림 11.5.3과 같이 가외철근을 배근할 경우 h는 식 (11.5.1)을 만족해야 한다.

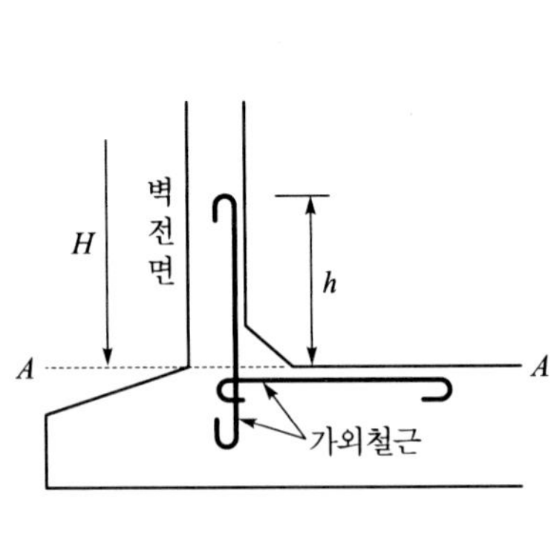

그림 11.5.3 가외철근

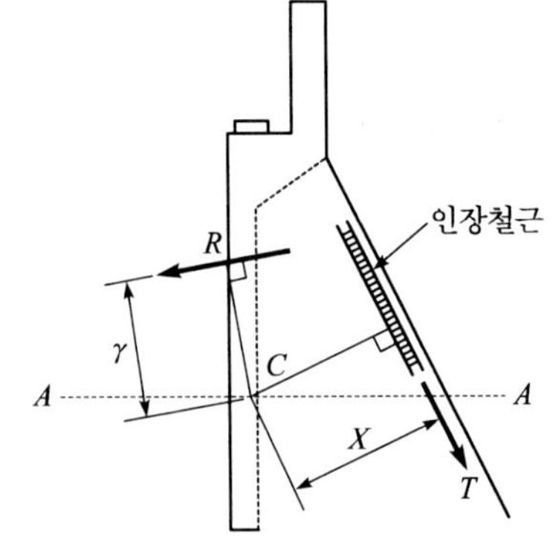

그림 11.5.4 부벽 배면의 철근배치

$$h > 0.25H \qquad \text{식 (11.5.1)}$$

여기서, H : 벽의 높이(m)

h : 그림 11.5.3과 같다(다만 2m 이하).

벽의 두께는 시공이 확실히 되도록 300mm 이상으로 하는 것이 좋다. 부벽은 부벽간의 중심 간격에 작용하는 수평하중에 대해 휨모멘트와 전단력을 계산한다. 휨모멘트에 대한 인장철근은 부벽에 연해서 경사지게 배치한다. 그 단면적은 보의 높이가 변화하는 쐐기형의 보로 보고 구하는 것이 좋으나, 간단히 하기 위해 T형 단면에서 콘크리트의 전(全)압축응력이 연직벽 두께의 중심에 작용하는 것으로 가정해서 식 (11.5.2)에 의해 계산해도 된다.

$$T = \frac{R \cdot \gamma}{X} \qquad \text{식 (11.5.2)}$$

여기서, T : 인장철근에 작용하는 전(全)인장력

$A - A$: 생각하고 있는 단면

C : 생각하고 있는 단면의 벽의 중심점

R : 생각하고 있는 단면 상부에 작용하는 외력의 합력

X : C점에서 인장철근의 도심까지의 거리

γ : C점에서 R까지의 거리

식 (11.5.2)는 계산의 편의를 도모하기 위해 축력을 무시하고 있다. 따라서 축력이 큰 경우는 단면의 압축측이 위험하게 되는 경우가 있으므로 콘크리트의 휨압축응력에 대해서도 검토해야 한다.

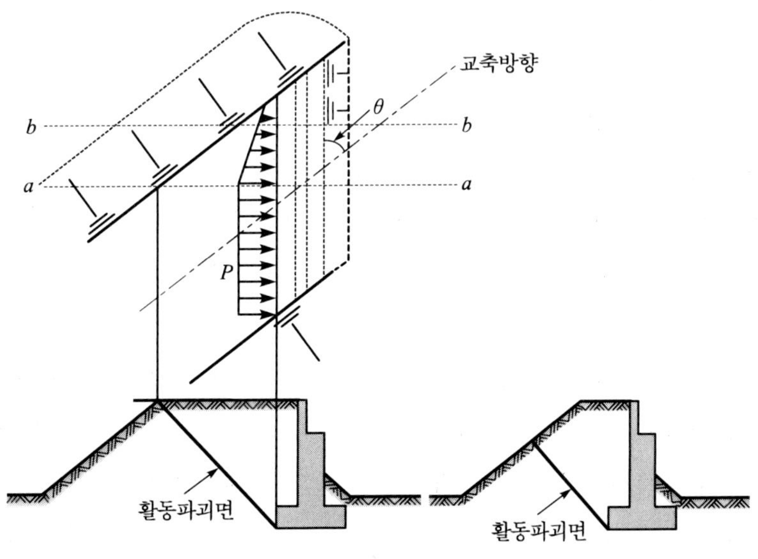

그림 11.5.5 경사 교대

11.5.3 경사교대

교량의 경사각 θ(그림 11.5.5)가 어느 정도 작게 되면 교대의 안정도와 응력이 교축방향보다 교대 배면 직각방향이 위험하게 된다. 사각으로서 계산하고자 하는 방향은 도로폭이나 교대의 높이, 혹은 교대에 작용하는 상부구조로부터의 반력의 크기·받침구조 등에 따라 종종 틀려지므로 규정한다는 것은 곤란하다. 설계자의 판단으로 각 조건을 충분히 감안해서 설계하고자 하는 방향을 하나로 한정시킬 수 있는 경우 이외는 조문과 같이 두 방향에 대해서 검토하는 것이 좋다.

그러나 교대배면은 성토로서 메워지는 경우가 많으며 토압은 교대 배면에 직각방향으로 작용하므로 보통의 경우에는 교대배면 직각방향만에 대해 검토하면 되는 경우가 많다.

11.5.4 안정검토

직접기초의 안정계산은 구조물에 작용하는 각종하중을 조합하여 구조물의 안정이 가장 불리한 상태가 되는 경우에 대해 조사를 한다. 이 경우 상시 및 지진시에 대해 각각 계산하는 것이 보통이다.

① 지반반력의 계산

직접기초의 푸팅은 통상 충분히 두꺼워서 탄성변형량은 설계상 무시할 수 있기 때문에 기초저면의 지반반력은 원칙적으로 기초를 강체로 하고 지반을 탄성체로 하여 산출하도록 규정되어 있다. 지반반력을 구하는 방법은 하중을 저면지반만으로 지지시키는 경우와 하중을 저면과 근입지반으로 지지시킨 경우(간편법)로 나눠서 사용되고 있다.

② 전도에 대한 안정

지반면위의 기초저면에 대한 반력의 합력의 작용위치는 기초 저판폭의 중앙부 1/2 범위에 있어야 하며, 암반 위의 기초에 대해서는 반력의 합력이 저판폭의 중앙부 3/4 범위에 있어야 한다. 지진시에 대해서는 편심량이 기초폭/3보다 내측에 있어야 한다.

③ 지지력에 대한 안정

기초저면에 대한 연직작용력은 그 기초에 대한 지반의 허용지지력을 초과해서는 안된다. 지반의 허용지지력은 하중의 편심·경사를 고려하여 구한 지반의 극한 지지력을 상시(극한한계상태)에 3, 지진시(극단상황한계상태)에 2의 안전율로 나눈 값으로 한다.

④ 활동에 대한 안정

기초저면에 작용하는 수평하중에 대해서 저면 지반에 대한 전단저항은 상시 1.5 이상, 지진시 1.2 이상의 안전율을 갖지 않으면 안 된다. 직접기초의 전단저항력은 기초저면과 지반사이의 점착력 및 마찰력에 의해 결정된다.

11.5.5 단면검토

① 평상시 : 극한한계상태의 하중조합에 의해 하중을 계산해 단면검토를 실시한다.

- 벽체 단면검토
- 뒷굽판 단면검토
- 앞굽판 단면검토

② 지진시 : 극단상황한계상태의 하중조합에 따라 하중을 계산해 단면검토를 실시한다.

- 벽체단면검토
- 뒷굽판 단면검토
- 앞굽판 단면검토

③ 교대의 푸팅 설계시 : 확대기초는 지반반력에 의해 설계를 하고 파일 기초는 파일 반력에 의해 설계를 하도록 한다.

11.5.6 흉벽의 설계

흉벽은 윤하중의 충격이나 교대배면에 작용하는 윤하중 및 토압에 대해 안전하도록 설계해야 한다. 또한 흉벽에는 교대의 활동·지진시의 경사·들보의 이동 등 예측하지 않은 외력이 작용하는 경우가 있다. 이 때문에 배면이 하중에 대해서는 배근뿐만 아니라 들보에 접히는 쪽에도 충분한 배근을 해서 보강하는 것이 좋다. 또 배면의 성토로 침하에 의해 흉벽 정부는 윤하중의 충격으로 파손되기 쉬우므로 그 구조에 주의해야 한다. 윤하중과 같이 재하 면적이 작고 비교적 짧은 시간에 재하되는 것에 대해서는 깊이와 더불어 토압강도는 작아지므로 윤하중에 의한 하중강도는 식 (11.5.3)에 의해 계산된다.

$$p_x = K_A \frac{T}{(a+x)(b+x)} \qquad \text{식 (11.5.3)}$$

여기서, p_x : 깊이 xm에서의 윤하중 강도(kN/m^2)

K_A : Coulomb의 토압에 의한 주동토압계수

T : 표준트럭하중의 1후륜하중(=96kN)

a : 접지 길이(m)

b : 접지 폭(m)

이 하중강도는 1후륜하중에 의하는 것이므로 흉벽의 설계에는 이것이 1/2 차량 점유폭(3.0m/2=1.5m)에 등분포하는 것으로 하여 취급하도록 한다.

흉벽 단위폭당 하중강도 · 휨모멘트 · 전단력의 일반식은 식 (11.5.4)로 나타낼 수 있다.

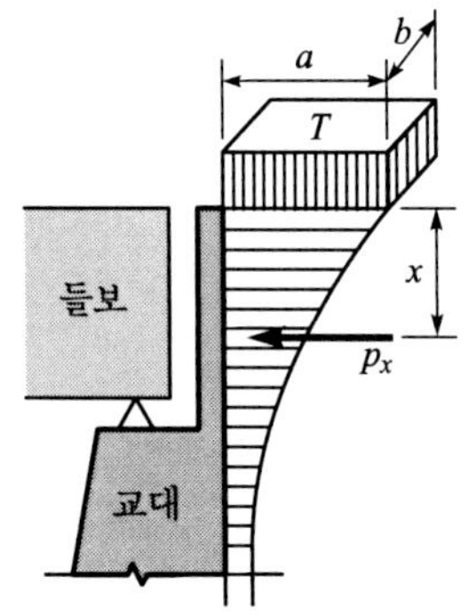

그림 11.5.6 윤하중에 의한 하중강도

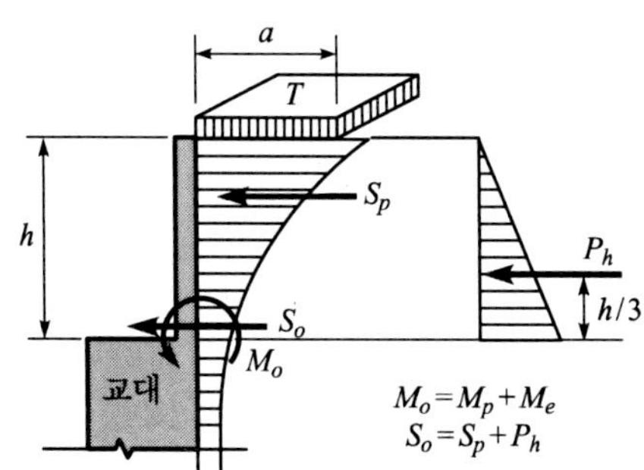

그림 11.5.7 윤하중에 의한 하중상태

① 윤하중 강도

$$P_x = \frac{K_A T}{1.5} \cdot \frac{1}{(a+x)} \qquad \text{식 (11.5.4)}$$

$$M_P = \frac{K_A T}{1.5} \cdot \left[-h + (h+a) \cdot \log\left(\frac{a+h}{a}\right) \right]$$

$$S_P = \frac{K_A T}{1.5} \cdot \log\left(\frac{a+h}{a}\right)$$

여기서, 접지 길이 a=0.2m이다.

위 식으로 구해지는 윤하중강도는 지표로부터 1m 이상 깊게 되면 대수함수 때문에 현저히 감소되어 보통 1m 범위의 하중을 외력으로 생각해 두면 충분할 것이다. 그 경우의 윤하중 강도의 합력의 작용점은 지표에서 360mm의 위치로 되어 M_p 및 S_p는 식 11.5.5에 의해 계산해도 좋다.

$$M_p = 11.46 K_A \cdot (h - 0.36) \ (\text{kN} \cdot \text{m/m}) \qquad \text{식 (11.5.5)}$$

$$S_p = 11.46 K_A \ (\text{kN/m})$$

② 토압

$$P_h = \frac{1}{2}K_A \cdot \gamma \cdot h^2 \cdot \cos\delta \qquad \text{식 (11.5.6)}$$

$$M_e = \frac{1}{3}P_h \cdot h$$

여기서, P_x : 깊이 x 에서 윤하중강도(kN/m²)

M_P : 윤하중에 의한 휨모멘트(kN · m/m)

S_P : 윤하중에 의한 전단력(kN/m)

P_h : 토압(kN/m)

M_e : 토압에 의한 휨모멘트(kN · m/m)

T : 표준트럭하중의 1후륜하중(T=96kN)

γ : 흙의 단위중량(kN/m³)

δ : 벽배면과 흙 사이의 벽면 마찰각($\delta = \phi/3$)

h : 흉벽의 높이(m)를 나타낸다.

11.5.7 날개벽의 설계

교대에는 배면토사의 보호를 목적으로 한 날개벽을 교대구체 또는 흉벽에서 직각(또는 직각에 가까운 각도)으로 고정하여 실시하는 것이 일반적이다. 날개벽에는 그림 11.5.8에서와 같은 형상이 있고, (a) · (b)는 측벽형, (c)는 평행형이라고 한다. 이들의 형상 · 치수 등은 교대의 설치장소 · 배면의 성토높이 · 비탈면의 구배에 따라 종종 변화한다. 날개벽은 교대측면의 배면토사를 누르는 것과 같이 교대구체에 고정되어 있기 때문에 활하중에 의한 재하하중과 토압을 고려해서 설계한다. 설계는 판구조를 기본으로 해서 그림 11.5.8(a) · (b)형은 2변 고정판, (c)형은 캔틸레버판으로 설계한다.

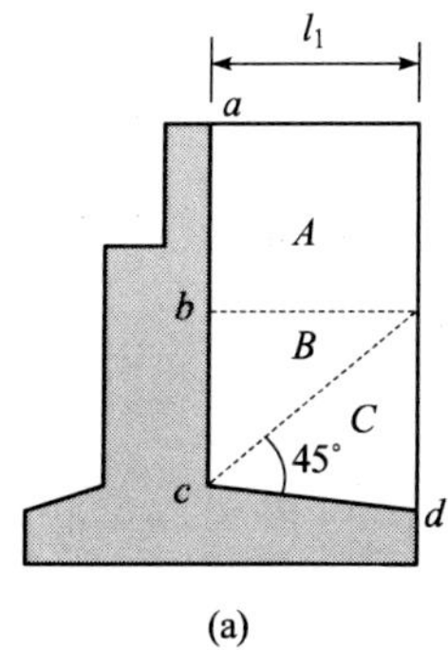

(a)

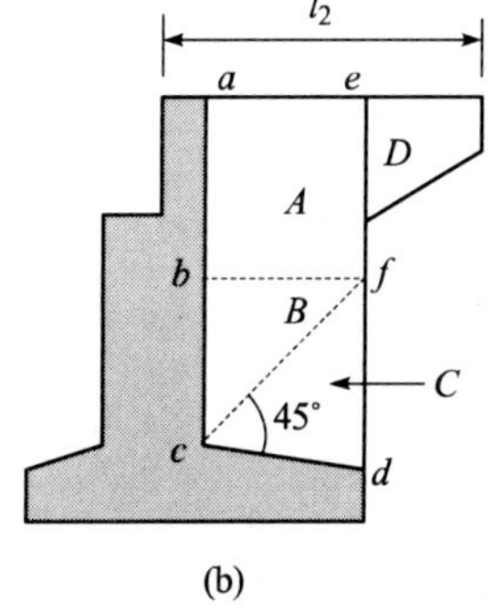

(b)

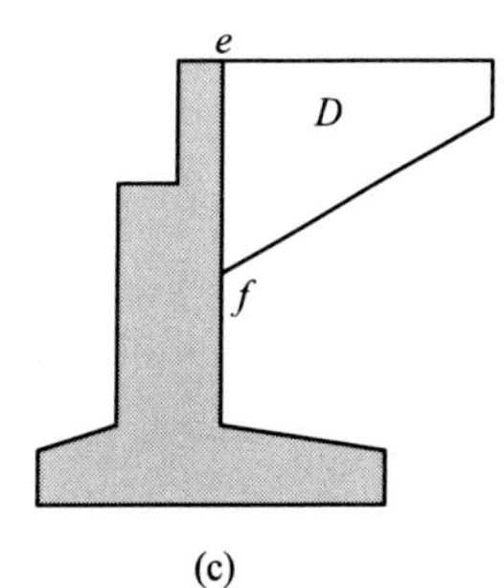

(c)

그림 11.5.8 날개벽 형상

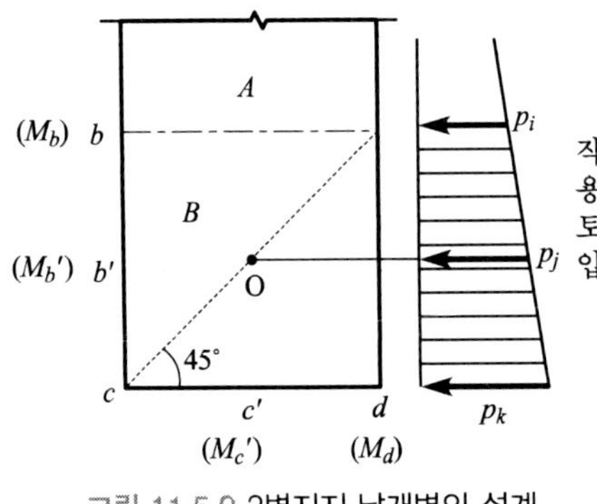

$$M_b = 1/2 \times P_i \times \overline{bd'}^2$$
$$M_b' = 1/2 \times P_y \times \overline{b'o}^2$$
$$M_d = 1/6 \times (2P_i \times P_h) \times \overline{dd'}^2$$
$$M_c' = 1/6 \times (2P_y + P_h) \times \overline{c'o}^2$$

그림 11.5.9 2변지지 날개벽의 설계

그러나 2변 고정판의 해석은 번잡하므로 l_1, l_2가 너무 길지 않으면 관용적인 방법으로서 다음과 같은 생각으로 설계해도 좋다. 그림 중에서 A, D부분은 $a-b$ 및 $e-f$에 지지된 캔틸레버보로서 설계한다. 이때 $a-b$ 및 $e-f$ 부분의 설계는 캔틸레버보에 A, D부분에 작용하는 토압 합력을 작용시켜서 구해지는 고정단 단면력을 $a-b$ 및 $e-f$ 부분에 등분포시켜서 구해도 좋다. 또 B, C에 대해서는 $b-c$ 및 $c-d$에 지지된 캔틸레버보로서 설계한다. 이 경우 $b-c$ 및 $c-d$를 $b-b''$, $b'-c$ 및 $c-c$ 및 $c'-d$의 두 구간 정도로 분할하여 각 구간의 제일 불리한 장소에서 계산한 단면력으로 그 구간을 설계하는 것이 좋다. 그림 11.5.9에 있어서 $b-b'$ 구간은 b점에 있어서의 단위길이당 모멘트 M_b에 의해 설계하면 좋고 같은 방법으로 $b-c$는 M_b', $c-c'$는 M_c', $c-d$는 M_d에 의해서 설계하면 좋다.

11.5.8 교대배면

교대배면의 뒤채움 흙의 침하는 차량교통에 큰 지장을 주므로 그 재료는 특히 양질의 것을 사용하여 충분히 다져서 침하를 최소한으로 억제해야 한다. 그러나 이와 같이 배려를 하여도 교대배면의 다소의 침하는 면할 수 없으므로 이 부분의 포장은 가요성 포장으로 하여 쉽게 보수할 수 있도록 하는 것이 좋다. 또 성토 시공 직후에 포장을 하지 않으면 안 되는 경우는 어프로치구션으로서 어프로치슬래브를 사용하는 등 주행차량이나 교대에 급격한 충격을 주지 않도록 배려할 필요가 있다(그림 11.5.10). 또 뒤채움흙에 침입된 물은 적당한 방법에 의해 배수시켜서 토압을 경감하여 포장의 파손을 방지해야 한다.

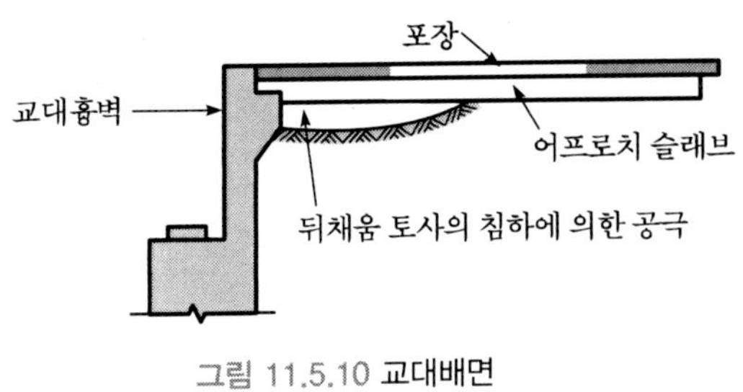

그림 11.5.10 교대배면

11.6 받침의 설계

11.6.1 받침의 선정

받침의 배치

받침의 배치를 결정함에 있어 받침이 상부구조로부터의 반력을 확실히 하부구조에 전달할 수 있는 동시에 상하부 구조의 변위·변형에도 별 무리가 없도록 배치해야 한다. 단순지지의 직교인 경우를 고려했을 때 고정받침과 가동받침의 이론적 배치는 그림 11.6.1(a)와 같이 해야 한다. 그림에서 ○표시는 힌지를, 화살표 표시는 이동 가능한 방향을 표시한다.

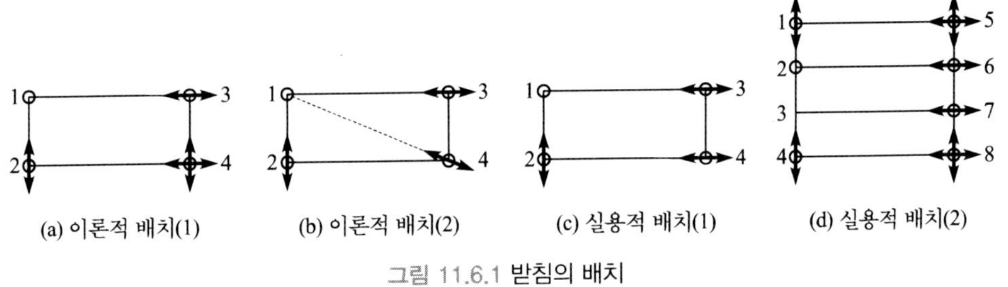

그림 11.6.1 받침의 배치

그림 11.6.1(a)에서 지점 1에만 고정받침을 배치하고 그 이외의 가동받침을 실시한다. 지점4는 두 방향 모두 이동가능하게 배치할 수 있지만 이것은 그림 11.6.1(b)와 같이 한 방향 이동가능하게 배치할 수도 있다. 그러나 이와 같은 받침배치는 쓸데없이 여러 종류의 받침을 설치해야 하므로 실용적이지 못하다. 실제의 교량에서는 그림 11.6.1(c)와 같이 배치하는 것이 일반적이다. 이 경우에는 교축직각방향의 신축이 구속되게 하는데 실제적으로 하부구조도 어느 정도 신축하기 때문에 지점 2와 4의 받침의 교축직각방향에

미소의 변위치를 갖게 될 수 있는데 이 문제는 보통 해결이 가능하다. 그림 11.6.1(c)의 방식은 (a)와 비교한다면 교축직각방향으로 수평력에 대한 저항력이 증가하고, 받침의 종류를 줄이는 것 등 실용적인 이점이 많다. 단, 다주거더교나 슬래브교 등과 같이 특히 폭이 큰 교량에 대해서는 교축직각방향의 신축량도 크기 때문에 그림 11.6.1(d)의 받침 배치가 바람직하다.

곡선교에 대해서는 그림 11.6.2와 같이 곡선의 정점에서 1점에서만 고정하고 가열하거나 냉각하면 그림은 도설된 바와 같이 변형하고 임의의 점 2와 3 등의 변위는 이것들 모든 점들과 고정점 1의 결합하는 직선상에 생긴다. 따라서 실제의 곡선교에서는 가동받침의 이동방향은 그림 11.6.3(a)에서 보여주는 방향이 되고, 그림 11.6.3(b)에서 보여 주었던 회전방향과 일치하지 않게 된다. 그래서 곡선교에는 이동방향을 그림 11.6.3(a) 또는 그림 11.6.3(b)와 같이 이동 가능한 받침 형식을 선정하는 것이 바람직하다.

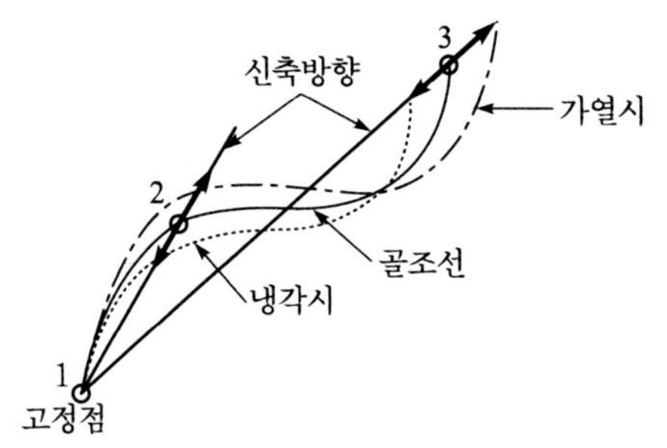

그림 11.6.2 곡선 봉의 신축

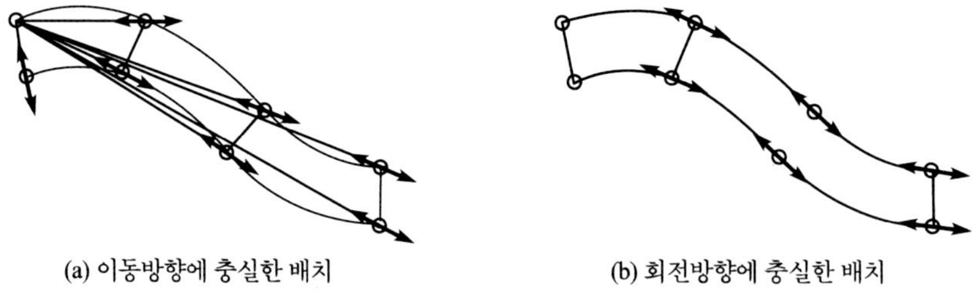

(a) 이동방향에 충실한 배치

(b) 회전방향에 충실한 배치

그림 11.6.3 곡선교의 가동받침의 이동방향 및 회전방향

일방향 플레이트와 같이 주거더의 횡강성이 작은 교량은 이동방향, 회전방향의 엇갈림에 주거더가 영향을 받을 수 있기 때문에 횡방향 구속력에 저항하는 받침을 배치한 후에 이동 회전 모두 그림 11.6.3(b)의 방향으로 하는 방법도 채택이 되고 있는데 이 방법은 회전을 한 방향에 한정할 수 있고 받침의 종류도 적어지는 이점이 있지만 곡률이 큰 교량이나 횡강성이 큰 상자형 거더교, 슬래브교에는 적용할 수 없다. 또한 설계에 있어

온도변화에 의한 변형으로 인한 횡방향 구속력에 의한 상하부구조에의 영향을 충분하게 고려하는 동시에 횡방향력을 받는 받침부분의 구조적인 고려도 필요하다.

받침의 선정

받침의 선정은 11.2.4에서 설명한 받침의 종류 중에서 실제 사용하는데 있어서 사용 조건을 충분히 검토한 다음 선정해야 한다. 받침 선정 시 고려해야 할 사항은 다음과 같다.

- 반력과 지간장
- 이동방향과 회전방향
- 상부구조의 형식과 구조적 특성
- 지반조건을 포함한 하부구조의 특성
- 표준 설계의 유·무
- 경제성

설계자는 이와 같은 사항들을 종합적으로 검토한 다음 받침을 선정하는 것이 필요하다. 실제로는 이러한 방법을 통해서 적용하는 받침형식을 한 종류에 한정하는 것은 어려운 일이다.

11.6.2 받침의 설계

설계하중과 이동량

받침의 설계하중은 기본적으로 교량의 상부구조의 설계하중과 동일하다. 즉, 고정하중·활하중·충격하중·프리스트레스힘·건조수축의 영향·풍하중·온도변화의 영향·지진의 영향 등이 있으며 필요에 따라서 설하중·지점이동의 영향·원심하중·가설 시 하중 등의 하중도 고려한다. 참고로 원심하중은 철도교에서 주하중으로 고려하고 있다. 받침의 설계는 이러한 하중들의 조합 중에서 불리한 조합에 맞춰야 한다.

한편 지점의 이동은 온도변화·건조수축·크리프·프리스트레싱·활하중에 따른 처짐·하부구조 이동 등의 영향에 의해 발생한다.

- 가동받침의 이동량 Δl 산정 식[도로교설계기준 한계상태설계법(2015) 9.5.2.3]

$$\Delta l = \Delta l_t + \Delta l_d + \Delta l_s + \Delta l_c \quad \text{식 (11.6.1)}$$

여기서, Δl_t : 온도변화에 의한 이동량($= \alpha \cdot \Delta T \cdot l$)(mm)

Δl_d : 활하중으로 발생하는 처짐에 의한 이동량[$= \Sigma(h_i \cdot \theta_i)$](mm)

Δl_s : 콘크리트의 건조수축에 의한 이동량$(= \alpha \cdot \Delta T \cdot l \cdot \beta)$(mm)

Δl_c : 콘크리트의 크리프에 의한 이동량$(= \frac{P_i}{E_c A_c} \cdot l \cdot \beta \cdot \phi)$(mm)

또한, 위 식에서 α는 열팽창계수, l은 신축거더의 길이(mm), β는 건조수축과 크리프의 저감계수(표 11.6.1), A_c는 콘크리트의 단면적(mm^2), E_c는 콘크리트의 탄성계수(MPa), ΔT는 건조수축에 해당하는 온도변화(°C), h_i는 거더의 중립축으로부터 받침의 회전중심까지의 거리(mm), θ_i는 받침 상부의 거더의 회전각(rad), ϕ는 콘크리트 크리프계수($\phi = 2.0$은 20°C 하강에 상당하는 값임)를 나타낸다.

표 11.6.1 건조수축과 크리프의 저감계수(β)

콘크리트 재령(월)	0.25	0.5	1	3	6	12	24
건조수축, 크리프의 저감계수 β	0.8	0.7	0.6	0.4	0.3	0.2	0.1

위의 계산이동량 외에 가동받침을 설치할 때는 오차와 하부구조의 예상 밖의 변위 등에 대처하기 위해서 이동 여유량을 고려해야 한다. 이동 여유량은 ±50°C의 온도변화에 상당하는 이동량으로 하고, 최대 ±50mm 이내에 하도록 한계상태설계법에서 제시하고 있다.

마찰계수와 미끄럼에 대한 안전

받침의 마찰계수는 접촉부의 표면상태, 윤활제의 유·무 등에 따라 크게 차이가 난다. 또한 실험실에서 측정한 마찰계수는 일반적으로 낮은 값으로 나타나지만 실제 교량에서는 시간이 지나면서 마찰계수는 증가하게 된다. 받침이 부분적 또는 전체적으로 마찰로 지지되는 경우는 극한한계상태에서 다음 식에 따라 미끄럼에 대한 안전이 확인되어야 한다[도로교설계기준 한계상태설계법(2015) 9.5.2.2].

$$V_{sd} \le V_{rd} \qquad \text{식 (11.6.2)}$$

여기서, V_{sd} : 전단하중효과(N)

V_{rd} : 설계전단강도$(= \frac{\mu_k}{\gamma_u} \cdot N_{sd} + V_{pd})$(N)

N_{sd} : V_{sd}와 함께 이음부에 연직으로 작용하는 최소하중(N)

V_{pd} : 고정장치의 설계전단강도(N)

μ_k : 마찰계수[0.4(강재-강재간의 마찰), 0.6(강재-콘크리트간의 마찰)]

γ_u : 마찰계수[2.0(강재-강재간의 마찰), 1.2(강재-콘크리트간의 마찰)]

참고로, 동적하중의 고려가 필요한 철도교나 지진 시와 같은 경우는 마찰력으로 받침의 수평력을 지지하는 것을 금한다. 즉, 이 경우에는 $\mu_k = 0$이다.

강재받침의 설계

① 구조일반

받침의 각부재는 가능한 두껍고 단순한 형상으로 하는 것이 좋고 가능하면 손상되면 바로 보수·교환이 가능한 구조로 하는 것이 바람직하다.

② 앵커볼트(anchor bolt)

앵커볼트는 받침의 위치를 고정시키며 받침에 작용하는 부반력과 지진 시의 수평력을 부담한다. 앵커볼트의 수가 많다면 하중이 균등히 작용하는 것을 기대할 수 없기 때문에 앵커볼트는 가능하면 굵은 것을 적게 사용하는 것이 좋다.

부반력이나 수평력이 앵커볼트에 인발력으로 작용하는 경우 인발력이 작으면 앵커볼트와 콘크리트 부착력으로 저항한다. 그러나 인발력이 어느 정도 이상 큰 경우에는 앵커프레임을 설치하고 부착은 무시하고 앵커프레임의 윗면의 지압만을 고려하여 설계한다.

수평력에 대해서는 앵커볼트와 하단 저면의 십자리브가 저항하지만 양기구는 완전히 다른 것이기 때문에 도로교에서는 협동작용은 고려하지 않고 앵커볼트 단독으로 저항하여 전 수평력을 흡수하는 것으로 설계한다.

③ 부(負)의 반력을 받는 받침

부의 반력을 받는 받침의 예는 그림 11.6.4와 같다. (a)는 rocking(또는 tilting) 받침이라고 불리는 것으로 사장교나 현수교 등의 장대교에 사용되는 것으로 이 받침은 양단부에 핀을 사용하고 I-bar 상태의 부재로 상하부재구조를 연결하는 가동받침이다. 이동량이 연결부재의 경사를 허용하는 형식이다. 그림 11.6.4(b)는 부반력용 1개 롤러(roller) 받침이다. 이러한 받침의 설계 시 상부구조의 회전, 이동을 방해하지 않는 구조로 하는 것이 필요하고 그림 11.6.4(a)와 같은 rocking 받침의 경우 등에는 아이바의 길이를 충분하게 크게하여 지점 이동에 수반하는 수직변위가 허용범위 내에 들도록 해야 한다.

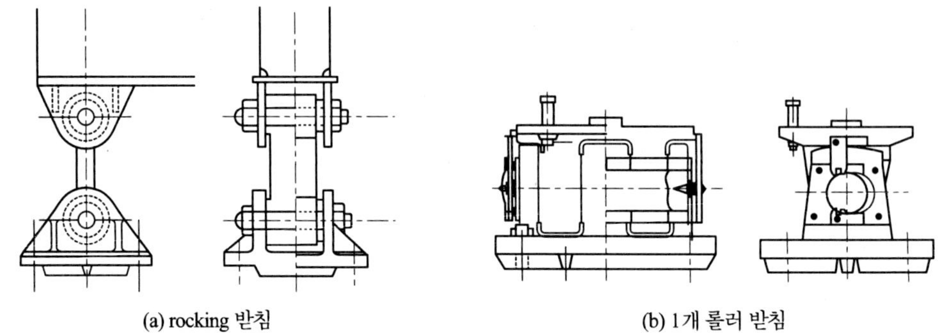

(a) rocking 받침 (b) 1개 롤러 받침

그림 11.6.4 부의 반력을 받는 받침의 예

고무받침의 설계

고무받침의 설계는 일반적으로 다음과 같은 순서에 따라 설계한다.

- 허용 최대 · 최소 지압응력을 만족하도록 받침의 소요단면적을 가정한다.
- 설계이동량에 대한 설계전단강도를 만족하도록 탄성고무의 길이를 가정한다.
- 좌굴에 대한 안정성의 조사로서 받침폭이 고무받침의 두께의 5배 이상인 것을 확인한다.
- 활하중에 의한 압축비틀림력이 회전비틀림력보다 큰 것을 확인한다.

받침 내진설계

받침의 내진설계에 관해서는 크게 다음의 2가지로 나눠 설계한다.

- 낙교방지구조
- 지진의 영향 저감을 위한 구조

받침의 표준설계

받침의 종류는 다양하지만 설계상의 조건이 한정되어 있고 구조도 비교적 단순하므로 표준화에 적합한 부재라고 할 수 있다. 또한 종래 개개의 공사마다 시행되던 받침 설계를 표준화하면 받침의 설계 제작상의 경제적 · 시간적 소요를 줄이고 교량설계의 성실화 · 품질관리의 향상 · 제품가격의 안정화 등 효율성을 높이는 것이 가능하다.

11.6.3 받침부 검토

연단거리 검토

받침면의 치수는 교축방향과 교축직각방향에 대해 다음 사항을 고려해서 정해야 한다.

교축방향의 치수는 받침을 안전하게 설치할 수 있어야 되므로 주거더 단부와 흉벽(교대의 경우) 또는 주거더 단부 사이(교각의 경우)의 간격을 고려해서 정하지 않으면 안 된다. 특히 사교나 곡선교인 경우는 교좌가 받침면에서 벗어나지 않도록 해야 한다. 이 받침면은 받침을 통해서 상부구조로부터 하중 등의 집중반력을 받는 곳이고 또 지진 등에는 큰 수평력이 작용하는 곳이다. 따라서 받침 끝에서 정부 연단까지의 거리가 작으면 고정단에서는 전단면에 연해서 받침이 파손되는 경우가 있고 또 가동단에서는 받침이 벗어나 주거더가 낙하한 경우도 있다. 이 받침 연단거리 S의 크기는 상부구조의 종류, 지반의 상황 등에 의해 결정해야 한다. 일반적으로 단순지간에서 지진 등에 의해 구체 받침부의 이동량이 커지지 않을 것으로 보는 경우에 콘크리트 교좌에 강제받침을 설치하는 경우의 받침연단거리 S(mm)는 식 (11.6.3)과 (11.6.4)와 같다.

들보의 지간길이 100m 이하 : S=200+5L 식 (11.6.3)

들보의 지간길이 100m 이상 : S=300+4L 식 (11.6.4)

여기서, L : 지간길이(m)

또 고무받침의 경우에는 그림 11.6.5에서 보는 바와 같이 앵커중심과 하부구조 정부 연단과의 거리를 S로 하면 된다. 이것은 상부구조의 신축과 회전이 고무받침 자체의 변형에 의해 흡수되어 받침의 파괴는 앵커로부터 생긴다고 생각되기 때문이다. 사교 혹은 곡선교의 경우 받침 연단거리 S는 그림 11.6.6에서 보여주는 바와 같이 하부구조 정부연단과의 최단거리 방향으로 확보하는 것으로 한다.

받침을 사용하지 않고 콘크리트거더를 교대 및 교각의 교좌에 직접 실을 경우는 정면의 연단부근에는 구배나 모따기를 하여 정면의 연단에 흠이 가지 않도록 막아야 한다(그림 11.6.7). 또한 교축직각방향의 치수는 주거더의 시공 등에 의한 여유를 두어야 한다.

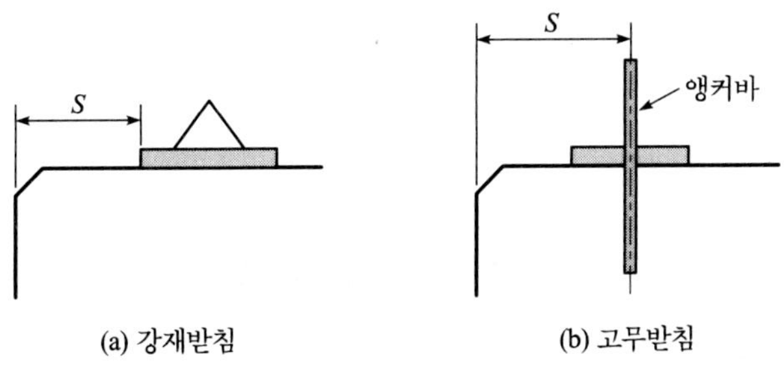

그림 11.6.5 받침연단거리

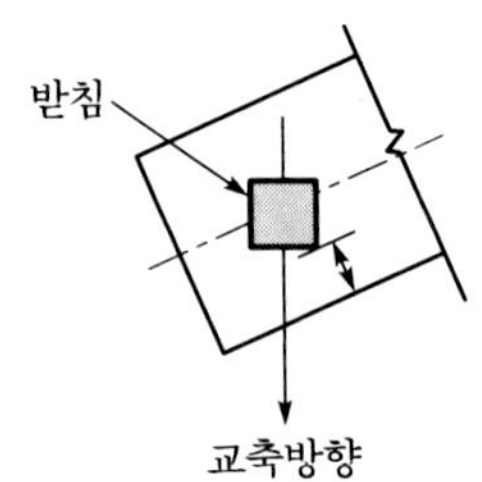

그림 11.6.6 사교곡선교의 받침연단거리

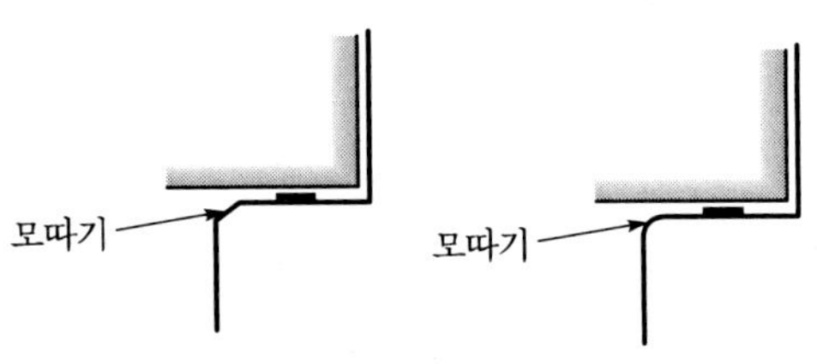

그림 11.6.7 교좌의 모따기

최소받침 지지길이

지진 시 낙교방지를 위한 내진설계 시 교량 단부의 최소받침 길이에 관한 규정에 대해서는 4.3.3에 언급되어 있다.

받침 하면 보강철근

받침 하면 보강철근의 적용기준은 명확히 제시되어 있지 않으나 한국도로공사의 기준에 의한 보강철근의 계산은 다음과 같다.

① 연직하중에 대한 보강

받침 하면에 작용하는 지압력(수직력)에 의한 인장응력 발생에 대한 보강이다. 받침 하면에는 연직하중에 의해 인장응력이 발생하므로 교축방향 및 교축직각방향으로 식 (11.6.5)에서 구한 철근량을 배근해야 한다.

$$A_{sn} = \frac{1}{4}\left(1 - \frac{b_1}{b_c}\right)\frac{P}{f_{sa}} \qquad \text{식 (11.6.5)}$$

여기서, A_{sn} : 수직하중에 대한 보강철근량(mm^2)

b_1 : 지압력 작용폭(mm)

b_c : 연직하중 분포폭(mm)

P : 지압력(N)

f_{sa} : 철근의 허용인장응력(N/mm^2)

② 수평하중에 의한 보강

받침 하면에 작용하는 수평하중에 의한 전단력에 대한 보강으로 식 (11.6.6)에서 구한 철근량을 배근한다.

$$A_{sn} = \frac{H_s}{f_{sa}} \qquad \text{식 (11.6.6)}$$

여기서, A_{sn} : 수평하중에 대한 보강철근량(mm^2)

H_s : 수평하중(N)

f_{sa} : 철근의 허용인장응력(N/mm^2), 수평하중 발생요인별 허용응력 할증 고려

교좌받침 콘크리트 보강철근

수평하중에 의해 교좌받침과 하부구조 상면사이의 전단응력에 대해 수직철근의 전단마찰로 보강한다.

$$A_s = \frac{H}{f_{sa}} \qquad \text{식 (11.6.7)}$$

여기서, A_s : 보강철근량(N/mm^2)

H : 수평력(N)

f_{sa} : 철근의 허용인장응력(N/mm^2)

CHAPTER

12

내진설계

12.1 개설

우리나라는 일반적으로 지진에 대해 안전지대로 생각하고 있지만, 과거 13세기와 18세기 사이에는 우리나라에서도 지진활동이 활발하여 많은 지진이 발생했다는 기록이 있다. 한편 18세기 이후 20세기 초반까지는 지진 발생에 대한 기록이 많지 않으므로 지진활동이 약화된 지진 휴지기(seismic gap)였다고 볼 수 있다. 그러나 20세기 중반 이후에 지리산지진(1936.7.3.), 동해지진(1963.9.6), 속리산지진(1978.9.13.), 홍성지진(1978.10.7.) 등 일본기상청(Japan Meteorological Agency : JMA)진도 Ⅲ~Ⅴ의 지진이 발생하였으며 그 외에도 수정머캘리(Modified Mercalli : MM)진도 Ⅳ 이하의 중진이 여러 차례 관측되었다. 이러한 관측 기록들을 조사 분석한 결과, 한반도에도 지진활동이 활성화 될 확률이 증가함을 알 수 있다. 다행히도 근래에 발생한 크고 작은 여러 지진들에 의해 토목구조물이나 건축구조물의 붕괴와 같은 큰 사고는 발생하지 않았지만, 우리나라에서도 구조물에 치명적인 손상을 줄 수 있는 강진이 발생할 가능성을 배제할 수는 없다. 특히 과거에 건설된 교량이나 구조물의 대부분이 지진의 영향을 고려하지 않은 설계에 의해 시공되었기 때문에 지진이 발생한다면 그 피해의 정도는 매우 심각한 것으로 예상된다. 따라서 새로 건설되는 교량의 내진설계는 물론 기존 교량의 지진에 대한 보수·보강이 필요한 실정이다.

이러한 요구에 의해 국내에서도 내진설계의 개념이 설계에 반영되기 시작하였으며 1988년 개정된 "건축물 구조 기준 등에 관한 규칙"에서 건축구조물에 대한 내진설계가 의무화되었다. 토목구조물에 대해서도 1991년 제정된 "고속전철용 설계시방서"의 하중편에 지진력이 도입되었으며, 1992년 개정된 도로교표준시방서에 내진설계편이 신설됨에 따라 토목구조물에 대한 내진설계가 도입되었다. 2000년 도로교설계기준 이후부터는 건설교통부 연구과제 "내진설계기준연구(II)"(1997.12.)에서 제시된 교량의 내진성능목표 개념을 반영하였고, 기존의 내진설계 기준 및 체계에 맞도록 간편화시켜 그 실용성을 최대한 증대시켰다.

우리나라 기준의 기초가 된 ATC(Applied Technology Council)-6은 미국과 많은 나라에서 그 방법과 설계계수들을 큰 변화 없이 현재까지 사용하고 있다. 하지만 최근에 잇따른 지진에 의한 구조물 피해에 관한 보고서들은 현행 내진규준들이 여러 가지 문제점이 있음을 지적하고 있다. 특히 미국에서 1992년에 발생한 Loma Prieta 지진, 1994년에 발생한 Northridge 지진, 1995년 고베지진, 2011년 동일본대지진에서 내진설계규준에 따라 설계된 구조물들도 구조적손상과 그로인한 인한 피해가 상당히 컸고 구조물의 거동이 만족스러운 것은 아니었다. 현재 사용되는 내진설계기준을 제정할 당시의 재현주기 500년에 해당하는 큰 지진에 대해 만족하게 설계를 하면 자동적으로 작거나 중간정도의 크기를 가진 지진에 대해서도 만족할 것이라는 예상이 잘못이었다는 것이 최근의 지진으로부터 얻어진 경험이라 할 수 있다. 따라서 성능을 기초로 한 설계(performance-based design)방법이 제안되고 있으며 이는 넓은 공감대를 형성하고 있다.

내진설계의 일반

내진설계란 지진시나 지진이 발생된 후에도 구조물이 안전성을 유지하고 그 기능을 발휘할 수 있도록 설계시에 지진하중을 추가로 고려하여 설계를 수행하는 것이다. 교량의 설계를 위한 하중은 자중이나 차량하중 등의 연직하중과 풍하중이나 지진하중 등의 도입 후에도 종래의 방법과 같은 방법을 적용할 수 있다.

수평하중인 풍하중과 지진하중을 비교해보면 그 성질에 있어서 근본적인 차이가 있다는 것을 알 수 있다. 즉, 풍하중은 중소지간의 교량에서 대체로 바람방향에 대한 구조물의 외형과 면적에 비례하는 정적하중으로 생각할 수 있지만, 지진하중은 구조물의 동적특성인 질량과 강성 등에 따른 관성력이며 지반조건에 따라 그 크기가 크게 달라질 수 있는 동적하중이다. 설계시에는 풍하중과 지진하중을 중첩하여 동시에 고려하는 것이 아니라 두 하중을 비교하여 큰 쪽을 설계에 반영하게 된다.

일반적으로 교량의 설계시에 영구하중이나 일반적인 활하중에 대해서는 교량이 설계수명동안 그 기능을 충분히 발휘하게 하기 위하여 완전탄성거동을 하도록 설계를 하지만 지진하중과 같이 하중의 크기에 비해 발생빈도가 낮은 하중에 대해서 완전탄성거동을 하도록 설계하게 되면 비경제적일 수가 있다. 따라서 지진하중에 대해서는 어느 정도 손상을 허용하는 설계를 하게 되는 데 그 원칙은 다음과 같다.

- 중간 이하의 규모를 가진 지진에 대해서는 구조부재들이 탄선영역 내에서 저항하여 심각한 손상을 입지 않아야 한다.
- 비교적 큰 규모와 지진에 의한 지반진동에 의해서도 교량의 전부 또는 일부가 붕괴되어서는 안되며, 가능하면 지진에 의한 피해의 예측이 가능하고 피해조사와 보수가 가능하도록 설계를 해야 한다.

교량의 경우, 이러한 기본 개념을 구현하기 위해서 낙교방지가 발생하지 않아야 하며, 낙교방지가 가능하면 연성거동에 의한 연성파괴메카니즘을 유도하여 확보해야 한다. 이를 위해 도로교설계기준 한계상태설계법(2015) 8.10.6에서는 연성도 내진설계법을 규정하고 있다. 또한, 낙교방지를 위해서 필요 시 지진격리시스템을 설치할 수 있으며, 도로교설계기준 한계상태설계법(2015) 8.11절에서 수동형 지진격리교량의 설계법의 기본 개념과 해석방법을 제시하고 있다.

내진설계의 용어

내진설계에서 자주 사용하는 용어의 의미를 간략히 정리하면 다음과 같다.

- 가속도계수(acceleration coefficient): 내진설계에 있어서 설계지진력을 산정하기 위하여 교량의 중량에 곱하는 계수로서 지역구역과 재현주기에 따라 그 값이 다르다.
- 내진등급(seismic performance categories): 중요도에 따라서 교량을 분류하는 범주로서 내진 Ⅱ등급, 내진 Ⅰ등급 2가지 등급으로 구분된다.
- 지반계수(site coefficient): 지반상태가 탄성지진 응답계수에 미치는 영향을 반영하기 위한 보정계수
- 지반종류(soil profile type): 지진 시에 지반의 응답특성에 따라 공학적으로 분류하는 지반의 종류
- 응답수정계수(response modification factor): 탄성해석으로 구한 각 요소의 내력으로부터 설계의 설계지진력을 산정하기 위한 수정계수
- 내진 Ⅰ등급교 : 설계지진력의 평균재현주기가 1000년인 교량
- 내진 Ⅱ등급교 : 설계지진력의 평균재현주기가 500년인 교량
- 설계진동단위 : 지진시에 동일의 진동을 한다고 볼 수 있는 구조계
- 탄성지진응답계수(elastic seismic response coefficient): 모드스펙트럼해석법에서 등가정적지진하중을 구하기 위한 무차원량
- 단일모드스펙트럼해석법(single mode spectral analysis method): 하나의 진동모드만을 사용하는 스펙트럼해석법
- 다중모드스펙트럼해석법(multi mode spectral analysis method): 여러 개의 진동모드를 사용하는 스펙트럼해석법
- 지진구역계수: 우리나라의 지진재해도 해석결과에 근거한 지진구역에서의 평균재현주기 500년에 해당되는 암반상 지진지반운동의 세기를 나타내는 계수
- 위험도계수: 평균재현주기별 지진구역계수의 비
- 평균반복전단응력: 불규칙한 지진하중을 일정한 반복하중으로 치환할 때, 등가의 전단응력

- 지반응답해석: 토층의 지면에 입사되는 지진하중이 지표면으로 진행될 때 토층의 동적 거동에 대한 해석
- 말뚝의 P-Y곡선: 말뚝의 근입깊이 내에서 발생하는 말뚝의 수평변위 대 단위길이당 지반반력의 상관곡선

우리나라의 지진활동

(1) 지진역사

한반도의 지진역사는 삼국시대로부터 조선 말기까지의 사료에 기록된 역사지진과 1905년 인천에 국내최초로 지진계가 설치된 이후의 계기지진으로 나눌 수 있다. 최초의 한반도의 역사지진 기록은 서기 2년(고구려 유리왕 21년) 만주 졸본에서 발생한 지진기록이다. 삼국시대의 102년에 걸친 지진기록도 있으며 이 지진들의 대부분은 그 당시의 수도인 경주·평양·즙안·한산(현재의 서울)·부여·공주 근처에서 발생한 것으로 나타났다. 이는 그 당시 인구가 적고 인구분포가 한반도 전역에 고르지 못하여 주로 수도 근처에 밀집된 것으로 판단된다.

삼국시대에 구조물에 피해를 줄 수 있는 MMI Ⅶ 이상의 지진만 16회 발생하였다. 이 중에서 서기 779년 경주에서 지진이 발생하여 가옥이 붕괴되었으며 100여명이 사망하여 현재까지 한반도에서 가장 큰 인명피해를 가져온 지진으로 기록되어 있다. 삼국시대에 경주근처에서 MMI Ⅷ이상의 지진이 무려 10회 발생하였다. 이 사실은 부산 근처에서 양산, 경주를 지나 영덕으로 이어지는 양산단층이 활성단층임을 시사한다. 최근에 양산단층 일대에서 활발한 미진활동이 일어나고 있음이 관측되고 있다. 삼국시대에 현재의 서울 근처에서도 MMI Ⅶ 이상되는 파괴적인 지진들이 3회 발생했다. 특히 서기 89년에 발생한 지진으로 땅이 흔들려 갈라지고 집이 가라앉아 많은 사망자가 발생했다는 기록이 있다.

고려서대의 지진자료는 고려사, 고려사절요, 증보문헌비고 등에 기록되어 있으며 총 170회의 지진기록이 있다. 이 중 MMI Ⅶ이상의 지진은 13회 발생하였다. 고려시대에도 당시 수도인 개성근처에서 지진이 많이 발생하였다는 기록이 있다. 이밖에도 당시의 인구 밀집지역인 평양지역을 비롯하여 성주·상주·회양·안변·박주·해주·나주 등에서 지진이 발생했다고 기록되어있다.

조선시대에도 대략 1,600회의 지진이 발생한 것으로 나타났으며 MMI Ⅶ이상의 지진만도 176회 발생했다. 18세기에 이례적으로 대규모 지진활동이 심하였는데 이 기간 중 총 1,518회의 지진이 발생하였다. 조선시대에 발생한 가장 큰 규모의 지진은 1643년 울

산 근처에서 발생하였으며 역사지진 및 계기지진 중에서 가장 큰 MMI Ⅹ정도의 지진으로 추정된다. 이 지진은 서울과 전라도에서도 느껴졌으며 대구 · 안동 · 영덕 · 김해 등지에서도 봉화대와 성곽이 무너진 곳이 많았고 울산부의 땅이 갈라지고 물이 용솟음쳤다고 기록되어 있다.

표 12.1.1에는 한반도에서 발생한 지진횟수를 나타냈다.

표 12.1.1 한반도에서 발생한 지진횟수

기간(년)	총 지진횟수	MMI Ⅶ 이상 지진횟수
1~100	12	4
101~200	11	1
201~300	10	–
301~400	7	3
401~500	7	2
501~600	6	2
601~700	14	1
701~800	23	3
801~900	9	–
901~1000	9	1
1001~1100	30	5
1101~1200	18	1
1201~1300	43	4
1301~1400	79	3
1401~1500	245	19
1501~1600	681	47
1601~1700	380	64
1701~1800	212	22
1801~1900	57	1
1901~1992	561	11
합계	2,413	194

(2) 최근의 지진활동

최근 한반도의 지진활동은 약 200년 동안 지진정지기에 있다가 20세기부터 다시 활발해지기 시작했다. 고려시대 이후 경상도 및 충청도(남부지역) 일대에서는 MMI Ⅴ이상의 역사지진과 계기지진을 관측할 수 있었으나 경기도 · 서울지역(중부지역)에서는 과거에는 지진이 많이 발생하였음에도 불구하고 최근에는 뚜렷한 계기지진은 전혀 관측되지 않았다. 즉, 남부지역은 변형에너지의 축적과 방출이 어느 정도 균형을 이루었다고 볼 수 있으나 중부지역은 에너지의 축척만이 지속되어온 지진정지기로 간주된다.

한반도의 최근 지진발행 지역은 크게 남부지역(충청도 이남), 중부지역(서울, 경기, 황해남부 및 강원도 일부) 및 서북부(황해북부, 평안도 지방)의 3지역으로 나눌 수 있다. 남부지역은 그 동안 지진 정지기에서 벗어나 오랫동안 축적된 변형에너지를 최근에 와서 방출하기 시작했다. 그중 앞서 언급한 지리산 지진(M=5.3), 동해 지진(M=5.4), 속리산 지진(M=5.2), 그리고 홍성지진(M=5.0) 등의 주요 지진들이 있다. 서북부 지역에서도 그 동안 조용하던 지진 정지기에서 벗어나 1944년 평양 앞바다의 황해 지진(M=6.75), 그리고 황해도 사리원지방의 지진(1982.2.14) 등으로 탄성에너지의 방출이 있었다. 그러나 중부지역(서울, 경기, 황해남부, 강원 중부)에서는 고대기록에는 역사지진이 있었으나 아직까지 재발현상을 찾아볼 수 없으므로 조용한 지진정지기에 들어간 것으로 간주된다.

12.2 내진구조계획

합리적인 내진설계를 수행하기 위해서는 설계 초기단계, 즉 구조물의 형식 등을 결정하는 설계 계획단계에서부터 지진하중에 대한 저항능력이 뛰어난 구조형태를 선정해야 한다. 계획단계에서 지진에 대한 안정성을 확보하기 위해서는 여러 가지 방법이 있을 수 있는데, 가장 우선적으로 고려해야 할 사항은 구조형태와 경계조건의 적절한 선택이며, 그 다음이 내진저항 장치를 사용하는 것이라고 할 수 있다.

내진해석을 통해서 최종적으로 얻고자 하는 것은 설계를 위한 구조물의 변위와 전단력인데, 두 요소들은 서로 상반되는 관계에 있다고 볼 수 있다. 즉, 변위를 제한하게 되면 전단력이 증가하게 되고, 전단력을 제한하게 되면 변위가 증가하게 된다. 또한 이 값들은 구조물의 주기와 밀접한 관계를 가지고 있으며 구조물의 주기에 따라 그 값이 결정되는 것이다.

구조물의 내진설계는 2가지 개념으로 생각할 수 있다. 첫째는 구조물의 주기를 아주 작게 함으로서 지진하중이 지반을 통하여 전달될 때 지반과 일체로 거동, 즉 강체거동을 하게 함으로서 상대변위를 최소화시켜 주는 것이다. 또 다른 하나는 구조물의 주기를 크게 하여 지진하중에 의한 영향을 적게 받게 하는 것이다. 전자의 경우 구조물의 강성을 매우 크게 함으로서 가능해지는 데 교량의 설계에는 비경제적이라고 할 수 있고, 일반적으로 원자력 구조물의 설계에 주로 쓰이는 개념이다. 교량의 경우 후자의 방법을 주로 취하게 되는데, 이 경우에는 구조물의 변위를 제한하는데 문제가 발생할 수 있다. 앞에서도 언급했듯이 구조물의 변위를 크게 하게 되면 교각이나 교대 등 하부구조에 작용하는 전단력은 감소하게 되지만 상부구조에 발생하는 변위는 증가하게 된다. 이 경우 상부구조의 낙교 등과 같은 문제점이 발생될 수 있는데 이를 방지하기 위하여 전단키(shear key)등과 같은 낙교방지장치를 사용하게 된다. 그런데 상부구조의 중량이 너무 커서 이 방법으로 제한이 불가능할 경우, 댐퍼(damper) 등과 같이 지진력을 저감시킬 수 있는 장치를 사용하거나 면진받침을 이용한 기초분리방법을 사용한다. 만일 이와 같은 방법으로도 제어가 불가능할 경우에는 지진하중이 작용할 때 기계적인 장치를 이용하여 지진하중과 반대의 방향으로 힘을 가해 주는 능동제어의 방법을 사용하게 된다.

내진구조계획의 궁극적인 목적은 구조물의 주기를 결정하고 이에 따라 변위와 전단력을 허용한계 내에 들어오게 하는 가장 경제적인 한계를 설정하는 것이라고 할 수 있다. 그러나 실제의 경우 교량의 형식이 다양하고 각각의 경우에 대해 지반조건이나 경제조건들이 모두 상이하므로 명확하게 기준을 설정하기는 곤란하다. 따라서 각각의 교량 형식과 지반조건 등에 따른 기준을 제시하기보다는 일반적인 경우에 대해 내진 효율성이 뛰어난 구조형태에 관한 원칙을 제시함으로서 그 적용성을 넓혀가는 것이 합리적이다.

내진효율성이 뛰어난 구조형태라고 하면 우선 단순하고 대칭을 이루는 형상이 적합하며, 지진하중 작용 시 구조물에 작용하는 지진하중을 적절히 분배시킬 수 있도록 기본적인 구조형상을 유지하고 있어야 한다. 즉, 완전성(integrity)이 요구된다. 이 단순성(simplicity)과 대칭성(symmetry), 완전성이 내진구조계획의 가장 기본적인 원칙이라고 볼 수 있는데, 이러한 원칙들이 적용된 구조물일 경우에 변위나 전단력 등의 설계 임계요소를 가장 경제적이고도 합리적으로 산정할 수 있다.

12.2.1 내진구조계획의 기본원칙

구조물의 내진성은 구조물의 형태, 즉 교량의 기하학적 형상·교량형식·부재간의 연결상태 등의 함수로 결정된다. 지진하중은 주로 수평하중으로 작용하므로 지진하중에 의한 상부구조 관성력을 하부구조로 전달시키는 데는 상부구조의 완전성과 교량을 구성하고 있는 여러 가지 부재요소들의 상대적인 강성에 관계된다.

내진설계의 개념이 일반화되기 전에는 교량의 예비설계단계에서 수직하중에 저항하기 적합한 형태로만 설계되었으며, 경우에 따라서 풍하중 등과 같은 수평하중에 대한 고려가 있기도 하였다. 따라서 이러한 구조물에 대한 내진성을 검토하는 단계에서는 이미 구조형태가 수직하중에 적합하게 결정된 상태였기 때문에 지진하중에 대해서는 적합한 구조형태가 되지 못한 경우가 많았다. 따라서 효율적인 내진성을 가진 구조물의 설계를 위해서는 설계 초기단계에서부터 지진하중에 저항하기 적합한 구조형태에 대한 고려가 있어야 한다. 지진하중이 지배하중이 되지 않는 지역, 즉 지진에 대한 위험도가 크지 않은 지역에서도 지진에 대한 적합한 구조형태를 취한다면 다른 수평하중에 대해서도 효율적인 구조형태가 될 것이다.

어떠한 구조형태를 취한다고 하더라도 지진에 대해서 절대적으로 안전하다고 보장할 수 있는 구조형태는 존재하지 않는다. 그러나 다음에 제시하는 원칙들에 따라서 구조계획을 세운다면 내진에 대한 효율성을 극대화시킬 수 있을 것이다.

단순성

지진피해에 대한 역사적 기록을 살펴보면 가장 단순한 형태의 구조물이 가장 피해를 적게 입는다는 것을 알 수 있다. 지진하중은 관성력이며 이 관성력은 각 부재요소의 질량중심을 통하여 작용하게 되는데, 이러한 지진하중을 가장 짧고 직접적인 경로로 지반에 전달하는 구조형태가 내진효율성이 가장 높은 구조형태라고 할 수 있다. 이러한 관점에서 볼 때 단순한 형태의 구조물은 가장 짧고 직접적인 하중전달경로를 가지고 있으므로 좋은 내진 저항성을 가지고 있다고 볼 수 있다.

교량에 있어서 상부구조는 가장 중량이 큰 구조요소이므로 이 상부구조의 관성력을 하부구조를 통하여 가장 빠르고 직접적으로 전달시키는 것이 좋은 구조형태를 유지하는 첫 번째 단계라고 할 수 있다. 직접적인 하중경로를 가지고 있는 구조물의 장점은 예상되는 하중에 대해 하중 전달경로를 명확하게 결정할 수 있기 때문에 파괴를 원하는 방향으로 유도할 수 있다. 따라서 교량의 전체붕괴가 발생하기 전에 교량 전체의 안전성에 영향을 미치지 않는 부재의 파괴를 유도할 수 있다. 즉, 전체붕괴를 일으키게 될 지도 모르는 파괴경로를 사전에 방지할 수 있다. 단순구조물의 다른 장점은 단자유도의 모델을 취할 수 있으므로 더욱 정확한 내진효율성을 예상할 수 있다는 것이다. 즉, 고차의 진동모드에 의한 영향을 미리 배제함으로서 하중과 변위에 대한 산정이 보다 정확해 질 수 있다.

반면에 복잡한 형태의 구조물은 그 하중의 전달경로가 명확하지 않기 때문에 파괴경로를 예상하기 어려울 뿐만 아니라 각 질량점들 간의 상대적인 변위에 의해서 예상하지 못한 곳에서 부재요소들의 파괴가 발생될 수 있다. 또한 고차모드의 영향이 상대적으로 크기 때문에 그 영향을 제대로 고려하기 위해서는 많은 시간과 노력을 필요로 하게 되며, 만약 이에 대한 고려가 제대로 이루어지지 않았다면 예상하지 못한 심각한 구조물의 손상이 예상되므로 상대적으로 내진효율성이 떨어진다고 볼 수 있다.

단순한 구조물은 하나의 큰 단점을 가지고 있는데, 그것은 복잡한 형태의 구조물과 비교하여 잉여자유도가 없기 때문에 주하중 전달경로에서 파괴가 일어나게 되면 직접적으로 전체붕괴를 유발할 수 있다는 것이다. 단순구조물은 대부분의 연성요구도(ductility demand)가 몇몇 부재에 집중하게 되는 데 교량의 경우는 교각에 집중된다. 그러므로 몇 개의 교각에서 큰 소성변형이 예상되며, 만약 이러한 요구조건에 대해 적절한 조치를 취하지 않는다면 파괴가 일어날 것이고 이것은 상부 구조전체의 붕괴를 유발하게 된다. 따라서 교량의 내진설계에 있어서 연결부의 설계와 교각의 소성힌지에 대한 고려는 필수적이라고 할 수 있다.

대칭성

대칭성을 유지하고 있는 구조물은 수직축에 대한 회전을 최소화하여 비틀림에 의한 피해를 줄일 수 있으며, 이 원칙은 교량에서도 마찬가지로 적용될 수 있다. 상부구조의 과잉회전은 교대부에 충격을 주어 파괴를 유발할 수 있으며 교각에는 비틀림 전단력으로 인해 손상을 일으킬 수도 있다. 이러한 회전에 의한 영향을 최소화하기 위해서는 기하학적 대칭뿐만 아니라 강성의 대칭도 유지되어야 한다.

일반적으로 교량의 전체 수평강성에 영향을 주는 거더 · 교각 · 교대 · 기초의 강성 등은 각각 다른 크기를 가지고 분포되어 있는데, 이렇게 공간적으로 분포된 강성의 중심을 강성중심 또는 전단중심이라 부른다. 강성 중심이 질량중심과 일치하게 되면 회전이 발생되는 것을 피할 수 있다. 구조물에 작용하는 외력들은 전단중심에 작용하고, 구조물에 발생되는 저항력들은 질량중심에 작용하게 된다. 따라서 전단중심에 작용하는 작용하중의 합력과 질량중심에 작용하는 저항력의 합력 사이에 편심이 없다면 상판은 회전이 일어나지 않을 것이다. 그러므로 교량에 있어서 대칭성은 횡강성의 여러 가지 근원들, 즉 교각들이나 교대들이 질량중심에 대해 대칭이 되게 위치되어 있을 경우 유지될 수 있다.

상부구조의 중량이 균등하게 분포되어 있고 기초상태가 일정한 교량의 기하학적 대칭성을 만족시키기 위해서는 균등한 높이와 크기를 가진 교각이 교량횡단면의 중심선에 대해 대칭이 되도록 배치하면 된다. 교량의 대칭성은 하나의 하부구조에서 다른 하부구조로의 강성의 변화가 급격하지 않다면 만족시키기가 쉽다. 그러나 교대에서 교각으로 변하는 경우와 같이 급격한 강성의 변화를 피할 수 없는 경우에는 교량의 반대편에서도 같은 비율로 변하게 해야 한다. 대칭성이 유지된 교량에서는 상부구조가 회전에 의한 변형 없이 순수이동에 의해서 변형이 생기게 되므로 상부구조의 하중분포는 각각의 횡강성에 대해 직접적으로 분포한다. 즉, 높은 강성을 가진 요소가 높은 지진하중을 분담할 수 있도록 유도할 수 있다. 그러나 만약 대칭성이 만족되지 않고 비틀림회전이 존재한다면 하중분배는 더 이상 횡강성에 대해 비례적이지 못하게 되어 큰 지진하중이 낮은 강성을 가진 부재나 상대적으로 낮은 강도를 가진 부재에 가해질 수도 있다. 이와 같이 강도의 분포가 일정하지 못하면 어느 한 부재가 다른 부재에 비해 빨리 항복하게 되며, 어느 한 부재의 갑작스런 강도 저하는 전단중심의 위치변화를 가져오게 된다. 이러한 전단중심의 위치변화는 구조물에 또 다른 회전에 의한 비틀림을 유발하게 되는데, 이 비틀림은 이미 강도가 저하된 상부구조물에 심각한 타격을 입힐 것이고 이에 따라 여러 개의 하부구조물에 심각한 손상을 유발시킬 것이다.

위에서 말한 바와 같이 구조물의 대칭성은 구조물의 회전에 의한 손상을 방지하기 위하여 필수적이라고 할 수 있으며 지진하중이 작용하고 있는 중에도 대칭성이 제대로 유지될 수 있다면 구조물의 내진효율성은 훨씬 증가될 수 있을 것이다.

완전성

완전성은 교량의 여러 구조요소가 지진 시 서로의 강성을 상대방에게 전달시킬 수 있도록 연결상태를 유지하고 있어야만 한다는 것이다. 즉, 구조요소들 간의 연결부는 서로 강성을 전달시켜 지진력이 하부구조에 전달되어 지반 또는 교각의 소성변형을 통해 소산될 수 있도록 충분한 강성을 가지고 있어야 한다는 것이다. 이것은 받침식 지점이 사용되었을 경우, 거더들의 낙교를 방지하기 위한 충분한 연단거리를 확보해야 한다는 것도 의미한다. 또한 면내력을 교각이나 교대에 분배하기 위한 상부구조의 연속성도 교량의 완전성을 유지하는 데 중요한 요소라고 할 수 있다. 받침 및 전단키는 상부구조에서 전달되는 하중을 파괴의 위험 없이 하부구조로 전달할 수 있는 여유강도를 가져야 한다. 하부구조의 연성요구도를 제대로 만족시키기 위해서는 교각이나 교대와 같은 부재 내에서 강성의 급격한 변화를 피해야 한다. 휨을 받는 부재 내에서 강성이 갑자기 변하게 되면 강성이 약한 부분에는 전체 변형능력을 기준으로 했을 때 강성이 큰 부분보다 상대적으로 큰 변형능력을 요구받게 되며 이에 따라 그 부분에는 큰 휨응력이 작용하게 된다. 따라서 이에 대한 적절한 설계가 되어 있지 않다면 전체적인 붕괴가 일어날 가능성도 있다.

구조물이 지진하중에 대해 파괴 없이 그 기능을 충분히 발휘하게 하기 위해서는 매우 세심한 주의를 필요로 한다. 특히 내진설계가 필요한 교량의 경우, 낙교방지를 위한 여유 있는 연단거리와 여유있는 받침의 용량, 소성힌지영역의 띠철근의 배근, 철근의 여유 있는 정착길이, 전단키와 다른 낙교방지장치 등에 대한 자세한 설계가 이루어져야 할 것이다.

12.2.2 구조물의 연성을 고려한 설계

교량의 설계 시 탄성영역만을 고려하여 설계하는 것은 비경제적일수 있으므로, 구조물에 아주 심한 파손이 일어나지 않는다면 어느 정도의 손상은 허용하는 것이 교량의 내진설계에 있어서 일반적인 원칙이다. 이러한 설계를 위해 탄성해석으로 얻은 설계지진력을 응답수정계수(R)로 나누거나 비탄성 설계응답스펙트럽을 사용하는 방법이 제시되고 있다.

미국의 AASHTO와 우리나라의 도로교설계기준에서는 탄성응답스펙트럼으로부터 설계하중을 결정하고, 비선형 거동에 의해 지진에너지의 분산효과를 고려하기 위해 응답수정계수로 나누어줌으로서 설계지진하중을 감소시킨 후 부재의 설계단면을 결정한다.

강한 지진에 대해 구조물이 붕괴되지 않기 위해서 구조물의 연성능력이 지진에 의한 연성요구도(ductility demand)보다 커야 한다. 따라서 이에 대한 올바른 적용을 위해서는 교량의 소성거동에 대한 이해와 아울러 소요연성도(기둥의 소성힌지구역의 소요 심부구속철근량을 산정하기 위한 소요 곡률연성도와 변위연성도)에 대한 이해가 필요하다. 연성(ductility)이란 항복강도의 심각한 저하가 일어나지 않는 범위 내에서 초기항복 이후에 발생되는 재료나 구조부재 혹은 전체구조계의 소성변형능력(plastic deformability)을 말한다. 현재까지는 구조물의 연성능력은 실험적 방법에 의한 평가로 이루어지고 있으며, 소요 응답수정계수(기둥의 탄성지진응답모멘트와 설계휨강도의 비율로서 소요연성도를 산정하기 위한 계수)는 구조시스템의 종류에 따라서 개략적인 경험으로 구분하는 방법이 제시되고 있는 실정이다.

연성의 개념을 이해하기 위해서는 변위연성도(단면의 항복변위에 대한 극한변위의 비율)와 곡률연성도(단면의 항복곡률에 대한 극한곡률의 비율)를 이해해야 하는데 본 절에서는 교각하부의 연성과 연성도 내진설계(철근콘크리트 기둥의 소요연성도에 따라 횡방향 심부구속철근을 설계하는 설계방법)의 교량에 대한 적용 현황에 대해서만 간략하게 설명하였다.

교각하부의 연성

지지기둥의 휨항복을 허용함으로써 교량의 설계 시 경제성을 확보할 수 있다. 실제 교각에서 연성의 정의와 기둥의 연성능력에 영향을 주는 요소들을 고려하면 다음과 같다.

변위연성(displacement ductility)은 구조물의 질량중심이 탄성한계를 넘어 변형될 수 있는 범위를 정해주며 $\mu\Delta y$로 표시된다. 만약 기초부까지 생각한다면 그림 12.2.1의 오른쪽 그림과 같이 범위가 더 커질 수 있다. 기초부가 상당히 깊고 지반이 부드러운 흙으로 덮여 있다면 소성힌지가 지반면에 생기지 않고, 기초부에 생긴다는 가정을 할 수도 있다. 곡률연성(curvature ductility)은 항복점 이후에 기둥의 곡률한계를 정해준다.

그림 12.2.2에서는 이상화된 힘-변위 관계와 실제 실험한 결과를 나타내고 있다.

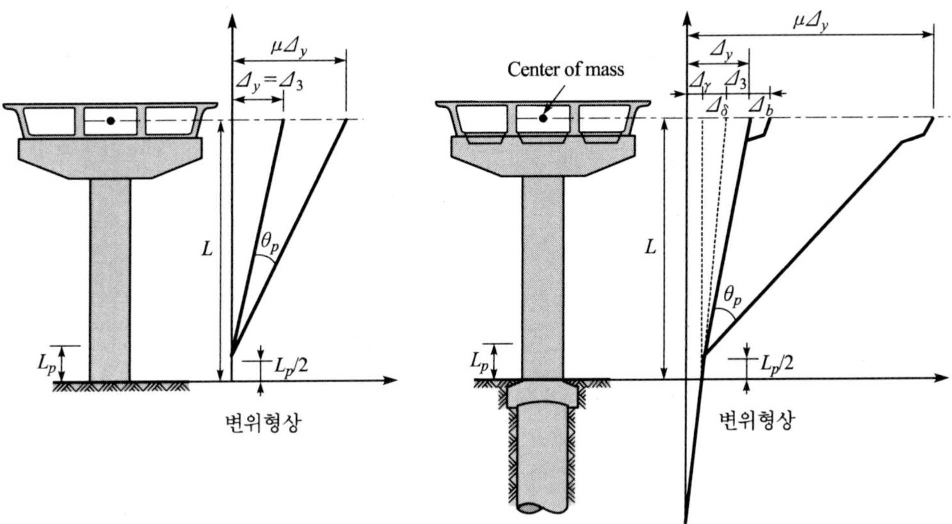

그림 12.2.1 교각의 탄성 및 소성변형의 정의

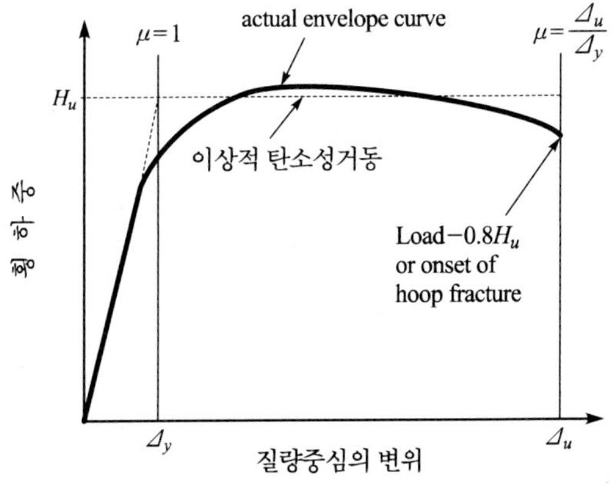

그림 12.2.2 이상화된 변위연성(displacement ductility)

탄소성 곡선은 다음과 같은 이유로 이상화시킬 수 있다.

- 철근콘크리트 기둥 단면내의 철근은 동시에 항복에 도달하지 않는다. 중립축에서 가장 멀리 있는 철근부터 항복을 하며, 중립축에 가장 근접한 철근은 가장 나중에 항복하게 된다.
- 콘크리트와 강재는 소성거동을 한다.

기둥의 소성힌지 발생으로 연성거동을 하는 교량은 교각의 붕괴 없이 극한변형에 의해 그 변형 능력이 제한되어진다. 여기서 극한변형이란 교각안의 소성힌지 구간에서 띠철근이나 나선철근과 같은 보강재 혹은 종방향 철근에 첫파단이 발생된 경우 또는 극한강도가 일어날 때까지 가해지는 횡하중의 20%를 감소시킨 하중에 해당하는 변위로 규정할 수 있다.

기둥에 대한 소요 응답수정계수가 클수록 구조적인 소요연성도가 크다. 만약 구조물의 중요도가 높고 유연(flexible)한 구조물이라면 연성을 고려한 설계를 하는 것이 더욱 유리할 것이다. 소성힌지 내에 구조물의 연성능력과 곡률연성과의 관계를 이해하는 것은 연성설계 접근을 위해서 필수적이라 하겠다. 항복하는 구조물의 국부적인 연성은 곡률연성도에 의해 나타낼 수 있다. 일반적으로 소성이 일어나는 단면에서 요구되는 곡률연성도는 변위연성도보다 큰 것으로 알려지고 있다.

교량에서의 연성설계의 적용 현황

우리나라 도로교설계기준의 경우, 미국 ATC 규준과 같은 응답수정계수(R)를 제시하고 있다. 기둥, 교각 또는 말뚝 가구(pile bent)에 대한 R값은 다양한 지지조건에 의한 여용력(redundancy) 및 연성(ductility)을 고려하여 제시되었다.

도로교설계기준 한계상태설계법(2015) 8.5.4에서 볼 수 있듯이 벽식교각은 강도가 큰 방향에 대해 가장 작은 연성능력과 여용력을 갖는 것으로 판정하여 가장 작은 R값인 2로 정하였다. 단일 기둥의 연성능력은 다주 가구 기둥의 연성능력과 비슷하지만 여용력이 없기 때문에 R값을 3으로 하였다. 1개 이상의 경사 철근콘크리트말뚝을 사용한 경우는 연성능력이 감소되며 이러한 시스템에서는 감소된 R값 2를 적용하였다. 연결부분에 해당하는 R값이 1.0 및 0.8인 것은 교량이 비탄성적인 거동을 할 때 발생하는 힘의 재분배의 영향을 부분적으로 고려하기 위한 것이며, 또한 이를 통해 지진 시에 중요한 연결부가 완전성을 유지하게 함으로써 보다 적은 비용의 공사비 증가로 보다 큰 안전성을 확보할 수 있게 된다.

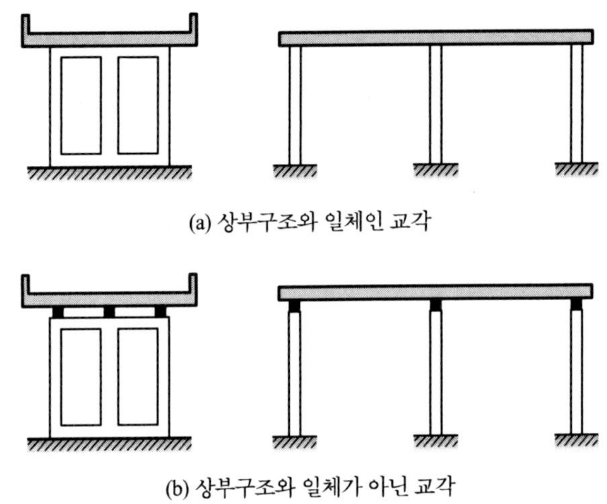

(a) 상부구조와 일체인 교각

(b) 상부구조와 일체가 아닌 교각

그림 12.2.3 응답수정계수의 적용

응답수정계수는 교량 하부구조의 양 직교방향에 대해 모두 적용시킬 수 있다. 이때 주의할 점은 양방향에 대해 일괄적으로 같은 값을 적용하는 것이 아니라 각 방향으로의 구조형태에 따라 달라져야 한다는 것이다.

그림 12.2.3(a)와 같은 다주 가구인 경우 양방향에 대해 모두 5를 적용시킬 수 있다. 그러나 그림 12.2.3(b)와 같은 다주 가구인 경우 교축수평 직각방향에 대해서는 5를 적용시키지만, 교축방향에 대해서는 단일 기둥과 같은 거동을 하므로 3을 적용시켜야 한다. 그 이유는 그림 12.2.3(a)의 경우 교축수평직각방향은 물론 교축방향에 대해서도 상부구조와 일체식으로 되어 있어 상부구조를 통하여 하중의 재분배가 이루어질 수 있으므로 여용력이 존재한다고 볼 수 있다. 따라서 교축방향에 대해서도 응답수정계수를 5로 적용시킬 수 있다.

그림 12.2.3(b)의 경우, 교축수평직각방향에 대해서는 다주 가구로서 여용력이 존재하지만 교축방향에 대해서는 여용력이 없기 때문에 단일 기둥과 같은 거동을 한다고 보고 3을 적용시킨다. 그러나 교각이 매우 높은 고교각의 교량일 경우, 다주 가구인 경우라도 소성힌지점의 발생위치가 달라짐에 따라 하중의 재분배 효과가 달라질 수 있으므로 여용력의 크기 또한 변화하게 된다. 이런 경우에는 응답수정계수를 5보다 작게 적용시켜야 할 것이다. 이와 같이 응답수정계수는 설계자와 공학자 판단에 따라 적절히 적용해야 한다.

전단력이나 축력에 응답수정계수를 적용시키는 문제의 경우, 우리나라 도로교설계기준에서는 응답수정계수를 적용하지 않는 것으로 하고 있지만, AASHTO에서는 우리나라 도로교설계기준의 내진 Ⅰ등급교에 해당되는 SPC B등급의 교량에는 응답수정계수를 전단력과 축력에 모두 적용시키고 있다. 한편 SPC C 및 D에 해당되는 교량의 경우 모멘트에 대해서는 응답수정계수를 적용하지만 전단력과 축력에 대해서는 적용하지 않고 탄성해석에 의한 전단력과 소성힌지에 발생하는 전단력 중 작은 값을 사용하도록 추천하고 있다. 그 이유는 SPC C 및 D에 해당하는 작용하는 지진력에는 상대적으로 큰 지진하중이 작용하게 되어 교각에 전단으로 인한 취성파괴가 일어나기 쉬우므로 교각의 휨 파괴를 유도하기 위해서이다. 그러나 SPC B의 경우 전단력과 축력 모두에 응답수정계수를 적용시키는 이유는 SPC C 및 D에 해당하는 지진력보다 상대적으로 작으므로 취성파괴의 확률이 상대적으로 작기 때문이다. 한편 AASHTO에는 SPC B의 교량이라도 설계자의 판단에 따라 SPC C 및 D에 해당하는 교량에 적용하는 것과 같은 방법으로 설계력을 구하여도 된다고 제시하고 있다. 일반적으로 SPC C 및 SPC D 의 교량에서는 소성힌지에서의 전단력과 축력을 설계력으로 사용하게 된다. SPC B의 교량에 이 방법을 적용하는 경우에는 응답수정계수를 적용하여 구한 값보다 더 작은 값이 나올 수도 있다. 우리나라 도로교설계기준의 규정에서와 같이 전단력과 축력을 탄성지진력으로 설계하게 되면 과다설계의 우려가 있긴 하지만, 도로교설계기준 내진설계편에서는 보다 발전된 설계방법을 적용하는 것을 허용하고 있으므로 AASHTO의 설계방법을 준용하여 설계를 해도 무방할 것이다.

12.3 교량의 내진해석

내진해석은 흔히 별개의 추가적인 해석과 설계를 하는 것으로 오해하기 쉬운데 이는 새로운 용어에 대한 그릇된 선입관에서 비롯된 것이다. 내진해석을 한다는 것은 그 동안 고려하지 않았던 수평하중 가운데 하나인 지진하중을 해석과 설계 과정에서 추가로 고려하는 것에 지나지 않음을 먼저 인식해야 한다. 실제로 우리나라의 도로교설계기준에서 적용될 내진설계의 관련기준은 기존의 정적설계에 지진하중의 산정 및 적용방법에 대한 내용을 추가한 것에 불과하다. 즉, 교량 구조물의 설계를 위한 하중은 중력에 의한 자중과 차량하중과 같은 활하중 등의 연직방향 하중과 지진 및 바람에 의한 수평하중으로 대별되는데 연직하중에 대한 설계는 내진설계 도입 후에도 종전과 동일하게 적용되고 있다.

교량 설계에서 수평하중으로서의 풍하중과 지진하중은 그 성질에서 근본적인 차이가 있음을 간과해서는 안 된다. 즉, 풍하중은 바람 방향의 접지면적과 풍속 및 노풍도 등에 비례한 정역학적 하중으로 취급될 수 있는 반면, 지진하중은 구조물의 동적 특성치인 상부구조 및 하부구조의 질량 및 강성 등에 따른 관성력으로 지반 및 하중경로에 따라 크게 달라질 수 있는 동역학적 하중으로 취급되어야 할 하중이다.

또한 내진설계 기준은 일반적인 교량에 대한 최소한의 기준으로 특수교량이나 비정형화 교량에 대해서는 별도의 정밀한 해석 및 설계방법이 강구되고 있다. 즉, 현재의 도로교설계기준 한계상태설계법(2015) 제8장의 내진설계편은 우리의 기술수준과 지진의 위험성, 또한 국민경제에 미치는 영향을 감안하여 해당구역 I, II의 설계지진 평균재현주기에 따른 단일 또는 다중모드스펙트럼해석법을 근간으로 하고 있으나 설계자의 판단이나 발주자의 요구 등에 따라 보다 정밀한 동적설계법을 사용할 수도 있다.

12.3.1 해석방법과 해석방법의 선택

(1) 해석방법

내진설계를 위한 구조물의 해석법은 크게 다음과 같이 분류할 수 있다.

- 응답스펙트럼해석법(response specturm analysis method)
  - 단일모드스펙트럼해석법(single mode spectral analysis method)
  - 다중모드스펙트럼해석법(multimode spectral analysis method)
- 시간이력해석법(time history analysis method)
  - 모드중첩법(mode superposition method)
  - 직접적분법(direct integration method)

단일모드스펙트럼해석법은 해석방법이 단순하고 계산량이 적은 장점이 있으나, 계산결과가 다른 해석법에 비해 크게 산정되고 구조물의 동적특성에 대한 고려가 미흡하다는 단점이 있다. 반면에 다중모드스펙트럼해석법은 구조물의 해석방법이 비교적 간단하고 구조물의 동적특성을 잘 고려할 수 있는 장점이 있긴 하지만 구조물의 시간에 따른 거동을 알 수 없고 비선형해석을 수행할 수 없을 뿐만 아니라 모드간의 주기가 인접한 구조물에 대해서는 계산결과에 오차가 크다는 단점이 있다. 그러나 일반적인 교량에 대해서는 거의 정확한 해석결과를 산출할 수 있으므로 일반적인 설계를 위한 해석으로는 가정 적절한 해석방법이라고 할 수 있다.

표 12.3.1 내진해석법의 주요 특성

해석방법	주요 특성
단일모드 스펙트럼 해석법	•구조물의 형상이 단순하여 기본모드가 구조물의 동적거동을 대표할 수 있는 경우 •교량의 기본주기로부터 탄성지진력 및 변위를 예측 •동역학에 대한 깊은 지식이 없이도 쉽게 적용 가능한 간략한 해석법이며 수계산이 가능 •형상이 단순한 단순교나 연속교에 적용 가능 •일반적으로 다른 해석법에 비해 응답값이 크게 산정됨. •구조물의 형상이 복잡하여 기본모드 이외의 모드들에 의한 영향이 큰 경우는 적용이 어려움.
다중모드 스펙트럼 해석법	•기본모드 이외의 모드들이 구조물의 동적응답에 대한 기여도가 큰 경우에 사용 •여러 개의 진동모드가 구조물 전체의 거동에 기여 •선형해석프로그램을 이용하여 해석 •일반적으로 중간 정도 지간의 연속교에 적용하며 해석모델을 잘 선택할 경우 장대교와 특수 교량에도 적용 가능 •시간이력해석법에 비해 시간과 노력을 적게 들이고도 정밀한 해석결과를 얻을 수 있음. •기하학적인 형상이 복잡하여 직교좌표축으로 모드를 분리하기 힘든 교량에 대해서는 적절한 응답값을 기대하기 어려움.
시간이력 해석법	•하중의 지속기간이 짧을 경우 •모드 간의 구분이 명확하지 않아 coupling 모드가 나타나기 쉬운 경우 •높은 안전성이 요구되어 비선형 해석을 필요로 하는 경우 •입력으로서 실측된 지진파형이나 인공파형이 필요 •선형 혹은 비선형 해석 프로그램을 이용하여 해석 •응답해석에 필요한 모드의 개수가 많을 경우 효과적(모드중첩법) •동적 비선형 해석 가능(직접적분법) •해석 및 결과분석에 많은 시간과 노력이 필요

시간이력해석법은 지진에 의한 지반운동의 시간에 따른 변화를 알 때 구조물의 시간에 따라 구조물의 거동을 알 수 있는 가장 정확한 해석방법이지만 예상되는 지진의 지반운동을 정확하게 예측하기 어려우므로 기존의 지진기록을 사용하거나 합성된 인공지진파형을 사용해야 하는 번거로움이 있으며 막대한 계산량을 요구하는 단점이 있다. 그러므로 일반적인 교량의 설계를 위한 해석방법으로는 적절하지 못하고 극히 중요한 구조물의 해석이나 구조물의 비선형성까지 고려한 정밀해석이 필요한 경우 혹은 이미 설계된 구조물에 대한 정확한 안전성을 점검하기 쉬운 수단으로 주로 쓰는 방법이다.

(2) 해석방법의 선택

해석방법의 선택은 해당구조물의 설계에 대한 요구사항, 내진구조설계의 수준 및 경제적인 이유 등으로 어느 한 방법만을 제시할 수는 없지만 구조물이 작은 것에서부터 큰 것으로, 형태가 간단한 것에서 복잡한 것으로, 또한 구조물의 중요도가 증가함에 따라 더 정밀한 해석법을 적용하는 것이 일반적인 원칙이다.

교량의 경우에는 특히 교량의 형식 · 경간 수 · 내진등급 · 중요도 · 기하학적 형상 등에 따라 달라지게 된다. 교량에 있어서 해석방법 선정의 원칙이 될 수 있는 것 중의 하나는 진동모드의 유효질량이라고 할 수 있다.

단순한 형태의 교량에는 단일모드 스펙트럼해석법을 적용하여 해석을 하여도 거의 정확한 결과를 얻을 수 있다. 단일모드스펙트럼해석법에는 교축방향과 교축직각방향의 기본모드만을 고려하여 해석을 하는데 그 이유는 단순한 교량일수록 기본모드에서 교량 전체질량의 대부분을 반영할 수 있기 때문이다. 교량의 형태가 복잡해지면 기본모드에서 구조물의 내진해석 시 고려해야 할 질량의 하한선인 90% 이상을 반영할 수 없기 때문에 다중모드스펙트럼해석법이나 다른 해석법을 사용해야 한다.

단일모드스펙트럼해석법에 의한 해석결과는 일반적으로 다른 해석법에 의한 해석결과보다 그 값이 더 크게 나타나는데, 그 이유는 교축방향모드나 교축직각방향모드를 각각의 방향에 대해 기본모드로 고려하여 각각의 모드가 전체질량의 100%를 반영하는 것으로 보기 때문이다. 그러나 실제로는 만일 교축방향모드가 기본모드로 나오게 되면 교축직각방향 모드는 그 이후의 모드로 나오게 되므로 교축직각방향의 모드는 전체 질량의 100%를 반영할 수 없다. 반면에 다중모드스펙트럼해석법을 사용하게 되면 전체질량이 한쪽 방향으로만 기여를 하는 것이 아니라 전체유효질량 중에서 해당 방향의 유효질량만이 그 방향으로 작용하게 되므로 좀 더 정확한 해석결과를 얻을 수가 있다.

다중모드스펙트럼해석법을 사용하게 되면 지진하중의 크기를 줄일 수 있어 경제적인 단면설계를 할 수 있을 뿐만 아니라 단일모드스펙트럼해석법으로는 예상할 수 없었던 부분의 손상도 예방할 수 있다. 즉, 단일모드해석법에서는 기본주기에 해당하는 모드만이 고려되므로 부재에 작용하는 지진하중도 모드형상에 나타나는 부분에만 작용될 것이다. 그런데 만약 비틀림에 취약한 형상을 가진 부재의 경우, 기본모드 이외의 모드에서 비틀림 모드가 나타나고 그 질량의 기여도가 크다고 가정하면 그 부재는 비틀림에 의해 손상이 생길 수도 있다. 따라서 다중모드스펙트럼 해석법을 사용하여 이 모드를 고려한 지진력을 산정하면 이 부재의 손상을 예방할 수 있다.

교량에 있어서는 일반적으로 교량의 형태가 간단한 교량에서 복잡한 교량으로, 지간의 길이가 짧은 교량에서 긴 교량으로, 중요도가 낮은 교량에서 높은 교량으로 변화함에 따라 더 정밀한 해석법을 사용하는 것을 원칙으로 한다. 따라서 교량의 형태가 단순하고 지간이 짧은 정규교량에 대해서는 단일모드스펙트럼해석법을 적용할 수 있으며 교량의 형태가 복잡하고 기하학적형상이 비정형인 교량, 현수교나 사장교 혹은 2층 교량과 같은 특수교량은 다중모드스펙트럼해석법이나 시간이력해석법을 적용하는 것이 바람직하다. 그러나 이와 같은 구분 또한 절대적인 원칙은 되지 못하며 설계자의 판단에 따라 적절한 해석법을 적용해야 할 것이다.

표 12.3.2 해석방법 선택의 기본방법

대상교량	적용해석방법
단경간, 단순한 기하학적 형상의 교량	1. 단일모드 스펙트럼 해석법
	2. 다중모드 스펙트럼 해석법
점진적 ↓ 이전	3. 모드 중첩법을 이용한 시간이력해석법
장대교, 복잡한 기하학적 형상의 교량	4. 직접적분법에 이용한 시간이력해석법

12.3.2 설계용 지진하중의 결정

지진에 의한 구조물의 안전검토 또는 설계 시에는 그 지역의 지진 특성에 적합한 대표적인 지진하중을 평가해야 한다. 지진하중은 일반하중과는 달리 발생확률은 낮은 반면에 하중의 크기는 매우 큰 특성을 가지고 있다. 따라서 지진하중을 산정하기 위해서는 지역의 지진발생 빈도와 크기 등을 고려한 확률론적 통계처리가 요구된다. 어떤 지역에서의 지진에 대한 위험도를 결정하는 방법으로는 지반운동의 특성을 고려하여 작성된 유사한 구역들에 따라 지진위험구역을 나눈 지진위험도와 그에 따른 최대지반가속도를 설정하는 방법을 사용한다. 일반적으로 지진하중은 지진가속도의 시간이력곡선 또는 설계응답스펙트럼으로 표현된다.

지진위험도해석은 결정론적 방법(deterministic approach, 보수적 방법)과 확률론적 방법(probabilistic approach, 통계적 방법)으로 대별된다.

결정론적 방법은 해당지역에 활동성 단층의 유・무에 따라 구별되며, 해당지역에 활동성 단층이 있는 경우는 가까운 단층선 상의 한 지점을 과거에 발생된 최대 지진의 진앙으로 설정하여, 거리에 따른 감쇠법칙(attenuation law)에 의해 최대지반가속도를 구하며, 해당지역에 활동성 단층이 없는 경우는 조사지역을 여러 개의 지진치제 구조구(seismic tectonic province)로 나누어 각 구조구에서의 최대지진을 이용하여 감쇠법칙에 의한 최대응답을 구함으로서 설계기준값을 구한다.

확률론적 방법은 각 지점에서의 지진 위험도에 대한 확률적 특성을 적절히 나타낼 수 있는 장점이 있으므로 가장 널리 사용되고 있다. 이 방법은 지역을 일정 간격의 격자로 나누고, 과거 지진들에 의한 각 격자점의 지반가속도를 진앙과 격자점 간의 거리에 따른 에너지 감쇠효과를 고려하여 통계적 처리로서 최대지반가속도를 추정하고, 평가결과를 구역별로 표시하거나 등가속도곡선을 사용한다.

결정론적 방법은 최대지진을 기준으로 하여 해석함으로서 위험도가 높게 평가되는 단점이 있으므로 외국에서는 확률적 방법에 의한 지진하중을 내진설계에 적용하고 있다. 국내에서도 교량구조물의 설계에 확률론적 방법에 의해 산출된 최대지반가속도를 이용하여 지진하중을 산정하고 있다.

확률론적 방법에 의한 설계지반가속도의 결정은 일반적으로 교량 또는 건축물과 같은 일반구조물에 대해서는 30년 또는 50년 동안에 초과확률 10%를 갖는 최대지반가속도를 사용하며, 현재 국내 도로교설계기준의 경우 설계지진의 평균재현주기에 다른 지반가속도를 사용하고 있다.

(1) 가속도계수

어떤 지역의 지진빈도나 크기 등의 특성을 효과적으로 고려하기 위하여 지역에 따라 서로 다른 가속도계수를 사용하는 데, 현재 도로교설계기준 한계상태설계법(2015)의 경우 그간 국내의 연구결과에 따라 우리나라를 2개 지역으로 나누어 해당구역에 대한 지진구역계수에 재현주기에 따른 위험도계수를 곱하여 결정한다. 이때, 도로교설계기준 한계상태설계법(2015) 8.5.1에서 교량의 내진등급에 따라 결정되는 재현주기에 따른 위험도계수는 재현주기 500년 경우 1, 재현주기 1,000년의 경우 1.4를 사용하도록 하고 있다. 각 지진구역에서의 평균재현주기 500년에 해당하는 지진구역계수는 지진구역 I에서는 0.11이고 지진구역 II에서는 0.07이다.

(2) 지반의 영향

지진에 대한 구조물의 거동은 구조물이 놓인 지반의 성질에 따라 크게 달라지는데 지반이 단단할수록 최대지반가속도의 값이 줄어들게 된다. 예로서 1985년 멕시코지진의 경우를 보면 일반에서 측정된 최대지반가속도는 0.04g 정도인데 비해서, 연역지반에서는 0.2g 정도의 최대지반가속도가 관측된 바 있다. 이 결과를 멕시코지역의 지반의 특수성에 기인한 것이지만 지반의 성질에 따라서 최대지반가속도가 5배나 커질 수 있다는 것을 부여주고 있다. 미국 ATC3-6의 연구에서도 지반의 종류에 따라서 최대 1.5배까지 증폭효과가 있는 것으로 보고 있으며, 미국 AASHTO에서는 ATC의 연구결과를 따르고 있다. 이에 우리나라 도로교설계기준에서도 ATC의 연구결과를 따라서 지반종류 I, 즉 견고한 지반(경암지반 및 보통암지반)에서의 최대지반가속도를 기준으로 하여 지반종류 II, III에 대해 각각 20%, 50%를 증폭시키고 있다.

지반 진동특성과 그에 따른 스펙트럼은 다음의 4가지 요인에 의해 영향을 받는다고 알려져 있다.

- 그 지역 기반을 구성하는 퇴적토의 특성
- 지반운동을 일으키는 지진의 진도
- 지반운동을 일으키는 지진발생기구
- 진앙지로부터의 거리 및 지진경로의 지질

구조설계를 하는 경우에 위의 4가지 요인을 모두 고려하여 설계하는 것이 원칙이지만 현재로서는 적절한 데이터의 부족으로 이들을 모두 고려하는 것은 불가능하다. 최대가속도 및 스펙트럼형상의 산정에 있어서 토질조건의 영향을 고려하기 위한 데이터는 충분하지만 그 밖의 요인에 대해서는 그 영향이 밝혀지고 정량화시킬 수 있는 시점에서 재조정해야 할 것이다.

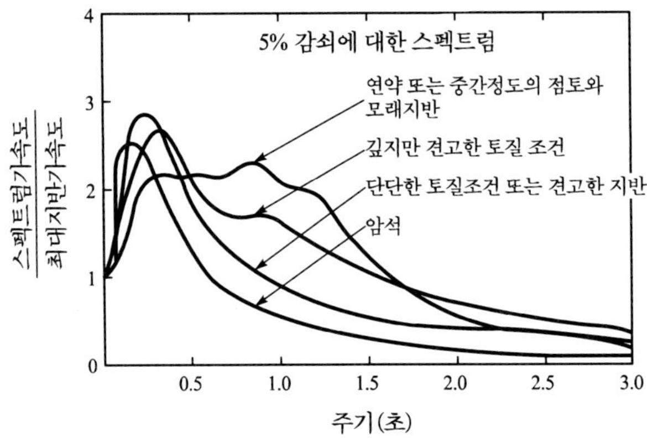

그림 12.3.2 평균가속도 응답스펙트럼

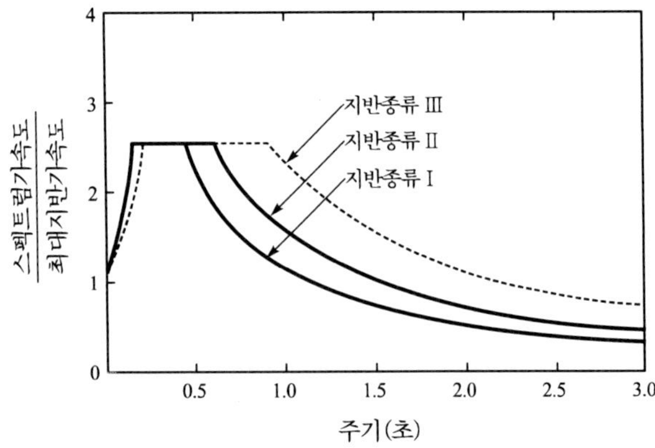

그림 12.3.3 표준화된 응답스펙트럼

구조설계에 있어서 지반운동의 특성을 생각할 때 지역의 토질조건의 영향을 세계의 많은 국가에서는 오래 전부터 고려하고 있다. 이 영향을 고려하고 있는 대부분의 국가에서는 여러 다른 토질조건으로부터 서로 다른 설계기준을 개발하였지만 이들 설계기준은 대표적인 5가지 토질조건에 대한 것으로 압축시킬 수 있다. 현재 국내의 도로교설계기준 한계상태설계법(2015) 8.5.3에서 규정하고 있는 지반계수 및 이에 따른 지반의 분류는 다음의 5가지 지질조건에 대해 나타내고 있다.

① 경암지반 및 보통암지반 : 혈암 등이나 자연 상태에서 결정체를 갖는 암반, 일반적으로 이러한 재료의 특성은 전단파의 속도가 760m/sec 이상이다. 지반계수 S는 1.0이다.
② 매우 조밀한 토사지반 또는 연암지반 : 단단한 모래자갈 또는 견고한 점토질의 안정성 있는 견고한 지반으로서, 전단파의 속도가 360 이상 760m/sec 미만이다. 지반계수 S는 1.2이다.
③ 단단한 토사지반 : ②와 같은 지반이지만, 전단파의 속도가 180 이상 360m/sec 미만이다. 지반계수 S는 1.5이다.
④ 연약한 토사지반 : 연약 또는 중간정도의 점토와 모래질 지반으로, 전단파의 속도가 180m/sec 이만이다. 지반계수 S는 2.0이다.
⑤ 부지 고유의 특성평가가 요구되는 지반

Seed 등은 미국의 서부에서 발생한 104개의 지진데이터를 사용하여 평균스펙트럼 형상을 그림 12.3.2와 같이 작성하였으며, 이러한 스펙트럼형상은 Blume, Newmark 및 Mohraz 등의 연구와도 비교하였다. 그림 12.3.2로부터 설계를 위하여 표준화된 스펙트럼형상을 그림 12.3.3과 같이 단순화시킬 수 있다. 여기서 지반종류 Ⅰ은 토질조건 ① 및 ②를 합한 것이며 지반종류 Ⅱ 및 Ⅲ은 각각 토질조건 ③ 및 ④에 해당된다.

(3) 설계응답스펙트럼 및 설계파형의 결정

① 설계응답스펙트럼

구조물의 내진설계에 사용되는 설계지진은 일반적으로 설계응답스펙트럼으로 표현된다. 설계응답스펙트럼은 그 지역의 지반조건과 최대지반가속도를 변수로 하여 작성되며, 이 설계응답스펙트럼은 감쇠비에 따른 주기나 진동수의 함수로 표현된다.

설계응답스펙트럼은 기존에 발생했던 어떤 지진기록을 이용한 응답스펙트럼을 평탄화시키거나 비슷한 특성을 가진 여러 개의 지진기록에 대한 응답스펙트럼을 평균하여 작성한다. 설계응답스펙트럼은 지반조건에 따라 값을 가지게 되며, 가장 근본적으로 미래에 발생할 수 있는 지진에 대한 고려가 있어야 한다. 예를 들어, 크고 작은 여러 개의 단층(fault)이 지나고 있는 지역의 설계응답스펙트럼은 과거의 여러 가지 지진기록에 의해 작성되게 되는데, 과거에 일어난 지진이 그 지역에서 일어날 수 있는 가장 큰 지진이라고는 할 수 없으므로 큰 단층에 의해서 미래에 발생할 가능성이 있는 지진에 대한 고려를 해야 한다.

설계응답스펙트럼과 응답스펙트럼의 차이점을 알아보면, 응답스펙트럼은 어떤 지반운동에 의한 단자유도계의 최대응답을 감쇠비와 주기의 함수에 따른 가속도나 속도 혹은 변위를 표현한 요철이 있는 그래프를 나타내며, 설계응답스펙트럼은 위에서 설명한 방법을 통하여 실무자들이 사용하기 편리하게 하기 위하여 응답스펙트럼에서 요철을 제거하여 직선화하여 나타낸 그래프이다.

우리나라는 과거에 발생된 지진에 대한 기록이 부족하고, 정확한 기록이 남아있지 않기 때문에 우리나라 지역특성에 따른 아직은 정밀한 설계응답스펙트럼을 개발하지는 못하고 있는 실정이다. 도로교설계기준 한계상태설계법(2015) 8.7.2의 경우는 그림 12.3.4를 사용하고 있다. 그림 12.3.4에서 탄성지진응답계수 C_{sm}은 $2.5A$보다 큰 값을 취할 필요가 없다.

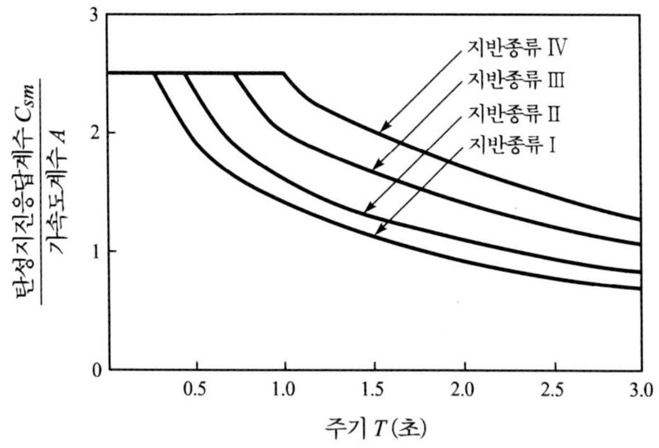

그림 12.3.4 지반가속도계수 A에 대해서 정규화된 탄성지진응답계수

② 설계파형의 결정

응답스펙트럼해석을 위해서는 입력지진하중으로 설계응답스펙트럼이 이용되지만 시간이력해석을 위해서는 그 지역특성에 맞는 지진파의 시간이력곡선을 필요로 한다. 내진해석을 위한 설계파형은 지진파의 통계적 특성(강도・지속시간・파형)이 지진의 발생원인, 진앙지와 피해지역 사이의 지질학적 특성, 피해지역의 국부적 지반 형

태 등에 따라 달라지므로 단 하나의 지진기록파형에 의한 구조물의 내진설계는 적절하지 못하다. 따라서 진앙거리 · 진도(intensity) · 지속시간(duration) 등에 따른 다양한 지진기록이 있어야 한다. 그러나 국내의 경우 계측지진자료의 부족과 부정확성 때문에 실제 설계에 사용할 수 있는 지진파형이 아직 없는 상태이다. 일반적으로 내진설계에 사용되는 그 지역의 특성을 대표할 수 있는 과거에 발생했던 지진에 대한 기록이나 유사한 특성을 가진 여러 가지의 지진기록들을 합성한 인공지진파형을 사용한다.

12.3.3 구조물의 모델링

현재 우리나라 도로교설계기준 한계상태설계법(2015)에는 내진설계를 위한 기본적인 해석법으로 단일모드 스펙트럼 해석법을 사용하는 것을 원칙으로 하고 있으며, 정밀한 해석이 요구되는 교량에 대해 다중모드 스펙트럼 해석법을 추천하고 있다.

단일모드 스펙트럼 해석법은 교량의 고유주기(T)만을 구하여 탄성지지력과 변위를 계산하는 방법이다. 이 해석방법은 교대를 포함하지 않거나 교량의 질량 및 강성과 기하학적 형상이 지간을 따라 급격한 변화가 없고, 교대를 제외한 인접 교각 사이에서 이상의 변수들이 큰 차이가 없는 정규교량에 적용된다. 정규교량이란 직선이거나 원호의 중심각이 90도를 초과하지 않고, 인접 교각의 강성차이가 25% 이하인 교량을 말한다.

시간이력해석법을 위한 모델링의 방법은 다중모드 스펙트럼 해석법의 모델링방법을 준용하여도 별 무리가 없을 것으로 생각된다.

단일모드 스펙트럼 해석법

단일모드 스펙트럼 해석법은 교량을 교축방향과 교축직각방향에 대해 각각의 고유주기를 계산하여 간단하게 탄성력과 탄성변위를 구하고 교량에 적용할 설계 지진력을 산정한다. 따라서 구조물의 모델링은 각 방향의 고유주기를 산정하기 위하여 방향별로 각기 모델링해야 한다.

교축방향의 모델링은 하나의 질량(M)과 스프링(k)을 갖는 구조계로 간단히 모델링할 수 있으며, 상부구조와 교각의 연결 상태에 따라 스프링계수 k를 결정하는데 주의하면 간단한 수 계산으로 교축방향의 고유주기와 지진력과 변위를 산정할 수 있다.

교축직각방향의 모델링은 교축방향의 모델링과 마찬가지로 상부구조와 병렬스프링을 갖는 구조계로 모델링할 수 있으나, 상부구조와 교각의 연결 상태 및 교각의 형식에 따라서 스프링 계수를 결정해야하므로 매우 까다롭다. 따라서 교축직각방향의 모델링은 수계산이 가능한 질량과 스프링을 갖는 구조계로 모델링하기 보다는 구조해석 프로그램을 이용하여 모델링하는 것이 편리하다. 단일모드 스펙트럼 해석을 위한 교축방향의 2점 고정 연속교 및 교축직각방향의 모델링에 대해서 언급하면 다음과 같다.

(1) 교축방향의 모델링

그림 12.3.5와 같은 상부구조와 하부구조의 연결조건에 대해서는 상부구조와 P_1 및 P_2 교각을 하나의 구조계로 모델링하여 다음에 제시된 그림 12.3.6과 같은 구조계에 대해 교축방향의 고유주기를 산정해야 한다.

고유주기를 산정하기 위해서는 각 구성요소의 질량(M)과 강성(k)을 계산해야 한다. 그림 12.3.6의 구조계의 질량은 상부구조의 구성하는 난간·연석·아스콘·바닥판 슬래브 및 주거더의 중량과 P_1 교각의 코핑부의 중량 및 P_1 교각중량의 1/2의 중량과 P_2 교각의 코핑부의 중량 및 P_2교각중량의 1/2의 중량을 합한 구조계의 전체중량(W)를 중력가속도(g)로 나눈 전체질량(M)을 구하고, 교축방향의 길이방향으로 분포된 중량(w)을 중력가속도로 나누어 분포된 질량(m)으로 가정하여 상부구조의 질량중심에 분포시킨다.

상부구조의 단면형상이나 크기가 달라지는 경우에는 질량중심이 달라질 수 있는데, 그 변화의 폭이 비교적 작으므로 가장 지배적인 단면의 단면중심을 전체상부구조의 질량중심으로 적용하여도 그 해석결과의 차이가 미소하므로 큰 문제가 없을 것이다. 이는 다중모드해석법이나 시간이력해석법의 경우도 마찬가지이다.

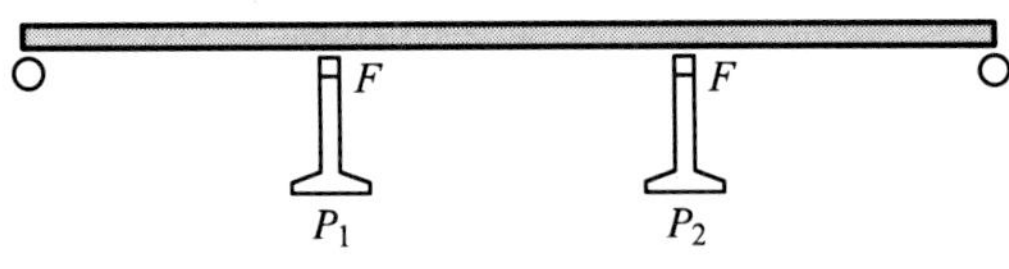

그림 12.3.5 2점 고정의 연속교

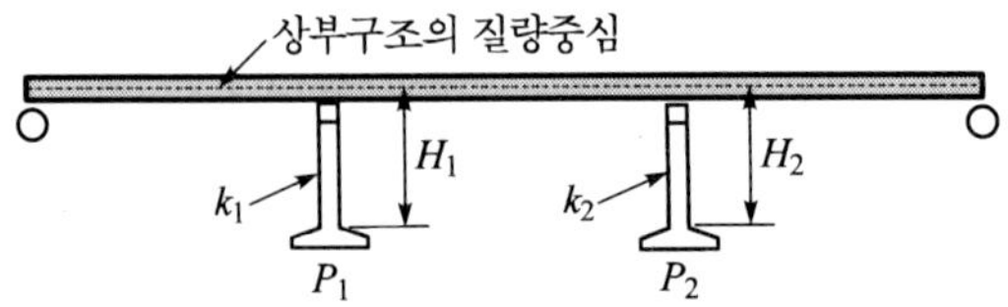

그림 12.3.6 2점 고정의 연속교의 교축방향 모델링

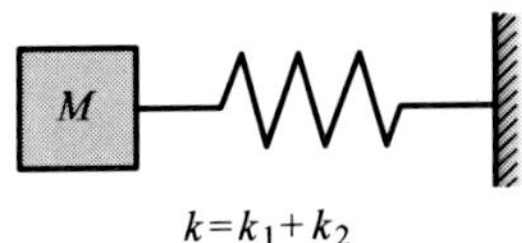

그림 12.3.7 이상화된 2점 고정 연속교의 교축방향 구조계

이 구조계의 강성은 P_1 교각의 강성 k_1과 P_2 교각의 강성 k_2로 구성되는데 각 교각의 강성은 연결상태에 따라 고정연결인 경우에는 $k=(12EI)/H^3$, 힌지연결인 경우에는 $k=(3EI)/H^3$을 통해 구한다. 따라서 이 구조계의 강성은 k_1과 k_2의 합($k=k_1+k_2$)이 된다. 이러한 내용을 간단한 구조계로 이상화하면 그림 12.3.7과 같이 나타낼 수 있다.

다점고정의 연속교는 2점고정의 연속교의 경우와 같으며, 단지 강성산정에 있어 각 고정교각의 수만큼 강성을 합하면 된다.

(2) 교축직각방향의 모델링

교량에서의 교축직각방향으로의 고유주기는 상부구조의 질량과 강성 및 하부구조의 질량과 강성으로 구성된 운동방정식으로부터 계산되기 때문에 그림 12.3.8과 같은 받침을 갖는 일반적인 3경간 연속교량은 교축방향의 모델링에서와 같이 그림 12.3.7과 같은 간략한 구조계로 이상화하기 어렵다. 따라서 교축직각방향으로의 고유주기산정을 위해서는 구조해석 프로그램을 이용하는 것이 바람직하다. 물론 교량의 모델링에 있어서 그 구조물의 강성과 관성효과를 실제에 가깝게 하기 위해서는 3차원 공간뼈대구조물로 모델링하는 것이 이상적이나, 단일모드 스펙트럼 해석법에서는 교량의 교축직각방향의 고유주기만을 계산하여 교축직각방향으로의 지진력과 변위를 산정하면 되므로 이를 위하여 3차원 공간뼈대구조물로 모델링하는 것은 비효율적인 방법이 될 수 있다.

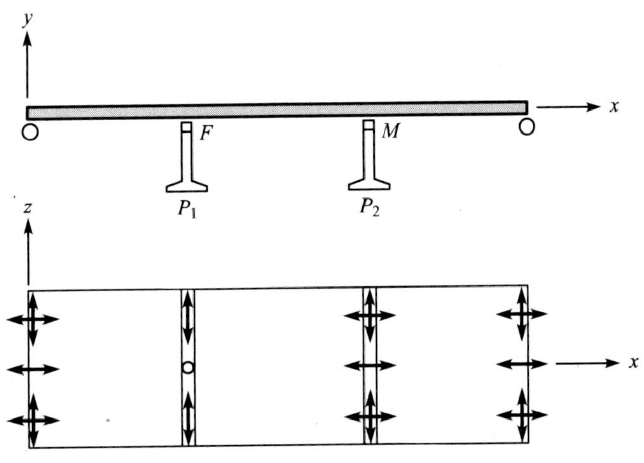

그림 12.3.8 일반적인 3경간 연속교

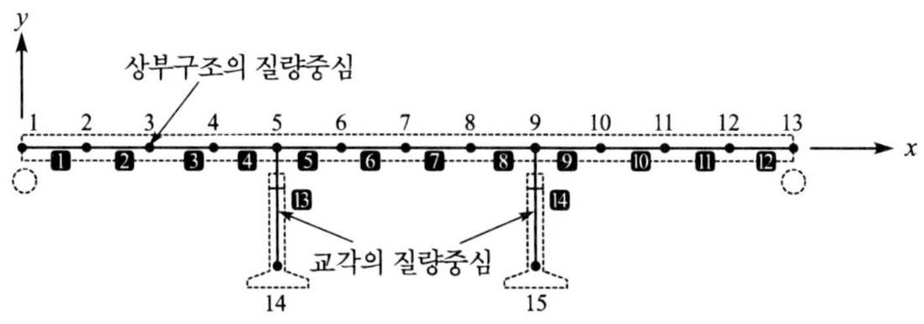

그림 12.3.9 일반적인 3경간 연속교의 교축직각방향 모델링

그림 12.3.8과 같은 교량은 상부구조와 P_1 및 P_2 교각으로 구성된 다음 그림 12.3.9와 같은 보요소로 모델링하여 교축직각방향의 고유주기를 산정해야 한다. 이러한 모델링에 있어 가장 주의할 점은 절점수, 자유도, 하부구조의 강성 및 경계조건 등이다.

① 절점수

도로교설계기준 내진편에 의하면 상부구조는 그림 12.3.9에서와 같이 최소한 각 경간단부의 연결부와 지간의 1/4지점에 절점을 갖도록 하고 있으며, 하부구조에서는 교각의 길이가 인접 지간 길이의 1/3보다 짧은 길이를 갖고 강성이 강한 기둥에 대해서는 중간절점이 불필요하나 길고 유연한 기둥은 기둥단부의 연결부와 1/3지점에 절점을 갖도록 하고 있다.

절점수에 대해서는 설계기준의 최소규정인 위의 사항을 만족시키도록 하면 충분하다.

② 자유도

자유도는 교각의 형식에 따라 다르게 결정하는 것이 바람직하다. 교각의 형식은 T형과 같은 단주형 교각과 문형 및 벽식과 같은 다주형 교각으로 나누어 생각할 수 있다.

그림 12.3.10과 같은 단주형 교각의 교축직각방향의 모델링을 yz 평면으로 보면 그림 12.3.10(b)와 같다. 이와 같은 단주형 교각으로 구성된 교량은 횡방향 하중에 대해 그림 12.3.10(c)와 같이 마치 외팔보와 같은 거동을 받게 된다. 물론 이때의 거동은 상부구조의 비틀림강성과 상부구조의 연속성에 큰 영향을 받게 된다. 그러므로 그림 12.3.10(a)와 같이 단주형 교각을 갖는 교량의 교축직각방향의 고유주기를 계산하기 위한 모델의 구조물의 각 절점에서의 자유도는 z축에 대한 병진변위와 x축과 y측에 대한 회전변위를 가져야 한다.

그림 12.3.11과 같은 다주형 교각의 경우, 교축직각방향의 모델링 yz 평면으로 보면 그림 12.3.11(b)와 같다. 이와 같은 다주형 교각으로 구성된 교량은 횡방향 하중에 대해 그림 12.3.11(c)와 같은 거동을 하게 된다. 물론 이때의 거동은 상부구조의 연속성에 큰

영향을 받게 되지만 상대적으로 상부구조의 비틀림강성의 영향은 매우 작게 받는다. 그러므로 그림 12.3.11(a)와 같이 다주형 교각을 갖는 교량의 교축직각방향의 고유주기를 계산하기 위한 모델의 구조물의 각 절점에서의 자유도는 z축에 대한 병진변위와 y축에 대한 회전변위만을 가지면 된다.

③ 하부구조의 강성

하부구조의 강성을 산정함에 있어 단면2차모멘트의 계산 시 주의해야할 것은 그림 12.3.11의 문형 교각과 같은 다주형 교각인데, 다주형 교각의 모델링을 하나의 보요소로 모아 모델링하였으므로 교각의 I_x를 계산하는데 평행축 정리를 이용하여 계산하는 실수이다. 그림 12.3.11(c)를 보아 알 수 있듯이 교각의 각 기둥은 횡하중에 대해 동일한 z축 방향 병진변위가 발생하므로, 하나로 모은 보요소의 I_x는 각 기둥의 단면중심에 대한 I_x를 계산하여 합산하여 구하면 된다.

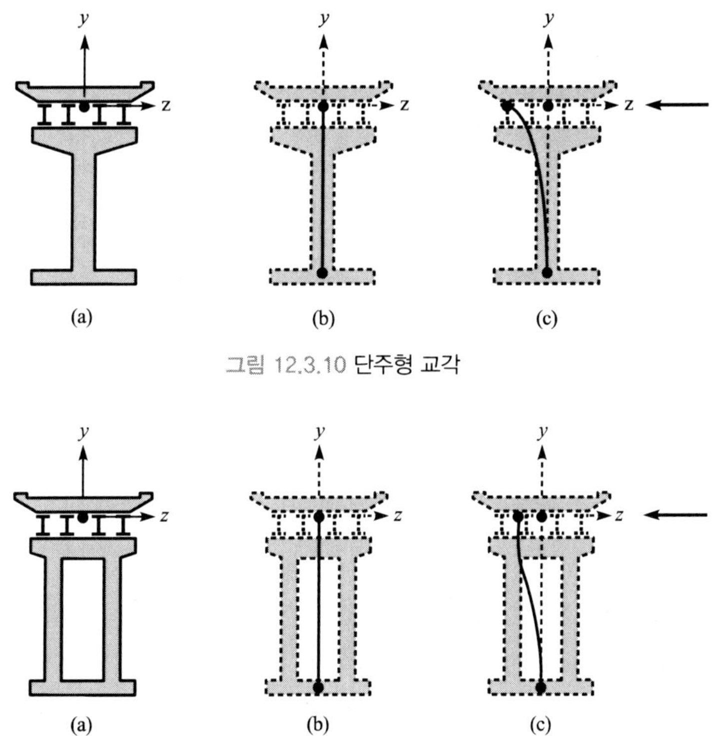

그림 12.3.10 단주형 교각

그림 12.3.11 다주형 교각

④ 경계조건

그림 12.3.9의 절점 1과 13의 경계조건은 x, y및 z축에 대한 병진변위와 x와 z축에

대한 회전변위는 구속하고, y축에 대한 회전변위는 구속하지 않는 y축에 대한 힌지인 경계조건으로 해야 한다. 절점 14와 15는 모든 자유도에 대해 구속하는 고정의 경계조건을 가져야 한다.

다중모드 스펙트럼 해석법

다중모드 스펙트럼 해석법은 앞에서 설명한 정규교량에 해당되지 않는 교량에 대해 적용할 수 있는 해석법중 하나로 간편하고 해석시간이 적게 걸리는 장점으로 널리 쓰이는 해석방법이나 시간에 따른 구조물의 거동을 파악하지 못하고, 단지 구조물 거동의 최대치만을 산정하는 단점을 가지며, 일반적으로 선형해석에 국한되어 적용한다.

비정규교량은 교량의 기하학적 형상이 복잡하여 각 모드의 3개의 직교좌표축에 복합되는 진동모드들이 발생하여 진동모드들을 단순히 종방향 또는 횡방향 모드로 분류하기 어려운 교량을 말하며, 구조물의 전체응답은 여러 개의 진동모드를 고려해야하는 교량이다. 따라서 다중모드 스펙트럼 해석법을 수행하기 위한 교량의 모델링은 그 구조물의 강성과 관성효과를 설계에 가깝게 하기 위해 3차원 공간뼈대구조물로 모델링해야하며, 각 모드의 복합효과 및 최종응답의 기여도를 결정하기 위해 공간뼈대요소의 동적 해석능력을 갖는 구조해석 프로그램을 이용해야 한다.

12.3.4 단일모드 스펙트럼 해석

단일모드 스펙트럼 해석법은 교량이 기본주기(fundamental period)만을 구하여 교량의 탄성지진력과 변위를 예측하는 비교적 간단한 방법이며 질량, 강성 또는 지간에 따라 기하학적인 형상 등이 급격이 변화하지 않는 보통의 교량 형식에 적용할 수 있다. 단일모드 스펙트럼법을 이용한 교량의 내진해석절차는 그림 12.3.12와 같다.

등가 단자유도 교량 모델

① 등가모델의 산정

일반적으로 지진 하중을 받는 구조물은 3방향의 직교축으로 동시에 발생하는 지반운동을 받는다고 가정한다. 그러나 일반적인 지진에 의한 지반운동의 경우 연직방향 성분이 크지 않으며 교량의 거동에 미치는 영향이 작으므로 설계 시 교량을 2방향의 수평성분에 대해 설계하는 것이 일반적이다. 이러한 지반운동의 2개의 수평성분에 대한 영향을 고려하기 위하여 교량의 종방향 및 횡방향의 두 직교 방향에 대해 별도의 해석을 해야 하며, 각각의 해석으로부터 얻어진 힘과 모멘트를 조합함으로써 두 수평방향으로 동시에 발생하는 운동의 영향을 고려할 수 있다.

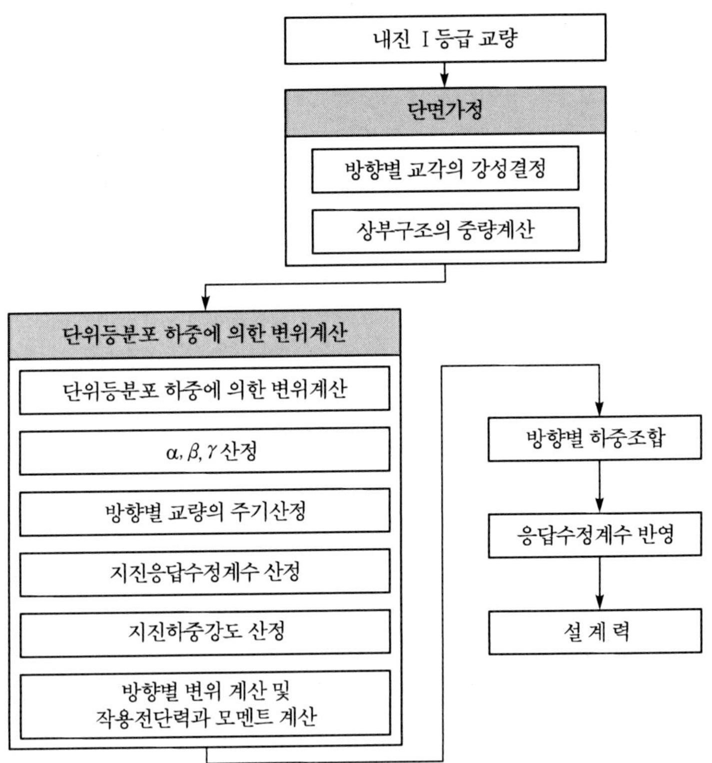

그림 12.3.12 단일모드 스펙트럼 해석의 흐름도

가장 단순화된 교량 모델은 탄성스프링에 의해 구속된 단순질량 모델이다. 이 모델에서는 질량을 단자유도로 보고, 오직 한 방향으로만 움직일 수 있다고 가정한다. 이 가정은 직선 연속교의 종방향 응답에 대해서는 비교적 정확한 결과를 얻을 수 있다. 그러나 횡방향 거동에 대한 신뢰성은 몇몇 요인에 따라 달라지며 복잡한 교량에 대해서는 만족시키지 못할 가능성도 있다.

일반적인 구조물에 있어서 등가질량과 강성계수를 잘 선택한다면 단자유도 모델도 설계 목적을 위해서 만족스러운 모델이 될 수 있다.

그림 12.3.13(a)는 교량을 종방향 응답에 대한 등가의 스프링-질량 시스템으로 나타낸 것으로, 질량 M_L은 상부구조의 총 질량과 교각두부의 질량, 교각질량의 약 1/2 정도를 대표하는 것이다. 상부구조 질량의 종방향 이동량(d)은 스프링-질량 시스템의 변위로 표현된다. 스프링상수(K_L : 강성)는 스프링의 이동방향으로 유효한 구조요소의 강성(stiffness)합으로 주어진다. 그림 12.3.13(a)의 경우 교대에서 미끄러짐(free sliding)이 발생한다고 가정하면 교각만이 K_L에 관련된다. 그림 12.3.13(b)는 같은 교량을 횡방

향응답에 대한 등가의 스프링-질량 시스템으로 나타냈다. 이 모델의 유효질량 M_r는 종방향 모델과 마찬가지로 상부구조의 총질량과 교각에 종속된 질량까지 포함된다. 상부구조 질량의 횡방향 이동량(d)은 스프링-질량 시스템의 변위로 포함된다. 양쪽 교대는 완전히 강체(횡방향으로 무한강성)라고 가정하기 때문에 상부구조는 강체로써 이동하는 것이 아니라 한 쪽 교대에서 반대편 교대 사이의 힌지(hinge)로 지지된 보로써 변형된다. 횡방향 강성 K_r는 기둥의 횡방향 강성과 동일 평면상의 상부구조의 휨강성과의 조합으로 구한다.

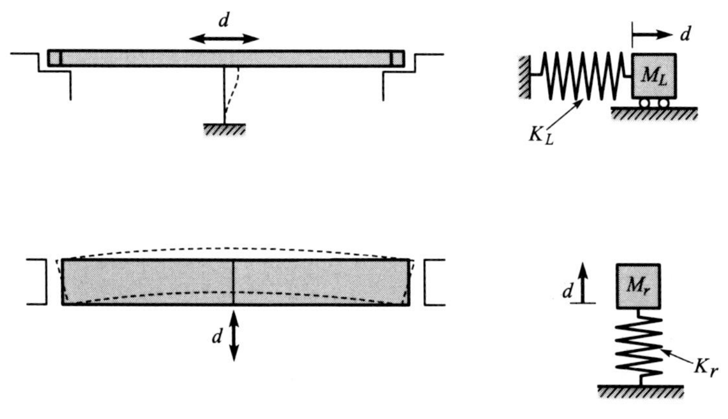

그림 12.3.13 등가모델

② 교량 상부구조의 등분포하중의 선정

구조물에 작용하는 등분포하중은 상부구조의 사하중과 교각무게의 1/2, 그리고 교각두부의 무게를 더하여 교량의 길이로 나눈다. 여기서 주의할 점은 종방향과 횡방향으로 내진해석을 하는 경우, 상부구조 중량 계산에 포함되는 기둥은 각각의 방향으로 저항하는 교각의 무게만을 포함한다는 것이다.

고유주기

자유진동 해석시 주어진 교량에 대한 등가해석모델에 대해 운동방정식을 세우면 다음과 같다.

$$M_{\ddot{x}} + Kx = 0 \qquad \text{식 (12.3.1)}$$

여기서, $\ddot{x}$: 가속도

x : 변위

M : 구조계의 질량

K : 구조계의 강성

식 (12.3.1)의 해는 식 (12.3.2)와 같다.

$$x = A\sin(wt + \Phi) \qquad \text{식 (12.3.2)}$$

여기서, w : 구조물의 고유진동수($=\sqrt{K/M}$)

진동수와 주기의 관계($w = 2\pi f = 2\pi / T$)로부터 구조계의 진동주기 T를 식 (12.3.3)에 의해 구할 수 있다.

$$T = 2\pi\sqrt{\frac{M}{K}} \qquad \text{식 (12.3.3)}$$

이 식은 교량을 포함하는 모든 진동 시스템에 대한 주기 계산에 사용된다.

식 (12.3.3)에서 질량 $M = W/g$이므로 다시 쓰면 식 (12.3.4)와 같이 나타낼 수 있다.

$$T = 2\pi\sqrt{\frac{W}{Kg}} \qquad \text{식 (12.3.4)}$$

여기서, W : 교량의 무게

g : 중력가속도

단일모드 해석법에서 가장 중요한 기본주기산정은 최대 운동에너지와 최대 변형에너지가 같다는 Rayleigh 해석법을 기본으로 하고 있다. 이 해석법은 구조물에 대한 진동형상을 가정하고 그 형상과 관련된 최대 변형에너지와 최대 운동에너지를 계산해서 그 두 에너지가 같다고 놓음으로써 시스템에 대한 고유진동수를 찾는 것이다. 그리고 Rayleigh 해석법에 의해 구해진 고유진동수를 이용하여 실제 관성력이 작용했을 때와 동일한 초기진동형상을 일으킬 수 있는 정적하중을 구하여 구조물에 작용시킴으로서 구조물의 설계하중과 변위를 구한다. 이것이 단일모드해석법의 핵심으로서 자세한 해석절차는 다음과 같다.

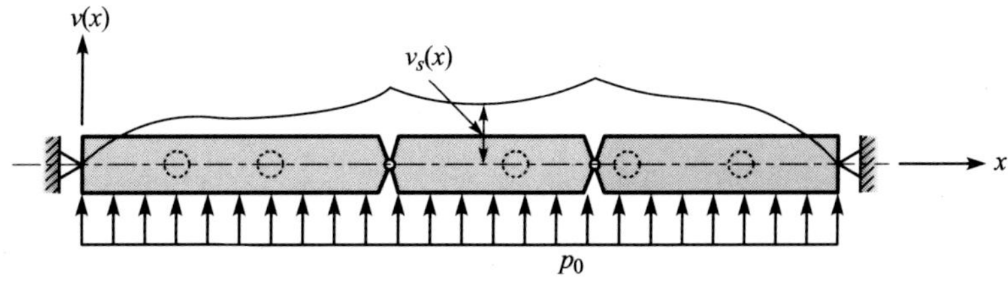

그림 12.3.14 균일한 정적하중에 의한 처짐 형상

구조물의 단위길이당 유효중량을 $w(x)$로 하면 단위길이당 유효질량은 $m(x)$ $(= w(x)/g)$로 놓을 수 있다. 초기진동형상은 그림 12.3.14에서 보는 바와 같이 해석방향으로 작용하는 단위등가분포하중($p_0 = 1$)에 의한 정적변위 $v_s(x)$로 가정할 수 있다. 질량에 의한 관성력이 발생하지 않도록 구조물에 하중 p_0를 점진적으로 작용시킨다면, 구조물에 축적된 변형에너지 U는 외적하중 p_0가 한 일 W_E와 같게 되어 다음 관계식이 성립한다.

$$U = W_E = \frac{1}{2} p_0 \int_0^L v_s(x) dx = \frac{1}{2} p_0 \alpha \qquad \text{식 (12.3.5)}$$

여기서, $\alpha = \int_0^L v_s(x) dx$

만일 구조물이 변형된 상태에서 외적하중이 순간적으로 제거하고 구조물의 감쇠를 무시한다면, 그림 12.3.15와 같이 이 구조물은 w의 진동수를 가지고 초기정적변위와 같은 형상으로 진동할 것이다.

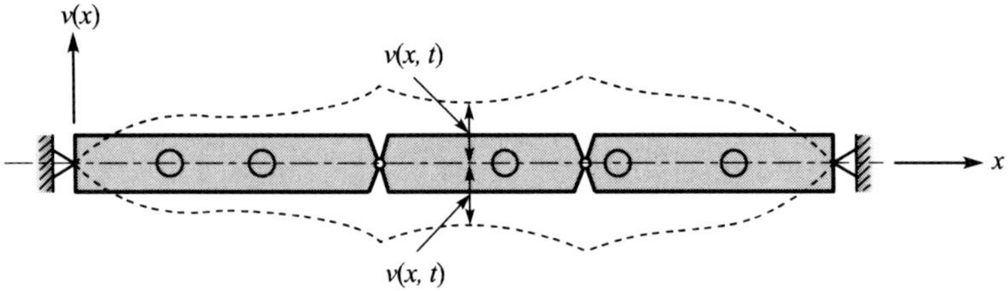

그림 12.3.15 가정된 모드형상에서의 교량의 횡방향 자유진동

이때 최대 운동에너지 $D_{\max}$는 구조물이 변형 전의 정지상태일 때의 위치를 지나는 순간 발생하며, 그 크기는 식 (12.3.6)과 같다.

$$D_{\max} = \frac{w^2}{2g} \int_0^L w(x) v_s^2(x) dx = \frac{w^2}{2g} \gamma \qquad \text{식 (12.3.6)}$$

여기서, $\gamma = \int_0^L w(x) v_s(x) dx$

최대 변형에너지 $U_{\max}$와 최대 운동에너지 $D_{\max}$가 같으므로 $w = (2\pi / T)$로 놓으면 진동주기에 대한 식을 다음과 같이 구할 수 있다.

$$\frac{p_0\alpha}{2} = \frac{w^2}{2g}\gamma$$

$$w^2 = \frac{p_0\alpha g}{\gamma}$$

$$\left(\frac{2\pi}{T}\right)^2 = \frac{p_0\alpha g}{\gamma}$$

$$T = 2\pi\sqrt{\frac{\gamma}{p_0\alpha g}} \qquad \text{식 (12.3.7)}$$

식 (12.3.7)은 일반적인 구조물의 주기공식 식 (12.3.4)와 다른 것 같지만 $w(x)$를 등가중량 w_o, $v_s(x)$를 등가변위 Δ로 놓으면 α와 γ에 대한 적분은 길이(L)에 관한 식으로 표현할 수 있다.

$$\alpha = \int_0^L v_s(x)dx = \Delta L$$

$$\gamma = \int_0^L w(x)v_s^2(x)dx = w_o\Delta^2 L = W\Delta^2$$

여기서, W : 교량의 전체 유효중량($= w_o \times L$)

그러므로

$$p_0\alpha = p_0 \cdot \Delta L = K_0 \cdot \Delta^2$$

$$K_0 = P_0/\Delta$$

여기서, K_0 : 전체 유효강성

P_0 : 전체 작용하중($= p_0 \cdot \Delta$)

따라서 식 (12.3.7)은 식 (12.3.8)과 같이 되어 식 (12.3.4)와 같은 형태를 취하게 된다.

$$T = 2\pi\sqrt{\frac{\gamma}{p_0\alpha g}} = 2\pi\sqrt{\frac{W\Delta^2}{K_0 g\Delta^2}} = 2\pi\sqrt{\frac{W}{K_0 g}} \qquad \text{식 (12.3.8)}$$

탄성지진응답계수 산정

단순화된 단자유도 모델에 있어서 수평지진에 대한 설계하중(F)은 일반적으로 상부구조의 무게(W)에 대한 식 (12.3.9)로 표현된다.

$$F = M \times a$$ 식 (12.3.9)

여기서, M : 중량

a : 가속도

만약 가속도를 중력 가속도로 나타내면

$$\begin{aligned} F &= M \times C \times g \\ &= C \times M \times g \\ &= C \times W \end{aligned}$$ 식 (12.3.10)

여기서, C : 가속도상수

현재 설계기준에서는 C를 지진하중계수라고 부르며 이것은 지진대, 교량주기, 지반 종류에 대한 함수이다. 설계코드에서 사용하기 위해서 가능한 한 단순한 방법으로 지진하중계수를 표현하는데 유리하다.

도로교설계기준에서는 이 계수를 C_s(탄성지진응답계수)라 정의하며 식 (12.3.11)로 주어진다.

$$C_s = \frac{1.2AS}{T^{2/3}}$$ 식 (12.3.11)

여기서, A : 지진구역도에서 주어진 가속도계수(=지진구역계수× 위험도계수)

S : 지반계수

T : 교량의 주기(sec)

다만, 탄성지진응답계수 C_s는 $2.5A$보다 큰 값을 취할 필요가 없다.

설계지진력 산정

구조물의 기본주기가 구해지면 설계응답스펙트럼으로부터 가정된 초기진동형상에 대한 스펙트럼 값을 구할 수 있게 된다. 스펙트럼가속도 S_a와 스펙트럼변위 S_y는 $S_y = S_a/\omega^2$의 관계가 있으므로 다음과 같은 결과를 얻을 수 있다.

$$S_a = C_s g$$ 식 (12.3.12)

$$S_y = S_a/\omega^2 = C_s g/\omega^2$$ 식 (12.3.13)

따라서. 최대 변위발생시의 변형형상을 얻을 수 있다.

$$v_{\max}(x) = \frac{C_s g}{\omega^2} \frac{\beta}{\gamma} v_s(x) \quad \text{식 (12.3.14)}$$

여기서, $\beta = \int_0^L w(x) v_s(x) dx$

여기서, 계수 (β/γ)는 $v_s(x)$의 크기가 단위등분포하중인 경우에 관한 것이기 때문에 일반적인 하중 경우에도 적용할 수 있게 해주는 정규화계수로 볼 수 있다.

따라서 최대변위 발생 시 변형형상과 관련된 등가정적지진하중 $p_e(x)$는 식 (12.3.15)와 같다.

$$p_e(x) = K^* \times v_{\max}(x) \quad \text{식 (12.3.15)}$$

여기서, K^* : 등가강성

진동수에 관한 식을 $w^2 = K^*/m(x)$로 나타낼 수 있으므로 이 식을 식 (12.3.14)의 $v_{\max}(x)$에 대입하면

$$v_{\max}(x) = \frac{C_s g}{K^*} \frac{\beta}{\gamma} v_s(x) m(x) \quad \text{식 (12.3.16)}$$

여기서, 위의 식 (12.3.16)을 식 (12.3.15)에 대입하면 $w(x) = m(x) g$이므로

$$p_e(x) = \frac{C_s \beta}{\gamma} w(x) v_s(x) \quad \text{식 (12.3.17)}$$

와 같이 실제 관성력이 작용했을 때와 같은 변위형상을 일으키는 등가의 정적지진하중을 구할 수 있다(그림 12.3.16).

이 등가정적지진하중을 설계 시에 구조물에 적용시키면 지진에 의한 설계부재력과 설계변위를 얻을 수 있다.

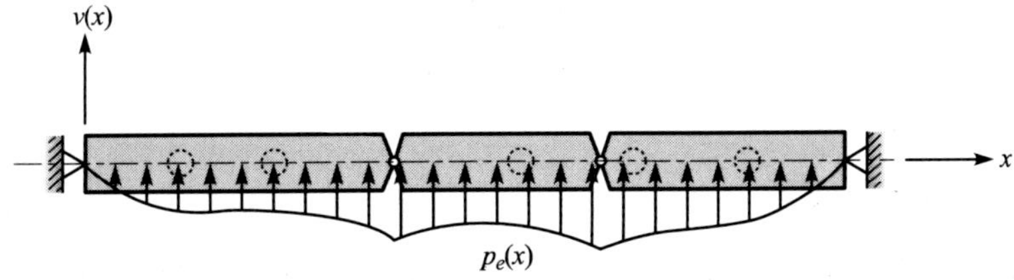

그림 12.3.16 실제 관성력이 일으키는 것과 같은 변형형상을 일으키는 등가정적하중

12.3.5 다중모드 스펙트럼 해석

다중모드 스펙트럼 해석법은 교량의 기하학적 형상이 복잡하여, 각 모드의 형상이 3개의 직교좌표축에 복합되어 진동하여 모드들을 단순히 종방향 또는 횡방향 모드로 분류하기 어려운 교량에 대해 적용한다. 일반적으로 이와 같은 구조물의 전체응답은 여러 개의 모드를 고려해야하며, 각 모드의 복합연계효과 및 최종응답의 기여도를 결정하기 위하여 공간뼈대요소의 선형 동적해석능력을 갖는 컴퓨터 프로그램을 이용해야 한다. 교량은 각 연결부와 절점이 6개의 자유도(3개의 이동자유도와 3개의 회전자유도)를 가진 3차원 공간뼈대조물로 모형화해야 하고, 지진 시에도 큰 활하중이 재하되어 있을 가능성이 큰 경우에는 그 활하중의 관성효과도 고려해야 한다. 응답해석 시 고려되는 모드 수는 지간 수의 3배 이상이어야 하고, 잔여모드를 모두 포함하여 해석하더라도 응답이 10% 이상 증가하지 않도록 충분한 개수의 모드를 고려해야 한다. 부재의 단면력과 변위는 개별모드로부터 가각의 응답을 CQC방법(Complete Quadratic Combination)으로 조합하여 구한다.

다중모드 스펙트럼 해석법을 이용한 교량의 내진설계 시 흐름도는 그림 12.3.17과 같다.

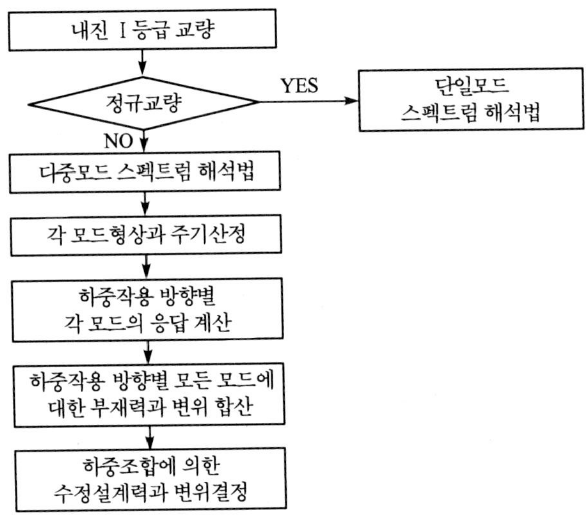

그림 12.3.17 다중모드 스펙트럼 해석법의 설계 흐름도

12.3.6 시간이력해석법

시간이력해석법은 구조물의 형상이 복잡하여 모드를 축방향으로 분리하기 힘든 경우나 높은 안전성이 요구되어 비선형 해석을 필요로 하는 구조물에 주로 사용하는 방법이다. 시간이력해석을 수행하기 위해서는 입력파형으로 실측된 파형이나 인공지진파형을 필

요로 한다.

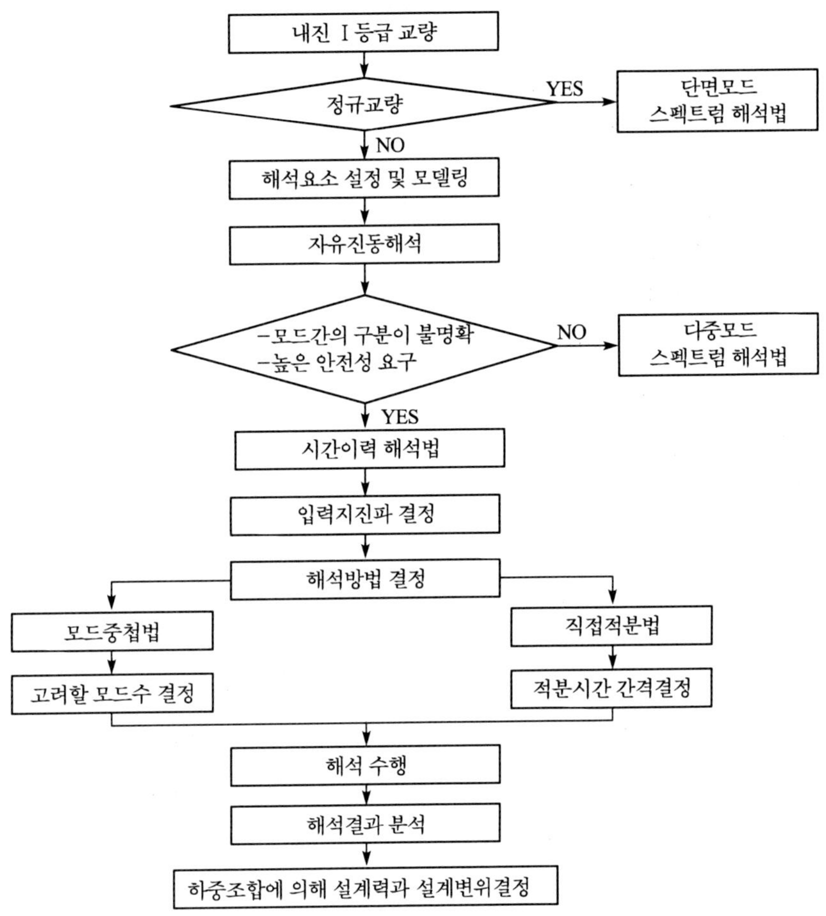

그림 12.3.18 시간이력 해석법에 의한 내진해석의 흐름도

이 해석법은 지진에 의한 지반운동의 시간적 변화에 따른 구조물의 거동특성을 파악할 수 있는 정확한 해석 방법이지만 해석방법이 어렵고 결과의 분석에 시간과 노력을 많이 필요로 하는 단점이 있다. 그러므로 일반적인 교량의 설계를 위한 해석방법으로는 적절하지 못하고 중요한 구조물에 대한 정밀해석이나 혹은 이미 설계된 구조물에 대한 정확한 안전점검의 수단으로 주로 쓰는 방법이다. 교량에 있어서는 현수교나 사장교와 같이 비선형성이 강한 거동특성을 가지는 교량에 주로 이용된다.

시간이력해석법의 해석방법으로는 모드중첩법과 직접적분법에 의한 방법이 있는데, 모드중첩법에 의한 방법은 응답해석에 필요한 모드의 개수가 많을수록 정확한 해를 얻을 수 있다. 또 직접적분법을 이용하면 비선형해석을 수행할 수 있다. 직접적분법에서의

해의 정확도는 높아지지만 해석시간이 오래 걸리게 된다.

상부구조나 하부구조의 모델링은 다중모드해석법과 유사한 방법으로 수행하면 되고, 선형 혹은 비선형 동적해석 프로그램을 이용하여 해석을 수행한다.

시간이력해석법을 이용한 해석의 흐름도를 개략적으로 나타내면 그림 12.3.18과 같다.

모드중첩법

다자유도의 운동 방정식을 풀어 동적 해를 구하는 데에는 많은 시간과 노력이 필요하므로 동적해를 효율적으로 구하기 위해 모드 중첩법이 많이 쓰인다. 이 방법도 역시 지진 발생 시의 구조물의 복잡한 응답의 시간 이력(Time history)을 정확히 구할 수 있다. 이 모드 중첩법은 앞 절에서 설명한 모드의 중첩성에 따라 각 고유의 진동 모드에서의 응답은 다른 모들들과는 독립적으로 구해질 수 있고 각 모드에서의 응답을 조합해, 전체 응답을 결정할 수 있다는 사실을 근거로 한다. 그러므로 응답스펙트럼을 이용하여 각 모드 응답의 최대치를 직접 구해내는 응답스펙트럼에 응용된다. 모드중첩법으로 응답의 시간 이력(Time history)을 구하려면 앞에서 설명한 바와 같이 운동 방정식을 서로 완전히 독립적인 모드별 방정식으로 분리하여 각 모드별로 구성되는 단자유도 방정식으로부터 응답의 시간력을 구한 후 $\{u\}=[Q]\{q\}$의 식으로부터 각 모드에서의 값을 조합해 전체 응답의 시간 이력을 구한다. 각 모드는 하나하나의 단자유도계로 분리되어 각각의 고유의 변형특성인 모드 형상$\{\phi\}_i$와 고유진동수 ω_i, 감쇠율인 ξ_i로 거동한다고 본다. 따라서 독립된 N개의 단자유도 방정식은 식 (12.3.18)과 같다.

$$\ddot{q}_i + 2\xi_i\omega_i\dot{q}_i + \omega_i^2 q_i = Q_i/m_i = -\Gamma_i\ddot{u}_g(t)(i=1,2,\cdots,N) \qquad \text{식 (12.3.18)}$$

위 식에 대한 임의의 시간 t에 대한 해는

$$q_i(t) = \left(\frac{1}{m_i\omega_{Di}}\right)\int_0^t Q_i(\tau)e^{\xi_i\omega_i(t-\tau)}\sin\omega_{Di}(t-\tau)d\tau + q_i(0)e^{-\xi_i\omega_i t}\cos\omega_{Di}t$$

$$+\left(\frac{1}{\omega_{Di}}\right)\left[q(0)+\xi_i\tau_i q_i(0)\right]e^{-\xi_i\omega_i t}\sin\omega_{Di}t \qquad \text{식 (12.3.19)}$$

여기서, τ : 지속시간

$\omega_{Di} = \omega_i\sqrt{1-\xi_i^2}$

그러므로 임의 시간(t)에서의 구조물의 상대변위 $\{u(t)\}$는 식 (12.3.20)으로 구해진다.

$$\{u(t)\} = [\Phi]\{q(t)\} = \sum_{i=1}^{N} \{\phi\}_i q_i(t) \qquad \text{식 (12.3.20)}$$

이 방법에서 모든 모드(총 자유도수)에서의 응답을 전부 중첩시키면 이론상 "정확한" 응답의 시간이력을 구할 수 있다. 이 방법의 장점은 각 모드로부터 구성되는 단자유도계에 대한 독립적인 해석이 가능하다는 점으로서 동적거동을 지배하는 몇 개의 저차 진동모드에 대한 해석만으로도 정확해에 아주 근접한 해를 얻을 수 있다는 점이다. 그러므로 일반적으로 전체 모드를 다 중첩하여 거동을 알아내지 않고 기여도가 큰 몇 개의 저차 모드만을 중첩하여 정확한 해에 아주 근사적 해를 구할 수 있다.

직접적분법

단자유도의 운동방정식의 해는 가해진 하중이나 지반 가속도가 시간에 따라 변하는 경우 그리고 시스템의 비선형(nonlinear) 문제에 대해서는 일반적으로 가능하지 않다. 그러한 문제점을 해결할 수 있는 방법이 바로 시간 단계별 수치 해석법(numerical time-stepping method)이다.

직접 적분법에 의한 수치해석법은 다자유도계의 운동방정식을 변화시키지 않고 점진적(Step by Step) 방법에 의해 수치적으로 적분한다. 이 방법은 임의의 시간 t에서의 거동을 구하는 것이 아니라 Δt 간격의 시점에서만 구조물의 응답(변위, 속도, 가속도)을 점진적으로 구하는 것이다. 이 방법은 한 시점 t에서의 거동이 구해져 있을 때 이를 이용하여 다음 시점인 $t+\Delta t$에서의 거동을 구하는 작업을 반복하여 전체 시간 구간에 걸친 거동을 구하는 것이다. 그리고 이러한 시간 간격의 길이는 단계의 간격이 같을 때 전체 시간을 총 시간 간격의 수 n으로 나누고($\Delta t = t/n$), 이 크기(Δt)는 변위, 속도 및 가속도의 각 해법과정의 정확성, 안정성 그리고 계산량에 직접적인 영향을 미친다.

직접적분법에는 중앙차분법과 Newmark 방법 그리고 Wilson 방법 등의 유용한 수치해석적 방법이 있다.

12.3.7 해석결과의 조합

설계지진력과 설계변위의 결정에 사용되는 탄성력과 탄성변위는 각 설계진동단위에 대해 독립적으로 정하며, 스펙트럼 해석법을 이용하여 2개의 직교좌표축에 대해 독립적으로 시행한 후, 다음과 같이 조합하여 사용한다.

지진하중은 동일한 좌표축 내에서 어느 방향으로도 작용할 수 있으므로 발생되는 힘이나 모멘트는 부호에 관계없이 절대값으로 표현한다.

- 하중 경우 1 : 종방향축의 해석으로부터 구한 지진력(절대값)에 횡방향축의 해석으로부터 구한 지진력(절대값)의 30%를 합한 경우
- 하중 경우 2: 횡방향축의 해석으로부터 구한 지진력(절대값)에 종방향축의 해석으로부터 구한 지진력(절대값)의 30%를 합한 경우

12.4 단일모드 스펙트럼 해석법에 의한 강박스거더교의 지진력 산정

대상교량의 제원 및 설계상수

- 교량 형식 : 3경간 연속 강박스거더교
- 교　　장 : 40+50+40=130m
- 교　　폭 : 19.4m
- 교각 형식 : π형 RC 교각
- 기초 형식 : 직접기초로 가정
- 탄성계수 : $E_s = 2.0 \times 10^5$MPa, $E_c = 2.32 \times 10^4$MPa
- 지진구역계수 : 0.11(I구역)
- 위험도계수 : 1.4[재현주기 1000년(내진 1등급)]
- 가속도계수 : $A = 0.11 \times 1.4 = 0.154$
- 지반계수 : $S = 1.2$(지반종류 II)
- 응답수정계수 : 하부구조-다주가구($R = 5$)
  연결부-가구머리와 연결부($R = 0.8$)
- 받침선과 교축직각 방향의 사잇각 : $\theta = 0°$
- 기　　초 : 직접기초
- 설계 강도 : 콘크리트 $\sigma_{ck} = 24$MPa, 철근(SD300) $\sigma_y = 300$MPa

단면가정

① 종단면도

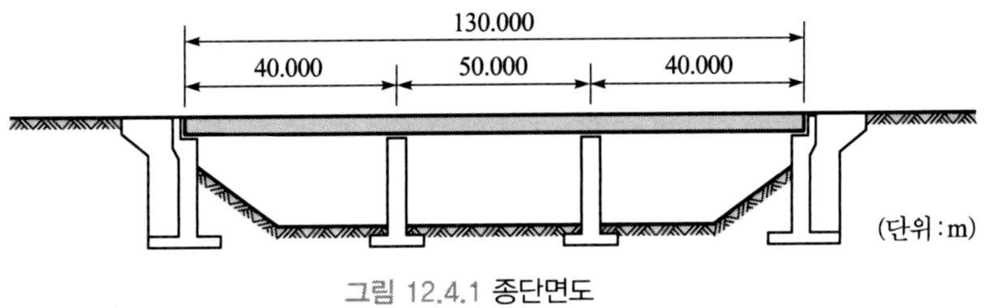

그림 12.4.1 종단면도

② 횡단면도

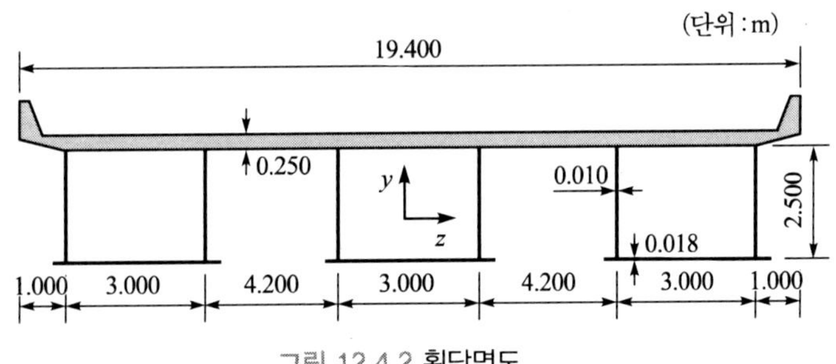

그림 12.4.2 횡단면도

교량상부 강성계산

계산상의 편리를 위해 지점부를 기준으로 계산했다. 이 경우는 슬래브가 횡방향으로 저항할 수 있다고 가정한 것으로써 평행축 정리를 이용하여 단면 2차 모멘트를 계산했다.

Steel 단면	$A_s(\mathrm{m}^2)$	2×[(2.5)(0.01)+(3.0)(0.018)]=0.1580
	$I_y(\mathrm{m}^4)$	$2\times[(2.5)(0.01)^3/12+(0.018)(3.0)^3/12+(2.5)(0.01)(1.25)^2]=0.1935$
	$I_z(\mathrm{m}^4)$	$2\times[(3.0)(0.018)^3/12+(0.01)(2.5)^3/12+(3.0)(0.018)(1.25)^2]=0.1948$
Conc. 단면	$A_c(\mathrm{m}^2)$	(19.4)(0.25)/9=0.5389
	$I_y(\mathrm{m}^4)$	$(0.25/9)(19.4)^3/(12)=16.9014$
	$I_z(\mathrm{m}^4)$	$(19.4/9)(0.25)^3/(12)=0.0028$

중립축을 계산하면 다음과 같다.

$$d=(A_s d_1+A_c d_2)/A_t=$$

$$[3\times(0.1580)(1.25)+(0.5389)(2.625)]/1.0129=1.9816\mathrm{m}$$

합성 단면	$A_s(m^2)$	3(0.1580)+0.5389=1.0129
	$I_y(m^4)$	16.9014+0.1935+2×[0.1935+(0.1580)(7.2)²]=33.8633
	$I_z(m^4)$	3×[0.1948+(0.1580)(1.9816−1.25)²]+[0.0028+(0.5389)(1.9816−2.625)²]=1.0640

기둥 강성계산

① 단면특성

다주가구 기둥인 경우에는 평행축 정리를 사용하지 않고 합산만 한다.

기둥단면 (pier column)	H(m)	19.61
	$A_s(m^2)$	$\pi\times(2.5)^2/4=4.91$
	$I_y(m^4)$	$\pi\times(2.5)^4/64=1.92$
	$I_z(m^4)$	$\pi\times(2.5)^4/64=1.92$

② 종방향강성(pinned)

$$k = 2\times\frac{3EI}{H^3} = 2\times\frac{3(2.32\times10^4)(1.92\times10^{12})}{(19.61\times10^3)^3} = 3.544\times10^4\,\mathrm{kN/m}$$

탄성지진력의 산정

(1) 종방향(교축방향) 탄성지진력(기둥의 종방향 연결 방법이 힌지인 경우)

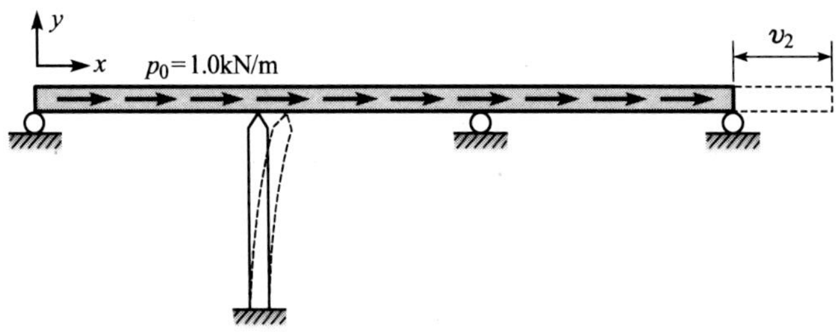

그림 12.4.3 종방향 거동 모델링

① 1단계 : 가상의 단위 등분포 종방향 하중에 의한 종방향 변위

$$v_s = p_0\times\frac{L}{k} = 1\times\frac{130}{3.544\times10^4} = 0.003668\,\mathrm{m}$$

② 2단계 : 상부구조의 단위하중 산정

상부구조 : 226.29kN/m×130=29,417.7kN
교각의 coping=2,600kN
교각 1/2 : 25kN/m^3×2×4.9m^2×19.61m×1/2=2,402.2kN

계 : 34,419.94kN

$\therefore\ w(x)=34,419.94/130=264.8\text{kN/m}$

$$\alpha=\int_0^L v_s(x)dx=v_sL=0.003668\times130=0.4768\text{m}^2$$

$$\beta=\int_0^L w(x)v_s(x)dx=wv_sL=264.8\times0.003668\times130=126.267\text{kN/m}$$

$$\gamma=\int_0^L w(x)v_s^2(x)dx=w(x)v_s^2L=264.8\times0.003668^2\times130=0.4632\text{kN/m}^2$$

③ 3단계 : 교량의 주기계산

$$T=2\pi\sqrt{\frac{\gamma}{p_0g\alpha}}$$
$$=2\pi\sqrt{\frac{0.4632}{1\times9.81\times0.4768}}=1.977\text{sec}$$

④ 4단계 : 탄성지진응답계수, 지진하중강도계산

$$C_s=\frac{1.2AS}{T^{2/3}}=\frac{1.2\times0.154\times1.2}{1.977^{2/3}}=0.141<0.385(=2.5A)$$

$$p_e(x)=\frac{\beta C_s}{\gamma}w(x)v_s(x)$$
$$=\frac{126.267\times0.141}{0.4632}\times264.8\times0.003668=37.33\ \text{kN/m}$$

⑤ 5단계 : 종방향 지진하중에 의한 변위 및 부재력

종방향 변위 $v=\dfrac{p_e(x)\cdot L}{k}=\dfrac{37.33\times130}{3.544\times10^4}=0.137\text{m}$

전단력 $F_x=p_e\cdot L=37.44\times130=4,853\text{kN}$

모멘트 $M_z=F_x\cdot H=4,853\times19.61=95,167.3\text{kN}\cdot\text{m}$

이상의 5단계를 수행한 결과 종방향 지진하중에 대한 부재력은 다음과 같다.

하중	F_x(kN)	M_z(kN/m)
교대 1	0.000	0.000
교각 1	2426.5	47,583.7(9,516.7)
교각 2	0.000	0.000
교대 2	0.000	0.000

㈜ ( )는 응답수정계수 $R=5$로 나눈 값임.

(2) 횡방향(교축 직각방향) 탄성 지진력

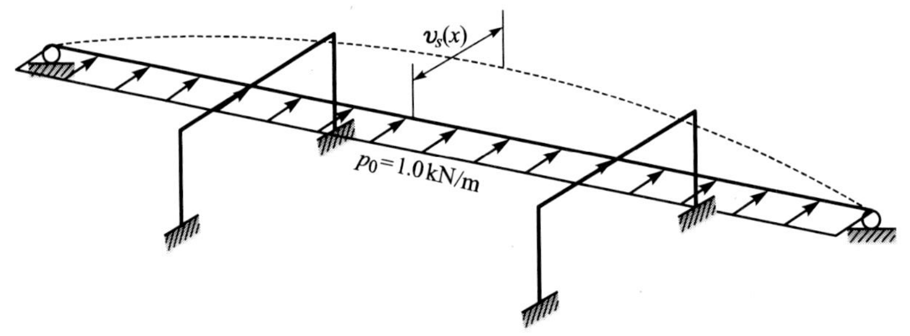

그림 12.4.4 횡방향 탄성 지진력

① 1단계 : 가상의 단위 등분포 횡방향 하중에 의한 횡방향 변위

위치(m)	변위 $v_s(x)(10^{-7}\text{m})$	위치(m)	변위 $v_s(x)(10^{-7}\text{m})$
0(교대 1)	0	70	2,697
10	667	80	2,539
20	1,282	90(교각 2)	2,237
30	1,813	100	1,813
40(교각 1)	2,237	110	1,282
50	2,539	120	667
60	2,697	130(교대 2)	0

② 2단계 : 상부구조의 단위하중 산정

상부구조(steel box) : 226.29kN/m×130m=29,417.7kN
교각의 coping : 2600kN×2개=5,200kN
교각 1/2 : 25kN/m^3×2×4.9m^2×19.61m×2×1/2=4,804kN
계 : 39,421.7kN

$$\therefore w(x)=39,421.7/130=303.2\text{kN/m}$$

$$\alpha = \int_0^L v_s(x)dx$$

$$= \left[\left(\frac{0+667}{2} + \frac{667+1,282}{2} + \cdots + \frac{667+0}{2}\right) \times 10^{-7}\right] \times 10 = 0.02247\text{m}^2$$

$$\beta = \int_0^L w(x)v_s(x)dx$$

$$= 303.2 \times \left[\left(\frac{0+667}{2} + \frac{667+1,282}{2} + \cdots + \frac{667+0}{2}\right) \times 10^{-7}\right]$$
$$\times 10 = 6.8129\text{kN} \cdot \text{m}$$

$$\gamma = \int_0^L w(x)v_s^2(x)dx$$

$$= 303.2 \times \left[\left(\frac{0+667^2}{2} + \frac{667^2+1,282^2}{2} + \cdots + \frac{667^2+0}{2}\right) \times 10^{-14}\right]$$
$$\times 10 = 0.001461\text{kN} \cdot \text{m}^2$$

③ 3단계 : 교량의 주기계산

$$T = 2\pi\sqrt{\frac{\gamma}{p_0 g \alpha}}$$
$$= 2\pi\sqrt{\frac{0.1461}{1 \times 9.81 \times 0.02247}} = 1.512\text{sec}$$

④ 4단계 : 탄성지진응답계수, 지진하중강도계산

$$C_s = \frac{1.2AS}{T^{2/3}} = \frac{1.2 \times 0.154 \times 1.2}{0.512^{2/3}} = 0.3465 < 0.385(= 2.5A)$$

$$p_e(x) = \frac{\beta C_s}{\gamma} w(x)v_s(x) = \frac{6.8129 \times 0.3465}{0.001461} \times 303.2 \times v_s(x) = 489,907.3v_s\text{kN/m}$$

⑤ 5단계 : 횡방향 지진하중에 의한 변위 및 부재력(횡방향 지진하중에 대한 하중산정)

위치(m)	지진하중 $p_e(x)$(kN/m)	위치(m)	지진하중 $p_e(x)$(kN/m)
0	0	70	132.128
10	32.677	80	124.388
20	62.806	90	109.592
30	88.820	100	88.820
40	109.592	110	62.806
50	124.388	120	32.677
60	132.128	130	0

전산 프로그램을 사용하여 횡방향 전단력, 모멘트 계산을 수행한다.

이상의 5단계를 수행한 후 횡방향 지진하중에 대한 부재력은 다음과 같다.

위치	F_z(kN)	M_x(kN · m)
교대 1	2,793	0.0000
교각 1	1,189	10,515(2103)
교각 2	1,189	10,515(2103)
교대 2	2,793	0.0000

㈜ ( )는 응답수정계수 $R=5$로 나눈 값임.

고정하중 반력 계산

상부 구조물의 고정하중 반력에 의해서 기둥이 받는 축력을 계산한다.

위치	F_y(kN)
교대 1	3,715
교각 1	6,209
교각 2	6,209
교대 2	3,715

하중조합

계산된 지진력을 하중조합한다.

요소		하중 경우 1(1.0종+0.3횡)	하중 경우 2(1.0횡+0.3종)
교대	F_z	0+0.3×2,793=838kN	2,793+0.3×0=2,793kN
교각	F_x	2,426.5+0.3×0=2,426.5kN	0+0.3×2,426.5=728kN
	F_z	0+0.3×1,189=357kN	1,189+0.3×0=1,189kN
	M_x	0+0.3×2,103=631kN · m	2,103+0.3×0=2,103kN · m
	M_z	9,516.7+0.3×0=9,516.7kN · m	0+0.3×9,516.7=2,855kN · m

수정설계력

① 교대

하중조합 2가 지배적이다.

F_y(kN)	3,715
F_z(kN)	2,793/0.8=3,491

② 기둥

하중조합 1이 지배적이다.

F_x(kN)	2,426
F_y(kN)	6,209
F_z(kN)	357
M_x(kN/m)	3,155(631)
M_z(kN/m)	47,583.7(9,516)

주 ( )는 응답수정계수로 나눈 값임.
다주가구일 경우 응답수정계수는 5이며, 축력 및 전단력은 나누지 않는다.

③ 연결부

하중조합 1이 지배적이다.

F_x(kN)	2,426
F_y(kN)	6,209
F_z(kN)	357

▪ 교대

type	nominal(vertical)	service load	
		vertical	horizontal
양방향거동	1,000kN	1,140kN	
일방향거동	1,000kN	1,210kN	200kN

주 pot bearing 22, 31 series 사용

▪ 교각

type	nominal(vertical)	service load	
		vertical	horizontal
양방향거동	3,000kN	3,840kN	
일방향거동	3,000kN	3,380kN	570kN
고정	3,000kN	4,070kN	570kN

주 pot bearing 22, 31 series 사용

④ 슈의 지지력

▪ 교대

교축(x)방향 : 작용하중 없음.

교축직각(z)방향 : 200kN < 3,491kN (N.G)

∴stopper나 damper를 이용해서 교축 직각방향으로 작용하는 지진하중에 대한 보강을 해야 한다.

- 교각

교축(x)방향 : 570×6=3,420kN > 2,426kN (O.K)

교축직각(z)방향 : 570kN > 357kN (O.K)

설계변위

① 종방향 지진운동에 대한 종방향변위

$$N = 0.137\text{m} = 137\text{mm}$$

② 교대에서의 최소지지 길이에 계산하면

$$N = (200+1.67L+6.66H)\ (1+0.000125\theta^2)$$
$$= (200+1.67\times130+6.66\times19.61)\ (1+0.000125\times0^2)$$
$$= 550.7\text{mm}$$

두 값 중 큰 값을 사용해야 하므로 교대의 최소지지 길이는 550.7mm이다.

12.5 차세대 내진 설계

1989년 Loma Prieta 지진과 1994년 Northridge 지진 그리고 1995년 효고현 남부 지진 등에서 내진 설계 규준에 의해 설계된 구조물들은 구조적 손상으로 인한 인명피해는 미소하였다. 이는 현행 내진 설계 규준의 거동 목표인 인명피해 방지라는 측면에서는 매우 적합한 방법임을 보여주고 있다. 하지만, 많은 건물들이 구조요소 및 비구조 요소의 손상으로 사용성의 관점에서는 Loma Prieta(7조원), Northridge(60조원), Kobe(95~147조원)등 막대한 경제적 손실을 가져왔다. 이는 구조물 거동이 인명을 보호하고 있지만, 구조적 측면에서 보면 만족스러운 것은 아니다라는 사실을 제시하고 있는 것이다.

따라서 보다 더 적절하고 예측 가능한 성능을 구조물이 얻을 수 있는 방법의 필요성이 대두되고 있고 구조물의 거동을 실제에 가깝게 추정하고, 예측된 성능을 가질 수 있는 개선된 규준의 필요성 인식되고 있다.

국제적인 동향을 살펴보면 우선 미국의 경우 1992년에 SEAOC Vision 2000 위원회 결성하여 성능에 기초한 공학(Performance-based Engineering, PBSE) 개발을 제시하였고 1995년에 Vision 2000 Performance-Based Seismic Engineering of Building 보고서에서 PBSE에 대한 개념을 제시하였다.

그리고 일본의 경우 고베지진(1995.1.17) 이후 21세기를 향한 새로운 건축제도 확립의 필요성이 대두되고 있으며 1998년 6월 12일 개정된 건축기준법 공포와 기존건축물의 내진 성능평가, 보수보강 연구 등이 활발하게 진행되고 있다.

SEAOC Vision 2000 위원회에서 정의한 성능에 기초한 공학의 개념은 "설계기준, 적절한 구조시스템, 배치계획, 부재의 크기 결정 및 구조·비구조 요소와 내부 내용물에 대한 상세한 결정, 시공상의 품질보증과 품질관리 및 유지관리로 이루어져 있으며, 이미 규정한 신뢰도 범위 내에서 기준 지반운동 수준에 의한 구조물의 손상수준의 규정된 한계상태 또는 기타 효용성 한계를 초과하지 않도록 한다."라고 명시되어 있다. 즉, Performance-based Engineering이란 구조 설계자에게 예측 가능한 투명성 부여, 설계한 구조물이 주어진 지진에 대해 어떻게 거동을 할지를 예상할 수 있도록 하고, 고려하는 지역에서 발생할 수 있는 다양한 크기의 지간에 대해 구조물의 설계 거동 수준을 정하여 이에 만족하도록 설계를 하는 것이다. 또한, 예측 가능한 내진 성능을 가진 구조물을 생산하는데 있어 요구되는 공학의 모든 과정을 총망라한 것이라고 할 수 있다.

성능에 기초한 내진 설계는 우선 예상성능수준(Performance Level)과 지진재해수준(Earthquake Hazard Level)을 조합하여 성능 목표를 정하고 성능목표를 근간, 해당 대지의 적정성 및 지진해석 수행하고, 발생 가능한 모든 지반재해를 고려하여 해당 대지가 구조물에 적합한지를 분석하여 수준 결정하는 대지 적정성 및 설계지반 운동을 결정한다.

다음으로 설계과정은 설계주요방향 결정하는 개념설계, 기능 및 인명안전 근거한 요소크기 결정하는 예비설계, 성능목표를 고려하여 단면을 결정하고 상세설계까지 수행하는 최종설계 그리고 마지막으로 기준 만족을 확인하는 허용여부검토설계를 수행한다. 다음 단계로는 설계검토, 품질보증 그리고 유지관리의 단계로 이어진다. 이에 대한 흐름도는 다음 그림 12.5.1과 같다.

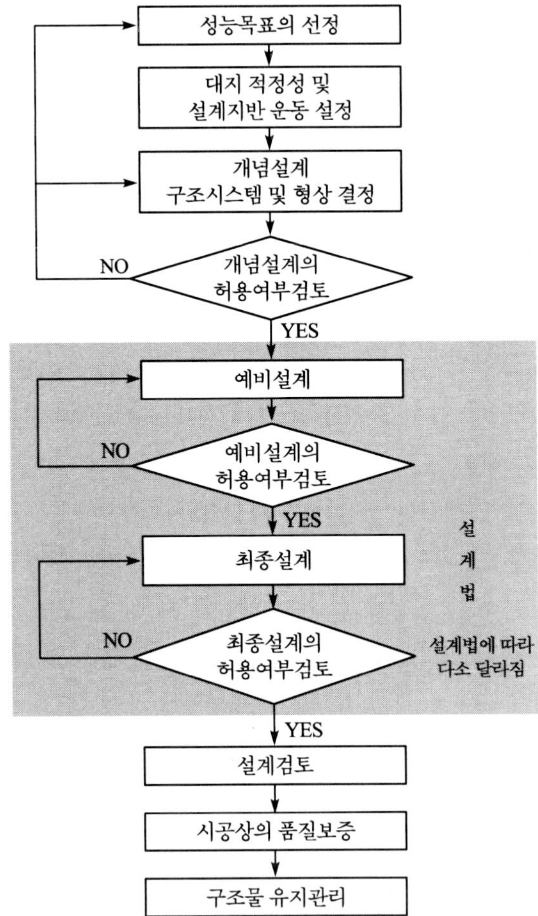

그림 12.5.1 차세대 내진 설계의 흐름도

CHAPTER

13

내풍설계

13.1 개설

Tocoma Narrows Bridge(미국, 최대지간장 853m)

1938년 Leon Moisseiff의 설계된 강플레이트거더의 현수교로서, 개통 후 4개월만인 1940년 11월 7일 19m/s의 풍속에서 Torsional Flutter로 인해 붕괴되었다. Tacoma Narrows교의 붕괴는 장대교량의 내풍설계 발전의 중요한 계기가 되었으며, 1950년 트러스 보강거더형(보강형)으로 재건설되었다.

최근 들어 장대교량의 건설이 급격히 증가되는 추세인데, 교량이 장대화될 수록 내진성보다는 내풍성에 의해 구조물의 안전성이 좌우된다. 풍하중은 교량, 특히 장대교량의 설계 시에 반드시 고려되어야 하는 하중이며, 이렇게 고려된 풍하중에 대해서 교량의 안전성을 확보하는 것을 내풍설계(耐風設計)라 한다. 내풍설계는 지간장이 길어짐에 따라 그 중요성이 훨씬 배가되는 특성을 가지고 있다. 최근 국내에서도 해안·도서·산악지역의 장대교량의 수요가 증가하고 있으며, 우리나라는 태풍이 비교적 자주 내습하고 있기 때문에 교량이 내풍설계에 대한 관심이 높아지고 있다.

국내에서 본격적인 내풍설계는 1973년에 건설된 남해대교에서 시작되어 그 후 돌산대교 및 진도대교에 이어서 최근 삼천포대교, 영종대교, 서해대교, 인천대교 및 이순신대교 등의 장대교량으로 이어진다고 할 수 있다. 물론 중소지간의 교량에서도 풍하중이 고려되나 이러한 교량에서는 바람에 대한 교량의 동적거동이 크게 중요하지 않아 현행 도로교설계기준에서는 수평분포하중이 정적으로 작용하는 것으로 취급하고 있다.

내풍설계의 발전

교량구조물의 내풍설계는 1800년대 초반부터 건설되기 시작한 현수교 등 케이블로 지지되는 장경간 교량의 등장으로 그 중요성이 부각되었으며, 1934년 Pagon 등은 구조물의 진동특성과 공기역학의 관계에 대한 연구를 발표하였으나 주목받지는 못했다. 본격적인 내풍설계에 관한 연구, 특히 바람과 구조물의 동적 상호작용에 관한 연구는 1940년 11월 7일 발생한 미국 Old Tacoma Narrows교 붕괴사고가 시발점이었다. Old Tocoma Narrows교 붕괴사고 이후 바람에 의한 구조물의 동적거동, 특히 비정상류(非定常流, unsteady flow)에 의한 구조물의 거동에 관한 연구가 활발히 진행되었다.

최근에는 교량설계 및 건설기술의 발달에 힘입어 교량의 장대화 및 경량화가 이루어져 교량구조물의 진동을 유발하는 풍압이 상대적으로 증가하고, 교량구조물의 동적특성에 영향이 큰 경간장 대 폭원비 등이 커짐에 따라 구조물의 고유진동수가 저하되어서 각종 불안정 진동이 저풍속에서 발생하기 쉬워졌다. 또한 용접접합이나 고장력 볼트접합 등의 기술발전에 의해 구조체의 동적에너지 감쇠현상(減衰現象)이 저하되어 내풍설계의 중요성이 더욱 높이 부각되고 있다.

이와 같이 교량구조의 내풍성 연구는 앞으로도 중요한 과제인데, 이러한 인식은 지금까지의 귀중한 기술적 시련을 통해서 배양된 것이므로 바람으로 인한 구조물 피해의 역사를 돌이켜보는 것도 의미있는 일이다.

바람에 위한 피해

바람에 의한 손상사례는 Drybrugh Abbey교(영국, 1818), Brighton Chain Pier교(영국, 1836), Weeling교(미국, 1854), Old Tacoma Narrows교(미국, 1940) 등의 현수교가 비틀림 진동에 의해 붕괴되었으며, 풍압에 의한 파손사례는 영국의 Tay교(1879)로서 열차와 함께 붕괴되어 75명의 사상자를 내었다. 이외에도 미국의 Chester교(1944)가 회오리바람에 의해 붕괴된 사례가 있다.

Old Tacoma Narrows교는 주경간장 853m의 현수교로 형고 대 경간장비(depth-to-span ratio)가 1:350으로 당시 건설된 교량들(1:100~1:200)에 비해 획기적인 형식이었다. 또한 교폭 대 경간장비(width-to-span ratio)도 당시 세계 최소인 1:72로 기타 교량(Golden Gate교 1:47)에 비해 매우 작았고, 보강형으로 강플레이트거더(강판형, steel plate girders)를 채택하였다. 이 교량은 약 60m/s의 풍하중에 대해 안전하도록 설계되었다. 사고당시의 풍속은 불과 19m/sec이었으나 주요 진동모드인 비틀림진동(torsional oscillation)의 변위가 무려 45°에 이르렀으며, 변위의 속도가 중력가속도를 상회할 정도로 격렬한 진동에 의해 붕괴되었다. Old Tacoma Narrows교를 설계한 Leon Moisseiff는 당시 최고의 교량설계자였으나, 당시의 기술수준으로는 바람과 구조물의 동적 상호작용에 관한 충분한 인식이 부족하였다. 이 교량에서 채택한 강플레이트거더는 비정상 풍압에 매우 불리한 단면이며, 단면설계에 있어서 정상풍압만을 고려하여 비틀림강성이 부족했던 것이다.

미국의 유명한 Golden Gate교에서도 사고는 발생하지 않았으나 1983년과 1941년 두 차례에 걸쳐 큰 진폭의 진동을 경험하였는데, 1941년의 경우 풍속 27.5m/sec에서 0.61m에 이르는 진폭이 측정되었다.

표 13.1.1에서는 바람에 의한 교량의 사고사례를 보여주고 있다.

표 13.1.1 바람에 의한 교량의 사고사례

교량	소재지	형식 (주경간)	건설 년도	비고
Brighton Chain Pier교	영국	현수교 68m	1823년	1833년 부분손상 1836년 비틀림진동에 의한 파괴
Menai Straits교	영국	현수교 177m	1826년	3번에 걸쳐 휨, 바람에 의한 파손 상판 등 보수
Nassau교	독일	현수교 75m	1830년	1834년 Chain 파손
Niagara-Lewiston교	미국, 캐나다	현수교 318m	1850년	1864년 강풍에 의한 파괴
Tacoma	미국 워싱턴주 타코마 해협	현수교 853m	1940년	1940년 11월 19m/sec의 바람에 의해 비틀림진동 파괴
Fykesund교	노르웨이	현수교 228m	1937년	휨진동 발생, 보강
Golden Gate교	미국	현수교 1280m	1937년	25~30m/sec의 바람에 의해 부분파손 트러스 보강
Thousand Islands교	캐나다	현수교 244m	1938년	휨진동 발생
Deer Isle교	미국 메인주	현수교 329m	1939년	1942년 32m/sec의 바람에 의해 휨진동 발생
Bronx-Whitestone교	미국 뉴욕	현수교 701m	1939년	진동발생, 트러스 보강
Tay교	영국 스코틀랜드	75m	1878년	1979년 열차와 함께 붕괴, 75명 사망 풍압에 의함.
Chester교	미국 일리노이			1944년 회오리바람에 의해 파괴
목증천교(木曾川橋)	일본			1962년 8월 태풍에 의해 건설 중
Beaugarnois교	캐나다 퀘벡	현수교 177m		휨진동
Geroge Washington교	미국 뉴욕	현수교 1,067교	1931년 1960년 (下路)	잔잔한 휨진도, 미소 비틀림진동
Lions Gates교	캐나다 벤쿠버	현수교 427m		휨진동(풍속 22~27m/sec)
Peace River교	미국	현수교 283m		미풍에 의한 진동, 22~28m/sec의 바람에 의해 비틀림
Liard River교	미국	현수교 165m		미풍에 의한 진동, 18~26m/sec의 바람에 의해 비틀림
사덕대교(四德大橋)	일본 나가노현	150m	1967년	5~6m/sec의 바람으로 강판진동, 단부를 보강
Forth Road교	영국 스코틀랜드	현수교 1,006m	1964년	주탑이 독립시 진동, 슬라이딩 블록에 의해 진동억제
석수하구교(石狩河口橋)	일본 북해도	사장교 160m	1971년	건설 중 와류에 의한 진동 단면을 약간 변경
Severn교	영국 잉글랜드	현수교 987m	1966년	경사 행어가 진동 제진장치를 설치
육갑대교(六甲大橋)	일본 고베	사장교 220m	1977년	cable의 진동, cable 사이에 wire를 설치하여 진동억제

내풍설계의 절차

교량의 내풍설계는 크게 동적설계와 정적설계로 구분된다. 여기서 정적설계는 바람을 시간 평균적인 풍하중으로 보고 설계하는 것으로 모든 교량에 적용된다. 비교적 짧은 경간의 교량이나 중요도가 낮은 교량에 대해서는 시방서에 의해 규정되어 있는 풍하중을 이용하여 설계하는 것이 일반적이며 장경간의 교량에 대해서는 풍동실험을 통해 공기력계수를 측정하여 설계하도록 되어있다. 동적설계는 바람에 의해 발생하는 진동에 대한 안정성 여부를 평가하는 설계이다. 동적 내풍설계법으로 풍동실험에 의한 방법과 내풍응답 평가식에 의한 방법이 있다.

바람에 의해 진동이 발생할 가능성이 있는 경우에는 우선 평가식이나 기존의 내풍설계자료를 참고하여 내풍응답을 대략적으로 검토하게 된다. 그 결과 내풍성에 문제가 있다고 판된될 경우에는 풍동실험에 의해 이를 확인하고 적절한 설계수정을 하는 것이 내풍설계의 일반적인 순서이다.

일반적인 내풍설계의 과정을 그림 13.1.1과 같이 나타낼 수 있다.

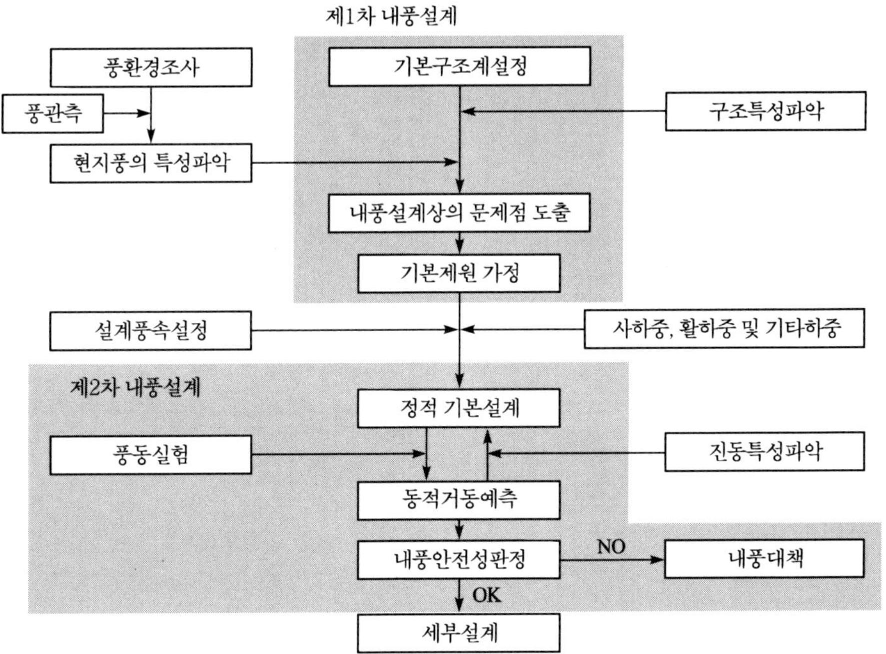

그림 13.1.1 내풍설계의 일반적인 절차

13.2 자연풍의 특성과 설계풍속

13.2.1 자연풍의 특성

바람이란 기압차에 의해 발생하는 공기의 운동현상으로 기구의 자전운동 등에 의해 가속되기도 한다. 온도・기압 등의 기상학적(氣象學的) 인자에 의해 발생하는 바람은 지표면 마찰력의 영향을 받지 않는 영역에서는 대체로 정상류(政商流, steady flow)이나, 일반적인 구조물이 설치되는 지표면 부근에서는 지표면 마찰에 의해 풍속이 저감되며 흐름도 흐트러진다. 따라서 풍속과 풍향이 공간적(수평 및 연직방향), 시간적으로 변화하는 특성을 보이고 있다. 또한 같은 장소에서도 바람의 흐트러진 정도는 풍향, 즉 바람이 불어 지나온 지역의 조도와 밀접한 관계를 가진다. 국지적인 지형조건도 바람의 흐트러짐에 영향을 미치게 되는데, 간단한 예로 높은 제방이 있는 하천에 건설된 교량은 교축직각방향으로는 정상적인 강풍이 작용하나 교축방향으로는 일반적으로 흐트러진 난류가 작용한다.

풍속의 시간적 변화특성을 보여주는 거스트 스펙트럼(gust spectrum)은 Davenport, Panofsky 등에 의해 관측값에 근거한 경험식이 제안되고 있다. 그림 13.2.1과 그림 13.2.2는 각각 풍속의 수평성분과 수직성분에 대한 거스트 스펙트럼으로서 $S(f)$는 스펙트럼밀도(spectrum density), f는 진동수, V_{10}은 풍속의 표준측정높이인 지상 10m에서의 평균풍속, k는 표면조도계수(drag coefficient of surface)이며, z는 측정높이이다. 그림 13.2.1에는 Davenport(original)와 Harris(modified)의 제안식이 측정값들과 함께 나타나 있다.

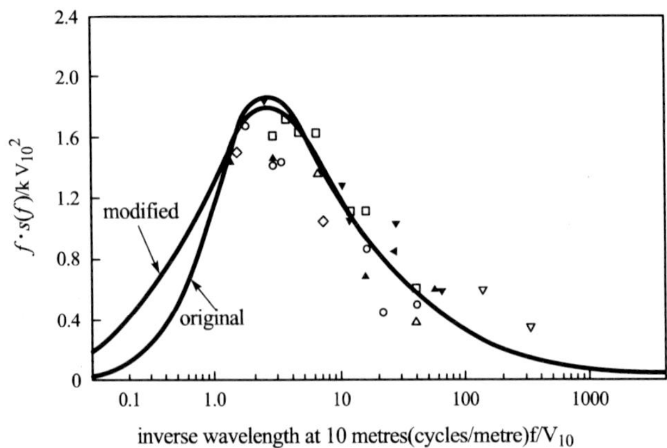

그림 13.2.1 수평성분의 거스트 스텍트럼

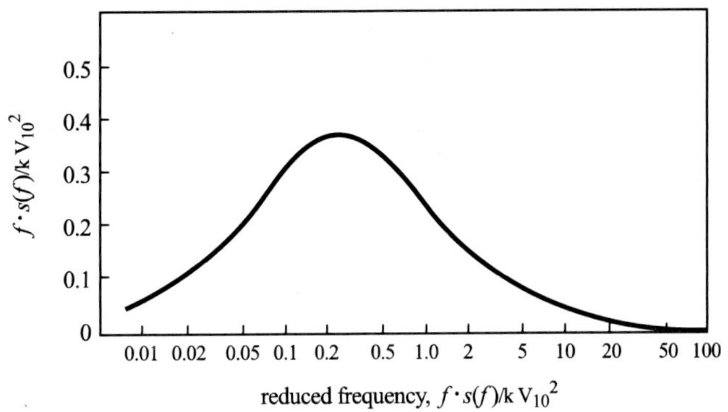

그림 13.2.2 수직성분의 거스트 스펙트럼

지표면 마찰에 의한 풍속의 연직방향 분포특성은 경도풍고도(gradient height)라고 하는 일정높이까지는 높이에 따라 증가하며, 다음과 같은 식으로 모형화된다[도로교설계기준 한계상태설계법(2015)].

$$V_d = 1.723\left(\frac{z_d}{z_G}\right)^{\alpha} V_{10}$$ 식 (13.2.1)

여기서, z : 지상 또는 수면으로부터 구조물의 고도(m)로서, 교량의 주거더와 같이 수평부재인 경우에는 기준면으로부터 평균 높이, 교각과 같이 수직구조물인 경우는 총 높이의 65%를 사용함.

z_b : 지표면 지형물의 대표높이(m)

z_G : 풍속이 지표조도에 관계없이 일정한 곳까지의 높이(m)

α : 지표 조도계수

z_d : z와 표 13.2.1의 z_b 중에서 큰 값

V_{10} : 기본풍속(m/sec)(표 13.2.4)

z_G, z_b, α는 지표면의 거친 정도, 즉 조도의 조건에 따라 달라지는 것으로서 표 13.2.1로부터 결정한다. 그러나 지표면조도와 관계되는 고도분포지수는 동일지점에서도 풍향 및 풍속에 따라 변화하게 되며, 그림 13.2.3은 태풍 시 동일지점에서 측정한 자료를 풍향, 평균풍속 및 고도분포지수에 대해 분석한 결과로 변화특성을 보여주고 있다.

표 13.2.1 지표조도구분에 의한 α, z_G, z_b의 값

지표조도구분	지표상황	α	z_G(m)	z_b(m)	조도
I	•해상, 해안 •개활지, 농지, 전원	0.12	200	2	작다 ⬆
II	•수목과 저층건축물이 산재하여 있는 지역 •수목과 저층건축물이 밀집하여 있는 지역	0.16	300	5	
III	•중, 고층건물이 산재하여 있는 지역 •완만한 구릉지	0.22	400	10	⬇ 크다
IV	•중, 고층건물이 밀집하여 있는 지역 •기복이 심한 구릉지	0.29	500	20	

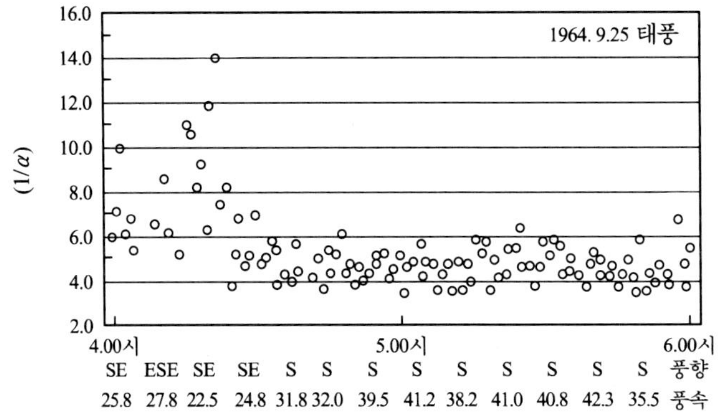

그림 13.2.3 고도분포지수의 시간적 변화(1분간 최댓값)

13.2.2 설계풍속

자연풍은 발생에서부터 구조물에 작용할 때까지 여러 가지 지역적 특성에 영향을 받는다. 따라서 내풍설계에서 기본이 되는 설계풍속을 결정하기 위해서는 구조물 건설지점에서 측정된 풍속·풍향·발생빈도 등의 기상관측자료가 필요하다.

이러한 자료를 이용하여 적정하게 선정된 소요 재현기간에 대해 확률·통계적 기법을 이용해서 기대풍속인 기본풍속을 결정하고, 설계대상 구조물의 규모와 지상높이에 따라 보정하여 사용해야 한다. 여기에서 소요재현기간의 결정도 매우 중요한 문제이므로 요구되는 구조물의 내용 연수, 중요도 및 전반적인 안전수준을 고려하여 결정되어야 한다. 교량설계 관련 시방서에서 취하고 있는 재현기간은 국가별로 차이가 있는데 미국·일본

의 100년, 영국의 140년 등이 그 예이다. 기본풍속의 측정방법도 국가별로 차이를 가지는데 미국의 마일풍속(fastest mile wind speed), 일본의 10분 평균풍속, 영국의 1시간 평균풍속 등이 있으며, 우리나라는 일본과 같이 10분 평균풍속을 사용하고 있다. 이러한 측정방법의 차이는 설계과정에서 거스트 계수에 의해 구조물의 규모 및 지상높이에 따라 적절히 보정되어진다.

또한 교량건설 지점과 이용 가능한 기상자료의 관측지점은 일반적으로 떨어져 있으며, 따라서 대상지점의 지표면 조도계수와 주변지형에 의해 적절히 보정하여 이용해야 한다. 이를 위한 보정기법에는 일본 토목연구소에서 제시한 방법 등이 이용될 수 있다. 이 방법에서는 각 지역의 해안도·육도·개방도·기복도·구배·장해거리 등이 반영될 수 있다.

구조물의 높이에 따른 보정은 앞에서 언급한 방법을 이용할 수 있다. 또한 구조물의 규모에 따른 보정도 필요하다. 즉, 자연풍의 평균풍속에 대한 시간적 변화특성 및 이에 의한 구조물 거동의 시간적 변화특성은 거스트계수로서 반영되어지는데, 바람의 공간적 변화특성도 이 계수로 반영될 수 있다. 즉, 수평장이 짧은 구조에 있어 전장에서 평균된 풍속(공간평균값)의 시간적 변동은 수평장이 긴 구조에 있어서 보다 크게 나타난다. 이러한 현상은 사장교나 현수교의 주탑과 같이 연직장이 긴 경우에도 나타난다. 표 13.2.2와 표 13.2.3은 각각 수평장과 연직장에 따른 보정계수의 변화를 보여 주고 있다.

표 13.2.2 구조물의 수평장에 따른 보정계수(B)

지상고도 Z(m)	B(m)									
	150	300	450	600	750	900	1050	1200	1350	1500
10	1.400	1.300	1.241	1.206	1.177	1.155	1.136	1.119	1.105	1.093
30	1.240	1.186	1.155	1.133	1.117	1.104	1.093	1.083	1.075	1.068
50	1.196	1.153	1.129	1.112	1.099	1.088	1.080	1.072	1.065	1.059
70	1.148	1.132	1.112	1.097	1.086	1.078	1.070	1.064	1.058	1.053
100	1.144	1.114	1.097	1.085	1.076	1.069	1.062	1.057	1.052	1.048

표 13.2.3 구조물의 연직장(H)에 따른 보정계수(M_h)

H(m)	30	40	70	80	100	120	140	140	180	200	220	240
M_h	1.500	1.432	1.314	1.256	1.221	1.192	1.171	1.157	1.144	1.132	1.121	1.114

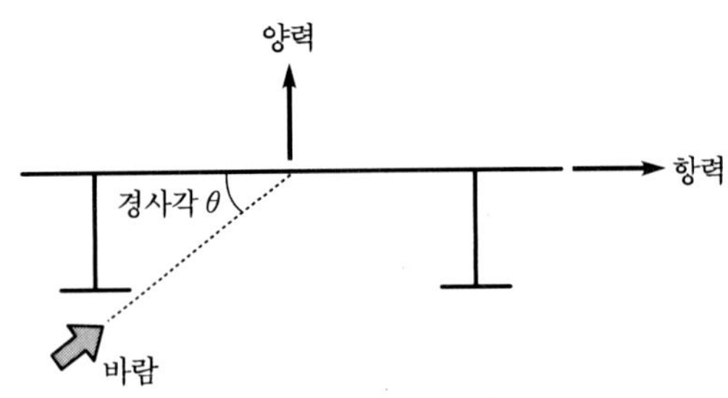

그림 13.2.4 설계에 적용양력과 항력의 방향

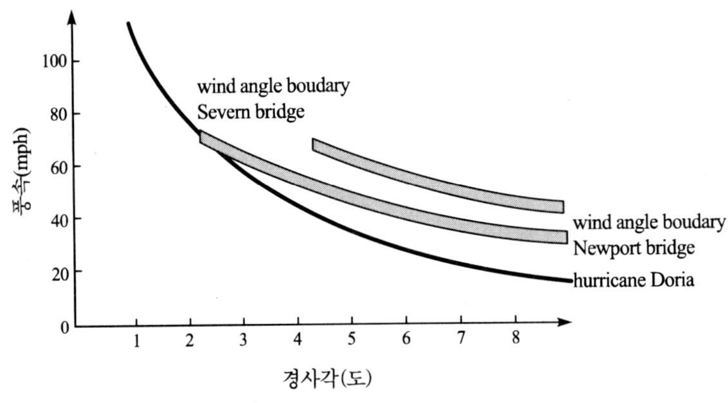

그림 13.2.5 풍속과 경사각의 관계

바람에 의해 구조물에 나타나는 풍하중의 크기는 구조물의 형상과 바람의 작용방향에 따라 매우 큰 변화를 보이고 있다. 특히 사장교와 같은 장대교량의 내풍설계 있어서 바람의 작용방향이 교량상판의 수평면과 이루는 경사각(그림 13.2.4)은 양력(lift force)과 항력(drag force)에 큰 영향을 미치며 또한 뒤에서 언급할 불안정 진동현상과도 밀접한 관계를 가진다.

관측자료를 분석하여 보면 자연풍은 수평으로만 불어오는 것이 아니라 주변지형 등의 영향에 의해 경사각을 가지고 작용하고 있다. 그러나 이러한 경사각은 일반적으로 풍속의 증가에 따라 줄어드는 경향을 보이고 있다. 그림 13.2.5는 풍속과 경사각의 관계를 보여 주는 예이다.

교량설계와 관련된 또 다른 관측기록은 −1°~5°의 경사각 범위를 보여주고 있다. 이러한 현상은 설계풍속의 결정에도 반영되는데 일본의 한신고속도로공단에서는 경사가 ±3°까지는 50m/sec, 경사가 ±7°에서는 10m/sec이며, 우리나라 진도 및 돌산대교에서는 경사각 ±3°까지는 75m/sec, 경사각 ±7°에서는 25m/sec이다.

도로교설계기준 한계상태설계법(2015)에는 전국의 지역별로 기준높이 10m에 대한 기본풍속(식 13.2.1의 V_{10})이 주어져 있다(표 13.2.4). 현 설계기준에서 제시한 기본풍속은 재현기간 100년에 대한 최대풍속의 비초과확률 60%에 해당하는 개활지에서 지상 10m의 10분간 평균풍속이다.

ASCE에서는 단기간 사용되는 가설구조물에 대한 설계풍속을 주구조물에 대한 설계풍속의 3/4을 취하도로고 하고 있다. 특히, 시공기간이 길어지거나 시공 중의 구조물의 바람에 대해 취약한 형식이면 가설구조물에 대한 설계풍속을 특별히 고려해야 한다.

표 13.2.4 지역별 기본풍속

구분	지역	지명	기본풍속 V_{10}(m/s)
I	내륙	서울, 대구, 대전, 춘천, 청주, 수원, 추풍령, 전주, 익산, 진주, 광주	30
II	서해안	서산, 인천	35
III	서남해안 남해안 동남해안	군산 여수, 통영, 부산 포항, 울산	40
IV	동해안 제주지역 특수지역	속초, 강릉 제주, 서귀포 목포	45
V		울릉도	50

13.3 풍하중과 교량거동

내풍설계에 있어서, 바람이 구조물에 작용할 때에 발생하는 문제는 바람으로부터 받는 힘의 문제, 즉 정적인 하중작용으로서의 바람하중에 관한 문제와 바람에 의한 진동문제로 크게 구분할 수 있을 것이다.

바람에 의한 이 2가지 문제를 좀 더 구체적으로 살펴보면 표 13.3.1과 같은 여러 가지 현상이 표현되어 있으나, 본 절에서는 작용에 의한 정적현상과 동적현상에 대해 개략적으로 소개하기로 한다.

표 13.3.1 바람에 의해 구조물에 발생하는 현상의 종류

구분			내용
정적현상 (바람에 의한 힘의 문제)	풍하중에 의한 응답		정적공기력의 작용에 의한 정적변형이나 전도, 슬라이딩
	Divergence, 좌굴		정상공기력에 의한 정적불안정현상
동적현상 (바람에 의한 진동문제)	강제진동	와류진동	물체의 와류방출에 동반되는 비정상공기력의 작용에 의한 강제진동
		버펫팅(butteting)	접근류의 난류성에 동반된 변동공기력의 작용에 의한 강제진동
	자발진동	갤로핑(galloping)	물체의 운동에 따른 에너지가 유체에 feed-back됨으로써 발생한다. 비정상공기력의 작용에 동반되는 自發(self-excited)진동
		비틀림플러터(torsional flutter)	
		합성플러터(couping flutter)	
	그 외의 진동	rain vibration	사장교케이블 등의 경사진 원주에 발생하는 진동
		wake galloping	물체의 후류(wake)의 영향에 의해 발생하는 진동

13.3.1 정적하중과 교량거동

내풍설계에서는 우선 바람에 의한 정적효과에 대해 구조물이 충분한 저항력을 갖는지의 여부를 조사해야 한다. 즉, 풍하중이 형상·형식에 의해 합리적으로 산정되어야 한다. 특히 구조물이 장대화 됨에 따라 풍하중의 효과는 상대적으로 커지기 때문에 이러한 안정성의 검토가 더욱 중요한 것이 된다.

바람에 의해 교량에 작용되는 풍압에 의한 풍력은 단순히 바람이 부는 방향으로만 작용하는 것이 아니며, 주로 교량의 단면형상에 따라 여러 방향으로 작용한다. 이러한 풍력은 그림 13.3.1과 같이 주로 6분력으로 분해하여 해석하는데, 이들은 기류방향의 항력, 기류직각방향의 양력 및 횡력, 또한 이 3가지 힘의 회전축으로 하는 rolling, yawing, pitching모멘트이다. 이 중에서 교량의 내풍설계시에는 항력, 양력 및 pitching(교축방향의 비틀림)모멘트만을 고려하는 것이 일반적이라 할 수 있다. 이러한 정적인 공기력에 의해 교량에는 부재의 변형, 전도 등이 발생할 수 있으며, 좀 더 심한 경우에는 좌굴이나 발산(divergence)등의 정적 불안정현상이 발생할 수 있다.

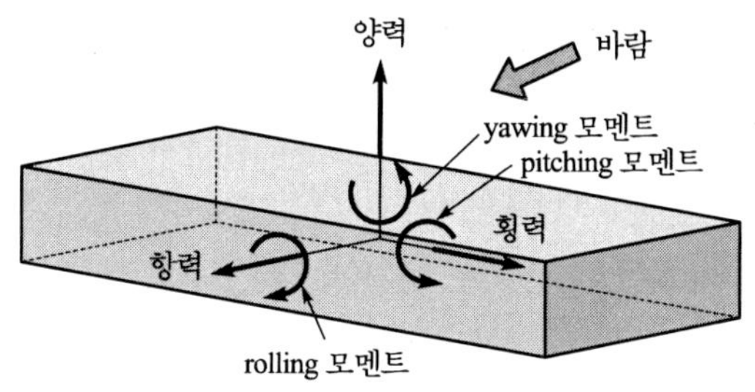

그림 13.3.1 바람의 6분력

양력(F_L)과 항력(F_D)은 일반적으로 다음과 같이 산정한다.

$$F_L = \frac{1}{2}\rho C_L A V^2 \qquad \text{식 (13.3.1)}$$

$$F_D = \frac{1}{2}\rho C_D A V^2 \qquad \text{식 (13.3.2)}$$

여기서, ρ : 공기밀도

C_L, C_D : 각각 양력과 항력의 속도압 계수

A : 투영단면적

V : 풍속

양력과 항력의 합력이 교량단면의 비틀림 강성중심을 통과하지 않을 때 발생하는 비틀림모멘트(M)는 식 (13.3.3)과 같다.

$$M = \frac{1}{2}\rho C_M A B^2 V^2 \qquad \text{식 (13.3.3)}$$

여기서, B : 교량의 폭원

C_M : 모멘트의 속도압 계수

위의 속도압 계수들은 단면형상과 바람의 작용 경사가(θ)에 따라 변화하는데 그림 13.2.5가 한 예이다. 이는 Old Tacoma Narrows교의 붕괴 이후 신설된 New Tacoma Narrows교의 트러스로 된 상부구조에 대한 실험결과이다. 영국기준(BSI)에서는 이러한 특성을 반영하여 풍상면이 연직이 아닌 경사진 경우에는 1°의 경사에 대해 0.5%씩 항력계수를 감소시킬 수 있도록 되어있으며, 최대감소율은 30%를 초과하지 않도록 규정하고 있다.

교량에 횡방향으로 작용하는 정적하중에 의해 발생하는 가장 기본적인 불안정 구조

거동은 면외좌굴 현상인 횡좌굴이며, 횡좌굴에 대한 한계풍속(V_{cr})은 다음과 같이 추정된다.

$$V_{cr} = \left[\frac{2q_{cr}}{\rho C_D(A/L)} \right]^{1/2} \quad \text{식 (13.3.4)}$$

$$q_{cr} = \frac{28.3(EI \cdot G_s J)^{1/2}}{L^3} \quad \text{식 (13.3.5)}$$

여기서, L : 경간장

EI : 주거더의 약축(weak aixs)에 대한 휨강성

G_sJ : 비틀림강성

비틀림모멘트에 의해 발생하는 주거더의 거동은 비틀림 발산(torsional divergence)으로 일반적으로 비틀림이 발생하면 바람의 작용 경사각이 커지게 되고, 따라서 바람에 의한 비틀림모멘트가 상승하여 비틀림이 커지게 되는 불안정 순환현상이 발생하여 매우 위험하다. 비틀림 발산에 대한 한계풍속은 식 (13.3.6)과 같이 추정한다.

$$V_{cr} = \left[\frac{2\lambda_1}{\rho(dC_M)(AB/L)} \right]^{1/2} \quad \text{식 (13.3.6)}$$

여기서, λ_1 : $|K[I] - \lambda[I]| = 0$ 의 기본 고유값(eigenvalue)

$$dC_M = \frac{dC_M}{d\theta}$$

$[K]$: 비틀림 강성행렬

횡좌굴이나 비틀림 발산 등은 뒤에 언급할 비정상 공기류에 의한 플러터(flutter)에 대해 적정한 강성을 가지는 상부구조이면 일반적으로 큰 문제가 없으나, 보도교 등의 교폭대 경간장비가 매우 작은 교량에서는 충분히 검토되어야 한다. 또한 이러한 불안정 구조거동은 사장교보다 현수교에서 특히 문제가 된다.

앞에서 언급한 정적하중은 모두 평균속도의 정상류를 가정했으나 실제 자연풍은 시간적 변동특성을 가지므로 거스트계수 등을 이용해 보정해야 한다.

13.3.2 동적하중과 교량거동

바람의 작용에 의해 구조물에 나타나는 동적거동은 발생기구(mechanisms)의 특성에

따라 크게 강제진동(强制振動)과 자발진동(自發振動), self-induced vibration)으로 분류된다. 강제진동이란 바람의 시간적 변화특성에 의한 진동현상으로 작용하중이 구조물의 진동과는 무관한 경우이다. 반면에 자발진동이란 구조물의 진동을 일으키는 외력이 구조물의 자체진동에 의해 발생 또는 증가하는 경우이며, 따라서 구조물의 진동이 사라지면 그 작용력도 없어지게 된다.

강제진동에는 구조물 주변에서 발생하는 바람의 와류(vortex)에 의한 와류진동(vortex shedding)과 자연풍의 시간적 변화특성이나 구조물 주변에서의 공기의 흐트러짐에 의한 진동현상인 버펫팅(buffeting)등이 있다.

자발진동에는 대표적인 현상으로 플러터(flutter)와 갤로핑(galloping)이 있는데 사장교에서는 특히 플러터가 발생하기 쉬우므로 설계 시에 특히 주의를 요한다. 일부 연구에서는 소용돌이류에 의한 진동을 자발진동으로 분석하는 경우도 있다.

와류진동

와류진동은 물체의 배후나 측면에서 생성되는 주기적인 와류에 의해 발생되는 현상이며 일반적으로는 뭉뚝한 구조단면형상을 갖고 구조감쇠나 질량이 작은 구조체에 발생하기 쉽다. 이 진동은 비교적 저풍속역에서 발생하며, 게다가 어떤 한정된 풍속영역에서 발생하기 때문에 발생빈도가 높아 구조물의 피로나 시공성·사용성에 문제가 되는 경우가 있다. 단면배후에 주기적으로 방출되는 와류의 방출주파수가 구조물의 고유진동과 일치할 때에 발생하기 때문에 일정한 풍속범위에서만 발생하는 일종의 한정적인 진동 현상이다. 그러므로 이러한 진동의 발생에 의해 교량이 갑자기 붕괴에 도달할 위험은 적다. 따라서 구조부재의 파손 등이 발생하는 일이 없는 범위 내에서는 진동발생을 허락할 수 있는 현상이라 할 수 있다. 그러나 이 진동이 일상적인 저풍속에서 발생하는 경우에는 부재의 반복응력이 작용되어 구조적 피로가 문제가 되기도 하고 통행자의 불쾌감이나 불안감을 주는 요인이 된다. 따라서 이 진동의 발생을 완전히 억제하던가 그 진폭을 가능한 한 소규모로 억제하는 것이 필요하다.

버펫팅

바람의 난류성에 기인하여 구조물에 불규칙적인 변동공기력이 작용할 때 발생하는 강제진동 현상을 버펫팅 혹은 gust응답이라고 한다. 이 진동현상은 대기류와 같이 난류성을 포함한 기류 내에서는 어떠한 구조물, 어떠한 풍속영역에서도 발생할 수 있다는 점이 다른 진동현상과 다른 점이다.

지간의 길이가 200m 이내의 단경간 교량의 내풍설계에 있어서는 버펫팅에 의한 동적인 하중효과를 국내 도로교설계기준에서는 아래와 같이 풍압(p)의 산정과정에서 gust factor로 적용시켜 반영하는 간단한 방법을 사용한다.

$$p = \frac{1}{2}\rho V_d^2 C_d G \qquad \text{식 (13.3.7)}$$

여기서, V_d : 설계풍속

C_d : 항력계수

G : gust 응답계수

ρ : 공기밀도

또한 지간의 길이가 긴 장경간 교량에 대해서는 바람의 버펫팅 효과를 random vibration기법을 이용하여 해석하는 방법이 많이 사용된다.

플러터

플러터에는 여러 가지 진동모드가 있는데 교량구조에서는 수직성분의 휨과 비틀림모드가 함께 발생하는 합성플러터(coupling flutter)와 비틀림모드만 발생하는 비틀림플러터(torsional flutter)가 주요 진동모드이다.

① 비틀림플러터

비틀림플러터란 바람에 의해 바람부는 방향에 수직인 축(교축)을 중심으로 비틀림 거동의 발산형 진동을 말한다. 이 진동현상은 교량의 내풍설계에 있어서 가장 주의해야 할 진동현상으로 주로 주거더에서 문제가 된다. 교량의 주거더와 같이 단면의 변장비(B/D)가 큰 단면의 경우, 단면의 상류측 모서리에서 발생하는 박리전단층은 측면에 재부착하게 되고 이 박리전단층에 둘러싸인 영역에서는 박리(bubble)라는 순환류가 존재하게 된다. 이때, 이 순환류의 운동에 의해 단면의 외측에는 음의 압력이 발달하게 된다. 또한 이 순환류는 기류에 따라 하류측으로 이동하게 되며, 따라서 음의 압력 영역도 하류측으로 이동하게 된다. 이와 같은 음의 압력 영역의 이동은 단면의 상·하면에서 어느 정도의 시간차를 가지고 이동하게 되는데 이와 같은 시간적 위상차에 의해 단면에는 비틀림모멘트가 발생하게 되어 비틀림플러터가 발생하게 된다. 이 진동은 붕괴된 Old Tacoma Narrows교 붕괴사고의 직접적인 원인이었다. 따라서 교량에 있어서 이 같은 비틀림플러터의 발생은 반드시 방지해야만 한다.

② 합성플러터

초기의 비행기는 일정한 속도를 넘어서면 날개에서 과대한 진동이 발생하여 파괴에 도달한 경우가 종종 있었다. 이후 많은 연구에 의해 이 경우의 진동은 박리를 동반하지 않는 비행기의 날개나 평판형태의 단면에서 공통적으로 발생하는 현상임을 알게 되었다. 합성플러터는 바람에 의해 발생하는 발산형 진동중에서 기류 직각방향과 비틀림방향의 진동, 특 갤로핑과 비틀림플러터가 합성된 2자유도의 진동현상이다. 연직운동과 비틀림운동의 진동수가 풍속에 따라 변화하다가 어느 풍속에 도달하여 두 진동수가 일치할 이 진동이 발생하게 되며 진동 중에는 연직방향과 비틀림방향의 운동 간에 시간적 위상차를 갖게 된다. 합성플러터의 발생풍속은 연직과 비틀림 운동의 고유 진동수비에 의해 크게 좌우되는데, 고유 진동수비가 약 1.1에서 합성플러터 발생 풍속이 최저인 불리한 조건이 되며, 이 진동수비가 1.1보다 증가하거나 또는 감소함에 따라 발생 풍속이 증가하는 특징을 보인다. 종래에는 이 진동수비가 1.8~2.0 이상 되도록 주거더의 단면을 설계하는 것이 보통이었는데, 최근에는 이 값이 1.1보다 작게 1.0으로 설계하는 개념이 제안되어 검토되고 있다.

그림 13.3.2는 각종 교량단면에 대한 플러터 한계풍속의 변화를 보여주고 있다. 여기에서 한계풍속비는 플러터 한계풍속의 평판한계풍속에 대한 비율이다.

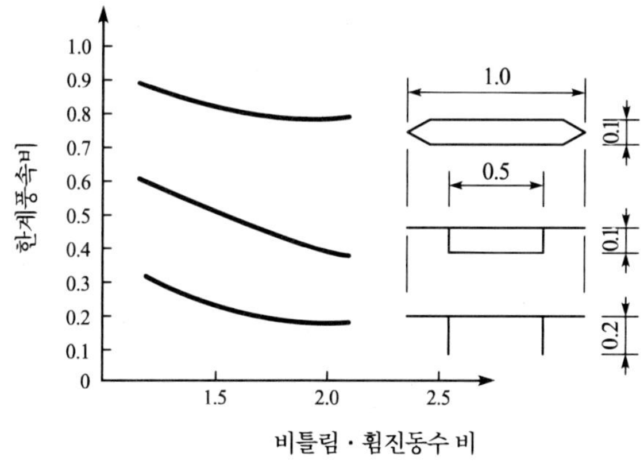

그림 13.3.2 각종 교량단면의 플러터 한계풍속

갤로핑

갤로핑은 단면의 변장비 폭/높이(B/D)가 0.7~2.8인 사각형 단면에서 주로 발생하는 기류 직각방향의 진동을 말한다. 이 진동의 발생메카니즘에 대해서는 다음과 같은 비정상

공기력 특성으로부터 설명이 가능하다. 그림 13.3.3은 B/D=1.0의 정사각형 단면에 있어서의 앙각(angle of attack)의 변화에 따른 양력계수 C_L의 변화를 나타낸 것이다. 앙각 $\alpha = 0°$에서는 양력이 작용하고 있지 않으나 앙각이 증감함에 따라 음의 방향으로 C_L은 감소하기 시작한다. 이 C_L의 감소는 $\alpha = 15°$까지 지속되다가 이점을 정점으로 C_L은 반대로 증가하기 시작한다. 사작형 단면에 있어서 이 곡선의 기울기($dC_L/d\alpha$)는 매우 중요한 의미를 갖는데, 이 곡선의 기울기가 음의 값을 갖는 영역에서는 갤로핑이 발생하게 된다(Den Hartog의 조건). 이 곡선의 기울기는 사각형 단면 주위의 기류의 양상에 의해 결정되는데, 여기서 중요한 것은 박리기류의 재부착이다. 그림 13.3.4(a)와 같이 앙각이 증가함에 따라 사각형 단면의 하면에서는 가속화된 박리기류에 의해 음의 압력이 발달하게 되어 음의 양력이 작용하게 된다. 이와 같은 음의 압력의 발달은 박리기류가 하면에 재부착되는 앙각을 정점으로 감소하게 되는데, B/D=1.0단면의 경우, 이 앙각은 15°가 된다(그림 13.3.4(b)). 이 메카니즘을 그림 13.3.4(c)와 같이 치환하여 생각할 수 있는데, 이 그림에서 α가 양의 값을 갖기 위해서는 사각형 단면은 하향운동을 해야만 한다. 하향운동을 하기 위해서는 사각형 단면에 음의 양력이 작용해야 하며, 따라서 $dC_L/d\alpha$는 음의 값을 가져야만 한다. 이 관계는 박리기류의 재부착이 발생하는 $\alpha = 15°$ 조건까지 유지된다. α가 15°를 넘게 되면 $dC_L/d\alpha$가 양의 값을 갖게 되어 이 관계로 유지되는 갤로핑 진동에 역행하는 유체력이 작용하게 된다. 이와 같은 갤로핑 현상이 단면비가 큰 경우에는 발행하지 않는다는 것을 쉽게 알 수 있다. 즉, B/D>2.8인 단면에서는 $\alpha = 0°$에서 박리기류의 재부착이 발생하기 때문에 갤로핑이 발생하지 않게 된다. 따라서 단면의 변장비가 큰 주거더에서는 갤로핑 현상이 발생하지 않는 반면 주탑과 같이 변장비가 작은 부재에 있어서는 갤로핑 현상이 자주 문제가 된다.

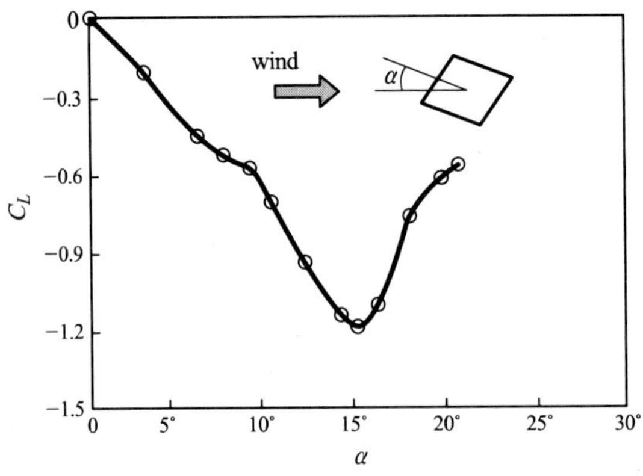

그림 13.3.3 양각에 따른 양력계수

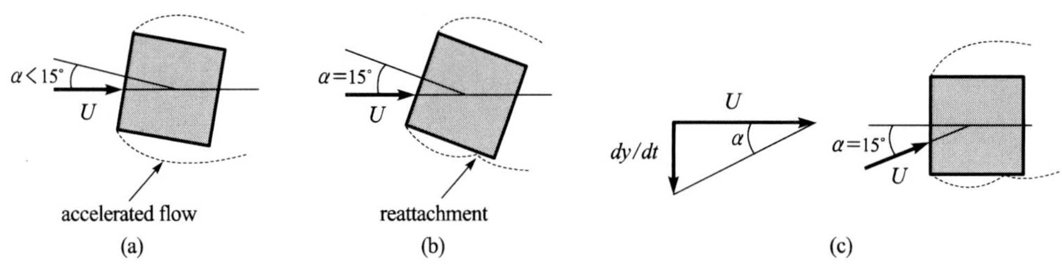

그림 13.3.4 갤로핑의 발생 현상

기타 진동현상

앞서 기술한 진동현상 외에 교량에 있어서 문제가 되는 진동현상으로는 밀착되어 설치된 쌍케이블(twin cable)에서 나타나는 wake 갤로핑 현상과 비를 동반한 바람에 의해 케이블에서 발생하는 rain vibration 현상이 있다. rain vibration 현상은 케이블에 형성되는 빗물 줄기가 원인으로 추정되며 이를 억제하기 위해 케이블에 돌기물을 부착하는 것이 효과적이다.

13.3.3 동적거동의 추정식

교량의 동적 내풍응답을 평가하는 식은 기존의 풍동실험결과를 토대로 교량의 단면형상이나 진동특성과 내풍응답과의 관계를 정리한 것인데 Selberg에 의한 합성플러터의 한계풍속평가식 등이 좋은 예가 된다. 최근에는 영국의 내풍설계규준 "Bridge Aerodynamics"와 같이 여러 공기력 현상에 대한 응답평가식을 규준화하고 있는 경우도 있다. 일본의 경우에는 일본도로협회의 "도로교내풍설계편람"에서도 새로운 응답평가식이 제안되어 있다. 다음은 주요 공기력 진동현상에 대한 평가식을 간단히 소개하였다.

와류진동

Bridge Aerodynamics나 한신공단·동적조사법(阪神公團, 動的照査法)에서 진동평가식이 제안되어 있으나, 와류진동은 발산형 진동형상과는 달리 발생풍속과 함께 진폭이 문제가 되기 때문에 발생풍속의 평가식과 함께 진폭에 대한 평가식도 제시되어있다. Bridge Aerodynamics에서는 교량단면의 변장비에 따라 와류진동의 발생풍속에 대한 평가식이 주어져 있으며, 이 식에서는 휨과 비틀림모드의 구별은 되어있지 않으나 와류진동 응답진폭의 평가식에서는 휨진동과 비틀림진동의 진폭이 따로 나누어져 있다는 것이 특징이라 할 수 있다.

① Bridge Aerodynamics의 와류진동 발생풍속 평가식은

$$V_{cr} = \begin{cases} 6.5 f d_4 & (b^*/d_4 < 5.0\text{일 경우}) \\ f d_4 (1.1 b^*/d_4 + 1.0) & (5.0 \le b^*/d_4 < 10\text{일 경우}) \\ 12 f d_4 & (10 \le b^*/d_4\text{일 경우}) \end{cases} \qquad \text{식 (13.3.8)}$$

여기서, V_{cr} : 와류진동 발생풍속

f : 휨 또는 비틀림모드의 고유진동수

b^*, d_4 : 교량의 폭 및 단면의 높이

② Bridge Aerodynmaics의 와류진동 직폭 평가식

$$\text{휨진동} : \eta_{\max} = \frac{\rho b^{1/2} d_4^{5/2}}{4m\delta} \quad \text{비틀림 진동} : \eta_{\max} = \frac{\rho b^{3/2} d_4^{7/4}}{8mr^2\delta} \qquad \text{식 (13.3.9)}$$

여기서, $\eta_{\max}$: 최대진폭(비틀림진동에 대해서도 길이의 차원으로 되어 있지만, 회전각으로 표시하면, $\Phi_{\max} = \sin^{-1}(2\eta_{\max}/b)$와 같이 되며, 이것을 사용하여 평가할 수 있다.)

m : 질량

ρ : 공기밀도

r : 회전반경

b, d_4 : 교량의 폭 및 단면의 높이

δ : 구조감쇠(구조감쇠율)

③ 한신공단·동적조사법의 와류진동 발생풍속의 평가식

휨진동 : $V_{cr} = \alpha\mu f_\eta B$ (3≤B/D≤10일 경우) 식 (13.3.10)

여기서, μ : 1.67

$$\alpha = \begin{cases} 1.8 - 0.02(m \cdot \delta\rho \cdot D^2) & (m\delta/pD^2 < 30\text{일 경우}) \\ 1.2 & (m\delta/pD^2 \ge 30\text{일 경우}) \end{cases}$$

비틀림진동 : $V_{cr} = \alpha\mu f_\phi B$ (3≤B/D≤10일 경우) 식 (13.3.11)

여기서, μ : 1.11

$$\alpha = \begin{cases} 1.6 - 0.02(mr^2\delta/\rho D^3 B) & (mr^2\delta/pD^3 B < 20\text{일 경우}) \\ 1.2 & (mr^2\delta/pD^3 B \ge 20\text{일 경우}) \end{cases}$$

V_{cr} : 와류진동 발생풍속(최대응답 발생풍속)

α : 와류진동 최대응답 발생풍속과 개시풍속의 비

f_η, f_ϕ : 휨 및 비틀림모드의 고유진동수

m : 질량

ρ : 공기밀도

r : 회전반경

B, D : 교량의 폭 및 단면의 높이

δ : 구조감쇠(대수감쇠율)

단, 3≤B/D≤10일 때 이외의 경우에는

$$V_{cr} = \begin{cases} 0.845\exp(B/D) + 5.755 \cdot f \cdot D & (B/D < 3\text{일 경우}) \\ 4fD \sim 5fD & (B/D > 10\text{일 경우}) \end{cases}$$

④ 한신공단·동적조사법의 와류진동 진폭 평가식

$$\text{휨진동 : } \eta = \frac{K_R \alpha \rho D^2 B}{4m\delta} \qquad \text{식 (13.3.12)}$$

$$\text{비틀림진동 : } \eta = \frac{K_R \alpha \rho D^3 B}{4m\delta}$$

여기서, K_R : 기류변동의 영향에 대한 응답저감계수($=0.85(B/D)^{1/2}$), 단 기류변동이 작은 경우는 $K_R = 1.0$으로 한다.

한신공단·동적조사법에 있어서는 일반적인 교량단면에서 발생하는 와류진동의 대부분은 물체의 진동에 따라 앞 모서리에서부터 박리되는 와류에 기인하여 생기는 자발형의 와류진동에 속한다는 판단을 근거로 하여 평가식이 주어져 있다. 단, 이 식의 적용이 가능한 범위로서는 단면의 변장비가 3<B/D<10이며, 이외의 범위에 대해서는 별도의 평가식이 제시되어 있다. 한편 한신공단·동적조사법에 있어서 와류진동 진폭의 평가식에서는 진폭이 최대가 되는 풍속과 개시풍속의 비(α)가 질량관성파라미터의 함수로서 주어지며, 이 진폭 최대시의 풍속에 대해 최대진폭을 산출하고 있는 점이 하나의 특징이라 할 수 있다. 또 이 방법에서는 변장비의 함수로서 주어진 응답저감계수를 사용하여 기류의 변동에 의한 응답의 저감효과를 반영하고 있으나, 가교지점에 있어서 기류변동이 작은 경우는 응답을 저감하지 않는 것으로 하고 있다.

합성플러터

합성플러터의 발생풍속에 대해서는 현재까지 여러 평가식이 제안되었으며, 그중에서 Selberg에 의한 평판(plate)의 합성플러터 발생풍속 평가식(식 13.3.13)이 비교적 간단한 형태로 되어 있고 예측정도가 높아 자주 인용되는 식이다. 단 실제교량의 단면형태는 평판이 아니기 때문에, 예를 들어 H형 단면 등과 같은 비유선형단면에 대한 플러터 발생풍속을 식 (13.3.13)으로부터 예측하기 위해서는 보정계수(Selberg 또는 Kloppel 등의 보정계수)를 사용해야 한다. 또한 실제교량에서 비틀림과 휨의 고유진동수비(f_ϕ/f_η)가 1.1 이하의 범위에서는 합성플러터의 발생풍속이 진동수비의 감소와 함께 급격히 증가하지만, Selberg식은 계속하여 감소하는 경향을 보이므로 진동수비 1.1이하에서는 적용이 되지 않는다는 점에 주의할 필요가 있다.

$$\frac{V_F}{f_\phi b} = 3.7\sqrt{\frac{mr}{\rho B^3}\left\{1-\left(\frac{f_\eta}{f_\phi}\right)^2\right\}} \qquad \text{식 (13.3.13)}$$

여기서, V_F : 합성플러터 발생풍속

f_η, f_ϕ : 휨 및 비틀림모드의 고유진동수

m : 질량

ρ : 공기밀도

r : 회전반경

B : 교량의 폭

비틀림플러터

비틀림플러터에 대해서는 일반적으로 준정상이론이 적용되지 않으며, 따라서 발생풍속에 대한 평가식도 다음에 기술하는 갤로핑진동의 Den Hartog식과 같이 이론적으로 유도된 식은 현시점에서는 존재하지 않는다. 즉, 이 현상에 대해서는 아직도 이론적으로 접근하기 어려운 불확실한 점이 많고, 따라서 Bridge Aerodynamics나 한신공단·동적조사법 등에서는 기존의 풍동실험 결과에 바탕을 둔 경험식으로서 평가식이 주어져 있다. 단, 한신공단·동적조사법에서는 비틀림플러터의 발생이 문제가 되는 단면의 변장비를 10 이하로 하고 있다. 또한 비틀림플러터는 앙각에 대한 단면의 모멘트계수(C_M)의 구배가 음(−)일 때 발생하는 경우도 있다.

① Bridge Aerodynmaics의 플러터 발생풍속의 평가식

$$V_{fr} = \begin{cases} 5f_{\phi}b & (b \geq 4d_4\text{일 경우}) \\ 12f_{\phi}d_4 & (b < 4d_4\text{일 경우}) \end{cases}$$ 식 (13.3.14)

여기서, V_{fr}: 비틀림플러터 발생풍속

f_{ϕ} : 비틀림모드의 고유진동수

b, d_4 : 교량의 폭 및 단면의 높이

② 한신공단·동적조사법의 플러터 발생풍속의 평가식

$$V_{fr} = \begin{cases} (5B/D-10)f_{\phi}D \\ 10f_{\phi}D \end{cases}$$ 식 (13.3.15)

갤로핑

갤로핑 발생풍속의 평가식으로서는 준정상이론에 의거한 Den Hartog의 식이 있으나, 이 식에 의해 평가하기 위해서는 단면의 항력계수 및 양력계수의 구배를 구해야 하므로 일반적으로 풍동실험을 수행해야 한다는 단점이 있다.

한편 Bridge Aerodynamics 에서도 갤로핑 발생풍속에 대한 평가식이 있는데 이 식에서는 Den Hartog식에 있어서의 $dC_L/d\alpha + C_D$ 또는 $dC_F/d\alpha$에 대응하는 계수로서 C_g가 있다. 단, 단면의 변장비가 4.0 이하인 단면에 대해서만 적용하도록 하고 있다.

한신공단·동적조사법에서는 갤로핑을 문제로 삼아야 할 단면의 변장비를 4.5 이하로 하고 있다. 여기서는 공기력계수의 구배 $dC_F/d\alpha$와 구조감쇠 등을 모두 포함한 계수인 갤로핑계수 C_{Fg}를 정의하고, 이것을 단면의 변장비에 대한 함수로서 주어져있다. 단, 이들 평가식을 사용하여 갤로핑의 발생풍속을 평가하고자 하는 경우, 변장비가 적용범위에 있는 단면이라 할지라도 단면에 따라서는 공기역학적 계수의 구배 $dC_F/d\alpha$가 음(−)의 값으로 되지 않아 갤로핑이 발생하지 않는 경우도 있으므로 적용에 있어서는 주의가 필요하다.

① Bridge Aerodynamics의 갤로핑 발생풍속 평가식

$$\frac{V_g}{f_{\eta}d_4} = C_g\left(\frac{m\delta}{\rho d_4^2}\right) \quad \text{단, } b < 4d_4$$ 식 (13.3.16)

여기서, C_g : 2.0 : TYPE 1(상판의 bracket 길이 ≥ $0.7d_4$) 단면의 경우

C_g : 1.0 : TYPE 2(상판의 bracket 길이 < $0.7d_4$) 단면의 경우

b, d_4 : 교량의 폭 및 단면의 높이

δ : 구조감쇠(대수감쇠율)

② Den Hartog에 의한 갤로핑 발생풍속의 평가식

$$\frac{V_g}{f_\eta D} = -\frac{4m\delta/(\rho D^2)}{dC_L/d\alpha + C_D} \quad \text{식 (13.3.17)}$$

여기서, V_g : 갤로핑 한계풍속

f_η : 휨모드의 고유진동수

m : 질량

ρ : 공기밀도

D : 단면의 높이

$dC_L/d\alpha$: 바람의 경사각변화에 의한 양력계수의 기울기

C_D : 항력계수

③ 한신공단·동적조사법의 갤로핑 발생풍속의 평가식

$$\frac{V_g}{f_\eta D} = C_{Fg}\left(\frac{m}{\rho D^2}\right) \quad 단,\ B \leq 4.5D \quad \text{식 (13.3.18)}$$

여기서, C_{Fg} : 갤로핑 계수(=0.008 B/D)

B, D : 교량의 폭 및 단면의 높이

13.4 풍동실험

앞 절에서 언급한 동적응답평가식에 의해 설계풍속 이내에서 과대한 진동이 발생할 가능성이 큰 교량이나 중요도가 높은 교량에 대해서는 풍동(風洞)실험을 통하여 내풍안정성을 검토해야 한다. 풍동실험기법은 현재 어느 정도의 과제는 남아있지만 거의 확립되어 있어, 현수교나 사장교와 같이 변형되기 쉬운 교량의 내풍설계에서는 풍동실험에 의해 규정풍속지역 내에서 플러터가 발현하지 않는가를 확인해야 한다.

상사법칙

풍동실험에서는 대부분의 경우 축소된 모형이 사용된다. 따라서 모형에 의한 풍동실험의 결과를 실제 교량에 정확히 연결시키기 위해서는 구조물의 기하학적 형상과 진동특성이 정확히 묘사되어야 한다. 그러나 모든 동적(진동)특성과 기류의 특성을 만족시키는 것은 불가능하므로 축소율이 $1/n$인 풍동실험에서는 각 파라미터(parameter)에 대해 표 13.4.1과 같은 상사비를 적용시키는 것이 일반적이다.

표 13.4.1 풍동실험의 상사비

구분	길이	진동수	질량	질량관성모멘트	감쇠율	풍속
모형/실교량	$1/n$	$\sqrt{n}$	$1/n^2$	$1/n^4$	1	$1/\sqrt{n}$

풍동

풍동의 형식 중에는 폐회로식(closed circuit or Dotingen type)과 개회로식(open circuit or Eiffel type)이 있다. 폐회로식의 경우는 동력손실이 적은 반면 많은 공간과 설치비용이 들게 된다. 개회로식의 경우는 작은 공간 및 저렴한 설치비용에서 유리하지만 동력손실이 크다. 따라서 고풍속을 대상으로 하는 경우에는 폐회로식이 적당하며, 토목・건축 구조물을 대상으로 하는 저풍속에서는 개회로식이 주로 사용된다. 풍동의 형식에 관계없이 풍동은 다음과 같은 역할을 갖는 부분으로 구성되게 된다.

① 송풍기부 : 주로 모터의 동력을 이용하여 송풍기를 회전시켜 바람을 생성시키는 곳이다. 송풍기 fan의 형식에는 sirocco fan 형식과 axial fan 형식이 있다. 송풍기에서 생성되는 풍향을 조절하는 방법으로는 모터의 회전수를 조절하는 방법과 fan의 각도를 조절하는 방법이 있는데, 전자의 경우에는 sirocco fan, 후자의 경우에는 axial fan이 주로 사용된다.

② 확산부 : 풍동에서 얻고자 하는 바람은 궁극적으로 정류(uniform flow)이다. 따라서 송풍기에서 생성된 바람을 양질의 정류를 만들기 위해서는 정체실을 거쳐야 한다. 송풍기와 정체실을 연결시켜주는 부분이 확산부이다. 이 구간에서는 풍로의 크기가 확산되는데, 이는 풍로크기를 확산시켜 줌으로써 풍속을 저하시켜 정체실에서 시간적 여유를 갖고 정체시킬 수 있도록 하기 위함이다.

③ 정체실: 일반적으로 정체실은 정류격자와 정류망으로 구성되는데, 정류격자를 이용해 기류의 방향성을 일정하게 해주고 정류망을 이용해 난류성분을 최소화하는 곳이

다. 적절한 정류격자의 크기와 길이, 정류망 mesh 크기의 결정이 매우 중요하다.

④ 축류부: 정체실에서 걸러진 기류를 적절한 축류곡선을 이용하여 측정부에서 정류가 생성되도록 하는 곳이다. 따라서 축류곡선의 결정이 가장 중요하며, 이를 구하는 여러 식이 제안되어 있으나, 모든 조건을 만족시키는 식은 없으며 최적의 축류곡선의 조건은 곡선의 smoothness라 할 수 있다.

⑤ 측정부: 모형을 설치해 실험을 행하는 곳이다. 대상실험이 2차원 모형실험인지, 3차원 모형실험인지에 따라 크기 및 길이가 결정된다. 특히 3차원 모형실험이 주가 되는 경우에는 대기경계층 발생 등이 가능하도록 충분한 기류의 주행로를 확보해야 한다. 2차원 모형실험의 경우, 측정부의 단면크기가 너무 크면 모형제작면에서 너무 비경제적이며 rolling과 같은 현상이 발생하게 되므로 적절한 크기를 선택할 필요가 있다.

모형

풍동실에서 사용되는 모형은 크게 2차원 강성모형과 3차원 탄성모형으로 구분된다. 2차원 강성모형은 교량의 주거더와 같이 2차원성이 큰 경우에 그 일부분을 대상으로 모형화하여 공기역학적 특성(정적 풍하중 및 동적 풍하중)을 검토하는 것을 목적으로 하고 있다. 이 2차원 모형은 전체 구조물의 일부분을 재현한 모형이기 때문에 규모가 작은 풍동에서도 축소율($1/n$)을 크게 할 수 있으므로 세세한 부분까지도 재현이 가능하다. 그러나 단면의 공기력특성 외에는 검토가 불가능하기 때문에 이 모형을 이용하여 얻어진 결과를 전체 구조계에 그대로 적용하기에는 어느 정도 한계가 있는 단점도 있다.

다음과 같은 사항에 대해서도 검토가 필요할 경우에는 3차원 모형을 이용하여 실험을 하게 된다.

- 바람의 공간적 분포 특성의 영향
- 진동 mode 형태의 영향
- 고차수의 진동 mode의 응답특성
- 진동 mode간의 간섭
- 교축 방향의 단면 변화의 영향
- 주거더 이외의 구조물(주탑, cable 등)에 작용하는 공기력의 영향
- 3차원성이 강한 구조물[가설시의 주탑, 주거더(주형) 등]의 내풍성

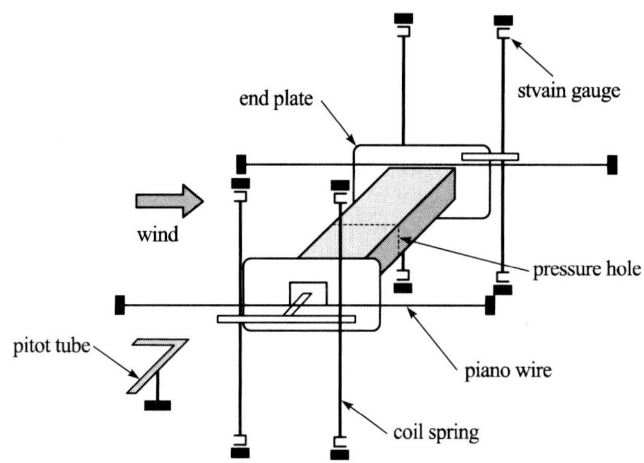

그림 13.4.1 용수철지지모형 풍동실험

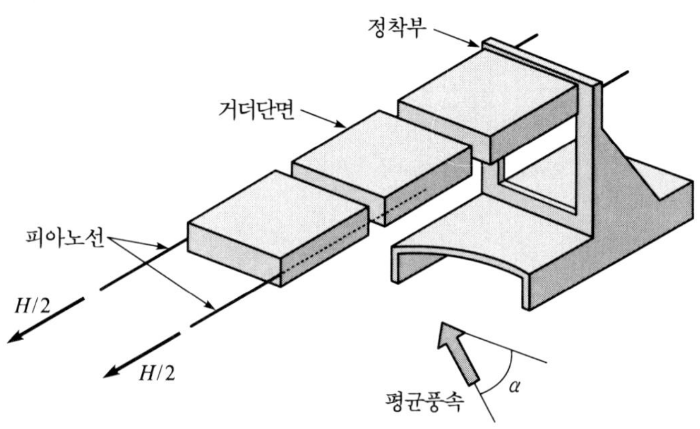

그림 13.4.2 타우트스트립모형

3차원 모형을 이용하게 되면 모형제작이나 실험이 복잡해지고 비용과 기간이 모두 증가하게 되는 단점이 있다. 또한 축소율을 너무 작게 하면 3차원 구조의 정확한 모형화에 한계가 있다. 그러므로 축소율이 적절한 크기의 3차원 모형에 대한 실험을 수행하기 위해서는 규모가 큰 풍동이 필요하게 된다.

여기서는 바람으로 인한 진동현상을 직접 확인할 수 있는 실험으로서 2차원 강체(剛體)모형을 사용하는 용수철지지모형 풍동실험과 3차원 탄성모형을 사용하는 전체다리모형 풍동실험에 한정해서 간략히 기술하였다.

① 용수철지지모형 풍동실험

용수철지지모형 풍동실험은 그림 13.4.1에 나타낸 것처럼 용수철지지된 2차원 강체모형에 바람을 작용시켜서 모형의 공력(空力)탄성거동을 파악하여 실교량의 내풍성을 검증하는 실험이다.

② 전체다리모형 풍동실험

실제교량에서 내풍안정성의 검증은 앞 절에서 기술한 용수철지지모형 풍동실험만으로 끝내지는 경우가 많지만, 교축방향의 비동일성에 따른 영향과 고차모드의 거동 등을 포함하여 보다 상세하게 검증 할 필요가 있는 장대교량의 경우에는 3차원 탄성모형을 사용한 전체다리모형 풍동실험도 자주 실시된다.

최근의 연구수준에서는 타우트스트립 모형을 사용한 실험도 종종 실시되고 있다. 타우트스트립 모형이란 그림 13.4.2에서 나타낸 것처럼 모형의 강성을 피아노선의 장력으로 지탱하는 3차원 모형의 일종인데, 모형의 간소화를 도모할 수 있기 때문에 자연풍의 혼란에 따른 영향을 조사할 때 이용되기 시작하였다.

13.5 내풍대책

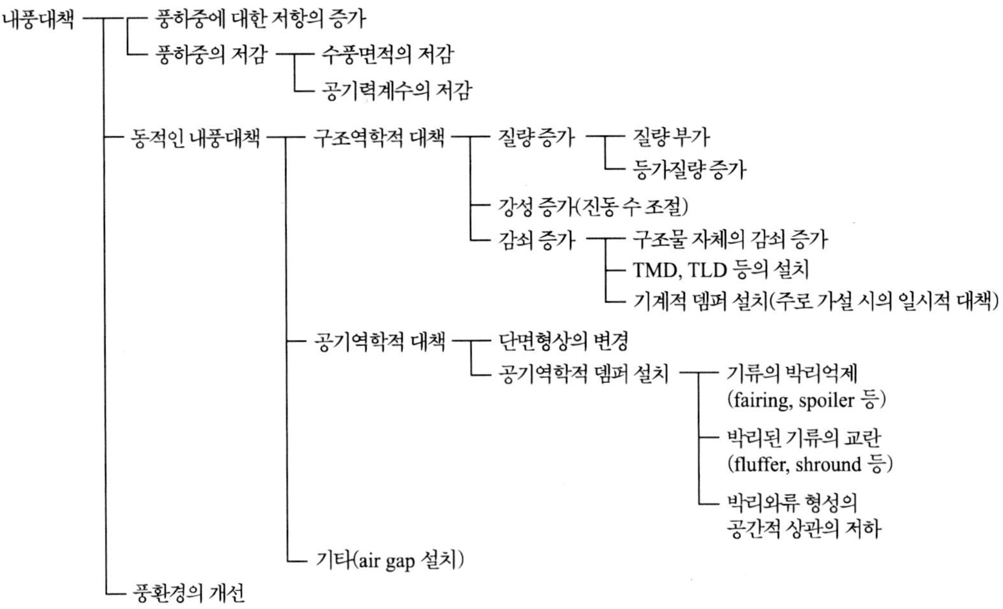

그림 13.5.1 내풍대책의 계통도

설계에 있어서 선정된 구조형식이 내풍성의 면에서 문제가 있는 것으로 예상되는 경우,

내풍안정성의 향상을 도모하기 위하여 생각할 필요가 있으며, 일반적으로 내풍대책은 바람에 의해 구조물, 부재의 진동에 대한 구조상의 검토나 부가적인 장치에 의한 제진대책 등의 동적거동에 의한 대책과 구조물에 작용하는 정적 공기력(풍하중)의 경감을 도모하는 정적거동에 대한 대책이 있다. 또한 내풍안정성을 향상하기 위하여 구조물의 기본 구조시스템 그 자체를 변경하는 것도 내풍대책이라 할 수 있으며, 그림 13.5.1은 일반적인 내풍대책의 계통도를 그 목적과 방법에 따라 분류할 수 있다.

13.5.1 정적거동에 의한 내풍대책

정적거동에 대한 내풍대책은 먼저 풍하중에 대한 구조물의 저항 및 강도의 증가 대책은 풍하중의 작용에 대한 구조물의 안전성을 확보하기 위해서 충분한 저항을 구조물이 가지도록 하는 것으로 풍하중에 대한 합리적인 저항형태를 선정하는 것에 주력하는 것이라 할 수 있다. 또한 풍하중의 저감의 대책의 본래 의미에서 정적거동에 대한 내풍대책이라 할 수 있으며, 구조단면의 검토를 통하여 풍하중 그 자체의 경감을 도모하는 것으로, 수풍면적의 저감과 공기력 계수의 저감을 들 수 있다.

13.5.2 동적거동에 대한 내풍대책

바람의 작용에 의한 교량의 동적거동(진동)을 제어하기 위한 대책의 구체적인 방법으로서 구조역학적 대책과 공기역학적 대책으로 구별할 수 있다.

구조역학적 대책

구조역학적 대책은 주로 구조물의 진동특성을 개선하는 것에 의해 진동의 발생 그 자체를 억제하는 방법, 진동의 발생풍속을 높이는 방법 및 진동진폭을 감소시키는 방법의 3가지 방안 중 어떤 효과를 얻도록 하는 것이며, 그 외에도 진동에 따른 응력진폭을 감소시켜 부재의 항복이나 피로파괴를 막기 위해 단면을 보강하는 것 등도 이것에 포함하여 생각할 수 있다.

구조물의 진동특성을 개선하는 방법은 질량의 증가, 강성의 증가(진동수의 조절) 및 감쇠의 증가에 의한 방법으로 구분할 수 있다. 특히 장대교의 진동특성을 증진시키어 과대한 진동을 억제하기 위하여 동조질량감쇠장치(Tuned Mass Damper:TMD)를 이용하는 사례가 증가하고 있다. 이 원리는 주거더(주형)나 주탑에 동조질량감쇠장치를 부착하여 풍하중 하에서 동조질량이 진동하는 효과에 의해 주구조물의 진동을 억제하고자 하는 것이다. 이 효과를 극대화하기 위해서는 동조질량감쇠장치의 고유진동수가 주구조물의 고유진동수와 일치(동조)하도록 해야 한다. 또한, 최근에는 액체의 유동주기를 이용한 TLD(Tuned Liquid Dmaper) 또는 TSD(Tuned Sloshing Damper)등으로 부르는 제진장치나 U자형으로 구부린 관속에 액체를 충진한 TLCD등으로 부르는 제진장치도 개발되고 있으나, 이러한 장치의 제진메카니즘은 기본적으로 TMD와 같은 것이라 할 수 있다.

공기역학적 대책

공기역학적 대책이란 단면 주위에 진동을 유발시키는 기류의 상태를 형성시키지 않게 하는 방법이다. 기본적으로 설계기초로부터 내풍성이 좋은 단면을 선택하는 것이 바람직하나, 기본단면형태의 선정에 있어서 내풍성이 가장 우선적이지 않은 경우가 많다. 교량의 주거더나 주탑 등의 단면은 일반적으로 각이 진 뭉뚝한 단면이 많다. 이러한 단면에 있어서는 풍상측의 모서리 부근에서의 기류의 박리가 공기력 진동형상을 유발시키는 경우가 많다. 따라서 이러한 박리를 억제시키거나 제어함으로써 내풍성을 향상시키거나 박리에 따른 단면의 압력변화를 완화시키기 위한 방법 등이 고안되어 있다. 그림 13.5.2는 몇 가지 대표적인 공기역학적 방법을 보여주고 있다.

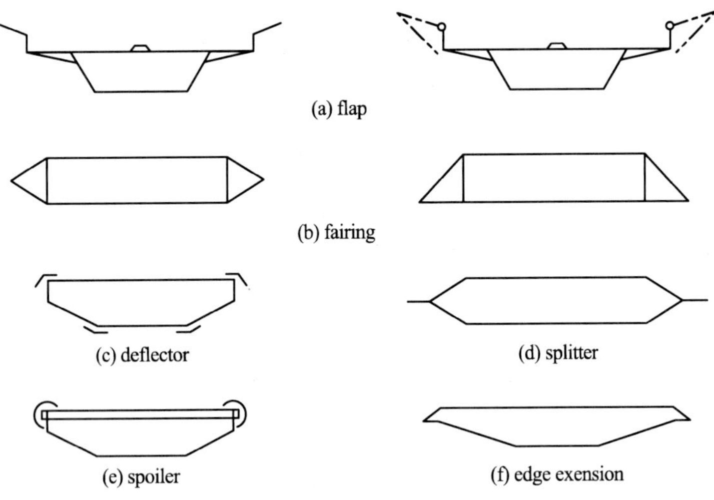

그림 13.5.2 교형의 진동억제를 위한 유속교란장치

13.6 장대교의 동적특성

주거더의 단면형상

둔한 단면형상을 가진 주거더는 후류에서 와류가 많이 발생하여 휨이나 비틀림 등의 와류에 의한 진동에 불리하며, 플러터 발생의 한계풍속도 단면형상에 따라 현저히 낮아지는 것을 알 수 있다. 또한 이러한 단면은 갤로핑 현상에서 불리하다. 따라서 사장교와 같은 장대교량의 단면선정에서는 바람이 구조계 표면을 따라 흘러갈 때 가능한 분리(serperation)가 덜 발생하여 후류에 소용돌이가 적게 나타나며, 플러터나 갤로핑 등을 일으키는 음의 감쇠(negative damping) 에너지를 발생시키지 않는 단면형상이 되도록 한다.

일반적으로 유선형 단면이 가장 유리한 단면으로 알려져 진도대교 등에서도 채택되었으며, 1973년에 건설된 남해대교는 세계 4번째의 유선형 단면을 가지는 현수교이다. 유선형 단면이 장대교량에 처음 채택된 것은 1960년대에 건설된 현수교인 영국의 Severn교이며, 주경간장 988m에 형고 대 경간장비율 1:324까지 줄일 수 있었다.

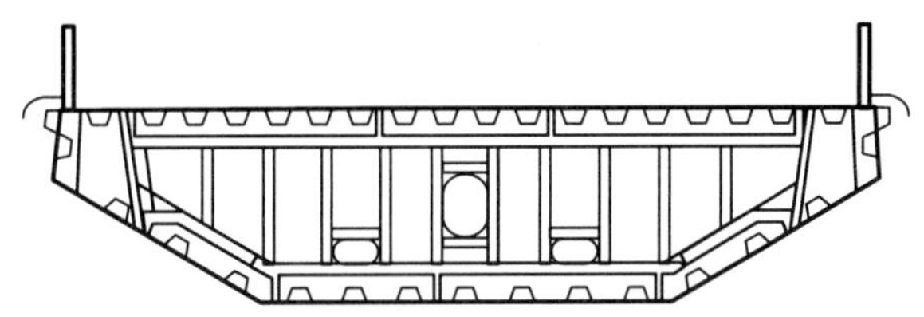

그림 13.6.1 진도대교 주거더(주형)단면 및 보조용 날개

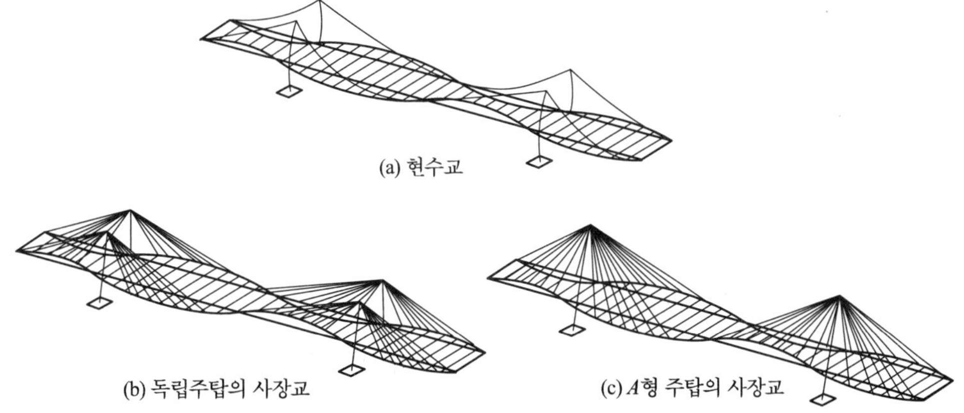

그림 13.6.2 현수교와 사장교의 진동모드(W. Podolny)

교량 주거더(주형) 주변에서의 공기의 흐트러짐이나 분리현상을 방지하기 위해서 풍동실험 등을 통해 단면형상을 개선하거나 보조장치를 설치하기도 하는데, 돌산대교 및 진도대교 설계에서도 유선형 박스 상단 좌우측에 보조용 날개를 설치하여 공기역학적 성능을 향상시켰다(그림 13.6.1). 서해대교에서도 유사한 보조날개를 설치하는 안을 채택하고 있다.

장대교의 형식과 동적특성

사장교의 동적특성을 현수교와 비교하여 보면, 그림 13.6.2(a)에서와 같이 현수교에서는 케이블이 주거더의 비틀림진동에 대해 아무런 구속을 하지 못한다. 따라서 현수교에서는 비틀림강성이 좋은 주거더가 요구된다. 반면에 사장교에서는 고유진동수가 각기 다른 케이블이 주거더에 정착되어 국부진동을 하므로 일반적으로 공진(resonance)현상의 발생이 드물다. 즉, 사장교의 구조적 감쇠가 현수교보다 큰 셈이다. 또한 2면의 케이블을 가지는 사장교 그림 13.6.2(b)에서는 비틀림강성도 현수교보다 크다. 특히 그림 13.6.2(c)와 같이 A형 주탑을 가지는 경우, 주탑 상부에서 변위가 서로 구속되므로 비틀림모멘트에 더욱 유리하다. 단, 올림픽대교와 같은 1면 케이블을 가지는 경우에는 주거더에 의해 모든 비틀림강성이 확보되어야 하므로 내풍 안정성이 떨어진다.

구조물의 동적거동 특성을 분석하는 데 기본요소인 고유진동수는 앞에서 언급한 바와 같이 구조물의 공기역학적 특성과도 밀접한 관계를 가진다. 각종 비정상류에 의한 진동현상의 발생풍속은 고유진동수와 선형관계를 가지며 최대진폭은 고유진동수 또는 고유진동수의 제곱에 역비례하는 등 교량의 내풍성능을 분석하는데 매우 중요한 요소이다. 사장교에 있어 휨모드 또는 비틀림모드의 고유진동수는 구조형식의 특성상 주거더 단면의 강성보다는 케이블의 배치형식(fan 또는 harp형, 1면 또는 2면 배치), 주탑높이 대 주경간장비, 측경간장비 대 주경간장비 등 교량의 기하학적 형식에 의해 지배된다.

수직방향 휨모드의 고유진동수는 측경간장 대 주경간장비나 주탑높이 대 주경간장비가 커짐에 따라 작아지는 것으로 나타난다. 수평방향 휨모드의 고유진동수도 측경간장 대 주경간장비와 역비례하는 것으로 나타난다. 비틀림모드의 고유진동수도 주탑높이 대 주경간장비의 증가에 따라 작아진다.

일반적으로 사장교와 같이 건설에 이용되는 가설구조물을 사용하지 않는 시공기법에서는 가설 중인 구조물의 강성이 완성된 구조물보다 낮으므로 각종 고유진동수가 작아 내풍안정성에 영향을 준다. 특히 불리한 상황은 일반적으로 주거더의 설치가 완료되고 마지막으로 주경간의 중앙부를 결합하기 직전으로 특별검토가 요망된다.

▲ 시공현장

PART 03

CHAPTER

14

상부구조의 시공

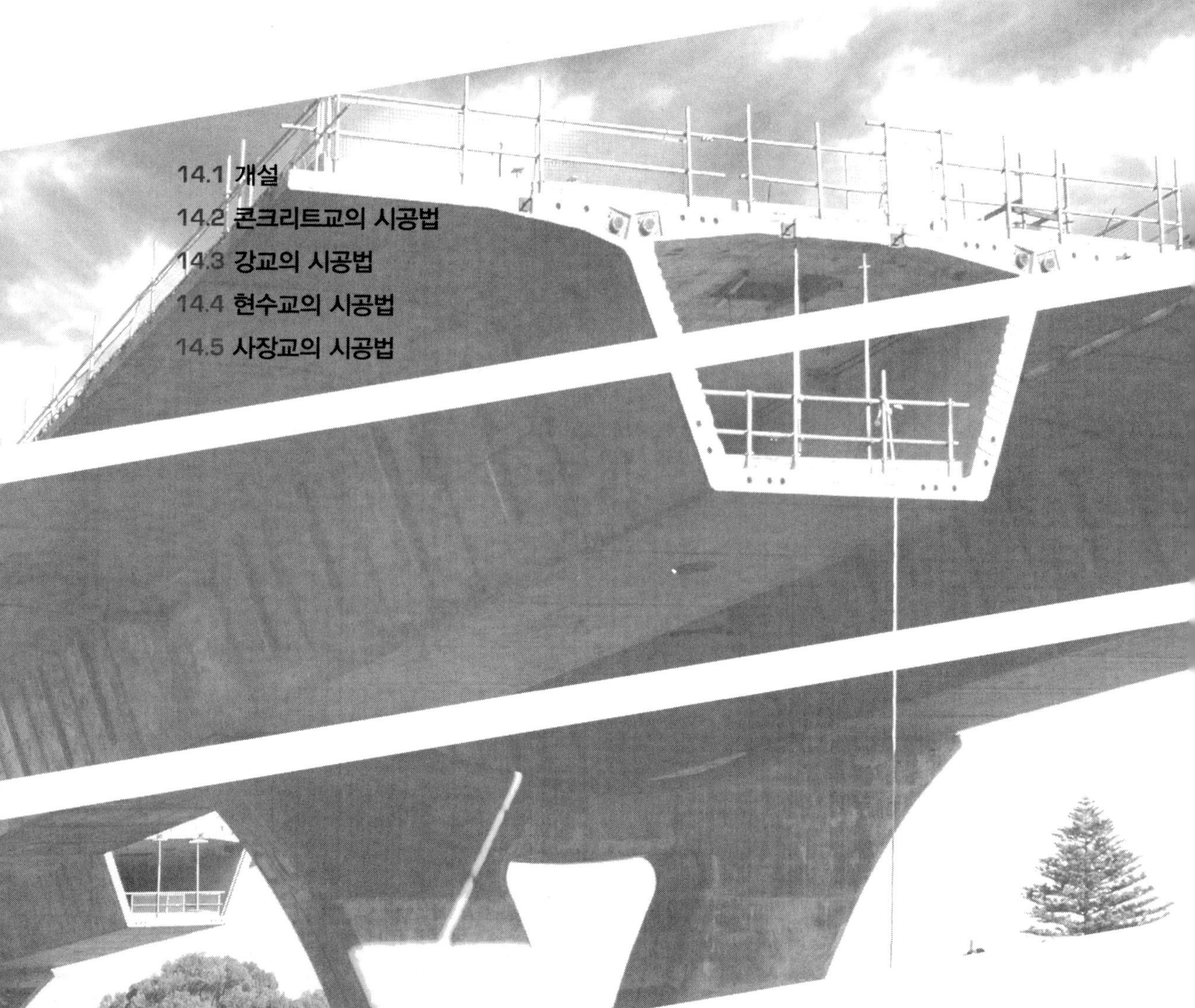

14.1 개설

영종대교(한국), 2000년 11월 완공. 자정식 현수교(이층 트러스보강형), 최대지간장 300m

국내 최초로 시도되는 도로·철도병용 1층 자정식 현수교로서, 무인굴착 뉴메틱케이슨 기초에 의한 강재 다이아몬드형 주탑(104m), 플로팅 크레인(3,000tonf)에 의한 대블럭 시공법의 적용. 우리나라 전통기와 지붕의 처마곡선을 형상화한 3차원 자정식 케이블 등 첨단 건설기술과 조형미가 조화를 이룬 교량이다.

본 장에서는 상부구조의 시공을 크게 콘크리트교의 시공법과 강교의 시공법으로 나누었으며 특수한 교량형태인 현수교와 사장교의 시공법에 대해서는 별도로 다루었다.

콘크리트교의 시공법에서는 PSC교량을 주로 다루었으며 이는 RC교량의 일반적인 상부구조 시공법이 동바리공법 등 비교적 간단한 공법으로 이루어져 있으며 또한 이러한 방법은 PSC교량의 시공법과 크게 차이가 없기 때문이다. 강교의 경우 제작·운반이 편리하고 중량이 적은 장점 등으로 인해 콘크리트교의 시공법에 비해 다양한 방식으로 시공되고 있다. 따라서 본 장에서는 PSC교량과 강교의 다양한 상부구조 시공법 중 일반적으로 많이 사용되고 있는 공법을 중심으로 간략하게 정리하였다.

한편 장대교량 중에서 현수교는 주요부재를 중심으로 한 시공법을 다루었고, 사장교는 주탑 등 현수교의 시공법과 유사한 부분은 생략하고 전체적인 상부구조 시공법에 대해서만 다루었다.

교량시공법의 특징

교량시공법은 다른 구조물의 가설공사와 달리 시공지점의 지형조건에 크게 좌우된다. 교량형식이 시공지점의 지형조건에 적합하도록 선정할 때가 많으므로 교량공법도 그에 따라서 자연스럽게 결정되는 일이 많다. 그러나 주위환경이 아무리 비슷하더라도 교량의 시공법은 미세한 지형조건의 차이에 따라 동일 공법이 취해질 수 없거나 비경제적인 공법이 되기도 하므로 이를 충분히 고려해야 한다. 시공법이 시공지형의 환경에 적합하지 않으면 준비단계에서나 시공 시 설계변경이 생기게 되어 공사비가 증가된다. 따라서 시공법을 결정할 경우에는 다음과 같은 조사 및 협의를 충분히 행한 다음 선정하는 것이 도움이 된다.

- 시공지점의 지형·지질·기상·해상

- 시공현장의 환경조건
- 육상 및 해상 진입로
- 교량의 구조형식, 설계조건 및 시공 도중의 구조계와 응력
- 시공시기 및 전체공기
- 재료 보관장소 및 적재능력
- 경제성 · 안정성

위와 같은 조건을 고려하여 시공법을 선정하였으면 어떻게 시공할 것인가를 결정해야 한다. 지간이 길어질수록 시공비가 점유하는 비율이 커지고 또 교량건설의 공기는 하부공 착공에서 상부공 완성까지의 현장공사의 공기에 지배되는 것으로 시공의 공기단축이 중요한 문제가 된다.

시공에서는 재료비의 비중은 노무비 등에 비해 많은 부분을 차지하지 않기 때문에 중량물의 운반 · 설치공사 등이 주요 비용요소가 되며 이음시공 등의 공사비가 더해지는 정도이므로 충분한 준비가 끝난 후부터는 신속하게 공사를 진행해야 한다.

교량시공법의 순서

시공은 일반적으로 임시 설비설치 · 기계 및 자재의 조립 · 부재의 임시 적치 · 소운반 · 부재조립 · 현장접합 · 현장도장 · 정리정돈 등의 순서로 이루어지며 이들 작업의 도중에 각종 측량이 행하여지고 부재의 형상 및 응력의 조정도 이루어진다.

14.2 콘크리트교의 시공법

1950년대 초기까지는 RC교가 주로 시공되었으며 RC교의 시공법으로는 동바리공법(staging method)이 주요 공법이 되어 왔다. 그러나 이 시기가 지난 후부터 유럽에서 PSC교의 시공에 대한 많은 새로운 공법이 발표되었으며 이러한 PSC 시공법의 기술진보에 힘입어 오늘날 PSC 시공법을 광범위하게 사용하게 되었다. 이와 같이 최근 콘크리트교의 시공법은 대부분 PSC교의 시공을 위한 것이므로 이 절에서는 PSC교의 시공법을 중점으로 소개하였다.

PSC 박스거더교량 시공법의 발전과정을 보면 초기에는 지면으로부터 동바리를 설치하여 교량을 시공하는 동바리 시공법과 프리캐스트(precast) 거더를 공장에서 프리텐션

방식으로 제작하고 시공위치까지 운반하여 조립하는 프리캐스트 거더공법이 주로 사용되어 왔다. 그러나 1950년대 초에 캔틸레버공법의 일종인 Dywidag 공법이 개발되면서 PSC 세그먼트를 이용한 장대교량의 시공이 점차 증가하였다. 그리고 1960년대 들어서 공사비의 절약과 공기 단축이 가능한 과학적이고 합리적인 공법이 개발되어 왔다. 이러한 대표적인 공법으로는 이동식 비계공법(Movable Scaffolding System:MSS) · 연속압출공법(Incremental Launching Method:ILM) · 캔틸레버공법(Free Cantilever Method:FCM) · 프리캐스트 세그멘탈공법(Precast Segmental Method:PSM) 등이 있으며 그중 PSM 공법에는 평형 캔틸레버공법(Balanced Cantilever Method:BCM) · 경간가설공법(Span-by-Span Method:SSM) · 전진가설공법(Progressive Placement Method:PPM)등이 있다.

PSC 교량의 시공법은 분류방법에 따라 여러 가지 형태로 분류될 수 있으며 일반적으로 표 14.2.1과 같이 나타낼 수 있다. 본 절에서는 동바리공법(Free Staging Method:FSM) · 이동식 비계공법 · 연속압출공법 · 캔틸레버공법 · 프리캐스트 세그먼트공법 등에 대해 각 공법별 특성을 중심으로 설명하였다.

표 14.2.1 PSC교량 시공법의 분류

동바리를 사용하는 공법	현장타설공법	•전체지지식 •지주지지식 •거더지지식	
동바리를 사용하지 않는 공법	현장타설공법	캔틸레버공법	•이동식 작업차에 의한 시공 •이동식 가설 트러스에 의한 시공
		이동식 비계공법	•상부이동식 시공 •하부이동식 시공
		연속압출공법	•집중압출방법에 의한 시공 •분산압출방법에 의한 시공
	프리캐스트공법	프리캐스트 거더공법	•크레인을 이용한 시공 •거더설치기를 이용한 시공 •기타 시공방식
		프리캐스트 캔틸레버공법	•평형 캔틸레버공법에 의한 시공 •경간가설공법에 의한 시공 •전진가설공법에 의한 시공

14.2.1 동바리공법

이 공법은 콘크리트 타설하는 경간 전체에 동바리를 설치하여 타설된 콘크리트가 소정의 강도에 도달할 때까지 콘크리트의 자중 및 거푸집 · 작업대 등의 자중을 일시적으로 동바리가 지지하는 방식이다. 동바리란 교량 시공 시에는 조립하여 사용하다가 교량 완성 후에는 해체하는 가설구조물의 일종으로서 지주 및 강재 조립거더 등을 일컫는 것이며, 이 공법은 최근에 압출공법·이동식 비계공법·프리캐스트 세그먼트공법 등 최신공법에 밀려 그 이용도가 줄어들었으나 사용장비의 비용이 저렴하고 비교적 간단하므로 평이한 지형의 적당한 높이의 짧은 교량을 시공할 경우에는 아직도 많이 이용되고 있다. PSC교량을 동바리를 사용해서 시공할 경우 RC교량의 시공 시 그 시공순서와 거의 동일하지만 프리스트레싱에 의한 변형이나 지점반력 등의 변화 등을 고려해야 하는 점은 RC교의 시공 시와 다른 점이라고 할 수 있다. 또한 동바리 상에서 콘크리트를 타설할 경우 형상과 치수를 정확하게 하기 위해서는 동바리도 충분한 강도와 안전성을 가질 필요가 있으며 거푸집의 침하량 등을 사전에 충분히 계산하여 시공 시에 적당한 캠버량을 두어야 한다. 다음 그림 14.2.1은 동바리공법의 대표적인 3가지 시공법인 전체지지식·지주지지식·거더지지식을 나타내고 있다.

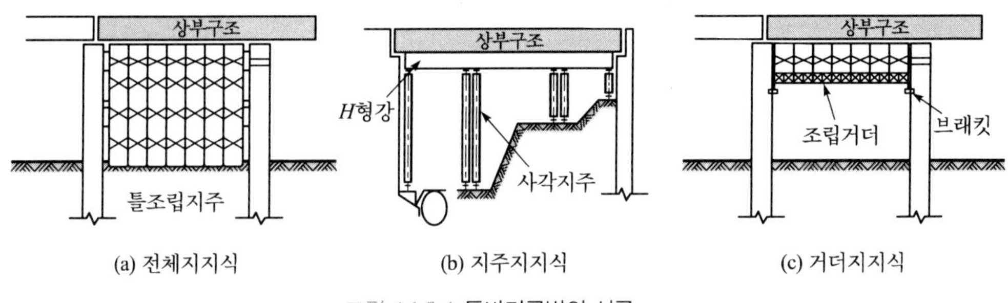

그림 14.2.1 동바리공법의 시공

14.2.2 이동식 비계공법

이동식 비계공법은 교량 상부구조를 시공할 때 거푸집·동바리 등을 조립·해체하는 번거로움을 없애기 위해 거푸집이 부착된 특수한 이동식비계를 이용하여 한 경간씩 시공해 나갈 수 있도록 개발된 공법이다. 이 공법은 서독의 Strabag사에 의해 처음으로 개발되었으며 1959년 서독의 Kettiger Hang교에 처음 시공된 후 공법의 많은 발전을 가져왔으며 우리나라에서는 최초로 노량대교에 시공이 이루어진 공법이다.

이 공법은 동바리공법과 유사하므로 기계화된 타 공법에 비해 구조계산이 비교적 단순하고 텐던배치도 복잡하지 않은 것이 설계 특성이라 할 수 있다. 그러나 대형장비를 사용하므로 상부구조와 교각설계 시 장비중량을 반드시 고려해야 하며 시공단계별 구조해석을 실시해야 한다. 또한 교량구조물뿐만 아니라 이동식 비계 자체도 시공단계별 구조해석을 실시하여 시공 중 안전성 및 안정성을 확보해야 한다.

이공법의 특징은 빠른 시공 및 안전시공이 가능하고 교량의 하부조건에 관계가 없으며 주위의 공사용 도로를 확보할 필요가 없고 반복 작업으로 소수의 인원으로 시공이 가능하며 시공관리도 확실히 행할 수 있다는 것이다. 또한 노무비의 절감 및 거푸집의 전용으로 인한 경제화를 꾀할 수 있다. 그러나 이동식 비계의 중량이 비교적 무겁고 대형이므로 장비의 제작비 및 감가상각비 많이 소요된다는 단점이 있다.

이동식 비계공법으로서 현재 개발되어 사용되고 있는 종류에는 여러 가지가 있으며 사용장비에 따라 시공법이 약간씩 다르지만 기본적인 원리는 동일하며 장비의 위치에 따라 다음 그림 14.2.2에서 볼 수 있듯이 하부이동식(support type)과 상부이동식(hanger type) 등으로 구분된다.

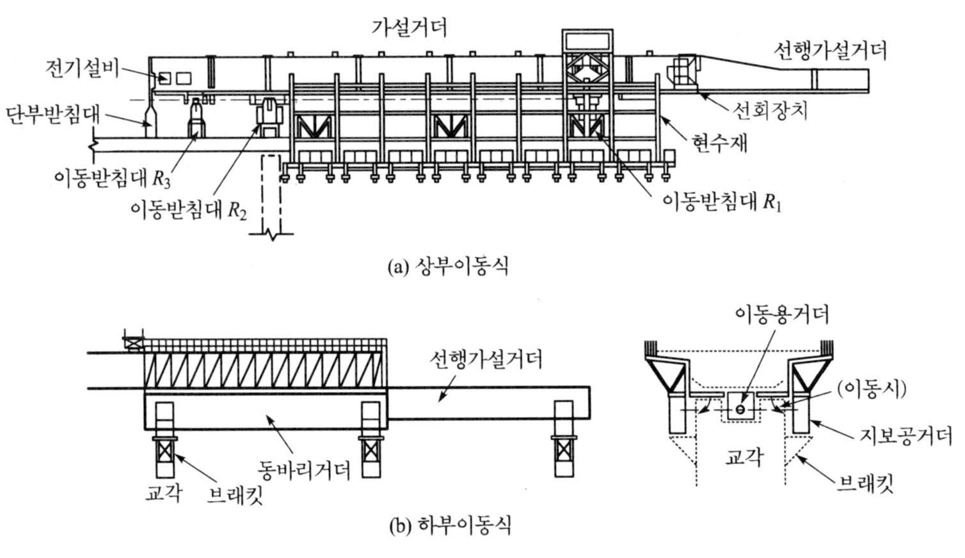

그림 14.2.2 이동식 비계공법의 시공

14.2.3 연속압출공법

연속압출공법이란 그림 14.2.3과 같이 교량의 상부구조물을 교대 또는 제1교각의 후방에 설치한 주거더제작장에서 1세그먼드씩 제작하여 교량의 경간을 통과할 수 있는 평형압축력을 포스트텐션 방식에 의해 제작된 세그먼트에 도입시켜 미리 제작된 주거더와 일체화시킨 후 압출장치에 의해 주거더를 교축방향으로 밀어내는 공법이다. 압출공법에 의해 교량을 시공하는 경우 시공 중에 발생하는 주거더의 응력이 완성된 후에 발생하는 교번응력에 대해서는 1차 PS강재에 의해 프리스트레스를 도입하여 대처하고 압출 완료 후에 부가적인 사하중이나 활하중 등에 의해 발생하는 응력에 대해서는 2차 PS강재에 의해 프리스트레스를 도입해서 대처하고 있다. 단 1차 PS강재라고 해서 반드시 압출시공 중에만 필요한 PS강재를 배치하는 것에 한하지 않고, 경우에 따라서는 압출시공뿐만 아니라 완성후의 설계단면력을 고려해서 압출시공 중에 필요한 PS강재 이외의 PS강재를 미리 1차 PS강재로서 배치하는 경우도 있다.

일반적으로 압출시공 시 주거더에 발생하는 단면력을 저감시킬 목적과 주거더의 압출이 원활하게 될 수 있도록 가이드의 역할을 할 목적으로 주거더의 선단에 강재로 된 추진코(launching nose)를 설치하며 교량의 경간이 길 때에는 추진코의 설치와 함께 교대와 교각 또는 교각과 교각 사이에 가교각을 설치하기도 한다. 한편 압출공법으로 시공하는 교량에 있어서 부재단면의 응력검토뿐만 아니라 압출시공 중의 주거더의 안정, 즉 전도 및 활동에 대한 안전도를 검토해야만 한다. 전도 및 활동은 직접 낙교로 이어지는 문제이므로 충분히 현지상황을 고려하여 안전성을 확인해야만 한다.

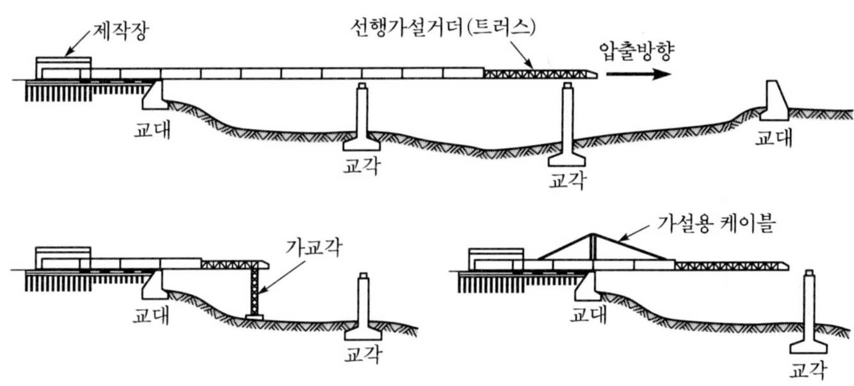

그림 14.2.3 연속압출공법의 시공

14.2.4 캔틸레버공법

캔틸레버공법은 교량하부에 동바리를 설치하지 않고 특수한 시공 장비를 이용하여 교각 또는 교대에서 순차적으로 한 세그먼트씩 내민(cantilevering) 가설을 함으로써 교량을 시공하는 공법이다. 캔틸레버공법을 크게 현장타설 캔틸레버공법(cast-in place cantilever method)과 프리캐스트 캔틸레버공법(precast cantilever method)으로 분류할 수 있다.

현장타설 캔틸레버공법

(1) 이동식 작업차를 이용한 시공법

이 공법은 1950년대에 독일의 Dyckerhoff & Widmann(Dywidag) 社에 의해서 개발된 공법으로서 개발회사의 명칭을 따서 Dywidag 공법이라 부르기도 한다. 이 공법은 먼저 시공된 교각을 중심으로 좌우로 평형을 맞추면서 세그먼트 제작에 필요한 모든 설비를 갖춘 이동식 작업차를 이용해서 순차적으로 상부구조를 시공한 후 경간 중앙에서 캔틸레버 거더를 연결시키는 공법으로서 1950년에 Lahn교가 이 공법에 의해 처음으로 시공된 이래 지금까지 수백 개에 이르는 교량시공실적을 가지고 있다. 국내에서는 원효대교가 이 공법에 의해서 처음으로 시공되었다.

이 공법은 공법개발초기인 1950년대에는 거의 구조물이 경간 중앙에 힌지가 설치되어 있는 라멘형식이었으나 이후 구조물 해석의 많은 발전으로 인하여 중앙의 힌지를 없애고 지점부에 로울러가 설치된 연속보형식으로도 많이 시공되어 구조물의 연속성 및 차량의 주행성을 높일 수가 있게 되었다.

이 공법의 특징을 알아보면 다음과 같다.

- 동바리를 필요로 하지 않으므로 깊은 계곡이나 하천, 해상 그리고 교통량이 많은 위치에 적용할 경우 경제성이 높다.
- 세그먼트 제작에 필요한 모든 장비를 갖춘 이동식 작업차를 이용하여 시공하므로 커다란 시공 장비를 사용하지 않아도 장대교량의 시공이 가능하다.
- 3~5m씩 세그먼트를 나누어 시공하므로 상부구조의 변단면 시공이 가능하다.
- 대부분의 작업이 이동식 작업차 내에서 시공되므로 기후조건에 관계없이 품질 · 공정 등의 시공관리를 확실하게 할 수 있다.
- 거푸집 설치 · 콘크리트 타설 · 프리스트레싱 작업 등 모든 작업이 동일하게 반복 수행되므로 시공속도가 빠르고 작업인원도 적게 필요하며 작업원의 숙련도가 빨라 작업을 능률적으로 할 수 있다.
- 각 시공구간마다 오차의 수정이 가능하므로 시공정도를 높일 수 있다.
- 구조계산 및 설계가 다른 형식의 교량보다 복잡하다.

(2) 이동식 가설트러스를 이용한 시공법

이 공법은 이동식 작업차에 의한 시공법과 마찬가지로 이동식 가설트러스(moving gantry)라는 가설장치를 이용해서 교각 좌우균형을 유지하면서 상부구조를 한 쪽으로부터 연결

타설하여 나가는 공법이다. 이 공법에 의해서 최초로 시공된 교량은 독일의 Siegtal교이다. 이 공법의 특징을 알아보면 다음과 같다.

- 세그먼트 제작에 필요한 모든 장비가 미리 제작된 상부구조상이나 이동식가설 트러스를 통해서 운반되므로 교각의 높이가 높아 지상으로부터 재료운반이 어려운 경우나 하천·계곡 등 동바리의 설치가 어려운 경우에 용이하게 시공할 수 있다.
- 한 세그먼트의 길이를 10m 정도까지 늘릴 수 있고 공정을 표준 7일간 행할 수 있어 시공속도가 매우 빠르고 공기를 단축시킬 수 있다.
- 곡선교의 시공이 가능하며 변단면의 시공도 가능하다.
- 적용경간이 40~150m 정도이므로 장경간 교량의 시공도 가능하다.
- 작업을 주기적으로 반복 수행하므로 공정관리 및 품질관리를 철저하게 할 수 있다.
- 동일한 장치로 경간길이가 다른 교량에서도 용이하게 적용할 수 있다.

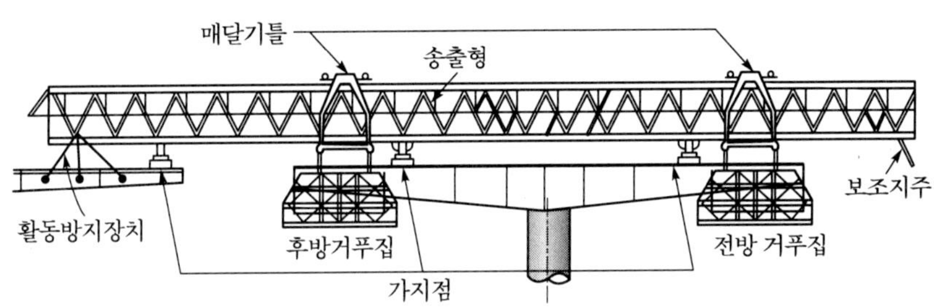

그림 14.2.4 이동식 가설트러스에 의한 시공

프리캐스트 캔틸레버공법

(1) 프리캐스트 세그멘탈공법

프리캐스트 세그멘탈공법은 캔틸레버 공법의 일종으로 일정한 길이로 분할된 세그먼트를 공장에서 제작하고 시공현장에서는 크레인 등의 시공장비를 이용해 상부구조를 완성하는 공법이다. 이 공법은 당초 세그먼트 접합시에 모르타르(mortar)를 사용했으나 1960년대 들어 에폭시수지 접착제가 세그먼트 접합재로 이용되면서 최근에는 대부분 에폭시를 사용하는 추세이다. 또한 이 공법은 현장타설 캔틸레버공법과 비교해서 공비를 절감시킬 수 있고 급속시공이 가능하다는 장점이 있어 최근 우리나라를 비롯하여 미국 등지에서는 현장타설방식보다 오히려 프리캐스트방식에 의한 시공이 많이 이루어지고 있다.

이 공법에 의한 최최의 교량은 1945~1950년에 걸쳐서 프랑스의 Marne강에 시공된 Esbly교이며 이후 프랑스를 중심으로 많은 공법의 발전을 가져왔다.

1) 프리캐스트 세그멘탈공법의 특징

- 취급이 편리한 치수·중량의 세그먼트로 분할하여 시공할 수 있으므로 대형구조물 및 복잡한 형상의 구조물에도 비교적 쉽게 시공할 수 있다.
- 세그먼트는 일정한 현장에서 제작되므로 콘크리트의 품질관리가 용이하고 세그먼트를 연속적으로 제작하므로 인력관리 및 거푸집 전용에 유리하다.
- 세그먼트 제작을 하부공사와 병행해서 실시할 수 있으므로 현장타설공법에 비해서 공기를 단축시킬 수 있다. 또한 세그먼트 이음재로서 에폭시수지 접착제를 사용함으로서 세그먼트 제작시간이 현저하게 단축되어 더욱 공기를 단축할 수 있지만 공사비가 추가되는 단점도 있다.
- 상부구조 시공 시 콘크리트를 상당한 재령에 도달되어 있으므로 시공 후에 발생하는 소성변형에 의한 프리스트레스의 감소량 등이 적어져 유리하다.
- 세그먼트의 운반·시공을 위해 비교적 대형의 장비가 필요하다.
- 세그먼트의 제작 및 저장을 위해 넓은 장소가 필요하다.
- 선형관리가 현장타설 방식에 비해 복잡하고 오차수정이 어렵다.

2) 프리캐스트 세그멘탈공법의 종류

프리캐스트 세그멘탈 시공법의 종류는 크게 평형 캔틸레버공법·경간가설법·전진가설법으로 나눌 수 있으며 각 공법의 시공법 및 특징은 표 14.2.2에 나타냈으며 시공장비에 따른 시공법에 대해서 설명하였다.

표 14.2.2 PSM공법의 시공법 및 특징

구분	평형 캔틸레버공법	경간가설법	전진가설법
시공법	•프리캐스트공법과 free cantilever 공법의 복합공법 •segment 지지점 양쪽으로 1개씩 segment를 설치 •post-tension 조립	•프리캐스트 공법과 MSS 공법의 복합공법 •교각과 교각을 연결하는 assembly truss 설치 •post-tensioning해서 연결	•교량 한쪽에서 다른 쪽으로 시공방향 결정 •연속적으로 시공 •교각에 도달 영구받침 설치한 후 다음 경간으로 계속 실시 •교각의 1/3은 캔틸레버로 시공하고 나머지 2/3는 시공 사장(斜張)시스템으로 조립
특징	•경간길이 : 30~120m •곡선반경 : 150m까지 가능 •시공장비 선택의 폭이 크다. •단면변화 가능	•교량길이는 2km 이상 •시공이 단순하여 시공 속도가 빠름 •공사비가 싸다. •단면변화 가능	•경간길이 30~40m 적합 •연속작업 가능 •도심지나 계속, 곡선구조에 유리 •시공 중의 하중이 완공 후의 하중보다 2배가 무거우므로 시공 타워를 이용한 사장 시스템 사용

① 독립장비에 의한 시공

이 방식은 지형의 조건이 허락된다면 가장 간단하고 경제적인 방식으로서 시공에 사용되는 장비의 종류에는 트럭크레인 · 플로팅크레인(floating crane) · 문형(門形)크레인 · 케이블크레인 등이 있다.

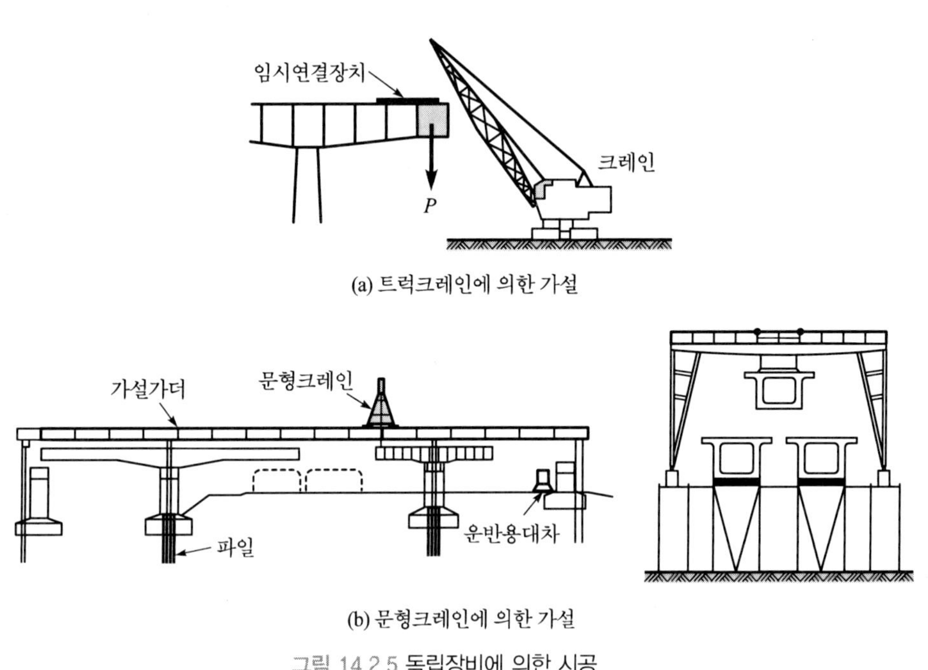

그림 14.2.5 독립장비에 의한 시공

② 가동인양기에 의한 시공

이 방식은 세그먼트를 육상이나 수상으로 설치지점까지 운반해 와서 기 제작된 상부구조에 설치된 가동인양기로 들어 올려 교량을 시공하는 방식으로서 보통 1,000kN 정도까지의 용량에 적용가능하다.

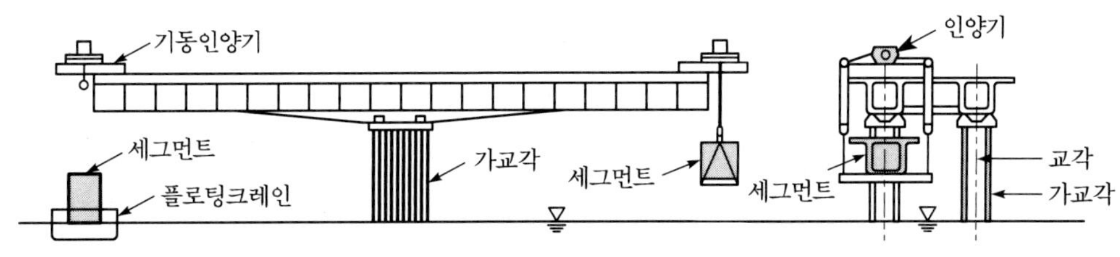

그림 14.2.6 가동인양기에 의한 시공

③ 작업거더에 의한 시공

이 방식은 세그먼트를 시공지점으로 이동시킨 후 이동이 가능한 가설트러스를 이용하여 점차적으로 시공해 나가는 방식이다.

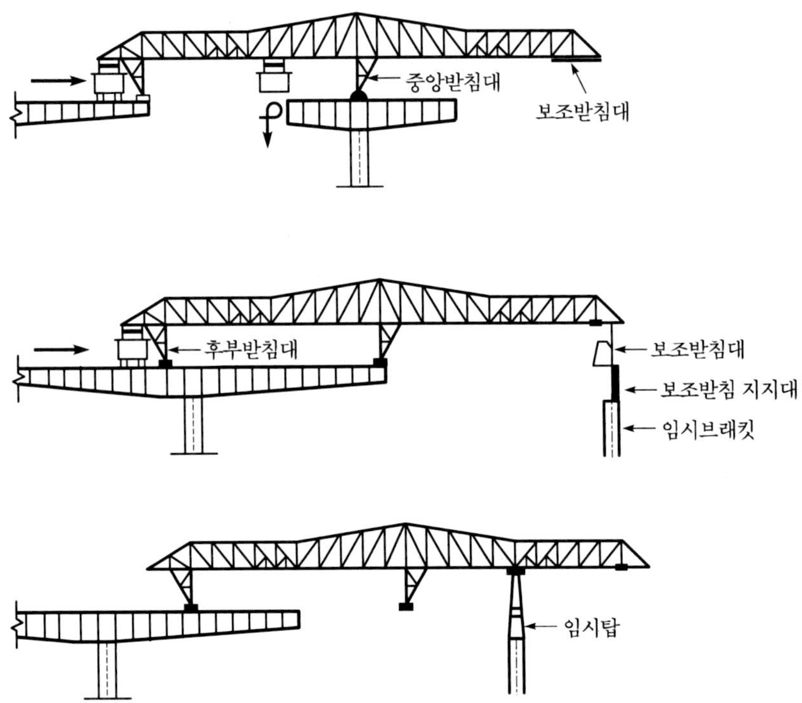

그림 14.2.7 가설트러스에 의한 시공

14.2.5 프리캐스트 거더공법

프리캐스트 거더공법(precast girder method)은 공장 또는 현장 근처의 작업공장에서 거더를 제작하여 시공지점으로 운반하여 교량을 시공하는 공법이다. 프리캐스트 거더의 제작방식에는 프리텐션(pretension) 방식과 포스트텐션(postension) 방식 등이 있으나 일반적으로 포스트텐션방식이 많이 이용되고 있다. 이 공법에서 사용하는 단면형상은 I형 · T형 · 박스형 · 중공(hollow)형 등 여러 가지 형상이 있다.

이 공법의 특징은 프리캐스트 세그멘탈공법과 거의 유사하며 또한 교량을 경간길이당 시공하므로 시공속도가 매우 빠르다는 장점이 있지만 거더 제작상의 어려움으로 장대지간의 교량시공에는 부적합하다. 또한 경간 길이만한 크기의 거더를 육상 또는 수상으로 시공지점까지 운반해 가야 하므로 대용량의 시공장비를 필요로 하며 도로 통과 시 특히 주의를 요해야 하는 단점이 있다.

프리캐스트 거더의 시공방식에는 다음과 같이 크게 3가지로 분류할 수 있다.

① 크레인에 의한 시공방식

이 시공방식은 일반적으로 소규모 경간의 소형거더를 시공할 때에 많이 사용하는 방식으로 대용량의 크레인은 경제성이 없으므로 500~600kN 정도의 것이 많이 사용된다.

② 가설거더에 의한 시공방식

이 시공방식은 미리 제작되어 있는 교각상에 가설치한 강재거더를 시공하여 프리캐스트 거더를 시공하는 방식으로 장치가 크기 때문에 20m 이상의 포스트텐션 거더에 많이 쓰이며 또한 수 경간에 걸쳐서 거더가 연속할 경우에 가장 바람직한 방법이다. 이 방식에는 상로식(上路式) · 현수식(懸垂式) · 중간식 등 3가지 방법이 있다.

③ 문형크레인에 의한 시공방식

문형크레인에 의한 시공방식은 시공경간 사이에 문형크레인을 설치하여 프리캐스트 거더를 소정의 위치에 시공하는 방식이다. 시공종류는 고정식과 이동식의 두 종류가 있다.

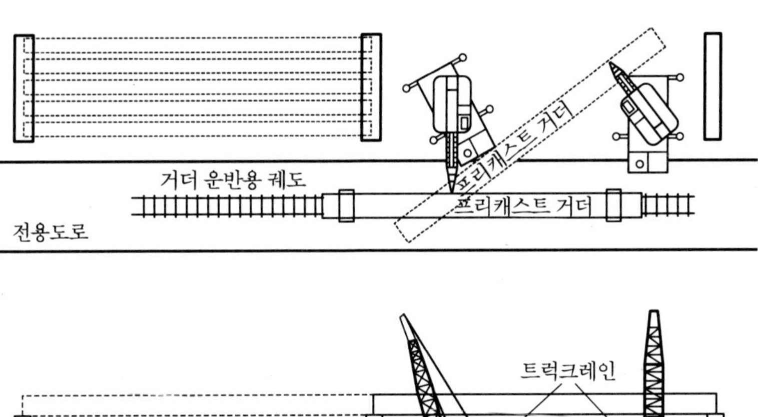

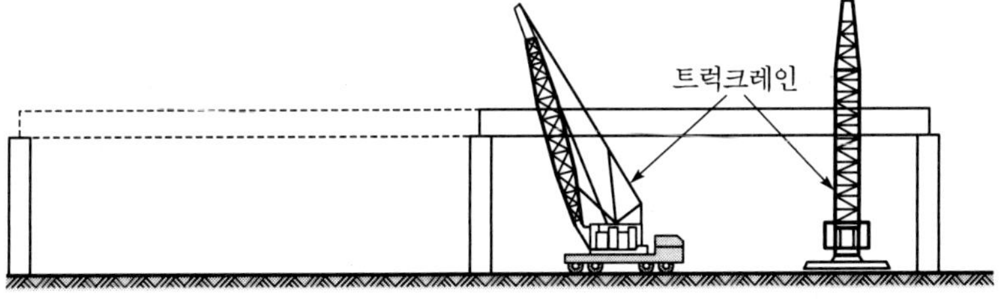

그림 14.2.8 크레인에 의한 시공

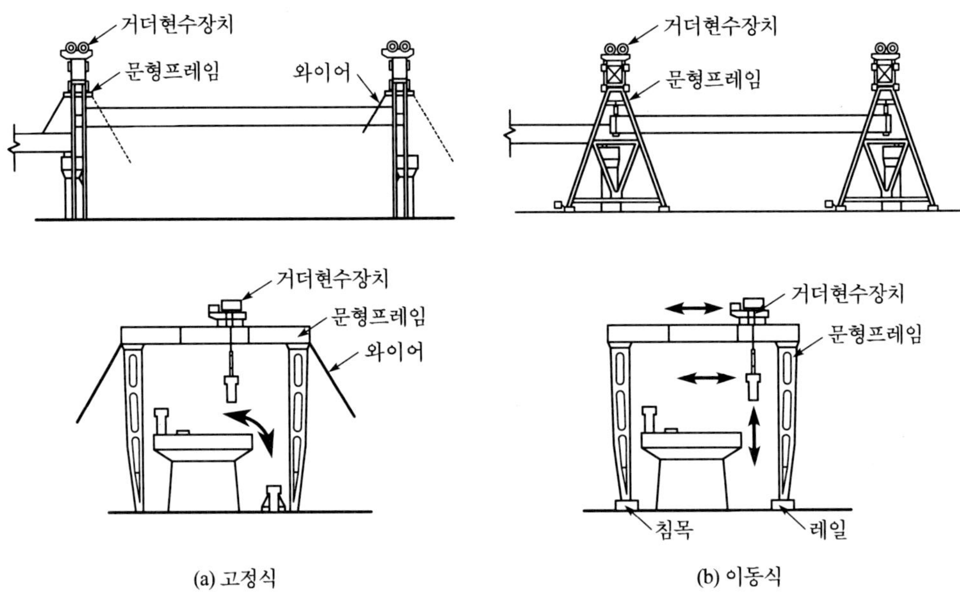

그림 14.2.9 문형크레인에 의한 시공

14.3 강교의 시공법

일반적인 강교의 시공은 부재의 조립과정과 현장이음작업으로 크게 나눌 수 있다. 부재의 조립작업은 부재의 하역 · 현장조립 연결 및 설치 등이며 이들 작업에는 크레인을 필요로 하는데, 어떠한 크레인을 사용할 것인지가 중요한 문제가 된다. 현장이음작업은 리벳이음 · 고장력 볼트이음 · 용접이음 등으로 구성되는데 부재의 조립작업이 끝난 부분에 대해 작업이 행하여진다. 현장이음작업의 능률이 시공 전체의 능률을 크게 좌우한다. 이와 같은 시공법은 기본설계 시부터 고려되는 것이 보통인데 시공법이 변하면 설계내용 및 제작방법도 변경된다. 시공법이 달라지면 완성 후의 응력상태가 변하게 되어 있는 구조형식의 교량에서는 안전성이 충분히 확보되도록 설계 시에 시공법을 면밀히 검토해야 한다.

시공법에는 여러 가지가 있는데 어느 것을 이용할지는 교량의 형식 · 지간의 폭원 · 시공 현지의 자연조건 · 지형 · 지물 · 교통상황 · 교량의 설계조건 · 시공자의 기술적 능률 · 보유장비를 고려하여 시공의 안전 · 공기 · 공사비를 검토하여 결정한다. 여기서는 대표적인 강교시공법의 종류 및 특징에 대해 설명하였다.

14.3.1 동바리공법

동바리공법은 콘크리트교 및 기타 교량에서와 같이 강교에서도 가장 기본적인 시공법으로 거더하부에 상부구조를 지지하는 가교각을 설치하여 거더를 직접지지하며 교량을 완성시키는 공법이다. 교하공간의 높이가 10~20m 정도이고 이 교하공간을 유효하게 이용할 수 있는 경우에는 가장 경제적이고 일반적인 공법이다. 이 공법은 시공 및 관리가 용이하고 특수한 장비가 불필요하며 하역장비가 소형이라도 좋다. 또한 거더가 거의 응력을 받지 않는 상태에서 시공이 가능하며 곡선교와 사교에서도 적용이 용이하다는 장점을 가지고 있다.

14.3.2 캔틸레버공법

캔틸레버공법은 시공 지점이 깊은 계곡 등으로서 지형적으로 비계를 세울 수 없거나 형하공간의 사용에 제한이 있거나 또는 세워도 대단히 비경제적인 경우에 사용되는 공법으로 교량자체의 내력을 이용하여 교량자체의 중량과 시공용 크레인 장비 등의 자중을 지지하면서 시공하여 조립하는 공법이다. 적용되는 교량형식은 각종 트러스교·연속 박스거더교·플레이트거더교 등이 많다.

시공 방법은 1경간(혹은 측경간)을 시공한 후 정착부를 보조하여 교체를 캔틸레버로 조립하고 고장력 볼트를 이용하여 연결하면서 차례로 1세그먼트씩 좌우로 시공하거나 양측에서 시공한 후에 지간중앙에서 거더를 연결시키는 방법이 있다. 또 지점 위를 시공한 후 측경간과 중앙경간의 균형을 맞추면서 차례로 세그먼트를 시공하는 균형 캔틸레버(balancing cantilever)공법도 있으나 이 경우에는 지진이나 내풍안정성에 주의해야 하며 캔틸레버부의 길이가 긴 경우에는 적당한 위치에 비계를 설치하여 지지한다. 교체의 조립 시에는 이렉터(erector)·트래블러 크레인(traveller crane)·플로팅 크레인(floating crane)·케이블 크레인(cable crane)등에 의해 교량형식 혹은 시공지점의 지형에 따라 시공된다. 어느 공법이든 시공시의 주거더의 내력이 문제가 되는 일이 많으므로 미리 설계시에 시공응력을 고려해 놓거나 중간비계를 세우거나 한다. 이 공법에서 특히 설계 시부터 캔틸레버부의 시공강도나 이음위치(결합점)등을 고려해 놓는 것이 중요하다.

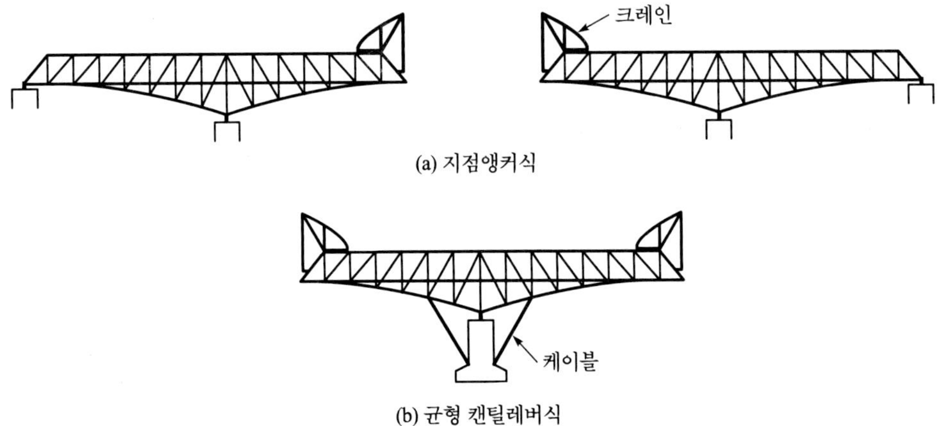

그림 14.3.1 캔틸레버 공법에 의한 시공

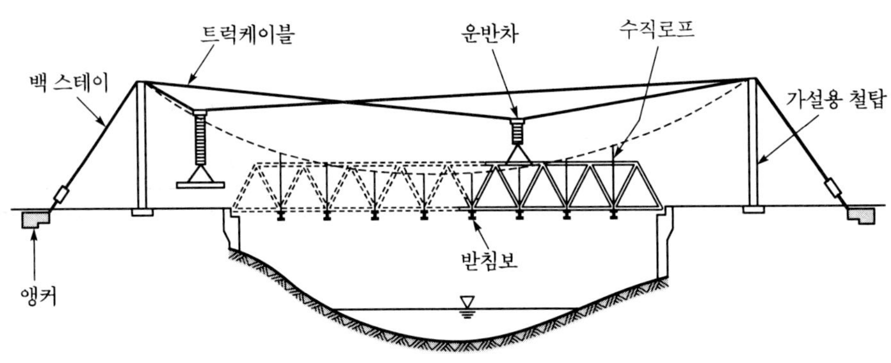

그림 14.3.2 수직매달기에 의한 시공

14.3.3 케이블식 공법

(1) 수직매달기 공법

수직매달기공법은 교량 구조상 강성이 없고 시공지점의 지형이 깊은 계곡이나 해상, 호수 등으로 인하여 비계를 세우는 것이 대단히 비경제적인 경우 혹은 형하공간의 사용에 제한이 있을 경우에 유효한 공법이다. 또 교량시공지점이 충분한 여유가 있어도 플로팅 크레인이나 바지선의 진입이 곤란하거나 사용하는데 어떤 제한이 있을 경우에 사용하는 공법이다.

시공은 수직로프(main rope)를 철탑에 걸쳐서 양 앵커 콘크리트 사이에 끌어 걸쳐놓고 트럭케이블의 지정된 위치에서 행어로프(hanger rope)를 매달아 내려 매달기 철구나 강거더를 사용하여 직접 교체를 매달아 지지하면서 조립한다. 따라서 철탑 후방에 백스테이(back stay)용의 앵커 콘크리트(anchor concrete, anchor wall)를 설치할 장소가 필요하다. 또 이 공법은 부재의 운반·조립용으로 케이블 크레인을 시공하는 것도 고려하여 시공 작업상의 안전설비 및 연락통로용으로 교대와 교각 사이에 와이어 브릿지(wire bridge 또는 catwalk)를 시공하는 것이 일반적이다.

이와 같이 이 공법은 시공비도 많이 필요하고 시공상으로 보아도 경험을 요하는 공법이지만 아치계(arch system)의 랭거형(langer girder) 혹은 트러스교의 시공에는 적합한 공법이며 플레이트거더교나 박스거더교 등의 시공에도 사용한다.

(2) 경사매달기 공법

경사매달기 공법은 앞의 수직매달기 공법과 동일한 지형인 곳에서 교형의 강성이 높고 이것을 압축부재로 하여 경사매달기 케이블로 교체를 달아서 지지하면서 시공할 수 있는 경우에 사용되는 공법이다. 따라서 장비·구조면에서는 수직매달기 공법보다 긴 경간을 가진 교량 시공에 적합하다.

시공은 교대 후방의 앵커 콘크리트에서의 정착부에서 경사 매달기 와이어 로프(wire rope)를 가설용 철탑에 거치하고 이 로프에 직접 거더를 달아 시공하여 지간중앙에서 폐합시공한다.

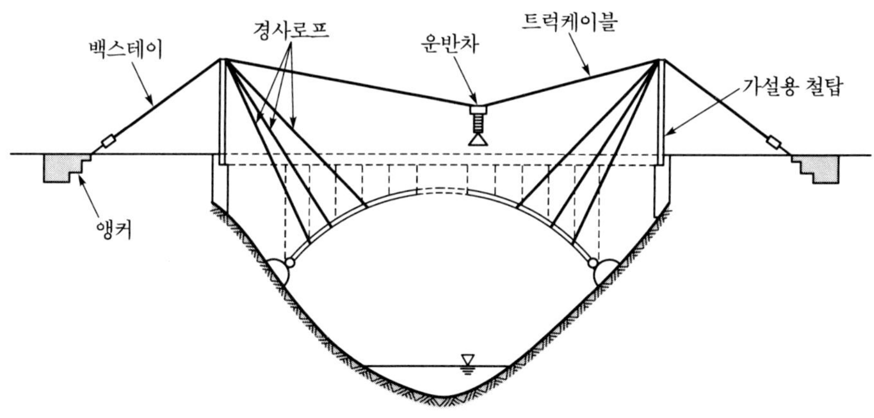

그림 14.3.3 경사매달기에 의한 시공

(3) 맞달기 공법

맞달기 공법은 양교각상에 세운 가설용 철탑에 지지된 와이어로프로 거더의 선단을 맞달고 양쪽의 와이어를 조작하여 거더를 이동시킨 후 소정의 위치에 내려놓는 방법이다. 이때 거더의 반대측은 운반차에 의해 이동된다.

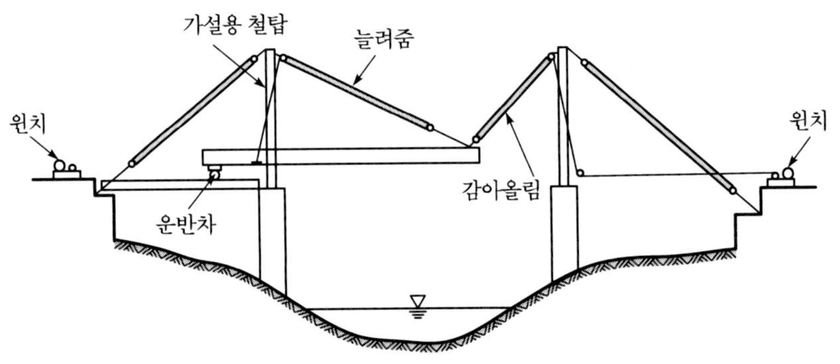

그림 14.3.4 맞달기에 의한 시공

14.3.4 송출공법

송출공법은 시공하려는 경간의 후방에서 조립완료시 또는 조립하면서 교량본체의 휨 저항력을 이용하여 다음 교각 · 교대까지 단번에 송출하여 시공하는 공법이며 비계를 세울 수 없을 때나 세워도 대단히 비경제적인 경우에 유리한 공법이다. 이 공법은 박스거더교나 플레이트거더교의 시공에 적합하며 시공지점의 지형에 따라서는 기타의 형식(아치형이나 랭거형)에도 적용되는 공법이다. 송출공법은 다음과 같이 분류할 수 있다.

- 선행가설거더식 송출공법
- 연속송출식 공법
- 대선송출식 공법
- 이동가교각식 송출공법
- 가설거더(트러스)식 시공법

다음에 각 공법에 대해 개략적인 시공법을 설명하였다.

(1) 선행가설거더식 송출공법

경간길이와 같은 길이의 교체를 다음의 교각 · 교대까지 송출하여 지지하려는 경우 교체의 전방에 경중량의 선행가설거더를 이어 내어 교량 본체보다 전방으로 선행가설거더가 교각 · 교대에 도착하게 하는 공법이다(그림 14.3.5). 선행가설거더의 길이는 보통 송출하려는 경간 길이의 70% 정도면 충분하고 중량은 가벼운 편이 유리하므로 트러스 형식이 많이 사용되고 있다.

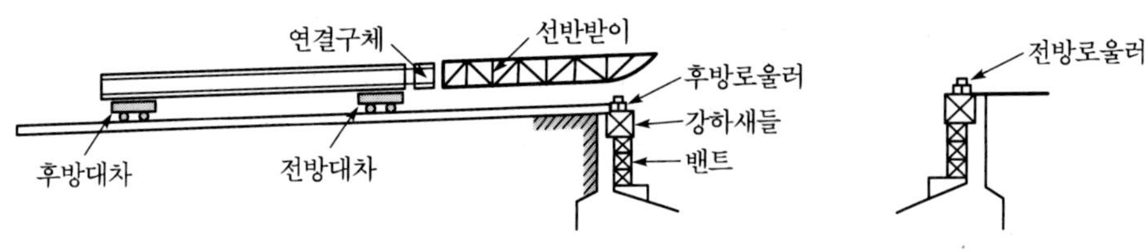

그림 14.3.5 선행가설거더식 송출공법

(2) 연결송출식 공법

2경간 이상의 거더를 연결[강결 또는 핀(pin)결합]하여 2경간째 이후의 거더도 균형 유지용으로 이용하면서 송출 시공하는 공법이다. 이 공법의 경우도 송출시의 휨응력이나 변형이 커지거나 복부판의 국부좌굴이 문제가 될 때는 가설보를 사용한다. 거더를 강결합하여 여러 지점으로 송출하면 교체의 캠버 등에 의해 큰 지점반력이나 휨응력이 생기게 된다. 따라서 각 단계에 있어서 지점반력이나 휨응력을 미리 계산하여 안전성을 확인하고 시공하거나 연결부를 핀결합으로 하는 등의 배려가 필요하다. 단, 핀 결합으로 할 때는 연결부를 로울러가 통과하기 위한 구조적 배려와 핀에 필요한 전단력이 전달될 수 있도록 하는 것이 필요하다(그림 14.3.6).

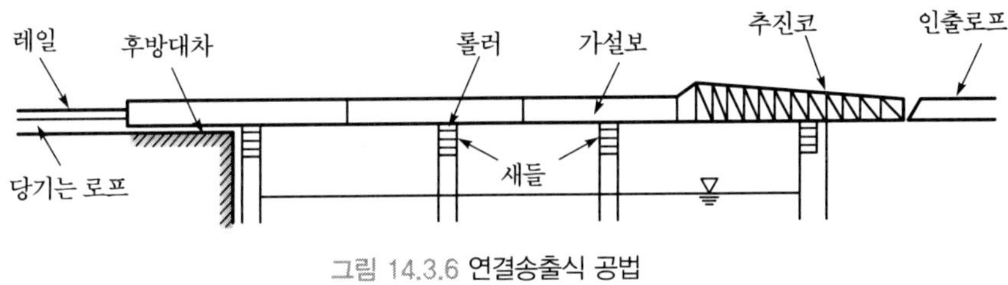

그림 14.3.6 연결송출식 공법

(3) 대선송출식 공법

빔의 아래가 수상부이고 또 장해물이 있어 플로우팅 크레인이 진입할 수 없는 경우에 사용되는 공법이다. 시공법은 경간 후방에서 거더를 조립하여 앞쪽을 대선(臺船)으로 지지하고 후방은 대차에 올려놓아 송출하며 이때 간단한 가설보를 교체의 전방에 달아 대선으로 지지하여 앞쪽의 교각이나 교대에 걸쳐놓으면 더 쉽게 작업할 수 있다. 대선에는 윈치(winch)나 발동발전기 등을 장치하여 대선의 움직임을 진행방향으로 제한하면서 송출하게 된다. 한편 교체가 교대에 도착하면 내리기 위하여 교대 상에 잭(jack)을 준비할 필요가 있다(그림 14.3.7).

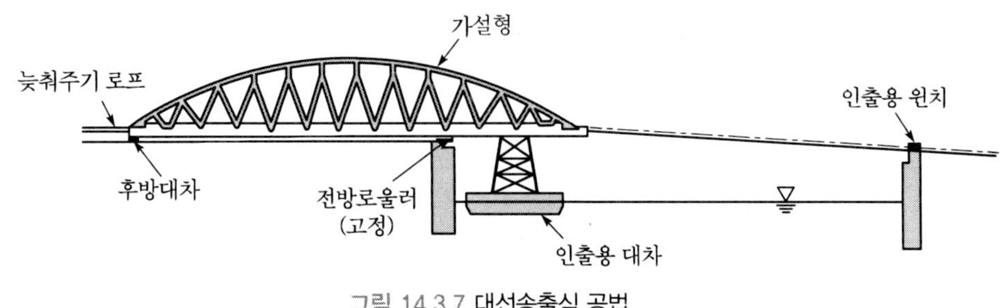

그림 14.3.7 대선송출식 공법

(4) 이동가교각식 송출공법

형하공간을 사용하는데 제한이 있고 장기간 점용할 수 없을 때 사용하는 공법이다. 시공법은 경간후방에서 조립한 교체를 앞쪽 또는 이동 가능한 가교각으로 지지하고 뒤쪽은 대차등에 올려놓아 한 번에 송출하여 시공하는 공법으로 형하공간의 점용을 가급적 줄일 수 있는 공법이다. 이동가교각은 대차나 송출로울러를 역이용하여 그 위에 가교각을 조립하여 사용한다. 이때 가교각 높이에 따라서 횡방향의 안정을 유지하기 위하여 횡단방향에는 레일을 2열 설치하는 등의 배려가 필요하다(그림 14.3.8).

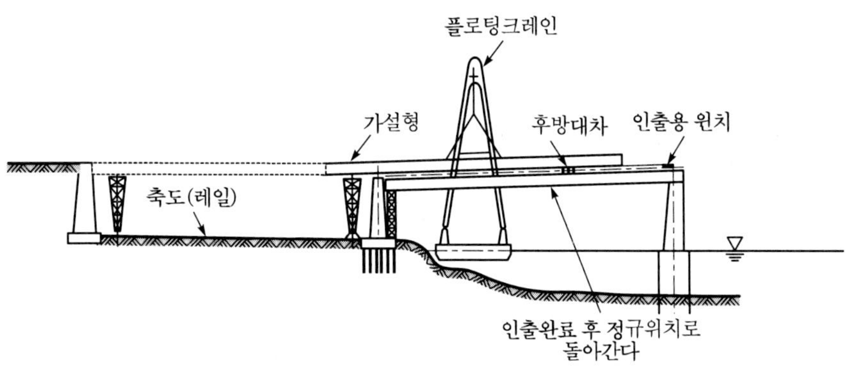

그림 14.3.8 이동가교각식 공법

14.3.5 가설용 트러스를 이용한 공법

최근 도심부의 교통혼잡을 방지하기 위하여 고가교의 건설이 성행되고 있다. 고가교는 곡선형으로 되어 있거나 복잡한 구조형식인 경우가 많다. 또 지형·환경면에서 가교각을 세울 수 없거나 형하공간의 사용에 큰 제약이 있을 경우가 많다. 이 공법은 이러한 고가교의 시공에 적합하고 가교각이나 가설케이블 대신 미리 가설 트러스를 시공하고 그에 의해 거더를 매달아 내리거나 거치하여 지지·조립하는 공법이다.

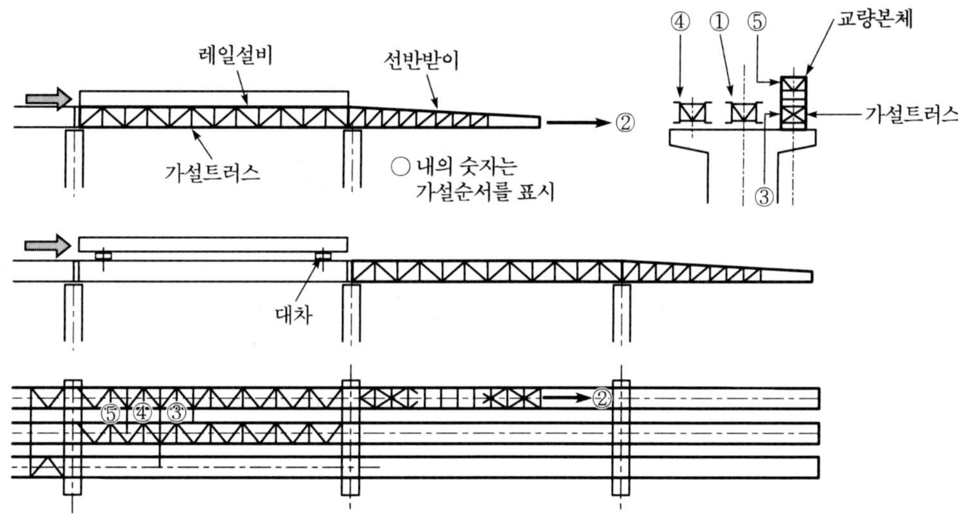

(a) 레일 거더(rail girer)를 사용한 공법

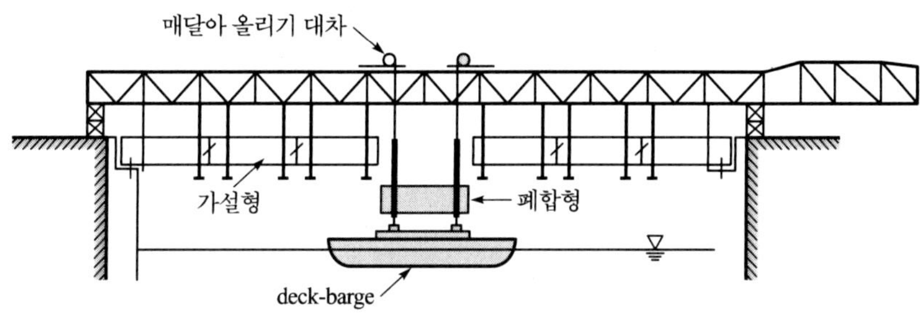

(b) 크레인 거더(crane girder)로서 사용한 공법

그림 14.3.9 가설용 트러스를 이용한 공법

14.3.6 대블록공법

플로팅 크레인에 의한 대블록공법은 조선의 대형블록 건조나 항만 화물의 대형화나 하구·항만·해협 등에 시공하는 장대교의 상부구조 시공에 적합한 대형 플로팅 크레인이 건조되면서 시작되었다.

육상의 조립장치에 한경간 또는 일정길이의 상부구조를 조립하여 바지선으로 시공지점까지 이동한 후 플로팅 크레인을 이용하여 시공하는 방법으로 해상에 건설되는 장대교의 시공에 많이 이용된다.

대형일수록 플로팅크레인의 수에 한도가 있고 또 이들은 정해진 기지가 있으므로 회항비도 포함한 총공사비가 최적인 것을 선정해야 한다. 사용하는 플로팅 크레인은 필요에 따라 2척의 서로 매달기는 충분히 가능하고 장소나 대블록형의 구조에 따라서는 3척

매달기도 가능하다.

그림 14.3.10 플로팅크레인을 이용한 공법

14.3.7 폰툰크레인 가설공법

이 공법은 바지선으로 대블록 빔을 운반하여 현지에 도착한 후 바지선에 물을 집어넣어 침하시켜 거더를 교각위에 설치하는 공법이다. 즉, 바지선의 흘수(draft)를 밸러스트(ballast)수로 조절하며, 조수의 간만차를 이용하여 바지선이 자력으로 시공하는 방법이다. 시공고가 6~8m 정도의 교량에 적합하다. 최근에는 바지선상에 여러 가지 잭업(jack up)기구를 장치하여 이 공법의 사용 범위를 넓히고 있다. 이 공법은 리프트업 바지(lift-up barge) 가설공법과 비슷하다. 또 바지선의 흘수는 대블록 빔을 실은 상태라도 플로팅 크레인의 절반 정도이므로 플로팅 크레인이 진입할 수 없는 곳이라도 바지선을 진입시킬 수 있어 유리한 점이 많다. 이 공법은 공기가 짧고 공사비가 싼 장점이 있다.

14.3.8 리프트업 바지 가설공법

리프트업 바지 가설공법은 폰툰크레인 가설공법과 비슷하나 덱의 바지선위에 가설거더를 달아 오르내리게 하는 유압식 달아올리기 장치와 상부 뼈대 시공탑(frame guide tower) 또는 어태치먼트(attachment), 조선용 기기 등을 장치한 것이 다르다. 이 공법은 이미 제작된 거더를 바지선위의 가설탑에 얹어놓고 바지선을 끌어 소정의 교각상에 이를 안치하는 방법이다.

플로팅 크레인 등은 수심이 깊어야 하고 시공 지점의 상・하류에 교량이 있으면 그것을 통과하는데 주의를 요함으로 크레인의 뼈대를 분해하여 시공지점까지 운반하여 다시 조립하는 등의 번잡을 초래하게 된다. 그러므로 이 공법은 이러한 제약을 해소시키기 위하여 고안된 시공법이다.

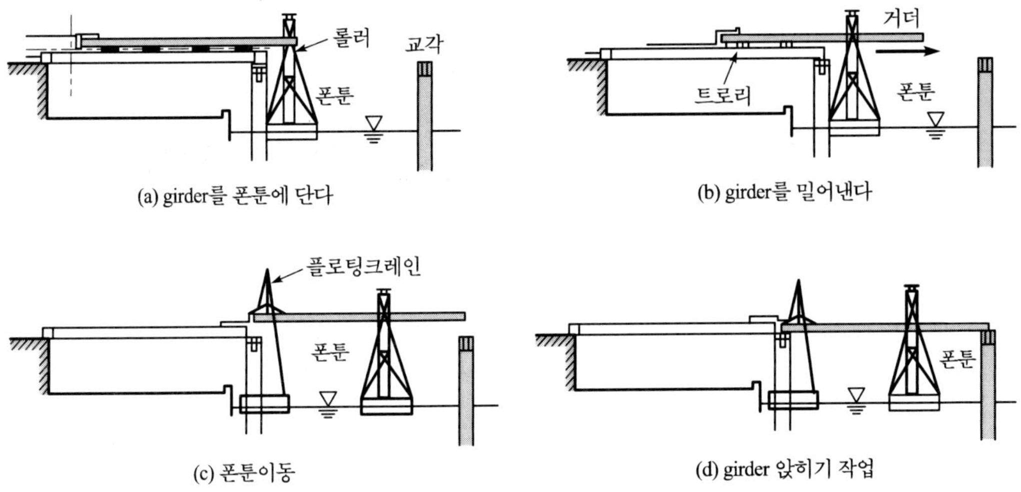

그림 14.3.11 폰툰(pontoon)크레인 가설공법

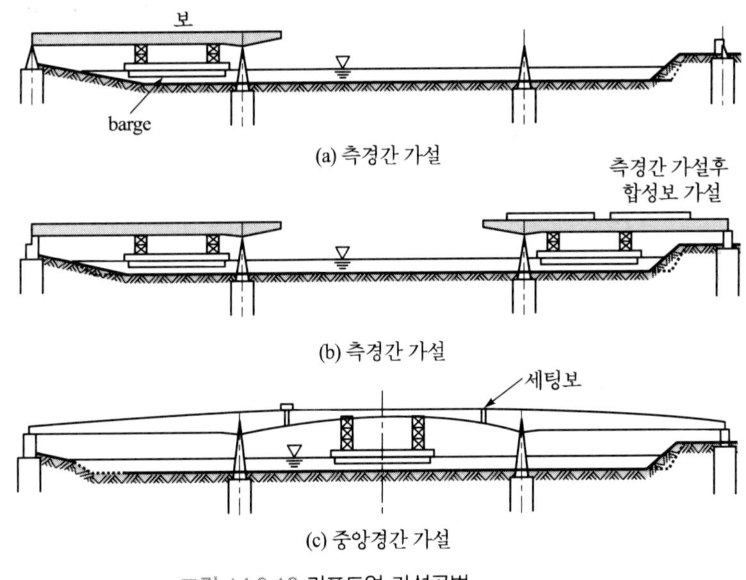

그림 14.3.12 리프트업 가설공법

14.4 현수교의 시공법

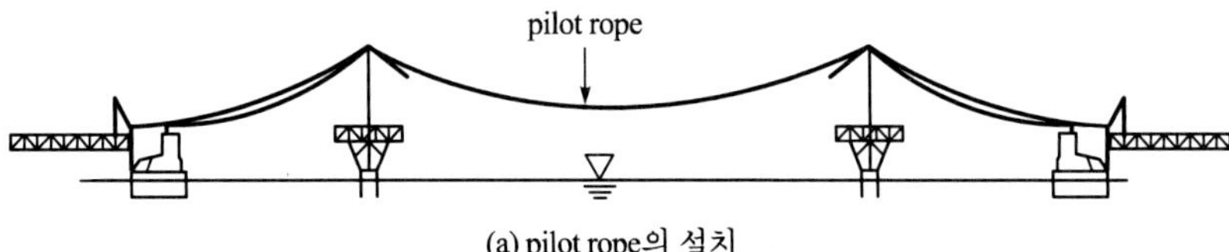

(a) pilot rope의 설치

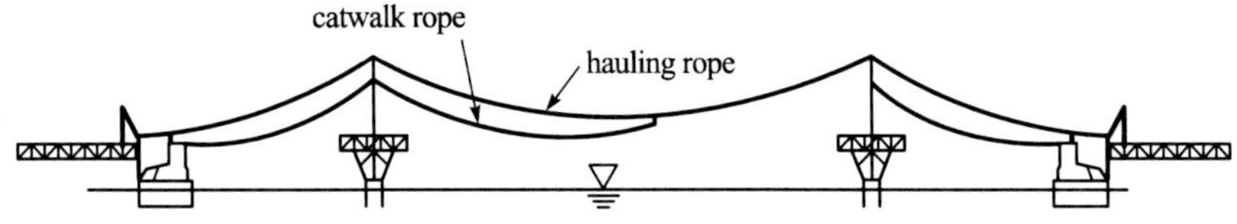

(b) catwalk rope 설치

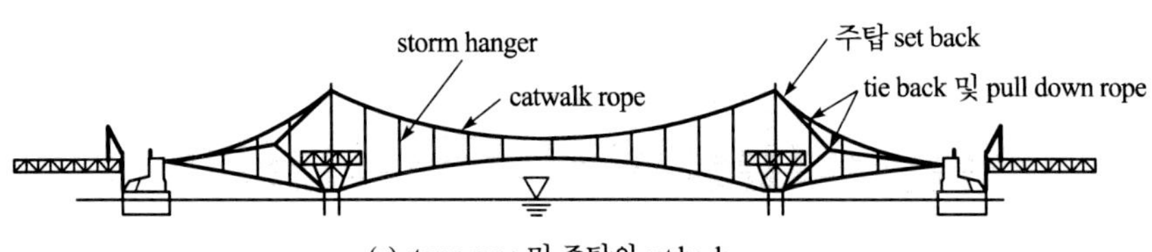

(c) storm rope 및 주탑의 set back

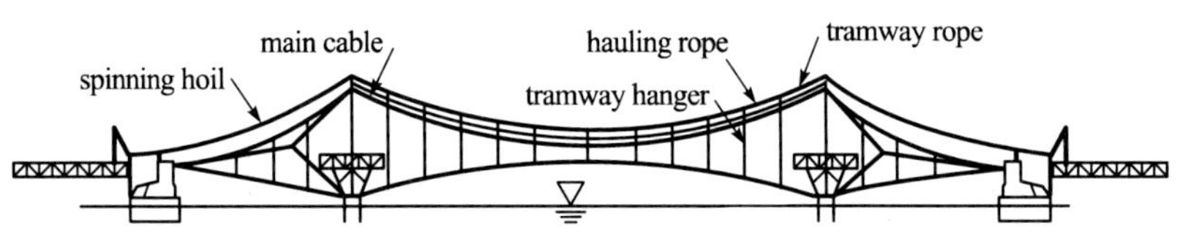

(d) main cable 및 squeeze

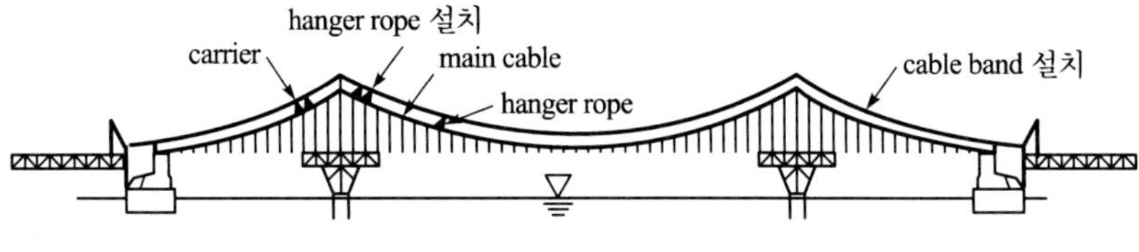

(e) cable band 및 hanger rope 설치

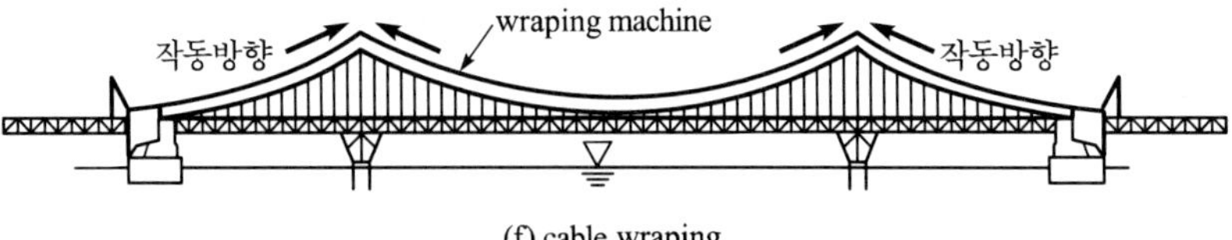

(f) cable wraping

그림 14.4.1 현수교의 시공순서

현수교는 케이블에 모든 사하중과 활하중의 일부를 부담시킨 교량이며 각각 구조특성이 다른 주탑(tower) · 케이블 · 주거더(주형)로 구성되어 있다. 각각의 구조부재의 시공에 있어서 주탑은 정확하게 수직으로 세워야 하며 케이블은 그것을 구성하는 다수의 와이어를 균일하게 정해진 형상으로 매달아야 한다. 또한 주거더는 유연한 케이블에 차례로 매달아 내리고 완성 시에는 설계와 똑같은 형상과 응력상태가 요구된다. 이러한 요구를 만족시키고 또 안전하고 경제적으로 시공하기 위하여 각각의 부재에 대해 시공법이 고안되고 실시되고 있다.

장대 현수교는 일반적으로 커다란 하천, 계곡과 해협을 사이에 두고 시공되어지기 때문에 시공지점의 지형조건 · 기상조건 · 작업환경 등도 시공법을 결정하는데 있어서 큰 비중을 차지하게 된다. 일반적으로 장대 현수교의 시공은 주탑공사 · 주케이블공사 · 주거더공사의 3개로 크게 나뉘어 시공된다. 일반적인 현수교의 상부구조 시공법의 개략순서를 그림 14.4.1에 나타내었다.

14.4.1 주탑

주탑의 시공은 그 규모, 형상, 시공지점의 지형조건 및 경제성 등에 따라 여러 종류의 공법을 생각할 수 있지만 과거에 시공된 현수교를 살펴보면 플로팅크레인공법 · 타워크레인공법 · 클리퍼크레인공법의 3가지 공법이 대부분을 차지한다.

(a) 플로팅 크레인 공법

(b) 타워 크레인 공법

그림 14.4.2 주탑의 시공법

플로팅크레인공법은 주탑부재를 해상에서 일괄적으로 달아올리거나 또는 대블록으로 달아 올림으로 시공하는 공법이며 공사기간을 많이 단축할 수 있지만 플로팅크레인의 능력의 제한으로 달아올림 공정에 한도가 있기 때문에 주탑 높이 80m 이하 정도의 중경간 현수교(지간길이 500m 정도)에 많이 채용되고 있다(그림 14.4.2(a)).

타워크레인공법은 그림 14.4.2(b)에 나타낸 것과 같이 주탑과 완전하게 독립된 타워크레인을 설치해서 주탑블록을 시공하는 공법이다. 주탑에 기계설비를 장치하는 것이 없기 때문에 시공도중에 있어서 주탑의 수직도 관리가 용이하며 시공성에도 뛰어나지만 크레인타워의 기초공사와 크레인타워 및 크레인 본체에 많은 비용을 필요로 한다.

클리퍼크레인공법은 현수교의 주탑에 가이드레일을 설치하여 크레인 본체가 가이드레일에 이어져 차츰 밀려 올라가는 장치를 가진 이동식크레인(클리퍼크레인)으로 시공하는 공법이다. 크레인 반력을 주탑에 맞추기 위해 시공도중에 주탑의 수직도 관리가 필요하지만 크레인 그 자체는 비교적 경량이며 또 그 이외의 다리에도 사용이 가능하여 자주 사용되는 공법이다.

14.4.2 주케이블

주케이블의 시공법은 주로 케이블 재료, 즉 주케이블에 사용되느 와이어 케이블의 종류에 따라 결정된다. 최근의 장대 현수교에서는 평행선 케이블이 채용되고 있고 그 시공법으로는 프리패브 와이어 스트랜드(Prefabricated Parallel Wire Strand:P.W.S) 공법과 에어스피닝(Air Spinning: A.S) 공법의 2종류가 있다. 전자는 제작공장에서 소선(素線)을 묶어 만든 스트랜드를 최소단위로 해서, 후자는 1개 1개의 소선자체를 최소단위로 해서 각각 시공하는 공법이며 양자의 특징·차이점 등은 표 14.4.1에 나타난 것과 같다.

표 14.4.1 A.S 공법과 P.W.S 공법의 비교

	A.S 공법	P.W.S 공법
제작·수송	•스트랜드의 제작이 필요 없다. •수송단위중량을 비교적 자유롭게 선택할 수 있다.	•스트랜드의 제작을 행할수록 불리하다. •장대교가 될수록 1스트랜드의 중량이 커져 수송이 불리해진다.
시공	•공사기간은 길고 다수의 노무를 필요로 한다. •바람에 의한 와이어의 교차비틀림이 생기기 쉽다. •비틀림이 생기기 쉽다.	•공사기간은 짧고 노무도 적다. •바람에 의한 피해도 적다.
스트랜드 정착면의 면적	•1스트랜드의 소선수가 많고 스트랜드 수가 적으므로 정착면이 작다.	•수송·시공의 제약으로 인해 1스트랜드의 소선수가 적어 스트랜드 수가 많으므로 정착면적이 커진다.

14.4.3 주거더

장대 현수교의 주거더(주형)는 트러스 형식과 박스거더 형식의 2종류로 크게 나뉘며 미국과 유럽에서는 박스거더 형식이 보강형으로 많이 사용되고 있지만 일본에서는 이제까지 시공법 선택의 자유도와 내풍안정성에 대한 문제 등에서 트러스 형식의 채용 예가 압도적 다수를 차지하고 있다. 그러나 앞으로 새로운 시공법의 개발 및 내풍안정성에 대한 연구 등에 따라 완성 후의 유지관리측면에서 유리한 박스거더 형식의 채용이 점점 더 늘어날 것으로 생각된다. 일반적으로 현수교 주거더의 시공계획은 현수교 특유의 형상·치수 및 역학적 특성 등을 충분히 파악한 다음 시공지점의 지리적 조건·공정·시공성·안전성·경제성 등을 고려해서 충분히 검토해둘 필요가 있다.

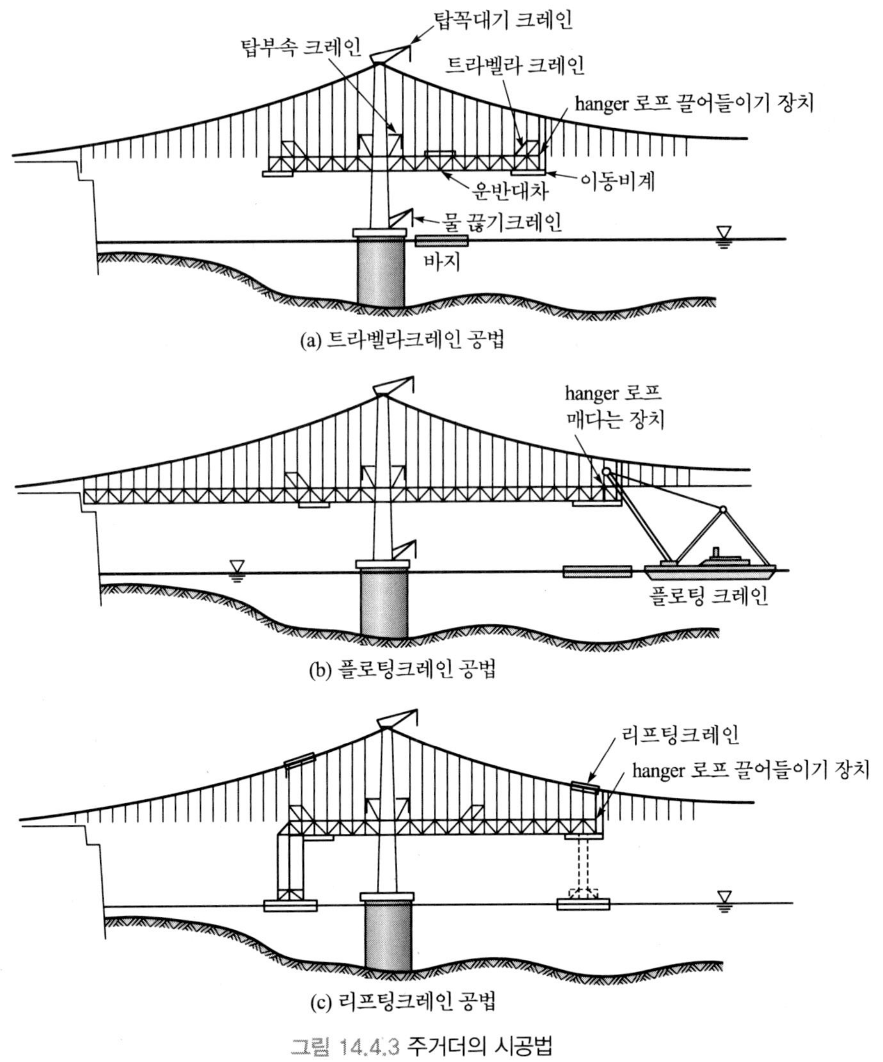

그림 14.4.3 주거더의 시공법

주거더의 시공법은 먼저 언급한 주탑공사와 주케이블 공사와 같이 간단하게 분류할 수 없고 다음과 같이 분류된다. 시공하는 부재의 최소단위를 시공단위라 부르며 이 시공단위의 형상·크기에 따라 단재(單材)·면재(面材)·블록의 3종류의 시공법으로 분류된다. 주거더의 시공순서는 시공시작위치와 진행방향의 편성에 따라 주탑에서 양쪽으로 내붙이는 방법과 주경간 중앙부 및 양 교대부에서 탑으로 향하는 방법 등의 거의 2종류로 크게 구별할 수 있다. 또 주거더의 시공에 사용하는 크레인의 종류에 따라 그림 14.4.3과 같이 트라벨라크레인공법·플로팅크레인공법·리프팅크레인공법 등으로 분류된다.

14.5 사장교의 시공법

사장교는 보통 교량과는 달리 주거더를 좁은 간격으로 배치한 다수의 케이블로 매달아 놓음으로서 좌굴에 대한 안전성과 변형의 허용곡률을 확보하게 되므로 형고와 휨강성을 적게 할 수 있다. 즉, 사장교를 구성하는 부재에 있어서는 순인장과 압축이 탁월하고 휨모멘트와 전단력은 2차적인 것이 된다. 그리고 케이블에 고장력 강선을 사용한다면 주거더나 케이블 정착이 단순하게 되어 시공도 쉽고 탄성학적으로 안정성이 우수한 교량을 건설할 수 있다.

사장교의 시공법은 크게 3가지로 분류될 수 있다. 스테이징, 즉 가벤트나 동바리 사용방법, 조립 또는 세그먼트 콘크리트를 타설하여 시공방향으로 밀어내는 방법, 캔틸레버 시공법으로 나눌 수 있다.

14.5.1 스테이징공법

가교각이나 동바리를 이용하는 방법은 교량의 형하공간이 낮은, 즉 지면과 교량상판과의 높이가 작은 구간에서 적용되며 임시교각·동바리 등을 설치하여도 교량 하부공간의 이용에 지장이 없는 경우에 주로 사용된다. 본 공법의 장점은 정확한 교량의 기하구조를 확보·유지할 수 있고 형하공간이 낮은 경우 경제성이 높다.

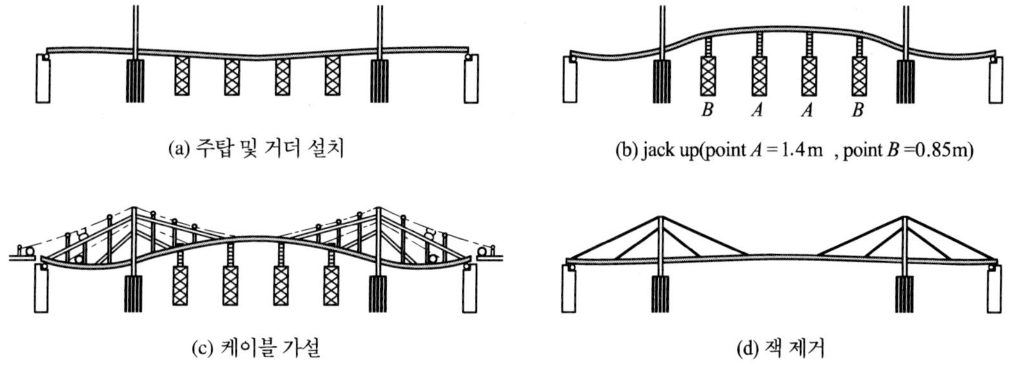

그림 14.5.1 사장교의 스테이징공법 시공순서

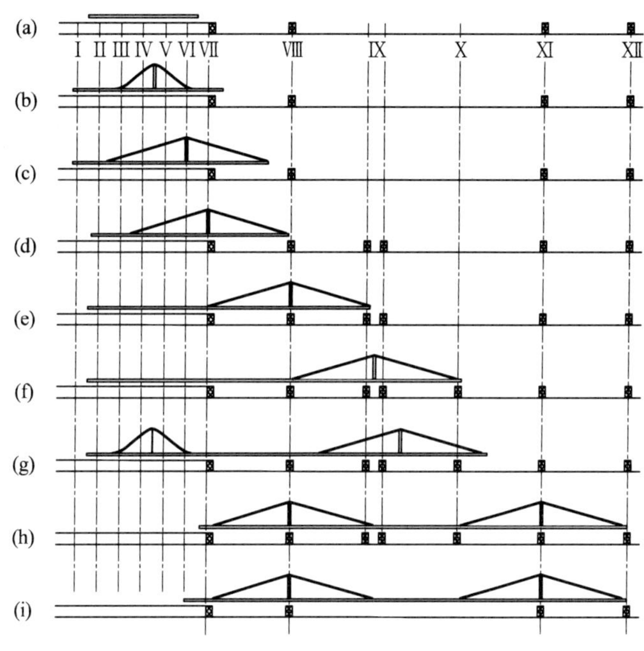

그림 14.5.2 사장교의 압출공법 시공순서

14.5.2 연속압출공법

이 공법은 유럽에서 많은 성과가 있었으며 국내에서도 ILM으로 많이 적용된 바 있다. 교량하부의 교통처리가 필요하거나 캔틸레버 시공법이 효과적이지 못한 구간에 많이 적용될 수 있다.

14.5.3 캔틸레버 가설공법

캔틸레버 가설공법은 임시교각이 요구되는 사장교의 상부구조 시공법으로 빈번히 사용되는 방법이다. 이 공법은 시공 시 발생되는 휨모메트와 전단력을 부담하기 위하여 강재가 추가적으로 사용되며 이 공법의 주요 장점은 교량의 하부공간을 교량시공 중에 이용할 수 있다는 점이다.

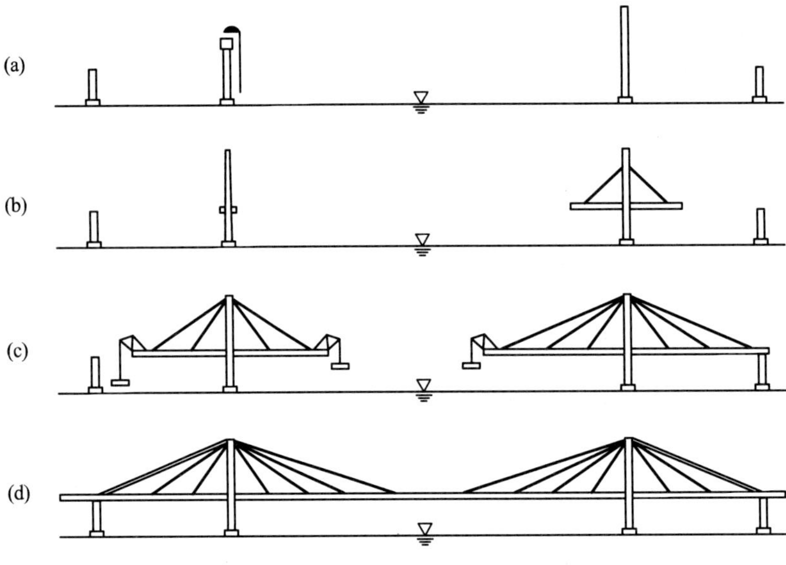

그림 14.5.3 사장교의 캔틸레버공법 시공순서

CHAPTER

15

하부구조의 시공

15.1 개설

하부구조의 경우 시공에 앞서 시공을 위한 조사가 반드시 선행되어야 한다. 하부구조의 시공을 착수할 때에는 이미 설계 시에 여러 가지 조사가 완료되어 있을 것이며, 일반적으로 공법을 비롯하여 임시설비의 구조·사용기계장비·작업방법·공기(工期) 등 시공상의 필요사항에 관해서도 검토되어 있을 것이다. 그러나 안전하고 확실한 시공을 하기 위해서는 설계 시에 행한 여러 가지 조사 결과를 다시 검토하고 더 필요한 사항에 대해서는 추가적인 조사가 필요하다. 또한 시공 중에 있어서도 시공관리상 여러 가지 조사를 행해야 한다.

이러한 시공을 위한 준비과정의 단계에서는 토질 및 지하수 등의 조사, 시공 중의 계측 및 안전성 등의 조사, 재하능력 검토 등이 필요하다. 이와 같은 시공의 준비과정을 거친 후 시공계획서를 작성하게 된다. 시공계획서는 각종 작업에 종사하는 주된 인원의 조직표·공정표·시공방법·공사용 기계장비·임시설비와 그 배치·추가 조사사항과 방법·환경보전대책·안전대책 등 시공에 관한 계획을 작성해야 한다.

하부구조는 일단 시공이 완료되면 적부에 관계없이 수정시공이 어려우므로 품질관리와 재하능력 확인 등을 철저히 해야 하며, 시공 중에도 반드시 충분한 시공관리를 실시하고 기초지반이나 작업환경 등의 변화에 따른 시공조건의 변경이 있을 때에는 시공계획서를 즉시 수정한 후 시공해야 한다.

본 장에서는 교대 및 교각의 시공 상 유의사항 등에 대해 간단히 살펴보고 높은 교각의 시공에 많이 사용되는 슬립 폼(slip form) 공법에 대해 알아본다. 또한 교량의 하부구조에 많이 사용되는 각종 기초형식과 그 특징 및 시공법에 대해 설명하였다.

15.2 교각·교대

11장에서 언급한 바와 같이 교각은 교장이 길어질 때 교대와 교대 사이에서 상부구조를 지지하기 위해 설치하는 일종의 받침기둥이다. 교각에는 구체형식에 따라 중력식·벽식·구주식·T형식·라멘식·V형식이 있으며 교각의 수가 많아지면 유수단면적(流水斷面積)이 좁아져 유속이 증가하고 세굴작용이 심해서 홍수 시에 위험할 수 있음을 유의해야 한다. 교각은 보통 철근콘크리트로 만들어지는데 유수저항을 적게 하기 위해 원형·타원형·첨두형 등의 단면을 쓴다.

교대는 다음에 기술하는 2가지의 목적에 적합하도록 되어있는 구조물이다. 첫째, 상부공을 양끝에서 지지하고 교량과 접속 줄눈 사이의 신축을 구속하지 않으며 원활한 교통 확보를 하는 것이다. 둘째, 지형조건에 따라서는 설치부의 성토를 위한 옹벽 역할을 하게 된다. 기본적으로 이러한 교대의 2가지 기능은 하나의 구조물로서 2가지 구조기능의 조합을 만족하도록 한 것이다. 한편 교대 아래에서 성토의 안정된 기울기를 확보할 수 있다면 옹벽으로서의 기능은 작아진다.

(1) 시공상의 유의사항

교대 및 교각의 시공은 도로교시방서 등 시공에 필요한 각종 규정에 의거하여 시행해야 하며 일반적으로 유의할 사항은 다음과 같다.

- 교대 및 교각의 완성위치는 상부구조의 시공에 직접적인 영향을 미치므로 정확히 마무리 해야 한다.
- 기초를 제외한 부분은 눈에 띄는 곳이므로 미관을 고려하여 마무리 면을 평탄하게 시공해야 한다.
- 콘크리트구조물은 일반적으로 시공이음부가 취약하므로 시공 시 주의를 요하며 특히 지하수위 이하에 축조하는 구체의 이음부는 철근의 부식방지 등에 각별히 유념해야 한다.
- 라멘구조나 교각의 돌출부분의 콘크리트 타설은 연속해서 시공해야 한다.
- 받침부분은 큰 지압을 받는 곳으로서 타설에 충분한 시간을 들여 양질의 콘크리트로 시공해야 한다.

(2) 슬립 폼 공법

슬립 폼 공법은 콘크리트의 타설 진행에 맞춰 높이 1~1.5m의 이동식 거푸집을 위쪽으로 이동시켜 가면서 콘크리트의 이음매 없이 구조물을 건설하는 방법으로 높은 교각의 시공에 많이 사용되고 있다. 시공과정은 먼저 거푸집을 설치한 다음 콘크리트를 타설하고 이 콘크리트가 자중·작업자 및 적재철근의 하중·거푸집 상승시의 마찰하중 등을 지지할 수 있을 정도의 강도에 이르게 되면 거푸집을 콘크리트부에 설치한 로드에 지지하면서 잭으로 상승하는 작업을 반복하여 이루어진다. 그림 15.2.1은 슬립 폼 공법에 의한 교각의 시공 예이다. 이 공법의 주요한 특징은 다음과 같다.

- 콘크리트가 연속적으로 타설되기 때문에 시공이음이 없이 완전히 일체로 된 콘크리트 구조물이 된다.
- 공사기간을 상당히 단축시킬 수 있다.
- 표면마무리가 콘크리트 경화 전에 이루어지기 때문에 치밀하고 매끄러운 표면을 갖는다.
- 상승하는 작업대를 이용하기 때문에 충분한 시공관리와 안전작업이 가능하다.
- 콘크리트가 재령이 충분히 않은 상태에서 거푸집으로 노출되기 때문에 콘크리트의 품질·양생·관리에 대책이 필요하다.
- 거푸집을 설치하는 데 있어 잭·요크(yoke) 등 특별한 장비가 필요하여 초기 설비비가 높다.
- 콘크리트공사는 단기간에 집약되기 때문에 일시에 많은 재료가 필요하며 2~3교대의 경험 있는 숙련공이 필요하다.

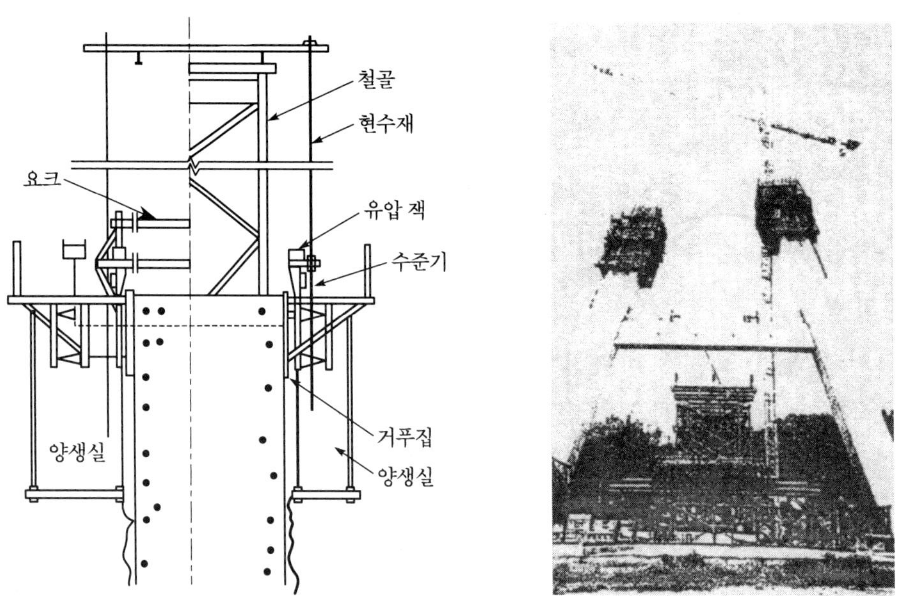

그림 15.2.1 슬립 폼 공법의 예 및 교각시공

15.3 기초공

교량의 기초는 일반적으로 직접기초 · 말뚝기초 · 케이슨기초로 나누어진다. 물론 새로운 형식의 출현으로 이 범주에 속하지 않는 형태도 있지만 대체로 위와 같이 나누고 있다. 각 기초 형식에 대해서 간략히 정리하였다.

15.3.1 직접기초

직접기초는 구조물의 중량이 비교적 작거나 하중을 지지할 만한 양질의 토층이 지표면 부근에 있을 때에는 구조물을 직접 그 지반 위에 지지하게 하는데 이와 같은 형식의 기초를 직접기초(direct foundation) 또는 얕은기초(shallow foundation)라 한다. 이러한 형식의 기초는 오래 전부터 쓰여져 왔으며 상부구조의 하중을 전달하는 기둥의 하단을 넓혔기 때문에 일명 확대기초(spread footing)라고도 한다.

직접기초 또는 얕은기초는 비교적 얕은 부분의 지반에 놓여지므로 기초 밑면 부근의 지반이 하중에 비해 충분한 강도를 가지고 있어야 한다. 이 기초는 일반적으로 기초판의 밑면 동결깊이 또는 함수량의 계절적 변화, 세굴, 풍화작용 등의 영향범위를 벗어난 정도의 깊이에 설치되어야 한다. 따라서 기초 밑면이 설치되는 토층뿐만 아니라 더욱 깊은 곳의 토질 특성에 의해서도 극한 지지력이나 침하의 영향을 받지 않도록 설계하기 위해서는 보링(boring)등의 토질조사를 먼저 해야 한다.

원칙적으로 이들 기초의 깊이는 될 수 있는 한 얕게 해야 하며 어느 깊이 이하에 양질의 토층이 있는 경우나 깊이와 더불어 지반이 강해지는 경우에는 터파기를 하기 위한 공사비의 증가와 기초의 규모축소에 따른 공사비의 감소를 비교하여 유리한 기초의 깊이를 정해야 한다.

직접기초의 종류

직접기초란 앞에서 고찰한 바와 같이 상부구조의 하중을 말뚝이나 피어 등을 사용하지 않고 기초판으로부터 직접 지반으로 전달하는 기초를 말하는데 그 기초는 형식과 기능에 따라 확대기초와 전면기초(mat foundation)의 2가지로 대별된다.

먼저 확대기초란 그것을 받치는 기둥이나 벽과의 관계로부터 그림 15.3.1과 같이 3종류로 나눠진다. 즉, 하나의 기둥을 지지하는 것을 독립 확대기초, 2개 또는 그 이상의 기둥을 지지하는 것을 복합 확대기초라 하고, 기둥수가 더 많아지거나 하중이 벽을 통해서 전해지는 경우에 이것을 띠모양의 기초로 지지하는 것을 연속 확대기초라 한다. 또 복합 확대기초의 일종으로서 잘 쓰여지는 것으로는 2개의 독립기초를 보(beam)로 연결한 것과 같은 형식의 캔틸레버(cantilever)식 확대기초가 있다.

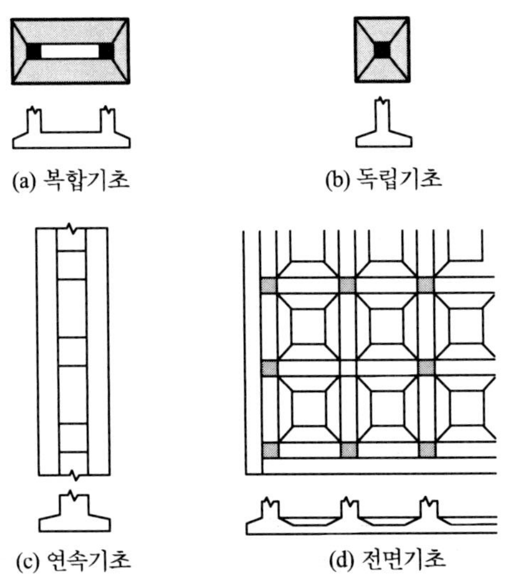

그림 15.3.1 직접기초의 종류

다음으로 상부 구조물의 하중을 전달하는 기둥이나 벽을 적당한 간격으로 구조물이 차지하는 구역 내에 배치하되 확대기초의 바닥 면적이 커서 그 합계가 시공 면적의 2/3를 넘는 경우에는 기둥하중 전부를 하나의 기초판으로 지지하게 하는 것이 오히려 경제적이며 이러한 기초 형식을 전면기초라 한다(그림 15.3.1(d)).

15.3.2 말뚝기초

말뚝기초는 지반이 견고하지 못하여 기초판을 직접 지지시킬 수 없을 때, 즉 기초의 밑면에 접하는 토층이 적당한 지내력을 갖지 못하여 확대기초나 전면기초와 같은 얕은기초로 할 수 없거나 다른 공법보다 구조물을 말뚝으로 지지하는 것이 경제적일 때 말뚝을 박아 하중을 분포시키는 기초를 말뚝기초라 한다. 여기서, 말뚝(抗, pile)이란 때려 박거나 눌러 박거나 하는 등의 방법으로 토중에 만들어지는 일종의 기둥 구조로서 구조물에 작용하는 힘은 말뚝을 거쳐 어느 간격으로 배치된 말뚝의 무리로 전달되어 기초지반에 이르게 된다.

일반적으로 말뚝기초는 그 밑면 이상의 높이에 작용하는 수평하중을 받게 되므로 모멘트를 일으키게 되면 경우에 따라서는 인장력도 받을 수 있도록 설계되는 경우도 있다.

말뚝기초에서는 보통 다음의 조건을 필요로 한다.

- 말뚝은 설계하중을 받았을 때 구성 재료의 설계강도를 초과해서는 안 된다.
- 말뚝은 그 축부에 손상됨이 없이 소정의 깊이 또는 정해진 관입량에 도달될 때까지 박혀야 한다.
- 말뚝기초는 하중을 충분한 안전율로 지지할 수 있는 아래쪽의 토층으로 전달해야하며 과도한 침하를 일으켜서는 안 된다.
- 말뚝을 박음으로써 일어나는 말뚝 위치의 편기(偏倚)에 대해서 설계하중과 말뚝치수의 여유를 둘 필요가 있다.
- 하중 또는 그 합력의 작용선은 말뚝의 축과 일치해야 한다. 하중이 편심으로 작용하는 경우에는 이에 따라 일어나는 하중증가를 설계에 고려해야 한다.
- 말뚝기초가 수평하중을 받을 때에는 경사말뚝(斜抗) 또는 이에 저항하는 다른 방법으로 충분한 안전율을 가지도록 해야 한다.

(1) 지지력 전달구조와 사용 용도에 의한 분류

① 선단지지말뚝(end bearing pile)

상부의 연약한 지반을 뚫고 하부의 암반 등 견고한 곳까지 이르게 하여 선단의 지지력에만 의존하는 말뚝이다(그림 15.3.2(a)).

② 하부지반에 의한 지지말뚝(bearing pile)

하부에 존재하는 견고한 지반에 어느 정도 관입시켜 지지하게 하는 것으로 관입된 부분의 마찰력과 선단지지력에 의해 지지되는 말뚝으로 일반적으로 지지말뚝이라 한다(그림 15.3.2(b)).

③ 마찰말뚝(friction pile)

지반 중에 박혀진 말뚝의 전장(全長) 또는 거의 전장에 걸쳐 말뚝의 지지력이 주면 마찰력에 의해 하중을 지반 전체에 분포시키는 말뚝이다(그림 15.3.2(c)).

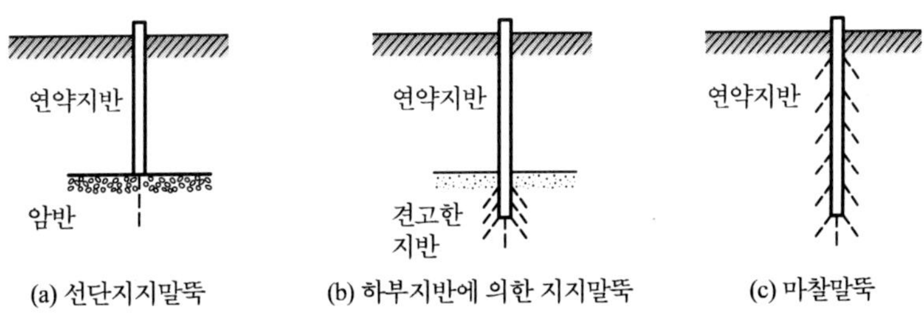

그림 15.3.2 지지력 전달구조에 의한 말뚝의 분류

(2) 재료에 의한 분류

① 나무말뚝

교량의 기초로써 나무말뚝은 현재 거의 쓰이지 않고 있으므로 생략하기로 한다.

② 철근콘크리트말뚝(RC말뚝)

비교적 큰 지지력을 필요로 하거나 지하수위가 깊은 경우에 사용된다. RC말뚝의 장·단점은 표 15.3.1과 같다.

③ 프리스트레스 콘크리트말뚝(PSC말뚝, PHC말뚝)

프리스트레스 콘크리트가 발달함에 따라 근래에는 말뚝이나 구조물의 기둥부재에 이르기까지 PSC를 적용시키는 경향이 매우 증가하고 있다. 철근콘크리트말뚝은 운반 및 취급시 또는 때려박을 때 균열이 발생하기 쉬움은 앞에서도 검토한 바 있으나, PSC말뚝(PHC말뚝)은 이러한 약점을 충분히 보강할 수 있으므로 우리나라에서도 많이 이용되고 있다.

표 15.3.1 철근콘크리트 말뚝의 장·단점

장점	단점
•재료의 입수가 쉽다 •제작 및 시공에 대한 관리 및 검사를 엄격히 할 수 있으므로 형상과 치수가 자유롭고 재질(材質)이 균일하여 믿을 수 있다. •강도가 크다. 따라서 지지말뚝으로 사용하면 보통 100kN 내외, 최대 500kN 내외의 지지력을 얻을 수 있다. •건습에 썩지 않으므로 지하수위에 관계없이 쓸 수 있다. •최대 15m까지 제작할 수 있으므로 이 이내에서는 경제적이다.	•운반 및 취급이 불편하다. •표준관입시험의 N값이 30~35정도인 굳은 지층이 있을 때는 관통(貫通)하기 어렵다. •박을 때 압축 및 인장력이 작용하여 균열이 생기기 쉽다. 또 이럴 경우에는 철근이 부식할 우려가 있다. •운반 관계로 보통 길이 15m 이상은 제작치 못하므로 더 깊이 박으려면 이음을 해야 한다. 그러나 이음에 대한 신뢰성이 적다. 특히 2개소 이상 이음의 경우는 신뢰성이 매우 떨어진다. 따라서 이음을 하더라도 최대 35m 이상은 피하는 것이 좋다.

PSC말뚝(PHC말뚝)의 장점은 다음과 같다.

- 때려 박을 때 균열이나 인장파괴가 일어나지 않는다. 따라서 강재가 부식할 염려가 없고 내구성이 크다.
- 휨력을 받았을 때 휨량이 적다.
- 운반 및 취급이 쉽다.
- 이음이 쉽고 신뢰성이 있다. 이음 후에도 지지력이 크게 감소하지 않는다.
- 길이의 조절이 쉽다.

④ 강말뚝(steel pile)

단면형에 따라서 H형 강말뚝과 원형 강관말뚝이 있다. H형 강말뚝은 강관말뚝에 비해 가격이 20~30% 정도 싸고 흙을 밀어내는 양이 적어 좁은 곳에 조밀하게 박을 수 있는 장점이 있다. 또 강관말뚝은 모든 방향으로 강도가 동일하고 단면계수 · 겉둘레면적 · 끝부분의 겉보기면적 등의 공학적 특성이 H형 강말뚝보다 우수하다. 이들 모두 공통적으로 다음과 같은 장점이 있다.

- 재질(材質)이 강하여 큰 타격에도 파손되지 않으며 N치 60정도의 굳은 지층을 관통하여 밑에 있는 지층까지 도달시킬 수 있다.
- 단면의 휨강도가 크므로 수평 저항력이 크고 좌굴현상에 매우 강하다.
- 지내력이 큰 지층까지 박을 수 있어서 큰 지지력을 얻을 수 있다. 보통 단독말뚝으로서 500kN 내외, 최대 1,000kN 내외까지 견딜 수 있다.
- 길이의 조절이 쉽다.
- 이음이 쉽고 확실하다. 따라서 보통 30m, 최대 70m까지 이어서 쓸 수 있다.
- 무게가 가벼워서 운반 및 취급 또는 말뚝박기 작업이 쉽다. 따라서 공사기간을 단축할 수 있다. 그러나 가격이 비싸고 녹이 쓸기 쉬워 부식성에 취약한 결점이 있다.

가격이 비싼 것은 소규모 공사를 제외하고는 다른 여러 가지 이점에 비해 별로 문제시 될 것이 없으나 부식을 방지하기 위해서는 충분한 대책이 있어야 한다. 부식은 보통 지반 중에서는 1년에 0.05mm 이하이나 특히 바닷물에 직접 접하여 건습이 되풀이되는 곳에서는 1년에 0.1~0.2mm 정도나 된다. 그 방지대책은 다음과 같다.

- 두께를 증가시키는 방법 : 보통 지반에서는 일반적으로 2mm 정도의 부식을 예상하여 두께를 증가시킨다. 가장 간단한 방법이지만 비용이 커진다.
- 세라믹코팅에 의한 방식 효과
- 콘크리트로 덮개를 입히는 방법
- 전기적 방식법 : 이 방법으로 부식량을 1/10 정도 감소시켜 말뚝의 수명을 10배 이상 연장시킬 수 있다.

(3) 시공법에 의한 분류

말뚝은 시공법에 따라 크게 공장에서 제작되어 사용되는 기성말뚝과 현장에서 직접 콘크리트의 등의 굴착 · 타설 · 치환 등을 통해 제작되는 현장타설 말뚝으로 분류할 수 있다.

① 기성말뚝
- 타입말뚝
- 매입말뚝

② 현장타설말뚝
- 관입말뚝
- 굴착말뚝
- 치환말뚝

말뚝기초의 시공

(1) 기성말뚝기초의 시공

기성말뚝기초의 시공은 디젤해머 · 드롭해머 · 유압해머 등의 타격기구로 말뚝을 지반속에 타입(打入)하는 타입말뚝공법 또는 개단(開端)말뚝 내부를 통하여 선단부를 오거(auger)나 버킷(bucket) 등으로 굴착하면서 말뚝을 정해진 깊이까지 눌러 넣거나 가볍게 관입시킨 후 목표 지지력이 얻어지도록 해머로 두드려 박거나 말뚝선단부 및 중공부를 시멘트 밀크 또는 콘크리트로 처리하는 내부굴착 말뚝공법의 적용을 원칙으로 한다. 그러나 작업요인이나 환경조건으로 인하여 다른 공법을 채용할 경우 그 내용을 충분히 검토한 후 신중히 시공해야 한다.

① 타입말뚝기초의 유의점
- 말뚝박기 순서는 공정 · 지반조건 · 말뚝형상 및 배치 · 시공방법과 시공기계 · 주변상황 등을 종합적으로 고려하여 정해야 하며 말뚝박기에 있어서는 항상 말뚝이 어그러지거나 경사지지 않도록 주의하고 말뚝 본체의 손상이 없도록 해야 한다.
- 말뚝은 종료 조건을 충분히 검토하여 타입작업을 끝내야 한다.

② 내부굴착 말뚝공법의 유의점
- 말뚝중공 내부의 굴착 및 침설에 있어서는 토질성상의 변화나 말뚝선단부 및 말뚝둘레의 지반이 교란되지 않도록 해야 하며 소정의 깊이까지 침설해야 한다.
- 굴착에 의해 배출된 토사는 적절한 방법으로 처리해야 한다.
- 말뚝 선단이 소정의 깊이에 달하면 설계도서에 표시된 방법으로 확실하게 선단처리를 해야 한다.

(2) 현장타설말뚝기초의 시공

현장타설말뚝은 저소음・저진동 공법으로서 이전부터 많이 사용되어 왔으며 사용되고 있는 기계나 공법은 여러 가지 종류가 있다. 교량상부구조의 대형화에 따라 큰 지지력이 요구됨으로서 지름이 크고 길이가 긴 기초의 시공이 가능한 현장타설말뚝기초가 많이 사용되고 있다. 한편 현장타설말뚝의 신뢰성은 시공정도에 따라 크게 영향을 받는다. 도로교의 하부구조에는 다음과 같은 공법이 많이 사용되고 있다.

① 올케이싱(all casing)공법

튜빙장치에 의한 케이싱튜브(casing tube)의 요동압입과 헤머그래브 등에 의해 튜브 내 토사의 굴착・배토조작을 병행・반복하여 소정의 깊이까지 굴착한다. 공벽이나 공저의 보호는 굴착공 전장에 걸친 케이싱튜브와 공내수에 의하는 것이 원칙이지만 지반의 성질에 따라서는 케이싱튜브만에 의하는 경우도 있다. 케이싱튜브는 콘크리트의 타설과 함께 뽑는다.

② 역순환굴착(reverse circulation drill:RCD)공법

표층부에 스탠드 파이프를 설치하고 외수위 +2m 이상의 공내 수위에 의해 공벽을 보호하면서 회전비트를 회전시켜서 토사를 절삭한다. 절삭한 토사는 공내수와 함께 역순환 방식으로 배출하면서 소정의 깊이까지 굴착한다. 공내수는 지반조건 등에 따라서 안정액으로 하는 경우도 있다.

③ 어스드릴(earth drill)공법

케이싱 파이프에 의해 지반의 표층부를 보호하고 그보다 더 깊게 굴착할 수 있는 경우를 제외하고는 안정액 등 기타에 의해 공벽을 보호하면서 회전버킷을 회전시켜서 토사를 굴착함과 동시에 버킷내부의 토사를 지상에 배출하여 소정의 깊이까지 굴착한다.

(3) 강관널말뚝기초의 시공

강관널말뚝기초의 시공은 원칙적으로 타입공법에 의하는 것으로 한다. 타입공법 이외의 공법을 채용하는 경우에는 그 내용을 충분히 이해하여 별도로 검토한 후 시공한다.

강관널말뚝기초는 강관널말둑의 이음판을 서로 맞물리게 하여 우물통 모양으로 폐합시키기 때문에 일반 강관말뚝의 박기에 비해서 높은 시공 정밀도가 요구된다. 강관널말뚝기초의 시공은 말뚝 세워 넣기의 정도를 높이기 위하여 진동해머를 이용해서 세워 놓는다. 세워 넣기의 정도를 확인한 후 말뚝기초 시공의 타입말뚝기법에 의해 소정의 깊이까지 박는 것을 원칙으로 한다.

15.3.3 케이슨 기초

케이슨(caisson)은 주로 무거운 상부 구조물로부터 전달되는 큰 하중을 중간에 있는 연약한 지반을 관통해서 그 아래의 큰 지지력을 갖는 층까지 전달하는 역할을 하며 가장 큰 지지력과 수평 저항력을 필요로 할 때 쓰인다. 또한 말뚝이나 피어 등과 같은 목적으로 이용되기도 하지만 그 시공 방법에는 큰 차이점이 있다. 즉, 케이슨은 육상이나 수상에서 건조된 것을 케이슨의 자중 또는 부가 중량에 의해서 소정의 위치까지 침하시키는 것으로서 그 구체 자체도 영구 구조물의 일부로 쓰여 진다. 케이슨 기초의 장·단점은 표 15.3.2와 같다.

케이슨을 그 구조상의 차이점에 의해 구분하면 박스케이슨(box caisson)·오프케이슨(open caisson)·공기케이슨(pneumatic caisson) 등으로 나눌 수 있다.

표 15.3.2 케이슨기초의 장·단점

장점	단점
•육상작업과 동일하므로 장애물을 제거하기 쉽다. •토층 및 토질을 확인하기 쉽고 지지력 측정이 쉽다. •침하하중의 조절이 쉬워 이동 및 경사가 적고 만약 이동 및 경사가 발생했을 때는 수정하기 쉽다. •배수를 하지 않으므로 수위의 변화로 인한 인접지반의 침하가 없다. •공정을 쉽게 예정할 수 있고 또 빠르다.	•공사비가 비싸다. 따라서 소규모의 공사나 깊이가 얕은 경우는 비경제적이다. •특수한 작업기술과 조건이 필요하므로 기능자의 모집이 곤란하고 따서 노무비가 비싸다. •공기케이슨의 경우 병이 발생하기 쉬워 공기 실내의 작업인부에 대한 건강관리의 문제가 있다.

① 박스케이슨

박스케이슨은 보통 여러 개의 격실이 벽으로 막혀진 흉벽(胸壁)에 의해 외벽과 저반의 보강이 이루어져 있다. 박스케이슨이 방파제나 안벽용으로 쓰여질 때는 육상에서 만들어진 케이슨을 해상으로 진수시켜 케이슨을 배로 끌어 소정의 위치까지 운반한 후 함내에 주수하여 해중으로 가라앉힌다. 이때 수심이 비교적 얕고 기초지반의 굴착될 정도로 단단한 암반이나 비세굴성의 잘 다져진 모래지반인 경우에는 표면을 평평하게 한 후에 그대로 케이슨을 설치할 수가 있다.

기초지반이 연약하고 심한 침하나 사석의 매입(埋入)이 클 것으로 예상되는 때에는 기초지반의 상층부를 굵은 모래로 치환하는 등의 지반개량을 할 필요가 있다. 또 암반위라 할지라도 불규칙한 암면 위에 케이슨을 설치하게 될 때에는 양질의 사석을 쓰게 되는 수도 있으며 연약층이 두껍고 준설이 불가능할 때에는 말뚝으로 받쳐 설치하는 수도 있다.

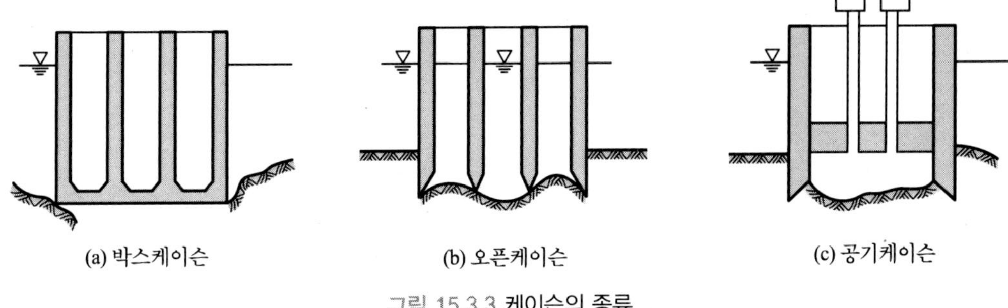

(a) 박스케이슨 (b) 오픈케이슨 (c) 공기케이슨

그림 15.3.3 케이슨의 종류

② 오픈케이슨

오픈케이슨은 우물통(井筒, well)이라고도 하며 쓰여지는 재료에 따라 목조 우물통 · 벽돌 우물통 · 철제 우물통 · 콘크리트 및 철근콘크리트 우물통 등으로 불려지고 있다. 최근에는 강시판(鋼矢板, steel sheet-pile) 우물통이 개발되어 사용되고 있다. 현재 가장 널리 쓰여지고 있는 것은 철근콘크리트 우물통과 철제 우물통이며 연약한 지층이 대단히 깊거나 상부 구조물의 중량이 너무 커서 말뚝기초로서는 충분한 지지력을 기대할 수 없는 경우 또는 수심이 깊거나 수평력이 커서 말뚝기초를 사용할 수 없는 경우 등에 쓴다. 이 기초는 우물통과 같이 뚜껑도 바닥도 없는 것을 소정의 위치에 놓고 내부의 토사를 파내면서 자중(自重) 또는 재하(載荷)에 의해 목적하는 지반까지 침하시킨 후 밑바닥에 적당한 두께로 콘크리트를 치고 속채움을 하거나 중공(中空)상태로 시공하여 기초로 이용하는 것이다.

③ 공기케이슨

공기케이슨은 주변으로부터의 토사 분출을 막기 위해 기압이 높은(3.5기압 정도) 작업실을 케이슨 저부에 설치하여 인력굴착으로 침하시키는 기초공법이므로 지반의 변동이 일어나지 않고 인근 구조물에 피해를 주지 않는다. 더욱이 날 끝 부근에 있는 큰 장애물도 제거할 수 있으므로 오픈케이슨과 같이 장애물 때문에 침하에 영향을 주는 일도 없으며 필요할 때에는 기초지반 위에서 재하시험도 할 수 있으므로 지지력을 상당히 정확하게 구할 수 있다. 그러나 침하시키기 위해서 필요한 여러 시설, 굴착하는 노력 및 시간 등을 고려할 때 공기케이슨은 오픈케이슨에 비해서 크게 불리하고 또 인부의 안전은 오픈케이슨에 비할 수 없을 정도로 위험성이 많다. 사람이 작업을 하면서 견딜 수 있는 기압은 대체로 4기압이 한도라 하므로 이 공기 케이슨공법은 40m 이내의 수심에서만 이용하고 그 이하는 우물통 기초를 이용해야 한다.

▲ 굴절차를 이용한 점검(부산 광안대교)

PART 04

교량의 관리

CHAPTER

16

점검진단 및 분석평가

16.1 개설

지금까지는 교량의 설계방법과 가설방법 등 건설위주의 교량공학에 대해서 다루었으나 본 4부에서는 교량의 설계 후 가설 및 공용과정에서 이루어지는 진단·분석·유지관리에 대해 다룬다. 과거 교량의 진단이나 유지관리는 공용 중에만 실시하는 것으로 간주되었으나, 최근 들어 가설공법이 고도로 발전하여 정밀하고 안전한 시공을 위해서는 시공 중의 안전관리 또한 중요시되고 있다.

교량을 탄생에서 소멸까지의 과정을 밟는 하나의 유기체로 가정한다면 그림 16.1.1과 같은 과정을 겪게 된다. 이러한 일련의 교량 수명기간에서 가장 오랜 기간을 차지하는 공용 중 교량의 관리는 현대적 교량건설의 역사가 짧은 국내에서는 선진국에 비해 상대적으로 등한시되어 왔다. 그러나 그간 시공 중뿐만 아니라 공용중의 여러 교량에 대한 대형붕괴사고를 경험한 이후, 교량의 안전관리·유지관리에 대한 관심의 증가로 안전진단·계측시스템·유지관리시스템 등 다양한 형태의 시공 중·공용 중 교량의 안전한 관리를 위한 방법에 대한 연구와 이에 따른 체계적인 시스템구축이 진행 중에 있다.

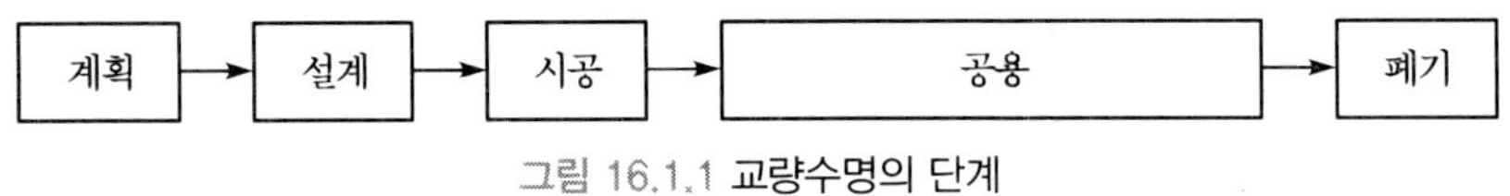

그림 16.1.1 교량수명의 단계

현재 공용중인 국내교량의 상당수는 설계·시공환경 및 유지관리과정에서 다양한 요인에 의해 내구성 및 내하력이 저하되어 있으며 심한 경우에는 안전상의 문제점마저 내포하고 있다. 특히 1992년 신행주대교 붕괴나 1994년 성수대교 붕괴사고는 국민들에게 엄청난 충격과 경제적 손실을 안겨주었고 건설정책에 대한 불신과 대외적인 국가위신의 실추를 가져왔다. 이러한 일련의 시공 중·공용 중 교량붕괴사고의 원인은 계획단계에서부터 설계·시공·유지관리 등 총체적인 부실에 있으며 이 중에 가장 큰 원인은 역시 유지관리 소홀, 즉 안전진단의 경시에 있다고 볼 수 있다.

국내의 경우 그동안 교량 안전진단의 체계나 법규가 마련되지 않아 관리주체마다 서로 상이한 기준을 적용해왔으나, 1995년 1월 제정된 "시설물의 안전관리에 관한 특별법" 및 1995년 4월 공포된 그 시행령은 안전진단에 대한 체계를 확립시키는 계기를 마련하였다.

최근에는 '안전점검 및 정밀안전진단 세부지침(2010.12 국토교통부)'이 발표되었으며, '시설물의 안전점검 및 정밀안전진단 실시 등에 관한 지침[시행 2015.7.6.] [국토교통부고시 제2015-467호]'이 제정되었다.

용어의 정의

본 장에서 주로 사용되는 용어를 "안전점검 및 정밀안전진단 세부지침(2010.12 국토교통부)"과 "안전점검 및 정밀안전진단 세부지침해설서(교량)(2012.12 국토교통부)"에 사용된 용어를 기초로 정리하였다.

- 안전점검
  경험과 기술을 갖춘 자가 육안이나 점검기구 등으로 검사하여 내재되어있는 위험 요인을 조사하는 행위
- 정밀안전진단
  시설물의 물리적·기능적 결함을 발견하고, 그에 대한 신속하고 적절한 조치를 하기 위하여 구조적 안전성과 결함의 원인 등을 조사·측정·평가하여 보수·보강 등의 방법을 제시하는 행위
- 내진성능평가
  지진으로부터 시설물의 안전성을 확보하고 기능을 유지하기 위하여 「지진재해대책법」 제14조(내진설계기준의 설정) 제1항에 따라 시설물별로 정하는 내진설계기준에 따라 시설물이 지진에 견딜 수 있는 능력을 평가하는 것
- 유지관리
  완공된 시설물의 기능을 보전하고 시설물이용자의 편의와 안전을 높이기 위하여 시설물을 일상적으로 점검·정비하고 손상된 부분을 원상복구하며, 경과시간에 따라 요구되는 시설물의 개량·보수·보강에 필요한 활동을 하는 것
- 사전조사
  정밀점검 및 정밀안전진단 용역을 실시하는 사람이 당해시설물의 설계도서 등 유지관리 자료와 과업지시서 등이 법령, 지침 및 세부지침 등에 부합되는지의 여부를 검토하는 행위
- 현장조사
  기존 시설물에 관한 기초자료를 얻고, 시간이 경과함에 따라 구조물의 상태변화(결함, 손상, 열화 등) 및 균열폭과 길이 등 구성재료의 변화를 추적하기 위하여 수행하는 행위
- 상태평가
  시설물의 외관을 조사하여 결함의 정도를 포함한 시설물에 대한 상태를 평가하는 행위

- 안전성평가
  현장조사를 통해 수집된 자료를 기초로 하고 설계도서 및 기존의 안전점검 및 정밀안전진단 실시결과를 참고하여 시설물의 구조·수리·수문해석 등 안전성을 평가하는 행위
- 종합평가
  상태평가와 안전성평가 결과에 의해 시설물의 안전상태를 종합적으로 평가하는 행위
- 안전등급
  정밀점검 또는 정밀안전진단 실시결과 종합평가에 따른 당해 시설물의 안전상태를 나타내는 등급
- e-보고서
  안전점검 및 정밀안전진단 실시결과 작성한 보고서를 보관 및 활용 등 유지관리 업무에 효율적으로 활용할 수 있도록 전자매체에 의해 작성한 보고서
- 복합시설물
  기능과 역할이 각각 다른 개별 시설물들이 집합된 시설물
- 보수
  시설물의 내구성능을 회복 또는 향상시키는 것을 목적으로 한 유지관리대책
- 보강
  시설물의 부재나 구조물의 내하력과 강성 등의 역학적인 성능을 회복 또는 향상시키는 것을 목적으로 한 대책

교량진단의 목적

통상 안전점검과 정밀안전진단을 포함하여 포괄적으로 안전진단이라 부르는데 이러한 교량의 안전진단의 목적은 기본적으로 교량의 물리적·기능적 상태를 파악하거나 교량의 건전도-안전도·내하력·내구성-를 평가(evaluation)하는데 있지만, 나아가서는 유지관리 작업의 개시를 위한 교량상태와 열화속도에 대한 지속적인 기록의 제공, 보수 및 보강 프로그램의 우선순위 결정 등을 수행하기 위함도 있다. 교량점검·통행하중평가·운행허가 및 유지관리에 책임이 있는 부서원들 간에 이루어지는 협력이 점검의 효율성을 좌우하는 중요한 요인이다. 성공적인 교량점검은 적절한 계획과 기법, 충분한 장비와 점검을 실시하는 점검자의 경험과 신뢰성에 의해 좌우된다. 점검은 현재 발생된 손상의 발견뿐만 아니라 향후 발생가능한 문제의 예측까지도 포함해야 한다. 따라서 교량점검은 정확해야 할 뿐만 아니라 예방적인 유지관리 프로그램의 개발을 위해서도 수행되어야 한다.

교량은 도로망에서 가장 손상받기 쉬운 시설물이고, 교량의 안전성은 체계적인 점검에 의해 확보되어야 한다. 교량관리를 위해서 필요한 가장 기본적인 요소가 바로 점검이며, 이를 통해 교량에 투자하는 예산의 효율적 집행이 가능해지는 것이다. 따라서 점검은 잘 조직된 교량관리시스템의 기본요소이며 관리와 유지부수작업의 편성에 있어 기본적인 정보를 제공한다. 이와 같은 교량의 점검목적은 다음과 같다.

- 교량의 안전성을 확보하고 설계목적에 부합되도록 보장한다.
- 가능한 한 조기에 손상을 발견하고 향후 발생될 손상을 예측한다.(현재 발생된 손상을 발견하고 미래에 손상을 야기시킬 수 있는 환경까지 언급한다.)
- 교량의 상태를 체계적이고 주기적으로 기록하여 교량의 상황을 파악한다.
- 점검결과의 분석을 통해 향후 설계, 시공될 교량의 개선을 기대할 수 있다. 즉, 유지관리를 고려한 설계 · 시공 등이 가능해져 교량의 수명을 연장할 수 있다.
- 교량의 설계하중 변화에 대해서 그 효과를 검토할 수 있다. (특히 현재 설계규정보다 작게 설계된 교량에 대해서)
- 보수 · 보강 · 개축 등의 의사결정에 필요한 자료를 제공한다.
- 점검결과의 전산관리 등을 통해 합리적인 유지관리 계획을 수립함으로서 예산의 최적 분배가 가능해진다.
- 긴급을 요하는 이상을 발견하였을 경우에는 응급처치를 취할 수 있는 태세를 마련한다.

안전진단의 내용

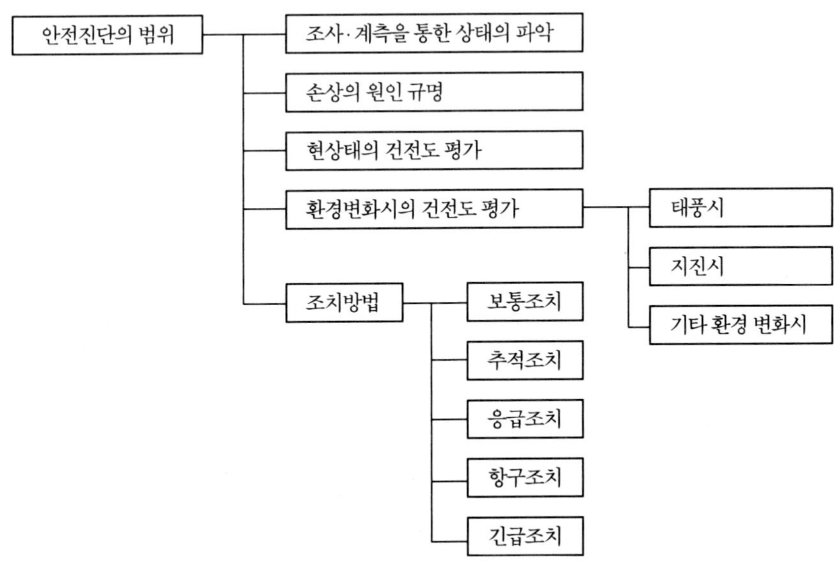

안전진단은 다양한 교량구조물을 예방 유지관리하기 위한 중요한 방법으로 그 범위는 다음과 같이 구분할 수 있다.

따라서 안전진단은 위에 나타낸 것처럼 손상현황을 파악하는 것만이 아니고, 손상의 원인을 규명함과 동시에 건전도를 종합적으로 평가하여 그 조치방법까지 선정하는 교량의 유지관리에 관한 일체의 업무를 포함하는 것으로 깊은 교량지식과 고도의 진단기술이 요구된다.

(1) 상태파악

교량을 유지관리하가 위해서는 교량의 구조형식 · 가설년도 · 주변환경 · 지질 · 교통량 · 손상의 유무 및 상태 · 교량 본체 및 주변 환경상태 등을 정확히 파악하는 것이 기본이다. 상태를 파악하기 위해서는 다음과 같은 조사가 필요하며, 이러한 조사는 현지조사 및 자료수집으로 대별할 수 있다.

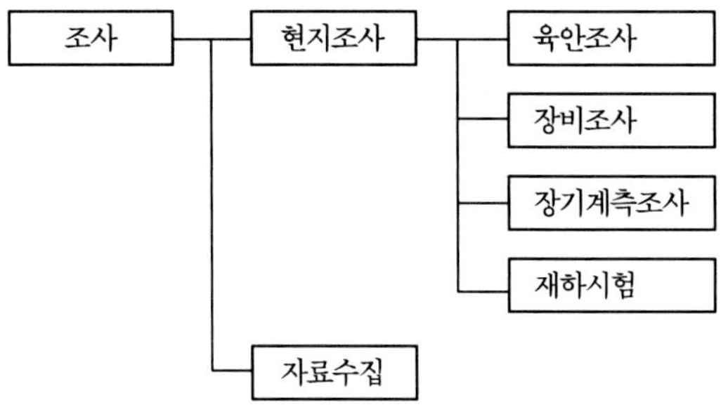

현지조사는 현시점의 상태파악이 대부분이므로, 가능하면 건설당시의 상황(시공상태, 문제점), 과거의 재해 · 손상이력 · 보수이력 등에 관한 정보를 수집해 상태를 동태적(動態的)으로 파악하는 것이 요구된다. 상태의 동태적인 파악은 손상의 원인규명 시 보다 정확성을 보장해준다.

육안만으로는 손상 및 그 진행상황을 파악하기 곤란한 경우에는 계측장비를 이용해 정량적이고 장기적인 손상을 파악할 필요가 있다. 그러나 계측조사를 하는 경우에는 손상의 원인규명에 맞도록 계측목적을 명확히 해 그 방법 · 순서 등을 정하지 않으면 계측을 위한 계측이 될 가능성이 있다.

표 16.1.1 교량의 손상원인

손상단계	손상요인	손상세부요인
설계요인	구조불량	•구조형식, 경간분할 불량 •단면형상 불량
	계산불량	•설계기준 및 조건적용 불량 •각종 안전도 검토 부족 •응력해석 불량 •전산프로그램 적용 불량, 입력데이터 실수, 출력데이터 이해 부족 •계산 착오
	도면불량	•철근, PS강재 배치 불량 •주철근, 배력철근 등 부족 •헌치 등의 응력흐름에 대한 배려 부족 •구조세부의 검토 부족
시공요인	재료불량	•콘크리트 품질 불량 •철근 · PS강재의 재질 불량 •기타 부적절한 재료 사용
	시공불량	•시공방법 · 순서에 대한 이해 부족 •작업원의 자질 부족 •도면 이외의 시공 •가설공(거푸집 · 지보공)의 검토 부족 •시공관리 불량 •재료 저장방법 불량
환경요인	교통량 증가	•차종의 다양화 · 대형화
	사고	•충돌사고(차량 · 선박 충돌) •화재
	자연현상	•지진 · 동해 · 홍수 · 태풍
	근접시공의 영향	•소음 · 진동 · 기초약화
	화학작용	•해수 · 염해 •오염물 · 공장폐수 •염화칼슘(제설제) · 알칼리 골재 반응
	기초파괴	•기초세굴 · 지반침하
유지관리 요인	유지관리에 대한 인식 부족	•점검불량 •예산부족 •조직미비 •인력부족 •보수 및 보강에 대한 연구 부족 •자료관리 불량 •공용교량에 대한 연구 부족

(2) 손상의 원인규명

손상의 원인규명 시 상태를 정확히 파악해야 함은 물론이거니와 조치(보수·보강·교체)의 시기·방법을 결정하는 것도 중요한 일이다. 손상과 원인의 인과관계에 대한 규명이 곤란해 손상실태를 정확히 파악할 수 없으면 중대한 손상을 초기단계에서 조치할 수 없고, 따라서 조치방법을 잘못 적용하게 될 가능성이 있다. 손상을 발생시키는 요인에는 표 16.1.1에 나타낸 것처럼 설계·시공·환경·유지관리·시간경과 등의 요인이 있지만 직접적인 원인은 다음과 같이 구분할 수 있다.

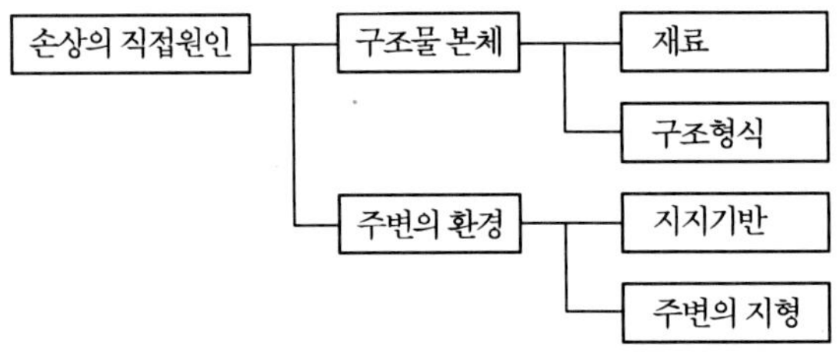

위에서 보듯이 손상원인은 재료·구조형식에 기인하는 교량본체에 의한 것과 지지기반·주변지형에 기인한 주변 환경에 의한 것이 있다. 주변 환경에 의해 교량의 변위·변형이나 균열이 발생하였으나, 그 원인을 재료·구조에 의한 것으로 판단해 원인규명이 불명확해지는 경우가 많다.

(3) 현상태 및 환경 변화 시의 건전도 평가

손상의 원인 규명을 통해 손상의 실태를 정확히 파악하려면 현상태 및 강우·폭풍·지진 시에 있어서의 내하력·내구성 등을 포함한 건전도를 평가해야 하며, 이때 손상의 원인으로부터 가정된 장래의 손상진행이나 이에 따른 내하력 저하도 검토해야 한다. 이렇게 장래 가정된 조건하에서의 내하기능을 검토하면 조치방법과 시기가 쉽게 판단되고 장래의 상황에 대해서도 검토가 가능해진다. 또 교량 주변의 지형 등 환경변화는 경우에 따라서는 교량의 지지·구조조건을 근본적으로 변화시킬 수 있으므로 건전도를 평가하는 경우에는 환경조건과의 관련을 명확히 하여 주의를 요하는 환경조건의 변화를 파악해야 한다.

(4) 조치방법

건전도 평가에 따른 조치방법으로는 다음과 같은 방법들이 있다.

- 보통조치: 소규모의 보수·보강을 통해 기능 저하를 방지하는 방법
- 추적조치: 기능저하에 대해 감시(계측기나 인력을 이용) 시스템을 도입하는 방법
- 응급조치: 사용제한·차량통제 등을 실시하고, 임시 보수·보강을 실시한 이후에 사용하는 방법
- 항구조치: 손상된 교량부재의 교체나 개량을 통해 기능 갱신 및 기능 회복을 도모함과 동시에 손상에 이르게 된 원인을 해소하는 방법이며, 그 원인이 주변의 환경에 의한 것이면 환경조건을 악화시키지 않도록 유지관리 조치를 고려할 필요가 있다. 그것이 곤란한 경우에는 환경조건이 악화되더라도 이에 대응할 수 있도록 교량본체를 보수·보강해야 한다.
- 긴급조치: 교량을 즉각 폐쇄시키고 우회시키는 방법

(5) 안전진단 결과의 정리 및 관리

교량은 각 교량이 위치한 지형·지질·환경조건과 교량의 재료·구조형식 등이 각기 다르기 때문에 개별성이 매우 강하다. 따라서 손상이 발생해도 그 원인·형태·진행상황이 동일하지 않고 각 교량마다 다르게 되므로 유지관리를 보다 정확히 하기 위해서는 각 교량의 결함·특성 등을 충분한 점검과 진단자료를 이용해 정확히 파악하여 필요한 시기에 적절한 조치를 하는 것이 중요하다.

유지관리 담당자의 업무담당 기간은 교량의 수명에 비해 극히 짧기 때문에 현재 발생된 손상을 즉각적으로 조치하려는 경향이 높고 손상의 원인 추정에 대해 소극적이며 미봉적 조치를 취할 가능성이 높아 손상을 오히려 더 유발시키기나 악화시킬 가능성이 있다. 따라서 이와 같은 오류를 줄이기 위해서는 과거의 진단기록 및 조치결과를 철저히 정리·보존해 이를 참조할 수 있도록 해야 한다. 즉, 진단을 실시한 경우에 그 결과를 문서화 또는 전산 자료화(computer database)해서 유지 관리자가 교체되더라고 기존의 진단방침 및 자료에 기초해 교량을 유지·관리해야 한다.

점검 및 진단계획

효과적이고 안전한 시설물 점검 및 진단을 위해서는 철저한 사전계획과 준비가 필요하다. 점검 및 진단계획은 시설물의 안전점검 및 정밀안전진단 지침서에서 제시한 시설물 관리일반을 토대로 수립되어야 하고 계획수립을 위해서는 사전에 현장조사가 필요하며 다음과 같은 사항이 고려되어야 한다.

- 점검 · 진단 형식의 결정
- 점검 · 진단을 수행하는데 필요한 인원 · 장비 및 기기의 결정
- 이미 발생된 결함의 확인을 위한 기존 점검 자료의 검토
- 점검 · 진단기간과 계획된 작업시간의 예측
- 타기관 또는 주민과의 협조체제
- 현장 기록의 양식을 취합하고 대표부위에 대한 적절한 사전 스케치
- 필요한 수중조사의 범위와 세굴의 위험성에 대한 판단 그리고 잠수나 세굴과 관련된 자료와 같은 특기 사항에 대한 확인
- 비파괴 시험을 포함한 기타 재료시험 실시에 대한 적정성 여부의 판단
- 구조물에 붕괴유발부재(FCM:Failure Critical Member), 피로취약구조부위, 단재하경로부재와 같이 특별한 주의를 필요로 하는 부재와 부위가 포함되었는지 판단
- 시설물의 기초와 주위지반에 대한 조사여부, 조사항목 및 범위의 판단
- 인근 구조물 중에 동종의 도구와 장비 및 인력을 필요로 하는 점검 및 진단작업에 대한 계획이 있는지 확인

한편 "안전점검 및 정밀안전진단 세부지침"에서는 그림 16.1.2와 같이 안전관리 업무 흐름도를 제시하였다.

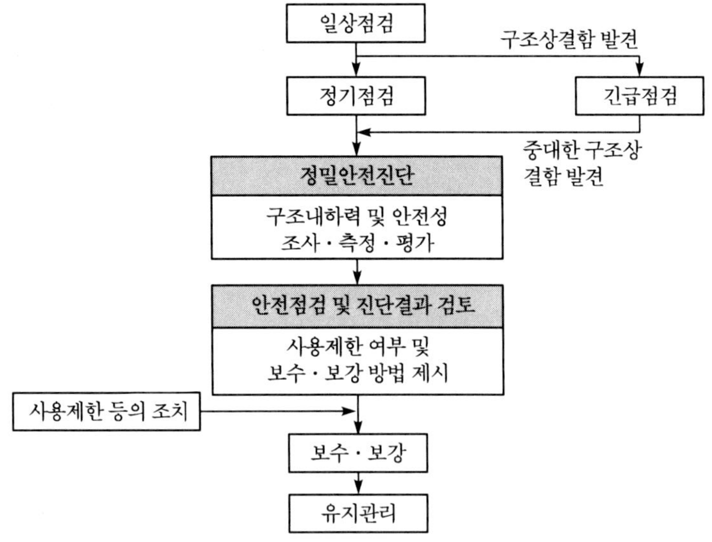

그림 16.1.2 안전관리 업무 흐름도

(1) 안전점검 및 정밀안전진단 실시 시기

점검은 상당한 인력과 예산이 소요되므로 점검주기를 합리적으로 결정할 필요가 있으며 최적의 점검주기는 점검종류에 따라 결정되는 경우가 대부분이다. 우리나라의 경우 "시설물의 안전관리에 관한 특별법"에서 관리주체는 소관시설물에 대해 시행령의 규정에서 정한 한도 내에서 일정주기를 정하여 점검을 실시해야하며 이러한 사항은 관리주체가 소관시설물별로 수립·시행하는 안전 및 유지관리계획에 포함되어야 한다고 되어 있다. 이에 대한 구체적인 분류는 교량의 경우 표 16.1.2와 같다.

표 16.1.2 안전점검 및 정밀안전진단 실시 시기

점검의 종류	실시시기		
정기점검	·6개월에 1회 이상		
긴급점검	·관리주체 필요시 ·관계기관장의 요청 시		
정밀점검	·사용승인일 기준 3년 이내 ·전회 점검 결과 등급에 따라	A등급	3년에 1회 이상
		B, C등급	2년에 1회 이상
		D, E등급	1년에 1회 이상
정밀안전진단	·사용승인일 기준 10년 경과 후 1년 이내 ·점검 결과에 따라 필요시 ·전회 진단 결과 등급에 따라(1종 시설물의 경우)	A등급	6년에 1회 이상
		B, C등급	5년에 1회 이상
		D, E등급	4년에 1회 이상

표 16.1.3 1종 교량 및 2종 교량의 범위

구분	1종 교량	2종 교량
도로교량	·상부구조형식이 현수교, 사장교, 아치교 및 트러스교인 교량	
	·최대 경간장 50미터 이상의 교량(한 경간 교량은 제외한다)	·경간장 50미터 이상인 한 경간 교량
	·연장 500미터 이상의 교량	·1종 시설물에 해당하지 않는 연장 100미터 이상의 교량
	·폭 12미터 이상이고 연장 500미터 이상인 복개구조물	·1종 시설물에 해당하지 않는 복개구조물로서 폭 6미터 이상이고 연장 100미터 이상인 복개구조물
철도교량	·고속철도 교량	
	·도시철도의 교량 및 고가교	
	·상부구조형식이 트러스교 및 아치교인 교량	
	·연장 500미터 이상의 교량	·1종시설물에 해당하지 않는 연장 100미터 이상의 교량

(2) 안전점검 및 정밀안전진단 실시자의 자격

안전점검 및 정밀안전진단을 자신의 책임 하에 실시할 수 있는 책임기술자는 사람은 표 16.1.4와 같은 자격을 갖추어야 하며 공인된 교육기관에서 안전점검 및 정밀안전진단 교육과정을 70시간이상 이수해야 한다.

표 16.1.4 안전점검 및 정밀안전진단을 실시할 수 있는 책임기술자의 자격

구분	자격요건
정기점검	·「건설기술 진흥법」에 따른 토목안전관리(건설안전) 직무분야의 건설기술자 중 초급기술자 이상
정밀점검 및 긴급 점검	·「건설기술 진흥법」에 따른 토목 안전관리(건설안전) 직무분야의 건설기술자 중 고급기술자 이상
정밀안전 진단	·「건설기술 진흥법」에 따른 토목 직무분야의 건설기술자 중 특급기술자

16.2 안전점검 및 정밀안전진단

16.2.1 정기점검

정기점검은 순찰과 유사한 성격의 점검으로 공용중인 교량의 상태파악을 위해 정기적으로 실시하는 육안점검을 말한다.

① 대상교량 : 도로상 모든 교량
② 점검주기 : 반기에 1회 이상
③ 점검장비 : 일상적 휴대장비 및 간단한 접근장비

(1) 정기점검 목적 및 수준

정기점검은 교량의 상태변화를 관찰하여 손상을 조기에 발견하기 위함이며, 정밀조사가 필요한 부위를 파악하기 위함이다. 육안 및 망원경, 거울 등의 보조기구를 사용하며 점검자가 도보로 접근 가능한 구간의 상부와 하부의 전반적인 외관상태를 관찰하는 수준으로 한다.

(2) 정기점검 방법

점검자는 교량 주요부재의 전반적인 외관형태를 관찰하여 중대한 결함을 발견할 수 있도록 세심한 주의를 기울이며 외관조사를 실시하고, 외관상 확연히 나타나는 손상 및 결함은 특기사항으로 정기점검 결과표에 기입한다. 하지만 정밀점검과 달리 점검결과에 대한 상태평가 결과는 매기지 않는다.

표 16.2.1 정기점검 항목

점검부위	점검항목	점검장비
상부구조	〈간단한 외관조사〉 •전반적 외관상태 •손상, 결함, 열화의 존재 및 진전상태 •보수·보강된 부재 및 단면의 외관상태 •우천 후 배수상태 및 교면포장 상태 •신축이음의 파손 및 이상음 •정밀조사가 필요한 조사부위 파악 •차량충돌에 의한 교량부재의 파손여부	•망원경 •카메라 •필기도구 •줄자 •망치 •손전등 등
하부구조	〈간단한 외관조사〉 •전반적 외관상태 •하상의 변화로 인한 세굴, 침식의 상태 •손상, 결함, 열화의 존재 및 진전상태 •보수·보강된 부재 및 단면의 외관상태 •정밀조사가 필요한 조사부위 파악 •차량충돌에 의한 교량부재의 파손여부	

16.2.2 정밀점검

정밀점검은 교량의 물리적, 기능적 상태를 판단하고 이전 상태로부터 변화를 확인하며 현재의 사용조건을 계속 만족시키고 있는지를 확인하기 위한 점검이다.

① 대상교량 : 1, 2종 교량과 그 외 교량 중 관리주체가 선정한 교량

② 점검주기 : 안전등급에 따라 차등 실시

③ 점검장비 : 일상적 휴대장비, 접근장비 및 간단한 비파괴 점검장비

(1) 정밀점검 목적 및 수준

정밀점검은 정기적으로 교량의 상태를 세밀하게 조사하기 위함이며, 교량을 경간과 지점으로 구분하고 점검한 부위와 항목은 상태평가를 실시함과 더불어 간단한 측정·시험

장비로 필요한 측정 및 시험을 실시한다. 만약, 공용 중인 교량임에도 불구하고 점검기록이 없는 교량에 대해서는 정밀점검을 실시하여 점검기록을 복구한다.

(2) 정밀점검의 방법

정밀점검은 교량의 주요부재의 외관조사 및 측정·시험 결과와 이전의 안전점검 및 정밀안전진단 실시결과에서 발견된 결함의 진전 및 신규 발생을 파악하여 교량의 주요 부재별 상태를 평가하고 이전의 안전점검 및 정밀안전진단 실시결과와의 상태평가 결과와 비교·검토하여 교량 전체에 대한 상태평가 결과를 결정해야 한다. 또한 결함부위 등 주요부위에 대한 외관조사망도 작성 등 조사결과를 도면으로 기록하고, 내진설계 여부를 확인해야 한다. 만약, 교량에 「중대한 결함이 발생하는 등 필요한 경우에는 해당 부위에 대해 안전성평가를 실시할 수 있다.

표 16.2.2 정밀점검 항목

점검부위	점검항목	점검장비
상부구조	〈외관조사〉 •상부구조의 지지상태, 전반적 외관상태 •교면포장, 배수시설, 난간 •바닥판 균열, 탈락, 누수, 백태 •신축이음 파손 및 유간 •거더의 처짐, 균열, 변형, 부식, 연결부 상태, 가로보 등 〈간단한 현장 재료시험〉 •콘크리트 비파괴 강도 및 탄산화 깊이 측정 등	•슈미트해머 등 재료 시험 기기 •균열경 및 균열측정기 •망치, 카메라, 손전등, 필기도구, 줄자 등
하부구조	〈외관조사〉 •전반적 외관상태 •받침의 손상, 열화, 기능 •교각, 교대의 손상, 결함, 열화 •기초 및 파일의 침식, 세굴 등 〈간단한 현장 재료시험〉 •콘크리트 비파괴 강도 및 탄산화 깊이 측정 등	

16.2.3 긴급점검

긴급점검은 관리주체가 필요하다고 판단한 때 또는 관계행정기관의 장이 필요하다고 판단하여 관리주체에게 요청한 때에 실시하는 정밀점검 수준의 안전점검이며 실시 목적에 따라 손상점검과 특별점검으로 구분한다.

(1) 손상점검

손상점검은 비계획적인 점검으로서 재해나 사고에 의해 비롯된 구조적 손상을 평가하는 것이다. 점검의 범위는 긴급한 사용제한이나 사용금지의 필요성이 있는지의 판단과 보수를 수행하는 데 있어 필요한 작업량의 정도를 결정할 수 있어야 한다. 신속하게 하중제한 등 사용제한여부를 결정할 수 있도록 현장에서의 계산 능력이 필요하다. 손상점검은 정기점검의 보완수단으로 손상의 정도와 보수의 긴급성 그리고 보수작업의 규모를 파악할 수 있어야하며 시험장비에 의한 현장측정 및 사용제한기간에 대한 해석이 필요하다.

(2) 특별점검

특별점검은 관리주체가 판단하여 행하는 정기점검 수준의 점검이다. 이 점검은 기초침하 또는 세굴과 같은 결함이 의심되는 경우나, 하중제한 중인 시설물의 지속적인 사용여부를 판단하기 위한 점검으로서 점검 시기는 결함의 심각성을 고려하여 결정한다.

16.2.4 정밀안전진단

정밀안전진단은 정기점검 과정을 통해서는 쉽게 발견하지 못하는 결함부위를 발견하기 위하여 행해지는 정밀한 육안검사 및 검사측정장비에 의한 측정을 포함하는 근접점검으로서 필요한 경우 교통통제를 해야 하며 시설물하부 점검용 접근장비 · 비계 · 작업선과 같은 특수장비 및 잠수부와 같은 특수기술자도 필요로 한다. 또한 결함의 유무 및 범위에 대한 확인이 필요할 때는 육안검사를 비롯한 비파괴시험 및 기타 필요한 재료시험을 병행해야 한다. 특히 육안검사 결과는 전체구조물의 표면에 대해 도면에 기록해야하며 전체부재에 대한 조사결과 및 상태평가가 포함되어야 한다.

정밀안전진단은 안전점검결과 대상구조물의 재해예방 및 안전성 확보를 위하여 관리주체가 필요하다고 인정하거나 "시설물의 안전관리에 관한 특별법"에 의거 대상구조물의 물리적 · 기능적 결함과 원인 등을 조사 · 측정 · 평가하고 조치방안(보수 · 보강방법 · 철거, 통행제한 등)을 제시하기 위하여 실시한다. 이러한 정밀안전진단에서는 노후화 또는 손상정도에 따라 구조물의 성능, 시설물의 안정과 내하력 및 잔존수명을 평가하기 위한 안정성평가가 포함되어야 한다. 그 결과 보수 · 보강이 필요한 경우에는 보수 · 보강법을 제시해야 한다.

한편 안전점검 후 일반적으로 다음 사항들을 고려하여 정밀안전진단의 실시여부를 결정해야 한다.

- 일상점검 후 정기점검결과 손상정도가 손상원인의 엄밀한 규명이 필요하다고 판단되거나 정확한 내하력 산정을 통해 교량의 유지관리방안이 제시되어야 하는 경우
- 인근지역의 대형공사로 인하여 설계하중을 초과하는 중차량의 통행이 불가피하거나 중차량의 일시적 통과로 가시적인 손상이 관찰된 경우
- 홍수 등으로 인한 기초의 세굴이나 교대의 성토유실 등이 심하게 발생하였거나 지반침하 등으로 인해 하부구조의 안전성에 문제가 발생한 경우
- 내하력 증진을 위해 새로운 공법을 적용하여 보강을 실시한 경우 또는 보수·보강효과에 대한 평가가 필요하다고 인정되는 경우
- 시공오차가 매우 심하여 준공 도면만으로는 실구조거동의 이론적 평가가 곤란한 경우
- 용접결함, 콘크리트 내구성저하, 강재부식 등이 극심한 경우 또는 진동·충격·처짐 등이 과대한 경우
- 대상 교량이 예기치 못한 손상(화재·충돌·사면활동·지진 등)을 받아 안전성 저하가 발생된 경우

16.2.5 검사 및 시험법

구조물의 정밀안전진단시 노후 및 손상정도를 보다 엄밀히 평가하기 위해서는 근접육안조사에 의한 상태조사 이외에 구성 재료의 성능과 구조체의 거동을 정량적으로 검사하기 위한 각종 시험방법이 필요하다. 이러한 시험방법 중 가장 일반적인 것이 육안조사인데 미세한 균열을 발견하기 위한 가장 간편한 방법이다. 이 방법은 표면에 균열이 있거나 표면에 유출되는 균열은 검출할 수 있지만 표면에 이상이 없는 작은 균열의 검출이 불가능하고, 검사자의 주관에 따라 각기 다른 결과를 나타내게 되는 단점이 있다. 본 절에서는 이외의 각종 시험법을 콘크리트의 경우와 강재의 경우로 나누어 각각의 검사 및 시험법에 대한 특징에 대해서만 언급하였으며, 보다 구체적인 시험방법은 "교량관리체계개선(국토교통부)"을 참고하도록 한다.

(1) 콘크리트 재료의 검사 및 시험법

철근콘크리트 구조물에 있어서 콘크리트의 강도는 그 구조물의 안전성을 평가하는 기본적인 요소로서 콘크리트가 소정의 강도를 확보하고 균일성을 유지하도록 하는 것은 구조물의 안전성을 확보하는데 필수적인 사항이다.

콘크리트의 품질과 특성을 파악하는 방법은 크게 파괴검사(destructive testing)와 비파괴검사(non-destructive testing)로 나눌 수 있다. 파괴검사법은 콘크리트의 품질

을 직접적으로 평가할 수 있다는 장점이 있는 반면에 대상구조물에서 시료를 절취하기 때문에 구조체나 절취된 시편에 다소의 손상을 주는 단점을 가진다. 이에 반해 비파괴검사는 콘크리트 구조체에 손상을 전혀 주지 않으면서 대상 구조물의 콘크리트 강도를 추정하는 방법이라는 점에서 장점을 가지는 반면, 비교적 간접적인 판정법이기 때문에 판정에 다른 오차를 가진다는 단점이 있다. 특히 비파괴검사는 정확도 측면에서 아직 육안조사와 파괴검사의 보조적 방법으로 취급되고 있으나 구조물을 파괴하지 않고 콘크리트의 각종 상황을 신속하고 광범위하게 파악할 수 있다는 점에서 활발한 연구개발이 행해지고 있다.

1) 비파괴검사법

반발경도법

콘크리트의 표면을 스프링을 이용한 햄머로 타격하여 반발의 정도를 측정하는 방법으로서 측정이 매우 간편하며, 측정장비가 가볍고 간단하며 비교적 가격이 저렴하고, 현장에서 즉시 강도를 추정할 수 있는 장점이 있다. 그러나 습도·온도·재령·표면의 조건에 따라 측정값이 민감하게 변화하고, 측정부위가 콘크리트의 표면에 국한되어 있으며, 동일개소에 반복작용이 불가능하고, 약 500회 타격시 햄머가 피로화 현상을 보이는 등의 단점도 가지고 있다.

초음파법

초음파법(ultrasonic techniques)은 콘크리트에 밀착된 발진자와 수신자간의 초음파 전달속도를 측정하여 콘크리트의 내부강도나 균열 및 내부결함을 추정하는 방법으로서 반발경도법보다 비교적 정확하고, 균열깊이·공동 등 콘크리트 내부의 특성을 측정할 수 있으며 동일개소의 반복측정이 가능한 장점을 가지고 있다. 그러나 측정결과의 분석에는 숙련된 기능인이 필요하고 현장에서 즉시 적용하기는 곤란하며, 발진자와 수신자 사이에 정확한 거리측정이 어렵고, 초음파의 감쇄가 커서 두꺼운 콘크리트에는 적용이 어려운 단점이 있다.

충격파법

충격파법은 측정대상 부위의 부근에 단발 충격파를 발생시켜 탄성파 수신기로 반사된 충격파의 도달시간을 기록·분석하여 콘크리트의 압축강도나 균열 및 내부결함을 측정하는 방법이다. 이 방법은 초음파법으로 측정이 불가능한 매스(mass)콘크리트의 품질과 균열 등을 측정 가능하며 측정이 비교적 간편하고 동일개소의 반복측정이 가능한 장점을 가지는 반면, 탄성파에 대한 전문지식을 필요로 하고 파형으로부터 음파반사체가 무엇인지 판단하기가 어려워 동일부위에 여러 번의 측정이 필요하다는 단점도 가지고 있다.

조합법

조합법은 2가지 이상의 비파괴검사방법을 병행하여 실시하는 것으로 여러 가지 조합이 있다. 즉 이러한 조합법은 콘크리트의 강도추정시 신뢰성을 높이기 위하여 2가지 이상의 비파괴 검사방법을 병행하여 수행하는 것으로서 보통 반발경도법과 초음파법을 병행하는 것이 가장 많이 쓰이고 있다. 이 방법은 측정이 비교적 간편하고 측정값의 신뢰도가 단독 시험법에 의한 것보다 높지만, 강도를 판정하는 방법이 명확히 정립되어 있지 않고 시험을 여러 번 수행해야 하는 단점이 있다.

방사선법

파장이 대단히 짧은 γ선이나 X선과 같은 방사선은 고체를 쉽게 투과하는 성질을 가지고 있으며 이 방사선의 투과능은 고체물질의 종류・두께・밀도 등에 따라 변화한다. 방사선법(radiography)은 이를 이용하여 투과선의 강도변화를 촬영하면 내부균열이나 결함위치 및 공동 등을 조사하는 방법이다. 이 방법은 비교적 뚜렷한 내부형상을 화상으로 관찰할 수 있으나 두께방향의 결함부 넓이 및 위치는 측정이 어렵고 취급에 큰 주의를 필요로 하는 단점을 가지고 있다. 또한 숙련된 기술자를 필요로 하며 4.5m 이상의 두꺼운 콘크리트는 조사가 어렵다.

음향방출기법

어떠한 재료든지 하중이 작용하면 응력과 변형이 생기게 되고, 그 결과 균열 등의 부분적 파괴가 발생하는 경우에는 파괴면의 형성과 함께 여러 형태의 에너지가 방출된다. 이 때 방출되는 에너지에는 운동에너지・열・빛 등이 있으며 그중 하나가 방출음이다. 음향방출기법(acoustic emission method)은 이 방출음을 계측하여 고체내부의 여러 가지 상황을 감지하는 방법으로서 통상의 방법으로는 검출할 수 없는 현상을 찾아낼 수 있다. 이 방법은 진전되는 균열의 속도는 측정할 수 있지만 정지된 균열의 위치는 측정할 수 없으며 측정기자재의 이동이 어려운 단점이 있다.

자연전위법

자연전위란 금속이 존재환경에서 유지하고 있는 전기적 위상을 말한다. 부식환경에 있는 강재에서는 부식전지(부식회로)가 형성되고 부식부(양극부)와 피부식부(음극부)로 나뉘어져 자연전위가 변화한다. 자연전위법은 부식환경에서의 전위변화를 계측하여 철근의 부식경향을 판정하는 방법으로 이러한 철근의 부식상황을 파악하는 비파괴검사법에는 자연전위법·분극저항법·콘크리트 비저항측정법의 3종류가 있지만 자연전위법 이외에는 아직 실용적 단계에 도달하지 못한 실정이다. 이 방법은 측정장치가 비교적 간단하지만 대상물의 강재피복이나 콘크리트의 수분함유량에 의해 영향을 받기 쉽고 측정 데이타의 처리에 숙련된 기술자가 필요하다는 단점이 있다.

적외선법

콘크리트의 표면과 배면과의 온도차가 있으면 콘크리트 내부에서 열이동이 생기는데 이 경우 내부에 강재 등의 열특성이 다른 물체가 매립되어 있으면 열전도가 국부적으로 변화하기 때문에 콘크리트 표면온도도 강재의 매립깊이와 크기 등에 반응해서 변화한다. 즉, 콘크리트 표면 가까이에 공동이 존재하거나 구조물 외벽의 타일이나 모르터가 박리되어 있으면 구조물 전체와 그 결함부에서는 온도상승 및 하강의 양상이 달라지고 구조물 전체의 외표면과 결함부 외표면에는 온도차가 발생한다. 이때 발생하는 온도차를 적외선 카메라로 촬영하여 영상화시킨 온도분포 화상으로부터 내부 상황을 판정하는 방법이다. 이 방법은 깊이가 깊지 않은 내부균열을 직접 화상으로 관찰할 수 있고 측정장비의 이동이 비교적 간편한 장점이 있는 반면, 적외선 카메라의 양각이 제한되고 표면균열 측정에 국한되며 난방 시 그 영향으로 건전부와 결함부의 온도차가 작게 되어 오차가 많이 발생하는 단점을 가진다.

레이다법

레이다법(radar)은 안테나를 주행시키며 미소간격마다 전파를 발생하여 전기적 성질(유도율·전도율 등)이 다른 경계부에서 반사된 반사파를 수신한다. 이때 발사에서 수신까지의 시간과 전파의 전파속도를 구하여 반사물체의 심도(철근의 덮개 등)를 구하는 방법이다. 이 방법은 금속·비금속을 망라하여 측정이 가능하고, 측정장비가 매우 간편하여 측정결과를 현장에서 바로 얻을 수 있고, 5m 분량의 데이터를 연속적으로 표시 가능하다는 장점을 가지고 있다. 반면 장비가 고가이고 측정 대상 부위의 깊이와 간격에 한계가 있으며 비교적 넓은 장소가 필요하다는 단점도 가지고 있다.

2) 파괴검사법

코아채취법

이 방법은 강도를 측정하고자 하는 구조물로부터 코아 공시체를 직접 채취하여 압축강도 시험을 하는 방법으로서 다른 비파괴시험 및 파괴시험에 비해 가장 신뢰성이 높다. 이러한 이유에서 콘크리트 구조물의 조사에 있어서 반드시 실시되는 시험이지만 코아채취에 비용이 많이 들고 채취 후에 보수가 필요하므로 코아 채취수를 가급적 줄이고 비파괴시험법 등으로 보충하는 것이 바람직하다.

인발법

인발법(pull-out method)은 콘크리트 중에 파묻힌 가력 head를 지닌 앵커볼트와 반력링을 사용하여 원추형의 콘크리트 덩어리를 뽑아낼 때의 최대 내력을 측정하여 콘크리트의 압축강도를 추정하는 방법이다. 이 방법은 앵커볼트를 파묻는 깊이가 깊을수록 양호한 결과를 얻을 수 있고 시험이 비교적 간편하며 측정오차가 상당히 작은 장점이 있는 반면, 콘크리트의 배합과 재령 등에 관한 자료가 없으면 추정강도의 오차가 크고 구조체의 일부손상이 불가피하다는 단점이 있다. 이러한 인발법에는 미리 인발용구를 콘크리트에 삽입 타설하여 측정하는 preset법과 콘크리트 경화 후 hole-in-anchor나 chemical anchor를 이용하여 측정하는 postset법이 있다.

관입저항법

관입저항법은 화약 또는 스프링을 사용하여 콘크리트 속에 핀을 박아 넣어서 핀이 박힌 깊이를 측정하여 콘크리트의 강도를 추정하는 방법으로 콘크리트 표면의 강도를 어느 정도 측정할 수 있고 측정방법이 매우 간편하며 대상 부위의 손상이 비교적 작은 장점을 가지고 있다. 그러나 화약사용으로 인한 사고의 위험이 있고 강도추정오차가 다소 큰 단점이 있다.

Break-off법

Break-off법은 콘크리트 표면에 콘크리트 드릴로 원통형의 홈을 파서 휨에 의해 콘크리트 코아를 절단하는 방법으로 시험방법에는 콘크리트 타설 전에 미리 플라스틱 원통을 설치하고 타설 후에 시험하는 방법과 이미 경화된 콘크리트에 코아드릴로 원통형의 틈을 만드는 2가지 방법이 있으며 휨강도가 압축강도와 좋은 상관관계를 가진다는 것을 전제로 한다. 이 방법은 콘크리트의 휨강도를 직접 구할 수 있고 휨검사 후에 채취된 코아의 압축강도도 직접 구할 수 있는 장점이 있지만, 시험이 상당히 복작하고 시험 후 손상부위의 보수가 필요하다는 단점이 있다.

Pull-off법

Pull-off법은 코아드릴로 콘크리트 표면을 원통모향으로 절단하여 특별한 기구나 에폭시수지로 측정기와 부착시킨 다음 인장하중을 가하여 측정하는 방법으로 시험방법은 Break-off법과 비슷하지만 휨하중 대신에 인장하중을 가해야하므로 특별한 장치를 사용하거나 에폭시수지로 접착한다. 이 방법은 콘크리트의 인장강도를 직접 구할 수 있고 채취된 코아를 이용하여 압축강도를 직접 구할 수 있는 장점을 가지는 반면, 시험이 복잡한 단점이 있다.

(2) 강재의 검사 및 시험법

방사선투과시험

X선을 사용하는 비파괴시험은 상업용 X선 기계나 방사선 동위원소(radioisotope)의 방사선 붕괴에 의해 생성되는 X방사선이 조사부위의 두께 및 원자번호에 비례하여 흡수된다는 사실을 이용하는 방법이다. 따라서 손상된 재료시편을 방사선투과시험(radiography test)으로 조사해보면 결함부위에서의 X선 흡수는 손상부 바로 옆의 손상되지 않은 부위와 비교할 때 다른 양상을 보인다. 부재를 통과한 X선은 필름이나 형광스크린에 기록되고 결함부 위치에서 상은 보통 더 어둡게 나타난다. 필름에 생긴 X선의 상은 결함의 크기와 형태를 2차원으로 보여주지만 그 부위의 깊이는 나타나지 않는다.

이 방법은 내부결함의 크기 및 형태를 판단할 수 있는 성능이나 결과가 양호하고 거의 영구적인 기록이 된다는 장점이 있지만, 결함의 깊이를 측정할 수 없고 방향성이 좋지 않은 2차원 결함을 찾아내기가 불가능하다. 또한 일반적으로 크고 위험한 장비를 사용해야 하며 일부 현장에서는 사용이 어려울 수도 있는 등의 단점이 있다. 이 방법의 특징은 최종필름이 사실상 그 부분의 사진이므로 검사된 부분에 대해서 기하학적으로 즉시 관련지을 수 있으며 자료에 대한 2차 해석은 불필요하다는 점이다.

자분탐상시험

자분탐상시험(magnetic particle test)은 염료침투방법과 같이 표면이나 표면 부근의 결함에 국한되며 자성을 띤 재료만을 시험할 수 있는 방법이다. 본 방법을 제작공장에 적용하는 경우 점검할 부분을 자기장에 위치시키고 미세한 분말상태의 철을 뿌리거나 불어내는데 이때 자기장이 표면이나 하부표면의 불연속으로 인해 방해받지 않으면 철가루는 균일한 막을 형성하며 정렬하게 된다. 균열과 같은 불연속이 자기장을 교란하는 경우 전자력선의 집중이 유발되기 때문에 철가루가 모이게 되며 이 집중현상으로부터 그

부위에 손상이 있음을 판단할 수 있다.

이 방법의 장점은 비교적 휴대성이 좋고 운용에 최소한의 기술이 요구되며 미세균열도 발견할 수 있다는 점이다. 물론 적용할 수 있는 재료 및 발견할 수 있는 결함의 형태는 한정되며, 일부분에 적용하는 경우 조사부분에 자성상태를 남긴다는 제약사항이 있다. 일반적으로 이것은 문제가 되지는 않지만 용접과 같은 후속작업에 방해가 될 수도 있다. 또한 이러한 방법에 의해 검사된 부위의 자성을 없애는 일이 가능하기는 하지만 시간이 많이 필요하고 비용부담을 크게 한다.

와류탐상시험

와류탐상시험(eddy current test)은 자분탐상시험과 매우 유사하게 운용되며 조사하고자 하는 재료에 자기장이 아닌 전기장을 교란시켜 손상을 발견한다. 교류를 전달하는 코일은 전도체 주위에 와상전류(eddy current)를 발생시키는데 이 전도체 와상전류는 여자(勵磁) 또는 독립서치코일(seperate search coil)에서 임피던스를 발생시키고 이는 전도체 및 여자코일의 성질, 전류의 주파수 및 크기, 전도체의 불연속성 유무에 따라 달라진다. 따라서 이 방법은 조사하려는 지역의 표면에 코일을 정밀 조사할 수 있도록 장치하며 결함은 계측장치가 읽어들이는 임피던스의 변화를 통해 조사한다.

이 방법은 적용성이 조사대상의 기하학적 형상에 크게 영향을 받으므로 간단한 형상에서만 조사할 수 있으며, 복잡한 형상은 임피던스값 자체를 변화시키기 때문에 유용성을 제한한다. 또한 자분탐상시험처럼 전도체만을 조사대상으로 할 수 있으며 페인트와 같은 여러 가지 표면조건에 둔감하다는 단점도 있다. 그러나 깊은 곳에 발생한 결함을 발견할 수 있으며 진동수를 적절히 조절함으로서 표면조사만을 할 수 있고, 결함의 크기 또한 조사지역의 결과치로부터 측정할 수 있는 장점도 가지고 있다.

염료침투시험

염료침투시험(dye penetrate test)을 사용한 점검은 가장 보편적으로 사용되는 결함발견을 위한 공장 및 현장시험방법이다. 이 방법은 비록 구조물 표면을 관통하는 결함에만 전적으로 한정되지만 비싸지 않고 쉽게 적용·해석할 수 있다.

이 방법의 주된 장점은 시험의 수행이 쉽고 필요한 기술이 적으며 비용이 적게 든다는 것이다. 이 시험에는 시간이 많이 필요치 않고 다른 작업을 하는 동안 수행할 수 있다. 다만 단점은 표면결함만을 찾아낼 수 있다는 점으로 결함의 깊이판단에는 제한이 있다. 그러나 제조공장의 입장에서는 시공 중 발생하는 많은 결함을 제조중간단계에서 염료침투를 사용하여 발견하고 결함이 감추어지기 전에 찾아내어 보수할 수 있다. 즉, 제작 중

염료침투를 사용함으로써 초음파 및 X선 조사 시 결함이 발견되어 반품되는 것을 방지할 수 있다.

초음파탐상시험

초음파탐상시험(ultrasonic test)은 내부결함을 찾아내기 위해 재료 내에서 소리의 파동특성을 이용한다. 기계진동형태의 고주파음파를 시험할 부분으로 쏘면 재료를 통과하는 음파는 결함부 또는 외측표면에 부딪치게 된다. 그러면 음향진동은 반사가 되고 반사신호의 성질은 반사표면의 위치와 형태를 표시하게 된다. 표준 측정장비는 음파생성기, 수신장치와 초기파 및 반사가 나타나는 표시화면 등으로 구성된다.

이 시험법의 주된 장점은 휴대성·민감성과 균열의 위치 또는 결함의 깊이를 발견할 수 있는 능력에 있다. 화면의 사진기록을 만드는 것이 가능하고 현장 관측자료를 이후의 컴퓨터처리와 보고서작업에 적당한 형식으로 저장하는 장비의 사용이 가능하다. 초음파검사로는 금속의 조직크기(grain size)나 다른 방법으로는 관찰할 수 없는 작은 결함을 볼 수 있으나 이 방법으로는 표면결함을 잘 찾아낼 수 없다. 또한 조작기술에 의해 결과의 신뢰성이 변화한다는 단점도 가지고 있다.

(3) 차량을 이용한 교량상판 노후도 측정

교량바닥판의 손상을 조사하는데 있어서의 일반적인 문제점은 그 연장이 길기 때문에 연속적 측정이 곤란하다는 것과 아스팔트 등의 포장재하부 결함의 외관상 식별이 어렵다는 것이다. 이와 같은 문제점을 해결하기 위하여 차량에 열적외선 감지장치 혹은 레이다장치를 설치하여 일반차량의 주행속도로 주행하며 바닥판의 손상여부를 차량내부의 CRT(Cathode-Ray Tube, 브라운관)를 통해 시각적으로 판단하는 방법이 개발되었다. 이들 장비의 특징은 조사대상물의 전체적인 손상평가자료를 주행하는 차량에서 일괄적으로 수집하고 컴퓨터 소프트웨어를 이용한 즉각적인 분석이 가능하다는 것이다. 특히 조사시간의 단축과 경제성측면에서 효과적인 방법이라 할 수 있다.

사용목적

이들 차량을 이용한 조사장비는 바닥판 내하력을 직접 계측할 수는 없으나 구조적 손상이 예상되는 부위를 판정하여 본격적인 내하력조사를 수행하기 위한 자료수집의 차원에서 적용될 수 있다. 특히 본 장비는 다음과 같은 사용목적을 가진다.

- 교량상판의 내부파손(delamination)부위 신속점검

- 교량상판의 노후도 우선순위 결정
- 교량이력의 객관성 있는 데이터베이스화
- 교통통제의 최소화

조사방법의 특성

① 적외선 열추적장비(infrared thermography system)

이 장비는 미국 인디아나주의 교량보수 우선순위 계획수립에 이용된 것으로서 현장 코어링 검토 등의 현장조사결과와 비교하여 97%의 정확도를 입증한 바 있다. 이 장비는 교량상판의 양호한 부분과 파손부위의 온도 차이를 적외선 열추적장비를 이용하여 영상으로 재처리하여 손상여부를 판정하며 자료의 수집 및 해석에 전문성을 요한다.

주행속도는 요구되는 정확도에 따라 결정되지만 16km/hr 이하가 적당하며 4시간 이상의 직사광선을 확보할 수 있는 맑은 날씨에만 측정가능하고, 주행횟수는 1차선(폭 3.6m 기준)에 대해서 1회 주행으로 폭은 4.3m까지 측정가능하다. 이 장비는 다음과 같은 부속장치로 구성된다.

- 적외선 스캐너(scanner)
- 비디오 레코더
- 거리측정기
- 접촉식 온도계
- 풍속계
- 습도계

② 레이다 추적장비(ground penetrating radar system)

이 장비는 미국 교량상판조사를 위한 SHRP(Strategic Highway Research Program)의 일환으로 Penetradar사에서 개발한 것으로서 레이다 검사자료와 육안검사자료를 이용하여 교량상태를 평가한다.

이 장비는 차량에서 발신한 전자파가 층경계부 및 손상부위에서 반사되는 반사파를 수신하여 그 파형을 분석하여 손상부를 판정하며 분석프로그램을 통한 결과분석이 즉시 이루어진다. 또한 주행횟수는 1차선당 2회 주행을 요하며 1.8m폭을 80km/hr의 속도로 주행하면서 측정할 수 있다. 장치구성은 레이다시스템, 정보저장장치, 거리측정기로 구성되며 분석에 사용되는 소프트웨어는 다음의 4단계로 형성된다.

- 측정영역의 조감 : 측정하고자 하는 자료를 프로그램내의 교량상황도에 근거하여 결정
- 측정계획수립 : 교량도면과 제원에 관한 정보로부터 통과횟수 등을 결정
- 실계측자료 수집 : 주행하면서 입수되는 자료를 자료저장장치에 저장
- 자료분석 : 입수저장된 각 자료로부터 손상현황을 분석

(4) 현장재하시험

현장재하시험은 정적재하시험과 동적재하시험으로 나눌 수 있는데, 두 방법 모두 교량의 완공직후의 강도·강성의 측정치를 확보하여 향후 유지관리계측의 효율성을 도모하고 계측시스템이 구축된 교량의 체계적이고 합리적인 유지관리를 위해 핵심이 되는 건전성평가기법 및 향후 유지관리에 필요한 초기데이터를 획득하기 위하여 반드시 수행되어야 한다. 또한 초기 현장재하시험 후 경년열화뿐만 아니라 보수·보강·교체 등으로 인한 구조물의 변화된 상태를 반영하기 위하여 주기적 혹은 필요시 현장재하시험을 실시해야 한다. 이러한 현장재하시험은 육안점검에 의한 구조물의 열화손상상태의 정성적 평가를 바탕으로 가장 열화손상이 심한 지간에 대해 각종 센서와 계측기기 및 재하차량을 이용하여 정량적 평가를 수행함으로써 보다 객관적인 판단을 위한 근거자료를 수집하기 위하여 시행된다. 그 구체적인 실시 목적은 다음과 같이 요약할 수 있다.

- 개통 전 현장재하시험을 통하여 완공직후 구조물의 내하력·건전도검증과 구조응답의 초기값 산정
- 공용 간 구조물의 물리적 변화를 반영한 구조물의 손상도·건전도 평가와 실응답 산정
- 구축된 유지관리시스템의 성능평가

현장재하시험은 일사(日射)에 의한 온도구배의 영향을 피하기 위하여 심야시간에 수행되어야 하며 무재하 상태에서 초기형상측량 및 센서의 초기화 작업을 수행하고, 정·동적재하시험을 실시한 후 다시 무재하 상태에서 측정을 반복하여 센서의 감도와 잔류변형의 회복정도를 검측해야 한다.

일반적으로 현장재하시험을 통하여 획득한 부재의 정·동적 처짐, 변형률 및 가속도 등의 측정자료를 바탕으로 내하력 및 공용하중을 결정하는 방법이 사용되고 있다. 이러한 현장재하시험은 교량에 대한 구조자료 및 점검자료가 없는 경우에는 필수적이지만 구조자료가 있는 경우에는 실제 도면과 철근량·부재단면·재료강도 등이 다르면 구조계산만으로는 신뢰할 수 있는 결과를 얻지 못하므로 정밀안전진단을 실시하는 경우에는 반드시 요구된다.

정적재하시험

정적재하시험에서는 작용외력에 대한 교량의 정적변형률과 정적처짐 등을 측정하여 해석치와 실측치를 비교함으로서 계산치와 실제구조물의 실측치의 비인 응답비를 추정한다. 이러한 정적재하시험에 사용되는 시험차량은 적재중량 15tonf의 덤프트럭으로서 가능한 최대하중을 재하하기 위해 토사를 만재하며, 측정경간에서 최대응답이 발생하도록 차량을 재하한다.

동적재하시험

동적재하시험은 구조물의 동적거동 특성을 계측하기 위한 것으로서 교량의 진동특성인 고유진동수·동적변형·동적처짐 등을 측정하여 구조물의 동적주행에 의한 추가 충격효과의 모수(factor)인 실충격계수를 산정하며, 고유진동수를 바탕으로 구조물의 노수손상도를 추정하여 교량이 내하력 평가에 필요한 기본 자료를 획득하기 위해 실시된다. 동적재하시험은 교량에 동적외력을 가하는 방법에 따라 차량주행시험과 주행충격시험으로 구분할 수 있다. 차량주행시험에서는 시험차량을 현장상황이 허락하는 정도의 속도까지 차선수 만큼 교량의 중앙을 따라 주행시켜 교량의 동적처짐 및 가속도를 측정하며, 주행충격시험에서는 각목(10cm×10cm)을 측정경간 중앙부에 설치한 후 속도를 바꾸어 가며 각목을 횡단하여 그 충격거동을 측정한다.

16.2.6 시설물상태 판정기준

판정기준은 유지관리 단계에 따라 외관상태 점검 시 사용하는 판정기준과 보수·보강·개축을 결정하기 위한 의사결정용 판정기준이 있다. 각국에서 사용하고 있는 판정기준은 다양하며 해당 국가의 교량유지관리 정책이나 유지관리 철학에 의해 좌우된다. 의사결정용 판정기준을 분류하면 공학적 판정기준과 경제적 판정기준으로 대별할 수 있다. 예를 들면 덴마크는 구조적 기능 혹은 내하력보다는 경제성 혹은 교통흐름에 따라 주로 판단된다. 만일 구조적 기능이 문제시되면 유지관리 및 개축하기에는 너무 늦기 때문이다.

(1) 공학적 판정기준

유지관리의 필요성을 판단하기 위해 사용하는 공학적인 판정기준은 다음과 같다.

- 유지관리 업무에 다년간 종사한 관리자 또는 기술자가 내린 주관적인 평가에 의존하는 방법: 대부분의 국가에서 이 평가는 가장 기술적인 근거가 되거나 때로는 유일한 판정기준이 된다. 중요한 교량이나 형식이 복잡한 교량인 경우에는 전문가의 도움을 받는다.

- 교량부재별 손상유형 및 손상등급에 따른 평가법 이용
- 교량의 상태에 대한 상태등급(sufficiency rating)을 교량 전체군(network level)에 대해 개략적으로 평가하고, 개별 교량에 대해서는 보다 세부적인 평가등급을 매기는 방법
- 재하시험을 실시하여 평가하는 방법
- 유지관리의 효과를 평가하는 방법: 프랑스, 네덜란드, 노르웨이, 영국 등에서는 전에 수행되었던 보수효과의 검증을 요구하고 있으나, 유지관리의 효과에 대한 체계적인 평가방법은 아직까지는 개발되지 않았다.
- 유지관리를 행하지 않았을 때의 결과에 대한 평가: 덴마크, 이탈리아, 네덜란드, 노르웨이, 영국 등에서는 구조적 안전성과 연관지어 이를 고려하고 있으며, 유지관리 작업이 왜 필요한가를 입증하기 위한 수단으로 활용하기도 한다.

어느 시점에 유지관리가 필요한가는 교량의 현상태와 현상태가 언제 변화되는가를 추측할 수 있는 교량의 손상모형과 밀접한 관계가 있다. 벨기에에서는 일관된 기준에 의해 유지관리의 필요성을 평가하는 작업이 어렵다고 말하고 있으며, 독일 경우 교량 점검자가 해당 교량이 극히 위험한 상태에 있다고 판정하면 정량적인 평가가 이루어진다. 이탈리아는 상기 기준 중 한두 개를 이용하지만 아주 엄격하게 적용하는 것은 아니다. 일본에서는 매뉴얼을 사용해 평가하고 있다.

(2) 경제적 판정기준

교량은 장기간 동안 사용 상태에 있도록 유지관리되어야 한다. 사용자의 요구수준은 해마다 급증하지만, 교체(개축) 재원은 한정되어 있으므로 보수·보강하여 사용해야 하기 때문이다. 따라서 교량 관리주체는 유지관리를 행하지 않아 향후 유지관리 예산이 급증되는 일이 없도록 단계별로 매년 예산을 투입해야 한다. 유지관리 시 고려되는 경제적 판정기준은 다음과 같다.

- 투자비용에 대한 기대효과의 적정성 여부, 즉 유지관리에 소요되는 투자비용이 교량의 안전수준과 사용수준을 어느 정도 개선시키는가를 파악해야 한다.
- 보수·보강·개축 중 어느 행위를 취해야 할 것인가에 대한 판단: 어느 정도의 보수·보강비용이면 개축이 유리한지 판단하는 것은 아주 어려운 일이다. 최근 미국이나 유럽에서는 교량의 투자 우선순위 결정시 보수·보강·개축의 총비용(life cycle cost)을 각각 산출하고, 이를 현재 가치로 환산해 비교함으로써 보수·보강·개축여부를 경제적 판단에 기초하여 결정하려는 시도가 점차 늘고 있다.

교량 유지관리를 공용기간과 교량상태의 함수로 보고 경제적 타당성 여부를 판단하는 것은 어려운 일이다. 노르웨이에서는 보수·보강비가 개축비의 50% 정도이면 개축하는 것이 나은 것으로 판단되고 있으며, 프랑스에서는 교량의 공용수명을 보장할 수 있다면 유지관리에 소요되는 비용은 올바른 것으로 판단하고 있다. 또한 덴마크에서는 보수·보강·개축여부를 파악하는 근거로 경제적 평가를 기초로 하고 있고, 이탈리아에서는 유지관리된 교량 중 10% 미만이 개축되는 경우에는 유지관리가 성공한 것으로 보고 있다.

프랑스 교통국의 판정기준

프랑스에서는 사진과 해설들이 삽입되어 있고 아래의 등급 B~F마다 상세하게 기술된 도해 카다로그를 이용해서 매뉴얼을 작성 이용하고 있다. 프랑스 교통국에서 사용하고 있는 강 및 콘크리트의 열화정도를 파악하는 기준은 표 16.2.3과 같다.

표 16.2.3 프랑스교통국의 판정기준

평가기준	상 태
B	손상이 명확하지 않고 그 영향이 크지 않은 경우
C	손상이 진전된 가능성이 있는 경우
D	열화가 진행되는 결함
E	구조물의 거동변화를 일으키고 내력에 영향을 미치는 경우
F	결함으로 인해 극한상태에 이르거나 사용제한 또는 사용 부적합을 초래하는 결함

미국 FHWA의 판정기준

미연방도로국(FHWA: Federal Highway Administration)이 판정기준은 10단계이며 표 16.2.4와 같다.

표 16.2.4 미국 FHWA의 판정기준

판정등급	상태
9	건설당시의 상태
8	매우 양호한 상태 : 보수 불필요
7	양호한 상태 : 경미한 보수가 필요할 수 있음
6	비교적 양호한 상태 : 보수가 필요할 수 있음
5	보통상태 : 경미한 보강이 필요할 수 있음
4	한계상태 : 주요 보강이 필요할 수 있음
3	불량한 상태 : 즉시 보수 또는 보강 필요
2	심각한 상태 : 부수 또는 보강시까지 교량폐쇄
1	위험상태 : 교량폐쇄, 보수가능
0	파괴상태 : 교량폐쇄, 보수불능
N	판정곤란 상태

일본의 판정기준

일본의 판정기준은 교량관리주체마다 서로 다르다. 여기서는 일본 토목연구소에서 제시한 통일안을 기준으로 제시한다. 이 안에 의하면 판정기준은 5단계이며 표 16.2.5와 같다.

표 16.2.5 일본의 토목연구소의 판정기준

평가기준	상태
I	손상이 현저하고, 교통의 안전확보에 지장이 있는 경우
II	손상이 크고, 상세조사를 실시해 보수여부를 검토할 필요가 있는 경우
III	송상이 보이고, 추적조사를 행할 필요가 있는 경우
IV	손상이 보이고, 기록할 필요가 있는 경우
OK	점검결과 손상이 보이지 않는 경우

국내의 판정기준

우리나라의 경우 "안전점검 및 정밀안전진단 세부지침(2017.01 국토교통부)"과 "안전점검 및 정밀안전진단 세부지침해설서(2012.12 국토교통부)"에서는 전반적인 외관상태에 대해 표 16.2.6과 같이 결함의 범위 및 정도(심각도)에 따라 ABCDE의 5단계로 상태등급을 매긴다. 정밀점검 실시결과 상태평가 및 안전성평가(필요시) 등을 종합적으로 평가하여 교량의 안전등급을 지정해야 한다.

표 16.2.6 교량의 안전등급

안전등급	시설물의 상태
A(우수)	문제점이 없는 최상의 상태
B(양호)	보조부재에 경미한 결함이 발생하였으나, 기능 발휘에는 지장이 없으며 내구성 증진을 위하여 일부의 보수가 필요한 상태
C(보통)	주요부재에 경미한 결함 또는 보조부재에 광범위한 결함이 발생하였으나, 전체적인 시설물의 안전에는 지장이 없으며, 주요부재에 내구성, 기능성 저하 방지를 위한 보수가 필요하거나 보조부재에 간단한 보강이 필요한 상태
D(미흡)	주요부재에 결함이 발생하여 긴급한 보수·보강이 필요하며, 사용제한 여부를 결정해야하는 상태
E(불량)	주요부재에 발생한 심각한 결함으로 인하여 시설물의 안전에 위험이 있어 즉각 사용을 금지하고 보강 또는 개축을 해야하는 상태

16.3 교량의 건전성평가

시설물의 평가는 부재별 상태평가, 재료시험결과 및 각종 계측·측정·조사·시험 등을 통하여 얻은 결과를 분석하고 이를 바탕으로 구조적 특성에 따른 이론적 계산과 해석을 통하여 구조물의 안정과 부재의 내하력 등을 평가하고 시설물에 대한 건전성을 종합적으로 평가해야 한다. 이러한 건전성평가는 기술자의 지식과 경험을 가장 많이 요구하게 되며 진단의 절차에서도 핵심이 되는 과정이다. 그림 16.3.1에는 교량의 건전선평가 개념을 도식적으로 나타냈다.

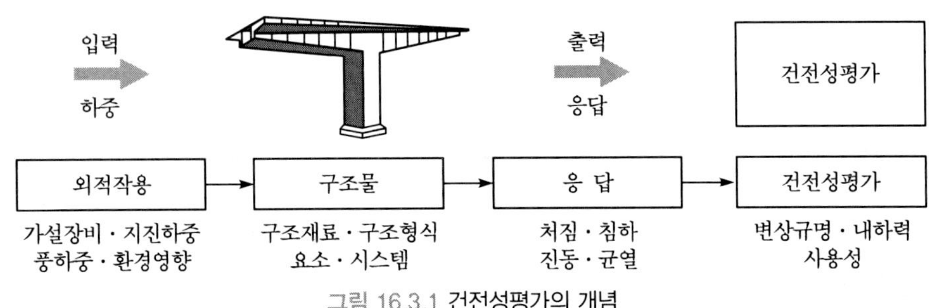

그림 16.3.1 건전성평가의 개념

교량의 건전성평가란 통행하중·지진 및 풍하중·환경외력 등에 대한 구조물의 요소 또는 시스템으로서의 처짐·진동·균열 등의 응답을 기초로 교량의 내하력·내구성·사용성의 수준을 가능한 한 정량적으로 평가해 현재와 장래의 하중환경에 제대로 견딜 수 있는지의 여부를 판정하는 것이라 말할 수 있다. 그림 16.3.2에는 교량에 대한 건전성평가의 내용 및 흐름을 도설하였는데 건전성평가의 각 항목을 정의하면 다음과 같다.

- 내하력평가 : 구조물에 작용하는 실하중의 조사와 비파괴시험에 의한 부재강도의 조사, 정·동적 재하시험에 의한 부재강도 및 변형률·변위·진동특성 등을 기초로 작용외력에 대한 저항능력을 평가하는 것을 말한다.
- 내구성평가 : 구조물이 처해있는 환경조건에 대한 조사와 비파괴시험에 의한 균열·철근부식 등 열화손상 조사를 바탕으로 환경외력에 의한 저항능력을 평가하는 것을 말한다.
- 사용성평가 : 사용목적에 따른 종합적 평가로서 평면 및 종단선형의 적합성, 운행용량의 과다, 하천과의 관계, 미관, 유해한 처짐·진동·소음·낙하물 문제 등 당초의 설계목적을 만족시키는지의 여부를 평가하는 것으로 구조물의 중요성, 장래의 사용·환경조건의 변화 등에 대한 판단도 필요하다.

여기서는 주로 교량의 내하력평가방법을 종류에 따라서 구체적으로 설명하였고 내구성평가와 사용성평가에 대해서는 간단하게만 설명한다.

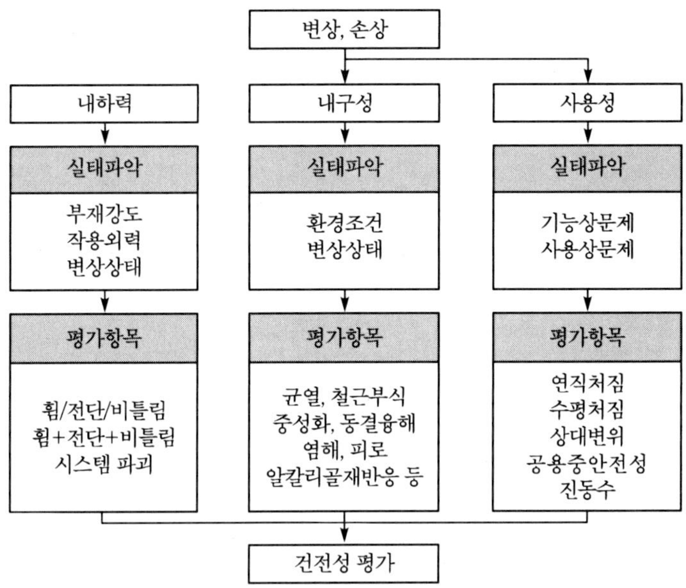

그림 16.3.2 교량 건전성평가의 내용 및 흐름

사용성평가

사용성이란 부재 또는 구조물의 사용상 요구되는 기능을 발휘할 수 있는 능력을 일컫는 말로서 실태파악을 위해서는 기능상의 문제와 사용상의 문제를 모두 고려해야 한다. 또한 사용성 평가항목에는 구조물의 연직처짐 · 수평처짐 · 상대변위 · 공용중안전성 · 진동수 등이 있다. 이밖에도 초기변위(캠버) · 동적처짐 등을 계측하여 평가할 수 있으며 구조물의 안전성, 통행자에게 주는 불쾌감, 차량의 안전주행 등을 고려해야 한다. 또한 변형에 의한 2차응력의 영향을 감속시키기 위해서는 사용재료의 강도뿐만 아니라 처짐량도 제한하여 교량전체가 어느 정도 필요한 강성을 확보할 수 있도록 해야 한다.

내구성평가

구조물은 설계 및 시공불량, 중성화, 염해, 알칼리-골재반응, 건조수축, 동결융해, 하중작용 등 여러 가지 열화요인에 의해 성능이 저하되는데 이에 따른 열화현상은 결국 강재부식과 콘크리트 균열의 2가지로 나타난다. 일반적으로 강재의 내구성에 문제를 일으키는 것은 주로 부식이다. 이러한 부식문제는 외부에 노출되어 있거나 접근이 가능한 경우 최근의 도장기술의 발전으로 주기적인 도장관리에 의해 충분히 구조물의 건전성을 확보할 수 있을 것으로 판단되지만, 콘크리트 내부의 철근이나 PS강재 등의 부식에 대한 내구성 확보는 해결해야 할 중요한 문제이다. 또한 콘크리트 구조물의 경우 공용년수가 증가함에 따라 균열로 인한 내구성에 문제를 일으켜 경년열화현상을 가속화시키게 되므로 균열에 관한 내구성평가기 필요하다.

내하력평가

교량의 내하력평가의 목적은 공용하중을 결정하여 안전하게 교량을 사용하고 필요한 경우에 통행제한 등을 위한 평가치를 결정하기 위한 것이다. 교량의 내하력은 재료의 종류·구조형식·교량규모·설계조건·교통상태·관리상태 등에 관계하고, 이런 조건은 각각의 교량에 있어서 다른 양상을 보인다. 따라서 이런 조건을 모두 고려하면서 기설교량의 내하력을 판정하기 위한 통일된 기준을 작성하는 것은 쉽지가 않다. 예를 들면 교량의 내하력을 결정하는 요인 가운데서도 큰 비중을 점유하는 설계 시방서에 의한 활하중의 변천이 각 시대의 교량과 각 부재의 내하력을 특징짓고 있다. 교량의 내하력평가방법은 허용응력법과 강도설계법을 동시에 사용함으로써 두 방법의 결과를 서로 비교·보완할 수 있도록 하고 있다.

(1) 허용응력설계법에 의한 내하력평가

허용응력법에 의한 교량의 내하율(RF, Rating Facfor) 산정 시 하중조합으로는 D+L(1+i)를 사용하므로 하중계수는 고정하중·활하중 모두 1.0이 된다. 사용재료의 허용응력은 강재의 경우 사용재료에 따른 항복응력을 사용하여 도로교 설계기준 등의 규정에 의거 부재종류에 따라 결정한다.

고정하중과 활하중에 의한 응력은 대상 부재단면에 있어서 철근 및 강재부식, 콘크리트의 탄산화, 염해, 동해 등에 의한 강도저하와 단면손실 등을 고려하여 계산한다. 이때 고정하중은 현재 교량에 작용하고 있는 모든 고정하중을 가능한 한 정확히 고려한다. 허용응력법에 의한 내하율은 강 부재의 내하력 산정 시 적용하는 것이 바람직하며, 식(16.3.1)을 이용하여 산정할 수 있다.

$$\text{내하율}(RF) = \frac{f_a - f_d}{f_l(1+i)} \qquad \text{식 (16.3.1)}$$

여기서, f_a : 실측 허용응력

f_d : 실측 고정하중에 의한 응력

f_l : 설계 활하중(도로교의 경우 DB 또는 DL하중, 철도교의 경우 LS하중)에 의한 응력

i : 충격계수

허용응력법에 의한 교량부재의 공용내하력(P)은 식 (16.3.2)로 계산한다.

$$공용내하력(P) = K_s \times RF \times P_r$$

$$여기서,\ K_s = 응답\ 보정계수 = \frac{\delta_{계산}}{\delta_{실측}} \cdot \frac{1+i_{계산}}{1+i_{실측}}$$

$$또는\ 응답\ 보정계수 = \frac{\varepsilon_{계산}}{\varepsilon_{실측}} \cdot \frac{1+i_{계산}}{1+i_{실측}} \qquad 식\ (16.3.2)$$

여기서, $i_{계산}$: 도로교의 경우 도로교설계기준에서 제시한 설계충격 계수
철도교의 경우 철도교설계기준에서 제시한 설계충격 계수

$i_{실측}$: 동적재하시험으로부터 평가된 최대 충격계수

P_r = 설계 활하중(도로교의 경우 DB 또는 DL하중, 철도교의 경우 LS하중)

$\delta_{계산}(\delta_{실측})$= 이론적인 처짐량(실측 처짐량)

$\varepsilon_{계산}(\varepsilon_{실측})$= 이론적인 변형률(실측 변형률)

(2) 강도설계법에 의한 내하력평가

강도설계법에 의한 교량부재의 내하율 산정 시 하중조합으로는 1.3D+2.15L(1.0+i)를 사용하므로 고정하중과 활하중에 대한 하중계수는 각각 1.3과 2.15가 된다. 단면강도는 단면의 현재 상태, 즉 재료강도와 단면손실 등을 고려하여 도로교설계기준 상의 공칭강도와 강도감소계수에 따라 계산한다.

교량 설계시의 부재 강도감소계수는 부재강도의 산정에 있어서 재료강도에 대한 불확실성, 설계와 시공단면의 오차 등을 고려하는 계수이나 내하력 평가 시에는 그러한 불확실성은 상당히 감소하므로 오히려 공용 중에 부재단면의 손상정도에 따라 결정한다. 그러나 부재단면의 손상정도를 정량적으로 평가하기가 어려우므로 공칭강도의 산정 시는 교량의 현재 상태에 따른 단면감소와 코어 강도에 따른 재료강도를 고려하고 강도감소계수는 설계시의 값을 그대로 사용한다.

강도설계법에 의한 내하율은 콘크리트 부재의 내하력 산정에 적용하는 것이 바람직하다.

$$내하율\ RF = \frac{\phi M_n - r_d M_d}{r_l M_l (1+i)} \qquad 식\ (16.3.3)$$

여기서, ϕM_n : 극한 저항모멘트(강구조물 ϕ : 1.0, $RC \cdot PSC$ 구조물의 휨부재 $\phi = 0.85$)

M_d : 실측 고정하중모멘트

M_l : 설계 활하중(도로교의 경우 DB 또는 DL 하중, 철도교의 경우 LS 하중)에 의한 모멘트

γ_d : 고정하중계수로서 1.30을 사용

γ_l : 활하중계수로서 2.15를 사용

i : 충격계수

강도설계법에 의한 교량부재의 공용내하력(P)은 식 (16.3.4)로 계산한다.

$$공용내하력(P) = K_s \times RF \times P_r$$

여기서, K_s = 응답 보정계수 $= \dfrac{\delta_{계산}}{\delta_{실측}} \cdot \dfrac{1+i_{계산}}{1+i_{실측}}$

$$또는\ 응답\ 보정계수 = \frac{\varepsilon_{계산}}{\varepsilon_{실측}} \cdot \frac{1+i_{계산}}{1+i_{실측}} \qquad 식\ (16.3.4)$$

여기서, $i_{계산}$: 도로교의 경우 도로교설계기준에서 제시한 설계충격 계수
철도교의 경우 철도교설계기준에서 제시한 설계충격 계수

$i_{실측}$: 동적재하시험으로부터 평가된 최대 충격계수

P_r = 설계 활하중(도로교의 경우 DB 또는 DL하중, 철도교의 경우 LS하중)

$\delta_{계산}(\delta_{실측})$= 이론적인 처짐량(실측 처짐량)

$\varepsilon_{계산}(\varepsilon_{실측})$= 이론적인 변형률(실측 변형률)

(3) AASHTO의 내하력평가방법

미국 AASHTO(American Association of State Highway and Transportation Officials)의 기존교량인 내하력평가에 관해 설계기준에는 허용응력법과 하중계수법을 모두 사용할 수 있도록 규정하고 있다. AASHTO 내하력판정규준에서는 특정한 판정차량 또는 AASHTO 표준 트럭하중인 H 또는 HS 하중에 대해 기존교량의 내하력을 평가하도록 하

고 하중의 제한, 하중의 횡분배 등은 설계규준을 따르도록 하고 있다.

여기서는 허용응력법과 하중계수법에 의한 내하력판정에 대한 개요만 약술하였다.

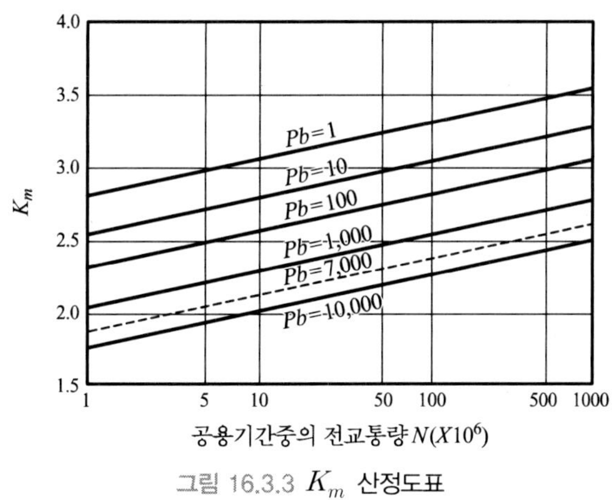

그림 16.3.3 K_m 산정도표

허용응력법

AASHTO의 내하력판정 허용응력규준에서는 최대활하중 및 기타 모든 종류의 하중의 재하에 의한 최대응력이 허용응력을 초과해서는 안 된다고 규정하고 있다. 이 경우 허용응력을 전문기술의 판단으로 검토대상 교량의 구조재료가 양호하며 최상급의 시공현장에서 사용하는 구조재료와 강도가 거의 동일하다고 인정될 때에만 사용할 수 있다고 제한하고 있다. 전문기술자의 판단으로 재료가 표준강도 이하이고 노후 손상되었다고 인정된 경우에는 현장조사를 토대로 하여 허용응력을 결정하도록 규정하고 있다.

계산에 사용되는 부재의 유효단면치수는 노후손상정도를 고려하여 총 단면에서 노후손상부분을 제외시킨 실제의 순단면 치수를 사용해야 하며 이러한 순단면의 크기는 현장에서 기술자가 결정하도록 하고 있다.

기타 계산에 필요한 가정이나 계산방법은 AASHTO 설계규준에 따르도록 하고 있으나 구조용 강재·RC·목재 등의 정상 및 특별통행 내하율 판정에 대응하는 각종 허용응력은 별도로 규정하고 있다.

하중계수법

AASHTO의 하중계수법(load factor method)에 따른 내하력 판정규준에서는 일반적으로 구조재료에 무관하게 기존교량의 정상 또는 특별통행 내하율을 다음과 같이 계산하도록 규정하고 있다.

① 정상통행 내하율(inventory rating)

정상통행 내하율은 최대강도 · 사용성 · 피로의 3가지 형태의 한계상태에 대해 판정하도록 규정하고 있다. 이러한 정상통행 내하율 RF_i는 식 (16.3.5)를 사용해 구하며, 이때 최대강도 한계상태는 식 (16.3.6)으로, 사용성한계상태는 식 (16.3.7)로, 피로 한계상태는 식 (16.3.8)로 그 한계상태를 판정한다.

$$RF_i = P_{ni} / \text{판정차량중량} \qquad \text{식 (16.3.5)}$$

$$P_{ni} = \frac{\phi_u R_\nu - 1.3 C_D D_n}{1.3(5/3) C_L (1+i)} \qquad \text{식 (16.3.6)}$$

$$P_{ni} = \frac{\phi_s R_{ns} - C_D D_n}{(5/3) C_L (1+i)} \qquad \text{식 (16.3.7)}$$

$$P_{ni} = \frac{\phi_f R_{nf} - 1.3 C_D D_n}{C_L (1+i)} \qquad \text{식 (16.3.8)}$$

여기서, R_ν, R_{ns}, R_{nf} : 각각 공칭극한, 사용성, 피로강도

ϕ_u, ϕ_s, ϕ_f : 각각 극한, 사용성, 피로강도 감소계수

P_{ni} : 정상통행 공용하중

D_n : 공칭고정하중

C_D, C_L : 각각 단위하중에 대한 고정하중 및 활하중 작용 외력

② 특별통행 내하율(operating rating)

특별통행 내하율은 최대강도 · 사용성의 2가지 형태의 한계상태에 대해 판정하도록 규정하고 있다. 특별통행 내하율 RF_o는 식 (16.3.9)를 사용하여 구하며, 이때 최대강도한계는 식 (16.3.10)으로, 사용성 한계는 식 (16.3.11)로 각각의 한계상태를 판정한다. 이러한 내하력 판정식은 강교 및 콘크리트교에 대해 모두 적용할 수 있다.

$$RF_o = P_{no} / \text{판정차량중량} \qquad \text{식 (16.3.9)}$$

$$P_{no} = \frac{\phi_u R_{nu} - 1.3 C_D D_n}{1.3 C_L (1+i)} \qquad \text{식 (16.3.10)}$$

$$P_{no} = \frac{\phi_s R_{ns} - C_D D_n}{C_L (1+i)} \qquad \text{식 (16.3.11)}$$

여기서, P_{no} : 특별통행 공용하중

(4) 신뢰성에 기초한 등가내하력평가방법

규준식에 의한 내하력평가방법은 평가대상이 되는 단면의 강도가 휨이나 전단 등 하나의 파괴모드에 의해서 결정되는 경우에 사용될 수 있다. 그러나 단면의 강도가 휨과 전단의 상관조합단면력에 의해서 지배받는 경우나 교량의 시스템 내하력을 평가해야할 필요가 있는 경우에는 규준식에 의한 내하력평가방법을 적용할 수 없게 된다. 여기서는 규준식을 사용하지 않고서도 신뢰성지수 β를 이용하여 곧바로 교량의 보유내하력을 손쉽게 구할 수 있는 보다 실제적이고 합리적인 방법인 신뢰성에 기초한 등가내하력평가방법에 대해 설명한다.

요소수준의 등가내하력평가

한계상태함수가 양함수(explicit function)의 형태, 즉 $g(\cdot) = R - Q$의 형태로 표현되는 경우 저항변수 R과 하중효과변수 Q에 대한 1차・2차 모멘트를 사용하여 유지관리를 위한 목표신뢰성지수 β_0에 대응하는 등가내하력 P_n을 ln−ln모델의 FOSM(First Order Second Moment)형태로부터 해석적으로 구할 수 있다. 반면에 한계상태함수가 음함수(implicit function)형태인 경우에는 R과 Q가 분리된 항으로 표현되지 않기 때문에 해석적인 방법으로는 등가내하력 P_n을 유도할 수 없게 된다. 따라서 이와 같은 경우에 등가내하력 P_n을 구하기 위해 FOSM모형의 적합곡선(fitting curve)으로부터 등가내하력 P_n을 직접 구하는 방법을 사용할 수 있다.

그림 16.3.4에는 한계상태함수가 음함수로 표현되는 경우에 등가내하력 P_n을 추정하는 절차를 나타내었고, 구체적인 계산절차는 요소수준의 등가내하력 P_{ne}와 시스템수준의 등가내하력 P_{ns}가 개념적으로 동일하기 때문에 여기서는 시스템수준의 등가내하력평가에 대해서면 기술하였다.

시스템수준의 등가내하력평가

등가내하력평가방법은 요소수준에서 단일파괴모드가 아닌 조합상관식으로 검토해야 하는 구조요소나 시스템수준에서의 내하력 평가에 더욱 더 효과적으로 사용될 수 있다. 체계신뢰성지수 β_s는 개념적으로 2차모멘트 신뢰성방법의 FOSM 형태인 ln−ln모형으로 식 (16.3.12)와 같이 표현될 수 있다.

$$\beta_s \cong \frac{\ln\left(\overline{R}_s / \overline{Q}_s\right)}{\sqrt{\Omega_{Rs}^2 + \Omega_{Qs}^2}} \qquad \text{식 (16.3.12)}$$

여기서, $\overline{R}_s$: 시스템 평균공칭저항

$\overline{Q}_s$: 시스템 평균하중효과

Ω_{Rs}, Ω_{Qs} : 각각 시스템 저항과 하중효과의 변동계수

식 (16.3.12)를 $\overline{Q}_s$에 대해 풀면 식 (16.3.13)과 같다.

$$\overline{Q}_s = \overline{R}_s \exp\left(-\beta_s \sqrt{\Omega_{Rs}^2 + \Omega_{Qs}^2}\right) \qquad \text{식 (16.3.13)}$$

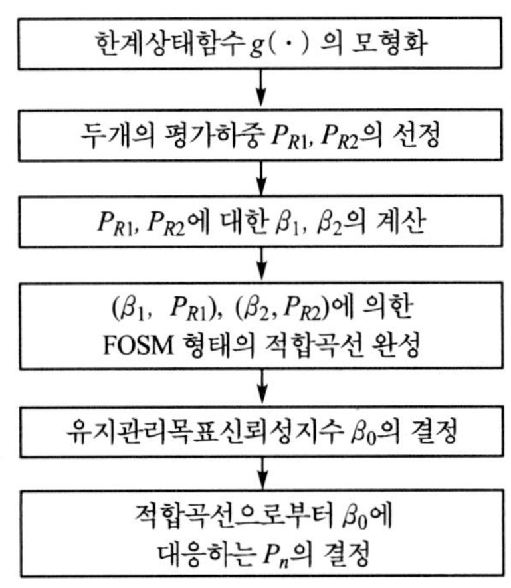

그림 16.3.4 등가내하력 P_n의 추정절차

특히 시스템 평균하중효과 $\overline{Q}_s$는 식 (16.3.14)와 같이 시스템 평균 고정하중과 활하중의 효과로 표현될 수 있다.

$$\begin{aligned}\overline{Q}_s &= \overline{S}_{Ds} + \overline{S}_{Ls}(1+i) \\ &= c_{Ds} D_n \eta_D + c_{Ls} P_{ns} \eta_L (1+i)\end{aligned} \qquad \text{식 (16.3.14)}$$

여기서, c_{Ds}, c_{Ls} : 각각 단위시스템 고정하중, 활하중 효과

η_D, η_L : 각각 고정하중과 활하중의 평균공칭비

P_{ns} : 공칭등가 시스템강도

식 (16.3.13)과 식 (16.3.14)를 등치시키면 시스템수준에서의 등가내하력 P_{ns}를 다음 식 (16.3.15)와 같이 구할 수 있다.

$$P_{ns} = \frac{1}{c_{Ls}\eta_L(1+i)}\left[\overline{R}_s \exp\left(-\beta_s\sqrt{\Omega_{Rs}^2+\Omega_{Qs}^2}\right) - c_{Ds}D_n\eta_D\right] \quad \text{식 (16.3.15)}$$

$$= \frac{1}{c_{Ls}\eta_L(1+i)}\overline{R}_s \exp\left(-\beta_s\sqrt{\Omega_{Rs}^2+\Omega_{Qs}^2}\right) - \frac{c_{Ds}}{c_{Ls}}\frac{\eta_D}{\eta_L}\frac{D_n}{(1+i)}$$

$$= Z_m \exp(-\beta_s \Omega_s) - \eta_s D_n$$

여기서, Z_m : 개념적으로 평균저항저항율($\overline{R}_s/\bar{c}_{Ls}$)을 나타내는 모수

η_s : 단위시스템 평균고정하중과 활하중효과($=\bar{c}_{Ds}/\bar{c}_{Ls}$)

Ω_s : 시스템 불확실량($=\sqrt{\Omega_{Rs}^2+\Omega_{Qs}^2}$)을 개념적으로 내포하고 있는 모수

따라서 미지의 매개변수 Z_m과 Ω_s는 2개의 기지의 내하력 점 (P_{R1}, β_{s1}), (P_{R2}, β_{s2})를 식 (16.3.15)에 대입함으로써 구할 수 있다. 여기서 신뢰성 지수 β_{s1}과 β_{s2}는 각각 상한치와 하한치를 갖는 기준평가하중 P_{R1}과 P_{R2}에 의해서 얻어질 수 있다. 따라서 식 (16.3.15)는 식 (16.3.16)과 같이 표현된다.

$$P_{R1} = Z_m \exp(-\beta_{s1}Q_s) - \eta_s D_n \quad \text{식 (16.3.16)}$$

$$P_{R2} = Z_m \exp(-\beta_{s2}Q_s) - \eta_s D_n$$

그림 16.3.5에는 P_{ns}와 β_s 사이의 관계가 지수함수 형태로 표현되는 것을 개념적으로 나타내고 있다.

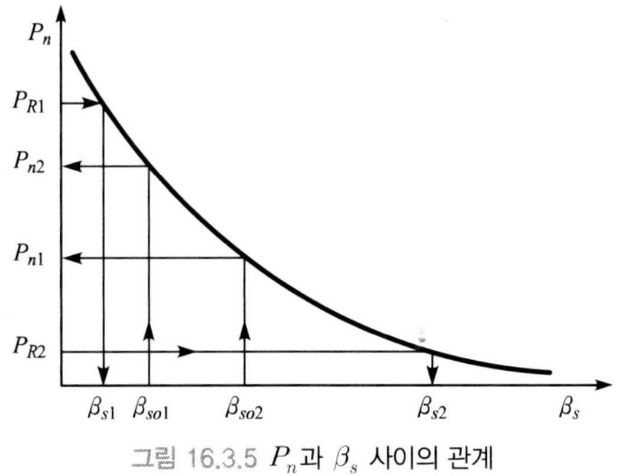

그림 16.3.5 P_n과 β_s 사이의 관계

식 (16.3.16)을 식 (16.3.15)에 대입하여 매개변수 Z_m과 Ω_s를 유도하여 정리하면 식 (16.3.17), 식 (16.3.18)과 같은 형태로 표현될 수 있다.

$$Z_m = \left[\frac{(P_{R2} + \eta_s D_n)^{\beta s1}}{(P_{R1} + \eta_s D_n)^{\beta s2}} \right]^{\frac{1}{\Delta\beta}}$$ 식 (16.3.17)

$$\Omega_s = - \frac{1}{\Delta\beta} \ln\left(\frac{P_{R1} + \eta_s D_n}{P_{R2} + \eta_s D_n} \right)$$ 식 (16.3.18)

여기서, $\Delta\beta = \beta_{s1} - \beta_{s2}$

마지막으로 식 (16.3.17)과 식 (16.3.18)을 식 (16.3.15)에 대입하면 P_{ns}는 식 (16.3.19)와 같이 유도된다.

$$P_{ns} = \frac{(P_{R2} + \eta_s D_n)^{\Delta\beta_{s1}/\Delta\beta_{s0}}}{(P_{R1} + \eta_s D_n)^{\Delta\beta_{s2}/\Delta\beta_{s0}}} - \eta_s D_n$$ 식 (16.3.19)

여기서, P_{ns} : 공칭등가시스템강도

P_{R1}, P_{R2} : 각각 임의의 상·하한 평가하중

$\Delta\beta_{s1} = \beta_{s1} - \beta_{s0}$

$\Delta\beta_{s2} = \beta_{s2} - \beta_{s0}$

β_{s1}, β_{s2} : 각각 2개의 평가하중 P_{R1}, P_{R2}에 따른 체계신뢰성지수

β_{s0} : 시스템에 대한 유지관리 목표신뢰성지수

이와 같이 신뢰성지수에 기초한 등가내하력평가방법은 2개의 평가하중 각각에 대한 신뢰성지수만 구하게 되면 식 (16.3.19)을 곧바로 적용하거나 그림 16.3.5의 그래프에 의한 방법을 사용하여 유지관리 목표신뢰성지수에 대한 교량의 실제적인 보유내하력을 손쉽게 구할 수 있게 되는 새로운 개념의 내하력평가방법이다. 이 방법은 지금까지 상관식과 같이 규준 식에 의해서는 추정할 수 없었던 휨과 압축을 동시에 고려해야 하는 조합상관 형식의 단면력에 지배를 받는 경우나 체계신뢰성 문제에 있어서 교량의 시스템 보유내하력평가에 모두 적용할 수 있는 매우 유용한 방법이라고 할 수 있다.

CHAPTER

17

보수 및 보강공법

17.1 개설

안전진단 · 유지관리시스템 등의 분석평가를 통해 교량의 국부적인 또는 전체적인 이상 상태가 예상되거나 발견될 경우, 상태에 따라 적절한 보수 · 보강이 이루어져야 한다. 최근 가설 후 몇 년 안 된 교량에 중대한 결함이 발생하여 부분적 또는 전체적으로 보수 · 보강을 하지 않으면 안 되는 경우가 발생하고 있다. 이는 교통량의 증대와 중차량의 증가에도 영향이 있으나, 교량설계상의 기술적 결함이나 시공 상의 오류뿐만 아니라 유지관리 소홀이 주된 원인인 경우도 있다.

일반적으로 보수 · 보강이라고 총칭하고 있지만 보수와 보강은 분명이 다른 의미를 가지고 있다. 보수는 구조물의 잔여 수명기간 동안에 구조물의 내력이 저하되는 것을 방지하기 위한 작업, 또는 사용자의 불안감 혹은 불쾌감을 해소하기 위한 작업을 말한다. 즉, 구조물의 원래의 기능을 회복시키는 것을 말한다. 이에 반해 보강이란 구조물의 내하성능을 원래 기능이상으로 향상시키기 위한 작업을 의미한다.

보수 · 보강공사를 시공한 후에는 그 효과의 확인을 하는 것이 필요하다. 보수 · 보강공법은 아직 완벽하게 확립이 되어있지 않으므로 하나하나의 보수 · 보강공사의 시공 후 효과를 확인해 두면 향후 보수공법 검토에 있어 귀중한 자료가 된다.

교량의 이상에 대한 대책은 이상의 정도와 원인에 대해 조사 · 검토하여 판단해야 하며, 조기에 적절한 보수 · 보강을 실시함으로써 교량의 사용성과 공용기간을 최대한 극대화할 수 있도록 해야 한다. 그러나 시의적절한 유지관리가 시행되지 않아 막대한 보수 · 보강이 필요한 경우에는 새로운 교량의 신설 또는 일부구조를 전면적으로 교체하는 경우와의 경제성 분석이 수반되어야 한다. 경제성 비교를 위해서는 보수 · 보강에 요구되는 비용과 교량의 신설에 요구되는 비용과의 단순한 비교뿐만 아니라 사회전반의 간접비용을 극소화 할 수 있는 방안이 연구되어야 한다. 이러한 경제성분석뿐만 아니라 일반적으로 교량의 보수 · 보강과 해체 후 재건설간의 비교를 위해서는 다음과 같은 사항을 고려해야 한다.

- 기존교량의 노후화, 가설연도 : 노령화가 현저한 교량에서는 부분적인 보수 · 보강을 행해도 그 외의 부분에 약점이 있다면 교량자체 내용 년수의 증진에 도움이 안 되는 경우도 있다.
- 장래 교통량과 기존교량의 폭원 및 설계하중 : 장래의 자동차 교통, 특히 중차량 교통이

많이 예상되는 교량에는 가까운 장래에 폭원협소나 내하력 부족의 이유로 교량을 교체할 필요가 생기는 경우도 있다.

- 기존교량의 구조 : 기존교량의 구조가 복잡한 것 보다 단순한 것일수록 확실한 보수·보강효과가 기대된다.
- 교량접속 도로의 선형과 도로확장계획 : 교량접속 도로의 선형이 불리한 경우에는 가까운 장래에 선형개량을 겸한 교량의 교체 또는 확장이 필요하게 될 경우가 있다.
- 관계하천의 개수계획 : 하천을 건너는 교량에서는 장래에 하천 개수사업에 의해 교량의 교체가 필요할 경우가 생길 수 있으므로 하천의 개수계획을 고려하여 보수·보강계획을 검토할 필요가 있다.

보수 · 보강의 일반적인 순서

안전진단, 모니터링시스템 등에 의해 어떠한 손상 또는 파손부위가 발견될 경우에는 그 부위에 관해 상세한 조사를 실시하며, 이를 통해 손상 또는 파손의 정도·원인을 상세히 파악한다. 이러한 조사를 근거로 구조물의 손상 또는 파손 등에 어떻게 대응해야 하는가, 어떤 조치를 취해야 하는가를 판정해야 한다. 이 단계에서는 다음의 어느 것에 대응할 것인가를 판정한다.

① 즉시 보수·보강한다.
② 즉시 보수·보강하지 않아도 되지만, 원인추적조사를 한 후 재검토한다.
③ 특별히 보수·보강을 필요로 하지 않는다.

①은 즉시 보수·보강을 할 필요가 있다고 판정되는 경우이다. 손상이나 파손이 중대한 것이어서 방치할 수 없을 경우에는 우선 통행규제를 포함한 응급조치를 시행한다. ②는 손상이나 파손의 정도가 교량의 기능에 중대한 지장을 주는 것이 아니므로 즉시 보수·보강을 할 필요는 없지만, 손상이나 파손의 진전상황을 추적 조사할 필요가 있다고 판단되어지는 경우이다. ③은 손상이 있다고 해도 경미하고 다음 점검 때까지 방치해도 지장이 없다고 판단되는 경우이다. 보수·보강이 필요하다고 판단된 경우에는 즉시 보수·보강공법을 검토한다. 보수·보강공법의 검토결과 새롭게 교량을 교체하는 것이 경제적이라는 결론이 얻어지는 경우도 있다.

그림 17.1.1은 결함의 조사 및 보수·보강의 일반적인 흐름도를 나타낸다.

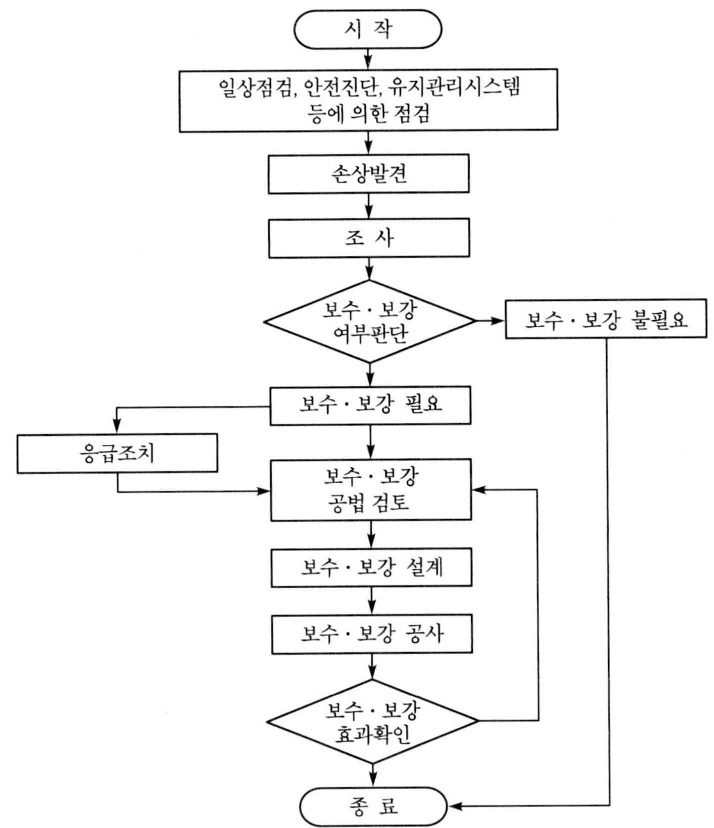

그림 17.1.1 결함의 조사 및 보수 · 보강의 흐름도

보수 · 보강의 대상

구조물의 손상에 대한 보수 · 보강의 현대적인 공학적 접근의 역사는 구조물 건설의 역사와 비교할 때 매우 짧다. 따라서 보수 · 보강공법에 관해서도 정량적으로 기준화된 것이 아니라 경험적으로 판정된 것이 많다. 교량의 주된 보수 · 보강의 대상이 되는 것은 포장 · 바닥판 · 상부구조 · 도장 · 신축이음장치 · 교량받침 · 하부구조 · 배수시설 · 난간 · 보도 등을 들을 수 있으며 좀 더 구체적으로 나타내면 다음과 같다.

- 포장 : 물이 고이거나 주행성 및 평탄을 저해하는 직접 손상부
- 바닥판 : 압축부나 인장부의 균열이 허용범위 이상이거나 이로 인해 콘크리트의 함몰 · 탈락이 예상되는 부분, 그리고 거더와의 합성작용에 이상이 발견된 경우
- 상부구조 : 철근콘크리트 상부구조 부재에 허용범위 이상의 균열이나 변형이 있는 경우와 강교에서는 부분적인 결함이 발생된 경우
- 도장 : 기존의 도장면에 부식이 발생되거나 방청효과가 불충분하다고 판단될 경우 또는

주변 환경과 조화시키고자 할 경우

- 신축이음장치 : 신축이음장치의 기능 손상부, 주행에 불쾌감을 줄 경우, 그리고 예방보수 및 긴급보수가 요구되는 부분
- 교량받침 : 기능을 상실했거나 손상된 교량받침
- 하부구조 : 교대나 교각 및 기초의 파손부분, 침하 및 세굴, 기초지반의 변형 등으로 교통하중에 대한 안전성과 내구성이 부족한 것으로 판단되는 경우
- 배수시설 : 교면에 물이 고이거나 배수구의 기능 저하 시
- 난간 및 보도 : 난간 및 보도가 파손되었다거나 자연 열화되어 통행 시 불안감을 느낄 경우

보수설계

보수설계는 균열이 발생한 구조물의 기능회복을 목적으로 적절한 재료, 공법 및 시기를 선정하는 것이 바람직하며, 다음과 같은 사항을 고려하도록 한다.

- 안전진단 등의 결과에 따른 보수의 필요 여부의 판정에 따라 범위와 규모를 설정한다.
- 균열의 원인, 발생상황(균열의 폭·길이·깊이·형태 등), 구조물의 중요도, 환경조건 등을 파악한다.
- 보수목적 및 회복목표를 정확히 정하고, 환경조건을 고려한 재료와 공법을 선택한다.

일반적으로 보수에 의한 구조물의 성능회복 목표는 준공 시의 초기성능, 구조물의 사용연수, 균열의 발생원인, 성능저하도 및 범위, 보수의 보증년수 등에 따라 다르겠지만 다음의 3단계로 나눌 수 있다.

- 건전한 부재와 같은 정도로 회복시키는 보수 : 손상의 원인이 명확한 경우의 보수를 대상으로 한다.
- 사용상 지장이 없는 범위로 회복하는 보수 : 손상의 원인을 전부 명확하게 파악할 수 없는 경우의 보수를 대상으로 한다.
- 사람에 대한 안전성이 확보될 수 있는 범위로 회복시키는 보수 : 사람에 대한 안전성을 확보하기 위한 응급적인 보수를 대상으로 한다.

보강설계

문제가 있는 구조물에 대해 보수만으로도 강도와 내구성 및 사용성을 확보할 수 있다면 보강을 시행할 필요는 없다. 그러나 강도, 내구성 및 사용성의 확보가 보수만으로는 불가능한 경우 보강재료와 보강방법을 적절하게 선택하여 시행해야 한다. 이때 균열의 원

인·하중조건·필요한 내력·보강의 범위와 규모·환경조건·안전·공사기간·경제성·관리의 용이성·시공조건 등을 고려하여 단면 및 부재를 설계한다.

일단 보강이 필요한 경우 부재 내력의 산정과 치짐 등을 계산해야하며, 부재 내력 산정 시에는 기존의 제규준 또는 시방서에 따른다. 그러나 이와 같은 규준과 시방서는 어디까지나 참고용이며 실제 상황을 적절히 고려하여 해석해야 한다. 보수·보강 시에는 원래의 구조형태, 하중상태 등의 변화가 있을 수 있으므로 이에 대한 고려가 반드시 필요하며, 보강공사 중에서 작용할 수 있는 시공하중도 고려해야 한다. 그리고 보강의 순서를 확실히 명시하여 철거 및 시공 중의 사고를 미연에 방지해야 한다.

17.2 구조물 열화의 종류

17.2.1 콘크리트구조물의 열화

균열

콘크리트에서의 균열은 가장 일반적인 열화현상이며 육안으로 분간할 수 있을 정도로 크기 때문에 가장 흔하게 볼 수 있다. 보통 균열부에는 녹이나 백태의 흔적이 나타난다. 일반적으로 균열은 아래와 같이 미세균열, 중간균열 및 대형균열로 나눌 수 있으며, 구조물의 중요도 및 특성 등에 따라 그 기준을 달리할 수 있다.

- 미세균열 – 0.1.mm 미만
- 중간균열 – 0.1mm 이상 0.7mm 미만
- 대형균열 – 0.7mm 이상

철근콘크리트 구조물에서의 미세균열은 구조물의 성능에는 영향이 없으나 중간 및 대형 균열은 중요하기 때문에 보고서에 기록하여 추적조사가 이루어지도록 해야 한다. 프리스트레스트 콘크리트에서의 균열은 모두 중요하기 때문에 점검 중 균열의 길이·폭·위치·방향에 유의해야 한다.

콘크리트 보에서의 균열은 구조적으로 영향이 있는 균열과 구조적으로 영향이 없는 균열로 나눌 수 있다. 구조적으로 영향이 있는 균열에는 최대 인장부 또는 최대 모멘트부에서 발생하여 압축부로 진전되는 수직방향의 휨균열과 부재의 복부에서 주로 발생하는 경사 방향의 전단균열이 있다. 구조적으로 영향이 없는 균열에는 온도로 인한 균열,

건조수축에 의한 균열 그리고 매스 콘크리트 균열 등이 있다.

균열은 결함원인별로 수축균열·정착균열·구조적균열·철근부식균열·지도형상균열·동결융해균열로 나눌 수 있다. 부식 등 화학적 작용이 심할 경우 구조적균열·철근부식균열·지도형상균열은 구조물에 영향을 미칠 수 있다.

콘크리트 균열의 원인을 콘크리트 자체의 재료적 성질, 시공상의 결함, 사용·환경조건, 구조·외력 등과 관련하여 분류하고 그 특징을 정리하면 표 17.2.1과 같다.

박리

박리(scaling)는 콘크리트 표면의 모르터가 점진적으로 손실되는 현상으로 표면에서의 모르터 손실 깊이를 기준으로 아래의 4가지로 나눌 수 있다.

- 경미한 박리 – 0.5mm 미만
- 중간정도의 박리 – 0.5mm 이상 1.0mm 미만
- 심한 박리 – 1.0mm 이상 25.0mm 미만
- 극심한 박리 – 25.0mm 이상으로 조골재 손실

층분리

층분리(delamination)는 철근의 상부 또는 하부에서 콘크리트가 층을 이루며 분리되는 형상으로 철근의 부식에 의한 팽창이 주요 원인이며 이러한 부식은 주로 칼슘이온(소금, 염화칼슘)에 의해 발생한다. 층분리 부위는 망치로 두드려 중공음(中空音)이 나는지 여부로 확인할 수 있다.

박락

박락(spalling)은 콘크리트가 균열을 따라서 원형으로 떨어져 나가는 층분리 현상의 진전된 현상이다. 박락은 정도에 따라 아래와 같이 분류할 수 있다.

- 소형 박락 – 깊이 25mm 미만 또는 직경 150mm 미만
- 대형 박락 – 깊이 25mm 이상 또는 직경 150mm 이상

백태

백태(efflorescence)는 콘크리트 내부의 수분에 의해 염분이 콘크리트 표면에 고형화된 현상으로 콘크리트 노후화의 증거이다.

손상

차량, 탈선열차 또는 선박의 충돌로 인하여 콘크리트 구조물이 손상을 입을 수 있으며

특히 프리스트레스트 보의 경우 충돌 손상에 유의해야 한다.

누수

배수공과 시공이음의 결함, 균열 등으로 발생된 누수는 구조물에 심각한 문제를 야기할 수 있다.

표 17.2.1 콘크리트 균열의 원인과 특징

콘크리트 균열의 원인			균열의 특징
콘크리트의 재료적 성질 관련	시멘트의 이상응결		폭이 크고, 짧은 균열이 비교적 조기에 불규칙적으로 발생
	시멘트의 이상팽창		방사형의 망상 균열
	콘크리트의 침하 및 블리딩		타설 후 1~2시간에서 철근의 상부나 벽, 바닥의 경계면 등에 단속적으로 발생
	골재에 포함된 진흙분말		콘크리트 표면에 건조에 대해서 불규칙적으로 망상 균열 발생
	시멘트의 수화열		단면이 큰 콘크리트에서 1~2주부터 직선상의 균열이 같은 간격으로 규칙적으로 발생, 표면과 부재를 관통하는 것도 있음.
	콘크리트의 경화, 수축		2~3개월부터 발생, 다습한 공기에 많다.
	반응성 골재나 풍화암의 사용		콘크리트 내부의 폭열상으로 발생, 다습한 공기에 많다.
시공상의 결함과 관련	장기간의 믹싱		전면의 망상 균열이나 길이가 짧은 불규칙한 균열
	배근의 혼란, 철근의 피복두께 감소		바닥판 슬래브에서는 주변에 따라서 원호상 또는 철근의 표면에 연하여 발생
	불균일한 타설, 널판		각종 균열의 시작이 쉬움
	거푸집의 변형		거푸집이 움직인 방향으로 부분적으로 발생
	이음면 처리의 불량		콘크리트의 이음면이나 콜드조인트 부분의 균열
	경화전 진동, 적재		(외력에 의한 균열과 동일)
	초기양생의 불량	급격한 건조	타설 직후 표면의 각 부분에 짧은 균열이 불규칙적으로 발생
		초기동결	미세균열, 탈형한 콘크리트 표면의 백태, 스케일링
	지보공의 침하		단부중앙 및 중앙부 하단에 발생
사용·환경 조건과 관련	환경 온도, 습도의 변화		발생된 균열은 온도, 습도의 변화에 따라 변화
	부재양면의 온도, 습도차		저온측 또는 저습측 표면에 휨방향과 직각으로 발생
	동결, 융해의 반복		표면의 스케일링을 일으켜 곰보현상을 나타냄.
	화재, 표면의 가열		표면전체에 거북등 모양의 미세균열 발생
	내부 철근의 녹에 의한 팽창		철근에 현하여 큰 균열발생, 피복 콘크리트가 탈락하고 녹이 유출
구조·외력 등에 관련	과하중(지진, 적재하중)	휨	인장측에 수직으로 균열 발생
		전단	주부재에 45° 방향으로 균열 발생
	단면, 철근량의 부족		휨, 전단의 경우와 동일
	구조물의 부등침하		45° 방향으로 큰 균열 발생

17.2.2 강구조물의 열화

부식

강재에서의 가장 일반적인 형태의 노후화 현상으로서 환경적 요인에 의한 부식, 전류에 의한 부식, 박테리아에 의한 부식, 과대 응력에 의한 부식 그리고 마모에 의한 부식이 있다.

부식에 의한 손상은 시간이 경과함에 따라 강교량에서 주로 발생한다. 특별한 처리를 하지 않은 강재의 경우 산소와 습기만 있고 오염물질, 산(酸)이 없을 경우 대략 1년에 0.02mm정도가 부식한다. 그러므로 특별히 장기간을 제외하고 이런 종류의 강재표면에 균일한 부식은 급작스럽게 발생하지 않는다. 하지만 습윤상태 혹은 동결방지용 염화칼슘 및 해양환경에 포함된 염화물, 공업지역의 황산염 등과 같은 치명적인 무기질 이온에 노출되었을 경우 부식은 급격히 증가된다. 이런 환경에서는 강재는 구멍이 뚫리거나 혹은 국부적인 부식에 공격받기 쉽고, 대략 1년에 0.3mm 혹은 그 이상 부식을 발생한다. 특히 구멍뚫림(pitting)은 교량의 내하능력에 심각한 감소를 야기시킬 수 있고 피로파괴의 위험을 유발시킬 수 있다. 부식에 커다란 영향을 주지는 않지만 강재의 부식에 영향을 주는 다른 요소들에는 축사오수, 용접에서 사용된 융제(融劑), 같은 성분이 아닌 다른 금속과의 직접적인 접촉 등이 있다.

부식방지는 견고하게 부착된 산화물층(oxide layer)의 자연적인 발생에 의해 가능하며, 안정된 산화물층을 발생시키는 이상적인 조건들은 햇볕에 직접적으로 노출시키고 소금이나 다른 오염물질이 없는 곳에서 습윤과 건습을 반복하는 것이다. 불행하게도 건설 중의 짧은 기간을 제외하고는 이들 조건들은 대부분의 도로교에서 존재하지 않는다. 더욱이 강재 부재는 종종 동해방지용 화학물질 등에 포함된 표면이 노출되거나 공기흐름(ventilation)이 잘 이루어지지 않아 항상 젖어 있는 상태에 놓이기도 한다. 이런 조건들에 의해 산화물층의 형성이 느려지게 되고, 부식에 가장 침해를 받는 배수구 주변이나 수평면, 누수가 발생하는 조인트 등의 구조 요소들에서는 국부적으로 초기에 부식이 가속화된다.

대기에 의한 강재의 부식은 종종 부재를 약화시키는 등의 강재 열화의 초기 단계이고, 피로균열이나 응력부식을 쉽게 받아들일 수 있도록 한다.

피로균열

피로균열은 반복하중에 의해 발생하여 갑작스런 파괴로 진전되기도 하는데 피로균열을 유발하는 대표적인 요소는 아래와 같다.

- 구조물의 하중이력

- 응력범주의 크기
- 상세부위의 형태
- 제작 상태 및 질
- 파괴 인성(fracture toughness)
- 용접의 질

피로에 영향을 주는 가장 중요한 인자들은 반복하중의 횟수 그리고 이들 하중반복에 의한 응력의 크기와 범위이다. 특정한 재료와 이들 재료의 피로수명에 대한 설계지침을 위한 피로수명 N과 피로한계 S는 S-N 관계를 만들 수 있는 실험실에 의해 결정될 수 있다. 이들 실험들의 결과에 기초하여 설계시방서는 허용응력, 혹은 붕괴유발부재(Fracture Critical Members:FCM)로 지칭되는 필연적으로 피로를 받기 쉬운 부재들에 대한 하중계수를 제한하였다. 대부분의 피로파괴는 제조·조립과 건설과정에서 발생되는 재료의 결함으로 인한 응력집중에 의해 발생된다.

피로균열과 이에 다른 파괴는 구조부재의 인장영역에서 발생하고 처짐, 초기 결함 혹은 공탄성작용(aeroelastic action)에 의해 유발될 수 있다. 대기에 의한 부식은 저항 부재의 단면을 감소시킴으로서 피로에 영향을 주고, 주어진 하중영역에 대한 응력의 크기를 부식시키는 결과를 발생시킨다. 인장부재에서 응력변동(stress variation)을 초과하는 예측하지 못한 응력과 반복적인 하중의 조합은 피로균열과 파괴를 야기시킨다.

과재하중

과재하중이란 구조물의 설계에 사용된 하중을 초과하는 하중을 말하며 인장부재에서는 신장(elongation) 및 단면감소를, 압축부재에서는 좌굴을 유발시킨다.

응력부식

응력부식(stress corrosion)에 의한 파괴는 대부분의 강구조 교량들에서 통상적으로 발생하는 문제는 아니다. 주로 이것은 eye bar와 핀연결부와 같은 특정한 연결부위와 연관되어 있다. 사하중 혹은 프리스트레스에 의해 아주 높은 응력이 발생한 부재들에 응력부식이 발생하기 쉽다. 피로균열 또는 피로파괴와 유사하게 응력부식은 주로 부재단면을 감소시킨다. 응력부식은 응력을 증가시키는 대기부식과 아주 높은 응력집중이 동시에 발생하였을 경우 부재들의 균열(flaw) 혹은 결함에 의해 시작된다.

사고 및 외부충격에 인한 손상

앞서 언급된 구조용 강재의 열화의 명백한 원인들을 제외하고 사고로 인한 손상도 종종 발생한다. 반복적으로 재발하는 사고들의 유형은 다양하다. 선박의 충돌에 의한 손상이 예가 될 수 있다. 이런 사고들로 인해 교량 전체가 붕괴되기도 한다. 또 다른 예로서 충분한 교하공간이 없는 교량상부의 하면에 차량에 의한 충돌이 있다. 이외에 사고로 인한 손상은 화재 등이 있다.

17.2.3 PS강재의 열화

보강용 철근과 유사하게 PS강재(prestressing steel)의 열화는 부식과 피로에 의해서 발생한다. PS강재에 발생하는 높은 응력 때문에 수소로 인한 취성화(hydrogen embrittlement)와 응력부식이 또한 열화를 발생시킬 수 있는 원인이 된다. 후긴장(post tension)후 PS강재는 그라우팅을 실시하게 되는데 이 또한 PS강재의 열화를 발생시키는 원인이 된다.

부식

PS강재의 부식은 높은 물시멘트비와 연관된 콘크리트의 투수성, 거북등균열과 블리딩으로 인해 발생한 큰 구멍에 아주 민감한 것으로 알려져 있다. 또한 미주전류(stray electric current)도 보강용 철근보다 더 PS강재의 부식과정에 영향을 주는 것으로 알려져 있다. PS강재의 부식은 종종 심각한 파괴를 유발시키기도 한다.

피로

PS강재의 피로는 철근의 피로와 유사하다. 부분 긴장된 보의 경우 콘크리트 단면은 사하중 하에서는 일반적으로 균열이 발생하지 않으나 활하중이 제하되면 균열이 발생한다. 활하중에 의한 반복적인 응력의 변화는 철근과 콘크리트에서 피로손상을 야기시키고, PS강재와 콘크리트 사이의 접촉면에서의 부착성능을 저하시켜 결과적으로 사용하중 하에서 처짐과 균열폭을 증가시킨다.

부적절한 그라우팅

후긴장 PSC구조물의 경우 콘크리트 타설시 콘크리트와 PS강재와의 부착을 쉬스관을 통해 방지한다. 후긴장후 이 쉬스관은 유기물로 채워지거나, PS강재와 콘크리트의 부착을 위해 시멘트 그라우트제로 채워진다. 쉬스의 부적절한 채움으로 발생되는 공극은 덕트 내부로 물의 침투를 허용하게 하여 PS강재에 부식을 발생시키고 동결로 인한 확장균열을 발생시킨다.

수소로 인한 취성화

수소로 인한 취성화는 금속에 수소가 침입하여 변형 능력을 감소시켜 금속의 파괴를 야기시키는 메가니즘이다. 이것은 종종 응력부식의 과정으로 구분되기도 하지만 통상적으로 별개의 문제로 취급한다.

17.3 보수 및 보강방법

17.3.1 상부구조의 보수 및 보강공법

교량의 상부구조에 대한 보수·보강공법은 우선 구성 재료와 무관하게 일반적인 상부구조의 보수·보강공법에 대해서 다루고, 교량의 재료로서 가장 일반적으로 사용되는 콘크리트와 강재로 나누어 콘크리트교와 강교의 보수·보강공법을 다루었다. 또한 상부구조 중 바닥판은 대부분 콘크리트 바닥판이 사용되므로 콘크리트 바닥판의 보수·보강공법을 주로 다루었다. 본 절에서 다룬 상부구조의 보수·보강공법을 정리하면 표 17.3.1과 같다.

표 17.3.1 상부구조의 보수 · 보강공법

<table>
<tr><th colspan="3">일반적인 상부구조의 보수 · 보강공법</th></tr>
<tr><td colspan="3">•기둥 증설공법 •보의 증설공법
•외부 케이블 공법 •교체공법</td></tr>
<tr><th colspan="2">콘크리트교 상부구조의 보수 · 보강공법</th><th>강교 상부구조의 보수 · 보강공법</th></tr>
<tr><td>일반</td><td>•주입공법
•퍼티(putty) 공법
•강판 접착공법
•교체공법</td><td rowspan="2">•주형의 교체공법
•교정공법
•스톱홀 공법
•첨가판 공법
•용접보수공법
•플랜지 보강재공법
•겹침부재 공법
•첨가판에 의한 고장력볼트 체결공법
•지지공법
•가열교정</td></tr>
<tr><td>콘크리트 바닥판</td><td>•차선조정
•방수공법
•FRP 접착공법
•단면수복공법
•강판접착공법
•모르타르 뿜칠에 의한 공법
•바닥판의 자유 연단부 보강</td></tr>
</table>

일반적인 상부구조의 보수 · 보강공법

① 기둥 증설공법

기설보의 처짐이 크게 되고 균열이 발생한 경우에 기설보의 교대 또는 교각 사이에 기둥을 증설하여 기설보의 지간길이를 짧게 함으로서 내하력을 크게 하는 공법이다. 기설보에 대해서는 지점증가에 의한 연속보로서의 응력검토 및 지점변위의 영향을 고려하여 응력검토를 할 필요가 있다(그림 17.3.1).

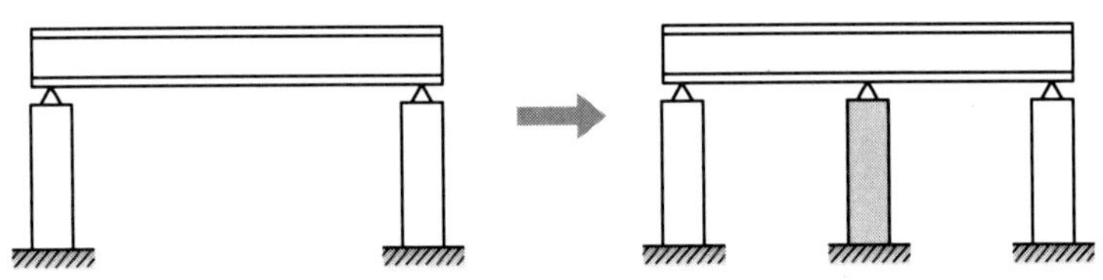

그림 17.3.1 기둥(하부교각) 증설공법 개요도

② 외부 케이블(external cable) 공법

기존주형에 긴장재를 배치하고 프리스트레스를 도입하여 이상변위방지, 내하력 증대, 피로균열의 저지효과를 얻는다(그림 17.3.2).

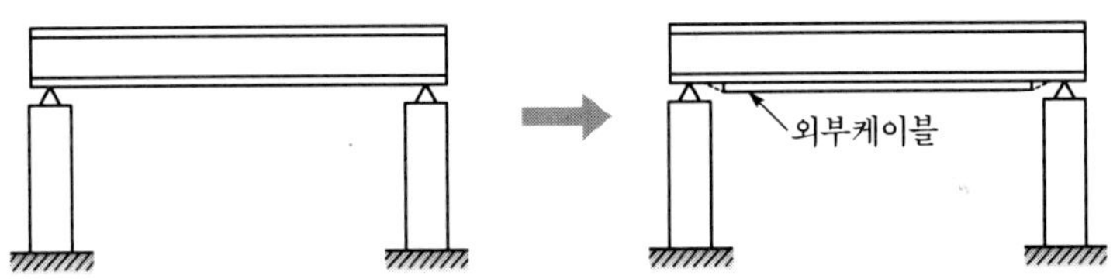

그림 17.3.2 외부 케이블공법의 개요도

③ 보의 증설공법

보를 증설하여 내하력을 크게 하는 공법이지만, 콘크리트교에서는 기존교량의 보와 증설하는 교량의 보를 일체로 만드는 시공이 어려워 콘크리트의 증설은 그다지 이루어지지 않는다. 기설보와 증설보의 강도차에 의해 기존교량의 하중분배가 달라지기 때문에 보응력의 안정성을 검토할 필요가 있다. 또한 보를 증설함으로서 상부구조의 사하중이 증가하기 때문에 하부구조의 내하력에 대해 검토해야 한다. 그림 17.3.3과 그림 17.3.4는 보의 증설공법을 보여주고 있다.

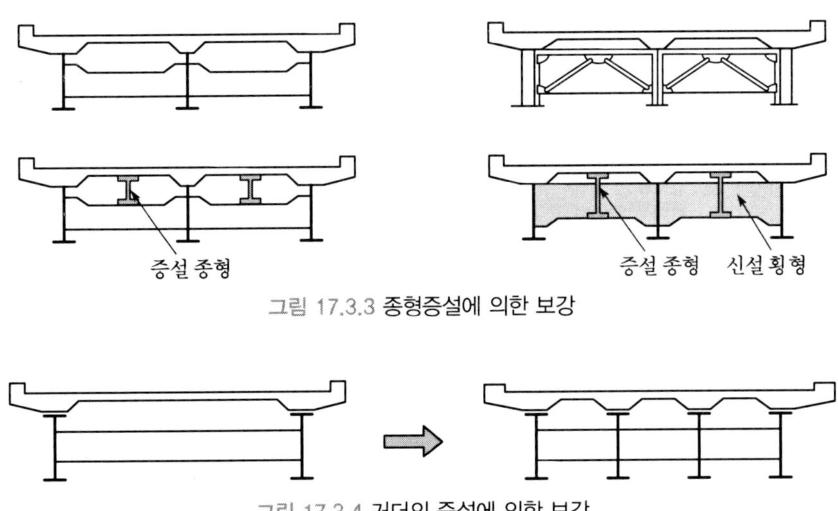

그림 17.3.3 종형증설에 의한 보강

그림 17.3.4 거더의 증설에 의한 보강

콘크리트 상부구조의 보수 · 보강공법

① 주입공법

주입공법은 일반적으로 콘크리트 구조물에서 응력상 지장이 없는 부분의 균열진행을 방지하고, 콘크리트 구조물의 일체화를 도모하기 위하여 주로 에폭시계 수지를 주입하여 보수하는 공법이다. 에폭시계 수지의 주입은 주입펌프로 시행하거나 균열부분 및 그 주변에 부착되어 있는 유리석회 · 먼지 · 진흙 등을 제거하고 청소한 후에 시공해야 한다. 또한 이 공법은 시공이 확실하게 이루어졌는가의 여부를 확인하기가 일반적으로 어렵기 때문에 시공관리를 엄격하게 해야 한다. 수지재의 탄성계수는 콘크리트에 비해 일반적으로 상당히 낮으므로 수지를 주입한 보에서 바닥판이 직접적인 내력 증강을 기대하는 것은 어렵다. 그러나 콘크리트의 균열부분을 수지로 채움으로서 바닥판의 수밀성을 크게 하고 콘크리트 및 철근의 열화를 방지하는 효과가 있다. 균열부의 수지주입은 보강과 병용하면 보다 효과적이다. 균열에 수지를 주입하는 일반적인 작업순서를 나타내면 그림 17.3.5와 같다.

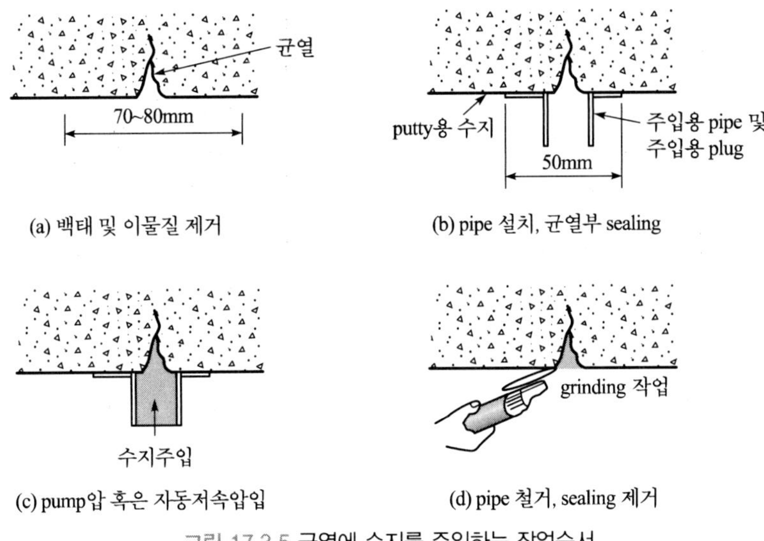

그림 17.3.5 균열에 수지를 주입하는 작업순서

② 퍼티(putty) 공법(충전공법)

콘크리트 표면에 박리 및 열화 등의 결함이 생긴 경우에 그 결함부 주변을 내부의 건전한 콘크리트와 같은 정도의 강도를 얻어지는 부분까지 제거하고, 퍼티용 에폭시계 수지를 채워 내부 콘크리트를 방호하고 철근의 부식을 방지할 목적으로 실시하는 공법이다. 이 공법은 주입공법과 같이 에폭시계 수지의 강도는 높아도 탄성계수가 낮기 때문에 완전히 구조물의 일체화를 도모하기는 어렵고, 인장응력이 작용하는 부분의 보수에는 피하는 것이 좋다. 이 공법은 표면처리만으로 불충분한 경우에 이용되는 공법으로 균열면 주위를 V 또는 U자형으로 커트하여 충전시키는 충전공법의 일종이라 할 수 있으며, 통상 균열이 0.5mm 이상의 비교적 큰 균열에 적용한다. 그림 17.3.6은 철근에 부식이 생기지 않은 경우 퍼티공법을 나타내며, 그림 17.3.7은 철근에 부식이 생긴 경우의 퍼티공법을 나타내고 있다.

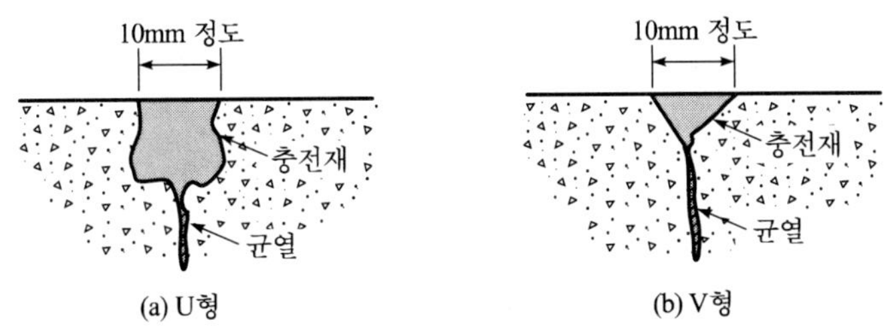

그림 17.3.6 철근에 부식이 생기지 않은 경우의 퍼티공법

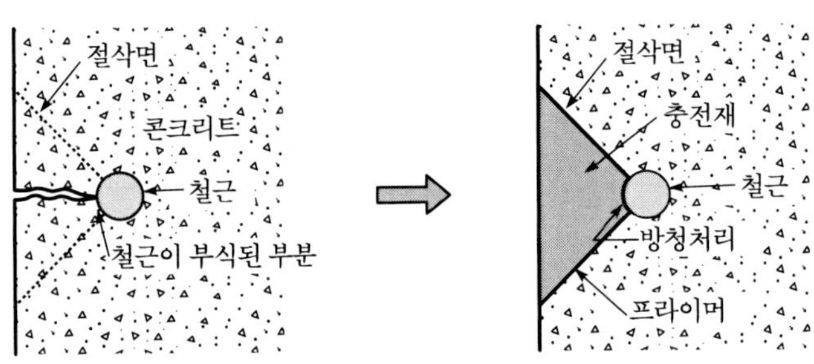

그림 17.3.7 철근에 부식이 생긴 경우의 퍼티공법

③ 강판 접착공법

철근콘크리트교의 구조는 철근과 콘크리트의 부착에 의한 두 재료 사이의 전단력의 전달로 성립되어 있다. 강판접착공법은 콘크리트부재 인장부의 바깥 면에 강판을 접착하여 정착시킴으로서 두 물질 사이에 전단력을 전달시켜 기설 콘크리트와 강판과의 일체화를 도모하고 철근으로서의 단면효과를 기대하는 공법이다. 휨 부재의 경우 강판의 접착 길이는 발생되는 휨모멘트보다 저항 휨모멘트가 크게 되는 범위까지 강판을 배치해야 하며, 가능하면 지점부까지 연장하여 교량받침에 올려놓는 것이 바람직하다.

④ 교체공법

콘크리트부재의 변형 또는 파손에 의해 부재의 내력이 부족하고 기능 회복이 어려운 경우에는 부재의 일부 또는 전부를 철거하고 새로운 콘크리트 부재로 교체한다. 일반적으로 교통을 차단하고 시공하지만 폭원이 넓은 경우에는 분할하여 시공하는 경우도 있다. 폭원 일부 또는 파손부분만을 철거하고 재시공해도 다른 부분의 내하력이 문제없는 경우에는 부분적으로 교체한다.

콘크리트 바닥판의 보수·보강공법

상부구조 중 바닥판은 교면포장 등에 가해지는 하중을 지지하여 직접 또는 거더를 통해서 하부구조로 힘을 전단시키는 역할을 한다. 바닥판에는 포장·신축이음 등과 같이 직접적으로 자동차의 차륜하중이 가해져서 국부적인 응력 집중도가 높고 지간이 작은 경우에는 응력변동과 충격계수도 크다. 그러므로 바닥판은 도로교의 주요부재 중에서도 가장 가혹한 하중·응력을 받는 부분이라 말할 수 있다. 특히 노면의 마모·손상에 의해서 교면 표면의 요철이 심하거나 신축이음의 손상 등에서 생기는 충격으로 더욱 가혹한 상태가 된다.

도로교의 바닥판으로는 현장타설 콘크리트 바닥판이 가장 널리 쓰이는데 이것은 공사비에서 유리하고, 시공이 간단하며, 강도의 신뢰성이 높기 때문이다. 다음으로는 강상판과 프리스트레스 콘크리트 바닥판이 있는데 강상판은 지간이 70m 이상의 연속보나 높이 제한이 있는 교량, 하부구조에 가해지는 사하중이 작아야 하는 경우 등에 사용된다. 그러나 공사비가 높아서 널리 사용되지는 않고 있다. 프리스트레스트 콘크리트 바닥판은 주로 프리스트레스트 콘크리트교의 바닥판에 이용된다. 이 경우 교축 직각방향으로 프리스트레스를 도입하고 교축방향으로는 철근콘크리트 바닥판과 같이 철근을 배근하게 된다. 특수한 바닥판으로는 최근에 사용예가 증가하고 있는 I형 격자 바닥판이 있다. 통상의 철근 콘크리트 바닥판에 비해 바닥판의 두께가 다소 얇고 충분한 강도를 지니고 있으며 공장 제작의 I보와 조립으로 작업을 하게 되어 하면의 거푸집공사가 필요없고 시공정도가 좋으며 현장공기가 단축되는 등의 특징이 있지만 공사비가 다소 높은 단점이 있다. 이외에도 프리패브 콘크리트 바닥판, 콘크리트를 충전하지 않은 I보 바닥판 등도 있다.

콘크리트 바닥판의 일반적인 보수·보강공법을 정리하면 다음과 같다.

① 차선조정

바닥판의 작용력을 경감시키기 위한 하나의 방법으로 교량의 폭원에 어느 정도 여유가 있는 경우에는 윤하중의 통행궤적을 될 수 있는 대로 바닥판의 휨 모멘트를 감소시키는 쪽으로 옮기도록 차선을 조정하는 것도 유효한 방법이다.

② 방수공법

바닥판에 우수 등의 침투를 방지하기 위해서 차수층을 설치하는 공법이다. 방수층의 종류는 시트계와 도막계로 대별이 된다. 기타공법과 병용해서 사용하는 경우가 많으며, 콘크리트의 노화방지와 철근의 방청효과가 기대되지만 시공 시 규제가 필요하다.

③ FRP 접착공법

바닥판 콘크리트의 인장측에 F.R.P(Fiber Reinforced Plastic)를 접착하는 공법으로 도로를 전면 공용시키면서 시공이 가능하고, 소재가 유연하고 경량이어서 작업성이 뛰어나다. 그러나 탄성계수가 작기 때문에(1.0×10^4MPa) 바닥판의 탈락방지와 같은 경우에 많이 사용되어진다. 그림 17.3.8은 바닥판의 FRP 접착공법의 예를 보여주고 있다.

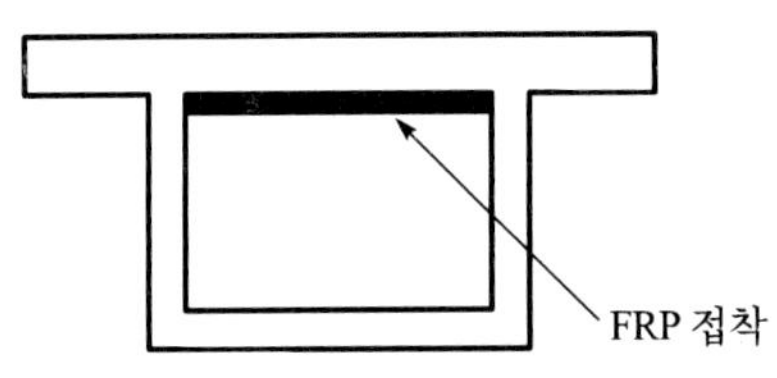

그림 17.3.8 FRP 접착공법 시공도

④ 단면수복공법

바닥판의 박리 등을 보수하는 공법을 말한다. 단면수복재료에는 시멘트 모르타르 및 수지 모르타르 등이 있다.

⑤ 강판접착에 의한 보강

바닥판 콘크리트의 인장면에 강판을 접착하고 기존의 콘크리트 바닥판과 일체로 만들어 활하중에 대한 저항을 증강시킴으로서 바닥판의 보강을 꾀하는 공법이다. 이때 강판을 지지(지점)부까지 길게하여 지지부 위에 올려놓아야 재기능을 발휘할 수 있다. 접착하는 강판으로는 두께 4.5~6mm 정도의 것이 일반적으로 사용된다. 접착된 강판이 기존 콘크리트바닥판과 완전하게 합성 작용한다고 가정한 경우의 계산상 소요되는 강판의 두께는 1~2mm로 충분한 경우가 있으나, 작업성과 부식에 의한 단면감소를 고려하면 강판은 적어도 4~5mm 두께 정도의 것이 좋다. 콘크리트와 강판과의 접착에는 에폭시계 수지재료가 사용된다. 접착방법에 따라 압착법과 주입법이 있다.

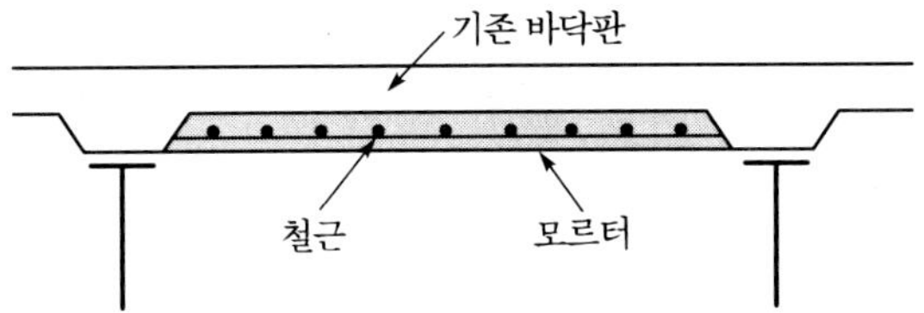

그림 17.3.9 모르터 뿜칠에 의한 보강

⑥ 모르터 뿜칠에 의한 상판보강

바닥판의 인장콘크리트면에 철근을 추가로 배근하고 여기에 모르터를 뿜칠하여 붙여서 기존의 바닥판과 일체화시키는 방법이다. 이 방법은 결과적으로는 인장철근량을 증가시킴으로서 바닥판의 내력 증가를 꾀하는 것이다(그림 17.3.9). 기존 바닥판의 표면은 모르터 부착이 쉽도록 이물질을 완전히 제거해야 하며, 모르타르가 경화될 때까지 상판에 진동 및 변형이 가해지지 않도록 통행규제 등의 배려가 필요하다.

⑦ 바닥판의 자유 연단부 보강

자유단 바로 밑에 횡형을 설치하여 여기에 바닥판을 지지시켜서 이 부분에 작용하는 휨모멘트를 경감시키는 방법이다. 횡형 설치와 횡형과 바닥판 밑면을 지지시키는 방법은 종형증설과 동일하다.

⑧ 바닥판의 교체공법

확실한 내하력 증가 및 국부적인 보수·보강이 불가능한 부분에 사용하며, 콘크리트 바닥판을 다른 형식으로 교체하여 사하중을 경감시킨다(그림 17.3.10). 교체되는 바닥판 형식으로는 다음과 같이 것이 있다.

- 강 바닥판
- 콘크리트 채움 I형 격자 바닥판
- 복공판 형식의 강 또는 주철 패널 바닥판

이것들은 현장타설 철근콘크리트 바닥판에 비해 공사비는 비싸나 일반적으로 경량이고 또한 공기도 상당히 단축할 수가 있다.

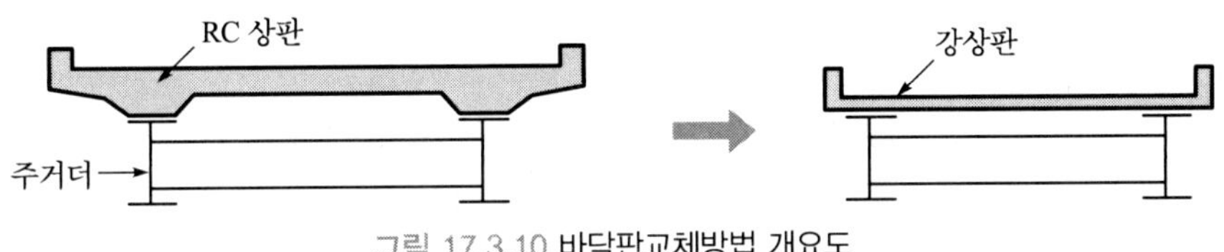

그림 17.3.10 바닥판교체방법 개요도

강교 상부구조의 보수 · 보강 공법

① 주형의 교체방법

주형을 새로운 주형으로 교체하여 확실한 내하력을 증가시키기 위해 사용된다.

② 교정공법

변형부를 수정하는 공법으로 이상외력에 의해 변형된 부재를 복원시키고, 보강 첨가판을 함께 사용하는 경우가 많다. 실적도 많으며 일반적인 공법이다(그림 17.3.11).

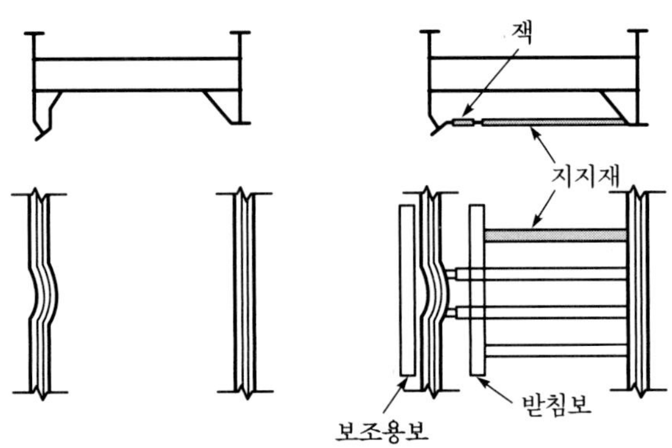

그림 17.3.11 주거더 플랜지의 변형의 교정공법

③ 스톱홀 공법(고장력 볼트 병용)

균열의 일시적인 발달정지, 피로균열의 발달정지를 목적으로 하는 공법으로 균열선단에 ϕ24mm 정도의 홈을 뚫어 선단응력을 감소시킨다. 고장력볼트로 균열을 체결하는 방법과 병용 사용하는 경우가 많고 균열의 진행방지를 위한 일반적이고 실적도 많은 공법이다(그림 17.3.12).

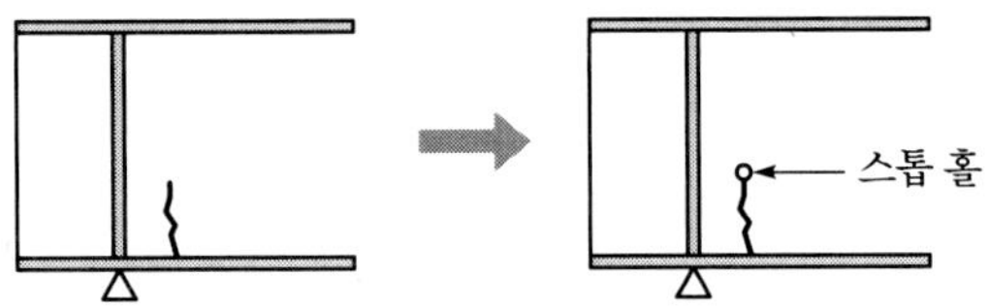

그림 17.3.12 스톱홀 공법의 개요도

④ 첨가판 보강공법

균열의 발달정지와 피로균열의 저지, 손상부재와 강도부족 부재에 대해 첨가판을 첨가하여 기존부재에 고장력 볼트를 접합한다. 주거더의 웨브에 균열 발생시 적용공법으로 사용실적이 많은 공법이다(그림 17.3.13).

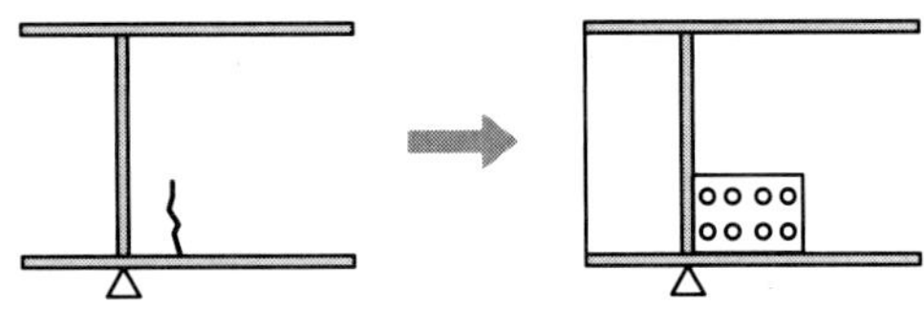

그림 17.3.13 첨가판 보강공법의 개요도

⑤ 용접보수공법(TIG 처리병용)

피로균열 등에 의해 거더가 손상된 경우의 보수에 이용되며, 피로에 의한 손상부재에 대해 균열이 적은 경우 가우징으로 재용접하고 용접단부를 TIG(Tungsten Inert Gas)용접 처리한다. 주형의 갭부에 균열이 발생 시 보수에 이용하며 사용실적이 많다(그림 17.3.14).

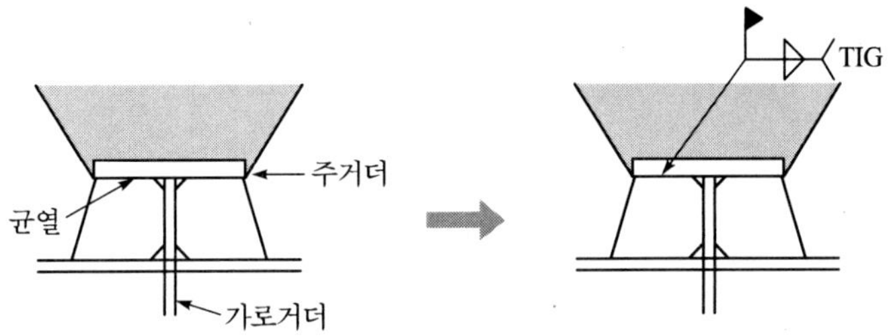

그림 17.3.14 균열구조와 TIG보수 개요도

⑥ 플랜지 보강재공법

주형 하부플랜지 단면에 보강재를 용접이나 고장력 볼트로 접합하여 내하력을 증가시키는 공법으로 일반적인 보강공법으로 많이 쓰인다(그림 17.3.15).

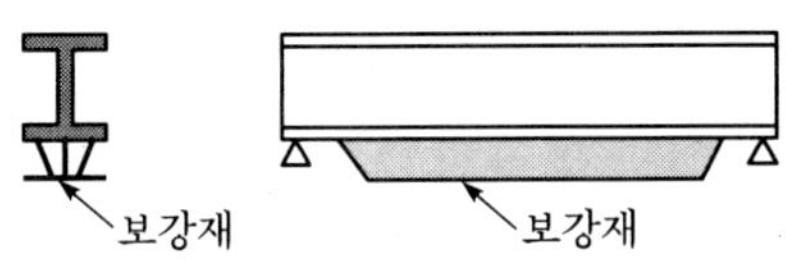

그림 17.3.15 플랜지 보강재공법

⑦ 겹침부재 공법

기존주형과 신설주형을 중첩시켜 내하력을 증대시키는 방법으로, 거더 하부공간에 여유가 있는 경우에 이용된다(그림 17.3.16).

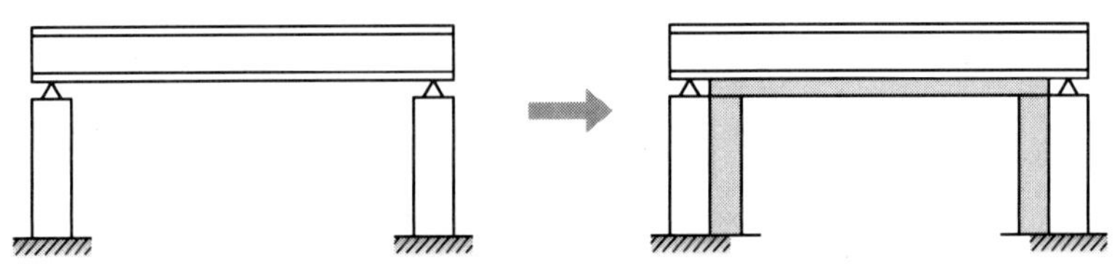

그림 17.3.16 겹침부재 공법의 개요도

⑧ 첨가판에 의한 고장력볼트 체결공법

단부에 보강재를 용접하여 고장력볼트로 체결하여 부식발달방지, 응력집중에 의한 균열발달 방지, 하중증가에 의한 변형방지, 내하력 증대, 작용력저감 등의 효과를 얻을 수 있는 가장 일반적인 보강법이다(그림 17.3.17).

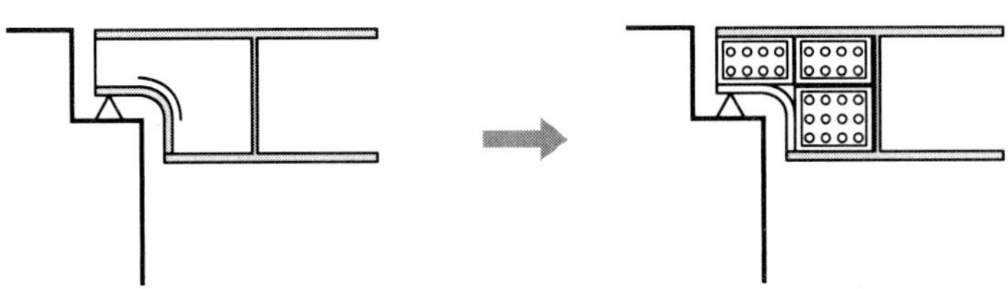

그림 17.3.17 첨가판에 의한 고장력 볼트체결공법 개요도

⑨ 지지공법

응력집중에 의한 균열발달방지, 내하력 증대, 작용력저감을 위하여 새로운 지점을 증설하여 지점반력을 저감시키는 방법이지만 공간 등의 문제로 별로 사용실적은 없다(그림 17.3.18).

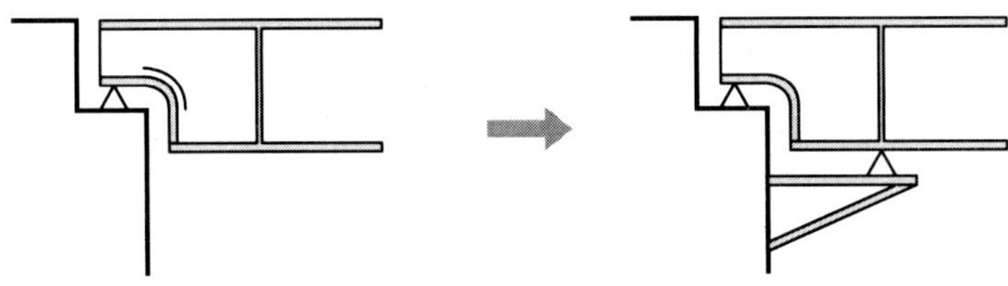

그림 17.3.18 지지공법의 개요도

⑩ 가열교정

충돌사고 등으로 인한 변형부재, 변형이 국부적으로 심한 부위에 가열버너를 이용하여 변형부위를 회복시키는 방법이다.

17.3.2 하부구조의 보수 및 보강공법

하부구조의 변형은 교대·교각의 파손과 기초의 파손, 기초지반의 변형으로 구분된다. 하부구조의 변형은 우선 건설 당시 기초의 침하 혹은 콘크리트의 균열로 나타나고, 그 후에는 기상작용과 교통하중을 반복하여 받아서 시간의 경과에 따라 콘크리트의 열화현상이 발생되는 것이 일반적이다. 하부구조의 보수·보강은 일반적으로 작업조건의 제약을 받고 입지적으로도 수상·수중·높은 곳·경사진 곳 등에서 작업하는 경우가 많아 대부분 시공조건이 좋지 않다. 따라서 강도가 부족하여 보수하는 경우에도 직접적인 보수보다 주변 지반의 개량 등 간접적인 보수가 유리할 때도 있다. 교대·교각의 보수·보강공법은 표 17.3.2와 같다. 또한 그림 17.3.19~17.3.25는 하부구조의 보수·보강공법을 나타내고 있다.

표 17.3.2 교대 · 교각의 보수 · 보강공법

공법명	목적	공법명	목적
하부구조의 균열 보수공법	균열대책	기초의 보강콘크리트 타설공법	지반활동
하부구조의 균열에 대한 그라우팅 공법	균열대책	폴리머에 의한 말뚝의 피복공법	
콘크리트의 열화 보수공법	열화대책	긴 말뚝의 보수공법	
기둥균열의 RC 보강공법	균열대책	부식된 강구조물의 방식보강공법(그림 17.3.25)	
PS도입에 의한 교각 보강공법(그림 17.3.19)	내하력 증가	침하대책의 강관 압입공법	
강판에 의한 보강공법	내하력 증가	교대의 회전 보수공법	교대변위
탄소섬유에 의한 교각보강(그림 17.3.20)	손상대책, 내하력 증가	파랑에 대한 보수공법	파랑대책
시공불량 교각의 부분치환공법	철근노출, 콘크리트의 박리	EPS에 의한 배면토압 경감공법	변위, 이동
하부구조의 응급 보강공법	응급보강	주변지반 개량공법	지반개량
모르타르 충전에 의한 단면 보수방법(그림 17.3.21)	단면보수	세굴에 대한 지반 개량공법	세굴대책
RC 하부구조의 단면 보수방법	박리나 철근 노출대책	기포 콘크리트에 의한 압밀침하 억제공법	침하
세굴 및 하상저하 방지공법(그림 17.3.22)	세굴하상저하대책	신설교각과 기존교각의 일체화 공법	침하
콤팩션 그라우팅 공법	지반강화 대책	홍수류 대책	홍수류 대책
토류벽과 콘크리트 말뚝에 의한 세굴대책(그림 17.3.23)	세굴대책	역 L형 교각의 균열보수 공법	균열대책, 내하력 증가
블록으로 교각주위를 보강하는 공법(그림 17.3.24)	세굴대책	비대칭교 날개벽의 보수	균열대책, 내하력 증가
거더보로 말뚝에 하중 분담시키는 세굴방지 공법	세굴대책	세굴에 대한 신설푸팅과 말뚝에 의한 하중분담	세굴대책
세굴에 의한 가설제 및 지중연속벽 보강공법	세굴대책	국부세굴의 보수를 위한 널판법	세굴대책

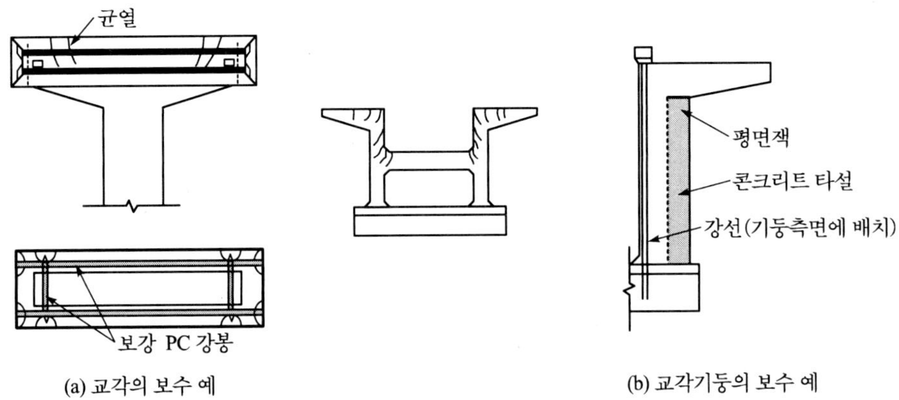

그림 17.3.19 PS도입에 의한 교각의 보강공법

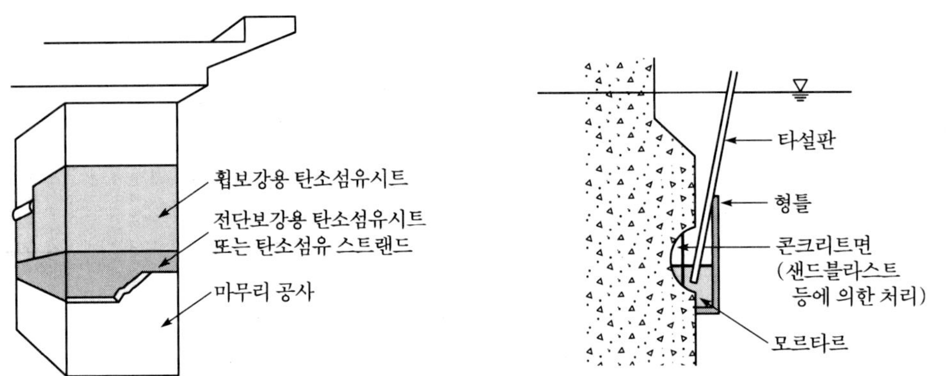

그림 17.3.20 탄소섬유에 의한 교각보강공법

그림 17.3.21 모르타르 충전에 의한 단면의 보수공법

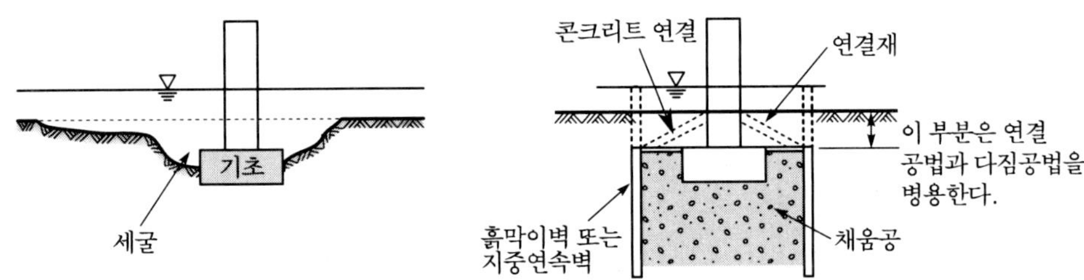

그림 17.3.22 흙막이벽, 지중연속벽에 의한 기초주변의 보강(세굴 및 하상저하 방지공법)

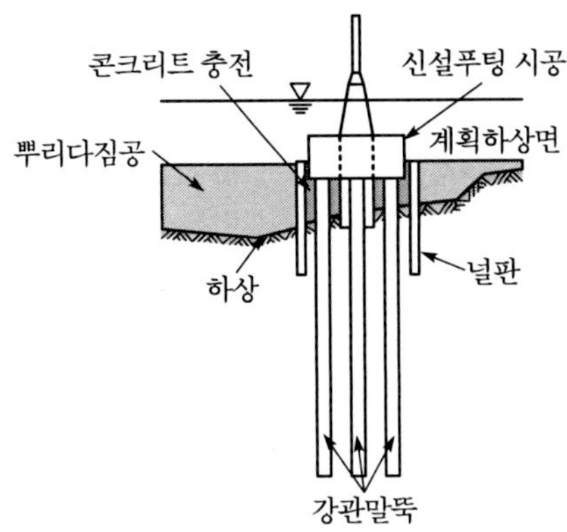

그림 17.3.23 널판과 콘크리트 충전으로 주변을 다지는 방법(토류벽과 콘크리트 말뚝에 의한 세굴대책)

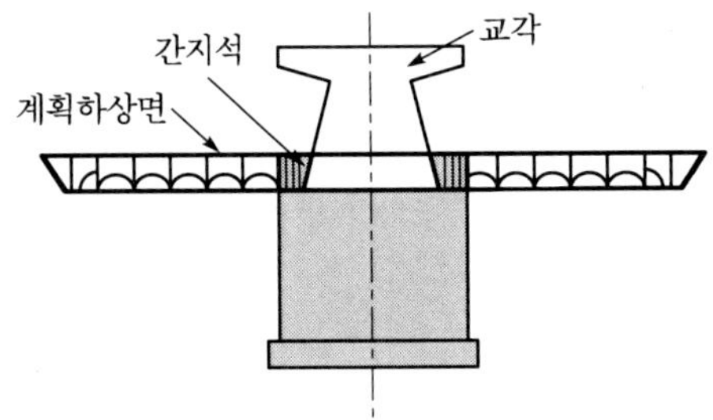

그림 17.3.24 뿌리 다짐공으로 주변을 다지는 방법(블록으로 교각주위를 보강하는 공법)

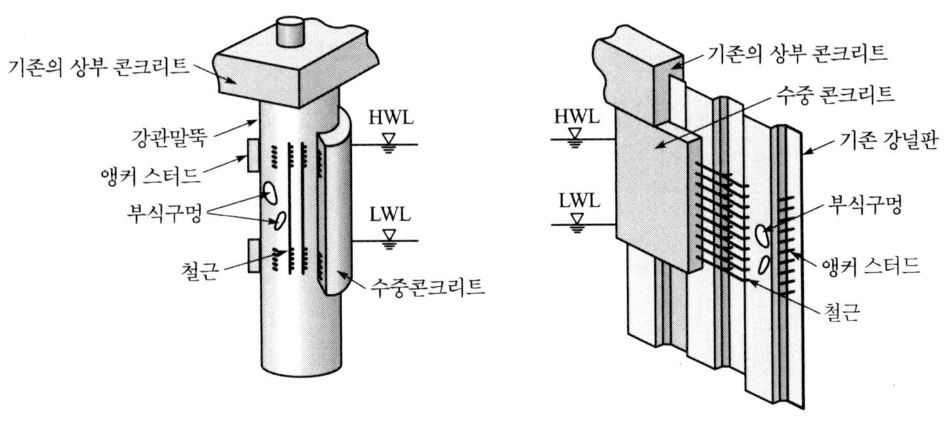

그림 17.3.25 부식된 강구조물의 방식보강공법

17.3.3 포장

① 패칭공법

패칭(patching)이란 균열·구멍 등 비교적 좁은 면적의 손상된 곳을 절취하여 아스팔트 혼합물로 단순히 보수하는 것을 말한다. 패칭에 사용하는 아스팔트 혼합물은 기존

포장과 같은 종류의 것을 사용하는 것이 원칙이지만, 일반적으로는 가열 아스팔트 혼합물이 사용된다. 특히 긴급을 요하는 때는 상온 아스팔트 혼합물도 사용된다(그림 17.3.26).

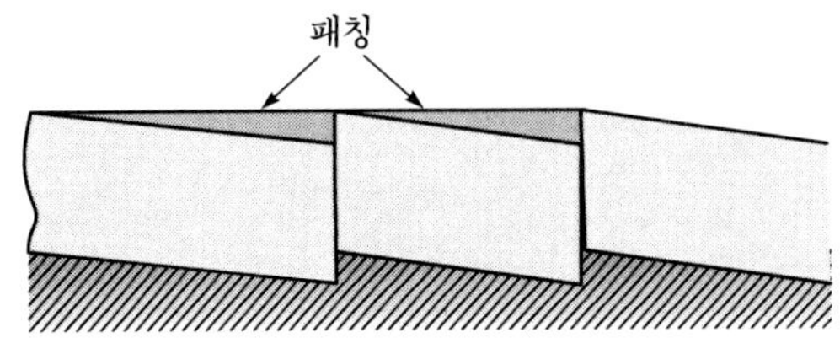

그림 17.3.26 단차의 패칭

② 실링공법

포장의 균열의 방치해두면 물과 공기의 침투에 의해 아스팔트가 점착력을 잃어 구조물로서의 포장수명이 단축되고, 강 바닥판일 경우에는 부식이 발생하게 된다. 이를 방지하기 위해 포장 타르(tar)등을 사용하여 균열을 채우게 되는데 이를 실링(sealing)이라고 한다.

③ 절삭공법

포장절삭(cut-out)은 재포장 또는 오버레이를 위한 절취와 노면요철의 수정을 위한 절삭으로 크게 나뉘게 된다. 절삭하는 방법은 로드히터(road hearter)로 가열한 후 모터그레이더의 삽날 또는 로터리 커더(rotary cutter)로 깎아낸다. 로터리 커터는 모터그레이터에 비해 시공능력이 우수하고 절삭 후 평탄성이 좋으며 패재처리가 용이한 이점이 있어 각국에서 많이 이용되고 있다.

④ 안전그루빙 공법

안전그루빙(safety grooving)이란 노면의 마찰계수를 증대시키고, 특히 비오는 날에 하이드로플래닝(hydroplanning) 현상에 의한 자동차 사고를 방지할 것을 목적으로 포장노면의 깊이·폭·모양이 일정한 여러 개의 얕은 홈을 파는 종형 안전그루빙과 횡형 안전그루빙으로 분류되며, 시공 장소에 따라 다음과 같이 적용된다.

- 종형안전그루빙 : 곡선부, 오르막 길, 강한 횡방향 바람을 받는 직선부
- 횡형안전그루빙 : 합류부, 요금징수부, 교차부, 횡단로, 제동거리를 짧게 할 필요가 있는 곳

안전그루빙의 형식은 일반적으로 폭 3~5mm, 깊이 3~5mm, 홈의 간격 10~25mm로 노면의 상태·선형·주행속도 등의 조건에 따라 다르다. 그림 17.3.27은 대표적인 안전

그루빙 형식이다.

⑤ 표면처리 공법

얇은 실링층을 이용하여 포장노면의 기능회복 외에 노면의 미끄러짐 저항을 유지 또는 회복시키기 위한 공법이다.

⑥ 재포장 공법

표면처리와 박층 오버레이 등은 표면의 처리에 그치는 것으로 포장의 손상이 비교적 경미한 경우에 한하며, 그 효과의 지속성도 비교적 짧고 반복하여 보수해야 한다. 재처리가 곤란하게 되었다든지 구조상 오버레이의 중복이 불가능하게 포장이 파손되고 바닥판의 보호와 본래의 공용성이 심하게 저하된 경우에는 재포장을 시행한다. 손상의 정도에 따라 바닥판 위의 전포장 두께에 미치는 재포장, 표층만 재포장하는 방법과 부분적인 임의 두께로 재포장하는 3가지의 방법이 있다.

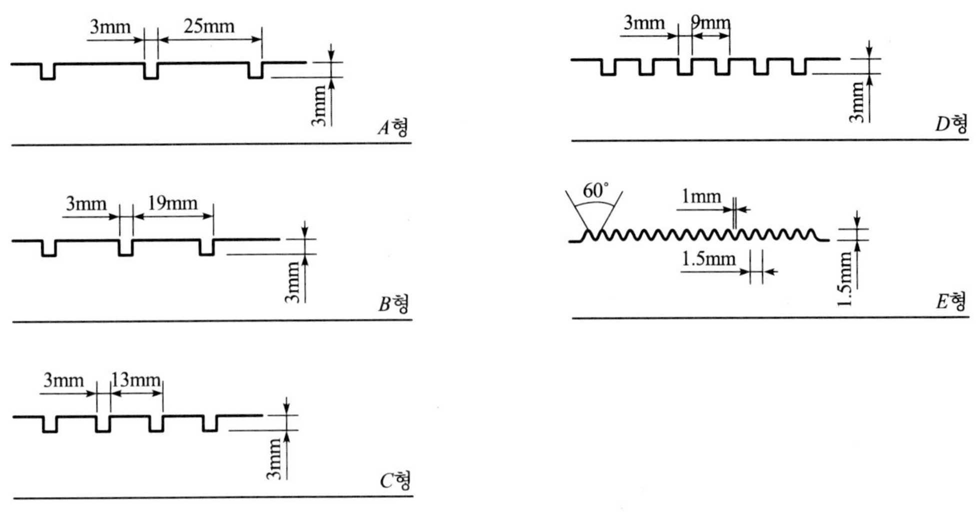

그림 17.3.27 대표적인 안전그루빙 형식

17.3.4 배수시설

① 배수시설의 보수

배수시설이 불량하여 교면상에 물이 고이면 주행하는 자동차에 큰 지장을 줄 뿐 아니라 겨울철에 빙판을 이루어 사고의 원인이 될 수 있다. 또한 교량의 아래로 도로가 지나가는 경우에는 교량 아래로 흙탕물이 튀어서 다른 주행하는 차량에 피해를 주기도 한다. 또한 신축장치의 손상부를 통하거나 배수구의 시공 잘못에 의해 받침이나 강거더 등에 물이 침투하여 부식의 원인이 되기도 하며, 특히 겨울철에 눈을 녹이는 제설재의 침투에 의해서 부식은 더욱 심해진다. 이와 같이 슬래브 배수문제는 교량의 유지에 있어서 상당히 중요한 문제로 주기적인 점검을 통해 청소와 보수를 해야 한다.

② 교면 배수장치의 보수

교면 집수구로부터 주거더의 상부 플랜지를 통과하는 배수관 주위에서 콘크리트의 습윤 및 유리석회가 발견되고 설해에 강한 강우 시에는 배수관을 흐르지 않는 표면수가 주거더의 웨브 및 플랜지로 유출된다. 동절기의 누수에는 융빙제가 함유되어 있기 때문에 콘크리트의 염화물이 허용치 0.4%(시멘트의 중량비)를 크게 초과하여 장소에 따라서 3%인 곳도 나타난다. 이러한 손상의 원인은 부적절한 배수구의 설치에 의해서 발생하고, 바닥판의 방수층이 플랜지위까지 충분히 시공되지 않았으며, 이로 인해 접합부로부터 누수되어 배수관을 통하지 않고 하부로 침투하는 결과를 초래한다. 이의 보수방법은 다음과 같다.

- 각 상부구조의 아래 위치해 있는 연석을 따라서 1.6m 폭의 포장과 방수층을 철거한다.
- 염화물을 다수 함유하고 있는 콘크리트부는 깎아버리고 접착층을 시공한 후 입경 16mm의 보수 모르타르를 보충한다.
- 집수통을 설치하고 접착부 플랜지의 방수를 목적으로 전면을 덮는 합성수지막을 접착한다.
- 마지막으로 1cm 두께의 아스팔트 마스틱으로 이루어진 방수층을 바닥판전면 및 지수통 주위에 시공한다.

표 17.3.3 교좌장치의 보수 및 보강공법

보수 및 보강 공법	손상 분류	손상의 원인
교좌장치의 모르타르 보수공법	콘크리트	균열, 파손(탈락)
게르버거더의 힌지부 보수공법	콘크리트	균열, 박리
이동제한 장치의 신설공법	강재, 고무재, 시일재, 패킹재	균열, 파손(파단), 변형
하부교좌의 개조공사	콘크리트	균열
교좌의 부식에 대한 일부 교체공사	콘크리트 강재	균열, 파손(탈락), 부식
교좌의 교체	콘크리트 강재	파손(탈락, 파단)
교좌부의 확폭공법	콘크리트	파손(탈락)
교좌콘크리트의 보강 및 확폭	콘크리트 강재	균열, 파손(탈락, 파단)
이동 여우폭 확보를 위한 이탈 방치턱의 절단	콘크리트 강재	변형, 균열, 파손(탈락)
철근 방청공법	고무재, 시일재, 패킹재	노화, 균열

17.3.5 교좌장치

받침의 보수는 좁은 부위에서 시공하고 단시간에 작업이 이뤄져야 하는 등의 제약요인이 많으므로 조속하고 확실하며 안전한 보수공법과 시공기계의 선택이 필요하다. 교좌의 손상에 따른 보수·보강공법은 표 17.3.3과 같다.

17.3.6 신축이음 장치

신축이음의 파손에 따른 보수·보강 방법과 문제점 등에 대해서 표 17.3.4에 요약하였다.

표 17.3.4 신축장치의 보수 · 보강방법과 문제점

파손이상의 분류	파손의 정도	보수방법	시공성	문제점
조인트 부근 포장부의 결손	경미	패칭	비교적 용이	기존포장과의 접착성 문제
	파손이 많음	치환	곤란	장시간 교통문제
조인트낙하 및 토사의 관입	토사 관입	청소	용이	
	조인트 낙하	경미한 경우는 조인트 시일	용이	
		신축장치의 부분 또는 전체교체	곤란	장시간 교통문제
후타앵커 콘크리트의 파손	경미	균열시일	용이	
	손상이 많음	국부 또는 전부 교체	곤란	후타재의 시공관리가 어렵고, 경우에 따서는 신축장치 본체의 교체가 필요
페이스 플레이트, 고무본체의 파손	경미		용이	
	손상이 많음	전부 교체	곤란	장시간의 교통 통제
앵커볼트, 앵커재의 느슨함	앵커볼트의 느슨함	조임	용이	회전방지 부착재 사용
	앵커볼트의 파손	교체	곤란	장시간의 교통 통제
	앵커볼트의 결손	교체	곤란	장시간의 교통 통제
단차	조인트의 단차	교체 또는 높임	곤란	장시간의 교통 통제
	후타재 전후의 요철	평탄화	다소 곤란	
강거더와의 접합불량에 의한 차량 주행 시의 소음	소음 경미	볼트의 조임 또는 앵커바의 용접	곤란	장시간의 교통 통제, 작업공간 협소
	접합볼트의 파손	교체	곤란	장시간의 교통 통제, 작업공간 협소
배수기능 상실	토사 추적	청소	곤란	작업공간 협소
	배수통의 부식, 파손	교체	곤란	작업공간 협소

CHAPTER

18

유지관리시스템

18.1 개설

급격히 증가되고 고도화되어온 사회기반시설물의 효율적 관리를 위해서 다양한 기술적·제도적 노력이 설계·해석·시공 기술의 발전 못지않게 이루어져 왔으나 상대적으로 주목받지 못하였다. 하지만 국내 사회기반시설물 건설이 포화상태에 이르고 기존 시설물들의 노후화가 진행되면서, 또한 복지 중심의 정책기조 변화로 인해 충분한 유지관리 예산의 확보가 어려워진 상황에서 시설물의 관리에 대한 관심이 증대되고 있다.

교량은 교통과 물류 흐름을 위한 도로망의 핵심 연결고리로서 다른 사회기반시설물에 비해 구조적 복잡성과 사고발생시 파급력 등으로 인해 일찍부터 체계화된 관리시스템이 존재하였다. 지속적인 교량의 규모 증가와 노후화의 확대로 인해 전산화된 관리체계가 요구되었으며, 정보통신기술(Information and Communication Technology; ICT)의 발전과 함께 다양한 기술적 적용과 개선이 이루어져왔다. 국내의 전산화된 교량관리시스템(Bridge Management System; BMS)은 이미 1990년대 중반의 각종 시설물 붕괴사고로 인해 도입되었으나, 컴퓨터의 기능, 활용성 등의 부족으로 효과적인 도입과 활용이 이루어지지 못하였다. 2000년대 들어와 ICT의 발달로 보다 개선된 전산시스템이 개발되었으나, 대부분 정보의 축적과 흐름 관점에 치우쳐 왔다. 최근에는 교량 정보의 체계적 관리 및 분석을 통해 전(全) 생애 동안의 유지관리 전략, 계획 등 관리주체의 정책 수립과 시행을 지원하고자 하는 BMS의 기본 목적에 부합하는 시스템들이 개발되고 있다.

시설물의 노후화가 이미 사회문제로 대두되고 있는 선진국에서는 눈앞의 단기적인 유지보수뿐만 아니라 국가적인 차원에서의 중장기적인 관리에 대한 필요성을 인식하고 생애주기 동안의 예산과 성능변화를 고려한 자산관리 개념의 접근을 시도하고 있다(AASHTO 2011, TRB 2010). 단순한 유지관리 관련 목록(inventory)의 입력에서부터 상세구조정보, 성능 및 비용 정보에 이르기까지 다양한 정보를 데이터베이스화하여 구축하고, 이러한 정보에 기반하여 성능 열화 및 향상 모델, 비용모델 등이 개발되고 있다. 입력정보 및 예측 모델을 활용하여 적정예산, 목표관리수준 등을 고려한 최적 의사결정 대안을 제공하는 수준까지 발전하고 있다. 또한 발전된 ICT 도입을 통해 효율성과 합리성을 증진하고자 하는 노력이 병행되고 있다(Mirzaei 외 2014). 국내에서도 노후 시설물의 증가와 함께 자산관리에 대한 연구와 생애주기를 고려한 관리체계에 대한 연구가 진행되어 왔다. 또한 3차원모델기반 정보관리와 빅데이터(big data) 분석을 통한 의사결정 지원에 대한 기초적인 연구가 진행되고 있다. 최근에는 국토교통부에서 교량 유지관리 정보의 관리와 장단기 관리전략의 분석을 위한 GIS(Geographic Information System), 웹(web) 및 모바일 등 첨단 ICT의 접목으로 효율성과 합리성이 전제되고 실적용성이 확보될 수 있는 BMS를 개발하여 운용하고 있다. 또한 급격하게 증가된 케이블교량, 해상교량, 특수교량 등의 유지관리를 위하여 계측·모니터링시스템의 구축이 광범위하게 이루어지고 있다.

본 장에서는 우선 구조물의 유지관리에 대한 일반사항에 대해 기술하고, 교량구조물의 유지관리를 위해 최근 개발되어 활용되고 있는 BMS의 현황과 국내 구축 사례를 알아보고 대형교량에 적용된 계측·모니터링시스템에 대해 개략적으로 기술하였다.

18.2 구조물의 유지관리

18.2.1 일반사항

일반적으로 유지관리를 수행하는 방식에는 사후유지관리(breakdown maintenance) 방식과 예방유지관리(preventive maintenance) 방식이 있다. 구조물은 일반적으로 시간의 경과와 함께 구조손상이 누적되어 노후화가 진행되지만 그 이외에도 설계결함이나 부실시공에 의한 결함이라든지 외력·환경의 변화 등에 의한 문제점이 발생하여 건전성의 저하가 가속될 수 있는데, 이에 대한 방치·사후관리·예방관리와 같은 대응방법에 따라 건전성의 저감속도는 크게 달라질 수 있다. 이러한 구조물의 신설에서 사용상의 기능을 상실할 때까지의 시간경과에 따른 건전성의 변화모형을 그림 18.2.1과 같이 나타낼 수 있다.

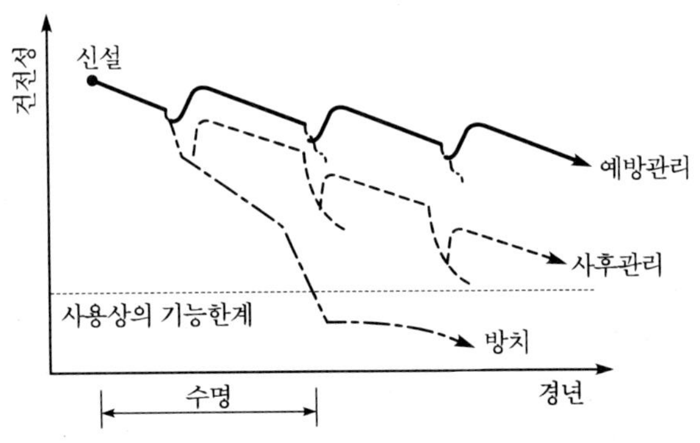

그림 18.2.1 시간경과에 따른 기능변화 개념도

건설의 시대에서 유지관리의 시대로

우리나라는 1960년대 국가경제발전에 따라 사회기반시설물을 비롯한 각종 시설물들이 본격적으로 건설되기 시작하였고 최근까지도 건설된 구조물의 유지관리보다는 새로운 구조물의 건설에 치중하여 왔다. 그러나 이제 우리나라의 토목건축분야도 건설의 시대에서 유지관리의 시대로 바뀌어 가는 전환점을 향해가고 있다. 최근 주요 선진국의 건설시장규모 중 유지보수가 차지하는 비중은 40%를 상회하고 있는 것으로 보고되고 있다. 우리나라는 전체 국내총생산(GDP, Gross domestic product)의 14% 가량을 차지하는 건설투자 시장에서 유지관리는 20% 중반을 유지하고 있는 것으로 보고되고 있다.

특히 토목구조물은 건설시점의 지형·지반환경 조건이 다르고 각각의 사용 목적에 따라 독립적으로 건설되는 것이기 때문에 개별성이 극히 강하며 구조물에 이상이 발생하여도 원인·형태·진행상황이 구조물마다 다르게 된다. 따라서 유지관리에 있어서도 각 구조물의 결함·특성을 충분히 파악한 후에 구조물 자체 혹은 주변환경의 변화를 점검하여 필요한 시기에 적절한 유지관리를 행하는 것이 바람직하다. 유지관리는 구조물에 관한 전문적인 이해를 필요로 하며 그 자체가 건설산업분야의 중요한 전문분야로서 개별적인 유지보수의 차원이 아닌 체계화된 유지관리방식이 필요한 실정이다.

18.2.2 교량의 유지관리

교량의 유지관리란 일반적으로 일정한 수준의 서비스 만족도를 위해서 교량을 관리하는데 목적을 두는 모든 작업을 의미한다. 이를 위해서는 교량의 내하력과 안전도 및 기능적인 부분까지도 구분하여 각각의 경우에 적합한 유지관리 행위를 수행하게 된다. 특히 교량유지관리 목적은 핵심은 노후화를 가능한 최소화하고 교량의 수명을 연장하면서 그 기능을 확보하는데 있다. 이를 위해서는 다양한 자료의 축적과 비용에 대한 경제적인 접근법이 필요하다. 이러한 목적을 이루기 위해서는 중요 구조물에 대한 상시계측·모니터링시스템 도입, 전산화 종합통제시스템의 운용 등을 통한 예방유지관리를 지향하여야 한다. 한편 시공단계에서도 유지관리를 위한 계측·모니터링시스템의 설치를 중시하고 있으며, 공용직전의 검증재하시험 및 건전도 시험 적용사례가 점점 증가하고 있다.

교량유지관리의 필요성

현재 국내에서는 시설물의 내구연한에 관한 특별한 규정이 없지만 모든 시설물 중 특히 교량은 100년 이상 장기간 공용될 수 있도록 건설되는 것이 일반적일 것이다. 그러나 차량의 대형화, 교통량의 증가, 기상 및 환경조건의 변화, 설계 및 시공의 엄밀성 결여, 유지관리 소홀 등으로 인한 결함(defect) · 손상(damage) · 열화(deterioration) 때문에 교량의 성능이 저하되면서 안전도 저하, 교통장애, 교량 폐쇄 및 붕괴 등의 중대사고에 이르기도 한다. 따라서 교량 유지관리업무가 필요하게 되는데 이러한 교량의 유지관리목적은 교량의 내구수명 확보, 안전성과 사용성의 장기간 확보, 교통장애의 최소화, 쾌적한 주행성 제공, 현재와 미래의 유지관리 경제성 확보, 손상 · 결함 · 열화의 조기발견으로 인한 붕괴방지 및 보수비용의 절감 등에 있다고 할 수 있다.

교량유지관리 시 고려사항

교량의 유지관리 시에는 안전도 · 교통 · 경제성 등에 대해서 고려해야 한다. 이러한 세 가지 사항은 실제에 비해 거시적으로 판단되는 면이 있으며 각각의 사항들이 한 방향으로 치우침이 없이 조화를 이루도록 해야 한다. 예를 들어 너무 경제적인 면만 추구하게 될 경우에는 다른 조건들과의 균형을 맞추는데 있어 오히려 역효과를 낼 수 있다. 따라서 이러한 고려사항들은 동시에 고려되기 힘들다 하더라도 본래의 교량 유지관리 목적에 충실할 수 있도록 각 항목들에 대해서 보다 세밀하게 접근해야 한다.

교통의 안전한 흐름을 유지하는데 있어서 교량의 구조적인 안전도는 중요한 항목이다. 그러나 구조물의 파괴에 대해서 높은 안전율을 가지기 위해서는 비용에 제한을 받게 되기 때문에 경제적으로 보다 효율적인 방안을 모색하여야 할 것이다. 또한 교량은 인접한 도로에의 접근성 · 사용성 · 편안함 등에 대하여 어떤 기준을 갖고 차량이 통행하도록 하여야 한다. 유지관리 업무는 교통에 지장을 주지 않도록 하여야 하며, 교량구조물에 필요한 보수작업이 수행되더라도 교통에 미치는 영향이 최소화될 수 있어야 한다.

18.3 교량관리시스템

18.3.1 일반사항

교량관리시스템(BMS: Bridge Management System)이란 교량과 관련한 기본자료의 저장, 정기적인 점검 및 진단을 통한 교량의 상태 및 수명에 대한 예측, 노후교량의 보수 · 보강방법의 결정 · 교량정보의 교환과 교통소통의 편의를 도모하기 위한 네트워크의 구축, 이의 집행을 위한 예산의 편성 및 책정 등을 통하여 교량을 보다 체계적이고 안전하며 효율적으로 관리하기 위하여 일정지역에 설치 · 운용하는 종합시스템을 의미한다.

BMS는 (1) 계측/모니터링 시스템, (2) 분석/평가시스템, (3) 유지보수/통제 시스템, (4) 자료 관리시스템 (5) 전후처리시스템 등의 부시스템(subsystem)으로 구성되며, 시설물이 상태분석 · 보수 및 보강 우선순위 결정 · 예산할당 및 분배 · 보수 및 보강 등의 시험과정을 포함한다.

각 단계마다 첨단 Bayesian, Fuzzy, 신경망(Neural Network), 구조계특성추정기법(System Identification), 확률 통계 분석기법과 신뢰성 분석기법, 그리고 Decision Theory, 최적화(Optimization)기법 등의 연구를 통해 적정한 기법을 선정하여 교량의 자동감시 및 전산화 유지관리를 위한 최적 유지관리 시스템을 개발하고자 하는 것으로서 최적 관리시스템, 신뢰성해석 및 건전성평가의 이론적 연구뿐만 아니라 첨단 계측제어시스템의 도입, 전문가시스템 도입을 위한 각종 모듈의 구축 등을 실제 구조물에 적용, 운용하여야 하며, 또한 이러한 시스템은 교량의 유지관리에 대한 전문적인 지식이 없는 토목기술자라도 쉽고 편리하게 활용할 수 있는 환경을 제공하는 지침서와 소프트웨어로 이루어져야 한다.

BMS의 목적 및 요구조건

BMS의 목적은 네트워크상에 있는 모든 교량을 대상으로 가장 효과적인 유지관리작업을 결정하기 위하여 경영 · 경제 · 공학적인 지식을 결합하여 객관적이고 체계적인 의사결정수단을 구축하고자 함이다. 즉 기술자들이나 정책결정자들이 교량의 안전성을 강화시키고 기존의 사회기반시설을 보존하며 상업적으로 혹은 대중에 대하여 적절한 사용성을 제공하도록 교량과 관련한 예산을 효율적으로 분배하여 자본의 활용을 극대화하기 위한 것이라고 할 수 있다. 이러한 BMS를 통해서 다음과 같은 세부적인 목표를 이룰 수 있다.

- 구조물의 손상방지를 통한 사용자의 안전성 확보
- 교량의 노후화예방을 통한 사용연한 연장
- 교통에 대한 최적의 상태 제공
- 총체적인 관리를 통한 경제성 제고
- 신속 · 정확하고 효율적인 업무의 처리
- 교량의 수학적 통계적 자료 제공

또한 위와 같은 목적을 달성하기 위한 BMS를 구축하기 위해서는 다양한 조건들이 요구될 수 있으나 이를 요약하여 정리하면 다음과 같다.

- 현장점검에 근거한 네트워크상 교량의 현재상태에 대한 기술

- 네트워크상 교량 상태의 개선여부에 대한 검증
- 주어진 예산범위 안에서 유지관리와 개선을 위한 최적요건에 대한 결정
- 예방적 유지관리를 통한 비용절감에 대한 평가
- 보수·교체 및 개선방안에 대한 우선순위 결정
- 단일년도 혹은 다년도 정책방안에 있어서 교량유지관리에 대한 특별프로그램의 제안
- 만약의 사태에 대비한 대책으로서 예산 및 비용지출에 대한 분석방법의 제시
- 교량정책, 프로그램 및 예산에 관하여 사용자 및 관리자간의 효과적인 정보교환에 대한 보장

이외에도 다양한 요건이 있으나 무엇보다도 BMS는 컴퓨터를 비롯해 다양한 ICT를 활용한 지원체제가 확립되지 않는다면 방대한 양의 자료 수집 및 처리, 활용에 한계가 있으므로 첨단 ICT 기반 시스템의 구축에 많은 노력을 기울여야 할 것이다.

BMS의 관리정보 및 기능

최근의 교량관리시스템 현황조사 결과(Mirzaei 외 2014)를 분석하면 전산화된 BMS에서 기본적으로 요구되는 정보 및 기능들은 표 18.3.1 및 표 18.3.2와 같이 나타낼 수 있다. 초기의 BMS는 과거 이력에 기반하여 현재시점의 유지관리 계획을 수립하는 것에 집중하였으나, 최근에는 비용 및 성능 예측모델을 이용한 생애주기비용 분석을 통해 장래의 보수보강비용 추세 분석, 예산의 증감에 따른 성능 변화 분석 등이 가능하도록 발전되고 있다.

표 18.3.1 BMS의 관리 정보

구분	정보
점검 및 진단 정보	상태, 내하성능, 안전도, 위험도
비용정보	점검진단비용, 보수보강비용, 교통지연비용, 사고비용, 환경비용
조치정보	부재수준, 교량수준, 교량군(群)수준
예측정보	열화모델, 조치효과, 개량정보, 최적조치전략, 실행계획
정보 활용	예산요구, 성능기준 정립, 예산근거

표 18.3.2 BMS의 주요 기능

기능	세부 기능
정보관리	교량 정보관리
	점검진단 정보관리
	보수보강, 개량사업 정보 관리
예측 모델	성능변화 추정 모델
	유지관리 비용 산정 모델
부재 및 교량 수준 관리	생애주기비용 분석
네트워크수준 관리	상태등급, 잔존수명 등을 고려한 우선순위 선정
	위험도 분석

18.3.2 국외 BMS 구축 현황

IABMAS(International Association for Bridge Maintenance and Safety)의 교량관리 위원회(Bridge Management Committee; BMC)는 학술대회와 연계하여 2년마다 세계 주요 국가의 시설물을 관리하는데 활용되고 있는 교량관리시스템(Bridge Management System; BMS)에 대하여, 각 국가 담당자에 대한 설문조사를 토대로 현황을 분석한 보고서(Mirzaei 외 2014)를 발간하고 있다. 표 18.3.3과 같이 최근의 교량관리 경향은 교량의 안전과 위험도에 대한 고려, 유지관리 조치에 대한 비용 모델과 열화 및 성능향상 모델, 예산과의 연계성 등 다각적인 인자들을 고려하여 최적 전략 수립을 지원할 수 있도록 발전되고 있다.

또한 진보된 ICT의 도입을 통해 유지관리의 효율성과 합리성을 증진하고자 하는 노력이 병행되고 있다. 하지만 다양한 내·외부조건에 따른 불확실성을 지니고 있는 다수의 교량구조물의 안전을 담보하기 위해서는 단순한 기술적 장치의 도움보다는 전문가의 주기적인 점검과 유지관리조치에 대한 정확한 이력정보의 관리를 통한 사전적 예방이 중요하다. 또한 개별 교량 수준이 아닌 전체 교량에 대한 중장기적 정책 판단을 위한 전략적인 접근이 요구된다. 시설물의 노후화가 사회문제가 되고 있는 선진국에서는 눈앞의 단기적인 유지보수뿐만 아니라 국가적인 차원에서의 중장기적인 관리에 대한 필요성을 인식하고 생애주기 동안의 예산과 성능변화를 고려한 자산관리 개념의 접근을 시도하고 있다(TRB 2010).

국내에서도 조만간 다가올 노후화와 예산부족의 문제에 체계적이고 합리적으로 대응하기 위하여 국토교통부에서는 예방적 교량 유지관리체계 도입의 일환으로 생애주기 맞춤형 BMS를 개발하고(국토교통부 2012), 새로운 체계의 지원을 위한 전문기관을 지정하여 시스템의 운영을 시작하였다.

표 18.3.3 세계 각국의 교량관리시스템 개요

No.	Country	Name	Collection of inspection data and ability to enter the information				Cost information					Deterioration model	Improvement	optimal intervention strategies	work program	Used for			
			Condition	Load carrying capacity	Safety	Risk	Inspection cost	Intervention cost	Traffic delay cost	Accident Cost	Environmental cost					Budget preparation	Setting of performance	Matching funding sources	managing specials transports
1	Canada	OBMS	Y	Y	Y	Y		Y	Y		Y	Y	Y	Y	Y	Y	Y		Y
2	Canada	QBMS	Y	Y	Y	Y		Y	Y	Y	Y	Y	Y	Y	Y	Y	Y		Y
3	Canada	EBMS	Y	Y	Y	Y		Y	Y	Y	Y	Y	Y	Y	Y	Y	Y		
4	Canada	PEI BMS	Y	Y	Y	Y		Y	Y	Y	Y	Y	Y	Y	Y	Y	Y		
5	Denmark	DANBRO	Y		Y	Y	Y	Y	Y		Y	Y	Y	Y	Y	Y	Y		Y
6	Finland	FBMS	Y		Y	Y		Y				Y	Y	Y	Y	Y	Y	Y	
7	Germany	GBMS	Y					Y	Y	Y	Y	Y	Y	Y	Y	Y			
8	Ireland	Eirspan	Y		Y	Y		Y											
9	Italy	APTBMS	Y	Y	Y	Y	Y	Y				Y	Y	Y	Y	Y		Y	Y
10	Japan	RPIBMS	Y		Y	Y	Y	Y		Y		Y	Y			Y	Y	Y	
11	Latvia	Lat Brutus	Y	Y	Y	Y		Y								Y		Y	
12	Netherlands	DISK	Y		Y	Y	Y	Y						Y	Y	Y			
13	Poland	SMOK	Y					Y						Y	Y	Y			
14	Poland	SZOK	Y									Y							
15	Spain	SGP	Y	Y	Y	Y		Y	Y							Y	Y	Y	
16	Sweden	BaTMan	Y				Y	Y	Y			Y	Y	Y	Y	Y	Y	Y	Y
17	Switzerland	KUBA	Y	Y				Y				Y	Y	Y	Y	Y			Y
18	USA	ABMS	Y	Y	Y	Y	Y	Y						Y	Y	Y			
19	USA	Pontis	Y	Y	Y	Y		Y	Y	Y		Y	Y	Y	Y	Y	Y	Y	Y
20	Vietnam	Bridgeman	Y	Y				Y											

18.3.3 국내 BMS 구축 현황

국내에서도 지난 90년대초 이래로 정부기관을 중심으로 BMS의 연구 개발이 비교적 활발하게 진행되어 왔으나, 전산체계의 미흡과 사용성 곤란 등의 이유로 활용도가 낮았으나 최근에 ICT의 발전에 힘입어 사용자 친화적인 시스템들이 개발되고 있다. 본 장에서는 최근 개발되어 운용중인 국토교통부의 BMS에 대하여 기본적인 개념과 구축현황을 기술하였다.

교량 생애주기관리 개념

교량의 예방적 유지관리의 핵심은 예방적 조치, 빈번한 점검 및 즉각적인 조치, 정확한 이력 데이터의 확보에 있다. BMS는 이러한 예방적 관리가 가능하도록 축적된 자료의 분석에 의한 유지관리 대안 제시, 조치에 따른 결과의 피드백이 가능한 순환적 체계를 지원하여야 한다(그림 18.3.1). 이러한 BMS의 기능과 효과를 구현하고 도출하기 위해서는 생애주기 동안의 비용과 성능 변화를 추정하기 위한 모델과 두 조건의 관계를 고려한 최적 의사결정 방법이 요구된다.

그림 18.3.2(a)와 같이 교량의 생애주기 동안 발생되는 모든 직·간접 비용항목들을 고려한 비용모델의 구축과, 그림 18.3.2(b)와 같이 교량의 성능을 대변할 수 있는 열화모델과 유지관리 조치 및 시기에 따른 성능변화모델이 요구된다. 그림 18.3.2에 나타낸 생애주기관리와 관련된 항목들에 대하여 교량을 구성하는 객체(부재) 수준에서 비용모델과 성능모델은 상호 연관성을 고려하여 그림 18.3.3과 같이 개별 한계조건에 따라 적정한 맞춤형 관리수준을 도출하게 된다.

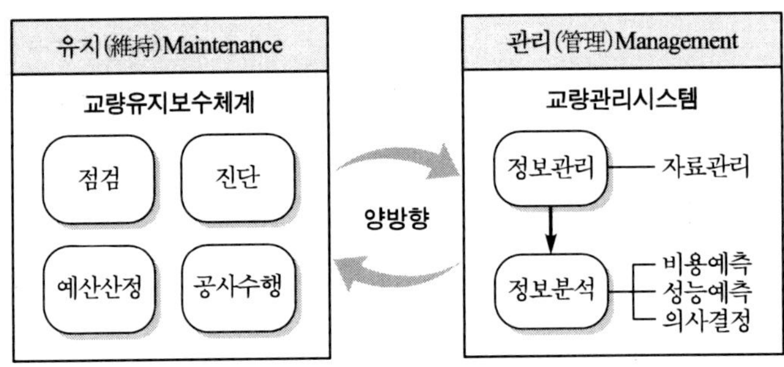

그림 18.3.1 순환적 교량 관리 체계

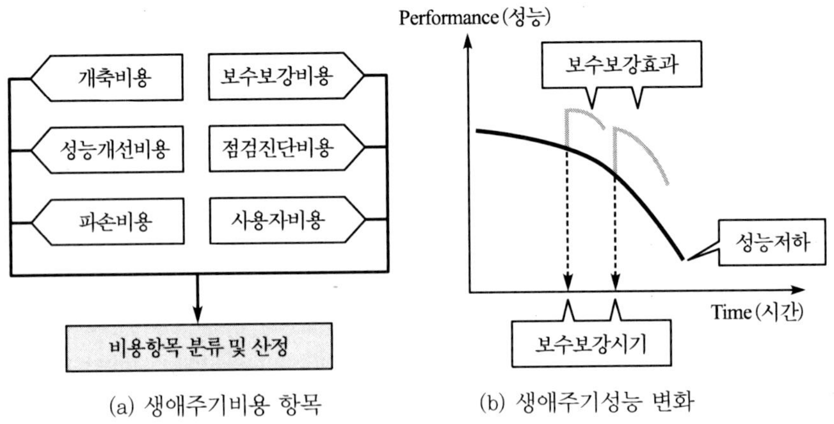

(a) 생애주기비용 항목 (b) 생애주기성능 변화

그림 18.3.2 생애주기 비용 항목 및 성능 변화

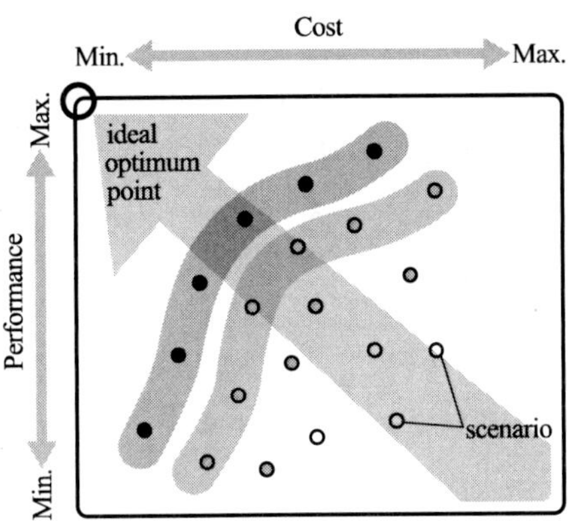

그림 18.3.3 생애주기 맞춤형 대안의 개념도

교량 객체기반 정보관리 체계

초기 건설단계에서의 정보들은 변동성이 매우 작고, 전문가의 일회성 검증을 통해 신뢰도를 확보할 수 있다. 하지만 유지관리단계에서 시간의존적인 정보들(점검진단, 보수보강 정보 등)은 현장의 불확실성, 전문가의 부재 등으로 인해 정보를 일일이 검증하는 것에 한계가 있다. 따라서 입력된 정보를 지속적이고 안정적이며 체계적으로 관리하기 위해서는 초기 입력 자체를 부재별 객체화된 정보 형태로 받아들여야 하며, 연관된 결함, 열화, 손상과 이에 따른 유지관리조치 또한 해당 부재기반으로 연계되어 관리되어야 한다. 일반적인 교량은 그림 18.3.4와 같이 바닥판, 주형, 2차부재(가로보 · 세로보), 교대 · 교각, 기초, 받침, 신축이음, 포장, 배수관, 난간 · 연석 등 약 10여개의 대표적인 부재로 정형화하여 관리할 수 있다.

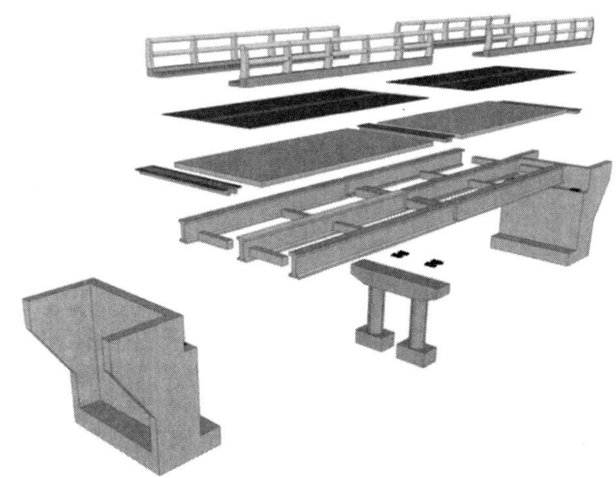

그림 18.3.4 교량 구성 대표부재(객체)

부재 기반의 입력, 분석된 정보들은 각 부재별 가중치를 고려하여 개별 교량수준(project level)으로 취합되며, 개별 교량들은 필요한 수준의 특정 교량 그룹(network level)으로 엮어 다양한 의사결정을 위한 지식정보를 제공하게 된다.

BMS의 기능

BMS의 주요기능은 표 18.3.4와 같다. 관리 대상 교량의 현황정보와 점검·진단정보, 위치정보와 교통량정보, 현장조사 프로그램과의 연계정보 등이 포함된 기본적인 정보관리 기능이 있으며, 기본정보를 바탕으로 다양한 현황통계 정보를 제공한다. 개발된 생애주기 비용과 성능 모델을 바탕으로 다양한 비용 산출이 가능하며, 교량 상태의 열화, 보수보강으로 인한 상태향상 등의 추정이 가능하다. 또한 비용과 성능의 제약에 따른 다양한 성능관리수준과 소요예산의 추정이 가능하여, 관리주체의 장단기 유지관리 전략 및 계획 수립을 지원한다. 발생되는 모든 자료의 관리와 시스템 관리자의 편의성을 위한 기능 등이 존재한다.

인터넷 기반의 BMS는 GIS를 활용한 위치정보 관리기능이 있어 교량의 위치정보와 현재 공용중인 교량의 위치좌표를 활용하여 변화되는 주소정보, 교통량정보 등을 용이하게 반영할 수 있다. 또한 현재 상태등급의 전체적인 분포를 시각적으로 파악하는 것이 가능하며, 스마트폰을 활용한 현장조사 프로그램과 연계되어 현장조사 결과를 의사결정에 즉각적으로 활용할 수 있다.

표 18.3.4 BMS의 주요 기능

구분	기능	구분	기능
기본정보	교량정보, 현장조사, 공사대장, 개량사업, 위치정보	성능평가	상태열화모델, 상태열화예측, 상태향상모델
현황통계	기본현황통계, 세부현황통계, 비용현황통계, 가치통계, 성능현황통계	전략분석	연차별, 네트워크수준별, 교량별 생애주기 관리 전략 조회
비용산출	개축비용, 성능개선비용, 기능개선비용, 보수보강비용, 점검진단비용, 도로이용자비용, 비용산출근거	예산관리	예산요청현황, 예산배정현황, 기본조사설계비, 실시설계비, 시설비, 감리비

생애주기관리를 위한 분석절차

BMS를 이용한 유지관리 전략을 수립하기 위한 모든 분석은 부재별 분석 결과의 조합으로 구성된다. 기존 점검결과로부터 부재별 초기 상태를 추정하고, 목표성능관리수준에 따라 생성된 다양한 관리 시나리오(scenario)에 따라 부재별로 구성된 상태 열화 및 향상 모델, 부재 및 상태별로 정의된 보수보강비용 모델을 이용해 미래의 상태 및 비용을 예측한다. 다수의 관리시나리오 중 생애주기비용 측면에서 최적의 시나리오를 선정하는 방식으로 최적화를 수행한다. 그 결과 선택된 최적전략의 부재별 생애주기 성능 및 비용 예측 결과는 교량(프로젝트)수준, 다시 네트워크수준으로 순차적으로 취합하는 방식으로 교량 네트워크의 목표관리수준에 따른 장기 전략을 수립하였다. 그 후 예산 및 성능 제약에 따라 연차별 조치대상을 조정하며 생애주기비용의 증가가 최소가 되는 전략을 선정하는 방식으로 중기 전략을 수립하였다. 앞서 설명한 정보 분석 절차와 방법을 도식화하면 그림 18.3.5 및 표 18.3.5와 같다.

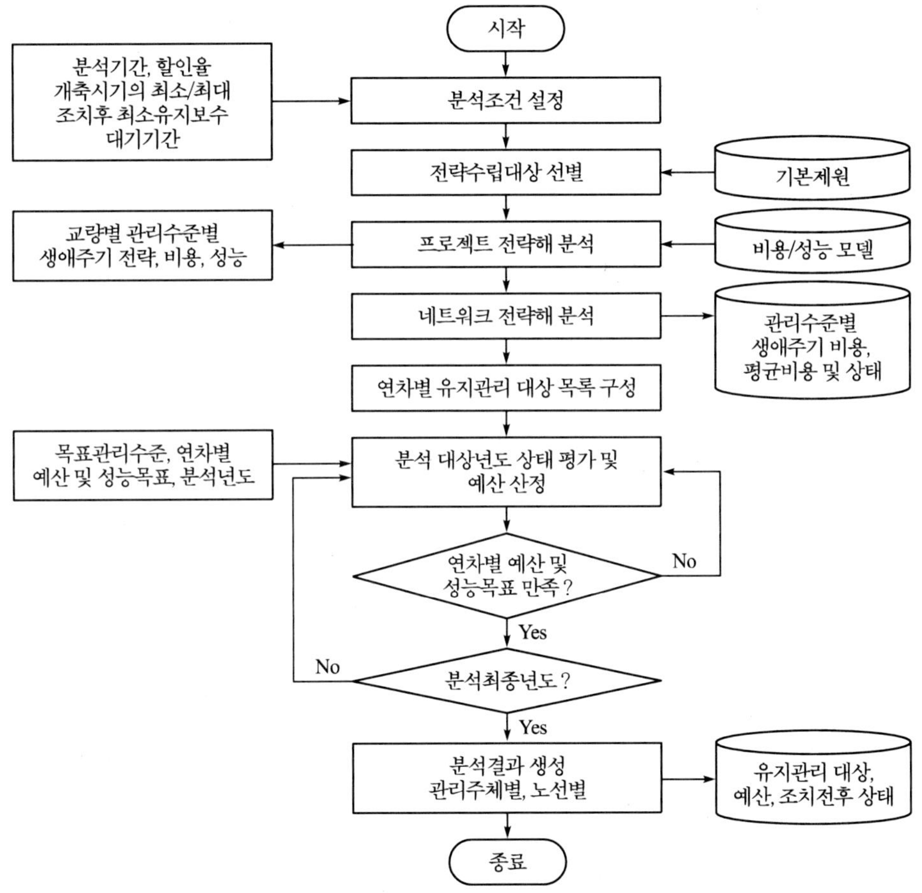

그림 18.3.5 유지관리 전략 분석 절차

표 18.3.5 유지관리 전략 분석 방법

구분	수준	수행 내용	적용 기법
장기 전략	부재/프로젝트 수준 유지관리 전략 분석	· 다양한 관리수준에 따른 유지관리 시나리오 생성 · 부재, 시스템 성능 및 생애주기비용 예측	유전자 알고리즘(유지관리 조치와 같이 이산화된 설계변수의 최적화 문제 해결)
	네트워크 수준 유지관리 전략 분석	· 관리수준별 네트워크 유지관리 전략 생성 · 네트워크수준의 상태 및 생애주기비용예측 · 연차별 예산 추이, 연평균 예산 검토	다단계(부재→교량→네트워크) 비용 및 성능 취합
중기 전략	네트워크 수준 유지관리 전략 분석	· 유지관리 조치시기 단축/지연에 따른 생애주기비용 및 성능 분석 · 유지관리 시기 단축/지연에 따라 발생한 생애주기비용 증가량이 최소가 되면서 예산제약과 상태제약을 만족하는 조치시기 정의	휴리스틱 기법(유지관리 예산, 성능 제약을 만족하는 최적 조합 도출)

18.4 계측 · 모니터링시스템

18.3.1 일반사항

계측시스템이란 일반적으로 시공간 구조물의 정밀도와 안전성을 확보하고, 기존 구조물의 현재상태를 파악하기 위하여 변형 · 변위 · 가속도 등 구조물의 거동 · 응답을 첨단계측센서를 통하여 입력받아 구조물의 이상거동을 감지하는 일시 또는 장기시스템을 말한다. 또한 모니터링이란 예방유지관리를 실현하기 위한 기본 전제조건으로서 구조안전성을 분석 · 평가하여 구조성능을 제어하며 공용상태의 실거동 분석을 통한 구조성능의 개선을 목적으로 수행되는 상시 또는 일시 실험적 조사행위라고 할 수 있다.

따라서 여기서 언급하고 있는 계측 · 모니터링 시스템이란 계측을 통한 구조물의 분석 · 평가 및 상태판단을 위해 구축되는 일체의 시스템을 말한다.

계측 · 모니터링시스템의 발전

2차 세계대전 이전에는 교량의 정밀검사와 하중등급에 대한 체계적인 방법이나 기준이 없었다. 그러나 전후 여러 국가에서 각종 관련기준을 설정하였으며 교량의 정밀검사가 일반화되었다. 이 시기가 교량 정밀검사의 초기 발전단계라 할 수 있는데 대부분 검사자의 주관적인 견해나 경험에 그 결과가 좌우되었다. 이러한 방법은 노동집약적이고 비용이 많이 소요되었으며 만족할 만한 결과를 주지 못했다. 이러한 문제를 극복하기 위해 교량 정밀검사시스템의 개발을 연구하게 되었는데, 이를 통해 비용이 저렴하고 고성능 자동화・원거리 데이터획득, 연속적인 신호처리, 광범위한 의사결정 관리 및 높은 신뢰성을 구현하고자 하였다. 그동안 많은 연구자 및 기술자들은 재래적인 방법을 대신할 자동화된 교량모니터링시스템의 개발을 위한 첨단기술에 관심을 가지고 연구를 수행해 왔다.

이러한 계측・모니터링시스템은 교량뿐만 아니라 터널, 댐, 해양구조물, 원자력구조물, 고층건물 등 각종 구조물의 공용간 안전성확보 및 지하굴착공사, 기존구조물에의 근접시공, 도로포장, 사면안전, 성토공사 안정성 등 각종 공사의 시공간 안전도평가에 널리 활용되고 있다. 근래에는 전자기술의 발달로 계측센서 및 계측관련기기가 날로 발달하고 고성능의 컴퓨터를 현장에 도입할 수 있을 뿐만 아니라 원거리 실시간 자동계측이 가능하게 되었다.

한편 계측・모니터링시스템에 의한 유지관리의 하드웨어적인 면, 즉 데이터의 처리나 통신에 관련된 기술은 이것들을 서로 연결해주는 네트워크시스템에 의해 구성되어지고 최근 ICT의 발전에 따라 비약적으로 발전되었다. 이미 현장에서의 계측정보를 3차원적으로 도식화하거나 현장에서 계측된 데이터, 촬영한 영상 등을 인터넷・모바일을 통해 전개하여 언제 어디서나 현장의 상황을 확인하고, 문제발생시의 해결방안의 모색을 가능하게 해주는 시스템이 개발되어 활용되고 있다.

계측・모니터링시스템의 필요성 및 목적

안전하고 정밀한 시공을 위해 시공중에만 실시하던 계측관리는 공용간 유지관리를 위하여, 내하력평가를 위한 정보와 유사구조물의 설계 및 해석기술개발을 위한 정보제공을 위하여도 수행된다. 또한 계측・모니터링시스템은 교량의 손상을 초기에 파악하여 유지관리 비용을 최적화하는데도 필요하다. 교량에서 측정된 주요 자료들은 초기설계 및 해석치와 비교 보정한 후 교량의 현상태를 파악하여 필요시 잔존수명이나 보수시기를 예측・판단하는데 이용된다. 적절한 시기에 보수가 이루어진다면 작은 비용으로도 효율적으로 구조물의 기능을 어느 수준이상으로 유지할 수 있지만 보수시기를 놓치면 많은 보수비용을 소비하고도 소기의 효과를 얻기 힘들게 된다. 또한 교량의 거동에 이상이 발견되면 인적・물적 손실을 입기 전에 경보를 발할 수도 있으므로 교량기능 유지를 위한 감시 수단으로도 유용하게 사용될 수 있다.

이러한 계측·모니터링시스템을 구축하려고 하는 목적은 다음과 같이 요약할 수 있다.

- 구조해석 및 설계시에 가정한 수학적 모델의 타당성을 검토하며 시공조절을 위한 기초자료를 제공하여 부실시공 방지 및 시공단계별 안전도를 검토가능하게 한다.
- 개통전 초기 특성값을 계측하고 이를 근거로 하여 공용중 내하력평가 및 유지관리에 효율성을 제공하게 한다.
- 공용중 안전에 대한 자동경보시스템이 작동토록 하여 안전사고를 미연에 방지할 수 있도록 한다.
- 계측시스템에서 확보된 자료를 바탕으로 교량의 구조시방 보완 및 설계기준에 대한 정보를 제공하게 된다.

18.4.2 교량의 계측·모니터링시스템

유지관리 계측·모니터링시스템 현황

교량의 유지관리를 위한 계측·모니터링시스템은 미국, 일본 및 유럽뿐만 아니라 최근 장대교량 건설이 급격히 증가하고 있는 아시아의 국가에서도 대부분 도입하고 있다. 국내에서는 주로 시공 중의 계측과 구조물의 안전진단을 목적으로 하는 일시적 계측에 편중되어 있었으나, 케이블지지 교량, 아치교, 트러스교와 같은 특수교량의 건설이 증가함에 따라 유지관리를 위한 계측·모니터링시스템의 적용이 꾸준히 확대되고 있다. 하지만 가장 중요한 부분이라고 판단되는 분석·건전성평가·의사결정 등의 분야에서는 구체적인 방법이 아직까지도 명쾌하게 제시되지 않고 있는 실정이다.

최근 교량의 유지관리를 위해 수집된 데이터를 바탕으로 현재의 노후화 상태를 판단하고 최적의 보수·보강 공법을 선정하기 위한 의사결정의 전산화, 미래의 상태를 예측하여 적절한 대응을 하기 위한 방법에 대한 연구, 그리고 이를 전산화 유지관리시스템에 적용하고자 하는 노력이 계속되고 있다. 이를 위해 다양한 접근법이 시도되고 있는데 이러한 것들에는 구조계특성추정기법(System Identification: SI), 신경망(Neural Network)이론, 인공지능(Artificial Intelligence; AI), 유전자알고리즘(Genetic Algorithm) 등이 있다. 그 중에서 SI는 구조시스템을 해석하고 발생가능한 거동을 예측하며 적합한 구조진단 및 처방을 위한 거동특성을 분석하는 방법으로 주로 동적특성의 변화를 실험을 통하여 측정하고 그에 대한 분석결과를 구조해석 및 진단에 응용한다. 이 기법은 역(逆, inverse)문제에 대한 실용적 해석기법의 개발, 계측센서에서의 기술혁신, 컴퓨터의 기능향상에 따른 데이터 처리기술의 발달, 신호처리 및 해석능력의 향상 등으로 인하여 비파괴검사법의 한 분야로 발전하였다. 또한 신경망이론은 최근 구조물내의 손상평가, 음성이나 영상인식분야, 인공지능의 개발, 퍼지이론이나 유전자알고리즘 등에 효율적으로 응용되고 있는 이론으로서 이를 토목구조물에 응용해 구조물의 손상을 상시계측하여 평가하고자 하는 목적으로 연구되고 있다.

국내외적으로 사장교와 현수교를 비롯한 대형교량의 유지관리를 위한 계측·모니터링시스템을 구축하여 운용하고 있으며, 계측·모니터링시스템이 설치 운영되고 있는 대표적인 국내 사장교와 현수교를 정리하면 표 18.3.1과 같다.

표 18.3.1 국내 현수교 및 사장교 현황

교량명	연장 (m)	폭원 (m)	최대경간장 (m)	상부구조형식	준공년도	위치
이순신대교	2,260	25.7	1,545	현수교	2013	전남 여수 묘도
울산대교	1,150	25.6	1,150	현수교	2015	울산 남 매암
팔영대교	1,340	13.0	850	현수교	2016	전남 고흥 영남 우천
광안대교	7,420	25.0	500	현수교	2003	부산 해운대 우
남해대교	660	12.0	404	현수교	1973	경남 하동 금남 노량
고군산대교	400	18.0	400	현수교	2016	전북 군산 옥도 무녀도
영종대교	5,926	27.0	300	현수교	2000	인천 중 중산
소록대교	1,160	12.7	250	현수교	2009	전남 고흥 도양 소록
인천대교	11,856	33.4	800	사장교	2009	인천 연수 송도
부산항대교	3,368	25.6	540	사장교	2014	부산 남 감만
목포대교	3,060	14.0	500	사장교	2013	전남 목포 죽교
화태대교	1,345	11.5	500	사장교	2016	전남 여수 돌산 신복
거금대교	2,028	15.3	480	사장교	2012	전남 고흥 금산 신촌
거가대교2주탑	919	24.0	475	사장교	2010	경남 거제 장목 유호
서해대교	7,310	15.7	470	사장교	2000	충남 당진 송악 복운
묘도대교	1,945	25.9	430	사장교	2013	전남 여수 묘도
마창대교	1,700	21.0	400	사장교	2008	경남 창원 마산합포 가포
동이대교	400	20.9	400	사장교	2016	경기 연천 미산 동이
진도대교	484	11.7	344	사장교	1984	전남 진도 군내 녹진
제2진도대교	484	12.5	344	사장교	2006	전남 진도 군내 녹진
청풍대교	472	13.0	327	사장교	2012	충북 제천 청풍 물태
영광대교	590	16.8	320	사장교	2016	전남 영광 백수 구수
올림픽대교	1,470	30.0	300	사장교	1990	서울 광진 구의
돌산대교	450	11.7	280	사장교	1984	전남 여수 돌산 우두
사량대교	530	15.2	280	사장교	2015	경남 통영 사량 금평
대동화명대교	1,544	27.8	270	사장교	2012	부산 북 화명
아람찬교	840	36.3	250	사장교	2015	세종 세종 연동 합강
영흥대교	1,250	13.3	240	사장교	2001	인천 옹진 영흥 내
거문대교	560	13.7	240	사장교	2015	전남 여수 삼산
거북선대교	744	18.0	230	사장교	2012	전남 여수 돌산 우두

표 18.3.1 국내 현수교 및 사장교 현황 (계속)

교량명	연장 (m)	폭원 (m)	최대경간장 (m)	상부구조형식	준공년도	위치
삼천포대교	436	15.0	230	사장교	2003	경남 사천 대방
거가대교3주탑	676	22.0	230	사장교	2010	경남 거제 장목 유호
빛가람대교	660	25.0	225	사장교	2013	전남 나주 송월
백석대교	749	32.1	205	사장교	2012	인천 서 백석
완도대교	500	25.9	200	사장교	2012	전남 완도 군외 원동
김시민대교	489	16.0	200	사장교	2014	경남 진주 문산 소문
한두리교	880	23.0	200	사장교	2012	세종 세종 연기 세종
바이오산업교	1,010	20.0	196	사장교	2015	인천 남동 고잔
공촌4교	301	34.6	170	사장교	2012	인천 서 경서
미호대교	800	33.7	165	사장교	2012	세종 세종 연동 예양
교동대교	2,110	13.8	165	사장교	2014	인천 강화 양사 인화
와룡대교	477	32.3	164	사장교	2010	대구 달성 다사 방천
운남대교	445	38.6	153	사장교	2009	광주 광산 운남
서안동대교	595	23.9	150	사장교	2015	경북 안동 풍산 계평
전주천교	493	23.5	140	사장교	2016	전북 전주 덕진 고랑
행주대교	1,460	14.5	120	사장교	1995	서울 강서 개화
문평대교	1,045	29.9	120	사장교	2015	대전 유성 봉산
한빛대교	302	29.0	120	사장교	2010	대전 유성 탑립
인천대교	1,480	24.3	800	사장교	2009	인천 연수 송도
대덕2교	627	10.5	115	사장교	2016	전북 완주 구이 계곡
영덕1교	205	23.4	115	사장교	2009	경기 용인 기흥 영덕
남창대교	173	24.0	113	사장교	2008	전남 무안 삼향 남악
어등대교	460	47.0	105	사장교	2005	광주 광산 우산
동강대교	460	24.9	100	사장교	2009	강원 영월 영월 영흥

교량 계측 · 모니터링시스템의 전망

교량 계측 · 모티터링시스템의 한계점으로는 분석 · 평가의 어려움, 계측기기의 성능 및 설치, 정보의 축적 등을 들 수 있다. 일반적으로 계측을 통한 교량의 건전성 분석 · 평가 시 설계자료에 의해 설정된 구조해석 모델을 통한 해석결과와 계측치의 부분적인 단순 비교에만 주로 의존하기 때문에 그 실효성이 의문시되고 있는 것이 현실이다. 어렵게 계측치를 확보하고서도 이를 효율적으로 이용할 수 있는 체계적인 분석평가기법이 정립되어 있지 않은 경우가 많다. 또한 환경적인 변화에 노출된 장기 계측을 위한 센서 및 네트워크의 내구성과 적응성도 매우 중요한 요소이다. 한편 현수교와 같은 특수교량은 강제진동시험을 포함한 각종 시험을 개통전에 실시하여 설계변수의 검증 및 시공완성도를 검사함으로써 교량의 유지관리에 필요한 정보를 획득할 뿐만 아니라 향후 유사교량의 설계 및 시공에 반영할 중요한 정보를 추출하여야 한다. 계측·모니터링시스템의 한계점들을 극복하기 위하여 국내외적으로 다양한 연구가 현재 활발하게 수행되고 있다.

국내외적으로 건전성평가와 손상감지에 관한 활발한 연구가 진행되고 있으며 이는 궁극적으로 보다 적은 수량의 센서만을 사용하여 보다 정량적인 건전성을 도출할 수 있는 일반화된 방법을 개발하는 것을 목표로 한다. 전반적 계측법을 이용하면 센서의 수량을 줄이고 경제적인 계측을 수행할 수 있으나 계측결과의 정확한 분석을 위해서는 설계값이 아니라 실제 구조물의 상태를 모사할 수 있는 해석모델이 필수적이다. 체계화되고 일반화된 상태평가는 적은 인원으로도 유지관리가 가능하게 할 뿐만 아니라 분석의 객관성과 일관성을 향상시킬 수 있다. 최근에는 계측분석의 전문화 및 자동화를 위한 전문가시스템(expert system)과 구조적인 지식의 사전 데이터베이스를 통하여 소수의 센서에서 나온 신호를 전체 교량의 상태파악에 이용하는 지식기반(knowledge based) 계측의 중요성이 대두되고 있다. 이 방법은 고가의 가진장치에 소용되는 비용이 절감되며 교량 공용 중에 측정이 가능하다. 특히 상대적으로 가진시키기 어려운 대형교량의 경우에 유리하며 모니터링과 같은 반복적인 측정에 편리하다.

| 참고문헌 |

(사)한국교량및구조공학회(2015), "도로교설계기준(한계상태설계법)해설".
(사)한국강구조학회(2014), "하중저항계수설계법에 의한 강구조설계기준", 국토교통부.
(사)한국도로교통협회(2012), "도로교설계기준(한계상태설계법)", 국토해양부.
(사)한국도로교통협회(2010), "도로교설계기준", 국토해양부.
건설부(1994), "콘크리트 교량 시공 특수공법 설계 · 시공 · 유지관리 지침".
국토교통부(2017), "2017년 도로 교량 및 터널 현황조서", 한국건설기술연구원.
국토교통부(2017), "건설기술진흥법 시행령".
국토교통부(1995), "교량관리체계개선".
국토교통부(1995), "교량구조물의 보수 · 보강 편람".
국토교통부(2014), "교량 유지관리매뉴얼", 한국시설안전공단.
국토교통부(1995), "교좌장치의 종류 및 관리요령".
국토교통부(2017), "안전점검 및 정밀안전진단 세부지침".
국토교통부(2016), "도로교표준시방서".
국토교통부(2015), "도로의 구조·시설기준에 관한 규칙", 간선도로과.
국토교통부(2016), "도로법", 간선도로과, 도로정책과, 도로운영과, 첨단도로안전과.
국토교통부(2015), "설계공모, 기본설계 등의 시행 및 설계의 경제성 등 검토에 관한 지침".
국토교통부(2016), "시설물의 안전관리에 관한 특별법", 건설안전과.
국토교통부(1996), "신설 및 노후 교량구조물의 개선된 내하력 평가시스템 및 보수기법 개발".
국토교통부(2013), "건설기술 개발 및 관리 등에 관한 운영규정".
국토교통부(2013), "철도건설규칙", 철도건설과.
국토교통부(2016), "도로교설계기준(한계상태설계법)".
국토교통부(2012), "콘크리트구조설계기준", 한국콘크리트학회 · 대한건축학회.
국토교통부(1994), "콘크리트 교량 시공 특수공법 설계 · 시공 · 유지관리 지침", 건설부.
국토교통부 (2016). 시설물의 안전관리에 관한 특별법.
국토교통부 (2016). 시설물의 안전관리에 관한 특별법 시행령.
국토교통부 (2016). 시설물의 안전관리에 관한 특별법 시행규칙.
국토교통부 · 한국시설안전공단 (2017). 안전점검 및 정밀안전진단 세부지침해설서 교량.
국토교통부, 한국시설안전공단 (2014). 교량유지관리 매뉴얼.
국토교통부(2017), 2017년 도로 교량 및 터널 현황조서, 한국건설기술연구원.
국토해양부(2008), "국도건설 설계VE 업무 매뉴얼".
국토해양부(2008), "도로설계편람 - 제5편 교량", 한국건설기술연구원.
국토해양부(2012), 생애주기를 고려한 교량통합관리시스템 구축 연구, 한국건설기술연구원,
국토해양부(2008), "생애주기비용 분석 및 평가요령", 기술안전정책관.
국토해양부(2010), "안전점검 및 정밀안전진단 세부지침", 한국시설안전공단.
국토해양부(2012), "안전점검 및 정밀안전진단 세부지침해설서(교량)", 한국시설안전공단.
국토해양부(2009), "하천설계기준".
김생빈, 유우수(1998), "강구조공학", 기문당.
김윤석, 권순덕(1998), "토목구조물의 내풍설계", 전산구조공학회 기술강습회(제18회), 한국전산구공학회.

김정호(1998), "외국의 장대교량 유지관리시스템", 한국강구조학회지, 제10권, 제3호, pp.52~61
김형수(1993), "토목시공학", 보문당.
대한토목학회(1998), "단・다경간 프리플렉스 합성형 교량 시공지도서(초안)", 대한토목학회.
박경훈, 송재준, 황윤국(2014), "생애주기를 고려한 교량관리시스템(BMS)", 대한토목학회지, 62권 6호, pp.10-15.
변동균, 신현묵, 문제길(1998), "철근콘크리트", 동명사.
삼성물산, 고려대학교(1996), "교량의 내진설계 지침서", 삼성물산(주) 건설부문.
선종완, 박경훈(2014), "위험도 및 가치 기반의 네트워크수준 교량 평가방법", 한국방재학회 논문집, 14권 6호, pp.83-90.
신현묵(1997), "프리스트레스트 철근콘크리트", 동명사.
유재복(1998), "토목시공원론", 예문사.
윤정방, 김종락, 윤태양, 김윤석, 윤재옥(1994), "구조물의 내풍설계 및 풍동실험", 전산구조공학회 기술강습회(제9회), 한국전산구조공학회.
이승재(1994), "고속철도 교량의 전산화 유지관리를 위한 신뢰성에 기초한 건전성평가 모형", 한양대학교 공학박사학위 논문.
정상용(1998), "돌산대교 유지관리", 한국강구조학회지 제10권, 제3호, pp.30~42.
조효남, 민대홍, 김현우(1998), "2층도로용 강구조덱 시스템의 최적설계", 한국강구조학회 논문집, 제10권, 제3호 pp.553~564.
조효남, 임종권, 민대홍, 박경훈(1998), "대형교량의 유지관리를 위한 전산화 모니터링 및 분석평가 시스템", 한국강구조학회 논문집, 제10권 제3호, pp.369~382.
조효남, 장동일, 심종성, 조병완(1994), "강상형 사장교의 정・동적 재하시험", 대한토목학회지, pp. 108~122.
조효남, 한봉구(1997), "강구조공학", 구미서관.
한국강구조학회(1995), "강구조편람", 한국강구조학회.
한국강구조학회(1997), "고속철도의 강교량 활용화에 관한 연구", 한국강구조학회, 연구보고서.
한국건설기술연구원(1996), "경제적인 PS 콘크리트교량 건설공법에 관한 연구", 한국건설기술연구원, 연구보고서.
한국건설기술연구원(1992), "프리캐스트 PS 콘크리트 교량의 설계에 관한 연구", 한국건설기술연구원, 연구보고서.
한국과학재단(1989), "체계신뢰성 방법에 기초한 도로교 설계규준 개발 및 기설교량의 신뢰성평가", 한국과학재단, 연구보고서.
한국과학재단(1998), "대형교량의 유지관리를 위한 계측・모니터링・통제시스템 개발", 한국과학재단, 연구보고서.
한국도로공사(1992), "도로설계요령-교량(제3권)".
한국도로공사(1993), "교량의 내진설계에 대한 기초연구", 한국도로공사 도로연구소, 연구보고서.
한국도로공사(1996), "고속도로 교량의 내진설계 지침", 건설정보사.
한국도로공사(1996), "도로설계 실무편람".
한국도로공사(1997), "특수교량의 계측시스템 구축과 시공법 개발연구(IV)", 한국도로공사도로연구소, 연구보고서.
한국도로공사(1997), "구조물 안전점검 및 진단 편람".

한국도로공사(1997), "구조물의 보수 · 보강 매뉴얼".

한국시설안전기술공단(2006), "교량 재하시험 매뉴얼".

한국콘크리트학회(1994), "콘크리트 구조물의 안전진단 및 보수 · 보강 지침서".

한국콘크리트학회(1996), "콘크리트표준시방서".

황학주(1994), "최신 교량공학", 동명사.

AASHTO (American Association of State Highway and Transportation 2011), Transportation Asset Management Guide; A Focus on Implementation.

Barker, R. M. and Puckett, J. A.(1997), "Disign of Highway Bridges based on AASHTO LRFD Bridge Specifications", John Wiley & Sons.

Cho, H. N., Choi, Y. M., and Sho, B. C.(1998), "Field Load Testing and Reliability -Based Integrity Assessment of Segmental PC Box Girder Bridges before Opening to Traffic", Journal of Engineering Structures, Vol. 20, No. 11, pp.948~956.

Cho, H. N., Lee, S. J., and Kang, K. K.(1994), "Assessment of System Reliability and Capacity -Rating of Composite Steel Box-Girder Highway Bridges", JSCE, Vol. 495, No. I-28, pp.13~20.

Cho, H. N., Lim, J. K., Min D. H., and Park K. H.(1998), "Computer-Aided Monitoring and Assessment System for Maintenance of Long Span Bridges", Proc. of PSSC'98, Vol. 2, pp.527~534.

Cho, H. N., An, J. S., and Lim, J. K.(1998), "Collapse Cause Assessment of Sungsoo Grand Bridge Considering the Effects of Bracket and H-Beam Members', Proc. of SEWC '98, 1998, T 131-7.

Cho, H. N., Kwak, K. H., and Choi, Y. M.(1997), "Reliability-Based Integrity Assessment of Segmental PC Box Girder-Bridges", Proc. of ICOSSAR '97, pp.1857~1865.

Cho, H. N., Lim, J. K., and Park, K. H.(1997), "System Reliability and System Reliability-Based Carring Capacity Evaluation of Cable-Stayed Bridges", Proc. of ICOSSAR '97, pp.1927~1934.

Collins, P. M. and Mitchell, D.(1991), "Prestressed Concrete Structures", Prentice Hall.

DeLony, E.(1993), "Landmark American Bridges", American Society of Civil Engineers(ASCE).

Emmons, P. H.(1994), "Concrete Repair and Maintenance Illustrated", R. S Means Company.

Gimsing, N. J.(1983), "Cable Supported Bridges Concept and Design", John Wiley & Sons

Hambly, E. C.(1991), "Bridge Deck Behaviour", E & FN SPON.

Heins, C. P. and Firmage, D. A.(1979), "Design of Modern Steel Highway Bridges",John Wiley & Sons.

Heins, C. P. and Lawrie, R. A.(1984), "Design of Modern Concrete Highway Bridges", John Wiley & Sons.

Leonhardt, F.(1996), "The Significance of Aesthetics in Structure", Structural Engineering International, Vol. 2, pp.74~95.

Menn, C.(1986), "Prestressed Concrete Bridges", Birkhauser Verlag.

Nawy, E. G.(1996), "Prestressed Concrete", Prentice Hall.

Podolny Jr., W. and Muller, J. M.(1982), "Construction and Design Prestressed Concrete Segmental Bridges", John Wiley & Sons.

Taly, N.(1998), "Design of Modern Highway Bridges", McGraw-Hill.

Thompson, P. D.(1993)m "PONTIS: The Maturing of Bridge Management Systems in The USA", Bridge Management 2, Thomas Telford, pp.971~978.

Tonias, D. E.(1995), "Bridge Engineering", McGraw-Hill.

TRB (Transportation Research Board 2010), Asset management for a durable infrastructure, TR News, No.270.

Xanthakos, P. P.(1994), "Theory and Design of Bridges", John Wiley & Sons.

橋梁建設・施工 ハソドブック 偏集委員會(1990), "最新 建設・施工 ハソドブック", (株)建設産業調査會

橋田敏之, 小村 敏(1984), "PC橋架設工法編覽", 技報堂.

成賴輝男(1994), "鐵の橋百選", 東京堂.

小西一郎(1975), "鋼橋", 建設圖書.

日本橋梁建設協會(1994), "日本の橋", 朝倉書店.

佐伯彰一(1986), "橋梁用語事典", 山海堂.

中井 博, 北田俊行(1992), "鋼橋建設の基礎", 共立出版.

찾아보기 INDEX

영문

ㄱ

ㄷ

ㄹ

ㅁ

ㅊ

ㅎ

| 저자소개 |

조효남
육군사관학교, 이학사
미국 미시간 주립대, 구조공학석사
미국 미시간 주립대, 구조공학박사
(현)한양대학교 토목환경공학과 명예교수
(현)유니콘스(주) 회장

박연수
한양대학교 공과대학 토목공학과, 공학사
한국과학기술원(KAIST) 토목공학과, 공학석사
Kyoto Univ. 대학원 토목공학과, 공학박사
(현)전남대학교 공과대학 토목공학과, 교수
한양대학교 초대형구조시스템연구센터, 연구조교수
한국도로공사 도로교통연구원, 책임연구원
일본 京都大學防災硏究所, 공동연구원

박선준
전남대학교 대학원 토목공학과, 공학박사
(현)동신대학교 공과대학 토목공학과, 교수

박경훈
한양대학교 대학원 토목환경공학과, 공학박사
(현)한국건설기술연구원 구조융합연구소, 연구위원

한계상태설계법과 하중저항계수설계법에 의한
교 량 공 학

정가 37,000원

저자 : 조효남 · 박연수 · 박선준 · 박경훈

발행인 : 임해진
발행처 : 도서출판 구미서관

발행 : 1999년 9월 17일 초 판
2002년 1월 31일 개정판
2017년 8월 30일 제 2 판 1쇄
2019년 2월 11일 제 2 판 2쇄
2022년 7월 28일 제 2 판 3쇄

등록 : 1979년 6월 29일 No.9-6호
주소 : 서울시 마포구 신촌로 2길 5-15 구미빌딩
전화 : 02-333-1101
팩스 : 02-335-2201
http://www.goomibook.com

ISBN 978-89-8225-193-1 (93530)
